国家重大出版工程项目

Wine Tasting

A Professional Handbook

葡萄酒的品尝

一本专业的学习手册

第 3 版

[加] Ronald S. Jackson　主编
游义琳　主译
黄卫东　主审

中国农业大学出版社
· 北京 ·

图书在版编目（CIP）数据

葡萄酒的品尝：一本专业的学习手册：第 3 版 /（加）杰克逊 • 罗纳德（Ronald S. Jackson）主编；游义琳主译 . -- 北京：中国农业大学出版社，2022.4

书名原文：Wine Tasting: A Professional Handbook (3rd Edition)

ISBN 978-7-5655-2325-0

Ⅰ. ① 葡… Ⅱ. ①杰… ②游… Ⅲ. ①葡萄酒—品鉴—手册 Ⅳ. ① T262.61-62

中国版本图书馆 CIP 数据核字（2020）第 004854 号

书　　名 葡萄酒的品尝：一本专业的学习手册　第 3 版
Wine Tasting: A Professional Handbook (3rd Edition)

作　　者 Ronald S. Jackson　主编　　游义琳　主译　　黄卫东　主审

策划编辑 梁爱荣　　**责任编辑** 梁爱荣　石　华

封面设计 郑　川

出版发行 中国农业大学出版社

社　　址 北京市海淀区圆明园西路 2 号　　**邮政编码** 100193

电　　话 发行部 010-62818525，8625　　读者服务部 010-62732336
编辑部 010-62732617，2618　　出　版　部 010-62733440

网　　址 http://www.cau.edu.cn/caup　　**E-mail** cbsszs@cau.edu.cn

经　　销 新华书店

印　　刷 涿州市星河印刷有限公司

版　　次 2022 年 4 月第 3 版　　2022 年 4 月第 1 次印刷

规　　格 210mm×285mm　16 开本　26.5 印张　740 千字

定　　价 198.00 元

葡萄酒的品尝

一本专业的学习手册

第 3 版

[加] Ronald S. Jackson　主编
加拿大安大略省圣凯瑟琳市布鲁克大学冷凉气候葡萄栽培与酿造研究所

Wine Tasting: A Professional Handbook, 3rd edition
Ronald S. Jackson
ISBN: 9780128018132

《葡萄酒的品尝：一本专业的学习手册》(第 3 版)(游义琳　主译)
ISBN: 9787565523250

著作权合同登记图字：01-2019-4629

译审人员

主　　译　游义琳

参译人员　陈　代　康　坤　罗　梅　韩小雨　王君碧
王慧玲　胡心浩　章雨馨　杨雅凡

主　　审　黄卫东

献　给
Dedication

向给予我灵感的 Suzanne Ouellet 致敬。

序
Preface

很高兴 Ronald S. Jackson 教授编著的 *Wine Tasting* 中文版《葡萄酒的品尝》第 3 版就要和大家见面了！

我国是酒类消费大国，长期以来都是以白酒等烈性酒为主，葡萄酒一直比较小众。自 20 世纪末以来，随着我国人民生活水平的提高和多样化、健康化生活方式的推广，我国葡萄酒产业快速发展，国外葡萄酒商也瞄准了中国市场！近 10 多年来，进口葡萄酒在中国市场的发展使我国越来越多的葡萄酒消费者品尝了更加多样化和个性化的葡萄酒，享受了国外葡萄酒给我们带来的不一样的美味和酒文化。

葡萄酒是一种发酵酒，是一种将葡萄汁加以发酵后所得的含酒精的碱性饮料，是一种从传统农业文明一直延续至今并仍然具有活力和竞争力的健康快乐饮品！它是一种世界性的饮品！由于它的品种多样性、产地多样性、健康性及美味愉悦感受等特性，它成为消费者价值认同范围很宽的饮品！由于一些葡萄园风土的优良特性、稀缺性和不可复制性，这些葡萄园酿制的葡萄酒也成为金融产品和投资产品！

葡萄酒产业是一个涉及一、二、三产业的综合产业，也是最具文化创意的产业之一，具有深厚的文化底蕴。许多时候，在品葡萄酒时，我们都是在品文化、品历史！与文化的属性一样，葡萄酒文化也是有层次的。表层文化是它的物质文化。不同的葡萄品种，酿造不同的葡萄酒；不同的酿酒师，酿造不同风格的葡萄酒。不同国家、不同地区、不同民族的风俗、礼仪、制度、法律、艺术、创意的不同，赋予了不同国家、不同地区的葡萄酒产业的中层文化，即产区文化、品牌文化、饮食文化、休闲文化等；不同国家、不同民族的风土人情，种植葡萄和酿造葡萄酒的感人经历及故事，给了我们丰富多彩的文化大餐和精神享受。从内层文化（哲学层面）看，葡萄酒文化更是深深烙下不同国家、不同民族，不同个体和群体的伦理观、人生观、审美观和价值观，进而影响着葡萄酒物质文化的发展。

至今，葡萄酒和中餐是传统农业文明保留下来的最完整的生产体系和健康的生活方式，与工业文明和现代科技并存且具有强大的生命力！美食与美酒的搭配是一门艺术，美酒天生就是为了美食而存在的！其实，与欧洲一样，在中国的传统农业文明中，美食与美酒的搭配也是中华养生之道！但是，对葡萄酒与美食，许多欧洲人，特别是有着长期葡萄酒饮用史的欧洲人，葡萄酒配餐是一种耳熟能详且充满幸福感的行为。它也大大地推动了欧洲葡萄酒产业的发展和市场的成熟及稳定。由于中餐的多样性和复杂性以及我们每个人喜好的不同，所以中餐与葡萄酒的搭配是世界上最复杂、最神奇和多样的餐酒搭配方式！

在第 1 版序中，我写道，喝葡萄酒容易，会喝葡萄酒就需要了解一些基本的葡萄酒常识，而“懂”葡萄酒就需要我们用心和用较多的时间来学习和品尝！对葡萄、葡萄酒、葡萄酒酒庄和葡萄酒产区认识的深度，决定了我们品尝和消费葡萄酒的高度！我国葡萄酒的消费者、爱好者和收藏者越来越多，葡萄酒消费越来越成熟，我国的葡萄酒产业也会有更快的发展，葡萄酒市场也会越来越大。

感谢中国农业大学出版社对我们的信任，我们葡萄酒科技发展中心的老师和研究生们对第 3 版的

《葡萄酒的品尝》进行了翻译和校正。在认识葡萄酒、消费葡萄酒和收藏葡萄酒方面，相信《葡萄酒的品尝》第3版会给您和您的亲人及朋友带来一份快乐和一种持续健康的葡萄酒生活方式。由于我们的水平有限，书中难免有翻译不到位的地方，敬请读者和专家指正。

黄卫东

2021年9月

前　言
Foreword

本书首要的目标是为葡萄酒酿制工艺的研究者、酿酒师、感官科学家和在这些领域的学生提供一个信息渠道。除此之外，本书也为葡萄酒品鉴、葡萄酒协会、餐厅侍酒师和葡萄酒的忠实爱好者特别添加了相关的内容，比如，强调了葡萄酒品尝与心理生理学的关系。正因为如此，本书向读者阐释的完全是葡萄酒的内在（感官）品质，而弱化了其外在的方面，比如“最好的”酿造年份、生产者、产区、葡萄品种等等。描述这些内容的书籍、杂志和文章实在是太丰富了。本书基于科学家的研究成果着重阐述了葡萄酒给予我们感官的刺激以及大脑对这些刺激产生的信息是如何进行整合和诠释的。

酿酒师探索式地接触品尝知识是为了指导特定类型葡萄酒的生产，或者是为了预知酒体感官上存在的问题。基于类似的目的，批发商和零售商们通过酒样品尝来帮助他们选择客户感兴趣的葡萄酒。因此，他们需要了解客户认为重要的品质特征。对于大多数行家来说，葡萄酒品尝的目的是提高对葡萄酒本身或是对葡萄酒搭配食物的鉴赏力。这些人通常是大多数优质葡萄酒生产者瞄准的购买对象。对于其他一些人来说，葡萄酒消费是一种社交的需求，表现为对某种文化传统的认可，抑或仅仅是为了欣赏。而在欧洲，葡萄酒只是每天佐餐的饮料，鉴赏性的品尝只存在于特殊场合。

人们对葡萄酒品尝有不同的看法，甚至连 taste（味道 / 品尝）这个词本身都有很多种理解。对于感官科学家而言，taste 是指改良后的上皮细胞对一组特定的复合物（甜、酸、咸、苦、鲜）的感受，这些上皮细胞主要位于舌头上的味蕾。在日常生活中，taste 包括口感及后鼻腔对气味的感觉，从而形成的多重感受，即风味。作为一个动词，tasting 指对饮料和食物的体验过程，通常是依照一种精心设计的评价方式开展。organoleptic（影响感官的）和 degustation（品尝）这两个词特指上述过程的方方面面，但既不被学术界认可，又不被大众所接受。

taste 和 tasting 两个词相关解释的复杂性强调了一个事实，尽管最初葡萄酒可能在大脑不同区域产生多种感官感受，但它们最终都会被整合进人脑的眼窝前额皮质内。在这里，上述这些感官感受和人脑过去已形成的对葡萄酒的记忆融合，形成我们对葡萄酒有意识的认知。因此，人们是通过整合自身品尝经验中无意识形成的一个个感官感受的缩影来诠释每一款葡萄酒的。这些人脑中的构建类似于艾姆斯房间错觉一般，即人们在艾姆斯房间的一角走到另一角呈现出伸长或缩短的变化（https://www.youtube.com/watch?v=EOeo8zMBfTA）。训练和有意识的努力可以使品尝从自己过去的禁锢中解放出来，但是这还未被证明。品尝幻觉的例子包括葡萄酒果香给人的“甜”的感受，口香糖的薄荷味与它含糖量的相关性，有裂缝的小麦面包给人的坚硬感以及由颜色带来的风味失真。

鉴于人们对葡萄酒的看法五花八门，人们对葡萄酒及其品尝的分析各不相同也就不足为奇了。本书中的葡萄酒品尝指的是对葡萄酒的评判性分析，不管是用品质、品种、产地标准对葡萄酒进行排名，还是描述该款葡萄酒的感官多样性，或者是研究某款葡萄酒的感官特征的来源，做这样的分析是为了区分感觉和知觉的不同，这是在寻找人的“真实性”。因为人的个体间差异较大，且感官上的信息输入又具有特殊的敏感性，这就要求品酒师小组获得既具备统计学意义又与人类的感觉相关（这两者并不总是同义的）的数据才行。品酒师小组成员需要训练和经验才能将主观反应与一致的、明确的、客观的评价区分开。

尽管训练和经验可以增加特异性敏锐度，但当消费者没有对其合理应用时，训练和经验会让注意力集中在无关紧要的事情上，甚至有证据表明关注气味描述会破坏香气记忆。这些香气记忆与区分葡萄酒品种、风格和区域特性有关。话虽如此，大部分的消费者似乎更愿意因葡萄酒是一种健康可口的饮料而去分享，而不会故弄玄虚地讨论葡萄酒中那些转瞬即逝的细微感受差异。

评判性感官分析中的一些技术理论上可以帮助葡萄种植者和酿酒师提升葡萄酒品质，使生产出的葡萄酒拥有多种风格，与客户差异性相匹配。一个完美的设想是任何一款葡萄酒都应该具备与其名气相衬的品质，这样，消费者在超市货架的任何地方都可以不依赖“专家”意见找到优质的葡萄酒。

对许多消费者而言，葡萄酒的品评所反映的是其应有的品质，这是葡萄酒卖出高价的关键所在。因此，大多数为消费者准备的葡萄酒品尝活动都意在引导消费者产生这种印象，这往往会夹杂着外在因素，比如，葡萄酒的价格、生产商或酒庄的声誉，或对陈年葡萄酒的赞誉。然而，对大多数人来说，葡萄酒的首要价值在于能够使人愉悦。归根结底，葡萄酒商、零售商和研究者们应该意识到，他们需要将关注点更多地放在了解葡萄酒中哪些属性最有可能提供这种愉悦感上。最初使人不快的葡萄酒只有在嗜酒者眼里仍然有吸引力。因为他们认为，或者说是希望，通过适当的储存，他们的耐心将换来独特的愉悦感受，以此来证明在这款酒上付出的大量花费（往往会是这样）是值得的。

感官分析的最大价值在于它有可能帮我们更好地理解葡萄酒的基础品质。然而，在这些品质的化学来源被研究清楚之前，常无法得到长期的应用。这是研究影响葡萄、酵母和细菌次生代谢细微性变化（即那些最终影响我们感官的独特方面）条件的前提。化学因素对于理解不同的葡萄品种、风格和产区带来的感官特性的渊源以及如何以合理的方式处理它们以应对气候变化的挑战，均是必不可少的。酿酒师可以通过混酿来创造奇迹，尽可能地优化葡萄酒的品质，如果更好地了解混酿带来的化学和心理生理学方面的益处，即使无法改进其品质，也会加快这个过程。

缺乏一个清晰、客观、普遍接受的描述品质的定义（也可能因为根本无法获得）也是限制葡萄酒品质研究进程的一个原因。品质是一种心理构建，其理想状态是基于大量地品尝葡萄酒，而不是构建于可能与感官品质无关的外来因素。因为葡萄酒被认为是一种高级饮料，所以它通常被视为一种艺术形式，并因此受制于权威人士的品味，至少对于那些寻求指导的人来说是这样。大多数资深爱好者有足够的见识，很少受广为流行却没有意义的量化分数的影响。他们意识到，美酒是葡萄酒酿造工匠们的作品，与艺术馆的画、古典音乐或者优秀文学作品一样不能按照百分制进行打分。对大多数消费者而言，容易购买、价格低廉、没有不愉快的味道是葡萄酒可接受（品质）的关键因素。尽管如此，葡萄酒的畅销书作家们仍然笔耕不辍地对葡萄酒进行评价，仿佛人们真的关心、相信或者记得住他们那丰富思维所编织出的华丽幻想。对于那些渴望成为速成专家的人来说，言语上的天花乱坠具有很大的吸引力。如果这样的“评判”对真正好的葡萄酒生产者的利益不会造成损害，那就无关紧要了，“标签酒徒”尤其如此。他们似乎更感兴趣的是拥有最新美名（或高分）的葡萄酒，而不是对葡萄酒感官价值的评价。在研究葡萄酒初期，我也被那些所谓的专家所欺骗，直到我不小心品尝了一些令人惊叹的葡萄酒，当价格大约是他们所极力推荐的干涩葡萄酒（具有未成熟柿子的感受）价格的 10% 时，他们的建议并没有给葡萄酒带来“上帝的礼物”的印象。

感知到的信息是被处理出来的而非传递来的，意识到这一点很有用。这一信息已在那些有高度局部中风或者特定感官缺陷的人群中表现得特别明显。例如，受到以上病灶或者缺陷影响的人可能可以区分物体，但不能区分颜色；可以完美地跟踪物体，但不能识别它们；不能识别人脸，但容易识别其他物体。我们的感觉系统主要是快速地感知、识别和响应时间、空间或属性（那些具有潜在生物学意义的属性）上的片断，以避免由分析缓慢、渐进的变化所导致的时间和处理需求。我们的大脑快于计算机压缩算法是因为忽略了均匀区域，同时集中在变换区域上。

在评判性品评中，尝试去否定根深蒂固的偏见对知觉的影响尤为重要。这些发展很大程度上是无意识的，与个人经验有关，或者是从外部来源灌输的。人们可能会明确表示赞同这样的来源，但这是真心的还是出于顺从、自欺欺人，或是礼貌性的沉默，都尚不确定。同样，人们必须谨慎地解读感官数据的表面价值。显而易见的事情并不总是真实的，反之亦然。好比几千年来，人们是如此笃定地认为太阳是围绕着地球旋转的，因为大脑天生会构建基于经验的模型来阐释感官输入的信息，所以我们必须时刻保持警惕，以使我们的思想不被这些感知所左右，从而使我们真实地去了解我们的感官输入的信息。

品尝技巧总是因人而异，但这里所描述的程序是通过综合设计以最大限度提高感官检测能力。因此，对于那些参与感官分析或酿酒的人来说，这是特别恰当的。虽然是分析性的，但这个过程对于任何想要感知葡萄酒带来的感官愉悦的人来说也是有用的，也许是以更为简化的形式。重要的是，任何人都不要抱有幻想，认为区分品种或地区风格是件容易的事（至少是一贯地）。为了清楚地表达，许多因素必须同时进行。葡萄酒必须由具有独特品种香且在有利于其生长发育的条件下生长的葡萄酿制而成，并且葡萄酒必须在品种和/或区域特征充分表达的条件下发酵和陈酿。尽管值得拥有和那些极具潜力的特性增强了葡萄酒的感官吸引力，但这些属性对享用并不重要。毕竟，葡萄酒之所以被消费是因为它所带来的愉悦感受。葡萄酒可能会周期性地被“剖析”或膜拜，但并非会一直如此。

小型酒庄不大可能雇用专门的员工进行细致的感官分析。它们的葡萄酒通常是基于酿酒师/酒窖主管的味觉而生产出来的，被视为有创意的手工产品。葡萄酒之所以畅销，是因为有足够多的顾客接受他们的看法。并且大多数消费者不总是有鉴赏力的或过分苛刻的。作为顾客，往往会被别人说服或接受别人的意见，这并不是有意贬低，而是事实。一些小酒庄绝对可以生产出优质的葡萄酒，它们的员工拥有非常娴熟的技艺。虽然是同样的工艺，但是能力不足的工人生产的是平庸的甚至难以留下印象的葡萄酒。对于大型酿酒厂来说，情况完全不同。它们的葡萄酒在国际上销售，以百万升的数量生产，并在远离与酿酒厂员工直接接触的地方销售。很多成功品牌的创建和推广需要最敏感和关键的感官评估程序来完成的混酿和调配技术。数以百万计的美元和股东利润可以由混酿者和评估小组做出的决定来实现，没有犯错的余地。品质控制是至关重要的。

本书从带领读者通过葡萄酒品尝全过程开始，引出感官的心理生理学讨论。接着详细介绍了葡萄酒品评的最佳条件、品酒小组的选择与训练、各种感官过程的表现及其意义的分析。随后，葡萄酒的分类以及葡萄酒品质的起源相关内容涵盖了葡萄酒与食物搭配的研究。

虽然在过去的几年里，在理解感知方面已经取得了重大进展，但是知觉是相对的，这一点也越来越清晰。一个人的感知不仅取决于感官灵敏性和训练程度，还取决于他的成长和生活经历、当时的情绪、健康状况以及品尝环境。在有限的范围内，后者可能是影响葡萄酒感知品质的最重要的方面。葡萄酒品质的教条主义好比福特T形车一样过时了。

由于食物和葡萄酒之间的历史和文化联系，这个话题比书中的任何其他章节更令人觉得有趣。尽管如此，最好的葡萄酒通常在单独品尝时才表现出好的品质。举个例子，在佐餐时人们很少能注意到葡萄酒的变化和余味。为了更容易感受到葡萄酒的品质，行家经常在餐前进行葡萄酒分析，或者放慢速度品尝葡萄酒并且佐以简单且风味清淡的食物。同样的，如果单独品尝开胃酒和甜点酒，它们通常会更易于被充分品味。

如同对生活中其他虚幻东西的追求一样，品尝优质葡萄酒所带来的满足感和幸福感是许多酒迷最在意的。在一个设施完美、高雅精致的用餐环境中，这种需求会被进一步强化。额外的好处之一在于吃的乐趣可以与单纯地解决饥饿相脱离。此外，将葡萄酒与食物搭配也可以避免用餐时可能出现的味觉乏味单一。除了那些无条件接受专家意见的场合，仅仅是从酒单中挑选一款酒，这种参与本身就可以给人带来诱人的满足感。

葡萄酒是非常好的佐餐饮品，可以帮助净化味觉，同时提供一种独特且令人满足的感觉，让用餐时刻升华为对生活的崇高敬意。反过来，食物也能刷新葡萄酒风味所带来的口感。兼容性主要取决于它们的差异，而不是相似性。从这个角度讲，葡萄酒可被视为一种食品调味品。相应的，食物和葡萄酒组合的中心原则是葡萄酒的属性不应该与食物冲突，也不应该与主要食物风味相比显得过于平淡。当然，这是基于个体的味觉敏感性以及对平衡概念的接受程度。虽然这是一个有趣而又无休止的话题，但是过度关注如何搭配，可能会辜负了美酒美食带给我们的滋养身心、愉悦放松的美好时光。

希望本书所包含的信息能让读者摒弃生活中一些常会影响葡萄酒鉴赏的、基于经验的偏见。无论经常与否，你应该像质疑别人的观点一样质疑你自己的看法。研究表明，对于大脑的高级认知中心和我们的感觉受体的响应性而言，期望或暗示都是相当强有力的。了解大脑如何潜在地“误导”我们，可能有助于我们驾驭现实生活中的大脑模型。通常，人们倾向于主导权而非被动权。

最后，我希望你愿意花时间放松并思考食物和葡萄酒所带来的完全的感官体验。葡萄酒可以润色我们在这浩瀚宇宙一隅短暂却也丰富的旅行。但是，为了达到更神圣的效果，请和对你来说特别重要的那个人一起体验。对我而言，我对葡萄酒的所有顿悟都是和 Suzanne 在一起时产生的，我们悠闲地品尝着美食，搭配着我们不熟知的葡萄酒（令人惊喜的元素）。虽然我才是做葡萄酒学术研究的那个，但我们俩就喜欢在一起品评葡萄酒，分享我们的观点，并对彼此的感受着迷。

下面分享 André Simon 非常杰出的一句话，他是这样定义鉴赏家的：

“一个懂得葡萄酒的优劣且能够欣赏不同葡萄酒的不同优点的人。”

致 谢
Acknowledgments

如果没有无数研究人员的献身精神，人类感官和知觉的复杂性将仍然是个谜，也就不会完成这本书。

非常感谢我的学生、感官小组测试的参与者、MLCC 外部品尝小组、Manitoba 酒类控制委员会以及 Elsevier 给了我们对葡萄酒从实践和理论两方面进行评价的机会。

最后，当然不止于此，我必须感谢 Elsevier 工作人员所提供的协助，特别是 Nancy Maragioglio。他们的帮助和鼓励对这本书的出版至关重要。

目　录

Contents

1

导 言
Introduction

葡萄酒作为生活中最好的饮品之一，值得被高度重视。然而，没有哪个品尝流程是普遍被采用的。大多数经验丰富的品酒师都有自己的首选方法。虽然详细的感官分析对评判性品尝至关重要，但对大多数消费者来说太过精细。评判性品尝和大众品评的差别有点类似于分析乐谱和演奏乐谱的差别。评判性品尝将一种或几种葡萄酒与真实或记忆衍生的原型标准进行比较。相比之下，佐餐酒被设计成品尝美食时的液体调味品。由于餐厅的社会性和享乐性的干扰，对葡萄酒的评价不适合放在餐厅。然而，即使在餐厅，定期地关注葡萄酒的特性也可以增强食客对它的认知。

品尝流程
Tasting Process

图 1.1 概括出的品酒流程是几个世纪以来各种观点的综合以及从品评者那里获得的经验。第一个详细描述葡萄酒品尝的记载始于 Francese Eiximies（1384）。有趣的是，他对品尝的评价是轻蔑的，把葡萄酒品评过程同当时的医生如何分析病人的尿液相提并论。虽然没有一个品酒流程对每个人或者在所有情况下都适合，但图 1.1 提供了一个基本要求。也许最基本的要求是意愿、渴望和注意力能够集中在葡萄酒本身的内在属性上，同时尽可能少地利用可能扭曲感知的外在信息。用国际标准化组织（ISO）的黑色品尝杯（插图 6.1）进行葡萄酒品尝是隐藏视觉细节的理想选择，因为这些视觉细节（如那些暗示品种、来源地或酒龄的特征）可以改变感知。这会阻碍对葡萄酒的外观欣赏，迫使品酒师专注于葡萄酒的基本感官特性。

Peynaud（1987）提倡在着手进行葡萄酒评价前，先用葡萄酒样品漱口。特别是对不常见的葡萄酒，这可以让品酒师熟悉葡萄酒的基本属性。只是，在大多数情况下，这样的做法似乎并不明智，最好是在不设预期的情况下品尝每种葡萄酒。Peynaud 还警告不要在样品之间清洁口腔，他认为这会改变敏感性，使葡萄酒的评价变得复杂化。就这个建议而言，他的说法与其他专家不一样。他建议只有当口腔疲劳时才清洗口腔。Peynaud 的观点假设品酒师能够准确地感知他们的感官何时已经适应或正在适应，这是值得怀疑的。大多数数据表明，应该鼓励品酒师在样品之间清洁口腔，尽可能避免味觉适应改变感知。理想情况是每款葡萄酒都在统一的条件下进行评估。不过，当品尝非常复杂的葡萄酒时（如年份波特），嗅觉适应是有意义的。它可以让芳香化合物“解蔽”，这些化合物在嗅觉适应更强烈的香味物质之前是无法被感受到的（Goyert et al.，2007）。在整个品尝过程中，葡萄酒上方顶部空间气体的组成是动态变化的，因此长时间的品尝提供了在这个过程中感受香味物质的定量和定性变化的机会。这些变化发生在杯中和口中。目前对这一神奇的动态变化现象的理解，仍处于起步阶段（Brossard et al.，2007；Baker and Ross，2014）。

每个样品都应该用大小一致、透亮的郁金香形葡萄酒杯且每个杯中的葡萄酒体积一致（酒杯体积 1/4～1/3）。

I. 外观

1. 将装有酒样的杯子倾斜 30°～45°角，在光线充足的白色背景下观察酒液。
2. 分别记下葡萄酒的：
   澄清度（是否有浑浊）
   色调（暗淡还是鲜亮）和深浅（颜色的强度或者色素量）
   黏性（对抗流动的程度）
   起泡性（主要是起泡酒）

II. **酒杯中的香气**（In-glass）

1. 在摇杯之前，把每个样品放在鼻前闻一下气味。
2. 感受学习并记录下香气[a]的特征和强度（图 1.3 和图 1.4）。
3. 摇转酒杯，让葡萄酒中的香气物质完全释放出来。
4. 先在杯口闻摇杯后的香气接着再往深处闻杯里的香气。
5. 感受并记录下香气的特征和强度。
6. 以上述方法对其他样品进行闻香。
7. 进入品尝葡萄酒的步骤 III

III. **口腔内**（In-mouth）**的感受**

（a）味道和口腔的感觉

1. 喝一小口（6～10 mL）样品在口腔内。
2. 让葡萄酒在口腔内流动，使其接触到舌头、上腭以及口腔里所有的表面。
3. 记下不同的味道（甜味，酸味，苦味）的不同感受部位，以及分别是什么时候感受到的、感觉持续的时间、感觉和强度是如何变化的。
4. 集中注意力体会以下几种触觉（口腔触感）：收敛感、刺痛感、酒体厚重感、温度以及热感。
5. 记录下这些感觉以及它们互相结合所给予的综合感受。

（b）气味

1. 记录下在温度较高的口腔内葡萄酒的气味。
2. 吸气使空气穿过口中的葡萄酒从而促使酒中的香气物质释放，感受释放出的香气。
3. 集中注意力体会这些香气的特征、变化以及持续时间的长短。记录下在口腔内和酒杯中感受到的香气的所有不同之处。

（c）回味

1. 让上述步骤中穿过葡萄酒吸入的气体在肺腔中停留 15～30 s。
2. 将酒咽下（或者将其吐到吐酒桶中）。
3. 将经过口腔温热后的酒的气味通过鼻腔呼出。
4. 以这种方式感受到的任何香气被定义为酒的回味；它通常只能在最好的和最芳香的葡萄酒中才可以体会得到。

[a] 尽管从专业上讲香气分为果香（来自葡萄本身）和酒香（来自发酵过程、加工处理过程以及陈酿过程），描述性的术语都可以将这些表达出来。

IV. **余味**

1. 集中注意力体会逗留在口腔内的嗅觉和味觉的双重感受。
2. 与之前记录的感受相比较。
3. 记录下它们的特征和持续时间。

V. **重复品评**

1. 从步骤 II. 3 开始重新评价所有酒样带来的芳香以及味道的感受——理论上讲最好有几次重复，间隔在半小时以上。
2. 感受每个样酒的持续性和它的发展变化（在风味和强度上的变化）。

最后，对葡萄酒的愉悦感、复杂性、微妙感、高雅感、强劲性、平衡感以及难忘程度做一个全面的综合评价。当你有了一定的品酒经验，你就可以尝试品评葡萄酒的潜力——也就是经过陈酿或者储存后，酒的风味特征改善的可能性。

图 1.1　葡萄酒品尝步骤

大多葡萄酒评判性评价都是用透明的郁金香形酒杯，如ISO品酒杯（图1.2；插图5.13左侧）品尝葡萄酒。起泡葡萄酒是个特例，用笛形杯便于对葡萄酒的起泡性（插图1.1）进行详细的分析，或者当细小闪烁的气泡从杯底升腾到表面时给人单纯的闪烁感觉。由于笛形杯的狭窄，倾向于将酒盛到离杯口很近的位置，阻止了葡萄酒的有效旋转和葡萄酒上方香味物质的集中。不过，这些问题在气泡升腾至表面（插图1.2）后破裂时得到了部分弥补。数以千计的微小酒滴被扩散到空气中，从而增强了葡萄酒芳香物质的挥发。

所有用于对比品尝的玻璃杯应该都是一致的，由晶莹剔透的玻璃制成，并将酒盛到杯子相

插图1.1　一种笛形杯盛装的起泡酒的起泡性示意。注意在酒杯边缘的泡沫线（资料来源：R.S. Jackson）。

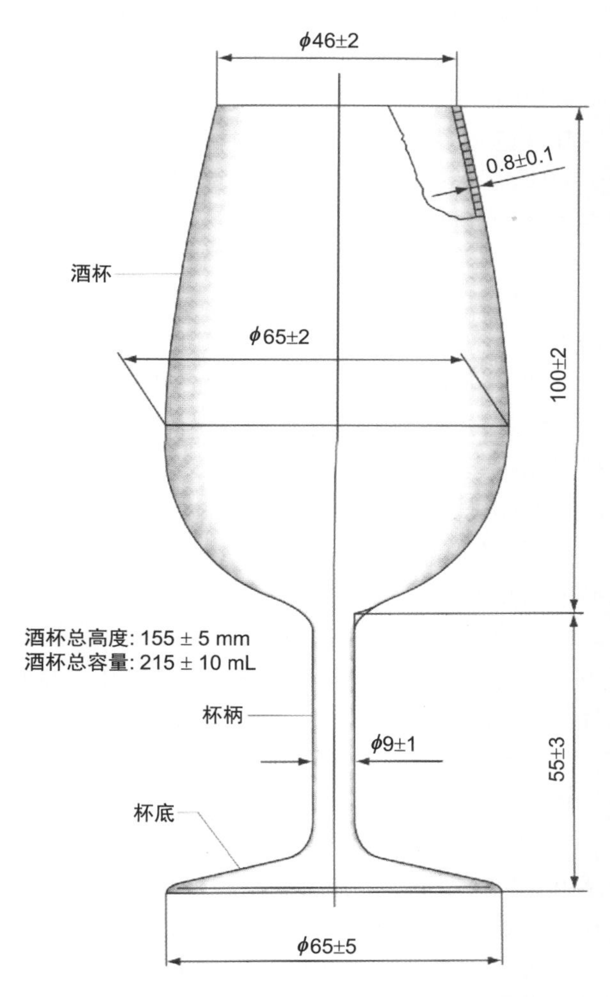

图1.2　国际标准化组织（ISO）葡萄酒品评专用杯，以mm为单位（资料来源：经瑞士日内瓦国际标准组织许可）。

插图1.2　笛形杯中的香槟表面气泡破裂而形成的飞沫喷射（资料来源：Collection CIVC Copyright Alain Cornu）。

同的高度（1/4～1/3 杯），这有助于在同等条件下对每个葡萄酒进行品尝。酒样在 30～50 mL 对大多数评价是足够的。小体积不仅经济，而且还便于倾斜角度握持酒杯（用于观察颜色和澄清度），并可以用力旋转（增强芳香物质的释放）。只有在葡萄酒之间的颜色差异相当明显，并且可能对葡萄酒风味产生感知偏见的情况下，才应该用黑玻璃杯盛装葡萄酒（或在低强度、扭曲颜色、红光照射下）。

外观（Appearance）

如上所述，除了在外观上可能过度误导评价的情况外，葡萄酒的视觉属性是最先被评价的。为了改善透光性，在观察时，酒杯与明亮的白色背景呈一定的角度（一般呈 35°～45°），葡萄酒在杯中的边缘呈现出不同的层次，便于观察酒的全貌。

通常研究葡萄酒的外观只因为它能带来愉悦感，但它也可以为随后的其他感受提供一些线索。虽然颜色是酒给人的第一印象，但特定的颜色并不总是与基于经验的期望相关。颜色可能误导你的判断，这与品尝者的经验有关，往往会影响他们的感知。不过，葡萄酒外观的某些情况可能预示着特殊异味的出现。虽然有预示作用，但不应过度地依赖颜色来判断葡萄酒。评价应基于对葡萄酒感官特性的全面和诚实的评估。

澄清（Clarity）

所有的葡萄酒都应该是清澈透明的，唯一的例外是在酒窖的橡木桶中直接取样品尝。一款正在成熟的葡萄酒可以预料到会有一些浊度。尽管其不大影响葡萄酒的味道或芳香特性，但瓶装葡萄酒的浑浊被认为是一种缺陷。因为大部分浑浊的来源已为人所了解并能够加以控制，所以清澈透明的酒体是现在的标准。即使是陈年红葡萄酒中的沉淀物也相对较少。小心地将瓶子移到桌上，然后缓慢而小心地倾倒，可以避免浑浊物质被扰动并再次悬浮起来。

颜色（Color）

葡萄酒的两个最重要的颜色特征是它的色调和深度。色调是指颜色明暗或者色彩基调，而深度是指颜色的强度。这两个方面都可以体现葡萄酒的特征，比如，葡萄成熟度、皮渣浸渍持续时间、桶储时间以及酒龄。不成熟的白葡萄酿出的葡萄酒几乎没有颜色，充分成熟的白葡萄酿出的酒则为浅黄色。提高葡萄的成熟度可以增强葡萄的潜在颜色强度，进而增强白葡萄酒和红葡萄酒的颜色强度，但这种作用并不总是有效的。这种潜在的颜色加深的程度依赖于发酵前或发酵期间皮渣浸渍持续的时间长短。在橡木桶中，后熟有利于因酒龄而发生的颜色变化，也对酒体颜色强度进行了初步强化。随着酒龄的增加，白葡萄酒的金黄色色调逐渐加深，红葡萄酒的颜色变浅，最后所有葡萄酒都将呈现褐色色调。

影响颜色呈现的因素太多，所以很难断言某种特殊色调对葡萄酒意味着什么。只有得知了葡萄酒的来源、风格和年龄，颜色才有可能表明其“正确性”。非典型的颜色常常是葡萄酒缺陷的体现，但颜色本身不具有诊断性。对特定样本了解得越少，颜色在评估质量方面的价值就越低。

倾斜酒杯可以更好地呈现葡萄酒颜色的不同层次。对着明亮的背景观察，颜色深度的变化呈现出一系列色调和强度的属性。Pridmore 等（2005）对这些现象进行了详细的讨论。倾斜也可以用于光谱分析葡萄酒的颜色（Hernández et al.，2009）。

葡萄酒倾斜时产生的边缘是较好地衡量葡萄酒大致年龄的一个指标。紫红色到淡紫色的色调是红葡萄酒年轻的标志。相比之下，同一区域的砖红色通常是老化的第一个指标。颜色深度的最佳测量方法是从酒杯的顶部向下看。

与颜色相关的评价中，最困难的任务就是如何恰到好处地表达出这些印象。目前还没有形成对葡萄酒颜色评价的公认术语。虽然存在 Munsell 颜色系统，但它既不容易操作，也不适用。相比之下，CIELAB 颜色坐标科学有效，但是对葡萄酒品尝中的颜色分析基本上没有意义。颜色术语通常很少能使用一致或者有效的方式记录。很多品酒师则会在品评表中滴上一滴葡萄酒。虽然这样做比较客观，但它甚至做不到暂时性地保存葡萄酒颜色的准确记录。

在一种有效的、实用的酒色标准被开发出来并被广泛接受之前，使用几个简单的术语可能是最好的方法。描述红葡萄酒颜色的术语有紫色、红宝石色、红色、砖红色和黄褐色；描述白葡萄酒颜色的术语有麦秆黄色、黄色、金色和琥珀色，这些倾向于被普遍接受。将这些色调术语与描述颜色深度的修饰语相结合就可以形成一组较为适当的表达术语，如淡的、浅的、中等的和深的。这些术语表达的内容明确便于有效沟通。

黏性（Viscosity）

黏性是指葡萄酒对于流动的抗性。影响黏性的主要因素有糖度、甘油含量以及酒精浓度。一般来说，人能感觉到的明显黏性差异只能在餐后甜型葡萄酒和高酒精度葡萄酒中找到。黏性在多数葡萄酒中的差异较小，而且涉及很多原因，所以很少能用于酒的评价。黏性常常被很多专业的品酒师忽略掉。

起泡性（Effervescence）

静止佐餐酒中沿着酒杯的侧面和底部偶尔会形成气泡，偶尔也会在嘴里引起轻微的刺痛。这并不代表什么，只是早期装瓶时酒中融入的发酵过程中产生的过多二氧化碳未能获得释放的结果。极少地轻微冒泡是由瓶中的苹果酸–乳酸发酵产生。过去，腐败微生物的活跃可能会产生轻微的气泡，但是目前这种情况极其罕见。活跃的和连续的起泡通常只存在于起泡酒（或人工碳酸化的酒）中。对于起泡酒来说，气泡的大小、数量和持续时间是非常重要的品质特征。

酒泪（Tears）

酒泪（也被称为酒溪或者酒腿）是摇杯后葡萄酒沿杯壁流下所形成的。酒泪是葡萄酒酒精浓度的粗略指标。除了可能产生一些刺激的感觉或者视觉享受外，酒泪是感官评价中细枝末节的部分，并不重要。尽管如此，在旋转过程中附在杯壁的葡萄酒膜有利于芳香化合物的释放，增强葡萄酒的香味。

气味
Odor

在评价葡萄酒香味时，要对其进行定性、定量和时间评价。气味定性是指葡萄酒独特的感官特征，常常以某些特定物体（例如，玫瑰、苹果、松露）、类别（例如，花、水果、蔬菜）、个人经验（例如，谷场、干草地、商店）或情感/审美上的感知（例如，优雅、微妙、精致、复杂、芬芳）相关的术语来表示。定量方面指的是知觉的强度，包括对某个特定气味品质的定量或对总体气味感受的定量。时间方面指的是在重复品尝过程中，香气在酒杯和口中的品质与强度的变化情况。

气味 – 杯中
Orthonasal (IN-GLASS) Odor

在摇杯之前，最好先在杯口上方闻葡萄酒的香味。这样可以先对葡萄酒中最易挥发的芳香物质进行初步评估。在比较几种葡萄酒时，通常更容易的方法是将杯子紧挨着放在靠近桌子或柜台边缘的位置，在杯子边缘对每个样品的香味进行快速评价，而不是按顺序将每个杯子举到鼻子边闻。而有些品酒师倾向于采用另一种方法，就是用手在杯口挥动来将芳香物质扫向鼻子。摇杯之前，一些品评人员会接着将他们的鼻子深深地探入每一个酒杯肚内，与之前在杯口闻时的感受相比较。

尽管简单，有效的摇杯动作还是需要一定的训练。对于那些不熟练的人来说，一开始可以慢慢地在水平面上旋转酒杯底部。这个动作是循环地肩带动手臂的旋转，而不转动手腕。拿着杯柄能很好地控制，并可以逐步更剧烈地摇杯。一旦熟练了这个动作，品酒师就可以开始用手腕旋转，慢慢地让酒杯离开水平面。偶有一些品酒师的持杯方式是把杯底边缘放在拇指和弯曲食指之间。虽然这样也可以，但是看上去略显做作和傲慢。更安全的方法是握住杯柄和杯底。

芳香物质仅在葡萄酒与空气的交界面释放，摇杯后葡萄酒在杯壁上形成的膜增强了芳香物质的挥发释放。此外，摇杯搅动葡萄酒，不断地补充表面的芳香物质。不摇杯芳香物质向表面的扩散比较缓慢，酒体内部对流的作用微乎其微（Tsachaki et al.，2009）。摇杯对于挥发性强的化合物特别重要，它们会迅速从表面挥发殆尽。现在流行的“快速醒酒器”事实上是一个较差的摇杯替代品。更糟糕的做法是把葡萄酒在醒酒器之间来回地倾倒。虽然这有助于挥发，却剥夺了所有观察香气“逐步打开”（发展）的机会。为什么盲目追求所谓的最佳时刻？葡萄酒中大约只有 0.5% 的成分是芳香物质，而且最具影响力的芳香化合物的含量更是微乎其微！在品尝前就强调香气损失是不明智的，这样会错过许多可能的感官愉悦。

郁金香形 ISO 酒杯的弧形侧面不仅有助于葡萄酒顶部空间中聚集的挥发物的释放，还利于进行剧烈摇杯。影响芳香物质随时间变化的相对释放度的其他因素包括葡萄酒中溶解的和结合较弱的气味物质之间的平衡以及葡萄酒的表面张力。

连续品尝中在杯口和杯肚不同浓度的芳香物质给人的感受是有区别的。通过尽可能多地留意、归纳和演绎推理，有可能识别品种、风格、工艺、年份和区域属性。而这种可能的实现通常需要多次的尝试、丰富的经验以及精湛的技艺，甚至需要直觉。葡萄香气作为葡萄酒独特品质的主要来源，对其进行分析应该是评价中的重中之重。Murphy 等（1977）认为我们饮食当中 80% 左右的重要感官信息都来自嗅觉。

在实验室条件下进行品尝，通常会在酒杯口盖上盖子。可以用密封的塑料培养皿盖（参见插图 5.1）、小的树脂玻璃片（参见插图 7.8）或者医用表玻璃，甚至咖啡杯盖也可以。使用盖子有多种目的。对于芳香浓郁的葡萄酒而言，盖子阻止了品酒室的芳香污染，特别是那些通风性差的品酒室。这种污染会干扰香气淡雅葡萄酒的评价。如果葡萄酒是在品酒前倒进杯中的，那么盖子可以防止在倾倒和取样之间的时间段内香味的损失。此外，盖上盖子可以进行有力的摇杯（通常是用食指紧握盖子）。当葡萄酒只有微弱的香气时，这一点尤其有用。

有效的嗅觉感知不需要特殊的吸入方法（Laing，1983）。嗅觉识别通常用鼻子一闻就可以了，至少是对于简单的香味溶液而言（Laing，1986）。典型的气味往往持续约 1.6 s，吸入速度为 27 L/min，并涉及大约 500 cm^3 的空气（Laing，1983）。持续时间和活力通常是其固有的属性，并且与气味强度、令人不悦度和易于识别度成反比（Frank et al.，2006）。因此，至少对于实验室条件下的单一化合物而言（Laing，1982），虽然多闻半秒不会对气味识别带来多少改善，但延长闻的时间可能有助于芳香中性葡萄酒的品评。然而，长期吸入会产生对某些芳香物质的适应而失去敏感性的风险。因此，短嗅和更长时间吸入的配合可能才会达到最佳效果。要达到最佳效果唯有对每一款葡萄酒进行实验。

有目的地去闻本身就可以激活大脑的嗅觉中枢（Sobel et al.，1998）。这类似于味觉皮层因品尝行为而被激活（Veldhuizen et al.，2007）。此外，吸气的强度影响各种气味沿着嗅觉黏膜沉积的效率（Kent et al.，1996；Buettner and Beauchamp，2010）。气味物质是以不同的速率被黏膜层吸附并扩散开来的。因此，这可能是在评价过程中改变闻的强度的另一个原因（Mainland and Sobel，2006）。较长的吸入似乎使鼻中隔两侧的气味感受相等（Sobel et al.，2000），从而消除了鼻孔之间特定流速差异的任何可能的影响（Zhao et al.，2004）。

虽然延长吸入的时间会引起对大多数芳香化合物的适应，但适应对于一些芳香性复杂的葡萄酒，尤其对年份波特而言，却可以多提供信息。随着某些嗅觉受体的适应，反而可以感受到其他一些未被注意到的化合物或这些化合物联合对香气产生的影响。

当开始对一系列葡萄酒进行协调性气味评价时，每次取样应间隔 30～60 s。大多数嗅觉受体似乎都需要这么长时间来重新建立它们内在的敏感性。此外，对葡萄酒挥发速率的测定表明，香气物质在葡萄酒顶部空间的自我补充至少需要 15 s（Fischer et al.，1996）。因此，评价最好是从容不迫地进行，这也体现了“欲速则不达”。

在比较品评中，葡萄酒的属性应该在 20～30 min 或以上连续和反复地进行评价。虽然这似乎有些过度，但对葡萄酒感官特征进行详细的评估和记录，需要付出相当大的努力。此外，香气物质的发展变化和持续时间等方面的特征是需要时间来展示的。发展变化和持续时间是优质葡萄酒都应该呈现出来的重要特性。只有拥有杰出的感官禀赋，这些优质葡萄酒才配得上较高的价格。循序渐进地集中精神于一系列葡萄酒的香气和风味也会降低品尝过程中产生感官疲劳的可能性。

不管评估是如何进行的，尽可能清晰、准确地记录嗅觉印象非常重要。这对于所有人来说，都是说起来容易，做起来难。这可能是因为我们没有从小就开始建立语言与嗅觉的联系。在没有相关的视觉线索时，说出常见香气的名称就很困难。这种情况被称为“鼻尖”现象（Lawless and Engen，1977）。

记录嗅觉感知的一个优点是利于将注意力集中在区分葡萄酒的核心芳香特征上。除了专门的感官评价外，实际所使用的术语并不会比它们与使用者的相关性重要。分析葡萄酒的感官属性对于酿酒师或感官科学家来说是必不可少的，但对增强感官鉴赏力则不一定。葡萄酒的价值并不等同于它的感官属性的总和，如一首诗的价值不仅仅在于它用了多少明喻、隐喻或类比，或者它用的是怎样一种韵律模式。最复杂的风味感知事实上是大脑的创造，就像我们对颜色的感知一样。气味感知始于特定神经元的激活，但很快就与其他相关神经元发生相互作用，这些相互作用通常发生于大脑中的几个独立的中心。这些中心与已建立的气味记忆中心相连，整体构建起我们对气味的自觉感知。因此，任何可识别的香味，无论是葡萄酒、咖啡、丁香，还是炸培根，都是大脑额叶区域内多种神经元协调作用产生的独特组合（图 3.11 和图 3.38）。

为了进行更详细的感官分析，品酒师通常使用专门为特定研究项目设计的样品进行训练。在品尝过程中通常提供各种术语的参考样品（附录 5.1 和附录 5.2）。葡萄酒香气和不良气味图谱（图 1.3 和图 1.4）可以帮助开发和维护一套通用的葡萄酒术语。术语有助于编写葡萄酒特殊组群独特的芳香属性，类似于体现特定作曲家音乐风格的特征音符和声模式。然而，如果没有直接和大量的培训，准确使用最详细的描述用语层级是困难的（例如，紫罗兰、黑加仑、松露）。一般来说，中级术语（花、浆果、植物）似乎更适用，并且被大多数人更有效地使用。同时，消费者需要认识到图 1.3 和图 1.4 所示的气味图谱并不是对葡萄酒芳香特征的精准描述。它们只是提出了一些葡萄酒更具特色的风味特征。这类似于房屋建筑图与房屋本身的区别。最坏的情况是，过分关注这些描述用语会让一些消费者认为，因为不能识别这些所谓的特征，所以他们天生就欣赏不了葡萄酒。分析可以提高鉴赏力，就如能够辨别出花园中各种植物都是什么，但对于享

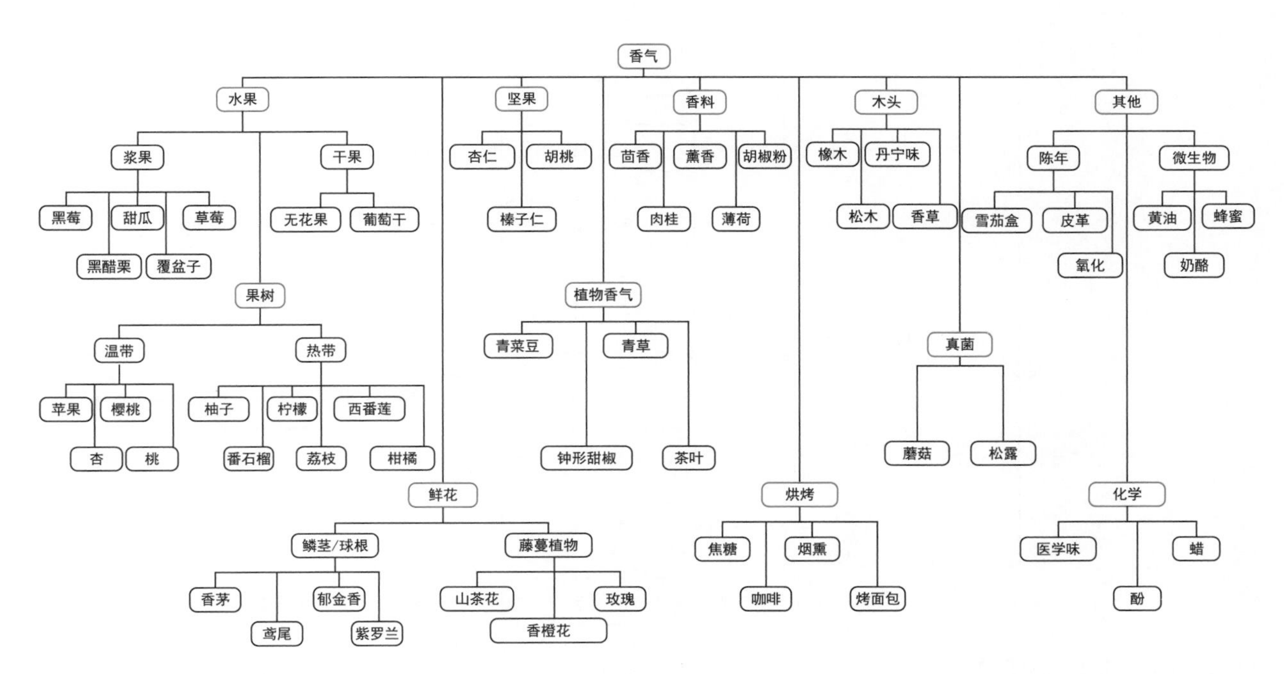

图 1.3 葡萄酒香气图谱（资料来源：Jackson，R.S.）。

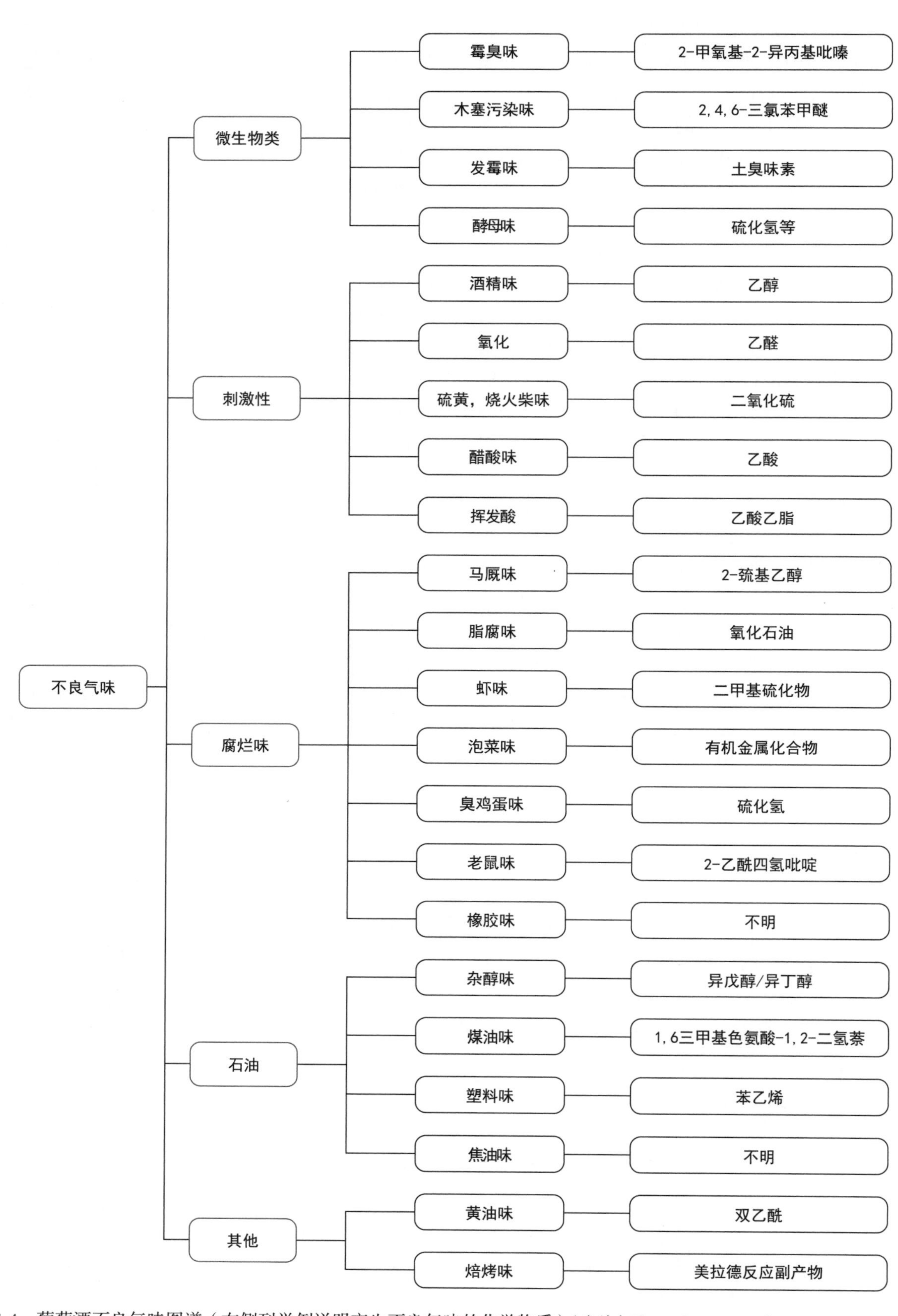

图 1.4　葡萄酒不良气味图谱（右侧列举例说明产生不良气味的化学物质）（资料来源：Jackson，R.S.）。

受漫步于花园中的美好而言，它并不重要。

因此，消费者过分强调描述性术语会适得其反，尤其是在葡萄酒鉴赏课程中。图表只能用来鼓励人们去关注葡萄酒的香气。一旦将专注于葡萄酒的嗅觉特性的重要性变得根深蒂固，描述特定水果、花卉、植物香气的术语就会变得局限或产生消极的影响。为了提供信息而编造新奇的术语，既是多余的，也是故弄玄虚。这潜在地加剧了人们用语言描述嗅觉感受的实际困难。对一般消费者而言，更有利的是集中精力学习识别各种果香、生产风格、陈酿醇香和其他特征的感官差异，而不是如何用语言来表达这些特征。人们不会用准确的语言来描述朋友的面部特征，却能立即认出他们。除了以研究为目的，描述性术语最好只用于描述性感官分析，这也是其最初被开发的目的。

在记录嗅觉时，好与不好的感觉都要记录。为此，需要使用合适的品评表。图 1.5 提供了葡萄酒鉴赏课程通常使用的品评表示例。这个品评表可以用 11 in × 17 in 的纸张复制，圆圈的位置放置六个酒杯。如需要的话可插入葡萄酒标签图片，如图 6.3 所示。用简易的葡萄酒愉悦感品评表也是合适的，如图 1.6 所示。品评表将在第 5 章和第 6 章中进行更深入的讨论。与合成照片类似除了静态的文字描述，在粗略的时间–强度尺度上画一条线可以有效地说明葡萄酒特征波动的动态性质，相当于蒙太奇方法（图 1.7）。Vandyke Price（1975）似乎是第一个用这个图解法记录葡萄酒定量和定性属性随时间变化的情况的人。这个过程简明扼要地呈现了品酒师对葡萄酒最明显的和不断变化的感受。它是最早被规范和精确描述的感官过程，这个过程被称为感觉随时间变化趋势（TDS）（Pineau et al.，2009）（见第 5 章）。

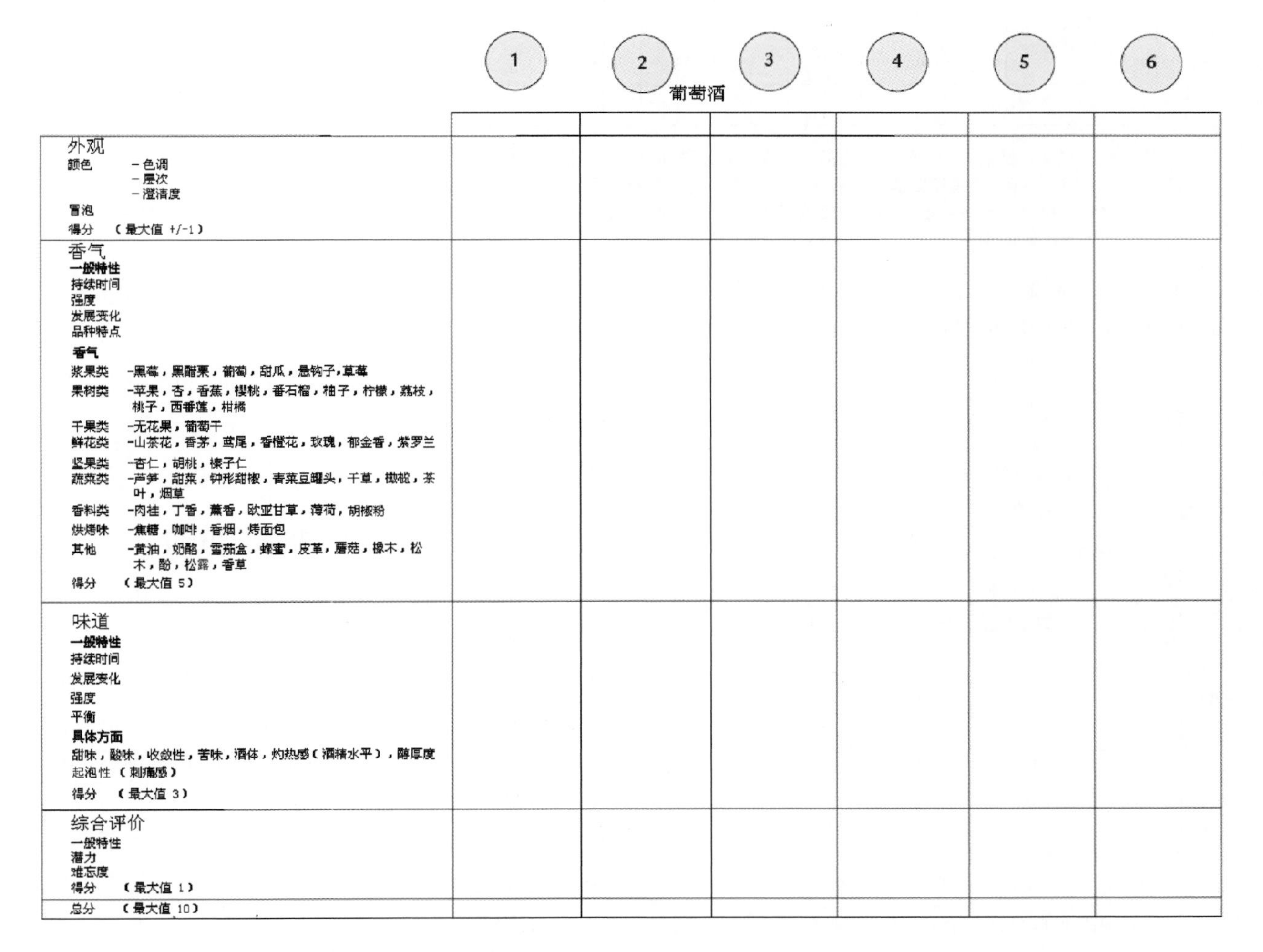

葡萄酒	1	2	3	4	5	6
外观 颜色 –色调 –层次 –澄清度 冒泡 得分 （最大值 +/-1）						
香气 **一般特性** 持续时间 强度 发展变化 品种特点 **香气** 浆果类 –黑莓，黑醋栗，葡萄，甜瓜，悬钩子，草莓 果树类 –苹果，杏，香蕉，樱桃，番石榴，柚子，柠檬，荔枝，桃子，西番莲，柑橘 干果类 –无花果，葡萄干 鲜花类 –山茶花，香茅，鸢尾，香橙花，玫瑰，郁金香，紫罗兰 坚果类 –杏仁，胡桃，榛子仁 蔬菜类 –芦笋，甜菜，钟形甜椒，青菜豆罐头，干草，橄榄，茶叶，烟草 香料类 –肉桂，丁香，薰香，欧亚甘草，薄荷，胡椒粉 烘烤味 –焦糖，咖啡，香烟，烤面包 其他 –黄油，奶酪，雪茄盒，蜂蜜，皮革，蘑菇，橡木，松木，酚，松露，香草 得分 （最大值 5）						
味道 **一般特性** 持续时间 发展变化 强度 平衡 **具体方面** 甜味，酸味，收敛性，苦味，酒体，灼热感（酒精水平），醇厚度 起泡性（刺痛感） 得分 （最大值 3）						
综合评价 一般特性 潜力 难忘度 得分 （最大值 1）						
总分 （最大值 10）						

图 1.5　一般葡萄酒的品评表（纸张大小通常为 11 in × 17 in）。

样品编号 ______	葡萄酒种类 ______	出类拔萃	非常好	比平均水平好	平均水平	在平均水平之下	差	很差	评　　价
视觉	澄清度								
气味（嗅觉）	强度*								
	持续时间**								
	质量***								
风味（味道，口感，后鼻腔气味）	强度								
	持续时间								
	质量								
结尾（余味，留香）	持续时间								
	质量								
结论									

注：*　强度：是指感觉上的相对强弱。过强或者过弱都是令人不愉快的感觉。

**　持续时间：是指葡萄酒发展变化或者保持感官效果的时间长短；通常是持续时间越长越酒越好，除非强度过强。

***　质量：能准确且令人满意地反映出这款葡萄酒的葡萄品种特性、产区特性或风格特点的程度，外加这些特性带给品尝的愉悦感。

图 1.6　葡萄酒质量评估的愉悦感品评表（资料来源：Jackson, R.S. 2014. Wine Science: Principles and Applications, third ed. Academic Press, San Diego, CA，经许可使用）

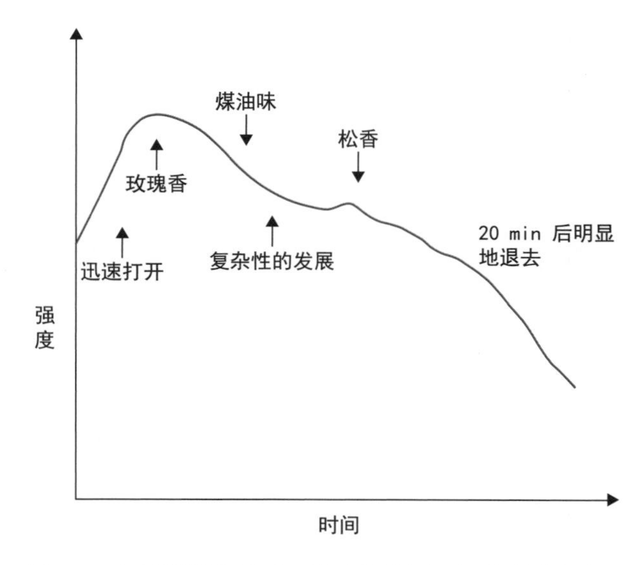

图 1.7　实例说明在品评过程中葡萄酒香气的发展变化可以直接运用图中不同香气感受的点对不同香气进行观察。

感受 – 口中
In-Mouth Sensations

味道与口感（Taste and Mouth-Feel）

在初步评估香味后，注意力转向味道和口感，然后再回来重新评价葡萄酒的香气。与气味一样，评估一些特征，包括每种味觉形式的品质、强度、持续时间和空间分布。品质指的是某个味觉形式的不同呈现（例如收敛性的不同呈现）。强度是指对它们相对强度的感受。时间特性是指当样本在口中时，每个味觉形式的品质和强度是如何变化的。空间分布是指感受每个味觉形式的部位（舌头、面颊、腭或咽喉）。时间 - 强度和空间分布对于区分每个味觉形式非常有用。

开始品尝时，先啜饮 6～10 mL 的样品。在可行的情况下，每个样品的体积应保持相等，以便在葡萄酒之间进行有效的比较。主动搅动（咀嚼）或吸漱样本（见下文）使葡萄酒充分接触口腔表面。

通常被感受到的第一种味觉形式是甜味，其次是酸味。甜味感在舌尖上最明显。相比之下，酸味在舌头两侧和脸颊内侧更加明显（涩味也是一样），这个因人而异。酸味的尖锐特征通常比甜味更持久。苦味稍后才会被感受到其强度的增加往往伴随着甜味的下降，甜点酒或甜葡萄酒除外。在加强型葡萄酒中，甜味有助于减少葡萄酒可能表现出的任何苦味（例如，波特）。这相当于糖对咖啡或茶的苦味的缓解作用。苦味的增强在达到峰值强度之前，可以持续达 15 s。因此，为了充分评价这一属性，样本应该在口腔中停留至少 15 s。苦味通常在舌的中部、后部被感受到。在此期间，品酒师还应关注口感，特别是干燥感、粉状感、粗糙感、干涩感或天鹅绒般的质感。其他口感还包括来自酒精的灼热感以及二氧化碳的刺痛感，这两者和其他触觉感受散布在整个口腔里，没有特定位置。

对每种味觉形式顺序、位置和时间的动态认知有助于更好地区分和识别它们（Kuznicki and Turner，1986；Marshall et al.，2005；Laing et al.，2002）。然而，这种认知能力部分取决于品酒师使用的方法（Prescott et al.，2004），也就是分析（有意识地关注单种味觉形式）与合成（整合口腔中所有的感受）相对比。相比之下，每个感受的持续时间无法详细判断。持久性比味道的类别更能反映人们对味觉感受的浓度和最大感知强度（Robichaud and Noble，1990）。

虽然记录和识别单种味觉在一些评判性品尝中意义重大，但不如整合它们以形成整体感知重要，这包括平衡和酒体，以及与鼻后气味结合产生风味。整合的一个例子是乳制品的奶油性不仅取决于口感和脂肪颗粒大小，而且还取决于香味（Kilcast and Cleg，2002）。

随着经验的累积，感受整合是个本能的发展过程，而不需要有意识地参与（Hollowood et al.，2002）。这种无意识整合与葡萄酒相关的例子包括甜味的幻觉。这种甜味的幻觉通常被认为存在于果味浓郁的干白葡萄酒和风味浓郁的深色葡萄酒中。尽管如此，这种整合似乎是可逆的。将注意力努力集中在复杂的感受上，往往将其各个感官组分分离开来（van der Klaauw and Frank，1996；Prescott，1999）。因此，感受整合是采用自然本能（综合 / 整体）的方法还是用更具分析性（剖析）的方法，这是因人而异的。现实的感知往往取决于经验和感觉的环境。

品酒对于不同的人来说意义各不相同，所以对口感和味道进行评价应该在第一次品尝还是随后品尝时有不同的看法。单宁与唾液中的蛋白质反应，减少了最初的苦涩感。虽然单宁能促进唾液分泌，但其分泌速度不足以弥补品尝过程中的稀释和沉淀。因此，随后品尝比第一次啜饮时显得更涩、更苦。如果品尝的目的涉及食物的相容性，那么第一次品尝将提供一种较好的对等感受。否则，来自第二次和后续取样的数据更像是一系列葡萄酒的可对比数据。

为了尽量减少前一种葡萄酒对后一种葡萄酒在感受上产生影响，建议在不同样品的品尝间清洁口腔。由于味觉清洁剂在食品和葡萄酒感官分析中的重要性，不同味觉清洁剂的有效性已被反复研究。Colonna 等（2004）发现果胶的稀溶液（1 g/L）比传统的几种味觉清洁剂更有效。果胶（Hayashi et al.，2005）和离子碳水化合物，如黄原胶和阿拉伯胶（Mateus et al.，2004），似乎通过限制单宁 - 蛋白质聚合发挥其“净化”作用，这与葡萄多糖（鼠李糖醛聚糖）在缓和葡萄酒涩味中的作用非常相似（Carvalho et al.，2006）。这种作用以没食子酸黄酮醇最为明显（Hayashi et al.，2005）。但是随着聚合物大小的增加，作用效果会变差（Mateus et al.，2004）。Brannan 等（2001）推荐使用 0.55% 羧甲基纤维素，因为其在口腔中的残留很低。在另一项研究中，薄脆饼干被认为在减少红葡萄酒的残余效应上最有效（Ross et al.，2007）。水是一种常用的味觉清洁剂，其被普遍认为是无效的。

气味 - 后鼻腔
Retronasal (Mouth-Derived) Odor

与杯中气味一样，在整个品尝过程中，应该反复注意其后鼻腔气味的相对强度和品质。可通过含着葡萄酒吸气来促进芳香物质从口腔和喉的后部转移到鼻腔。两个相关联的过程会影响后鼻腔的感受（Normand et al.，2004），即断断续续地从喉咙中涌出空气（吞咽后立即这么做）以及在呼吸过程中让空气更平稳地呼出（图 1.8）。通过调整吞咽（图 1.8C），改变呼吸周期和头部前倾，调节气流方式。这些动作影响软腭、会厌和悬雍垂的运动。在吞咽过程中，软腭和会厌阻塞气流通向肺部的通道，悬雍垂封闭鼻咽后部，从而阻止气流通向鼻腔（Buettner et al.，2001）。吞咽后，软腭、会厌和悬雍垂恢复到正常位置，允许挥发物再次从口腔进入鼻道，并允许空气在肺中进出。集中专注于深呼气明显增强鼻腔对气味的识别（Pierce and Halpern，1996）。

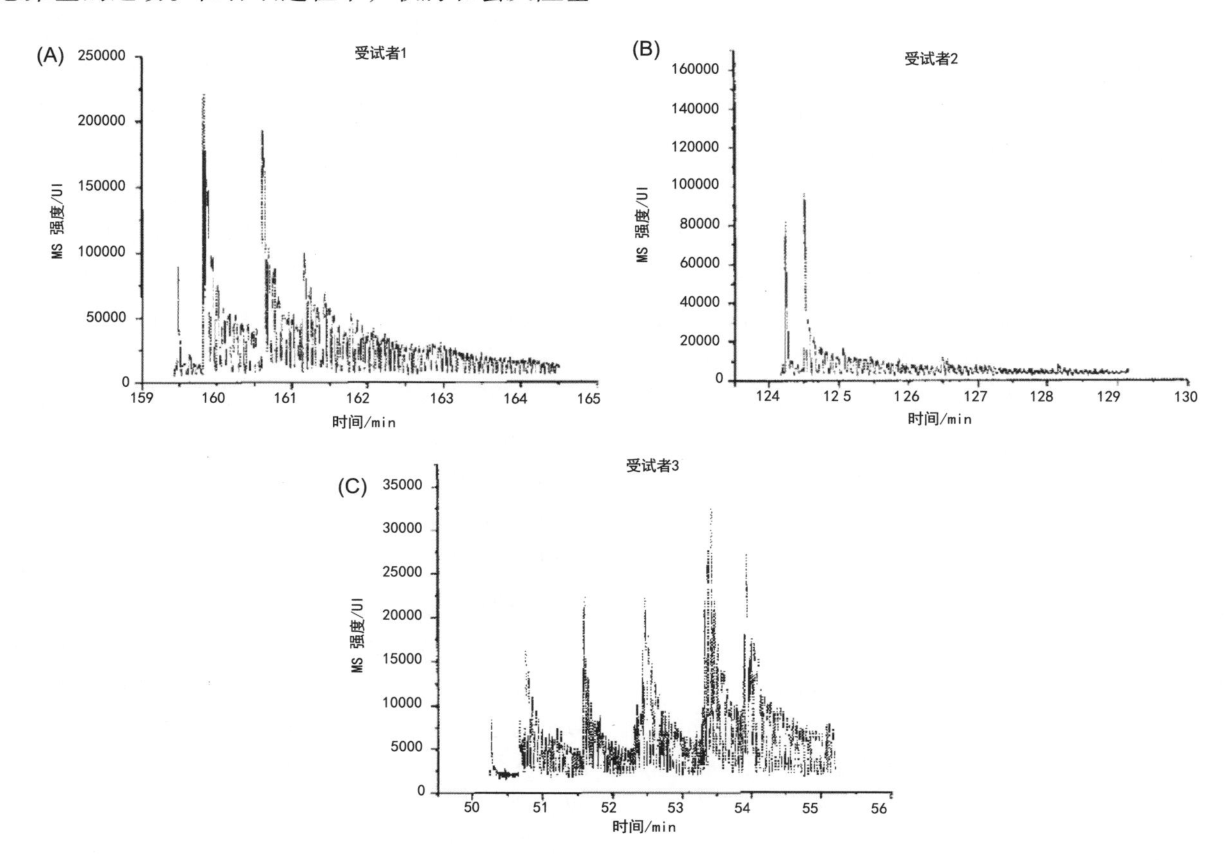

图 1.8 三个不同受试者抽样的薄荷醇溶液释放出的香气图谱：（A）受试者 1，（B）受试者 2，（C）受试者 3。每个高峰对应于一个吞咽，较小峰对应呼吸。受试者 3 是个风味师，在检测过程中，其进行了很多次小的吞咽。这种行为明显延长了风味释放。（资料来源：Normand，V. et al.，2004，Modeling the kinetics of flavour release during drinking. Chem. Senses 29, 235–245, by permission of Oxford University Press.）

在专业品尝过程中不鼓励吞咽样品（会降低品酒师的准确性），因此，在鼻后气味感受中吞咽的重要性和由此对葡萄酒风味感知产生的影响比较受关注。不吞咽对香气复杂度的感知会减少和改变（Déléris et al.，2014）。因此，在基于研究的评价中，含着酒吸气和关注呼吸变得越来越重要。

含着酒吸气是通过下颚收紧，嘴唇微微地拉开，慢慢地吸入空气并穿过葡萄酒，也可以先把嘴唇撅起，然后吸入空气并穿过葡萄酒。两种方法都通过增加葡萄酒与空气的接触（类似于在酒杯中摇动葡萄酒）以及雾化一些葡萄酒来促进挥发。在口中剧烈地搅拌（咀嚼）葡萄酒多少也有点类似的效果（de Wijk et al.，2003），但是效果不好。在公共场合含着酒吸气会让不熟悉这个过程的人感到十分的粗鲁，除非是并不连续地进行。

后鼻腔感受到的葡萄酒香气与正鼻腔感受到的香气在品质上存在着差异（Negoias et al.，

2008）。针对这种区别，人们了解得比较多的是奶酪的气味和风味之间的差异。这种现象有几个可能因素。通过口腔到达鼻黏膜的芳香物质浓度比通过鼻子到达鼻黏膜的小得多，因为来自口腔的气流体积要小得多。结果某些通过后鼻腔感受的成分可能低于其感受阈值。其他因素可能包括口腔温度的升高（有选择地改变化合物的相对挥发性）以及唾液和微生物酶的作用。它们可以降解、生成或促进口腔中挥发性化合物的释放。此外，化合物的感知品质还可能受气流方向的影响（Small et al.，2005），这可能与不同受体沿鼻黏膜排列的空间位置以及它们响应化合物定向流动的时间顺序有关。从后鼻腔感受香气可能类似于反着弹一小段音乐，或颠倒着去辨识人脸（Murray，2004）。

虽然后鼻腔嗅觉本身也很重要，但正是它与味觉和口感的结合而使其具有重要意义（经常被低估）。食物和饮料在后鼻腔结构不全的情况下会失去大部分可识别的属性，这是任何经历过感冒的人都有过的体验。捏鼻子也有类似的效果。

在入口品尝结束时，品酒师可以用一个延长的向口内吸气的方式完成评价。样本吞咽（如果允许吞咽的话），或吐出后，肺中的酒蒸气缓慢但有力地呼出。任何由此产生的感觉被称为“后味”。带来这种感受的芳香物质是来自肺部还是口腔（葡萄酒余味的成分）尚不清楚。这个步骤虽然偶尔会提供信息，但通常只对香气复杂的葡萄酒有价值。

相对于葡萄酒感官分析和竞赛而言，用于葡萄酒鉴赏课程、葡萄酒协会的品酒会等场合的葡萄酒饮用量比较大。用于品尝的葡萄酒种类通常不多，而且品评仅为个人提升，所以这样的饮用不大会对品评技术和效果带来什么负面影响。然而，在葡萄酒比赛或专业品评中，当品鉴 20 种或以上的葡萄酒时，必须避免这样的饮用。把酒吐出阻止了血液酒精含量的显著增加（Scholten，1987）。尽管如此，品酒可能摄入足以引起头痛的单宁物质，这通常可以通过品酒前 1h 服用前列腺素合成抑制剂（比如，乙酰水杨酸、对乙酰氨基酚或布洛芬）来避免。类似这样的葡萄酒品尝的“职业风险”会在第 5 章的结尾部分进行讨论。

余味
Finish

在评价了葡萄酒的香气和风味之后，就需要关注葡萄酒的余味了。余味指的是嘴里缓慢消失的风味感受。它最有可能来自分布在口腔和喉咙上的葡萄酒薄膜以及附着在喉咙黏液层上（Bücking，2000）和鼻腔通道上的化合物。此外，只有那些在唾液和 / 或黏液中持续存在并随后从唾液和 / 或黏液中逸出的化合物才有可能被感受到。虽然精妙而易逝（就像是日落一般），细腻而挥之不去的余味被爱酒人士们认为是所有优质葡萄酒所必不可少的。它可能只持续几秒钟，但也可能会持续更久（Buettner，2004）。法国人创造了一个术语叫“caudalie”用来描述余味的持续时间，每个单位相当于 1 s。

虽然大多数佐餐葡萄酒余味较短，但加强型葡萄酒具有更浓郁的风味，通常余味更长。虽然长时间的余味通常是被追捧的，但是持续的金属感、异味、过酸、过苦和过涩等特征显然是不受欢迎的。

综合品质
Overall Quality

在单独评价葡萄酒的感官属性后，我们将注意力转向葡萄酒的综合品质。正如 Amerine 和 Roessler（1983）所指出的，感受葡萄酒的品质比定义葡萄酒的品质要容易得多。葡萄酒品质类似于语法，恰当的内容从因地制宜中演变而来，并随后被权威人士编纂成法典。这涉及葡萄酒内在的一致性和独特性，包括区域性、品种和风格，香气的发展、持续时间和复杂性，余味持续的时间和特征，品尝经验的独特性以及个人偏好。

用于综合品质评价的许多术语是从艺术评价世界里借用来的。对于葡萄酒而言，复杂性涉及许多独特的芳香元素，而不是一个或几个简单易辨的气味。平衡（和谐）是指所有嗅觉和风味之间的感官平衡，其中的某一种感受不会特别地突出。没有个性的平衡会显得平淡，但若是其精细且充满活力则会带给人非同一般的高雅感受。这种感受涉及感官知觉的复杂相互作用，明显表现

在具有过度涩味的红葡萄酒会减少果味，或甜葡萄酒缺乏足够香味和酸度的空洞感。白葡萄酒中的平衡看似比较容易获得，因为它们的酚类含量较低。然而较弱的香气复杂程度使得白葡萄酒相较于其红色不够激动人心。也因为如此，白葡萄酒想要取得精妙的平衡并不比红葡萄酒更容易。有时候，酒中的个别特征过强给人一种平衡将被打破的感觉。在这种情况下，这种处于平衡边缘的紧张感具有特别的吸引力。发展变化表明芳香特征的改变贯穿于整个品评过程中。这些变化形成了一个有趣的方面，而不是将注意力吸引回最新的转变。足够的持续时间意味着香味在品尝期间保持着独特的，通常是不断发展的特征。兴趣是指使品尝者的注意力始终保持在细节上的种种因素结合起来的影响。暗含其中而没有特殊规定的是葡萄酒的力量和细腻度的要求。如果不具备这些属性，葡萄酒的魅力转瞬即逝。如果综合感受十分出色，体验就变得令人难忘，Amerine和Roessler（1983）提出难忘程度这个属性术语。这是一款优秀葡萄酒的典型特征。事先了解一款葡萄酒所谓“不凡”的特质几乎保证不会引起“啊哈！”的瞬间。葡萄酒的发展巅峰需要些惊喜。

功能磁共振成像（fMRI）已证实惊奇对于愉悦体验的重要性（Berns et al.，2001）。不可预测性极大增强了与激活大脑额叶皮层相关的奖赏性刺激。与难忘相比，独特性虽然没那么令人惊叹，但其作为其组成部分对训练品酒师的气味记忆和对发展变化实际的预期尤其重要（Mojet and Kster，2005）。

这种品质术语非常适合葡萄酒鉴赏，但过于主观和不精确，从而失去了在分析性葡萄酒评价中的意义，类似于新潮的流行术语“矿石味”。它的普及有些奇怪，因为它描述的是一种类似舔钢铁片或石头的感觉，与葡萄酒品尝毫不相干。另外，品酒师通过这个术语所表达的东西没有一致性（Ballester et al.，2014；Heymann et al.，2014）。

许多欧洲机构认为葡萄酒品尝应限制在产区内，反对区域之间或者品种之间的品尝。尽管这样的限制使得品评变得简单，它们否定了这些因素的价值，却因此促进了质量的提升。倘若品评集中于酒的艺术性而非风格的纯粹，比较品评将变得更有意义。这种品尝方式在英联邦国家和新世界国家更为流行，在那里，艺术价值往往比保持地域（称谓）风格更受重视。

补充说明
Postscript

对葡萄酒感官属性的全面评价似乎很复杂而且费时。然而，很快它就变得几乎是自动的，并且随着经验的积累（以及气味记忆的扩充），唯一需要花时间的部分就是评价香味停留的时间以及在这段时间里葡萄酒的感官变化。因此，通常在葡萄酒品评中偶尔才被评价的发展变化属性和香气持续时间实质上是葡萄酒的两个最重要的品质属性。

尽管通过上述技术采用系统的方法进行葡萄酒评价优势明显，但似乎很少有专业品酒师使用这种严格的方法（Brochet and Dubourdieu，2001）。粗略地看一看大多数品酒笔记就会清楚看到这一点。这种悖论源于大多数葡萄酒作家（和消费者）没有必要（或倾向）评判地分析葡萄酒，因为品酒是整体进行的，集中关注点在于葡萄酒的综合品质或奇特描述。品酒笔记主要突出了葡萄酒最显著的属性以及品酒师的主观反应。使用的术语很少具有可验证或容易定义的含义。此外，每个品尝者都有他/她自己的特定词库。知道它的人才会用它，其他人很少会用。另外，术语往往更多的是反映品酒师的生活经验，而不是葡萄酒实际的感官属性。描述用语最多不过是代表了过去嗅觉体验相似的描述，或者是对传统上用于描述葡萄酒地域、风格或品种术语的重新定义。排名通常集中于葡萄酒是否很好地呈现出品酒师所追求的或者认为重要的特性。

整体评估似乎源于大脑右半球的选择性激活（Dade et al.，1998，2002，Herz et al.，1999）。这个区域主要涉及表达的典型性、创造性和情绪性方面。这与左半球趋于集中的语言词汇方面形成对比。对于惯用左手的人来说，这种脑半球的功能特化通常是反过来的（Deppe et al.，2000，Knecht et al.，2000）。目前尚不清楚用整体的术语来表达葡萄酒属性的倾向是否反映了青少年时期缺乏训练，或者大脑中缺乏遗传上的“硬连线”。好比阅读和写作是靠学习获得的技能，不像我们说话和行走的习性。不管怎样，右半球的选择性激活以及大脑留出为处理嗅觉信息的一小部分或许可以解释为什么人类形容气味的词汇会如此匮乏。因此，人们通常用日常生活中经历的事物或事件或产生的情感来表达他们的感官反应。如前所述，个人使用的术语比起描述葡萄酒能告诉我们更多关于品尝者的信息（Brochet and Dubourdieu，2001）。

遗憾的是，对葡萄酒的整体评价往往会剥夺品酒者发现葡萄酒某些最佳特征的机会。因此，短期评估、典型的商业或餐桌品尝会因为扑鼻的果香而夸大葡萄酒的表观品质，从而使得葡萄酒缺失了保持品酒师兴趣和一维性的能力。优雅的感官特征的发展和保持以及陈酿能力素来是葡萄酒品质的两大支柱。最优质的葡萄酒值得充分赞赏。尽管如此，必须承认大多数葡萄酒并非如此天赋异禀。令人遗憾的是，调查表明大多数葡萄酒可能只能带给人短暂的愉悦感，且平淡无奇。一般来说，假设葡萄酒没有像现在常见的那样在年轻时就被消费掉，葡萄酒年份越久，进行全面、详细的评估的价值就越大。

饮用葡萄酒本质上是一种审美体验，或者至少对于写葡萄酒书籍的人来说，它是这样的（Lehrer，1975）。

参考文献

Amerine, M.A., Roessler, E.B., 1983. Wines, Their Sensory Evaluation, 2nd. ed. Freeman, San Francisco, CA.

Baker, A.K., Ross, C.F., 2014. Sensory evaluation of impact of wine matrix on red wine finish: a preliminary study. J. Sens. Stud. 29, 139–148.

Ballester, J., Mihnea, M., Peyron, D., Valentin, D., 2014. Perceived minerality in wine: a sensory reality? Wine Vitic. J. 29 (4), 30–33.

Berns, G.S., McClure, S.M., Pagnoni, G., Montague, P.R., 2001. Predictability modulates human brain response to reward. J. Neurosci. 21, 2793–2798.

Brannan, G.D., Setser, C.S., Kemp, K.E., 2001. Effectiveness of rinses in alleviating bitterness and astringency residuals in model solutions. J. Sens. Stud. 16, 261–275.

Brochet, F., Dubourdieu, D., 2001. Wine descriptive language supports cognitive specificity of chemical senses. Brain Lang. 77, 187–196.

Brossard, C., Rousseau, F., Dumont, J.-P., 2007. Perceptual interactions between characteristic notes smelled above aqueous solutions of odorant mixtures. Chem. Senses 32, 319–327.

Bücking, M. (2000) . Freisetzung von Aromastoffen in Gegenwart retardierender Substanzen aus dem Kaffeegetränk. Ph.D. Thesis, University of Hamburg, Germany, reported in Prinz, J. F., and de Wijk, R. (2004) . The role of oral processing in flavour perception. In Flavor Perception (A. J. Taylor and D. D. Roberts, eds.) . Blackwell Publishing, Oxford, UK.

Buettner, A., 2004. Investigation of potent odorants and afterodor development in two Chardonnay wines using the buccal odor screening system (BOSS) . J. Agric. Food Chem. 52, 2339–2346.

Buettner, A., Beauchamp, J., 2010. Chemical input – sensory output: Diverse modes of physiology-flavor interaction. Food Qual. Pref. 21, 915–924.

Buettner, A., Beer, A., Hannig, C., Settles, M., 2001. Observation of the swallowing process by application of videofluoroscopy and real time magnetic resonance imaging – consequences for retronasal aroma stimulation. Chem. Senses 26, 1211–1219.

Carvalho, E., Mateus, N., Plet, B., Pianet, I., Dufourc, E., De Freitas, V., 2006. Influence of wine pectic polysaccharides on the interactions between condensed tannins and salivary proteins. J. Agric. Food Chem. 54, 8936–8944.

Colonna, A.E., Adams, D.O., Noble, A.C., 2004. Comparison of procedures for reducing astringency carry-over effects in evaluation of red wines. Aust. J. Grape Wine Res. 10, 26–31.

Dade, L.A., Jones-Gotman, M., Zatorre, R.J., Evans, A.C., 1998. Human brain function during odor encoding and recognition: a PET activation study. Ann. NY

Acad. Sci. 855, 572–574.

Dade, L.A., Zatorre, R.J., Jones-Gotman, M., 2002. Olfactory learning: convergent findings from lesion and brain imaging studies in humans. Brain 125, 86–101.

Déléris, I., Saint-Eve, A., Lieben, P., Cypriani, M.-L., Jacquet, N., Brunerie, P., et al., 2014. Impact of swallowing on the dynamics of aroma release and perception during the consumption of alcoholic beverages. In: Ferreira, V., Lopez, R. (Eds.), *Flavour Science*. Proceedings from XIII Weurman Flavour Research Symposium. Academic Press, London, UK, pp. 533–537.

Deppe, M., Knecht, S., Lohmann, H., Fleischer, H., Heindel, W., Ringelstein, E.B., et al., 2000. Assessment of hemispheric language lateralization: a comparison between fMRI and fTCD. J. Cereb. Blood Flow Metab. 20, 263–268.

de Wijk, R.A., Engelen, L., Prinz, J.F., 2003. The role of intra-oral manipulation in the perception of sensory attributes. Appetite 40, 1–7.

Eiximenis, F. (1384) Terc del Crestis. Tome 3, Rules and Regulation for Drinking wine, cited in H. Johnson, 1989. *Vintage: The Story of Wine*. Simon and Schuster, New York, NY. p. 127.

Fischer, C., Fischer, U., Jakob, L., 1996. Impact of matrix variables, ethanol, sugar, glycerol, pH and temperature on the partition coefficients of aroma compounds in wine and their kinetics of volatization. In: Henick-Kling, T., Wolf, T.E., Harkness, E.M. (Eds.), *Proc. 4th Int. Symp. Cool Climate Vitic. Enol.*, Rochester, NY, July 16–20, 1996. NY State Agricultural Experimental Station, Geneva, New York. pp. VII 42–46.

Frank, R.A., Gesteland, R.C., Bailie, J., Rybalsky, K., Seiden, A., Dulay, M.F., 2006. Characterization of the sniff magnitude test. Arch. Otolaryngol. – Head Neck Surg. 132, 532–536.

Goyert, H., Frank, M.E., Gent, J.F., Hettinger, T.P., 2007. Characteristic component odors emerge from mixtures after selective adaptation. Brain Res. Bull. 72, 1–9.

Hayashi, N., Ujihara, T., Kohata, K., 2005. Reduction of catechin astringency by the complexation of gallate-type catechins with pectin. Biosci. Biotechnol. Biochem. 69, 1306–1310.

Hernández, B., Sáenz, C., Fernández de la Hoz, J., Alberdi, C., Alfonso, S., Diñeiro, J.M., 2009. Assessing the color of red wine like a taster's eye. Col. Res. Appl 34, 153–162.

Herz, R.S., McCall, C., Cahill, L., 1999. Hemispheric lateralization in the processing of odor pleasantness versus odor names. Chem. Senses 24, 691–695.

Heymann, H., Hopfer, H., Bershaw, D., 2014. An exploration of the perception of minerality in white wines by projective mapping and descriptive analysis. J. Sens. Stud. 29, 1–13.

Hollowood, T.A., Linforth, R.S.T., Taylor, A.J., 2002. The effect of viscosity on the perception of flavour. Chem. Senses 28, 11–23.

Jackson, R.S., 2000. *Wine Science: Principles, Practice, Perception*, second ed. Academic Press, San Diego, CA.

Jackson, R.S., 2014. *Wine Science: Principles and Applications*, third ed. Academic Press, San Diego, CA.

Kent, P.F., Mozell, M.M., Murphy, S.J., Hornung, D.E., 1996. The interaction of imposed and inherent olfactory mucosal activity patterns and their composite representation in a mammalian species using voltage-sensitive dyes. J. Neurosci. 16, 345–353.

Kilcast, D., Clegg, S., 2002. Sensory perception of creaminess and its relationship with food structure. Food Qual. Pref. 13, 609–623.

Knecht, S., Drager, B., Deppe, M., Bobe, L., Lohmann, H., Floel, A., et al., 2000. Handness and hemispheric language dominance in healthy humans. Brain. 123, 2512–2518.

Kuznicki, J.T., Turner, L.S., 1986. Reaction time in the perceptual processing of taste quality. Chem. Senses 11, 183–201.

Laing, D.G., 1982. Characterization of human behaviour during odour perception. Perception 11, 221–230.

Laing, D.G., 1983. Natural sniffing gives optimum odour perception for humans. Perception 12, 99–117.

Laing, D.G., 1986. Identification of single dissimilar odors is achieved by humans with a single sniff. Physiol. Behav. 37, 163–170.

Laing, D.G., Link, C., Jinks, A.L., Hutchinson, I., 2002. The limited capacity of humans to identify the components of taste mixtures and taste- odour mixtures. Perception 31, 617–635.

Lawless, H.T., Engen, T., 1977. Associations of odors, interference, mnemonics and verbal labeling. J. Expt. Psychol. Human Learn. Mem 3, 52–59.

Lehrer, A., 1975. Talking about wine. Language 51, 901–923.

Liger-Belair, G., Beaumont, F., Vialatte, M.-A., Jérou, S., Jeandet, P., Polidori, G., 2008. Kinetics and stability of the mixing flow patterns found in champagne glasses as determined by laser tomography techniques: likely impact on champagne tasting. Anal. Chim. Acta 621, 30–37.

Mainland, J., Sobel, N., 2006. The sniff is part of the olfactory percept. Chem Senses 31, 181–196.

Marshall, K., Laing, D.G., Jinks, A.J., Effendy, J., Hutchinson, I., 2005. Perception of temporal order and the identification of components in taste mixtures. Physiol. Behav. 83, 673–681.

Mateus, N., Carvalho, E., Luís, C., de Freitas, V., 2004. Influence of the tannin structure on the disruption effect of carbohydrates on protein–tannin aggregates. Anal. Chim. Acta 513, 135–140.

Mojet, J., Köster, E.P., 2005. Sensory memory and food texture. Food Qual. Pref. 16, 251–266.

Murphy, C., Cain, W.S., Bartoshuk, L.M., 1977. Mutual action of taste and olfaction. Sens. Process 1, 204–211.

Murray, J.E., 2004. The ups and downs of face perception: evidence for holistic encoding of upright and inverted faces. Perception 33, 387–398.

Negoias, S., Visschers, R., Boelrijk, A., Hummel, T., 2008. New ways to understand aroma perception. Food Chem. 108, 1247–1254.

Normand, V., Avison, S., Parker, A., 2004. Modeling the kinetics of flavour release during drinking. Chem. Senses 29, 235–245.

Peynaud, E. (Trans. by M. Schuster) (1987). *The Taste of Wine. The Art and Science of Wine Appreciation*. Macdonald & Co., London.

Pierce, J., Halpern, B.P., 1996. Orthonasal and retronasal odorant identification based upon vapor phase input from common substances. Chem. Senses 21, 529–543.

Pineau, N., Schlich, P., Cordelle, S., Mathonnière, C., Issanchou, S., Imbert, A., et al., 2009. Temporal dominance of sensations: construction of the TDS curves and comparison with time-intensity. Food Qual. Pref. 20, 450–455.

Prescott, J., 1999. Flavor as a psychological construct: implications for perceiving and measuring the sensory qualities of foods. Food Qual. Pref. 10, 349–356.

Prescott, J., Johnstone, V., Francis, J., 2004. Odor-taste interactions: effects of attentional strategies during exposure. Chem. Senses 29, 331–340.

Pridmore, R.W., Huertas, R., Melgosa, M., Negueruela, A.I., 2005. Discussion on perceived and measured wine color. Color Res. Appl. 30, 146–152.

Robichaud, J.L., Noble, A.C., 1990. Astringency and bitterness of selected phenolics in wine. J. Sci. Food Agric 53, 343–353.

Ross, C.F., Hinken, C., Weller, K., 2007. Efficacy of palate cleansers for reduction of astringency carryover during repeated ingestions of red wine. J. Sens. Stud. 22, 293–312.

Scholten, P., 1987. How much do judges absorb? Wines Vines 69 (3), 23–24.

Small, D.M., Gerber, J.C., Mak, Y.E., Hummel, T., 2005. Differential neural responses evoked by orthonasal versus retronasal odorant perception in humans. Neuron 47, 593–605.

Sobel, N., Prabhakaran, V., Desmond, J.E., Glover, G.H., Goode, R.L., Sullivan, E.V., et al., 1998. Sniffing and smelling: separate subsystems in the human olfactory cortex. Nature 392, 282–286.

Sobel, N., Khan, R.H., Hartley, C.A., Sullivan, E.V., Gabrieli, J.D.E., 2000. Sniffing longer rather than stronger to maintain olfactory detection threshold. Chem. Senses 25, 1–8.

Tsachaki, M., Linforth, R.S.T., Taylor, A.J., 2009. Aroma release from wines under dynamic conditions. J. Agric. Food Chem. 57, 6976–6981.

van der Klaauw, N.J., Frank, R.A., 1996. Scaling component intensities of complex stimuli: the influence of response alternatives. Environ. Int. 22, 21–31.

Vandyke Price, P.J., 1975. The Taste of Wine. Random House, New York, NY.

Veldhuizen, M.G., Bender, G., Constable, R.T., Small, D.M., 2007. Trying to detect taste in a tasteless solution: modulation of early gustatory cortex by attention to taste. Chem. Senses 32, 569–581.

Zhao, K., Scherer, P.W., Hajiloo, S.A., Dalton, P., 2004. Effect of anatomy on human nasal air flow and odorant transport patters: implications for olfaction. Chem. Senses 29, 365–379.

2

视觉感受
Visual Perceptions

如第 1 章导言中提到的那样，葡萄酒的外观可提供有关品质、风格和品种来源的信号。而视觉感受也同样会影响评价。这一章对葡萄酒外观的性质、起源和相关性进行了更全面的介绍。

颜色
Color

颜色的感知与测量（Color Perception and Measurement）

物体可被感知的颜色取决于其选择性地吸收、透射和反射可见光的特性，眼睛感光受体是如何对光做出反应的，还有大脑是如何解释眼睛传送的脉冲的。葡萄酒中所含色素物质对光进行反射和透射，从而产生色相和亮度。这些特性取决于色素的数量和化学性质及反射和透射的可见光强度和光谱质量。颜色的纯度取决于各种色素吸收的可见光谱的分布范围。光谱分布越均匀，葡萄酒颜色体现可见光谱特定部分的特点就越不明显。如图 2.1 所示，当葡萄酒随着其老化而变得不那么红时，由较高的色调值来表示（由 420 mm 吸光度除以 520 mm 吸光度来评价）。图 2.2 以一款白葡萄酒、一款桃红葡萄酒和一款红葡萄酒为例展示了其新酒时不同的反射率值。

葡萄酒的光谱特性可以用分光光度计精确测量（Hermández et al.，2009），但是该特性与人类对葡萄酒的颜色感知没有直接的关系。分光光度计测量评价单个波长的强度。人类对颜色感知则是由大脑形成的模型。该模型是基于眼睛中的三种受体（锥体）产生的脉冲而形成的。每个锥体包含单一类型的感光色素的多个复本：P424（S，蓝色），P530（M，绿色），和 P560（L，红色）。如括号中所指出的，色素可选择性地根据吸收的可见光光谱的范围（S，短；M，中；L，长）

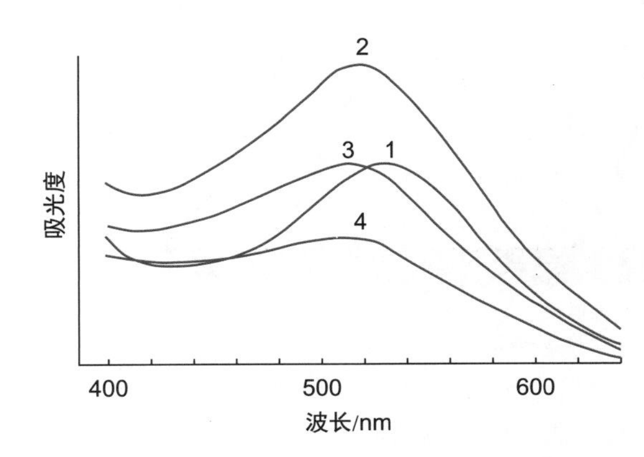

序号	酒龄 (mo)	λmax /nm	Amax	色彩强度	色调
1	0	531	8.05	12.20	0.52
2	4	520	11.80	18.60	0.58
3	16	515	7.95	13.45	0.69
4	28	515	5.20	9.40	0.81

图 2.1 单个品种的波特（Touriga Nacional，1981）在不同酒龄的可见光谱上的吸光度曲线（*A*，吸光度；*λ*，波长，nm）（资料来源：Bakker，J. and Timberlake，C. F，1986）。

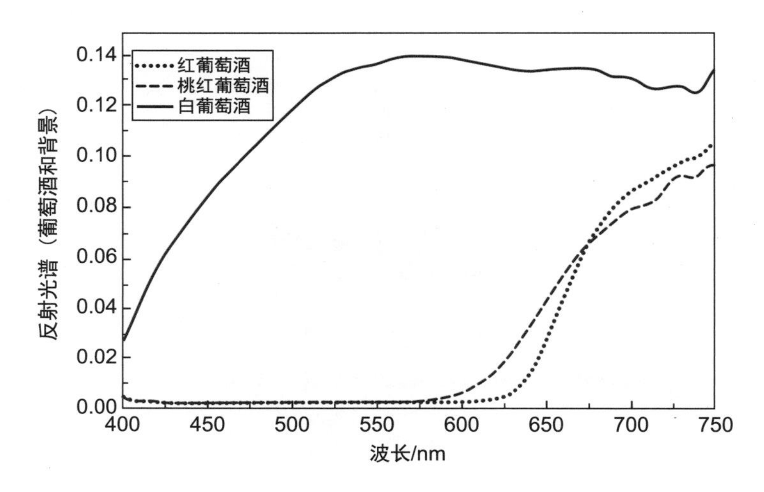

图 2.2　白葡萄酒、桃红葡萄酒和红葡萄酒的反射光谱示意图，在葡萄酒杯的中心检测（资料来源：Huertas，R. et al.，2003）。

或它们响应的主要区域的主要颜色来命名。每一种色素对一定范围的可见光都有可变的响应，显示出相当大的重叠性，特别是 P530 和 P560（插图 2.1）。视网膜包含 600 万～700 万个锥体，密集地聚集在中心区域，这些被称为小凹。它们的相对数量和分布不同，其中对蓝光最敏感，是最不常见的，而对中波和长波最敏感的则大致相同。色调是通过减少对颜色变化边界的选择锥体的响应而产生的，与周围颜色有关。这可能解释了为什么物体的颜色在一天中保持恒定，尽管日照的光谱质量每天都在变化（Brou et al.，1986）。相反，颜色的亮度基于锥体响应的总和。颜色和视觉的各种属性经过大脑后部视觉皮层的不同部位处理后被整合到对颜色有意识的感知中。

因为大脑可以很好地适应大多数光源变化的光谱质量，所以没有必要像有些人说的那样在北向发射光下评价葡萄酒的颜色。例如，一张白纸在太阳光或白炽光（可见光谱中黄光部分比例较

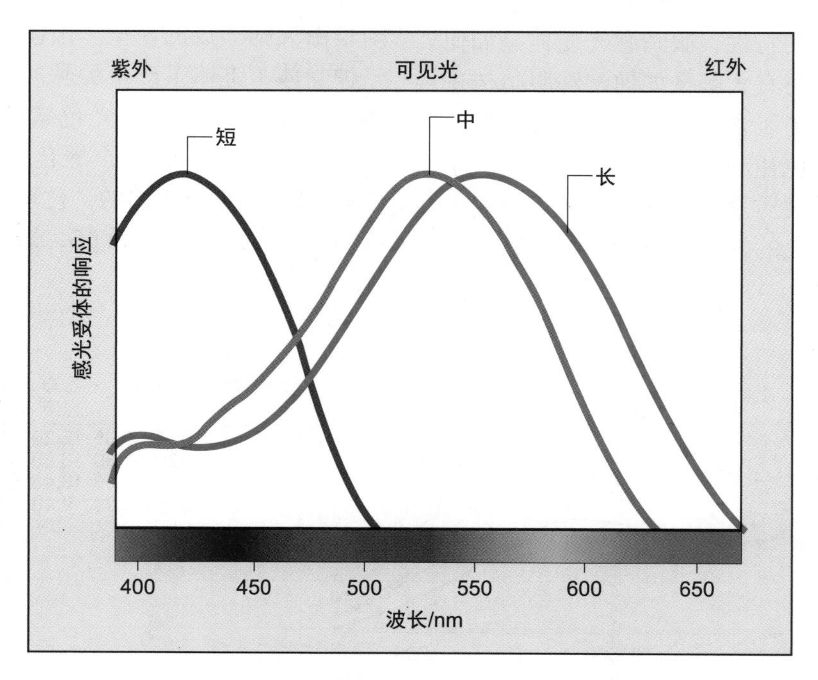

插图 2.1　视网膜中三个视蛋白为基础的光感受器的吸收曲线。尽管横跨可见光辐射范围的光子具有不同的能量值，但是感光受体的响应取决于它们吸收辐射的能力而不是能量水平。因此，锥体细胞响应并不编译吸收光的波长。为了大脑区分颜色，该照片比较了来自不同光敏色素的锥体的信号。

高）下看起来是一样的颜色。另外，一般品酒也不大可能会安排在白天或者在窗户朝北开的房间里进行。然而，大脑对光源的解释能力是有限的。当品酒师想要改变酒的颜色时，就会故意使用这种方法，以避免色差评估。一个典型的例子是使用低强度红光。

这种颜色感知的构想有助于解释光谱颜色和非光谱颜色之间的差异（Kaiser and Boynton，1996；Squire et al.，2008）。光谱颜色与可见光谱中的特定命名范围相对应（例如，蓝紫色、蓝色、绿色、黄色和红色，或者插图 2.2 的黑线附近的区域）。不过人们对这些术语的使用并没有一致性。相比之下，非光谱颜色产生于光波长的特定组合，并且在太阳光谱中没有等同的颜色（例如，紫色、橙色、棕色，当然还有白色是所有可见波长混在一起的颜色）（插图 2.2 的有色部分的中心部分）。因此，红葡萄酒新酒的紫色是蓝色和红色波长（那些没有被吸收，从而被花色苷反射或透射的波长）的组合。

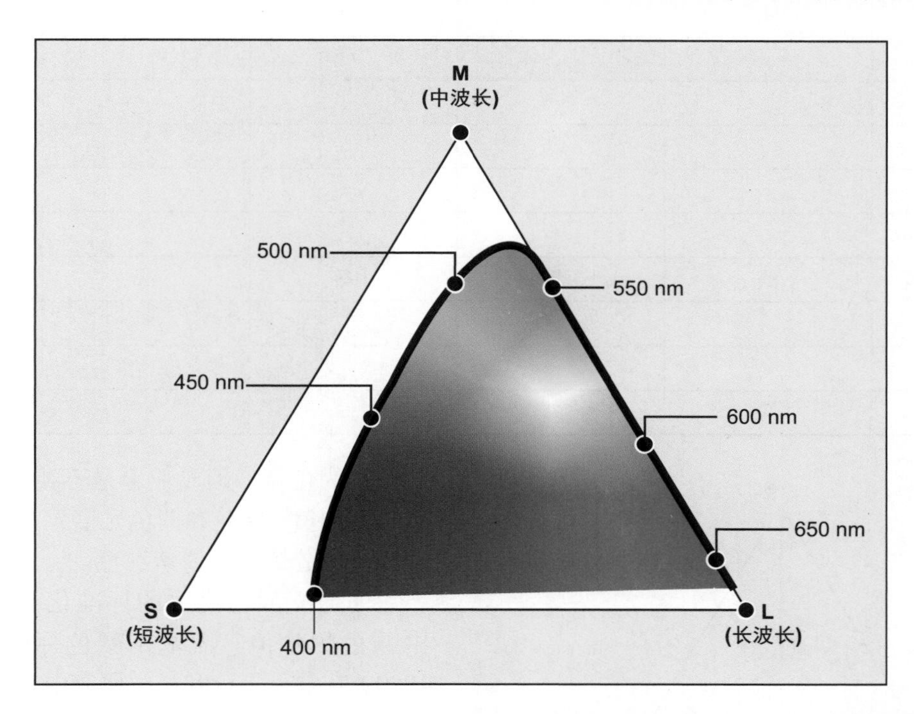

插图 2.2　人类的颜色视觉被映射成一个三角形。人类感知的颜色指的是特定的光谱波长，沿着黑色曲线绘制。曲线下方的非光谱颜色是大脑通过结合来自几个视锥细胞的反应、颜色边缘的变化和其他因素而生成的结构。

正如第 1 章导言中所指出的，关于葡萄酒颜色的分类没有普遍接受的标准。大概是因为在纸上很难充分地把它们表示出来。人们可以通过直接比较来区分数千种颜色等级，然而，相对而言他们很少能在名词使用上保持一致（图 2.3），因为有些术语使用时可以互换（Chapanis，A.，1965）。因此，最好只使用几个简单的术语，如表 2.1 所示的那些术语，才能够进行一致和有效的沟通。

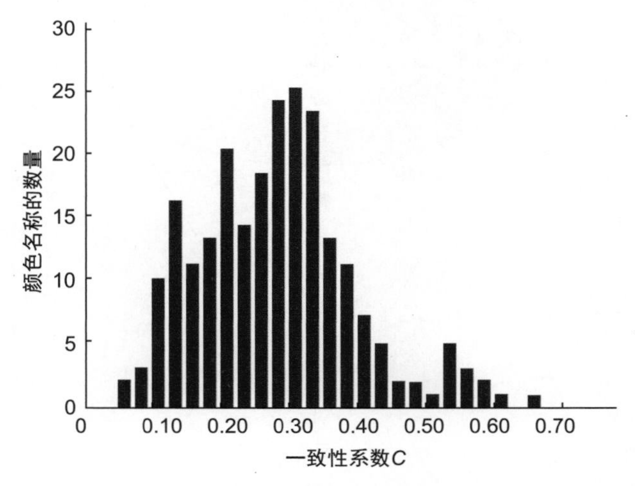

图 2.3　对 233 个颜色名称选择的一致性系数（资料来源：Chapanis, A., 1965）。

颜色术语应包括与色调（波长纯度）、饱和度（灰暗度）和亮度（反射或透射光的能力）有关的方面。图 2.4 展示了这些颜色属性。然而，在实践中，很难区分这些方面。例如，棕色通常

表 2.1　一套葡萄酒的颜色术语（阴影区域是未在葡萄酒中见过的颜色术语组合）

葡萄酒	颜色深浅				
红葡萄酒	淡	浅	中等	深	浓重
紫红色					
宝石红					
红色					
砖红色					
褐红色					
白葡萄酒	淡	浅	中等	深	浓重
黄绿色					
麦秆黄					
黄色					
金黄色					
金棕色					
玫瑰红葡萄酒	淡	浅	中等	深	浓重
粉红色					
玫瑰红					
橙玫红					

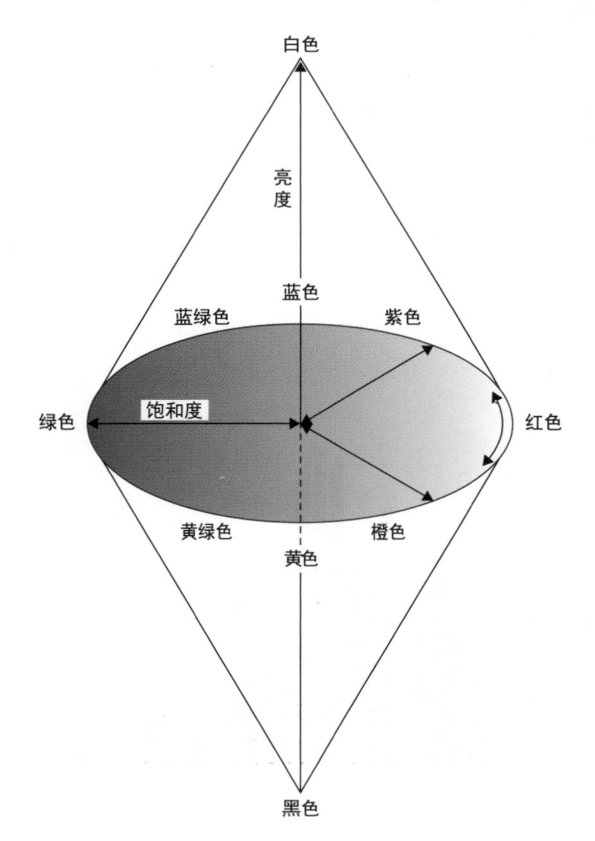

图 2.4　颜色空间的心理维度（资料来源：Chapanis, A., 1965）。

被描述为色调，但专业上是不纯的黄红色（结合低亮度的黄 - 红色和蓝色光谱元素）。同样，中等粉红是部分饱和的酱紫红色。

葡萄酒颜色描述的标准化会增加感官评价中颜色的价值。孟塞尔颜色标记法（Munsell, 1980）在食品工业和科学研究中有着悠久的历史。然而，孟塞尔颜色标记法并不完全代表人类颜色视觉的范围，它具有相当大的个体（遗传）差异性。缺乏全色视觉的个体被不太准确地称为色盲。虽然无法感知颜色的情况确实存在（没有任何视觉椎体），但并不常见。更常见的是颜色在视觉上的各种失真。其基于三个锥体之一或两个的缺乏，或者颜料的颜色峰值偏移。随着年龄的增长，对颜色的感知也会发生变化。黄色聚集在晶状体和视网膜中导致蓝色灵敏度的缓慢损失。尽管如此，却很少被注意到，因为大脑适应它对变化的解释。

从大众层面上讲，Bouchard Aîné et Fils（法国博纳）有几张大而吸引人的海报，其中一张代表各种葡萄酒颜色（http://www.bouchard-aine.fr/en/.tours-and-tastings.r-16/the-wineshop.r-106/our-wine-posters.r-log/?valid_legal=1）。每个词语都用来说明一款拥有特殊名称的葡萄酒的颜

色。因此，它不适用于颜色分类方案，但它在葡萄酒课程中可以是一个很有用的视觉辅助。

虽然在光谱吸收率和颜色感知之间开展相关性研究仍然存在困难（Kuehni，2002），但是简单的技术通常可以产生有用的数据。例如，红葡萄酒的颜色通常由 420 nm 和 520 nm 的吸光度来估计（Somers and Evans，1977）。这些值可体现颜色密度（强度，饱和度），而它们的比值可估算出色调。420 nm 较大吸光度反映了褐变的程度，而 520 nm 较大吸光度则反映了较红的色调。随着红酒的陈酿，黄色聚合色素的含量增加，而单体红色花色苷的影响减小。红葡萄酒新酒的 E420/E520 比值通常为 0.4～0.5，而酒龄较长的红葡萄酒的 E420/E520 比值通常为 0.8～0.9（图 2.1）。另一种方法还包含了 620 nm 处的吸光度值（Glories，1984）。若需考虑与浊度有关的问题，可以通过在 700 nm 处进行测量（Mazza et al.，1999）或在样品离心之后进行测量（Birse，2007）。

补充信息可以从有色（电离）单体花色苷、总花色苷和酚类含量的比例估计中得到。花色苷与各种酚类聚合物络合的比例可由盐酸酸化、偏亚硫酸氢盐脱色以及随后的乙醛重着色得到（Somers and Evans，1977）。因为复合花色苷的比例随着酒龄的增长而增加，所以它被描述为葡萄酒的"化学年龄"。一些研究表明，有色（电离）花色苷的量与红葡萄酒新酒的感知品质之间有很强的相关性（Somers and Evans，1974；Somers，1998）。令人遗憾的是，诸如，吡喃花色苷这样的重要色素的存在未被考虑在内。此外，除了由此产生铁锈色的颜色变化外，酒的老化还与色素损失和颜色强度降低有关。

对于白葡萄酒而言，420 nm 处的吸光度被用作褐变的标志（图 2.5）。为了简化评价瓶装葡萄酒中的这一属性（作为商业可接受的标志），Skouroumounis 等（2003）进一步研究了在试管（10 mm 路径长度）测量与几种颜色玻璃瓶测量之间的相关性。与任何颜色估计一样，得到的数值可能忽略了重要的细微之处（Skouroumounis et al.，2005）。

三色刺激比色法是另一种常用于评价葡萄酒颜色的方法。该过程近似于人眼的反应。三色刺激比色法分别用红色、绿色和蓝色滤光片单独进行分光光度测量，经过数学变换将测量结果转换成三色刺激颜色值。而三色刺激比色计可以直接将读数转化为三色刺激值测量结果。得到对亮度（明 / 暗）、饱和度或色度（灰度）和色调（基本颜色）的估值。

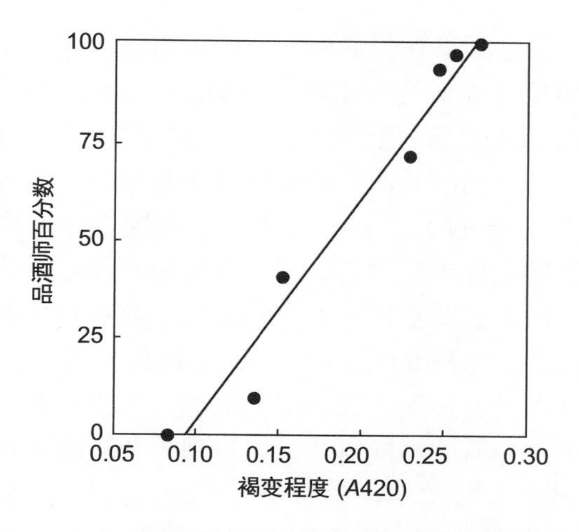

图 2.5 31 位品酒师将不同褐变程度（A420 处的吸光度）的葡萄酒评定为视觉上不可接受的百分比（资料来源：Peng, Z. et al.，1999）。

然而，被国际公认的评价颜色的标准包括对整个可见光谱范围内的吸收值测量。由 La Commission Internationale de l'Eclairage 设计的 CIELAB 系统使用这些测量结果导出 L^*（相对亮度）、a^*（红绿轴上的相对红色）和 b^*（黄蓝轴上的相对黄色）的值。这些值通常是用分光光度计联机软件计算得到。将数据与三种视网膜色素的吸收曲线相结合，以近似人类的色觉。亮度是通过组合由红色（长波长）和绿色（中波长）色素产生的响应模型来计算的，色调是通过比较红色和绿色（红 - 绿轴）色素的响应模型以及比较蓝色和红 - 绿色（蓝 - 黄轴）响应模型（Gegenfurtner and Kiper，2003）来导出的。

虽然 CIELAB 系统经常被用来测量葡萄酒颜色，但 Negueruela 等（1995）和 Ayala 等（1997）提出了一些改变，其值更适用于葡萄酒。用这样的数据来设计如何混合几种葡萄酒而达到预期的颜色（Negueruela et al.，1990）。为了简化葡萄酒厂中 CIELAB 值的测定，而无须使用通常需要的设备和软件，Pérez-Magariño 和 González-San José（2002）提供了一组吸光度测量值。

颜色测量在普通酒厂中的应用由于评估方式的明显差异而受到阻碍。在分光光度法测量中，葡萄酒（通常是稀释后的）放在试管中（通常 1 mm 或 2 mm 用于未稀释的红葡萄酒，10 mm 用于稀释过的）。相比之下，直接视觉评价是指在光线条件不佳的情况下，将葡萄酒放在玻璃杯中。后者情况会显示出相当大的光散射和显著的颜色差异。Huertas 等（2003）已经分析描述了这些差异。最终，在不同的电离、氧化和聚合状态下，色素的不同组合可以呈现出相同的主观色彩印象，因此，化学解释可能是复杂的。品酒师与 CIELAB 颜色评价之间最佳但并不完美的相关性是通过葡萄酒边缘色调值评价而获得的（Hernández et al.，2009）。

另一种颜色评估技术是使用数码摄影，据报道，计算机化的逐像素图像分析与人类感知有良好相关性（Pointer et al.，2002；Brosnan and Sun，2004；Cheung et al.，2005）。数字摄影也比分光光度计经济实惠且易于使用，可检测较大的表面积（在颜色不均匀的情况下有用），快捷，并且数据可以简单地传送到计算机进行分析（Yam and Papadakis，2004；León et al.，2006）。Martin 等（2007）给出了一个数码相机分析评价葡萄酒颜色的例子。

品尝的意义（Significance in Tasting）

如味觉和嗅觉感受一样，颜色也可以影响葡萄酒的品质感知（图 2.6 和图 2.7）（Pangborn et al.，1963；Maga，1974；Clydesdale et al.，1992）。相应的，葡萄酒鉴赏者必须警惕颜色暗中扭曲感知的潜在能力。例如，红葡萄酒被感知的风味强度（和品质）与颜色强度（密度、饱和度）（Iland and Marquis，1993）和色调（红色"电离"的花色苷的比例）（Somers and Evans，1974；Bucelli and Gigliotti，1993）相关。虽然这种联系是有道理的——大多数葡萄香气物质主要集中于果皮，而且很可能是在促进色素提取的条件下提取的——但情况并非总是这样。颜色强度也被认为是陈酿潜力的标志。如果颜色引起的偏差可能过度地影响评价（例如，比较色调或颜色密度明显不同的葡萄酒），那么葡萄酒应当置于黑色酒杯。在没有这种黑色酒杯的情况下，要在低强度红光下品尝。

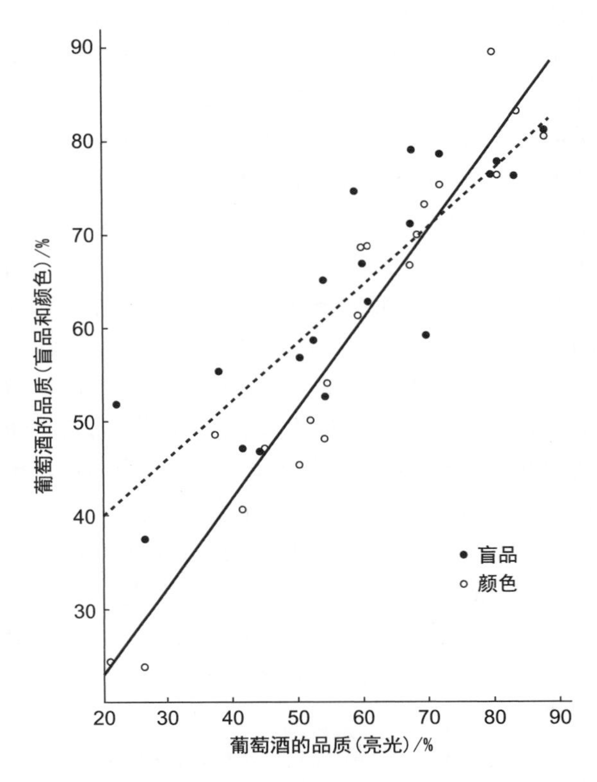

图 2.6　由味觉和嗅觉（盲品）以及单纯视觉感受（颜色）来评价的葡萄酒质量关系（资料来源：Tromp A. and van Wyk C.J., 1977）。

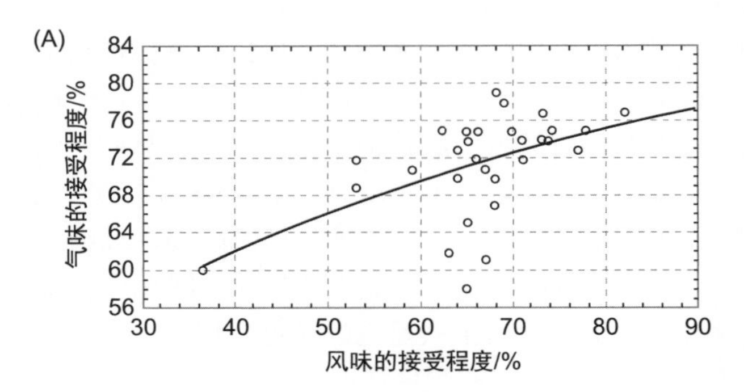

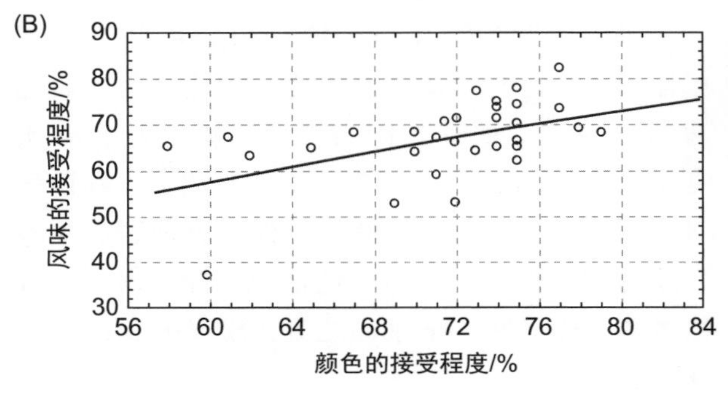

图 2.7　风味和气味的接受度（A）与颜色和风味的接受度（B）之间的关系（资料来源：Pokorrný J. et al.，1998）。

基于颜色关联的感知程度通过以下观察得到印证，即当深棕色时能够正确识别可乐味饮料的人经常在其颜色为橙色时误认是橙汁或茶（Sakai et al.，2004，2005）。相反，当颜色是深棕色时，橙子味溶液往往被错误识别。在另一个实验中，樱桃味饮料如果颜色是绿色，则经常被误认为是青柠（DuBose et al.，1980）。Morrot等（2001）清楚地证明了颜色对葡萄酒的影响。在白葡萄酒中添加无味花色苷（红色）会诱导参与者用描述红葡萄酒的典型术语（具有红色或暗色的描述语）来描述该白葡萄酒。诚然，红色白葡萄酒（一种长相思葡萄酒）确实有与赤霞珠相似的芳香性。这两种葡萄酒都是葡萄酒酿造学学生们在以前的品尝课上经常品尝的葡萄酒。至少当色差严重地与其他感觉线索发生冲突时，颜色引起的知觉扭曲在专业品尝者中可能不太明显（Parr et al.，2003）。当为品酒师提供单一品种的葡萄酒时，颜色差异是有限的，颜色似乎在品质评价中发挥的作用很小（Valentin et al.，2016）。在另一个实验中，用黑色玻璃杯来评价白葡萄酒、桃红和红葡萄酒（Balestter et al.，2009）。葡萄酒专家和新手都能够辨别葡萄酒是白葡萄酒还是红葡萄酒（仅凭嗅觉），但对于桃红葡萄酒的分辨有一定困难。这同样适用于参与者是否被要求将葡萄酒归类为白葡萄酒、桃红葡萄酒或红葡萄酒，或者他们是否被要求口头描述葡萄酒的香味。在第二种情况下，白葡萄酒是用浅黄色或橙色来描述的，而红葡萄酒是用深色来描述的。与描述红葡萄酒的术语相比，描述白葡萄酒的术语更适合用来描述桃红葡萄酒。

在除白色之外的任何光照下取样葡萄酒通常仅限于实验室条件，其中低强度的红光被认为足以扭曲颜色感知，从而排除葡萄酒颜色对感知的影响。尽管如此，在相似亮度的彩色光下取样葡萄酒对品质感知的影响较小，蓝色和红色会显著提升人们对白葡萄酒（莱茵高雷司令）的鉴赏力（Oberfeld et al.，2009）。在另一个实验中，绿光提高了红葡萄酒（用黑玻璃杯品尝）的感知新鲜度，而红光则有助于人们喜欢上红葡萄酒（Spence et al.，2014）。

对于相同的葡萄酒而言，修改颜色强度并不会对经验丰富的品酒师产生什么影响。然而，坊间证据表明，较深的葡萄酒天生就具有更高的评价。在实验室测试条件下，增加颜色强度仅略微影响感知的气味强度，但显著影响有色溶液在感知上的适当性（Zellner and Whitten，1999）。Kemp 和 Gilbert（1997）检测到相似的结果，气味强度与较深的颜色相关。因此，参与者被蒙住眼睛不会受到影响，也不足为奇（Koza et al.，2005）。溶液的颜色对感知到的气味强度的影响甚至在神经元水平上也被观察到了（Österbauer et al.，2005）。如果样本的颜色与特定香气（例如，红色与草莓的香气）典型相关，会增强眼窝前额复合体反应。这个区域是与感觉脉冲整合最相关的大脑区域。相反的情况则发生在不匹配的颜色与香味上（例如，蓝色与草莓的香气）。颜色对葡萄酒品质的影响（图 2.6）和不匹配的颜色对接受度的影响（图 2.5 和图 2.7）表明了这种影响不仅仅是实验室现象。

虽然颜色可以影响葡萄酒的评价，但并非所有的品尝者都受到同样的影响（Williams et al.，1984 B）。这可能与品酒师进行评价的方式有关。在味道 - 味道和味道 - 气味相互作用研究中，当要求评价整体时，影响最显著，当按属性一个一个进行评价时，影响最不明显。当评价指明要忽略颜色时，品酒师可能就会忽视评价中的颜色（Williams et al.，1984 a），但还没有证实这种说法的有效性。

颜色对葡萄酒感知的影响似乎基于与某些葡萄酒的特殊颜色相关联的经验。例如，年轻的干白葡萄酒颜色通常从几乎无色到淡禾秆色不等。更明显的黄色可能来自更成熟的葡萄，或者延长与葡萄皮接触的时间（浸渍），再或是经过了橡木桶陈酿。更多的金色也与长期的陈酿过程有关，或者可能表明是一款甜贵腐葡萄酒。雪利酒的颜色从淡禾秆色到深金棕色的变化取决于其风格（finos 最轻，olorosos 最暗）。桃红葡萄酒的颜色可能是淡粉色至树莓色，没有蓝色。红葡萄酒由深紫色变成褐红色。最初，大多数红葡萄酒具有紫红色，特别是当以葡萄酒杯界面上的角度观察时，这种颜色尤为明显。随着陈酿时间的延长，葡萄酒失去了很多色彩强度，并逐渐呈现出砖红色到铁锈色。红色的波特取决于风格，可能是深红色、宝石红色或黄褐色。

因为所有的葡萄酒最终都带有褐色的色调，所以褐变通常被用作酒龄的标识。红葡萄酒的变化通常表现为 E420/E520 比值降低（Somers and Evans，1977）。然而，褐变同样可以表明过早氧化或过度暴露于热环境。因此，在解释棕色色调（或任何葡萄酒颜色）的含义之前，必须了解葡萄酒的年龄、类型和风格。如果是理想的发展过程或者是理想的陈酿香，则棕色色调是可接受的。加热马德拉酒使葡萄酒棕色化并具有烘烤味，就是一个需要褐变的例子。因为大多数葡萄酒未能形成理想的陈酿香，褐变通常意味着葡萄酒被氧化，或者用白话说“走下坡路（over the hill）”。

客观评价红葡萄酒品质的另一个更现代的方法就是基于可见（VIS）和近红外（NIR）光谱（Cozzolino et al.，2008）。大量澳大利亚红葡萄酒得分与 400～2500 nm 测量值相关。虽然不能作为人类评价的替代品，但葡萄酒得分与光谱测量之间的相关性可以保证其在竞赛评价之前筛选大量葡萄酒（图 2.8）。它可以减少需要全面评价的样品数量。

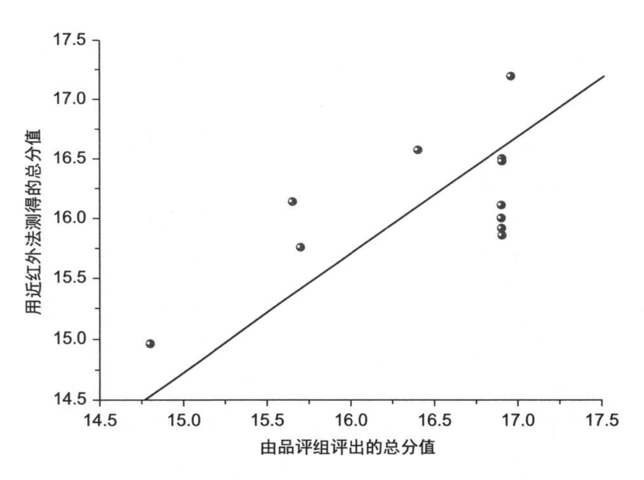

图 2.8　近红外（NIR）测量预测值与西拉葡萄酒参考值的对比。转自 Cozzolino, D.，Cowey, G.，Lattey, K.A.，Godden, P.，Cynkar, W.U.，Dambergs, R.G.，Janik, L. and Gishen, M.，2008. Relationship between wine scores and visible-near infrared spectra of Australian red wines. Anal. Bioanal. Chem. 391，975-981，并得到 Springer Science + Business 慷慨授权。

起源与特征（Origin and Characteristics）

红葡萄酒（Red wines）

花色苷是决定红葡萄和红葡萄酒颜色的主要因素。在葡萄中，花色苷主要以一种葡萄糖苷的形式存在——与一个或多个葡萄糖分子结合。该结合提高了化学稳定性和水溶性。葡萄糖苷也可与乙酸、香豆素或咖啡酸等物质络合。

葡萄和葡萄酒中有五种主要的花色苷：矢车菊花色苷（cyanins）、飞燕草花色苷（delphinins）、锦葵花色苷（malvins）、芍药花色苷（peonins）和矮牵牛花色苷（petunins）。它们的差异在于花色苷分子 B 环上羟基和甲基的数量及位置不同（表 2.2），各类花色苷的含量和相对比例在不同葡萄品种和生长条件之间差异很大（Wenzel et al.，1987）。花色苷的羟基化 / 甲基化模式影响色相和稳定性，游离羟基增强蓝色，而甲基化增强红色。此外，B 环上相邻的羟基（邻二酚）的存在显著地增强了被氧化的可能性。因此，含有高比例的锦葵花色苷或芍药花色苷（它们都不具有邻二酚结构）的葡萄酒显著提高了颜色的稳定性。抗氧化性也是花色苷与糖和其他部分结合的功能（Robinson et al.，1966）。在大多数红葡萄中，锦葵花色苷是主要的花色苷。因为锦葵花色苷是花色苷中最红的，它的浓度是年轻红葡萄酒色调的主要贡献者。

另外，颜色变化还来自花色苷在五种分子状态中的比例。四种是游离形式的，而另一种则与二氧化硫结合（图 2.9）。大多数这些状态在葡萄酒的 pH 范围内是无色的。黄烷态中的这些分子产生红色色调，而那些在醌态中的分子则产生蓝色色调。颜色在每个状态中的比例主要取决于葡萄酒的 pH 和二氧化硫含量。低 pH 提高了红色，有利于黄烷态，而高 pH 产生蓝色 - 淡紫色，有利于醌态，其颜色密度也会受到影响。二氧化硫与花色苷的结合可以减少（漂白）葡萄酒的颜色。随着葡萄酒的陈酿过程进行，花色苷与单宁及其他葡萄酒成分的逐步结合会导致分子的颜色吸收能力的进一步变化。

表 2.2 葡萄酒中花色苷的含量 *

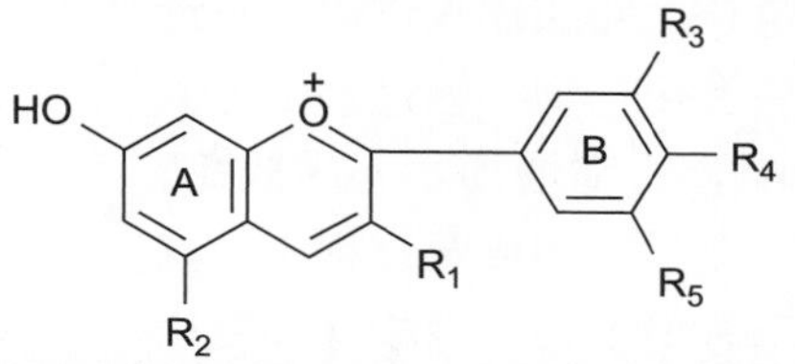

花色苷名称	R_3	R_4	R_5
矢车菊花色苷	OH	OH	
芍药花色苷	OCH_3	OH	
飞燕草花色苷	OH	OH	OH
矮牵牛花色苷	OCH_3	OH	OH
锦葵花色苷	OCH_3	OH	OCH_3
衍生物	结构		
单葡糖苷	R_1= 葡萄糖（葡萄糖 1 位结合）		
二（葡）糖苷	R_1 和 R_2= 葡萄糖（葡萄糖 1 位结合）		

* 酒糟和葡萄酒的后分析方法（资料来源：MA Amerine and CS Ough，1980）。

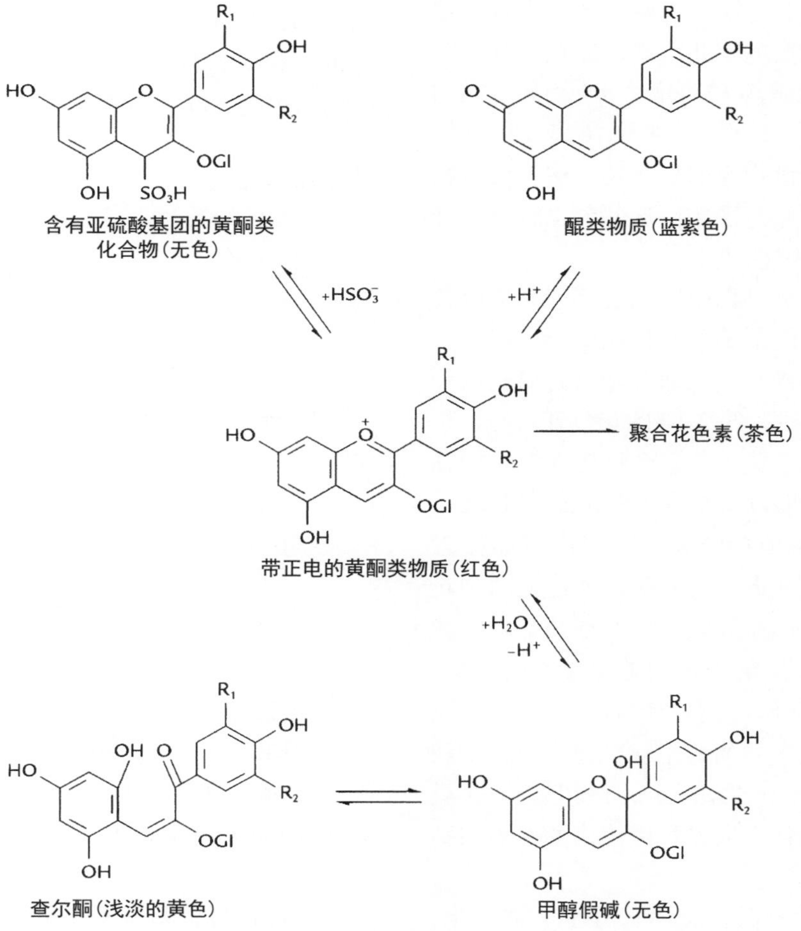

图 2.9 葡萄酒中花色苷主要形式的平衡（Gl，葡萄糖）（资料来源：Jackson, R.S., 2014）。

在葡萄中，花色苷主要以聚集状态存在。这些主要表现为单个花色苷之间的疏水作用（自缔合）或花色苷与其他酚类化合物（辅色素）之间的疏水作用。这两种配合物都增加了光吸收率，从而提高了颜色强度。在酿造和成熟过程中，这种聚集状态开始分离，游离于葡萄酒酸性环境中的花色苷分子失去蓝色。此外，分离导致光吸收减少和颜色损失。根据葡萄酒的 pH、乙醇和单宁含量，通常颜色密度的损失为 2～5 倍。然而，足够的辅色作用复合体在发酵过程中能存活或形成，有助于大多数年轻红葡萄酒呈现紫色。这些颜色变化可能发生在葡萄酒的绝对花色苷含量不变的情况下。

在葡萄酒成熟过程中，不仅花色苷聚集体解离，而且花色苷也趋向于失去它们的糖和酰基（乙酸酯、咖啡酸或香豆酸）部分。它们都更容易受到不可逆氧化（褐变）和从有色黄烷态到无色半缩醛的转化。为限制这些情况的出现，葡萄酒中含有大量的黄酮［儿茶素、原花色苷（儿茶素的二聚体、三聚体和四聚体）］及其多聚物（缩合单宁）是很重要的。这些与游离花色苷结合从而形成更多颜色稳定的聚合物，这些聚合物还将光吸收扩展到蓝色区域。这部分也解释了陈酿过程中发生的铁锈色变化。

相应的，在发酵过程中用花色苷同时提取各种黄酮类化合物对红葡萄酒的长期颜色稳定性至关重要。这些化合物几乎立即开始与游离花色苷聚合。当发酵结束时，约 25% 的花色苷可与儿茶素及其聚合物聚合。花色苷聚合反应在橡木桶陈酿 1 年内可提高到 40% 左右（Somers，1982）。随后的聚合更缓慢地持续着，几年内可能接近 100%（图 2.10）。因此，红色反映了葡萄酒中花色苷的初始数量、性质和状态以及在葡萄酒酿造期间和之后提取和保留的黄酮类化合物的类型、数量以及它们的聚合。大多数麝香红葡萄酒的颜色稳定性差似乎是麝香葡萄中缺乏适当的黄酮和酰化花色苷（Sims and Morris，1986）。一些类似情况可以解释为什么大多数黑比诺葡萄酒的颜色都表现不佳。

聚合不仅有助于保护花色苷分子不被氧化，也可以使其避免其他化学修饰。聚合也有增加溶解度，减少黄酮类物质（单宁）和色素损失的趋

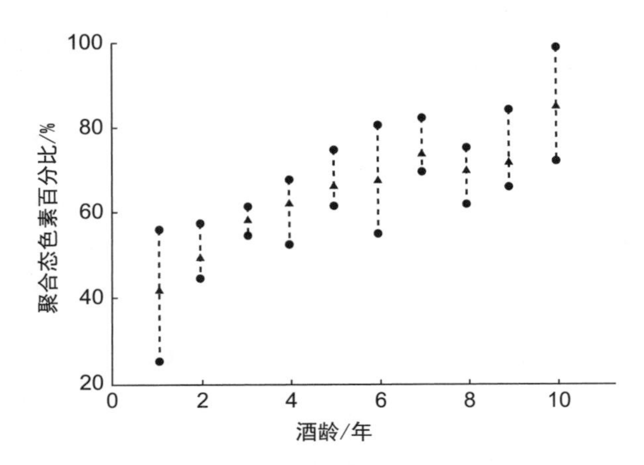

图 2.10 西拉葡萄酒在陈酿过程中的聚合态色素对葡萄酒颜色浓度的贡献随年数增加而增加（▲，平均值；●，端值）（资料来源：Somers，T.C.，1982）。

势。最后，聚合增加了花色苷分子在有色（黄烷态和醌态）状态下的数目。例如，在 pH 3.4 下大约 60% 的花色苷 - 单宁聚合物着色，而只有 20% 的等量游离花色苷着色（图 2.11）。黄褐色叶黄素和醌类花色苷 - 单宁聚合物被认为能产生红葡萄酒的大部分与酒龄相关的砖红色。

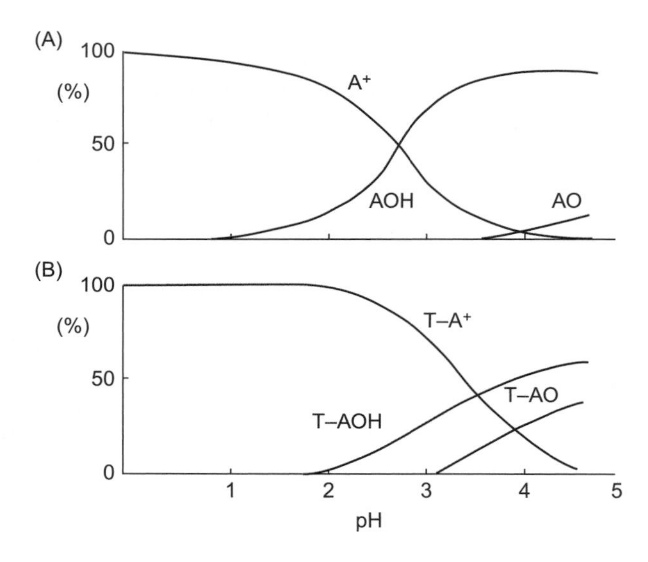

图 2.11 葡萄酒中不同形式的游离花色苷（A）和结合花色苷（T-A）（B）之间的平衡（+，红色黄酮类；O，蓝 - 紫色醌类物质；OH，无色甲醇假碱）（资料来源：Ribéreau-Gayon，P. and Glories，Y.，1987）。

花色苷与黄酮类化合物的聚合在缺氧条件下缓慢进行。然而，该过程的加速与倒桶或其他窖藏操作中不经意吸收了有关氧气。由此启发一些

酿酒商使用微氧化来调节聚合速率和聚合度，特别是当使用惰性的桶时。少量的过氧化物的产生使得在氧气与葡萄酒中的酚反应的同时，乙醇也被氧化成乙醛。乙醛和花色苷的后续反应进一步有利于它们与黄酮类化合物的聚合。最初小的花色苷 - 乙醛 - 黄酮类聚合物被认为能够增强红葡萄酒新酒中典型的紫色变化（Dallas et al.，1996）。乙醛也与二氧化硫反应，以利于其脱离花色苷。这不仅逆转了发酵前添加的二氧化硫的漂白作用，而且也使花色苷在与儿茶素及其多聚体的聚合中释放出来。

涉及颜色稳定的其他机制还包括各种酵母代谢物，特别是丙酮酸。它能与花色苷发生反应（Fulcand et al., 1998），产生茶色的红色素。葡萄中占主导的锦葵花色苷的单糖苷和香豆酰单糖苷也可以与 4- 乙烯基苯酚络合，生成红橙色素（Fulcrand et al.，1997）。这些物质及其化合物被称为吡喃花色苷。详情请参阅 Runtzche 等（2007）和 Jackson（2014）。此外，花色苷和其他黄酮类化合物的内部重排产生黄橙色素叶黄素产物。无色类黄酮在氧化过程中也产生铁锈色产物。因此，虽然红葡萄酒的颜色最初主要是由花色苷产生的，但是红葡萄酒陈酿过程中的颜色主要是由花色苷 - 单宁聚合物、氧化单宁、吡喃花色苷和叶黄素产物共同提供的。鉴于其复杂性，可能需要更为先进的设备来发现红葡萄酒颜色演变中所涉及的关键和决定性事件。表 2.3 突出了一些产生黄色、红 - 黄色、黄 - 棕色、红色和紫色色调的不同形式。伴随陈酿的颜色密度降低是由氧化、花色苷 - 单宁聚合物的结构变化以及它们与酒石酸盐和可溶性蛋白质的沉淀造成的。

红葡萄酒的颜色从深紫红色到淡褐红色。如前所述，年轻红葡萄酒的紫红色色调部分反映了花色苷复合物和花色苷 - 乙醛 - 黄酮低聚物的持续存在，但也可以作为葡萄酒 pH 的标志。浅色可能表明葡萄未成熟或酿造工艺不合适。然而，某些品种（如佳美和黑比诺）很少产出深色葡萄酒。德国的黑比诺葡萄酒通常颜色像桃红葡萄酒一样非常淡。凉爽的气候条件不利于生产深色的红葡萄酒。在这些情况下，应该知道葡萄酒的品种来源，以避免对葡萄酒的过度批评（除非用黑玻璃取样来避免颜色偏差）。

表 2.3 部分葡萄酒酚的颜色和分子质量[a]

名称[b]	颜色	分子质量 / kDa
A^+	红色	500（A⁺、AOH、AO）
AOH	无色	
AO	紫罗兰色	
$AHSO_3$	无色	
P	无色	600
T	黄色	1000～2000
$T\text{-}A^+$	红色	1000～2000（T-A⁺、T-AOH、T-AO）
T-AOH	无色	
T-AO	紫罗兰色	
$T\text{-}AHSO_3$	无色	
TC	黄 - 红色	2000～3000
TtC	黄 - 棕色	3000～5000
TP	黄色	5000

[a] 资料来源：Ribéreau-Gayon and Glories，1987。

[b] A，花色苷；HSO_3，亚硫酸氢盐复合物；O，醌类碱；OH，甲醇假碱；P，原花色苷；T，单宁；TC，缩合单宁；TtC，完全缩合的单宁；TP，与多糖缩合的单宁。

颜色较深的葡萄酒品种，如西拉和赤霞珠，可保持数十年的深红色。暗色调往往与丰富的味道有关，和花色苷一并从葡萄皮中提取出来。因为传统的酿造过程有利于提取高水平的单宁，单宁产生的苦涩感觉，可能需要几十年才能变得顺滑。现代技术可以降低单宁的提取水平，例如使用旋转发酵罐。这些都有利于在单宁提取达到高水平前提取浆果风味和集中的颜色。即使使用标准发酵罐，在发酵过程中较短的果皮接触时间也能产生较温和但风味仍很浓的深色葡萄酒。但这可能要牺牲葡萄酒的长期陈酿潜力。

大多数红葡萄酒在几年内就开始呈现出明显的砖红色，尤其是当在橡木桶中长期陈酿时（图 2.1）。只有拥有发展良好的陈酿香，铁红或黄褐色才是可接受的。在大多数标准的红葡萄酒中，这些色调只表明葡萄酒失去了新酒时的浓郁果香。在年轻的红葡萄酒中，砖红色可能暗示着环境温度过热（如在仓库中可能出现烘烤气味），或密封不当（与酚类氧化的气味有关）。

桃红葡萄酒

桃红葡萄酒颜色呈淡粉色、酸樱桃或覆盆子色，没有蓝色调。实际的色调取决于选用的葡萄品种中花色苷的数量和类型。橙色通常是不受欢迎的，它却可能具有用歌海娜酿造的桃红葡萄酒的特征。除此之外，橙色通常暗示着氧化。淡蓝色通常意味着葡萄酒的 pH 过高，可能味道寡淡。

白葡萄酒

对白葡萄酒的化学性质和颜色的发展，我们知之甚少。大多数白葡萄酒的酚类物质主要由羟基肉桂酸酯组成，如咖啡酸及其衍生物。在破碎时，它们容易氧化并形成 S- 谷胱甘肽络合物。这些通常不会变成棕色。因此，人们认为年轻的白葡萄酒中的大部分黄色色素来自黄酮醇的提取和氧化，如槲皮素和山萘酚。如果使用橡木桶，从桶中提取的成分可以增加白葡萄酒的颜色。酒龄较长的白葡萄酒中加深的金黄色可能来自苯酚或半乳糖醛酸（葡萄衍生果胶的分解产物）的氧化。然而，金色色调也可能随着美拉德反应和焦糖化反应缓慢形成类黑素化合物。偶尔，在一些白葡萄酒中可以发现粉红色。例如，长相思葡萄酒偶见粉红色归因于脱水的白花色苷（黄烷 -3，4- 二醇）的氧化。而一些琼瑶浆葡萄酒的粉红色着色直接来自从该品种的粉红色 - 红色无性系中提取的花色苷。一些所谓的白色（泛红）葡萄酒来自早期压榨的红葡萄，以尽量减少颜色的提取，如白仙粉黛葡萄酒。这些都是桃红葡萄酒的别称。在强化的甜葡萄酒中，大部分的颜色来自葡萄酒酚类物质的氧化或来自烘焙过程中形成的类黑素（estufagem），也有可能来自增甜的浓缩葡萄汁（例如，苏尔多和密斯特拉）。

通常，年轻干白葡萄酒的颜色范围是从近无色到淡禾秆色。更明显的黄色可能被认为是可疑的，除非与葡萄过熟、较长时间的果皮接触（浸渍）或在橡木桶中成熟有关。随着酒龄的增长，葡萄酒出现更深的色调。如果产生了理想的陈酿香，这是可取的。如果与意外氧化（“褐变”）相关，并且存在降解的气味，则是一种失误。相比之下，不寻常的浅色可能意味着使用未成熟的葡萄（没有典型的颜色、高酸度、品种特性小），不经浸渍就分离葡萄汁（提取少量酚类物质且减少品种风味），或者过度使用二氧化硫（发生了漂白作用）。甜白葡萄酒通常呈集中的颜色（麦秆黄色至金黄），这可能是由过熟的葡萄果实内部氧化作用所致。

雪利酒颜色从浅稻草色到金棕色变化，这取决于葡萄酒的特定风格（从 fino 到 oloroso），以及葡萄酒加甜的方法和程度。马德拉酒通常是琥珀色的（除非脱色），因为经过了热处理（用 Tinta negra 品种制成的较年轻的酒保持了红色）。虽然白葡萄酒通常随着年龄增长而变暗，但一些强化型白葡萄酒可以随之变亮（如玛萨拉白葡萄酒），其原因是类黑素的沉淀。

澄清
Clarity

与评价颜色重要程度的复杂性相反，浑浊一直被认为是一种劣质缺陷。伴随着现代的澄清技术的发展，消费者开始期待一款晶莹剔透的葡萄酒产品。然而，这确实需要相当大的努力来实现。

结晶体（Crystals）

年轻葡萄酒的酒石酸盐通常会在发酵后过饱

和。其原因是在发酵过程中酒精含量的增加降低了它们的溶解度。葡萄酒成熟过程中的盐异构化也会降低溶解度。如果有足够的时间，这些晶体自动地析出。在北部地区，没有暖气的酒窖里，较低的温度可以让沉淀更加充分快速地析出。在自发沉淀不充分的时候，制冷冷却可实现快速的令人满意的酒石酸氢盐的稳定。

硬壳状、片状或针状晶体通常是酒石酸氢钾，而细晶体通常是酒石酸钙。Lüthi 和 Vetoch（1981）以及 Edwards（2006）对酒石酸氢盐和其他可能存在于葡萄酒中的盐给出了说明。

酒石酸氢盐晶体的析出是以游离盐浓度为基础的。与保护胶体的结合可以覆盖酒石酸氢盐晶体上的带正电位点，从而延缓它们的结晶（Lubbers et al.，1993）。单宁、酒石酸盐和钾离子之间的相互作用也延缓了结晶。因此，上述复合物随后的解离，冷处理可能不足以永久稳定一些葡萄酒。

虽然酒石酸氢盐晶体在葡萄酒中的积累现在比较少见，但不应该成为消费者拒绝消费酒的理由。这些晶体没有味道（但易碎），通常与一些在陈酿过程中形成的沉淀物一起留在瓶子里。另外，酒石酸盐晶体可以形成在软木塞的下侧。因为白葡萄酒是透明的，通常以浅色到无色的瓶子出售，所以在白葡萄酒中任何结晶的形成看上去都可能比红葡萄酒更加明显。此外，白葡萄酒通常是冷藏或在凉爽环境下储存，增强了晶体的形成。一些生产商用“葡萄酒钻石”这个委婉的词语来形容它们可能出现的情况。不幸的是，一些消费者仍然无意中将酒石酸氢盐晶体误认为是玻璃碎屑。

葡萄酒中偶尔会形成草酸钙结晶体。草酸是葡萄的次要成分，尤其是当它们含有针状或簇状晶体时，但葡萄酒中过量的草酸通常与葡萄破碎中混入葡萄叶的“污染”有关。由于任何亚铁或草酸铁的缓慢氧化，晶体形成主要发生在酒龄较长的葡萄酒中。由于草酸铁是不稳定的，可以分解释放游离草酸，它随后与钙结合，导致草酸钙晶体的形成。软木是草酸的另一个潜在来源。

其他潜在的有害晶体来源是糖类和黏酸。这两种物质都是由葡萄球菌感染的葡萄产生的，然后在瓶装葡萄酒中形成不溶性的钙盐。钙晶体就是苏玳贵腐酒中时常发现有黄色小颗粒的原因。

沉淀物（Sediment）

沉积物的再悬浮很可能是酒龄较长的红葡萄酒中最常见的浑浊来源。沉积物通常由聚合花色苷、单宁、蛋白质和酒石酸氢盐晶体组成。根据其组成，葡萄酒沉淀物有种苦味或粉质味道（Quinsland，1978）。对于一些葡萄酒爱好者来说，沉淀物的存在被认为是一个品质指标。这一观点基于过分担心澄清去除了关键的风味物质。然而，避免这些程序并不保证更有品质、更具风味的葡萄酒。目前，大多数红葡萄酒都被充分澄清，很少会产生明显的沉淀物。年份波特是一个主要的例外，在发展变化早期就被装瓶了。

蛋白质引起的浑浊（Proteinaceous Haze）

尽管这不常受到消费者抵触，但酒瓶中的蛋白质浑浊引起的退货，仍能造成相当大的经济损失。蛋白质浑浊是由溶解的蛋白质聚集成光分散的微粒造成的。暴露于热环境以及亚硫酸盐、单宁和痕量金属离子存在的环境会增强蛋白质引起的浑浊。原花色苷（儿茶素类黄酮低聚物）与脯氨酸蛋白结合良好（Siebert，2006）。然而，这些蛋白质通常在发酵或成熟过程中沉淀或在澄清过程中被除去。因此，它们不像在啤酒中一样引发问题（Asano et al.，1984）。瓶装葡萄酒中引发问题的蛋白质主要是发病相关蛋白（PR）。（特别是几丁质酶和酸稳定的类奇异果甜蛋白）（Waters et al.，1996b; Dambrouck et al.，2003）。它们产生于病原体感染或其他胁迫，包括收获期间的损害（Pocock and Waters，1998）。虽然酵母甘露聚糖和葡萄阿拉伯半乳聚糖 - 蛋白质复合物可以促进热诱导的蛋白质浑浊，但特定成分也可以减少它们的形成（Pellerin et al.，1994；Dupin et al.，2000）。

酚类引起的浑浊（Phenolic Haze）

在葡萄酒成熟过程中，过度使用橡木屑，或者不小心将葡萄叶片与葡萄一同破碎（Somers and Ziemelis，1985 年）能偶尔引起酚类浑浊。第一种情况鞣酸的提取过量形成细碎的米白色到浅褐色结晶体。在破碎过程中，从叶子提取的细碎的黄色槲皮素结晶体可诱发白葡萄酒中的黄酮醇浑浊。这种情况极有可能发生于葡萄酒在结晶

完全沉淀之前已经装瓶（Somers and Ziemelis，1985）。若在红葡萄酒里过量使用二氧化硫（可能是为了对抗感病葡萄中释放的漆酶作用），也可以导致酚类物质引起的浑浊。

变质（Casse）

一些不可溶的金属盐会使瓶装葡萄酒产生浑浊（变质），其中最重要的是铁离子（Fe^{3+} 和 Fe^{2+}）和铜离子（Cu^{2+} 和 Cu^{+}）诱导产生的。这些难以处理的金属离子主要来自酒厂里生锈的酿酒设备或使用铜基杀菌剂的时间离收获期太近。

两种铁离子引起的葡萄酒变质的原理已经明确。白葡萄酒会因为葡萄酒中的可溶性磷酸亚铁盐被氧化，形成不可溶的磷酸铁盐的浑浊。米白色浑浊来自单独的磷酸铁盐颗粒，或者来自磷酸铁盐和可溶性蛋白质的复合物。在红葡萄酒中，亚铁离子被氧化成铁离子能引起蓝色浑浊。在这种情况下，铁离子与花色苷和单宁相结合形成不溶性颗粒。

与铁离子引起的浑浊不同，铜变质只在还原（厌氧）情况下形成。当瓶装葡萄酒的氧化还原电位在陈酿过程中下降时，这种变质就发展成一种红棕色的精细沉积物。其被暴露在光照下可以加速这样的反应。浑浊颗粒由硫化铜和硫化亚铜以及它们与蛋白质的复合体组成。铜浑浊问题主要存在于白葡萄酒中，不过桃红葡萄酒中也会发生。

酒瓶内壁表面的沉积物（Deposits on Bottle Surfaces）

葡萄酒中的沉淀物偶尔会黏着在酒瓶的内表面上。这样酒瓶壁下部就会出现拉长的椭圆形的沉积物痕迹。在红葡萄酒瓶的内壁上极少见地会出现一层类似油漆一样的沉积物，主要成分是一层薄膜状的单宁 - 花色苷 - 蛋白复合物（Waters et al.，1996a）。香槟酒瓶内壁也常常会出现一层薄膜状沉积物。这种现象被称为假面具现象，是由白蛋白（澄清剂的主要成分）和脂肪酸（很可能来自酵母细胞的自溶）之间形成复合物所致。它在第二次瓶内发酵后形成（Maujean et al.，1978）。

微生物引起的腐败（Microbial Spoilage）

腐败菌的存在也可以引起葡萄酒的浑浊（比如酵母和细菌）。瓶装葡萄酒中引起腐败的主要酵母是接合酵母属（*Zygosaccharomyces*）和酒香酵母属（*Brettanomyces*）。有三类细菌也可能引起腐败：乳酸菌、醋酸菌和杆状菌（极少情况下）。

接合酵母可以产生凝聚体和颗粒体两种沉积物（Rankine and Pilone，1973），在白葡萄酒和桃红葡萄酒中最常见。这种污染通常源于未经适当清洗和消毒的装瓶设备中的酵母定殖。相反，酒香酵母则会引起较为明显的浑浊，它可以在细胞数不到 10^2 个 /mL 的情况下变得显著（Edelényi, 1996）。更常见的是，它只有在细胞数大约 10^5 个 /mL 的情况下才产生明显的浑浊。酵母引起的浑浊并不会引起酒的腐败，但是常常会伴随着令人不愉快的酸味（*Z. bailii*）和老鼠味（*Brettanomyces*）。其他真菌类也可以引起浑浊和薄膜的出现，但是都需要在有氧的环境下（在密封良好的瓶装葡萄酒里显然不会发现这种情况）。

某些乳酸菌在红葡萄酒中产生浑浊的黏性物质，受影响的葡萄酒会出现泡菜酸腐味或者老鼠腐味，二氧化碳积累，呈现暗淡的铁锈色。其他细菌菌株可合成大量的黏液多糖（β-1,3- 葡聚糖）。这些多糖可以把细菌一个个连接成一条光滑的丝链。这样的丝链常常表现为悬浮于葡萄酒中的细丝，这样的现象被称为成丝性。当这些细丝被打散时，多糖会使得葡萄酒呈现出油腻的外观和黏稠的质地。虽然看上去不太好，但是成丝性一般不会带来不良气味。这些腐败条件主要发生在 $pH \geq 3.7$ 的情况下。

醋酸菌长期以来与葡萄酒变质有关。多年来，这些细菌被认为是好氧的（需要分子氧来生长）。现在人们发现醌类物质（被氧化了的酚类物质）可以提供所需的氧气（Aldercreutz，1986）。因此，如果存在可接受的电子受体，醋酸菌便可以在瓶装葡萄酒中生长。此外，即使是微量的氧气参与如倒桶或搅桶（与带酒泥成熟有关）都可以激活醋酸菌的生长。如果它们在葡萄酒中大量地繁殖，便会产生带有明显醋酸气味和与口感的发展有关的浑浊。

黏性
Viscosity

黏性更多表现在口感上而不是视觉上，但如

果可以察觉到，它在葡萄酒流动（流动性）中的轻微迟缓是显而易见的。少数情况下，可检测到的黏度增加涉及甘油含量>25 g/L（如在高度贵腐的酒中），或存在黏多糖细菌（葡萄酒出现成丝性或变质）。

糖含量（例如，15 g 果糖和 5 g 葡萄糖）可以产生相当于 25 g 甘油的黏度值（Nurgel and Pickering，2005），大约 1.5 cP（mPa）。大于或等于这个值就能够感知到黏度差异。除了影响流动性之外，黏度大于或等于 1.5 cP 会降低对涩味和酸味的感知（Smith and Noble，1998）。它也可以降低对芳香化合物的感知强度（Cook et al.，2003）。然而，后者似乎发生在比葡萄酒更典型的食物和甜点的黏度值上。

杀口感／起泡性
Petillance/Effervescence

发酵后的静止型葡萄酒二氧化碳是过饱和的。在成熟过程中，过多的二氧化碳通常随着葡萄酒中的二氧化碳和木桶损耗之间的平衡发展而消散。然而在完成之前，如果葡萄酒提前装瓶，气泡可沿着玻璃杯的侧面和底部形成，在口腔中可以感受到轻微的杀口感。这种现象最容易在博若莱新酒中观察到或在那些塞上软木塞后未静置 24 h 的新酒中观察到。这种情况不会发生在瓶中陈酿数年的葡萄酒中，因为任何多余的二氧化碳最终都会通过瓶塞逸出或逸出在木塞和瓶颈之间。

温和气泡的另一个来源可以是装瓶后苹果酸–乳酸发酵的副产物。如果是这个原因，它通常与形成细小的、产生浑浊的沉淀物（细菌细胞）有关。轻杀口感也可能与变质有关。

通常，显著且持续的气泡是有意为之的。在起泡葡萄酒中，气泡大小、气泡链的关联性和持续时间被认为是重要的品质特征。随着第二次发酵，葡萄酒和酒泥之间的长期接触有利于缓慢、连续地起泡。酵母自溶（自消化）释放胶体甘露聚糖（细胞壁成分）到葡萄酒中。二氧化碳与这些蛋白质之间的微弱结合被认为是开瓶后产生稳定气泡流的关键。气泡破裂的声音（或与软木塞移除相关的嘶嘶声／爆声）是否对起泡葡萄酒的感知品质具有感官意义（如在碳酸饮料中），尚待评价（Zampini and Spence，2005）。

影响二氧化碳在葡萄酒中溶解度的因素有很多，尤其是温度和葡萄酒中糖分及酒精含量。增加这些物质中任何一个的含量会降低二氧化碳气体的溶解度。一旦将酒倒出，大气压力对于气泡的形成就起着至关重要的作用。葡萄酒的压力从 6 个大气压（瓶中）降到 1 个大气压（周围环境中）。二氧化碳的溶解度也随之从 14 g/L 下降到 2 g/L。这促使一个 750 mL 的酒瓶中释放出 5～6 L 的气体。然后，在没有晃动的情况下，二氧化碳并没有足够的自由能量立即释放出来，而是进入一种亚稳定状态，慢慢地释放出来。

二氧化碳通过多种机制从葡萄酒中逸出（图 2.12）。倾倒产生的泡沫是由葡萄酒倾倒（均匀成核）释放的自由能引起的。然而，气泡在起泡葡萄酒中所需要的连续链是由非均相成核产生的。这始于二氧化碳扩散到微小的气囊中，通常是附着在酒杯边缘或漂浮在葡萄酒中的颗粒物质上。这种物质通常是在干燥过程中留下或由空气中脱落的纤维素碎片组成（Liger-Belair et al., 2002）。然而，一些气泡可以由酒石酸钾悬浮晶体引发。当葡萄酒被倒入玻璃杯中时，成核部位可能起源于均匀气泡的初始破裂。当二氧化碳扩散到这些成核位点时，新生的气泡依次扩大，生发并开始上升（图 2.13）。在上升过程中，气泡继续从葡萄酒中吸收二氧化碳而不断扩大，这增加了它们的上升速率并导致它们在链内分离（图 2.14）。缓慢、渐进地释放气泡是起泡酒中二氧化碳逸出的主要且理想的方式。

相反，喷涌即二氧化碳突然爆炸性的释放，是由许多独立的过程造成的。摇动（或抖动）产生的机械冲击波或者倾倒过程提供充足的能量削弱水和二氧化碳之间的结合。当气泡达到临界程度时，它们吸收的二氧化碳比失去的多，在上升的过程中不断变大。此外，早先在瓶中产生的半稳定以及稳定的微气泡如果给予充分的自由，也将爆炸性地膨大。

对于起泡葡萄酒的品评来说，非常重要的特征是酒杯中央由气泡聚集形成的泡沫（称为 mousse）以及沿着杯壁平面处空气 - 葡萄酒 - 酒杯的接触面上由气泡聚集而成的环型泡沫（称为

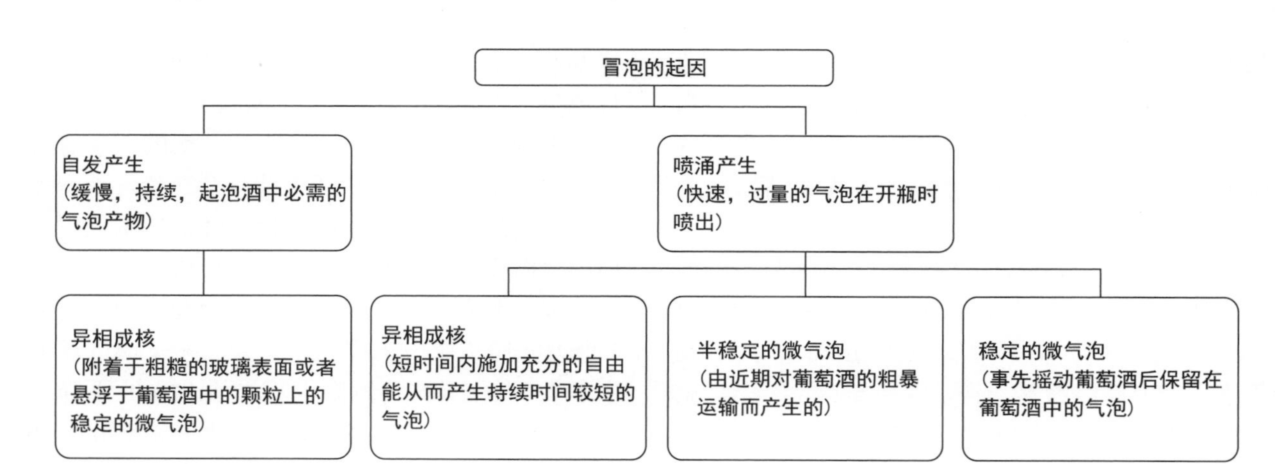

图 2.12　起泡葡萄酒（CO_2 逃逸）的起泡机理（资料来源：Jackson，R.S.，2014）。

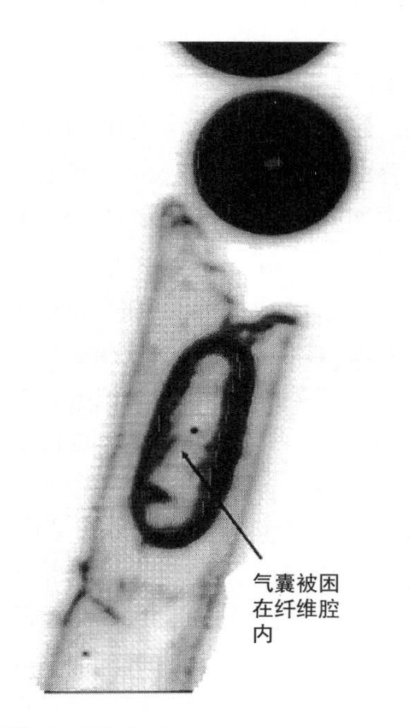

图 2.13　纤维素纤维作为气泡成核部位的特写（资料来源：Liger-Belair，G.，2005）。

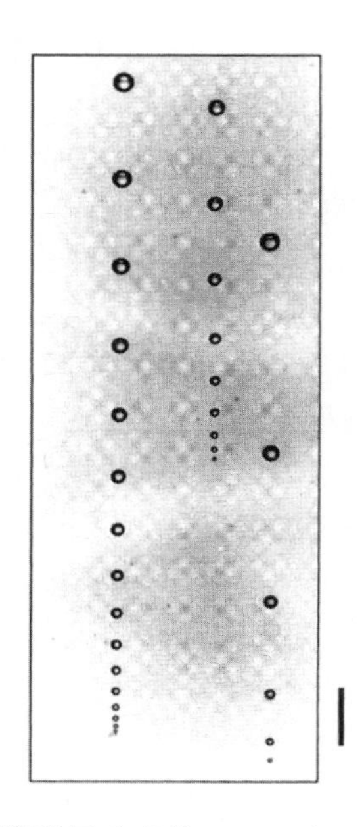

图 2.14　香槟笛形杯（暗线 =1 mm）一侧不同大小的成核位点集合同时形成不同的气泡链（资料来源：Liger-Belair，G.，2005）。

cordon de mousse）。葡萄酒泡沫（就像啤酒沫一般）持续时间较长是不受欢迎的。这些葡萄酒泡沫的持久性取决于表面活性剂（如可溶性蛋白、多酚类以及多糖类物质）的特性。它们降低表面张力，减少气泡破裂。重力作用去除了气泡之间的流体，气泡之间相互融合，形成有角的形状。随着它们体积的增大，它们将趋于破裂。

天然表面活性剂来源于酵母自溶的降解产物。在第二次发酵后，它们在葡萄酒中的浓度在成熟的第一年内增加了 2～3 倍。酒杯清洗后留下的表面活性剂污染物，特别是肥皂或洗涤剂残留物，可以有效地抑制气泡的形成。这些残留物会附着在气泡上形成在气泡产生过程中起始（成核）步骤所必需的颗粒。这可以很容易地用一个洗涤剂清洗过但没有冲干净的玻璃杯证明——不过最好往里倒一些软饮料，而不是上好的香槟。

将葡萄酒沿杯以倾角为 45°缓慢地倒入笛形杯，可以延长泡腾的持续时间（Liger-Belair et al.，2010）。少量的酒倒入后，应停止倾倒，直到气泡的初始积聚消退。随后，其可以在不损失 CO_2 的情况下重新开始倾倒。

酒泪
Tears

摇杯之后，酒液沿着杯壁流下（图 2.15）的现象已经被关注了几个世纪，这种现象被定义为酒泪（tears，rivulets）或酒腿（legs）。它们引起了物理化学家的极大兴趣（Walker，1983；Neori，1985；Fournier and Cazabat，1992；Vuilleumier et al.，1995）。由于酒杯表面的葡萄酒薄膜中的酒精挥发的速度比水要快，所以在摇杯之后会形成酒泪，这是因为乙醇 - 水混合物的表面张力（γ）从 15% 乙醇时的约 0.43 增加到 0.48（10%）再到 0.56（5%）和纯水（20℃）时的 0.73。相应的密度变化分别为 0.986 kg/L、0.982 kg/L、0.989 kg/L 和 0.998 kg/L。此外，整个膜的温度也在发生变化（Venerus and Simavilla，2015）。这些因素导致葡萄酒被拉向酒杯壁，而水分子则更紧密地拉在一起。由于液体膜的密度在其边缘处比其他地方高，液滴开始下垂，产生拱形。液滴开始滑落，形成酒泪。在到达葡萄酒表面时，液体流失，密度降低，液滴会轻微回缩。

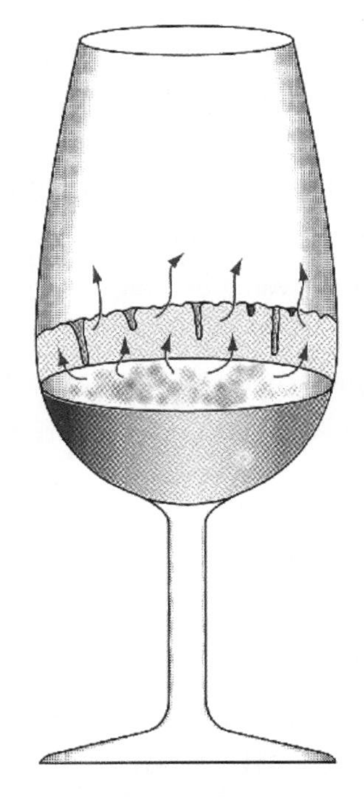

图 2.15　举例说明葡萄酒在酒杯中向上流动（下面的箭头所示）以及酒泪的形成。当酒精从黏着在酒杯上的葡萄酒中挥发出来的时候，葡萄酒开始向下流（上面的箭头所示），导致保持水分的表面张力增大。

摇杯后，附着在玻璃杯上的葡萄酒的边缘开始下降，偶尔会快到不会形成酒泪。下降可能被向上的流动稍微抵消，但最终只有葡萄酒边缘在表面（弯月面）以上约 1 mm 处残留。这是由薄膜的表面张力梯度（Gugliotti and Silverstein，2004）产生的，该梯度比单独毛细作用更能拉动葡萄酒沿着玻璃杯向上。然而，作者提供的演示几乎不能代表典型的条件（50：50 酒精溶液于 1 mL 容器中）。由酒精蒸发产生的差速冷却所产生的温度梯度也会产生对流流过酒杯并向上流动，促进温度较高的葡萄酒流向表面（马朗戈尼效应）。这可以通过不可润湿的粉末（例如石松或滑石粉）进行轻微表面喷粉来观察。添加一滴食用色素更明显，但其缺点是成分（如丙二醇）可能改变葡萄酒的表面物理化学特性。

酒泪形成的持续时间取决于影响酒膜密度的因素，特别是温度、酒精含量和液体 / 空气界面以及酒杯壁的润湿性和斜率（以及由此产生的重力的影响）。与过去的观念相反，甘油并不是酒泪产生所必需的物质，它对酒泪的产生几乎没有影响。

补充说明
Postscript

对于爱好者来说，葡萄酒的外貌，尤其是颜色，可能是葡萄酒最重要的感官享受。阳光透过葡萄酒闪闪发光，是令人陶醉的。外观也可以预示接下来的感官愉悦，以有助于达到观赏者的预期。

对于酿酒师来说，分析葡萄酒的视觉特征承认了其对消费者欣赏的重要性。它增强了努力提升葡萄酒吸引力的价值。华丽的“礼服”使品尝者以积极的心态来品尝葡萄酒，就像一本拥有有趣封面的书可以吸引读者继续往下看一样。

更确切地说，颜色可以为味道强度、品种、风格起源以及年龄提供线索。虽然在品尝之前有可能带给消费者不好的观点，但在大多数情况下都是一个优势项。澄清也是一个积极的特征，进一步引发一个美好的期许。虽然第一印象并不总能得到满足，但自信地开始显然更好。相反，第一印象差是品尝者的期待发生失望后的前提条件，除非

还有更糟糕的情况。即使负面的预期没有随后实现，总体印象也不太可能令人满意，并促进重复购买。

推荐阅读

Foster, D.H., 2011. Color Constancy. Vision Res. 51, 674–700.

Livingstone, M., 2002. Vision and Art: The Biology of Seeing. Abrams, New York, NY.

Pridmore, R.W., Huertas, R., Melgosa, M., Negueruela, A.I., 2005. Discussion on perceived and measured wine color. Color Res. Appl. 30, 146–152.

Waterhouse, A.L., Kennedy, J.A. (Eds.), 2004. Red Wine Color. Revealing the Mysteries. ACS Symposium Series, No. 886, American Chemical Society Publication, Washington, DC.

Zellner, D.A., 2013. Color-odor interactions: A review and model. Chem. Percept. 6, 155–169.

参考文献

Aldercreutz, P., 1986. Oxygen supply to immobilized cells. 5. Theoretical calculations and experimental data for the oxidation of glycerol by immobilized *Gluconobacter oxydans* cells with oxygen or p-benzoquinone as electron acceptor. Biotechnol. Bioeng. 28, 223–232.

Amerine, M.A., Ough, C.S., 1980. Methods for Analysis of Musts and Wines. John Wiley, New York.

Amerine, M.A., Berg, H.W., Kunkee, R.E., Ough, C.S., Singleton, V.L., Webb, A.D., 1980. The Technology of Wine Making, 4th ed AVI Publ. Co, Westport, CN.

Asano, K., Ohtsu, K., Shinagawa, K., Hashimoto, N., 1984. Affinity of proanthocyanidins and their oxidation products for haze-forming proteins of beer and the formation of chill haze. Agric. Biol. Chem. 48, 1139–1146.

Ayala, F., Echávarri, J.F., Negueruela, A.I., 1997. A new simplified method for measuring the color of wines. II. White wines and brandies. Am. J. Enol. Vitic. 48, 364–369.

Bakker, J., Timberlake, C.F., 1986. The mechanism of color changes in aging port wine. Am. J. Enol. Vitic. 37, 288–292.

Ballester, J., Abdi, H., Langlois, J., Peyron, D., Valentin, D., 2009. The odors of colors: Can wine experts and novices distinguish the odors of white, red, and rosé wines? Chem. Percept. 2, 203–213.

Birse, M.J., 2007. The Color of Red Wine. PhD Thesis, School of Agriculture, Food and Wine. University of Adelaide, Australia.

Brosnan, T., Sun, D.W., 2004. Improving quality inspection of food products by computer vision. J. Food Engin 61, 3–16.

Brou, P., Sciascia, T.R., Linden, L., Lettvin, J.Y., 1986. The colors of things. Sci. Amer. 255 (3), 84–91.

Bucelli, P., Gigliotti, A., 1993. Importanza di alcuni parametri analatici nella valutazione dell' attitudine all' invecchiamento dei vini. Enotecnico 29 (5), 75–84.

Chapanis, A., 1965. Color names for color space. Am. Scientist 53, 327–345.

Cheung, V., Westland, S., Li, C., Hardeberg, J., Connah, D., 2005. Characterization of trichromatic color cameras by using a new multispectral imaging technique. J. Optic. Soc. Am. A 22, 1231–1240.

Clydesdale, F.M., Gover, R., Philipsen, D.H., Fugardi, C., 1992. The effect of color on thirst quenching, sweetness, acceptability and flavor intensity in fruit punch flavored beverages. J. Food Quality 15, 19–38.

Cook, D.J., Hollowood, T.A., Linforth, R.S.T., Taylor, A.J., 2003. Oral shear stress products flavour perception in viscous solutions. Chem. Senses 28, 11–23.

Cozzolino, D., Cowey, G., Lattey, K.A., Godden, P., Cynkar, W.U., Dambergs, R.G., et al., 2008. Relationship between wine scores and visible-near infrared spectra of Australian red wines. Anal. Bioanal. Chem. 391, 975–981.

Dallas, C., Ricardo-da-Silva, J.M., Laureano, O., 1996. Products formed in model wine solutions involving anthocyanins, procyanidin B_2, and acetaldehyde. J. Agric. Food Chem. 44, 2402–2407.

Dambrouck, T., Narchal, R., Marchal-Delahaut, L., Parmentier, M., Maujean, A., Jeandet, P., 2003. Immunodetection of protein from grapes and yeast in a white wine. J. Agric. Food Chem. 51, 2727–2732.

DuBose, C.V., Cardello, A.V., Maller, O., 1980. Effects of colorants and flavorants on identification, perceived flavor intensity, and hedonic quality of fruit-flavoured beverages and cake. J. Food Sci. 45, 1393–1399.

Dupin, V.S., McKinnon, B.M., Ryan, C., Boulay, M., Markides, A.J., Jones, G.P., et al., 2000. *Saccharomyces cerevisiae* mannoproteins that protect wine from protein haze: Their release during fermentation and lees contact and a proposal for their mechanism of action. J. Agric. Food Chem. 48, 3098–3105.

Edelényi, M., 1966. Study on the stabilization of sparkling wines (in Hungarian) . Borgazdaság 12, 30–32. (reported in Amerine et al., 1980) .

Edwards, C.G., 2006. Illustrated Guide to Microbes and Sediments in Wine, Beer, and Juice. WineBugs LLC, Pullman, WA.

Fournier, J.B., Cazabat, A.M., 1992. Tears of wine. Europhys. Lett. 20, 517–522.

Fulcrand, H., Cheynier, V., Oszmianski, J., Moutounet, M., 1997. The oxidized tartaric acid residue as a new bridge potentially competing with acetaldehyde in flavan-3-ol condensation. Phytochemistry 46, 223–227.

Fulcrand, H., Benabdeljalil, C., Rigaud, J., Chenyier, V., Moutounet, M., 1998. A new class of wine pigments generated by reaction between pyruvic acid and grape anthocyanins. Phytochemistry 47, 1401–1407.

Gegenfurtner, K.R., Kiper, D.C., 2003. Color vision. Annu. Rev. Neurosci. 26, 181–206.

Glories, Y., 1984. La couleur des vins rouge. 2e Partie. Mesure, origin et interpretation. Conn. Vigne Vin 18, 253–271.

Gugliotti, M., Silverstein, T., 2004. Tears of wine. J. Chem. Educ. 81, 67–68.

Hernández, B., Sáenz, C., Fernández de la Hoz, J., Alberdi, C., Alfonso, S., Diñeiro, J.M., 2009. Assessing the color of red wine like a taster's eye. Col. Res. Appl. 34, 153–162.

Huertas, R., Yebra, Y., Pérez, M.M., Melgosa, M., Negueruela, A.I., 2003. Color variability for a wine sample poured into a standard glass wine sampler. Color Res. Appl. 28, 473–479.

Iland, P.G., Marquis, N., 1993. Pinot noir – Viticultural directions for improving fruit quality. In: Williams, P.J., Davidson, D.M., Lee, T.H. (Eds.), Proc. 8th Aust. Wine Ind. Tech. Conf. Adelaide, 13-17 August, 1992. Winetitles, Adelaide, Australia, pp. 98–100.

Jackson, R.S., 2014. Wine Science: Principles and Applications, 4th ed. Academic Press, San Diego, CA.

Kaiser, P.K., Boynton, R.M., 1996. Human Color Vision, 2nd ed. Optical Society of America, Washington, DC.

Kemp, S.E., Gilbert, A.N., 1997. Odor intensity and color lightness are correlated sensory dimensions. Am. J. Psychol. 110, 35–46.

Koza, B.J., Cilmi, A., Dolese, M., Zellner, D.A., 2005. Color enhances orthonasal olfactory intensity and reduces retronasal olfactory intensity. Chem. Senses 30, 643–649.

Kuehni, R.G., 2002. CIEDE2000, milestone or final answer? Col. Res. Appl. 27, 126–127.

León, K., Mery, D., Pedreschi, F., León, J., 2006. Color measurement in L*a*b* units from RGB digital images. Food Res. Int. 39, 1084–1091.

Liger-Belair, G., 2005. The physics and chemistry behind the bubbling properties of champagne and sparkling wines: A state-of-the-art review. J. Agric. Food Chem. 53, 2788–2802.

Liger-Belair, G., Marchal, R., Jeandet, P., 2002. Close-up on bubble nucleation in a glass of champagne. Am. J. Enol. Vitic. 53, 151–153.

Liger-Belair, G., Bourqet, M., Villaume, S., Jeandet, P., Pron, H., Polidori, G., 2010. On the losses of dissolved CO_2 during champagne serving. J. Agric. Food Chem. 58, 8768–8775.

Lubbers, S., Leger, B., Charpentier, C., Feuillat, M., 1993.

Effet colloide protecteur d' extraits de parois de levures sur la stabilité tartrique d' une solution hydroalcoolique model. J. Int. Sci. Vigne Vin 27, 13–22.

Lüthi, H., Vetoch, U., 1981. Mikroskopische Beurteilung von Weinen und Fruchtsäften in der Praxis. Heller Chemie-und Verwaltsingsgesellschaft mbH. Schwäbisch Hall, Germany.

Maga, J.A., 1974. Influence of color on taste thresholds. Chem. Senses Flavor 1, 115–119.

Martin, M.L.G.-M., Ji, W., Luo, R., Hutchings, J., Heredia, F.J., 2007. Measuring colour appearance of red wines. Food Qual. Pref. 18, 862–871.

Maujean, A., Haye, B., Bureau, G., 1978. Étude sur un phénomène de masque observé en Champagne. Vigneron Champenois 99, 308–313.

Mazza, G., Fukomoto, L., Delaquis, P., Girard, B., Ewert, B., 1999. Anthocyanins, phenolics and color in wine from Cabernet Franc, Merlot and Pinot noir in British Columbia. J. Agric. Food Chem. 47, 4009–4017.

Morrot, G., Brochet, F., Dubourdieu, D., 2001. The color of odors. Brain Lang. 79, 309–320.

Munsell, A.H., 1980. Munsell Book of Color – Glossy Finish. Munsell Color Corporation, Baltimore, MD.

Negueruela, A.I., Echávarri, J.F., Pérez, M.M., 1995. A study of correlation between enological colorimetric indexes and CIE colorimetric parameters in red wines. Am. J. Enol. Vitic. 46, 353–356.

Negueruela, A.I., Echávarri, J.F., Los Arcos, M.L., Lopez de Castro, M.P., 1990. Study of color of quaternary mixtures of wines by means of the Scheffé design. Am. J. Enol. Vitic. 41, 232–240.

Neogi, P., 1985. Tears-of-wine and related phenomena. J. Colloid Interface Sci. 105, 94–101.

Nurgel, C., Pickering, G., 2005. Contribution of glycerol, ethanol and sugar to the perception of viscosity and density elicited by model white wines. J. Texture Studies 36, 303–323.

Oberfeld, D., Hecht, H., Allendorf, U., Wickelmaier, F., 2009. Ambient lighting modifies the flavor of wine. J. Sens. Stud. 24, 797–832.

Österbauer, R.A., Matthews, P.M., Jenkinson, M., Beckmann, C.F., Hansen, P.C., Calvert, G.A., 2005. Color of scents: Chromatic stimuli modulate odor responses in the human brain. J. Neurophysiol. 93, 3434–3441.

Pangborn, R.M., Berg, H.W., Hansen, B., 1963. The influence of colour on discrimination of sweetness in dry table wines. Am. J. Psyc. 76, 492–495.

Parr, W.V., White, K.G., Heatherbell, D., 2003. The nose knows: Influence of colour on perception of wine aroma. J. Wine Res. 14, 99–121.

Pellerin, P., Waters, E., Brillouet, J.-M., Moutounet, M., 1994. Effet de polysaccharides sur la formation de trouble proteique dans un vin blanc. J. Int. Sci. Vigne Vin 28, 213–225.

Peng, Z., Duncan, B., Pocock, K.F., Sefton, M.A., 1999. The influence of ascorbic acid on oxidation of white wines: Diminishing the long-term antibrowning effect of SO_2. Aust. Grapegrower Winemaker 426a, 67–69. 71–73.

Pérez-Magariño, S., González-San José, M.L., 2002. Prediction of red and rosé wine CIELab parameters from simple absorbance measurements. J. Sci. Food Agric. 82, 1319–1324.

Pocock, K.F., Waters, E.J., 1998. The effect of mechanical harvesting and transport of grapes, and juice oxidation, on the protein stability of wines. Aust. J. Grape Wine Res. 4, 136–139.

Pointer, M.R., Attridge, G.G., Jacobson, R.E., 2002. Food colour appearance judged using images on a computer display. Imaging Sci. J. 50, 25–37.

Pokorný, J., Filipům, M., Pudil, F., 1998. Prediction of odour and flavour acceptancies of white wines on the basis of their colour. Nahrung 42, 412–415.

Quinsland, D., 1978. Identification of common sediments in wine. Am. J. Enol. Vitic. 29, 70–71.

Rankine, B.C., Pilone, D.A., 1973. *Saccharomyces bailii*, a resistant yeast causing serious spoilage of bottled table wine. Am. J. Enol. Vitic. 24, 55–58.

Rentzche, M., Schwarz, M., Winterhalter, P., 2007. Pyranoanthocyanins – An overview on structures, occurrence, and pathways of formation. Trends

Food Sci. Technol. 18, 526–534.

Ribéreau-Gayon, P., Glories, Y., 1987. Phenolics in grapes and wines. In: Lee, T. (Ed.), Proc. 6th Aust. Wine Ind. Tech. Conf. Australian Industrial Publ., Adelaide, Australia, pp. 247–256.

Robinson, W.B., Weirs, L.D., Bertino, J.J., Mattick, L.R., 1966. The relation of anthocyanin composition to color stability of New York State wines. Am. J. Enol. Vitic. 17, 178–184.

Sakai, N., Kobayakawa, T., Saito, S., 2004. Effect of description of odor on perception and adaptation of the odor. J. Jpn. Assoc. Odor Environ. 35, 22–25. [in Japanese].

Sakai, N., Imada, S., Saito, S., Kobayakawa, T., Deguchi, Y., 2005. The effect of visual images on perception of odors. Chem. Senses 30 (suppl 1), i244–i245.

Siebert, K.J., 2006. Haze formation in beverages. LWT 39, 987–994.

Sims, C.A., Morris, J.R., 1986. Effects of acetaldehyde and tannins on the color and chemical age of red Muscadine (*Vitis rotundifolia*) wine. Am. J. Enol. Vitic. 37, 163–165.

Skouroumounis, G.K., Kwiatkowski, M., Sefton, M.A., Gawel, R., Waters, E.J., 2003. *In situ* measurement of white wine absorbance in clear and in coloured bottles using a modified laboratory spectrophotometer. Aust. J. Grape Wine Res. 9, 138–148.

Skouroumounis, G.K., Kwiatkowski, M.J., Francis, I.L., Oakey, H., Capone, D.L., Peng, Z., et al., 2005. The influence of ascorbic acid on the composition, colour and flavour properties of a Riesling and a wooded Chardonnay wine during five years' storage. Aust. J. Grape Wine Res. 11, 355–368.

Smith, A.K., Noble, A.C., 1998. Effects of increased viscosity on the sourness and astringency of aluminum sulfate and citric acid. Food Qual. Pref. 9, 139–144.

Somers, T.C., 1982. Pigment phenomena – From grapes to wine. In: Webb, A.D. (Ed.), Grape Wine Cent. Symp. Proc.. University of California, Davis, pp. 254–257.

Somers, T.C., 1998. The Wine Spectrum. Winetitles, Adelaide, Australia.

Somers, T.C., Evans, M.E., 1974. Wine quality: Correlations with colour density and anthocyanin equilibria in a group of young red wine. J. Sci. Food. Agric. 25, 1369–1379.

Somers, T.C., Evans, M.E., 1977. Spectral evaluation of young red wines: Anthocyanin equilibria, total phenolics, free and molecular SO_2 "chemical age." . J. Sci. Food. Agric. 28, 279–287.

Somers, T.C., Ziemelis, G., 1985. Flavonol haze in white wines. Vitis 24, 43–50.

Spence, C., Velasco, C., Knoeferle, K., 2014. A large sample study on the influence of the multisensory environment on the wine drinking experience. Flavor 3, 8. (12 pp) .

Squire, L.R., Bloom, F.E., Spritzer, N.C. (Eds.), 2008. Fundamental Neuroscience, 3rd ed. Academic Press, San Diego, CA.

Tromp, A., van Wyk, C.J., 1977. The influence of colour on the assessment of red wine quality. Proc. S. Afr. Soc. Enol. Vitic, 107–117.

Valentin, D., Parr, W.V., Peyron, D., Grose, C., Ballester, J., 2016. Colour as a driver of Pinot noir wine quality judgements: An investigation involving French and New Zealand wine professionals. Food Qual. Pref. 48, 251–261.

Venerus, D.C., Simavilla, D.N., 2015. Tears of wine: New insights on an old phenomenon. Sci. Rep. 5, 16162.

Vuilleumier, R., Ego, V., Neltner, L., Cazabat, A.M., 1995. Tears of wine: The stationary state. Langmuir 11, 4117–4121.

Walker, J., 1983. What causes the "tears" that form on the inside of a glass of wine? Sci. Amer. 248, 162–169.

Waters, E.J., Peng, Z., Pocock, K.F., Williams, P.J., 1996a. Lacquer-like bottle deposits in red wine. In: Stockley, S. (Ed.), Proc. 9th Aust. Wine Ind. Tech. Conf. Winetitles, Adelaide, Australia, pp. 30–32.

Waters, E.J., Shirley, N.J., Williams, P.J., 1996b. Nuisance proteins of wine are grape pathogenesis-related proteins. J. Agric. Food Chem. 44, 3–5.

Wenzel, K., Dittrich, H.H., Heimfarth, M., 1987. Die

Zusammensetzung der Anthocyane in den Beeren verschiedener Rebsorten. Vitis 26, 65–78.

Williams, A.A., Langron, S.P., Noble, A.C., 1984a. Influence of appearance of the assessment of aroma in Bordeaux wines by trained assessors. J. Inst. Brew. 90, 250–253.

Williams, A.A., Langron, S.P., Timberlake, C.F., Bakker, J., 1984b. Effect of color on the assessment of ports. J. Food Technol. 19, 659–671.

Yam, K.L., Papadakis, S.E., 2004. A simple digital imaging method for measuring and analyzing color of food surfaces. J. Food Engin. 61, 137–142.

Zampini, Z., Spence, C., 2005. Modifying the multisensory perception of a carbonated beverage using auditory cues. Food Qual. Pref. 16, 632–641.

Zellner, D.A., Whitten, L.A., 1999. The effect of color intensity and appropriateness on color-induced odor enhancement. Am. J. Psychol. 112, 585–604.

3

嗅觉感受
Olfactory Sensations

嗅觉系统
Olfactory System

鼻腔（Nasal Passages）

我们的嗅觉能力依赖于鼻腔通道上部凹槽中两个看似微不足道的斑块组织（图 3.1A）。芳香化合物可以直接通过鼻孔（前鼻，正向），或者间接通过咽喉后部（鼻后，反向）到达这些斑块组织。直接通过鼻孔的通路产生的被称为气味（smell），而通过后路通道产生的叫作风味（flavor）（集合了口腔中的嗅觉、味觉和化学感受以及视觉和声音所带来的影响）。

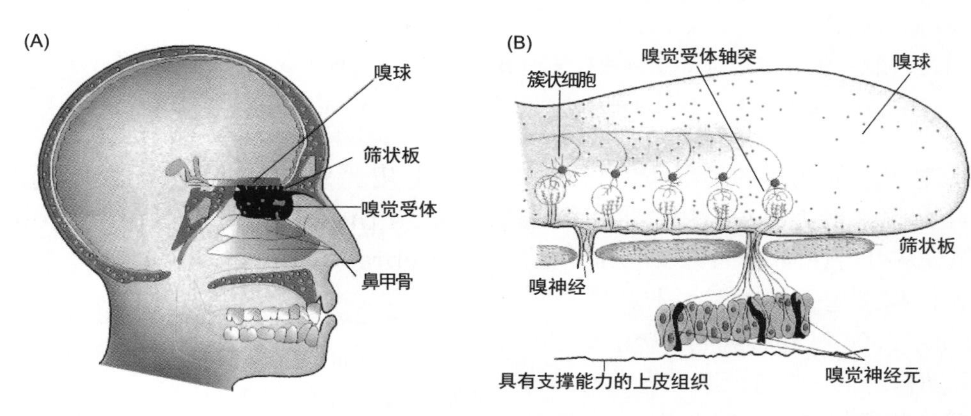

图 3.1　鼻腔中嗅觉区域的位置（A）及放大图（非比例扩大）以显示嗅觉神经元（受体）及其与嗅球的连接（B）（资料来源：Jackson，2014）。

在解剖学上，鼻腔被中间隔膜平分成了左右部分。上皮嗅觉斑块组织占据鼻腔的一小部分，正好在筛状板的下面（并正对着耳朵）。筛状板是独特的，在嗅觉功能中呈孔洞状的部分。正是通过穿孔区域，嗅觉上皮的受体细胞可以直接到达大脑基部的嗅球（图 3.1B）。

鼻道也被三个横向延伸的鼻甲骨不完全地分割。鼻道的存在增加了鼻腔上皮与吸入空气的接触，并在空气进入喉咙和肺部之前，对其进行清洁、加温和加湿。鼻甲骨也像挡板一样限制气流通过嗅觉区域（位于鼻甲骨之上）。因此，在一般的呼吸过程中，只有 5%～10% 的空气通过鼻子进入嗅觉斑块（Hahn et al.，1993；Zhao et al.，2004）。即便在加强嗅探的情况下，也只有 20% 的空气到达嗅觉组织。高速气流可能会增强气味感知（Sobel et al.，2000），但改变嗅探的持久性（图 3.2）、吸气量和间隔时间不会明显地增加气味强度（图 3.3）。不过，嗅探激活嗅觉系统对气味做出反应（Mainland and Sobel，2006），传统的建议是采取短时、迅速的嗅探方式，以相对限制对气味的适应性，虽然这种观念仍存争议（Lee and Halpern，2013）。

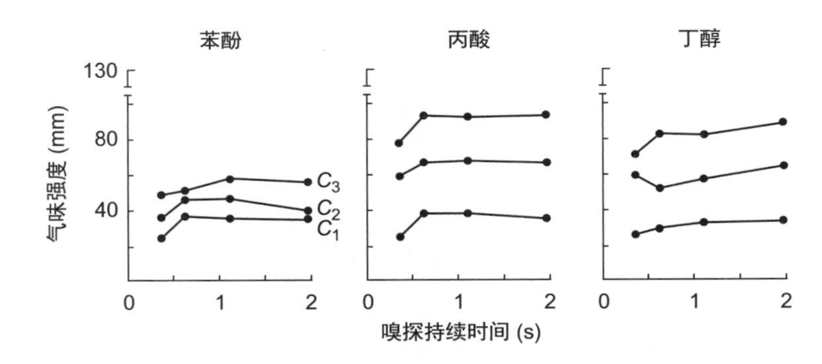

图 3.2　三种气味物质在三个不同浓度（C_1，C_2，C_3）下经过一段嗅探时间的感知强度（资料来源：Laing，1986）。

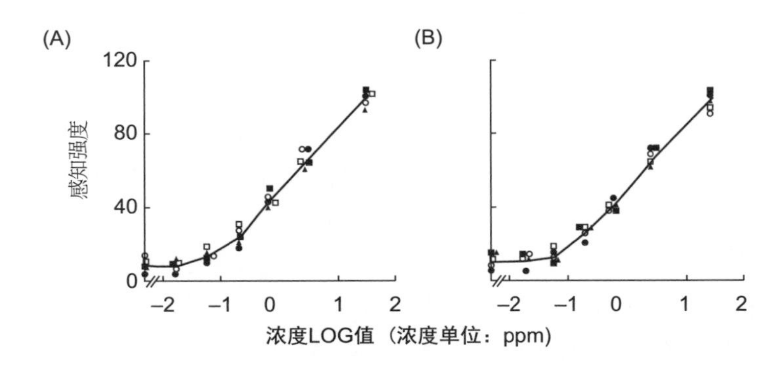

图 3.3　感知不同浓度的乙酸戊酯气味强度的估计算数平均值。数据通过使用对象（A）自然嗅探技术（●）或一次（■）、三次（□）、五次（▲）、七次（○）自然吸气；（B）自然嗅探（●）或三次嗅探分别间隔 0.25 s（■）、0.5 s（□）、1.0 s（○）和 2.0 s（▲）（资料来源：Laing，1983）。

在没有视觉或其他线索的情况下，我们甚至对熟悉气味的识别能力都很有限，这可能是灵长类动物祖先从夜行性向昼行性转变的间接结果。因此，人们越来越重视视觉而非嗅觉敏锐度（Gilad et al.，2004）。这种观点符合逻辑，因为灵长类哺乳动物是唯一拥有三颜色视觉的动物（通过 P560 感光基因的复制和突变），这大概是为了更好地将成熟水果从不成熟的水果中识别出来（可能是通过三颜色视觉）。

在到达嗅觉斑块的芳香化合物中，只有一小部分可以被附着在上皮组织上的黏液吸收。在被吸收的物质中，只有一小部分可以到达嗅觉感受神经元的响应位点上。一些动物的鼻黏液里聚集着大量的细胞色素氧化酶（Dahl，1988），这些酶可以催化一系列的反应。一些可能会增加气味物质的亲水性，以帮助它们通过或脱离黏液。酶也可能与嗅觉 UDP- 葡萄糖醛酸转移酶相互作用，催化终止受体激活的反应（Lazard et al., 1991）。黏膜层被认为是每 10 min 循环一次。

嗅上皮，受体神经元与大脑链接（Olfactory Epithelium, Receptor Neurons, and Cerebral Connections）

嗅觉斑块由一层薄薄的上皮和下层组织组成，覆盖面积约 2.5 cm^2，其中约 1 000 万个受体神经元以及相关的支撑和基底细胞（图 3.4）。受体神经元是改良的上皮细胞。它们产生树突，向上延伸到黏膜层。球根端生成像细发般 1～2 μm 长的细胞膜延伸成为纤毛（每个细胞约有 20 个）（图 3.5）。它们大大增加了气味与嵌入纤毛膜中受体蛋白接触的机会。支撑细胞（以及上皮组织下的腺体）产生几种类型的气味结合蛋白以及覆盖嗅觉上皮的特殊黏液（Hérent et al.，1995；Garibotti et al.，1997），也会产生一种主要成分即嗅觉蛋白。它被认为是一种神经营养因子，可以激活嗅觉上皮细胞生长和分化为受体神经元。

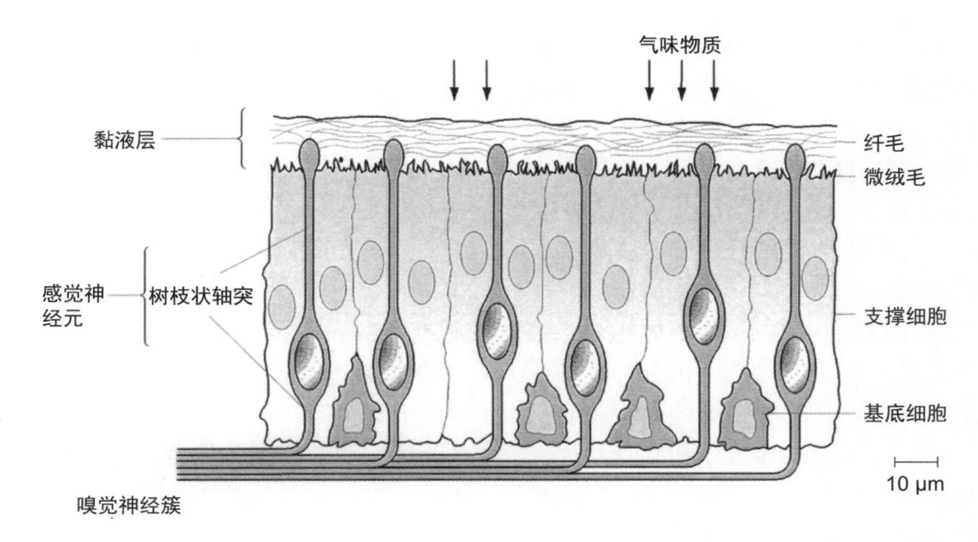

图 3.4 嗅觉神经上皮组织层剖面图［来自 Lancet（1986）］。With permission from the *Annua I Review of Neuroscience*, Volume 9.）

图 3.5 人的嗅觉黏膜表面的电子扫描显微图（A）以及嗅觉树突柄和纤毛（B）（资料来源：Richard M. Costanzo and Edward E. Morrison，virginia Commonwealth University）。

气味结合蛋白（OBP）是一类小型黏液蛋白。它们与气味物质可逆地结合（Briand et al.，2002），并似乎延长了气味信号（Yabuki et al.，2011）。这可能部分解释了气味分子在黏液中的浓度是在充入气流中的 10^3～10^4 倍（Senf et al.，1980）。气味结合蛋白还被认为在气味物质运输过程中协助其通过黏膜层运输（Nespoulous et al.，2004），并将其转移到嗅觉受体（Taylor et al.，2008）。气味结合蛋白也可能通过减少气味物质以限制其适应性。各种黏液酶也可能代谢芳香化合物，限制适应的持续时间，同时调节气味品质，如 P450。人类似乎只产生一种气味结合蛋白，但其他哺乳动物会产生几种气味结合蛋白，尤其是那些主要依靠嗅觉获取食物和生存的哺乳动物（例如，老鼠、兔子和猪能产生三种气味结合蛋白，豪猪能产生八种气味结合蛋白）。它们的酶活性也可能限制细菌和病毒的活性。这一点具有特殊的价值，因为细菌和病毒可以直接通过

筛状板进入大脑。含有苦味物质受体的上皮细胞亚群是防止微生物感染的另一种成分。这些细胞对微生物成分有反应（如高丝氨酸内酯和苦促味剂），诱导各自的细胞释放一氧化氮或对细菌有毒的防卫素（Lee and Cohen，2015）。

基底细胞分化为受体神经元，并在受体神经元退化时取代它们。受体神经元保持活跃的时间不会太长，有可能长达一年，但平均约 60 天。当基底细胞分化时，它们同时产生树突和轴突延伸。轴突向上生长，通过筛状板穿孔与头骨底部的嗅球连接（Key and St Johns，2002）。在人类，嗅觉和味觉神经元是唯一已知的可以定期再生的神经细胞（除了与短期记忆相关的海马体中神经元以外）。颈部和头部遭受突然撞击可能会因受体轴突的切断而导致嗅觉丧失。不过，受体神经元再生会最终重建它们与嗅球的连接，嗅觉也会恢复。

受体神经元的非髓鞘轴突在穿过筛状板时成束连接。支撑细胞电隔离邻近的受体细胞，并被认为可以维持正常功能。

气味质量是一种气味（或其混合物）的独特感知特征，与任何明显的受体神经元解剖分化无关。它们的区别基于嵌入纤毛膜中的嗅觉受体（OR）蛋白的类型。嗅觉受体的感知部分延伸到黏膜层。根据芳香化合物的理化性质，它可以绑定到一个或多个不同的嗅觉受体蛋白（Bautze et al.，2012）。结合激活的腺苷酸环化酶释放环状腺苷一磷酸（AMP）以打开细胞膜中的离子通道，并导致 Na^+ 和 Ca^{2+} 流入（Murrell and Hunter，1999）。由此产生的膜去极化启动沿轴突的自我传播冲动，最终激活了大脑中的各种嗅觉中枢。

尽管最初发现嗅觉蛋白与嗅觉受体细胞相联系，最近在白细胞的细胞膜中也发现了它们（Geithe et al.，2015）。但还并不清楚它们在该位置可能具有的功能。

有气味的物质或芳香化合物所具有的独特性（品质）可能源于多个不同灵敏度的受体神经元，并与嗅觉斑块产生的时空激活模式相关。神经元对特定配体（与嗅觉受体活跃位点相配的部分分子）的感知倾向于在嗅上皮中形成不同的、不重叠的区域（Johnson and Leon，2007）。它们生成的响应模式可能在嗅球中被修改，最后结合在大脑更高级中心的其他感官，产生 Shepard（2006）所说的“嗅觉图像”。因为在某些情况下，由前鼻检测产生的响应时间模式可能与鼻后响应模式相反，同一化合物（或其混合物）可能被认为具有明显不同的性质，这取决于表现的方式（鼻子还是嘴）。对于一些干酪的气味和风味，尤其是 Limberger、Époisses 和 Olomouc，或者一些水果如榴梿（*Durio zibethinus*）而言，这差异是极其明显的。

任何化合物的检测取决于一个或多个反应基团的存在。如果这些配体不同，它们可能会与不同的嗅觉受体蛋白发生反应，每一种都与一个单独的受体神经元相关（Buck and Axel，1991；Olender and Lancet，2012）。每个受体神经元都拥有一个嗅觉受体蛋白的多个复制，由 340～400 个气味受体基因中的一个进行编码（Malnic et al.，2004）。还有大约 600 个嗅觉受体假基因是不活跃的基因序列，与活跃的基因序列有相似之处，也可能是从活跃的基因序列中衍生出来。嗅觉受体基因簇是哺乳动物中最大的基因家族（Fuchs et al.，2001），可能占人类基因组的 1%～2%（Buck，1996）。这些基因与编码视紫红质（在视杆细胞中发现的感光器）的基因有关，也与编码甜味和苦味感受器的基因有关。

每一种嗅觉受体蛋白都有七个结构域，跨越并延伸到细胞膜之外。这些结构域可能与特定的配体基团相关联，例如，羟基、甲基或更复杂的结构。单个受体蛋白具有多个结构域，这意味着如果每个受体神经元具有同一配体，那么它们就可能被不同的气味分子激活。同样，芳香化合物拥有几个不同的配体可能激活多个类型的受体神经元上的嗅觉受体（图 3.6 和图 3.7）。当配体和嗅觉受体蛋白相互作用时，密切相关的 G- 蛋白开始生成冲动。

嗅觉受体位点的气味激活被认为类似于锁钥机制，涉及利用各自的底物或神经传递素以识别酶或神经感受器的活性位点。不过，在气味认知中，它可能涉及一系列嗅觉受体同时或连续激活所产生的模式。因此，产生的模式可能类似于同时演奏和弦的音符或按顺序演奏（就像琶音）。最近提出了一种关于替代或补充嗅觉受

	S1	S3	S6	S18	S19	S25	S41	S46	S50	S51	S79	S83	S85	S86	
乙酸					■										酸败、汗味、酸、羊腥、脂肪
乙醇		■				■									甜、草木、木桶、白兰地、苏格兰威士忌
庚酸	■			■	■		■			■	■				酸败、汗味、酸、脂肪
庚醇		■			■	■									紫罗兰、甜、木桶、草本、新鲜、脂肪
辛酸	■			■	■		■	■		■	■	■			酸败、酸、令人反胃、汗味、脂肪
辛醇				■	■		■			■					甜、柑橘、玫瑰、脂肪、新鲜、有力、蜡质
壬酸	■			■	■		■	■		■		■		■	蜡质、干酪、坚果类、脂肪
壬醇				■	■		■			■		■			新鲜、玫瑰花、花精油、香芽油、脂肪

图 3.6 结构相似但气味不同的气味物质之间受体代码的比较。具有相同碳链的脂肪酸和醇类物质被不同组合的嗅觉受体所识别，进而为它们有明显不同的气味提供了一个可能的解释（为什么它们有明显不同的气味）。右侧一栏显示感知的气味特征（资料来源：Arctander，1994）。

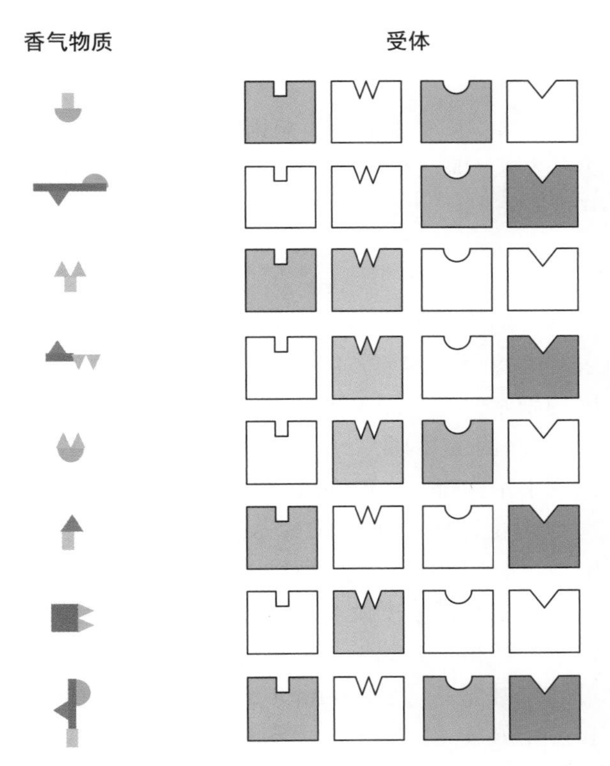

图 3.7 气味物质结合受体的编码模型。受体所显示的颜色为它们在左侧所识别的气味物质。不同气味物质由不同组合的受体所编码。不过每个嗅觉受体可以作为多个气味物质组合受体中的一个组成部分。鉴于嗅觉受体可能的组合数量巨大，本方案可以识别几乎无限数量和种类的不同气味物质（资料来源：Malnic et al.，1999）

体激活的假设，称为刷卡模型（Brookes et al.，2012）。尽管通常将配体的结构和量子振动特性结合在一起，但它仍有很大的争议（Gane et al.，2013；Block et al.，2015；Turin et al.，2015）。

虽然大多数嗅觉的研究是调查单一芳香化合物，但大部分自然香味是混合的，其中几个影响成分作为主要的激活成分（Lin et al.，2006）。此外，一种化合物的气味质量往往是多样的，这取决于它的浓度（例如，在低浓度可能只激活一个类型的嗅觉受体，而在更高浓度可能激活几个嗅觉受体以及三叉神经受体）（Gross-Isseroff and Lancet，1988）。因此，化学结构和气味品质之间似乎没有简单的关联性。

大多数嗅觉受体激活的模式似乎与它们发生时的经历（记忆）相关。气味记忆可能源于单一的气味物质（如二氧化硫、硫化氢、2，4，6-三氯苯甲醚）或更多时候是混合物（例如，源于一个特定的水果、花或更常见的水果类或花类）。

结构复杂的芳香化合物（也可能是混合物）似乎可以产生更多的气味“符号”，而且往往被视为比结构简单的化合物更令人愉悦（图 3.8；插图 3.1）。这可能是基于链型的不同、元素成分的多样性和对称的复杂性可以激活更多的嗅觉受体和相应的神经网络（Sezille et al.，2015）。如果在产生嗅觉体验的同时，产生独特的情绪反应，那么在记忆中这种模式的编码往往会极大地增强。

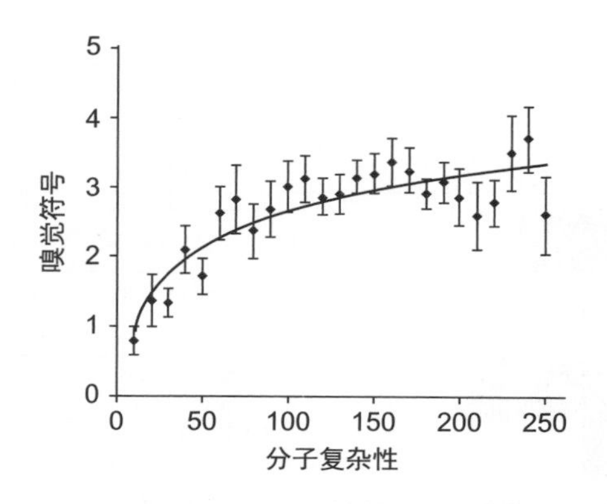

图 3.8　单分子气味物质的分子复杂性对嗅觉感知（非三叉神经）特征数量的影响。分子复杂性与嗅觉特征的数量之间具有显著的对数关系（资料来源：Kermen，F. et al.，2011）。

(A)

肉桂 烟的 辣的	杏 苹果 果味的 酸的	木本的 胡椒味的 干的 辣的	干草的 甜的 辣的 草本的 坚果 烟草	花香的 叶子的 香膏质 泥土的 果味的 辣的 甜的
呋喃	丙酸烯丙酯	丁香酚	香豆素	乙酰丁香酚
(3)	(4)	(4)	(6)	(7)

嗅觉符号数

(B)

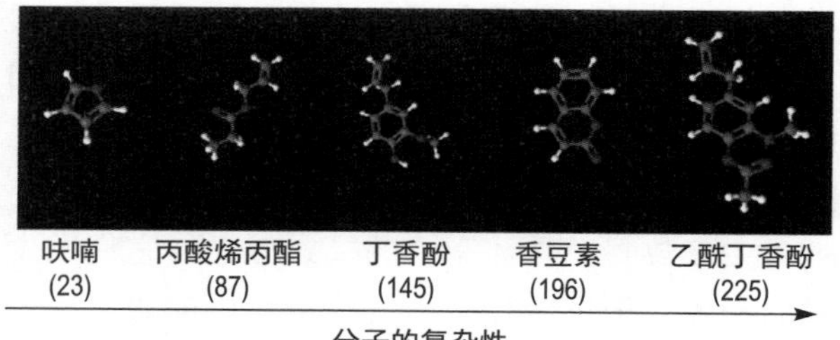

插图 3.1　气味物质的嗅觉符号（A）和其分子的不同程度的复杂性（B）的一些例子。（A）气味可以描述成一些或许多嗅觉符号。每一种气味物质唤起的嗅觉符号数量在括号中显示；（B）在分子水平，气味物质的分子表现出不同程度的复杂性，每个气味分子的复杂性值显示在括号中。分子复杂性数值从 PubChem 数据库获得以及三维分子图从 http：//www.thegoodscentscompany.com/ 获得（资料来源：Arctander，1994；Kermen，F. et al.，2011）。

与扁桃体的直接联系可能解释了某些气味会引起强烈而直接的情绪反应。相反，气味记忆的质量方面似乎存在于梨状皮层。气味记忆的其他组成部分（如语言编码和检索）发生在大脑的其他区域（Fletcher et al.，1995）。图 3.9 和图 3.38A 展示了气味检测和识别的已知关联部位。因此，气味记忆与其他记忆相似，其各个方面被大脑中的不同位置所隔离。

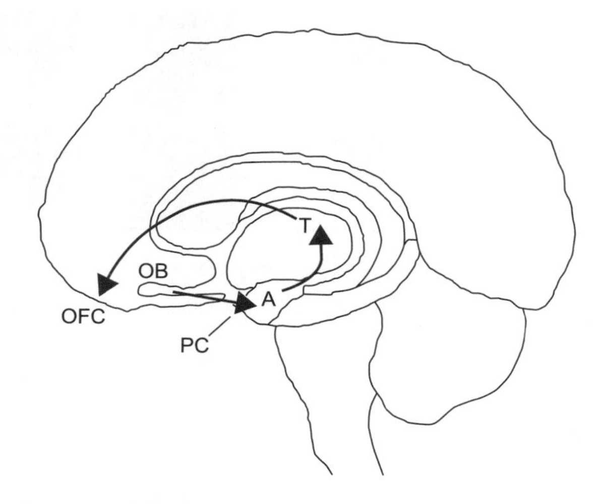

图 3.9　相关嗅觉途径。A，扁桃体；OB，嗅球；OFC，眼窝前额皮质；PC，梨状皮层；T，丘脑（内侧背核）。从扁桃体漫射、投射到周边系统（资料来源：González，J. et al.，2006）。

多达 400 个不同功能的嗅觉受体基因潜在地表达。每个受体细胞包含两个其特定嗅觉受体基因的副本，每个副本可能存在几种不同表型形式（等位基因），因此，人可以辨认数万亿个气味特征就不足为奇了（Bushdid et al.，2014）。然而，迄今为止，在 350～400 个表达的人类嗅觉受体中，只有 48 个是已被确认的。此外，如上所述，气味品质与其浓度及与和其他芳香化合物的相互作用紧密相关。此外，敏感性的变化范围可以超过几个数量级（Suprenant and Butzke，1996；Tempere et al.，2011）。因此，人类辨别不同气味的能力是不可思议的。我们的能力很难孤立地认识到这些差异，或者用名字来识别它们。这相当于我们能够区分数以百万计的颜色色彩和声音（直接比较）。当这些差异被单独提出来时，我们很难区别它们，更不用说给出它们的名字。在实践中，辨别气味和芳香化合物数量的最初控制因素似乎是因人而异的（Li et al.，2008），包括受它们情绪影响（Kass et al.，2013）的程度不同

（Distel et al.，1999）。此外，对气味的主观反应并不是“固定的”，通常会受到所使用术语的影响。例如，当作为“薄荷糖”和“胸腔药物”使用时，薄荷醇样品给人的反应明显不同（Herz and von Clef，2001）。重复暴露可以提高识别能力，但这种改进并不普遍，还要取决于样品的化合物（Li et al.，2006）。辨别能力的改善甚至可以通过功能性核磁共振成像（fMRI）在大脑中被检测到，气味记忆也可以在单个皮质神经元的水平上被检测出来（Rolls et al.，1996）。

在重复暴露时，可能受体神经元的选择性繁殖使得对特定气味物质（Wysocki et al.，1989）的敏感性增加，如雄烯酮。这似乎也适用于相关的气味物质，但不适用于不相关的化合物（Stevens and O'Connell，1995）。这种现象也可能与大脑高级嗅觉中枢的可塑性有关（Li et al.，2006）。可塑性是女性的主要特征（如在怀孕期间），其在男性中不太常见（图 3.10）。

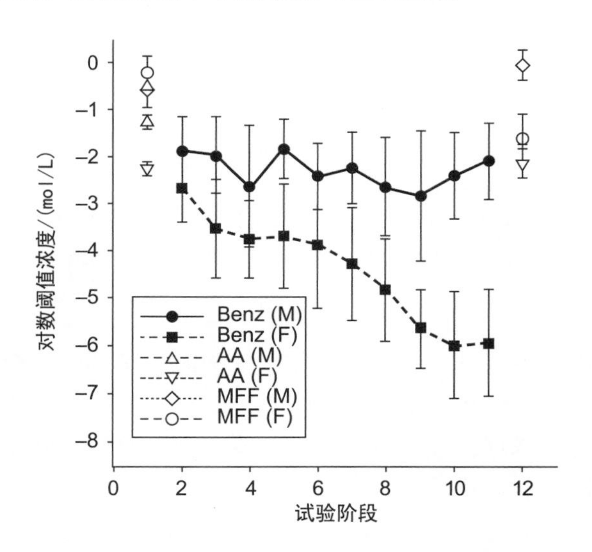

图 3.10 性别对苯甲醛（Benz）重复暴露测试中平均值和对照阈值的影响。尽管初试者和有经验的志愿者的初始阈值不同，但试验中的变化并无差异，因此两组数据可以合在一起。重复暴露给受试者另外两种不同的气味物质［乙酸戊酯（AA）和 5- 甲基糠醛（MMF）］，这两种不同的气味物质的敏感性差异没有改变。以性别为组间因子，进行双向重复测量方差分析（ANOVAs），结果显示每组与时间之间存在显著的交互作用［$F(9, 90)=3.29$；$p<0.001$］（资料来源：Nature Neurosci.，Dalton，P. et al.，2002）。

在受到刺激时，神经元受体发送脉冲到嗅球。相同类型的受体似乎在肾小球的特殊区域中一起终止（Tozaki et al.，2004；Johnson and Leon，2007）（图 3.1B）。尽管如此，它们是几种类型的神经细胞连接在一起的。它们被认为参与了对受体神经元的反馈抑制以及接受来自大脑更高中心的信号反馈。这种调节可能部分解释了，为什么气味混合物（如葡萄酒）的气味品质的感知，很少像其组成部分的芳香物质的感知（Christensen et al.，2000）。此外，梨状皮层的神经元可以被气味混合物而不是它们的单独成分被激活（Zou and Buck，2006）。这可能有助于进一步解释为什么葡萄酒中单独芳香类化合物的气味品质难以被分离和识别。

有种假设认为梨状神经元或嗅皮质神经元与特定的气味记忆有关（Wilson et al.，2004）。有趣的是，这些神经元的寿命可能依赖于气味刺激（Lledo and Gheusi，2003）。这可以解释为什么香气种类的记忆需要不断练习。换句话说，品尝者不能安于现状。

虽然在短期内频繁的暴露可能有益于气味记忆，但延长暴露时间会产生适应性（丧失察觉），适应性可以在几秒钟内观察到。因为大脑更高感官感知中心的活动减少了（Li et al.，2006）。虽然在品尝中并不期待出现这种情况，但它可能检测到被显著气味物质掩盖的其他气味。在更广泛的范围内，适应性也有好处，可以减少具有认知持久性（背景）的气味识别（Best and Wilson，2004），同时便于发现嗅觉环境中的变化（Kadohisa and Wilson，2006）。

眼窝前额皮质不仅是有意识的感官感知位点，同时也是味道、口感、气味和视觉冲动融合和互作的区域（图 3.11）。这是多重感官，如风味的源点。当嗅觉模式被识别时，它们会激活与经验相关的记忆。如香草香气与甜味，琼瑶浆的香气与荔枝果实的果香，火鸡填料与百里香或圣诞树与松树油之间频繁的联想。

可以预见的是，与甜度最紧密联系的气味物质对增加糖的甜味感知影响作用最大（Stevenson et al.，1999；图 3.12）。它们对减少酸味感知的影响作用也最大。相反，甜度和其他味道模式可以影响某些芳香化合物的果味

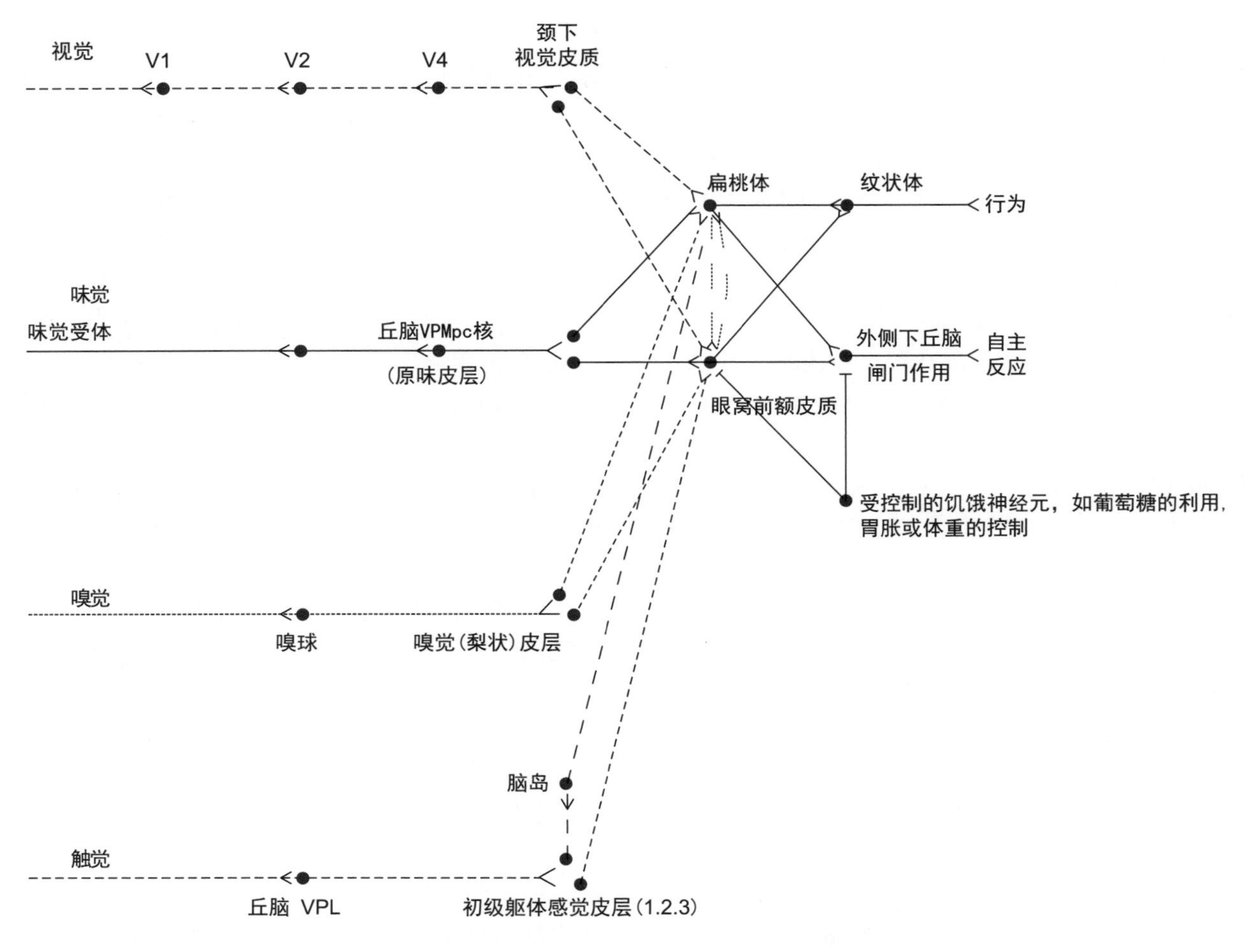

图 3.11　灵长类动物（包括人类）的味觉和嗅觉途径显示它们与视觉途径相互融合。所示的闸门功能显示在饥饿调控下，眼窝前额皮质和外侧下丘脑中嗅觉神经元的反应：V1、V2、V4 视觉皮质；VPL，丘脑腹后外侧核；VPMpc，丘脑腹后内侧核（资料来源：Rolls E.T.，2005）。

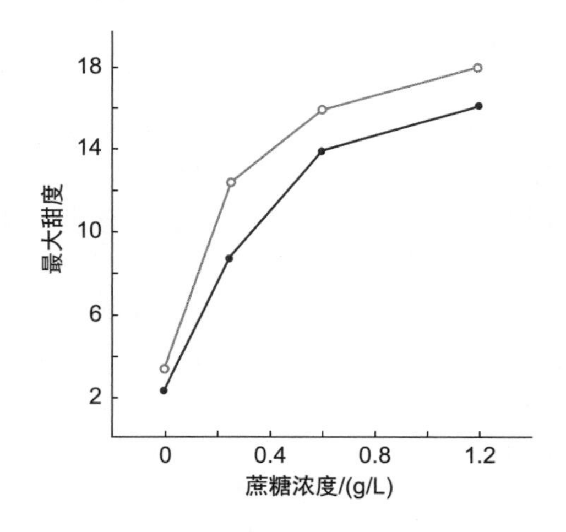

图 3.12　存在（○）或不存在（●）草莓芳香对甜度感知的影响（资料来源：Frank and Bryam，1988）。

（Cook et al.，2003）。这种从属关系的整体稳定性（Stevenson et al.，2003）可能解释了为什么当相关组分（通常是视觉）缺失时，识别能力会很差（Laing et al.，2002）。然而，如果没有重复的暴露，或者进一步的暴露分离，已知的联系性可能会减弱。

多种感觉渠道融入整体知觉，如风味可以解释为什么“味道”属性与特定芳香化合物相关（如在干型果香的葡萄酒中感知到的甜度），相反，为什么芳香化合物强度可以受到特定促味剂的影响（Dalton et al.，2000； Labbe et al.，2007）。

气味物质与嗅觉刺激
Odorants and Olfactory Stimulation

什么组成了嗅觉化合物，目前并没有一个精确的定义。不过，对于呼吸空气的动物而言，气味物质必须是在常温下具有挥发性的，这就限制了其分子大小的上限（≤300 Da）。不过，并不意味着低分子质量就能挥发或者具有芳香气味。大多数芳香化合物是部分脂溶性和水溶性的、极性较低、细胞成分的结合力较弱而且容易分离的。

如上所述，气味品质可以与单个化合物或混合物相关。化合物之间的相互作用可以是加成的、协同的或抑制的。尽管葡萄酒拥有数以百计的芳香化合物，但只有不到 50 种化合物有足够高的浓度可以直接影响葡萄酒的芳香。由于相互作用通常是复杂的，所以葡萄酒的气味记忆通常以整体的、整合的模式（它们的气味完形）来记录。每一种都是基于直接的感官刺激，同时也基于当前和过去的经验背景。记忆的发展性也受到品尝者对葡萄酒的关注度以及对味道的预期的影响（Wilson and Stevenson，2003）。对整体的主要预期指的是不良气味可能因为足够强烈而被识别。

通常葡萄酒品种的特点取决于复合芳香化合物的成分（例如，Guth，1998）。此外，葡萄酒的颜色也可以影响对葡萄酒香气的感知。同样，预先了解葡萄酒的品种特性可以促使人们寻找特定的特征，这可能会曲解它们的明显表现，甚至产生感官错觉。更常见的是，专业品鉴人使用气味记忆，并在他们的职业生涯中不断发展和提炼，进而确认葡萄酒的可能品种、区域或风格的起源。在某种程度上，品酒师辨认葡萄酒原产地的程度取决于这些气味原型的效力和准确性。气味记忆不需要与特定的描述词相关联。通常描述词是葡萄酒某些芳香特性的不完美表示，但可以作为创建原型的焦点。大多数描述词的模糊性是通过后缀的频繁使用所表明的，如“类似”或“般”（例如，类似玫瑰花的、类似苹果的、青草般、马厩气味般）。它们唤起的是相似性，而不是完全一致的。这可能等同于在心理学上用点构造图像（图 3.13）或在墨迹（罗夏测验）或云的形成中想象出物体。我们对相同数据的解读能力不同（图 3.14 和图 6.4）也可能有助于解释为什么不同的人在葡萄酒中发现的香气不同，或者在品尝的不同阶段葡萄酒的香气也存在差异。

图 3.13　完形知觉的例子。图像最初可能是在白色背景上出现一组随机的黑色斑块。继续观察到一条外观似达尔马提亚狗正在闻着地，一个树干也出现在背景下。这种突然的“观察”依赖于对狗的基本形状的记忆（资料来源：Ron James）。

图 3.14　一个感知集的例子。观看者可以按顺序想象一个老妇人或一个年轻女人的图像，但不能同时看到两者。20 世纪 30 年代，Edwin G. Boring 和之后的 Leeper（1935）首次将其作为感知集的例子（资料来源：W. E. Hill，1915）。

嗅觉受体蛋白与气味物质的联系包括一种或多种理化性质，特别是静电吸引、疏水键、范德华力、氢键、偶极 - 偶极相互作用，量子振动似

乎也会有影响。即使是在一个分子（比如立体异构体）中很小的原子排列，也会显著影响气味物质的相对强度和感知品质。例如，*D* 型和 *L* 型香芹酮异构体分别具有类似于薄荷和香芹的特征。

属于同一化学组分的芳香化合物可能显示出竞争性抑制，尽管它们具有明显不同的气味品质（Pierce et al.，1995）。这种现象被称为交叉适应。在有先前（或同时）暴露的相关物质情况下，检测一个气味物质会导致该物质的检测受到抑制，不过延长暴露后，抑制会消散（Lawless，1984a）。这也许可以解释为什么在品尝过程中会出现一些明显的化合物“去遮盖”现象。不过，去遮盖也与品鉴过程中酒杯顶部空间中芳香化合物的组分变化有关。

当芳香化合物结合在一起时，常常很难单独识别其品质或在减弱的强度下能被检测到。这种抑制可以发生在鼻子的嗅觉接收水平，不同化学集团的成员可以拮抗特定嗅觉蛋白的激活（Sanz et al.，2006）。在低浓度时，会产生协同效应（图 3.15）。这可能有利于检测想要的芳香化合物，同时也提高了对不良气味的感知（Laing et al.，1994）。Piggott 和 Findlay（1984）给出了一个复杂的表现性反应：不同的酯类物质之间有协同作用和抑制作用，不同的浓度则表现出相反的作用。协同效应甚至可以跨越不同形式，比如，低于阈值浓度的芳香化合物和味道化合物的结合可以使两者都能被识别到（Dalton et al.，2000）。这种现象似乎只发生在已经通过经验整

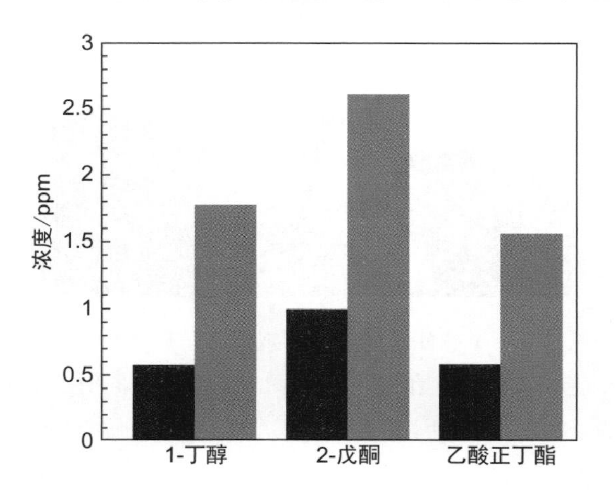

图 3.15　1- 丁醇、2- 戊酮和乙酸正丁酯（浅色）及其在三者混合物中检测的平均阈值。数据来自 40 个受试者（资料来源：Patterson et al.，1993）。

合的感官上（Breslin et.al.，2001）。这些反应再加上人类感官敏锐度的差异性，部分解释了为什么人们对葡萄酒的反应往往不同。感知能力的个体差异也可能来自低于阈值浓度的化合物，它们可能在潜意识层面而不是被有意识地识别，这种可能性来自脑成像的研究（Lorig，2012）。

涉及的化合物
Chemical Compounds Involved

葡萄酒的主要化学成分（酒精、酸、酚类化合物）倾向于产生味觉。相比之下，少量或微量成分贡献葡萄酒独特的芳香特性。例如，葡萄酒中最常见的酚类化合物（例如，单宁）引出味道和口感，而微量酚类物质（乙烯基苯酚，丁香醛）拥有芳香属性，乙醇却是个例外。乙醇虽然主要影响口感，同时还拥有一个温和但独特的气味。

挥发性是气味物质的基本属性，并受多种因素的影响（Goubet et al.，1998）。在葡萄酒中，基质对其他成分产生更重要作用（Muñoz-González et al.，2015）。例如，葡萄糖可以增加挥发性，而乙醇可以抑制挥发性（图 3.16）。由于现在许多葡萄酒的酒精含量比传统葡萄酒高，抑制了果味，增强葡萄酒的草本植物味，这些特性（表 3.1）可能会降低葡萄过度成熟或部分脱水的预期价值。

基质效应可以说是非常明显的。例如，β- 大马士酮在葡萄酒中的阈值是在乙醇水溶液中的 1000 倍高（Pineau et al.，2007）。浆果风味和总酯含量之间的添加效应也被注意到（Escudero et al.，2007）。此外，甘露糖蛋白可以延缓一些风味物质的挥发性（如 β- 紫罗兰酮、己酸乙酯和辛醛），但增强了其他物质的释放（如辛酸乙酯和癸酸乙酯）（Lubbers et al.，1994）。在这些相互作用中有许多是特别值得关注的，因为它们在葡萄酒中的浓度足以引起相互作用（Chalier et al.，2007）。其他葡萄酒成分也可以影响挥发性，包括甘油（Robinson et al.，2009）、多糖、蛋白质（Voilley et al.，1991）和多酚（Aronson and Ebeler，2004； Lund et al.，2009）。

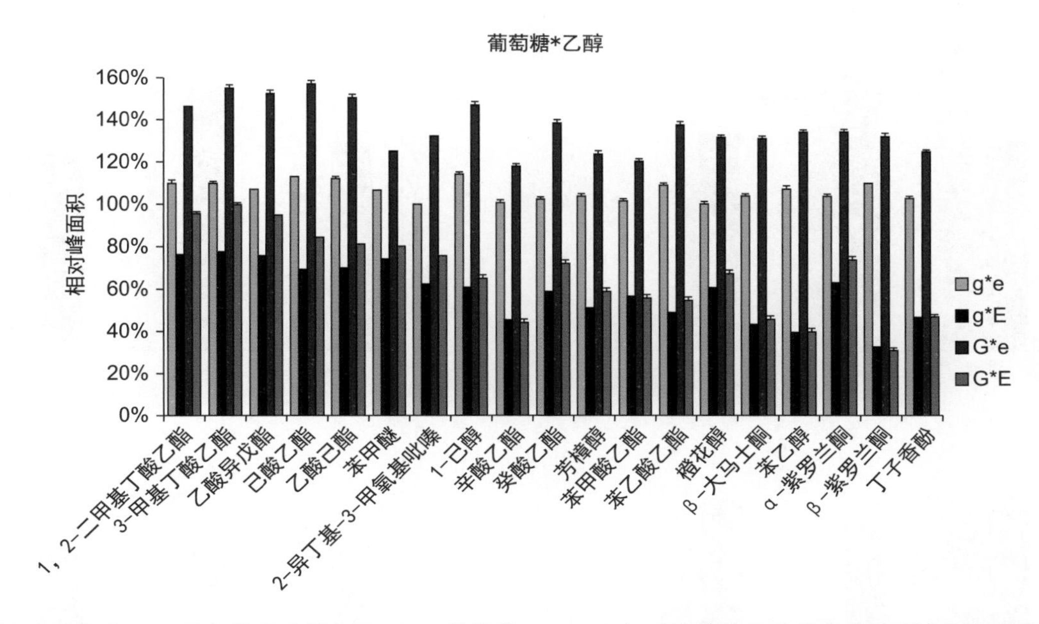

图 3.16 基质成分（e，乙醇，体积分数 14%；g，葡萄糖，240 g/L）对溶液中几种化合物在顶空区间的影响。数据点代表平均峰面积与水中观测到的相对平均峰面积。大写字母表示基质存在，小写字母表示基质不存在（资料来源：Robinson，A. L. et al.，2009）。

表 3.1 23 款马尔贝克葡萄酒在两种乙醇范围内的平均香气属性

属性	在乙醇范围内的平均香气属性 ± SEM	
	10.0%～12.0%	14.5%～17.2%
水果	2.6 ± 0.2	1.8 ± 0.2[a]
柑橘类	1.5 ± 0.1	1.8 ± 0.2
草莓	3.2 ± 0.3	2.1 ± 0.1[a]
李子	3.2 ± 0.2	2.4 ± 0.2[b]
葡萄干	2.6 ± 0.4	1.8 ± 0.2
辣味	2.6 ± 0.3	2.6 ± 0.2
煮熟的水果	2.9 ± 0.3	1.9 ± 0.3[b]
花	2.2 ± 0.2	2.3 ± 0.3
蜂蜜	2.5 ± 0.3	1.6 ± 0.2[b]
似草的	2.0 ± 0.3	3.2 ± 0.3[b]
甜辣椒	2.5 ± 0.3	2.2 ± 0.2

资料来源：Goldner，J. Sens Stud et al.，2009。
SEM，标准平均误差；[a] $P<0.01$；[b] $P<0.05$。

这些影响甚至可以改变人们的基本认知。例如，葡萄酒的非挥发性基质可以将通常归属于白葡萄酒的典型黄色、柑橘和热带水果特征，转换为通常与红酒相关的黑色水果、红色水果和干果特征，反之亦然（Sáenz-Navajas et al.，2010）。

葡萄酒的挥发性基质也毫不奇怪地会影响葡萄酒的口感，但其影响的方式可能出乎意料。例如，在酒精含量较高的葡萄酒中，持续时间和风味都有所增强，但当单宁含量较高时，持续时间和风味会降低（图 3.17）。如预期的那样，回味期间出现了适应性，但持续时间会根据化合物而具有差异（图 3.18）。不过，并没有评估这些结果与口腔内酒精含量稀释的关系（Aronson and Ebeler，2004）。

酸类（Acids）

葡萄酒中发现的大多数挥发酸是微生物代谢的副产物。其中，乙酸是最常见的。其他酸包括甲酸、丁酸和丙酸，但它们很少存在于阈值以上。这些酸都有明显的气味，乙酸是醋酸味，甲酸有强烈的刺激气味，丙酸有脂肪气味，丁酸像变质的黄油气味以及那些 6～10 个碳链长的酸拥有类似山羊的气味。相应的，挥发酸通常与不良气味相联系。有一个例外是乙酸。在识别阈值之下的乙酸可能会增加葡萄酒醇香的复杂性，但是超过这个值，它就变成一种缺陷。

相反，葡萄中主要的有机酸（酒石酸和苹果酸）是不挥发的。乳酸是苹果酸 - 乳酸发酵的主要副产物，是相对非挥发性酸，具有温和的、不易察觉的气味。

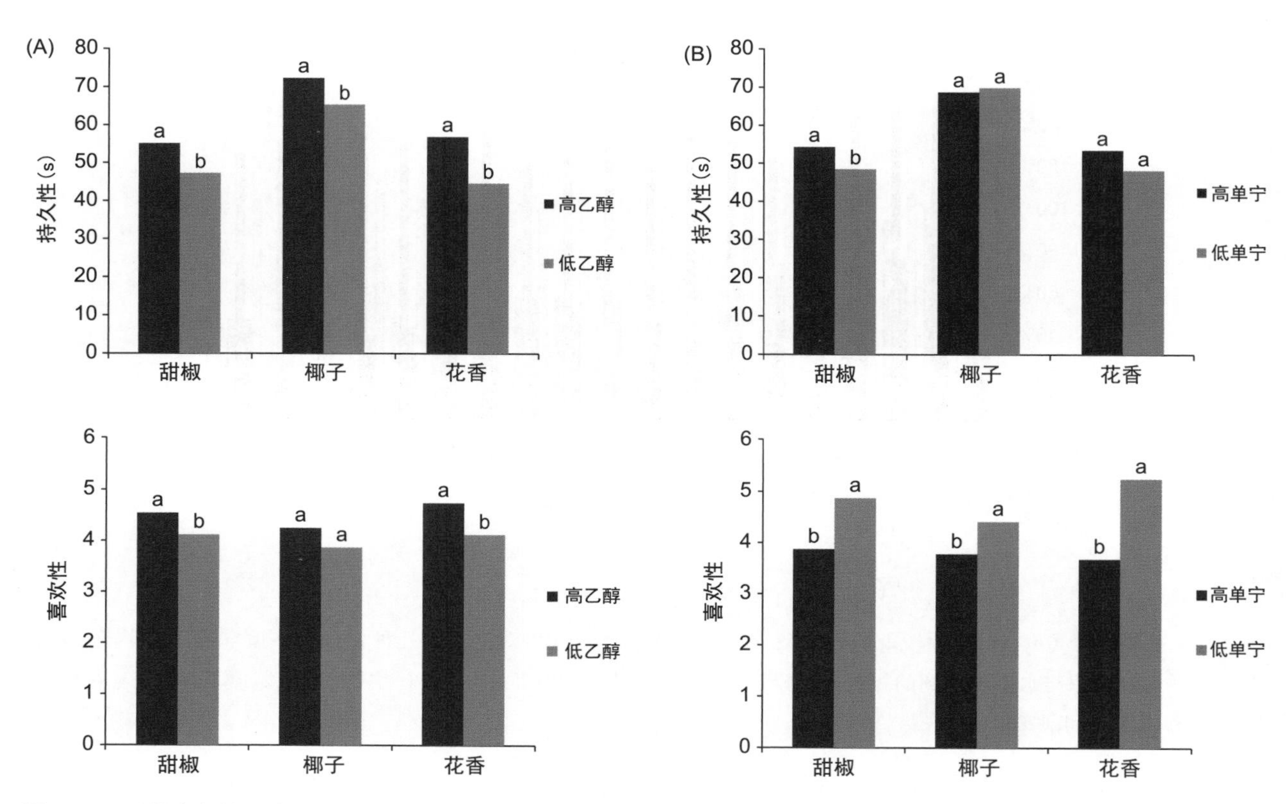

图 3.17　两种浓度的乙醇（A）（低：9%；高，14% *W/V*）和（B）单宁含量（低：≤140 mg/L，高≤1400 mg/L 儿茶素等价物），对脱醇西拉葡萄酒后味成分的持久性（上）和喜欢性（下）的影响。风味化合物添加到酒中生成花香最终浓度（20.4 mg/L 2- 苯基乙醇）、甜辣椒（20 ng/L 2- 甲氧基 -3- 异丁基吡嗪）和椰子（23.8 mg/L 橡木内酯）等香气属性（资料来源：Baker and Ross，2014）。

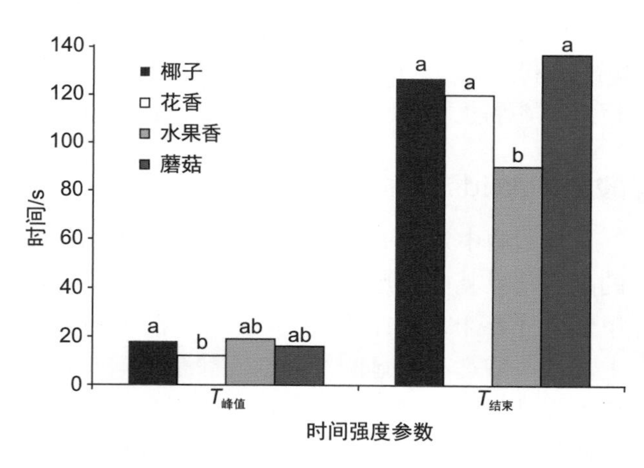

图 3.18　掺入单一风味后的典型白葡萄酒的后味方面［达到最大强度（$T_{峰值}$）和持久性（$T_{结束}$）的时间］：椰子（47.6 mg/L 顺式 / 反式橡木内酯）、花香（43.1 mg/L 芳樟醇）、水果香（65.2 mg/L 己酸乙酯）和蘑菇（41.5 mg/L 1- 辛烯 -3- 醇）（资料来源：Goodstein，E. S. et al.，2014）。

醇类（Alcohols）

尽管乙醇有轻微芳香，但最重要的醇类芳香化合物是 3～6 个碳链长的高级醇（杂醇），例如 1- 丙醇，2- 甲基 -1- 丙醇（异丁醇）。

2- 甲基 -1- 丁醇，3- 甲基 -1- 丁醇（异戊醇）往往有杂醇的气味，而己醇具有草本植物味。主要的苯酚衍生醇是 2- 苯基乙醇（苯乙醇），有玫瑰花香的气味。

在低浓度（0.3 g/L 或更少）时，高级醇可能贡献醇香的复杂性。在较高的浓度时，这些醇会增加对芳香的主导。在蒸馏饮品中，白兰地和威士忌给饮品带来独特的芳香。只有在波特酒中，轻微的杂醇气味特点才被认为对酒的品质有积极作用。这个属性可能源于在波特酒的生产中加入了未精馏的加强型烈酒。尽管大多数高级醇是酵母的副产物，各种真菌（葡萄病原体或软木塞中、橡木、橡木桶中的污染物等）可以提供潜在的重要醇类物质，尤其是 1- 辛烯 -3- 醇，拥有一种蘑菇的气味。

醛类和酮类（Aldehydes and Ketones）

乙醛是主要的葡萄酒醛类物质，它通常占葡萄酒中醛类含量的 90% 以上。在餐酒中，乙醛含量在阈值以上时被认为是一种不良气味。乙醛与其他氧化化合物结合，可以贡献雪利酒和其他氧化葡萄酒的传统醇香。糠醛和 5-（羟甲基）-2-糠醛是其他具有感官影响的醛类。它们所带来的焦糖类气味在焙烤过的葡萄酒中最为明显。

酚醛，如肉桂醛和香兰素，可能会在橡木桶陈酿的葡萄酒中积累到能显著感知的浓度。其他酚醛，如苯甲醛，可能有不同的来源。苯甲醛的杏仁芳香也偶尔被认为是某些葡萄酒的特点，例如，那些用佳美葡萄（Gamay）生产的葡萄酒。此外，一些醛类物质可以抑制红葡萄酒的果味，如苯乙醛和甲硫基丙醛（一种含硫醛）（San-Juan et al.，2011）。

虽然没有直接的感官影响，但是羟基丙二醛（丙糖还原酮）典型存在于贵腐葡萄酒中（Guillou et al.，1997）。它存在于 3- 羟基 -2- 氧丙醛和 3- 羟基 -2- 羟基 -2- 烯醛的互变平衡中。还原酮类物质可以通过抑制芳香化合物的挥发性起到保护葡萄酒芳香的作用，如羟基丙二醛。

许多酮是在发酵过程中产生的，但似乎很少有感官影响。双乙酰（联乙酰或 2, 3- 丁二酮）是个例外。在低浓度时，双乙酰可以贡献黄油味、坚果味或烤面包味。不过，在远高于其感官阈值时，双乙酰可以生成过度的黄油味、乳酸等不良气味。这通常与某些乳酸菌菌株引起的腐败有关。

乙缩醛（Acetals）

乙缩醛源自乙醛（或酮）与醇的羟基进行的反应。它们通常带有植物的气味。因为它们主要在氧化陈年和蒸馏中形成，它们往往只大量出现在雪利酒和白兰地中。

酯类（Esters）

从葡萄酒中分离出 160 多种酯类化合物。由于大多数酯类物质为微量存在，其挥发性较低或气味较轻微，它们对葡萄酒的芳香影响可以忽略不计。然而，更常见的情况是，酯类物质其含量可能达到或超过感知阈值。一些酯类的水果香可以大大增强年轻葡萄酒的醇香。它们的影响力往往相对短暂（图 8.28），会在陈年过程中水解成对应的酸和醇类物质。

葡萄酒中的酯类主要分为三种类型：由乙醇和短链脂肪酸形成的酯类，由乙酸和各种短链醇形成的酯类，由非挥发酸和乙醇形成的酯类。从葡萄酒中也可以分离出其他几种酯类，但似乎没有什么感官意义。

由乙醇和乙酸形成的乙酸乙酯，在葡萄酒酯类中最重要。通常其浓度在 50～100 mg/L。在低浓度时（＜50 mg/L），它可能对葡萄酒芳香化合物的复杂性产生贡献。当超过 150 mg/L 时，乙酸乙酯生成一种类似丙酮的不良气味（Amerine and Roessler，1983）。乙酸乙酯可以是微生物活动的副产物（酵母或细菌引起），或非生物性地由乙酸和乙醇之间反应而形成。

除了乙酸乙酯外，主要的醇基酯由高级醇形成，如异戊基［$(CH_3)_2CH_2OH$］和异丁基醇［$(CH_3)_2CHCH_2OH$］。这些低分子质量的酯类通常被称为水果酯，因为它们具有类似水果的芳香。乙酸异戊酯（3- 甲基丁酯）具有类似的香蕉香味，而乙酸苄酯具有类似的苹果香味。它们在年轻葡萄酒的醇香中起着重要的作用，尤其是白葡萄酒（Vernin et al.，1986）。随着酸的烃链长度的增加，酯类物质的气味从水果香转变为类似肥皂的气味，C16 和 C18 脂肪酸会有类似猪油味。某些酯类的存在（例如，乙酸己酯、辛酸乙酯），有时被认为是红葡萄酒品质的一种指标（Marais et al.，1979）。可以从 Kennedy（2013）获得一张海报或可下载的多种酯类芳香特性的彩色图解。

主要非挥发性葡萄酒酸（酒石酸、苹果酸和乳酸）在陈年过程中慢慢形成酯类。不过，由于这些物质的气味微弱，它们很少具有感官意义。相比之下，琥珀酸的甲醇酯和乙醇酯可能对麝香葡萄酒的香气有贡献（Lamikanra et al.，1996）。

在葡萄中有时也能发现其他有意义的酯类物质。酚酯——邻氨基苯甲酸甲酯就是一个很好的例子。它贡献了一些美洲葡萄（*V. labrusca*）品种的典型香气。另一种是由灰霉菌（*B. cinerea*）

合成的 9- 羟基壬酸乙酯，它可能贡献了贵腐葡萄酒的独特香气（Masuda et al.，1984）。

硫化氢和有机硫化合物（Hydrogen Sulfide and Organosulfur Compounds）

硫化氢和含硫有机物通常有着令人不愉快甚至作呕的气味。庆幸的是，在瓶装葡萄酒中通常只有极微量的存在。不过，因为感受阈值通常很低（通常在万亿分之一），它们有时会产生不良气味。

硫化氢（H_2S）是酵母硫代谢的副产物，当其浓度接近阈值时，它是新发酵的葡萄酒中酵母香气的一部分。而超过阈值后，它会产生腐臭、臭鸡蛋的气味。

在葡萄酒中发现的最简单的有机硫化物是硫醇。其中一个重要的成员是乙硫醇（乙基硫醇）。它即使在阈值水平上，也有一种腐烂的洋葱味和橡胶味。在较高的浓度时，它有一种臭鼬味或粪便味。其他相关的硫醇，如 2- 巯基乙醇、甲硫醇、乙二硫醇分别有马厩气味、腐烂的卷心菜和硫化橡胶的不良气味。鼻后检测到的硫黄味可能是由口腔中存在含硫氨基酸（如半胱氨酸）而产生的（Hettinger et al.，1990）。

瓶装葡萄酒暴露于光下可以促进有机硫化物的还原性合成。例如，暴露于光下的香槟中会生产甲硫醚，进而产生煮熟的卷心菜和虾腥味（Charpentier and Maujean，1981）。

虽然有机硫化物会产生一些令人反感的气味，但越来越多的硫醇被发现与葡萄品种的香味有关。例如，一些硫醇对长相思（Sauvignon blanc）葡萄的香气有贡献。其中包括 4- 甲基 -4- 巯基 -2- 戊醇、3- 硫基 -1- 己醇、4- 巯基 -4- 甲基 -2- 戊酮、3- 巯基乙酸酯和 3- 巯基 -3- 甲基 -1- 丁醇（Tominaga et al.，1996，1998）。此外，4- 巯基 -4- 甲基 -2- 戊酮在施埃博（Scheurebe）（Guth，1997b）和马家婆（Macabeo）（Escudero et al.，2004）葡萄酒的特征香味中起着中心作用。通常这些成分在葡萄中是非挥发性的。酵母的酶作用释放了它们的挥发性成分。另一个有意义的芳香有机硫化物是 3- 硫基 -1- 己醇，它在许多桃红葡萄酒中贡献水果醇香（Murat，2005）。

碳氢化合物衍生物（Hydrocarbon Derivatives）

一些葡萄衍生的碳氢化合物是几种重要芳香化合物的前体。例如，β- 大马士酮（类似花香）、α- 和 β- 紫罗兰酮（类似紫罗兰香）、vitispirane（葡萄螺烷，类似桉树 - 樟脑）、（E）-1-（2,3,6-三甲基苯基）丁 -1,3- 二烯（修剪过的草坪气味）和 1,1,6- 三甲基 -1,2- 二氢化萘（TDN）。β- 大马士酮在水醇溶液中可以掩盖异丁基甲氧基吡嗪（IBMP）的甜椒气味（Pineau et al.，2007）。上面提到的许多化合物是类胡萝卜素的水解产物。

可能最重要的碳氢化合物的衍生物是正戊烷类化合物，即 TDN。瓶装几年后，某些白葡萄酒中的 TDN 浓度可上升到 40 ppb 或更高（Rapp and Güntert，1986）。高于 20 ppb 的 TDN 会产生烟熏味、煤油味等瓶储陈年香（Simpson，1978）。

偶尔会在葡萄酒中发现一种环状烃，称为苯乙烯。如果葡萄酒储存在使用塑料制的桶或运输容器中就会检测到这种污染物（Hamatschek，1982）。其他烃类污染物可能来自甲基四氢化萘，与某种软木不良气味有关（Dubois and Rigaud，1981）。

内酯和其他环氧化合物（Lactones and Other Oxygen Heterocycles）

内酯是由羧基和羟基之间的内部酯化形成的环状酯。葡萄中的内酯很少贡献气味。一个例外是 2- 乙烯基 -2- 甲基四氢呋喃 -5- 酮，它可以贡献雷司令和麝香葡萄品种的独特香味（Schreier and Drawert，1974）。由于加热可以促进内酯的形成，因此，一些晒干的葡萄干味特征可能来自内酯，如 2- 戊烯酸 -γ- 内酯。葫芦巴内酯（4,5- 二甲基 - 四氢 -2,3- 呋喃二酮）是贵腐酒（Masuda et al.，1984）和雪利酒（Martin et al.，1992）的特征物质。它具有坚果味、甜味和焦味。葫芦巴内酯还倾向于与其乙基类似物 5- 乙基 -3- 羟基 -4- 甲基 -2（5H）- 呋喃酮一起出现（Bailly et al.，2009）。另一种出现在苏玳中的内酯为 2- 烯 -4- 酰亚胺（Stamatopoulos et al.，2014），它被描述为具有过熟橙子的芳香。

虽然内酯可在发酵和陈酿过程中形成，但最常见的内酯是从橡木中提取的。其中，最重要的是橡木内酯（β- 甲基 -γ- 八角内酯的异构体）。酵母菌也可以少量合成这些内酯，它们具有橡木味、温和的椰子般的特性。

在其他环氧化合物中，vitispirane（葡萄螺烷）似乎最为重要（Etievant，1991）。Vitispirane（葡萄螺烷）在陈年过程中慢慢形成，浓度可以达到 20～100 ppb。它的两个同分异构体有不同的气味特征。顺式异构体有菊花、水果的芳香，而反式异构体具有浓郁、吸引人的水果香味。

萜烯类化合物及其氧化衍生物（Terpenes and Oxygenated Derivatives）

萜烯类化合物为很多花、水果、种子、叶子、树木和根提供特征芳香。在化学上，萜烯类化合物是由两个或两个以上基本为五碳的异戊二烯单元组成的。与葡萄酒中其他很多芳香化合物不同，萜烯类化合物主要源于葡萄（Strauss et al.，1986）。只有游离态（未与糖结合）的萜烯类化合物对葡萄酒的芳香有贡献。

萜烯类化合物贡献了几种重要葡萄品种的特征香气，特别是麝香家族和雷司令家族（Rapp，1998）。莎草奥酮（一种倍半萜）被认为是西拉葡萄酒中胡椒味的来源（Wood et al.，2008）。其他葡萄品种也生产萜烯类化合物，但它们在葡萄品种的特殊性中似乎没有起到作用（Strauss et al.，1987 b）。

虽然萜烯化合物不受发酵的影响，但是被灰霉菌（*B. cinerea*）感染的葡萄中其萜烯成分会降低或改变。这样无疑会使大多数贵腐葡萄酒失去其品种特性（Bock et al.，1988）。

在陈年过程中，萜烯化合物的种类和比例都产生显著变化（Rapp and Güntert，1986）。虽然一些萜烯类化合物会从糖苷键中释放，增加感官影响，不过由于氧化造成的萜烯物缺失更为普遍。在后者的反应中，大多数单萜醇被转化为萜烯氧化物。这些物质的感觉阈值大约比它们的前体高 10 倍。此外，这些变化影响气味品质。例如，芳樟醇类似于麝香鸢尾的气味，逐渐被 α- 萜品醇的霉味、松柏味所取代。

在陈酿过程中的其他变化可能改变葡萄酒中萜烯类化合物的结构。一些萜烯类化合物变成环状并形成内酯，如 2- 乙烯基 -2- 甲基四氢呋喃 -5- 酮（来自芳樟醇的氧化）。其他萜烯类化合物可能会形成酮类化合物（如 α，β- 紫罗兰酮），或螺环醚（spiroethers），如 vitispirane（葡萄螺烷）等。最近发现，单萜酮（薄荷酮）与陈年的波尔多红酒中发现的细微薄荷味道有关（Picard et al.，2016）。

虽然大多数萜烯有令人愉悦的气味，但有一些会生成不良气味。一个典型的例子是软木塞里的娄地青霉（*Penicillium roquefortii*）所产生的具有麝香味的倍半萜烯（Heimann et al.，1983）。软木塞中或者橡木里的链霉菌（*Streptomyces*）也能够合成有泥土味的倍半萜烯。

酚类化合物（Phenolics）

葡萄衍生的最具特色的挥发性酚类化合物是邻氨基苯甲酸甲酯（Robinson et al.，1949），它是一些美洲葡萄品种的主要香气成分。另一个重要挥发性酚类化合物是 2- 苯乙醇。它产生一些圆叶葡萄（*V. rotundifolia*）品种的典型玫瑰类香气（Lamikanra et al.，1996）。在一些酿酒葡萄中，挥发性酚类也是复杂的芳香化合物的一部分（Moio and Etiévant，1995；Rapp and Versini，1996）。

虽然挥发性酚类化合物为一些葡萄品种贡献品种香气，但是在挥发性酚类化合物中占绝大部分的羟基肉桂酸酯是在发酵中产生或在橡木桶中衍生出的，它们可以被腐败微生物代谢成难闻的化合物（Chatonnet et al.，1997）。它们的衍生物乙烯基苯酚（4- 乙烯基愈创木酚和 4- 乙烯基苯酚）和乙基苯酚（4- 乙基苯酚和 4- 乙基愈创木酚）可以分别提供香料味、药味、类似丁香的气味和烟熏、酚类、动物性、类似马厩的气味。当乙烯酚含量超过 400 μg/L，或者乙烯基苯酚超过 725 μg/L 时，经常会检测到不良气味。丁香酚是另一种类似丁香气味的挥发性酚类，也可以在葡萄酒中出现。在通常的浓度下，丁香酚只会增加整体的香料味。而愈创木酚可以产生有点甜的、烟熏的不良气味（Simpson，1990）。

橡木是几种挥发性酚酸和酚醛类化合物的来源。苯甲醛特别突出且具有类似杏仁的气味。它

在雪利酒中可能提供了类似坚果的醇香。其他重要的酚醛是香草醛和丁香醛，它们在木材木质素的分解过程中形成，都具有类似香草的芳香。在橡木桶制造过程中，橡木条的烘烤是产生挥发性酚醛的另一途径，特别是糠醛和相关化合物。

吡嗪类化合物和其他氮杂环化合物（Pyrazines and Other Nitrogen Heterocyclics）

吡嗪类化合物是环状含氮化合物，对许多天然食物和烘烤食物的风味都有重要贡献。它们对几种葡萄的品种香气也很重要。2- 甲氧基 -3- 异丁基吡嗪在赤霞珠及相关品种（如长相思和美乐）的青椒气味中起主要作用。在浓度为 8～20 ng/L 时，甲氧基丁基吡嗪可能是有好处的，但当超过这个值时，它开始产生一种强烈的草本植物味。相关吡嗪化合物也存在，但其含量通常等于或低于其检测阈值（Allen et al.，1996）。

嘧啶是另一类可以定期从葡萄酒中分离出来的芳香环状含氮化合物。到目前为止，它们对葡萄酒风味的参与似乎局限于产生鼠臭味等不良气味。这一特性与 2- 乙酰四氢嘧啶、2- 乙基四氢嘧啶和 2- 乙酰 -1- 吡咯啉有关（Heresztyn，1986；Grbin et al.，1996）。它们是由酒香酵母（*Brettanomyces*）中的某些菌株产生的。

化学感受（常见理化感受）
Sensations of Chemeshesis (The Common Chemical Sense)

尽管在口腔中的感知更为常见［见第 4 章，口腔感受（味道和口感）］，三叉神经的游离神经末梢也经过整个鼻腔上皮（除了嗅觉斑块）。这些受体在鼻腔内的位置特征不明显，似乎是随机的（Frasnelli et al.，2004）。一些受体对低浓度的某些挥发性化合物发生反应，生成味道强烈的、腐臭的或者刺激的认知。源自葡萄酒的例子包括硫化氢、二氧化硫和二氧化碳。然而，鼻三叉神经末梢可以应对足够高浓度（它们嗅觉阈值的 3～5 倍）的任何挥发性化合物（Cometto-Muñiz and Abraham，2016）。香草醛是一个明显的例外，它不激活三叉神经受体（Savic et al.，2002）。

三叉神经受体可以刺激感官产生灼热、凉爽、针扎、刺痛和痛感。因此，高浓度的气体物质会引起鼻腔刺激，尤其是三叉神经受体几乎没有表现出适应的倾向（Cain，1976）。吲哚是芳香物质质量随浓度变化的一个例子。在低浓度下，它被认为是类似茉莉花的气味，但在较高浓度时有类似粪便的气味（Kleene，1986），这可能是由于激活了某些三叉神经受体。类似的情况可以解释为什么硫化氢在低浓度（1 μg/L）时为年轻的葡萄酒提供酵母香气（MacRostie，1974），但在略高的浓度下会产生腐臭味、臭鸡蛋的气味。

三叉神经刺激物也可以抑制嗅觉化合物的感知（Richards et al.，2010）。例如，二氧化碳可以抑制香草醛的识别（Kobal and Hummel，1988），在足够高的浓度下，可以掩盖葡萄酒中细微的芳香。

气味感知
Odor Perception

人们很早就明确地认识到个体之间存在气味感知的差异（Pangborn，1981）。差异可以影响检测、区别、识别气体物质的能力，评估气味物质的强度或对气味的存在做出情感上以及享受上的回应。

其中一些差异已被整理编辑，最低浓度诱导某种特定类型的意识反应被定义为其阈值。例如，检测阈值是指当物质的存在变得明显时的浓度，通常计算为超过 50% 的测试对象能够有机会检测到该化合物时的值。不同化合物的阈值变化范围可以超过 10 个数量级，从乙烷的大约 2×10^{-2} mol/L 跨越到硫醇的 10^{-12}～10^{-10} mol/L。甚至对于相关的化合物，如吡嗪类化合物，阈值也会有明显的不同（Siefert et al.，1970）。个体间的敏感性范围也有明显的差异，一些模式类似于钟形曲线，另一些模式是倾斜的（如泊松分布），或者偶尔表示为双峰（McRae et al.，2013）（图 3.19 和图 5.19）。葡萄酒中重要芳香化合物的典型检测阈值记录在表 3.2。

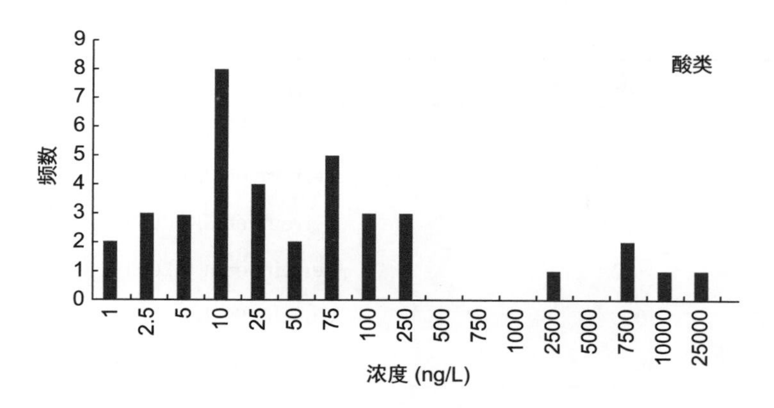

图 3.19 长相思葡萄酒中 2，4，6- 三氯茴香醚阈值的频数分布（资料来源：Suprenant and Butzke，1996）。

表 3.2 葡萄酒中一些芳香化合物的检测阈值 [a]

化合物	阈值（μg/L）	参考文献
酸类		
乙酸	200000	Guth（1997b）
丁酸	1732	Ferreira et al.（2000）
癸酸	1000；15000	Ferreira et al.（2000）；Guth（1997b）
己酸	420；3000	Ferreira et al.（2000）；Guth（1997b）
异丁酸	2300；10000	Ferreira et al.（2000）；Guth（1997b）
异戊酸	33	Ferreira et al.（2000）
辛酸	500	Ferreira et al.（2000）
丙酸	420	Ferreira et al.（2000）
醇类		
乙醇	$(2.8\sim90)\times10^9$	Meilgaard and Reid（1979）
1- 己醇	8000	Guth（1997b）
3- 己烯醇	400	Guth（1997b）
异丁醇	40000	Guth（1997b）
异戊醇	30000	Guth（1997b）
甲硫醇	1000	Ferreira et al.（2000）
醛类和酮类		
乙醛	500	Ferreira et al.（2000）；Guth（1997b）
乙偶姻	150000	Ferreira et al.（2000）
双乙酰	100	Guth（1997b）
酯类		
乙酸乙酯	12200；7500	Etiévant（1991）；Guth（1997b）
丁酸乙酯	14；20	Ferreira et al.（2000）；Guth（1997b）
癸酸乙酯	200	Ferreira et al.（2000）
己酸乙酯	14；5	Ferreira et al.（2000）；Guth（1997b）

续表 3.2

化合物	阈值（μg/L）	参考文献
异丁酸乙酯	15	Guth（1997b）
异戊酸乙酯	3	Ferreira et al.（2000）
2- 甲基丁酸乙酯	18；1	Ferreira et al.（2000）；Guth（1997b）
辛酸乙酯	5；2	Ferreira et al.（2000）；Guth（1997b）
乙酸异戊酯	30	Guth（1997b）
3- 甲基丁酯醋酸	30	Guth（1997b）
内酯类		
γ- 癸内酯	88；0.7	Etiévant（1991）；Ferreira et al.（2004）
γ- 十二内酯	7	Ferreira et al.（2004）
Z-6- 十二碳烯酸 γ- 内酯	0.1	Guth（1997b）
4- 羟基 -2，5- 二甲基 -3-（2H）- 呋喃酮	5	Guth（1997b）
γ- 壬内酯	25	Ferreira et al.（2004）
cis- 橡木内酯	67	Etiévant（1991）
葫芦巴内酯	5	Guth（1997b）
降碳倍半萜及其衍生物		
β - 大马士酮	0.05	Guth（1997b）
β - 紫罗兰酮	0.09	Ferreira et al.（2000）
苯酚和苯基衍生物		
二氢肉桂酸乙酯	1.6	Ferreira et al.（2000）
肉桂酸反式乙酯	1	Ferreira et al.（2000）
4- 乙基愈创木酚	33	Ferreira et al.（2000）
4- 乙基苯酚	440	Boidron et al.（1988）
丁香酚	5	Guth（1997b）
愈创木酚	10	Guth（1997b）
2- 苯乙醚醋酸酯	250	Guth（1997b）
苯乙醛	5	Ferreira et al.（2000）
2- 苯乙醇	14000；10000	Ferreira et al.（2000）；Guth（1997b）
香草醛	200	Guth（1997b）
4- 乙烯基愈创木酚	10；40	Ferreira et al.（2000）；Culleré et al.（2004）
吡嗪类		
2- 甲氧基 -3- 异丁基吡嗪	0.002；0.015	Ferreira et al.（2000）；Roujou de Boubée et al.，（2002）
3- 异丁基 -2- 甲氧基吡嗪	0.002	Ferreira et al.（2000）

续表 3.2

化合物	阈值（μg/L）	参考文献
含硫化合物		
苯甲酰乙硫醇	0.0003	Tominaga et al.（2003）
甲硫醚（DMS）	25；60	Goniak and Noble（1987）; De Mora et al.（1987）
二甲基二硫醚（DMDS）	29	Goniak and Noble（1987）
硫醇（乙硫醇）	1.1	Goniak and Noble（1987）
硫化氢	5～80	Wenzel et al.（1980）
3- 巯基己基乙酸酯	0.004	Tominaga et al.（1988）
4- 巯基 -4- 甲基 -2- 戊酮	0.0006	Guth（1997b）
3- 氢硫基 -1- 己醇	0.06	Tominaga et al.（1998）
2- 甲基 -3- 呋喃硫醇	0.005	Ferreira et al.（2002）
甲基硫醇（甲硫醇）	2	Fors（1983）
3- 甲硫基丙醇	1000； 500	Ferreira et al.（2000）； Guth（1997b）
萜烯类		
香叶醇	30	Guth（1997b）
芳樟醇	25； 15	Ferreira et al.（2000）； Guth（1997）
cis 玫瑰氧化物	0.2	Guth（1997b）
葡萄酒内酯	0.01	Guth（1997b）

[a] 气味阈值往往取决于所进行的过程，不同溶剂、不同类型的葡萄酒，其他芳香化合物的存在以及品鉴人的敏锐度。因此，阈值主要用于比较不同化合物的潜在风味影响。

虽然阈值给人的印象是精确的，但是远非绝对值，其表示为一系列反应的均值或模式。此外，溶剂和基质成分对阈值有显著影响。增加乙醇含量可以改变乙醇组的比例，降低疏水水化（D'Angelo et al.，1994），增加了非极性的溶解度，减少了挥发性（Aznar et al.，2004）。例如，异丁酸乙酯的阈值可以从在空气的 0.03 ng/L（Grosch，2001）变化至 10% 乙醇中的 15 μg（Guth，1997b）（这很明显地影响了该酯类化合物在酒杯中与在口中的检测潜力）。相应的，当葡萄酒酒精度降低时酯类的水果香和花香增加（Guth，1998）。这可能部分解释了为什么许多德国雷司令葡萄酒本身富有花香（通常酒精含量明显低于大多数餐酒的 11%～13%）。这种效应通常是高度特定的（表 3.3），可能涉及分区常量的修改。此外，由于酯类的挥发性在低酒精度时最明显（图 3.20），它们会在后味中产生显著的感官意义。当评估葡萄酒在玻璃杯中的香味时，这种效果可能同样重要，因为随着旋转，乙醇从覆盖在玻璃杯上的葡萄酒膜上蒸发。在低乙醇浓度（5%）下，乙醇诱导的对流迅速补充了一系列芳香化合物在酒杯顶部空间的浓度（Tsachaki et al.，2009）。

表 3.3 乙醇对一些葡萄酒芳香化合物在空气中的嗅觉阈值的影响（乙醇在气相中 55.6 mg/L）

化合物	嗅觉阈值（ng/L）		因子 b/a
	无乙醇（*a*）	有乙醇（*b*）	
异丁酸乙酯	0.3	38	127
丁酸乙酯	2.5	200	80
己酸乙酯	9	90	10
甲基丙醇	640	200000	312
3- 甲基丁醇	125	6300	50

（资料来源：Grosch，W.，2001）

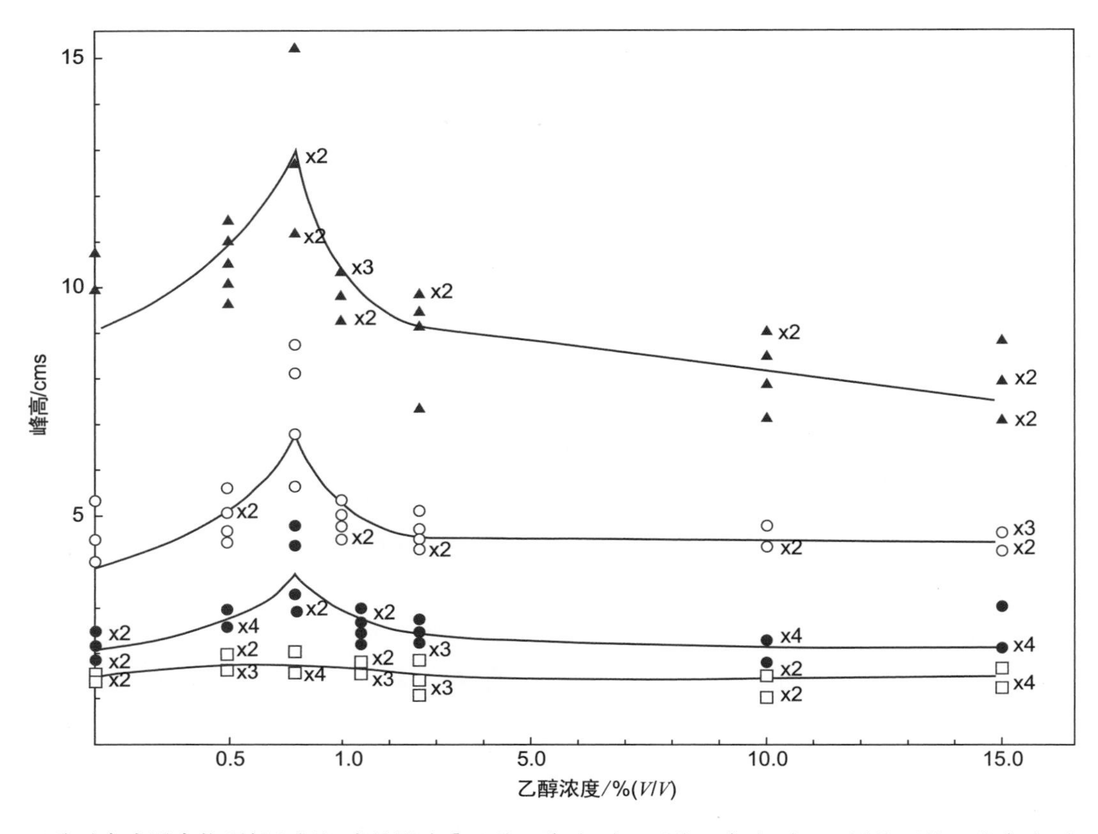

图 3.20　乙醇对合成混合物顶部空间组成的影响［乙酸乙酯（●）、丁酸乙酯（○）、3- 甲基丁基乙酸酯（△）、2- 甲基丁醇（□）］（资料来源：A.A. Williams and P.R. Rosser，1981）。

Guth 和 Sies（2002）认为酒精对水果味道的影响与其说是通过挥发，不如说是通过感知。不过，Escalona 等（1999）发现，增加酒精浓度可以逐步降低几种高级醇和醛类化合物的挥发性以及一些乙酯的挥发性（Conner et al. 1998）。

酒精对 β- 甲基 -γ- 八内酯（橡木内酯）和乙酸异戊酯的协同和抑制作用进一步说明了其对葡萄酒风味的复杂影响（Le Berre et al.，2007）。更复杂的是，实验条件可以显著地影响结果（Tsachaki et al.，2005）。大多数研究是芳香化合物在葡萄酒中与在酒杯上方的顶部空间之间建立平衡之后进行的。然而，在典型的品尝条件下，气味物质仍在不断地从葡萄酒中逸出到顶部空间。图 3.21 表示出了在这种动态条件下的结果。虽然酒精含量的检测只有 0.1% 的差异也已被认为会对感官感知的检测产生影响（Wollan，2005；Caporn，2011），但尚未有试验确认调整葡萄酒的酒精含量以达到的“最佳点”（King 和 Heymann，2014）。在它们的条件下，最小可检测的差异发生在 0.4% 的酒精浓度范围内。

除了乙醇之外，许多葡萄酒成分会影响挥发性。例如，葡萄糖（鼠李糖醛酸和阿拉伯半乳聚糖蛋白）和酵母多糖（甘露聚糖蛋白）影响酯类、高级醇和双乙酰的释放（Dufour and Bayonove，1999a）；类黄酮影响各种酯类和醛类化合物的释放（Dufour and Bayonove，1999b）；花色苷能与挥发性酚类物质相结合，如香草醛（Dufour and Sauvaitre，2000）。因此，化合物的检测阈值根据它们所评估的葡萄酒的不同而有很大的差异。例如，双乙酰在霞多丽中的检测阈值为 0.2 mg/L，在黑比诺中的检测阈值为 0.9 mg/L，在赤霞珠中的检测阈值为 2.8 mg/L（Martineau et al.，1995），甚至非挥发性成分的浓度近阈值或亚阈值也可能会影响挥发性（Dalton et al.，2000；Friel et al.，2000；Pfeiffer et al.，2005）。例如，低糖浓度（1%）可以提高乙酸乙酯和乙醇的挥发性（Nawar，1971），但降低了乙醛的挥发性（Maier，1970）。

这种基质效应可能源于葡萄酒的理化性质、气味认知和气味记忆的多元本质的结合。因此，

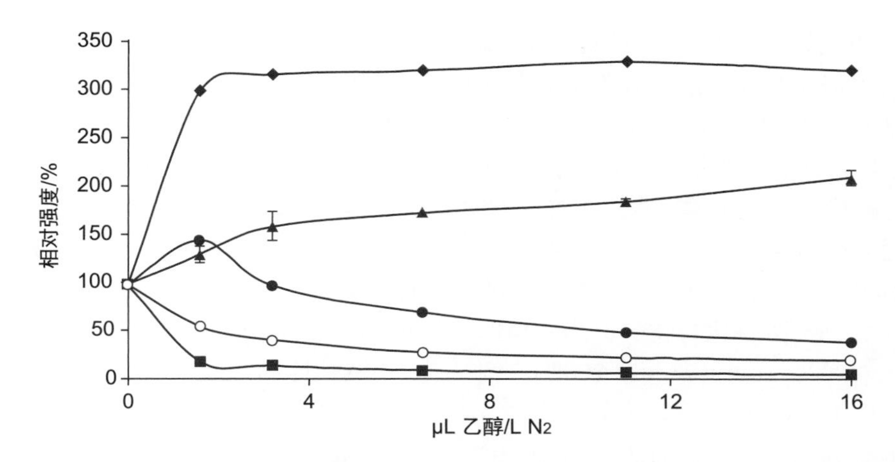

图 3.21 随着乙醇蒸发过程中乙醇浓度的增加，辛醛（●）、二乙酰基（■）、芳樟醇（▲）、丁酸乙酯（◆）和柠檬烯（○）的强度变化（资料来源：Aznar，M. et al.，2004）。

当涉及视觉和味觉时，葡萄酒往往比仅涉及嗅觉时更容易被识别（Ballester et al.，2005）。这就是为什么蔗糖对薄荷口香糖的持续性至关重要（Cook et al.，2003）。这种跨形式的相互作用可以是高度个性化的（Hort and Hollowood，2004），反映了个体之间在敏感性和经验上的内在差异。

唾液和口腔微生物是影响葡萄酒芳香化合物释放和感知的另一因素。唾液通过稀释葡萄酒成分，可以影响其挥发性，而唾液和微生物酶可以改变葡萄酒的化学组成。通常，唾液似乎会降低挥发性（通过顶部空间的浓度测量），这就取决于葡萄酒基质（Muoz-Gonzlez et al.，2014）。此外，唾液酶被证实可以降解酯类和硫醇（Buettner，2002a）以及将醛类化合物还原为相应的醇类（Buettner，2002b）。相比之下，贡献玫瑰香气和烤杏仁香气的 2- 苯乙醇和糠醛的浓度增加，同时 vitispirane（葡萄螺烷）和 TDN 浓度减少（Genovese et al.，2009）。由暴露在灌木丛火灾烟雾中的葡萄制成的葡萄酒中的烟熏特征可能部分源于唾液酶，这些酶从糖的复合物中释放烟熏衍生的酚类物质（Kennison et al.，2008）。相反，多酚的蛋白质结合（涩味）能力降低。虽然唾液酶的作用在品尝期间可能很小（葡萄酒在口腔中的停留时间通常约为 15 s），但它们可能会影响葡萄酒的后味（图 3.22），因为后味的接触时间较长。每个人每一天唾液的化学成分都有差异，这可能是人们对葡萄酒的反应差异性的另一个来源。

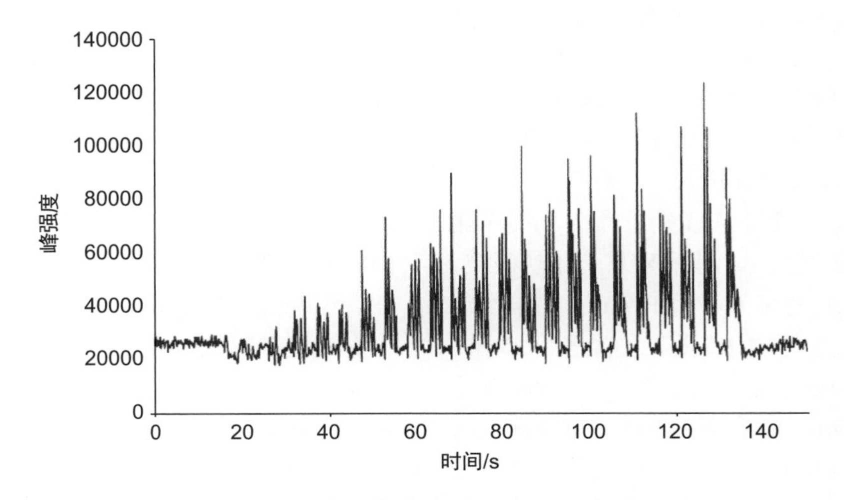

图 3.22 测试者口腔中己基 β-*D*- 吡喃葡萄糖苷释放度的评估，样品在 15 s 时引入（资料来源：Hemingway，K. M. et al.，1999）。

当检测阈值明显低于正常值时就被称为嗅觉丧失。嗅觉丧失可以是整体上的，或者是特定的仅影响某一范围的化合物（Amoore，1977）。特异性嗅觉丧失发生的差异性很大。例如，大约3% 的人对异戊酸酯（汗液）嗅觉丧失，而 47% 的人对 5α- 雄甾 -16- 烯 -3- 酮（尿液）嗅觉丧失。个体中嗅觉受体基因的等位基因性质和拷贝数的差异可能解释了大部分芳香化合物的检测差异性（Nozawa et al.，2007，Young et al.，2008）。例如，顺式 -3- 己烯 -1- 醇（具有草腥味）的检测能力与特定的嗅觉受体蛋白的产生有关，即 OR2J3（McRae et al.，2012）。然而，缺乏嗅觉受体的主要应答蛋白并不一定导致完全性嗅觉丧失，因为其他嗅觉受体可能对气味物质产生微弱的反应。

嗅觉过敏是可以在异常低的浓度下检测到气味，目前对此知之甚少。最有趣的一个有关嗅觉过敏的事例是一个有 3 周经验的医科学生突然能够通过气味识别其他人和物体（Sachs，1985）。尽管如此，这可能在更常见的情况下有更多的发生率，只是没有人意识到的这个人类特性（Wells and Hepper，2000；Lundström et al.，2009）。人们常常能仅凭气味识别出亲缘关系，远高于偶然概率。这可能是嗅觉受体有对主要组织相容性（MHC）诱导的气味因子做出反应的功能（Spehr et al.，2006）。

嗅觉敏感可能出现在一些服用 *L-* 多巴（一种合成神经递质）的帕金森病患者以及一些患有图雷特综合征（Tourette's syndrome）的人身上。鼻道黏液分泌减少似乎与气味敏感性的增加有关，并可能解释一些与年龄相关的气味敏感性的差异（Cain and Gent，1991）。更有趣的是通感的例子，其中气味与特定的颜色或其他感官输入相关（Stevenson and Tomiczek，2007）。

目前尚不清楚，由于人识别（命名）气味能力有限，它可能源于人嗅上皮和嗅球一小块区域。例如，犬的嗅上皮表面积可达 15 cm^2（包含约 2 亿个受体细胞），而人类的嗅觉斑块覆盖 2～5 cm^2（Moran et al.，1982），估计有 600 万～1000 万受体（Dobbs，1989）。犬可能有 7 m^2 的有效嗅觉区域（纤毛）（Moulton，1977），相比之下，人类约 22 cm^2（Doty，1998）。对犬和人类的气味阈值进行比较测量，结果表明，犬的敏感度至少是人类的 100 倍（Moulton et al.，1960）。然而，这并不适用于所有的气味物质。例如，对于一些脂肪族醛类化合物而言，人和犬敏感性一样，甚至比犬更为敏感（Laska et al.，2000）。至于功能性嗅觉（嗅觉受体）基因，犬大约拥有 970 个（Olender et al.，2004），老鼠大约有 913 个（Godfrey et al.，2004），而人类大约有 340 个（Malnic et al.，2004）。这些可能是人类识别能力有限的一部分原因。

其他原因可能包括在人类进化过程中抑制气味敏感性，以减少社会冲突，并有利于维系家庭（Stoddart，1986）。然而，（65% 的人类）嗅觉基因的失活过程似乎要更早，与我们灵长类动物祖先的三颜色视觉发展相关（Gilad et al.，2004），并进一步与人的眼睛向前运动有关，以促进立体视觉。因此，我们有限的嗅觉能力可能更多地基于对视觉的依赖（减少嗅觉敏锐度的需要），而不是基于减少社会群体中气味地域性的需要。

虽然人类进化与固有嗅觉能力的缺失密切相关，但我们大脑的处理能力得到了显著的提高。此外，我们对气味的反应在很大程度上是后天习得的，而不是天生的。因此，结合我们非凡的记忆力和语言能力，我们对气味的辨别能力仍然是惊人的。我们缺少的是在专注于命名的同时，又能进行气味与物体特征有关的特定联想，特别是在成长时期。

这可能就是为什么在一些文化中能够用抽象的（如发霉的）或具体的（如香蕉）或评价的（如令人愉悦）术语来描述气味的含义，人们可以像命名颜色一样命名气味（Majid and Burenhult，2014）。如果类似于语言学习，气味学习有一个关键时期的话，那么学习命名气味的时期可能是决定性的因素。

另外两种嗅觉阈值可能特指区别和识别。区别阈值是感官识别所需样品间的浓度差异。识别阈值是指芳香化合物可以被正确识别的最低浓度。识别阈值通常高于检测阈值，需要的处理能力大于区别阈值。它相当于在并排区分阴影颜色并命名这些阴影之后，再单独呈现阴影时（尤其是稍后某个时候），能够认出它们。

如前所述，人们很难识别气味，尤其是在没有视觉或气味记忆的线索的情况下（Engen，1987）。然而，通常认为专业的品尝者和香水师有优越的识别能力。例如，Jones（1968）估计香水师能够识别100～200种气味物质。尽管感官能力明显不同，但葡萄酒专业人士，如侍酒师和葡萄酒大师是否具有敏锐的能力尚无定论（Noble et al.，1984；Morrot，2004）。此外，即使存在这样的高超技能（相当于高超的运动技能），对我们大多数凡人来说，这又有什么实际意义呢？即便是酿酒师也会经常在盲品中无法认出自己的葡萄酒，经验丰富的葡萄酒专业人士经常认错葡萄酒的品种和原产地（Morrot，2004）。此外，品鉴者们的感官敏锐度也存在显著差异（图5.19）。虽然不符合葡萄酒专业人士在大众媒体面前呈现的整体光环，但更容易理解“专家”面临的困境，包括相似的葡萄酒中存在微妙和短暂的芳香化合物的差异以及相同区域和品种的葡萄酒所存在的明显差异（图3.23）。相对于所遇到的困难，令人惊奇的是一些品尝者可以开发的技能。例如，在美国加州戴维斯评分体系（UC）的有经验的品鉴者，能够正确识别超过40%的实验葡萄酒的品种和原产地（Winton et al.，1975）。正如预期的那样，最容易识别的是那些熟悉的、具有明显香味特征的葡萄品种（如赤霞珠、增芳德、麝香葡萄、琼瑶浆和雷司令）。可以区分优秀品鉴者的特征包括发达的嗅觉记忆（与丰富的经验相关），加上强烈的兴趣（动机）和更强的感知敏锐度（Ross，2006）。

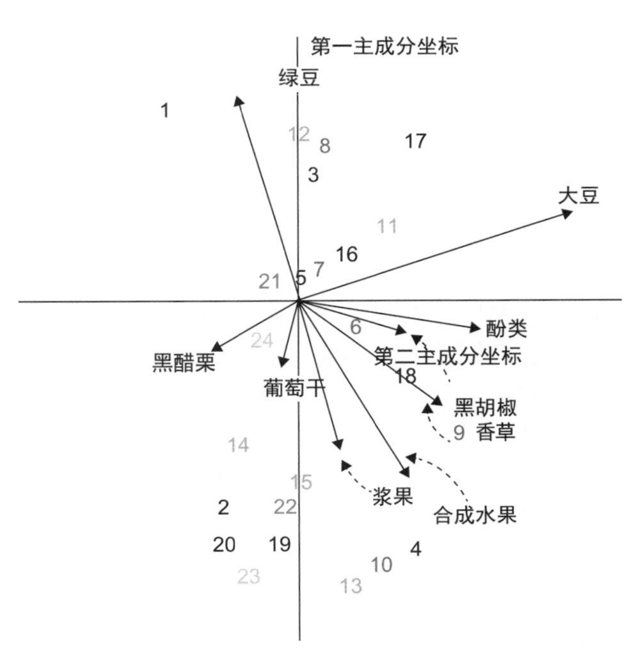

图3.23　基于9种芳香特征对24款波尔多葡萄酒进行主成分评分图（其中1～5，St. Estèphe；6～10，St. Julien；11～15，Margaux；16～20，St. Émilion；21，22，Haut Médoc；23，Médoc；24，Bordeaux），注意不同区域的葡萄酒在感官特征上具有明显的发散性（资料来源：Williams et al.，1984）。

在混合物中识别气味变得更加困难（Jinks and Laing，2001）。气味的认知似乎主要是基于选择性模式检测，类似于面部识别（Murray，2004）。因此，气味混合物通常相对地刺激几种嗅觉受体（其中一些可能是相同的），使其对单个成分的鉴定越来越复杂（Laing，1994）。识别气味混合物通常被认为在本质上不同于其各个组成部分产生的气味（Sinding et al.，2014）。不过，通过训练，某些成分也能被识别，尽管不是全部（Jinks and Laing，2001）。葡萄酒也存在类似的情况，葡萄酒拥有很多在阈值以下、达到阈值水平或阈值以上的芳香化合物。相应的，识别品种、风格或区域的差异通常被认为是基于葡萄酒的复杂风味物质产生的模式整体性反应，而很少基于单个成分上的。因为品鉴者有不同的敏感性和专业知识，因此，气味记忆的差异也就不足为奇了。用来描述它们的术语反映了这些差异和局限性（Brochet and Dubourdieu，2001）。例如，葡萄酒品评家经常使用品质有关的表现性术语，而酿酒师更可能使用以化学的或酿造学为基础的术语。不过，通过训练，大多数品鉴者可以达成一套共用的描述性术语。那些在术语的使用上具有特殊性或不一致的词通常被排除在品鉴小组之外。训练倾向于在共同的要素基础上使用嗅觉术语，以便于对评价做出解释（Case et al.，2004）。虽然这可能消除了很多人的感官差异性，但设计品鉴小组不是用来代表消费者的。相反，他们是分析仪器的替代者，其中标准化对于获得统计学上有效的数据是非常重要的（可能与消费者无关）。

在气味记忆的典型研究中，样品或者是单一化合物，或者是混合物，那么任务很简单：说出其来源（例如，一种特定的水果）。如上所述，对气体混合物中单个成分的识别能力会随着芳香化合物种类的增加而快速减少（图3.24）。这或许可以解释为什么识别葡萄酒中不良气味经常随酒而异（酒为基质）（Martineau et al.，1995；Mazzoleni and Maggi，2007；图 3.25）。广泛的训练可以提高识别能力，但往往局限于四个组成部分（Livermore and Laing，1998）。

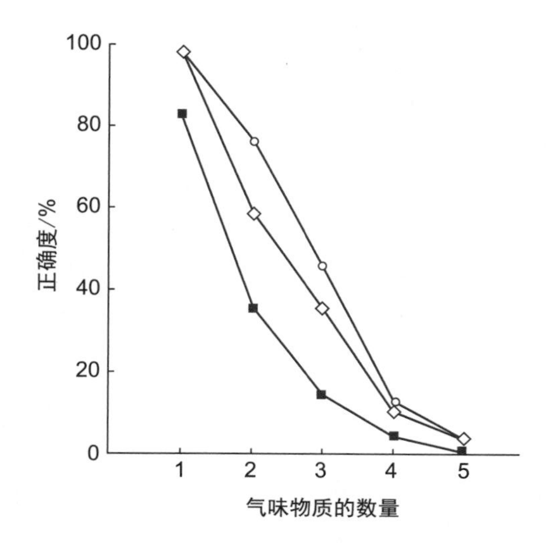

图 3.24　识别出 1～5 种气味物质混合成分的正确率。未经训练者（■）、训练者（◇）和专家（○）（资料来源：Laing，1995）。

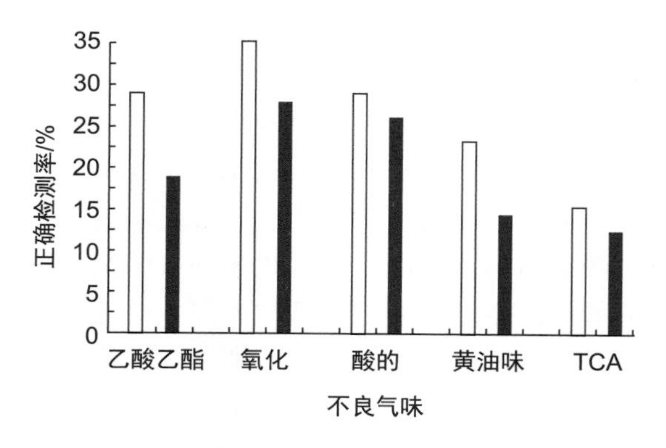

图 3.25　在不同葡萄酒中检测的不良气味：□白葡萄酒；■红葡萄酒；乙酸乙酯（60 mg/L）；氧化（乙醛，67 mg/L）；酸的（乙酸，0.5 g/L）；黄油味（双乙酰，mg/L）；TCA（2，4，6- 三氯苯甲醚 15 μg/L）。基于 42 个受试者的结果。

通常，两种或简单混合物的气味品质反映了具有最高感知强度的组分（即使差别很小）。而复杂混合物的情况并不那么简单。这些成分混合可以产生明显不同的气味品质，可以表达最强烈的气味成分的品质（例如，具有一些葡萄酒的不良气味），可以不同程度地表达其成分的气味品质或增强其他成分的芳香（Thomas-Danguin et al.，2014）。后者的一个著名例子是使用脂肪族醛（2- 甲基十一醛），以提高香奈儿 5 号香水的花香气味。一个葡萄酒的例子可能是硫醇（3- 巯基 -3- 甲基 -1- 丁醇）的活性，它增强了几种白葡萄酒的果香味和花香方面的特征（Tominaga et al.，2000）。

香水师似乎有卓越的识别能力，但这可能与根据经验对浸在样品中的吸液芯做出的评估有关。由于各组分以不同速率从吸液芯中蒸发，其鉴定过程可能类似于简式的气相色谱 - 嗅觉测定法按一定顺序地释放成分。

当测试参与者在品尝前被允许先适应特定的成分时，其识别能力也会提高（Goyert et al.，2007）。这可能部分解释在整个品尝过程中特定香味的“出现”和“消失”。

大多数气味是根据来源分组（例如，水果香、花香、植物、烟熏）或与特定事件或地方相关（例如，圣诞节气息、烧烤、篝火、医院）。因此，气味术语通常是具体的。它指的是特定的一个或一组物体或体验，而不是嗅觉感知本身。通常，事件越重要，记忆就越强烈和稳定。Engen（1987）认为这种记忆模式等同于幼儿如何联想词汇，从功能上而不是概念上。例如，帽子是人们戴在头上的东西，而不是一件衣服的名称。这可能在一定程度上解释了为什么用不熟悉的术语（如化学名词）来描述熟悉的气味是如此困难。气味正确命名的困难也可能来自语言和概念分别位于大脑的不同半球，通常分别是左脑和右脑（Herz et al.，1999）。人们也很难唤起气味记忆，而相对唤起视觉和听觉的记忆则更容易。语言或背景线索可以提高识别能力（de Wijk and Cain，1994a），就像暗示可以影响云构成的形状一样。念出品种或气味的名称通常也会诱导其被检测出，即便它们并未出现。暗示似乎以类似于暗示重塑视觉或记忆的方式组织（重组）气味感知（Murphy，1995）。此外，经验可以诱发对物体的感知，例如，这些物体在绘画中实际上并不存在，但可以被认为是适宜存在的（Livingstone，2002）。虽然提供语言、视觉或背景线索通常有助于气味识别，但在没有视觉线索的情况下学习气味（例如，烤面包或煎培根的气味），单独识别气味将变得更加容易。

从个人经验中衍生出来的气味术语会比由别人产生的术语更容易被唤起（Lehrner et al.，1999a）。因此，当进行感官评价的参与者参与术语的开发时，术语的记忆效果会更好（Gardiner et al.，1996；Herz and Engen，1996）。相比之下，消费者和葡萄酒评论家使用的术语更倾向于表达它们的个人整体或对葡萄酒的情绪感受，而非其本身的感官属性（Lehrer，1975；Dürr，1985）。

与其他属性一样，感知到的气味强度与其浓度的差异通常变化很大。例如，当感知强度增加3倍时，丙醇的浓度需要增加25倍，而丁酸戊酯的浓度需要增加100倍（Cain，1978）。通常在低浓度时可以激活嗅觉和三叉神经受体的芳香化合物，如硫化氢和硫醇，甚至在其识别阈值水平也会经常出现强烈的感觉。

嗅觉感知的变化来源
Sources of Variation in Olfactory Perception

在嗅觉敏锐度的研究中发现，性别会产生细微的差别。女性整体上比男性对气味更敏感，更善于识别气味（图3.26；Choudhury et al.，2003）。在重复接触时，女性的敏锐度比男性增加得更多，对于某些气味而言，可增加5个数量以上（Dalton et al.，2002）。此外，女性接触气味时的大脑活动显著高于男性（Yousem et al.，1999）。识别出的气味类型也可能显示出与性别（或经验）相关的差异。

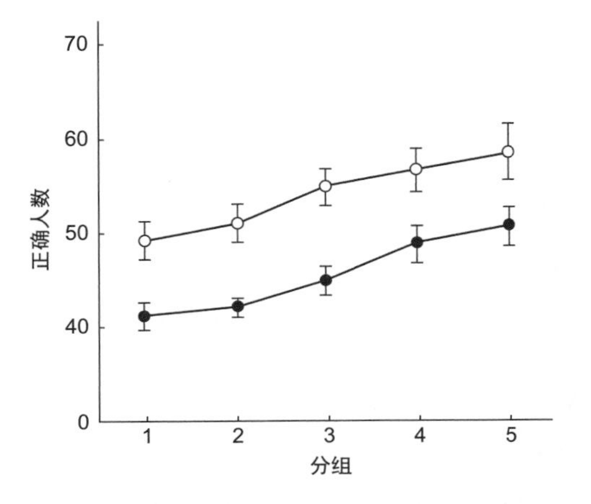

图3.26 男性（●）和女性（○）在五组品评中正确识别气味的平均人数（±1SEM）（资料来源：Cain，1982）。

女性通常比男性更善于识别花香和食物的气味，而男性往往在确认汽油的气味时表现更好。此外，女性在嗅觉辨别方面会经历波动，这与荷尔蒙周期性变化相关（Doty，1986）。然而，影响人们感官能力的最重要的因素，可能是嗅觉受体表达基因中的个体间明显的遗传多样性（Menashe et al.，2003；Nozawa et al.，2008）。每个被测试的人都有一个独特的嗅觉受体基因模式。基因组在嗅觉敏感度上可能略有不同，对特定气味的接受/排斥部分取决于特定嗅觉受体基因簇（Eriksson et al.，2012；Jaeger et al.，2013）。尽管如此，对双胞胎的研究表明，经验的差异比遗传因素更能影响感知气味的强度和愉悦度（Knaapila et al.，2008）。

年龄也影响嗅觉灵敏度。年轻人的识别能力似乎是最佳的（Cain and Gent，1991；de Wijk and Cain，1994b）。敏锐度的缺失通常表现为三个气味阈值（检测、识别和区别）的增加（Lehrner et al.，1999a）。敏锐度的丧失可能是渐进的，但对结构复杂的气味物质的影响似乎比简单的化合物更大（图3.27）。

即使识别普通的食物也会有惊人的不同。例如，在原浆没有结构差异的情况下，学生组对香蕉、西兰花、胡萝卜和卷心菜的识别率分别为41%、30%、63%和7%，而老年人的识别率分别为24%、0、7%和4%（Schemper et al.，1981）。化合物的敏锐度（检测和识别阈值）也会发生特定的缺失（Seow et al.，2016）。例如，我曾经能在混合物中觉察到琼瑶浆的细微痕迹；现在我只能从标签上认出一款琼瑶浆葡萄酒。即使是新鲜的荔枝也不像我记得的味道。然而，当煮熟的时候，我发现那种独特的、令人愉悦的香气和以前一样。可见，所需的受体仍然存在，但激活的阈值明显上升。

与年龄相关的短期气味记忆减退已经有被报道（Lehrner et al.，1999b）。其原因可能是由下丘脑活性减弱、嗅觉神经元再生能力降低（Doty and Snow，1988）以至敏感性降低，或者药物、吸烟、有鼻部病史等情有可原的因素（Mackay-Sim et al.，2006）所造成的。此外，也不能排除嗅球和嗅皮质连接处的神经损失的可能性。嗅觉区域通常比大脑的其他部分更早地经历退化

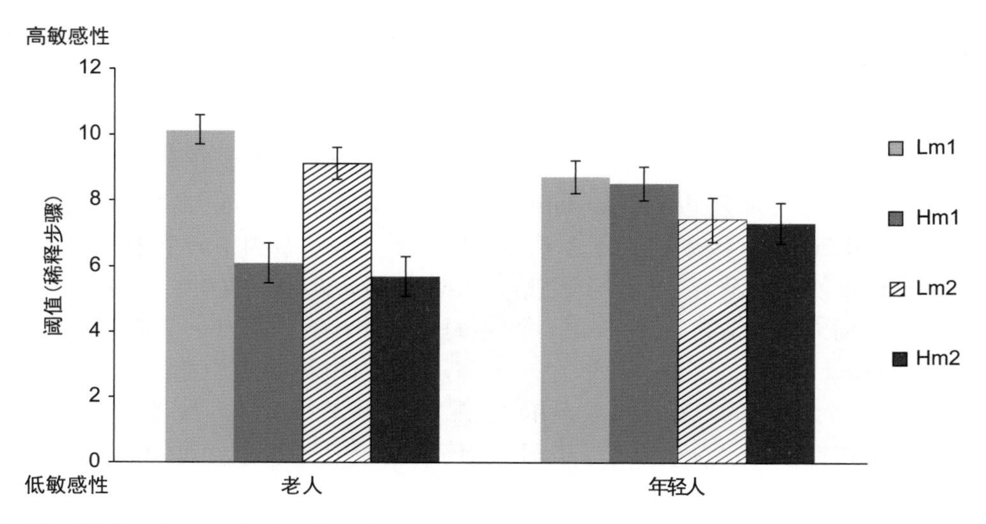

图 3.27 年龄对相对较轻和较重的芳香化合物的阈值影响。单分子轻（Lm1，己烯醇）和重（Hm1，β- 紫罗兰酮）以及由轻（Lm2，γ- 戊内酯和 γ- 庚内酯）或重分子（γ- 癸内酯和 γ- 十二酸内酯）组成的二元混合物（以稀释步骤给出）在老年人（50～70 岁）和年轻人（18～30 岁）中的阈值。y 轴的最大值（12）为最大稀释步长（下限阈值）（资料来源：Sinding，C. et al.，2014）。

（Schiffman et al.，1979），这就解释了为什么嗅觉通常被视为与显示年龄相关损失的最早的化学感知。此外，很明显，认知功能会随着年龄的增长而衰退。这通常在记忆方面特别显著，例如，学习气味名称（Davis，1977；Cain et al.，1995）。虽然感官能力会随着年龄的增长而下降，但至少对于所有化合物来说，这似乎并不是不可避免的（Nordin et al.，2012）。经验和精神的集中似乎可以弥补一些感官上的缺失。在一项对百岁老人的研究中发现，认知状态和健康会显著影响嗅觉功能（Elsner，2001）。

可能正如预期的那样，与嗅上皮相关的有效的鼻腔体积会影响敏锐度（Damm et al.，2002）。任何经历过鼻塞的人都明白这一点。厚厚的黏液涂层限制了气流进入并越过嗅觉斑块，延缓了芳香化合物向感受神经元层的扩散（图 3.28）。此外，感染还可能加速某些退化，造成长期的敏感度的缺失。个体之间在嗅觉斑块的形状、模式和大小上也存在差异（Read，1908）。

嗅觉缺失还涉及与一些细菌性和病毒性感染关联的神经损伤，特别是脑膜炎、骨髓炎和小儿麻痹症。此外，一些遗传性疾病与嗅觉的整体性丧失有关，特别是卡尔曼综合征（Kallmann Syndrome，KS）（缺乏一种促性腺激素释放激素）。许多药物也会对气味产生暂时的负面影响

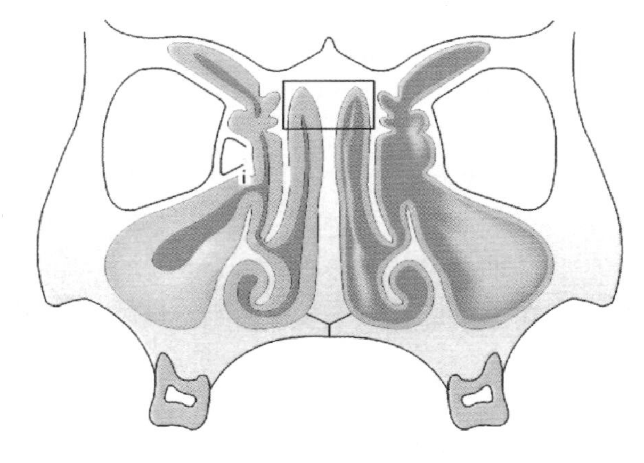

图 3.28 鼻腔及鼻窦示意图。左侧是典型的慢性鼻炎，图示为窦口鼻道复合体堵塞导致气流受阻而不能到达嗅上皮。右侧代表正常的气流通过（资料来源：Smith and Duncan，1992）。

（Doty and Bromley，2004）。一些抗生素、抗抑郁药、抗组胺药、支气管扩张剂和心脏药物以及消遣性的非法药物，如可卡因。

吸烟同时产生短期的和长期的嗅觉障碍（图 3.29）。戒烟后可能会恢复，但通常比较缓慢。虽然吸烟并没有影响一些酿酒师和酒窖大师取得高超技艺（如 André Tchelistcheff），但是没有证据表明吸烟会有帮助。

人们普遍认为饥饿适度地增加嗅觉灵敏度，而饱腹感则降低了嗅觉灵敏度。这一观点得到了

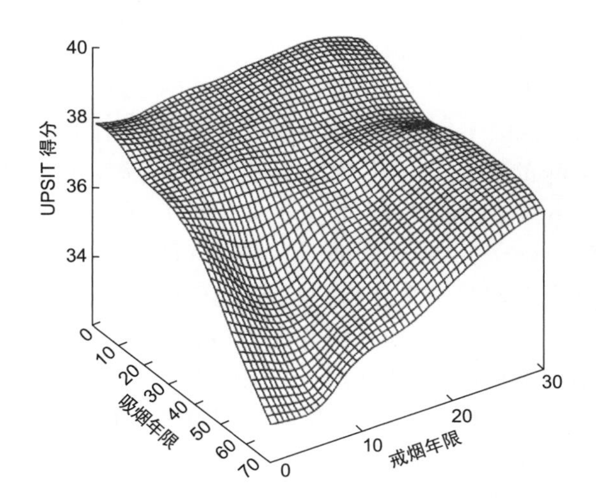

图 3.29 吸烟累积剂量及戒烟后数年的影响。个人数据是适于距离—重量的最小二乘回归推导出的曲面图。尽管一些参考者的吸烟年限大于 70 年，但为了曲面图表面的清晰度，吸烟年限限定为最高 70 年。UPSIT，宾夕法尼亚大学气味识别测试（资料来源：Frye et al.，1990）。

实验数据的支持，即饥饿和口渴都增加了嗅球和大脑皮层的整体反应性（Freeman，1991）。在饥饿时，被释放的饥饿激素（Ghrelin）似乎是激活剂（Tong et al.，2011）。

气味适应性是短期改变嗅觉感知的另一个来源（图 3.30）。适应性可以源于暂时性的受体兴奋缺失，降低大脑的灵敏度或两者兼而有之（Zufall and Leinders-Zufall，2000）。一般来说，气味越强烈，越晚出现明显的适应性，其持续的时间越长。

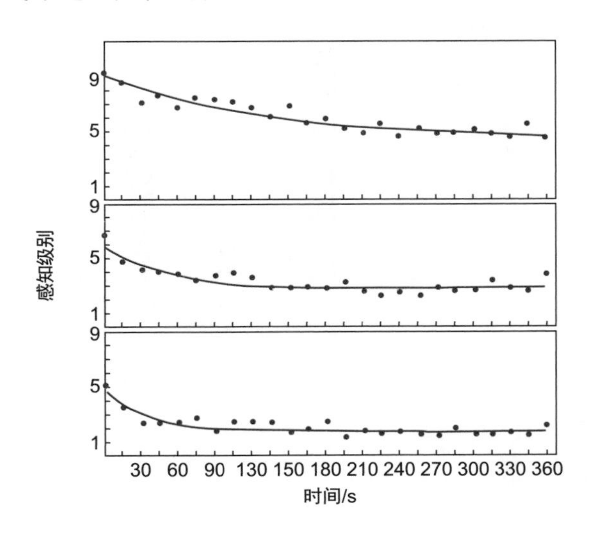

图 3.30 在乙酸正丁酯浓度为 0.8 mg/L（下）、2.7 mg/L（中）和 18.6 mg/L（上）的级别下，嗅觉感知的适应性（资料来源：Cain，1974）。

嗅觉反应发生迅速，紧随其后的是一段缓慢的适应性（图 3.31）。相应的，葡萄酒品鉴者通常是建议采取短嗅的方式（简短地用鼻子吸气闻香味），但这似乎欠缺考虑（图 3.32）；常规缓慢地呼吸可以更有效地向嗅觉斑块提供气味物质。通过在品尝过程中，保持下颚 - 舌头的闭合训练可以有助于推进鼻后的气味物质转移（Buettner et al.，2003）。

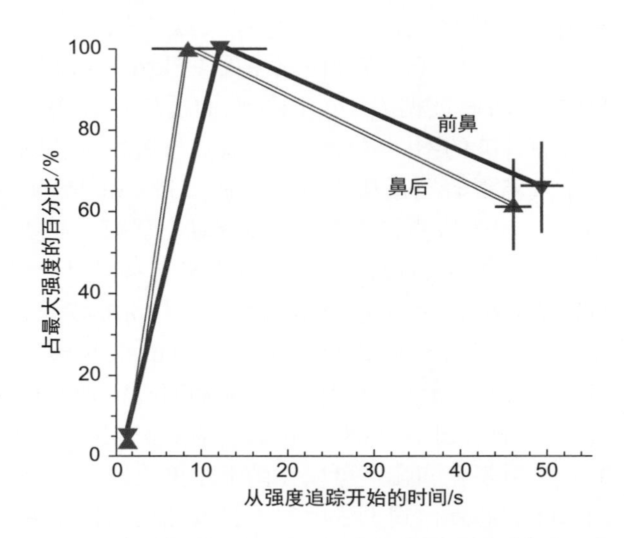

图 3.31 鼻前和鼻后对五个商业风味提取物（茴香、咖啡、橙子、薄荷和草莓）的响应强度的总结数据，检测间隔为 100 ms（资料来源：Lee and Halpern，2013）。

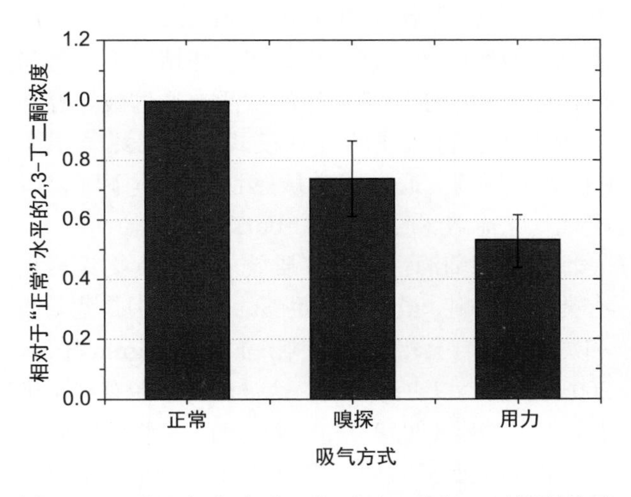

图 3.32 3 种吸气方式（正常呼吸，重复、不规则的吸入嗅探，在高气流下深呼吸用力吸入）下，鼻内的气味物质 2，3- 丁二酮在嗅上皮的平均最大浓度。误差线表示平均值上的标准误差（资料来源：Beauchamp et al.，2009；Buettner，A. and Beauchamp，J.，2010）。

适应性的开始大部分似乎取决于化合物（Yoder et al.，2012），部分取决于其与其他挥发物之间的相互作用。适应的动态也可能取决于芳香化合物是否及在何种程度上刺激三叉神经受体，以及气味物质被上皮内黏液吸收、随后降低和/或释放的有效性。据估计，鼻上皮细胞可以一次清除空气中高达75%的芳香物质，这取决于化合物的性质（Keyhani et al.，1997）。对从适应回到基准敏感性的动态，目前还知之甚少。然而，对硫化氢，嗅觉适应性的缺失似乎遵循一条曲线，与其适应性曲线相反（Ekman et al.，1967）。坊间证据表明，选择性的适应可以揭示葡萄酒香味的不同成分。这个观点被为数不多的关于气味混合物适应性的研究所支持（de Wijk，1989）。对于检测和适应性的复杂动态研究，需要在很长一段时间对葡萄酒的芳香进行额外评估，特别是复杂葡萄酒的芳香化合物，如年份波特酒。

当数以百计的化合物低于各自的检测阈值时，芳香化合物的协同作用对葡萄酒有特别的意义（Ryan et al.，2008）。例如，β-大马士酮、羧酸、二甲基硫和酯类可以在阈下浓度提高葡萄酒的果味。此外，阈下浓度的不良气味也可以诱导掩盖气味（Guth，1998；Czerny and Grosch，2000）。例如，Brett贵腐特征来源的物质乙基苯酚在阈下浓度会轻微抑制美乐葡萄酒中的水果香（但不是花香）（Tempere et al.，2016）。浓度越高，影响效果越明显。在某些情况下，气味的掩盖可能源于三叉神经的激活或通过破坏温和的芳香化合物组建的气味模式。以三氯苯甲醚（TCA）为例，通过嗅觉敏感性的整体下降，以实现气味掩盖（Takeuchi et al.，2013）。

除了葡萄酒诱导的基质效应外，食物无疑也有类似的影响。虽然缺乏足够的研究，但是葡萄酒和奶酪的结合会相互降低风味强度（Nygren et al.，2003 a，b）。以主观上说，这被认为可能有利于进行各自的鉴赏（见第9章，葡萄酒与食物的搭配）。

正如上面提到的，多重感官的相互作用取决于它们如何被评估。例如，当味道和嗅觉感官在单独评估，而不是整体评估时，它们的相互作用不明显或者不存在（Frank et al.，1993）。因此，气味和风味的记忆是如何被访问，可能与感官本身一样重要。

对风味的偏爱从何而来？目前还了解甚少，但似乎开始于我们出生之前（Mennella et al.，2001），基于母亲在怀孕期间吃了什么。对风味的喜欢和不喜欢在儿童时期不断发展。但在6～12岁，它们的表现最为明显（Garb and Stunkard，1974）。随后的变化可能是显著的，其主要取决于文化影响和社会压力（Moncrieff，1967）。众所周知，同等的效应也影响人们对葡萄酒的偏好（Williams et al.，1982）。在影响因素中，阈值强度似乎并不特别重要（Trant and Pangborn，1983），而品尝的环境和个人的敏感性常常起主要作用。

相关的因素，如味道（Zampini et al.，2008）、颜色强度（Iland and Marquis，1993；Zellner and Whitten，1999）和其他视觉线索（Sakai et al.，2005）可以影响对葡萄酒芳香和风味的感知。一个典型的例子是将没有味道的花色苷加入白葡萄酒中可以在一定程度上扭曲其感知（图3.33）。呈现红色的长相思葡萄酒的味道与没有颜色添加的长相思的味道一样，但是在描述时用了通常属于红葡萄酒的术语，而白葡萄酒则用了典型的白葡萄酒术语。尽管（颜色差异）很醒目，但酿酒学专业的学生们习惯了同时对长相思和赤霞珠葡萄酒进行品尝。因为这两种葡萄品种有一些相关的香气轮廓，这个试验可能部分解释了颜色可以如此明显地影响术语使用。

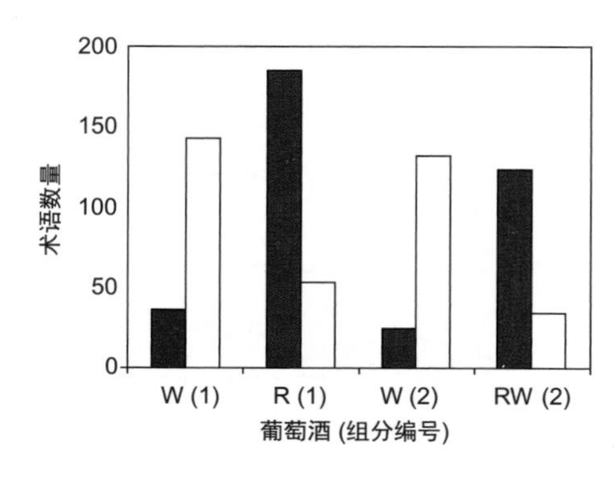

图3.33　代表红色/深色物体（实心条）和黄色/浅色物体（空白条）的典型性嗅觉术语的频率分布，用于描述白葡萄酒和红葡萄酒的两种配对品尝（R，赤霞珠；RW，赛美蓉/长相思葡萄酒颜色添加了红色花色苷；W，赛美蓉/长相思）。品尝1未调整的白葡萄酒和红葡萄酒，而在品尝2未调整的白葡萄酒与调整的红色酒样为样品（不知情地）（资料来源：Morrot，G. et al.，2001）。

在类似的调查中，经验丰富的品鉴者较少受到颜色和风味不一致结合的影响（Parr et al.，2003）。此外，Brochet 和 Morrot（1999）、Lange 等（2002）和 Hall 等（2010）也研究了外界信息对感知的影响。语境效果也可以通过比较产生。例如，一款好葡萄酒的鉴赏力在当前一款葡萄酒较差时得到增强，但在与较好的葡萄酒一起品尝时则导致吸引力下降。这些影响不是适应性造成的，因为它们是在品尝过程中独立发生的。

权威者甚至是其他品鉴者的评论（Aqueveque，2015）有可能影响感知。例如，暗示榛子气味的存在经常得到其他品尝者的确认。这是否是基于对它的真实感知、错觉或来自同伴的压力是一个争论点。对于一种特定的气味而言，熟悉感可以增加其表现强度、感知愉快度（Distel and Hudson，2001）和识别（Degel et al.，2001）。有时潜在含义与特定的术语相关联，也会影响气味的感知（Herz and von Clef，2001）。如常见的描述长相思葡萄酒品种果香特征的词汇（猫尿和百香果）会唤起完全不同的嗅觉想象。此外，葡萄酒的记忆经常包含与气味有关的偶发性经历。当环境与产生记忆（如度假时）的不同时，品鉴者对葡萄酒的印象可能会大有不同（如在家时）。因此，气味记忆反映的可能与葡萄酒一样多，甚至更多的是场合。

经过理想的训练，品鉴者可以生成足够精确且全面的原型感官记忆来展现葡萄酒品种、风格、区域表现以及陈年影响的变化。这些原型提供了可以与新的样品进行比较和判断的模型（Hughson and Boakes，2002）。在没有它们的时候，新手品鉴者只能在整体感官属性（例如甜度）或个人享乐印象上进行基础性判断（Solomon，1988）。

专业人士的葡萄酒记忆的发展与使用可以被功能磁共振成像（fMRI）证明。例如，侍酒师在左脑岛和眶额的表现活跃度上高于新手品鉴者。新手品鉴者的主要激活区域是初级味觉皮层和情绪处理相关区域（Castriota-Scanderbeg et al.，2005）。McClure 等（2004）在可乐饮料的研究中进一步提出了预调节的证据。在没有品牌知识的情况下，反应也差不多。然而，当提供品牌识别时，响应模式发生了很大的变化，其不仅影响感官区域，还影响大脑的情绪、奖励和记忆中心。因此，品牌营销、标签知识（Brochet and Morrot，1999）和价格（图 3.34）可以改变感知，即使感官线索不足以导致差异，或者与先前提到的偏好相反。外界因素对感官知觉的影响是众所周知的。令人惊讶的是，在最近的一项研究中，最昂贵的（并且可能是理想的）红葡萄酒的特点是有更高浓度的化合物（苯乙醛、乙基苯酚、甲硫基丙醛、（E）-2- 烯烃和乙酸）。这些化合物通常与氧化或者缺陷葡萄酒相关，而便宜的葡萄酒显示高浓度的水果香、花香和芬芳的气味（San-Juan et al.，2014）。如果这是一种普遍的现象，那么它确实提出了一个问题：为什么人们会购买昂贵的葡萄酒？因为这似乎不是为了获得感官上的愉悦。诚然，已经证明有些人品尝辣椒（辣椒素）和辣根（异硫氰酸烯丙酯）是为了灼热感和痛感。

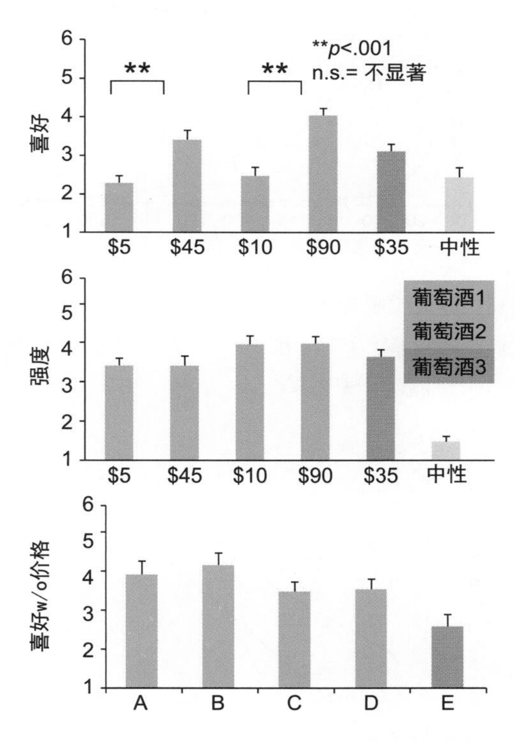

图 3.34　受试者在不知情的情况下对同一种葡萄酒的两次抽样，但每次都被告知葡萄酒的不同价格（上和中），并且再次在没有价格线索的情况下品鉴（下）。中性样品是与唾液相似的电解质溶液。对已知价格的葡萄酒进行喜好性（上）和味道强度（中）的报告，并在品鉴期间再次对没有价格提示的葡萄酒样品进行喜好性的报告（下）（资料来源：Plassmann，H. et al.，2008）。

虽然通常认为鼻子在嗅觉中是主要的，不过其鼻后的部分是同样重要（图 3.35 和图 3.36）。然而，明确区分这两种嗅觉感知模式可能很难，特别是当味觉和三叉神经感知结合时。此外，同种化合物的鼻前反应和鼻后反应在几个方面可能不同（Negoias et al.，2008）。香气物质的鼻后识别不仅比较弱，同时整体的阈值也会较高（图 3.37）。鼻后与鼻前的性质也可能是不同的。因为受体激活的时空模式不同（Frasnelli et al.，2005），受体激活的强度不同，嗅球的激活性不同（特别是在阈值浓度）（Furudono et al.，2013）以及在大脑中不同高级中心的激活内容与位置不同（Small et al.，2005；Iannilli et al.，2014）。例如，鼻后的嗅觉选择性地激活

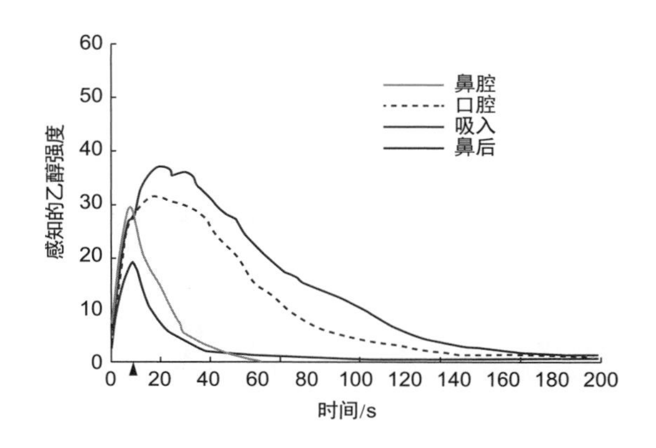

图 3.35 鼻腔（嗅探）、吸入（吸气）、鼻后（抿）和口腔（抿，堵住鼻子）对浓度 10%（*V*/*V*）乙醇反应的平均时间 - 强度曲线（资料来源：Lee，1989）。

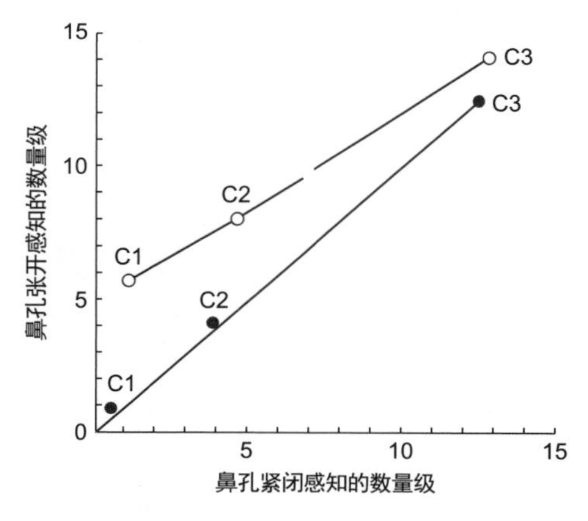

图 3.36 在丁酸乙酯存在的条件下（体积分数为 1.33×10^{-3}），在鼻孔打开（○）或者关闭（●）小口抿时感知糖精钠（0、7.20×10^{-4}、1.68×10^{-4} 和 3.95×10^{-4}）的甜性强度（资料来源：Murphy et al.，1977）。

中央沟，与口腔冲动有关的部位。这可能部分解释了为什么风味的嗅觉成分被解读为来自口腔（在绝对意义上说，它们是来自同一部位）。

鼻前和鼻后感知之间的其他区别包括鼻前感知的缺失并不一定导致鼻后感知缺失（Landis et al.，2005），两者似乎是分开处理的。此外，嗅觉记忆通常是结合化合物（或混合物）的品质及其检测背景；鼻后的嗅觉记忆通常与其他形式相关（特别是味觉、触觉、结构和视觉感受，以及背景）（图 3.38）。风味的各个方面在不同程度上可能成功地进行单独评估，但更常见的是合成一个单一的、多重感官的感知，称为风味。

因此，鼻后记忆就像鼻前记忆一样，与基质因素和经验密切相关。例如，甜度可以提高鼻后的检测（Green et al.，2012）。当气味物质的浓度较低时，这一点尤为明显，这是葡萄酒的典型情况（图 3.39）。鼻后的嗅觉也可以修饰味道感知（Murphy et al.，1977，Labbe et al.，2008）。尽管如此，颜色似乎不同程度地影响气味强度的感知，这取决于它经过鼻腔或口腔（Koza et al.，2005）。

正如所预期的那样，香味物质通过鼻子散出口腔的浓度要明显低于同样的溶液从嘴中吐出的浓度（Linforth et al.，2002）。尽管如此，唾液的稀释似乎并没有显著地影响挥发性。鼻部气流的速度似乎是最重要的因素，进入鼻腔通道的稀释以及鼻黏膜的吸附次之。然而，仅降低气流速度并不能解释鼻前和鼻后检测的差异（Heilmann and Hummel，2004）。鼻后的嗅觉反应更慢和要求的浓度更高。正如已经指出的那样，这可能与鼻后嗅觉涉及不同的处理有关（Furudono et al.，2013）。

在引导气流从口腔进入鼻腔过程中，吞咽是一个主要因素，因此，需要挥发性物质达到一定浓度才能被检测到（Hodgson et al.，2005）。在严肃评价葡萄酒的过程中，葡萄酒未被吞下而是被吐出来可能会在多大程度上改变对葡萄酒香气的感知，目前尚不清楚（图 3.40），但这是一个值得关注的问题。呼气产生必要的气流，只有在通过肺部吸收后，才产生部分损失。随着浓度的减少，适应性可能是一个不太重要的、影响鼻后检测的因素（Cook et al.，2003）。

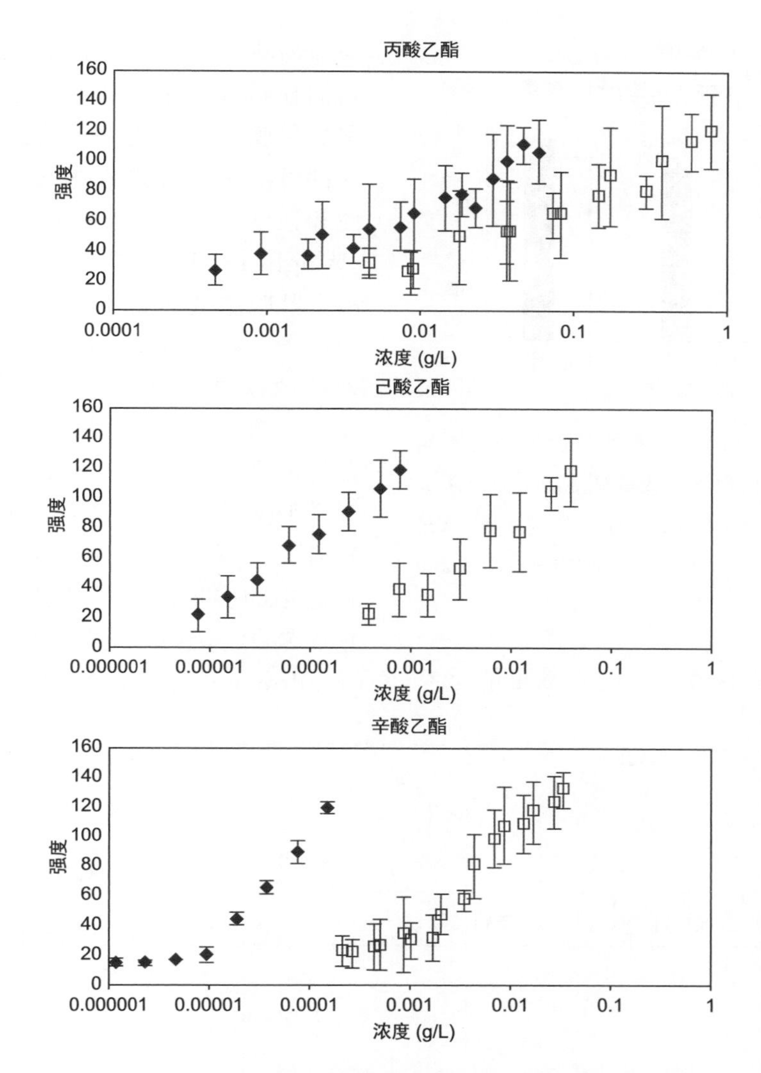

图 3.37 比较鼻前（◆）和鼻后（□）对同源系列酯类物质的剂量反应曲线（资料来源：Diaz，2004）。

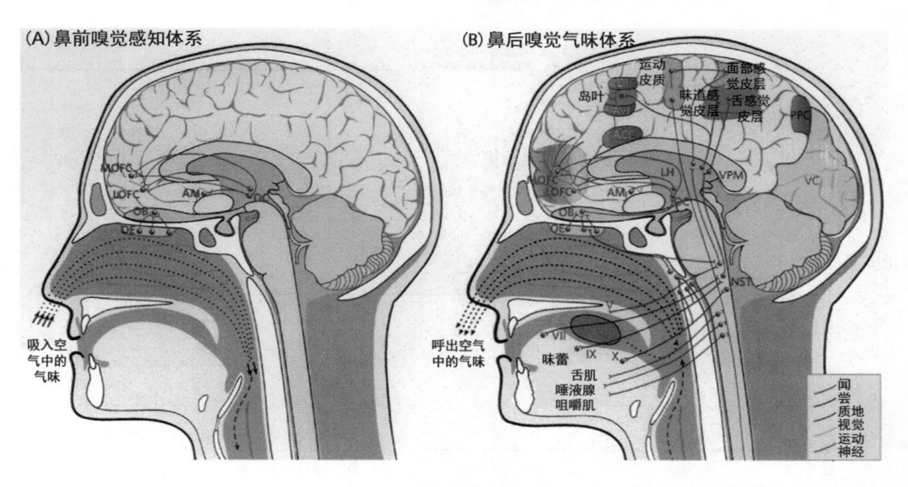

图 3.38 双重嗅觉系统。当有食物在口腔中时，（A）在鼻前嗅觉中（吸进）参与嗅觉感知的大脑系统和（B）在鼻后嗅觉中（呼出）参与嗅觉感知的大脑系统。用虚线和点线表示气流；点线表示空气中的气味分子。ACC，伏隔核；AM，扁桃体；AVI，前腹侧岛叶皮质；DI，岛叶背侧皮质；LH，外侧下丘脑；LOFC，眶额部皮质外侧；MOFC，眶额部皮质内侧；NST，孤束核；OB，嗅球；OC，嗅觉皮层；OE，嗅上皮；PPC，后顶叶皮层；SOM，躯体感觉皮质；V，VII，IX，X，脑神经；VC，初级视觉皮层；VPM 腹后内侧丘脑核（资料来源：Shepard，2006）。

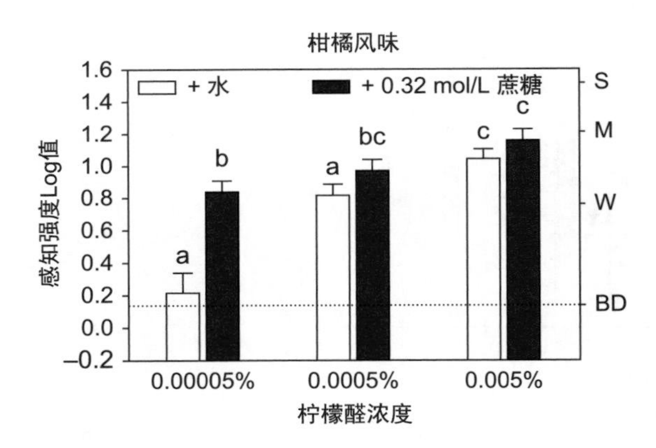

图 3.39 蔗糖对三种浓度的柠檬醛的鼻后感知的影响（柑橘风味）：水溶液（白色条）或蔗糖溶液（深色条）。右侧 y 轴上的字母标签表示（BD，几乎察觉不到；W，弱；M，中等；S，强烈）（资料来源：Fujimaru，T. and Lim，J.，2013）。

鼻后嗅觉对葡萄酒最重要的贡献可能是参与葡萄酒的后味。香味物质之间的蒸汽压差异、它们在唾液酶中的相对吸收和 / 或破坏、咽部和鼻黏膜的吸收速率、黏膜酶的破坏，所有这些都可能影响对葡萄酒风味和后味感知的持久性和强度。香味物质在口腔中可以保持几分钟（Wright et al.，2003）。图 3.41 和 图 3.42 展示了呼吸中气味物质的释放周期性和浓度递减的例子。影响残余气味存在的其他因素包括与葡萄酒基质的可逆关联性（Munõz-González et al.，2015）。在葡萄酒基质中，非挥发性复合物的理化性质尚未知晓，但可能是类似于环糊精胶束中的分子结合（Auzély-Velty et al.，2001）。它们具有疏水的内部和亲水的外部。嗅觉记忆的多重感官性质使问题进一步复杂化，它能够影响感知的强度而不改变鼻中的浓度（Hollowood et al.，2002）。

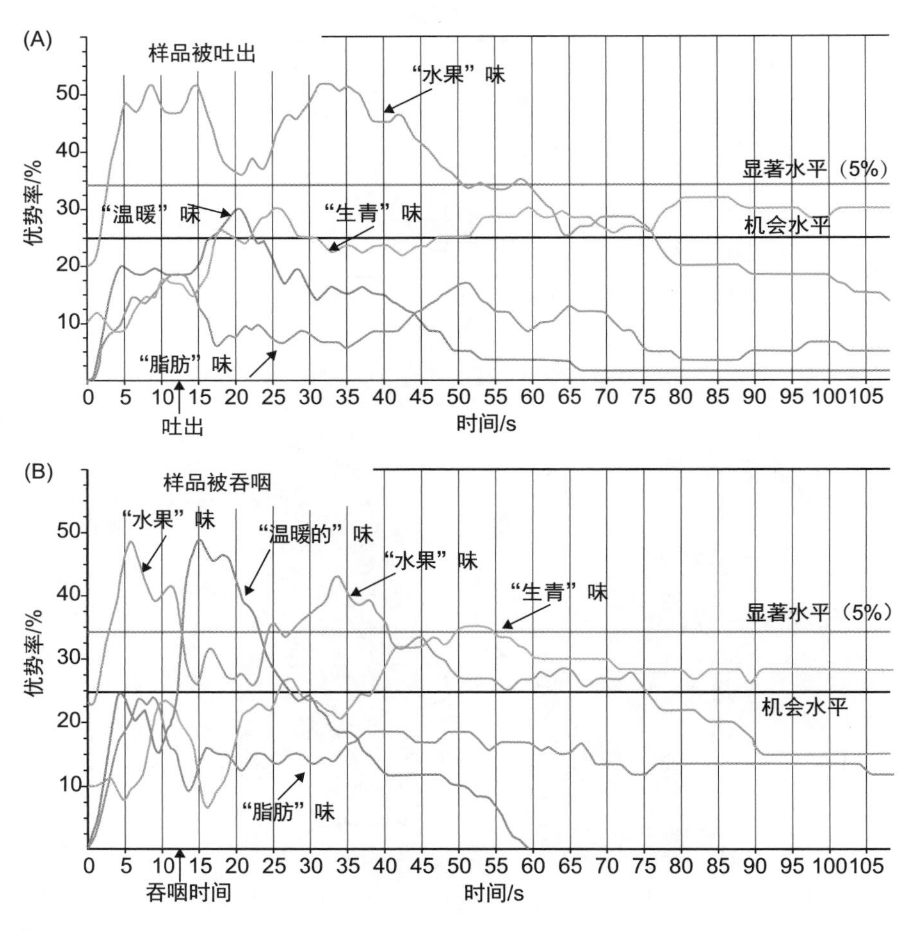

图 3.40 感官的时间优势（TDS）曲线评估稀释的酒精饮料的食用。（A）吐出或（B）吞咽样品。上下水平线分别表示显著性和机会水平。只有显著性水平以上的 TDS 曲线才被认为是显著的。时间 0 对应于样品进入口腔的时刻（资料来源：Déléris，I. et al.，2011）。

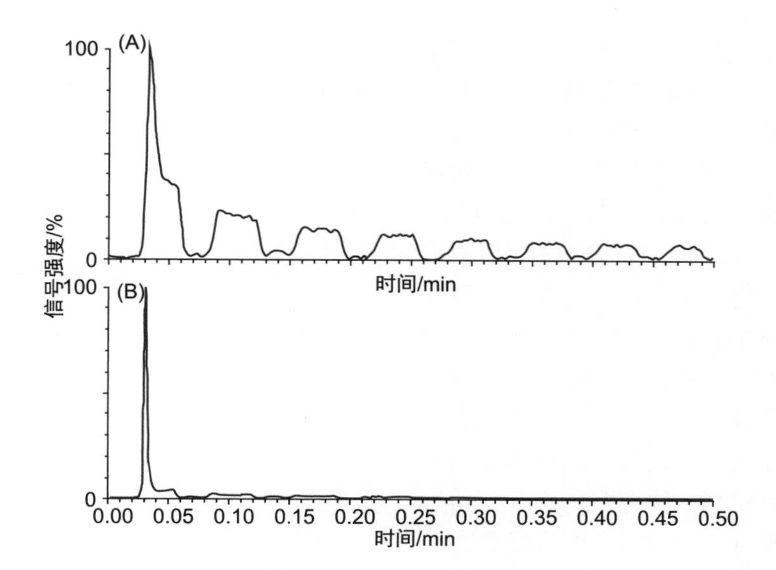

图 3.41 吞咽（A）茴香脑（类似茴香）和（B）对伞花烃（一种存在于孜然和百里香中的精油）的水溶液后的呼吸（香气）轮廓。吞咽表示在第 0 min，每个化合物的强度遵循 0.5 min 的间隔。最初的高呼吸浓度在第一次呼气的过程中下降到一个高波峰，在连续的呼吸中下降（资料来源：Linforth and Taylor，2002）。

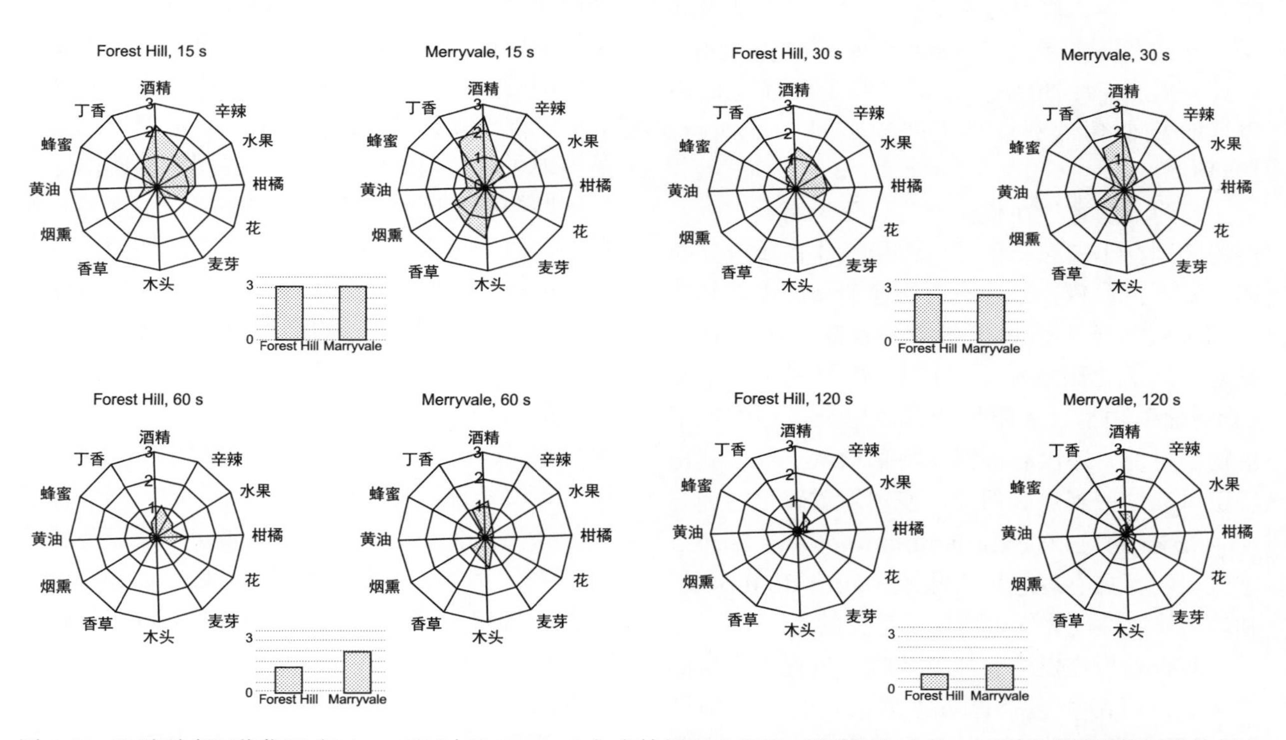

图 3.42 两种霞多丽葡萄酒（Forest Hill 与 Marryvale）在饮用和吐出后，随着时间变化，气味强度属性及其总体气味强度（中图）的鼻后评价（资料来源：Buettner，2004）。

在葡萄酒品尝中的气味评价
Odor Assessment in Wine Tasting

葡萄酒的芳香性是葡萄酒品尝中最难评估的方面之一，但这也是葡萄酒最多样、独特、有趣和具有信息量的特性。它可能掩盖在大多数品酒表和记分卡中，淹没在“风味”这个词里。然而，葡萄酒的香气成分无疑产生了其独一无二的市场吸引力。

在这方面，大多数行家都着迷于葡萄酒的芳

香所给予的积极的、令人愉悦的方面，而且仅限于此。遗憾的是，对于以一种对消费者有意义的方式而言，描述品种、区域、风格或年龄属性几乎没有取得任何进展。图 1.3 提供了一系列葡萄酒的描述术语，附录 5.1 列出了它们的准备方法。遗憾的是，样品的准备、维护和标准化都很麻烦。即使是“纯”的化学物质也可能存在改变气味品质的污染物（Meilgaard et al.，1982）。微胶囊条（“一擦便散发香味的”）可能是理想的、有效的工具，但在商业上是不可用的。在葡萄酒鉴赏课程中，用葡萄酒香气工具包解释术语可能很方便，但往往导致对目标物鉴赏的客观评价变成了气味鉴定（或至少是命名）。这将注意力从享受葡萄酒的合理目标中转移，并发展成各种品种和风格类型的葡萄酒的感官记忆。这些特征应该作为整体被记忆，就像面部类型一样。试图专注于一个个体，假设气味的相似性可能会适得其反，导致打了折扣（Dijksterhuis et al.，2006）。在评判性感官评价中，通常只要少数描述语用以区分相似葡萄酒样品之间的不同（Lawless，1984b）。

葡萄酒的香气在整体上公认分为两大类，它们的区别在于来源。果香通常指气味物质或其前体来源于：葡萄。尽管通常给葡萄品种带来其特殊的香气特征，果香也包括了香味物质在自动发酵（二氧化碳浸渍）、过熟、部分脱水（枯藤法）、葡萄晒干、太阳灼烧以及感染过程中的衍生物。目前，还没有证据支持葡萄从土壤中获得特定风味这一观点。然而，发现多重硫化物拥有类似燧石的气味（Starkenmann et al.，2016），这就表明，具有理想风土味道（goût de terroir）和矿物质属性的香气可能还是存在的。

醇香是指在发酵、加工及陈年过程中产生的气味。发酵醇香包括酵母（酒精发酵）和细菌（苹果酸乳酸发酵）衍生的香味物质。加工醇香是指在加工过程中衍生的风味物质，如添加蒸馏酒（波特酒）、酒花（雪利酒），烘烤（马德拉），酵母自溶（起泡酒），在不锈钢罐或橡木桶中成熟以及带酒泥陈酿。陈年醇香是指在瓶储陈年过程中产生的芳香元素。

尽管果香和醇香的使用很常见，但在实际中区分它们往往是不可能的。类似或相同的化合物可能来自葡萄、酵母或细菌代谢或由非生物反应产生。即使存在差异，也可能需要相当多的经验才能做出区分。

不良气味
Off-odors

虽然葡萄酒品质的化学性质可能是虚幻的，但对大多数葡萄酒的缺陷而言，并不是如此。这就相当于在小提琴演奏中辨认出走音容易。相比之下，精确地解释为什么斯特拉迪瓦里小提琴（Stradivarius violin）的声音听起来如此高雅并不容易（也许是不可能的）。以下部分总结了一些重要的葡萄酒不良气味的特点，附录 5.2 给出了以训练为目的，准备缺陷样本的指南。

快速而准确地识别不良气味对酿酒师和葡萄酒商而言是必要的。对于酿酒师来说，早期的补救行动往往可以在错误变得更严重或更棘手之前纠正问题。对于葡萄酒商来说，避免因劣质葡萄酒而带来的损失可以提高利润率。消费者也应该更多地了解葡萄酒的缺陷，但要明智而谨慎地使用这些知识。应该基于真实的缺陷而拒绝某一葡萄酒，而不是因为不熟悉、不符合的期望，出现酒石酸结晶、葡萄酒为干型（偶尔会错误地称为“酸的”），或者最糟糕的是在餐厅里展现自己的鉴赏力。

葡萄酒缺陷的确切定义并不存在，因为人类的感知太多变了。葡萄酒的缺陷就像语法错误，也就是说，是通过共识来确定的。然而，不良气味往往有一个共性。它们倾向于掩盖葡萄酒的芳香。例如，三氯苯甲醚（TCA）（Takeuchi et al.，2013）和酒香酵母污染（Brett taints）（Licker et al.，1999；Botha，2010）引起的芳香抑制。尽管如此，一些被认为是缺陷的化合物可能在检测阈值以上或接近检测阈值时是受欢迎的。例如，甲硫醚（DMS）可能提供不良气味，并在明显高于其阈值时掩盖其他香味物质（Spedding et al.，1982；Segurel et al.，2004）。相比之下，DMS 可能在接近其阈值时，它会增加红葡萄酒的果香，并被认为有助于形成陈酿醇香中的松露和黑橄榄味。其他葡萄酒的已知芳香味物质中可能掩盖气味的是苯甲醛、乙酸苄酯、β- 大马士酮、香叶醇、芳樟醇和壬烯醛（Takeuchi et al.，2009）。一种不良气味甚至可以抑制另一种不良气味的感知，例如，乙酸之于乙基苯酚（Wedral，2007）。因此，根据相对浓度和个人敏感性，一款葡萄酒可以被一个人盛赞的同时，也可以被另一个人讨厌。此外，一些微妙的特征香气，它们可能是某些葡萄酒中必不可少的传统特征。例如，欧罗索（Oloroso）雪利酒中的氧化味醇香、波特酒中的杂醇味。在其他情况下，不良气味，如马厩味（通常归因于乙基苯酚）可能是被视作某些葡萄酒风土味道（goût de terroir）的一部分而被高度赞赏，或者在低剂量时成为陈年红葡萄酒中皮革味的来源（Mahaney et al.，1998）。甚至其在一般情况下被认为是可取的方面，对于另一些人而言，这却是缺陷，例如，在一些葡萄酒中所谓的过度橡木味。它相当于一个食谱中是否有太多、太少或者刚刚好的盐、胡椒粉或香料。葡萄酒的声望也可以迷惑一些鉴赏家默认其不存在缺陷（或者是一个葡萄酒的品质特性），例如，苏玳白葡萄酒中明显的乙酸乙酯特征，或者一些昂贵葡萄酒的酒香酵母特征。

乙酸（挥发性酸）[Acetic Acid (Volatile Acidity)]

乙酸积累到能被检测出的水平常常是由醋酸菌所导致的结果。这可能发生在葡萄园（葡萄受损或葡萄园病害造成的二次感染）、酿酒厂或灌装后（都是由于过量的氧气摄入）。

有醋酸味的葡萄酒常常呈现尖锐的酸度，并伴随着刺激性的气味，这气味主要是乙酸和乙酸乙酯共同的结果。乙酸在葡萄酒中的浓度不应该超过 0.7 g/L。不熟悉葡萄酒的人可能错将一些干型餐酒的活泼的酸属性认作是醋酸味。

烘烤（Baked）

加强型葡萄酒（如马德拉）会有目的地加热到 45℃以上几周。在这种情况下，葡萄酒会产生出一种独特的烘烤、焦糖的气味。虽然这是马德拉葡萄酒的特点和所预期的，不过烘烤在餐酒中是一个负面表现。如果被发现，通常表明葡萄酒在运输或储存过程中暴露在高温下。在 35℃以上几周时间内会出现烘烤现象。它涉及了一系列的热降解反应，通常涉及糖（尤其是果糖）和氨基酸。这类反应的产物被称为美拉德产物。

黄油味（Buttery）

在葡萄酒中，通常会发现低浓度的双乙酰（联乙酰、丁二酮）是由酵母或细菌的代谢产生的。它也可能是橡木桶成熟过程中的氧化副产物。虽然双乙酰通常被认为拥有黄油气味，但在其明显高于识别阈值时，则对葡萄酒的品质特征具有负面影响。对于某些人（包括作者本人）而言，其他成分伴随着双乙酰会产生一种令人讨厌的、像是被压碎的蚯蚓般的气味特征。在葡萄酒中，双乙酰的浓度可能在检测阈值以下才能拥有黄油味这一属性（Bartowsky et al.，2002）。因此，其他化合物，如乙偶姻和 2,3- 戊二酮可能在贡献黄油味特征中发挥补充作用。

软木塞味 / 霉味（Corky/Moldy）

葡萄酒可能显示出一系列软木塞味和霉味。最常见的根源是 2,4,6- 三氯苯甲醚（TCA）。它通常是由软木塞上或里面的真菌生长而产生的。真菌被认为可以代谢农药五氯苯酚（PCP）产生 TCA。这种农药以前被用作做软木塞或其他木桶材料的树木的杀虫剂。此外，TCA 可以来源于氯的微生物代谢，氯是用于表面消毒或漂白塞子的。

每万亿分之一 TCA 就会产生一种独特的、发霉的、氯苯酚的气味，这取决于被污染的葡萄酒（Mazzoleni and Maggi，2007）。目前看来，可能更重要的是 TCA 在远低于可识别发霉气味的浓度下能够抑制嗅觉反应（Takeuchi et al.，2013）。它抑制了受体神经元激活所需的一个离子通道（CHG）的活性。TCA 与受体神经元膜的融合似乎可以解释其恢复缓慢的原因。因此，相比于比之前的预想，TCA 对葡萄酒的芳香可能有更广泛的负面影响（掩盖作用）。图 3.43 比较了几种酚类化合物（包括 TCA）抑制嗅觉受体反应的相对能力。

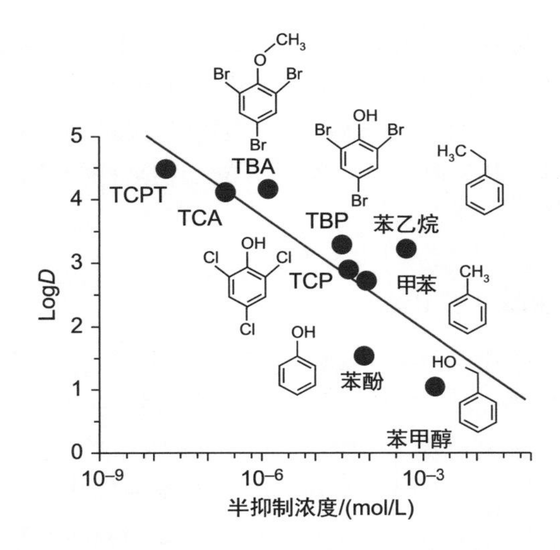

图 3.43　几种抑制嗅觉受体细胞活化的酚类化合物的比较：TCPT（三氯苯甲酚，一种合成的 TCA 衍生物）、TCA（三氯茴香醚）、TBA（三溴苯甲醚）、TCP（三氯苯酚）、TBP（三溴苯酚）（资料来源：Takeuchi，H. et al.，2013）。

其他软木塞味 / 霉味的不良气味可能来自 2，4，6- 三溴苯甲醚（TBA）（Chatonnet et al.，2004）或 2- 甲氧基 -3- 5- 二甲基吡嗪（Simpson et al.，2004）。发霉的不良气味在软木塞中也可能源自丝状细菌（如链霉菌属）产生的倍半萜烯。此外，霉味、泥土味可能源自真菌（特别是生长在软木塞或发霉葡萄上的青霉和曲霉）产生的愈创木酚和土臭素。尽管大多数霉味（软木塞味）污染来自软木塞，但是橡木桶也可以是类似不良气味的来源，例如，TBA。

乙酸乙酯（Ethyl Acetate）

现在，由乙酸乙酯的存在而导致变质的葡萄酒显然远不如过去常见（Sudraud，1978）。在浓度低于 50 mg/L 时，乙酸乙酯可能增加一种微妙的、可接受的芳香。但当达到约 100 mg/L 以上时，它开始有负面的影响，可能抑制其他香味物质的芳香，如水果酯类（Piggott and Findlay，1984）。在超过 150 mg/L 时，乙酸乙酯生成明显的类似丙酮的不良气味。阈值数随着葡萄酒芳香类型与强度而变化。相应的，白葡萄酒比红葡萄酒更容易表现出这种特性。腐败微生物是乙酸乙酯不良气味的最常见的来源。不过，它也可以通过乙醇和乙酸的酯化反应进行非生物性地积累。

乙基苯酚（Ethyl Phenols）

乙基苯酚（4- 乙基苯酚、4- 乙基愈创木酚和 4- 乙基儿茶酚）可以提供多种不良气味。这主要取决于它们的浓度。这些气味可以是各种各样的，从烟熏味、香料味、酚的味道到近阈值范围的药物味再到高浓度下的汗味、皮革味、马味、马厩味、类似粪肥的味道。这些特征的表现可以部分地被其他葡萄酒成分所掩盖，例如，橡木和吡嗪类化合物（Bramley et al.，2008）或乙酸（Wedral，2007）。相反，4- 乙基苯酚可以抑制葡萄酒的浆果类芳香，并产生甜腻的特征（图 3.44）。尽管酒香酵母被认为会产生不良气味，但对其气味的

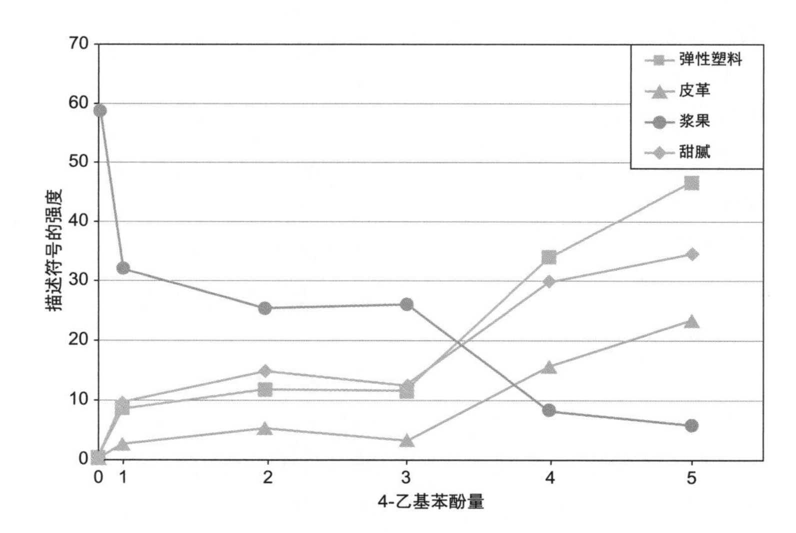

图 3.44　皮诺塔吉葡萄酒在加入 4- 乙基苯酚 0（0 μg/L）、1（82 μg/L）、2（227 μg/L）、3（623 μg/L）、4（1711 μg/L）、5（4695 μg/L）后的感官变化图（资料来源：Botha，2010）。

主观反应却有相当大的多样性（争议）。例如，一些酿酒师认为这些化合物赋予了他们的葡萄酒所期望的独特性，并且它们的存在似乎被一些消费者所接受。乙基苯酚（假设含有少量的）甚至被认为是陈酿葡萄酒中皮革味特征的来源。

相反，大多数专业人士和消费者对受影响的葡萄酒缺乏果味而感到无法接受（Lattey et al.，2010）。多数人对阈值下浓度的乙基苯酚类的作用有着不同的看法，即在产生额外的不愉快的气味的同时，它可掩蔽挥发性的物质（如异戊酸和四氢吡啶类化合物）。这些不同看法可能源于检测阈值和葡萄酒的经验的差异性（Tempère et al.，2014）。

乙基苯酚是布鲁塞尔酒香酵母（*Brettanomyces bruxellensis*）代谢的副产物。不同菌株的酒香酵母将羟基肉桂酸氧化成乙烯基苯酚，然后氧化成乙基苯酚的能力不同。污染葡萄酒的酵母有各种来源，但最常见的是来自没有正确清洁的橡木桶。因为红葡萄酒比白色葡萄酒更需要橡木桶陈年，所以红葡萄酒往往是最容易受到 Brett 气味的影响。其他污染源包括通过了被污染的传输管道和连接处的通道。这种酵母甚至可以在葡萄酒的微小残留物上生长。

杂醇味（Fusel）

在发酵过程中，酵母产生的高级醇（杂醇）量有限。当浓度接近检测阈值时，它们可能会增加葡萄酒香味物质的复杂性。如果这些醇类积累量大于 300 mg/L，它们就变成了葡萄酒品质的消极因素。然而，杂醇味的出现在波特酒中是典型的且可预料的。杂醇来自生产中的蒸馏环节，大量未精馏的葡萄蒸馏酒会被用于强化波特酒。

类似天竺葵的气味（Geranium-Like）

类似天竺葵的不良气味源自作为抗菌剂使用的山梨酸盐。经过某种乳酸菌代谢转化为 2- 乙氧基 -3，5- 二烯。这种化合物有一种像天竺葵一样尖烈、刺鼻的气味。因此，已经停止商业使用山梨酸盐控制有害酵母的生长。

光 - 照射（Light-Struck）

光 - 照射（goût de lumière）是指葡萄酒暴露于光线下所产生的一系列不良气味。在香槟中，它明显源自甲硫醚、甲基硫醇和二甲基二硫化物的产生（Charpentier and Maujean，1981）。不过，D'Auria 等（2002）无法证实这一点，反之，他们发现 2- 甲基丙醇（一种杂醇）的含量增加了，而且水果酯的成分产生了显著的改变，含量也明显地降低。

鼠臭味（Mousy）

一些乳酸菌和酒香酵母能引起鼠臭味。这种气味是由几种四氢吡啶及其相关化合物的合成引起的。因为它们在葡萄酒的 pH 下不容易挥发，所以在葡萄酒中很少能被察觉。这种气味只有在品尝时，才会显现出来。酿酒师常见的做法是将少量葡萄酒放在手上，用“手心 - 嗅探”技术快速检测出这些污染物的鼠臭味。这种污染的检测可以在 2 个数量级间变化（Grbin et al.，1996）。

氧化（Oxidation）

在现在的商业餐酒中，明显的氧化味的存在相对比较罕见。氧化产生一种“平”的感觉，一系列不明确的气味和葡萄酒中典型风味的缺失（或掩盖）。其不良气味的描述符号可能包括诸如纸板、煮熟的蔬菜、煮熟的马铃薯、干草和木桶味。和之前一样，尤其是一些潜在的氧化的复杂性葡萄酒的嗅觉表现性是不同的，也很难用语言来描述。例如，红葡萄酒的过早氧化与类似西梅干的气味有关，这是由几种内酯的产生，尤其是 3- 甲基 -2-4- 二硝基二酮（Pons et al.，2008）。表 3.4 列出了与葡萄酒氧化味相关的化合物以及它们的检测阈值和一些典型的描述符号。这些不良气味通常与白葡萄酒的褐变和红葡萄酒砖红色的过早发生有关。不过，乙醛的检测和积累与葡萄酒短期暴露于空气中没有关联性（Escudero et al.，2002）。这种明显的异常可能是源于白葡萄酒中低浓度的 o- 二元酚（乙醛是酚氧化的一个间接的副产物）。在短期、持续的氧暴露实验中（1 周），通过这种化合物，乙醛可以迅速形成非挥发性复合物。

雪利酒拥有一种复杂的氧化气味，其原因是乙醛和支链（甲基）醛类的缓慢积累（Culleré et al.，2007）。后者能拥有干果或者类似橘子的风味。相反，氧化餐酒中的支链醛类化合物只占少数，而存在大量的无支链的醛类化合物，如甲硫基丙醛、2- 苯基乙醛、2- 壬烯醇和 2- 辛烯醛（Culleré et al.，2007）。在其他的研究中，甲硫基丙醛浓度与白葡萄酒的氧化味有明显的相关性（Escudero et al.，2000），2- 苯乙醛、3- 甲基丁烷、2- 己烯醛也是如此（Mayr et al.，2015）。其中一些化合物已经证明能够掩盖葡萄酒的芳香。相比之下，没有氧化味的陈酿葡萄酒既包含支链醛类化合物，又包含非支链醛类化合物。支链醛类化合物似乎可以抑制不受欢迎的非支链结构的感知（Culleré et al.，2007）。

餐酒的过早氧化似乎与软木塞的错误使用或它们的不当插入有关（造成折痕以至瓶口密封受到影响）。另外，软木塞可能含有足够的氧气，诱导敏感的白葡萄酒检测出氧化褐变（Caloghiris et al.，1997）。氧气也可以通过软木塞渗入葡萄酒，或者更常见地从软木塞渗透到葡萄酒的颈部。较老类型的合成软木塞的氧渗透性比较高，它们通常与氧化有关。快速的温度变化（以及瓶内压力的相关变化）会使软木塞的密封松动，以利于氧气的进入。一直让瓶子直立较长时间会导致软木收缩（由于它的变干），紧接着氧气进入酒中。然而，即使在看似正确的储存条件下白葡萄酒可能在 4～5 年就开始表现出褐变。

最熟知的葡萄酒氧化相关的反应是氧气和葡萄酒酚类化合物的相互作用，并产生过氧化氢。过氧化氢可以随后与其他葡萄酒的成分反应，如醇类、脂肪酸、酯类和萜烯类化合物。因为乙醇是反应物中存在浓度最高的，因此，葡萄酒氧化的主要副产物是乙醛。乙醛可以与酒中其他成分迅速结合，自由态（挥发性）乙醛含量仍低于它的检测阈值。只有在大量的氧化产生乙醛累积到某个值时，才可能会影响葡萄酒的芳香。

如上所述，与葡萄酒其他成分的氧化反应会逐步降低葡萄酒的芳香。葡萄酒酯类化合物的氧化和聚合导致棕色色素的构成。尽管在红葡萄酒和白葡萄酒中都会发生褐变，但是白葡萄酒的颜色较浅，葡萄酒会更早地出现明显褐变。白葡萄酒尽管比红葡萄酒拥有更少的酚类化合物，不太可能产生过氧化氢，也会进一步限制其他形式的氧化。但是白葡萄酒的褐变会在实验室的味觉测试中明确地影响白葡萄酒的接受度。还不确定对于消费者来说，这是否是一个重要的因素。

与瓶装葡萄酒缓慢的氧化相比，装在盒中袋（bag-in-box）中的葡萄酒通常在一年内出现明显地氧化。这似乎是由出口周围或通过的氧气渗透造成的。出口的设计和制造方面的新进展用另一种有利于消费者的包装可能会减少这种缺陷。

氧化问题可能发生在葡萄酒生产的任何阶段。虽然大众媒体上使用这样的称呼，但是开瓶后的短暂时间内发生的变化不应称为氧化。在正常时间内，消费葡萄酒似乎不会察觉葡萄酒的氧化（Singleton，1987；Russell et al.，2005），而是需要暴露在氧气中几天后，才能出现可检测到的化学变化。其中或许会检测到乙酸乙酯的积累（有类似于卸甲油的气味）以及一些化合物的流失，如苯乙醇（玫瑰香）、已酸乙酯（水果香）、苯乙醛（玫瑰香）和壬酸（酸败）（Lee et al.，2011）。葡萄酒的摄氧量变化很大（Lee et al.，2011）。在较长时期内，氧化的香味物质，如萜烯类化合物会伴有动物的、乳制品的和苦的特征产生（Roussis et al.，2005）。

尽管如此，如果葡萄酒不在几个小时内喝完，它经常开始失去其原有芳香。这似乎是乙酸酯类和乙基酯类拥有的水果香特征逐步缺失的结果（Roussis et al.，2005）。此外，香气会不断地从葡萄酒中散出，葡萄酒中保存的香味物质从而明显减少。例如，在 750 mL 的瓶子中，打开时的顶空 / 葡萄酒接触量约为 0.4 cm^2/100 mL，酒去掉一半后变成 7.5 cm^2/100 mL（约增加 20 倍）。一旦瓶子打开，顶部空间的、溶解在酒中的和与基质成分微弱相连接的这几种香气之间的平衡会发生变化，从而有利于芳香化合物的释放。虽然这是最初所期待的那样，并会通过旋转酒杯促进其释放，但这最终会在半瓶的时候产生不良结果。因为大多数香味物质在葡萄酒中是微量存在的，它们逃到周围的空气中会使得葡萄酒中的含量变少。这可能就解释了为什么在几个小时后，从部分残留的酒瓶里倒出的葡萄酒似乎失去了原有的部分特性。不过，闻瓶子的颈部会发现葡萄酒大部分的原有特征（香气）可以在瓶子的顶部空间中被发现。因为低温减缓了这一过

表 3.4　与氧化气味相关的化合物及它们的描述符号和嗅觉阈值

化合物	气味描述符号	气味阈值（μg/L）
（E）-2- 烯烃		
（E）-2- 庚烯醛	肥皂的，脂肪的	4.6[a, 9]
（E）-2- 己烯醛	青苹果	4[a, 9]
（E）-2- 壬烯醛	生青的，脂肪的，木屑	0.17[a, 14]
（E）-2- 辛烯醛	脂肪的，坚果味	3[a, 9]
STRECKER 醛类		
甲硫基丙醛	类似于煮熟的马铃薯	0.5[b, 7]
2- 甲基丙醛	麦芽的	6[b, 9]
3- 甲基丁醛	麦芽的	4.6[b, 9]
2- 苯基乙醛	蜂蜜，花香	1[b, 9]
呋喃		
呋喃酮	焦糖	37[b, 15]
酱油酮	焦糖	10[b, 15]
葫芦巴内酯	咖喱，调味料	15[b, 12]
醛类		
苯甲醛	类似于苦杏仁	2000[a, 16]
糠醛	甜，面包	14100[b, 17]
己醛	草的，生青的	20[a, 16]
5- 甲基糠醛	甜，苦杏仁	2000[a, 16]
醇类		
麦芽酚	焦糖	5000[b, 18]
甲硫氨酸	类似于煮熟的马铃薯	1000[b, 17]
丁香酚	类似于丁香	6[b, 17]

[a] 在水中确定的气味检测阈值。
[b] 在模拟酒中测定的气味检测阈值（10% 乙醇、7 g/L 甘油、pH 3.2）。
资料来源：Mayr，C. M. et al.，2015。

程。低温（在冰箱）储存葡萄酒可以推迟芳香的缺失。另外，任何剩余的葡萄酒（或预计在开瓶后不会很快被消耗的葡萄酒）都可以倒入小的、容易密封的瓶子中。这要比试图将空气从半空的瓶子中抽走要好。因为挥发性物质还是能散溢到葡萄酒上方的顶部空间。

虽然当开始与空气接触时，氧气的吸收比较缓慢，但氧气分子很少直接参与葡萄酒的氧化过程。氧转化为过氧化氢或自由基（尤其是超氧化物和羟基）之后开始与有机化合物发生反应并氧化。过氧化物是 o-苯二酚的氧化产物，o-苯二酚在金属催化剂（例如，铁和铜）或者核黄素（或其蛋白复合物）暴露在阳光下产生自由基。

还原硫气味（Reduced-Sulfur Odors）

在葡萄酒发酵和成熟过程中可能会产生硫化氢和几种还原硫有机物。可察觉到的硫化氢的臭鸡蛋味通常可以通过摇晃玻璃杯使其迅速消失。不幸的是，这并没有消除大部分挥发性有机硫化物所产生的不良气味。硫醇能让人想起农家肥料、腐烂的洋葱等不良气味，它只能慢慢氧化成二硫化物。二硫化物也具有令人不愉快的、煮熟的卷心菜、虾腥一样的味道，但其阈值大约是相应硫醇的30倍。许多其他相关的化合物，如2-巯基乙醇和4-（甲基硫代）丁醇分别产生强烈的马厩气味和类似韭菜、大蒜的气味。这些化合物可能是由腐败微生物产生的，更常见的是在高度还原条件的酒泥中非生物性的合成。

二氧化硫（Sulfur Dioxide）

在葡萄酒酿造、成熟或装瓶（白葡萄酒）过程中，通常在一个或多个时间点添加二氧化硫。它也可以由酵母代谢产生。不过，二氧化硫使用量的减少意味着即使通常葡萄酒在阈值浓度以上也不太可能呈现出烧火柴的气味。即使高于阈值水平，它的气味也会在摇杯过程中迅速消散到空气中。

非典型性的陈年风味（非典型老熟风味[Atypical Aging Flavor (Untypischen Alterungsnote, UTA)]

非典型性的陈年风味（ATA）或非典型老熟风味（UTA）具有萘（樟脑丸）、家具清漆、湿羊毛或相关气味。有人提出，这是酵母代谢吲哚乙酸（IAA）的副产物氨基苯乙酮（AAP）（Rapp et al.，1993）。ATA往往在装瓶后几个月（至几年）产生。其通常是在白葡萄酒中，并且似乎与葡萄不利的生长条件相关，特别是缺水或缺氮的条件下。该缺陷的特征还在于缺乏香气。其原因可能是被不良气味所掩盖。类似的现象在纽约州被与1，1，6-三甲基-1，2-二氢化萘（TDN）的出现以及挥发性萜烯类化合物的缺失相关联（Henick-Kling et al.，2005）。累积的TDN具有煤油般的气味也可以产生于白葡萄酒陈年过程中。作为本身的“缺陷”，TDN的拒绝阈值可以是其检测阈值的4～10倍（Ross et al.，2014）。在一些国家，ATA似乎与暴露于高强度阳光和温暖的生长条件有关（Rapp，1998）。这些多种表现形式的非典型性陈年现象是源自同一生理问题，还是不同的失调，还有待证明（Sponholz and Hühn，1996）。对非典型性陈年风味的理解较为困难，因为AAP含量与缺陷的表达具有较差的关联性以及加入AAP后ATA的感官特征衍化不完整（Schneider，2014）。萘的不良气味的一个不相关来源可能是葡萄酒厂设备中的萘衍生物，或者是被使用前的软木塞在储存时所吸收。

植物的气味（Vegetative Odors）

一些草本植物味的不良气味是公认的。这与“叶子”（C6）醛类和醇类化合物的存在有关。其他的植物、草本气味的来源是一些甲氧基吡嗪化合物，尤其是许多赤霞珠、长相思葡萄的特征物质。它们能提供压倒性的青椒、绿豆的气味。

其他不良气味（Other Off-Odors）

其他被认为是不良的气味包括由丁酸（腐败的黄油味）和丙酸（山羊似的味）产生的气味、日晒葡萄产生的葡萄干味、葡萄酒发酵温度过高产生的蒸煮的气味、在发酵中存在绿色未成熟的葡萄产生的果梗味以及红葡萄酒过老氧化产生的陈腐味。陈腐味明显与3-甲基-2，4-壬二酮有关（Pons et al.，2013）。橡胶（可能是硫醇）、类似草的气味（可能是与植物的同源）和泥土味（也许一个或多个倍半萜烯）尚未确定物质或来源。

在澳大利亚，被烟雾污染的葡萄酒有烟熏的风味。这种风味特性是葡萄从火中的挥发酚中得到的，特别是愈创木酚、4-甲基愈创木酚、丁香酚、4-甲基丁香酚，o-，m-，p-甲酚及其糖缀合物。唾液中的酶通过水解这些化合物的非挥发性糖缀合物，在口腔中释放更多的挥发性物质（Mayr et al.，2014）。另一个来自葡萄园环境的香气干扰源是桉树（1,8-桉叶素），其来自邻近的桉树林（Capone et al.，2011）

品种香的天然化合物
Chemical Nature of Varietal Aromas

存在一种独特的品种香是葡萄酒最优质的品质之一。不幸的是，独特的品种特性并非一直都能表达，即使是著名的品种（特别是黑比诺）。品种表现随着克隆、栽培、气候条件以及酿酒师的生产技能和之后的储存条件而产生差异。

对于一些葡萄品种而言，具体的香味物质属

性往往可以概括其品种特征（表 7.2 和表 7.3）。在少数情况下，这些可能与一个或几个有影响的化合物相关。对于其他品种而言，品种香气似乎与一些挥发性物质的相对浓度有关系。不过，在大多数情况下，似乎没有一种特殊的化合物或一组化合物具有独特的重要性。这可能是因为没有一种独一无二有影响的化合物，或者它们还没有被发现。根据在最近对一些品种的研究中发现，硫醇化合物和倍半萜类化合物具有重要地位（含量以 ng 为单位），许多其他重要的、有影响的化合物可能有待发现。

确定品种香气的化学本质是很困难的。化合物不仅必须以目前的提取技术能获得未经修饰的形态，而且必须有足够的浓度来进行分离和鉴定。决定品种香气的化合物以挥发性的形式存在于新鲜的葡萄和葡萄酒中的时候更容易分离。但是香气化合物却通常以非挥发性的结合态存在于葡萄中（图 3.45）。它们的挥发性成分只能破碎，通过酵母活动或在陈年过程中被释放。

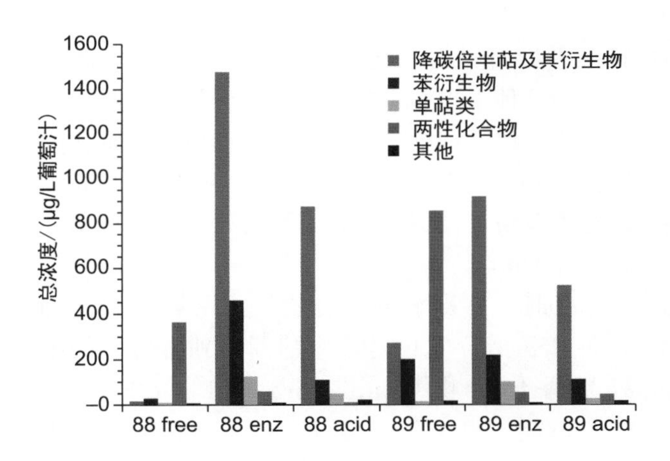

图 3.45　五类挥发性物质的浓度在 1988 年和 1989 年的霞多丽果汁中，以自由态化合物（free）或通过糖苷酶酶解释放（enz）或酸水解（acid）的前体物质的形式被观测到（资料来源：Sefton et al.，1993）。

即使目前有非常先进的分析工具，在检测某些基团（例如，醛类化合物键合二氧化硫）时也会遇到很大的困难。当化合物不稳定或痕量存在时，情况就更加严峻了。

然而，存在并不是一定（或者通常）意味着有感官意义。据估计，食物中仅有不到 5% 的挥发性化合物具有感官意义（Grosch，2001）。葡萄酒的情况也是类似的。确定感官影响需要详细的分析，包括分析它的浓度、它与阈值的联系以及通过在模拟葡萄酒中添加或提取的方式直接确认它的作用。由于化合物可以共同激活鼻子中类似的受体，它们的作用可能是协同的，或者结合产生一种定性的反应，与其各个组分所产生的反应不同。

以比较为目的，挥发性成分通常按主观分为“影响”“贡献”或“无关紧要”。有影响的化合物引起独特的芳香，并且在品种或品种群上都很独特，相当于西拉诺（Cyrano）的大鼻子。有贡献的化合物添加复杂性，但它们自己本身并不是独一无二的品种。比如，高级醇的乙酸酯类可以为新鲜葡萄酒贡献水果气味（Ferreira et al.，1995； Ferreira，2010）。它们大多数都是酵母和细菌代谢的副产物或在成熟和陈年过程中发展的。因此，它们并不是天生独有的品种，但是它们的产生可以受到各种独特的营养混合物的影响。无关紧要的化合物构成绝大多数的挥发性成分。它们的浓度不足以直接或间接地改变葡萄酒的果香或醇香。

大部分葡萄品种的独特品种香还尚未知晓。这可能是由于只对少数品种进行了充分的研究，以了解它们是否具有独特的香气。例如，如果黑比诺的名声还没有建立起来，很少有种植者或酿酒师会花时间和精力去生产显示黑比诺潜力的葡萄酒。不过，目前已经在越来越多的品种中发现了有影响的化合物。下面总结了一些目前已知的情况。

一些美洲葡萄（*V. labrusca*）品种表现出一种类似狐狸味的特征。这可归因于 3- 巯基丙酸乙酯（Kolor，1983）、N-（N- 羟基 -N- 甲基 -γ- 氨基丁基）甘氨酸（Boison and Tomlinson，1988）或 2- 氨基 - 托苯酮（Acree et al.，1990）。虽然氨基苯乙酮也已从几种欧亚种葡萄（*V. vinifera*）葡萄酒中被分离出来，但它也可以由某些酿酒酵母菌株（Ciolfi et al.，1995）和一些葡萄附生菌合成（Sponholz and Hühn，1996）。其他具有草莓气味的美洲葡萄品种可能是源于呋喃醇（2，5- 二甲基 -4- 羟基 -2，3- 二氢 -3- 呋喃酮）及其甲氧基衍生物（Schreier and Paroschy，1981）或邻氨基甲酸甲酯和 β- 大马士酮（Acree et al.，1981）。在北美，邻氨基苯甲酸甲酯与葡萄糖联系紧密，其被认为是葡萄气味的缩影。

赤霞珠（Boison and Tomlinson，1990）和长相思（Lacey et al.，1991）葡萄酒的甜椒（Capsicum）特性主要是由于2-甲氧基-3-异丁基吡嗪的存在。异丙基和仲丁基甲氧基吡嗪也存在，但浓度较低。甲氧基吡嗪类化合物不仅限于赤霞珠和相关品种，而且通常在这些品种中积累到有感官意义的量。虽然还不确定某些赤霞珠葡萄酒理想的黑加仑芳香气味的来源，但可能与β-大马士酮和丁香酚的存在或水果酯，如丁酸乙酯和辛酸乙酯的缺乏有关（Guth and Sies，2002）。4-巯基-4-甲基-5-戊-2-酮（4MMP）也被报道在低浓度时具有黑醋栗、黄杨属的芳香。它在几个法国葡萄品种（Rigou et al.，2014）中的浓度足以产生明显的黑加仑香味。相关硫醇，3-（巯基）已基乙酸酯（3MHA）和3-巯基-1-己醇（3MH）可作为果香增强剂。在富含这些硫醇的葡萄酒中，黑醋栗的果香可以掩盖葡萄酒中其他的香气。

另一个胡椒类气味，但这次是黑胡椒（*Piper nigrum*），来源是倍半萜莎草奥酮（Wood et al.，2008）。它贡献了西拉葡萄酒的辛辣果香。莎草奥酮还可以促进其他几个法国葡萄品种慕合怀特（Mourvdre）和杜瑞夫（Durif）、意大利葡萄品种斯奇派蒂诺（Schioppettino）和维斯琳娜（Vespolina）以及奥地利葡萄品种绿维特利纳（Grüner Veltliner）的胡椒特性（Mattivi et al.，2011）。莎草奥酮可以在含量为万亿分之几（ng/L）时被检测到。莎草奥酮与黑胡椒的香味相联系并不奇怪，因为它与胡椒碱一起出现在黑胡椒果实中，但浓度要高得多。很常见地，人们对莎草奥酮的敏感性有相当大的变化，其中约20%的测试者基本上对这种化合物没有反应。

几种复杂的硫醇已被认为是一些品种香气中的关键影响化合物。最先发现其重要性的葡萄品种是Carmenets葡萄（包括赤霞珠、美乐和长相思等）（Bouchilloux et al.，1998；Tominaga et al.，1998，2004）。重要硫醇包括4-巯基-4-甲基-2-戊酮、3-巯基己基乙酸酯、4-甲-4-巯基-2-戊醇和3-巯基己醇。前两种被认为能散发出黄杨属的气味，而后两种则可以分别散发出柑橘皮-西柚和百香果-西柚精华的气味。4-甲-4-巯基-2-戊醇也被发现是施埃博（Scheurebe）（Guth，1997b）、鸽笼白（Colombard）（du Plessis and Augustyn，1981）和马家婆（Macabeo）（Escudero et al.，2004）的核心果香，以及上述提及的黑加仑子的香味。这些化合物往往以非挥发性的、半胱氨酸化的前体形式积聚在葡萄中，在发酵期间或之后通过酵母的酶作用被释放。其中几种硫醇也对一些桃红葡萄酒的风味很重要（Murat，2005）。

琼瑶浆（Gewürztraminer）的强烈芳香特性与4-乙烯基愈创木酚和若干萜烯类化合物（Versini，1985）有关，以及最近发现与顺式玫瑰醚、若干内酯和酯类有关（Guth，1997b；Ong and Accree，1999）。有趣的是，赋予荔枝独特果香的化合物同样存在于琼瑶浆葡萄中，从而证实了其类似荔枝芳香的存在。

麝香葡萄品种（也称为Moscato或Moscatel）的品种香气因单萜醇和C13-降碳倍半萜及其衍生物而突出。类似的单萜醇在雷司令和相关葡萄品种中也很重要，但浓度较低。这些化合物的相对浓度和绝对浓度以及它们各自的感官阈值，区别了各组中的葡萄品种（Rapp，1998）。硫醇也有助于显著提高其品种的独特性（Timina Ag.，2000）。

有时，有影响的化合物是发酵副产物，例如2-苯乙醇。它也是麝香葡萄酒独特芳香的中心果香化合物（Lamikanra et al.，1996）。另一个可能的例子是乙酸异戊酯，一种皮诺塔吉（Pinotage）葡萄酒的特征风味物质（Van Wyk et al.，1979）。

一些知名的、芳香独特的葡萄品种似乎没有独特的有影响的化合物，例如，霞多丽（Lorrain et al.，2006）和黑比诺（Fang and Qian，2005）。它们的特性可能来自香味物质属性的定量而非定性上（Le Fur et al.，1996；Ferreira et al.，1998）。例如，β-大马士酮是霞多丽和雷司令葡萄酒（Simpson and Miller，1984；Strauss et al.，1987a）香气轮廓中的主要成分，β-紫罗兰酮是典型的麝香葡萄酒（Etiévant et al.，1983）成分以及α-紫罗酮和苯甲醛是黑比诺和佳美葡萄酒的特征物质（Dubois，1983）。特定的组合形式已经被认为产生了品种特征。例如，Moio 和 Etiévant（1995）认为四种酯类（邻氨基苯甲酸乙酯、肉桂酸乙酯、2，3- 二氢肉桂酸甲酯和邻氨基苯甲酸甲酯）为黑比诺葡萄酒贡献核心品种风味，而萜烯类化合物、内酯和 1- 辛烯 -3- 醇的特定组合则具有菲亚诺（Fiano）葡萄酒的特征（Genovese et al.，2007）。

虽然有影响的化合物的主要来源是葡萄，即使它们通过酵母作用，或者在成熟过程中被释放。不过葡萄酒中的重要风味物质还有其他的来源。酵母衍生的酯类和挥发性酚类化合物上文已提及。另一种有影响的化合物是源自橡木桶，不过鲜为人知。例如，一些橡树成分与葡萄风味物质相似。这或许可以解释为什么某些葡萄酒的品种表现性在橡木成熟中增强（Sefton et al.，1993）。相反，橡木内酯和愈创木酚可以抑制一些酯类的果味，它们的掩盖行为是复杂和非线性的（Atanasova et al.，2004）。因此，不宜在橡木桶中成熟温和的白葡萄酒。

虽然不是品种香，许多酯类对红葡萄酒和白葡萄酒的水果香气特点是不可缺少的。这些酯类的多样性和浓度可以大大加剧葡萄酒品种特性的表现性。许多酯类可能不会单独出现在其阈值之上，但仍能以定量的方式影响葡萄酒的总体水果的香气特征。这种协同作用的一个例子表现在几种红葡萄酒的黑莓和新鲜水果特征方面（Lytra et al.，2013）。

虽然可以从葡萄酒中分离数以百计的香味物质，不过评估它们对葡萄酒果香和醇香的相对意义并不那么简单。一个不完全简化这项任务的方法是使用参数估算香味物质成分的气味活性值（OAV）。OAV 是通过用化合物的浓度除以其检测阈值来确定的。表 3.2 列出了嗅觉阈值和浓度范围。其他信息已由 Francis 和 Newton（2005）整理。OAV 值大于一个单位的化合物比 OAV 小于一个单位的香味物质有更大的可能性影响葡萄酒芳香。遗憾的是，化合物的 OAV 和它的感官影响之间没有直接的联系。不同化合物在阈值及阈值以上的感知强度可能存在显著差异，感知强度随浓度增加的斜率也会显著不同（Ferreira et al.，2003）。此外，由于成分之间的多模型相互作用，数据的解释也很复杂，比如，标准。这可以包括葡萄酒本身内在的各种联系（影响挥发性的动力学）、嗅觉斑块中神经元水平的交互作用和在嗅球和大脑更高中心的后续处理。它可以减少或增加一个化合物的感知强度以及葡萄酒品质。最终，阈值是在一定的阈值评估条件下（如水、含乙醇水溶液、模拟葡萄酒溶液和某一特定葡萄酒），由特定的一群品尝者得出的平均值。尽管如此，OAV 是研究葡萄酒化学混合物潜在感官意义的一个很好的出发点。

已经发展出一些技术来进一步阐明特定化合物的感官意义。气相色谱 - 嗅觉测定法（GC-O）较为常用（San-Juan et al.，2010），也经常与其他分析技术相结合。这些数据可用于果香提取物稀释分析（aroma extract dilution analysis，AEDA）（Grosch，2001； Ferreira et al.，2002）。它涉及添加 OAV 大于一个单位的化合物到模拟葡萄酒中，并相对于一个特定葡萄酒品种，评估其特征。它已经被用来证明某些风味物质在某一品种葡萄酒中的重要性，如歌海娜葡萄酒（Ferreira et al.，1998），以及赤霞珠和美乐葡萄酒之间存在显著差异性。后者的明显特点是具有区别性的焦糖气味。这可能是由 4- 羟基 -2，5- 二甲基呋喃 -3（2H）- 酮和 4- 羟基 -2（或 5）- 乙基 -5（或 2）- 甲基呋喃 -3（2H）- 酮的浓度不同造成的（Kotseridis et al.，2000）。该技术也为甲氧基吡嗪可能是赤霞珠和霞多丽葡萄酒带果梗发酵中明显的果梗味来源提供了证据（Hashizume and Samuta，1997）。此外，先前一些有感官意义的化合物的重要性推测可能需要重新评估。

尽管对 OAV 评价的适用性仍有理论上的担心，但它们的价值已经通过补充、去除和重建实验得到了证明（Escudero et al.，2004；Grosch，2004；Escudero et al.，2007）。例如，琼瑶浆和施埃博葡萄酒的味道可以在一种合成的葡萄酒中重现，分别包括了 29 种和 42 种在感官阈值以上的风味物质（Guth，1998）。其中，顺式玫瑰醚和 4- 巯基 -4- 甲基 -2- 戊酮对琼瑶浆和施埃博葡萄酒的独特风格至关重要。与此相反，乙醛、β- 大马士酮、香叶醇等化合物去除之后的影响甚微。在原酒中另外添加 13 种低于其阈值的香味物质，也不会影响模拟葡萄酒的香气特征。重建实验也扩展到包括挥发性成分和非挥发性成分，以确定它们各自对葡萄酒风味的参与度，例如，对一款丹菲特（Dornfelder）葡萄酒的研究（Frank et al.，2011）。该研究以及其他的研究（例如，Sáenz-Navajas et al.，2010）为非挥发性物质对葡萄酒风味特征的重要性提供更多的证据。

气压化学电离质谱（APCI-MS 或 MS-Nose）提供对挥发性成分的实时人体分析（Aznar et al.，2004；Tsachaki et al.，2009）。虽然它的识别能力有限，但已经证明它在研究食物释放香味物质的动态变化方面特别有用（Taylor et al.，2000）。由于溶液含有超过 4% 的乙醇时会干扰电离，因此，其很少被用于葡萄酒中。不过，据推测，它可以用来评估与葡萄酒的后味有关的果香释放动态或食物对葡萄酒风味的影响。尽管如此，该技术已经表明食物中香味物质的绝对含量并非关键，而是其浓度的变化更倾向于影响气味强度的感知（Linforth and Taylor，2000）。它还证实了香味物质在吞咽几分钟后继续在口腔中释放（Wright et al.，2003；Hodgson et al.，2005）。特定化合物存在的持久性受到其分配系数（K_{Al}）的显著影响。那些系数低的化合物释放的速度较慢，但持续时间较长。口腔气味筛选系统（BOSS）表明霞多丽葡萄酒中果香特征从口腔中消失的速度要快于缓慢挥发的橡木风味物质（图 3.46）。

所有这些研究传达出一致的信息，即葡萄酒的品质主要源自其特有的香味物质成分的组合。一些产生积极作用，一些产生消极作用，而大多数似乎没有什么作用。关于这个，San-Juan 等

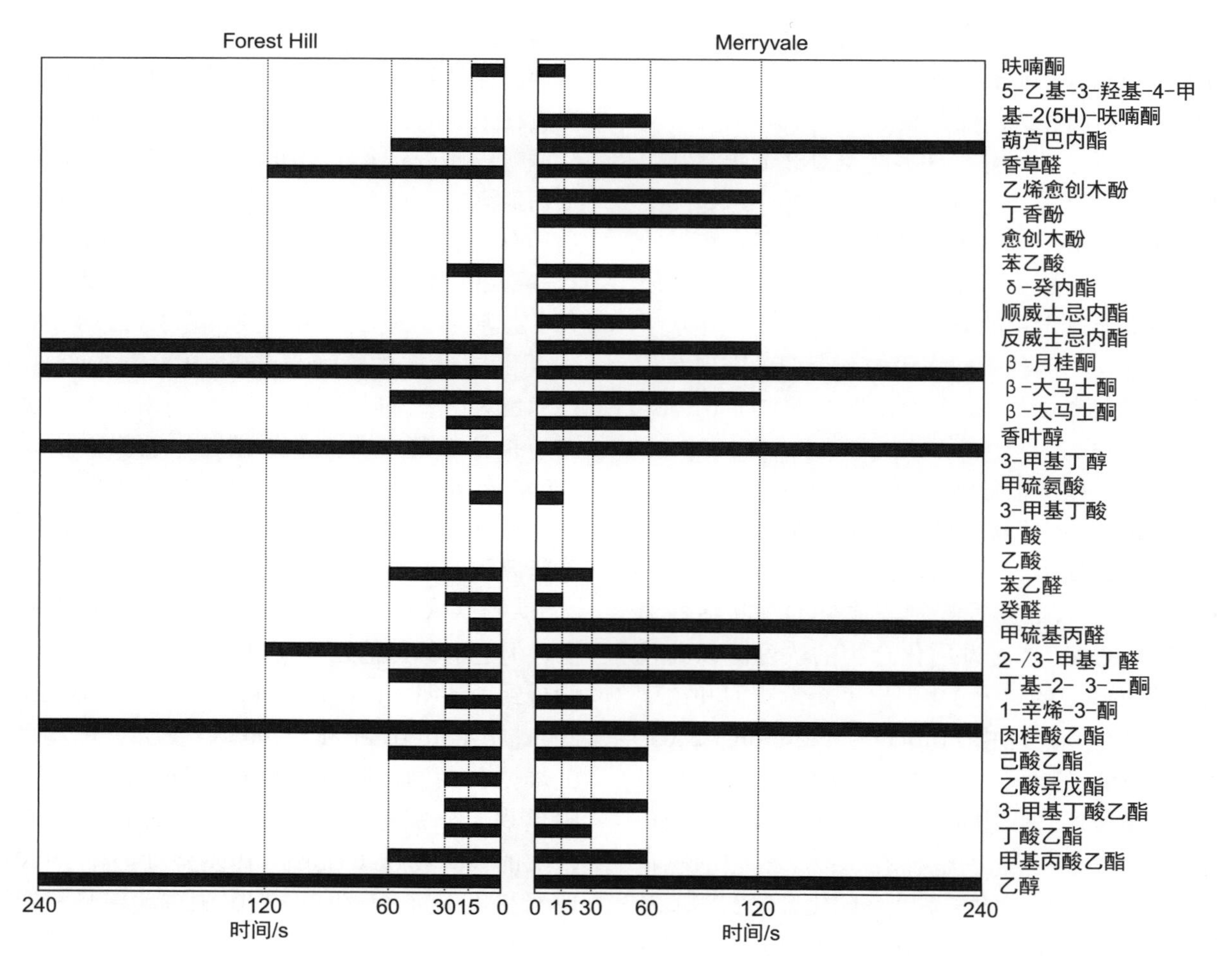

图 3.46　比较口腔气味筛选系统（BOSS）分析说明两种不同的霞多丽葡萄酒（Forest Hill 和 Merryvale）在吐出后，其各种香味物质在口腔中的停留时间（资料来源：Buettner）。

（2011）描述了一个很好的例子。作者们研究了25种高品质的西班牙红葡萄酒的香气活性成分。葡萄酒的积极属性与其水果香的酯类、挥发性脂肪酸、烯醇酮（如呋喃酮）以及橡木衍生物的含量有很好的相关性，而消极的属性经常与氧化味和其他不良气味相关联，尤其是4-乙基苯酚、乙酸、苯乙醛和甲硫基丙醛（表3.5）。草本特性与甲硫醚、甲硫醇和1-己醇有关，但它们的展现似乎被存在的乙醛、线性脂肪酸和乙酯类所抑制。

表3.5 与西班牙红葡萄酒积极和消极属性相关的化合物

矢量	回归系数	化合物
少数支链乙酯类	0.083	4-甲基戊酸乙酯
		3-甲基戊酸乙酯
		2-甲基戊酸乙酯
		环己酸乙酯
多数乙酯类	0.006	丙酸乙酯
		丁酸乙酯
		己酸乙酯
		辛酸乙酯
		癸酸乙酯
		2-甲基丙酸乙酯
		2-甲基丁酸乙酯
		3-甲基丁酸乙酯
降碳倍半萜及其衍生物	0.038	β-大马士酮
		β-紫罗兰酮
酸类	0.598	丁酸
		己酸
		辛酸
		癸酸
		2-甲基丙酸
		2-甲基丁酸
		3-甲基丁酸
陈年-相关的化合物	0.222	丁香酚
		E-异丁香酚
		E-威士康内酯
		Z-威士康内酯
烯醇酮	0.088	呋喃酮
		酱油酮
甲硫基丙醛	–0.150	
苯乙醛	–0.201	
4-乙基苯酚	–0.327	
乙酸	–0.283	

续表3.5

资料来源：San-Juan，F. et al. 2011。

补充说明
Postscript

在研究嗅觉及其相关记忆的过程中，重要的一课是将感官检测和感知现实分开。感知的嗅觉现实上是一种大脑结构。其本质通常是多模式形态的，通常包含视觉、味觉和体感（三叉神经）的输入。一旦一种模式被学习和加强，它就会歪曲感知以符合预期。因此，尽管建立描述有关特定葡萄品种和年龄影响特征的原型感官记忆对消费者来说是他们所期盼的并且对葡萄酒评估人员者来说是必需的，但是品尝者必须防止自己所感知到的被这种结构（即感知的嗅觉现实）所曲解。葡萄酒独特性质的本质应该被编码在记忆中，这种共性是所有葡萄酒提供复杂性的基础。

嗅觉更有趣的方面之一是它的可塑性，它常常依赖于其检测时的背景。相比之下，我们的其他感官可以通过明确定义的物理/化学因素来衡量；听等同于声音的振动和振幅，温度等于分子热振动时的程度，平衡等于方向和加速度的感知，接触则是通过压力和运动来明确，颜色是通过光谱质量和选择范围的电磁辐射的相对光子能量。同样，大多数味道与一小组化合物的浓度相关。相比之下，气味检测在很大程度上是基于整体模式认知的，在这种模式下（迄今为止）我们无法像在单词中区分字母，或者像对面部进行具体地分离各个部分那样去分析气味模式。此外，一个香味物质的嗅觉品质是不确定的，直到其通过特定的嗅觉响应模式变成相关的记忆。如果不是刺激性的或腐臭味的或在混合物中容易被识别的，一个气味物质的品质只能是与其他化合物相关联的模式中的一部分。千变万化的知觉是一个动态的、容易根据其浓度和感官适应性的变化而改变。因此，凭借经验，我们有能力去分离出短暂的带有品种香气、风格特征或者区域表现性的感知，这多少有点不可思议，这也许是大脑的一种属性。从固有的混乱中分离出来，去寻找其意义，并用我们所熟悉的语言词汇来识别它们，就像有能力分离一组声音一样。

此外，评估葡萄酒的芳香类似于听交响乐。对弦乐部分的检测可能很容易，但是区分第一、第二和第三小提琴部分的差异就不会这么简单，至少对于非音乐家来说是这样的。因此，列出潜在的气味活性化合物和各自的定性（描述词）对解释香味物质来源及与组成葡萄酒基质的其他化合物的相互作用并没有多少帮助。当查看葡萄酒香气的蛛形图时，会出现一个相关的问题。蛛形图被证明是感官分析中有用的视觉表现，但它本身并没有提供一种方法来想象葡萄酒在玻璃杯中是如何被感知的。因此，它们并不等同于音乐家的乐谱。

最后，与气味记忆相关的独特气味词汇的缺乏可能与其缺乏社会和发展价值有关。检测差异可能比识别更为重要，也就是说，快速识别一种气味的重要性可能比给它命名更重要。在某种程度上，这就相当于迅速发现灌木丛中潜在的掠食者的存在，而不需要给它命名。

推荐阅读

Breer, H., 2008. The sense of smell. Reception of flavors. Ann. N.Y. Acad. Sci. 1126, 1–6.

Cahill, J., 2014. The triumph of perception over reality. Wine Vitic. J. 29 (3), 8–9.

Ferreira, V., 2010. Volatile aroma compounds and wine sensory attributes. In: Reynolds, A.G. (Ed.), Managing Wine Quality. Vol. 1. Viticulture and Wine Quality, Woodhead Publishing Ltd, Cambridge, UK, pp. 3–28.

Firestein, S., Beauchamp, G., K. (Eds.), 2008. The Senses: a Comprehensive Reference, Vol. 4, Olfaction and Taste, Academic Press, Elsevier, Oxford.

Francis, I.L., Newton, J.L., 2005. Determining wine aroma from compositional data. In: Blain, C.J., Francis, M.E., Pretorius, I.S. (Eds.) Advances in Wine Science, The Australian Wine Research Institute, Glen Osmond, SA, Australia, pp. 201–212.

Gottfried, J.A., 2008. Perceptual and neural plasticity of odor quality coding in the human brain. Chem. Percept. 1, 127–135.

Leland, J.V., Scheiberke, P., Buettner, A., Acree, T.E. (Eds.), 2004. Gas Chromatography-Olfactometry: The State of the Art. ACS Symposium Series, American Chemical Society, Washington, DC.

Linforth, R., Taylor, A., 2006. The process of flavour release. In: Voilley, A., Etiévant, P. (Eds.) Flavour in Food, Woodhouse Publ. Inc., Cambridge, UK, pp. 287–307.

Murthy, V.N., 2011. Olfactory maps in the brain. Annu. Rev. Neurosci. 34, 233–258.

Rolls, E.T., Critchley, H.D., Verhagen, J.V., Kadohisa, M., 2010. The representation of information about taste and odor in the orbitofrontal cortex. Chem. Percept. 3, 16–33.

Ryan, D., Prenzler, P.D., Saliba, A.J., Scollary, G.R., 2008. The significance of low impact odorants in global odor perception. Trends Food Sci. Technol. 19, 383–389.

Silva Teixeria, C.S., Cerqueira, N.M.F.S.A., Silva Ferreira, A.C., 2016. Unraveling the olfactory sense: From the gene to odor perception. Chem. Senses 41, 105–121.

Spence, C., 2013. Multisensory flavour perception. Curr. Biol. 23, R365–R369.

Spence, C., 2016. Oral referral: On the mislocalization of odours to the mouth. Food Qual. Pref. 50, 117–128.

Styger, G., Prior, B., Bauer, F.F., 2011. Wine flavor and aroma. J. Ind. Microbiol. Biotechnol. 38, 1145–1159.

Taylor, A.J., Cordell, R., Linforth, R.S.T., 2009. Dynamic flavour analyses suing direct MS. pp. 24–28. In: Märk, T.D., Holzner, B. (Eds.) 4th International Conference on Proton Transfer Reaction Mass Spectrometry and its Application, Innsbruck University Press, Innsbruck, Austria.

Thomas-Danguin, T., Sinding, C., Romagny, S., El Mountassir, F., Atanasova, B., Le Berre, E., Le Bon, A.-M., Coureaud, G., 2014. The perception of odor objects in everyday life: a review on the processing of odor mixtures. Front. Psychol. 5, 1–18.

Wilson, D.A., Stevenson, R.J., 2006.Learning to Smell: Olfactory Perception from Neurobiology to Behavior. Johns Hopkins University Press, Baltimore, MD.

Yeshurun, Y., Sobel, N., 2010. An odor is not worth a thousand words: Form multidimensional odors to unidimensional odor objects. Annu. Rev. Psychol. 61, 219–241.

参考文献

Acree, T.E., Braell, P.A., Butts, R.M., 1981. The presence of damascenone in cultivars of *Vitis vinifera* (Linnaesus), *rotundifilia* (Michaux), and *labruscana* (Bailey) . J. Agric. Food Chem. 29, 688–690.

Acree, T.E., Lavin, E.H., Nishida, R., Watanabe, S., 1990. o-Aminoacetophenone, the "foxy" smelling component of Labruscana grapes Wöhrmann Symposium. Wädenswil, Switzerland.49–52.

Allen, M.S., Lacey, M.J., and Boyd, S.J. (1996) . Methoxypyrazines: New insights into their biosynthesis and occurrence. In Proc. 4th Int. Symp. Cool Climate Vitic. Enol., Rochester, NY, July 16–20, 1996 (T. Henick-Kling, T. E. Wolf, and E. M. Harkness, eds.), pp. V-36–39. NY State Agricultural Experimental Station, Geneva, New York.

Amerine, M.A., Roessler, E.B., 1983. Wines, Their Sensory Evaluation, 2nd ed. Freeman, San Francisco, CA.

Amoore, J.E., 1977. Specific anosmia and the concept of primary odors. Chem. Senses Flavours 2, 267–281.

Aqueveque, C., 2015. The influence of experts' positive word-of-mouth on a wine's perceived quality and value: the moderator role of consumers' expertise. J. Wine Res. 26, 181–191.

Arctander, S., 1994. Perfume and Flavor Chemicals (Aroma Chemicals) . Allured Publ. Corp., Carol Stream, IL.

Aronson, J., Ebeler, S.E., 2004. Effect of polyphenol compounds on the headspace volatility of flavors. Am. J. Enol. Vitic. 55, 13–21.

Atanasova, B., Thomas-Danguin, T., Langlois, D., Nicklas, S., Etievant, P., 2004. Perceptual interactions between fruity and woody notes of wine. Flavour Fragr. J. 19, 476–482.

Auzély-Velty, R., Péan, C., Djedaïni-Pilard, F., Zemb, Th, Perly, B., 2001. Micellization of hydrophobically modified cyclodextrins.2. Inclusion of guest molecules. Langmuir 17, 504–510.

Aznar, M., Tsachaki, M., Linforth, R.S.T., Ferreira, V., Taylor, A.J., 2004. Headspace analysis of volatile organic compounds from ethanolic systems by direct APCI-MS. Int. J. Mass Spectrom. 239, 17–25.

Baker, A.K., Ross, C.F., 2014. Sensory evaluation of impact of wine matrix on red wine finish: a preliminary study. J. Sens. Stud. 29, 139–148.

Bailly, S., Jerkovic, V., Meurée, A., Timbermans, A., Collins, S., 2009. Fate of key odorants in Sauternes wines through aging. J. Agric. Food Chem. 57, 8557–8563.

Ballester, J., Dacremont, C., Le Fur, Y., Etiévant, P., 2005. The role of olfaction in the elaboration and use of the Chardonnay wine concept. Food Qual. Pref. 16, 351–359.

Bartowsky, E.J., Francis, I.L., Bellon, J.R., Henschke, P.A., 2002. Is buttery aroma perception in wines predictable from the diacetyl concentration? Aust. J. Grape Wine Res. 8, 180–185.

Bautze, V., Bär, R., Fissler, B., Trapp, M., Schmidt, D., Beifuss, U., et al., 2012. Mammalian-specific OR37 receptors are differentially activated by distinct odorous fatty aldehydes. Chem. Senses 37, 479–493.

Beauchamp, J., Scheibe, M., Hummel, T., Buettner, A., 2009. Characterisation of odorant pathways in olfactory dysfunction. International Conference on Breath and Breath Odor Research. Dortmund, Germany, http: //breath2009.isas.de/.

Best, A.R., Wilson, D.A., 2004. Coordinate synaptic mechanisms contributing to olfactory cortical adaptation. J. Neurosci. 24, 652–660.

Block, E., Jang, S., Matsunami, H., Sekharan, S., Dethier, B., Ertem, M.Z., et al., 2015. Implausibility of the vibrational theory of olfaction. Proc. Natl. Acad.

Sci. 112, E2766–E2774.

Bock, G., Benda, I., Schreier, P., 1988. Microbial transformation of geraniol and nerol by *Botrytis cinerea*. Appl. Microbial. Biotechnol 27, 351–357.

Boidron, J.N., Chatonnet, P., Pons, M., 1988. Influence du bois sur certaines substances odorantes des vins. Conn. Vigne Vin 22, 275–294.

Boison, J., Tomlinson, R.H., 1988. An investigation of the volatile composition of *Vitis labrusca* grape must and wines, II. The identification of N- (N-hydroxy-N-methyl-γ-aminobutyryl) glycin in native North American grape varieties. Can. J. Spectrosc. 33, 35–38.

Boison, J.O.K., Tomlinson, R.H., 1990. New sensitive method for the examination of the volatile flavor fraction of Cabernet Sauvignon wines. J. Chromatogr. 522, 315–328.

Botha, J.J., 2010. Sensory, chemical and consumer analysis of *Brettanomyces* spoilage in South African wines. Masters Thesis. Department of Food Science, Stellenbosch University, Stellenbosch, S. A.

Bouchilloux, P., Darriet, P., Henry, R., Lavigne-Cruège, V., Dubourdieu, D., 1998. Identification of volatile and powerful odorous thiols in Bordeaux red wine varieties. J. Agric. Food Sci. 46, 3095–3099.

Bramley, B., Curtin, C., Cowey, G., Holdenstock, M., Coulter, A., Kennedy, E., et al., 2008. Wine style alters the sensory impact of 'Brett' flavour compounds in red wines. In: Blair, R.J., Williams, P.J., Pretorius, I.S. (Eds.), 13th Australian Wine Industry Technical Conference. Australian Wine Industry Technical Conference, Inc., Adelaide, Australia, pp. 45.

Breslin, P.A., Doolittle, N., Dalton, P., 2001. Subthreshold integration of taste and smell: the role of experience in flavor integration. Chem. Senses 26, 1035.

Briand, L., Eloit, C., Nespoulous, C., Bezirard, V., Huet, J.-C., Henry, C., et al., 2002. Evidence of an odorant-binding protein in the human olfac-tory mucus: location, structural characterization, and odorant-binding properties. Biochemistry 41, 7241–7252.

Brochet, F., Dubourdieu, D., 2001. Wine descriptive language supports cognitive specificity of chemical senses. Brain Lang. 77, 187–196.

Brochet, F., Morrot, G., 1999. Influence du contexte sure la perception du vin. Implications cognitives et méthodologiques. J. Int. Sci. Vigne Vin 33, 187–192.

Brookes, J.C., Horsfield, A.P., Stoneham, A.M., 2012. The swipe card model of odorant recognition. Sensors 12, 15709–15749.

Buck, L., Axel, R., 1991. A novel multigene family may encode odorant receptors: A molecular basis for odor recognition. Cell 65, 175–187.

Buck, L.B., 1996. Information coding in the vertebrate olfactory system. Annu. Rev. Neurosci. 19, 517–544.

Buettner, A., 2002a. Influence of human salivary enzymes on odorant concentration changes occurring *in vivo*. 1. Esters and thiols. J. Agric. Food Chem. 50, 3283–3289.

Buettner, A., 2002b. Influence of human saliva on odorant concentrations.2. Aldehydes, alcohols, 3-alkyl-2-methoxypyrazines, methoxyphenols, and 3-hydroxy-4, 5-dimethyl-2 (5H) -fruanone. J. Agric. Food Chem. 50, 7105–7110.

Buettner, A. (2003) . Physiology and chemistry behind retronasal aroma perception during winetasting. In A. Lonvaud-Funel, G. de Revel, & P. Darriet (Eds.), Proceedings of the VIIth International Symposium d'Oenology. (A. Lonvaud-Funel, G. de Revel, and P. Darriet, Eds.) Editions Tec & Doc., Paris.

Buettner, A., 2004. Investigation of potent odorants and after odor development in two Chardonnay wines using the buccal odor screening system (BOSS) . J. Agric. Food Chem. 52, 2339–2346.

Buettner, A., Beauchamp, J., 2010. Chemical input-Sensory output: Diverse modes of physiology-flavor interaction. Food Qual. Pref. 21, 915–924.

Bushdid, C., Magnasco, M.O., Vosshall, L.B., Keller, A., 2014. Humans can discriminate more than 1 trillion olfactory stimuli. Science 343, 1370–1372.

Cain, W.S., 1974. Perception of odour intensity and the time-course of olfactory adaption. Trans. Am. Soc. Heating, Refrigeration Air-Conditioning Engin 80,

53–75.

Cain, W.S., 1976. Olfaction and the common chemical sense: Some psychophysical contrasts. Sens. Processes 1, 57.

Cain, W.S., 1978. The odoriferous environment and the application of olfactory research In: Carterette, E.C. Friedman, P.M. (Eds.), Handbook of Perception: Tasting and Smelling, Vol. 6A. Academic Press, New York, pp. 197–229.

Cain, W.S., 1982. Odor identification by males and females: Predictions and performance. Chem. Senses 7, 129–141.

Cain, W.S., Gent, J.F., 1991. Olfactory sensitivity: Reliability, generality, and association with aging. J. Expt. Psychol. Human Precept. Perform. 17, 382–391.

Cain, W.S., Stevens, J.C., Nicou, C.M., Giles, A., Johnston, I., Garcia-Medina, M.R., 1995. Life-span development of odor identification, learning, and olfactory sensitivity. Perception 24, 1457–1472.

Caloghiris, M., Waters, E.J., Williams, P.J., 1997. An industry trial provides further evidence for the role of corks in oxidative spoilage of bottled wines. Aust. J. Grape Wine Res. 3, 9–17.

Capone, D.L., van Leeuwen, K., Taylor, D.K., Jeffery, D.W., Pardon, K.H., Elsey, G.M., et al., 2011. Evolution and occurrence of 1, 8-cineole (eucalyptol) in Australian wine. J. Agric. Food Chem. 59, 953–959.

Carpentier, N., Maujean, A., 1981. Light flavours in champagne wines. In: Schreier, P. (Ed.), Flavour '89: 3rd Weurman Symp. Proc. Int. Conf. de Gruyter, Berlin, pp. 609–615.

Case, T.I., Stevenson, R.J., Dempsey, R.A., 2004. Reduced discriminability following perceptual learning with odors. Perception 33, 113–119.

Castriota-Scanderbeg, A., Hagberg, G.E., Cerasa, A., Committeri, G., Galati, G., Patria, F., et al., 2005. The appreciation of wine by sommeliers: a functional magnetic resonance study of sensory integration. Neuroimage 25, 570–578.

Chalier, P., Angot, B., Delteil, D., Doco, T., Gunata, Z., 2007. Interactions between aroma compounds and whole mannoprotein isolated from *Saccharomyces cerevisiae* strains. Food Chem. 100, 22–30.

Charpentier, N., Maujean, A., 1981. Sunlight flavours in champagne wines. In: Schreier, P. (Ed.), Flavour ' 81. Proc. 3rd Weurman Symp. de Gruyter, Berlin, pp. 609–615.

Chatonnet, P., Viala, C., Dubourdieu, D., 1997. Influence of polyphenolic components of red wines on the microbial synthesis of volatile phenols. Am. J. Enol. Vitic. 48 443–338.

Chatonnet, P., Bonnet, S., Boutou, S., Labadie, M.-D., 2004. Identification and responsibility of 2, 4, 6-tribromoanisole in musty, corked odors in wine. J. Agric. Food Chem. 52, 1255–1262.

Choudhury, E.S., Moberg, P., Doty, R.L., 2003. Influences of age and sex on a microencapsulated odor memory test. Chem. Senses 28, 799–805.

Christensen, T.A., Pawlowski, V.M., Lei, H., Hildebrand, J.G., 2000. Multi-unit recordings reveal context-dependent modulation of synchrony in odor–specific neural ensembles. Nat. Neurosci. 3, 927–931.

Ciolfi, G., Garofolo, A., Di stefano, R., 1995. Identification of some *o*-aminophenones as secondary metabolites of *Saccharomyces cerevisiae*. Vitis 34, 195–196.

Cook, D.J., Davidson, J.M., Linforth, R.S.T., Taylor, A.J., 2003. Measuring the sensory impact of flavour mixtures using controlled delivery. In: Deibler, K.D., Delwicke, J. (Eds.), Handbook of Flavor Characterization: Sensory Analysis, Chemistry and Physiology. Marcel Dekker, New York, NY, pp. 135–150.

Cometto- Muñiz, J.E., Abraham, M.H., 2016. Dose-response functions for the olfactory, nasal trigeminal, and ocular trigeminal detectability of airborne chemicals by humans. Chem. Senses 41, 3–14.

Conner, J.M., Birkmyre, L., Paterson, A., Piggott, J.R., 1998. Headspace concentrations of ethyl esters at different alcoholic strengths. J. Sci. Food Agric. 77,

121–126.

Culleré, L., Escudero, A., Cacho, J., Ferreira, V., 2004. Gas chromatography-olfactometry and chemical quantitative study of the aroma of six premium quality Spanish aged red wines. J. Agric. Food Chem. 52, 1653–1660.

Culleré, L., Cacho, J., Ferreira, V., 2007. An assessment of the role played by some ozidation-related aldehydes in wine aroma. J. Agric. Food Chem. 55, 876–881.

Czerny, M., Grosch, W., 2000. Potent odorants of raw Arabica coffee. Their changes during roasting. J. Agric. Food Chem. 48, 868–872.

Dahl, A.R., 1988. The effect of cytochrome P-450 dependent metabolism and other enzyme activities on olfaction. In: Margolis, F.L., Getchell, T.V. (Eds.), Molecular Neurobiology of the Olfactory System. Plenum, New York, pp. 51–70.

Dalton, P., Doolittle, N., Nagata, H., Breslin, P.A.S., 2000. The merging of the senses: integration of subthreshold taste and smell. Nature Neurosci. 3, 431–432.

Dalton, P., Doolittle, N., Breslin, P.A.S., 2002. Gender-specific induction of enhanced sensitivity to odors. Nature Neurosci. 5, 199–200.

Damm, M., Vent, J., Schmidt, M., Theissen, P., Eckel, H.E., Lötsch, J., et al., 2002. Intranasal volume and olfactory function. Chem. Senses 27, 831–839.

D'Angelo, M., Onori, G., Santucci, A., 1994. Self-association of monohydric alcohols in water: compressibility and infrared absorption measurements. J. Chem. Phys. 100, 3107–3113.

d'Auria, M., Emanuele, L., Mauriello, G., Racioppi, R., 2002. On the origin of "goût de lumiere" in champagne. J. Photochem. Photobiol A: Chemistry 158, 21–26.

Davis, R.G., 1977. Acquisition and retention of verbal association to olfactory and abstract visual stimuli of varying similarity. J. Exp. Psychol. Learn. Me, . Cog 3, 37–51.

Degel, J., Piper, D., Köster, E.P., 2001. Implicit learning and implicit memory for odors: the influence of odor identification and retention time. Chem. Senses 26, 267–280.

Déléris, I., Saint-Eve, A., Guo, Y., Lieben, P., Cypriani, M.-L., Jacquet, N., et al., 2011. Impact of swallowing on the dynamics of aroma release and perception during the consumption of alcoholic beverages. Chem. Senses 36, 701–713.

De Mora, S.J., Knowles, S.J., Eschenbruch, R., Torrey, W.J., 1987. Dimethyl sulfide in some Australian red wine. Vitis 26, 79–84.

de Wijk, R.A. (1989) . "Temporal Factors in Human Olfactory Perception." Doctoral thesis, University of Utrecht, The Netherlands. (cited in Cometto-Muñiz, J. E., and Cain, W. S. (1995) . Olfactory adaptation. In Handbook of Olfaction and Gustation (C. L. Doty, ed.), pp. 257–281. Marcel Dekker, New York.)

de Wijk, R.A., Cain, W.S., 1994a. Odor quality: Discrimination versus free and cued identification. Percept. Psychophys. 56, 12–18.

de Wijk, R.A., Cain, W.S., 1994b. Odor identification by name and by edibility: Life-span development and safety. Hum. Factors 36, 182–187.

Diaz, M.E., 2004. Comparison between orthonasal and retronasal flavour perception at different concentrations. Flavour Fragr. J. 19, 499–504.

Dijksterhuis, A., Bos, M.W., Nordgren, L.F., van Baaren, R.B., 2006. On making the right choice: The deliberation-without-attention effect. Science 311, 1005–1007.

Distel, H., Ayabe-Kanamura, S., Martínez-Gómez, M., Achicker, I., Koyayakawa, T., Saito, S., et al., 1999. Perception of everyday odors–correla-tion between intensity, familiarity and strength of hedonic judgement. Chem. Senses 24, 191–199.

Distel, H., Hudson, R., 2001. Judgement of odor intensity is influenced by subject's knowledge of the odor source. Chem. Senses 26, 247–251.

Dobbs, E., 1989. The scents around us. The Sciences, 46–53. (Nov/Dec) .

Doty, R.L., 1986. Reproductive endocrine influences upon olfactory perception, a current perspective. J. Chem. Ecol. 12, 497–511.

Doty, R.L., 1998. Cranial nerve I: olfaction. In: Goltz, C.G., Pappert, E.J. (Eds.), Textbook of Clinical Neurology. Saunders, Philadelphia, PA, pp. 90–101.

Doty, R.L., Bromley, S.M., 2004. Effects of drugs on olfaction and taste. Otolaryngol. Clin. N. Am. 37, 1229–1254.

Doty, R.L., Snow Jr., J.B., 1988. Age-related alterations in olfactory structure and function. In: Margolis, F.L., Getchell, T.V. (Eds.), Molecular Neurobiology of the Olfactory System. Plenum, New York, pp. 355–374.

Dubois, P., 1983. Volatile phenols in wines. In: Piggott, J.R. (Ed.), Flavour of Distilled Beverages. Ellis Horwood, Chichester, UK, pp. 110–119.

Dubois, P., Rigaud, J., 1981. Á propos de goût de bouchon. Vignes Vins 301, 48–49.

Dufour, C., Bayonove, C.L., 1999a. Influence of wine structurally different polysaccharides on the volatility of aroma substances in a model system. J. Agric. Food Chem. 47, 671–677.

Dufour, C., Bayonove, C.L., 1999b. Interactions between wine polyphenols and aroma substances. An insight at the molecular level. J. Agric. Food Chem. 47, 678–684.

Dufour, C., Sauvaitre, I., 2000. Interactions between anthocyanins and aroma substances in a model system. Effect on the flavor of grape-derived beverages. J. Agric. Food Chem. 48, 1784–1788.

du Plessis, C.S., Augustyn, O.P.H., 1981. Initial study on the guava aroma of Chenin blanc and Colombar wines. S. Afr. J. Enol. Vitic. 2, 101–103.

Dürr, P., 1985. Gedanken zur Weinsprache. Alimentia 6, 155–157.

Ekman, G., Berglund, B., Berglund, U., Lindvall, T., 1967. Perceived intensity of odor as a function of time of adaptation. Scand. J. Psychol. 8, 177–186.

Elsner, R.J.F., 2001. Odor threshold, recognition, discrimination and identification in centenarians. Arch. Gerontol Geriat. 33, 81–94.

Engen, T., 1987. Remembering odors and their names. Am. Sci. 75, 497–503.

Eriksson, N., Wu, S., Do, C.B., Kiefer, A.K., Tung, J.Y., Mountain, J.L., et al., 2012. A genetic variant near olfactory receptor genes influences cilantro preference. Flavour J. 1, 22. (1–7) .

Escalona, H., Piggott, J.R., Conner, J.M., Paterson, A., 1999. Effects of ethanol strength on the volatility of higher alcohols and aldehydes. Ital. J. Food Sci. 11, 241–248.

Escudero, A., Hernandez-Orte, P., Cacho, J., Ferreira, V., 2000. Clues about the role of methional as character impact odorant of some oxidized wines. J. Agric. Food Chem. 48, 4268–4272.

Escudero, A., Asensio, E., Cacho, J., Ferreira, V., 2002. Sensory and chemical changes of young white wines stored under oxygen. An assessment of the role played by aldehydes and some other important odorants. Food Chem. 77, 325–331.

Escudero, A., Gogorza, B., Melús, M.A., Ortín, N., Cacho, J., Ferreira, V., 2004. Characterization of the aroma of a wine from Maccabeo. Key role played by compounds with low odor activity values. J. Agric. Food Chem. 52, 3516–3524.

Escudero, A., Campo, E., Farina, L., Cacho, J., Ferreira, V., 2007. Analytical characterization of the aroma of five premium red wines. Insights into the role of odor families and the concept of fruitiness of wines. J. Agric. Food Chem. 55, 4501–4510.

Etiévant, P.X., 1991. Wine. In: Maarse, H. (Ed.), "Volatile Compounds in Foods and Beverages". Marcel Dekker, New York, pp. 483–546.

Etiévant, P.X., Issanchou, S.N., Bayonove, C.L., 1983. The flavour of Muscat wine, the sensory contribution of some volatile compounds. J. Sci. Food Agric. 34, 497–504.

Fang, Y., Qian, M., 2005. Aroma compounds in Oregon Pinot Noir wine determined by aroma extract dilution analysis (AEDA) . Flavour Fragr. J. 20, 22–29.

Ferreira, V., 2010. Volatile aroma compounds and wine sensory attributes. In: Reynolds, A.G. (Ed.), Managing Wine Quality. Vol. 1. Viticulture and Wine Quality. Woodhead Publishing Ltd, Cambridge, UK, pp. 3–28.

Ferreira, V., Fernández, P., Peña, C., Escudero, A.,

Cacho, J., 1995. Investigation on the role played by fermentation esters in the aroma of young Spanish wines by multivariate analysis. J. Sci. Food Agric. 67, 381–392.

Ferreira, V., López, R., Escudero, A., Cacho, J.F., 1998. The aroma of Grenache red wine: Hierarchy and nature of its main odorants. J. Sci. Food Agric. 77, 259–267.

Ferreira, V., López, R., Cacho, J.F., 2000. Quantitative determination of the odorants of young red wine from different grape varieties. J. Sci. Food Agric. 80, 1659–1667.

Ferreira, V., Ortin, N., Escudero, A., Cacho, J., 2002. Chemical characterization of the aroma of Grenache rosé wines: Aroma extract dilution analysis, quantitative determination, and sensory reconstitution studies. J. Agric. Food Chem. 50, 4048–4054.

Ferreira, V., Pet'ka, J., Aznar, M., 2002. Aroma extract dilution analysis. Precision and optimal experimental design. J. Agric. Food Chem. 50, 1508–1514.

Ferreira, V., Pet'ka, J., Aznar, M., Cacho, J., 2003. Quantitative gas chromatography-olfactometry. Analytical characteristics of a panel of judges using a simple quantitative scale as gas chromatography detector. J. Chromatogr. A 1002, 169–178.

Ferreira, V., Jarauta, I., Ortega, L., Cacho, J., 2004. Simple strategy for the optimization of solid-phase extraction procedures through the use of solid-liquid distribution coefficients. Application to the determination of aliphatic lactones in wine. J. Chromatography A 1025, 147–156.

Fletcher, P.C., Frith, C.D., Grasby, P.M., Shallice, T., Frackowiak, R.S.J., Dolan, R.J., 1995. Brain systems for encoding and retrieval of auditory-verbal memory. Brain 118, 401–416.

Fors, S., 1983. Sensory properties of volatile Maillard reaction products and related compounds: a literature review. In: Waller, G.R., Feather, M.S. (Eds.), The Maillard Reaction in Food and Nutrition. American Chemical Society, Washington, DC, pp. 185–286.

Francis, I.L., Newton, J.L., 2005. Determining wine aroma from compositional data. Aust. J. Grape Wine Res. 11, 114–126.

Frank, R.A., Bryam, J., 1988. Taste–smell interactions are tastant and odorant dependent. Chem. Senses 13, 445–455.

Frank, R.A., van der Klaauw, N.J., Schifferstein, S.J., 1993. Both perceptual and conceptual factors influence taste-odor and taste-taste interactions. Percept. Psychophys. 54, 343–354.

Frank, S., Wollmann, N., Schieberle, P., Hofmann, T., 2011. Reconstitution of the flavor signature of Dornfelder red wine on the basis of the natural concentrations of its key aroma and taste compounds. J. Agric. Food Chem. 59, 8866–8874.

Frasnelli, J., Heilmann, S., Hummel, T., 2004. Responsiveness of human nasal mucosa to trigeminal stimuli depends on the site of stimulation. Neurosci. Lett. 362, 65–69.

Frasnelli, J., van Ruth, S., Kriukova, I., Hummel, T., 2005. Intranasal concentrations of orally administered flavors. Chem. Senses 30, 575–582.

Freeman, W.J., 1991. The physiology of perception. Sci. Am. 264 (2), 78–85.

Friel, E.N., Linforth, R.S.T., Taylor, A.J., 2000. An empirical model to predict the headspace concentration of volatile compounds above solutions containing sucrose. Food Chem. 71, 309–317.

Frye, R.E., Schwartz, B.S., Doty, R.L., 1990. Dose-related effects of cigarette smoking on olfactory function. J. Am. Med. Assoc. 263, 1233–1236.

Fuchs, T., Glusman, G., Horn-Saban, S., Lancet, D., Pilpel, Y., 2001. The human olfactory subgenome: from sequence to structure and evolution. Hum. Genet. 108, 1–13.

Fujimaru, T., Lim, J., 2013. Effects of stimulus intensity on odor enhancement by taste. Chem. Percept. 6, 1–7.

Furudono, Y., Cruz, G., Lowe, G., 2013. Glomerular input patterns in the mouse olfactory bulb evoked by retronasal odor stimuli. BMC Neurosci. 14 (45), 14.

Gane, S., Georganakis, D., Maniati, K., Vamvakias, M., Ragoussis, N., Skoulakis, E.M.C., et al., 2013. Molecular vibration-sensing component in human olfaction. PLos One 8, e55789. (1–7) .

Garb, J.L., Stunkard, A.J., 1974. Taste aversions in man. Am. J. Psychiat. 131, 1204–1207.

Gardiner, J.M., Java, R.I., Richardson-Klavehn, A., 1996. How level of processing really influences awareness in recognition memory. Can J. Exp. Psychol. 50, 114–122.

Garibotti, M., Navarrini, A., Pisanelli, A.M., Pelosi, P., 1997. Three odorant-binding proteins from rabbit nasal mucosa. Chem. Senses 22, 383–390.

Geithe, C., Andersen, G., Malki, A., Krautwurst, D., 2015. A butter aroma recombinate actives human class-1 odorant receptors. J. Agric. Food Chem. 63, 9410–9420.

Genovese, A., Gambuti, A., Piombino, P., Moio, L., 2007. Sensory properties and aroma compounds of sweet Fiano wine. Food Chem. 103, 1228–1236.

Genovese, A., Piombino, P., Gambuti, A., Moio, L., 2009. Simulation of retronasal aroma of white and red wine in a model mouth system. Investigating the influence of saliva on volatile compound concentrations. Food Chem. 114, 100–107.

Gilad, Y., Wiebe, V., Przeworski, M., Lancet, D., Paabo, S., 2004. Loss of olfactory receptor genes coincides with the acquisition of full trichromatic vision in primates. PLoS Biol. 2 (1), E5.

Godfrey, P.A., Malnic, B., Buck, L.B., 2004. The mouse olfactory receptor gene family. Proc. Natl. Acad. Sci. 101, 2156–2161.

Goldner, M.C., Zamora, M.C., di Leo Lira, P., Gianninoto, H., Bandoni, A., 2009. Effect of ethanol level in the perception of aroma attributes and the detection of volatile compounds in red wine. J. Sens. Stud. 24, 243–257.

Goniak, O.J., Noble, A.C., 1987. Sensory study of selected volatile sulfur compounds in white wine. Am. J. Enol. Vitic. 38, 223–227.

González, J., Barros-Loscertales, A., Pulvermuller, F., Meseguer, V., Sanjuán, A., Belloch, V., et al., 2006. Reading *cinnamon* activates olfactory brain regions. NeuroImage 32, 906–912.

Goodstein, E.S., Bohlscheid, J., Evans, M., Ross, C.F., 2014. Perception of flavor finish in model white wine: A time-intensity study. Food Qual. Pref. 36, 50–60.

Goubet, I., Le Quere, J.-L., Voilley, A.J., 1998. Retention of aroma compounds by carbohydrates: influence of their physicochemical characteristics and their physical state. A review. J. Agric. Food Chem. 46, 1981–1990.

Goyert, H., Frank, M.E., Gent, J.F., Hettinger, T.P., 2007. Characteristic component odors emerge from mixtures after selective adaptation. Brain Res. Bull. 72, 1–9.

Grbin, P.R., Costello, P.J., Herderich, M., Markides, A.J., Henschke, P.A., Lee, T.H., 1996. Developments in the sensory, chemical and microbiologi-cal basis of mousy taint in wine. In: Stockley, C.S., Sas, A.N., Johnson, R.S., Lee, T.H. (Eds.), Proc. 9th Aust. Wine Ind. Tech. Conf. Winetitles, Adelaide, Australia, pp. 57–61.

Green, B.G., Nachtigal, D., Hammond, S., Lim, J., 2012. Enhancement of retronasal odors by taste. Chem. Senses 37, 77–86.

Grosch, W., 2001. Evaluation of the key odorants of foods by dilution experiments, aroma models and omission. Chem. Senses 26, 533–545.

Gross-Isseroff, R., Lancet, D., 1988. Concentration-dependent changes of perceived odor quality. Chem. Senses 13, 191–204.

Guillou, I., Bertrand, A., De Revel, G., Barbe, J.C., 1997. Occurrence of hydroxypropanedial in certain musts and wines. J. Agric. Food Chem. 45, 3382–3386.

Guth, H., 1997a. Objectification of white wine aromas. Thesis. Technical University, Munich., (in German) .

Guth, H., 1997b. Identification of character impact odorants of different white wine varieties. J. Agric. Food Chem. 45, 3022–3026.

Guth, H., (1998) . Comparison of different white wine varieties by instrumental and analyses and sensory studies. In Chemistry of Wine Flavor. (L. A. Waterhouse and S. E. Ebeler, eds.), pp. 39–52. ACS Symposium Series #714., American Chemical Society, Washington, DC.

Guth, H., Sies, A., 2002. Flavour of wines: towards an understanding by reconstitution experiments and an analysis of ethanol's effect on odour activity of key compounds. In: Blair, R.J., Williams, P.J., Høj, P.B. (Eds.), 11th Aust. Wine Ind. Tech. Conf., Oct. 7–11, 2001, Adelaide, South Australia. Winetitles, Adelaide, Australia, pp. 128–139.

Hahn, I., Scherer, P.W., Mozell, M.M., 1993. Velocity profiles measured for airflow through a large-scale model of the human nasal cavity. J. Appl. Physiol. 75, 2273–2287.

Hall, L., Johansson, P., Tärning, B., Sikström, S., Deutgen, T., 2010. Magic at the marketplace: Choice blindness for the taste of jam and the smell of tea. Cognition 117, 54–61.

Hamatschek, J., 1982. Aromastoffe im Wein und deren Herkunft *Dragoco* Rep. (*Ger. Ed.*), 2759–2771.

Hashizume, K., Samuta, T., 1997. Green odorants of grape cluster stem and their ability to cause a stemmy flavor. J. Agric. Food Chem. 45, 1333–1337.

Heilmann, S., Hummel, T., 2004. A new method for comparing orthonasal and retronasal olfaction. Behav. Neurosci. 118, 412–419.

Heimann, W., Rapp, A., Völter, J., Knipser, W., 1983. Beitrag zur Entstehung des Korktons in Wein. Dtsch. Lebensm.-Rundsch 79, 103–107.

Hemingway, K.M., Alston, M.J., Chappell, C.G., Taylor, A.J., 1999. Carbohydrate-flavour conjugates in wine. Carbohydrate Polymers 38, 283–286.

Henick-Kling, T., Gerling, C., Martinson, T., Cheng, L., Lakso, A., Acree, T., 2005. Atypical aging flavor defect in white wines: sensory description, physiological causes, and flavor chemistry. Am. J. Enol. Vitic. 56, 420A.

Hérent, M.F., Collin, S., Pelosi, P., 1995. Affinities of nutty-smelling pyraxines and thiaxoles to odorant-binding proteins, in relation with their lipophilicity. Chem. Senses 20, 601–608.

Heresztyn, T., 1986. Formation of substituted tetrahydropyridines by species of *Brettanomyces* and *Lactobacillus* isolated from mousy wines. Am. J. Enol. Vitic. 37, 127–131.

Herz, R.S., Engen, T., 1996. Odor memory: review and analysis. Psychon. Bull. Rev. 3, 300–313.

Herz, R.S., McCall, C., Cahill, L., 1999. Hemispheric lateralization in the processing of odor pleasantness versus odor names. Chem. Senses 24, 691–695.

Herz, R.S., von Clef, J., 2001. The influence of verbal labeling on the perception of odors: Evidence for olfactory illusions? Perception 30, 381–391.

Hettinger, T.P., Myers, W.E., Frank, M.E., 1990. Role of olfaction in perception of non-traditional 'taste' stimuli. Chem. Senses 15, 755–760.

Hodgson, M.D., Langridge, J.P., Linforth, R.S.T., Taylor, A.J., 2005. Aroma release and delivery following the consumption of beverages. J. Agric. Food Chem. 53, 1700–1706.

Hollowood, T.A., Linforth, R.S.T., Taylor, A.J., 2002. The effect of viscosity on the perception of flavour. Chem. Senses 28, 11–23.

Hort, J., Hollowood, T.A., 2004. Controlled continuous flow delivery system for investigation taste-aroma interactions. J. Agric. Food Chem. 52, 4834–4843.

Hughson, A.L., Boakes, R.A., 2002. The knowing nose: the role of knowledge in wine expertise. Food Qual. Pref. 13, 463–472.

Iannilli, E., Bult, J.H.F., Roudnitzky, N., Gerber, J., de Wijk, R.A., Hummel, T., 2014. Oral texture influences the neural processing of ortho- and retronasal odors in humans. Brain Res. 1587, 77–87.

Iland, P.G., Marquis, N., 1993. Pinot noir – Viticultural directions for improving fruit quality. In: Williams, P.J., Davidson, D.M., Lee, T.H. (Eds.), Proc. 8th Aust. Wine Ind. Tech. Conf. Adelaide, 13-17 August, 1992. Winetitles, Adelaide, Australia, pp. 98–100.

Jackson, R.S., 2014. Wine Science: Principles and Applications, 4th ed. Academic Press, San Diego, CA.

Jaeger, S.R., McRae, J.F., Bava, C.M., Beresford, M.K., Hunter, D., Jia, Y., et al., 2013. A Mendelian trait for olfactory sensitivity affects odor experi-ence and food selection. Curr. Biol. 23, 1601–1605.

Jinks, A., Laing, D.G., 2001. The analysis of odor mixtures by humans: evidence for a configurational process. Physiol. Behav. 72, 51–63.

Johnson, B.A., Leon, M., 2007. Chemotopic odorant coding in a mammalian olfactory system. J. Comp. Neurol. 503, 1–34.

Jones, F.N., 1968. Informational content of olfactory quality. In: Tanyolac, N. (Ed.), Theories of Odor and Odor Measurement. N. Robert College Research Center, Bedak, Istanbul, pp. 133–141.

Kadohisa, M., Wilson, D.A., 2006. Olfactory cortical adaptation facilitates detection of odors against background. J. Neurophysiol. 95, 1888–1896.

Kennedy, J. (2013) https: //jameskennedymonash.wordpress.com/2013/12/13/infographic-table-of-esters-and-their-smells/.

Kennison, K.R., Gibberd, M.R., Pollnitz, A.P., Wilkinson, K.L., 2008. Smoke-derived taint in wine: The release of smoke-derived volatile phenols during fermentation of Merlot juice following grapevine exposure to smoke. J. Agric. Food Chem. 56, 7379–7383.

Kermen, F., Chakirian, A., Sezille, C., Joussain, P., Le Goff, J., Ziessel, A., et al., 2011. Molecular complexity determines the number of olfactory notes and the pleasantness of smells. Sci. Reports 1, 206. (pp. 5) .

Key, B., St John, J., 2002. Axon navigation in the mammalian primary olfactory pathway: where to next? Chem. Senses 27, 245–260.

Keyhani, K., Scherer, P.W., Mozell, M.M.A., 1997. Numerical model of nasal odorant transport for the analysis of human olfaction. J. Theor. Biol. 186, 279–301.

King, E.S., Heymann, H., 2014. The effect of reduced alcohol on the sensory profiles and consumer preferences of white wine. J. Sens. Stud. 29, 33–42.

Kleene, S.J., 1986. Bacterial chemotaxis and vertebrate olfaction. Experientia. 42, 241–250.

Knaapila, A., Tuorila, H., Silventoinen, K., Wright, M.J., Kyvik, K.O., Cherkas, L.F., et al., 2008. Genetic and environmental contributions to per-ceived intensity and pleasantness of androstenone odor: An international twin study. Behav. Genet. 38, 484–492.

Kobal, G., Hummel, C., 1988. Cerebral chemosensory evoked potentials elicited by chemical stimulation of the human olfactory and respiratory nasal mucosa. Electroencephalo. Clin. Neurophysiol. 71, 241–250.

Kolor, M.K., 1983. Identification of an important new flavor compound in Concord grape, ethyl 3-mercaptopropionate. J. Agric. Food Chem. 31, 1125–1127.

Kotseridis, Y., Razungles, A., Bertrand, A., Baumes, R., 2000. Differentiation of the aromas of Merlot and Cabernet Sauvignon wines using sensory and instrumental analysis. J. Agric. Food Chem. 48, 5383–5388.

Koza, B.J., Cilmi, A., Dolese, M., Zellner, D.A., 2005. Color enhances orthonasal olfactory intensity and reduces retronasal olfactory intensity. Chem. Senses 30, 643–649.

Labbe, D., Rytz, A., Morgenegg, C., Ali, S., Martin, N., 2007. Subthreshold olfactory stimulation can enhance sweetness. Chem. Senses 32, 205–214.

Labbe, D., Gilbert, F., Martin, N., 2008. Impact of olfaction on taste, trigeminal, and texture perceptions. Chem. Percept. 1, 217–226.

Lacey, M.J., Allen, M.S., Harris, R.L.N., Brown, W.V., 1991. Methoxypyrazines in Sauvignon blanc grapes and wines. Am. J. Enol. Vitic. 42, 103–108.

Laing, D.G., 1983. Natural sniffing gives optimum odour perception for humans. Perception 12, 99–117.

Laing, D.G., 1986. Optimum perception of odours by humans Proc. 7 World Clean Air Congress, Vol. 4. Clear Air Society of Australia and New Zealand, 110–117.

Laing, D.G., 1994. Perceptual odour interactions and objective mixture analyses. Food Qual. Pref. 5, 75–80.

Laing, D.G., 1995. Perception of Odor Mixtures. In:

Doty, R.L. (Ed.), Handbook of Olfaction and Gustation. Marcel Dekker, New York, pp. 283–297.

Laing, D.G., Eddy, A., Best, D.J., 1994. Perceptual characteristics of binary, trinary, and quaternary odor mixtures consisting of unpleasant constituents. Physiol. Behav. 56, 81–93.

Laing, D.G., Link, C., Jinks, A.L., Hutchinson, I., 2002. The limited capacity of humans to identify the components of taste mixtures and taste-odour mixtures. Perception 31, 617–635.

Lamikanra, O., Grimm, C.C., Inyang, I.D., 1996. Formation and occurrence of flavor components in Noble muscadine wine. Food Chem. 56, 373–376.

Lancet, D., 1986. Vertebrate olfactory reception. Annu. Rev. Neurosci. 9, 329–355.

Landis, B.N., Frasnelli, J., Reden, J., Lacroix, J.S., Hummel, T., 2005. Differences between orthonasal and retronasal olfactory functions in patients with loss of the sense of smell. Arch. Otolaryngol. – Head Neck Surg. 131, 977–981.

Lange, C., Martin, C., Chabanet, C., Combris, P., Issanchou, S., 2002. Impact of the information provided to consumers on their willingness to pay for Champagne: comparison with hedonic scores. Food Qual. Pref. 13, 597–608.

Laska, M., Ayabe-Kanamura, S., Hübener, F., Saito, S., 2000. Olfactory discrimination ability for aliphatic odorants as a function of oxygen moiety. Chem. Senses 25, 189–197.

Lattey, K.A., Bramley, B.R., Francis, I.L., 2010. Consumer acceptability, sensory properties and expert quality judgements of Australian Cabernet Sauvignon and Shiraz wines. Aust. J. Grape Wine Res. 16, 189–202.

Lawless, H.T., 1984a. Oral chemical irritation: psychophysical properties. Chem. Senses 9, 143–155.

Lawless, H.T., 1984b. Flavor description of white wine by "expert" and nonexpert wine consumers. J. Food Sci. 49, 120–123.

Lazard, D., Zupko, K., Poria, Y., Nef, P., Lazarovits, J., Horn, S., et al., 1991. Odorant signal termination by olfactory UDP glucuronosyl trans-ferase. Nature 349 (6312), 790–793.

Le Berre, E., Atanasova, B., Langlois, D., Etiévant, P., Thomas-Danguin, T., 2007. Impact of ethanol on the perception of wine odorant mixtures. Food Qual. Pref. 18, 901–908.

Lee, D.-H., Kang, B.-S., Park, H.-J., 2011. Effect of oxygen on volatile and sensory characteristics of Cabernet Sauvignon during secondary shelf life. J. Agric. Food Chem. 59, 11657–11666.

Lee, J., Halpern, B.P., 2013. High-resolution time-intensity tracking of sustained human orthonasal and retronasal smelling during natural breathing. Chem. Percept. 6, 20–35.

Lee, K. (1989) . Perception of Irritation from Ethanol, Capsaicin and Cinnamyl Aldehyde via Nasal, Oral and Retronasal Pathways. M.S. thesis, University of California, Davis. (reproduced in Noble, A. C. (1995) . Application of time-intensity procedures for the evaluation of taste and mouthfeel. Am. J. Enol. Vitic. 46, 128–133.)

Lee, R.J., Cohen, N.A., 2015. Taste receptors in innate immunity. Cell. Mol. Life Sci. 72, 217–236.

Le Fur, Y., Lesschaeve, I., Etiévant, P., 1996. Analysis of four potent odorants in Burgundy Chardonnay wines: Partial quantitative descriptive sensory analysis and optimization of simultaneous extraction method. In: Henick-Kling, T. (Ed.), Proc. 4 th Int. Symp. Climate Vitic. Enol. NY State Agricultural Experimental Station, Geneva, NY, pp. VII-53–56.

Lehrer, A., 1975. Talking about wine. Language 51, 901–923.

Lehrner, J.P., Glück, J., Laska, M., 1999a. Odor identification, consistency of label use, olfactory threshold and their relationships to odor memory over the human lifespan. Chem. Senses 24, 337–346.

Lehrner, J.P., Walla, P., Laska, M., Deecke, L., 1999b. Different forms of human odor memory: a developmental study. Neurosci. Letts. 272, 17–20.

Li, W., Luxenberg, E., Parrish, T., Gottfried, J.A., 2006. Learning to smell the roses: Experience-dependent neural plasticity in human piriform and orbitofrontal cortices. Neuron 52, 1097–1108.

Li, W., Howard, J.D., Parrish, T.B., Gottfried, J.A., 2008. Aversive learning enhances perceptual and cortical discrimination of indiscriminable odor cues. Science 319, 1842–1845.

Licker, J.L., Acree, T.E., Henick-Kling, T., 1999. What is "Brett" (*Brettanomyces*) flavor?. In: Waterhouse, A.L., Ebeler, S.E. (Eds.), Chemistry of Wine Flavor ACS Symposium Series Vol. 714. American Chemical Society, Washington, DC, pp. 96–115.

Lin, D.Y., Shea, S.D., Katz, L.C., 2006. Representation of natural stimuli in the rodent main olfactory bulb. Neuron 50, 937–949.

Linforth, R., Taylor, A.J., 2000. Persistence of volatile compounds in the breath after their consumption in aqueous solutions. J. Agric. Food Chem. 48, 5419–5423.

Linforth, R., Martin, F., Carey, M., Davidson, J., Taylor, A.J., 2002. Retronasal transport of aroma compounds. J. Agric. Food Chem. 50, 1111–1117.

Livermore, A., Laing, D.G., 1998. The influence of odor type on the discrimination and identification of odorants in multicomponent odor mixtures. Psychol. Behav 65, 311–320.

Livingstone, M., 2002. Vision and Art: The Biology of Seeing. Abrams, New York, NY, 75.

Lledo, P.-M., Gheusi, G., 2003. Olfactory processing in a changing brain. Neuroreport. 14, 1655–1663.

Lorig, T.S., 2012. Beyond self-report: Brain imaging at the threshold of odor perception. Chem. Percept. 5, 46–54.

Lorrain, B., Ballester, J., Thomas©Danguin, T., Blanquet, J., Meunier, J.M., Le Fur, Y., 2006. Selection of potential impact odorants and sensory validation of their importance in typical Chardonnay wines. J. Agric. Food Chem. 54, 3973–3981.

Lubbers, S., Voilley, A., Feuillat, M., Charpontier, C., 1994. Influence of mannoproteins from yeast on the aroma intensity of a model wine. Lebensm.–Wiss. u. Technol. 27, 108–114.

Lund, C.M., Nicolau, L., Gardner, R.C., Kilmartin, P.A., 2009. Effect of polyphenols on the perception of key aroma compounds from Sauvignon blanc wine. Aust. J. Grape Wine Res. 15, 18–26.

Lundström, J.N., Boyle, J.A., Zatorre, R.J., Jones-Gotman, M., 2009. The nuronal substrates of human olfactory based kin recognition. Hum. Brain Map. 30, 2571–2580.

Lytra, G., Tempere, S., Le Flosch, A., de Revel, G., Barbe, J.-C., 2013. Study of sensory interactions among red wine fruity esters in a model solu-tion. J. Agric. Food Chem. 61, 8504–8513.

Mackay-Sim, A., Johnston, A.N.B., Owen, C., Burne, T.H.J., 2006. Olfactory ability in the healthy population: Reassessing presbyosmia. Chem. Senses 31, 736–771.

MacRostie, S.W., 1974. Electrode Measurement of Hydrogen Sulfide in Wine. M.S. thesis. University California, Davis.

Mahaney, P., Frey, S., Henry, T., Paris, P., 1998. Influence of the barrel on the growth of *Brettanomyces* yeast in barreled red wine Proceedings from the 5th Intervitis Interfructa International Symposium. Stuttgart, Germany. 260–269.

Maier, H.G., 1970. Volatile flavoring substances in foodstuffs. Angew. Chem. Internat. Edit 9, 917–926.

Mainland, J., Sobel, N., 2006. The sniff is part of the olfactory percept. Chem. Senses 31, 181–196.

Majid, A., Burenhult, N., 2014. Odors are expressible in language, as long as you speak the right language. Cognition 130, 266–270.

Malnic, B., Godfrey, P.A., Buck, L.B., 2004. The human olfactory receptor gene family. Proc. Natl. Acad. Sci. 101, 2584–2589.

Marais, J., van Rooyen, P.C., du Plessis, C.S., 1979. Objective quality rating of Pinotage wine. Vitis 18, 31–39.

Martin, B., Etiévant, P.X., Le Quéré, J.L., Schlich, P., 1992. More clues about sensory impact of Sotolon in some flor sherry wines. J. Agric. Food Chem. 40, 475–478.

Martineau, B., Acree, T.E., Henick-Kling, T., 1995. Effect of wine type on threshold for diacetyl. Food Res.

Int. 28, 139–143.

Masuda, J., Okawa, E., Nishimura, K., Yunome, H., 1984. Identification of 4, 5-dimethyl-3-hydroxy-2 (5H) -furanone (Sotolon) and ethyl 9-hydroxynonanoate in botrytised wine and evaluation of the roles of compounds characteristic of it. Agric. Biol. Chem. 48, 2707–2710.

Matthews, M.A., 2015. Terroir and Other Mythis of Wine Growing. University of California Press, Oakland, CA, (see pp. 162–162, 177–184).

Mattivi, F., Caputi, L., Carlin, S., Lanza, T., Minozzi, M., Nanni, D., et al., 2011. Effective analysis of rotundone at below-threshold levels in red and white wines using solid-phase microextraction gas chromatography/tandem mass spectrometry. Rapid Commun. Mass Spectrom. 25, 483–488.

Mayr, C.M., Parker, M., Baldoxk, G.A., Black, C.A., Pardon, K.H., Williamson, P.O., et al., 2014. Determination of the importance of in-mouth release of volatile phenol glycoconjugates to the flavor of smoke-tainted wines. J. Agric. Food Chem. 62, 2327–2336.

Mayr, C.M., Capone, D.L., Pardon, K.H., Black, C.A., Pomeroy, D., Francis, I.L., 2015. Quantitative analysis by GC-MS/MS of 18 aroma com-pounds related to oxidative off-flavor in wines. J. Agric. Food Chem. 63, 3394–3401.

Mazzoleni, V., Maggi, L., 2007. Effect of wine style on the perception of 2, 4, 6-trichloroanisole, a compound related to cork taint in wine. Food Res. Int. 40, 694–699.

McClure, S.M., Li, J., Tomlin, D., Cypert, K.S., Montague, L.M., Montague, P.R., 2004. Neural correlates of behavioral preference for culturally familiar drinks. Neuron 44, 379–387.

McRae, J.F., Mainland, J.D., Jaeger, S.R., Adipietro, K.A., Matsunami, H., Newcomb, R.D., 2012. Genetic variation in the odorant receptor OR3J3 is associated with the ability to detect the "grassy" smelling odor, cis-3-hexen-1-ol. Chem. Senses 37, 585–593.

McRae, J.F., Jaeger, S.R., Bava, C.M., Beresford, M.K., Hunter, D., Jia, Y., et al., 2013. Identification of regions associated with variation in sensitiv-ity to food-related odors in the human genome. Curr. Biol. 26, 1596–1600.

Meilgaard, M.C., Reid, D.S., 1979. Determination of personal and group thresholds and use of magnitude estimation in flavour chemistry. In: Land, D.G., Nursten, H.E. (Eds.), Progress in Flavour Research. Applied Science Publishers, London, pp. 67–77.

Meilgaard, M.C., Reid, D.C., Wyborski, K.A., 1982. Reference standards for beer flavor terminology system. J. Am. Soc. Brew. Chem. 40, 119–128.

Menashe, I., Man, O., Lancet, D., Gilad, Y., 2003. Different noses for different people. Nature Genetics 34, 143–144.

Mennella, J.A., Jagnow, C.P., Beauchamp, G.K., 2001. Prenatal and postnatal flavor learning by human infants. Pediatrics 107, 1–6.

Moio, L., Etiévant, P.X., 1995. Ethyl anthranilate, ethyl cinnamate, 2, 3-dihydrocinnamate, and methyl anthranilate: Four important odorants identified in Pinot noir wines of Burgundy. Am. J. Enol. Vitic. 46, 392–398.

Moncrieff, R.W., 1967. Introduction to the symposium. In: Schultz, H.W. (Ed.), The Chemistry and Physiology of Flavors. AVI, Westport, CN, pp. 3–22.

Moran, D.T., Rowley, J.C., Jafek, B.W., Lovvell, M.A., 1982. The fine structure of the olfactory mucosa in man. J. Neurocytol. 11, 721–746.

Morrot, G., 2004. Cognition et vin. Rev. Oenologues 111, 11–15.

Morrot, G., Brochet, F., Dubourdieu, D., 2001. The color of odors. Brain Lang. 79, 309–320.

Moulton, D.G., 1977. Minimum odorant concentrations detectable by the dog and their implications for olfactory receptor sensitivity. In: Müller-Schwarze, D., Mozell, M.M. (Eds.), Chemical Signals in Vertebrates. Plenum, New York, NY, pp. 455–464.

Moulton, D.E., Ashton, E.H., Eayrs, J.T., 1960. Studies in olfactory acuity, 4. Relative detectability of n-aliphatic acids by the dog. Anim. Behav. 8,

117–128.

Muñoz-González, C., Feron, G., Guichard, E., Rodríguez-Bencomo, J., Martín-Alvarez, P.J., Moreno-Arribas, M.V., et al., 2014. Understanding the role of saliva in aroma release from wine by using static and dynamic headspace conditions. J. Agric. Food Chem. 62, 8274–8288.

Munõz-González, C., Sémon, E., Martín-Álvarez, P.J., Guichard, E., Moreno-Arribas, M.V., Feron, G., et al., 2015. Wine matrix composition affects temporal aroma release as measured by protoon transfer reaction – time-of-flight – mass spectrometry. Aust. J. Grape Wine Res. 21, 367–375.

Murat, M.-L., 2005. Recent findings on rosé wine aromas. Part I: identifying aromas studying the aromatic potential of grapes and juice. Aust. NZ Grapegrower Winemaker 497a 64–65, 69, 71, 73–74, 76.

Murphy, C., 1995. Age-associated differences in memory for odors. In. In: Schab, F.R., Crowder, R.G. (Eds.), Memory of Odors. Lawrence Erlbaum, Mahwah, New Jersey, pp. 109–131.

Murphy, C., Cain, W.S., Bartoshuk, L.M., 1977. Mutual action of taste and olfaction. Sensory Processes 1, 204–211.

Murray, J.E., 2004. The ups and downs of face perception: Evidence for holistic encoding of upright and inverted faces. Perception 33, 387–398.

Murrell, J.R., Hunter, D.D., 1999. An olfactory sensory neuron line, odora, properly targets olfactory proteins and responds to odorants. J. Neurosci. 19, 8260–8270.

Nawar, W.W., 1971. Some variables affecting composition of headspace aroma. J. Agric. Food Chem. 19, 1057–1059.

Negoias, S., Visschers, R., Boelrijk, A., Hummel, T., 2008. New ways to understand aroma perception. Food Chem. 108, 1247–1254.

Nespoulous, C., Briand, L., Delage, M.M., Tran, V., Pernollet, J.C., 2004. Odorant binding and conformational changes of a rat odorant-binding protein. Chem. Senses 29, 189–198.

Noble, A.C., Williams, A.A., Langron, S.P., 1984. Descriptive analysis and quality ratings of 1976 wines from four Bordeaux communes. J. Sci. Food Agric. 35, 88–98.

Nordin, S., Almkvist, O., Berglund, B., 2012. Is loss in odor sensitivity inevitable to the gaing individual? A study of "successfully aged" elderly. Chem. Percept. 5, 188–196.

Nozawa, M., Kawahara, Y., Nei, M., 2007. Genomic drift and copy number variation of sensory receptor genes in humans. PNAS 104, 20421–20426.

Nygren, I.T., Gustafsson, I.-B., Johansson, L., 2003a. Effects of tasting technique – sequential tasting vs. mixed tasting – on perception of dry white wine and blue mould cheese. Food Service Technol. 3, 61–69.

Nygren, I.T., Gustafsson, I.-B., Johansson, L., 2003b. Perceived flavour changes in blue mould cheese after tasting white wine. Food Service Technol. 3, 143–150.

Olender, T., Fuchs, T., Linhart, C., Shamir, R., Adams, M., Kalush, F., et al., 2004. The canine olfactory subgenome. Genomics. 83, 361–372.

Olender, T., Lancet, D., 2012. Evolutionary grass roots for odor recognition. Chem. Senses 37, 581–584.

Ong, P., Acree, T.E., 1999. Similarities in the aroma chemistry of Gewürztraminer variety wines an lychee (*Litchi chinesis* Sonn.) Fruit. J. Agric. Food Chem. 47, 667–670.

Pangborn, R.M., 1981. Individuality in responses to sensory stimuli. In: Solms, J., Hall, R.L. (Eds.), Criteria of Food Acceptance. Forster, Zurich, pp. 177–219.

Parr, W.V., White, K.G., Heatherbell, D., 2003. The nose knows: Influence of colour on perception of wine aroma. J. Wine Res. 14, 99–121.

Patterson, M.Q., Stevens, J.C., Cain, W.S., Cometto-Muñiz, J.E., 1993. Detection thresholds for an olfactory mixture and its three constituent compounds. Chem. Senses 18, 723–734.

Pfeiffer, J.C., Hollowood, T.A., Hort, J., Taylor, A.J., 2005. Temporal synchrony and integration of subthreshold taste and smell signals. Chem. Senses 30, 539–545.

Picard, M., Lytra, G., Tempere, S., Barbe, J.-C., de Revel, G., Marchand, S., 2016. Identification of piperitone as an aroma compound contributing to the positive mint nuances perceived in aged red bordeaux wines. J. Agric. Food Chem. 64, 451–460.

Pierce, J.D., Zeng, X., Aronov, E.V., Preti, G., Wysocki, C.J., 1995. Cross-adaptation of sweaty-smelling 3-methyl-2-henenoic acid by a structurally-similar, pleasant smelling odorant. Chem. Senses 20, 401–411.

Piggott, J.R., and Findlay, A.J.F. (1984) . Detection thresholds of ester mixtures. In Proc. Alko Symp. Flavour Res. Alcoholic Beverages Helsinki 1984 (L. Nykänen and P. Lehtonen, eds.), Foundation Biotech. Indust. Ferm. 3, 189–197.

Pineau, B., Barbe, J.-C., van Leeuwen, C., Dubourdieu, D., 2007. Which impact for β-damascenone on red wines aroma? J. Agric. Food Chem. 55, 5214–5219.

Plassmann, H., O'Doherty, J., Shiv, B., Rangel, A., 2008. Marketing actions can modulate neural representations of experienced pleasantness. PNAS 105, 1050–1054.

Pons, A., Lavigne, V., Eric, R., Darriet, P., Dubourdieu, D., 2008. Identification of volatile compounds responsible for prune aroma in prematurely aged red wines. J. Agric. Food Chem. 56, 5285–5290.

Pons, A., Lavigne, V., Darriet, P., Dubourdieu, D., 2013. Role of 3-methyl-2, 4-nonanedione in the flavor of aged red wines. J. Agric. Food Chem. 61, 7373–7380.

Rapp, A., 1998. Volatile flavour of wine: correlation between instrumental analysis and sensory perception. Nahrung 42, 351–363.

Rapp, A., Güntert, M., 1986. Changes in aroma substances during the storage of white wines in bottles. In: Charalambous, G. (Ed.), The Shelf Life of Foods and Beverages. Elsevier, Amsterdam, pp. 141–167.

Rapp, A., Versini, G., 1996. Vergleichende Untersuchungen zum Gehalt von Methylanthranilat ("Foxton") in Weinen von neueren pilzresi-stenten Rebsorten und *vinifera*-Sorten. Vitis 35, 215–216.

Rapp, A., Versini, G., Ullemeyer, H., 1993. 2-Aminoacetophenon: Verursachende Komponente der "Untypischen Alterungsnote" (Naphtalinton, Hybridton) bei Wein. Vitis 32, 61–62.

Read, E.A., 1908. A contribution to the knowledge of the olfactory apparatus in dog, cat and man. Am. J. Anatomy (Developmental Dynamics) . 8, 17–47.

Richards, P.M., Johnson, E.C., Silver, W.L., 2010. Four irritating odorants target the trigeminal chemoreceptor TRPA1. Chem. Percept. 3, 190–199.

Rigou, P., Triay, A., Razungles, A., 2014. Influence of volatile thiols in the development of blackcurrant aroma in red wine. Foods Chem. 142, 242–248.

Robinson, A.L., Ebeler, S.E., Heymann, H., Boss, P.K., Solomon, P.S., Trengove, R.D., 2009. Interactions between wine volatile compounds and grape and wine matrix components influence aroma compound headspace partitioning. J. Agric. Food Chem. 57, 10313–10322.

Robinson, W.B., Shaulis, N., Pederson, C.S., 1949. Ripening studies of grapes grown in 1948 for juice manufacture. Fruit Prod. J. 29 36–37, 54, 62.

Rolls, E.T., 2005. Taste, olfactory, and food texture processing in the brain, and the control of food intake. Physiol. Behav. 85, 45–56.

Rolls, E.T., Critchley, H.D., Mason, R., Wakeman, E.A., 1996. Orbitofrontal cortex neurons: Role in olfactory and visual association learning. J. Neurophysiol. 75, 1970–1981.

Ross, C.F., Zwink, A.C., Castro, L., Harrison, R., 2014. Odour detection threshold and consumer rejection of 1, 1, 6-trimethyl-1, 2-dihydronaphtha-lene in 1-year-old Riesling wines. Aust. J. Grape Wine Res. 20, 335–339.

Ross, P.E., 2006. The expert mind. Sci. Amer. 295 (2), 64–71.

Roujou de Boubée, D., Cumsille, A.M., Pons, M., Dubourdieu, D., 2002. Location of 2-methoxy-3-isobutylpyrazine in Cabernet Sauvignon grape bunches and its extractability during vinification. Am. J. Enol. Vitic. 53, 1–5.

Roussis, I.G., Lambropoulos, I., Papadopoulou, D., 2005. Inhibition of the decline of volatile esters and terpenols during oxidative storage of Muscat-white and Xinomavro-red wine by caffeic acid and N-acetyl-cysteine. Food Chem. 93, 485–492.

Russell, K., Zivanovic, S., Morris, W.C., Penfield, M., Weiss, J., 2005. The effect of glass shape on the concentration of polyphenolic compounds and perception of Merlot wine. J. Food Qual. 28, 377–385.

Ryan, D., Prenzler, P.D., Saliba, A.J., Scollary, G.R., 2008. The significance of low impact odorants in global odor perception. Trends Food Sci. Technol. 19, 383–389.

Sachs, O., 1985. The dog beneath the skin. In The Man Who Mistook His Wife for a Hat. Duckworth, London, 149–153.

Sáenz-Navajas, M.-P., Campo, E., Culleré, L., Fernández-Zurbano, P., Valentin, D., Ferreira, V., 2010. Effects of the nonvolatile matrix on the aroma perception of wine. J. Agric. Food Chem. 58, 5574–5585.

Sakai, N., Imada, S., Saito, S., Kobayakawa, T., Deguchi, Y., 2005. The effect of visual images on perception of odors. Chem. Senses 30 (Suppl 1), 1244–1245.

San-Juan, F., Cacho, J., Ferreira, V., Escudero, A., 2014. Differences in Chemical composition of aroma among red wines of different price category. In: Ferreira, V., Lopez, R. (Eds.), Favour Science: Proceeding from XIII Weurman Flavour Research Symposium. Sept 26, 2013. Elsevier, San Diego, CA, pp. 117–121.

San-Juan, F., Ferreira, V., Cacho, J., Escudero, A., 2011. Quality and aromatic sensory descriptors (mainly fresh and dry fruit character) of Spanish red wines can be predicted from their aroma-active chemical composition. J. Agric. Food Chem. 59, 7916–7924.

San-Juan, F., Pet'ka, J., Cacho, J., Ferreira, V., Escudero, A., 2010. Producing headspace extracts from the gas chromatography-olfactometric evalu-ation of wine aroma. Food Chem. 123, 188–195.

Sanz, G., Schlegel, C., Pernollet, J.-C., Briand, L., 2006. Evidence for antagonism between odorants at olfactory receptor binding in humans. In: Bredie, W.L.P., Petersen, M.A. (Eds.), Flavor Science. Vol 43. Recent Advances and Trends. Elsevier, Amsterdam, The Netherlands, pp. 9–12.

Savic, I., Gulyás, B., Berglund, H., 2002. Odorant differentiated pattern of cerebral activation: Comparison of acetone and vanillin. Human Brain Mapping 17, 17–27.

Schemper, T., Voss, S., Cain, W.S., 1981. Odor identification in young and elderly persons: sensory and cognitive limitations. J. Gerontol. 36, 446–452.

Schiffman, S., Orlandi, M., Erickson, R.P., 1979. Changes in taste and smell with age, biological aspects. In. In: Ordy, J.M., Brizzee, K. (Eds.), Sensory Systems and Communication in the Elderly. Raven, New York, pp. 247–268.

Schneider, V., 2014. Atypical aging defect: sensory discrimination, viticultural causes, and enological consequences. A review. Am. J. Enol. Vitic. 65, 277–284.

Schreier, P., Drawert, F., 1974. Gaschromatographisch-massenspektometrische Untersuchung flüchtiger Inhaltsstoffe des Weines, V. Alkohole, Hydroxy-Ester, Lactone und andere polare Komponenten des Weinaromas. Chem. Mikrobiol. Technol. Lebensm. 3, 154–160.

Schreier, P., Paroschy, J.H., 1981. Volatile constituents from Concord, Niagara (*Vitis labrusca*) and Elvira (*V. labrusca* x *V. riparia*) grapes. Can. Inst. Food Sci. Technol. J. 14, 112–118.

Sefton, M.A., Francis, I.L., Williams, P.J., 1993. The volatile composition of Chardonnay juices: A study by flavor precursor analysis. Am. J. Enol. Vitic. 44, 359–370.

Segurel, M.A., Razungles, A.J., Riou, C., Salles, M., Baumes, R.L., 2004. Contribution of dimethyl sulfide to the aroma of Syrah and Grenache noir wines and estimation of its potential in grapes of these varieties. J. Agric. Food Chem. 52, 7084–7093.

Senf, W., Menco, B.P.M., Punter, P.H., Duyvesteyn,

P., 1980. Determination of odour affinities based on the dose-response relationships of the frog's electro-olfactogram. Experientia 36, 213–215.

Seow, Y.-X., Ong, P.K.C., Huang, D., 2016. Odor-specific loss of smell sensitivity with age as revealed by the specific sensitivity test. Chem. Senses 41, 487–495.

Sezille, C., Ferdenzi, C., Chakirian, A., Fournel, A., Thevenet, M., Gerber, J., et al., 2015. Neuroscience 287, 23–31.

Shepard, G.M., 2006. Smell images and the flavour system in the human brain. Nature 444, 316–321.

Simpson, R.F., 1978. 1, 1, 6-Trimethyl-1, 2-dihydronaphthalene, an important contribution to the bottle aged bouquet of wine. Chem. Ind. (London) 1, 37.

Simpson, R.F., 1990. Cork taint in wine: a review of the causes. Aust. N.Z. Wine Ind. J. Nov. 286–287, 289, 293–296.

Simpson, R.F., Miller, G.C., 1984. Aroma composition of Chardonnay wine. Vitis 23, 143–158.

Simpson, R.F., Capone, D.L., Sefton, M.A., 2004. Isolation and identification of 2-methoxy-3, 5-dimethylpyrazine, a potent musty compound from wine corks. J. Agric. Food Chem. 52, 5425–5430.

Sinding, C., Puschmann, L., Hummel, T., 2014. Is the age-related loss in olfactory sensibility similar for light and heavy molecules. Chem. Senses 39, 383–390.

Singleton, V.L., 1987. Oxygen with phenols and related reactions in musts, wines, and model systems, observation and practical implications. Am. J. Enol. Vitic. 38, 69–77.

Small, D.M., Gerber, J.C., Mak, Y.E., Hummel, T., 2005. Differential neural responses evoked by orthonasal versus retronasal odorant perception in humans. Neuron 47, 593–605.

Smith, D.V., Duncan, H.J., 1992. Primary olfactory disorders: Anosmia, hyperosmia, and dysosmia. In: Serby, M.J., Chobor, K.L. (Eds.), Science of Olfaction. Springer-Verlag, New York, pp. 439–466.

Sobel, N., Kahn, R.M., Hartley, C.A., Sullivan, E.V., Gabrieli, J.D., 2000. Sniffing longer rather than stronger to maintain olfactory detection threshold. Chem. Senses 25, 1–8.

Solomon, G.E.A., 1988. Great Expectorations: The Psychology of Novice and Expert Wine Talk. Doctoral Thesis. Harvard university., (cited in Hughson and Boakes, 2002) .

Spehr, M., Kelliher, K.R., Li, X.-H., Boehm, T., Leinders-Zufall, T., Zufall, F., 2006. Essential role of the main olfactory system in social recognition of major histocompatibility complex peptide ligands. J. Neurosci. 26, 1961–1970.

Sponholz, W.R., Hühn, T., 1996. Aging of wine: 1, 1, 6-Trimethyl-1, 2-dihydronaphthalene (TDN) and 2-aminoacetophenone. In: Henick-Kling, T. (Ed.), Proc. 4th Int. Symp. Cool Climate Vitic. Enol. New York State Agricultural Experimental Station, Geneva, New York, pp. VI-37–57.

Stamatopoulos, P., Fréot, E., Tempère, S., Pons, A., Darriet, P., 2014. Identification of a new lactone contributing to overripe orange aroma in Bordeaux dessert wines via perceptual interaction phenomena. J. Agric. Food Chem. 62, 2469–2478.

Starkenmann, C., Chappuis, C.J.-F., Niclass, Y., Deneulin, P., 2016. Identification of hydrogen disulfanes and hydrogen trisulfanes in H2S bottle, in flint, and in dry mineral white wine. J. Agric. Food Chem. 64, 9033–9040.

Stevens, D.A., O' Connell, R.J., 1995. Enhanced sensitivity to androstenone following regular exposure to pemenone. Chem. Senses 20, 413–420.

Stevenson, R.J., Tomiczek, C., 2007. Olfactory-induced synesthesias: A review and model. Psychol. Bull. 133, 294–309.

Stevenson, R.J., Prescott, J., Boakes, R.A., 1999. Confusing tastes and smells: how odours can influence the perception of sweet and sour tastes. Chem. Senses 24, 627–635.

Stevenson, R.J., Case, T.I., Boakes, R.A., 2003. Smelling what was there: Acquired olfactory percepts are resistant to further modification. Learn. Motivat. 34, 185–202.

Stoddart, D.M., 1986. The role of olfaction in the evolution of human sexual biology: An hypothesis. Man 21, 514–520.

Strauss, C.R., Wilson, B., Gooley, P.R., and Williams, P.J. (1986) . The role of monoterpenes in grape and wine flavor – A review. In Biogeneration of Aroma Compounds (T. H. Parliament and R. B. Croteau, eds.), pp. 222–242. ACS Symposium Series No. 317. American Chemical Society, Washington, DC.

Strauss, C.R., Wilson, B., Anderson, R., Williams, P.J., 1987a. Development of precursors of C13 nor-isoprenoid flavorants in Riesling grapes. Am. J. Enol. Vitic. 38, 23–27.

Strauss, C.R., Wilson, B., Williams, P.J., 1987b. Flavour of non-muscat varieties. In: Lee, T. (Ed.), Proc. 6th Aust. Wine Ind. Tech. Conf. Australian Industrial Publishers, Adelaide, Australia, pp. 117–120.

Sudraud, P., 1978. Évolution des taux d'acidité volatile depuis le début du siècle. Ann. Technol. Agric. 27, 349–350.

Suprenant, A., Butzke, C.E., 1996. Implications of odor threshold variations on sensory quality control of cork stoppers. In: Henick-Kling, T. (Ed.), Proc. 4th Int. Symp. Cool Climate Vitic. Enol.. New York State Agricultural Experimental Station, Geneva, NY, pp. VII-70–74.

Takeuchi, H., Ishida, H., Hikichi, S., Kurahashi, T., 2009. Mechanisms of olfactory masking in the sensory cilia. J. Gen. Physiol. 133, 583–601.

Takeuchi, H., Kato, H., Kurahashi, T., 2013. 2, 4, 6-Trichloroanisole is a potent suppressor of olfactory signal transduction. PNAS 110, 16235–16240.

Taylor, A.J., Linforth, R.S.T., Harvey, B.A., Blake, A., 2000. Atmospheric pressure chemical ionisation mass spectrometry for in vivo analysis of volatile flavor release. Food Chem. 71, 327–338.

Taylor, A.J., Cook, D.J., Scott, D.J., 2008. Role of odorants binding proteins: comparing hypothetical mechanisms with experimental data. Chem. Percept. 1, 153–162.

Tempere, S., Cuzange, E., Malik, J., Cougeant, J.C., de Revel, G., Sicard, G., 2011. The training level of experts influences their detection thresholds for key wine compounds. Chem. Percept. 4, 99–115.

Tempère, S., Cuzange, E., Schaaper, M.H., de Lescar, R., de Revel, G., Sicard, G., 2014. "Brett character" in wine: Is that a consensus among professional assessors? A perceptual and conceptual approach. Food Qual. Pref. 34, 29–34.

Tempere, S., Schaaper, M.H., Cuzange, E., de Lescar, R., de Revel, G., Sicard, G., 2016. The olfactory masking effect of ethylphenols: Characterization and elucidation of its origin. Food Qual. Pref. 50, 135–144.

Thomas-Danguin, T., Sinding, C., Romagny, S., El Mountassir, F., Atanasova, B., Le Berre, E., et al., 2014. The perception of odor objects in everyday life: a review on the processing of odor mixtures. Front. Psychol. 5 (504), 18. http: //dx.doi.org/10.3389/fpsyg.2014.00504.

Tominaga, T., Darriet, P., Dubourdieu, D., 1996. Identification de l' acétate de 3-mercaptohexanol, composé à forte odeur de buis, intervenant dans l'arôme des vins de Sauvignon. Vitis 35, 207–210.

Tominaga, T., Furrer, A., Henry, R., Dubourdieu, D., 1998. Identification of new volatile thiols in the aroma of *Vitis vinifera* L. var. Sauvignon blanc wines. Flavour Fragr. J. 13, 159–162.

Tominaga, T., Baltenweck-Guyot, R., Peyrot des Gachons, C., Dubourdieu, D., 2000. Contribution of volatile thiols to the aromas of white wines made from several *Vitis vinifera* grape varieties. Am. J. Enol. Vitic. 51, 178–181.

Tominaga, T., Guimbertau, G., Dubourdieu, D., 2003. Contribution of benzenemethanethiol to smoky aroma of certain *Vitis vinifera* L. wines. J. Agric. Food Chem. 51, 1373–1376.

Tominaga, T., Masneuf, I., and Dubourdieu, D. (2004). Powerful aromatic volatile thiols in wines made from several *Vitis vinifera* L. grape varieties and their releasing mechanism. In Nutraceutical Beverages: Chemistry, Nutrition, and Health Effects. (F. Shahidi and D. K. Weerasinghe, eds.), pp. 314–337. ACS Symp. Ser. # 871, American Chemical Society, Washington, DC.

Tong, J., Mannea, E., Aimé, P., Pfluger, P.T., Yi, C.X., Castaneda, T.R., et al., 2011. Ghrelin enhances olfactory sensitivity and exploratory sniffing in rodents and humans. J. Neurosci. 31, 5841–5846.

Tozaki, H., Tanaka, S., Hirata, T., 2004. Theoretical consideration of olfactory axon projection with an activity-dependent neural network model. Mol. Cell Neurosci. 26, 503–517.

Trant, A.S., Pangborn, R.M., 1983. Discrimination, intensity, and hedonic responses to color, aroma, viscosity, and sweetness of beverages. Lebensm. Wiss. Technol. 16, 147–152.

Tsachaki, M., Linforth, R.S.T., Taylor, A.J., 2005. Dynamic headspace analysis of the release of volatile organic compounds from ethanolic systems by direct APCI-MS. J. Agric. Food Chem. 53, 8328–8333.

Tsachaki, M., Linforth, R.S.T., Taylor, A.J., 2009. Aroma release from wines under dynamic conditions. J. Agric. Food Chem. 57, 6976–6981.

Turin, L., Gane, S., Georganakis, D., Maniati, K., Skoulakis, E.M.C., 2015. Plausibility of the vibrational theory of olfaction. Proc. Natl. Acad. Sci. 112, E3154.

van Wyk, C.J., Augustyn, O.P.H., de Wet, P., Joubert, W.A., 1979. Isoamyl acetate—A key fermentation volatile of wines of *Vitis vinifera* cv Pinotage. Am. J. Enol. Vitic. 30, 167–173.

Vernin, G., Metzger, J., Rey, C., Mezieres, G., Fraisse, D., Lamotte, A., 1986. Arômes des cépages et vins du sud-est de la France. Prog. Agric. Vitic. 103, 57–98.

Versini, G., 1985. Sull'aroma del vino "Traminer aromatico" o "Gewürztraminer." . Vignevini 12, 57–65.

Voilley, A., Beghin, V., Charpentier, C., Peyron, D., 1991. Interactions between aroma substances and macromolecules in a model wine. Lebensm. Wiss. Technol. 24, 469–472.

Wedral, D. (2007) Presence of *Brettanomyces bruxellensis* in North Georgia Wines and Chemical Interaction Resulting Flavor Metabolites and Acetic Acid. Thesis, Cornell University, Ithaca, NY.

Wells, D.L., Hepper, P.G., 2000. The discrimination of dog odors by humans. Perception 29, 111–115.

Wenzel, K., Dittrich, H.H., Seyffard, H.P., Bohnert, J., 1980. Schwefelrückstände auf Trauben und im Most und ihr Einfluß auf die H2S-Bildung. Wein Wissenschaft 35, 414–420.

Williams, A.A., Rosser, P.R., 1981. Aroma enhancing effects of ethanol. Chem. Senses 6, 149–153.

Williams, A.A., Bains, C.R., Arnold, G.M., 1982. Towards the objective assessment of sensory quality in less expensive red wines. In: Webb, A.D. (Ed.), Grape Wine Centennial Symp. Proc. University of California, Davis, pp. 322–329.

Williams, A.A., Rogers, C., and Noble, A.C. (1984) . Characterization of flavour in alcoholic beverages. In Proc. Alko Symp. Flavour Res. Alcoholic Beverages. Helsinki, 1984. (L. Nykänen and P. Lehonen, eds.) . Found. Biotech Indust. Ferment. Res. 3, 235–253.

Wilson, D.A., Stevenson, R.J., 2003. The fundamental role of memory in olfactory perception. Trends Neurosci. 26, 243–247.

Wilson, D.A., Fletcher, M.L., Sullivan, R.M., 2004. Acetylcholine and olfactory perceptual learning. Learn. Mem. 11, 28–34.

Winton, W., Ough, C.S., Singleton, V.L., 1975. Relative distinctiveness of varietal wines estimated by the ability of trained panelists to name the grape variety correctly. Am. J. Enol. Vitic. 26, 5–11.

Wollan, D., 2005. Controlling excess alcohol in wine. Aust. NZ Wine Ind. J. 20, 48–50.

Wood, C., Siebert, T.E., Parker, M., Capone, D.L., Elsey, G.M., Pollnitz, A.P., et al., 2008. From wine to pepper: Rotundone, an obscure sesquiter-pene, is a potent spicy aroma compound. J. Agric. Food Chem. 56, 3738–3744.

Wright, K.M., Hills, B.P., Hollowood, T.A., Linforth, R.S.T., Taylor, A.J., 2003. Persistence effects in flavour release from liquids in the mouth. Int. J. Food Sci. Technol. 38, 343–350.

Wysocki, C.J., Dorries, K.M., Beauchamp, G.K., 1989. Ability to perceive androsterone can be acquired by ostensibly anosmic people. Proc. Natl. Acad. Sci. USA 86, 7976–7978.

Yabuki, M., Scott, D.J., Briand, L., Taylor, A.J., 2011. Dynamics of odorant binding to thin aqueous films of rat-OBP3. Chem. Senses 36, 659–671.

Yoder, W.M., Stratis, K., Pattanail, S., Molina, S., Nguyen, J., Weisberg, S., et al., 2013. Time course of perceptual adaptation differs among odor-ants. J. Sens. Stud. 28, 495–503.

Young, J.M., Endicott, R.M., Parghi, S.S., Walker, M., Kidd, J.M., Trask, B.J., 2008. Extensive copy-number variation of the human olfactory recep-tor gene family. Am. J. Hum. Genet. 83, 228–242.

Yousem, D.M., Maldjian, J.A., Siddiqi, F., Hummel, T., Alsop, D.C., Geckle, R.J., et al., 1999. Gender effects on odor-stimulated functional magnetic resonance imaging. Brain Res. 818, 480–487.

Zampini, M., Wantling, E., Phillips, N., Spence, C., 2008. Multisensory flavor perception: Assessing the influence of fruit acids and color cues on the perception of fruit-flavored beverages. Food Qual. Pref. 19, 335–343.

Zellner, D.A., Whitten, L.A., 1999. The effect of color intensity and appropriateness on color-induced odor enhancement. Am. J. Psychol. 112, 585–604.

Zhao, K., Scherer, P.W., Hajiloo, S.A., Dalton, P., 2004. Effect of anatomy on human nasal air flow and odorant transport patters: Implications for olfaction. Chem. Senses 29, 365–379.

Zou, Z., Buck, L.B., 2006. Combinatorial effects of odorant mixes in olfactory cortex. Science 311, 1477–1481.

Zufall, F., Leinders-Zufall, T., 2000. The cellular and molecular basis of odor adaptation. Chem. Senses 25, 369–380.

4

口腔感受（味道和口感）
Oral Sensations (Taste and Mouth-Feel)

相较于丰富多样的香气，只有5种（或者可能是6～7种）味觉形态和少量的口腔感受（化学感应）属性保持它们的模态质量不变，不会随着化合物浓度和组合变化而变化。产生的情绪反应也是根深蒂固的，只会根据经验产生改变。相较之下，除了那些被归类为刺鼻的、腐烂的或其他刺激的味道外，没有人会对气味产生内在的情绪反应。葡萄酒的味道和口感是对葡萄酒中糖、酸、酒精和酚类物质等主要化学成分的感知。味觉刺激物通常以千分含量值或更高分量值产生感知，而作为痕量物质的气味物质偶尔能在万亿分之一水平产生。

味觉和口感的感知来自两套不同类型的化学感应器。其中一套感应器包含特殊的受体细胞，用来感知味道，特别是甜味、酸味、咸味、苦味和鲜味。这些特殊的受体细胞主要分布在味蕾的空腔，还有一些分布在小肠的内皮层（San Gabriel，2015）以及鼻子中（Lee et al.，2014）。另外一套包含丰富的三叉神经分支的自由神经末梢，负责口腔中化学合成口感的感知，包括感受收敛感、干燥感、黏度、灼烧感、冷凉感、丰满度、刺痛和疼痛感等各种口感。这些神经末梢散布在整个口腔，它们在鼻腔通道中也有少量分布。这两种口腔感觉结合来自鼻腔（嗅觉和化学感受）的感知，产生的综合感受称为风味。风味中的嗅觉成分来自挥发性化合物，这些挥发性化合物主要通过后口腔进入鼻通道（后鼻腔气味）（见第3章，嗅觉感受）。

相对来说，味觉和嗅觉的感知是一个整体，这一点在感冒鼻塞的时候感觉尤为明显。因为来自食物（或葡萄酒）的气味无法到达嗅觉区域，食物也失去了通常的感官吸引力。

对于一位酿酒师来说，平衡葡萄酒的口感是一件很艰巨的任务。众多感觉之间的和谐是高级葡萄酒得以出类拔萃的特征。过量的酸、涩、苦等造成的葡萄酒的不平衡感，往往是品酒师最先注意的缺陷。虽然味觉和口感相对简单，但它们对于评价葡萄酒的质量是至关重要的。

味道
Taste

如上所述，味道是由特殊的上皮受体细胞感知的，这些细胞位于被称作味蕾的烧瓶状凹陷里（图4.1）。味蕾可能含有几个到100个细长柱状的受体细胞、特殊的支持细胞和基底细胞。基底细胞平均8～12 d便有规律地分化为受体细胞。大约有2/3的味蕾分布于舌部，在这里它们位于隆起的被称为乳突的结构的侧边。其余的味蕾主要分布在软鄂和会厌（Schiffman，1983），在咽部、喉部和食道上部也有一些分布。

味蕾与4种乳突中的3种有关联（图4.2）。真菌状乳突主要分布于舌头前部2/3处，特别是在其尖端和两侧，每一个乳突都含大约有20个味蕾。真菌状乳突对味觉十分关键，它们的密度与味觉灵敏度相关（Miller and Reedy，1990；Zuniga et al.，1993）。尽管如此，不同人的真菌状乳突的密度差别很大，这取决于遗传、性别、年龄和其他可变因素，如吸烟等（Fischer et al.，2013）。少数大的轮廓乳突沿着舌头后部的V形

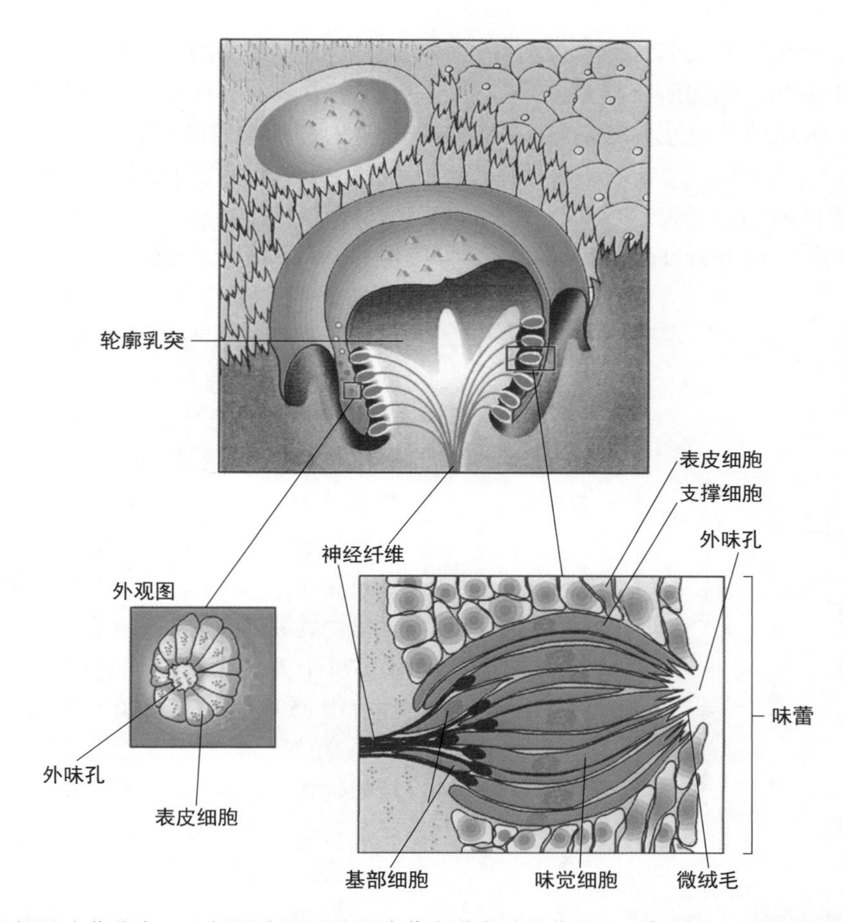

图 4.1 轮廓乳突内部的味蕾分布。上部图片显示的是味蕾在乳突里的位置，下部图片显示的是味蕾本身构造（资料来源：Levine，M.W. and Shefner，J.M.，1991）。

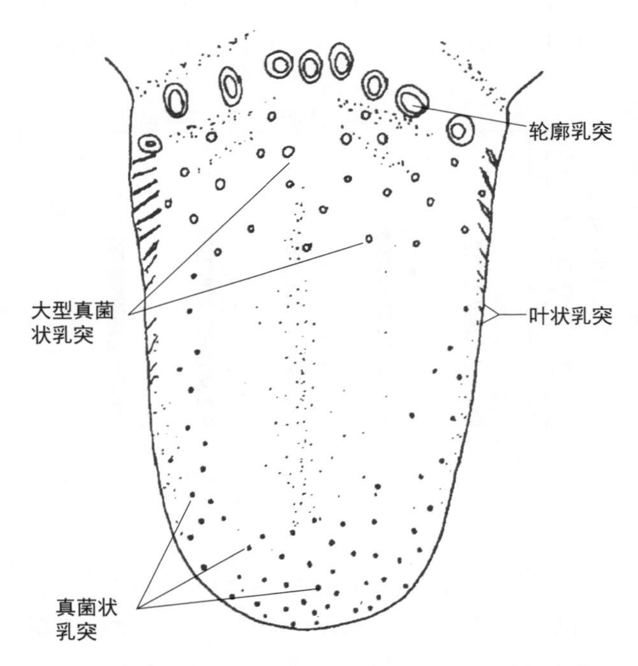

图 4.2 舌头上主要类型乳突的分布（资料来源：Jackson，2000）

区域形成，它们可能含有上百个味蕾。叶状乳突被限制地分布在舌头后边缘折叠之间的脊上，且每个轮廓乳突含有 10 个以上味蕾。丝状乳突是最普通的一种。它们不含味蕾，其中细的、纤维状的尖端赋予了舌头特有的粗糙质地。不含味蕾的舌头中部区域意味着对味道的感知不敏感。

味蕾上的受体细胞是一种拥有典型神经细胞特征的特化上皮细胞。每个感受器神经元在感受树状突起或在众多纤细的延伸部分（微绒毛）中起作用。这些突起在唾液里覆盖整个口腔，它们的尾部拥有几个相关的多重拷贝的受体蛋白。当足够的味觉刺激物与这些蛋白发生作用时，一系列反应的发生改变了细胞膜的潜能。细胞膜的激活促使细胞体基部释放神经递质（Nagai et al.，1996）。神经递质扩散过神经节后会引起相连的导入神经细胞去极反应，进而产生动作电位将脉冲沿着神经传送给大脑。每个导入神经细胞可与许多感受器细胞在几个相邻的味蕾里连接成神经节。

神经刺激不仅产生刺激传入大脑，而且保持味蕾的完整性。尽管味蕾拥有感知所有味觉信号的受体，但是舌头各个区域的灵敏性具有差异（Zhao et al.，2003；图 4.3）。此外，大脑以一种程序化的方式对来自特定区域的信号发生反应，而不管实际的刺激来源是什么（Chen et al.，2011）。

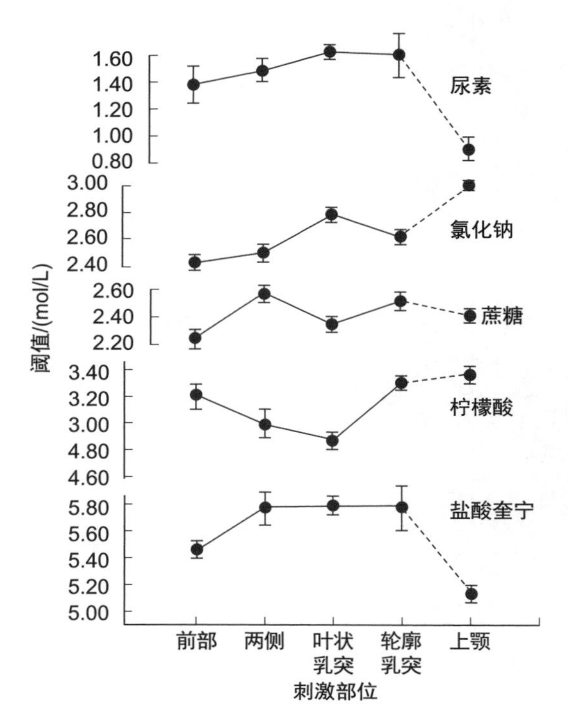

图 4.3　舌头各个区域对 5 种化合物味觉感受阈值的差异（资料来源：Collings，V. B.，1974）。

削弱味蕾的神经元来源于 3 个颅神经之一，这三个颅神经分布在舌头、腭和咽喉不同的区域。神经脉冲最初传递到脑干中的孤束核。随后，大部分的脉冲传递到丘脑和皮质的味觉中枢。额外的神经元向下丘脑传递信号，唤起对刺激的情绪反应。

在当前公认的甜、苦、酸、咸、鲜 5 种味觉模式中，只有前 3 种味觉与葡萄酒质量以及葡萄酒配餐有直接关系。偶尔在酒中品尝到的金属“味道”实际上是一种后鼻腔气味的感知，这种后鼻腔气味的感知被误解为味觉（Epke et al.，2009）。

各种促味剂的敏感性与特定的受体蛋白或它们的组合相关（Gilbertson and Boughter，2003）。单个受体细胞只产生一个或一对选择性的受体蛋白。因此，每个受体可以对一个味觉或几个味觉形态产生脉冲反应。有趣的是，从一个受体细胞释放神经递质似乎激活了相邻受体细胞相关的传入神经元，从而对其他味觉形态也产生反应。

对甜味、鲜味和苦味物质的响应与一组包含约有 30 个相互关联的 TAS（味觉）基因相关。酸味和咸味的响应与一组相互无关的基因有关。这些基因编码离子通道转运蛋白，分别响应不同阳离子，H^+ 或金属离子，特别是 Na^+。

味觉敏感度与舌头上味孔的数量有关。一般的人舌尖大约拥有 70 个 /cm^2 真菌状乳突，而拥有更多真菌状乳突的人（＞100 个 /cm^2）显示出更高的味觉敏感性（超级品尝者）。相反地，那些拥大约有 50 个 /cm^2 真菌状乳突数的人味觉敏感性会降低（弱势品尝者）（Bartoshuk et al.，1994）。此外，超级品尝者的真菌状乳突更小，但是每个乳突含有更多的味蕾。例如，超级品尝者拥有 670 个 /cm^2 味蕾，而一般人和弱势品尝者分别拥有约 350 个味蕾和 120 个味蕾（每平方米舌头面积）。超级品尝者的味蕾也可能显著地受到三叉神经的刺激，并相应地对化学感受有更大的反应。

舌尖上真菌状乳突的数量也与苦味剂［6- 正丙基硫脲嘧啶（PROP）和苯硫脲（PTC）］的敏感性相关。然而，对这些化合物的敏感并不一定与对其他苦味化合物（Roura et al.，2015）或对其他味道的敏感性有关，尤其是对弱势品尝者来说（图 4.4）。此外，舌尖对苦味物质的敏感性

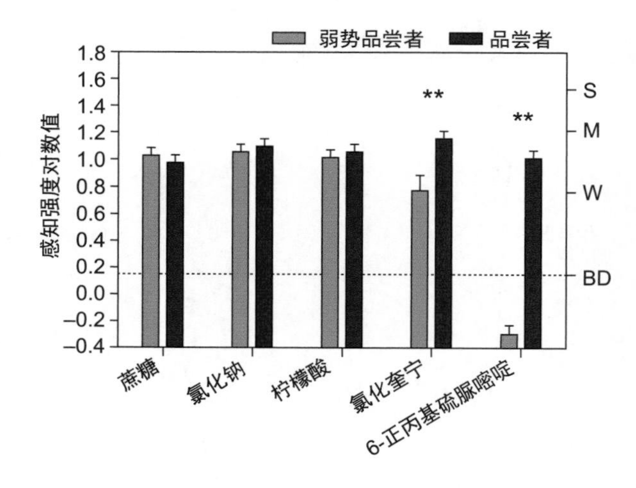

图 4.4　蔗糖的甜味、氯化钠（NaCl）的盐味、柠檬酸的酸味、氯化奎宁（QHCl）的苦味、6- 正丙基硫脲嘧啶（PROP）的苦味的感知强度 ± 标准差的对数均值，按 PROP 品尝者状态分组。“*”代表显著性差异（$^{\%\%}P<0.005$）（资料来源：Lim J. et al.，2009）

很差。大多数对苦味化合物敏感的细胞位于舌头后部，那里很少有真菌状乳突的分布。味蕾和乳突数量，或受体和味蕾数量变化的遗传基础还尚未被研究。因此，敏感度差异的起因可能比所认为的还要复杂，它还受到性别（图 4.5）、唾液产生（Matsuo，2000）和年龄等因素的影响。

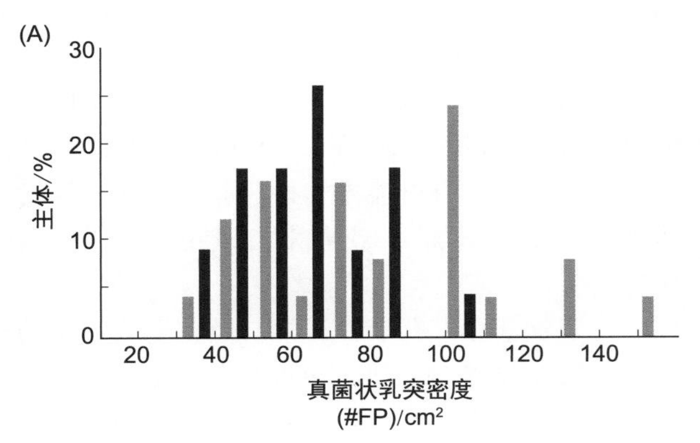

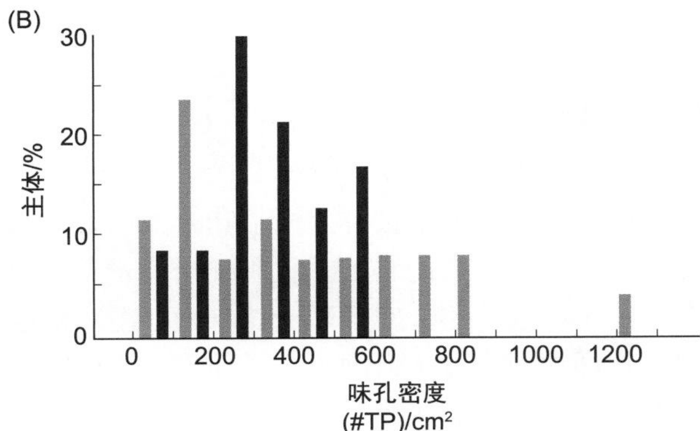

图 4.5　舌头前部菌状乳突（FP）密度（A）和味孔（TP）密度（B）分布。发生频率以女性和男性的 % 表示：浅色柱代表女性；深色柱代表男性（资料来源：Bartoshuk, L.M. et al.，1994）

超级品尝者的味觉比一般人的味觉更加敏感，这些非典型的高敏感人群是否更好？这还要依赖于品尝的目的。因为对呈味物质的超级敏感性，他们可能不太喜欢偏酸、偏苦或偏甜的葡萄酒。同样的问题也适用于那些对气味特别敏感的人。如果目的是得到分析性和判别性的结果，那么对味觉和嗅觉特别敏感的专家小组成员可能更可取。然而，如果需要一些与普通消费者的接受度相关的数据，那么反映一般人的灵敏度标准的品尝者更合适。目前还没有明确的证据表明味觉的敏感度与嗅觉的灵敏度有关。

甜味、鲜味和苦味（Sweet, Umami, and Bitter Tastes）

虽然甜、鲜、苦的味道在感知上看起来不相关，但是感官反应是基于一对相关基因 *TAS1R* 和 *TAS2R* 编码的蛋白质。

TAS1R 由 3 个基因组成。它们的编码响应甜和 / 或鲜味的蛋白质。TAS1R2 和 TAS1R3 蛋白的双重作用产物使人类对糖、人工甜味剂和一些氨基酸（Li et al.，2002）具有高灵敏度，而 TAS1R1 和 TAS1R3 的双重作用产生的受体响应于鲜味活化剂，如 L- 氨基酸，特别是味精（MSG）（Nelson et al.，2002；Matsunami and Amrein，2004）。*TAS1R* 基因的等位变异被认为是人们能够区分不同糖和糖替代用品之间差异的原因。

TAS2R 组基因由约 25 个功能基因（不包括非功能性假基因）组成。各个基因分别编码一个响应于一种或多种苦味物质的受体蛋白（Meyerhof et al.，2010）。这些苦味物质包括某些氨基酸和乙酰化糖、生物碱、胺、氨基甲酸酯、离子盐、异胡芦酮、酚类化合物和脲 / 硫脲等。对苦味物质敏感的受体细胞主要分布在舌背和腭的味蕾上，在口腔其他地方也有零星分布。单个受体细胞可以共表达几种 *TAS2R* 基因转录本，从而响应不同苦味物质。然而，一些特别的化学成分的受体敏感性存在一定的特殊化。例如，生物碱引起的苦味主要在舌尖被感知，但是舌尖却不能感受到异 α- 氨基酸引起的苦味。全细胞表达的 *TAS2R* 基因也表达味觉 G- 蛋白，β- 古斯塔丁，该蛋白在苦味感知中起着重要的作用，也可能存在第二种苦味传感机制。在该机制中，化合物可以渗透味觉感受器，直接激活味觉细胞，产生苦涩的余味（Sawano et al.，2005）。随着年龄的增长，苦味敏感性有所降低，但是这种降低具有苦味化合物特异性（Cowart et al.，1994）。与其他人类基因相比，TAS2R 基因座中的等位基因变异比预期的要多得多（Kim et al.，2005）。这种情况似乎与嗅觉受体（OR）基因的变化类似。

TAS1R 和 TAS2R 受体蛋白与鸟苷三磷酸（GTP）相连，被称为 G 蛋白。通过一系列反应，味觉物质间接诱导细胞膜去极化。在初始阶段，腺苷酸环化酶被激活，这改变了 K+ 电导和细胞内游离钙离子的浓度（Gilbertson and Boughter，2003），从而导致神经递质的释放，进而启动相关传入神经元的激活，并向大脑传递脉冲。

许多甜味和苦味化合物结构的细微变化可以导致甜味变成苦味，或者苦味变成甜味。口味质量的变化是由于它们能够联合激活两个味道受体组成员。例如，甜味剂和糖精等常常被认为有一些苦味可能是由于激活了苦味受体 TAS2R43 和 TAS2R44 所导致（Kuhn et al.，2004）。众所周知，在不改变单独的感觉模态下，苦味和甜味的化合物可以互相掩盖对方的感知强度。目前，这种现象的分子起源还不清楚。

葡萄酒中甜味的主要来源是葡萄糖和果糖。在甘油和乙醇存在下，它们的感知增强。葡萄酒中没有明显的鲜味剂被检测到。

类黄酮类化合物是与葡萄酒苦味最相关的成分（Kielhorn and Thorngate，1999；Vidal et al.，2003；Hufnagel and Hofmann，2008），单独的化合物似乎激活不同的 TAS2R 受体。例如，(-)-表儿茶素激活三个受体（TAS2R4，TAS2R5，TAS2R39），戊四酰葡萄糖苷（水解单宁）激活两个受体（TAS2R4 和 TAS2R5），而马来酰亚胺-3-葡萄糖苷和原花色苷三聚体分别激活 TAS2R7 和 TAS2R5 受体（Soares et al.，2013）。特别是如果当某一种味道更加强烈时，相同的化合物可能在不同程度上产生苦味和涩味，这两者可能会混淆（Lee and Lawless，1991），或潜在的掩饰彼此（Arnold and Noble，1978）。

在陈酿过程中，红葡萄酒的味道往往会越来越顺滑。部分原因是类黄酮类物质聚合成单宁。而味蕾上并没有能有效地感知大的单宁聚合物的受体位点。然而，来自橡木桶的可水解单宁分解成单体，在葡萄酒陈酿过程中可能会增加苦味。除了葡萄酒中的酚类化合物，几种糖苷类化合物、胺类化合物、三萜类化合物和生物碱也可以引起苦味。例如，在麝香葡萄酒中发现了苦味的萜烯糖苷类化合物（Noble et al.，1988），在雷司令葡萄酒中发现了黄烷酮苷和柚皮苷。在酵母发酵过程中产生的酪醇也是苦味的，因为其浓度太低往往感知不到。但是这些化合物是否会相互结合从而引起苦味还尚不可知。

虽然白葡萄酒并不以苦味著称，但是在橡木桶中陈酿过程中，它们可以提取足够的非黄酮类化合物，如没食子酸以产生可检测到的苦味和涩味。此外，葡萄酒可以提取橡木中的非黄酮类木质素和槲皮素皂苷类化合物从而影响葡萄酒的口感。两者均能达到一定的浓度，并分别引起苦味和甜味（Marchal et al.，2011，2014）。

葡萄酒的苦味也可能由于腐败细菌产生丙烯醛而增强（Rentschler and Tanner，1951）。此外，苦味化合物有可能来自松树脂（在松香味希腊葡萄酒中有添加），或者来自风味苦艾酒中所用的药草和树皮。

许多氨基酸具有多种口感，但在葡萄酒中的浓度较低往往感知不到。脂肪酸也会激活口腔中的特定受体细胞，但与氨基酸一样，它们在葡萄酒中的含量低于检阈值。

酸味和咸味（ASIC 和 ENaC 通道）[Sour and Salty Tastes (ASIC and ENaC Channels)]

酸味和咸味通常被称为电解味，这两种味道的产生都是可解离的小的无机阳离子（带正电荷的离子）在起作用。对于酸受体来说，游离的氢离子选择性地穿过（借助于离子通道）感受器细胞的细胞膜。对于咸味受体而言，钠离子（Na^+）是主要的激活离子。在这两种情况下，离子的流入引起细胞膜的去极化反应，从而激活神经递质的释放。因为这两种情况都有相关的离子通道的参与，所以酸味物质常常会有一些咸味，而一些盐味会表现一种柔和的酸味，这种现象并不奇怪（Ossebaard et al.，1997）。

酸和盐的感知似乎截然不同，但与其相互关联的基因有关。对酸的反应主要是由酸敏感离子通道基因（*ASIC2*）（Gilbertson and Boughter，2003；Gonzales et al.，2009）和 *PKD2L1* 基因（Chandrashekar et al.，2009）编码的受体蛋白发挥作用，而对盐的感知与 *ENaC* 基因最相关（Chandrashekar et al.，2010）。

氢离子的解离程度受酸分子中阴离子（负电荷离子）成分和 pH 的影响。因此，这些双重因素在很大程度上影响着葡萄酒的酸味。尽管未解离的酸分子相对地不会刺激感受器神经，它们仍然会影响酸味的感知（Ganzevles and Kroeze，1987）。影响葡萄酒酸味的主要酸有酒石酸、苹果酸和乳酸。这些酸也能引起涩味大概是因为酸可以引起唾液蛋白（Sowalsky and Noble，1998）和口腔上皮细胞膜蛋白的变性以及增强酚类物质的收敛性（Peleg et al.，1998）。相反地，酚类物质——葡萄酒中的主要收敛剂可以显著增强酸的酸度（Peleg et al.，1998）。另外，除了乙酸，葡萄酒中的其他酸的含量一般都很低，所以不会影响葡萄酒对酸味的感知。

除了激活味蕾中的 H^+ 受体外，酸还可以刺激连接到三叉神经末梢的伤害感受器（疼痛受体）。这就产生了葡萄酒过酸时出现的尖锐口感。

酸受体细胞也会对二氧化碳产生反应。然而，这需要口腔上皮细胞膜中含有碳酸酐酶（CA4）。这种酶迅速地将二氧化碳转化成碳酸。酸离子化释放的 H^+ 离子激活味蕾中的酸应答受体细胞（Chandrashekar et al.，2009）。

在葡萄酒条件下，盐只有充分解离才可以引起咸味。最常见的葡萄酒中的盐阳离子有 K^+、Ca^{2+}、Na^+。它们的相应阴离子往往是 Cl^- 或酒石酸根离子。与酸味一样，盐的感知不仅仅受活化盐阳离子的影响。在葡萄酒条件下盐类物质的电离能力强烈影响其咸味的感知。例如，大的有机阴离子（酒石酸根离子）通过限制解离以及延迟反应时间来影响咸味的感知（Delwiche et al.，1999）。因为葡萄酒中主要的盐类物质（酒石酸盐和酒石酸氢盐）含有较大的有机阴离子。有机阴离子在葡萄酒 pH 条件下的解离较弱限制了它们的咸味感知。此外，因为葡萄酒中典型的阳离子是 K^+（不是主要的盐活化离子 Na^+），所以在葡萄酒中很少能感知到咸味。如果能检测到咸味，也可能是由于 H^+ 离子激活了盐受体。然而，当土壤水质较差，降水量不足时，土壤盐分含量过高就会导致足够量的钠的摄入，即会影响葡萄酒的质量（de Loryn et al.，2014）。

影响味觉的因素
Factors Influencing Taste Perception

许多因素影响味觉的感知和识别。这些因素可以从概念上分为四类：物理化学因素、化学因素、生物因素和心理因素。

物理化学因素（Physicochemical）

经过一个世纪的研究，温度对味觉感知的作用仍然不确定。一般的观点认为味觉感受在正常的口温下是最佳的。例如，冷却降低了糖的甜度（图 4.6）和咖啡因的苦味（Green and Frankmann，1987）。然而，在白葡萄酒和红葡萄酒通常饮用温度范围内，温度对这些葡萄酒味觉特性的影响是有限的（图 4.7）。这些研究的难点之一是在整个实验过程中无法区分酒温和口腔中受体的影响。

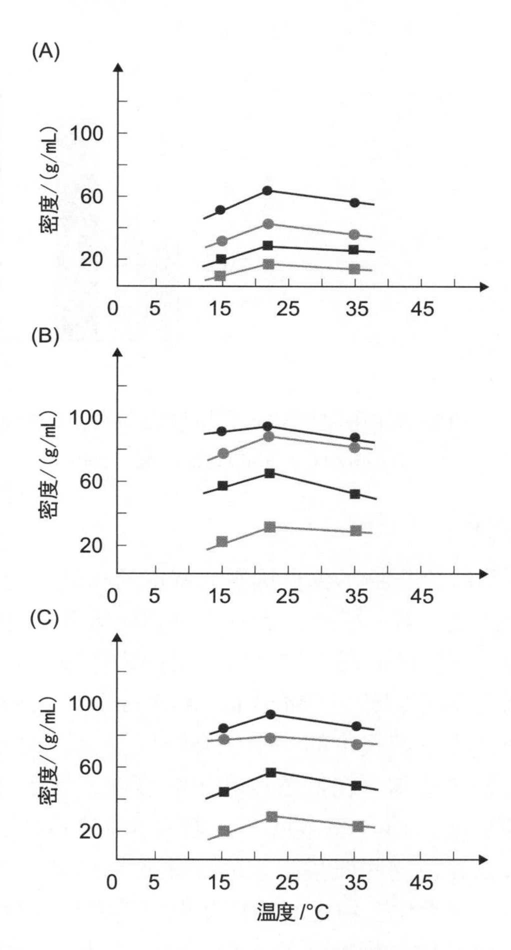

图 4.6 随着温度和浓度改变，D- 葡萄糖（A）、D- 果糖（B）和蔗糖的甜味强度（C）的变化（●，9.2 g/mL；○，6.9 g/mL；■，4.6 g/mL；□，2.3 g/mL）（资料来源：Port-mann，M.-O. et al.，1992）

另一个重要的影响味觉的物理化学因素是

pH。它既可以直接影响盐和酸的解离，又可以间接影响受体和其他一些细胞膜蛋白的结构和生物活性。然而，由于唾液的缓冲作用，最起码在一开始的时候 pH 对味觉响应的影响是有限的。

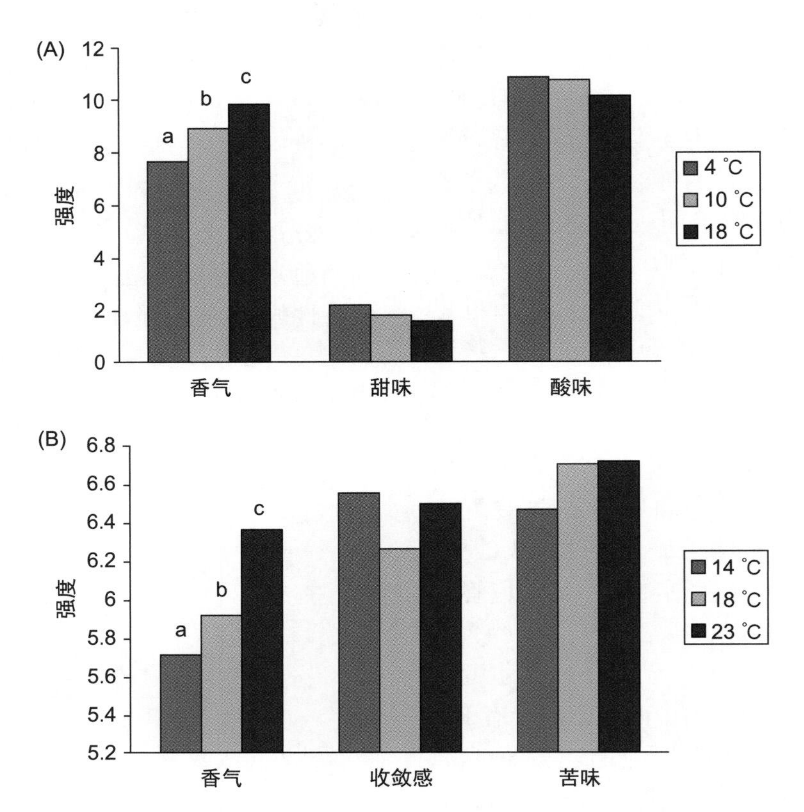

图 4.7　葡萄酒饮用温度对味觉属性的影响：白葡萄酒（A）、红葡萄酒（B）。不同字母代表显著性差异（$P \leqslant 0.05$，$n=72$）（资料来源：Ross C.F. and Weller，K.，2008）。

化学因素（Chemical）

呈味化合物不仅直接激活特定的味觉感受器，据推测是一对一模式，而且影响其他味觉的感知。例如，不同糖的混合物可以抑制甜味感知的强度，特别是在高浓度下（McBride and Finlay，1990）。此外，味觉模式中的一个化合物成分会影响另一个成分的感知。在低浓度和中浓度时，效果往往是叠加的，而在高浓度下，通常是抑制的状态。尽管如此，这些概括出来的变化效果仍是微不足道的。因为化合物之间的相互作用通常是复杂的，而且随着化合物种类的变化，它们会发生不同的变化（Keast and Breslin，2003；Sáenz-Navajas et al.，2012）。

多味觉互动模式的一个常见例子是糖对苦味、涩味和酸味感知的抑制（Lyman and Green，1990；Smith et al.，1996）。一些干酪的咸味同样能抑制苦味（Breslin and Beauchamp，1995），因此，在大多数葡萄酒品尝中，硬奶酪味是普遍存在的，这种作用可能并不是相互的。例如，单宁对甜味感知的影响很小（图 4.8），而蔗糖对单宁涩味的抑制逐渐增强（图 4.9）。虽然一种物质对另一种化合物味道感知的抑制作用比较常见，同样一种物质也可以增强另外一种物质的味道感知。例如，乙醇增强了葡萄酒的甜味、苦味（Noble，1994；Vidal et al.，2004c）和涩味（Gawel et al.，2013）；酸增强了单宁引起的苦味和涩味。

葡萄酒中香气化合物影响风味，同样呈味物质也可以显著影响嗅觉（Voilley et al.，1991；Dufour and Bayonove，1999a，b；Sáenz-Navajas et al.，2010a；Frank et al.，2011）。不同感觉模式的相互作用几乎成为定律（Delwiche and Heffelfinger，2005），特别是当化合物浓度低于阈值浓度时。

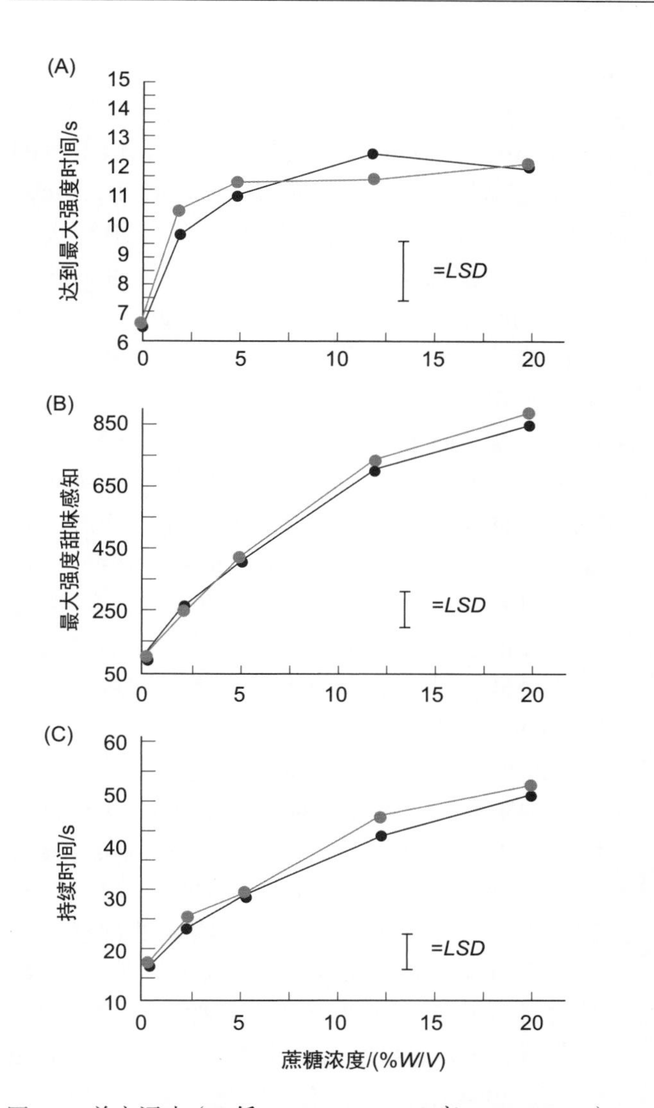

图 4.8　单宁涩味（○低，1300 GAE；●高，1800 GAE）对甜味感知达到的最大强度时间（A），所达到的最大强度（B）和持续时间的影响（C）（GAE 为没食子酸当量）（资料来源：Ishikawa T. and Noble A.C.，1995）。

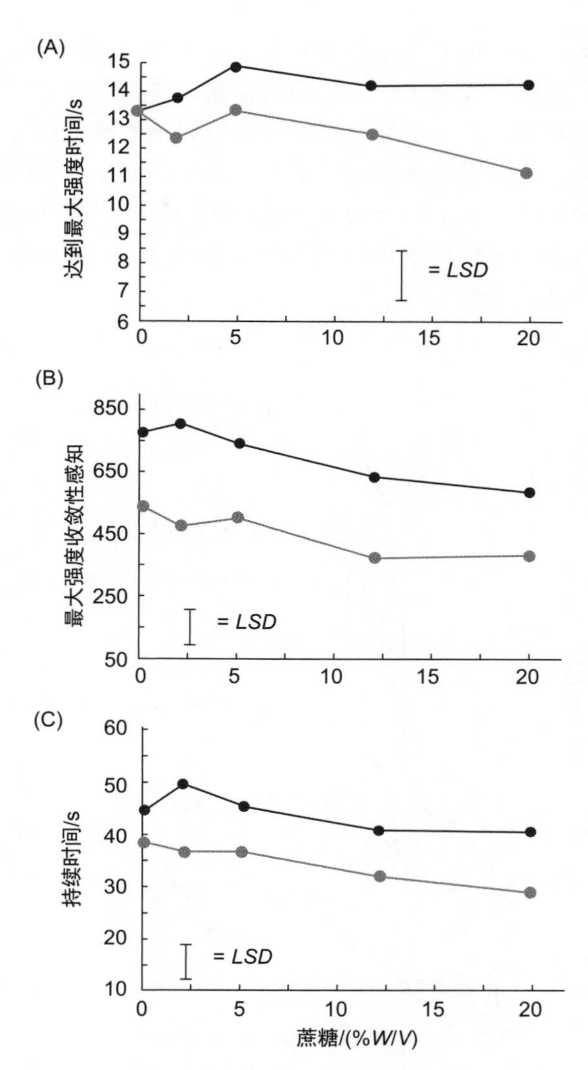

图 4.9　甜味对涩味感知达到最大强度时间（A）、达到的最大强度（B）和持续时间的影响（C）（○低，1300 GAE；●高，1800 GAE）（资料来源：Ishikawa T. and Noble AC，1995）。

许多呈味物质具有不止一种感觉形态。例如，小的酚类聚合物可能既苦又涩，还具有香味；葡萄糖既有甜味又有轻微的酸味；而酸可以表现出酸味和涩味的特性；钾盐既咸又苦；酒精可以产生热、厚重和甜的感觉。在混合物中，这些次要感觉（副味）可以显著地影响整体味觉的质量（Kroeze，1982）。

尽管如此，通常混合物的感知强度反映主要成分的强度，而不是其个别效应的简单总和（McBride and Finlay，1990）。这些相互作用的起源是复杂多样的（Avenet and Lindemann，1989）。

在葡萄酒中，呈味物质的相互作用因其在口腔中的化学成分的变化而进一步复杂化。葡萄酒刺激唾液流动（图 4.10），这样就稀释和改变了葡萄酒的化学组成。唾液含有蛋白质，其中约 70% 的蛋白富含脯氨酸（25%～42%）以及谷氨酰胺和甘氨酸（Bennick，1982），这有利于与酚类物质结合，特别是儿茶素、没食子酸和原花色苷（Obreque-Slíer et al.，2011）。唾液中的组胺素也能与多酚类物质反应（Wróblewski et al.，2001）。这种结合不仅降低了苦味（通过限制它们与苦味受体反应的能力），而且降低了涩味（Glendinning，1992）（通过限制酚类物质与三叉神经受体和上皮细胞膜蛋白的结合）。因为唾液的化学成分在一天中都在变化，并且个体之间有差异，所以很难预测唾液对口腔感觉的具体影响。人们不同的唾液流率也会影响不同个体感知味觉的方式（Fischer et al.，1994）。减少唾液流量在一定程度上可以增加味觉敏锐度（Condelli et al.，2006）。

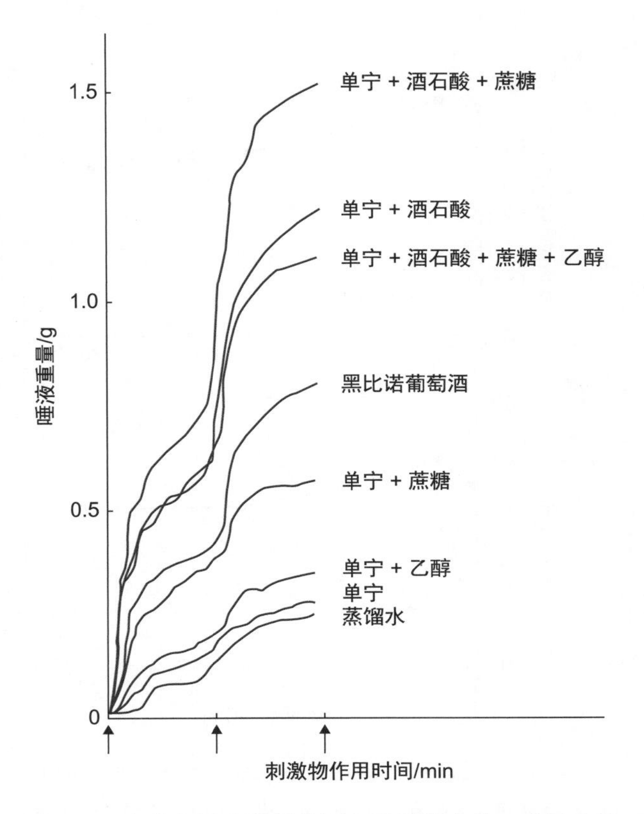

图 4.10　在品尝黑比诺葡萄酒和品尝单独的，或混合的不同葡萄酒成分时，分泌的腮腺唾液数量的变化。（资料来源：Hyde R.J. et al.，1978）。

生物因素（Biologic）

一些研究表明，随着年龄的增长，感觉的敏锐度将逐渐丧失（Bartoshuk et al.，1986；Stevens and Cain，1993）。在童年中期，舌头上的乳突数量达到最大，此后缓慢下降。过了中年，不管味蕾，还是每个味蕾上面的感觉受体细胞的数量，都在减少。味觉敏锐度的下降不仅与年龄直接相关，而且部分味觉敏锐度的下降是独立性丧失的结果（Sulmont-Rossé et al.，2015）。然而，与年龄相关的感觉丧失并不会严重影响葡萄酒的鉴赏能力；经验和注意力似乎可以抵消敏锐度的降低。

某些药物可以明显损害味觉敏锐度（Schiffman，1983），或者通过生成它们本身的味道引起畸形的味觉反应（Doty and Bromley，2004）。例如，乙酰唑胺阻断神经纤维对碳酸的反应，从而消除了起泡葡萄酒刺痛感的感知（Komai and Bryant，1993）。此外，多种多样的日用化学品也能破坏味觉的感知。一个常见的破坏味觉感知的例子就是十二烷基硫酸钠，它是一种牙膏里都含有的成分（DeSimone et al.，1980）。长期的慢性口腔和牙齿疾病会产生一种经久不消的气味，并且在低浓度下更加难以辨别味道（Bartoshuk et al.，1986）。这就可以解释为什么拥有自然牙齿的老人通常比用假牙的老人的检测阈值低。敏锐度的丧失进一步降低了其对混合物中呈味物质的辨别鉴定（Stevens and Cain，1993）。

25 个 *TAS2R* 基因中的一些等位基因变异与味觉缺陷有关，例如，对 PTC 和 PRP 敏感性的降低与 *TAS2R38* 等位基因有关（Behrens et al.，2013）。超级品尝者拥有 2 个功能性等位基因，拥有 1 个功能性等位基因的品尝者的敏感性中等，而弱势品尝者拥有 2 个非功能性等位基因。品尝者对 PTC 和 PROP 的敏感性会影响其对红葡萄酒酸味和涩味感知灵敏度的高低（Pickering et al.，2004）。这些影响可能是间接的，即通过影响脑部对感知的整合，而不是直接影响受体活性（Keast et al.，2004）。个体味觉模式部分地在大脑中评估，个体之间既存在重叠，也存在相当大的差异（Schoenfeld et al.，2004）。因此，味觉的灵敏度在个体之间存在显著的变化（图 4.11；Delwiche et al.，2002；Drewnowski et al.，2001）。这就可以解释在品尝葡萄酒时为什么难免会产生一些分歧。

味觉敏锐度也会随着时间变化而变化。例如，对 PTC 的敏感性可以在几天内变化 100 倍（Blakeslee and Salmon，1935）。感官适应也可导致暂时、短期的味觉敏锐度下降。不用很高的浓度，感官适应即可以完成。正因为如此，假设没有其他原因，品尝者应该在品尝不同样品的间隔清洗一下自己的口腔。

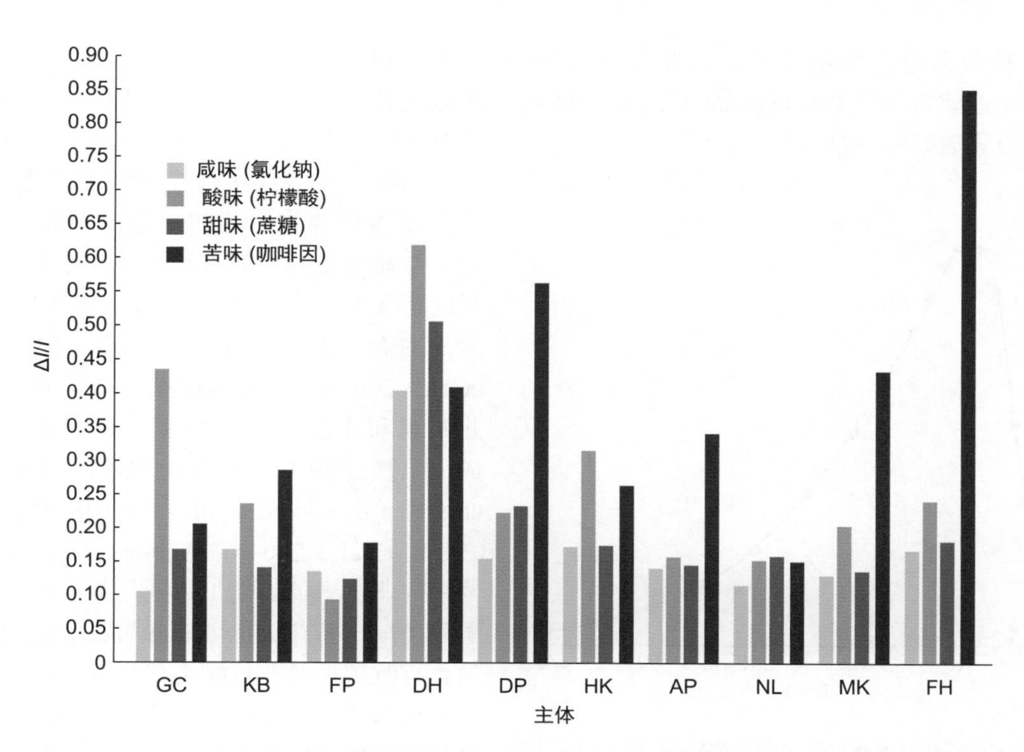

图 4.11　10 个品尝者对其主要品尝品质感受性的差异（$\Delta I/I$）（资料来源：Schutz，H.G. and Pilgrim，F.J.，1957）。

心理因素（Psychologic）

长期以来，人们都知道品尝的背景和环境会影响味觉感知。背景和环境与食物的感知及接受程度之间的关系一直是众多学者调查和研究的主题（Spence and Picqueras-Fiszman，2014）。交叉味觉模态联系的发生往往具有文化渊源，例如，气味和味觉判断的民族差异（Barker，1982；Chrea et al.，2004）。人们经常提到的地方美食和当地葡萄酒的完美匹配可能是一个例子。这是文化习惯的体现，或者是在一个迷人的地方度假而产生的美好心理。

背景和环境因素也可以在较小范围内发挥作用，许多交叉味觉模态的联系显然是基于经验而改变的根深蒂固的感知。这是由大脑前眶额皮质强加的（图 3.11），甚至口头建议也会影响感知（Djordjevic et al.，2004；Aqueveque，2015）。尽管如此，单独评估混合物的香气和味觉可以最小化或者可以消除大多数跨模态的影响。

口感
Mouth-Feel

口感是呈味物质被三叉神经的自由神经末端激活产生的，三叉神经纤维末端包围着味蕾（Whitehead et al.，1985），它们随机分布在整个口腔。不同种类的三叉神经受体遍布于整个口腔（Rentmeister-Bryant and Green，1997）。例如，灼热感刺激物受体主要聚集在舌尖和舌头两侧。然而，通常体觉受体会引起整个口腔产生分散的、无以名状的感觉。葡萄酒重要的口感包括收敛感、灼热感、杀口感、黏稠度、酒体轻重和热感和冷感。

大多数口腔感觉是由 4 种三叉神经受体中的 1 种或多种响应而产生的。4 种三叉神经受体分别为机械感受器（触觉、压力、振动）、热感受器（热和冷）、伤害感受器（疼痛）以及本体感受器（质地、运动和位置）。虽然各种感受器有一定程度的专精，但它们仍是不完整的。例如，伤害感受器可以响应高浓度的乙醇（引起烧灼感）和 CO_2（引起疼痛感）（Green，2004）。几种受体类型会相对地被激活而产生涩味的感觉。

与大多数味觉和嗅觉感觉不同，收敛感的感知相对缓慢（图 4.12），这可能是因为三叉神经受体常常被埋藏在黏膜上皮里面或下面。感官适应也很慢，或者可能不会发生，特别是当连续的刺激使收敛感逐渐增强时，后者尤为明显（图 5.56）。这就是为什么在每次品尝样品之前都应该有效地清洁口腔的原因之一。

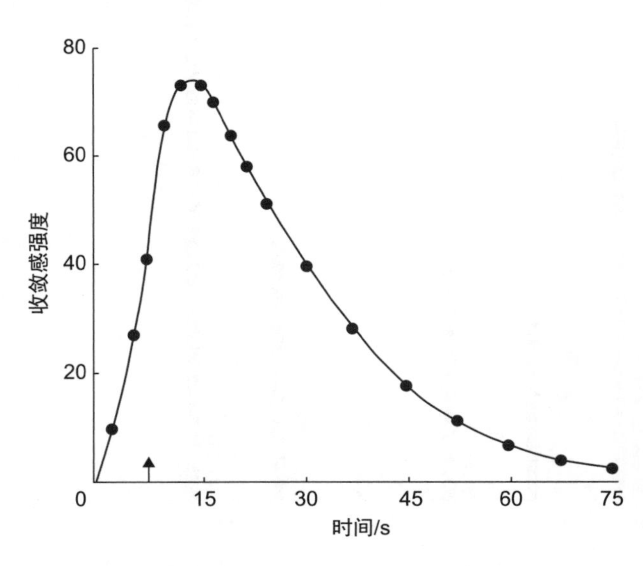

图 4.12　白葡萄酒中 5 mg/L 单宁酸产生收敛性的平均感知时间—强度曲线。酒样在口中保持 5 s 再吐出（资料来源：Leach E.J. and Noble A.C.，1986）。

收敛感（Astringency）

收敛感指的是一系列的感觉，被分别描述为干燥感、颗粒感、粗糙感、干涩感和偶尔的天鹅绒般柔滑感。这些感觉特征是大多数红葡萄酒所拥有的（Lawless et al.，1994；Francis et al.，2002），而不是白葡萄酒。收敛感主要是由类黄酮类化合物引起的，主要来源于葡萄籽和皮（与葡萄酚类有关的术语总结见表 4.1）。花色苷能增强单宁收敛性的感知，但它们本身不会显著地对葡萄酒收敛感或苦味有贡献（Brossaud et al.，2001）。在成熟和陈年过程中，花色苷与儿茶素和儿茶素聚合物结合参与缩合单宁的生成。虽然这些着色聚合物的比例通常随着时间而增加（Brossaud et al.，2001），但也可能减少（Vidal et al.，2004b；Weber et al.，2013）。葡萄中的非黄酮类酚类（特别是黄酮醇苷和二氢黄酮醇类鼠李糖苷）也可能参与收敛感的产生。其他具有收敛性的非黄酮类化合物（特别是水解单宁）可以从橡木桶中被吸收。此外，葡萄酒中可能与收敛性相关但十分显著的成分是有机酸，尤其是酒石酸。

尽管收敛感易与苦味混淆（Lee and Lawless，1991）——2 种感觉均可由不一定相同但是相关的化合物引起（图 4.13），更加混乱的是，它们拥有相似的反应曲线——这两种感知都比

表 4.1　葡萄和葡萄酒里酚类物质及其相关的物质[a]

一般类型	一般结构	例子	主要来源[b]
非类黄酮类			
苯甲酸（Benzoic acid）	COOH（苯环）	苯甲酸（Benzoic acid）	G，O
苯甲醛（Benzaldehyde）	CHO（苯环）	香草酸（Vanillic acid）	O
		没食子酸（Gallic acid）	G，O
		原儿茶酸（Protocatechuic acid）	G，O
		水解单宁（Hydrolyzable tannins）	G
		苯甲醛（Benzaldehyde）	G，O，Y
香豆酸（Cinnamic acid）	CH═CHCOOH（苯环）	香草醛（Vanillin）	O
		丁香醛（Syringaldehyde）	O
		p-香豆酸（p-Coumaric acid）	G，O
香豆醛（Cinnamaldehyde）	CH═CHCHO（苯环）	阿魏酸（Ferulic acid）	G，O
		绿原酸（Chlorogenic acid）	G
		咖啡酸（Caffeic acid）	G
		松柏醛（Coniferaldehyde）	O
		芥子醛（Sinapaldehyde）	O

续表 4.1

一般类型	一般结构	例子	主要来源[b]
酪醇（Tyrosol）	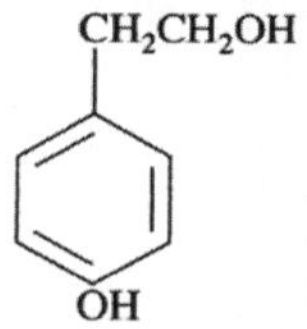 CH_2CH_2OH / OH	酪醇（Tyrosol）	Y
类黄酮类			
黄酮醇（Flavonols）	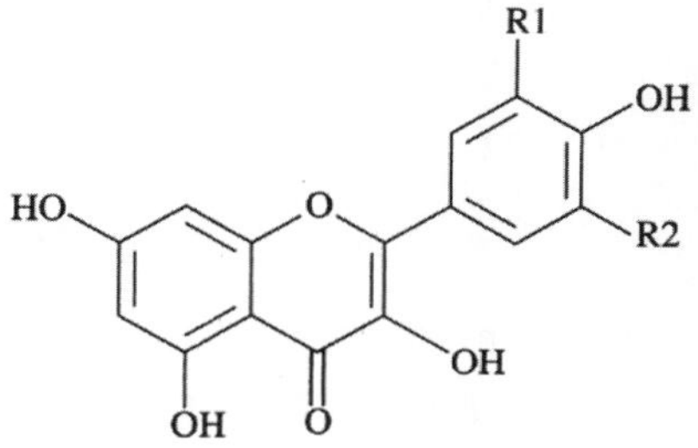 R1, OH, R2, HO, O, OH, OH, O	槲皮素（Quercetin） 山柰酚（Kaempferol） 杨梅素（Myricetin）	G G G
花色苷（Anthocyanins）	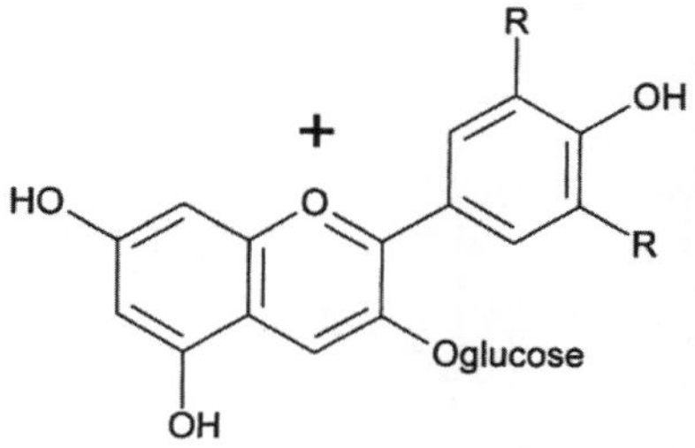 R, OH, +, HO, O, R, Oglucose, OH	花色苷（Cyanin） 飞燕草素（Delphinin） 矮牵牛素（Petunin） 芍药素（Peonin） 花翠素（Malvin）	G G G G G
黄烷三醇（Flavan-3-ols）	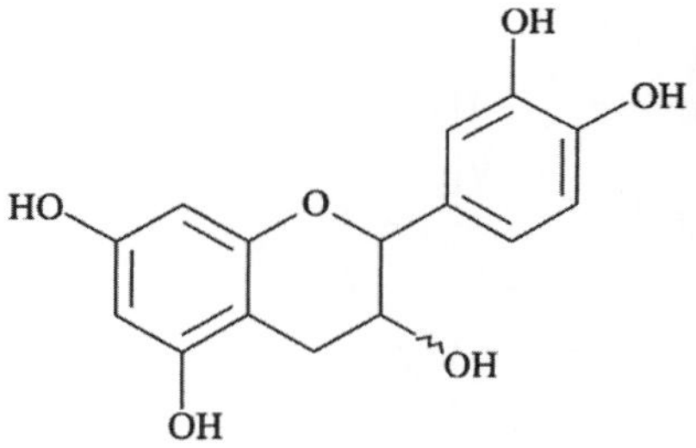 OH, OH, HO, O, OH, OH	儿茶素（Catechin） 表儿茶素（Epicatechin） 没食子儿茶素（Gallocatechin） 原花色苷（Procyanidins） 缩合单宁（Condensed tannins）	G G G G G

注：[a] 数据引自 Amerine and Ough，1980；Ribéreau-Gayon，1964。
[b]G 为葡萄果实；O 为橡木；Y 为酵母。
资料来源：Jackson，2014。

较缓慢且回味很长（图 4.12 和图 4.14）。许多酚类物质强烈的收敛感可以部分掩盖它们的苦味（Arnold and Noble，1978）。当要求经过训练的品酒师区分这些感觉时，如果没有一个客观和明确的衡量，他们如何比较成功的区分仍是一个争论未决的问题。来自 Ross 和 Weller（2008）的数据表明，收敛感更容易与苦味混淆，图 4.15 阐明葡萄酒中发现的一些酚类物质的收敛性和苦味的相对强度比较。通过添加三叉神经抑制物可以区分类黄酮类化合物引起的收敛感和苦味，如反式薄荷碱。它降低了表没食子儿茶素没食子酸酯的收敛感，而不影响其苦味（Obst et al.，2013）。

红葡萄酒的苦味 – 收敛感可能是许多人第一次品尝红酒而不喜欢它的主要原因，类似于不加糖的咖啡或茶。尽管如此，许多消费者已经克服

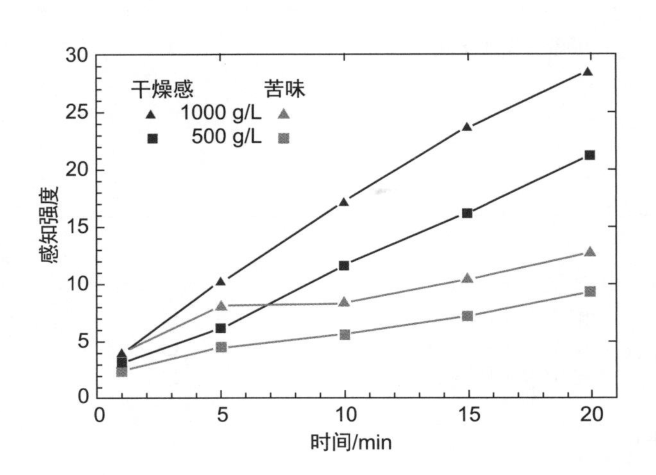

图 4.13　2 种不同浓度的单宁酸反复冲洗口腔引起的干燥感和苦味增长曲线（资料来源：Green B.G.，1993）。

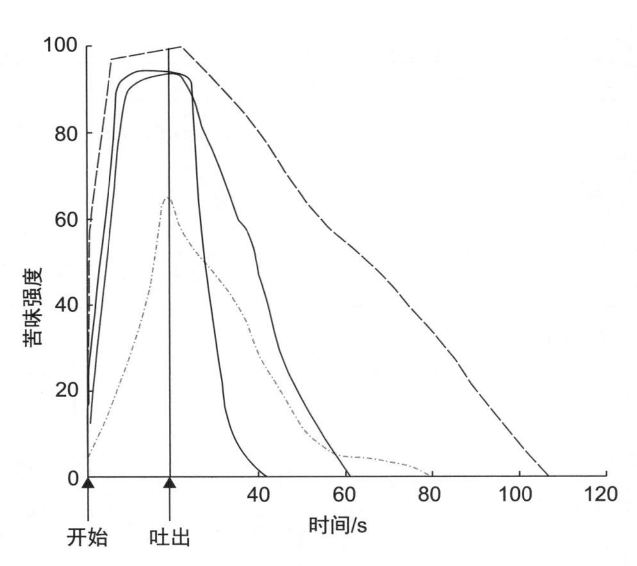

图 4.14　4 位被测试者对 15 mg/kg 奎宁水溶液的苦味响应强度时间曲线（资料来源：Leach E J and Noble AC，1986）。

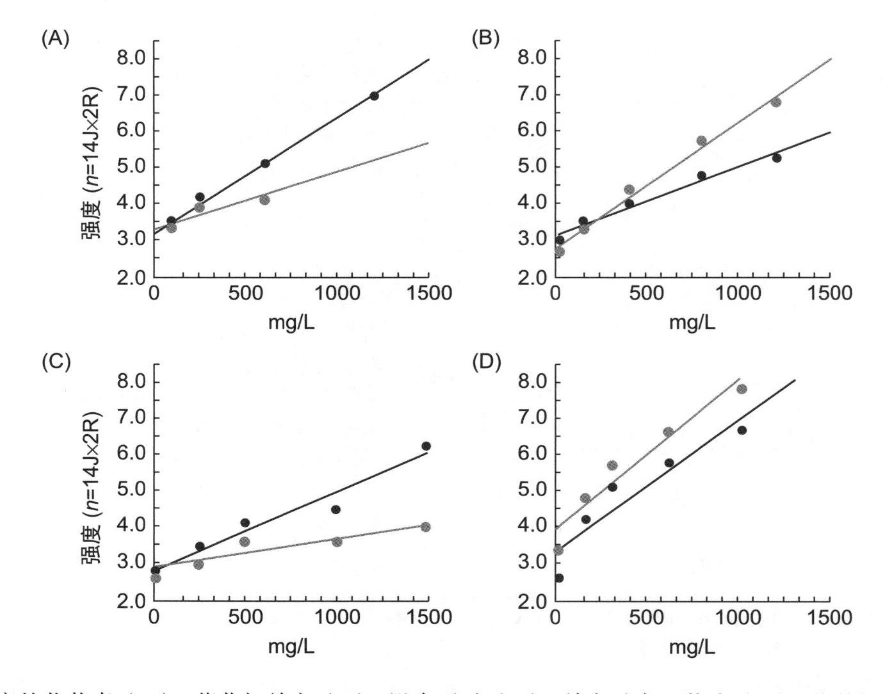

图 4.15　不同浓度的儿茶素（A）、葡萄籽单宁（B）、没食子酸（C）、单宁酸产生苦味（D）、收敛性（●）和平均感知强度评分（○）（资料来源：Robichaud J.L. and Noble A.C.，1990）。

了对苦味收敛感的不喜欢，甚至因为品酒次数增多，可能已经慢慢喜欢上这种感觉。针对那些不喜欢或者反感的消费者，越来越多的酿酒厂开始生产一些混酿葡萄酒，这些混酿葡萄酒味道非常浓郁、色泽浓烈，但却口感柔和。这是否会抵消第二个最常见的不喜欢红葡萄酒的原因——喝酒引起的头痛——还尚不可知。

收敛感一般产生于富含脯氨酸唾液蛋白（PRPs）与酚类化合物的结合与沉淀（Haslam and Lilley，1988；Kielhorn and Thorngate，1999；图 4.16）。因为单宁沉淀 PRPs 蛋白而不是黏蛋白；酸沉淀黏蛋白（糖蛋白类）而不是脯氨酸唾液蛋白。唾液蛋白收敛感的产生依赖于收敛感刺激物的组合（Lee et al.，2012）。在葡萄酒评估过程中，甚至连 PRPs 亚族蛋白对单宁的反应也是不同的（Brandão et al.，2014）。此外，各种酚类物质的收敛感明显不同，表儿茶素 -3- 没食子酸对于沉淀唾液蛋白活性比较高，而表儿茶素在这方面几乎没有作用（Rossetti et al.，2009）。

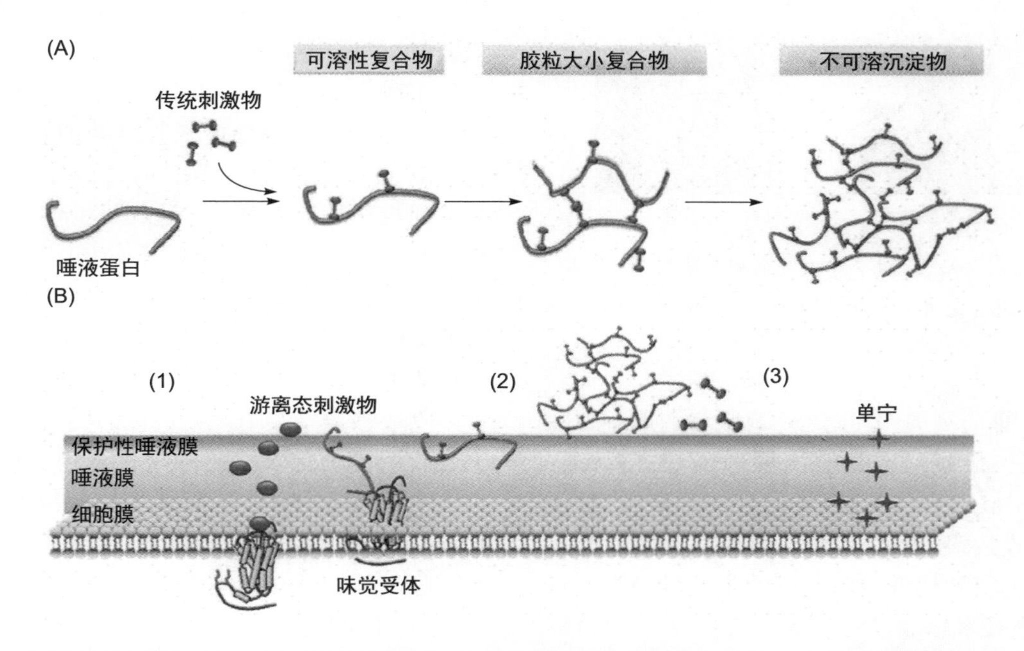

图 4.16　一种可能的收敛性感知机制。刺激物和蛋白质相互作用的 3 阶段模型（A），收敛感刺激（B）：（1）“游离态”刺激物和可溶性刺激物 - 蛋白复合物破坏保护性唾液膜最终与唾液膜或与暴露的受体结合；（2）不可溶性刺激物 - 蛋白复合体和传统刺激物排斥唾液膜。不溶性刺激物 - 蛋白质复合体通过增加摩擦力触发收敛感；（3）单宁与口腔膜相互作用（资料来源：Ma W. et al.，2014）。

酚类化合物与 PRPs 蛋白的结合似乎与它们的氨基酸吡咯烷环结构相关（Charlton et al.，2002；Jöbstl et al.，2004）。它们为单宁的苯环提供了多个“疏水黏性位点”。单宁和蛋白之间的主要反应包括蛋白的 $-NH_2$ 和 -SH 基团与单宁的 o- 醌基团的反应（Haslam et al.，1992）。当它们结合时，它们的分子量、结构和电荷特性发生变化，导致沉淀，虽然还有一些其他的单宁 - 蛋白质反应，但这些反应在葡萄酒中很少发挥作用（Guinard et al.，1986b）。

影响收敛感的重要的因素是 pH（Fontoin et al.，2008；图 4.17）。氢离子浓度影响蛋白的水和作用，并且影响酚类和蛋白的离子化。在过酸的葡萄酒里，低 pH 自身就可以导致唾液糖蛋白的沉淀（Dawes，1964）从而引起收敛感的感知（Corrigan Thomas and Lawless，1995）。葡萄酒的典型乙醇含量似乎降低收敛感，但增强低聚单宁的苦味（图 4.18）。这些可能因为酒精限制单宁与唾液蛋白的结合（Serafini et al.，1997）。然而，Obreque-Slíer 等（2010）并不认同这

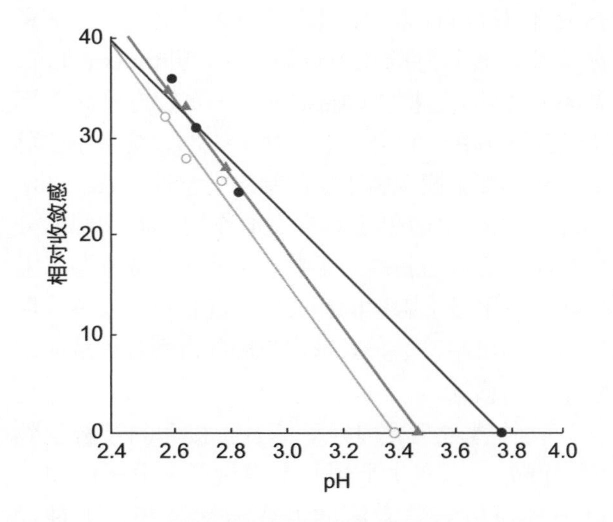

图 4.17　pH 对 3 种单宁酸浓度（●，0.5 g/L；▲，1 g/L；○，2 g/L）的模拟葡萄酒溶液收敛性感知强度的影响（资料来源：Guinard，J. et al.，1986b）。

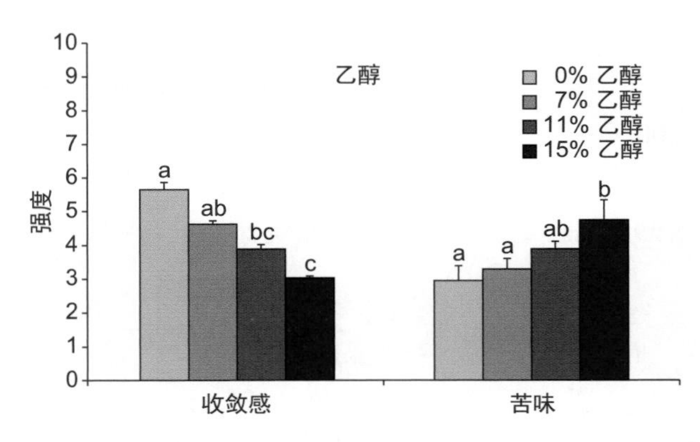

图 4.18　不同乙醇水平对平均收敛感和苦味强度的影响。不同字母代表显著性差异（$P \leq 0.05$）（资料来源：Fontoin H. et al.，2008）。

一观点。葡萄酒香气也会影响收敛性的感知。一些研究也显示，香气会增强收敛感（Ferrer-Gallego et al.，2014），但是另外一些结果表明，其会降低收敛感（Sáenz-Navajas et al.，2010b）。

缩合单宁和唾液蛋白反应的主要后果之一是减少唾液黏度和增加口腔摩擦。这两者都会降低唾液的润滑性，从而导致粗糙感（Prinz and Lucas，2000）。此外，复合物的沉淀可能迫使水分离开细胞表面，这就类似于干燥过程。沉淀的唾液蛋白也覆盖牙齿产生了与收敛感相关的粗糙质地。单宁对（高或低的 pH）黏膜糖蛋白和磷脂的变性作用并未进行充分的研究。细胞膜发生故障也可以起到感知收敛性的作用，例如，邻苯二酚胺甲基化的破坏。这或许可以解释为什么儿茶素含量的高低比唾液蛋白沉淀与收敛感的相关性更大（Kallithraka et al.，2000）。然而，来自 Guest 等（2008）的数据并不支持这种解释。此外，初步研究表明，缩合单宁可能会破坏细胞膜双磷脂层的结构完整性（Yu et al.，2011）。虽然水解单宁具有类似作用，但它们的分解限制了它们对新酒的影响。某些单宁成分与肾上腺素和去甲肾上腺素的相关性可能是单宁发挥作用的另一种机制，单宁通过刺激局部血管收缩从而增强干涩的感觉。

收敛感对三叉神经受体有直接和间接触觉效应。例如，含有 1 个到几个没食子酸分子的单宁以一种模仿味觉激活的方式激活某些三叉神经细胞上的 G 蛋白受体（Schöbel et al.，2014）。氧化儿茶素没食子酸酯也比氧化其他儿茶素在激活 TRPV1 和 TrPA1 膜结合受体中更加有效（Kurogi et al.，2015）。这两个膜受体对一系列化学和物理刺激物发生反应（Ramsey et al.，2006）。这表明收敛感可能具有化学和物理两种激活模式。唾液蛋白或其他蛋白质的沉淀也可以间接激活口腔里的触觉传感器。三叉神经受体广泛分布在整个口腔中，可能解释了为什么在口腔里积极移动葡萄酒会增强收敛性的感知。同样，多个 G 蛋白变体包括 TRP 通道诱导的膜去极化会发现与三叉神经有关，这就进一步解释了收敛化合物的一些质的差异（图 4.19）。此外，不同于 Yu 等（2011）的结果，单体黄烷醇可以直接与细胞脂质发生反应，并因此可能会影响膜结构和功能（Furlan et al.，2015）。

收敛感是口腔中发生最慢的感觉之一。根据化合物浓度、化学性质和与化合物的重复接触，收敛感要持续 15 s 才达到最大强度（图 4.14）。而收敛性感知强度的下降发生得更慢。不同个体对不同收敛剂的感知特性反应略有不同。这些特性往往随着时间趋于稳定（Valentová et al.，2002）。

收敛感的强度和持续时间随重复品尝酒样而增加（Guinard et al.，1986a，图 5.56）。单宁、食物蛋白和脂类之间的反应以及食物对葡萄酒的稀释在葡萄酒搭配食物在被饮用时发生的概率会更低。然而，当评估葡萄酒时，表观收敛感的增强会导致序列误差，特别是如果葡萄酒连续快速取样且品酒师没有充分地清洗口腔。序列误差是不同的葡萄酒样品品尝顺序而引起的感知差异。虽然单宁刺激唾液分泌（图 4.10），但是其分泌速度和强度不足以限制收敛感的增强。

影响酚类物质收敛感的一个重要因素是化合物分子大小。因此，儿茶素类（黄烷 -3- 醇单体）与富含脯氨酸的唾液蛋白结合较弱，而与 α- 淀粉酶不结合（de Freitas and Mateus，2003）。化合物与蛋白质的结合与分子大小大致相关（主要是潜在的结合位点数目）。在有机酸存在时，这种收敛感就增强了（Frank et al.，2011）。然而，如果分子质量超过 3400 Da 以上，单宁聚合物就会失去构象的灵活性。空间位阻逐渐限制了它们之间的相互作用，所以酚类物质的聚合会增加与蛋白有关的收敛感的增强直到聚合物沉淀，或者不再与蛋白质结合。虽然类黄酮类化合物在陈年过程中的聚合和沉淀起到主要作用，但酸也会诱导单宁

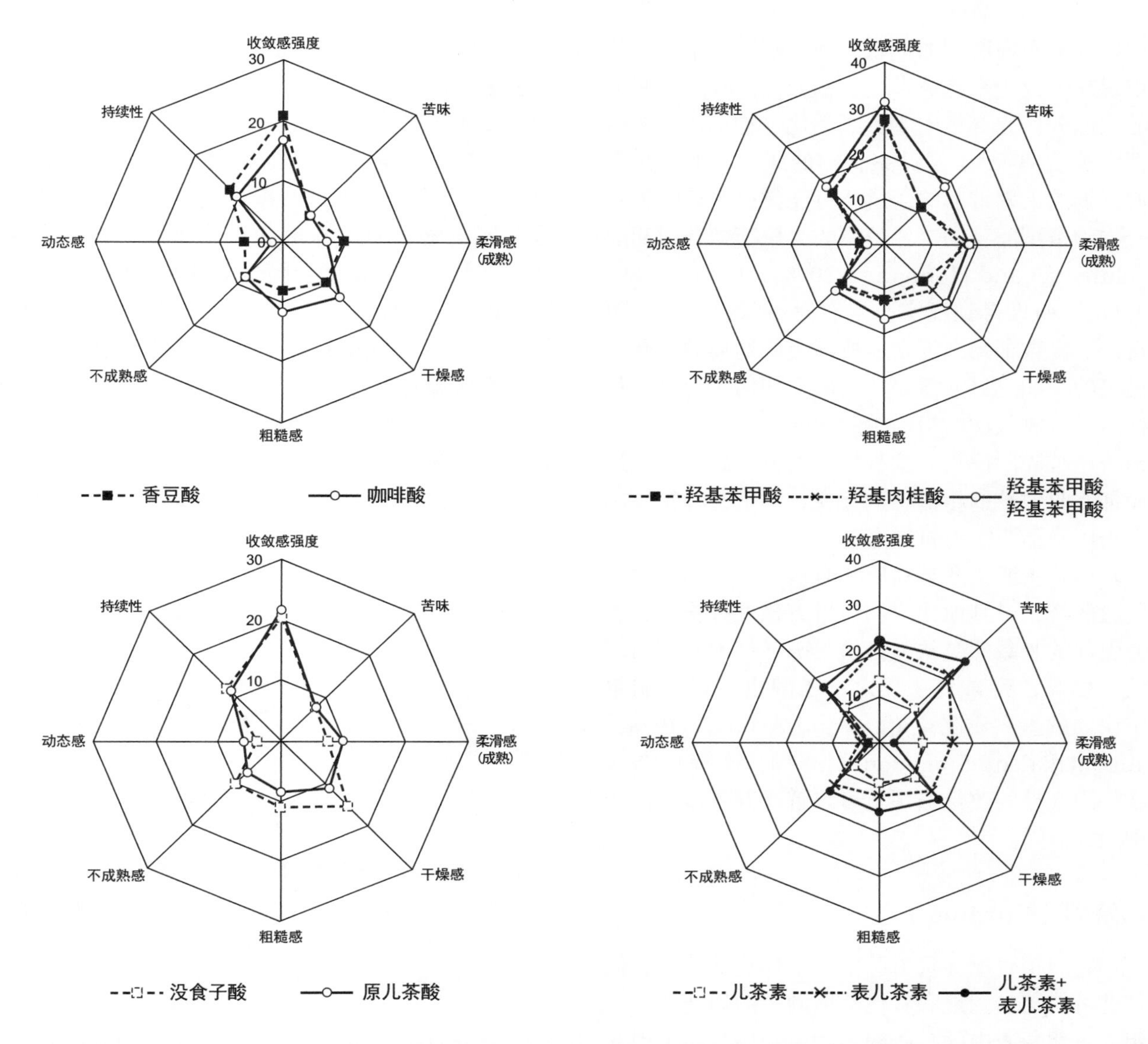

图 4.19 几种单体酚类物质羟基肉桂酸（香豆酸和咖啡酸）、羟基苯甲酸（没食子酸和原儿茶酸）、儿茶素和表儿茶素感官属性的定性差异表观（资料来源：Ferrer-Gallego R. et al.，2014）。

的裂解（Vidal et al.，2002）。

唾液蛋白沉淀一直是收敛感中被研究最多的方面。但是仅仅蛋白沉淀并不能解释收敛感产生的所有原因。例如，原花色苷及其儿茶素单体沉淀唾液蛋白质能力较弱，但是会产生收敛感。然而，Kielhorn 和 Thorngate（1999）并不认为低分子量黄酮醇引起的感觉为收敛感。此外，一些研究者阐述了其他的收敛感的发生模式（Gawel et al.，2000，2001）。提高原花色苷的聚合度会增强干燥感、粉质感及颗粒感，而没食子酸酰化（黄烷醇与没食子酸酯化）会增强粗糙感和干燥感（Vidal et al.，2003）。没食子酸单宁是葡萄种子里特别常见的单宁。虽然收敛感通常与酚类物质的含量有关，但是也受其他葡萄酒成分的影响。例如，葡萄酒多糖、甘露糖蛋白、酸度和乙醇的含量（Vidal et al.，2004a）。

尽管已知的酚类物质对于收敛感产生的各种作用，但是要清楚其复杂性的形成仍然需要了解更多，其中包括极端的结构复杂性、与陈年有关的结构变化以及多种多样感官模式的形成。例如，类黄酮类化合物和非黄酮类单体能够聚合形成二聚体、三聚体和各种高级低聚物和聚合物。它们还可以与花色苷、乙醛、丙酮酸衍生物、其他酵母副产物以及各种糖结合。这些产物如何与酿酒商所谓的“软”和“硬”单宁发生作用现在变得越来越清晰了。例如，与收敛感有关的大部分研究都集中于黄酮类化合物单体（儿茶素、黄烷-3-醇）及其聚合物的研究，而更受人们喜爱的天鹅绒般的柔滑感可能是由非黄酮类化合物和黄酮醇苷和二氢黄酮醇类鼠李糖苷引起的（Hufnagel and Hofmann，2008a；Frank et al.，2011）。如果得到证实，生产商可以通过生产更符合大多数葡萄酒消费者所喜爱的葡萄酒来获取更多的利润。目前需要的是研究如何实现这一目标。了解收敛性的粗糙感的起源还可以促进在葡萄挤压破碎阶段预测这种特性的方法的发展，进而抑制收敛性的粗糙感的存在，并把这种特性的方法用于早期饮用的葡萄酒。

尽管主要是酚类物质和有机酸导致葡萄酒收敛感的产生，其他化合物也可直接发挥作用，乙醇引起的收敛感被认为是由其破坏细胞膜而引起的，如高乙醇浓度。反之，乙醇也可以抑制单宁诱导的蛋白质沉淀（Lea and Arnold，1978；Yokotsuka and Singleton，1987）。该特点结合波特酒中糖的改善作用就可以解释其收敛感低于预期的原因。

灼烧感（Burning）

高酒精含量导致口腔中产生灼烧的感觉，但是这可能与白兰地和其他蒸馏酒中的灼烧感增加相关。葡萄酒中的一些酚类物质和倍半萜类引起辛辣味的灼烧感觉。这些感觉可能是由于多模式的、三叉神经的、香草酸受体（TRPV1）的激活引起的。这些受体能够对各种刺激产生反应，这些反应包括热、切割、捏、酸和化学物质如辣椒素等。虽然这种烧灼感是由几种主要的热敏疼痛受体激活而产生的，但是其在整个口腔中受体的敏感性存在差异。这就可能引起对各种刺激物的感觉差异，如芥末、辣根、辣椒和黑胡椒等。含糖量特别高的葡萄酒（冰酒和贵腐葡萄酒）可能会产生灼热感。

温度（Temperature）

对葡萄酒评估具有重要作用的三叉神经受体（TRPM8）主要负责响应冷凉的温度和化学物质如薄荷醇。它也可能与冷饮料中的灼烧感和刺痛感有关。这应该不太令人惊讶，因为该受体与热激活受体密切相关。

冰冷的白葡萄酒和起泡葡萄酒产生的清凉口感增加了葡萄酒的兴趣和微妙的风味。温度也会影响葡萄酒的味道和口感属性，例如，冷却糖溶液至5～12℃会降低其甜度（Green and Nachtigal，2015）。尽管如此，在葡萄酒的正常饮用范围内，温度对味觉和口感的影响相对较小。而低温对挥发性物质影响较大（图4.7），低温的另一个影响是增强碳酸饮料和起泡葡萄酒的刺痛感（图4.20）。

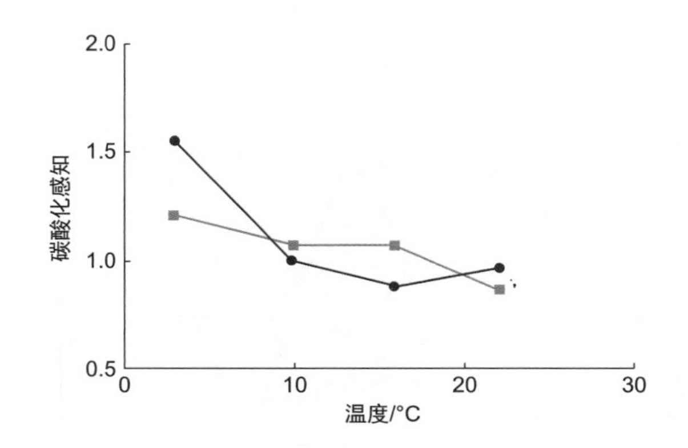

图4.20　经过训练和未经过训练的品尝者对葡萄酒（CO_2和葡萄酒体积比为2.4）温度和碳酸感知对比（■经过训练的品尝者；●未经过训练的品尝者）（资料来源：Yau N. J. N. and McDaniel M. R.，1991）。

温度对味觉的一些影响可能源于对味觉受体的选择性刺激的直接影响，特别是甜味（Cruz and Green，2000），加热或冷却也能使舌头对该舌头部位的味觉感知（称为热味觉）降低。此外，那些体验热味的人对其他味道更敏感（Green and George，2004）。

这些结果都不能证明目前推荐的不同葡萄酒饮用温度是合理的。因此，这些建议的温度可能主要反映了习惯性（Zellner et al.，1988），这可能解释了为什么在19世纪会出现在冷凉的温度下品尝红葡萄酒这一偏好（Saintsbury，1920）。

刺痛感和相关的二氧化碳效应（Prickling and Related Carbon Dioxide Effects）

在舌头上爆发的CO_2气泡激活了伤害感

受器，产生刺激和在高浓度时的疼痛感。这些感觉不是由 CO_2 直接产生的，而是由 CO_2 转化为碳酸氢根和 H^+ 离子产生的（Dessirier et al.，2000）。这种转化是由位于酸敏感受体细胞上碳酸酐酶催化而产生的（Chandrashekar et al.，2009）。具有功能性 *TRPA1* 基因的三叉神经受体子类响应碳酸离子化释放的 H^+（Wang et al.，2010）。碳酸离子化也会产生轻微的酸味（Hewson et al.，2009）。与 CO_2 相关的其他感觉包括苦味和咸味（Cowart，1998）。这些感觉主要出现在含有超过 3‰～5‰ CO_2 的葡萄酒中，并且受到气泡大小和温度的影响。此外，气泡在爆发时激活舌头上的本体感受器会产生纹理质感。

$$CO_2+H_2O \rightarrow H_2CO_3 \rightarrow HCO_3^-+H^+$$

CO_2 可以改变对其他味觉模式的感知（Cometto-Muñiz et al.，1987；Cowart，1998），特别是抑制甜味感知（Di Salle et al.，2013），但是会增强酸味、咸味和苦味（Hewson et al.，2009）。这些效应通常是复杂的，它们取决于 CO_2 和其他基质的浓度（图 4.21）。此外，碳酸化显著增加了口腔中的凉爽感，反之寒冷也会增强 CO_2 的感官效应（Green，1992）。

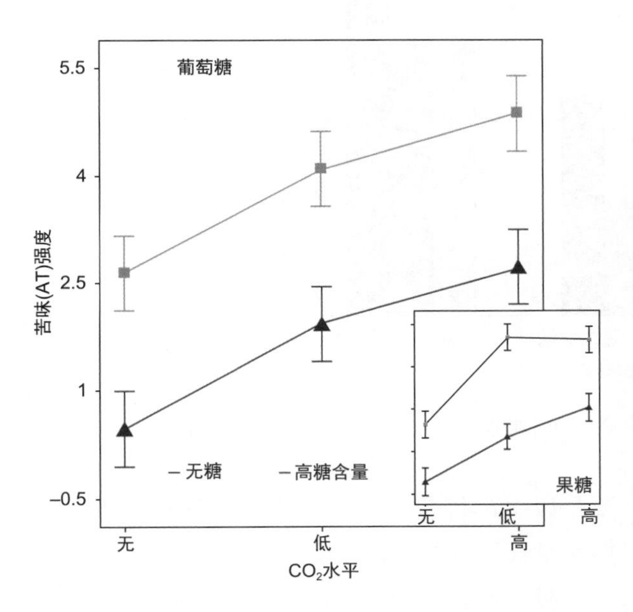

图 4.21 CO_2 和糖类物质（果糖和葡萄糖）对柠檬酸（0.5 g/L）溶液中 CO_2 苦味余味（AT）的影响。低 CO_2（～1.5 vol）；高 CO_2（～3.6 vol）、高糖（150 g/L）、高果糖（64 g/L）（资料来源：Hewson，L. et al.，2009）。

虽然 CO_2 促进一些挥发性化合物的挥发，但是 CO_2 带来的刺痛感会抑制嗅觉感知（Cain and Murphy，1980）。这就可以解释由康可葡萄酿制的起泡葡萄酒狐臭味降低的原因。

气泡破裂也会产生听觉刺激。这些可以增强软饮料碳酸化的感知（Zampini and Spence，2005）。然而，除了在打开过程中产生的“砰”声或“嘶嘶”声外，玻璃中气泡破裂的声音是否对葡萄酒的感知有影响，我们还不清楚。

酒体 Body（Weight）

尽管酒体对葡萄酒的整体质量似乎很重要，但是关于它的精确定义尚不明确。Gawel 等（2007）报道了酒体和风味或感知黏度的相关性。在甜葡萄酒中，酒体通常被认为与糖含量有关。在干型葡萄酒中，它经常与酒精含量有关，但是发挥作用的酒精浓度往往较高，超过通常葡萄酒中的含量（Pickering et al.，1998；Runnebaum et al.，2011）。甘油经常被认为可以增强酒体，但在葡萄酒所含有的浓度范围内并没有发现明确的相关性（1.23 和 1.32 mPs.s）（Runnebaum et al.，2011），也没有发现任何与葡萄酒质量的相关性（Nieuwoudt et al.，2002）。此外，通常葡萄酒中的甘油含量太低不会直接影响感知黏度（Gawel and Waters，2008）。而在葡萄酒中所发现的含量范围内，乙醇比甘油更加影响黏度（Yanniotis et al.，2007）。然而，阿玛罗尼（风干）葡萄酒中的甘油、1，2- 丙二醇和肌醇含量与酒体的感知有关（Hufnagel and Hofmann，2008b）。酒体以可感知的黏稠度来评价，并与渗透势、镁含量以及一些白葡萄酒提取物相关（Runnebaum et al.，2011）。另外，酒体是一个术语，它等同于新发现的味觉增强剂。味厚的物质 Kokumi 粗略地翻译为口感丰满度是基于一些味觉受体上发现的钙敏感转运蛋白的响应（Maruyama et al.，2012；Kuroda 和 Miyamura，2015）。在陈年干酪（如 Roquefort 干酪、Gouda 干酪和 Parmesan 干酪）中发现的几种 γ- 谷氨酰肽是厚味 Kokumi 反应的主要激活者。这种肽在葡萄酒中的含量是否足以引起厚味尚未被研究。此外，这也可能是葡萄酒中脂肪酸的活性激活了几种脂肪酸的特殊受体

（Gilbertson and Khan，2014；Running et al.，2015）。利用模拟葡萄酒（含有葡萄酒中的主要化学成分，如乙醇、酸和单宁等）进行的试验并不会产生类似真正葡萄酒的感觉。因此，其他一些典型成分可能参与了酒体的感知，如酵母蛋白和多糖（Vidal et al.，2004c）。然而，目前酒体没有明确的定义，也没有任何什么研究进展，它仍将像葡萄酒质量本身一样是一个模糊的概念。

金属感（Metallic）

在干型葡萄酒里，有时能够尝到金属感，特别在起泡葡萄酒的余味里很明显。这种感觉的精确来源还不清楚。铁离子和铜离子都能引起金属味道，但是也只有在一定的浓度（浓度分别大于 20 mg/L 和 2 mg/L）才能够被察觉。单宁的存在会明显增强铜离子金属味的感知（Moncrieff，1964）。

然而，更明显的可能是在葡萄酒中的低浓度亚铁离子产生了金属感觉。当鼻子被阻塞或溶液接触舌头时，这种感觉会明显降低（图 4.22）。因此，金属“味道”似乎是一种后鼻腔气味，但被认为来自口腔。因为金属可以催化脂质氧化而形成副产物，如 1- 辛烯 -3- 酮（Frss，1969），OCTA-1，顺式 -5- 二烯 -3- 酮（Swoboda and Peers，1978）和己 -1- 烯酮（hex-1-en-e-one）（Lorber et al.，2014），它们可能是产生金属感觉的挥发性化合物（Lawless et al. 2004）。乙酰胺也被报道能够产生金属味（Rapp，1987），当前盛行赋予葡萄酒矿物味，但是上述这些金属味不包含在其中。

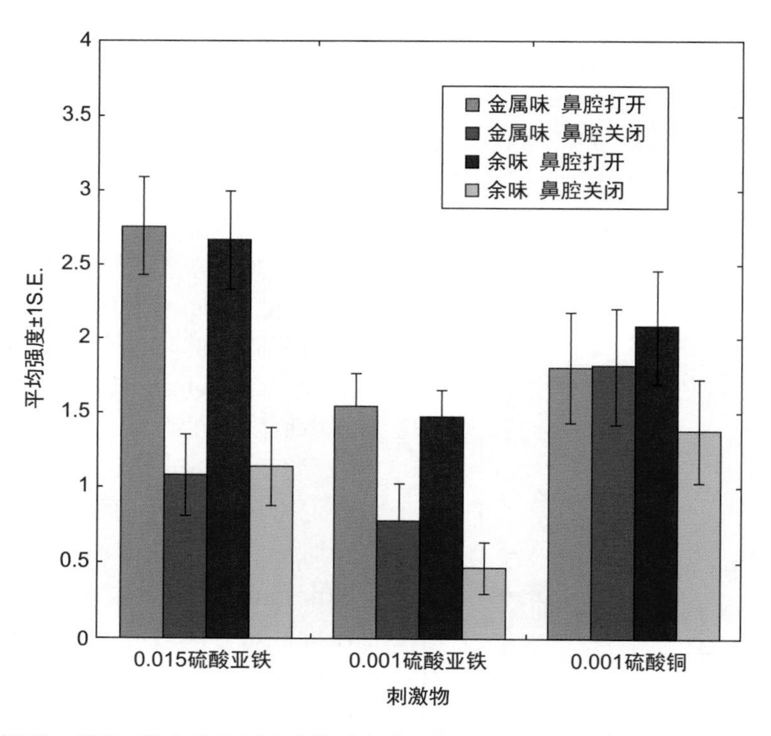

图 4.22 在 2 种鼻腔条件下，硫酸亚铁和硫酸铜溶液的平均金属味和余味强度（资料来源：Epke E.M. et al.，2009）。

相关化合物
Chemical Compounds Involved

糖类（Sugars）

所有葡萄酒都有未发酵完的糖的残留。最常见的是果糖和葡萄糖，但也有微量阿拉伯糖、半乳糖、鼠李糖、核糖和木糖。通常后者浓度较低不足以引起佐餐葡萄酒的甜味。只有在甜酒中，糖含量较高可以引起甜味。

对于超级品尝者来说，糖浓度必须超过约 0.2%，才可以表现出明显的甜味。因为大多数佐餐酒中的残余糖含量小于 0.2%，通常它们呈现干性特征。当在干葡萄酒中检测到甜味时，通常是其香气中有明显的水果味。水果的气味通常被认为具有甜味（Prescott，2004），即使没有感官上可检测到的含糖量。糖浓度通常在达到0.5%或以上的浓度时对可感知的甜味产生影响。在这个水平上，糖也开始影响酒体的感知。高浓度的糖会使人腻烦，同样也会引起灼烧的口感。尤其是当没有足够的酸时，这种感觉特别明显。因此，足量的酸对甜葡萄酒（如冰酒）特别重要，它可以保持酒体平衡。在甜葡萄酒中，高残余糖含量有助于降低其单宁导致的粗糙感，如波特酒。

醇类（Alcohols）

在葡萄酒的一些醇类中，只有乙醇拥有足够的量才引起味觉。尽管乙醇拥有甜味，但是酒中的酸减弱了这种感觉。然而，乙醇也在一定程度上增强了糖的甜味。乙醇能降低酸味的感知，可以使偏酸的葡萄酒酸性变弱，同时更加协调。在高浓度下（大于14%），酒精逐渐引起灼烧感，这可能有助于增强酒体的丰满感或厚重感。尤其在干型葡萄酒中，乙醇也能增强苦味酚类化合物的感知强度，但是会减弱其对单宁引起的收敛性的感知（图4.18）。

在葡萄酒多元醇中，甘油是最常见的。在干红葡萄酒中，除了水和乙醇外，它也是含量最丰富的化合物。由于甘油的黏性，人们常常认为甘油能产生平滑的口感，以利于酒体的感知。尽管甘油能够加强这些感知，但很难达到能够被察觉影响黏度的浓度（≥26 g/L）（Noble and Bursick，1984；Nurgel and Pickering，2005）。不过却足以轻微的抑制酸味、苦味和收敛性的感知。在干型酒中，甘油也呈现微弱的甜味，在干型葡萄酒中，它的浓度常常超过感觉甜味的阈值（≥5 g/L）（Ough et al.，1972）。虽然甜酒中的甘油含量通常较高（≥12 g/L），但是甘油对糖的含量远高于75 g/L的葡萄酒的甜度。葡萄酒中还含有几种糖醇，如醛二醇、阿拉伯醇、赤藓醇、甘露醇、肌醇以及山梨醇和1，2-丙二醇。它们的个体效应和相互作用可能会影响酒体。

酸（Acids）

作为一类化合物，羧酸和酒精对葡萄酒的感官性质同样重要。它们能产生令人耳目一新的清爽的味道（如果过度的话，会表现出酸味）；能引起尖锐和收敛感；影响葡萄酒的颜色和稳定性，并且改变对其他呈味化合物的感知。酸会降低甜味的感知，但是其效果似乎不如糖抑制酸味感知的效果明显（Ross and Weller，2008）。此外，在压榨时从细胞液泡里释放的酸致使果实里的芳香化合物酸水解释放（Winterhalter et al.，1990）。一些重要的芳香化合物，在葡萄里常常以酸不稳定的非挥发糖苷形式存在，例如，单萜、酚类、C13-降异戊二烯、苯甲醇和2-苯基乙醇（Strauss et al.，1987）。

通过维持低pH，酸对于保持葡萄酒颜色的稳定性也很关键。当pH上升时，花色苷褪色并且可能会最终变成蓝色。此外，葡萄酒中的酸能够抑制酚类物质的氧化。因此，高pH（≥3.9）的葡萄酒特别容易被氧化，丧失他们新鲜的香气和年轻的颜色（Singleton，1987）。

在葡萄酒里，这些影响主要依赖于酸的电离倾向——一种综合酸结构、葡萄酒pH和各种各样金属和非金属阴离子（明显的有K^+和Ca^{2+}）的作用。因为部分味觉受体的非特异性，所以人们能对葡萄酒中的酸做出特殊的响应，并且被感知到的酸并不能简单地根据pH和含酸量来预测。

在普通的葡萄酒羧酸中，苹果酸味道最浓，乳酸味道最淡，酒石酸介于两者之间（Amerine et al.，1965）。因此，苹果酸乳酸发酵的主要优点之一是苹果酸转化为乳酸的脱羧作用以及酸度的相应降低。由于苹果酸对pH没有明显的影响，其脱羧并不会增加pH。

大多数葡萄酒酸来源于葡萄果实。它们是非挥发性的，并能形成葡萄酒特有的新鲜酸味。相反，一种潜在的重要羧酸和乙酸主要来自微生物，虽然其含有尖锐酸味，但乙酸有助于提高在阈值下时芳香化合物的感知强度（Miyazawa et al.，2008）。在浓度高于阈值的情况下，乙酸被认为是一种缺陷，这与乙酸乙酯（乙酸和乙醇形成的酯）的气味有关。乙酸可能是在受感染的葡萄上生长的醋酸菌的产物，也可能是在酵母发酵期间产生的，也可以是葡萄酒桶内在成熟期间由橡木成分的降解而产生的。然而，在可检测到的水平上，其通常是葡萄酒中醋酸菌代谢的结果。乳酸菌可能参与，但很少有明显的效果。

酚类物质（Phenolics）

葡萄酒中的酚类化合物主要由类黄酮化合物（2 种酚类化合物由一个吡喃环连接而成）和非类黄酮化合物（含有至少一个羟基的酚类物质）组成。表 4.1 阐明了类黄酮酚类物质和非类黄酮物质的基本区别。这两类酚类物质均能对葡萄酒的味道和口感产生显著的影响。许多这种化合物聚合起来形成结构复杂的多聚体组成一类化合物，这类化合物被称为单宁。大多数葡萄酒（缩合）单宁来源于葡萄果实。它们主要由儿茶素（黄烷 -3- 醇）组成，一般来说，儿茶素本身的分子之间及与其他酚类化合物可以通过各种方式直接结合，或借助于乙醛相互作用。因为是共价连接，所以在葡萄酒中形成的聚合物比较不容易分解。

较小的聚合缩合单宁通常被称为低聚原矢车菊素或原花色苷（原矢车菊素是原花色苷的一个特殊亚类）。聚合缩合单宁含有 2～10 个儿茶素亚基，除了与葡萄中的其他细胞组分结合外，本质上是可溶的，越大的单宁聚合体越不容易溶解。

水解单宁主要来自橡木桶，这时的葡萄酒可能已经发酵或成熟。水解单宁在葡萄酒中相当容易分解（水解），它们主要由非类黄酮化合物、没食子酸亚基组成。

在葡萄酒中，各种酚类物质可以在不同程度上引起苦味和收敛感，并有助于增强葡萄酒的颜色、酒体和风味。它们各自受到的影响取决于酚类物质的组成成分、氧化或离子化状态以及与其他酚类、多糖、蛋白质、乙醛、二氧化硫或者其他葡萄酒成分的聚合度。类黄酮（缩合）单宁是红葡萄酒中的主要酚类成分，而非类黄酮化合物是白葡萄酒中的主要酚类物质。类黄酮单宁主要来自葡萄皮和种子，单体类黄酮和非类黄酮主要在葡萄细胞液泡中积累，它们在破碎和挤压过程中被释放出来，其他非类黄酮化合物主要来自橡木桶。

种子单宁主要是 3 种黄烷醇（儿茶素、表儿茶素和表儿茶素没食子酸酯）的聚合物，而果皮单宁的特点是聚合度较高，表儿茶素含量较高。花色苷和黄酮醇通常存在于果皮细胞液泡中，如槲皮素，黄酮醇在葡萄茎组织中也有分布。儿茶素类及其聚合物（缩合单宁）通常被认为是红葡萄酒中苦味和收敛感的主要来源。然而，单独分离化合物，计算它们的剂量和阈值（DoT）比率应结合遗漏研究（Hufnagel and Hofmann，2008b），其为不同酚类物质在苦味产生中的相对重要性和收敛方式提供了新的结果（表 4.2）。

表 4.2　参与阿玛罗尼（风干）葡萄酒收敛感和苦味形成的主要非挥发性物质的味觉品质、味觉阈值、浓度和剂量 / 阈值（DoT）因子等

化合物	阈值 [a]（μmol/L）	浓度（μmol/L）	DoT 因子 [b]
组 1：非苦味收敛化合物			
黄酮醇 -3- 糖苷（天鹅绒、丝绸般收敛感）（Flavonol-3-ol glycosides）	0.20	5.38	27.0
丁香亭 -3-β-D- 吡喃葡糖苷（Syringetin-3-O-β-D-glucopyranoside）	2.48	8.42	3.4
异鼠李素 -3-O-β-D- 吡喃葡萄糖苷（Isorhamnetin-3-O-β-D-glucopyranoside）	3.70	5.71	1.5
二氢槲皮素 3-O-β-D- 鼠李糖苷（Dihydroquercetin-3-O-β-D-rhamnopyranoside）	0.43	0.31	0.7
槲皮素 3-O-β-D- 半乳糖苷（Quercetin-3-O-β-D-galactopyranoside）	4.81	1.50	0.3
酚酸和呋喃酸（干涩感）			
（E）- 咖啡酸 [（E）-caftaric acid]	1.6	130	8.1
没食子酸（Gallic acid）	292	765	2.7

续表 4.2

化合物	阈值[a]（μmol/L）	浓度（μmol/L）	DoT 因子[b]
呋喃 -2- 羧酸（Furan-2-carboxylic acid）	160	220	1.4
咖啡酸（Caffeic acid）	72	54.8	0.8
p- 香豆酸（*p*-Coumaric acid）	139	80.4	0.6
聚合物（干涩感）			
高分子量单宁（>5 kDa）	22（Mg/L）	5.45/（g/L）	247.7
组 2：苦味化合物			
黄烷三醇（苦味和干涩感）（Flavan-3-ols）			
（+）儿茶素［（+）Catechin］	410[c]/1000[d]	57.6	0.2[c]/<0.1[d]
（–）表儿茶素［（–）Epicatechin］	930[c]/930[d]	27.6	0.1[c]/<0.1[d]
酚酸乙酯（苦味和干涩感）			
没食子酸乙酯（Gallic acid ethyl ester）	185[c]/2200[d]	153	0.2[c]/<0.1[d]
p- 香豆酸乙酯（*p*-Coumaric acid ethyl ester）	143[c]/715[d]	24.6	0.4[c]/<0.1[d]

注：[a] 味觉阈值浓度（T_C）通过在瓶装水中的苦、甜、酸、盐和鲜味化合物的三角试验法以及半舌测试法确定。
[b] DoT 值计算为浓度和味觉阈值的比值。
[c] 收敛感阈值为 0.5 mol/L，收敛性的点因子用括号表示。
[d] 苦味阈值或 DoT 值。
资料来源：Hufnagel and Hofmann，2008a。

当 DoT 值大于 1 时，化合物可能会明显地影响一个或多个味觉属性。它类似当芳香化合物 OAVs>1 时预测影响香气的方式。这些研究结果显示了黄酮醇和二氢黄酮醇的重要性，并证实了缩合单宁在葡萄酒干涩感形成中的核心作用，而某些非类黄酮化合物（酚酸类）对于葡萄酒收敛感产生的作用不大。与黄烷 -3- 醇及其聚合物相比，黄酮 -3- 醇糖苷（表 4.2）对天鹅绒顺滑感的形成尤其重要（Hufnagel and Hofmann，2008a），尽管它们仅占总酚含量的 1% 左右。各种儿茶素及其多酚组分引起不同的收敛感，被描述为颗粒感、白垩质感、干燥感、黏着感或干涩感（Vidal et al.，2003）。来源于种子单宁的表没食子儿茶素没食子酸酯似乎会产生粗糙感和干燥感，而果皮单宁并不引起这些感觉。

来自 Sáenz-Navajas 等（2012）的数据与上述大部分结果相一致，但是其还发现乌头酸（非黄酮类）对西班牙红葡萄酒收敛感的形成发挥了较大的作用。在另一项研究中，Ferrer-Gallego 等（2015）发现含有二羟基化单体（如儿茶素和表儿茶素）的儿茶素类和原花色苷比含有三羟基化单体（如表没食子儿茶素）的原花色苷具有更多的苦味、干燥感、粗糙感和更持久的收敛性。含有三羟基化单体的原花色苷表现出更加顺滑、天鹅绒般、黏着的收敛感。这些差异与儿茶素结合比没食子酸儿茶素与 PRPs 蛋白结合产生得更快、更持久的结果相一致。图 4.23 显示了不同酚类物质对味觉和口感的相对影响效果。

尽管如此，在葡萄酒成熟和陈酿过程中类黄酮含量是动态变化的，大部分儿茶素单体是在发酵过程中提取的。短时间浸渍种子和果皮中的单宁，其聚合物释放很少，大部分仍然与葡萄细胞

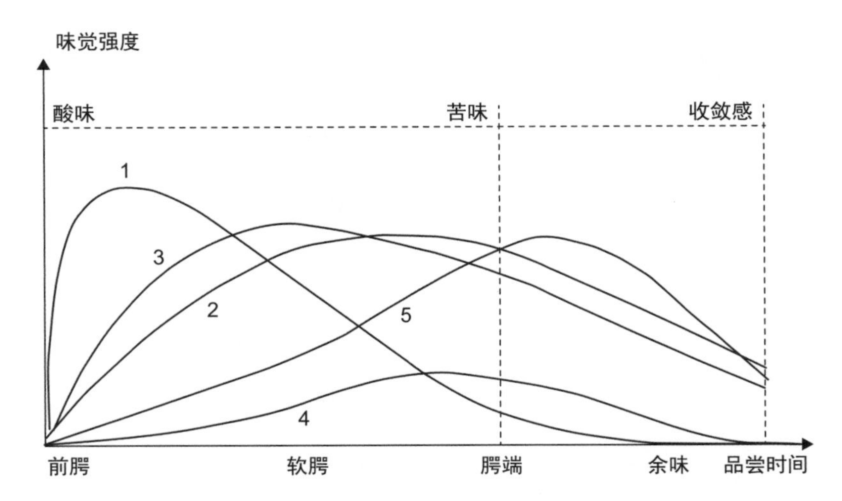

图 4.23　不同酚类物质对味觉和口感的相对影响：1. 儿茶素和简单原花色苷；2. 低聚原花色苷；3. 原花色苷聚合物；4. 花色苷；5. 单宁（资料来源：Glories，1981）。

壁成分紧密结合在一起，或在发酵过程中沉淀，葡萄酒中来自种子和果皮的单宁主要是在长时间浸渍和发酵过程中提取的，大的葡萄单宁分子质量太大以至于不能溶解。因为在成熟和陈年的过程中类黄酮缓慢聚合，大分子单宁聚合物（几乎不与唾液、膜蛋白或脂类发生反应）逐渐形成，这也解释了红酒中的单宁粗糙感逐渐减弱的原因。装瓶后因与残留的可溶性蛋白结合或者它们体积太大发生沉淀，产生的沉淀物只有被搅动，重悬起来时才会影响口感。由于澄清剂的普遍使用，在大多数红酒中已经很少有沉淀物的形成了。

因为大多数现代白葡萄酒的类黄酮含量常常很低，所以其对白葡萄酒风味影响很小。在发酵前，只有当果汁与种子和果皮接触（浸渍）几个小时，类黄酮含量才开始上升。因此，它们可能有助于酒体的感知。然而，黄酮类化合物容易引起褐变和产生苦味（>40 mg/L），长时间浸渍并不可取。其他类黄酮化合物包括黄烷酮糖苷（通常在葡萄品种中不常见）也会影响白葡萄酒的味道口感，如柚皮苷。它们可以使雷司令和西万妮葡萄酒产生轻微的苦味（Drawert，1970）。此外，在晚采白葡萄酒中，黄烷-3，4-醇含量的增加与贵腐菌感染和部分脱水的程度有关（Dittrich et al.，1975）。然而，白葡萄酒中的主要酚类物质是非类黄酮化合物。例如，咖啡酰酒石酸（咖啡酸）可引起苦味（Ong and Nagel，1978），而苯甲酸衍生物赋予葡萄酒一系列的感觉，这一系列的感觉包括收敛感、苦味、酸味甚至甜味（Peleg and Noble，1995）。在橡木桶中发酵和成熟是白葡萄酒中非类黄酮化合物的另一个来源。

在橡木桶中，未成熟的葡萄酒中的主要非类黄酮酚类物质是羟基肉桂酸和羟基苯甲酸的衍生物。在破碎过程中，它们很容易从细胞液泡中释放出来。其中，数量最多且成分多变的是羟基肉桂酸衍生物，其主要包括咖啡因、乌头酸和酒石酸。大多数化合物浓度低于其检测阈值（Singleton and Noble，1976）。尽管如此，综合起来它们也可以影响葡萄酒的苦味感知（Gawel et al.，2016）。此外，在葡萄酒成熟过程中，酒石酸酯的水解可以释放足够的游离酸来增加白葡萄酒的苦味（Ong and Nagel，1978），相对来说，这种能力的增强与葡萄酒的酒精含量相关。

羟基苯甲酸衍生物，特别是鞣花酸的水平升高，其往往存在于利用橡木桶贮藏的陈年的葡萄酒中。鞣花酸是由橡木水解单宁的主要组分——鞣花单宁分解而成。栗木鞣花素和栎木鞣花素（三种鞣花酸的聚合物）是橡树中最常见的形式。橡木木质素的降解释放出各种肉桂醛和苯甲醛衍生物。

水解单宁在葡萄酒的感官品质中很少起到直接作用（Pocock et al.，1994）。虽然水解单宁比缩合单宁的收敛性更强，但是它们在葡萄酒中的浓度较低，并且容易早期降解，从而导致它们对葡萄酒的感官影响较小。然而，没食子酸基团的溶解性可能会导致一些红葡萄酒具有持久的苦味。

酵母代谢产生的酪醇也能赋予葡萄酒苦味。这种效应在起泡葡萄酒中尤其明显。酪醇含量在瓶内二次发酵过程中会显著增加。二次发酵是多数起泡葡萄酒所特有的。即使在静止白葡萄酒中，酪醇的浓度大于 25 mg/L 时也能赋予葡萄酒苦味。

除了直接影响苦味和收敛感，酚类物质也影响甜味、酸味的感知以及香气物质的释放。它们也会直接影响酒体和酒的平衡感。

多糖（Polysaccharides）

葡萄酒多糖的主要来源是葡萄和酵母。虽然数量很少，但它们在品尝过程中发挥着重要作用，如延缓（延长）香气释放。它们也会减弱葡萄酒酚类物质引起的收敛感。它们是如何发挥作用的，尚不清楚。其原因可能是促进蛋白质–单宁聚合体的溶解（de Freitas et al.，2003）或破坏酚类物质与蛋白质的结合（Ozawa et al.，1987）。酵母来源的甘露糖蛋白延缓起泡葡萄酒中 CO_2 的释放（Senée et al.，1999），进而有助于起泡葡萄酒持续地起泡。

核酸（Nucleic Acids）

如果葡萄酒长期与自溶酵母细胞接触，已死的或垂死的酵母细胞都会释放出核酸（Charpentier et al.，2005），例如，在酒脚陈酿成熟或起泡葡萄酒陈酿成熟的时候。几个核糖核苷酸，特别是在谷氨酸钠存在的条件下，增强了味觉感知。谷氨酸与气味化合物结合引起风味增强（McCabe and Rolls，2007）。一些核酸（鲜味）对风味具有增强作用，尽管它们的浓度很低，但是它们对于葡萄酒的感官意义已引起广泛关注（Courtis et al.，1998；Charpentier et al.，2005）。如果明显的话，葡萄酒风味的增强可能与食物更相关，因为食物中的游离核苷酸的浓度可能更高。

葡萄酒品尝中的味道和口感

Taste and Mouth-Feel Sensations in Wine Tasting

为了区别不同的味道和口感，品尝者需要连续地全神贯注地感知各种感觉。他们的时间响应曲线有利于准确的辨别鉴定（Kuznickiand Turner，1986）。口腔和舌部响应的局部化也有利于确定味觉特征。酒的香气不仅能明显影响味道感知，也有助于减少特定感觉的判定时间（White and Prescott，2001）。

甜味大概是最迅速被感知的味觉。在干型葡萄酒中，如果能够品尝到甜味，其持续时间可能会非常短（Portmann et al.，1992）。如果感觉比较轻微且时间比较长，则更可能是由葡萄酒中的水果香气引起的口腔感觉。只有在甜酒或者一些加强酒中才能够感觉到持久的甜味。甜味在舌尖和舌头两侧的感觉最灵敏，但是在口腔的其他处也能感觉到（图 4.3）。酸和葡萄酒酚类物质的存在会减弱甜味的感知，后者更有助于避免甜酒中因糖过量引起的甜腻感。酸味也能迅速地被感知。其适应速率通常比糖缓慢，从而使其成为干白葡萄酒主要的余味。酸味通常在舌头两侧感觉最强，但是不同的个体也很不一样。例如，由于酸常伴有涩味，一些人在脸颊或嘴唇内侧感觉酸味更加明显。对酸度的感知主要与味蕾中的酸响应味觉受体有关，但也可能涉及几种类型三叉神经受体的激活。强酸性葡萄酒引起收敛感，赋予牙齿粗糙感，并加重单宁的收敛感，足以检测到的黏性可以减弱酸性葡萄酒的酸味和收敛感（Smith and Noble，1998），但一般葡萄酒的黏度往往很低，达不到这种效果。

如果苦味存在的话，会紧接着被感知，这通常只需要几秒，10～15 s 以后才会达到最高的感知强度（图 4.14）。当酒样吐出时，感觉会逐渐下降，可能会持续几分钟。大多数酚类化合物苦味在舌头中后部被感知到。相反的，一些生物碱的苦味在软腭和舌头前部被感知到（Boudreau et al.，1979）。因为舌头后部酚类物质的感知通常更快的显示出来（McBurney，1978），葡萄酒中的这些苦味通常很少能被察觉。同样，葡萄酒中几乎没有任何苦味生物碱，除非从用于增强味美思酒风味的草药中提取。当葡萄酒拥有明显的收敛感时，苦味就更难被感觉出来。高收敛感可以减弱或者部分掩盖苦味的感知。糖也会降低苦味（Schiffman et al.，1994），然而酒精会增强苦味（Noble，1994）。因为大多数葡萄酒是干型

酒，糖对苦味的影响往往只发生在甜酒或者甜强化葡萄酒。

收敛性的感知很缓慢（图 4.12），通常其是最后被感知到的主要感觉。在吐出酒样时，收敛感逐渐降低，往往持续几分钟。因为唾液蛋白随机沉淀以及三叉神经末端受体在整个口腔中分散分布，所以收敛性感知局部分布不明显。反复品评、取样会造成感知强度和持续时间的增加，所以一些权威人士建议收敛感评估要基于初次品评结果。这将赋予葡萄酒更接近于在用餐时品尝葡萄酒时所得到的感知。其他人认为只有品尝一些酒样以后才能判断收敛感，这时唾液的影响会降低。

在品尝葡萄酒时，收敛性感知的增强会显著影响评估（Guinard et al., 1986a），尤其是红葡萄酒，最先品尝的葡萄酒常常表现得比较柔和并且平衡感更强。在品尝一系列干型酸性葡萄酒或者非常甜的葡萄酒时也会有相似的情形出现。这种序列误差的影响可以通过以不同的随机的顺序为每位品尝者提供葡萄酒的方式部分弥补。在样品品尝之间的味觉清洁也能够更进一步把余味的影响降到最低。

虽然葡萄酒在口腔中的感觉相对较少，但其对葡萄酒尤为重要，特别是会影响广大消费者的认可程度。与专业人士不同，许多消费者会忽略葡萄酒的香气。因此，味觉和触觉对最初的评判更为重要。从整体来说，即使是鉴赏家，其在最终评价葡萄酒的技巧性描述也是比较优雅和平衡。酿造出具有高级的、复杂的并且引人入胜香气的葡萄酒往往对酿酒师是一个重大的挑战。而除此之外，更高的要求是葡萄酒还需要拥有丰富、全面和平衡的口感。

补充说明
Postscript

葡萄酒因为其香气而展现出最大的多样性、优雅度和诱惑力，但大多数消费者会注意到它的风味。因此，口腔感觉很少，但是仍然与嗅觉以及颜色一起影响着消费者对葡萄酒的选择。除了甜葡萄酒，味觉最重要的是酸味、苦味和收敛感。其中，对于酿酒师来说，酸味最易调整。苦味和收敛感在化学来源上要复杂得多，并且还会随着葡萄酒的成熟和陈年发生变化。收敛感有许多不同的描述方式，表明这个术语包含了不同的现象，有着不同的来源。虽然已经有了一定的了解，但是葡萄酒酚类成分的性质仍然不清楚，我们的认知随着新的研究发现而被改变，因此，很难实现精确调节或预测。在缺乏精确知识的情况下，以增强好的口感，减弱不良感觉的葡萄酒调配更像是一门艺术而不是科学。因此，对于所有酿酒师来说，培养广泛的记忆力和敏锐的感官技能来调整葡萄酒的感官属性以符合消费者的喜好是至关重要的。葡萄酒的生产应该是为了让普通消费者和鉴赏家同样的享受，并不是为了增强生产者的自我意识或某些金融巨头的社会和经济地位。

推荐阅读

Auvray, M., Spence, C., 2008. The multisensory perception of flavor. Conscious. Cognit. 17, 1016–1031.

Carstens, E., Carstens, M.I., Dessirier, J.-M., O' Mahony, M., Simons, C.T., Sudo, M., Sudo, S., 2002. It hurts so good: Oral irritation by spices and carbonated drinks and the underlying neural mechanisms. Food Qual. Pref. 13, 431–443.

Francis, I.L., Gawel, R., Iland, P.G., Vidal, S., Cheynier, V., Guyot, S., Kwiatkowski, M.J., Waters, E.J., 2002. Characterising mouth-feel properties of red wines. In: Blair, R., Williams, P., Høj, P. (Eds.) Proc. 11th Aust. Wine Indust. Tech. Conf., Aust. Wine Indust. Tech. Conf. Inc., Urrbrae, Australia, pp. 123–127.

Haslam, E., 2007. Vegetable tannins—Lessons of a phytochemical lifetime. Phytochemistry 68, 2713–2721.

Ma, W., Guo, A., Zhang, Y., Wang, H., Liu, Y., Li, H., 2014. A review on astringency and bitterness perception of tannins in wine. Food Sci. Technol. 40, 6–19.

Pelchat, M.L., Bryant, B., Cuomo, R., Di Salle, F., Fass, R., Wise, P., 2014. Carbonation. A review of sensory mechanisms and health effects. Nutr. Today 49 (6), 308–312.

Reed, D.R., Tanaka, T., McDaniel, A.H., 2006. Diverse tastes: Genetics of sweet and bitter perception. Physiol. Behav. 88, 215–226.

Schoenfeld, M.A., Cleland, T.A., 2005. The anatomical logic of smell. Trends Neurosci. 28, 620–627.

Scollary, G.R., Pásti, G., Kállay, M., Blackman, J., Clark, A.C., 2012. Astringency response of red wines: Potential role of molecular assembly. Trend. Food Sci. Technol 27, 25–36.

Silver, W.L., Maruniak, J.A., 2004. Trigeminal chemoreception in the nasal and oral cavities. Chem. Senses 6, 295–305.

Spence, C., 2016. Oral referral: On the mislocalization of odours to the mouth. Food Qual. Pref. 50, 117–128.

Taylor, A.J., Roberts, D.D. (Eds.), 2004. Flavor Perception, Blackwell Publ. Ltd., Oxford, UK.

参考文献

Amerine, M.A., Ough, C.S., 1980. Methods for Analysis of Musts and Wines. John Wiley, New York.

Amerine, M.A., Roessler, E.B., Ough, C.S., 1965. Acids and the acid taste. I. The effect of pH and titratable acidity. Am. J. Enol. Vitic. 16, 29–37.

Aqueveque, C., 2015. The influence of experts' positive word-of-mouth on a wine's perceived quality and value: The moderator role of consumers' expertise. J. Wine Res. 26, 181–191.

Arnold, R.A., Noble, A.C., 1978. Bitterness and astringency of grape seed phenolics in a model wine solution. Am. J. Enol. Vitic. 29, 150–152.

Avenet, P., Lindemann, B., 1989. Perspective of taste reception. J. Membrane Biol. 112, 1–8.

Barker, L.M. (Ed.), 1982. The Psychobiology of Human Food Selection. AVI, Westport, CT.

Bartoshuk, L.M., Rifkin, B., Marks, L.E., Bars, P., 1986. Taste and aging. J. Gerontol. 41, 51–57.

Bartoshuk, L.M., Duffy, V.B., Miller, I.J., 1994. PTC/PROP tasting: Anatomy, psychophysics and sex effects. Physiol. Behavior 56, 1165–1171.

Behrens, M., Gunn, H.C., Ramos, P.D.M., et al., 2013. Genetic, functional, and phenotypic diversity in TAS2R38-mediated bitter taste perception. Chem. Senses 38, 475–484.

Bennick, A., 1982. Salivary proline-rich proteins. Mol. Cell. Biochem. 45, 83–99.

Blakeslee, A.F., Salmon, T.N., 1935. Genetics of sensory thresholds, individual taste reactions for different substances. Proc. Natl. Acad. Sci. U.S.A. 21, 84–90.

Boudreau, J.C., Oravec, J., Hoang, N.K., et al., 1979. Taste and the taste of foods. In Food Taste Chemistry (J. C. Boudreau, ed.), pp. 1–30. ACS Symposium Series No. 115. American Chemical Society, Washington, DC.

Brand, E., Soares, S., Mateus, N.,et al., 2014. In vivo interactions between procyanidins and human saliva proteins: Effect of repeated exposures to procyanidins solution. J. Agric. Food Chem. 62, 9562–9568.

Breslin, P.A.S., Beauchamp, G.K., 1995. Suppression of bitterness by sodium: Variation among bitter taste stimuli. Chem. Senses 20, 609–623.

Brodal, A., 1981. Neurological Anatomy in Relation to Clinical Medicine, third ed Oxford University Press, New York.

Brossaud, F., Cheynier, V., Noble, A.C., 2001. Bitterness and astringency of grape and wine polyphenols. J. Grape Wine Res. 7, 33–39.

Cain, W.S., Murphy, C.L., 1980. Interaction between chemoreceptive modalities of odour and irritation. Nature 284, 255–257.

Chandrashekar, J., Yarmolinsky, D., von Buchholtz, L., et al., 2009. The taste of carbonation. Science 326, 443–445.

Chandrashekar, J., Kuhn, C., Oka, Y., et al., 2010. The cells and peripheral representation of sodium taste in mice. Nature 464, 297–301.

Charlton, A.J., Baxter, N.J., Khan, M.L., et al., 2002. Polyphenol/peptide binding and precipitation. J. Agric. Food Chem. 50, 1593–1601.

Charpentier, C., Aussenac, J., Charpentier, M.,et al., Feuillat, M., et al., 2005. Release of nucleotides and nucleosides during yeast autolysis: Kinetics and potential impact on flavor. J. Agric. Food Chem. 53, 3000–3007.

Chen, X., Gabitto, M., Peng, Y.,et al., 2011. A gustotopic map of taste qualities in the mammalian brain. Science 333, 1262–1266.

Chrea, C., Valentin, D., Sulmont-Rossé, C.,et al., 2004. Culture and odor categorization: Agreement between cultures depends upon the odors. Food Qual. Pref. 15, 669–679.

Collings, V.B., 1974. Human taste response as a function of focus on the tongue and soft palate. Front and Side refer to fungiform papillae. The higher the value along the y-axis denotes lower the taste threshold. Percept. Psychophys. 16, 169–174.

Cometto, J.E., Garcia-Media, M.R., Calvino, A.M.,et al., 1987. Interactions between CO_2 oral pungency and taste. Perception 16,629–640.

Condelli, N., Dinnella, C., Cerone, A.,et al., M., 2006. Prediction of perceived astringency induced by phenolic compounds II: Criteria for panel selection and preliminary application on wine samples. Food Qual. Pref. 17, 96–107.

Corrigan Thomas, C.J., Lawless, H.T., 1995. Astringent subqualities in acids. Chem. Senses. 20, 593–600.

Courtis, K., Todd, B., Zhao, J., 1998. The potential role of nucleotides in wine flavour. Aust. Grapegrower Winemaker 409, 31–33.

Cowart, B.J., 1998. The addition of CO_2 to traditional taste solutions alters taste quality. Chem. Senses 23, 397–402.

Cowart, B.J., Yokomakai, Y., Beauchamp, G.K., 1994. Bitter taste in again: Compound-specific decline in sensitivity. Physiol Behav. 56, 1237–1241.

Cruz, A., Green, B., 2000. Thermal stimulation of taste. Nature 403, 889–892.

Dalton, P., Doolittle, N., Nagata, H., et al., 2000. The merging of the senses: Integration of subthreshold taste and smell. Nature Neurosci. 3, 431–432.

Dawes, C., 1964. Is acid-precipitation of salivary proteins a factor in plaque formation? Arch. Oral Biol. 9, 375–376.

de Freitas, V., Mateus, N., 2003. Nephelometric study of salivary protein-tannin aggregates. J. Sci. Food Agric. 82, 113–119.

de Freitas, V., Carvalho, E., Mateus, N., 2003. Study of carbohydrate influence on protein-tannin aggregation by nephelometry. Food Chem. 81, 503–509.

de Loryn, L.C., Petri, P.R., Hasted, A.M., et al., 2014. Evaluation of sensory threshold and perception of sodium chloride in grape juice and wine. Am J. Enol. Vitic. 65, 124–133.

Delwiche, J.F., Heffelfinger, A.L., 2005. Cross-modal additivity of taste and smell. J. Sens. Stud. 20, 512–525.

Delwiche, J.F., Halpern, B.P., Desimone, J.A., 1999. Anion size of sodium salts and simple taste reaction times. Physiol. Behav. 66, 27–32.

Delwiche, J.F., Buletic, Z., Breslin, P.A.S., 2002. Clustering bitter compounds via individual sensitivity differences: Evidence supporting multiple receptor–transduction mechanisms. In: Given, P., Paredes, D. (Eds.), Chemistry of Taste: Mechanisms, Behaviors, and Mimics. American Chemical Society, Washington, DC, pp. 66–77.

DeSimone, J.A., Heck, G.L., Bartoshuk, L.M., 1980. Surface active taste modifiers, a comparison of the physical and psychophysical properties of gymnemic acid and sodium lauryl sulfate. Chem. Senses 5, 317–330.

Dessirier, J.M., Simons, C.T., Carstens, M.I., et al., 2000. Psychophysical and neurobiological evidence that the oral sensation elicited by carbonated water is of chemogenic origin. Chem. Senses 25, 277–284.

Di Salle, F., Cantone, E., Savarese, M.F., et al., 2013. Effect of carbonation on brain processing of sweet stimuli in humans. Gastroenterology 145, 537–539.

Dittrich, H.H., Sponholz, W.R., Kast, W., 1975. Vergleichende Untersuchungen von Mosten und Weinen aus gesunden und aus *Botrytis*-infizierten Traubenbeeren. Vitis 13, 336–347.

Djordjevic, J., Zatorre, R.J., Jones-Gotman, M., 2004. Effects of perceived and imagined odors on taste detection. Chem. Senses 29, 199–208.

Doty, R.L., Bromley, S.M., 2004. Effects of drugs on olfaction and taste. Otolaryngol. Clin. N. Am. 37,

1229–1254.

Drawert, F., 1970. Causes déterinant l'amertume de certains vins blancs. Bull. O.I.V 43, 19–27.

Drewnowski, A., Henderson, A.S., Barratt-Fornell, A., 2001. Genetic taste markers and food preferences. Drug Metab. Disposit 29, 535–538.

Dufour, C., Bayonove, C.L., 1999a. Influence of wine structurally different polysaccharides on the volatility of aroma substances in a model system. J. Agric. Food Chem. 47, 671–677.

Dufour, C., Bayonove, C.L., 1999b. Interactions between wine polyphenols and aroma substances. An insight at the molecular level. J. Agric. Food Chem. 47, 678–684.

Epke, E.M., McClure, S.T., Lawless, H.T., 2009. Effects of nasal occlusion and oral contact on perception of metallic taste from metal salts. Food Qual. Pref. 20, 133–137.

Ferrer-Gallego, R., Hernández-Hierro, J.M., Rivas-Gonzalo, J.C., et al., 2014. Sensory evaluation of bitterness and astringency sub-qualities of wine phenolic compounds: Synergistic effect and modulation by aromas. Food Res. Int. 62, 1100–1107.

Ferrer-Gallego, R., Quijada-Morín, N., Brás, N.F., et al., 2015. Characterization of sensory properties of flavanols–A molecular dynamic approach. Chem. Sens. 40, 381–390.

Fischer, M.E., Cruickshanks, K.J., Schubert, C.R., et al., 2013. Factors related to fungiform papillae density: The Beaver Dam offstring study. Chem. Senses 38, 669–677.

Fischer, U., Boulton, R.B., Noble, A.C., 1994. Physiological factors contributing to the variability of sensory assessments: Relationship between salivary flow rate and temporal perception of gustatory stimuli. Food Qual. Pref. 5, 55–64.

Fontoin, H., Saucier, C., Teissedre, P.-L., et al., 2008. Effect of pH, ethanol and acidity on astringency and bitterness of grape seed tannin oligomers in model wine solution. Food Qual. Pref. 19, 286–291.

Forss, D.A., 1969. Role of lipids in flavors. J. Agr. Food Chem. 17, 681–685.

Francis, I.L., Gawel, R., Iland, P.G., et al., 2002. Characterising mouth-feel properties of red wines. In: Blair, R., Williams, P., Høj, P. (Eds.), *Proc. 11th Aust. Wine Ind. Tech. Conf.* Australian Wine Industrial Technical Conference Inc., Glen Osmond, SA, Australia, pp. 123–127.

Frank, S., Wollmann, N., Schieberle, P., et al., 2011. Reconstruction of the flavor signature of Dornfelder red wine on the basis of the natural concentrations of its key aroma and taste compounds. J. Agric. Food Chem. 59, 8866–8874.

Furlan, A.L., Jobin, M.-L., Pianet, I., et al., 2015. Flavanol/lipid interaction: A novel molecular perspective in the description of wine astringency & bitterness and antioxidant action. Tetrahedron 71, 3143–3147.

Ganzevles, P.G.J., Kroeze, J.H.A., 1987. The sour taste of acids, the hydrogen ion and the undissociated acid as sour agents. Chem. Senses 12, 563–576.

Gawel, R., Waters, E., 2008. The effect of glycerol on the perceived viscosity of dry white table wine. J. Wine Res. 19, 109–114.

Gawel, R., Oberholster, A., Francis, I.L., 2000. A "Mouth-feel Wheel": Terminology for communicating the mouth-feel characteristics of red wine. Aust. J. Grape Wine Res. 6, 203–207.

Gawel, R., Iland, P.G., Francis, I.L., 2001. Characterizing the astringency of red wine: A case study. Food Qual. Pref. 12, 83–94.

Gawel, R., van Sluyter, S., Waters, E.J., 2007. The effects of ethanol and glycerol on the body and other sensory characteristics of Riesling wines. Aust. J. Grape Wine Res. 13, 38–45.

Gawel, R., Van Sluyter, S.C., Smith, P.A.,et al., 2013. Effect of pH and alcohol on perception of phenolic character in white wine. Am. J. Enol. Vitic. 64, 425–429.

Gawel, R., Schulkin, A., Day, M.,et al., 2016. Interactions between phenolics, alcohol and acidity in determining the mouthfeel and bitterness of white wine. Wine Vitic. J. 31 (1), 30–34.

Gilbertson, T.A., Boughter Jr., J.D., 2003. Taste transduction: Appetizing times in gustation. NeuroReport 14, 905–911.

Gilbertson, T.A., Khan, N.A., 2014. Cell signaling mechanisms of oro-gustatory detection of dietary fat: Advances and challenges. Prog. Lipid Res. 53, 82–92.

Glendinning, J., 1992. Effect of salivary proline-rich proteins on ingestive responses to tannic acid in mice. Chem. Senses 17, 1–12.

Gonzales, E.B., Kawate, T., Gouauz, E., 2009. Pore architecture and ion sites in acid-sensing ion channels and P2X receptors. Nature 460, 599–605.

Green, B.G., 1992. The effects of temperature and concentration on the perceived intensity and quality of carbonation. Chem. Senses 17, 435–450.

Green, B.G., 1993. Oral astringency: A tactile component of flavor. Acta Psychol. 84, 119–125.

Green, B.G., 2004. Oral chemesthesis: And integral component of flavour. In: Taylor, A.J., Roberts, D.D. (Eds.), Flavor Perception. Blackwell Publ. Ltd., Oxford, UK, pp. 151–171.

Green, B.G., Frankmann, S.P., 1987. The effect of cooling the tongue on the perceived intensity of taste. Chem. Senses 12, 609–619.

Green, B.G., Frankmann, S.P., 1988. The effect of cooling on the perception of carbohydrate and intensive sweeteners. Physiol. Behav. 43, 515–519.

Green, B.G., George, P., 2004. Thermal taste. predicts higher responsiveness to chemical taste and flavor. Chem. Senses 29, 617–628.

Green, B.G., Nachtigal, D., 2015. Temperature effects human sweet taste via at least two mechanisms. Chem. Sens. 40, 391–399.

Guest, S., Essick, G., Young, M.,et al., 2008. The effect of oral drying and astringent liquids on the perception of mouth wetness. Physiol. Behav. 93, 888–896.

Guinard, J., Pangborn, R.M., Lewis, M.J., 1986b. Preliminary studies on acidity-astringency interactions in model solutions and wines. J. Sci. Food Agric. 37, 811–817.

Guinard, J.-X., Pangborn, R.M., Lewis, M.J., 1986a. The time–course of astringency in wine upon repeated ingestion. Am. J. Enol. Vitic. 37, 184–189.

Haslam, E., Lilley, T.H., 1988. Natural astringency in foods. A molecular interpretation. Crit. Rev. Food Sci. Nutr. 27, 1–40.

Haslam, E., Lilley, T.H., Warminski, E.,et al., 1992. Polyphenol complexation, a study in molecular recognition. In Phenolic Compounds in Food and Their Effects on Health, 1, Analysis, Occurrence, and Chemistry. (C.-T. Ho, et al., eds.), pp. 8–50. ACS Symposium Series No. 506. American Chemical Society, Washington, DC.

Hewson, L., Hollowood, T., Chandra, S., et al., 2009. Gustatory, olfactory and trigeminal interactions in a model carbonated beverage. Chem. Percept. 2, 94–107.

Hufnagel, J.C., Hofmann, T., 2008a. Orosensory-directed identification of astringent mouthfeel and bitter-tasting compounds in red wine. J. Agric. Food Chem. 56, 1376–1386.

Hufnagel, J.C., Hofmann, T., 2008b. Quantitative reconstruction of the nonvolatile sensometabolome of a red wine. J. Agric. Food Chem. 56, 9190–9199.

Hyde, R.J., Pangborn, R.M., 1978. Parotid salivation in response to tasting wine. Am. J. Enol. Vitic. 29, 87–91.

Ishikawa, T., Noble, A.C., 1995. Temporal perception of astringency and sweetness in red wine. Food Qual. Pref. 6, 27–34.

Jackson, R.S., 2014. Wine Science: Principles and Application, fourth ed. Academic Press, San Diego, CA.

Justl, E., O'Connell, J., Fairclough, P.A.,et al., 2004. Molecular model for astringency produced by polyphenol/protein interactions. Biomacromolecules 5, 942–949.

Kallithraka, S., Bakker, J., Clifford, M.N., 2000. Interaction of (+)-catechin, (-)-epicatechin, procyanidin B2 and procyanidin C1 with pooled human saliva *in vitro*. J. Sci. Food Agric. 81, 261–268.

Keast, R.S.J., Breslin, P.A.S., 2003. An overview of

binary taste–taste interactions. Food Qual. Pref. 14, 111–124.

Keast, R.S.J., Canty, T.M., Breslin, T.A.S., 2004. The influence of sodium salts on binary mixtures of bitter-tasting compounds. Chem. Senses 29, 431–439.

Kielhorn, S., Thorngate, J.H., 1999. Oral sensations associated with the flavan-3-ols (+)-catechin and (-)-epicatechin. Food Qual. Pref. 10, 109–116.

Kim, U., Wooding, S., Ricci, D., et al., 2005. Worldwide haplotype diversity and coding sequence variation at human bitter taste receptor loci. Hum. Mutat. 26, 199–204.

Kinnamon, S.C., 1996. Taste transduction: Linkage between molecular mechanism and psychophysics. Food Qual. Pref. 7, 153–160.

Komai, M., Bryant, B.P., 1993. Acetazolamide specifically inhibits lingual trigeminal nerve responses to carbon dioxide. Brain Res. 612, 122–129.

Kroeze, J.H.A., 1982. The relationship between the side taste of masking stimuli and masking in binary mixtures. Chem. Senses 7, 23–37.

Kuhn, C., Bufe, B., Winnig, M., et al., 2004. Bitter taste receptors for saccharin and acesulfame K. J. Neurosci. 24, 10260–10265.

Kuroda, M., Miyamura, N., 2015. Mechanism of the perception of "*kokumi*" substances and the sensory characteristics of the "*kokumi*" peptide, γ-Glu-Val-Gly. Flavour 4, 11. (3 pp).

Kurogi, M., Kawau, Y.H., Nagatomo, K., et al., 2015. Auto-oxidation products of epigallocatechin gallate activate TRPA1 and TRPV1 in sensory neurons. Chem. Senses 40, 27–46.

Kuznicki, J.T., Turner, L.S., 1986. Reaction time in the perceptual processing of taste quality. Chem. Senses 11, 183–201.

Lawless, H.T., Corrigan, C.J., Lee, C.B., 1994. Interactions of astringent substances. Chem. Senses 19, 141–154.

Lawless, H.T., Schlake, S., Smythe, J. et al., 2004. Metallic taste and retronasal smell. Chem. Senses 29, 25–33.

Lea, A.G.H., Arnold, G.M., 1978. The phenolics of ciders: Bitterness and astringency. J. Sci. Food. Agric. 29, 478–483.

Leach, E.J., Noble, A.C., 1986. Comparison of bitterness of caffeine and quinine by a time-intensity procedure. Chem. Senses 11, 339–345.

Lee, C.A., Ismail, B., Vickers, Z.M., 2012. The role of salivary proteins in the mechanism of astringency. J. Food Sci. 77, C381–C387.

Lee, C.B., Lawless, H.T., 1991. Time-course of astringent sensations. Chem. Senses 16, 225–238.

Lee, R.J., Kofonow, J.M., Rosen, P.L., et al., 2014. Bitter and sweet taste receptors regulate human upper respiratory innate immunity. J. Clin. Invest. 124, 1393–1405.

Levine, M.W., Shefner, J.M., 1991. Fundamentals of Sensation and Perception, second ed. Brooks/Cole Publishing, Pacific Grove, CA.

Li, X., Staszewski, L., Xu, H., et al., 2002. Human receptors for sweet and umami taste. PNAS 99, 4692–4696.

Lim, J., Urban, L., Green, B.G., 2008. Measures of individual differences in taste and creaminess perception. Chem. Senses. 33, 493–501.

Lim, J., Wood, A., Green, B.G., 2009. Derivation and evaluation of a labeled hedonic scale. Chem. Senses 34, 739–751.

Lorber, K., Schieberle, P., Buettner, A., 2014. Influence of the chemical structure on odor qualities and odor thresholds in homologous series of alka-1,5-dien-3-ones, alk-1-en-3-ones, alka-1,5-dien-3-ols, and alk-1-en-3-ols. J. Agric. Food Chem. 62, 1025–1031.

Lyman, B.J., Green, B.G., 1990. Oral astringency: Effects of repeated exposure and interactions with sweeteners. Chem. Senses 15, 151–164.

Ma, W., Guo, A., Zhang, Y., et al., 2014. A review on astringency and bitterness perception of tannins in wine. Trends Food Sci. Technol. 40, 6–19.

Marchal, A., Waffo-Téguo, P., Génin, E., et al., 2011. Identification of new natural sweet compounds in wine using centrifugal partition chromatography–gustatometry and Fourier transform Mass Spectrometry. Anal. Chem. 83, 9629–9637.

Marchal, A., Cretin, B.N., Sindt, L., et al., 2015. Contribution of oak lignans to wine taste: Chemical identification, sensory characterization and quantification. Tetrahedron 71, 3148–3156.

Maruyama, Y., Yasuda, R., Kuroda, M., et al., 2012. *Kokumi* substances, enhancers of basic tastes, induce responses in calcium-sensing receptor expressing taste cells. PLoS ONE 7, e34489.

Matsunami, H., Amrein, H., 2004. Taste perception: How to make a gourmet mouse. Curr. Biol. 14, R118–R120.

Matsuo, R., 2000. Role of saliva in the maintenance of taste sensitivity. Crit. Rev. Oral Biol. Med. 11, 216–229.

McBride, R.L., Finlay, D.C., 1990. Perceptual integration of tertiary taste mixtures. Percept. Psychophys. 48, 326–336.

McBurney, D.H., 1978. Psychological dimensions and perceptual analyses of taste In: Carterette, E.C. Friedman, M.P. (Eds.), Handbook of Perception, Vol. 6A. Academic Press, New York, pp. 125–155.

McCabe, C., Rolls, E.T., 2007. Umami: A delicious flavour formed by convergence of taste and olfactory pathways in the human brain. Eur. J. Neurosci. 25, 1855–1864.

Meyerhof, W., Batram, C., Kuhn, C., et al., 2010. The molecular receptive ranges of human TAS2R bitter taste receptors. Chem. Senses 35, 157–170.

Miller, I.J., Reedy Jr., E.E., 1990. Variations in human taste bud density and taste intensity perception. Physiol. Behav. 46, 1213–1219.

Miyazawa, T., Gallagher, M., Preti, G., et al., 2008. The impact of subthreshold carboxylic acids on the odor intensity of suprathreshold flavor compounds. Chem. Percept. 1, 163–167.

Moncrieff, R.W., 1964. The metallic taste. Perfumery Essent. Oil Rec. 55, 205–207.

Nagai, T., Kim, D.J., Delay, R.J., et al., 1996. Neuromodulation of transduction and signal processing in the end organs of taste. Chem. Senses 21, 353–365.

Nelson, G., Chandrashekar, J., Hoon, M.A., et al., 2002. An amino-acid taste receptor. Nature 416 (6877), 199–202.

Nieuwoudt, H.H., Prior, B.A., Pretorius, I.M., et al., 2002. Glycerol in South African wines: An assessment of its relationship to wine quality. S. Afr. J. Enol. Vitic. 23, 22–30.

Noble, A.C., 1994. Bitterness in wine. Physiol. Behav. 56, 1251–1255.

Noble, A.C., Bursick, G.F., 1984. The contribution of glycerol to perceived viscosity and sweetness in white wine. Am. J. Enol. Vitic. 35, 110–112.

Noble, A.C., Strauss, C.R., Williams, P.J., et al., 1988. Contribution of terpene glycosides to bitterness in Muscat wines. Am. J. Enol. Vitic. 39, 129–131.

Nurgel, C., Pickering, G., 2005. Contribution of glycerol, ethanol and sugar to the perception of viscosity and density elicited by model white wines. J. Texture Studies 36, 303–323.

Obreque-Slíer, E., Pe-Neira, A., López-Solís, R., 2010. Enhancement of both salivary protein-enological tannin interactions and astringency perception by ethanol. J. Agric. Food Chem. 58, 3729–3735.

Obreque-Slíer, E., Pe-Neira, A., López-Solís, R., 2011. Precipitation of low molecular weight phenolic compounds of grape seeds cv. Carménère (*Vitis vinifera* L.) by whole saliva. Eur. Food Res. Technol. 232, 113–121.

Obst, K., Paetz, S., Backes, M., et al., 2013. Evaluation of unsaturated alkanoic acid amides as markers of epigallocatechin gallate astringency. J. Agric. Food Chem. 61, 4242–4249.

Ong, B.Y., Nagel, C.W., 1978. High-pressure liquid chromatographic analysis of hydroxycinnamic acid tartaric acid esters and their glucose esters in *Vitis vinifera*. J. Chromatogr. 157, 345–355.

Ossebaard, C.A., Polet, I.A., Smith, D.V., 1997. Amiloride effects on taste quality: Comparison of single and multiple response category procedures. Chem. Senses 22, 267–275.

Ough, C.S., Fong, D., Amerine, M.A., 1972. Glycerol in wine, determination and some factors affecting. Am. J. Enol. Vitic. 27, 1–5.

Ozawa, T., Lilly, T.H., Haslam, E., 1987. Polyphenol

interaction: Astringency and the loss of astringency in ripening fruit. Phytochemistry 26, 2937–2942.

Peleg, H., Noble, A.C., 1995. Perceptual properties of benzoic acid derivatives. Chem. Senses 20, 393–400.

Peleg, H., Bodine, K., Noble, A.C., 1998. The influence of acid on astringency of alum and phenolic compounds. Chem. Senses 23, 371–378.

Pickering, G.J., Heatherbell, D.A., Vanhaenena, L.P., et al., 1998. The effect of ethanol concentration on the temporal perception of viscosity and density in white wine. Am. J. Enol. Vitic. 49, 306–318.

Pickering, G.J., Simunkova, D., DiBattista, D., 2004. Intensity of taste and astringency sensations elicited by red wine is associated with sensitivity to PROP (6-n-propylthiouracil). Food Qual. Pref. 15, 147–154.

Pocock, K.F., Sefton, M.A., Williams, P.J., 1994. Taste thresholds of phenolic extracts of French and American oakwood: The influence of oak phenols on wine flavor. Am. J. Enol. Vitic. 45, 429–434.

Portmann, M.-O., Serghat, S., Mathlouthi, M., 1992. Study of some factors affecting intensity/time characteristics of sweetness. Food Chem. 44, 83–92.

Prescott, J., 2004. Psychological processes in flavour perception. In: Taylor, A.J., Roberts, D. (Eds.), Flavour Perception. Blackwell Publishing, London, pp. 256–278.

Prinz, J.F., Lucas, P.W., 2000. Saliva tannin interactions. J. Oral Rehabil. 27, 991–994.

Ramsey, I.S., Delling, M., Clapham, D.E., 2006. An introduction to TRP channels. Annu. Rev. Physiol. 68, 619–647.

Rapp, A., 1987. Verderung der Aromastoffe wrend der Flaschenlagerung von Weieinen. In "Primo Simposio Internazionale: Le Sostanze Aromatiche dell'Uva e del Vino" pp. 286–296.

Rentmeister-Bryant, H., Green, B.G., 1997. Perceived irritation during ingestion of capsaicin or piperine: Comparison of trigeminal and nontrigeminal areas. Chem. Senses 22, 257–266.

Rentschler, H., Tanner, H., 1951. Red wines turning bitter; contribution to the knowledge of presence of acrolein in beverages and its correlation to the turning bitter of red wines. Mitt. Lebensmitt. Hygiene 42, 463–475.

Ribéreau-Gayon, P., 1964. Les composés phénoloques du raisin et du vin. I, II, III. Ann. Physiol. Veg. 6, 119–147. 211–242, 259–282.

Ribéreau-Gayon, P., Glories, Y., Maujean, A., et al., 2006. *Handbook of Enology, Vol.2, The Chemistry of Wine Stabilization and Treatments*, second ed. John Wiley & Sons, Ltd, Chichester, UK.

Ross, C.F., Weller, K., 2008. The effect of serving temperature on the sensory attributes of red and white wines. J. Sens. Stud. 23, 398–416.

Rossetti, D., Bongaerts, J.H.H., Wantling, et al., 2009. Astringency of tea catechins: More than an oral lubrication tactile percept. Food Hydrocol. 23, 1984–1992.

Roura, E., Aldayyani, A., Thavaraj, P., E., et al., 2015. Variability in human bitter taste sensitivity to chemically diverse compounds can be accounted for by differential TAS2R activation. Chem. Sens. 40, 427–435.

Runnebaum, R.C., Boulton, R.B., Powell, R.L., et al.,2011. Key constituents affecting wine body -an exploratory study. J. Sens. Stud. 26, 62–70.

Running, C.A., Craig, B.A., Mattes, R.D., 2015. Oleogustus: The unique taste of fat. Chem. Senses 40, 507–516.

Sáenz-Navajas, M.-P., Campo, E., Culleré, L., et al., 2010a. Effects of the nonvolatile matrix on the aroma perception of wine. J. Agric. Food Chem. 58, 5574–5585.

Sáenz-Navajas, M.-P., Campo, E., Fernández-Zurbano, P., et al., 2010b. An assessment of the effects of wine volatiles on the perception of taste and astringency of wine. Food Chem. 121, 1139–1149.

Saintsbury, G., 1920. Notes on a Cellar-Book. Macmillan, London.

San Gabriel, A.M., 2015. Taste receptors in the gastrointestinal system. Flavor 4, 14. (4 pp).

Sawano, S., Sato, E., Mori, T.,et al., 2005. G-protein-dependent and -independent pathways in denatonium signal transduction. Biosci. Biotechnol. Biochem. 69, 1643–1651.

Schiffman, S.S., 1983. Taste and smell in disease. N. Eng. J. Med. 308, 1275–1279.

Schiffman, S.S., Gatlin, L.A., Sattely-Miller, E.A., et al., 1994. The effect of sweeteners on bitter taste in young and elderly subjects. Brain Res. Bull. 35, 189–204.

Schoenfeld, M.A., Neuer, G., Tempelmann, C., et al., 2004. Functional magnetic resonance tomography correlates of taster perception in the human primary taste cortex. Neuroscience 127, 347–353.

Schutz, H.G., Pilgrim, F.J., 1957. Differential sensitivity in gustation. J. Exp. Psychol. 54, 41–48.

Senée, J., Robillard, B., Vignes-Adler, M., 1999. Films and foams of Champagne wines. Food Hydrocolloid. 13, 15–26.

Serafini, M., Maiani, G., Ferroluzzi, A., 1997. Effect of ethanol on red wine tannin-protein (BSA) interactions. J. Agric. Food Chem. 45, 3148–3151.

Shahbake, M., Hutchinson, I., Laing, D.G., et al., 2005. Rapid quantitative assessment of fungiform papillae density in the human tongue. Brain Res. 1052, 196–201.

Siebert, K.J., Euzen, C., 2008. The relationship between expectorant pH and astringency perception. J. Sens. Stud. 23, 222–233.

Singleton, V.L., 1987. Oxygen with phenols and related reactions in must, wines and model systems, observations and practical implications. Am. J. Enol. Vitic. 38, 69–77.

Singleton, V.L., Noble, A.C., 1976. Wine flavour and phenolic substances. In Phenolic, Sulfur and Nitrogen Compounds in Food Flavors. G. Charalambous, A. Katz. (Eds.), pp. 47–70. ACS Symposium Series No. 26, American Chemical Society, Washington, DC.

Smith, A.K., Noble, A.C., 1998. Effects of increased viscosity on the sourness and astringency of aluminum sulfate and citric acid. Food Qual. Pref. 9, 139–144.

Smith, A.K., June, H., Noble, A.C., 1996. Effects of viscosity on the bitterness and astringency of grape seed tannin. Food Qual. Pref. 7, 161–166.

Soares, S., Kohl, S., Thalmann, S., et al., 2013. Different phenolic compounds activate distinct human bitter taste receptors. J. Agric. Food Chem. 61, 1525–1533.

Sowalsky, R.A., Noble, A.C., 1998. Comparison of the effects of concentration, pH and anion species on astringency and sourness of organic acids. Chem. Senses 23, 343–349.

Spence, C., Piqueras-Fiszman, B., 2014. The Perfect Meal: The Multisensory Science of Food and Dining. John Wiley & Son, Oxford, UK. Stevens, J.C., Cain, W.C., 1993. Changes in taste and flavor in aging. Crit. Rev. Food Sci. Nutr. 33, 27–37.

Strauss, C.R., Gooley, P.R., Wilson, B., et al., 1987. Application of droplet countercurrent chromatography to the analysis of conjugated forms of terpenoids, phenols, and other constituents of grape juice. J. Agric. Food Chem. 35, 519–524.

Sulmont-Rossé, C., Mare, I., Amand, M., et al., 2015. Evidence for different patterns of chemosensory alterations in the elderly population: Impact of age versus dependency. Chem. Senses 40, 153–164.

Symoneaux, R., Guichard, H., Le Quéré, J.-M., et al., 2015. Could cider aroma modify cider mouthfeel properties? Food Qual. Pref. 45, 11–17.

Swoboda, P.A.T., Peers, K.E., 1978. The formation of metallic taint by selective lipid oxidation, the significance of octa-1,cis-5-dien-3-one. In: Land, D.G., Nursten, H.E. (Eds.), Progress in Flavor Research. Applied Science Publ., London.

Valentová, H., Skrovánková, S., Panovská, Z., et al., 2002. Time–intensity studies of astringent taste. Food Chem. 78, 29–37.

Vidal, S., Cartalade, D., Souquet, J.M., et al., 2002. Changes in proanthocyanidin chain-length in wine-like model solutions. J. Agric. Food Chem. 50, 2261–2266.

Vidal, S., Francis, L., Guyot, S., et al., 2003. The mouth-feel properties of grape and apple proanthocyanidins in a wine-like medium. J. Sci. Food Agric.

83, 564–573.

Vidal, S., Courcoux, P., Francis, L., et al., 2004a. Use of an experimental design approach for evaluation of key wine components on mouth-feel perception. Food Qual. Pref. 15, 209–217.

Vidal, S., Francis, L., Noble, A., et al., 2004b. Taste and mouth-feel properties of different types of tannin-like polyphenolic compounds and anthocyanins in wine. Anal. Chim. Acta 513, 57–65.

Vidal, S., Francis, L., Williams, P., et al., 2004c. The mouth-feel properties of polysaccharides and anthocyanins in a wine like medium. Food Chem. 85, 519–525.

Voilley, A., Beghin, V., Charpentier, C., et al., 1991. Interactions between aroma substances and macromolecules in a model wine. Lebensm. Wiss. Technol. 24, 469–472.

Wang, Y., Chang, R.B., Liman, E.R., 2010. TRPA1 is a component of the nociceptive response to CO_2. J. Neurosci. 30, 12958–12963.

Weber, F., Greve, K., Durner, D., et al., 2013. Sensory and chemical characterization of phenolic polymers from red wine obtained by gel permeation chromatography. Am. J. Enol. Vitic. 64, 15–25.

White, T., Prescott, J., 2001. Odors influence the speed of taste naming. Chem. Senses 26, 1119.

Whitehead, M.C., Beeman, C.S., Kinsella, B.A., 1985. Distribution of taste and general sensory nerve endings in fungiform papillae of the hamster. Am. J. Anat. 173, 185–201.

Winterhalter, P., Sefton, M.A., Williams, P.J., 1990. Volatile C_{13}–norisoprenoid compounds in Riesling wine are generated from multiple precursors. Am. J. Enol. Vitic. 41, 277–283.

Wróblewski, K., Muhandiram, R., Chakrabartty, A., et al., 2001. The molecular interaction of human salivary histatins with polyphenolic compounds. Eur. J. Biochem. 268, 4384–4397.

Yanniotis, S., Kotseridis, G., Orfanidou, A., et al., 2007. Effect of ethanol, dry extract and glycerol on the viscosity of wine. J. Food Engin. 81, 399–403.

Yau, N.J.N., McDaniel, M.R., 1991. The effect of temperature on carbonation perception. Chem. Senses 16, 337–348.

Yokotsuka, K., Singleton, V.L., 1987. Interactive precipitation between graded peptides from gelatin and specific grape tannin fractions in winelike model solutions. Am. J. Enol. Vitic. 38, 199–206.

Yu, X., Chu, S., Hagerman, A.E., et al., 2011. Probing the interaction of polyphenols with lipid bilayers by solid-state NMR spectroscopy. J. Agric. Food Chem. 59, 6783–6789.

Zampini, Z., Spence, C., 2005. Modifying the multisensory perception of a carbonated beverage using auditory. Food Qual. Pref. 16, 632–641.

Zellner, D.A., Stewart, W.F., Rozin, P., et al., 1988. Effect of temperature and expectations on liking for beverages. Physiol. Behav. 44, 61–68.

Zhao, G.Q., Zhang, Y., Hoon, M.A., et al., 2003. The receptors for mammalian sweet and umami taste. Cell 115, 255–266.

Zuniga, J.R., Davies, S.H., Englehardt, R.A., et al., 1993. Taste performance on the anterior human tongue varies with fungiform taste bud density. Chem. Senses 18, 449–460.

附录
Appendix

附录 4.1

味觉灵敏度简单的测量可以通过计算舌尖上真菌状乳突的数目而得到。以下是耶鲁大学 Linda Bartoshuk 的方法。

利用蘸过稀释的亚甲基蓝（或者蓝色食物颜料）溶液的棉签擦拭他们的舌尖。用清水擦洗掉多余的染料，显示出与蓝背景相反的粉色圆点即未染上色的真菌状乳突。把舌头放到舌部固定架上抚平，使真菌状乳突更容易被观察到。舌部固定架包含有 2 个塑料显微镜片，由 3 个螺丝钉固定到一起（图 4-24）。为了更加方便和标准化，只对舌尖中心区域的真菌状乳突进行计数。可以利用一小张中间有一个孔的蜡纸（打孔器打孔）完成。计数可以很方便地采用一个 10 倍的手持镜头。所计算的乳突数除以观察的孔洞面积（πr^2）即得到平均每平方厘米所含有的真菌状乳突数。

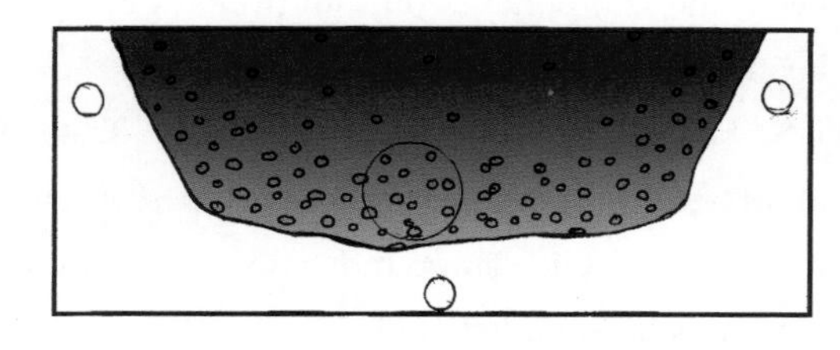

图 4-24　舌部固定架

Shahbake 等（2015）描述了一种更加快速的方法。使用数码相机（400 万像素或更大）来拍摄舌头。舌头先拍干，然后用浸渍亚甲基蓝的 Whatman 滤纸（1 号）（裁成直径为 6 cm）对其进行染色，再将舌头干燥，拍照，之后将数码照片传输到电脑，真菌状乳突的数量可以通过数码放大的彩色图像区域获得。

5

葡萄酒的定量评价（技术方面）
Quantitative Wine Assessment (Technical)

这一章主要讲述葡萄酒评价的技术层面——葡萄酒的定量评价，即感官评价。一般来说，葡萄酒评价的目的是了解葡萄酒感官特性的差异以及这种差异如何影响人们的偏好。根据这些信息，生产商可以更好地设计葡萄酒来吸引他们的目标购买者。对于拥有专门感官实验室的大型葡萄酒公司而言，这种情况尤为常见，这也会影响小的生产商。但是小酒庄的酿酒师更多地把他们自己定义为助产士，来协助和支持一个手工艺品的产生。不过，即使一个葡萄酒公司拥有的感官实验室，其大部分的流程也特别不适合检测葡萄酒的某些特定方面。由于葡萄酒的特性，它的年与年是不同的，而且在陈年中也会改变其特点。感官评价最适合用来检测新的或修改后的工艺效果以及葡萄酒品牌、地区或风格的一致性或缺陷。

虽然葡萄酒特性上得到的属性数据可以用来区别葡萄酒，但是却很少能指明这些特性在葡萄酒感知质量上的相对重要性。葡萄酒的评分同样可以提供感知质量的数据，但是却不能指明哪些特性是决定这个评分的核心因素。最近 Bécue-Bertaut 等（2008）、Perrin 等（2008）和 Pineau 等（2009）提出了整合定量和定性技术的新方法。遗憾的是，大部分的方法都需要大量的劳力，也涉及复杂的数据处理和推导，而且假设并不直观，也不容易验证。一个更简单的方法是比较一系列葡萄酒代表性感官特性的图表（图 8.14、图 8.15 和图 8.21）和品尝小组的评分。但是需要指出的是，感官特性和质量指标之间或许没有直接的关系。虽然品鉴小组、葡萄酒评委、葡萄酒评论家都感受到同样的感官特性，但是这并不意味着感官输入需要通过同样的意识知觉进行处理。前几章已经谈到经验如何影响感官联系和现实模型的发展以及这些反过来又如何影响感知。因此，专家的观点和消费者的观点常常是不同的（Lattey et al.，2010），专家感官评价的结果有可能和消费者偏好关系不大，其中的联系也并没有被认真地研究。

消费者对葡萄酒的质量很少有清楚或一致的认知。同时，他们也没有一套完善的葡萄酒风格和品种属性的感官记忆。消费者常常认为识别这些细节是高于他们的能力范围，于是他们选择将这种对传统特性分辨的不足归纳于不好的年份或者瓶与瓶之间的差异。葡萄酒“权威”专家的意见常常被优先考虑（Aqueveque，2015）。此外，大部分的葡萄酒购买者对葡萄酒的评价都是整体的评价，而且不会进行批评分析（将属性分开评价）。粗略地看一下酒杯，象征性地尝一口或者闻一下，消费者给予葡萄酒感官特性的这些注意力在专家看来是不够的，而且很快他们的注意力就会转移到食物或者交谈中。遗憾的是，尽管相对于酿酒师和葡萄种植者的努力，这一点对葡萄酒零售商更有利，因为挑剔的消费者不太可能接受平庸的葡萄酒。更重要的是，如果对一款酒不满意，还有其他上千款酒可以品尝，而且记忆通常是短暂的。对于大部分的购买者来说，便利性、价格、品牌识别度和文化认同在购买决定中比感官品质更重要，而且风格过于明显的葡萄酒可能会不利于食品的鉴赏，也因此大部分餐厅的招牌酒都是风格中性的（中性葡萄酒指不含有特殊品种特征的葡萄酒）。

品尝背景和购买环境同样会影响感知，即使是看起来毫不相关的情景。例如，背景音乐类型也会塑造选择和决策。播放法国音乐会增加法国葡萄酒的销售，德国 Bierkeller 的音乐会增加德国葡萄酒的销售（North et al.，1999）。此外，播放古典音乐和前 40 名的流行音乐很明显会影响购买葡萄酒的价格，古典音乐提高了平均购买价格，但是对购买数量没有影响（Areni and Kim，1993）。其他的研究也检测了特定的调味品、演奏的乐器和音高以及特定的葡萄酒和某段古典音乐的关系的影响（Spence，2011；Spence et al.，2013）。虽然非常有趣，然而除了进一步的确认中性品尝环境的重要性外，这些研究对葡萄酒分析是没有实用性或具有负相关性的。

相对于葡萄酒行业的人来说，顾客的鉴别能力更弱，但没有缺陷是能接受的最低标准。葡萄酒生产者可能对缺陷习以为常，有的时候甚至把缺陷视为一种理想的特性（如说酒香酵母污染）。培训过的品尝小组可以是一个安全保障，把异常葡萄酒到达普通大众手中的可能性降到最低。其更详细地评估在定义区分特定葡萄酒的感官特征方面有重要价值。例如，感官评价可以用来检测在何种程度和方面葡萄酒可以表现出地区性的风格（它的典型性）。取得的数据可以帮助保持或者加强这种地区风格。这对国际市场的营销非常重要或者数据分析也是发现哪些工艺会使酒庄和邻居酒庄区分开的方法，这一点在酒庄的葡萄酒的直接销售中非常重要。

根据评价的目的不同，品尝小组成员选择和培训方式可能不同。例如，在描述性的感官评价中，品尝小组的基本功能就像是一个分析仪器。图 5.1 表示了人类在这方面有时非常有效。如果人类总是一致和准确的，一个受过充分训练的人就足够。但是个体和日常的变化要求建立品尝小组来消除内在差异（图 5.2），不同个体中检测阈值的差异偶尔会超过 3 个数量级（Tempere et al.，2011）。品尝小组常常被训练使用一套共同的术语，并得到一致性评估。相反，在消费者品尝中，成员的选择原则是代表葡萄酒目标消费人群的内在差异。

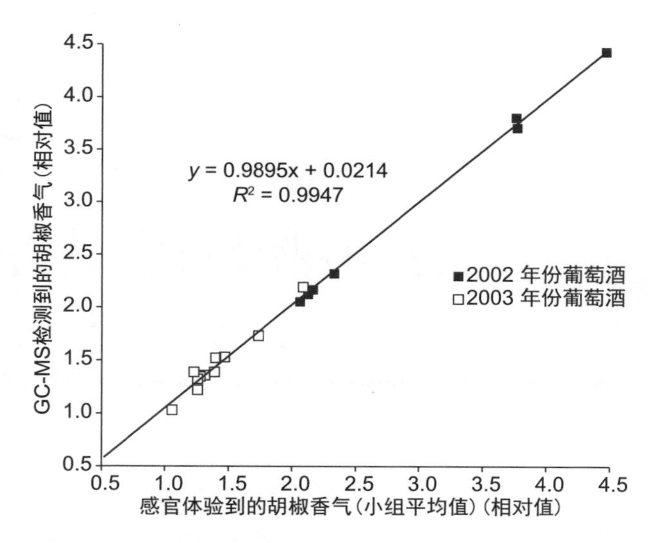

图 5.1 气相色谱 - 质谱法（GC-MS）和感官小组对葡萄酒中胡椒香气检测的相互关系（资料来源：Parker M. et al.，2007）。

商业葡萄酒大赛（在第 6 章的定性的葡萄酒评价中讨论）主要用于提高葡萄酒的销售和媒体的曝光以及颁发大量的金牌、银牌和铜牌。尽管希望大赛品尝组织是通过严格的流程控制的（和描述感官评价一样），但是这是不可能的。相信这些品尝大赛是公正的，且聘请的是有经验的品酒师（经过专业训练），这种观点常常是经不起验证的。虽然这似乎是一个苛刻的说法，但这不是指责，而是一个公认的事实。当宣传是主要目标时，为什么要竭尽全力呢？况且，其结果不太可能对生产过程或商业决策产生任何影响。

相比之下，由葡萄酒庄员工组织的品尝更具有实用的目的。遗憾的是，在小酒庄（偶尔大酒厂）中，感官评价是一个或者几个人的特权（首席酿酒师和助理），正如图 5.2 所示，但这是不够的。人类感知能力变化太大，太有局限性，因此，一个或者几个人很难一致和准确地评价葡萄酒的特性。个体品尝决定对工匠葡萄酒生产商来说是可以接受的，因为这些生产商酿造的是有个人偏好的葡萄酒，甚至香槟酒和波特酒常常都是根据几个人的观点来调配的。但是对大型的现代酒庄来说，这种做法已经过时，而且将决定口味的责任赋予一个或者几个人的风险太大。因为涉及几百万美元利益，股东或银行家对这个风险没有兴趣。感官评价在大学和政府的研究中也有重要的作用。感官评价的研究被设计来研究人类感

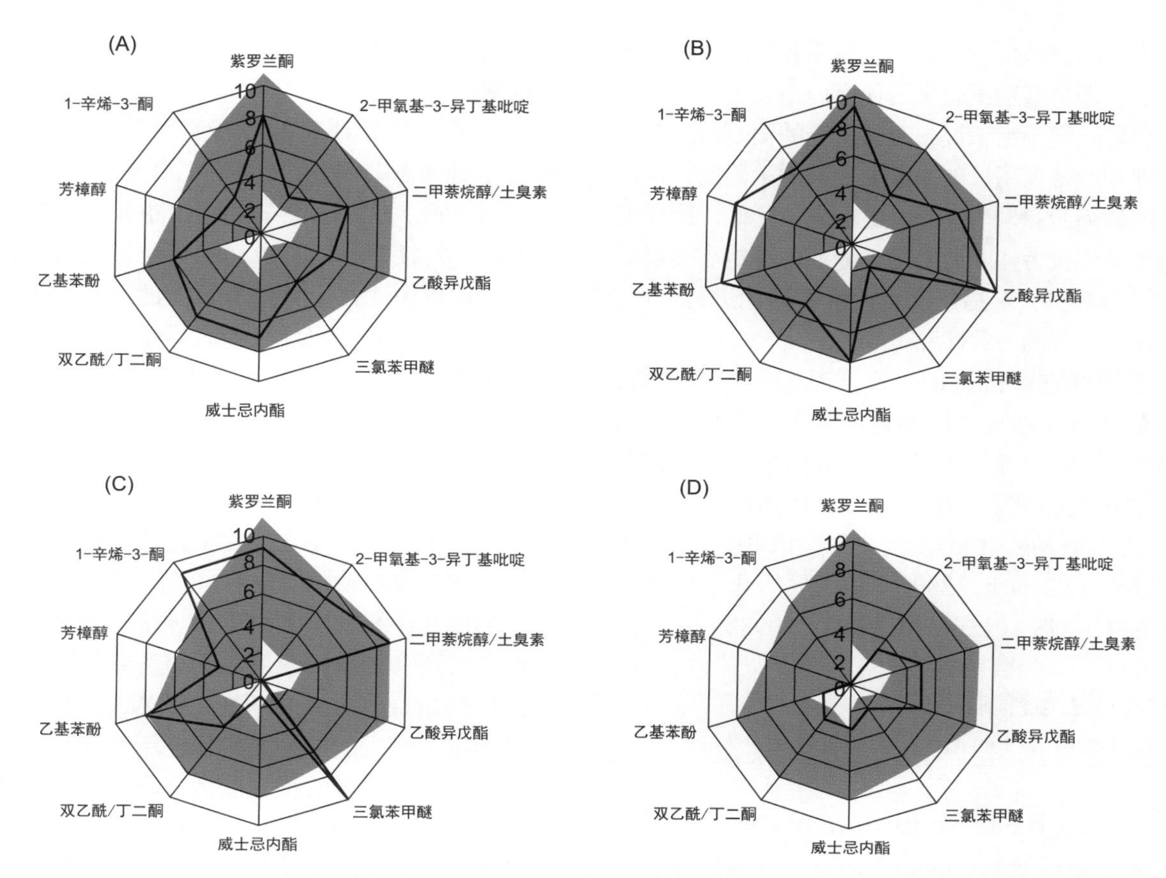

图 5.2 4 名葡萄酒专家对几种气味化合物的嗅觉敏感度的变化中等范围灵敏度（A）、广域灵敏度（B）、不均敏感度（C）、相对不敏感（D）。标记为 10 的阈值对应于最敏感的阈值。实线为实验对象数据；阴影区域为 80% 研究个体的阈值区域（*资料来源*：Tempere S. et al.，2011）。

知的生理因素，或者如何通过改变种植或者酿造技术来影响葡萄酒特性，这些结果可以用来支持或者论证市场计划，尤其是推广一个具有地区典型性的产区。

感官评价最主要的一个作用是揭露葡萄酒质量感知的物理、化学、生物和心理原理，这些信息对酒庄提高葡萄酒质量可能是有用的。昂贵的葡萄酒给人一种尊贵和独有的感觉，这一点无可厚非。它们可以负担起这样的葡萄酒，且通常质量很好，但这些价格更多反映的是其声誉而不是质量（Landon and Smith，1998）。但是高质量的葡萄酒不能，也不应该是富有阶层的专属。感官评价可以帮助确定葡萄酒品质来源的相关因素（例如，Sá enz-Navajas et al.，2010），让高质量的葡萄酒更加大众化。更多地接触高质量葡萄酒是让消费者意识到他们错过了什么的最直接方法。这样也可以培养更多具有鉴赏能力的消费者。

葡萄酒定量评价通常由不可分割的 2 个独立的部分组成：评价和分析。评价内容涉及对各种葡萄酒的区别及评分，其中包括了消费者的品尝、研究购买者的偏好、培训品鉴小组对实验室的处理或者调配配方的区别评价。但是在很少的情况下，小组专家可能会偶尔将价格因素加入分级的考量。相比之下，葡萄酒分析更侧重于对葡萄酒的感官品质进行详细的研究。其意图是检测、描述或区分一系列葡萄酒的特征的重要程度以及引起葡萄酒偏好的特性。与葡萄酒评价相关的感官知觉的心理物理学（本性和动力学）或者葡萄酒分析可以作为一个质量控制程序。感官评价可以使用经过或不经过培训的小组，但是感官分析都需要一个专门为任务做训练的品尝小组。因为定量葡萄酒的分析主要是一种研究和开发。它要确保在一个安静、中立的环境中进行，避免品酒师之间的互动，以屏蔽样品的产地信息。

分析的目的是找出合适的感官评价方法，确定是否需要培训（如果有的话）和品尝人员的数量。

如果唯一的目的是检测 2 个或更多数量的样品是否有差别，多个鉴别试验中的任意一个就足够了。对于消费者品尝小组来说，对被研究的葡萄酒需要进行培训和经常饮用。如果需要更高的精确度，每次品尝的样品数量和 / 或特性要求应该降低，这样可以避免品尝疲劳。除此之外，专业的小组需要对敏锐度进行测试，对描述语言的准确使用进行培训，还要评估评分的一致性和可靠性。

尽管感官评价有助于高质量葡萄酒的酿造，理解葡萄酒的感官特性和葡萄酒化学之间的关系仍然需要时间。新技术都开始被用来解决与葡萄酒化学相关的棘手问题，如气相色谱法结合嗅觉测定法（Acree，1997），芳香提取物稀释分析（AEDA）（Grosch，2001）和大气压化学电离质谱（APCI-MS）（Linforth et al.，1998）。

品评者的选择和培训
Selection and Training of Tasters

基本要求（Basic Requirements）

除了酿酒师、酒商和品评者，品尝是他们工作内容的一部分，参与品尝小组通常是自愿的行为。因此，对于品评小组的成员来说，其最重要的要求或许是动机，这种动机提供了有效学习和持续参与的意愿。如果没有对葡萄酒发自内心的热爱和兴趣，那么对于定期的高强度的劳动，品评者是很难保持数天、数周以致数月的专注。健康的身体条件也是必需的。这不是因为疾病会影响出席率和感官的敏锐度，而且许多药物会扭曲知觉（Doty and Bromley，2004），如利尿剂（破坏受体细胞必需的离子通道）、抗菌药物（抑制鼻腔黏液中细胞色素 P450 依赖性酶）、化疗药物（影响受体细胞再生）。

为了保持一致性，需要保留一个共同的核心成员，因此，参选人员要远远超过所需人员。经验表明，只有不超过 60% 的潜在候选人拥有感官评价所必需的技能。如果要求的鉴赏能力更高的话，则需要更多的参选者来进行测试。在拒绝候选人的时候需要技巧，尤其是对那些非常希望参与或者认为自己经验丰富的候选人以及酒窖、感官实验室或者酒庄的长期雇员来说，被拒绝是非常令人难堪的。在这种情况下，一个解决方案是成立备选小组或不同的任务小组（更简单或者重要性更低）。

为了保持品评者的积极性和出勤率，有必要清楚地告知小组成员他们工作的重要性。提供一间舒适、精心布置的品尝室也是重要性的一个表现。定期举行培训或对品尝小组进行工作结果的应用也说明是十分具有价值的。品尝小组成员对效果的反馈（私下提交）不但能够鼓励人，而且可以有效促进成员的自我提高（Desor and Beauchamp，1974）。根据合法性和适当性，提供购买葡萄酒的优惠券是对品尝小组的参与表达给予赞赏的实际表现。

除了兴趣和专注之外，小组成员必须保持评估的一致性或尽快培养这种能力。一致性可以通过一种或几种统计学工具进行评价。例如，对重复样本的评分或术语使用的无显著差异可以作为一致性的指标。方差分析（ANOVA）的数据也可以确定小组成员单独或集体使用的评分表的一致性。虽然品评者的感官能力具有波动性，如果要检测细微的差别，那么这种波动必须降低到最低水平。因为这时候品评者被认为是半机械的分析工具，他们对于感官特征的反应必须是高度一致的。然而，在评价葡萄酒品质（整体评价）的时候，是否需要一致还是一个争议点。如果实验者想要分辨微小的差异，将成员间的差异最小化是必须的。相反，如果想了解消费者是否可以分辨特定的葡萄酒，评判差异就可以代表目标小组的意见。遗憾的是，任何目标小组中的感官差异的程度都还鲜为人知。

一般认为专业的品评者具有丰富的术语知识，这就意味着具有葡萄品种、产区、风格的知识以及鉴赏它们和持续使用公认的葡萄酒词汇的能力（Bende and Nordin，1997；Ballester et al.，2008）。灵敏的识别能力和构建好的气味记忆是必需的品鉴前提。虽然这些特性在经过训练的人群（如葡萄酒大师或者侍酒师大师）中也不是理所当然的。几项研究结果已经表明，这些人不像通常认为具有熟练的识别品种和产区的能力（Winton et al.，1975；Noble et al.，1984；Morrot，2004），而且他们也不能根据自己或者综合的描述来识别品尝过的样品（Lawless，1985；Hughson and Boakes，2002；Lehrer，

2009）。但这并不是一个普遍的现象（Gawel，1997）。此外，专业品酒师应该能独立于个人喜好来描述葡萄酒，而且应该有一个坦率和善于分析的头脑，合理地使用来自培训和经验的属性。

尽管热情、经验和丰富的葡萄酒知识是非常需要的，但是这些方面不能代替感官品评技能（Frøst and Noble，2002）。未知的感觉癖好（图5.2）会抵消小组检测结果。每一个需要调查的感觉属性都是一个独立的实体，并且每个潜在的小组成员都对其充分性进行评估。在大多数情况下，足够的敏锐度、一致性和良好的气味记忆是对高级品酒师的主要感官要求。

如上所述，对葡萄酒特殊属性的敏感性会影响小组成员的适用性。在描述性感官分析中，对某些特性的高敏锐性是品酒师必需的。在这种情况下，品尝小组没有必要代表消费者。但是在通常情况下，品评小组只具备普通的敏感性可能更好。例如，如果品尝小组中有对苦味和涩味超级敏感的成员，可能就会不合理地降低对年轻红葡萄酒的评价。但如果是为了研究皮渣接触对苦涩效果的影响，对苦涩的高敏锐性是需要的。一般来说，能够学习如何使用和始终如一地使用详细的感官术语是重要的，然而对于质量评估而言，能准确地使用综合和整体的质量术语可能是最重要的能力要求。例如，复杂性、发展性、平衡性、酒体及余味等。

因为专业训练的品尝小组所偏爱的特性往往不同于大部分普通葡萄酒消费者，小组成员的评分很少能反映消费者的偏好（Williams et al.，1982）。在研究中显示，所有小组都反映口感和总分的相关性最高（0.91），而大家对香气（0.40）和颜色（0.45）几乎不重视（表5.1）。但是在葡萄酒专家和受过训练的品评者中，葡萄酒的评分和香气也高度相关。只有当葡萄酒专家在提前知道所品尝的葡萄酒的明确类型时，其颜色才显著相关（这可能就是经验模式造成的曲解）。在不同的消费者年龄人群中，香气与年轻人相关性最低，然后是与35～44岁的消费人群相关性最高（表5.2）。饮用习惯也会明显影响颜色、香气和口感在总体评价中的重要性（表5.3）。正如我们预料，在经常饮酒的群体中，香气更加重要。对于消费昂贵葡萄酒的人来说，更是如此。有经验的品评者对砖红色的葡萄酒评分更高，而经验很少的消费者更喜欢深红色。有一个发现就是消费者常常觉得过酸，不够甜，而专家则认为同一个样品太甜。

表5.1 葡萄酒一般特性的综合可接受程度和享乐性分数之间的关联性

项目	普通大众	葡萄酒大师		
		商业产品	特殊类型的葡萄酒	培训的品尝师
外观	—	—	—	–0.01
颜色	0.54	0.56	0.74	0.39
香气	0.40	0.96	0.95	0.78
口感	0.91	0.92	0.89	0.96

表5.2 葡萄酒一般特性的综合可接受程度和享乐性分数之间在不同年龄段的关联性

项目	年龄/岁			
	18～24	25～34	35～44	45～64
颜色	0.40	0.43	0.45	0.59
香气	0.17	0.32	0.73	0.46
口感	0.90	0.82	0.90	0.82

表5.3 葡萄酒一般特性的综合可接受程度和享乐性分数之间在不同价格和消费频率内的关联性

项目	红葡萄：酒饮用习惯			
	<£每瓶		>£每瓶	
	经常饮酒	不经常饮酒	经常饮酒	不经常饮酒
颜色	0.42	0.57	0.56	0.48
香气	0.63	0.36	0.73	0.47
口感	0.88	0.94	0.84	0.96

资料来源：Willams et al.，1982。

其他研究也指出了味觉对消费者也有部分意义（Solomon，1997），消费者对于低涩度、低苦味或者低酸味能感知到的甜味和微起泡的葡萄酒有明显的偏好。因此，如果在市场营销研究中的品尝小组想要结果相关性更高，那么就需要谨慎地挑选与目标群拥有相似偏好的小组成员。第6章的葡萄酒定性的评价中用很长的章节讨论了以消费者为基础的葡萄酒研究。

有潜力的品评小组成员的鉴定（Identification of Potential Wine Panelists）

培训需要花费的精力和费用太高，因此，在选择小组成员的时候对所需要能力进行初步筛选是理所当然的事情。任何已知的系列测试都不能确定候选人的感官潜力，需要的是不同能力（感官敏感性、气味的记忆、一致性和客观性）越多，测试流程的有效性要求越高。或许，精心调整的鉴别葡萄酒的能力是最有用的潜力指标。不幸的是，辨别能力可能是基于气味记忆（经验）和感觉敏锐度而获得的一种能力。因此，辨别能力很难在新候选人中识别出来。无论如何品尝方面能力的表现，如感觉敏锐性（低阈值）、气味和味道识别、术语使用和记忆、评分一致性和现有的鉴赏、识别和分辨葡萄酒的能力都可以被评估。这些评估可以作为潜在能力的指标以及确定哪些知识和能力需要进一步学习或完善。

其他潜在的能力更难被量化，其中包括根据传统标准对葡萄酒进行识别和分级。尽管这些能力是天生的，但是他们也是基于经验（因此可以后天学习）。这些技能通常要求演绎推理和归纳推理。例如，检测一款葡萄酒的产地和质量常常需要对这款酒已有的和缺失的特性进行评估。总体来说，卓越的感知记忆比感知敏锐度更能区分优秀的品评师。

下面将介绍可能有用的对品酒师筛选测试的例子。所检测的技能可以显示此人是否适合进行感官分析，并能显示其个人的长处和短处。任何测试所要求的熟练程度取决于研究人员需要的技能。葡萄酒的感官品评与鉴定制造品的质量是完全不一样的，在后者中，通常质量标准是精确和可客观测量的。

在理想状态下，品评能力测试应该持续好几个星期，这样可以相应地减小候选人的压力，也可以提高有效评估的可能性（Ough et al.，1964）。但是在商业环境下很多葡萄酒需要被快速连续地取样测评。因此，在短时间内的集中评估会带来压力，而这种压力就凸显那些能充分表现的品评者。

在准备品评时，需要的葡萄酒样品应当是无缺陷的（除非是特意为之），并且能够真实代表酒的品种和类型。名誉或以往的适当性不能取代研究者 / 讲师在使用前的品尝。代表的典型样品选择的唯一条件应该是能够出色地表示所需的属性，而不是价格。

测试和培训（Testing and Training）

过去葡萄酒的评价主要是由酿酒师或葡萄酒商来主导的。他们的培训倾向于集中在对于葡萄酒风格、地区或者品种的标准的识别上。这种方式按照传统特性建立了评价识别葡萄酒的框架。这种方式加强了已知类型的重要性（Helson，1964）。然而，随着技术的创新带来的质量提高或者消费者偏好的改变，这种模式会变得不太适宜。尽管个人的意见在葡萄酒贸易中会被接受，但是在现代商务中这种情况越来越少见。在发展的市场上，个人偏见和感官缺陷会限制销售。为了弥补天生的限制，现在大部分的葡萄酒评价都是通过品尝小组来进行的。这种情况就需要对更多的专业人员进行培训和资格考核。这些专业人士不是来源于更古老的、非正式的、内部的、通过经验的方法所产生。这种状况就催生了更为专注和标准的培训项目。与研究目的相比，训练是按照特定实验的标准进行设计的，因此，不同的项目常常需要的能力不同。

正如前面提到的，超乎寻常的嗅觉敏锐度并不是必需的。此外，识别气味的初始能力并不重要，因为它只是反映了经验而不是潜力（Cain，1979）。训练（持续地接触）可以提高分辨能力，但是可能只针对其使用的葡萄酒类型，不会扩展到更大范围的分辨能力（Owen and Machamer，1979）。类似的，气味训练可以提高小组的敏感性，但是只针对使用的气味（Dalton et al.，2002；图 5.3），这种能力不会转移到其他气味上。例如，重复接触雄甾烯酮和相应的敏感性增加以及嗅觉斑中的激活相关。（Wang et al.，2004）。增强的感知还可以显示大脑成分对熟悉的气味和不熟悉的气味有不同的反应（Wilson，2003），培训也能增强眶额皮质的反应（图 5.4）以及诱导结构的重组（Delon Martin et al.，2013）。

即使要求受试者想象特定气味，也能提高在识别和鉴定中的嗅觉性能（Tempere et al.，2014）。这种增强的敏感性只在专家中可以检测

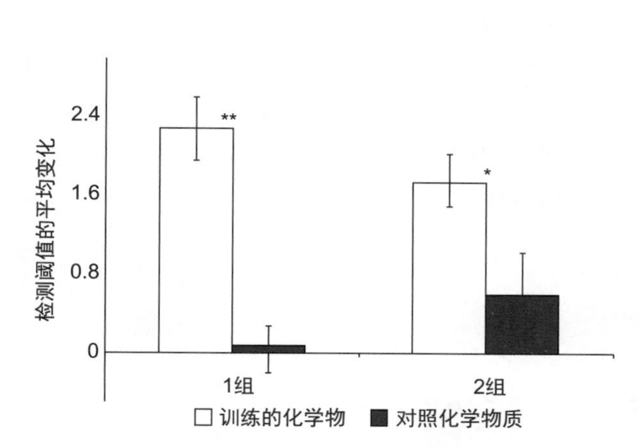

图 5.3 2个小组对化学物质的检测阈值的变化，即化学物质风味训练中使用过的（训练过的化学物质，）和未使用的（对照化学物质）。第1组为训练的化合物是芳樟醇，对照是双乙酰；第2组为训练和对照和第一组相反。显著性差异（邓肯检验）为 *$P<0.05$；** $P<0.01$（资料来源：Tempere S. et al.，2012）。

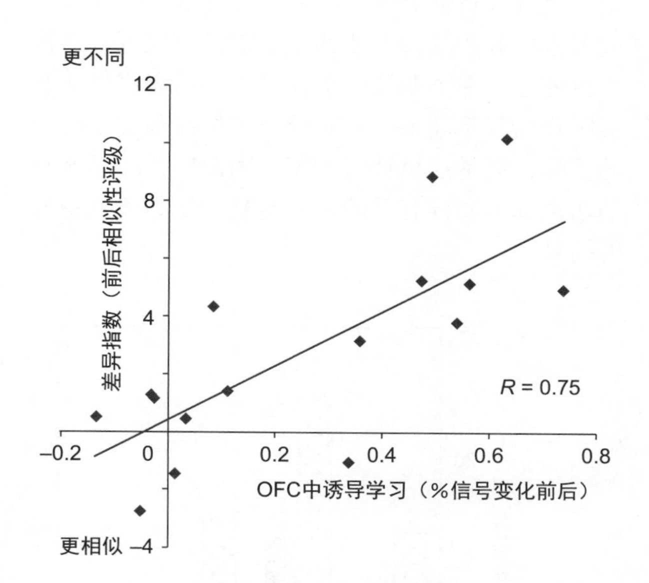

图 5.4 通过对学习诱导的感知气味专业知识（通过气味质量相似性的行为评分索引：后减预曝光）的眶额叶皮层反应增强的回归分析来说明了神经的可塑性。每个点（◆）代表一个不同的主题（资料来源：Li W. et al.，2006）。

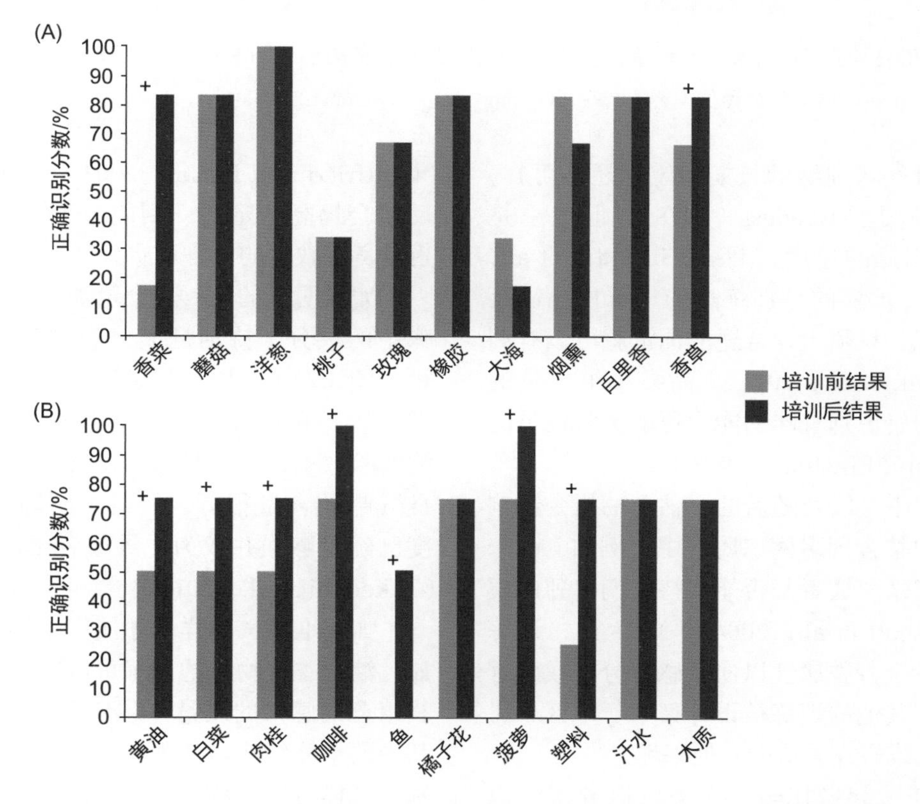

图 5.5 在特定气味条件下，嗅觉心理意象训练对专家培训前后正确识别气味的分数的效果。“+”表示在训练期间有显著增强的气体（资料来源：Tempere S. et al.，2014）。

到，而且只对部分的气味有效（图 5.5），在新手或者未毕业的酿造专业的学生中没有发现。令人惊讶的是，一个相关的实验要求测试者将气味和实际物品联系起来，从而导致了检测和鉴定能力的下降，但是这只针对专家。因此，并不是所有的培训都是同样有益的，甚至其产生的不是想要的结果。

气味的训练可能有意料之外的影响。例如，尽管训练可以提高敏感性（降低检测阈值），训练也可以降低感知的化学物的浓度。与敏感性训练一样，感知强度的相关减少仅适用于在训练过程中使用的那些气味剂（图 5.6），但是这种效果不适用于三叉神经刺激剂。例如，CO_2（Livermore and Hummel，2004）。

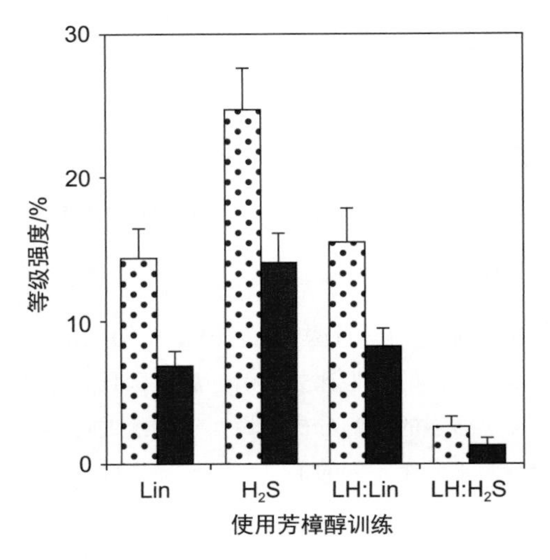

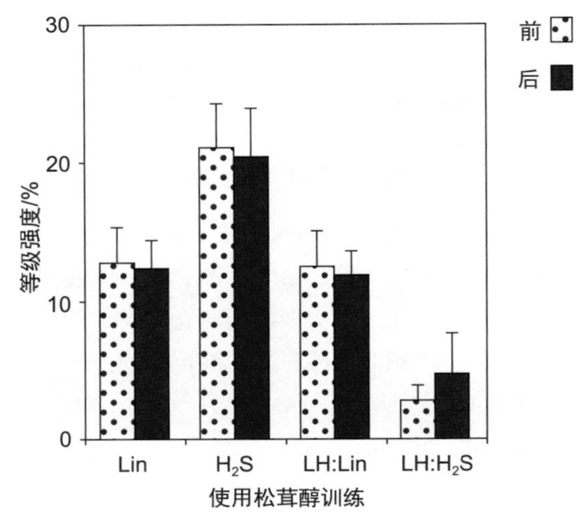

图 5.6　芳樟醇和 H_2S 的强度等级（平均值、平均值的标准误差），芳樟醇和 H_2S 作为单一刺激（lin，H_2S）或作为芳樟醇和 H_2S 的二元混合物单独被评估（资料来源：Livermore A. and Hummel T.，2004）。

目前，对气味训练的长期稳定性还不可知，气味记忆会消退（Lawless，1978），但似乎是以和熟悉度相反的速度进行（Kärneküll et al.，2015）。因此，重要的是训练过的气味样品需要在分析中出现，只须出现合适的词汇就可以有利于辨别（Frank et al.，2011）。品尝小组成员的学习能力比初始识别气味的能力更能衡量成员的潜力（Stahl and Einstein，1973）。

训练过程中（以及随后的评估）的指令影响着感觉是否被整合到多模态属性中（例如，甜味与香草关联起来）或者是否能保持它们单独的模式身份（Prescott et al.，2004 年）。因此，训练可能集中于单个芳香属性以便于感官分析或感官整合，其中，其他的训练被设计集中于地区、风格、品种特征或研究人员的其他兴趣。

如果放在一起做比较，人类可以分辨数以千计的气味，但是如果没有的背景线索，即使识别普通的气味都是非常困难的，这就支持了气味记忆模式间的交叉模态整合的普遍重要性（Gottfried and Dolan，2003）。对错误识别进行反馈会提高特定的识别能力（Cain，1979），这也是良好教学的核心本质。

尤其明显的是，这会增加人们在鉴别混合气味中的成分（特别是成分超过两个以上）的困难（图 3.24）。如果品尝小组使用单纯化合物培训，然后在葡萄酒环境下鉴别香气，可能会影响实验效果，尤其是对不良气味的鉴别。尽管不良气味的含量很低，但是可感知的不良气味浓度已经足够强并成为主导或者压制了其他香气，（Takeuchi et al.，2013）。

如何准备气味样品才能产生意外的效果，例如，混合香气物质的训练可以改变随后进行的对其组分的感知的质量（Stevenson，2001）。如果其中的单体气味是熟悉的，并且已有明显的可识别的气体特征，那么即使对混合气体的整体质量进行训练，这种趋势也将受到限制。在认识单独成分之前，学习混合气味会使单独成分鉴别更加困难。

在大部分情况下，训练的主要作用是扩大被训练者的气味记忆库。在有价值的情况下，培训还可以关注于最小化多模态交互的影响（例如，味觉 - 味觉或味觉 - 气味交互）。虽然训练往往集中于嗅觉感知，这也是大部分感官培训的核心，培训可以扩展到味觉、口感和视觉特性。在必要时，它能成为评价和选择品尝小组时必备的一部分条件。

一旦实验开始，额外的练习可以被设计来复习和加强气味记忆。当术语不具有视觉和其他背景特性时（例如，化学制品与熟悉的物体），这尤其有用。具有丰富语义和情感元素的术语产生的记忆更容易被保留和识别（Jehl et al.，1997）。

除了学习认识单一的感官特性之外，品尝小组成员也需要适应识别那些用传统方法界定的葡萄酒质量的特性。训练包括对一系列品种、产区和不同风格葡萄酒的广泛接触（范例学习）。这对于评价是非常重要的。因此，样品不仅仅要代表这类型的典型例子，而且需要包括在市场上常见的类型。

根据需求能力的重要性不同，培训需要持续直到候选人的有效性和一致性达到要求的水平，否则他们将被淘汰。培训也包括一个系统的描述语言学习和持续使用。词汇的开发可能需要在培训期间针对最适合实验目的的术语进行小组讨论或者研究者在培训和实验中可以提供描述词汇和样品以供参考。

正如上面提到的，没有达到所需一致性的候选人通常要被淘汰。天然的差异对所需的细微的分辨是不适宜的或者差异的影响可以通过统计程序来最小化，如 Procrustes 分析（见后文）。然而这是有风险的。因为基本程序所基于的假设可能是无效的。尽管通过专家品尝小组收集的葡萄酒特性的精确数据对了解葡萄酒感官差异的来源很有必要，了解消费者感官变化的程度和分布往往同样重要，这样才能了解数据在商业中的潜力。与训练一样，数据分析的适当形式通常取决于任务目的。对这些问题的进一步讨论，可以查看 Stevens（1996）。

计算机数据的积累和分析让学员可以得到关于他们能力和不足等情况的快速反馈，这有助于更有目的的学习。如果需要，也可以允许学员和其他成员比较和了解他们的水平。Findlay 等（2007）提供了一个使用快速反馈方法的例子。快速反馈也可以帮助培训者 / 实验者了解培训的缺陷和需要提高的地方。Cain（1979）认为气味识别的成功需要 3 个要素：共性、长时间的气味联想、补充线索。

为了经济和便利，部分类似于葡萄品种的香气被生产出来而成为气味样品（附录 5.1）。作为参考，这些样品的优势在于可以被持续地用作参照。可以准备中性或者人工调整的葡萄酒作为样品标准存放在石蜡样品瓶中（Williams，1975，1978）或环糊精溶液中（Reineccius et al.，2003）。因为纯化合物可能含有微量杂质，这些杂质可以改变气味质量，所以在使用前可能需要进行初步纯化（Meilgaard et al.，1982）。尽管样品的准备对培训是必需的，大部分的样品只有相当短的保质期，需要经常更换。值得注意的是，当样品来自天然产品或商业产品时，这本身就产生了额外的问题。因为这样的来源并不总是相同的，替换的样品不可能与期望的一模一样。

除了辨别酒的香气，鉴定不良气味也是训练的一个重要组成部分。过去，有缺陷的样本均是从酒厂获得，现在实验室可以准备带缺陷的样品，并使其规范化和便利化（附录 5.2）。

基本的选择测试（Basic Selection Tests）

下面提到的测试已经被用于选择品评者，但是他们的适用程度取决于任务的要求。因此，他们以可使用的测试例子的方式提出。

味觉识别（Taste Recognition）

如上所述，在葡萄酒品尝中，味觉的细微辨别很少是核心中的要点。这并不意味着这不重要，其仅仅表示缺乏明确的定性标准。此外，呈味剂和气味的混合物（如葡萄酒）可以显著改变个体味觉模式的感知。因此，这里提到的测试首先是有利于参与者，给他们一个发现自身没有意识到的关于品尝和口感的个人喜好的机会。这可以帮助品尝小组了解人类感官差异以及不同的介质（水或葡萄酒）如何影响感知。

味觉的敏锐性（Taste Acuity）

在进行初步评估时，用水为载体溶解样品，这将简化检测和鉴定。每一种化学物质都是从葡萄酒的复杂化合物中分离出来的，随后的样品在白葡萄酒和红葡萄酒中制备。表 5.4 提供了准备一系列样品的范例。

表 5.4 口感测试的样品准备

样品溶液	剂量	感知
糖	15 g 蔗糖	甜
酸	2 g 酒石酸	酸
苦	10 mg 硫酸奎宁	苦
涩	1 g 单宁酸	木头涩味
酒精	48 mL 乙醇	甜、热、酒体、酒精味道

注：每 750 mL 葡萄酒或水。

提前 1 h 将样品倒入基础溶液中。用葡萄酒准备的样品需要为参与者提供一份基础葡萄酒的样品，这样可以和调整后的葡萄酒进行比较。

调整后的样品可以通过数字或者颜色标签进行标记（玻璃杯含有大约 30 mL 样品），并随机摆放。对于每一种样品，参与者要识别所有检测的味觉和口感（附录 5.3），并在所提供的横线表格里记录最主要感官特征的强度。

注意力应该集中在感官特性在口腔出现的部位以及出现的速度，尤其是采用水溶液试样的时候。这样可以感受单个物质在口腔中的敏锐性。在品尝了以水为介质的化合物后，再检测在红白葡萄酒为背景下识别同样的味觉和触觉的能力。这些检测的结果往往和在水溶液中检测的结果有明显不同。

如果给予品评者一系列的以水为基础的样品如表 5.4 所列，他们对主要味觉物质就表现出了感知强度评分的多样性如图 5.7 所示。表 5.5 表示相同样品引起的感官评价差异。水溶液样品出现的感知可能反映了前面样品的味觉残留或者交叉或者认为某些感觉可能存在或者应该存在。参与者没有被告知水会被作为参照物。图 5.8 表示了溶剂（水或酒）如何影响对苦味物质的反应。

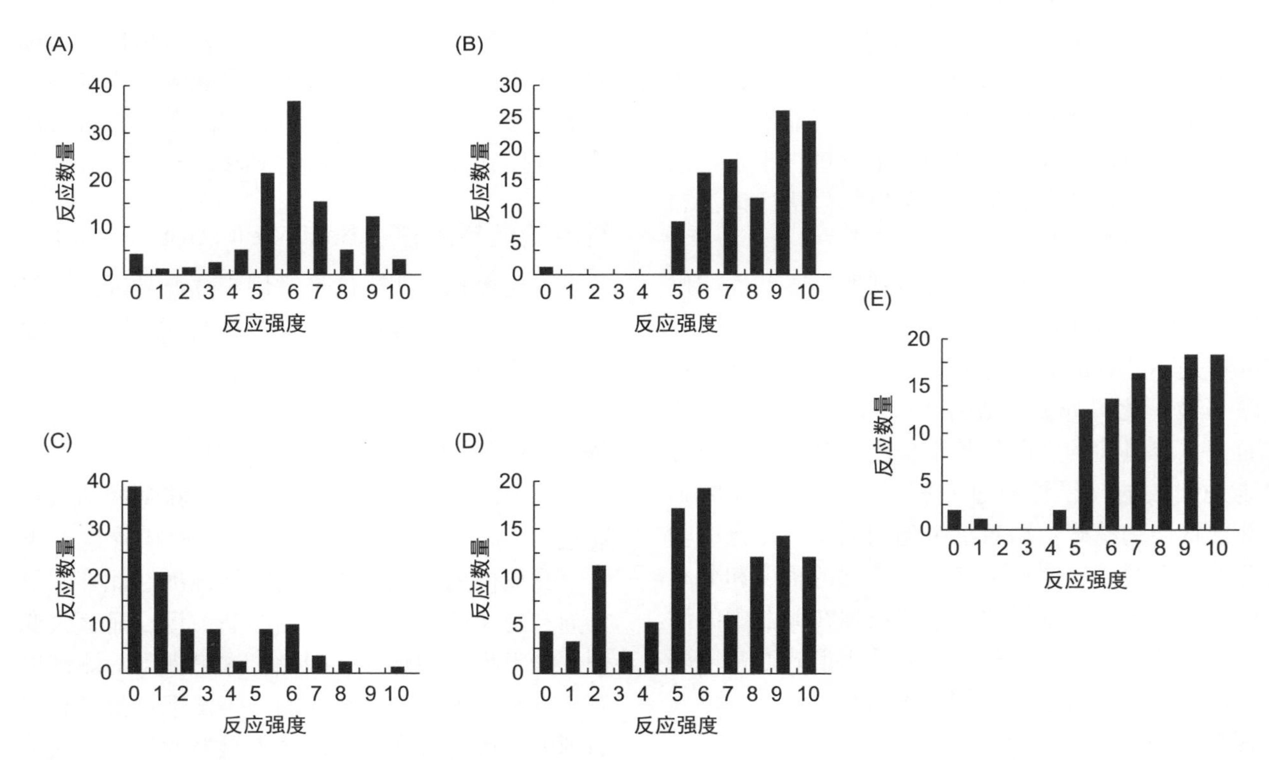

图 5.7 105 人对不同味道溶液的反映强度：蔗糖（15 g/L）（A）、酒石酸（2 g/L）（B）、硫酸奎宁（10 mg/L）（C）、单宁酸（1 g/L）（D）、乙醇（48 mL/L）（E）。

表 5.5 27 人对水溶液中主要味觉感知的不同反应

溶液	响应度							
	甜	酸	苦	涩	酒精味	干	咸	无味
蔗糖	94	6	0	0	3	0	0	0
酒石酸	3	47	17	12	3	0	22	0
奎宁	0	15	40	15	0	4	0	26
单宁酸	0	16	25	47	0	7	7	0
酒精	7	6	12	1	74	0	1	0
水	7	15	7	14	0	0	0	57

注：蔗糖 15 g/L、酒石酸 2 g/L、奎宁 10 mg/L、单宁酸 1 g/L、乙醇 48 ml/L。

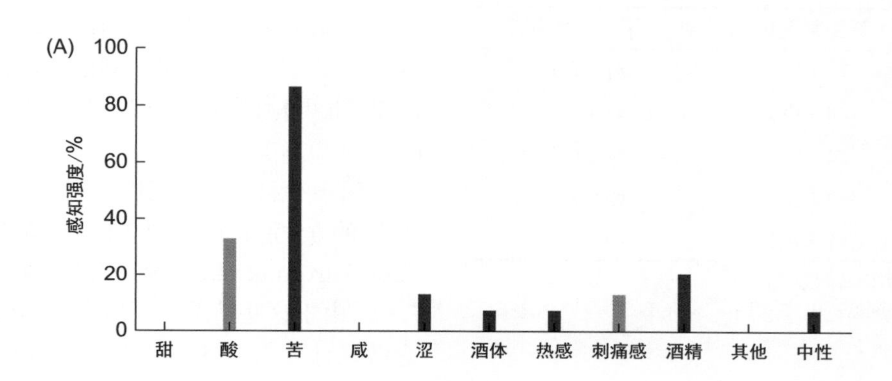

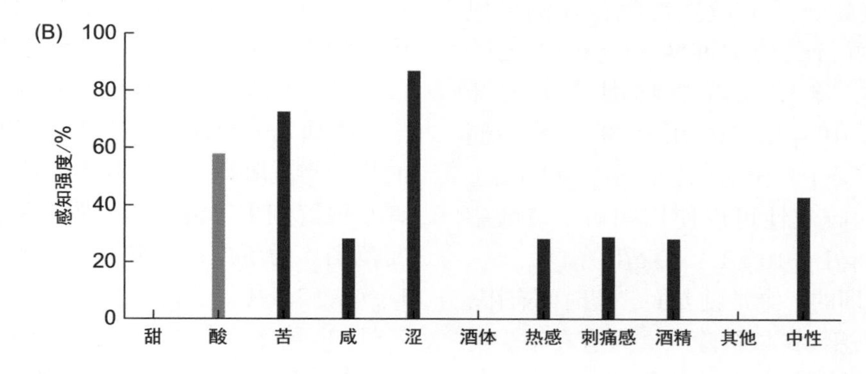

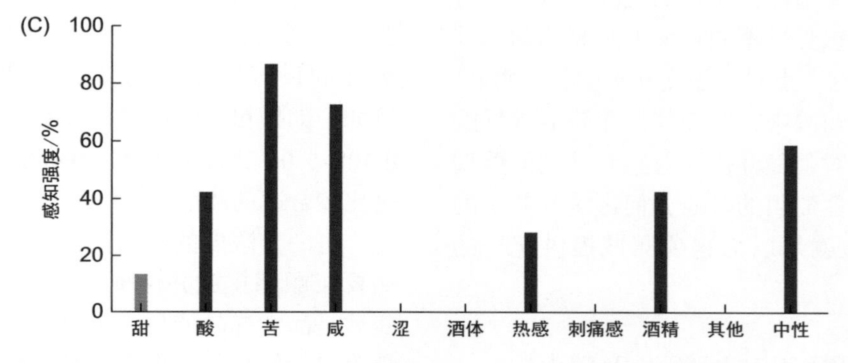

图 5.8 15 人对硫酸奎宁（10 mg/L）在水（A）、赤霞珠葡萄酒（B）、赛美容 / 霞多丽葡萄酒（C）的不同反应。

相对敏感性（甜）[Relative Sensitivity (Sweetness)]

在这个测试中，分别以 2.25 g、4.5 g、9 g 和 18 g 蔗糖溶解在 750 mL 的葡萄酒样品中。提供 0.5% 的果胶溶液或者无盐白饼干用于口腔清洁。品评者要提前熟悉基础葡萄酒。在测试中，基础葡萄酒应该放在旁边参考。

每个人将收到随机编号的 5 个样品，以其相对甜度进行排列。这个测试要使用不同的葡萄酒进行重复。表 5.6 介绍了使用不同葡萄酒的 3 个环节的准备。

表 5.6　甜味敏感性测试

第一组霞多丽	第二组瓦坡里切拉	第三组雷司令
#5[a]（A[b]）	#5（E）	#1（E）
#3（B）	#3（D）	#4（D）
#2（C）	#4（C）	#2（C）
#1（D）	#2（B）	#3（A）aa
#4（E）	#1（A）	#4（B）

注：[a]#1～5 分辨样品的标签。
[b]A，0 g/L 蔗糖；B，3 g/L；C，6g/L；D，12g/L；E，24 g/L。

酸、苦和涩味物质的敏感性类似检测可以使用柠檬酸或酒石酸检测酸味（5 g/L、10 g/L、20 g/L、40 g/L），奎宁或者咖啡因检测苦味（2.5 g/L、5 g/L、10 g/L、20 g/L），单宁酸检测苦味和收敛性（5 g/L、10 g/L、20 g/L、40 g/L）。测试没有苦味的收敛性可以使用明矾（硫酸铝钾）（2.5 g/L、5 g/L、10 g/L、20 g/L）。

虽然这是培训的一个常见方面，但时间有限，对味觉物质的敏感性可以被除去。只有在很少情况下，品评者才要求评价单独的气味或者口感特质模式，口腔的感受也不同程度上受到葡萄酒其他成分的影响，这一点对于甜度和酸度非常明显。例如，在干型葡萄酒中，感知到的甜味通常反映了葡萄酒的香气对眶额叶皮层对感官冲动的处理的影响。仅仅是葡萄酒的基质如何影响其基本的口腔特性的体验就足以为这项测试提供充分的理由。

阈值检测（Threshold Assessment）

由于检测阈值需要花费大量的时间和劳力，因此，很少进行单个品评者阈值数据记录，除非需要根据某个特定化合物的敏感性来选择品尝小组。阈值测试更多的是运用在对某个特性化合物的检测或识别上，而不是对单独的品尝小组成员进行阈值检测，虽然根据品尝的目的这可能是有用的。

阈值检测主要用于研究特定化合物对葡萄酒品种香气的相对重要性。一般来说，只在这些化合物在等于或高于它们的阈值时才能明显影响香气。阈值检测在用于确定不良气味达到何种浓度会导致葡萄酒被拒绝时也很重要。尽管不良气味的检测会受到所在葡萄酒的类型影响，低于阈值范围的不良气味也会影响其他特性的感知。比如，三氯苯甲醚（TCA）在低于阈值浓度下会抑制感官的敏感性（Takeuchi et al.，2013）。使用 fMRI 也可检测亚阈值对感知的影响（Hummel et al.，2013）。

阈值检测也会受到其他因素的影响，比如，明显的个性差异（图 3.19）、双模型反应曲线（Lundström et al.，2003）以及葡萄酒介质（表 3.3）。由于这些情况，阈值是平均值还是中值更合适做统计分析，这是一个学术性的问题（Pineau et al.，2007）。查看更多阈值评估的复杂性的讨论，请参阅第 3 章（嗅觉感受）的 Bi 和 Ennis（1998），Walker 等（2003）和 Lawless（2010）.

下面是一个简单的阈值检测方法。将要检测的化学物质溶解为一系列不同浓度的水溶液（或者其他溶剂）。样品的数量应该涵盖比较大的浓度范围。为了检测口味的敏感性，例如，0 g/L、1 g/L、2 g/L、3 g/L、4 g/L、5 g/L、6 g/L、7 g/L 的葡萄糖或 0.03 g/L、0.07 g/L、0.10 g/L 和 0.15 g/L 的酒石酸常常是较为合适的。如果要求更高的精确度，一旦确立粗略的阈值范围，额外的设置可以更为精确地排除阈值的数值。例如，如果粗略的阈值是 0.4%～0.5% 的葡萄糖，0.40%、0.42%、0.44%、0.46%、0.48%、0.50% 是比较合适的浓度。

每一个浓度的样品都搭配一个空白对照。样品要按顺序排放并做标记，最先品尝对照酒样，随后是品尝样品或另一个对照酒样。品评者要区分第二个样品与空白样品是否相同，这个程序称为“A- 非 -A 检验”。每个浓度对应该随机出现，至少不能低于 6 次重复，更多次数更好。如果正确率大约是 50%，说明浓度低于阈值。样品之间合理的区别检测要求达到 75% 以上的正确反映率（50% 以上的概率）。样品需要随机摆放，这样品尝者就不会对浓度的高低顺序进行事先准备。小组成员随机慢慢地测试，这种测试有助于降低味觉适应性和味觉疲劳。在表 5.7 中，参与者对葡萄糖的检测阈值为 0.4%～0.5%。

表 5.7 确定蔗糖检测阈值的“A- 非 A 检验”的假设反应

	样品（% 蔗糖）						
	对照	0.2	0.3	0.4	0.5	0.7	0.9
正确的反应[a]	3	4	3	4	5	5	5
正确率 /%	50	66.7	50	66.7	83.3	83.3	83.3

注：[a] 总响应数量 =6。

气味识别（Odor-Recognition Tests）

香味（芳香和酵香）[Fragrance (Aroma and Bouquet)]

香味测试检测的是几种常见的被认为是葡萄酒香味特征的气味。附录 5.1 给出了样品准备的范例。学习识别香气是评估感知测试的一个组成部分，所以每个样品在被测试前应该让品评者熟悉样品。参与者应被鼓励记录那些可以帮助他们识别样品和基酒（对照）的香气特征。

用紧固的杯盖覆盖住酒杯的口部（如 60 mm 的塑料薄培养皿，插图 5.1），以保证剧烈地摇晃。样品使用嗅觉即可，不用品尝。减少品尝环节可以将样品准备（需要的样品数量）和花费控制到最小。

插图 5.1 准备感官分析实验的样品。注意：每一个干净的 ISO 酒杯顶部都有小的培养皿。地点：布鲁克大学冷凉气候与葡萄栽培研究所（CCOVI）品尝实验室（资料来源：R. S. Jackson）。

在测试中要将样品盛于黑色（最好是 ISO 标准）的玻璃杯中（插图 5.2），这种杯子可以在不同的地方购买（Amazon.fr 或 wineware.co.uk）。这样可以避免视觉对产地的暗示（在准备过程中，样品颜色和澄清度会不可避免地受到影响）。在每组被测试的样本之间，用空白样品代替一些气味样品，这样就降低了用排除法来帮助鉴别的趋势。

答题表列出了所有样品以及提供足够的空间记录无序号的对照样品。之所以只提供描述性的术语，因为实验目的是葡萄酒评估鉴定，而不是

插图 5.2　品鉴布置使用 ISO 黑色酒杯。地点：布鲁克大学冷凉气候与葡萄栽培研究所（CCOVI）品尝实验室（资料来源：R. S. Jackson）。

插图 5.3　品鉴课程。地点：布鲁克大学冷凉气候与葡萄栽培研究所（CCOVI）品尝实验室（资料来源：R. S. Jackson）。

文字记忆。为了方便，参与者可以将样品的序列号标在相应的词汇下面或者将其标注为对照。

在测试后，应鼓励参与者重新评估出现错误的样本，以帮助学习。对于评估学习能力而言，3 个培训测试单元就足够了。但是对于词汇使用的准确度和一致性而言，3 个测试单元是远远不够的。

图 5.9 显示了这类测试的一套数据。当参与者不能够鉴定样品的时候，他们经常（但并不总是）选择一个出现的相关词汇（如选择柿子椒作为草本植物味道）。由于气味的记忆常常被认为和经验相关，这解释了为什么经常接触苯乙醇（带有花香）可以增强其他花香的分辨能力。这种影响不会延伸到不相干的气味上。

不良气味：基本测试（Off-Odors: Basic Test）

不良气味的测试是前面测试的变形，以用于教学和鉴别几种典型的不良气味缺陷。附录 5.2 给出了一个样本准备的例子。准备样品应该在测试开始前的几个小时进行。在培训过程中，测试者被鼓励记录他们的印象，以帮助后面的识别。

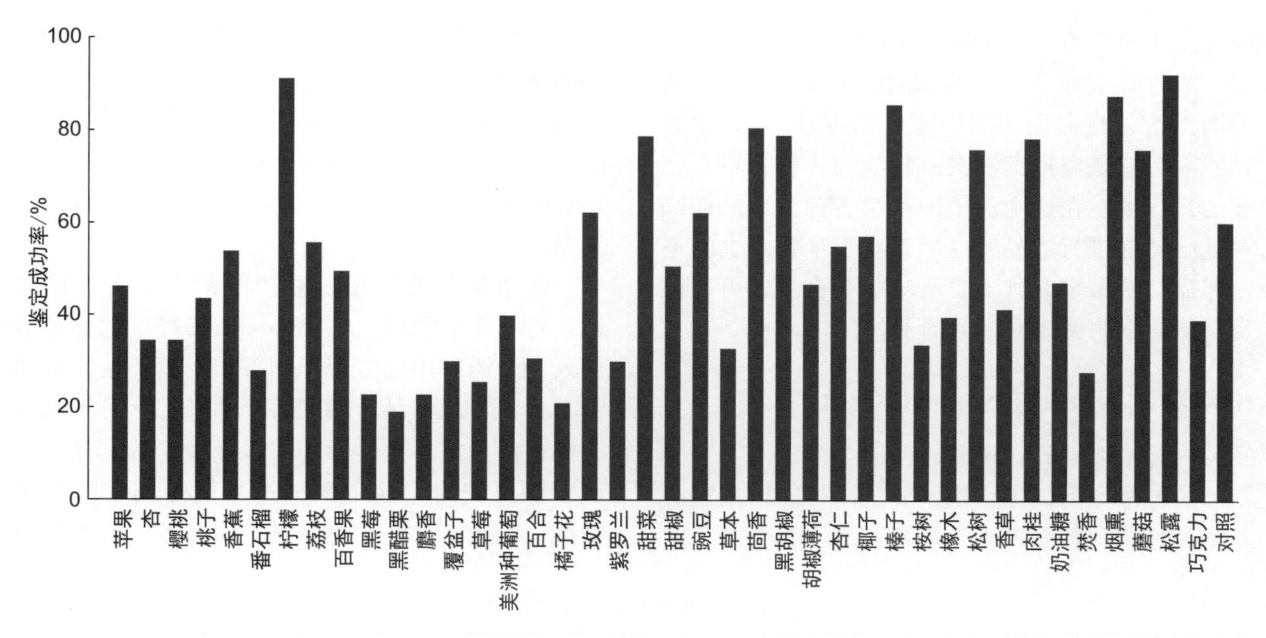

图 5.9　15 个测试者对中性基质葡萄酒中的香气物质（附录 5.1）的鉴定成功率（%）

答案表中列举了所有不良气味的名字，还留有记录对照样品的空间。参与者在每闻一种样品的气味时，应将样品的序列号标在最接近的名词前或者作为对照。当样品不用时，要用培养皿覆盖，以减少周围环境气味污染。同样的，葡萄酒样品应该盛放于黑色的 ISO 品酒杯，或者类似的杯子中。外观可能提供不良气味鉴定的线索。

评估人们对不良气味检测能力的筛选和初步学习，3 个培训测试单元就足够了。额外的培训可以稳固味道的记忆和定期保持熟悉。图 5.10 说明了 15 个参加者的反应例子。当样品不能够被识别时，他们可能出现选择的互换，例如，焙烤味和氧化味、硫醇味和光臭味（goût de lumière）、愈创木酚和三氯苯甲醚、乙酸乙酯与乙酸、杂醇和塑料味。

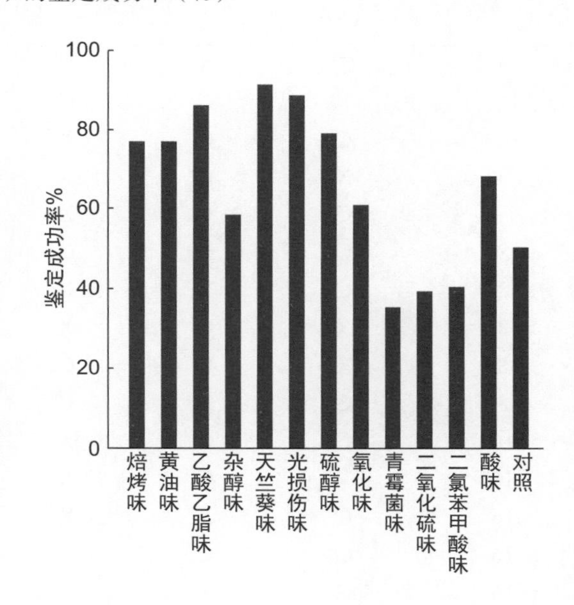

图 5.10　15 个品评者对中性基质葡萄酒中几种不良气味的鉴定成功率（%）

不同葡萄酒中的不良气味（Off-Odors in Different Wines）

前面的测试展现的是不良气味在单一浓度并且相对中性风格的葡萄酒。因为不良气味的检测受到它们所在葡萄酒的影响（Martineau et al., 1995；Mazzoleniand Maggi，2007）。为了更实际地评估不良气味，可以将不良气味放在 2 瓶（或更多）的葡萄酒中，然后设置 2 个（或更多）的浓度（接近于可能自然发生基酒的浓度）。

在附录 5.4 给出的测试设计中，只选择了一系列较为重要的和容易准备的不良气味试剂。在正式试验之前，参与者一般要对空白对照（没有被污染）样品进行品鉴以熟悉其特性。

按照标准，缺陷样品和空白对照样本要随机排放，在答题卡上列出所有不良气味的名字，即使只有一部分出现，也要为未标明的空白样品留出空间。参与者要闻每一个样品并将样品的序列号标注在相应的不良气味上或者标为对照。

图 3.25 显示了这类测试的结果。相对于红葡萄酒而言，在白葡萄酒中更容易发现不良气味，其原因可能是白葡萄酒具有较淡的香气背景。有趣的是，虽然在这个例子中参考者在测试之前都对基础酒样进行过品鉴，但是几乎半数以上的空白样品都被鉴定有种不良气味的存在。这可以作为期待会影响感知的一个例子。

辨别测试（Discrimination Tests）

品种稀释（Varietal Dilution）

品种稀释测试主要用于分辨酒样间极细微的差别和具有独特品种香气的葡萄酒与相似颜色的中性葡萄酒的混合稀释。如果没有相似颜色的葡萄酒，样品就应该用黑色 ISO 酒杯盛放在红光下观测，或者人为调色。样品可以稀释成任何要求的浓度系列，但是一般 4% 的浓度、8% 的浓度、16% 的浓度和 32% 的浓度被认为是合理的辨别范围。

每个稀释浓度最低要求是配备 5 套玻璃酒杯，每套 3 个酒杯。将稀释（未稀释）的葡萄酒放入 3 个酒杯中的 2 个，剩下 1 个酒杯放置未稀释（稀释）的样品。保证每套酒杯都盛有不同的酒样，但是并不全是稀释或未经稀释的酒样。测试要随机安排，这个测试过程就是所谓的三角测试。表 5.8 列举了这类测试的准备。虽然其他

表 5.8　品种稀释的设置例子

稀释分数/%[a]	绿（g）	黄（y）	紫色（p）	最不相同的样本[b]	测试样品序列号		
					#1[c]	#2	#3
4	C[d]	X	C	y	1	15	13
4	X	C	C	g	8	18	9
4	C	C	X	p	13	5	19
4	X	C	X	y	6	12	18
4	C	C	X	p	19	1	8
8	C	X	C	y	12	20	4
8	C	X	X	g	17	13	14
8	X	C	X	y	5	4	15
8	X	C	C	g	18	7	1
8	C	X	C	y	9	3	7
16	C	C	X	p	11	11	2
16	X	C	X	y	2	16	10
16	C	X	X	g	10	9	5
16	C	C	X	p	16	2	3
16	C	X	C	y	14	6	6
32	C	X	X	g	4	19	12
32	C	C	X	p	7	10	20
32	C	X	C	y	15	14	17
32	C	X	X	g	3	17	11
32	X	C	X	y	20	8	16

注：[a] 每个葡萄酒样本需要 4 瓶，另加 1 瓶进行稀释；4 个空瓶进行酒样稀释。

样品稀释：4%=384 mL 葡萄酒 +16 mL 水；8%=368 mL 葡萄酒 +32 mL 水；16%=336 mL 葡萄酒 +64 mL 水；32%=272 mL 葡萄酒 +128 mL 水。

[b] 用彩色笔在酒杯底部进行颜色标注（g，绿；p，紫色；y，黄），参加者通过测试表上记录样品的颜色以区别最不相同的酒样。

[c] 序列号 #1：赤霞珠，#2：增芳德葡萄酒，#3：霞多丽。

[d] C，对照（未稀释产品）；x，稀释产品。

稀释比例，绿、黄、紫色，最不同的样品，样品的安排顺序

* 每款葡萄酒需要 4 瓶，另加 1 瓶进行稀释，4 个空瓶放置稀释样品。

配对测试和一对二点试验测试同样具有实用性，但是在葡萄酒使用上不够经济，而且三角测试要求投入更多的精力和注意力。

最简单的方式是参加者站立，然后从每套玻璃酒杯旁走过，取下盖子，嗅闻每个酒样的气味，并在答案表上记录最不同样品的数字（对应的颜色）。因为类似的酒样可能取自不同的酒瓶，它们可能不与人们所希望的那样完全相同。这种方法限制了对样品的适应性，因为当适应时，可能会让完全相同的酒在感觉上不同。如果参与者不能确定哪些酒样是最不相同的，那就必须猜测。统计学测试认为一些正确的反映应该能猜测出来。

附录 5.5 中的概率表表明，何种程度的参加者都能够区分样本之间的差异。在这个例子（5 个重复）的试验条件下，参与者必须能在 5 个样本中正确识别出 4 个样本才能表示稀释水平是可以被识别的。

虽然测试是用来区分个体的感官技能，但是小组的结果也能提供很多信息。某些个体可以高于随机猜测水平下区分所有浓度的样品，但个人经验表明，即使在最高的稀释水平下，小组的成功率也不会超过 60%。

品种区别（Varietal Differentiation）

这项测试评估参试者区分葡萄品种的能力。如前所述，三角测试仍被使用。成组地选择特色鲜明的不同品种的葡萄酒（至少实验指导者或者研究者可以盲品分辨），每一组酒要准备 10 套酒杯，每套 3 个。2 个酒杯盛放同一种葡萄酒，第 3 个酒杯盛放另一种。如果葡萄酒的颜色有可识别的差异，就需要使用黑色的 ISO 的酒杯或在红光下观测或者可以告诉品评者葡萄酒的颜色被人为改变，这样可以消除颜色的影响。随机排放酒样组以减少相同酒样放在一起的可能性。表 5.9 给出了 3 组葡萄品种鉴别的例子。每组酒样要有 10 个重复，参加者要对酒样做出 7 个正确的反应，才能保证比随机猜测更高的水平辨别葡萄酒（P=0.05）（附录 5.5）。

表 5.9　葡萄酒分辨测试的设置案例

	绿色	黄色	紫色	最不同的葡萄酒[a]	位置 #
桑娇维塞葡萄酒	1	2	1	y	1
	2	1	1	g	5
	2	2	1	p	7
	1	2	1	y	11
	1	2	2	g	15
	1	1	2	p	18
	1	2	2	g	21
	2	2	1	p	23
	1	2	1	y	26
	1	2	2	y	28
赤霞珠	2	1	2	y	2
	1	2	2	g	4
	1	1	2	p	8
	2	1	1	g	10
	2	1	1	g	13
	2	1	2	y	17
	1	2	1	y	20
	1	1	2	p	24

续表 5.9

	绿色	黄色	紫色	最不同的葡萄酒[a]	位置 #
赤霞珠	2	1	2	y	27
	1	1	2	p	29
黑比诺	1	2	2	g	3
	2	1	2	y	6
	2	1	2	y	9
	1	2	1	y	12
	2	1	1	g	14
	1	1	2	p	16
	2	2	1	p	19
	1	1	2	p	22
	2	1	2	y	25
	1	2	1	y	30

注：[a] 每个玻璃杯的底部都有带颜色的标签，参试者可以将最不同的葡萄酒写在答题纸上。

在测试之前，参与者应该对每一组酒样进行评估。这就消除了以往经验成为测试的重要因素。如果像往常一样，参与者被要求确定 30 组葡萄酒的品种来源，这一点就显得尤为重要。

这项测试在评估品酒能力方面尤其有价值，因为参与者需要识别相似葡萄酒之间的细微差别。当参与者也被要求区分这三组品种时，特别重要的是，所选择的样品葡萄酒必须表现出能够区分它们香味的特征。虽然葡萄酒通常不只是通过气味来评估（就像在这个测试中），但 Aubry 等（1999）的数据表明，它几乎可以像在标准品酒条件下一样具有分辨性。

图 5.11 给出了人们可能期望的一组结果的类型说明。例如，参与者能够区分出哪些是博若莱葡萄酒，但是要区分开 2 种博若莱葡萄酒（黑佳美），则具有很大的难度。相反，工作组发现区分 2 种霞多丽葡萄酒比辨别哪些是霞多丽葡萄酒要容易得多。单独的参与者区分葡萄酒品种的比例是 33%～90%，品种间的比例是 33%～70%。

短期葡萄酒回忆（Short-Term Wine Memory）

葡萄酒的记忆测验主要评估鉴别尝试过葡萄酒样品的能力，因此，它具有特别重要的意义。这项技能对公平评价小组里相互比较的葡萄酒样品时是必要的。

在准备测试的过程中，参与者会品尝一组 5 个品种的葡萄酒。每一种葡萄酒要有足够的特点以保证参试者能够明显地区分开。参与者要评估每款葡萄酒的香气、味道和风味，并使用详细的标准评分卡。每种葡萄酒都标注出了品种、地区或者风格或者其他实验室需要的信息。参与者被告知需要在接下来的测试中能够分辨这些葡萄酒。是否可以使用之前的笔记取决于实验的设计者。我的经验是如果只是作为心理支持，笔记可能是有用的。

使用黑色 ISO 的玻璃杯或者暗淡的红色灯光能够避免颜色成为分辨的标准。用一个号码或字母或彩色标签来标识每一款葡萄酒。在这种情况下，不是 5 款酒而是 7 款被品尝。参与者会被告知在 7 款酒样中有 5 款是之前被品尝过的酒，同时还会被告知在 7 个玻璃酒杯中有 2 个盛放的是以前已品尝的 1 种或 2 种酒样或者是与以前品尝过的葡萄酒不相同的酒样。参与者要品尝酒样以确定这是以前品过的酒样（如果是之前品尝过的葡萄酒，需要说出名字），还是另外一种新的葡萄酒样。虽然看似简单，但经验表明这是最具挑战性的筛选试验之一。

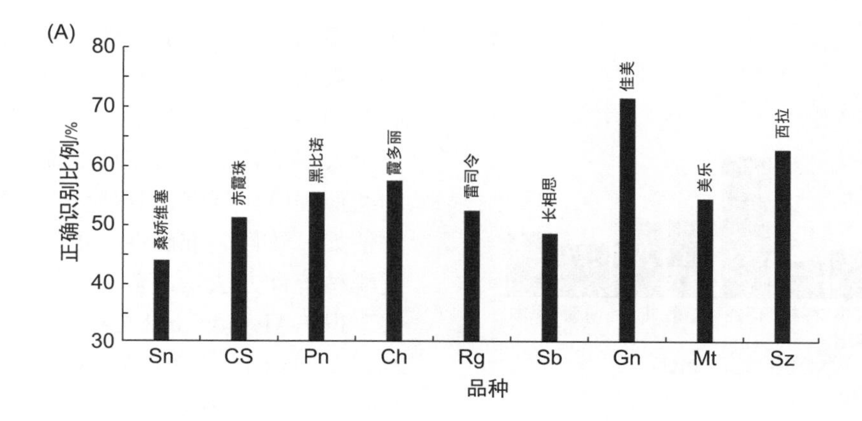

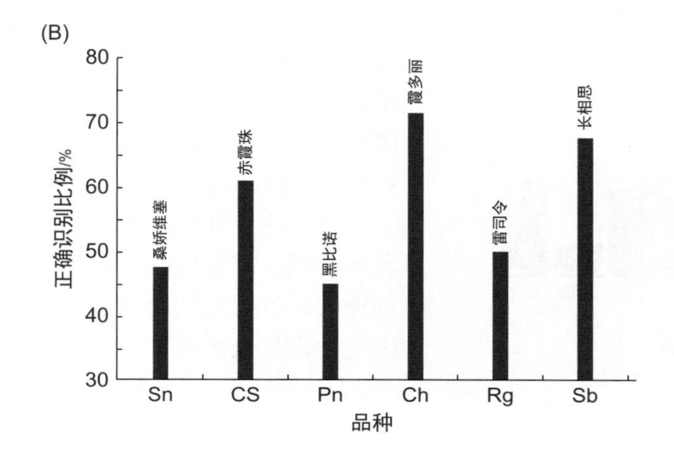

图 5.11 几个小组成员在分辨几对葡萄品种内部（A）和品种之间（B）的成功率。在配对时，随机混合 2 对不同品种的红葡萄酒或白葡萄酒（B）。

品评者培训（Taster Training）

在前面章节提到的大部分的筛选测试中，培训和筛选常常整合在一起。在大部分情况下，确定小组成员后还需要专门的培训。部分的培训包括如何评判性的品鉴葡萄酒。对于有经验的个体来说，这一步不是必要的，但是作为一种复习也可能有用，一部分的培训包括使用评分表（或者电脑评分软件的表格）。如果需要使用评分表，评分表的经验培训也同等重要。

在很多培训课程中，非常重要的一个部分就是标准的使用和一致性的训练。在学术研究中，这涉及某些具有代表性的具体香气（或者口感）。如果检测某些化学物品，检测个体的阈值是非常有用的，但是它并不能从本质上说明分辨能力。在培训之前，有时小组成员可能会先在头脑中生成感官分析中使用的词汇，然后再进行筛选，这可能在描述性感官分析特别有用。如果他们自己创造出一些词汇（适用于品评者自己），那么它可能阻止小组成员期待或想象描述性术语的出现，仅仅因为它们是由讲师提供的。一个可能出现更隐蔽的问题是品尝小组成员能够识别单独形式的气味但不能在葡萄酒基质中识别它们。复杂的气味复合体中单独的化学物在记忆中可能和其他气味联系在一起，导致质量上的不同感觉，从而可能干扰识别这个成分，如葡萄酒。

尽管培训需要大量的时间和工作，但培训的优点显而易见。图 5.12 表明培训对词汇使用的有效性。

不同于感官训练，葡萄酒行业的训练更多关注的是识别典型的葡萄品种、地区、风格，或者质量等级。培训的程度和时间取决于任务本身。因为培训决定了小组和个人所希望得到的结果，所以这里无法给出具体的建议。

在培训开始前，候选人需要测试他们分辨一系列葡萄酒的能力。虽然在培训过程中辨别能力可以得到提高，但是淘汰那些通过培训也可能无

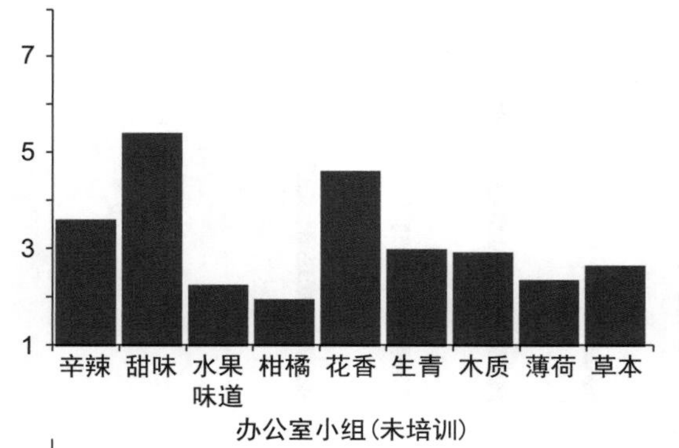

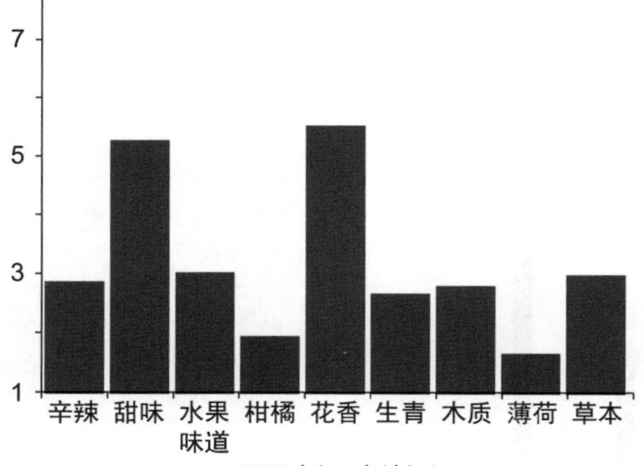

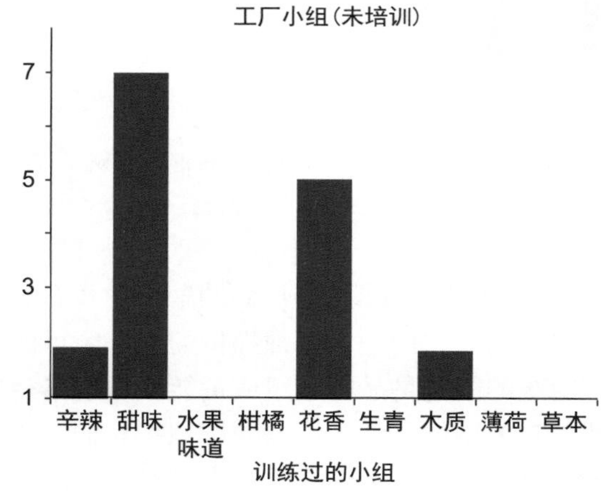

图 5.12　训练过的小组和 2 个未经过训练的小组的平均数据分布（*资料来源*：Lawless H. T.，1999）。

效的成员是明智的。30～40 个鉴别性试验分几天进行，通常足以完成对第一轮的成员选择（Stone et al.，2012）。

评估品评者和小组成员的精确性与一致性（Assessing Taster and Panel Accuracy and Consistency）

品尝小组工作的有效性关键在于准确性和一致性。在最简单的情况下，比较每个品评者与小组平均值的结果，方差分析（ANONA）可以提供更多的信息。一般来说，衡量的指标是一致性和分数的稳定性。一致性是指各个小组成员在不同时间中重复产生类似结果的能力，而准确性是指个人评估葡萄酒或特性的能力与其他小组成员的类似程度。当然，其他许多程序也被建议用来评估如一致性、准确性、可靠性和分辨能力，不过哪种统计方法是最合适的方法目前还没有达成共　识（Alvelos and Cabral，2007；Hodgson，2009；Hyldig，2010；Stone et al.，2012；Tomic et al.，2013）。一些用来参考的著作提出了工作案例，如 Vaamonde 等（2000），King 等（2001）和 Bi（2003）。技能下降可能表明需要再培训、兴趣下降或其他需要调查和尽可能纠正的因素。在这样的调查中，重要的是区分品尝小组差异与样品的差异。

由于这些评估需要额外的工作，因此，很少定期使用。随着电脑的自动化和数据的应用，没有理由不进行定期的成员测试。然而，更难的是决定什么是最低可接受的表现水平。在这种情况下，统计数据的效果甚微。

一致性在评判性品尝的各个方面都是必不可少的。在描述性感官分析中，近似的描述性术语均匀地使用是必需的。通过分析培训期间术语使用的连续监测结果，可以确定是否存在低品鉴者 X 项方差。评估型品鉴在几周或几个月里对一些葡萄酒进行随机重复品鉴就可以提供类似的数据（实例见 Gawel and Godden，2008）。在后期的评估中，重要的是提供的重复样品不能被轻易地识别。如果酒样具有明显的特征，品评者会很快察觉并意识到为什么会频繁出现相同的葡萄酒，从而调节其分数。通过测量标准偏差或偏斜度，测试得到的不显著的差异或小的数值表明品尝者的一致性。

伴随着计算机统计软件包的应用，方差分析已经成为评估一致性的标准手段。因为这些软件包纳入 F 分布和 t 分布表，没有必要在这里列举。如果需要，可以在任何一套现代统计图表中找到它们。即使没有专门的统计软件，office 软件包中的电子数据表程序也可以随时安装，来执行方差分析。

表 5.10A 列举了假设性的品尝结果，这些数据用来评估品评者的一致性。在这个例子中，对

表 5.10　一个品尝者在 5 次单独的品尝中对 6 款葡萄酒的分数（A）（4 个重复）和方差分析（B）

（A）

品尝次数	葡萄酒				总和
	A_1	A_2	B_1	B_2	
1	9	10	6	5	30
2	10	8	7	6	31
3	7	9	5	7	28
4	8	9	6	5	28
5	9	8	7	6	30
总和	43	44	31	29	
平均值	8.6	8.8	6.2	5.8	

（B）

来源	*SS*	*df*	*ms*	*F*	$F^{a}_{.05}$	$F_{.01}$	$F_{.001}$
总和	50.55	19					
葡萄酒	36.95	3	12.32	12.52	3.49	5.95	10.8
重复	1.79	4	0.45	0.46	3.26	5.41	9.36
误差	11.8	12	0.98				

注：$G=\sum$总值 =（43+44+31+29）=（30+31+28+28+30）=147

$C=G^2/n=(147)^2/20=1080.45$

总值 $SS=\sum$（个体分值）^{2}–C=（$9^2+10^2+7^2+8^2+\cdots\cdots 6^2$）–C=1131–1080.45=50.55

葡萄酒 $SS=\sum$（葡萄酒总和）$^2/n$–C=（$43^2+44^2+31^2+29^2$）/5–C=1117.4–1080.45=36.95

重复 $SS=\sum$（重复总和）$^2/n$–C=（$30^2+31^2+28^2+28^2+30^2$）/5-C=1082.25-1080.45=1.8

误差 $SS=\sum$（个体分和）$^2-\sum$（葡萄酒总和）$^2/n-\sum$（重复总和）$^2/n$=50.55–36.95–1.8=11.8

df（自由度）：总值（# 分数 –1）=（20–1）=19；葡萄酒（# 葡萄酒 –1）=（4–1）=3；重复（# 重复值 –1）=（5–1）=4；误差（总和 *df*– 葡萄酒 *df*– 重复 *df*）=19–3–4=12

ms：葡萄酒（葡萄酒 *SS* ÷ 葡萄酒 *df*）=36.95/3=12.32；重复（重复 *SS* ÷ 重复 *df*）=1.79/4=0.45；误差（误差 *SS* ÷ 误差 *df*）=11.8/12=0.98

[a]*F* 分布：葡萄酒（葡萄酒 *ms* ÷ 误差 *ms*）=12.32/0.98=12.52；重复（重复 *ms* ÷ 误差 *ms*）=0.46/0.98=0.46

2 款不同的葡萄酒进行了 5 次单独的品评，这两款酒随机的进行 2 次重复。从方差分析表（表 5.10B），最小显著性差异（*LSD*）可以从下面的公式得到：

$$\text{LSD}=t_{\alpha \pm}\sqrt{2}\, v/n \quad (5.1)$$

其中，t_α 代表带有误差自由度的 *t* 值（可从标准统计表得到），在某一个显著的水平（α）；*v* 是误差方差值（*ms*），*n* 是每个平均数所依据的分数数目。在 0.1% 的显著水平上，表 5.10 的数据公式变为：

$$LSD=3.055\sqrt{2}\,(0.983)/5=1.916 \quad (5.2)$$

任意 2 个平均值之间的差异必须超过 LSD 值（1.916）才能称为有显著差异。2 款葡萄酒（A 和 B）平均分数的差异表明任意一款酒的分数都没有显著差异。葡萄酒 A 的平均差为 0.2（8.8～8.6），葡萄酒 B 的平均差为 0.4（6.2～5.8）。这两个值都远低于显著性所要求的 LSD 值（1.916）。同样的，结果显示这两款酒之间能够很好地被品评者区分。葡萄酒 A 和葡萄酒 B 的任意组合的重复平均差值的组合都大于 *LSD* 值（1.916）：

$$A_1–B_1=8.6–6.2=2.4 \quad (5.3)$$

$$A_1–B_2=8.6–5.8=2.8 \quad (5.4)$$

$$A_2–B_1=8.8–6.2=2.6 \quad (5.5)$$

$$A_2–B_2=8.8–5.8=3.0 \quad (5.6)$$

从方差分析表（表 5.10B）直接得到类似的结果。2 款葡萄酒的 *F* 值（*F*=12.52）表明，品酒师对 2 款葡萄酒的区分能达到 0.1% 的显著性水

平，而同一款葡萄酒的重复品尝分数之间则无显著差异（F=0.46<$F_{.05}$=3.26）。

分数的可变性（Score Variability）

如果具有相似特性的葡萄酒需要区分，品尝小组成员之间的高度一致是必要的。但是这种一致性也可能表明了技能的缺乏或体现了人类个体的差异性的不足。举例来说，相较于经验丰富的品评者，经验尚浅的品评者可能会有较低的分数差异，这可能是因为经验能够增强使用整套打分范围的信心。虽然品评者具有一致性，但是他们对葡萄酒质量的不同看法也会增加评分的差异性。然而，这种差异性的接受可能导致辨别的可能性降低。如前所述，如果缺乏对葡萄酒质量的公认标准，人们很难确定评分差异的结果是源于感知能力的分歧、经验、质量的理解或者是其他的原因。

在缺乏清晰和明确的质量标准的情况下，最佳的方法就是测量小组的评分差异。如果品酒小组在过去被证明具有一致性，那么小组成员对于同一款葡萄酒的评分的显著差异可能反映了感知的差异。然而，不同葡萄酒的平均分数之间的显著差异也可能表明了这些葡萄酒确实存在差异。表 5.11A 提供了 5 名品评者对 4 种葡萄酒的分数差异。

表 5.11　5 个小组成员品尝 4 款葡萄酒的数据（A）和方差分析（B）

（A）

品评者	葡萄酒				总和	平均值
	W_1	W_2	W_3	W_4		
1	15	9	15	12	51	12.8
2	16	10	12	13	51	12.8
3	18	10	13	11	52	13
4	19	11	14	12	56	14
5	17	12	13	15	57	14.3
总和	85	52	67	63		
平均值	17	10.4	13.4	12.6		

（B）

来源	SS	df	ms	F	$F_{.05}$	$F_{.01}$	$F_{.001}$
总和	142.5	19					
葡萄酒	112.95	3	37.65	21.21	3.49	5.59	10.8
品尝者	8.30	4	2.08	1.17	3.26	5.41	
误差	21.30	12	1.77				

在这个例子中，方差分析明显地表明了小组成员具有区分 4 款葡萄酒的能力（表 5.11B）。计算出的 F 值（21.2）大于 F 统计值，达到 0.1% 的显著性水平（10.8）。但是 5 位品评者之间的分数却没有显著的差异 - 计算得到的 F 值（1.17）小于统计学的 $F_{.05}$（3.26），这表明了小组得分的相似性（至少对于在品尝的特定环境下的这些葡萄酒而言）。

方差分析同样能检测一个小组是否具有相同的质量概念。表 5.12A 提供的数据是在葡萄酒没有明显差异的情况下，个体的分数有着显著的差异。方差分析表（表 5.12B）得到葡萄酒间差异的 F 值为 2.23。此值比统计学 $F_{.05}$（2.78）要低，这表明葡萄酒样品间没有显著性差异（P<0.05）。与此相反，品评者的 F 值为 3.35，要大于统计学 $F_{.05}$（2.51）。这表明小组成员对葡萄酒的品质没有一个共同的观点。在删除对这类型酒不太熟悉的小组成员的分数和一致性不好

表 5.12 7 名小组成员对 5 款雷司令葡萄酒的评分结果（A）和方差分析（B）

（A）

品评者	葡萄酒					总和	平均值
	W_1	W_2	W_3	W_4	W_5		
1	3	5	4	7	7	26	5.2
2	5	6	5	6	9	31	6.2
3	9	3	2	4	5	23	4.6
4	7	2	8	8	6	31	6.2
5	6	5	4	5	6	26	5.2
6	7	8	5	8	7	35	7
7	3	4	7	8	9	31	6.2
总和	40	33	35	46	49	203	
平均值	5.7	4.71	5	6.6	7		

（B）

来源	*SS*	*df*	*ms*	*F*	$F_{.05}$
总和	56.6	34			
葡萄酒	9.6	4	2.38	2.23	2.78
品评者	21.5	6	3.58	3.35	2.51
误差	25.7	24	1.07		

的分数或者对葡萄酒具有不同意见的小组成员的分数之后，剩余的小组成员对酒的质量感知具有一致性（至少对于在品尝的特定环境下的那些葡萄酒而言）。

无论评估单独小组成员，还是整个小组的一致性，都需要多次品尝。个体成员有状态不好的时候，对葡萄酒质量评定也因根据葡萄酒品种的不同而不同，这样对于某些葡萄酒或许有更多的一致性。

总结
Summary

目前的证据表明，一个优秀的品酒师需要培训和经验，两者缺一不可，也不可相互替代。虽然超级敏感的感官是一个理想的能力，但不总是必要的。更重要的能力是发展一个可以分辨葡萄酒的完整的气味和口感的记忆库。其他的能力包括可以稳定一致性描述和评分的能力，学习使用标准词汇，认识相似葡萄酒之间的差别，抛开个人的偏见客观的描述葡萄酒，保持健康、专心的参加评鉴，这些能力往往归纳为一致性、专注性和投入性。分辨葡萄酒的来源是品尝者想要拥有的能力，但并不总是必需的。这通常需要识别葡萄酒所表达以及它所不具备的特性这两个方面。

令人遗憾的是，我们缺乏这些特性的最佳培训方法的证据。动机是需要的，但是如何实现和保持动机？我们既不了解动机在分子水平上或神经元水平上的意义，也不了解其激活需要什么环境刺激，关于记忆的建立和保持原理也不清楚。先天的学习（例如，每个人成长过程中形成的颜色、质地和味道的关联）、注意力、陈述性学习（例如，语言习得和事件驱动记忆）之间所谓的差异是否是错觉？或者是指定概念上光谱的一部分？似乎产生情绪的环境越重要，由此编码记忆就越容易回忆。如果我们理解了这些基础的方面，就可以提供更好和更有效的学习经验。

品尝前的准备工作
Pretasting Organization

品尝区域（Tasting Area）

非直射的北方的自然采光常常被认为是评估葡萄酒颜色的理想环境，大概是因为这些光线比较一致的，但这个认定的一致性只是错觉（图5.13）。除非提前在设计品尝室时就考虑这一点，采用非直射北方自然光时几乎不可能的（插图5.4），在实际中大部分使用的是人工光源，几乎没有使用自然采光。

对于人造光源而言，荧光管能提供更均匀的照明。日光管可能是更好的，但冷白色荧光管已经足够。认知能力在相当宽的光谱和强度变化范围内对调整颜色感知（不管怎么说，这也是由大脑构造的）具有惊人的适应性（Brou et al.，1986）。因此，在品评者没有意识到的情况下，他们能很快适应大多数标准照明的颜色特性。在典型的范围内，荧光照明的强度和弥漫性的性质比其光谱元素更重要。此外，嵌在天花板上的LED灯能够向每个品尝间提供单个、明亮的全谱照明（或者低强度的红光，避免颜色干扰）。将品评室、品尝间粉刷为统一中性的颜色（白色、灰白），并将柜台和桌子的表面做成磨砂白，这样做可以很大程度地减少葡萄酒颜色的失真。

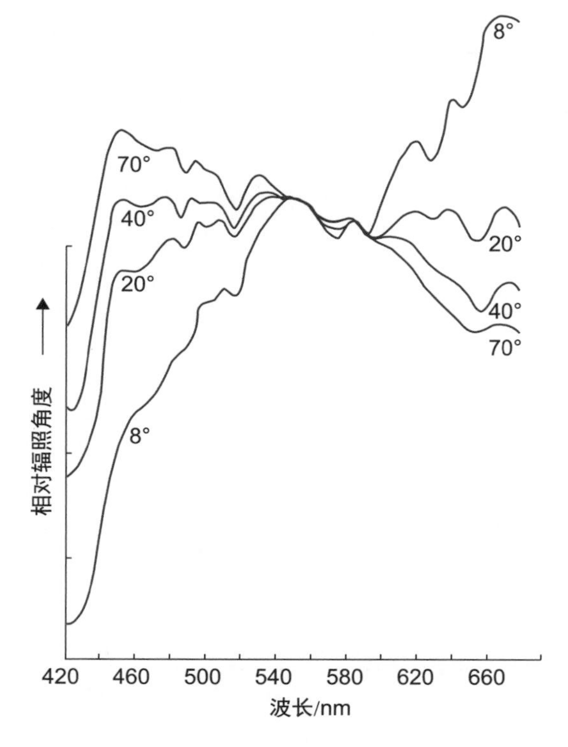

图5.13 漫反射的日光谱变异性。当太阳在天空高处（70°以上地平线）时，峰值辐射处于蓝光区域。当太阳在日落前半个小时（比地平线高8°），太阳开始下山时，转移向红光移动（资料来源：Henderson S.T.，1977）。

插图5.4 北部自然采光的感官分析实验室。地点：位于法国维伦纳维-德奥农葡萄和葡萄酒科学研究所（资料来源：R. S. Jackson）。

当需要消除颜色对感官评价的影响时，分

辨只基于气味和口感，这可以通过黑色的ISO酒杯达到目的。此外，使用蓝色、红色的酒杯或者低强度的红光也可以（插图5.5和插图5.7）。如果使用低强度的红光，且样品要通过品尝酒的小门提供，在转移的过程中，准备室的灯光不应该照到样品上。虽然低强度的红光会扭曲颜色感知，但是它是否真的会消除潜在的颜色影响，这点还没有被证实。这种有色光可以改变葡萄酒的感知已经明确了（Spence et al.，2014）。但在标准范围内，光强度由于红光显著地影响味觉感受，而对强度和喜好的影响不大，因此，这里就提出了一个问题，即更弱的红光是否也会在未知的情况下以出乎意料的方式影响感知或者如果我们假设它是有效的。感知心理学的实验已经证明，在婴儿时期和之后发展起来的现实模型是如此的强大，以至于我们的大脑掩盖了感官发送的信息，即使我们意识到所感知到的“现实”是不合逻辑或错误的。有关例子可以查看：https://www.youtube.com/watch?v=G-lN8vWm3m0 的McGurk效应（McGurk和MacDonald，1976）。

插图5.5 感官品评室。地点：位于法国维伦纳维-德奥农葡萄和葡萄酒科学研究所，注意红色照明（资料来源：R. S. Jackson）。

在不需要对样品进行前后比较的情况下，可以通过一次呈现一个葡萄酒来避免颜色引起的感知失真（Stone et al.，2012）。当然，这是在假定葡萄酒之间的任何色差没有明显到能够被记忆的前提下。

在大部分的品尝环境中，葡萄酒的颜色不是主要的因素，正常的光线已经足够，颜色是葡萄酒的一个正常组成部分，它涉及葡萄酒是如何被记录在记忆中的（Morrot et al.，2001；Österbauer et al.，2005）。因此，如果结果是与市场相关的话，这就非常重要。

品评室应该装有空调系统或至少通风良好，这不仅要考虑品评者的舒适，而且要防止气味的积累和适应。品评室中的正气压也能限制周围环境的异味进入。如果品评室在酒窖或者存储间周围，这就非常重要。品评者会对温和的环境气味产生适应性，如果气味不新鲜或者有不良气味，就会影响对葡萄酒的公正评价。

当空调系统或者通风系统无法使用，空气净化器能够协助提供一个中性的品尝环境。降低气味污染的另一个方法是在不品尝的时候将葡萄酒杯子盖起来，这也适用于吐酒桶，还有一点需要注意的是香水、除味剂等应禁止使用，同时品评室要隔绝各种噪音，以防打扰品评者的注意力。

品评室应物理隔离，以防止品评者互动。研究证实了人们的共识即评论可以改变感知（Herz and von Clef，2001；Herz，2003）。因此，正如莎士比亚说：

“玫瑰如果换个名字，闻起来就不会如此甜美。”

在理想情况下，品评室需要按照实验目的

设计，有单独的品尝间（图 5.14、图 5.15、插图 5.2 至插图 5.6）。在理想条件下，每个品尝间的后面和准备室是相连的（插图 5.7）。杯子应该存放在距离学生或者品评室比较近的地方（插图 5.8）。备用的光源可以是白光或者低强度的红光。品尝间的开口允许样品可以方便地放进，拿出。我们可以使用不同的封闭方式，从简单的滑动开口方式到平衡侧开方式。为了便于维护，封门应该由一些不透明、容易清洗的材料制成。高 20 cm× 宽 25 cm 的开口已经足够。本章末尾在推荐阅读的感官评价文本中讨论了其他模式。考虑到重要性（需要频繁呈现样品），小组成员和研究者应该有简单的交流方法。插图 5.5 和插图 5.6 展示的是另一种的学生教学 / 研究室，插图 7.9 显示了干邑的品评室设置。

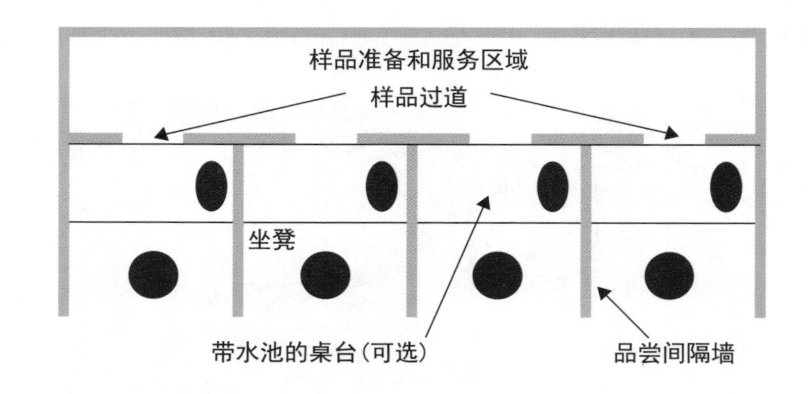

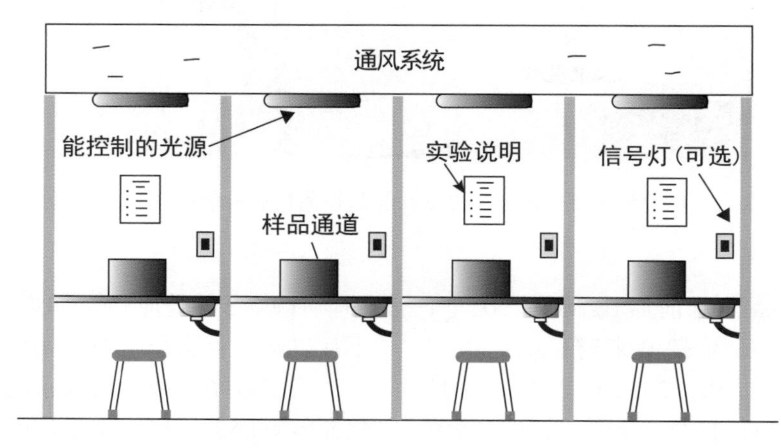

图 5.14　感官品评室（未按比例绘制）（资料来源：Stone H. et al.，2012）。

因为品评室的功能是多样的，因此，可折叠的隔板可以作为品尝间的隔离。隔板一般厚为 0.97 cm，白色密胺塑料材料（容易清洁）。品酒区域至少应有 1 m×1 m（离桌子或者台面的边缘至少有 50 cm 的长度），2 个长的合页可以使隔板方便地被折叠和存放。如果品尝间不能分区和隔离，把品评者分开和随机的呈现样品可以降低品评者交流的可能性，尤其是在品评者知道样品是随机给予的情况下。

椅子或凳子是可以调整的，并且尽可能舒适。小组成员需要集中精力花费几小时来完成鉴定、区分或评价样品，所以要使工作环境尽可能的舒适和愉悦，例如，增加一个相邻的令人愉快的等候室 / 讨论室。

品评专用的房间应该在每一个隔间配有类似牙医用的痰盂（插图 5.2 至插图 5.7）。它们能够保持干净卫生并防止气味集结。因为大部分品评室都不具备如此精良的设备，所以 1 L 不透明的塑料桶也可以作为代替品。塑料桶需要一个盖子，并且经常清空，防止气味污染环境。

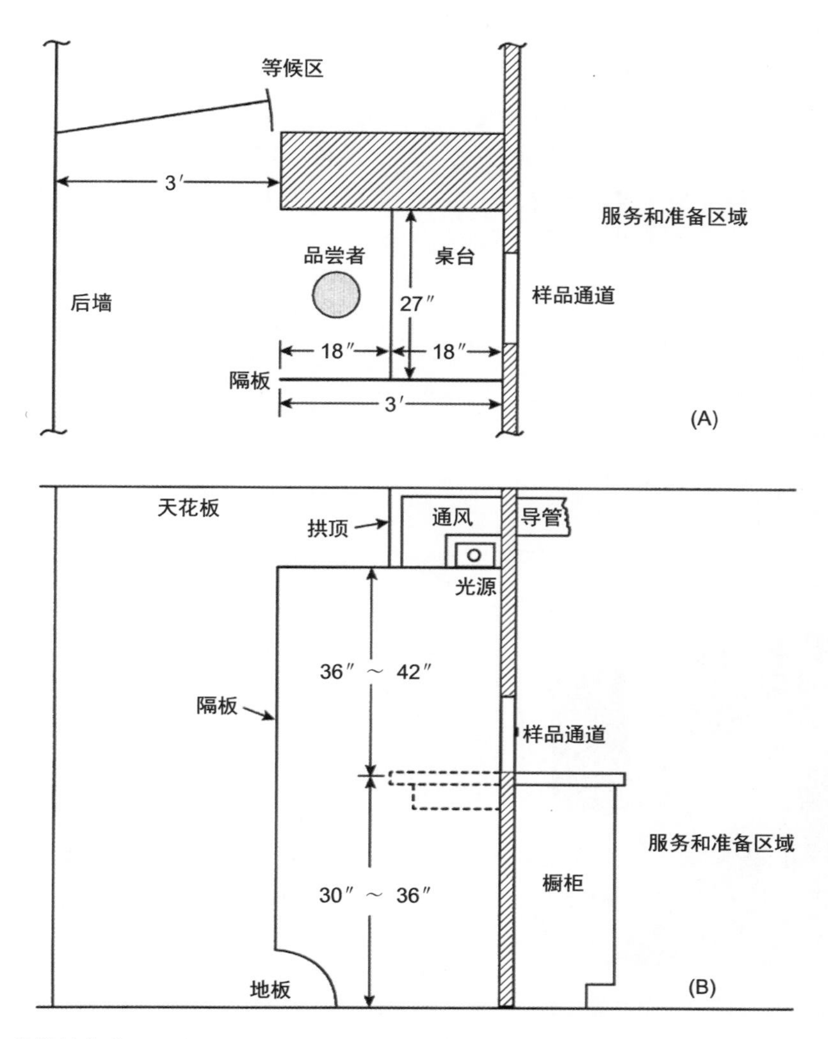

图 5.15 感官品评室的设计细节（资料来源：Stone H. et al.，2012）。

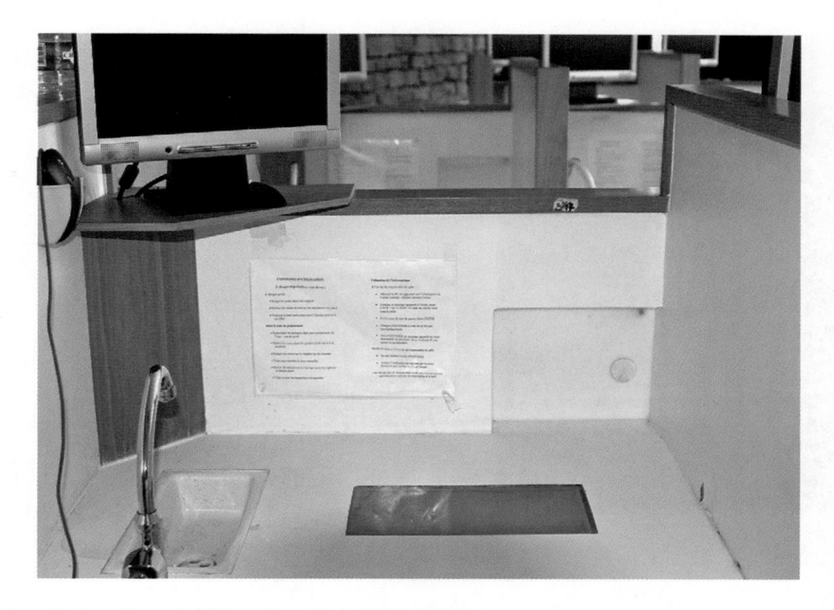

插图 5.6 感官品评室。地点：位于法国勃艮第 - 第戎葡萄酒学院（资料来源：R. S. Jackson）。

每个品评室都应备有水罐用来清洗玻璃杯（如果在品尝过程中重复使用）和无盐饼干或其他口味清洁剂的样品。关于对口腔清洁剂功效的几项研究，得出了不同的结论，建议准备一些无盐饼干、1% 果胶或 0.55% 羧甲基纤维素溶液，这样效果更好（第 1 章）。水被反复证明是一种无效的口腔清洁器。

插图 5.7　品评室后面是样品的组织和准备区域。注意天花板上的红色灯光照明。地点：位于布鲁克大学冷凉气候与葡萄栽培研究所（CCOVI）品尝实验室（资料来源：R. S. Jackson）。

插图 5.8　感官品评室的准备区域，黑色的 ISO 品酒杯已经准备好可以为邻近的感官品评室使用。地点：位于法国勃艮第 - 第戎葡萄酒学院（资料来源：R. S. Jackson）。

摆放在每个隔间或品尝位置的电脑会极大便利数据的采集。用电脑进行快速分析能够保证在训练中得到即时的反馈，样品就可以马上用于再次评价。现在触摸式的荧屏监视器显示了收集数据的一种方式，取代了原来的杂乱的手写记录材料。除了选择问题之外，如果还需要做记录，那么可以在桌面下的滑轨上可以安装键盘，这样就能解决难以辨认的字迹所带来的问题。

准备区应该有一系列的冷藏设备以便葡萄酒可以送达并且保持在任何需要的温度。实验室的低温冷柜可以储存更多的葡萄酒，其温度范围更广，而且比商业的葡萄酒柜便宜得多，冰柜也可用于储存参考标准。另外，还需要有足够的橱柜空间来存放玻璃杯以及其他设备，如微天平、烧杯和量杯。建筑材料在气味上应保持中性，避免在储存过程中污染酒杯。工业洗碗机可以快速、高效和卫生地清洁大多数品尝中所使用的玻璃器皿。无嗅的清洁剂再加上适当的清洁可以确保玻璃制品完全透明、没有气味和清洁剂残留。另外，还需要足够的柜台空间来准备样品，这样有利于将葡萄酒转移到小组成员。此外，需要提供大量无色、无味的水。在大的研究中心，通常大量无色、无味的水是由双蒸馏器提供的。如果没有双蒸馏器，反渗透系统也可以提供足够的无味水源。

样品的数目（Number of Samples）

目前还没有公认的适合品尝的最佳样品数目。如果样品很相似，那么一起品尝的葡萄酒数量就不宜过多。为了准确评价，品评者必须能够同时记住每个酒样的特点，这绝非易事。此外，如果需要对酒样进行描述性评价和评分，品酒越详细，同时进行充分评估的葡萄酒数量就越少。

如果酒样特性差异很大，那么相对大数目的酒样可以同时被评估。无论如何 6 种葡萄酒是同时能够充分比较的数目上限。与此相反，品评者在商业比赛中往往被期望在很短的时间内品评 30 种以上的葡萄酒。很显然，这种评估必须快速简洁，样品甚至成组被品鉴，但要认真地考虑葡萄酒的香气发展和持续的有效期是不可能的。在这种情况下，判断葡萄酒的标准是简单、全面、直接的印象。虽然速度很快，但是这与大多数消费者对葡萄酒的评价是一致的，的确如此。无论如何，这对评估葡萄酒表现高质量的品质潜力是不公平的。如果读者认为我对消费者品鉴葡萄酒的评价过于尖锐，那么就建议他们在餐厅或者葡萄酒品鉴会上去观察大部分人品尝葡萄酒的过程。

重复（Replicates）

在大部分的品评中，经济原因，重复不太可能。如果品评者技术熟练并且具有良好的一致性，那也几乎不需要重复。如果品评者的一致性不能确定，那么就需要设置几个重复来确定品评者的可靠性和一致性。重复还可以用来代替有问题的样品。如果样品没有事先检查，就可以通过检测数据中的非典型变化或从小组成员提供的评论中可以猜测存在有缺陷的样品。

温度（Temperature）

通常白葡萄酒在较低的温度品尝，而红酒在室温下饮用，桃红葡萄酒的饮用温度介于两者之间。除了这些一般的准则，权威人士对温度很少能达成共识。图 4.7 展示了一些品尝温度对葡萄酒感知的影响。

对于白葡萄酒而言，推荐的较低温度范围是 8～12℃，上限温度变化很频繁。无论如何在这个范围内的任何温度就已经足够，但是最重要的是要保证所有的葡萄酒处于相同的温度。与品尝的其他方面一样，保持品尝条件一样是非常重要的，至少要尽可能一样。甜型（甜点）白葡萄酒在推荐温度范围的下限品尝更合适，而干型白葡萄酒则在较高的推荐温度范围品尝更好。即使干型白葡萄酒在 20℃时仍可以表现很好，这个并不令人惊讶。因为当酒进入口中后，其温度会迅速达到并超过 20℃。葡萄酒发展性的某些方面的变化可能是由随温度升高而增强的挥发性导致的。

红葡萄酒一般建议在温度为 18～22℃时进行品评。这个温度范围能够增强香气并减少苦味和收敛性。只有清淡的果味葡萄酒会被建议在较低的温度（15～18℃）时品评，如 CO_2 浸渍葡萄酒（如博若莱）。桃红葡萄酒一般在温度为 15℃时饮用。

起泡葡萄酒的最佳品评温度为 4～8℃。这一范围增强了大多数干性起泡葡萄酒中的焙烤气味表达。此外，它还能减缓 CO_2 的释放及延长气泡的持续性（图 5.16）。较低的温度同样能加强起泡酒的刺痛感（Green，1992），清凉的感觉能够赋予葡萄酒清新的感受。但不幸的是，低温也会增强一些起泡酒中偶尔存在的金属味。

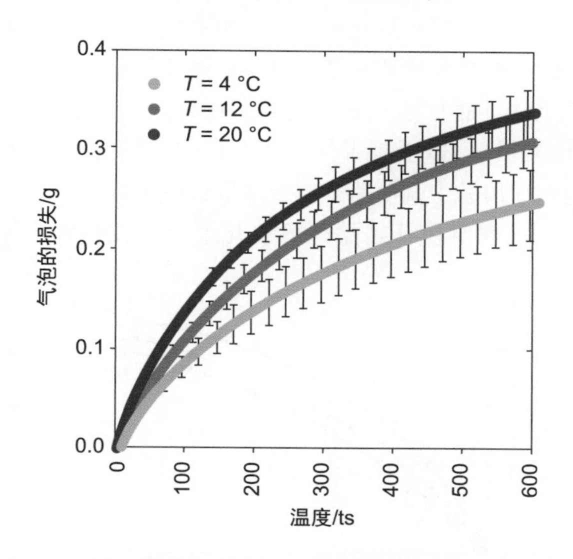

图 5.16　倒入笛形杯后，温度对香槟的 CO_2 损失（质量损失）的影响。垂直线代表 6 个连续重复的标准偏差（资料来源：Liger-Belair G. et al.，2009）。

大部分的加强葡萄酒要求更低的温度以达到冰冷的程度，比如，一般雪利酒。这样能使其酒精气息更温和。它同样能减弱奶油雪利酒的甜腻和高酒精度带来的灼烧感。相反，波特酒则建议在红葡萄酒待酒温度范围较低的一端内进行品评。

虽然温度的偏好在一定程度上反映了人们的习惯和文化因素，但是建议温度也似乎反映了感官知觉的理化效应。据报道，消费者喜欢在室温为 20～25℃或者高温 80～85℃饮用柔和的红葡萄酒，但是后者仅限于盲品（Zellner et al.，1988）。在低温（5℃）下的葡萄酒不受赏识。在一项关于不同温度下的香气强度的研究中，在较温暖的温度下，白葡萄酒［图 4.7（A）］香气略有增强，而红葡萄酒［图 4.7（B）］香气则增强明显。温度对红葡萄酒香气的影响类似，（在温度为 22℃时更强）在较低温度下，红葡萄酒的酸、苦和涩的特征增强（Ross et al.，2012）。这些结果也符合其他研究中温度对味觉和挥发性的影响的预期。

在低温条件下，糖敏感度的降低概率常常高于酸。这就解释了为什么甜葡萄酒在低温下更加平衡，但这不是绝对的。低温也可以产生一种令人愉快的清新感，这是桃红葡萄酒成为夏季流行酒的原因之一。对比之下，苦味和收敛性的减少有助于解释为什么红葡萄酒要在温度为18℃或更高的温度下品尝。对于香气物质而言，更高的温度有利于葡萄酒中的香气物质扩散。这不仅适用于杯中的葡萄酒主体，而且涉及摇晃之后靠近杯壁的酒液薄膜。低温或许可以限制香气物质在口中的结合和反应，但是在口腔中的快速升温会降低这些效果。

一般要在开始品评的前几个小时就将葡萄酒放到理想的温度环境中，避免最后的慌乱。在大部分商业环境中，温度控制应该在特殊的温控设备中。通常这些设备还需细分，这样葡萄酒就可以保存在不同的温度中，或者葡萄酒可以存放在可调温的冷温培养箱、冰箱或冷室中，直到达到其所需温度，或在放置在所需温度的水中。图5.17提供了750 mL瓶装的葡萄酒分别在空气和水中的温度变化率的示例。在水中温度的调整要比在空气中的快5倍，在水中只要几十分钟就可以达到平衡，而不是几小时。一旦达到所需的温度，在短时间里，葡萄酒就可以在保温良好的容器中保持在可接受的温度范围内。

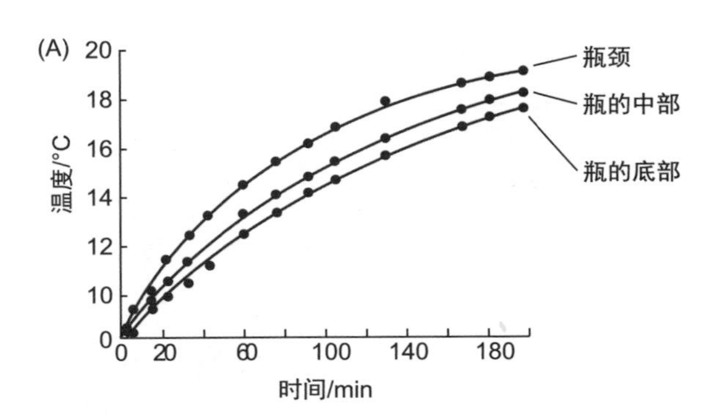

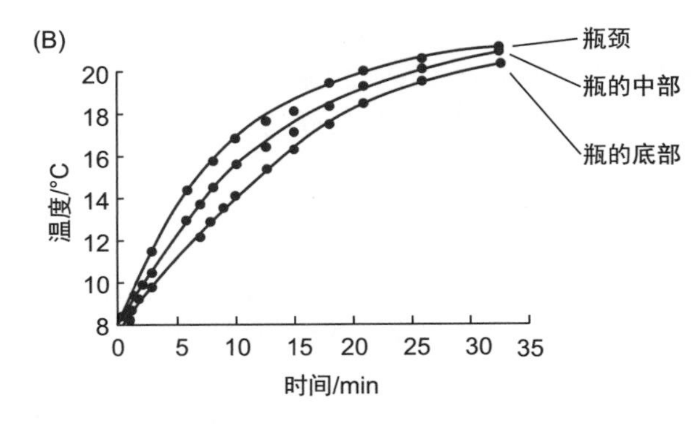

图5.17　750mL瓶装葡萄酒在21 ℃的空气中（A）或20 ℃的水中（B）温度的分布和变化（资料来源：Gyllensköld H., 1967）。

因为酒被倒出后，其温度就开始升高，因此，常常建议将刚呈上的葡萄酒温度保持在适饮范围的下限。这样葡萄酒将在理想温度范围内保持更长的时间。如果要评估一款酒的在20～30 min的芳香性发展和持续期，这一点就尤为重要。不幸的是，大部分的品评持续的时间很短暂，这些值得注意的细节往往被忽略。

软木塞的移除（Cork Removal）

没有一个开瓶器可以适合所有情形。一般而言，具有螺旋线圈的开瓶器最好。“侍者之友”的螺旋开瓶器是一个典型例子，但是要求较大力量。

相应的，双动开瓶器更为可取，而且使用更简单（插图5.9），它们将螺旋钻入软木塞，然后移除软木塞。还有很多更容易使用的双作用开瓶器可以供餐厅和家用（插图5.10）。图5.18显示了不同开瓶器需要的力气。

插图5.9　双动开瓶器（译者注：国内常叫作T形开瓶器），Screwpull开瓶器（译者注：国内常叫作兔耳开瓶器）和切箔刀的原型（资料来源：Le Creuset）。

插图 5.10 双作用开瓶器、杠杆式开瓶器（资料来源：Le Creuset）。

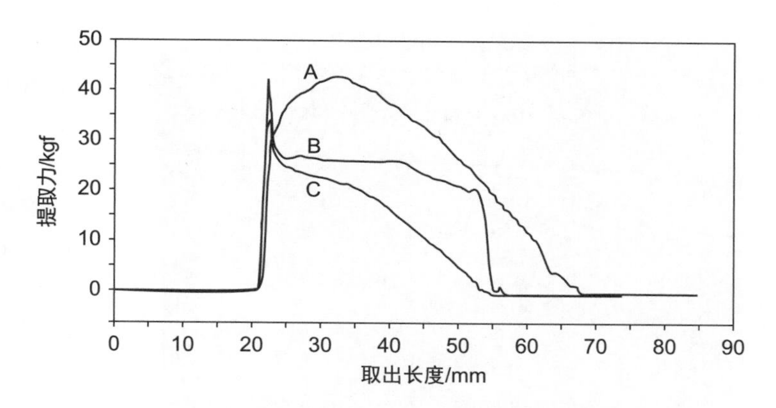

图 5.18 天然软木（A）、注入合成软木塞（B）和共挤合成软木塞（C）的典型提取力分布。测试以 5 m/s 的速度进行（资料来源：Giunchi A. et al.，2008）。

无论哪种设计，很多开瓶器都很难将老的酒塞拔出。随着时间的推移，软木塞渐渐失去弹性，在拔出的时候容易破碎。在这种情况下，两片的 U 形 Ah-So 开瓶器（图 6.2A）或者一个和长的空心针连接的手动泵将是非常有用的。如果软木塞不小心被推入瓶中，也有其他的工具可以把它取出来（图 6.2B）。

醒酒和倒酒（Decanting and Pouring）

在品尝带有沉淀的陈酿型葡萄酒时，醒酒是很有价值的。虽然这种情况很少与感官分析有关，这点十分遗憾。大多数现代葡萄酒经过了足够稳定的处理以避免产生沉淀。然而，即使没有沉淀物，在品尝之前，醒酒也确实被用于早期检测异味或其他异常的样品，以利于允许小组在品尝之前找到替代的正常样品。

在倒酒以及随后的过程中，香气物质从葡萄酒中挥发到空气中，如果葡萄酒比较年轻（年轻葡萄酒比老葡萄酒有更多的香气），这不值得担忧。无论何时醒酒器和倒上酒的玻璃杯需要马上盖上，并且在倒酒后尽快呈上。对于老龄的葡萄酒而言，脆弱的香气会很快消失，因此，一旦倒出，就要立即品尝。

在葡萄酒中，芳香化合物的气态、溶解挥发性和松散结合的非挥发性状态之间的平衡变化，可能解释了关于醒酒的好处的各种趣闻。不论如何解释，对品评者来说，亲自体验这一现象在杯中的变化远比这一现象不为人知的发生在醒酒器或其他容器中来得更有趣。

样品的体积（Sample Volume）

每个酒样的体积应该完全相同。每个酒样的体积取决于品尝的目的，一个足够品尝的酒样体积应为 35～70 mL。如果仅是简单的品尝，少于 35 mL 也可以。如果要求更为详细或长时间的品评，50～60 mL 的酒液会更合适。对于 50 mL 的酒样体积而言，一瓶 750 mL 的酒液可以服务 12～14 个品评者。

分酒器（Dispensers）

葡萄酒分酒器通常是装有多个酒瓶的冷藏设备。它们可以拥有单独的隔间，以保证红葡萄酒和白葡萄酒有单独的温度（插图 5.11）。每个酒瓶分别连接到含有惰性气体的气体瓶，通常是氮气。当酒栓被激活，氮气会提供分配酒样需要的力量（插图 5.12）。虽然此机器原本是为了商业酒吧设计，但是分酒器在培训过程中也非常有使用价值。葡萄酒可以在数天或数周品尝，这非常经济。如果冷却作用相对不那么重要，那么所有的酒样可以用酒拴连接到共同的一个氮气灌上（插图 9.4）。这种相对便宜的设置特别适用于将气味参考样品保存在几个星期内。

长期分配少量葡萄酒的任何系统的局限性之一是香气从葡萄酒中逐渐损失，扩散至葡萄酒上方，从而不断增加顶部空间体积；局限性之二是龙头保持了少量的葡萄酒。随着时间的推移，龙头会滋生醋酸菌，会明显污染最初几毫升的葡萄酒。因此，龙头需要定期消毒。

插图 5.11　装有白葡萄酒冷冻隔间的 8 瓶酒分酒器（资料来源：Santa Barbara）。

插图 5.12　分酒器的龙头（资料来源：Santa Barbara）。

代表性样品（Representative Samples）

对于较年轻的葡萄酒而言，任何随机选择的酒瓶都很可能作为代表产品。然而随着葡萄酒的年龄增长，不同的陈酿条件可能在每瓶酒之间产生感官差异。为了中和这些差异，如果同一款样品超过一瓶，那么在使用前要对所有样品进行混合。

当品尝的样品来自橡木桶，如果检查葡萄酒的发展或者缺陷，样品应该放在一个密封容器，然后直接运输到品尝室。周围的环境导致酒窖是一个非常差的品尝环境。如果样品必须推迟品尝，那么使用储存样品的容器必须放置在低温下，在密封前必须充满氮气或二氧化碳。这使样品氧化和变化的可能性降低到最低。

罐内（或桶内）的差异可能是由体积带来的物理化学变化所导致的。底部样品会更加浑浊，其可能被硫化氢或硫醇污染。这是因为聚集的酒泥中可能会产生低氧化还原电位。此外，靠近橡木的地方可能含有较高浓度的橡木浸出物。因此，罐中部的取样是最可能代表整体体积的样品。为了获得具有代表性的样品，在取样时要先排出几升的酒样。

桶之间的差异可以大于橡木桶内的差异。桶的制造、环境或先前的使用以及整个地下室的不均匀条件都可以带来差异。如果要想获得代表性的酒样，就需要对酒窖中不同地区的酒桶进行选择。但是完全具有代表性的酒样在通常情况下是不需要的。单个橡木桶的取样是为了检查缺陷。

酒杯（Glasses）

葡萄酒评价的玻璃杯应具有独有的特征，特别是需要清澈、无色的玻璃杯。如果没有这些特性，对葡萄酒视觉特性的任何准确评估都将受到严重影响。当然，如果需要避免颜色对品尝者评价产生影响，在这种情况下，使用黑色酒杯是最简单的解决方案。

杯肚应该比杯口宽，并有足够的容积，允许 35～60 mL 葡萄酒剧烈旋转。此外，杯柱应该方便拿握和旋动。这些特征在国际标准组织（ISO）品酒杯（图 1.2）中都已包含。郁金香形状的酒杯有助于观赏和剧烈地旋转以及聚集葡萄酒顶部空间的芳香。后者在检测细微香味方面特别有用。

大多数 ISO 酒杯都是薄水晶材质。尽管这种材质能够增强优雅性，但对于商业洗碗机而言，这种薄水晶材质有破损的风险。此外，尽量减少划伤，并避免在玻璃上形成白色的薄膜也很重要。因此，更便宜、厚一些的杯形更为可取（如 Durand 或 Libbey 品牌）。另一种选择如图 5.13 所示，当它们仅用于内部品尝时，围绕玻璃杯蚀刻的圆形线以表示适当的倒酒容量。如果品评者自己倒酒时，这一点尤为重要。大多数商店都可以付费来蚀刻玻璃杯上面的圆形线。

正如所提到的，如果要消除颜色的偏见影响，黑色或者有颜色的玻璃杯是比较合适的。它们的用处主要是训练识别标准的香气（常常具有不同的颜色和澄清度）或者被氧化的葡萄酒（不同的葡萄酒颜色会影响品评者的感官）。一些黑色 ISO 酒杯的生产商，比如，法国的 Verrerie de la Marne。奥地利的 Riedel 也生产黑色的品尝杯，不过其容量稍微大于 ISO 酒杯，Libby 也生产蓝色的酒杯，可能还有其他的生产商。标准的酒杯也可以涂成黑色，但是它的明显的缺点是酒杯需要人工清洗以避免涂料流失。还有一种没有经过检验的功效方法是向小组成员表明葡萄酒的颜色已经更改，因此，他们应该忽略葡萄酒的颜色。

插图 5.13　葡萄酒杯：左边为 Royal Leerdam Wine Taster #9309RL-229 mL，7 ¾ oz（ISO model）；右边为 Citation All Purpose Wine #8470-229 mL，7 ¾ oz（资料来源：Libbey Inc.，Toledo，OH）。

尽管 ISO 酒杯是评价葡萄酒的标准酒杯，但是关于葡萄酒杯形状对葡萄酒评价的影响最近才开始研究。这些研究通常需要详细的防范措施，避免参与者接触玻璃杯形状（插图 5.14）。玻璃形状的研究的例子可以在 Delwiche 和 Pelchat（2002），Fischer（2000），Hummel 等（2003）和 Russell 等（2005）。在所有的研究中都发现标准的 ISO 酒杯是完全足够的，也通常是首选。ISO 玻璃在颜色辨别方面也被证明是卓越的（Cliff，2001）。

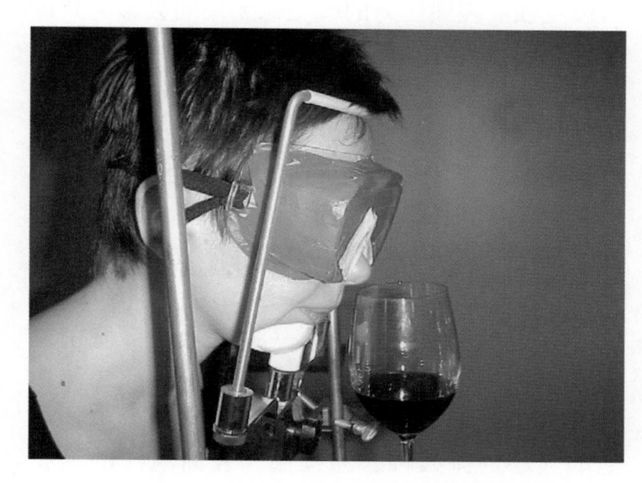

插图 5.14　评估酒杯形状对葡萄酒感官特性的影响的装置（资料来源：Dr. J. Delwicke）。

遗憾的是，还没有关于这些差别的物理化学原理的研究。这个差别可能来源于下面的几个因素的复杂作用：

葡萄酒在杯中的表面面积（πr_w^2）；

葡萄酒在旋转中葡萄酒在杯壁表明面积（$2\pi r_s dh_1$）；

葡萄酒上部空气的体积（$\pi r_s^2 h^2$）；

杯口的直径（πr_m^2）。

其中，r_w 为酒杯中酒表面的半径；r_s 为旋转后酒所覆盖的玻璃侧面的可变半径；r_m 为杯口的半径；h_1 为从葡萄酒表面（弯月面）到黏附在玻璃侧面的酒膜顶部的高度；h_2 为葡萄酒液表面到杯口的高度；π=3.141 59。

前 2 个方程涉及从葡萄酒到顶部空间的挥发物的逸出。顶空体积限制了葡萄酒和顶空中的香气物质的平衡。杯口的表面积可以调节挥发物从顶部空间逸出到周围空气中的速度。方程式没有解决的是不同芳香化合物如何逃离葡萄酒的动力学问题。

葡萄酒液和杯壁接触的面积改变非常迅速。随着酒液在重力作用下下降到杯底的葡萄酒中，面积减少，在旋转之后，面积又增加，由此反复。乙醇（和其他挥发物）的蒸发改变了它们的分压的动态，从而挥发。那些具有较高分压的化合物受到最直接的影响。相比葡萄酒处于静态情况下的状态，其在动态情况下的挥发更快，具有较低分压的酒液在顶空中的浓度增加更慢，但持续性更强。表面压力的改变毫无疑问会影响其挥发性。当化合物逸出时，葡萄酒中的溶解挥发物与弱结合形式之间的解离常数也随之改变。随着葡萄酒顶部空间的化学物质逃离到空气中，顶部空间和葡萄酒中间存在的平衡也不断地被改变。后者主要受到杯口面积的影响。酒杯形状对挥发性的测量，则需要对顶空中的气体成分进行连续评估。

不同于大部分葡萄酒，起泡酒经常使用笛形的玻璃酒杯进行品鉴（插图 5.15）。这种形状有利于仔细分析葡萄酒的气泡情况，包括气泡的大小、持久性、连续性、表面泡沫的堆积（mousse）以及酒杯边缘的气泡环线（cordon de mousse）。有颜色的笛形杯可以在颜色会影响评价的时候使用，例如，Libby 的蓝色酒杯。如果气泡不是关键的评价因素（在酿造过程中二次发酵前配制组合酒），标准的 ISO 酒杯也可以使用，而且更好。

插图 5.15　起泡酒笛形杯：左边为 Royal Leerdam Allure Flute #9100RL-214 mL，7 1/4 oz；右边为 Citation Flute # 8495，185 mL，6 1/4 oz（资料来源：courtesy Libbey Inc.，Toledo）。

干邑有传统的专属酒杯形状，即更短的杯柱和更大的杯身，然而干邑产区更喜欢 ISO 葡萄酒杯更小的版本（150 mL）（插图 7.8）。它们认为大肚杯更适合于低端的白兰地，因为低端的白兰地需要大空间来聚集较少的香气。

工业洗碗机对玻璃酒杯进行清洗的同时，还可以消毒。大量的清洗能够去除洗涤剂和气味的残留物。在玻璃酒杯被洗净和干燥之后，应该直立于无尘、无味的环境中。这样可以防止气味和污染物在酒杯内侧聚集。如果玻璃杯需要储存于硬纸板箱内（这不是一个好方法），这一点就尤其重要。因为餐馆需要经常使用酒杯，所以倒置悬挂酒杯也是可取的，但是它不适用于木制橱柜。

无论使用哪种酒杯，都需要在倒酒前闻一下葡萄酒杯，这样可以确认葡萄酒杯是否干净，是否被污染，也可避免将酒杯中的气味误认为来自葡萄酒。虽然这种情况不常见，但是也出现过不干净的酒杯损坏一瓶好葡萄酒的情况。

品评者人数（Number of Tasters）

在某种程度上，品评者的数量越大，获得有效数据的概率就越大（Lawless and Heymann，2010）或者该数据就越能代表品评者期待的客户类型。但是为了方便和节约费用在实际中会尽可能使用更少的品评者。所选择的参与者的数量通常反映了实验的性质、参与者的技能和一致性以及对所需或期望的结果的精确度和置信度。重复品尝提高统计可靠性的部分选择。

在实践中，有 15～20 位训练有素的核心品评者就足够。任何品评可以保证至少有 12 位品评者参加。在某种程度上来说，如果葡萄酒在年份之间有差别是比较有利的，粗略的相似就已经足够，但是对于大部分饮料而言，事实并非如此（Schindler，1992）。

品评者偶尔会状态失常，因此，建议对品评者的能力进行持续监测。为此，设计适当的测试取决于所需的任务。应鼓励小组成员当承认自己不符合标准时，并退出品尝任务。

关于小型酒厂的质量控制工作，品评者需要的数量可能很低（酿酒师），最好有几个人共同参与。感知的日常变化经常会很剧烈，因此，不管技术有多熟练，都不应该将评价的决定权留给一个人或者两个人（图 5.19）。如果需要马上做出决定，且没有时间组建品鉴小组，这时候就可以将决定权交给一个人。在葡萄酒行业中，单独的专家仍然存在，例如，所谓的"飞行酿酒师"。但这种情况在食品行业的其他领域已经过时了，这种过时也是恰当的。小的团体（少于 5 人）不可能进行有效的统计分析。因此，品评者需要对任务有足够的敏感性和一致性。同样重要的是，评价需要单独进行，而不是协商一致。共识往往反映的是最具权威的成员的观点（Myers and Lamm，1975）。

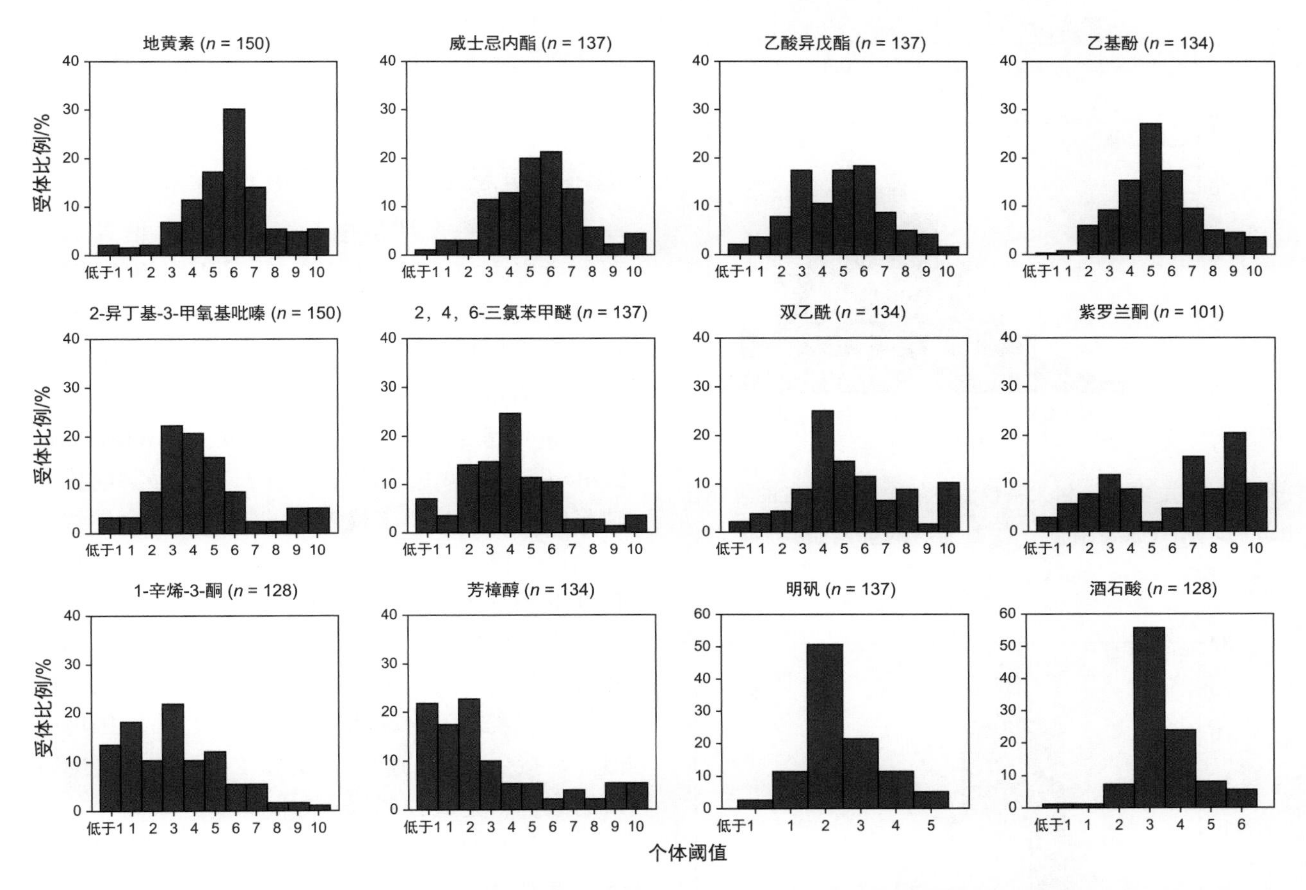

图 5.19　专家对 10 种气味剂和 2 种口感刺激物检测阈值的频率分布。测试的受试者的数量用括号表示。个体检测阈值标记低于 1 表示具有最低的敏感度，相反，取决于化合物，10、5 或 6 代表受试者灵敏度最高。气味剂在 μg/L 中的浓度范围是：地黄素（1～1 000）、威士忌内酯（2.47～2471）、乙酸异戊酯（1.59～1591）、乙基酚（4- 乙基苯酚和 4- 乙基愈创木酚分别为 1.66～166 和 0.19～19.3）、2- 异丁基 -3- 甲氧基吡嗪（0.05～46）、2，4，6- 三氯苯甲醚（0.1～104.4）、双乙酰（0.2～198.4）、β- 紫罗兰（1.91～1911）、1- 辛烯 -3- 酮（0.11～108.5）、芳樟醇（0.11～112.8）、酒石酸（0.03～0.8 g/L）、明矾（3～600 mg/L）（资料来源：Tempere S. et al.，2011）。

质量控制程序应该保留代表可接受范围的样品。这些样品应该作为品尝小组的标准样品，并持续提供。当然，小组需要进行足够的培训、细心的选择，有足够的数量（大于 10 人）来提供足够的数据分析。在一个直接的培训单元测试中，至少需要 8 人，10 人最好（Heymann et al.，2012）或者 11 人更好（Silva et al.，2014）。图 5.20 和图 5.21 中提供了个人感官特质的进一步证据，其表明了小组成立的必要性。此外，为了确保流程设计和小组的表现足够有效，可能需要准备评估所获得数据的相关性。如前所指出，显示特定消费者种类多样性的小组成员对于葡萄酒评价是可取的，但是对于描述性感官分析而言，这是不可接受的。

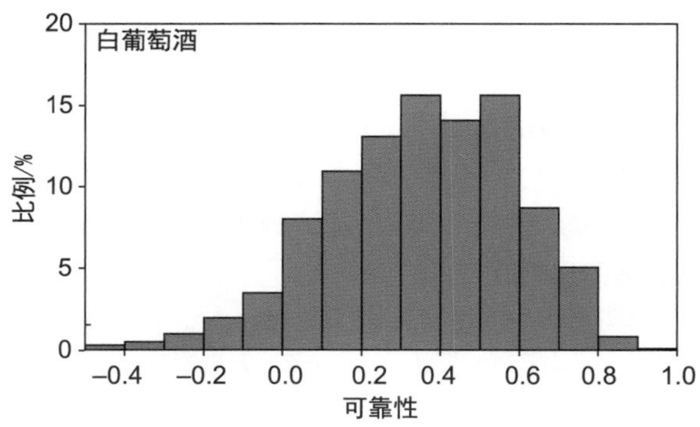

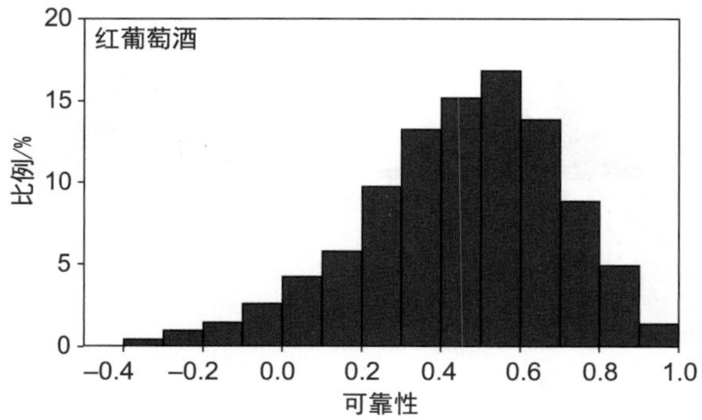

图 5.20　由皮尔逊相关系数测量的个体评估者的可靠性分布。分数来自对同一款葡萄酒的重复品尝（n=571）（资料来源：Gawel and Goodman，2008）。

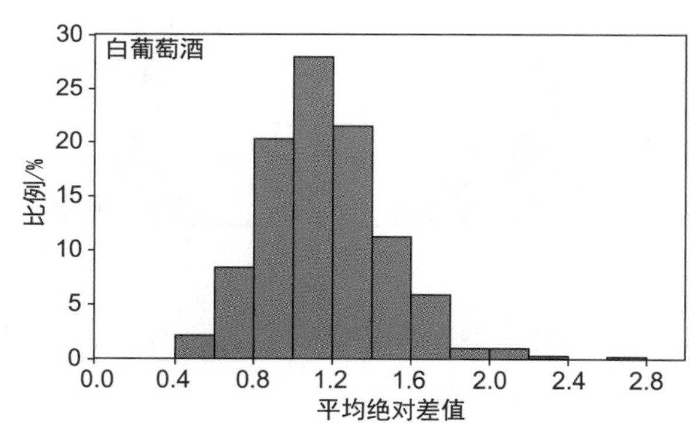

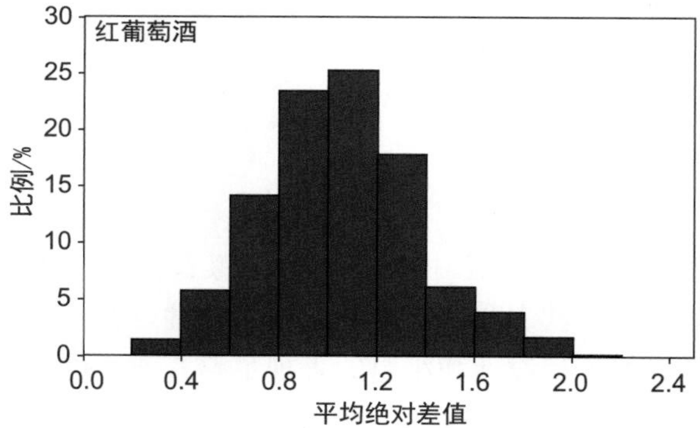

图 5.21　在重复展示（n=571）同一葡萄酒的分数的平均绝对差值的分布（资料来源：Gawel and Goodman，2008）。

品尝设计
Tasting Design

品尝设计显然需要反映出它的目的。这可以从一端的感官描述来品尝，到另一端的消费者偏好来研究和简单排名。本章节大部分讨论的内容都和分析性葡萄酒评价有关。消费者的偏好和其他相关研究主要在第 6 章葡萄酒的定性品评中讨论。

提供的信息（Information Provided）

在任何一个评价中，能提供什么信息是重要的决定之一。通过说明来获得所期望的结果，个体的数据会产生偏差（Lawless and Clark，1992），但是没有说明就可能产生不了需要的数据。测量的行为必须设计成将可能显著改变被测量因素的可能性降至最低（Lawless and Schlegel，1984）。例如，相比没有在品尝前提及缺陷的情况下，要求检查酒的缺陷可能会导致对缺陷进行更多的评价。同样，要求小组根据某种特性的表现来分选葡萄酒可能会夸大这些特性，而忽略其他可能更加明显的特性。这种数据的扭曲可能是需要的，但可能会扭曲事实（假设有所谓的“事实”）。这种状况与统计学分析的困境类似，在接受错误的假设（类型 I 错误）和拒绝有效的假设（类型 II 错误）之间游离。

如果是新的流程或者目的与之前的测试不同，在口头或者纸张上（放置在品尝间）提供必要的指示是一个明智的举动。品评不应该是评估小组成员记住指令的能力的练习。在口头上和纸张上提供足够的细节远比不必要的重复好得多。

当葡萄酒需要被评判性地评估时，它们的身份通常应该被隐藏。了解葡萄酒的品种、风格、产地、价格或酿酒厂名称可能会影响葡萄酒评价，正面评价或负面评价皆有。例如，在波尔多的一个研究所，酿造学的学生被要求评价一款葡萄酒，但可以查看旁边的空酒瓶信息，如果葡萄酒被认为是餐酒，词汇的描述就倾向于对更多缺陷的表达，而如果评价为列级庄，会有更多的正面评价（Brochet and Morrot，1999）。在相似的模式下，Lange 等（2002）发现，知识丰富的消费者在香槟产区很少可以在盲品中分别香槟的级别。然而，如果在有酒瓶（酒标）明确可见的情况下，排名和估计的价格就会符合传统的看法。大脑活动的改变可以直接观察环境对感知的影响（McClure et al.，2004）。指示的价格（高或低）已经被证明其对于葡萄酒的评价和大脑负责愉悦部分的激活程度有明显的关系（Plassmann et al.，2008）。价格和感知质量的关系在消费者中是一个普遍的现象（Ariely，2010）。

准备样品（Preparing Samples）

像往常一样，隐藏样品的来源是必需的，准备有标记的酒杯（或玻璃瓶）可以保证匿名。这样做也有优点，即可以检查葡萄酒是否正常（例如，有没有缺陷）或避免沉淀物浑浊的样品。如果使用黑色酒杯，即使不能完全避免，也可以将由葡萄酒外观产生的偏见降至最小化。为了尽量减少香气的损失或变质，倒酒和品尝之间的间隔应该尽可能的短，并且每个玻璃杯（或酒瓶）的顶部应该被掩盖起来（Wollen et al.，2016）。

在大多数品尝的情况下，这种对葡萄酒来源的隐藏可能是不必要的，用纸袋简单地盖住瓶子就足够了。虽然隐藏了标签，瓶子的颜色和颈部设计仍然很明显。这两者都可以提供关于来源的线索。颈部上残留的腐蚀性物质也可以为葡萄酒年龄提供线索，瓶形也可能暗示葡萄酒的产地。让非参与者倒酒有助于限制对这些信息的获取。

感知误差来源（Sources of Perceptive Error）

如果没有适当的预防，序列误差会使品尝的结果无效。序列误差基于样本呈现的顺序而扭曲感知。一个常见的例子是所有品评者都按照相同的顺序来品尝葡萄酒。在这种情况下，一系列红葡萄酒中的第一个葡萄酒评价往往比预期评价的更高。这可能是由于唾液蛋白沉淀去除了单宁，从而使第一杯葡萄酒看起来更平滑和平衡。类似的序列误差可能源于味觉适应，尤其是甜度系列中的第一个样品感觉更甜。同样，如果一款葡萄酒在有缺陷的样品后被品尝，那它会比在无缺陷的葡萄酒之后（对比误差）被品尝感觉更好。当明显不同的葡萄酒以相同的顺序出现时，就会产生类似的效果。按类别分组葡萄酒是一种标准流程，这个标准流程可以将这种形式的序列误差降至最小化。图 5.22 提供了序列误差的例子，其中，当低酒精葡萄酒在更高酒精含量的葡萄酒之前进行品尝时，在感知上就会出现最明显的差异。当一次品尝中的几款葡萄酒非常相似时，就会出现相反的（聚拢）效应，它们与其他葡萄酒的差异会被最小化。

序列误差的影响可以通过样本之间留出足够的时间（至少 2 min）和充分的口腔清洁来部分避免，但这还没有被最终证明。此外，在重复品尝中，对样品随机排序可以抵消序列误差。然而，这些程序可能不实际或不能被操作。因此，向每个品评者呈现不同顺序的葡萄酒是避免群体产生的序列误差的最简单的方法。一种实现随机化设计的方法是使用拉丁方（表 5.13）或其修改版。这种方法在小组成员品尝所有样品的情况下的效果良好。如果这不可能，就可能需要一个不完全区组设计或其他处理（Lawless and Heymann，2010）。

感知误差的其他来源包括预期和预测。如果葡萄酒的颜色不恰当地影响对风味强度或品种鉴定的感知，则可能导致预期误差的发生。如果小组成员被指定检查特定的特性，这种特性就存在被夸大的可能，这就是预测误差。刺激误差是相似的，但它是源于对特定葡萄酒来源的过往经验。中心倾向误差与小组成员的倾向有关，至少最初如此，他们偏好使用尺度的中值，这就降低了样本之间的实际差异。当前一个样品评价影响下一个样品时，就会产生光晕效应，例如，偏好测试之后是对葡萄酒特性的评估。特性评估产生的评论可以被调整以证明它们先前的偏好排名。宽容评价误差的问题更多出现在消费者研究中，参与者根据他们应该如何或者被期望如何反应来提供自己的观点。例如，如果一个小组“荣幸”地品尝一瓶有声望的葡萄酒（恰好这款酒是有缺陷的），那么这个缺陷就通常被礼貌地忽略，但这样就违背了事实。在我参加的品酒会上就发生过这种情况，被质疑的葡萄酒显示出明显的酒香酵母或乙酸乙酯的异味。

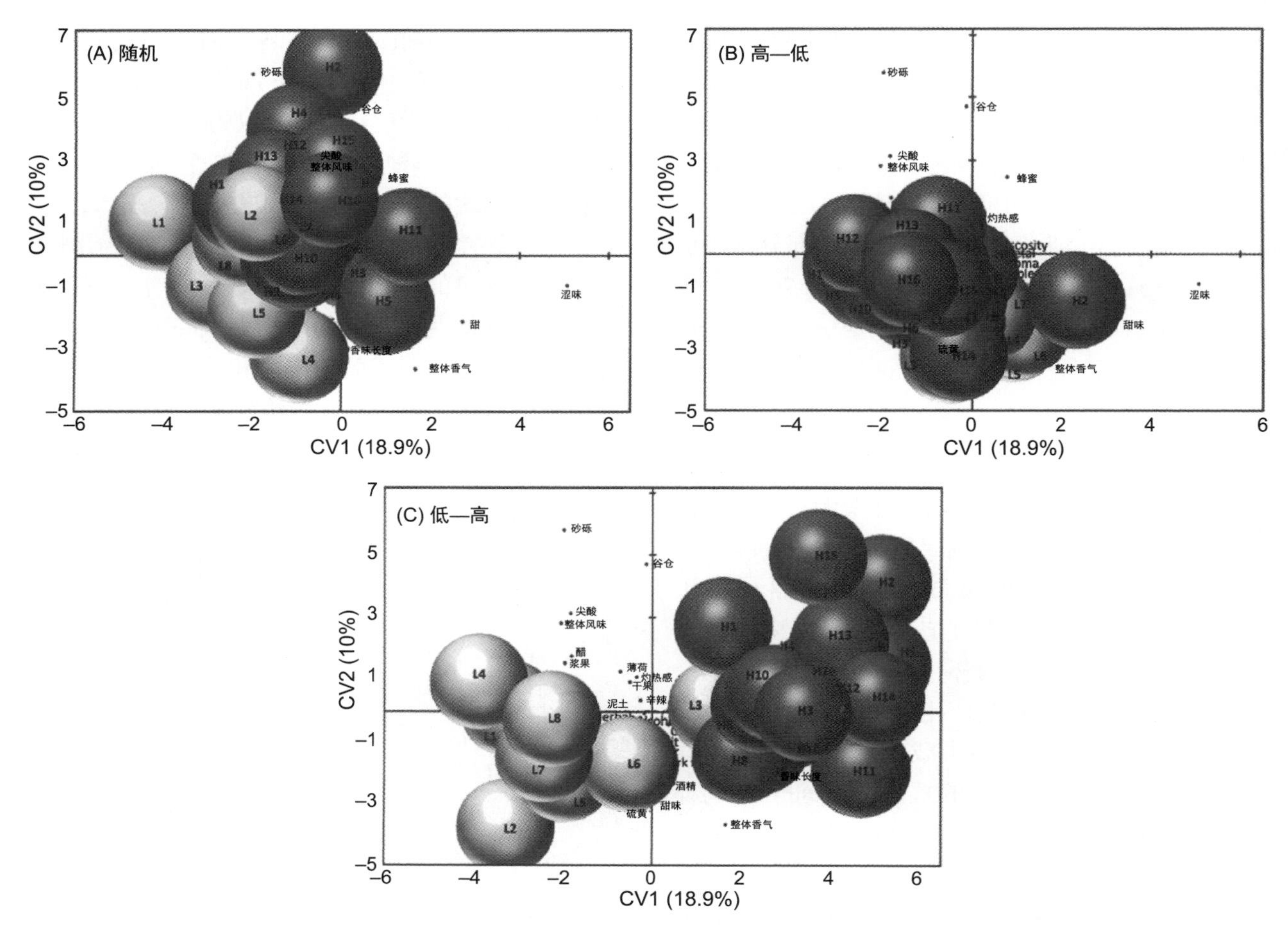

图 5.22　根据对 24 种美国赤霞珠葡萄酒的正式描述性分析以及对 3 个描述性分析组的葡萄酒相互作用进行典型变量分析（CVA），分析其香味、口感和口感。每次品尝的组顺序不同：随机（A）；在每个评价中，高酒精度葡萄酒（大于 14% *V/V*）在低酒精度葡萄酒（小于 14% *V/V*）之前品尝（B）；在每次评价中，低酒精度葡萄酒在高酒精度葡萄酒之前品尝，白圈为低酒精度葡萄酒（低于 14% *V/V*，L1～L8）（C）；黑圈为高酒精度葡萄酒（大于 14% *V/V*，H1～H16）；数字表示酒精浓度增加。圆表示 95% 的置信区间（*n*=3 次重复），其中，重叠的圆彼此之间没有显著差异（资料来源：King E.S. et al.）。

表 5.13　拉丁方用于对 6 个品评者品尝 6 款葡萄酒的随机顺序设计例子

品评者	品尝顺序					
	第一	第二	第三	第四	第五	第六
A	1	3	6	4	2	5
B	2	4	1	5	3	6
C	3	5	2	6	4	1
D	4	6	3	1	5	2
E	5	1	4	2	6	3
F	6	2	5	3	1	4

甚至用于标记样本的编号可以产生阈下（锚定）偏差（Furnham and Boo，2011）。为了降低影响，每个葡萄酒可以被分配一个随机产生的3位或更多位的数字代码。这样的代码可以从几个网站获得：

http://www.mrs.umn.edu/~sungurea/introstat/public/instruction/ranbox/randomnumbersII.html 或 http://warms.vba.va.gov/admin20/m20_2/Appc.doc.

标记酒杯通常是在玻璃上直接用标记笔完成的，但是小的颜色编码标签，同样有效，这样做可以避免潜在的数字锚定偏见，例如，Avery #579x。

其他问题能否避免（或发生）取决于所提供的信息。相同的样品可能存在有助于减少品评者对区别的夸大。然而，同样的信息可能会诱使品评者忽视合理的差别。因此，正如提到的，非常关键的是在设计品尝时进行十分详密的考虑。

面部反应的潜在影响众所周知。越困难的品评，品评者越有可能受到建议的影响。因此，隔板被使用来隔离小组成员，这也可以避免成员间的语言交流。尽管提高气味相关的词汇（但不是其他单词）可能直接影响感官体验（González et al.，2006），在品尝过程中术语的选择性使用可能是有偏见的。例如，在一个心理测试中，如果提到“奶酪”或者“体味”，同时使受试者暴露于异戊酸（具有汗味）或奶酪风味，引起参与者明显不同的享乐反应（图5.23），在大脑激活的区域也观察到了差异。这些研究表明大脑中的语言、嗅觉和情感中心之间存在着密切的联系。期望也是味觉感知的重要影响因素（Pohl et al.，2003）。小组成员应该意识到这些影响，以便他们能够设法控制它们的影响。

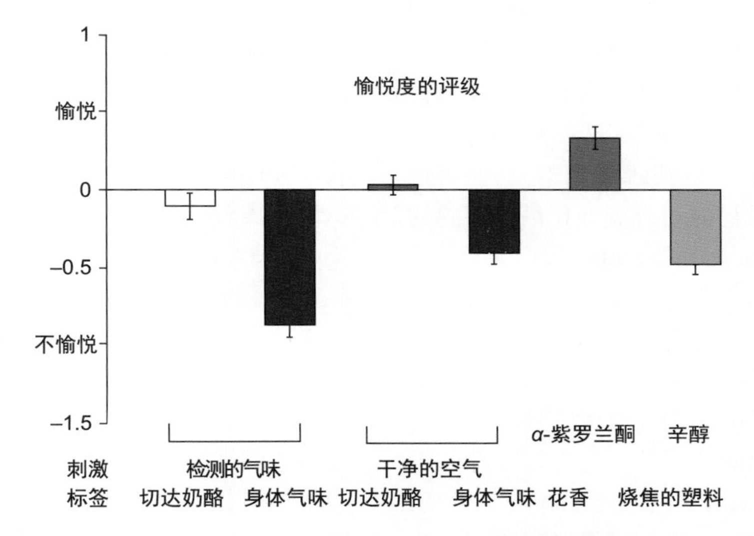

图 5.23　标记气味的主观愉悦度的评级。显示了不同主题的值 ±SEM。相应的刺激和标签到每个栏列在图的下部。需要注意的是，测试的气味和清洁的空气在不同的试验中分别标记为“切达奶酪”或“身体气味”（资料来源：de Araujo I.E. et al.，2005）。

虽然关于先白、后红，先干、后甜，先酒龄小的、后酒龄大的葡萄酒标准服务建议具有逻辑性，但还没有实验评估其实际相关性。如果条件允许，每个后续组的葡萄酒品尝的顺序应该不同，这有望维持小组的兴趣，同时降低感觉疲劳。

通常只有类似的葡萄酒才一块品尝，例如，风格、区域或品种。如果是评估典型性，这种安排是必要的。不幸的是，在狭隘的类别中，品尝并不能鼓励改变或提高。跨区域或跨品种的比较是比较好的方法。这种方法有助于辨别哪些可以改善或做出修改。

品尝相似的葡萄酒会促使品评者寻找差异。如果是为了区分葡萄酒，这是必要的。然而，它也倾向于在未知的条件下夸大差异，这被称为值域效应（Lawless 和 Malone，1986）。相较于和不相似的葡萄酒一起品尝，单独品尝类似的葡萄酒可能导致更大的分数差别。这就表明葡萄酒的排名是相对的，同一种葡萄酒在不同情况下的排名不能相关联。

至少当感官分析被用于近似消费者的感知时，其他的误差来源与能够改变关键评价感知的必要条件有关，其部分原因是实验室环境的人为设置。这与消费者品尝葡萄酒的方式是相反的。品尝的背景可能与葡萄酒的感官特征一样重要，甚至更重要。家庭品尝和实验室品尝的另一个差异是品酒后葡萄酒的吐出。因为这点，后味的持续时间和特性被修改（Déléris et al.，2014）。然而，吐出的葡萄酒在何种程度上能改变葡萄酒的评估，目前尚不清楚。

时间选择（Timing）

通常品酒是在上午晚些时候进行，这时的人们应该是最敏感的。如果这时候不方便的话，也可以选择半下午或者夜晚。通常这可以消除刷牙后可能出现的问题。大多数牙膏含有香料（如薄荷醇、百里酚、水杨酸甲酯、桉树醇或肉桂醛）或表面活性剂（如十二烷基硫酸钠）。这些可以分别破坏嗅觉和味觉感觉。通常 1 h 足以避免这些感觉误差（Allison and Chambers，2005）。

在进食后 2～3 h 组织品尝似乎也与更敏锐的感官技能相关。精度下降与饱腹感相关，其部分原因是源于中枢神经系统活动受到抑制（Rolls，1995）。它也可能直接抑制受体敏感性。例如，吃完饭后引起饱足感的瘦素的分泌抑制了甜味剂的识别阈值（Nakamura et al.，2008）。相反，由肠道分泌的“饥饿”激素，胃饥饿素可以增强嗅觉反应（Loch et al.，2015）。

葡萄酒术语学
Wine Terminology

常常流行的葡萄酒术语是丰富多彩，充满诗意的，并能够唤起人们的感情，看起来非常适合感官的输入，并通过大脑的杏仁核到达脑部的感知中心（图 3.9、图 3.11、图 3.38）。因此，尽管葡萄酒的语言可以丰富多彩，令人回味无穷，但葡萄酒的记忆往往只代表了印象中对葡萄酒最具特色的一瞬间。如果这些印象没有用语言记录下来，它们很快就会变幻其形状，正如图 5.23 所示，语言的使用都会扭曲感知，同时影响感知的处理。这种情况发生的程度可能与个人经历有关，也可能与术语或事件所唤起的图像相关的情感输入有关。例如，最初难以区分的气味对映体（在结构上互为镜像）在与令人厌恶（威胁）的经历相关联时变得可以区分（Li et al.，2008），其和同位素（氘化）差异也可以区分一样（Gane et al.，2013）。

可惜的是，在畅销的葡萄酒著作中使用的词汇很少能够明确地表示出它们应该表示的感官感受。不同于味道，通常气味是根据具体的物体或经验来描述的，而不是象征性的。因此，术语通常包括添加后缀，例如，-like（玫瑰状 rose-like）、-y（软木的 corky）、-ic（金属的 metallic）、-ful（可口的 flavorful）和 -ous（和谐的 harmonious）（译者注：这些词汇在中文描述完整地表述应该是类似什么的香气，但是约定俗成，平时使用的时候一般省略类似）。动词分词也可以用来描述葡萄酒的品质，例如，“平衡的（balanced）”或“清爽的（refreshing）”。偶尔也会用音乐来描述，但是到何种程度还很难说（Spence and Wang，2015）。化学物品的名字是非常准确的，但是只有化学背景的人才能理解。大部分天然的气味在化学成分上都非常复杂，化学的命名不可能或者异常的复杂。人们不善于分辨混合化合物的单独的成分（如葡萄酒），除了使用代表性的词汇外，似乎没有其他选择。产生的术语可能有助交流，但可能比事实更迷惑人。例如，红醋栗香味的葡萄酒拥有的化学物质可能和红醋栗几乎没有关系。这有点类似看起来黄色的物体，但可能没有黄色素。

Wise 等（2000）讨论了评价描述性词汇有效性的困难之处。他们指出了词汇使用的重要性和限制性，尤其词汇往往具有高度的上下文相关性、经验和文化敏感性，它们是个人的，而不是葡萄酒专属的。因此，要求人们准确地描述葡萄酒词汇反而不利于达到目的。因为口鼻反应相当隐晦且是在潜意识中进行编码。

不管如何，词汇在发展和被一个群体持续地使用过程中会获得更加精确的意义和重要性。然而，即使使用一致，描述性术语也很少能充分表达感知中的个体差异。一个人描述的类似鸢尾、类似玫瑰，或类似郁金香的味道是否和其他人一样？任何熟悉园艺植物的人都知道不同的品种有着明显的，可以相互区分的味道。使用词语描述这种行为可能是如此陌生，以至于在处理消费者偏好时它的使用是无效的（Köster，2003）。最糟糕的是，大多数的词汇都不可能准确地描述定性的差别。如果没有对定性描述抱有信心，那么了解差异来源的能力也受到限制。例如，品评者注意到了赤霞珠葡萄酒中间的黑醋栗或者紫罗兰味道，那么这些味道是葡萄酒中确实存在的？还是仅由培训和传统告诉他们关于这些特性的这样描述是合理的？

虽然其使用价值受到怀疑，很多人似乎希望描述性术语可以帮助他们识别葡萄品种。表 7.2 和表 7.3 中提到了几种常见葡萄酒香气的常用描述词汇的例子。这些描述性术语和气味备忘录中使用的术语（香气轮和图表）仅仅可能是相似的。它们可能更多反映的是这些香味的体验和对其自身来源的感知，而不是葡萄酒中的体现。一旦公布，这些名单似乎就拥有了自己的生命，发展成预定的权威。尽管很少有人（如果有的话）去评估它们是否合适或有用，可能是人们基于“有总比没有好的”想法，也不管这些表达有多么不合适。

尽管有广受信任的香气检索表，但是芳香物质不能够简单地根据它们的感知质量进行分类。有些酯闻起来像水果，有些像脂肪；萜类与花的气味相似，但不是全部；有些硫醇具有水果般的芳香，其他的芳香物质则一点都没有；霉味可以来自一大类的化学物质，花香也一样。香气表和香气轮的安排可能会起到一些支持作用，可以满足对分类的需求。香气物质的化学成分还没有直接与感知质量联系在一起，也可能永远不会。感知质量是大脑的构造，它与经验有关。如果经验被改变的话，气味质量的描述性特性可能会发生变化。原色感知与部分电磁波谱或声音与音频波长之间没有与气味质量感知类似的等效直接联系。对于新的定性联想而言，气味似乎可以无限地被接受。

感官研究人员需要考虑将术语的使用限制在一个选定的范围，至少在小组成员达成共识之前。即便如此，限制小组成员使用一系列选定的术语是否有利，还不得而知。除了少数例外（西拉的胡椒，琼瑶浆的荔枝），黑樱桃、覆盆子、鸢尾花、紫罗兰、松露的香气在葡萄酒中的存在还没有完全被确认，甚至对特定描述词和化学物质的相关性都还存在质疑。二乙酰被一些人认为是黄油的味道，对其他人并不如此（我是其中一个）。此外，很多化学物质的质量随着浓度改变而改变或者同其他化学物质的存在而表现不同。如果品鉴小组有足够的时间来达到词汇使用的共识，这些潜在问题可以被降至最小化。例如，尽管一些成员不认为用一个词汇来描述特性是合适的，但黄油可以用来一致描述二乙酰产生的任何感知，从而避免感官“类比”。Lawless（1999）提出了关于这个问题的更多观点。

在描述性感官分析中，对相似样品的区别描述，而不是对葡萄酒感官特性的全面描述是常见的。在这种情况下，上面提到的很多问题就不会出现或者可以暂时放置不理。通常所选择的术语仅被认为具有分辨性的特性，并且不重叠。它们通常有物理或者化学的标准对照。对照在词汇培训中会使用，在评价中是可以参考的，而且选择的品鉴小组成员也拥有精确和一致使用词汇的能力。实验室品尝环境不能够代表消费者的体验，但并不是问题。品鉴的目的是鉴别，而不是反映偏好和质量。

在日常使用中，气味印象是通过气味的语言来形成的。这通常涉及概念上对相关对象的分类，如果香、花香、草本植物（图 5.24）。然而，即使经验丰富的品评者在解释这些术语时也会有差异（Ishii et al.，1997）。描述还可以包括不能精确表示的术语，例如，尺寸或形状（大、圆）、力量（健壮、弱）或重量（重、轻、水状），甚至是广泛的情绪反应。例如，愉快的、油腻的、活泼的、闪烁的术语都是可以想象的。这些术语在阐明对葡萄酒的情感或喜好反应方面可能有价值，但是通常由于定义不清和太过于个人化，所以在评判性的葡萄酒评价中毫无意义。

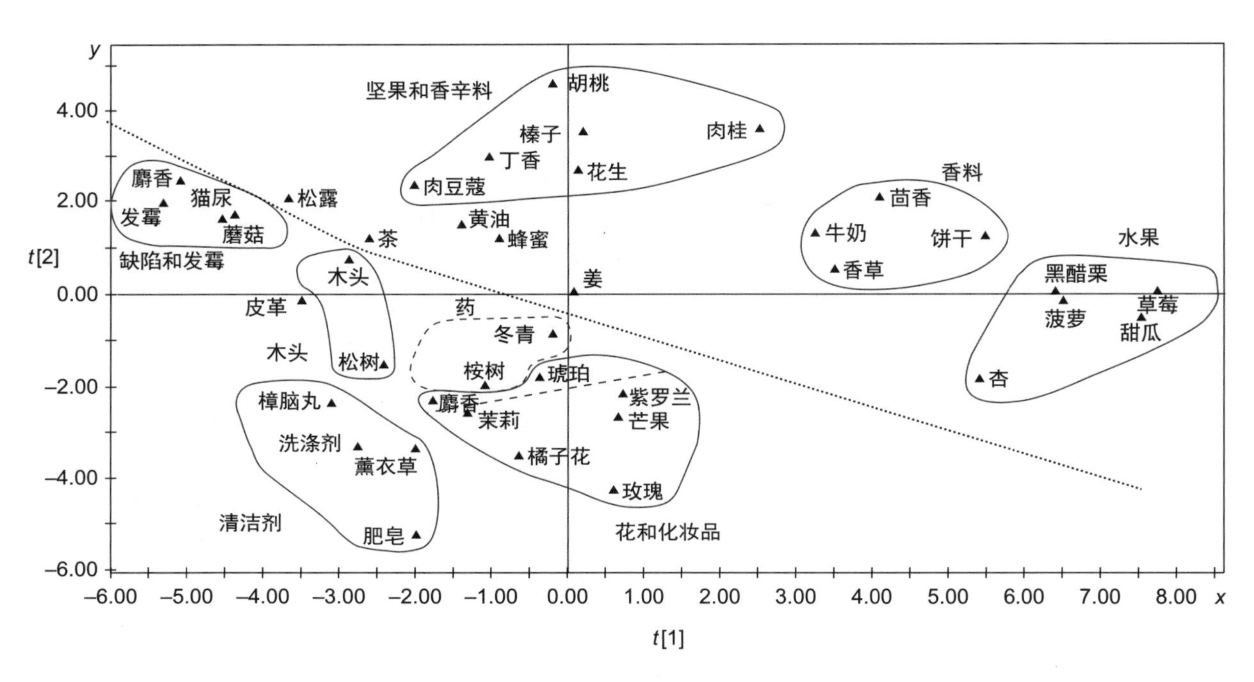

图 5.24 常见的日常气味的前两个主要成分（t[2]：t[1]），与感知的亲缘关系相关。与 x 轴（t[1]）相关的化合物在一个相对愉快的尺度上。虚线把气味与可食用和不可食用的相关物质进行了区分（资料来源：Zarzo，2008）。

评选小组的培训和经验包括了扩大词汇范围，使用可以代表特定的，可以再现感觉的词汇。相比之下，隐喻性幻觉（如天堂般的、奢靡的、女性化、神经质）则被刻意避免，因为它们太模糊或不明确。这些词汇反映了使用者的文化、地理和特性的生长环境。松露常常用来描述来自罗讷河谷和意大利北部的葡萄酒（这也是松露的产地），波尔多的评鉴家在波尔多葡萄酒中的检测到紫罗兰的味道。葡萄酒作家对使用的术语的接触可能解释了相对于禁酒主义者来说狂热爱好者在描述葡萄酒时更喜欢大量使用水果和花卉类的词汇来描述特征。那些对葡萄酒缺乏经验的人倾向于使用辛辣的、尖锐的、酸的或含酒精的词汇（图 5.25）。

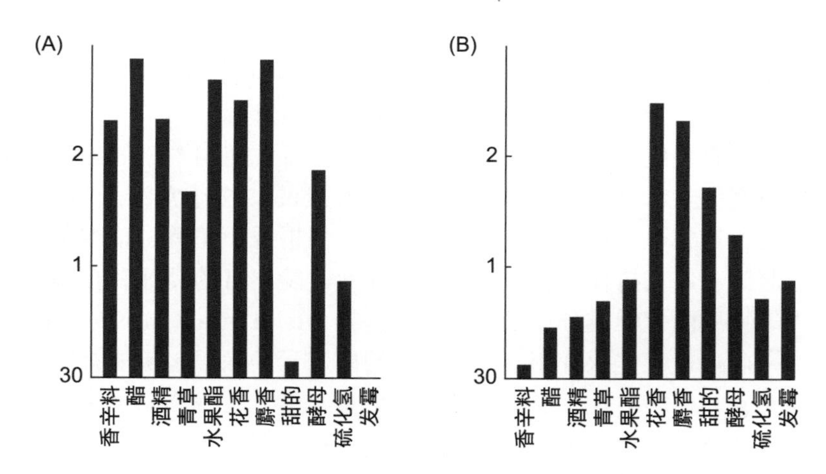

图 5.25 葡萄酒戒酒者（A）和葡萄酒消费者（B）描述葡萄酒时相关术语的选择（资料来源：Duerr，1984）。

大众媒体可以用果酱、和谐和复杂等词汇来表示受人尊敬的葡萄酒。而不平衡、令人厌恶、涩味或简单的术语则用于描述不喜欢的葡萄酒。在很少的情况下，特定的葡萄酒成分具有足够明显的个体识别能力，即使具有，其通常是负面的（如硫醇、甲氧基吡嗪、硫化氢）。

一些词汇（如樱桃、桃子、蜜瓜、苹果）映射了葡萄酒的颜色（这种情况下指白葡萄酒）。相反，红葡萄酒的风味常常和红色或者黑色的物品联系起来（Morrot et al.，2001）。这些联系似乎反映了眶额皮质的视觉、嗅觉和味觉感觉的整合和解释（图 3.11）以及视觉带来的误导偏差。

特别是当对葡萄酒进行排名时，许多常用术语都表示整体的、原型的或综合的感知方面以及它们的强度或发展（Lehrer，1975，1983；Brochet and Dubourdieu，2001）。术语如平衡、活力、复杂性、发展、酒体、余味和记忆力综合了多种通常独立的感觉。这些抽象的术语反映了感知的特性，即使它们不可能精确地定义或用物理化学实例来表示。因此，评价这些词汇是否被品评者恰当的使用是非常困难的。

根据经验词汇使用的区别似乎部分地反映了大脑中哪个半球主要处于活动状态。例如，整体表达似乎来自右半球的选择性激活（Herz et al.，1999；Savic and Gulyas，2000）。这个区域主要处理表达的整合。相反，与对照组相比，侍酒师在更高层次的认知过程和左半球的大脑不同区域的活动方面更为迅速和集中（Castriota-Scanderbeg et al.，2005；Pazart et al.，2014）。语言和大部分的分析过程主要集中在左边大脑处理，至少对于主要使用右手的人来说（Deppe et al.，2000；Knecht et al.，2000）。然而，香气的记忆需要两边大脑来完成最佳识别（Dade et al.，2002）。

对感官认知的贫乏描述反映了可能缺乏培训。目前对脑部可塑性的研究与此观点并不矛盾。无论哪种方式，其与视觉相比，只有大脑的一小部分被留出来处理嗅觉信息，这就可能部分解释了为什么人类只有有限的气味词汇，没有详细的、独特的气味词汇，人们被迫用熟悉的事物、经历或产生的情绪反应来不精确地描述他们对葡萄酒的印象。具体使用的术语可能也反映了遗传个体的独特性。

虽然我们对气味精确描述的有限能力令人沮丧，这应该不是意料之外的。人们非常善于识别面孔，但很难用言语来描述它们。我们区分人群的视觉模式同样是学习得来的。因此，比命名气味更有价值的是，利用我们天生的识别模式的能力，并将其应用于区分不同的葡萄酒。但是对消费者来说，更有价值的是关注他们享受的葡萄酒特性，并有希望能够理解其中的原因。从进化的观点来看，识别出能给人带来愉悦，且无毒的气味和味道，远比能够用语言详细描述其特定的风味成分更为重要。

尽管用抽象的术语表达气味很困难，而且这种“摸着鼻子”的现象也存在（Lawless and Engen，1977），但词汇对感知能力的影响却是惊人的。因此，除了描述之外，语言可以在葡萄酒品尝中发挥多种作用。葡萄酒专栏作家常常使用娱乐性而不是知识型的语言。在家庭品鉴中，评价也通常是主观的总体评价，或者用来寻求认可。在其他的情景下，评价可能用来赞美主人或者赞助商，仅仅作为社交的润滑剂。可惜的是，“葡萄酒语言”也可以感动或哄骗他人。只有经过长期和协调一致的训练，葡萄酒语言才有可能在描述葡萄酒的感官属性时接近精确。

对于评判性分析的描述，沟通需要尽可能的精确和准确，最理想的是用清晰、明确的方式表达品评者的印象。所选择的术语应易于区分（最小重叠），有稳定的化学标准表示，促进葡萄酒的鉴别，最好允许后续的葡萄酒识别。Meilgaard 等（1979）第一个制定了标准化的术语（啤酒）。随后葡萄酒也产生了一个相关的体系（Noble et al.，1987）。遗憾的是，这两套术语的有效性、适当性或术语重叠都有没有经过研究。随后，起泡酒（Noble and Howe，1990；Duteurtre，2010）、白兰地（Jolly and Hattingh，2001）和其他饮料的词汇也发展起来。Gawel 等（2000）提出了一套专用于葡萄酒口感的词汇。这些词汇比香气的词汇的问题更大（King et al.，2003）。其部分原因是对特定感官界定的困难或者它们的感知表达都是半直觉，相互重叠。尽管存在这些困难，延长的训练可以刺激品评者持续地使用这些词汇（Gawel et al.，2001）。

大多数术语集都是用风味轮的形式呈现，同心层为每个类别和亚类别提供更高的精确度。相比之下，图 1.3 和图 1.4 提供的版本是以图表形式表现，这是为了避免转动板（或头）来观察风味轮轮的各个部分。如上所述，它们都没有明确的科学依据。它们只是提供了一个框架，用于培

训特定术语的使用（在理想情况下，可以准备代表每个术语的样本）或鼓励消费者关注葡萄酒最复杂、最迷人的方面。

正如人们会怀疑培训是否可以提高词汇的使用。对于熟悉的气味而言，可能需要几次尝试才能在没有视觉线索的情况下识别（Cain，1979）。对于新的气味而言，集中于语言记忆（而不是它们的感官特性）似乎最初会延缓气味记忆的发展（Melcher and Schooler，1996；Köster，2005）。此外，识别和熟悉、复杂、自然产生的气味（几种芳香化合物的混合物）会使识别其单个组分变得复杂（Case et al.，2004）。这种长期建立的（编码的）关联是稳定的，并且不易被重新编码（Lawless and Engen，1977；Stevenson et al.，2003）。它们通常是偶然形成的（没有有意的学习），并且与特定的经历相关。这也许可以解释为什么一些受训者无法建立期望的技能并且被淘汰的原因。

尽管一致性的选择促进了形成更显著的统计结果的可能性，但它们可能与消费者无关。因为数据只反映了特定个体子集（小组）的观点。葡萄酒消费者属于不同的群体是不言而喻的，但直到最近影响葡萄酒购买习惯的因素（Goodman et al.，2006）以及由谁（Hughson et al.，2004）影响才引起注意。如前所述，无论选择哪一种方式（一致性或代表性）都取决于品尝的目的。

虽然开发一个通用的词汇库对技术品味很重要，但是气味训练也倾向于选择性地将注意力集中在术语所表示的特性上（Deliza and MacFie，1996）。在寻找葡萄品种或地区葡萄酒的瑕疵或特色时，选择性聚焦是必不可少的，但这可能会导致对它们存在的夸大。此外，搜索特定的描述符可能会导致那些同样重要的但未命名的香味和风味被忽略或被歪曲。在品酒过程中，选择性注意力是否与心理学中著名的“大猩猩”实验具有同样的效果，尚不清楚，但可能是相关的。当观众被要求数一数视野中一些快速移动的活动时，如果一个人穿着大猩猩的服装在场景中漫步时，大多数人没有注意到大猩猩：

https://www.youtube.com/watch?v=IGQmdoK_ZfY。

尽管专家在使用描述性词汇时更准确，但是这并不能提高他们分辨葡萄酒产区的能力（Lehrer，1983）。不同的研究已经检测了葡萄酒专家和新手（Lawless，1984；Solomon，1990；Bende and Nordin，1997；Hughson and Boakes，2002；Parr et al.，2002，2004；Ballester et al.，2008；Lehrer，2009），培训或者没有经过培训（但富有经验）的品评者之间的区别（Gawel，1997）。更加复杂的问题是对所评价的葡萄酒的区别没有客观的衡量标准或者哪些人可以称为专家以及在不同的研究中，参与者的经验、培训或两者都有很大的差异。专家对不同葡萄酒成分的敏感性也有巨大的差异（Tempere et al.，2011），除非品尝小组进行了同一性的选择。尽管如此，区分特定特性的能力似乎随着经验和训练的增加而增加，训练增强了感官和语言技能以及使用标量表的能力。然而，在通常情况下，这并不伴随着总体感觉敏锐度的改善而改变。

在葡萄酒语言的研究中，参与者常常分为新手和专家。新手是几乎没有葡萄酒经验或知识的消费者，而专家通常分为两个不同的组别：一个组别包括这些有昂贵，以经验为主的专家；另一个组别是这些特意在感官分析方面经过训练的人（基于培训的专家）。这和ISO（1992）提出的区别是一致的。基于有经验的专家包括侍酒师、大部分的葡萄酒作家和许多酿酒师。基于培训的专家包括描述性感官分析中的小组成员，其中大部分是大学培训的酿酒师。基于经验的专家往往在评估品种、地区和风格葡萄酒类型的相对质量方面有广泛的实践。这种形式的培训倾向于培养出注重区分葡萄酒特征的专家，而这些特征对新手来说并不一定是显而易见的。这似乎和植物学家看待树木的方式是一样的，与大多数个体是如何区分大类的形成鲜明对比（如针叶树、棕榈树、阔叶树）。每一位品酒师都倾向于使用相对有限的描述性词汇，但都有大量特殊的情感表达。这些专家使用的术语很少有共性。相比之下，基于培训的专家倾向于使用标准的（品尝小组为基础）词汇，通常涉及他们被培训使用的具体样品。情感化的语言和拟人化的语言被视为异类。以培训为基础的专家可能有，也可能没有广泛的经验能够识别出品种、地区或风格独特的葡萄酒的特征。

每种专家在品酒中都有其应有的地位，这一现象包括许多不同的情况，每种情况都有其独特的操作方法。因此，任何形式的专业知识都不是天生受偏好的。它们各自的价值取决于品鉴的目的。然而如果一个人要想研究葡萄酒语言的使用，了解参与品评者的类型是很重要的。如果不了解这个特征，对照研究很容易给人留下这样的印象，即它们的结论和冲突几乎是一致，且一样多的。

简单的味觉和触觉比气味更容易区别。其部分原因是它们有限数量的模式，并且每个都具有相对不同的受体。味觉化合物可以协同或抑制相互作用，但始终保持其独立个体感官品质。相比之下，嗅觉化合物往往以复杂的方式发生相互作用，产生几乎无穷多个不同的感官品质。这是可以预料的。因为嗅觉受体经常对一系列化合物做出不同的反应，并且任何单独的化合物都可以激活几种不同的受体。只有相对少数的嗅觉化合物能产生可归类在一起并被接受为相似的、独立于文化遗产的品质。这些化合物主要触发鼻部三叉神经末梢，它们被抽象分类。例如，刺激的、辛辣的或腐烂的。

虽然一种普遍的、精确的葡萄酒语言是所期望的，但目前还没有这样的体系出现，也不太可能出现。人类在经验和嗅觉上的差异太大了。如前所述，人们甚至难以正确地命名常见的家庭气味，尤其是通常在缺乏与之相关的视觉线索的情况下。图 5.19 和图 5.26 阐述了人类感官敏锐度差异的程度。这可能是因为命名葡萄酒香味的价值发展得如此之晚，以至于我们更容易将它们与我们已经认识并且可以命名的嗅觉经验联系起来。此外，识别化合物的能力是不稳定的，每天都在变化（Ishii et al.，1997）。品酒经验甚至会使预先设定的类别的使用变得复杂，因为要学习记忆中已经固定的气味的新术语很困难。在芳香表格中发现的分类和术语可能只反映了一个虚幻的现实。即使专家也很难从别人或

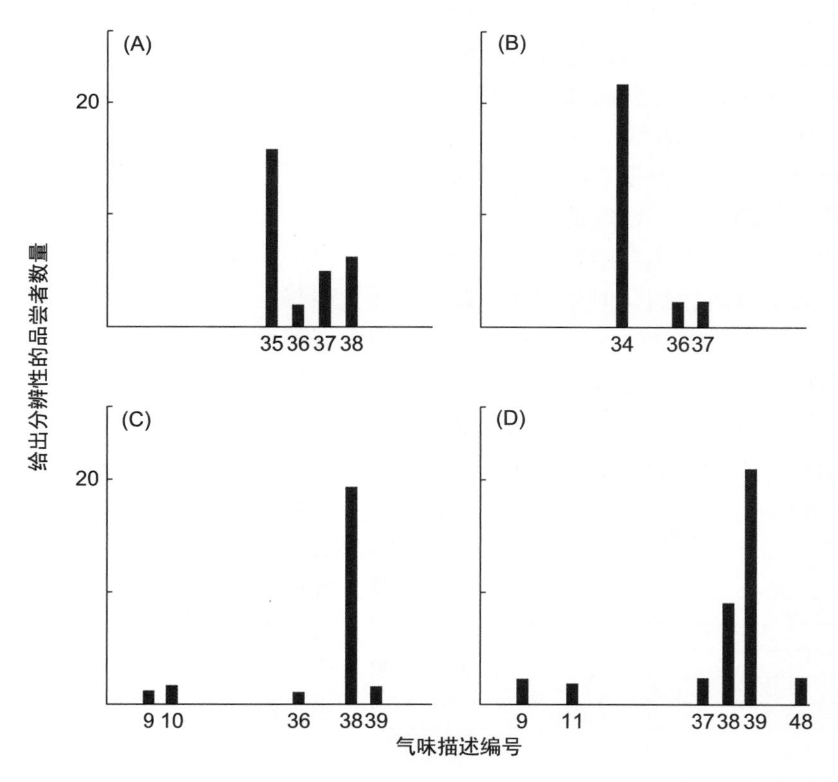

图 5.26　4 种香料对于特定描述的百分比分布。香蕉（A）、草莓（B）、梨子糖（C）和苹果（D）。具体的描述符：9. 杂醇味、10. 乙酸乙酯味、11. 乙醛味、34. 草莓味、35. 香蕉味、36. 菠萝味、37. 梨味、38. 梨子糖味、39. 苹果味、48. 香辛料（资料来源：Williams A.A.，1975）。

自己的语言描述中辨认出葡萄酒（Lawless，1984；Duerr，1988）。因此，葡萄酒的术语往往是独特的，其反映了家族、文化和地理背景，这几乎是不可避免的。此外，葡萄酒香气的化学多样性以及缺乏童年时期的气味训练，几乎不可避免地会出现这样的情况，即通常使用的词汇将是个人且在很大程度上反映了个人经验。

酒的评价
Wine Evaluation

评分表（Score Forms）

品酒活动的多样性通过其评分表格的多样性来反映。它们包括纯粹的学术调查，如感觉心理生理学；评估某种独有的混酿的一致性；推荐某些类别的“最佳购买”。

尽管评分表格有很多种，但是它们可以被粗略可以分为2类：综合评分表格和分析评分表格。在综合性评价中，葡萄酒被整体地评价或用享乐的观点去评价，葡萄酒的特性在综合质量范围被考虑。例如，平衡、复杂性、发展和持续性或者葡萄酒根据它们特定的范围进行评价。例如，品种、产区或者风格特征，并由此进行整体评价。在分析评价中，单独的视觉、味觉、口感和嗅觉都分开进行评价。通常根据它们的相对质量和强度进行评价。如前所述，精确的个体感官评价是比较困难的，特别是大多数感官品质是相结合的。培训可以降低这种影响，但是不能消除影响。

对于等级排名而言，记录顺序排名的表可能就足够了（图5.27）。对于这个功能，它们可能和详细的评估一样有效（Lawless et al.，1997）。

排名:	酒的名字
第一:	______
第二:	______
第三:	______
第四:	______
第五:	______
第六:	______

图5.27　喜好计分卡（等级排名）

相比之下，大多数品评表被用来对单独的特性进行排名（图5.28）或者为详细的描述提供了足够的空间。这些类别可能集中在赋予特定葡萄酒的重要特征上（图5.29），也可能强调整体印象（图5.30）。详细的记分表特别有助于识别每个样本的具体优点和缺点。在充分评价强度特征或衡量负面的影响时，大多数的评分表都有缺陷。它们还要求品评者对视觉、味觉和嗅觉的个体或综合分组的重要性给出定量的评价，甚至它们还假设通过组分的总和评价可以公平地评价葡萄酒，并以此来进行排名。除了允许“捏造”分数将分数调整到期望的值之外，其很少能为一个或多个类别的杰出质量添加分数。

由于每个类别的分数都是可变的，被分配的分数被限制只为整数数字。因此，统计分析也很复杂，尤其是当某种特性的评分范围非常窄（2或者更小），这就更容易受到限制，在使用的一致性方面也存在相当大的困难。以表格上的“好”和“差”的标准来准备足够有代表性的样品基本上是不可能的。因此，小组成员可能对这些类别的含义有不同的概念，并使用个人标准来整合和量化复杂的定性判断。如果可能的话，有效和一贯地使用这种表格大概需要大量的培训和广泛的实践。没有这一点，获得的数据是可疑的，它们不能够为特定葡萄酒的生产和购买提供有质量的决策参考。

为了弥补这些局限性，专门用于感官描述的评价表格已经设计出来（图5.49和图5.50），它们允许评价单个特征的强度。通常表中选择的特征反映出那些能最有效地评估葡萄酒类型差异的特征。避免了感官属性的整合，每个样本质量属性的来源都得到强调，这对于指导葡萄园或酿酒厂未来行动是非常有用的。使用描述性感官分析的限制有2个：一个是（见下文）包括在小组训练、数据收集和分析中所涉及的时间和费用，例如，数据类比和光环效应的问题以及准备足够的参考样品标准的评价的局限性；另一个是在品尝过程中没有任何手段记录特性强度的变化。这个问题现在可以被一些技术解决，例如，感觉的时间优势评价方法（TDS），见下文。

葡萄酒：＿＿＿＿＿＿＿＿＿＿＿＿＿＿　日期：＿＿＿＿＿＿＿＿＿＿＿＿＿＿

特征	描述	得分
外观与色泽		
0	差——浑浊或有轻微的不清澈	
1	良好——外观清亮并具有特征色泽	
2	好——外观杰出并具有特征色泽	
气味和花香		
0	缺陷——有明显的不良气味	
1	没有特点——未达到不良气味的边缘	
2	可以接受——没有典型的品种香气——区域——典型香气或者陈香	
3	令人愉快的——基本的品种香气——区域——典型香气或陈香	
4	良好——标准的品种香气——区域——典型香气或陈香	
5	优秀——品种香气——区域——典型香气或陈香独特复杂	
6	杰出——品种香气——区域——典型香气或陈香丰富、复杂、精良	
酸度		
0	差——酸度过高——(尖锐)或过低(平淡)	
1	良好——酸度符合葡萄酒类型	
平衡		
0	差——酸甜比不和谐；过于苦涩	
1	良好——酸甜比适当，适度的苦涩	
2	很好——酸甜比和谐，口感顺滑	
酒体		
0	差——淡薄或酒精度过高	
1	良好——典型的口腔重量(物质)感觉	
风味		
0	缺陷——不良的口味或气味明显，葡萄酒令人不愉悦	
1	差——在口腔中缺乏品种香气，区域或者典型的香气	
2	良好——有典型的品种香气，区域或者典型的香气	
3	杰出——非常明显的品种香气，区域或者典型的香气	
余味		
0	差——口中几乎没有余香，特别的苦涩	
1	良好——口中有适当的余香，品后感觉很好	
2	很好——口中较长的余香(超过10~15 s)，余味精致优雅	
整体质量		
0	不可接受——很明显的不良品质	
1	良好——所表现的此类型葡萄酒的传统特征可以接受	
2	优秀——明显好于此类型葡萄酒的大多数其他款	
3	杰出——感官品质接近于完美，值得回忆	

图 5.28　基于 Davis 20 分模型的通用评分

葡萄酒：______ 日期：______

特征	描述	得分
外观与色泽		
0	差——浑浊或有轻微的不良颜色	
1	良好——特征色泽清亮	
2	优秀——特征色泽完美	
气泡		
0	差——很少的，较大的气泡松撒冒出，很短的持续期	
1	良好——较多的长串中等体积气泡，较长的持续期，不形成慕斯状*	
2	优秀——长串连续的细小气泡冒出，长时间持续，形成慕斯状	
3	杰出——很多长串的紧凑完美的小气泡，有慕斯的显著特点	
气味和花香		
0	有缺陷——有明显的不良气味	
1	没有特点——稍有不良气味	
2	标准——温和的品种香气和发展中的花香+	
3	优秀——微妙的品种香气混合复杂的、烘焙和渐进的醇香	
4	杰出——复杂微妙丰富的香气，精致的焙烤醇香，较长的持续期	
酸度		
0	较差——酸度过高（尖锐）或过低（平淡）	
1	好——酸度适中清爽	
平衡		
0	差——淡薄，酸甜不平衡，过苦，有金属味	
1	好——标准酸甜平衡，口感平滑，无金属味	
2	优秀——酸甜比动态平衡，口感丰富，和谐	
香气		
0	缺陷——明显的不良气味，使酒很难闻	
1	差——无传统的香气特点，有肥皂泡状物	
2	好——具有传统香气，有冒泡现象	
3	杰出——典型香气丰富，冒泡丰富，口感明显	
余味		
0	差——口中余味滞留较短，过强的收敛性和苦味	
1	好——口中余味滞留时间合适，感觉良好	
2	杰出——余味滞留时间较长（>10~15 s），品后口感很好	
总体质量		
0	不可接受——很明显的不好特征	
1	好——能很好地体现此类品种的典型特征	
2	优秀——明显比大多数的起泡酒要好	
3	杰出——所有的感官评价几近完美，令人惊艳	

注：*在酒杯液体表面中心和液体边缘形成的气泡聚集。此特性从发酵结束后的处理中获得。

图 5.29　改进的戴维斯式记分表设计，适用于起泡葡萄酒

场合

委员 n°	样品 n°	年份	葡萄酒名称	类别
日期	时间			

测试		杰出	优秀	好	一般	不满意	很差	负面	不一致	过度	缺乏	不平衡
视觉	清澈	6	5	4	3	2	1	0	■	■		■
视觉 颜色	色调	6	5	4	3	2	1	0		■	■	■
视觉 颜色	强度	6	5	4	3	2	1	0				■
醇香	真实	6	5	4	3	2	1	0	■	■		■
醇香	强度	8	7	6	5	4	2	0		■		■
醇香	精致	8	7	6	5	4	2	0		■		■
醇香	和谐	8	7	6	5	4	2	0	■	■	■	
口感	真实	6	5	4	3	2	1	0	■	■		■
口感	强烈	8	7	6	5	4	2	0		■		■
口感	酒体	8	7	6	5	4	2	0				■
风味	和谐	8	7	6	5	4	2	0	■	■	■	
风味	持久度	8	7	6	5	4	2	0	■	■		■
风味	后味	6	5	4	3	2	1	0		■	■	
	整体评价	8	7	6	5	4	2	0		■	■	
部分总计	个位											
部分总计	个位											

缺陷

缺陷性质：生物的 □ 化学的 □ 偶然的 □ 先天的 □

分数总和

评语

委员会成员　签字

图 5.30　葡萄酒评比比赛的感官分析品尝表（资料来源：Anonymous，1994）。

很少有研究表明，评分表格在多快的时间内能够有效地被使用。因此，数据的有效性部分取决于品鉴中如何准确和一致地使用表格。一般而言，评价表越详细，品评者就要花费越长的时间保持其一致性（Ough and Winton，1976）。如果评价表过于复杂，酒的一些显著特点可能会被忽视，并且排名是基于先前的品质特性（Amerine and Roessler，1983）。相反，不足的选择方式可能会导致类比或者使用很多无关的词汇来描绘评价表上没有列出的重要特性感知（Lawless，Clark and Lawless，1994）。这些问题可以通过选择品评者能够感受的，有足够印象的词汇来解决（Schif-ferstein，1996）。

最广泛使用的评分系统可能是基于加利福尼亚大学（UC）戴维斯分校的评分表格（图 5.28 中显示了其中一个修改版本）。这个表格被发明就是为了鉴别葡萄酒生产过程中的缺陷，它不完全适用于同等或高质量的葡萄酒（Winiarski et al.，1996）。此外，这个表格会评价对某些葡萄酒不恰当的特性（如白葡萄酒的涩度）或缺乏某种特定风格葡萄酒的核心特征（如起泡葡萄酒中的气泡）。为起泡酒设计的评价表格包含了气泡特性的特殊部分（图 5.29；Anonymous，1994）。对于特定的品种或者产区或当葡萄酒被整体评价时，会设计特定的表格（图 5.30 和图 5.31）。数字评分的另一种选择是字母分级，类似于大学使用的学生成绩评价（图 5.32）。无论选择什么，它都应该尽可能简单，同时保持足够的精确性，以达到设计评估的目标。所使用的分数范围不应大于有效且一致的使用范围。在小数制中，允许半分的使用可以增加中范围的宽度（中心趋势）。大多数品评者避免使用任何分数的极端（Ough and Baker，1961）。分数范围的末端往往只在固定到特定的质量标志时才被使用。

假设葡萄酒质量呈正态分布，则分数应呈正态分布。在可能的情况下，评分往往倾向于向右倾斜（图 5.33），这就反映出劣质葡萄酒很少出现。当品评者更多处于使用范围的低端时，得分分布就会趋于不正常（图 5.34）。品评者使用戴维斯的 20 分系统显示非典型的分布时，如果使用定点数值范围，则显示标准分布（Ough and Winton，1976）。

在若干专业的评分表格（表 5.14）中，给

葡萄酒：______________________ 日期：______________________

特征	描述	得分
外观与色泽		
0	差——浑浊或有轻微的不良气味	
1	好——明亮，具有特征的颜色	
2	优秀——颜色灿烂清亮，具有特征颜色	
气味和花香		
0	缺陷——有明显的不良气味	
1	不良特征——处在形成不良气味的边缘	
2	可以接受——没有典型的品种香气-区域类型的香气或花香	
3	好——轻度到标准的品种香气-区域类型的香气和花香	
4	优秀——有品种香气-区域类型的香气和陈年香气明显、复杂	
5	杰出——丰富复杂的传统香气或者优雅悠长的陈酿香气	
口感和风味		
0	缺陷——明显的不良口感和不良气味时，令人不愉悦	
1	差——没有品种香气-区域类型的口感和风味	
2	好——有明显的品种香气-区域类型的口感和风味	
3	杰出——超级好的品种香气-区域类型的口感和风味	
平衡		
0	差——酸甜比不和谐，过苦或过涩	
1	好——酸甜比合适，苦味和涩味适中	
2	杰出——酸甜比完美，口感爽滑	
发展/持续期		
0	差——香气简单，没有发展，持续期很短	
1	标准——香气典型，发展复杂，品尝过程中不会减弱	
2	优秀——香气强度有所增加，典型，整个品尝中持续	
3	杰出——香气丰富，强度和特性都有所增强，持续期长	
余味		
0	差——口中余味较少，过苦过涩	
1	好——口中余味适中，品后口感新鲜	
2	杰出——口中有较长的持续期，(>10~15 s)，品后感觉精致、优雅	
整体质量		
0	不可接受——明显的不良气味	
1	好——此类型酒的传统特征表现得可以接受	
2	优秀——比此类酒的大多数要好	
3	杰出——值得回忆的经验	

图 5.31　改进的戴维斯式评分表能更好地反映葡萄酒的审美质量

字母等级级评分表

葡萄酒 #	口头描述	字母等级
____	________________	____
____	________________	____
____	________________	____
____	________________	____

等级	亚类*			特征	比例/%**
A	A+	A	A−	这个类别中杰出	5
B	B+	B	B−	明显好于一般水平	25
C	C+	C	C−	一般水平	40
D	D			低于一般水平	25
D	E			有缺陷的	5

注：* A,B,C类再分为低于平均水平，平均水平和高于平均水平，代表每个等级。在细分类中很容易偏向左边，更多会打“−”而不是“+”。因为在人们的努力表现中很少能达到完美。如**在葡萄酒中假设一个随机的质量分布。

图 5.32　葡萄酒字母评分表

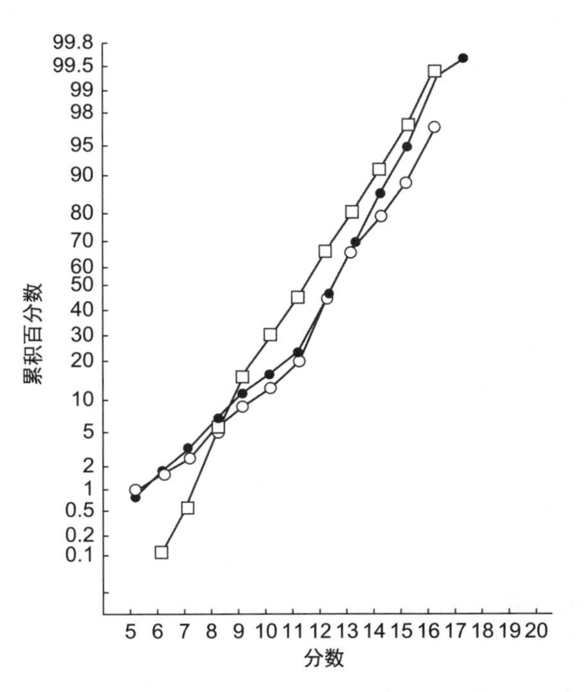

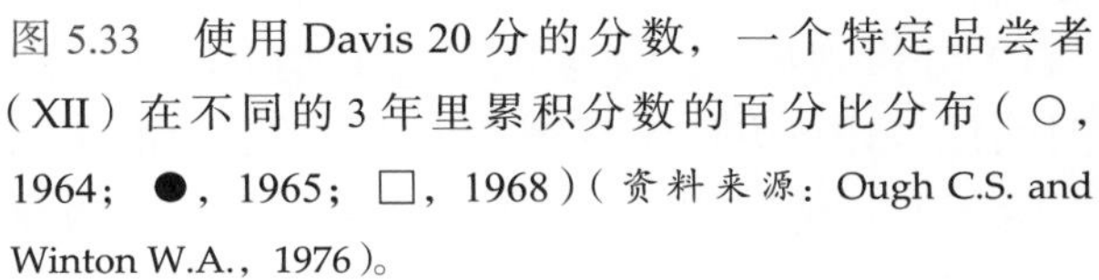

图 5.33　使用 Davis 20 分的分数，一个特定品尝者（XII）在不同的 3 年里累积分数的百分比分布（○，1964；●，1965；□，1968）（资料来源：Ough C.S. and Winton W.A.，1976）。

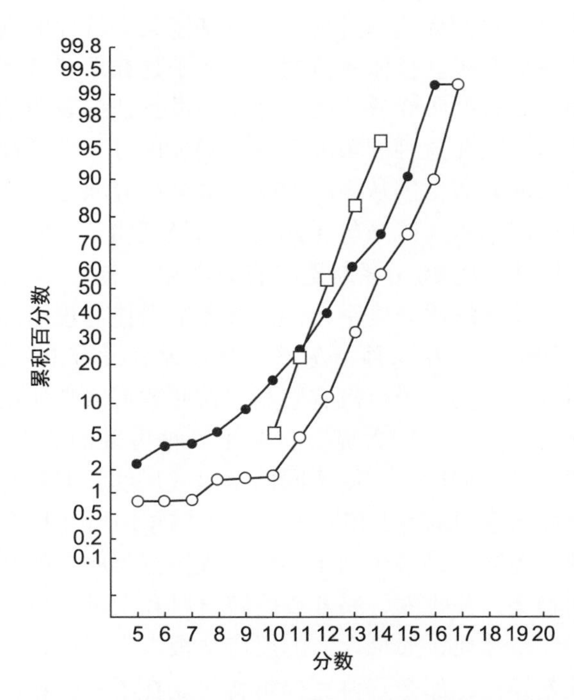

图 5.34　使用 Davis 20 分的分数，一个特定品评者（XI）在不同的 3 年里累积分数的百分比分布（○，1964；●，1965；□，1968）（资料来源：Ough C.S. and Winton W.A.，1976）。

表 5.14 评分表中对每个感官类别的百分比权重的比较

评分表	外观	嗅觉	口感 / 风味	整体 / 典型
意大利葡萄酒技术协会（1975）	16	32	36	12
戴维斯分数（1983）	20	30	40	10
O.I.V. 评分表（1994）	18	30	44	8

外观、气味、味道或风味和典型性的相对权重，显示出它们对这些特性重要性的观点相当一致。然而，这种相似可能是偶然的。它是基于评分表格最早来源的相似性，而不是建立在这些特性对葡萄酒专业人员（或消费者）的相对重要性的研究上。把每个部分的评分加起来是否能够完全体现葡萄酒整体质量特性还是一个争议点。有经验的评委可能不会使用任何一个表格，他们会先给出一个总的分数，然后，回去将分数分配到不同的类别，从而使总体看起来统一。

如果评价的时间是有限的，正如与葡萄酒大赛一样，通常只要求根据葡萄酒的快速印象给出一个总体的分数，不用考虑特性的任何特定权重。这样可以避免很多表格存在的问题，如无法对有缺陷的葡萄酒进行降级或基于某个特性的高质量而升级。整体评价的一个例子是在消费者刊物中流行的 100 分系统。然而，没有证据表明葡萄酒可以在这种的精度下被准确地区分。最常被记录的分数范围从 80～100 是这个评分缺乏有效使用的指示。Parr 等（2006）已经证明了 100 分系统并不比 20 分系统更具有分辨性。

其他的评分体系允许消费者给出他们想给的任何分数。在这种情况下，这种评分没有上限，而且他们的评价也没有限制。这些数据通常使用普鲁克分析。普鲁克分析基于一种可疑的假设，即尽管人们可以使用不同的术语或尺度，但是对特性的感知基本上相同（如一个人的 10 分可以合理地等同于另一个的 17 分）。普鲁克程序寻找共同趋势，并收缩、展开或旋转值以开发最佳数据匹配。然而，如果人们的反应从根本上不同，而且差异大，那么普鲁克分析就建立在了一个错误的前提下，并可能导致无效的结论。此外，普鲁克分析数据的默认设置可以消除在消费者研究中具有重要行为相关性的极端情况。这种情况可以通过把参与者划分为更同质的亚组，并分别分析来自每个亚组的数据来限制。品尝小组通常有足够时间的训练和选择，以确保成员在敏锐度上比较相似，也保证他们可以完全懂得通过品尝过程来确保有效的数据分析。

如果排名和感官评价都需要，应该使用独立的评分表格。这不仅能简化评价，还可以避免光环效应，即一个评价会影响下一个评价的效应（McBride and Finlay，1990；Lawless and Clark，1992）。例如，涩苦的葡萄酒在进行总体评价和可饮用性上可能获得评分低，但是在对葡萄酒的感官特性进行单独评价的时，其评分会更加宽容。

很多研究表明，小组成员的任务类型和要求（分析或综合）会显著改变评价结果（Prescott，2004）。因此，实验者必须清楚地知道他们需要达到的结果以及评价过程会如何影响其数据分析的有效性。

统计学分析（Statistical Analysis）

统计学分析主要用来确定实验数据的可信度（不是由于偶然事件）。在理想情况下，它提供了客观的方法，避免在错误时接受假设或在有效时拒绝假设（I 型和 II 型统计错误）。统计也可以用来调查大量的数据，并分析那些可以解释数据变化的因素。例如，描述性感官分析经常用于评估葡萄园和酿酒厂流程改变是否能够以及以何种方式或在何种程度上影响最终酿造的葡萄酒。测量可检测差异的数据显著性是重要的，但更有价值的是确定导致差异的感官特性以及它们的相对重要性。感官技术经常被用来对特定特性的感知强度进行排序，如描述分析（DA），而时间 - 强度（TI）分析则用来探索它们的时间动态。感官的时间优势评价方法（TDS）可以帮助避免潜在地夸大单一特征的相对重要性。最终目标是将葡萄酒的化学性质（以及任何相关差异的来源）与葡萄酒风味联系起来，这样酿酒师和葡萄农才可以有指导性的工作。

遗憾的是，大多数统计程序的设计用于评估具有明确特性的商业产品，如饼干、巧克力棒或软饮料。它们的特点是可以很快被评估的。相比之下，葡萄酒的特性是复杂的。它的特性随品种和风格的变化而变化，经常在酒杯中发展，而且要求在 20～30 min 内进行评估。最理想的特性可能在瓶装数年至多年之后才会显现，并且可能因年份不同而不同，产区不同而有差异。人类感觉和知觉的天生差异也是造成葡萄酒特性差异的另一复杂因素。正是这种复杂因素，统计的数字才具有特殊的价值，并有助于区分差别是来自品鉴小组，还是来自葡萄酒的差异。

统计分析有不同的类型，例如，主要成分分析对于困难和混淆的数据直接比较是非常重要的。统计分析可以帮助确定导致可检测差异的因素，尽管也不完美，而且需要谨慎使用，测试也有限制，但是统计分析可以提供其他分析不能提供的指导性。解释的确认通常需要更多的研究，可惜的是，这往往是缺乏的。这是基于时间而进行的研究从而导致这项研究只能在研究生或者博士后的学习期间进行。

其他可能对解释的有效性和适用性产生影响的是实验设计的先天缺陷。在实验室条件下，评价的葡萄酒和在餐桌上评价的葡萄酒是十分不同。此外，从小组中获得的数据是从特定的感官技能的一致性选择而来小组成员中获得的，可能与现实生活中的情况没有多大关联。数据的重要性并不一定意味现实的实用性。因此，可区分的葡萄酒在实验条件下可能与消费者饮用葡萄酒的情景无关。例如，在一个乳品会议中，参与者没有注意在餐桌上出现人造奶油就说明了周围环境的重要性，而且很多例子上的高度相关可能常常没有因果关系。Vigen（2015）给出了有趣的例子，2000—2009 年迈阿密人造黄油的消费和离婚率之间以及 2000—2013 年全职爸爸的数量与迪斯尼公司的收入的完美匹配关系。

增加小组成员的数量可以增加统计偏差，但不是线性的（图 5.35）。因此，相对于统计偏差而言，较大小组或较多试验的益处是花费的时间和精力上变得效率越来越低。虽然显著 P 值（$P<0.05$ 和 $P<0.01$）是标准的，但是这些值并不是不容侵犯的，并且它们经常被误用（Wasserstein and Lazar，2016）。这取决于数据解释所需的置信度。此外，统计分析决不能基于常识。如 Lovell（2013）和 Nuzzo（2014）所指出的那样，效应的大小（程度）对相关性是同等的，并且可能更重要。这特别适用于感官分析，其中个体之间的差异往往是显著的，葡萄酒之间的差异却是有限的。

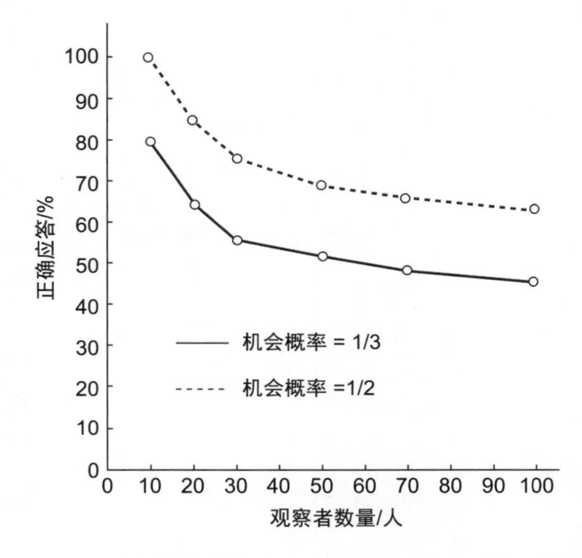

图 5.35 机会概率是在三角形检验（1/3）或配对差异检验（1/2）时，单尾检验在 $P<0.01$ 显著性所需的正确应答百分比（资料来源：Amerine M.A. et al.，1965）。

特别是对非统计学家来说，解释的另一个基本问题是难以直观地确认数字的准确性，尤其是通过复杂分析得出的关联。电脑统计软件包快速获得的令人印象深刻的表格很容易让人眼花缭乱。其结论的有效性不会超过数据的有效性。如果这些数据来自正确的实验设计（Leek and Peng，2015），就避免了心理偏差、充分重复、使用合格的（和适当的）品评者以及适当关注统计分析的价格。否则，由马克·吐温的评论可以像今天第一次写在纸上一样有效，“谎言有三种：谎言、该死的谎言和统计学”。

除了那些受过大量的统计培训的人，我们建议向专业人士寻求帮助以获得最合适的数据分析方法和解释工具。新的统计分析的方法被不断地开发和优化。对于大多数研究者而言，最合适的统计方法并不是非常明显。因此，最好和一位具有感官评价背景的数据分析师一起工作。数据分析师需要认识到人类利用感官分析工具的局限性，这一点是很重要的。（如果没有与数据分析师建立联系的情况下），Qannari 和 Schlich（2006），Findlay 和 Hasted（2010）提供了良好的与感官分析相关的统计资料、实际的建议以及案例研究和实例。Quandt（2006）和 Cao（2014）也提供了其他如何处理葡萄酒排名的例子。

因为对多元过程的充分讨论和说明是统计学教科书的内容，所以下面只提供简单统计分析的例子。更复杂的统计测试只与它们在葡萄酒分析中的用途有关时才被提到，并且它们的用途可能也是合理的。例如，可视化模式和变量之间的关联（图 5.36）。

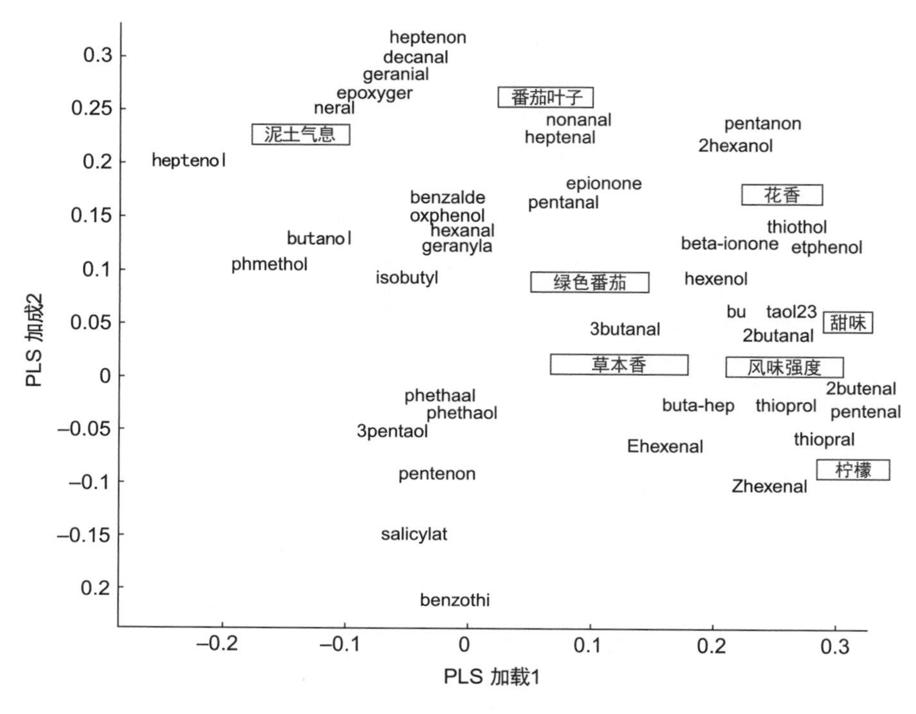

图 5.36　说明 20 个番茄品种 8 种感官特性之间的关系以及从这些番茄中分离芳香化合物（简称为芳香化合物），这是基于对第一个偏最小二乘分量（PLS）的加载（资料来源：Qannari E.M. and Schlich P.，2006）。

正如本章开头提到的这种严格的统计分析在日常的葡萄酒生产实践中或在葡萄酒比赛中常常是不必要的。在大多数情况下，简单的统计分析就充分地确定葡萄酒是否能区分。不用复杂的计算机和电脑就可以快速地得出结论。只有在研究中或涉及关键的生产决策时，需建立统计的显著性。

最简单的情况是统计分析可以表明，一组特定的个体是否可以检测一组葡萄酒之间的差异。此外，该数据往往被用来辨别哪些葡萄酒是可以区别的或者成员给葡萄酒的打分是否类似（表 5.10、表 5.11 和表 5.12）。品评者的一致性特别重要，因为技术不好的成员得出的数据可以潜在地消除由熟练的小组成员得出的区别。可检测的差异确定并不能证明存在等量的偏好差异，正如区分苹果和橙子意味着存在偏好一样。同样的，偏好是明确存在的，但是分数可能会完全相同。

简单的测试（Simple Tests）

表 5.15A 列出了 5 名品评者对 6 款葡萄酒排名的假设结果。粗略地看一下数据可以发现，葡萄酒之间存在差异。但是数据统计分析表明（附录 5.6 和附录 5.7），在 5% 显著水平时，各酒之间不存在明显区别。为了得到差异显著的结果，排名总范围将不得不在 9～26 的范围之外，实

表 5.15 5 名品评者（A）和 10 名品评者（B）小组成员对 6 款葡萄酒的序列（等级）排序

（A）5 名品评者

品评者	葡萄酒					
	A	B	C	D	E	F
1	1	3	6	4	5	2
2	2	1	4	5	3	6
3	3	6	2	5	4	1
4	1	4	5	3	6	2
5	2	5	3	4	6	1
排名总计	9	19	20	21	24	12
总排名	6	4	3	2	1	5

（B）10 名品评者

品评者	葡萄酒					
	A	B	C	D	E	F
1	1	3	6	4	5	2
2	2	1	4	5	3	6
3	3	6	2	5	4	1
4	1	4	5	3	6	2
5	2	5	3	4	6	1
6	1	3	6	4	5	2
7	2	1	4	5	3	6
8	3	6	2	5	4	1
9	1	4	5	3	6	2
10	2	5	3	4	6	1
排名总计	18	38	40	42	48	24
总排名	6	4	3	2	1	5

际排名总范围为 9～24。没有差异的分析结果来自变化太大的每个人的排名。

如上所述，增加品评者的数量可以提高检测统计差异的概率。例如，如果来自 10 名品评者的结果如表 5.15B 所示（其中后面 5 名品评者的评分模式复制了前 5 名品尝者的评分模式），则评分范围变为 18～48。从附录 5.6 中可以看出，只有当排名总范围超过 22～48 时才指示差异（在 5% 级）。因此，在 10 名品评者情况下，葡萄酒 A 被认为是明显不同于其他葡萄酒。以同样的方式，如果有 15 名品评者使用相同的技术，葡萄酒 A 和葡萄酒 E 将被认为是可以区分的（最高评分和最低评分的葡萄酒）。即使有一些一致性较差的品评者，或拥有对品质不同的概念都可能表明葡萄酒是难以区分的。

表 5.15 说明了顺序排名的局限性之一。葡萄酒可能是有区别的，但其明显的区别程度仍未确定。通过基于累积分数的排名，差异略有改善。

表 5.16A 显示了 7 名品评者对 5 款葡萄酒的排名。为了区分葡萄酒，总评分（26）的范围必须大于附录 5.8（0.58）中上级统计数据与评分范围之和（24）的乘积；在这种情况下是 13.9。因为总评分（26）的范围大于产品（13.9），所以可以得出结论，品评者可以区分葡萄酒。哪些葡萄

酒是可区分的，可以用附录 5.8（0.54）中的第二（较低的）统计量来确定。它乘以分数范围的总和，产生乘积 13。当任何一对葡萄酒的总得分之间的差异大于计算出的产品（13）时，这些葡萄酒可以被认为是显著不同的；如果差异较小，则它们被认为是不可区分的。通过将被认为不可区分的葡萄酒（通过线条）连接起来，可以看出葡萄酒之间的区别（表 5.16B）。

表 5.16　7 名小组成员对 5 种葡萄酒的评分数据（A）、每一组葡萄酒的总得分之差（B）和方差分析（C）

（A）7 名小组成员对 5 种葡萄酒的评分数据

品尝者	葡萄酒					综合	排名
	A	B	C	D	E		
1	14	20	12	13	14	73	8
2	17	15	14	13	18	77	5
3	18	18	15	13	17	82	5
4	15	18	17	14	18	82	4
5	12	16	15	12	19	74	7
6	13	14	13	14	17	71	4
7	15	17	13	14	16	75	4
平均	15	16.9	14.1	13.3	17		
综合	104	118	99	93	119		
排名	6	6	5	2	5		

（B）每一组葡萄酒的总得分之差

	葡萄酒 A	葡萄酒 B	葡萄酒 C	葡萄酒 D	葡萄酒 E
葡萄酒 A	—				
葡萄酒 B	14[a]	—			
葡萄酒 C	6	19[a]	—		
葡萄酒 D	12	25[a]	6	—	
葡萄酒 E	14[a]	1	10	25[a]	—

（C）方差分析

来源	*SS*	*df*	*ms*	*F*	$F_{.05}$	$F_{.01}$	$F_{.001}$
总和	164.2	34					
葡萄酒	76.2	4	19.0	6.74	2.78	4.22	6.59[b]
品评者	20.2	6	3.4	1.19	2.51		
误差	67.8	24	2.8				

注：排名分值综合（葡萄酒）=（6+6+5+2+5）=24 品尝者 =（8+5+5+4+7+4+4）=37。总分排名（葡萄酒）=119–13–26.（品尝者）= 82–71=11。附录 5.8 位 7 位品评者品尝 5 款葡萄酒的情况提供了 2 个统计数值：0.58（高）和 0.54（低）。

对于显著性而言，各葡萄酒分值之间的差异性超过个葡萄酒排名分值的总和（24）与较高统计数字 0.58 的乘积 13.9。

对于显著性而言，各个品评者分值之间的差异必须超过个品评者排名分值的总和（37）与较高统计数值 0.58 的乘积 20.0。

对于显著性而言，每两款葡萄酒分值之间的差异必须超过 24（0.54）=13，表 B 列出了每两款葡萄酒总分的差异，B 代表了每组葡萄酒之间的总分差异。

[a] 显著性差异在 5% 水平。

[b] 显著性差异在 0.1% 水平。

要判断品评者之间是否存在差别，可以将品评者排名分数的总和（37）乘以较大的统计数值0.58进行计算。因为乘积（20）超过他们总分的差值（11），品评者看起来是以相似的方式品尝葡萄酒。这样避免了用第二次计算去确定哪位品评者的评分不同。

表5.16C显示的是使用相同数据进行的方差分析。它确认了葡萄酒之间的显著差异，但是品评者之间没有显著差异。

多变量技术（Multivariate Techniques）

虽然简单的统计数据对于评估葡萄酒是否有区别是有用的，但这些数据没有提供为何产生区别的原因。这是葡萄种植者或酿酒师改进葡萄酒需要的数据。为此，这些葡萄酒的感官特性需要在排名期间进行评估，或者更差和更好的葡萄酒需要随后进行评判性评估。这样的数据通常利用方差分析（ANOVA）或多元方差分析（MANOVA）（图5.37和图5.38）。这样可以评估排名中涉及的各种因素之间可能的相互作用。方差分析一次评估不同的因素（因变量），而多元

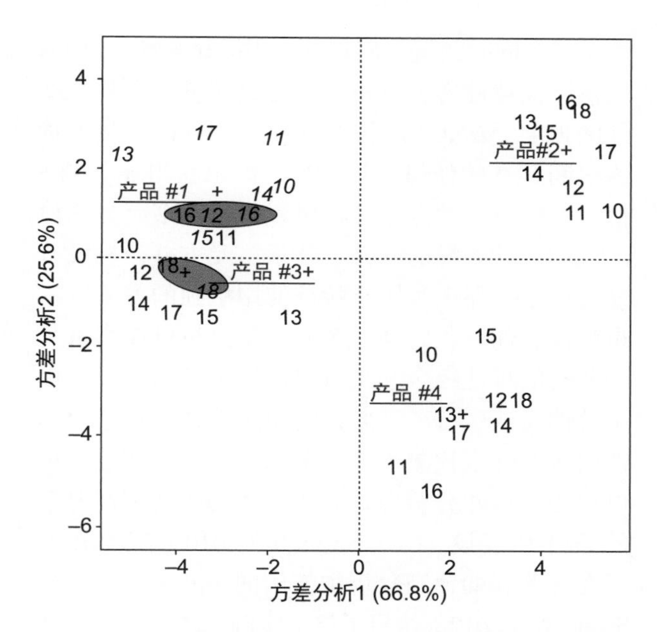

图5.37　对4种产品小组品尝差异进行方差分析的数据示例。产品被很好地分离，产品#1号和产品#3号比产品#2号和产品#4号更相似。此外，还检测了个别小组成员的特征。例如，成员16考虑产品#3更接近产品#1，而成员18发现产品#1和产品#3更相关（资料来源：Stone H. et al.，2012）。

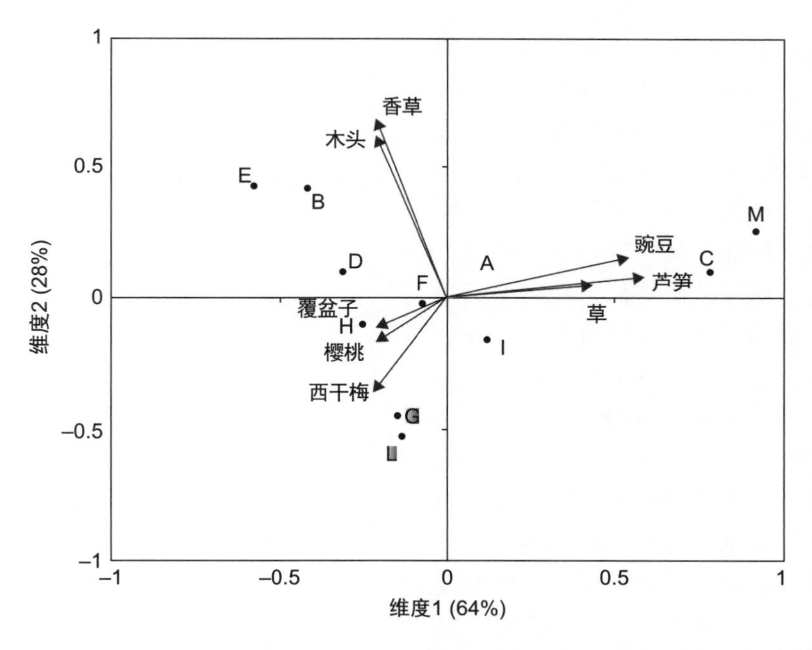

图5.38　显示来自11种葡萄酒（A～M）的感官描述数据（8个香气特性）的主成分分析（PCA）的双图（得分和负荷）的感知图的示例。前两个维度约占变异的92%（64%和28%）。维度1（从左到右）主要通过比较草本或植物特性（芦笋、豌豆和草）与水果（覆盆子、樱桃、西干梅）和木材（香草和木材）特性来区别葡萄酒M和葡萄酒C。维度2（从底部到顶部）表明葡萄酒E和葡萄酒B通过与西干梅子的木质气息形成对比而从其余部分分离出来（资料来源：Monteleone E.，2012）。

方差分析同时测量它们相互作用的显著性。例如，当执行描述性感觉分析时，可以测量几个独立特性的强度。ANOVA 将根据评估的特性衡量葡萄酒之间存在的任何统计差异。如果获得显著的 *F* 值，个体单独的方差分析可以指示由多元方差检测到的统计差异的起源。如果多元方差分析没有显著结果，那么对所有特征使用单独的方差分析也就没有保证。此外，多元方差分析可以衡量是否所有的特性综合起来可以区别葡萄酒，即使单个特性无法区分。因此，它通过单独评估单个属性的重要性来检测可能遗漏的方面。如何选择可以使用的这些分析形式取决于适用于特定情况下的条件和假设。Cozzolino 等（2010）简要介绍了在葡萄和葡萄酒分析中使用的多变量方法，而 Stone 等（2012）给出了技术实例。

对同一种葡萄酒的顺序品尝或其特性的数据分析可以生成每个小组成员评分的均值、标准偏差和概率值。这是一种评估他们辨别和保持一致性地评价葡萄酒特性能力的方法。这可能表明小组成员之间不希望有差异以及额外的培训、样品之间的不寻常差异（如果它们来自不同的瓶子）或样品制备、贮存等需要关注的差异。

其他的统计测试可以用来将明显不同的葡萄酒分入不同的组。如判别分析涉及基于小组成员之间的分歧，并对数据点平均值（如葡萄酒与特性）的方差进行调查。通常在描述感官分析中，葡萄酒鉴别涉及多个特性。有时可能与这些特性中的一些特性相关。例如，某些芳香化合物对甜味感知的影响。为了研究这个特征，并减少不同特性受相同特性影响的冗余，可以执行主成分分析。它将数据转换为称为主成分的新变量（实例见 Borgognone et al.，2001）。这些组件最大化差异，并将相关特性分组在一起。第一主成分对应在数据中产生最大方差量的那些特性。随后的主要成分依次解释了区别葡萄酒的较小差异。当判别主要基于几个分量时，结果可以在二维线性图或三维线性图上可视化地表示。换句话说，它在空间上映射相关的特性（组件）。在图 5.39 所示的假设示例中，样本主要根据它们的甜味、酸味和苦味进行区分。其中，甜味和酸味是相关的，但是为负相关。有时特性可以沿着共同的主成分轴分组在一起，出现在图的同一边（+/-）。它们的位置接近表明了相关的可区分性，其可能基于相似或相关的刺激（如苦味和收敛性）。那些显示出最高负载（接近 +1 或 -1 的最大值）的组件在判别中是最显著的。尽管有学术兴趣，但是通常这些分析不能为葡萄种植者或酿酒商提供具有实用价值的信息。

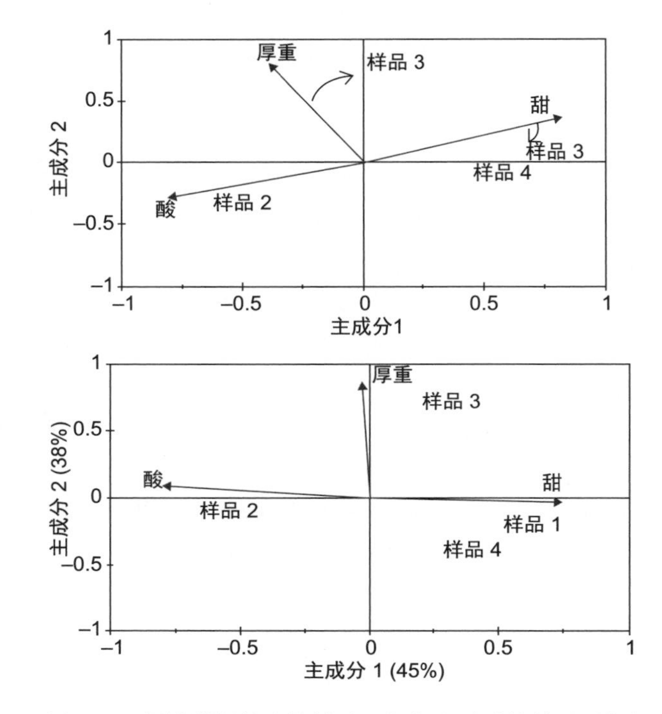

图 5.39　假设数据的未旋转（上部）和手动旋转（下部）二维主成分分析。带有开放箭头的箭头表示旋转方向。主成分 1 解释了数据集中 45% 的差异，这个主成分由甜度和酸度的对比组成。主成分 2 解释了数据中 38% 的额外方差，它主要是起着产生苦味的作用。样品 1 是甜的，没有酸，带轻度苦；样品 4 也是甜的，没有酸，但比样品 1 的苦味稍淡。样品 4（此处应为样品 2）与样品 1 一样苦，但更酸。样品 3 在酸味和甜味上与样品 4 相似，但更为苦涩（资料来源：Lawless H. T. and Heymann H.，1998）。

分析消费者的数据时会出现更多的问题。因为训练改变了感知，所以在这种研究中它的使用是不合适的。在这个例子中以及其他一些例子中，使用了自由选择分析，品评者使用他们自己的量表和术语。为了分析，普鲁克分析是选择的方法。它搜索有共同点的模式，调整特殊术语或尺度的使用，基于此分析标准化数据（“消息”），然后搜索变异的来源，类似主成分分析产生的来源，由其所生成的数据用类似的方法绘制。该技术还用于比较来自不同品尝小组的数据或者将感官数据与仪器分析进行比较。如果有足够的理由相信小组成员对特性有类似的感知和排名（尽管使用或打分存在分歧），普鲁克分析是适当的。然而在消费群体中，消费者具有不同的好恶和不同的感知能力，其使用受到怀疑。在后一种情况下，普鲁克分析可能会产生虚假的相关性。与以往一样，研究者必须防止因果关系的错误关联。即使有因果关系，也要弄清楚哪个是因，哪个是果。

另一个更适合消费者数据的方法是偏好映射（Yenket et al.，2011；MacFie and Piggott，2012）。它特别适用于观察那些由品酒师小组区分的葡萄酒或者特性。在这方面，它有助于识别那些可能影响各种目标群体偏好的特性。偏好映射的主要缺点是过程中涉及的缩合。因此，数据的重要性可能会被忽略。此外，如果分组图接近，可能仅表示参与者不能区分样本，这可能基于得分表上未注明的特性做出选择，或者他们的评估不一致。这种方法最好与其他统计方法相结合，例如，个体特性或葡萄酒的方差分析。

典型变量分析（CVA）允许同时调查关于几个变量的两组或多组数据之间的差异（Darlington et al.，1973；Klecka，1980；Peltier et al.，2015），包括所有变量的差异的线性组合被称为典型变量。变量重要性由它在表量中获得的更大权重来表示。卡方近似评估每个维度的统计显著性，详情见 Thompson（1984）。

因为这些技术需要复杂的计算，当前的计算机水平已经满足使用。由品尝小组生成的数据的直接电子输入，进一步简化了对大数据集的分析。大数据集分析已经发展到有专门为食品和饮料行业设计的计算机程序，并已经商业化（如 Compusense 5，Fizz Network）。它们可以根据用户的需要进行调整。

有关感官统计的详细讨论，请参阅如 Bi（2006），Bower（2013）和 Meullenet 等（2007）（建议阅读）。

感官分析结果的适用性（Applicability of Sensory Analytic Results）

培训和挑选不仅能提供更加一致的品尝小组成员，而且能增加更有效的数据。遗憾的是，训练还可以导致光环效应的增加。例如，酒色感知的偏见以及限制天生敏锐度的范围。我们必须将品尝小组的差异限制在由实验者设定的范围内，这有助于增强品尝小组的鉴别能力，从而提高任何统计分析的置信限。虽然自然变化的影响可以用普鲁克分析来调整，但它是基于一个潜在的错误假设，即个体成员对相同感觉的感知和反应相似，只是程度不同，而不是种类。与阈值一样，感知可以在双模态或多模态方式中变化。此外，在某些情况下（Köster，2003），葡萄酒评估所需的实验室品尝条件可能会使结果的相关性无效。与在实验室或葡萄酒大赛品尝时相比，用餐时所喝的葡萄酒有很大不同。同样的，葡萄酒的感知会改变，例如，根据所伴随的食物而改变或者在不同的日子、不同的环境（家庭与餐馆）下使用相同的食物也会不同。因为环境和心理影响可以非常显著地影响感知和鉴赏，所以只有在公认的实验室下，才能公正地比较葡萄酒。数据是相对的，而不是绝对的。

虽然通常饮用葡萄酒的情况与严格评价葡萄酒的情况有显著不同，它们需要避免对感官的心理影响。显然它们为酿酒或购买决策提供了一个更好的基础，这种做法好于那些在未知和潜在的不利条件下由单个或一小群个人做出的决策。尽管感官分析存在局限性和人为性，但人们希望从这种品尝得出的结论与现实生活中的品尝情况有关。到目前为止，这种希望的合理程度还没有确定。

感官分析
Sensory Analysis

感官分析涉及一系列的技术，每一种技术都是为了研究葡萄酒的特定特性，它们如何被感知以及它们如何与葡萄酒的化学性质或品种、地域和风格起源等特征相关。这些过程包括辨别测试、描述性感官分析、时间 - 强度分析、魅力分析和 TDS 等技术。

辨别测试（Discrimination Testing）

在所有分析感官技术中，辨别测试可能是和酒厂操作最相关的。它评估 2 个（或几个）葡萄酒是否可以根据一个或多个特性进行区分。它的用途适用这些情况，例如，酒庄品牌需要每年保持一致性或在某些特性方面明显不同。它尤其适用于大型酿酒厂和大部分起泡的葡萄酒、雪利酒和波特生产商。在大多数情况下，最终的葡萄酒是被混合产生一个品牌命名的产品。由于基础酒供应的变化，混酿的方式也需要定期改变。因此，生产者需要使用一些可靠的方法来评估新配方在感知上是否与现有配方混合并相同。对于这个任务，酒厂需要一个既具有一致性又颇能代表目标购买者的品尝小组。由专业人士组成的小组可能过于苛刻，即要求比商业产品所需求的更多相似性。在需要评估 2 种以上葡萄酒的情况下，例如，排名或分级等其他程序可能更合适。

在准备配方时，酿酒厂员工进行的初步评估可以确定更深入的评估是否需要使用更大的群体。这完全取决于新旧混酿在感官上区分程度的重要性。相反，鉴别可用于确认被冠以不同标签的特定混酿是否具有可检测出的不同。然而，在大多数这样的情况下，葡萄酒不仅需要确定它们是否可以检测到不同，而且要确定不同的程度。这种做法有助于定价。

或者辨别试验可以用于多组葡萄酒（如表 5.11 和表 5.12）。品酒小组成员区分不同酒组的程度是衡量葡萄酒差异程度的一个相对公正的指标。它避免了相关的问题，例如，语义模糊、主观术语在感官分析中的使用或小组成员在尺度标准上的差异。图 5.40 提供了训练影响小组成员使用

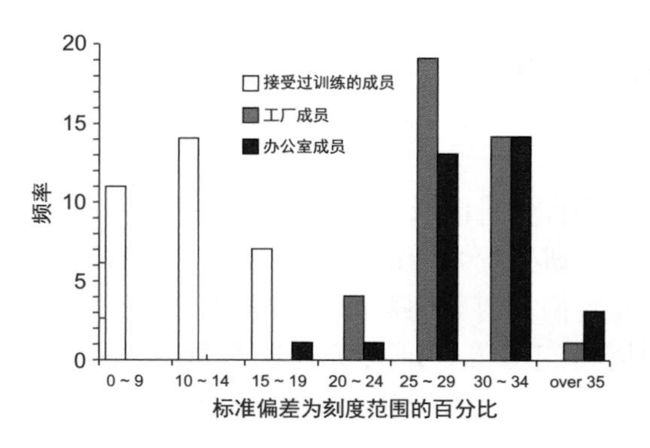

图 5.40　在香味描述性分析中，标准差为比例范围的百分比。来自一个经过培训的小组和 2 个消费者模型小组（未经培训）的数据。对 10 种商用空气清新剂的 9 个特性量表进行了评分

（资料来源：Lawless H.T.，1999）。

标度范围的另一个例子。辨别测试也适用于研究问题，例如，测量同系列芳香化合物的差异（图 5.41）。这项技术也是决定是否应该采用更复杂的描述性分析程序来研究任何差异的起源的初步程序。

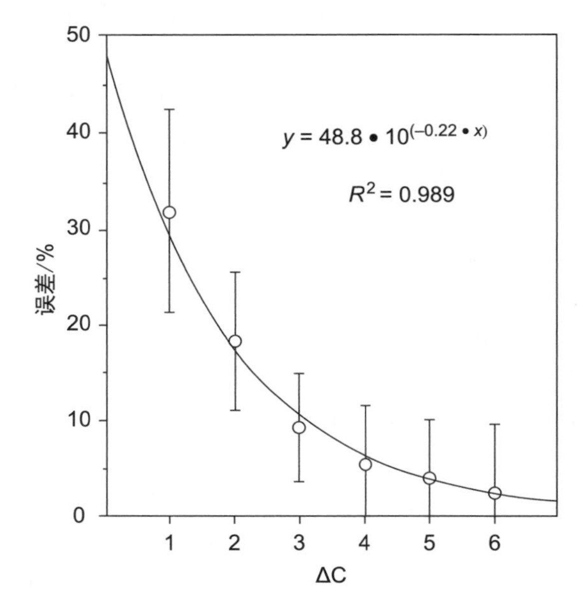

图 5.41　20 名受试者的辨别能力（平均数 ± 标准差）对碳链长度差异的影响。ΔC1 对应于仅差一个碳原子的酮的鉴别，ΔC2～ΔC6 对应于分别差 2～6 个碳原子的酮的鉴别（资料来源：Laska M. and Hübener F.，2001）。

不同的分辨方法是可用的，但所有评估样品是否可区分仍然未知（Ennis et al.，2014）。这种鉴定往往比最初看起来可能要困难得多。例如，混合物中的一个样品可能影响最终产品的几个特性，引起协同作用和拮抗作用，并加剧小组成员之间的感官差异。最常用的分辨技术是三角形和双三重检验，而最简单的是配对比较检验。当样品中的一个样品可能有持续的影响时，后者就特别合适，如异味。

当采用配对差异检验时，可以同时提供成对的样品给品尝小组。小组成员可能只被问到哪个方面更强（AB 和 BA）或者可能需要的指示样品是否相似，在这种情况下也包括相同的样品（AA 和 BB）。小组成员倾向于期待差异，不管差异是否明显，这必须在统计学中加以考虑。在有未察觉的异味的情况下，要求指出任何潜在的缺陷也是明智的。虽然这可能增加错误检测污染的

可能性，但在没有确认未检测到错误的情况下将葡萄酒从葡萄酒厂放行可能会导致昂贵的召回。在附录 5.9 中给出了使用配对差异确认时差异所必需的正确答案的最小数目。

另一个变量 – 差异测试涉及比较一对样品，其中一个不包含感官显著性待研究的化合物（或任何添加剂）。该测试可用于阈值的评估。

第一种类似的测试称为 A 非 –A，涉及气味记忆。第一个样本被呈现，被移除，并被第二个样本取代。小组成员会被问到第二个样本是否与第一个样本相同或不同。该试验对于研究不同的混合配方特别有用，它特别适用于混合葡萄酒。因为消费者不太可能专门比较不同瓶中的样品。这种鉴别测试的变体更类似于自然的品尝条件。

第二种变体称为二重测试。在这个测试中，小组成员同时展示 3 个样品，其中一个是参考酒。在大多数情况下，参考样本在所有比较中都是相同的。品评者被要求指出其中 2 个测试样品中哪一个更类似于参考酒。测试样品的顺序（AB/BA）是随机化的。附录 5.9 表示最小的正确答案数目，以确认可检测的差异。因为小组成员有一个参考来比较测试样本，所以二重测试更具分辨性。

第三种主要变体称为三角形测试，可能是最常用的（Kunert and Meyers，1999；Carbonell et al.，2007）。小组成员被提供 3 个样本，其中两个是相同的。样品被分组，从而使两种葡萄酒被呈上的次数相等。此外，序列顺序（AAB、ABA、BAB、BBA、BAB 和 ABB）是随机化的，每个排列出现的概率都是均等的。参与者被要求指出哪些编码样本是奇数样本。同样，这远非易事，这取决于参与者在比较第 3 个样品的相似性或者区别之前是否能够准确地记住前两个样品。根据 Frijters（1980）的说法，如果要求参与者指出哪两个样本“最相似”，而不是哪一个不同，那么分辨能力就会得到改善。附录 5.5 表示支持区分所需的正确答案的最小数目。为小组提供一个特定的特性来评估他们的比较可以提高测试的价值。在这种情况下，小组的评估不是决定哪个样本是不同的，而是评测哪个样品具有最明显的所指出特性和特征。在这种情况下，三角形测试被称为 3-AFC（三替代强制选择）。

虽然个体比较简单，但是随着成对比较数量的增加，过程就变得越来越复杂和耗时。例如，对 10 种葡萄酒的比较需要 45 对组合。一种解决方案是投影映射（napping）（Pagès et al.，2010；Dehlholm et al.，2012；MacFie and Piggott，2012）。如果认为有保证的话，它可以快速生成数据，以指导更深入的研究。在投影映射中，要求小组成员根据他们感知的相似性和不同性将样本安排在一张纸上（图 5.42）。各种纸的形状（矩形、方形、圆形和椭圆形）已经被使用，但是没有明确的证据表明一种形状比另一种形状更合适或有用（Louw et al.，2015）。对样本的二维定位进行整理和分析，然后使用数据表示样本的感官相关性（图 5.43）。小组成员可以使用任何他们认为合适的标准来定位样本或者被指示应该使用什么特性。多达 10～12 个样本被放一起评估，而不会出现小组成员混淆（Pagès，2005）。

当给小组成员提出一系列特性列表以便做出判断时，这就存在倾泻的心理错误的风险，其中，未被识别的特性会影响小组成员如何安排样本。相反，自由选择定位允许每个品评者在二维的约束下，以他们认为合适的方式组合任何他们认为重要的特性。3D 计算的未来发展可能可以使定位更加复杂，但是仍然不能解决与感知多维特性有关的问题。如果小组成员注意到他们在做决定时所使用的特性，这个限制可能会被部分抵消。有几种统计软件包就是针对这种情况而设计的。

与其他感官研究一样，任何一组品评者的适当性（消费者、受过训练的专业人员、行业专家）将取决于所需的信息。所需的小组成员的数量部分取决于他们对程序和被分析的产品的经验水平。对于使用不同产品的消费者研究，Vidal et al.（2014）推荐 50 名参加者。使用葡萄酒投影映射的例子包括调查饮用温度对红葡萄酒感官特性的影响（Ross et al.，2012）、比较新手和经验丰富的品评者对香气的感知（Torri et al.，2013）以及酒精含量对白兰地的感知（Louw et al.，2014）。

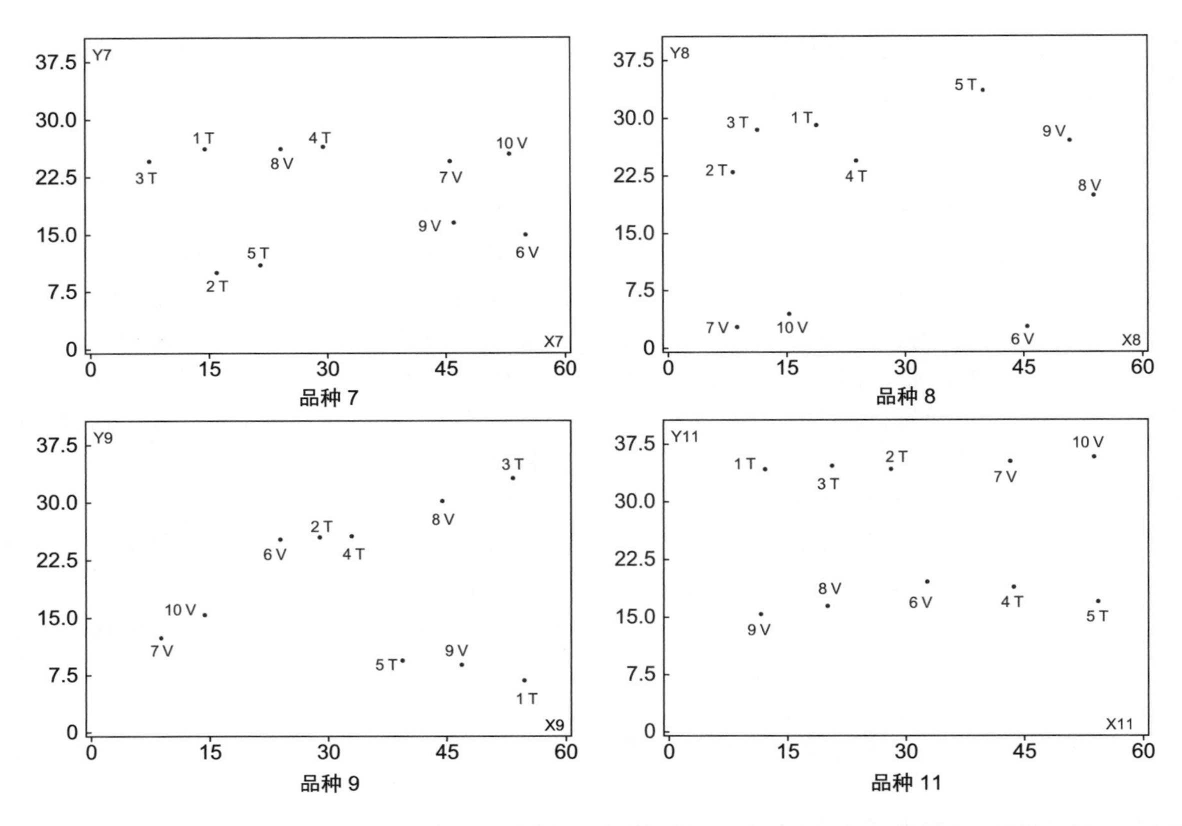

图 5.42　4 个小组成员使用投影映射相对于感知的相似度 / 不同度定位 12 种卢瓦尔白葡萄酒的结果的例子。表格为 60 cm × 40 cm。T 为图兰（长相思）；V 为武弗雷（白诗南）（资料来源：Pagès J.，2005）。

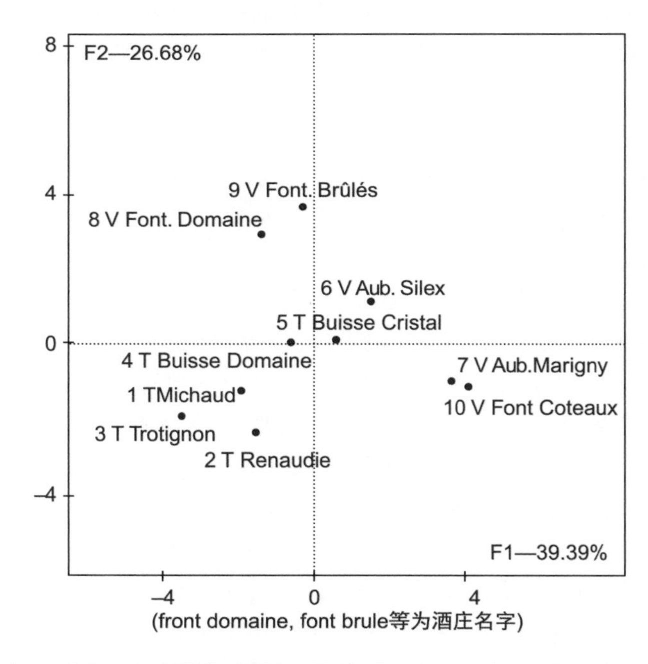

图 5.43　用投影映射的方法对 10 种卢瓦尔白葡萄酒的相对相似度进行了比较。T 为图兰（长相思）；V 为武弗雷（白诗南）（资料来源：Pagès J.，2005）。

辨别性测试的更多细节及其要求、限制和误用请参见 O’Mahony 和 Rousseau（2002）和 Stone 等（2012）。后一篇文章包含有用的例子。

等级排名（Scalar Ranking）

虽然辨别测试可以确定2种或2种以上的葡萄酒是否可以区分，但它们并不能清楚地表示排名。为此，我们常用排名表来表示。然而，大多数排名表在感官分析方面的用处不大，几乎没有提供或几乎没有关于葡萄酒以这种方式排序的原因或偏好差异的大小的信息。因此，可以选择更多信息扩展技术，例如，9点偏好排名（图5.44）。

9点偏好排名呈现一组平衡值，在中性点或中心点的每一边有4项。它通常被用来衡量消费者对产品评价或厌恶的程度。虽然人们倾向于避开一个尺度的两端，但类别之间的间隔表示为相等。如果这样使用的话，它允许被转换为数值（1～9）并用于参数统计分析。除基本指导该如何进行外，不需要其他任何培训。在需要的情况下，可以同时收集人口数据和葡萄酒使用数据。这可能允许分析基于消费者子类别的数据。Lim等（2009）提到了建议在其设计和价值上的改进，并包括评论（Prescott，2009）。

9点偏好排名也可以用来获得关于特定特性的更具体的信息。当这样使用时，通常需要训练。否则，品酒师将以不同的方式解释特性。例如，消费者不太可能对黏度或酒体等术语的含义有一个清晰而共同的理解。收敛性是另一个具有不同含义的术语，它可以被不同的人使用。根据特性，需要制定一系列的锚定点。尽管了解消费者偏好的起源是有用的，但是所需的培训及其修改偏好的可能在这些研究中很少使用偏好表。此外，消费者在测试情境中的感知不太可能准确反映自然（家庭或餐馆）的品尝条件。一如既往，重要的是要认识到任何方法的潜在局限性。在第6章，葡萄酒的定性品评中更详细地讨论了消费者测试程序。

其他检测技术采用标线（图5.45），其中沿

偏好排名

在最能反映你对每一个样品的整体反应的方框中打钩

样品编号 ____________

✧ 样品编号
✧ 特别喜欢
✧ 很喜欢
✧ 中度喜欢
✧ 有点喜欢
✧ 不喜欢也不讨厌
✧ 有点讨厌
✧ 中度讨厌
✧ 很讨厌
✧ 特别讨厌

图5.44 9点偏好排名

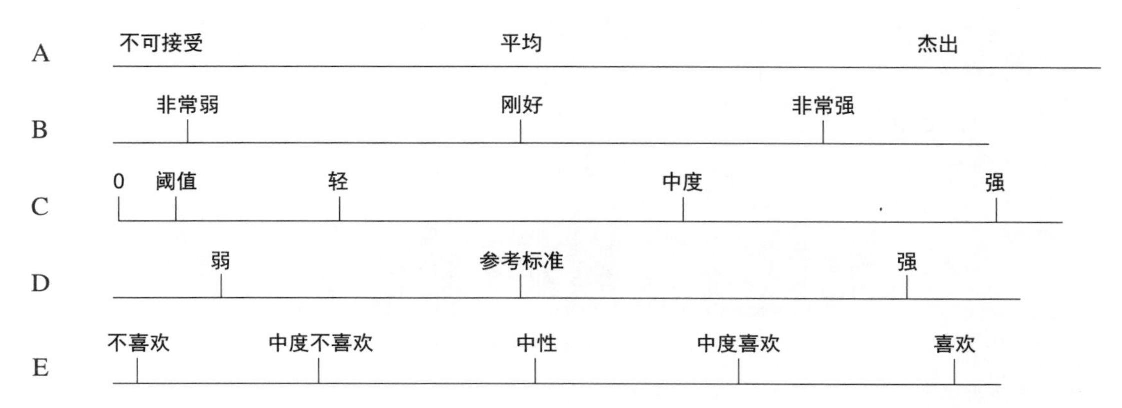

图5.45 标记强度（量级）的类型

线的位置可以转换为数字以进行统计分析。线末端可以用无或非常弱和非常明显和非常强的术语来表示或者强度可以根据某些中心点或标准进行比例缩放直到认为是正常的或最优的。

这种比例标尺的主要缺点是需要时间和精力，特别是当多个特性需要被独立检测时。如果特性的质量和强度在预期范围内发生变化，则会出现其他问题，例如，收敛性或氧化性都是多模式感知，不要将需要测量感知强度的任务与具有明显享乐反应的特性合并或呈现出来，如硫醇。这一点很重要，否则，主观反应可能会扭曲强度测量。重要的是，要认识到从区间尺度导出的值是相对的，并且不太可能代表所评分的特性中的绝对差异。换句话说，在 9 分尺度表上，5 的值可能不是 2.5 的 2 倍。

除了特定的目的，如基础研究、尺度评估很少用于日常的酿酒工艺。培训小组成员所花费的时间和精力很少是合理的。训练通常涉及每个锚点的参考样本。否则，必须使用如普鲁克分析等程序。虽然培训是有益的，但它不太可能克服背景效应，例如，样本的对比和不同测试强度范围的变化。在可行的情况下，可以通过重复样本呈现和提供随机顺序的葡萄酒来最小化情景效应。

触摸屏的引入极大地促进了标量测量的使用。小组成员只是简单地用手指沿着适当的直线滑动条来表示强度或幅度。通常不同特性的线位于彼此之上。除了易于使用外，计算机还可以自动数字化、整理和执行被认为适用的统计程序。

虽然线状刻度经常用于感官分析，但一些研究人员质疑其使用的合理性。例如，Engen 和 Pfaffmann（1959，1960）发现人们在准确识别各种样品的气味强度方面的准确度出奇的差。他们建议的解决方案是用气味亲缘度来代替气味强度（Schutz，1964）。

分类分析（Sorting Analysis）

在另一种鉴别测试中，分类分析用于调查葡萄品种（图 5.46）、地区或葡萄酒风格的现有概念模型。小组成员需要根据相似性将葡萄酒分成 2 个或 2 个以上的组。该技术已用于调查品种的典型性和感官特性（Parr et al.，2010；Ballester et al.，2008；Perrin and Pagès，2009）。因为原型模型与地理典型性的匹配依赖于广泛的经验，并且与相邻区域的重叠相当频繁（Maitre et al.，2010），所以结果不太令人信服。如果不了解任何已证实地区典型性的化学来源，这些结果在指

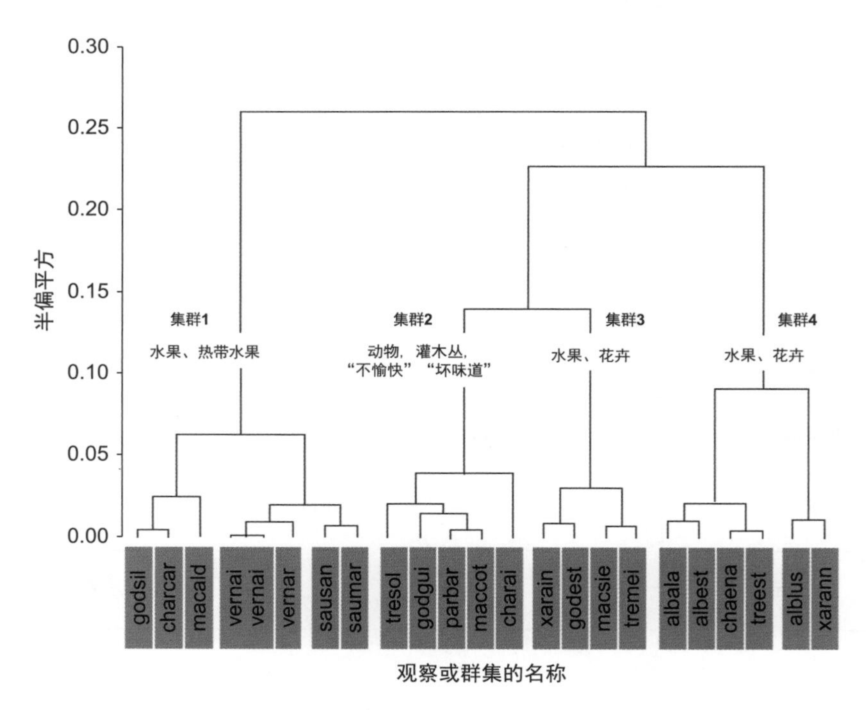

图 5.46　来自品种西班牙葡萄酒（前 3 个字母）和代表性生产者（最后 3 个字母）的分类任务集群组成（资料来源：Campo et al.，2008）。

导葡萄种植者或酿酒师的活动或为消费者提供信心方面几乎没有用处。

描述性感官分析（Descriptive Sensory Analysis）

描述性感官分析试图定量描述食物或饮料的独特感官特性。它演变成一个完整的风味轮廓的分支。然而，就小组培训而言，开发风味特征是耗时的（通常需要几个月），并且通常涉及不需要区分的特征或检测生产过程中的变化。

在葡萄酒中，描述性感官分析主要用作研究工具和质量控制。令人惊讶的是，在书本中，它很少应用于为特定消费者子群体开发设计的葡萄酒。人们普遍认为葡萄酒是自然产生的饮料，而酒窖工匠大师只是大自然的助手。这种手工方式当然有它应有的地位，而且酿造了世界上最好的一些葡萄酒。然而，这种方法也产生了世界上许多平平无奇的葡萄酒。由于对设计好的葡萄酒的需求越来越多，为便于提供质量稳定、功能明确的葡萄酒，以满足日益增长的精明、老练的消费者。此外，倾向于为需要几十年才能表现出最好品质的葡萄酒支付高价的狂热爱好者是很少的。然而，迄今为止，描述性感官分析已大量地应用于研究或鉴别特定品种、特定地区（典型性）或风格独特的葡萄酒的特征（Williams et al.，1982；Guinard and Cliff，1987；McCloskey et al.，1996；图 5.47 和图 5.48）。描述性感官分析也被用于调查影响葡萄酒生产地区的气候特征

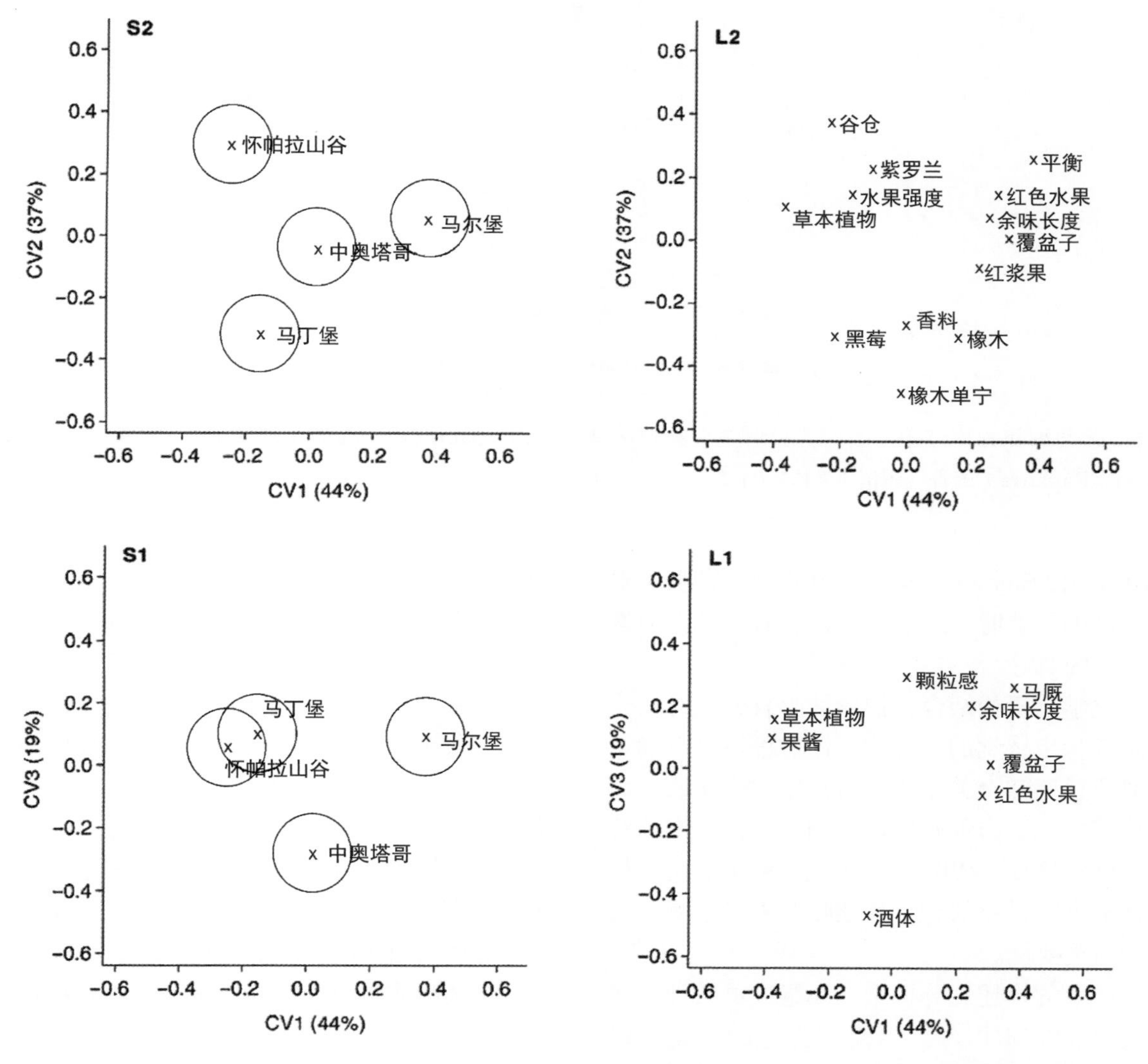

图 5.47 使用规范变量分析（CVA）将黑比诺葡萄酒按地区（中奥塔哥、马尔堡、马丁堡和怀帕拉）进行分离（资料来源：Tomasino et al.，2013）。

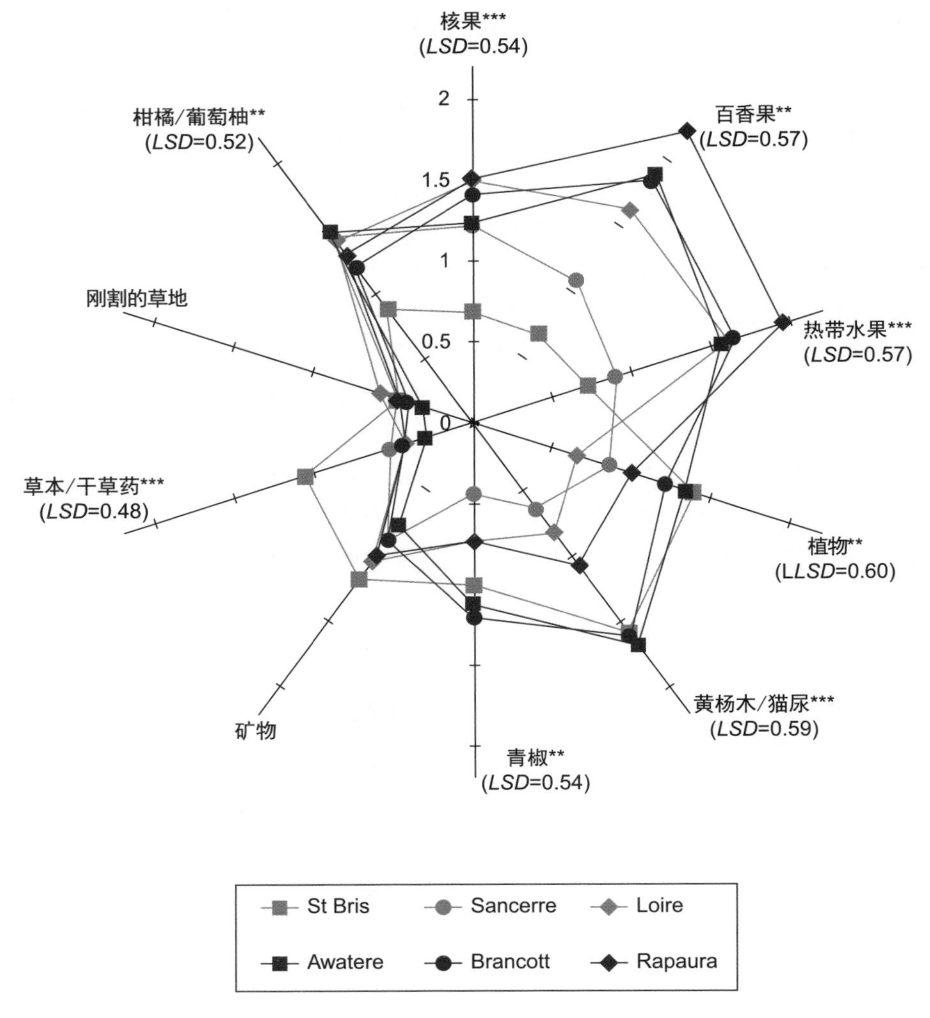

图 5.48　葡萄酒作为原产地（法国与新西兰）和亚区域（法国：Saint Bris，Sancerre，Loire；新西兰：Awatere，Brancott，Rapaura）的香气图谱（资料来源：Parr W.V. et al.，2010）。

（Falcetti and Sienza，1992）。在研究生产技术对感官特性的影响时，最重要的是所有的其他因素要尽可能的对等。

与化学分析相结合，描述性感官分析有助于识别引起特定感觉的化合物。该过程还可以确定那些对质量感知至关重要的特性或化学物质，而且，该技术可以与偏好性研究相结合，探索消费者的偏好。例如，Williams 等（1982）证实了甜度、低酸度、最小的苦味和涩味对不经常喝酒的人的相对重要性。

大多数的描述性分析中，小组成员被训练使用特定的感官术语库。当需要完整的感觉轮廓时，就需要所有相关感觉模型的标准。对于葡萄酒而言，感觉模型包括视觉、味觉、触觉和嗅觉特征。在通常情况下，只要求对特定的香味或味道进行研究。术语不需要完全描述葡萄酒的风味轮廓，只需要描述那些区分样品的特征。因此，确定这些特征是进行关键研究的先决条件。量化涉及对每个特性的感知强度的评分。相应的，小组成员不仅需要学习如何一致和统一地使用术语，而且需要精通强度尺度表的使用。

由于描述性分析是评价葡萄酒的最好和最常用的工具之一，Lawless（1999）认为有必要提请注意其适当使用所依据的假设：

* 气味质量可作为一组独立的嗅觉特性进行分析和测量；

* 每个描述性术语不相关，分别感知；

* 个体特性相对于刺激浓度的感知强度不同

Lawless认为，不管指示如何，最好是让小组成员根据他们的恰当程度而不是强度来评价。这似乎是小组成员经常做的。此外，描述性的葡萄酒术语与命名的嗅觉特征只有松散的相似性，并且可能有重叠。因此，霞多丽葡萄酒的香气可以描述为类似苹果、甜瓜和桃子的香味。然而，与对音乐作品的口头描述充分表达其声音或吸引力一样，这些术语对霞多丽葡萄酒的实际印象很少是公正的。描述符是我们对“最佳适合”的葡萄酒特性寻找的尝试。遗憾的是，在这个过程中，头脑可能会产生不存在的幻象（人造的）。这些顾虑并不否定描述性感官分析在鉴别葡萄酒或描述葡萄酒特性方面的潜在价值，而是给出一个要小心对数据过分解读的理由。蜘形图和其他数据的视觉表现澄清了特性之间的联系，但并不足以代表我们对葡萄酒的看法，不会比地图能更合理地反映一个地区的地理多样性。

描述性感官分析有几种变化，下面只概括了3个最常见的例子：定量描述分析、频谱分析和自由选择分析。对于前两个方法，潜在小组成员的筛选是针对特定属性类别，随后的训练也要针对这一点。相比之下，自由选择分析的小组成员很少进行感官筛选，也不用衡量感官变异性的范围。有关这些技术和工作实例的详细讨论，请参见Stone等（2012）。

前两个步骤的描述性词汇开发需要相当多的注意力，并且在一定程度上区分了定量描述性分析和频谱分析。此外，感官特征往往根据相关性归类（公认的），确定每个特性的定义、准备参考样本，然后培训成员对它们的使用以及如何评价强度（或适当程度）。术语不应重叠或冗余，并应构成主要属性（如苹果、荔枝、橡木、蘑菇）与集体/整体术语（如平衡的、芳香的、丰富的）允许清晰地阐明所区分葡萄酒的差异，并足够明显可以按类型对葡萄酒进行分组，在状况理想时可以用标准进行表示（Civille and Lawless，1986）。

对于定量描述和频谱分析，允许小组成员在需要分辨或确认时参考标准。虽然参考标准是首选，但没有接受的参考并不一定要排除它的使用。目前，标准应该只显示品鉴的意图，而不会具有额外的特性来混淆品评者。它们也应该具有足够细微的差别，以避免感官相互作用或疲劳。同样重要的是，标准在实验期间要保持稳定。如果需要更换，小组应该对替换标准的可接受性接受询问。当不使用时，通常标准样品是被冷藏和储存在无氧气条件下，但可以使用氮气作为顶部空间气体和加入少量的抗氧化剂，如二氧化硫（～30mg/L）。环糊精的加入是延长标准样品使用寿命的另一措施。

当新的小组成员被纳入时，参考标准相同是必需的。他们允许新成员获得合适术语使用的必要经验。参考标准在培训成员进行频谱分析时尤其重要，因为成员不参与术语开发。

通过定量描述性分析，成员们努力在能够充分代表葡萄酒独特特性的描述符上达成共识（McDonnell et al.，2001；Lawless and Civille，2013）。培训的持续时间通常与所需的辨别程度成正比（Chambers et al.，2004）。每个示例都分别分析，每个特性逐一分析，并在不同场合进行分析。数据通常采用方差分析。

培训是在一个领导者的监督下进行的，该领导者指导和组织讨论，试图避免围绕最初的意见而产生分歧（Lamm and Myers，1978）或者支持一个或多个主导成员的观点。领导不直接参与术语开发或品尝，否则，先验知识可能会使所选择的特性和使用的术语产生偏见。领导者的职责仅限于鼓励富有成效的讨论，组织测试和分析结果。虽然特定的术语和特定的标准会联系在一起，但最初可能会使用一系列描述性术语来鼓励成员搜索该描述符的核心特性。例如，苯甲醛可以被描述为具有樱桃核、野樱桃和杏仁油的元素。Homa和Cultice（1984）已经注意到小组反馈和多样化的描述性会促进学习。如果成员发展自己的术语，而不是使用陌生的技术术语或化学名称，培训通常会更短。随后小组成员使用这些描述符来评估葡萄酒，并确定它们的效果（没有混淆或冗余），并确定哪些术语是最具分辨性的。这里面通常包括在使用相同的葡萄酒进行多次试验后对品尝结果的分析。只有这样，特性的数量才能减少到实际需要的数量。这种分析还可以对成员的术语使用情况进行衡量。在这个阶段，不一致的品评者应该从小组中移除。提前淘汰是不合适的，因为队员们还在训练阶段。

表 5.17 展现了一种研究术语有效性的方法。评语 – 葡萄酒（Judg wine，J x W）相互作用的显著性（在薄荷 / 桉树、泥土和浆果口腔风味这几个术语之间）表明了术语使用中不可接受的水平变化。这些特性随后被消除。高水平的单个评委 – 葡萄酒互动可以说明品评者使用术语是不一致的。

表 5.17 （7 个评委）对黑比诺葡萄酒特性评分的差异分析：自由度、检验值、错误平均方差

	检验值						
	评委（J）	代表（R）	葡萄酒（W）	评委代表	评委的葡萄酒	代表葡萄酒	错误平均方差
红色	30.74***	0.02	61.17***	0.90	1.12	1.97**	94.87
新鲜浆果	37.30***	0.08	2.61***	0.59	1.17	1.15	198.73
果酱	70.34***	2.20	2.90***	0.28	1.32*	0.85	150.17
樱桃	71.91***	0.35	2.7***	0.39	1.42*	0.83	130.65
李子	72.46***	0.23	1.39	0.66	1.21	1.38	147.57
香料	130.64***	1.17	1.78*	1.82	1.28	0.99	89.32
薄荷 / 桉树	121.27***	0.90	2.32***	0.55	2.10***	1.40	105.02
泥土	121.47***	1.33	5.28***	1.03	1.64***	1.93**	125.67
皮革	56.59***	0.63	2.39***	0.98	1.17	0.85	181.54
植物	102.28***	0.01	4.74***	2.64*	1.38*	0.77	130.74
烟味 / 柏油	110.38***	0.07	4.02***	2.81	1.19	1.22	129.90
浆果口感	36.05***	3.67	2.21**	1.79	1.55**	0.92	171.75
苦	111.21***	5.72*	3.83***	2.22*	1.19	1.06	134.94
涩	128.78***	0.29	5.05***	1.45	1.24	1.62	146.91
自由度	6	1	27	6	162	27	162

注：来源 Guinard and Cliff，1987 授权转载。

*、**、*** 显著性分别为 $P<0.05$、$P<0.01$、$P<0.001$。

另一个方法涉及相关矩阵。它可以突出术语冗余的发生。例如，表 5.18 说明了新鲜浆果和果酱、皮革和烟味与收敛性和苦味等特性高度显著相关。后者当然是意料之中的，因为引起涩味和苦味的化合物是类似且通常相同。然而，在这种情况下，显著相关并不表示术语冗余，因为它们都是指不同的感觉现象。来自感官分析的数据必须评判性地且只能与其他信息相关联地去解释。

表 5.18 用于区分黑比诺葡萄酒的描述性术语 ($df = 26$) 之间的相关矩阵

术语	1	2	3	4	5	6	7	8	9	10	11
1. 红色	1.00										
2. 新鲜浆果	–0.05	1.00									
3. 果酱	0.01	0.60***	1.00								
4. 樱桃	0.13	0.71***	0.42	1.00							
5. 李子	–0.22	–0.22	0.04	–0.19	1.00						
6. 香料	0.32	0.29	0.27	0.47	–0.25	1.00					
7. 皮革	0.18	–0.50**	–0.45	–0.28	0.14	0.10	1.00				
8. 植物	–0.46*	–0.57**	–0.27	–0.61***	0.51	–0.54**	0.11	1.00			

续表 5.18

术语	1	2	3	4	5	6	7	8	9	10	11
9. 烟味 / 柏油	0.46*	–0.66***	–0.41*	–0.35	0.04	0.20	0.70***	0.15	1.00		
10. 苦	0.09	–0.14	–0.14	–0.08	0.35	0.04	0.35	0.10	0.27	1.00	
11. 涩	0.57***	0.00	0.00	–0.02	–0.04	0.23	0.23	–0.27	0.36	0.61***	1.00

注：来源 Guinard 和 Cliff，1987 授权转载。

*、**、*** 显著性分别为 $P<0.05$、$P<0.01$、$P<0.001$。

频谱分析为小组成员提供了预先选择的需要进行测量的特性、参考标准和确定的强度尺度范围。在辨别特性已知且葡萄酒相对一致的情况下，培训时间可以减少。如果实验者只对特定的葡萄酒特性感兴趣，频谱分析也很合适。然而，这样做的风险是小组成员可能会使用词汇以代表没有出现在指定术语（倾泻现象）中的特性。术语使用方面的培训类似于定量描述性分析。

尽管经过培训和筛选，无论定量描述，还是频谱的方法，都会遇到术语使用不一致的相关问题。此外，一些研究人员思考了在术语发展，个人化术语使用过程中的有关极化的问题，甚至正确地描述符集是否可能（Solomon，1991）。为了消除这些顾虑，可以自由选择分析。在自由选择分析时，小组成员被允许使用他们自己的术语。虽然训练降到最低，但是品评者仍需要时间来获得葡萄酒的经验，发展他们自己的词汇，并熟悉强度等级表的使用。同样数量的术语使分析更简单，但不是强制性的。这是假定（正确与否）小组成员具有相同的感觉，即使他们的术语和强度等级的使用不同。

如前所述，与自由选择分析相关的一个担忧来自对所涉及数据的复杂调整。在广义普鲁克分析中（Oreskovich et al.，1991；Dijkster-huis，1996），算法涉及数据的旋转、拉伸和收缩来寻找的共同趋势。因此，有可能在不存在的情况下产生关系（Stone et al.，2012）或者合理的变量被消除（Huitson，1989）。此外，将生成的轴与特定的感觉特性关联起来可能很困难。通常这种方法需要将数据与来自感官分析或化学分析的信息相结合。另一种方法涉及全局方分析（Symoneaux et al.，2012）。

通常，自由选择分析用于消费者小组，允许得出一些初步的结论。在理想情况下，这些数据应进行额外的评估以验证结论可靠性。此外，自由选择分析避免了与描述性词汇习得的相关问题及其在训练期间与感官改变的潜在联系。对于专业品酒师（酿酒师）来说，自由选择品鉴法也被认为是一种可以用于确定地区或品种葡萄酒的典型性的简单程序或用于传统感官研究的词汇生成准备阶段（Laurence et al.，2013）。

一种称为快速描述的变种技术（Delarue and Sieffermann，2004）具有比其他类似方法更省时的优点，参与者按顺序排列产品。虽然他们仍然使用自己的术语，但鼓励参与者使用特定的感官特性而不是享乐概念。这种技术在项目开始时为传统的描述性分析选择最合适的术语是非常有用的。最近，它已与投影映射相结合以提高这两种技术的价值（Liu et al.，2016）。抵消消费者偏好的另一种方法是分析每位参与者对葡萄酒的排名或分数，而不是对数据进行平均统计，然后，用方差分析等方法对差异进行统计学研究，以获得差异的显著性。

所有的分析程序都试图降低成员的差异或通过成员选择或使用多维数学模型（如普鲁克分析）。随之而来的不利之处是数据可能与具有不同感知的群体无关的可能性加大。

大多数描述性分析中的一个基本要素是强度评分。在定量描述性分析中，小组成员在线性尺度上标注强度。在传统上，这包括一条长 15 cm 的线，在其两端各垂直放置 2 条 1.27 cm 的线。每条垂直线上方是表示强度和方向，需要提供极端评价的例子。在频谱分析中，可以采用几种类型的尺度。针于特定的感官特性，通常提供特定的数字锚定。在自由选择分析中，使用单一类型的线性比例。在所有程序中，强度指示都转换为数值以进行分析。

适用于描述性感官分析的品尝表的实例在图 5.49 和图 5.50 中给出。图 5.49 说明了几种感官特性的强度尺度的使用。图 5.50 涉及对大量葡萄酒进行分类简化，这超过了传统感官分析程序可以轻松评估的范围。在后一种情况下，小组成员从最能区分单个葡萄酒的 10 个特性的列表中选择最多 5 个术语。使用频率（对适当性的度量）被用来描述葡萄酒的特性。

所有方法都包含重复试验，通常认为 3～5 次重复是最低限度的。大多数小组由 10～20 位成员组成。

葡萄酒：________________　　日期：________________

特性	相关强度范围*
风味	低 ———————————— 高
浆果	|————————————|
黑醋栗	|————————————|
绿豆子	|————————————|
草本	|————————————|
黑胡椒	|————————————|
柿子椒	|————————————|
单宁	|————————————|
橡木	|————————————|
香草	|————————————|
皮革	|————————————|
雪茄	|————————————|
味觉/口感	
酸	|————————————|
苦	|————————————|
收敛性	|————————————|
酒体	|————————————|
平衡	|————————————|

图 5.49　波尔多葡萄酒调整的描述性感官分析品尝形式示例。* 在横线上旋转成一条垂直线，以更好地说明如何评价特性的强度。

名称：____________________　　　　日期：____________________

葡萄酒#:________　　特性#:* ________，________，________，________，________

葡萄酒#:________　　特性#:* ________，________，________，________，________

葡萄酒#:________　　特性#:* ________，________，________，________，________

葡萄酒#:________　　特性#:* ________，________，________，________，________

葡萄酒#:________　　特性#:* ________，________，________，________，________

葡萄酒#:________　　特性#:* ________，________，________，________，________

葡萄酒#:________　　特性#:* ________，________，________，________，________

葡萄酒#:________　　特性#:* ________，________，________，________，________

葡萄酒#:________　　特性#:* ________，________，________，________，________

葡萄酒#:________　　特性#:* ________，________，________，________，________

葡萄酒#:________　　特性#:* ________，________，________，________，________

葡萄酒#:________　　特性#:* ________，________，________，________，________

葡萄酒#:________　　特性#:* ________，________，________，________，________

葡萄酒#:________　　特性#:* ________，________，________，________，________

图 5.50　多种葡萄酒描述性分析打分卡。* 使用 2～5 个名单中的术语来描述每一种葡萄酒样品，例子中给出的是 2 种葡萄酒品种。霞多丽葡萄酒：苹果味、柑橘味、麝香味、水果味、黄油味、蜂蜜、焦糖、橡木、草木、中性；赛美容葡萄酒：花香、酸橙、凤梨、蜂蜜、坚果、草味、焙烤味、烟草、烟熏味、橡木味。

从这些过程中生成的数据通常被可视化为极坐标图（雷达图、蜘形图、蛛网图）。距中心的距离代表每个特性的平均强度值（图 5.48）。如果使用相关系数来定义连接强度值的线之间的角度，还可以显示其他信息（图 5.51）。这种展示方式适用于最多 5 个特性比较（特别是以不同颜色显示时），但在比较更多特性时会在视觉上变得混乱。在这种情况下，可以将统计方法用于减少每次比较中涉及的点数。在处理大型数据集时，多元分析会变得非常有价值，而且合理（Meilgaard et al.，2006）。每个感知特性可以被视为多维空间中的一个点，其坐标是成分特性的大小。多元分析有助于突出最具判别性的特性。

极坐标图已经成为表示描述性分析数据的流行手段。然而，在对数据的简单解释中，极坐标图应该谨慎使用。这些数据代表了小组成员用来区分葡萄酒的感官特性，而不是特征化葡萄酒的特性。在这方面，它们类似于植物分类学中使用的花卉图（Ijiri et al.，2005）。后者突出了一朵花的显著特征，但肯定不能代表花的整体印象。此外，极坐标图的观察者无法获得特定的术语及其物理参考标准。因此，极坐标图在任何理解消费者感知中使用都是非常令人疑惑的。因为消费者很少分析葡萄酒或很少评估不同口味特性的相对强度。

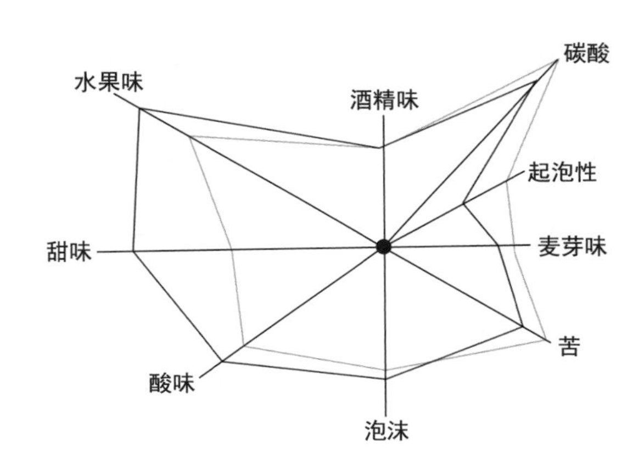

图 5.51　2 个样品的定量描述性分析：距离中心的距离为该特性的均值，外线之间的角度由相关系数导出。往授权转载自 Stone H., Sidel J., Oliver S., et al., 1974. Sensory evaluation by quantitative descriptive analysis. Food Technol., Nov. 24-34, reproduced by permission.

主成分分析是一种分析程序，经常用于可视化多个特性之间的相关性。图 5.52 提供了一个例子。其中，霞多丽葡萄酒的桃子、花香和柑橘香气显示出密切相关（感知相似），但与胡椒香气（第一个主成分）呈负相关（很少相关）。第二个主要成分说明了甜味和香草味之间的独立关系，它与苦味的存在成反比关系。这些关联可以用常规直方图表示，但不太明显，并且不提供相关性的定量指标。把平均数据与单个葡萄酒的数据组合可以证明特定的葡萄酒是否具有特定的风味特征（如 Carneros Pinot noir，图 5.53）。主成分分析也可用于表明哪些特性不够具有辨别性，可能会从后续研究中剔除。Luciano 和 Naes（2009）阐述了主成分分析与方差分析的结合。

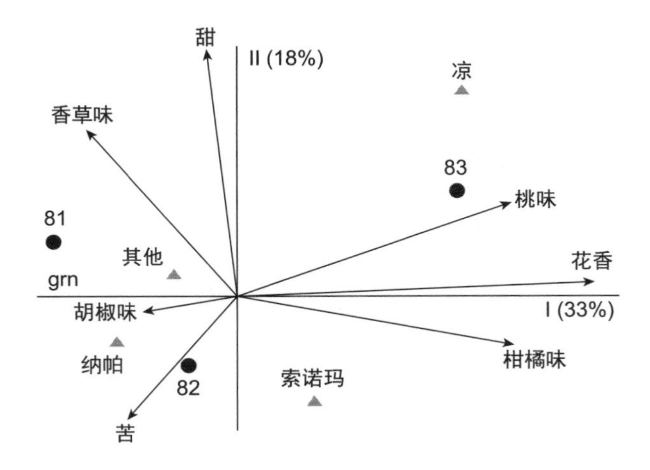

图 5.52　霞多丽葡萄酒主成分分析在主成分 I 和主成分 II 上投射感觉数据。特性载荷（向量）和平均因子得分为葡萄酒从 1981 年开始，1982 年和 1983 年（●）和纳帕、索诺玛、凉爽的地区和其他地方（▲）。经授权转载自 Reproduced from Noble, A.C., 1988. Analysis of wine sensory properties. In Wine Analysis (H. F. Linskens and J. F. Jackson, Eds.), pp. 9-28. copyright Springer-Verlag.

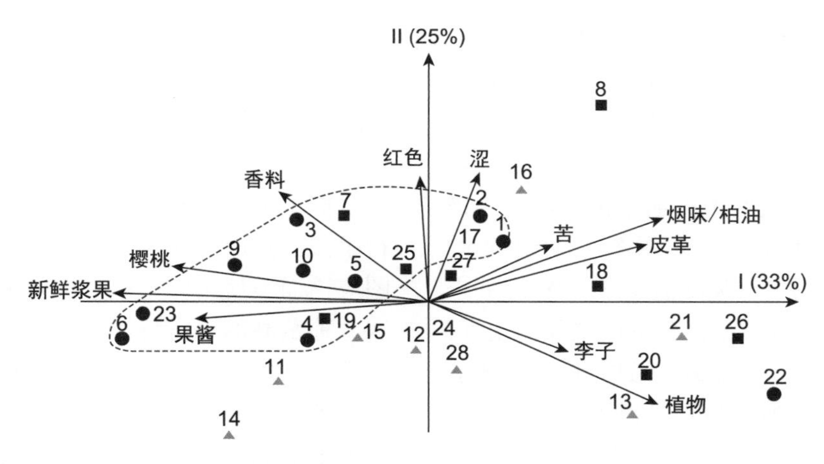

图 5.53　来自 3 个区域：卡内罗斯（●）、纳帕（■）和索诺玛（▲）28 种黑比诺葡萄酒平均评级主成分分析。经授权转载自 From Guinard and Cliff, 1987, reproduced by permission.

在生成学术上有趣的信息的同时，这些过程可能会对专家组造成负担。一方面，如果没有明确指出数据与改进葡萄酒生产或其他实际目的的相关性，成员热情的维持可能会减弱并且可能会引起疲劳，两者都可能导致定性数据变差。另一方面，如果消除了太多的特性，对小组成员来说可能是个负面消息，这就表明在准备特性列表上花费的大量精力是没有用的。研究人员和任何人一样都需要良好的沟通技巧。

聚类分析是另一种统计工具，可用于突出感觉因素之间的定量关系。通常这些类似于树枝（图 5.46）分支之间的连接表示相关程度。尽管如此，它在葡萄酒分析中几乎没有用处。

迄今为止，描述性感官分析主要用于区分或分类葡萄酒组，这种局限性令人遗憾，尤其是考虑到其中涉及的时间和精力。例如，图 5.53 中对这些关联性原因的调查本可以提供特别有用的信息。但这些关联性的产生是由术语冗余，相关化学物质、克隆起源或统一的酿酒工艺造成的吗？这同样揭示了为什么某些特性是反向相关的，也可以揭示为什么某些属性是负相关的。（图 5.52）。

描述性感官分析的潜力在 Williams 等（1982）和 Williams（1984）的著作中得到了说明。其中偏好数据与特定的芳香和物质相关。如果将葡萄酒的化学成分与消费者的偏好联系起来可能会导致旨在吸引消费者和 / 或强调品种或风格特征的生产变化。设计葡萄酒可能与酿酒的浪漫形象不符，正如某些人对庄园、地区或生产者的某种理想化印象一样，会生产出更可口、更令人愉快的葡萄酒。它也能带来很高的回报。“葡萄酒冷却器”的成功就是一个明显的例子。它还可以防止金融资本的影响进入地窖。

偶尔需要使用感官分析的一种情况是培训酿酒师。酿酒师必须培养敏锐的感官技能。调制混合酒需要评估每种葡萄酒的感官特性以及它们如何在组合中相互作用。虽然混合仍然是一门艺术，但它的基础是了解葡萄酒的不同特性并把它们如何结合起来，以提高其积极品质，并尽量减少任何不足。描述性感官分析所需的高度集中和审查为年轻和经验丰富的酿酒师都提供了极好的学习体验。

时间 - 强度分析和感觉的时间优势评价（Time-Intensity Analysis and Temporal Dominance of Sensation）

上述方法的一个不足之处是没有任何迹象显示评估的感觉的时间动态。时间强度（TI）分析通过评估各种特性强度随时间的变化部分抵消了这种不足，特别是味觉感知（Lawless and Clark，1992；Dijksterhuis and Piggott，2001）以及后鼻窦气味（图 3.35）。这项技术要求专家记录了在品尝过程中特定感觉的强度是如何变化的。计算机的使用极大地方便了数据的记录，当屏幕以恒定速率向左移动时，光标在监视器上的垂直定位指示强度。

如图 5.54 所示，感知动力学的 4 个基本方面得到了区分，即达到最大强度所需的时间、最大感知强度、感知持续时间以及感知的时间动态。这些特征因人而异，但对个人来说是相对恒定的。

该技术特别适用于量化特定呈味物质的个体和群体反应动力学，无论是在水或类似葡萄酒的溶液中。因此，它在研究口腔感觉的动力学中具有相当大的用途。例如，TI 研究已经发现了甜味、酸味、苦味和涩味的明显差异感知（至少在

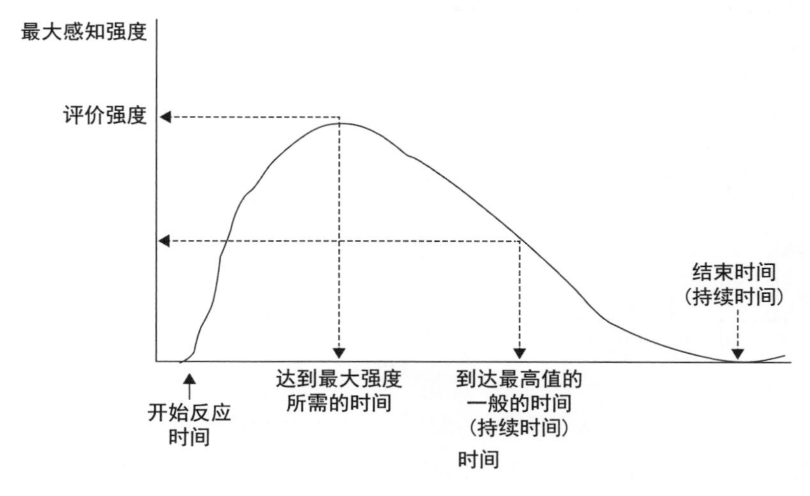

图 5.54　时间 – 强度标度（资料来源：Lawless and Clark，1992）。

受控的实验室条件下）。该技术已广泛用于设计具有特定味道的食物。

TI 方法在葡萄酒的应用有更多问题。葡萄酒的化学反应常常以复杂和未经预料的方式改变味觉感觉［第 4 章，口腔感受、（味道和口感）］。无论如何，TI 的研究可以为不同的混合物如何影响特定消费群体的感知提供信息。对苦味感的延迟以及对各种涩味品质的检测的调整可以使红葡萄酒对大多数消费者更具吸引力。TI 方法还可以揭示葡萄酒与食物一起饮用后如何改变味觉的细节。例如，与激活口腔三叉神经的各种成分一起，其总味觉强度和甜味都降低了（Lawless et al.，1996）。这可能与特定食物和葡萄酒搭配的方式有关（第 9 章，葡萄酒和食物的搭配）。为了应对一些呈味剂的多种定性特性以及它们延迟的后遗症，对 TI 方法进行了一些修改，包括了设计用于同时、连续或主要研究回味特性的 2 个或多个特性的技术（Obst et al.，2014）。

一般来说，浓度对达到最大知觉强度所花费时间的影响是有限的，尽管它确实影响持续时间。因为葡萄酒通常在取样后不久就会被吐出，所以这个传统必须被调整以研究其适应性。通过这样做，可以证明增加浓度可以延迟适应的开始（图 5.55），还必须改变吐酒的时间，以研究重复接触对收敛性等特征的影响（图 5.56）。迄今为止，该方法很少用于研究风味物质之间的相互作用或风味和嗅觉化合物对味道感知的联合影响。有关 TI 分析的小组培训的详细信息请参见 Peyvieux 和 Dijksterhuis（2001）。

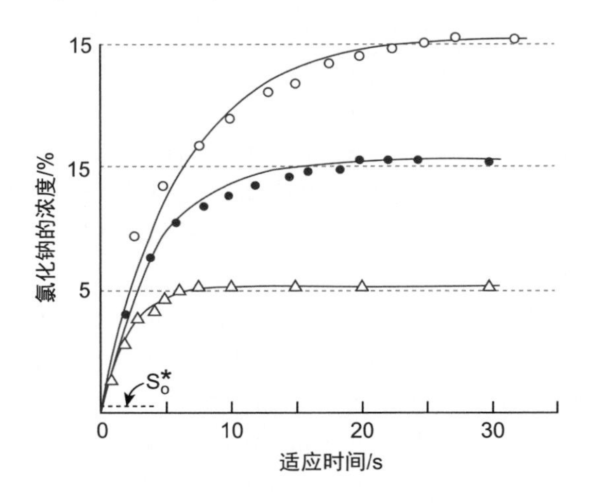

图 5.55　在 5%（△）、10%（●）和 15%（○）氯化钠的刺激下，30 s 阈值的适应性，不适应的阈值是 0.24%，测量点来自 Hahn（1934）（资料来源：Overbosch P.，1986）。

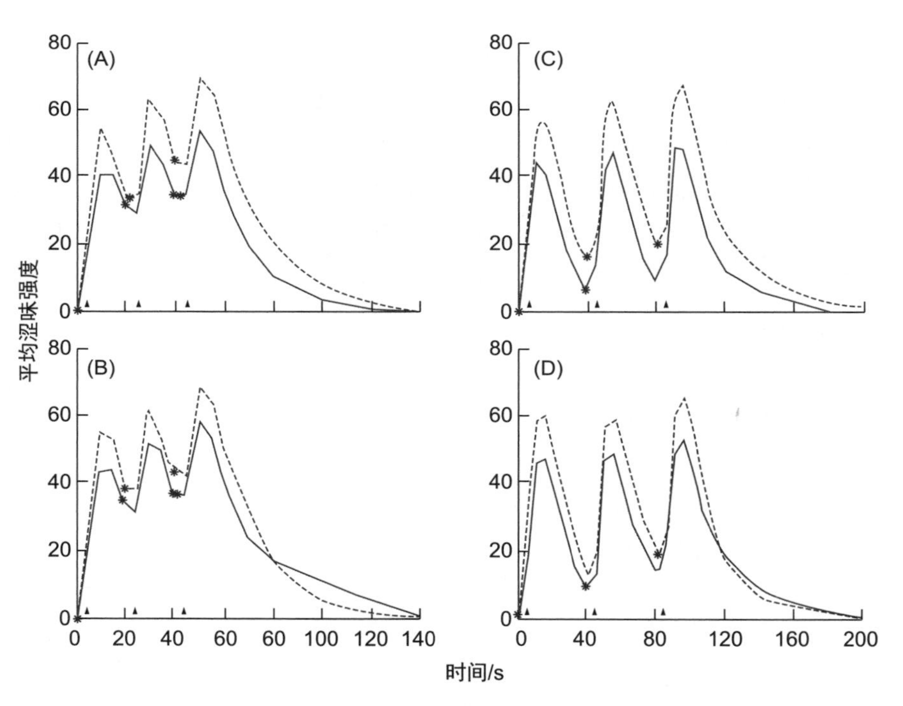

图 5.56　在添加了 0（—）和 500（---）mg/L 的单宁酸的葡萄酒中，3 次连续摄入后涩味的平均时间强度曲线（TI）：8 mL 样品，每次间隔 20 s（A）；15 mL 样品，每次间隔 20 s（B）；8 mL 样品，每次间隔 40 s（C）和 15 mL 样品，每次摄入间隔 20 s（D）。样品摄取和吞咽分别用星号和箭头表示（n=24）（资料来源：Guinard et al.，1986）。

虽然 TI 对感知的本质提供了有价值的见解（Lawless and Heymann，2010），但它并没有描述不同的口腔感觉如何在品尝体验或结束时发生动态变化。如第 1 章导言中所述，Vandyke Price（1975）提出了一种原始的 TI 记录形式，即在可视化的品尝过程中记录葡萄酒风味的动态变化（图 1.7）。其最接近的专业技术是时间感觉顺序（Duizer et al.，1997）和渐进式分析（DeRovira，1996）之类的技术。

关于感知动力学的另一种观点是引用频率（Campo et al.，2010）。其不同之处在于它不是所记录的特性的强度，而是品尝小组提到它们的频率（图 5.57）。引用频率似乎更适合需要更好地表现复杂香气的情况。

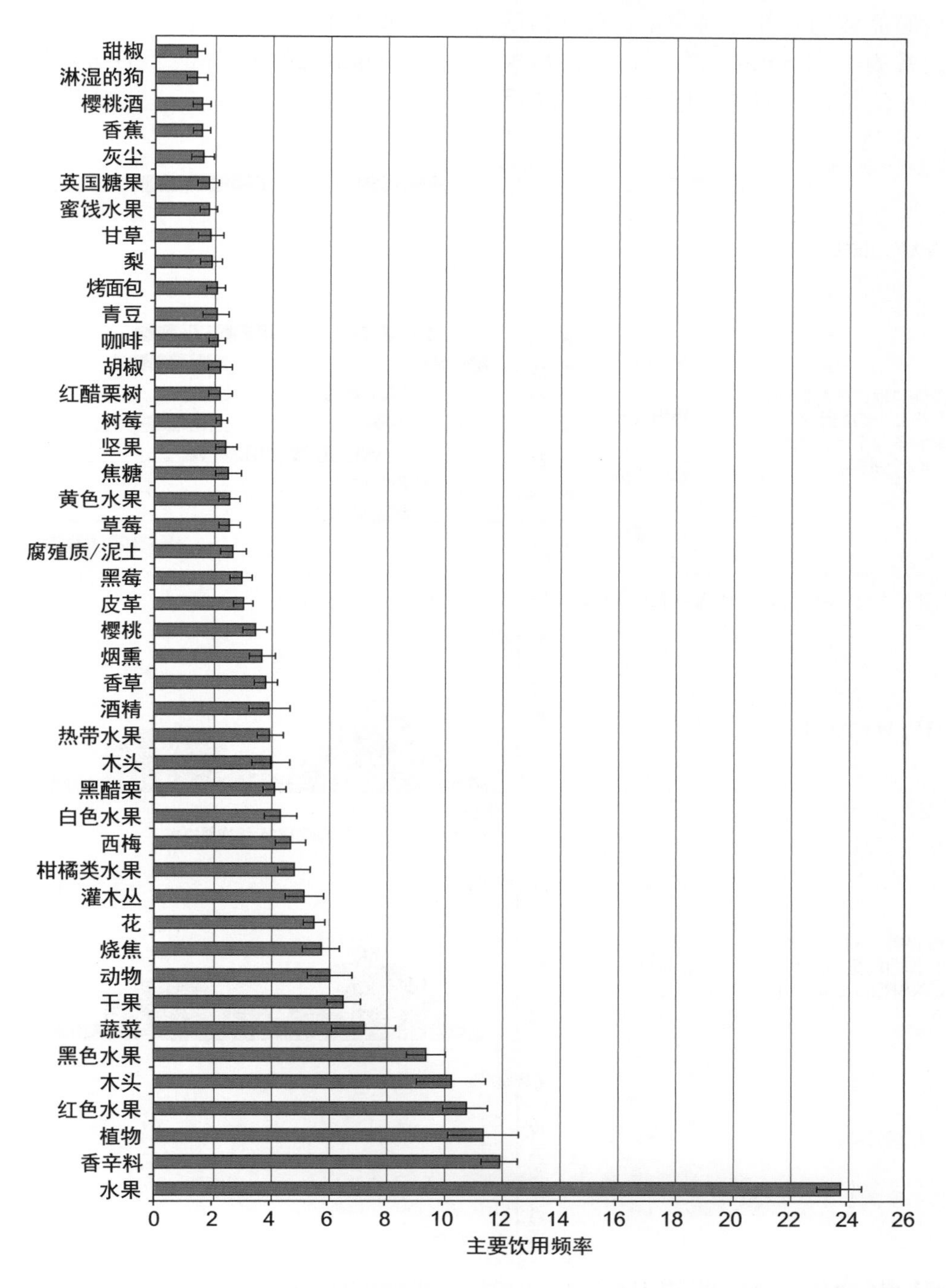

图 5.57　利用气味特性的引用频率平均值来研究葡萄酒。误差计算 $s/(n)^{1/2}$、（s）标准差、（n）样本数量（资料来源：Campo E. et al.，2010）。

一种日益流行的技术，部分基于引用频率，被称为暂时性感官支配分析法（TDS）（Pineau et al.，2009）。当食物或酒在口中时，它可以几乎同时评估一系列特性的感官动态。小组成员被指示使用光标（在电脑屏幕上）在任何时间点记录最主要（明显）的感觉，（在与每个特性相关的条形图上）记录其强度，并继续记录这些感觉在口腔品尝期间的任何变化。对葡萄酒来说，它通常为1～1.5 min。在任何时候最主要的感觉不一定是最强烈的。因此，该方法反映了这样一个事实：在品尝过程中，人们的感知常常从一个特性转移到另一个特性，强度也是一样，品尝可以重复。为了避免列出特性的序列影响结果，每个品评者和每次课程中样品的顺序是随机的，随后对数据进行整理、分析和准备用于图像展示。其结果显示，随着时间的推移，小组对所有明显特性的感知（图5.58）可以添加条形以指示统计上显著水平。Meyners和Pineau（2010）提供了TDS数据统计分析的工作实例。

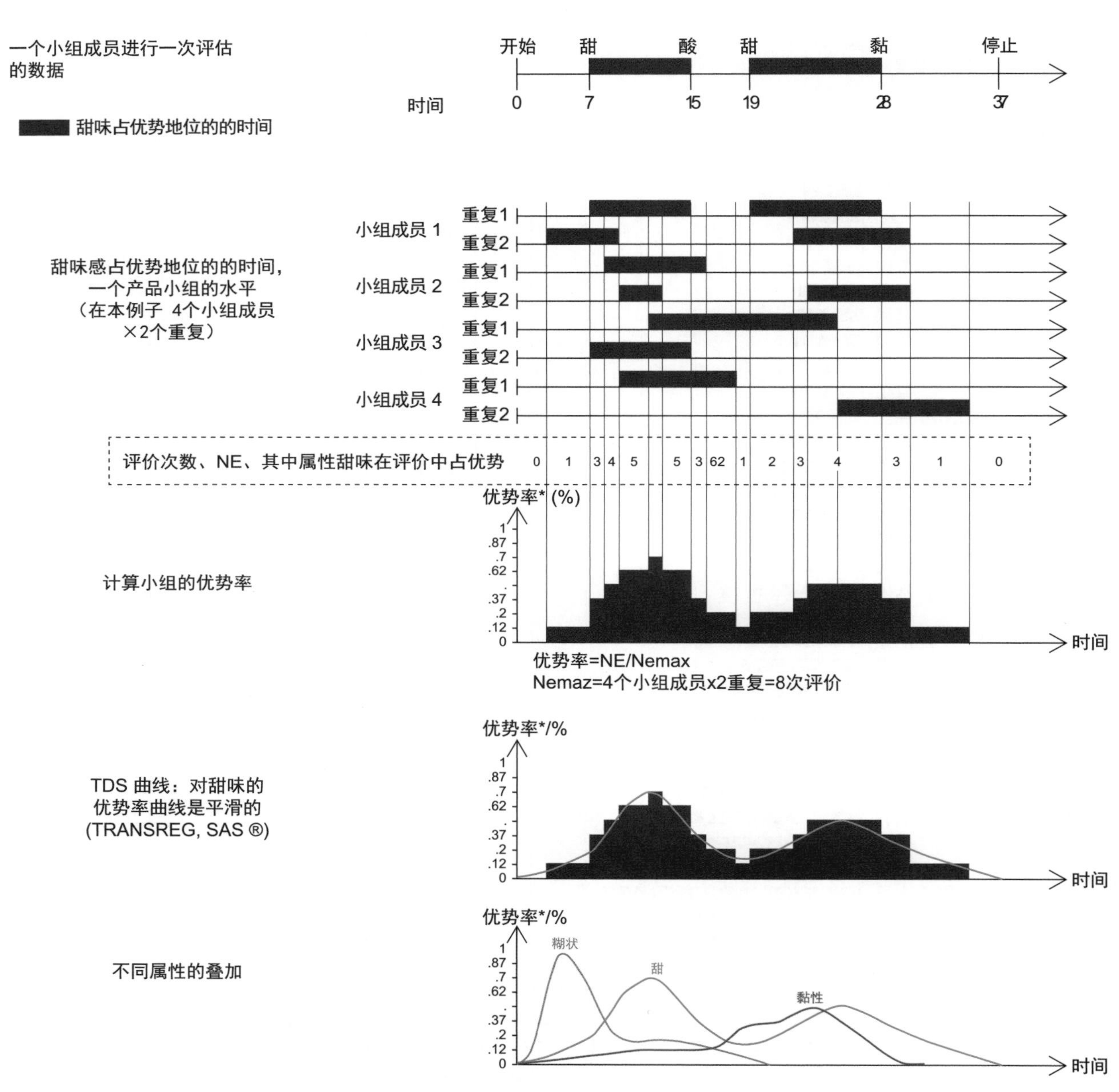

图5.58 计算暂时性感官方支配分析法（TDS）曲线的方法（资料来源：Pineau N. et al.，2009）。

同时评估多个特性可以最大限度地减少关注单个特性的潜在缺点，即夸大其重要性或存在或导致其他效果，如光圈效应。这种情况在葡萄酒特别常见，其中，许多特性是复杂的（如收敛性）或可能影响其他形态的表达。TDS 最强大的优势之一是它记录了对爱好者非常重要的特性，即风味的发展和余味。

毫不奇怪，TDS 在解释葡萄酒感官动力学的复杂性（Meillon et al.，2010）以及葡萄酒生产技术对这些特性的影响（Sokolowsky et al.，2015）方面显示出了显著的潜力。图 5.59 说明了酒精去除（A-D）和糖添加（E）对单个特性以及它们的整体（复杂性）的复杂感知影响。图 5.60 和图 5.61 展示了 TDS 如何补充标准强度

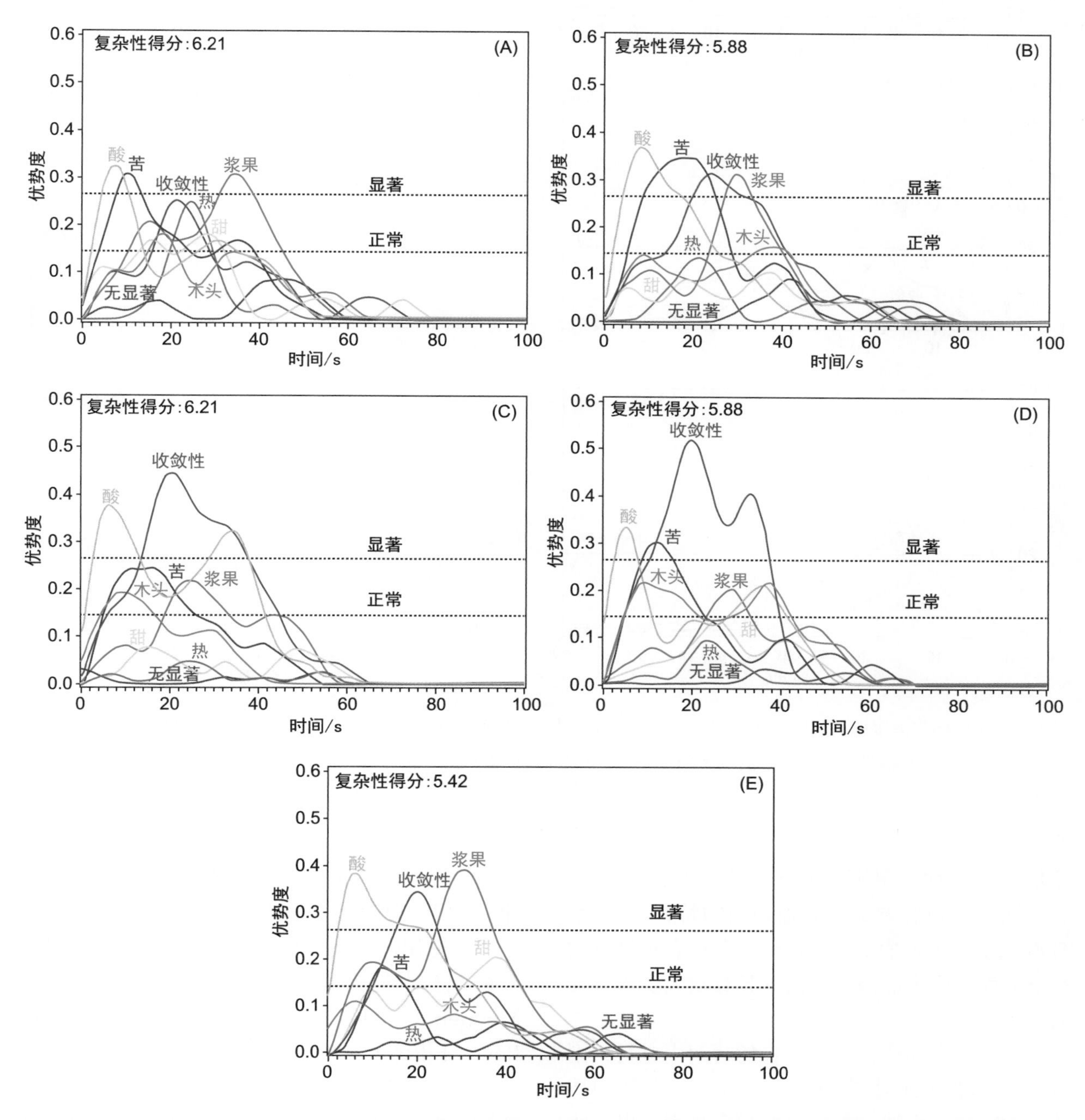

图 5.59 使用暂时性感支配分析法（TDS）分析酒精减少对西拉葡萄酒的多种感官特性的影响。未调整的葡萄酒（13.5% 酒精）和脱醇葡萄酒中添加酒精（A）：11.5%（B）、9.5%（C）、7.9%（D）、7.9%（E）、含 8.44 g 糖（资料来源：Meillon S. et al.，2010）。

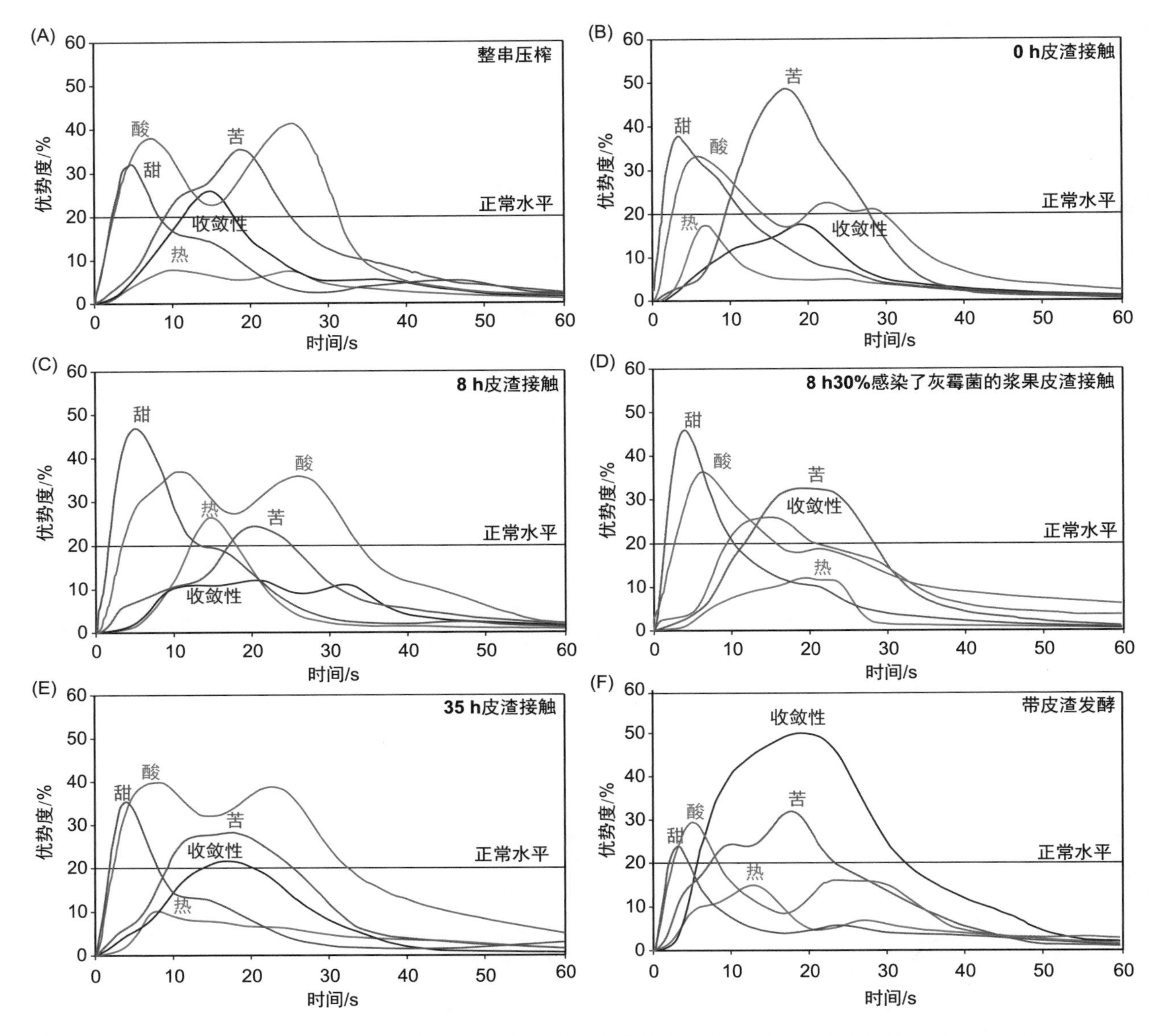

图 5.60　不同的皮渣接触时间对 2010 年琼瑶浆的影响。果汁来自整串压榨（A）、0 h 皮渣接触（B）、8 h 皮渣接触（C）、8 h 30% 感染了灰霉菌的浆果皮渣接触（D）、35 h 皮渣接触（E）、带皮渣发酵（13×3 复制）（F）（资料来源：Sokolowsky M. et al.，2015）。

评估。在这种情况下，不同的皮渣接触时间就会不同程度地影响琼瑶浆葡萄酒的特性。因此，TDS 似乎在了解葡萄园和酒厂工艺的各种修改的影响方面有巨大的潜力，这是具有重大现实意义的问题。

如果品尝和评估在足够长的时间内进行，则 TDS 还具有表示特性的潜力，例如，发展和持续时间。每一个评价都可以按顺序排列，以说明品尝过程中的变化。TDS 还通过检测葡萄酒被吐出后味道的变化用来详细描述葡萄酒余味的变化。由于 TDS 的广泛使用以及它在实际葡萄栽培中的适用性，确保品尝小组的表现是准确和一致的就变得更为重要。这方面的研究可以参考 Meyners（2011） 和 Lepage 等（2014）。 在 Le Révérend 等（2008）和 Pineau 等（2012）中找到 TI 和 TDS 评估的比较。他们发现在研究单个特性的时间动力学时，TI 优于 TDS，而 TDS 更擅长在时间的影响下提供整个产品的感知。

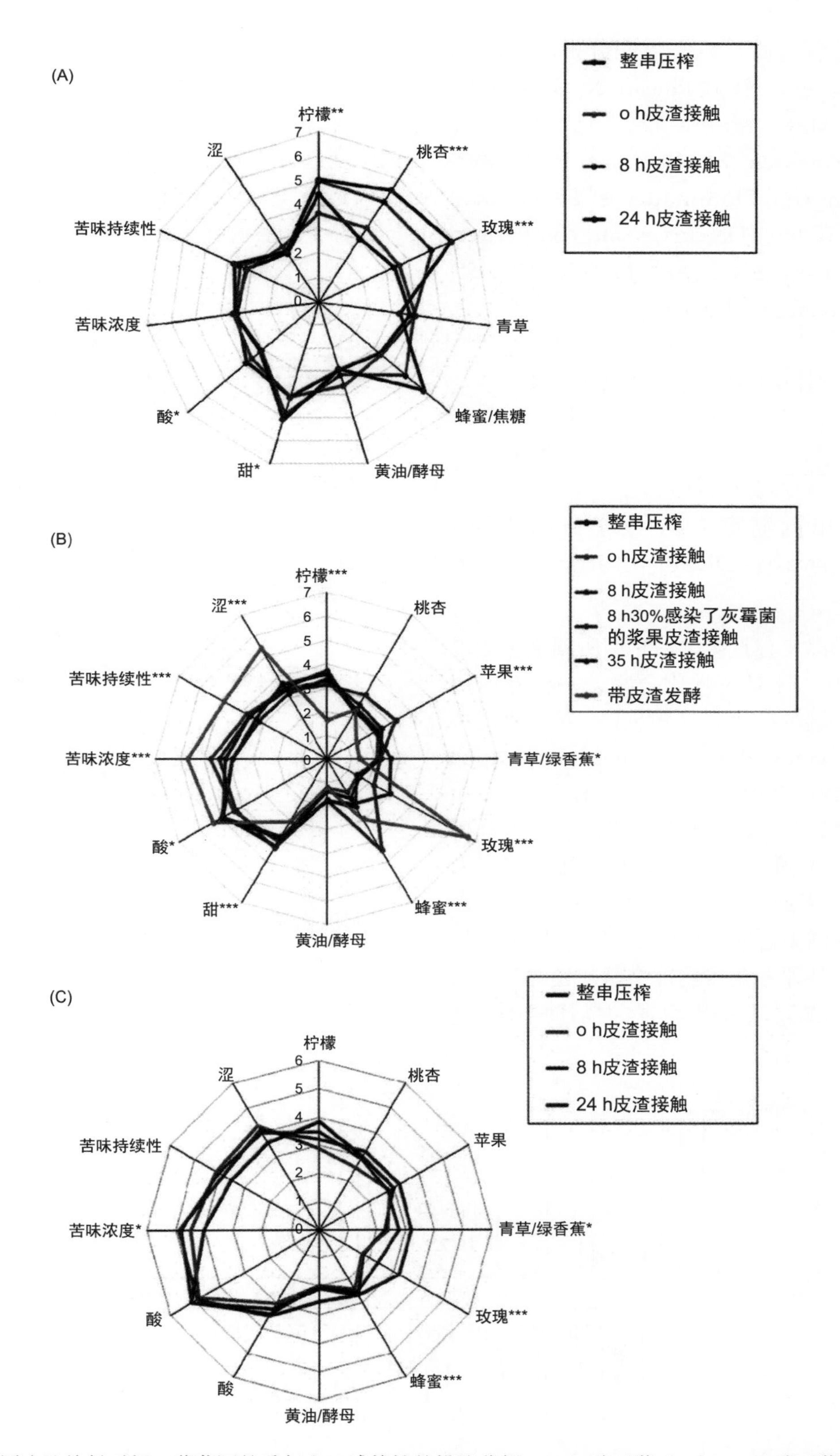

图 5.61 对不同皮渣接触时间，葡萄酒的香气和口感特性的描述分析：2009 琼瑶浆（A）、2010 琼瑶浆（B）和雷司令（C）（分别为 16 或 17×3 重复）。显著性：* $P<0.05$、** $P<0.01$、*** $P<0.001$（资料来源：Sokolowsky M. et al.，2015）。

图 5.58 计算暂时性感官支配分析法（TDS）曲线的方法。授权转载 Pineau, N., Schlich, P., Cordelle,S., Mathonnière, C., Issanchou, S., Imbert, A., Rogeaux, M., Etiévant, P., Köster, E., 2009. Temporal Dominance of Sensations: Construction of the TDS curves and comparison with time-intensity. Food Qual. Pref. 20, 450–455, with permission from Elsevier.

葡萄酒品质和品质的化学指标 Chemical Indicators of Wine Quality and Character

气相色谱–嗅觉测定（GC-O）分析（Gas Chromatography-Olfactometry (GC-O) Analysis）

上述技术都没有直接评估它们所测量感觉现象的化学起源。针对嗅觉化合物，一种专门用来研究这个问题的技术是气相色谱 - 嗅觉测定法（GC-O）（Debonneville et al.，2002；Plutowska and Wardencki，2008；d'Acampora Zellner et al.，2008）。顾名思义，该技术结合了气味分离和定量分析（通过气相色谱）和定性鉴定（人类）的优点。因此，它直接将化学存在与潜在的感官重要性联系起来。由于芳香化合物被气相色谱仪分离，品评者会在化合物离开装置时嗅闻化合物（图 5.62），并提出合适的描述词汇。这些术语可能来自研究人员或由参与者自愿提供的列表。然后，这些信息与化合物被洗脱的速率相关［保留时间（RT）或者指数（RI）］，对它们的浓度进行评估，并通过质谱和火焰电离检测等程序进行识别（图 5.63）。通过在不同场合或不同仪器上与各种评估员重复该过程，可以将气味

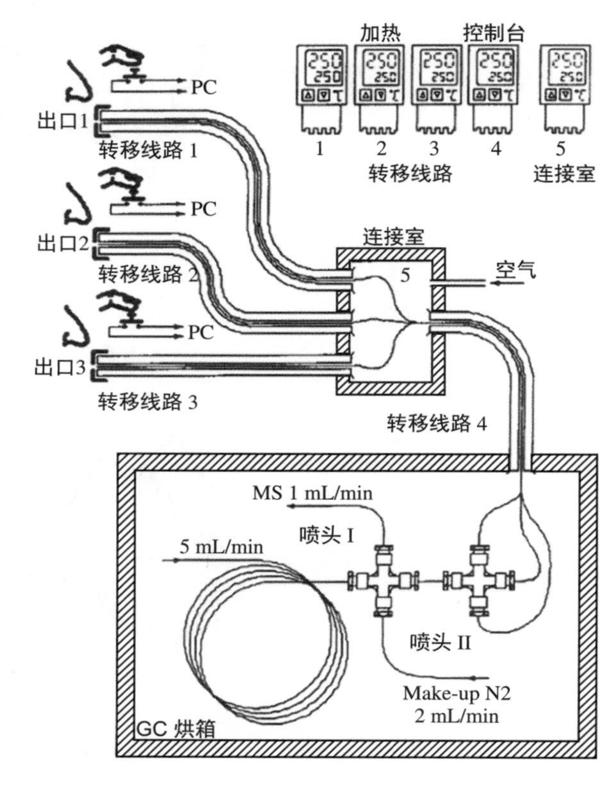

图 5.62　气相色谱 - 嗅觉多嗅探硬件体系（资料来源：Debonneville S. et al，2002）。

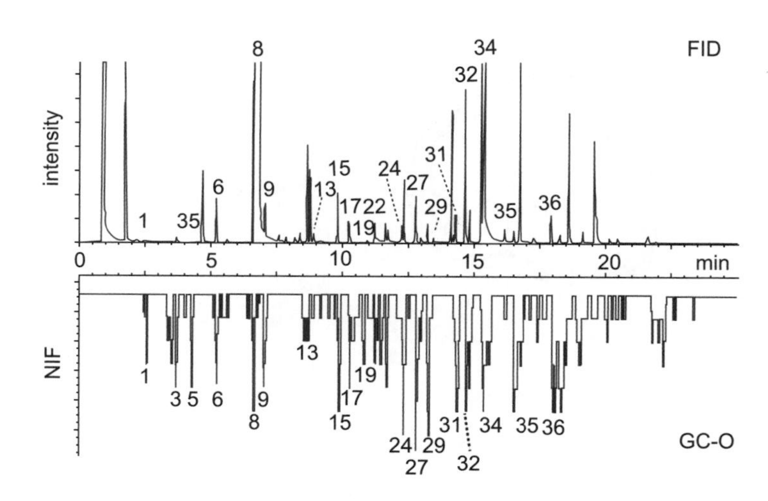

图 5.63　克罗地亚莱茵雷司令葡萄酒的香气特征比较。分别通过气相色谱法与火焰离子化检测器（FID）（上部）和嗅觉测量检测器（GC-O）（下部）使用鼻冲击频率（NIF）方法检测（资料来源：Komes D. et al.，2006）。

化学与定性描述符相关联。通过这种方式，可以从葡萄酒中常见的数百种气味中识别出潜在的重要香气。它们随后可以接受一系列的技术来研究它们对产生特定葡萄酒的嗅觉特性的潜在影响。

一些稀释技术解决了化学成分和感知强度之间的非线性关系的问题（史蒂文斯定律的一个功能）。其中可能包括测量一种化合物的嗅觉效力，或其存在不再被检测到的稀释点，这被称为香气提取液稀释分析（AEDA）。它提供了一个检测化合物相对效力的层次列表。一种被称为“混合享乐香气反应测量法”（CHARM）的变体程序可以测量气味能被探测多长的时间。稀释以随机的顺序呈现，以避免预期成为小组成员反应的一部分。相比之下，检测频率方法仅使用一个稀释水平，如鼻冲击频率（NIF）（Pollien et al.，1997）。其中几个小组成员的峰值检测（最小为 6，优选为 8～10）总和为确定百分比检测（图 5.64）。数据分析是基于检测频率和连续稀释。这个过程被认为是独立的假设基础上的浓度和知觉强度的相互作用以及个体差异的反应。第三组技术使用时间强度方法，例如，指距交叉模态匹配（FSCM）。它被用来分析和比较葡萄酒的嗅觉特征（Etiévant et al.，1999；Bernet et al.，2002）。它的优点是避免了大量的训练来达到术语使用的一致性。在离开色谱仪时，该程序生成特定香气化合物的强度范围测量值，用于指示样品间的化学差异。这些程序也可用于分析小组成员的能力，并选择具有所需程度的感觉敏锐度的那些个体（Vene et al.，2013，图 5.65）。

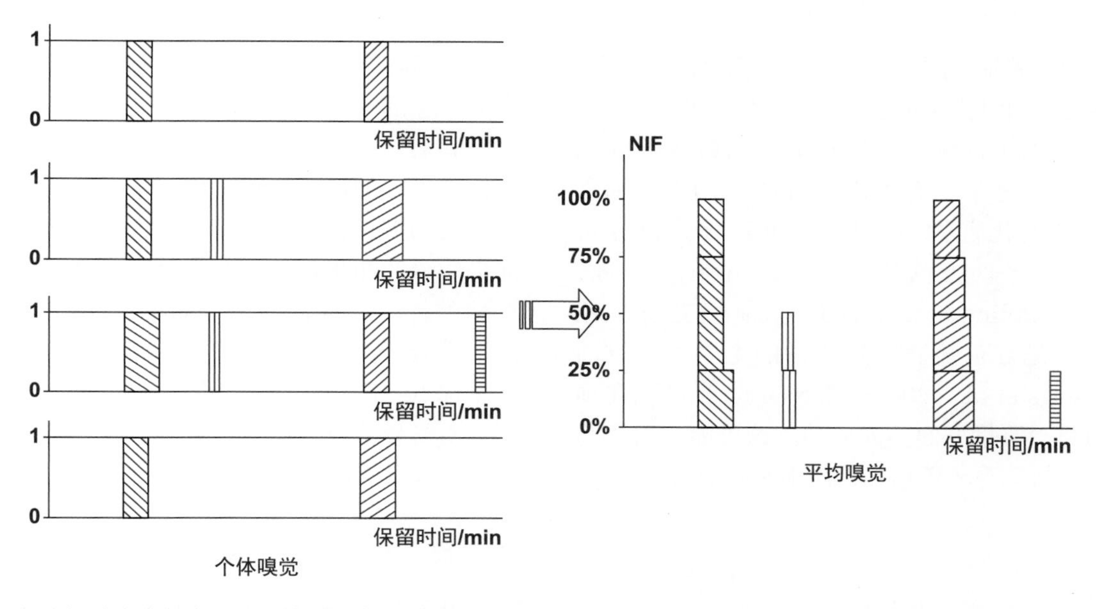

图 5.64　4 个评价者参与实验时用检测频率法形成嗅觉图的方法（资料来源：Plutowaska B. and Wardencki W.，2008）。

葡萄酒颜色（Wine Color）

色度测量与某些红葡萄酒的评估质量存在惊人的良好相关性（图 8.12）。虽然引人入胜，但 Somers（1975）没有评估相同的葡萄酒在盲品时，是否获得了类似的结果。因此，了解葡萄酒颜色和质量之间的联系，而不是葡萄酒的风味特性才可以解释这种关联。葡萄酒颜色对品质感知的影响在一项对桃红葡萄酒的研究中首次得到证实（André et al.，1970）。这种存有偏见的影响后来一再表现出来，最明显的是 Morrot 等（2001）（图 3.33）。颜色对葡萄酒评价的影响可能比一般认为的更大。

颜色和感知质量的关联并不出乎意料，因为它与葡萄成熟度、风味发展和浸渍持续时间（花青素、单宁和风味提取）相关。然而，同样明显的是，深色红酒并没有得到一致的高度评价，例如，所谓的 Cahors 黑葡萄酒。在葡萄酒比赛中，通常会根据葡萄酒的品种、年份、产地或风格等对葡萄酒进行分类，从而在一定程度上抵消葡萄酒

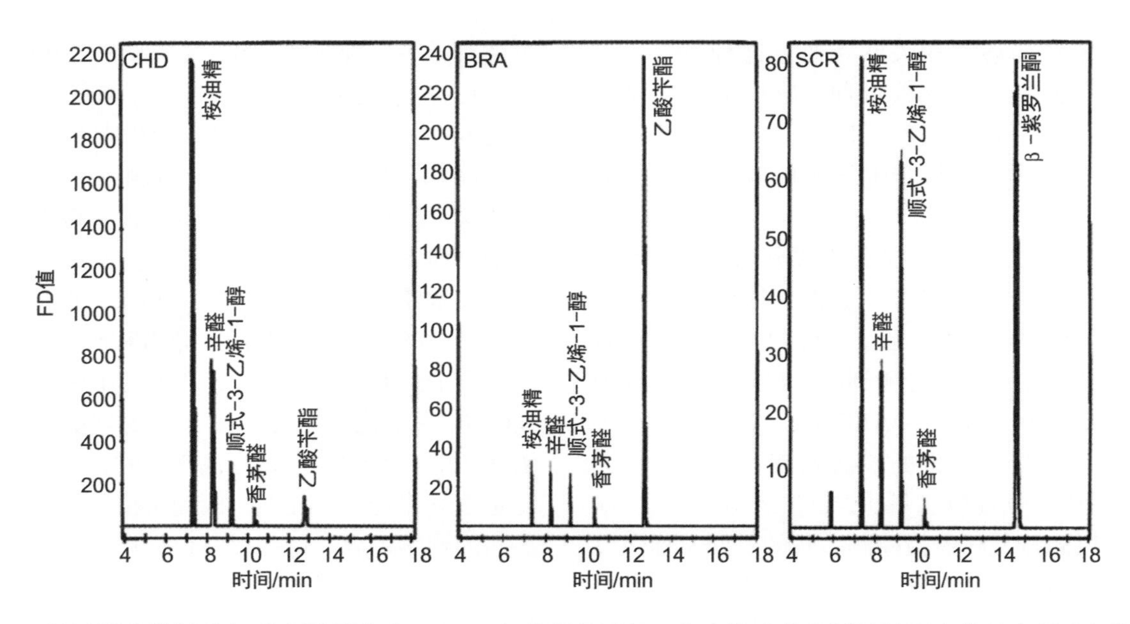

图 5.65　通过混合特征香气反应测量法（CHARM）分析显示的 3 个小组成员之间灵敏度变化的实例（资料来源：Debonneville S. et al.，2002）。

之间的颜色差异。因此，通常评委们会提前知道，在评估葡萄酒时，相对于颜色，他们会期待什么。

年轻红酒的颜色与其质量之间最接近的化学联系似乎是基于有色花色苷的比例（特别是电离黄酮类化合物）。用可见近红外光谱分析也得到了类似的色质关联（Dambergs et al.，2002；Cozzolino et al.，2008）。他们支持了花色苷含量是红葡萄酒感知质量的主要预测方面（Dambergs et al.，2002；图 5.66）。光谱学在预测白葡萄酒质量方面不太成功。这可能与白葡萄酒的质量与其香味更相关，而不是酚类含量。

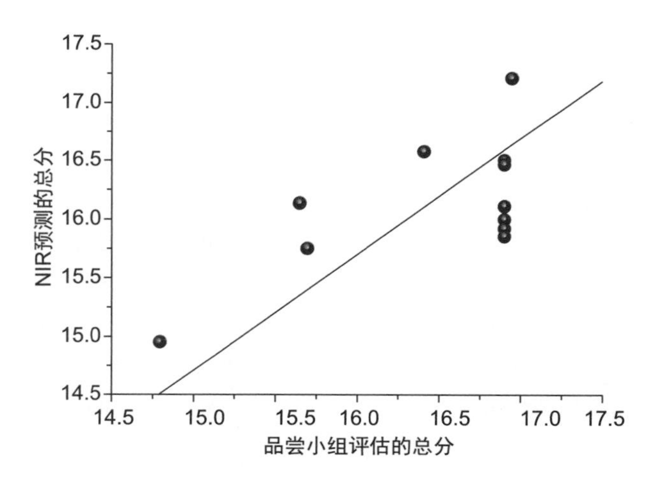

图 5.66　近红外预测得分对比商业西拉葡萄酒在葡萄酒展评委验证中的参考值（资料来源：Cozzolino D. et al.，2008）。

如果将光谱技术加以完善和充分简化，使其作为质量的一个有效指标，它们将极大地帮助酿酒厂和葡萄酒竞赛组织者。然而，似乎不太可能有任何单一的仪器能够量化与实际感官葡萄酒品质有关的多重特征。尽管如此，即使部分也可以促进质量的初步评估，在竞争中找到最值的详细评估的样品。这样的结果将显著节省时间和减少评委疲劳。相对于评估人员而言，分析设备有许多优点：客观、准确、快速、可重复、随时可用、不受疲劳或适应、没有基于经验的偏见、不受心理因素的影响。

电子鼻（Electronic Noses）

电子鼻（e-nose）是客观感官分析中最有趣的发展之一（Martí et al.，2005；Rok et al.，2008；Korotcenkov，2013）。有些手持型号已经被生产出来。大多数探测器系统具有一系列传感器，这些传感器由均匀地嵌入非导电吸收性聚合物中的电导体（如炭黑）组成。每个传感器都有一个独特的聚合物，不同的聚合物吸收一系列香气物质。每个阀瓣都有一对由复合薄膜（如氧化铝）连接的电触点。当挥发性化合物通过传感器时，吸收会导致圆盘膨胀（图 5.67A）。膨胀使导电颗粒分离导致电阻增加。从每个传感器记录下来的速度和电阻程度会生成样品中化合物的独特指纹（嗅纹）图谱（图 5.67B）。已知气味剂产生的响应模式用于解释探测器的输出。随着传感器数量的增加，仪器的潜在识别能力也随之增加。商用电子鼻系统拥有 32 个不同的传感器。例如，Cyranose 320（插图 5.16）。每个在被取样后，当吸收的香气物质逸入并通过冲洗气体排出，传感器就会恢复其原始尺寸和灵敏度。

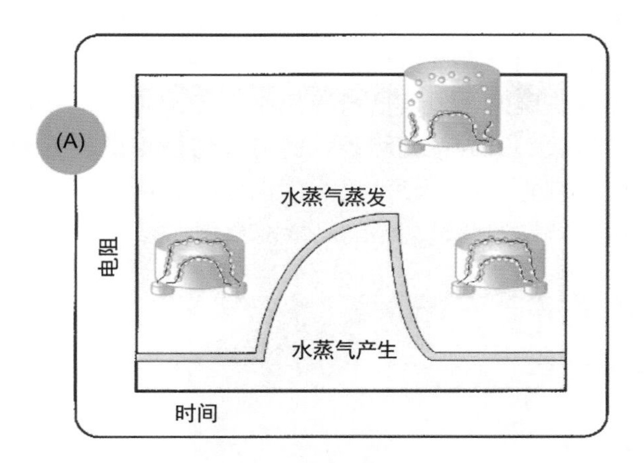

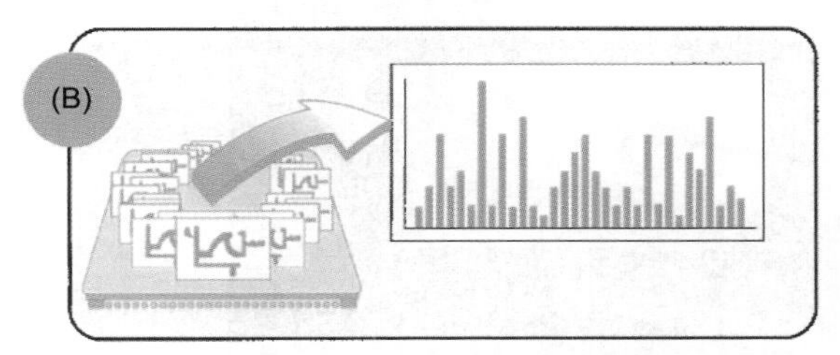

图 5.67　大多数电子鼻由一系列传感器组成，这些传感器在吸收一种化合物时开始膨胀，增加电阻，直到电流停止（A）；传感器的不同吸收特性产生的图案通常是特定芳香物体或物质所独有的（B）（资料来源：Cyrano Sciences）。

电子舌头在概念上是相似的，但是感受器在溶液中而不是在空气中对化学物质做出反应。它们已被用于区分白葡萄酒（Pigani et al.，2008）、监测橡木桶陈酿（Parra et al.，2006）、预测波特陈酿（Rudnitskaya et al.，2007）、测量葡萄酒的总酚含量（Cetó et al.，2012）和检测金属含量（da Costa et al.，2014）。虽然有用，但在数据以有意义的方式解释之前，需要付出大量努力，它还不是“现成的”技术。

每个传感器的电阻数据在进行分析之前都要对背景噪声进行调整（平滑）。数据可以生成直方图，但由于模式和重叠的复杂性，通常需要进行一次或多次统计识别测试。这些测试通常包括主成分分析和数学算法。所生成的模式（图 5.68）类似于描述性感觉分析的主成分关系分析。该装置附带的计算机软件可以自动进行数学分析。

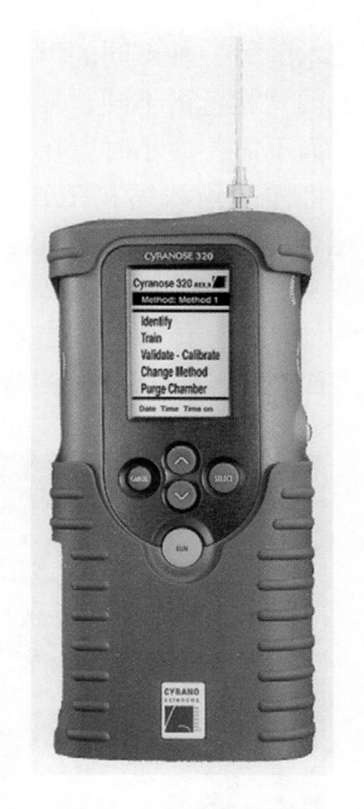

插图 5.16　Cyranose 320 型号电子鼻（资料来源：Pasadena）。

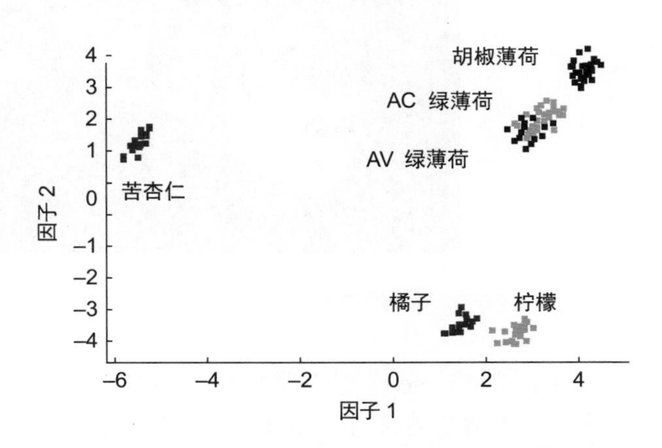

图 5.68　使用 Cyranose 320 型号电子鼻对不同精油的主要因子分析（资料来源：Pasadena）。

当数据与计算机神经网络结合时（Fu et al.，2007），可以得到可识别的气味模式，但是需要仔细选择参考样品，以期所选择的参考样品能代表测试葡萄酒中的所有特征，与感觉描述性分析相似。但与传统的分析技术不同的是，它无法获得单个挥发性化合物的分离、鉴定和定量。引入基因工程嗅觉蛋白（Wu and Lo，2000）或基于肽受体的检测器［如从葡萄酒的酚类含量中估算苦味和涩味（Umali et al.，2015）］可以减少这种潜在的缺点。这种受体特异性的改善将大大提高灵敏度，减少非目标化学品的“噪声”。

电子鼻技术的另一种不同的形式基于快速柱层析。与传统的气相色谱不同，样品可以在几秒钟内被分析，而不需要数小时。在 z-nose（插图 5.17）中，先将样品预浓缩在 Tenax 捕集器中，然后将芳香化合物加热汽化成氦气流。气体通过一根长 1 m 加热的毛细管柱来分离成分挥发物。当这些化学物质从圆柱体中释放出来时，它们被定向到石英表面声波（SAW）探测器上。当芳香化合物从探测器中吸收和释放时，声波探测器发出的声音频率就会发生变化。频率每 20 毫秒记录一次，变化程度表示浓度。因为声脉冲可以与毛细管柱上的保留时间相关，所以鉴定化合物是可能的。这涉及的参考标准如同典型的传统气相色谱法一样。特别吸引人的是，数据可以是一种类似极坐标的方式迅速呈现。因此，它们在视觉上体现了葡萄酒芳香的本质。由于大多数葡萄酒芳香剂的存在或浓度并不仅限于特定的葡萄酒或品种，因此，该仪器可以用来只记录选定化合物的排放。这为葡萄酒独特的芳香特征提供了更清晰的视觉表现。预浓度、线圈温度、声传感器温度等特性的调整会影响灵敏度和化学分辨率。

插图 5.17　z-nose 取样机器（资料来源：Newbury Park）。

目前的 z-nose 模型主要解析和定量碳氢化合物。由于葡萄酒含有许多碳氢化合物，它们的占据优势的存在可能掩盖了具有重大影响化合物的共存。例如，辛酸盐和己酸盐可掩盖 2，4，6-TCA 引起的异味（Staples，2000）。此外，某些特定品种的影响化合物，目前不适用于用快速柱层分析。这个缺点可能会随着载体系统的改进而消失。不管如何，目前的模型已经可以很容易地区分几个品种的葡萄酒（图 5.69）。

电子鼻技术已经成为食品质量控制的常规技术（Peris and Escuder-Gilabert，2009）。它的速度、准确性、经济性、便携性和适用性是其主要优点，但将数据与品尝小组开发的标准相关联的能力允许电子鼻在某些情况下替换品尝小组。电子鼻技术还在疾病检测、化妆品和制药行业以及犯罪、安全和军事调查等领域得到了应用。

电子鼻快速测量重要品种香味的潜力（Lozano et al.，2005；图 5.70）可以改进葡萄收获的时间，获得想要的预期风味特性。图 5.71 说明了自然完全和人工成熟果实之间可能存在的芳香复杂性的潜在差异。尽管如此，分析设备和人类鼻子的灵敏度存在相当大的差异，分析仪器检

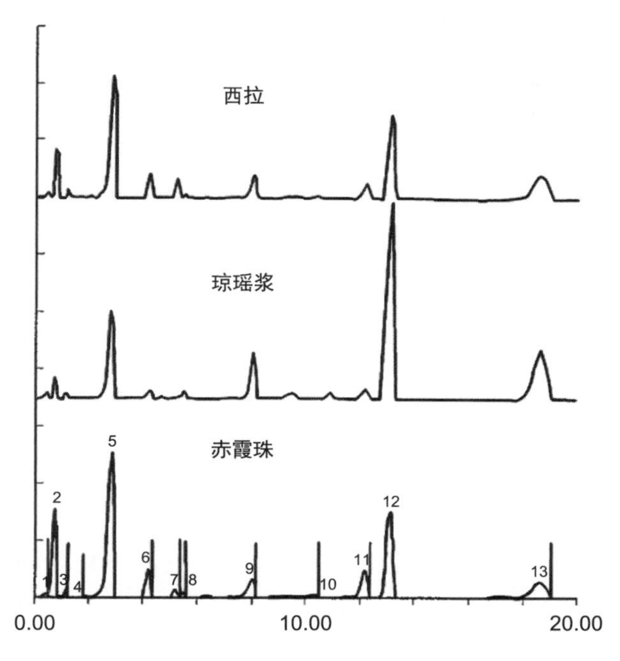

图 5.69 电子鼻技术的色谱形式。使用 z-nose（一种电子鼻技术的色谱形式）在品种葡萄酒之间进行区分。

测某些成分更好，而鼻子在其他成分更有优势。更重要的是，我们对一种葡萄酒的化学性质的了解与人类认为在区分葡萄酒时很重要的那些特性之间还有很大的差距。因此，就像在艺术中，颜料并不能定义一件伟大的画作一样。

尽管如此，电子鼻技术是一种有用的定量质量 - 监控工具。潜在用途包括区分橡木桶烘烤水平（Chatonnet and Dubourdieu，1999），监测发酵过程中的香气产生（Pinheiro et al.，2002）以及检测 2，4，6-TCA 或酒香酵母异味的污染（4）- 乙基苯酚和 4- 乙基愈创木酚）（Cynkar et al.，2007）。此外，电子鼻技术在区分单一酒庄的葡萄酒（García et al.，2006）和同一品种不同地区的葡萄酒方面取得了一些成功（Buratti et al.，2004）。此外，用于描述葡萄酒特性的一些术语与电子鼻测量相关（Lozano et al.，2007）。

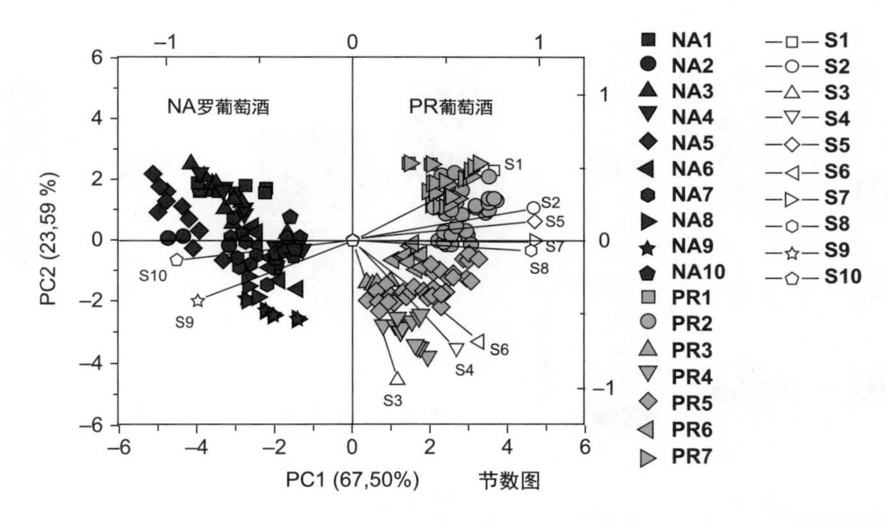

图 5.70 基于传感器响应数据的主成分分析双坐标图：分数重叠到负载图利用基于电子的检测系统说明了 10 种黑曼罗（Negro amaro，NA）葡萄酒和 7 种普星米蒂沃（Primitivo，PR）葡萄酒的区别。传感器 S1～S8 与普星米蒂沃的相关性更高，而传感器 S9～S10 与的相关性更高（资料来源：Capone S.，et al.，2013）。

尽管该领域正在迅速取得重大进展，但在常规葡萄酒分析中使用电子鼻技术仍存在重大障碍。葡萄酒在化学上极其复杂，由数百种成分组成，含量从 ng/L 到 g/L 浓度不等，并包括了各种极性、溶解度、挥发性和 pH。这通常需要提取和浓缩来检测化合物，这会导致降解和人工制品的产生。

我们总是需要人类来评估味觉、口感和嗅觉的感官意义以及大脑构造对味道、复杂性、平衡和酒体的反应。毕竟，我们是消费者，而不是机器。尽管如此，在许多情况下，当人们被用来代替客观的嗅觉仪器时，电子鼻很可能会加入品尝小组（图 5.72）。此外，随着感官知觉的化学性质得到了解，训练有素的品酒师小组将与仪

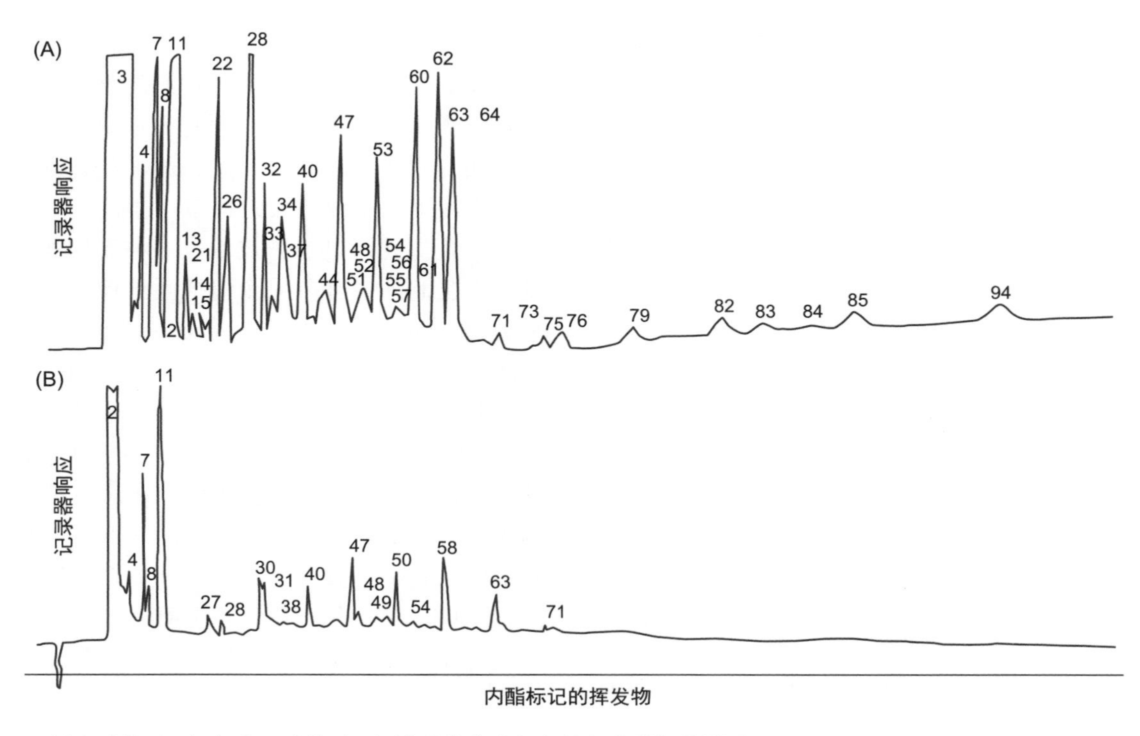

图 5.71　树木成熟（A）与人工成熟（B）桃子的芳香复杂性显著增加的说明（资料来源：Do et al.，1969）。

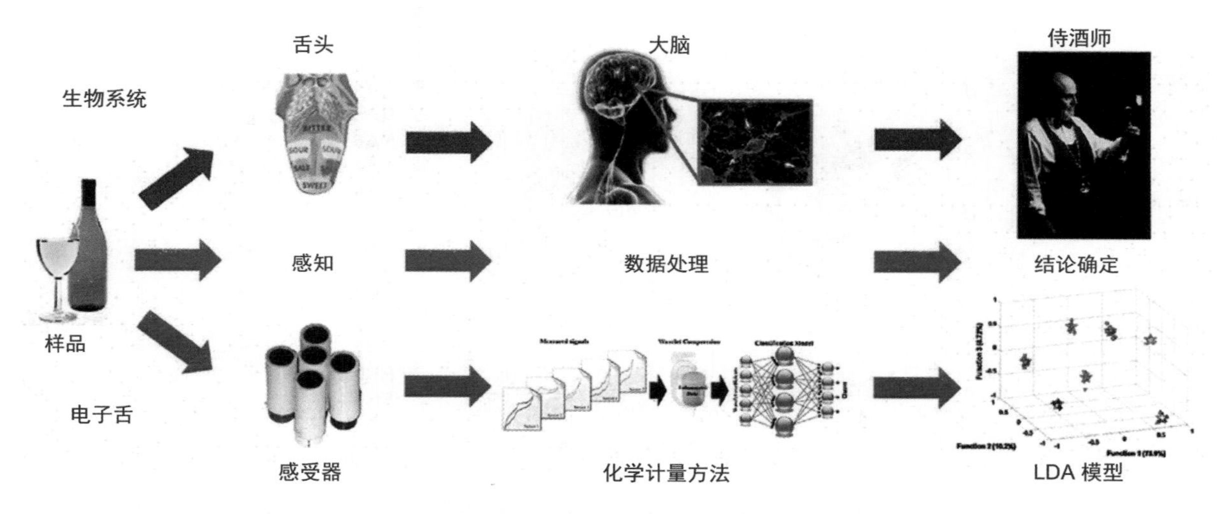

图 5.72　生物（上）和生物计量系统（下）对样品的识别过程的比较（资料来源：Cetó X. et al.，2015）

器分析共存。一旦实现了这一目标（如果可能的话），在许多常规感官评估领域的客观评估中，分析设备的简易性、效率、可靠性和准确性可以取代昂贵而不精确的人类感官小组。

葡萄酒品尝的职业危害
Occupational Hazards of Wine Tasting

考虑与品酒相关的职业危害是不常见的。如果有的话，很可能是对潜在酒精中毒的担忧。吐酒的做法能减少这种可能性且是合理的。Scholten（1987）报道表明，在葡萄酒品尝期间，吐酒避免了血液中酒精含量的显著上升。尽管如此，对于怀孕或备孕的女性以及任何有酗酒家族史的人来说，为自己免除长时间品酒是明智的。

头痛是品尝葡萄酒的另一个众所周知的潜在危害。然而，通常这与过量饮酒相关，与品尝无关。对于某些人来说，即使少量的白葡萄酒或红葡萄酒或它们的组合，也会引起头痛。目前对这一现象似乎没有确切的解释。然而，对于喝那些红葡萄酒会加强头疼的人来说，头痛激活可能与小分子酚类物质的浓度有关。与葡萄酒老化时结合的聚合物（单宁）不同，单体酚类物质可以穿过肠道内壁并容易进入血液。通常，吸收的酚类物质被血浆酶快速解毒（邻甲基化或硫酸化）。然而，一些酚类物质能抑制血小板苯酚磺基转移酶（PST）的作用（Jones et al.，1995）。遗憾的是，正如其他方面一样，PST 的水平会随着年龄增加而下降。低水平的血小板结合性 PST 明显与偏头痛易感性相关（Alam et al.，1997）。降低的 PST 也限制了多种内源性和外源性化合物的硫化（解毒），包括酚类和生物胺。在没有失活的情况下，生物胺（在大多数葡萄酒中含量很低）可能会激活 5- 羟色胺（5-HT，或血清素）的释放，这是一种重要的大脑神经递质。5-HT 也会引起大脑小血管的扩张。它会引起颅内疼痛（覆盖大脑的脑膜的拉伸），从而引发偏头痛（Pattichis et al.，1995）。此外，如果从葡萄酒中吸收的酚类物质在血液中不迅速失活，它们很可能被氧化成邻醌。如果这些通过血脑屏障，邻醌可以抑制儿茶酚 -O- 甲基转移酶（COMT）的作用。这限制了神经递质多巴胺的分解和 μ- 阿片类药物（止痛药）受体的可用性。因此，可能加剧与脑血管扩张相关的疼痛感。

另外，可能与葡萄酒引起的头痛有关的是 *e*-前列腺素的释放。这些化合物与脑血管扩张有关，这可能就解释了前列腺素合成抑制剂在预防葡萄酒引起的头痛方面的作用。如阿司匹林对乙酰氨基酚和布洛芬为了获得最大的益处，这些前列腺素合成抑制剂中的任何一种都应该在品尝前服用（Kaufman，1992）。就我个人而言，它们在短时间内既限制了头痛的产生，又限制了与评估多种葡萄酒相关的面部脸红。小分子酚类物质还能延长强效激素和神经传递素的作用，如组胺、血清素、多巴胺、肾上腺素和去甲肾上腺素。这也会影响头痛的严重程度以及各种过敏和敏感的程度。

生物胺经常被认为是头痛诱导的激活剂，例如，组胺和酪胺。尽管如此，对自称敏感的人进行的双重约束测试并没有支持这种观点（Masyczek and Ough，1983）。此外，葡萄酒中生物胺的含量通常低于那些足以引发偏头痛的含量。尽管如此，酒精可以抑制二胺氧化酶的作用。二胺氧化酶是一种重要的肠道酶，它可以使组胺和其他生物胺失去活性（Jarisch and Wantke，1996）。然而，这与组胺含量与最常与偏头痛发作相关的产品（即烈性酒和起泡酒）之间的相关性不匹配（Nicolodi and Sicuteri，1999）。两者的组胺含量均低于其他葡萄酒或含酒精饮料。

葡萄酒中的亚硫酸盐含量经常被认为是葡萄酒相关头痛的罪魁祸首。然而，到目前为止，还没有经过科学验证的证据。亚硫酸盐可以引起敏感个体的哮喘，但不直接参与头痛诱导。随着二氧化硫使用的不断减少，它作为葡萄酒品尝者的职业危害的因素正在减少。

专业品酒师的主要职业危害可能是牙齿腐蚀（Mandel，2005；图 5.73）。这是因为频繁和长期接触葡萄酒的酸。溶解钙（图 5.74）会导致牙釉质软化（Lupi-Pegurier et al.，2003）和牙本质侵蚀，影响牙齿的形状和大小。牙釉质的凹陷（臼齿顶部开始磨损，使牙内层暴露出来）是一个常见的临床症状。侵蚀也可能导致牙龈线严重的牙根磨损。通过在品尝后使用碱性漱口冲洗口腔，使用氟化物凝胶（例如，酸化的磷酸盐氟化物或 APF）或牙齿慕斯，并且在品尝后至少 1 h 内禁止刷牙对牙齿形成一定程度的保护作用（Ranjitkar et al.，2012）。刷牙的延迟会使唾液中的矿物质重新黏结到珐琅质上。目前尚不清楚这一问题是否会影响在用餐时饮酒的消费者。即使不能完全阻止，食物和唾液的分泌也可以限制牙釉质和牙基质的矿物质溶解。

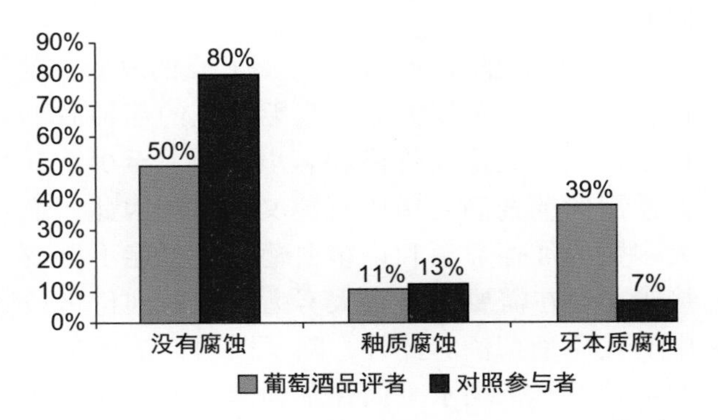

图 5.73　葡萄酒品评者和对照参考者牙齿腐蚀性磨损的频率和严重程度等级（资料来源：Mulic A. et al.，2011）。

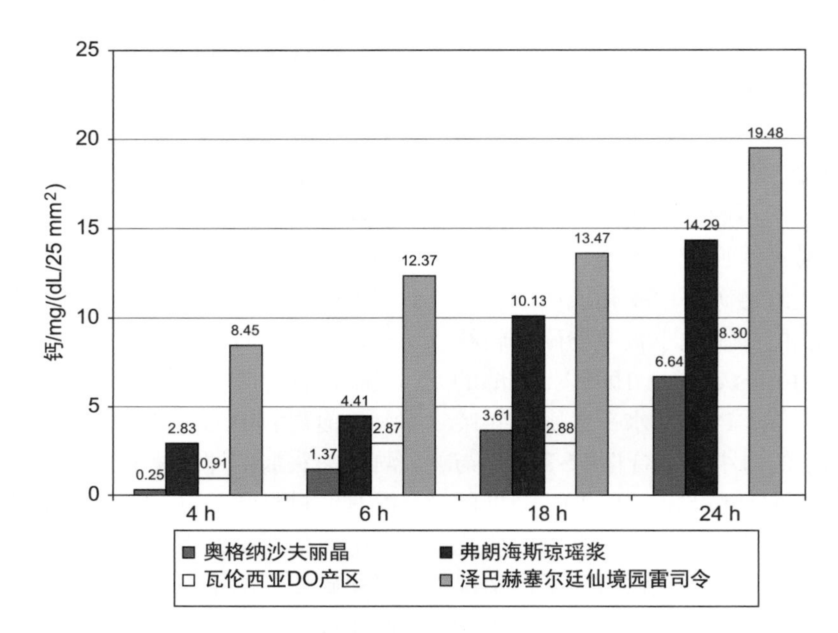

图 5.74　将釉质样品分别放置于 3 mL 的葡萄酒中 4 h、6 h、18 h 和 24 h 后钙随时间的溶解［mg/(dL/25 mm²)］。红葡萄酒：Auggener Schäf Regent（pH=4.02），D.O. Valencia（pH=3.44），白葡萄酒：Fronholz Gewürztraminer（pH=3.65），Zeltinger Himmelreich Riesling（pH=2.99）（资料来源：Willershausen B. et al.，2009）。

尽管如此，葡萄酒也可能有助于口腔健康。葡萄酒中的原花色苷可以限制龋病诱导变形链球菌的黏附和生物膜形成活性（Daglia et al.，2010）。Gibbons（2013）提供了关于这种细菌与人类饮食变化之间的关系的有趣见解，人类饮食变化是由狩猎—采集转变为农业生活方式的结果。

可能与葡萄酒品尝有关的另一个复杂情况涉及葡萄酒成分与某些药物相互作用的可能性（Adams，1995；Fraser，1997；Weathermon and Crabb，1999）。然而，由于葡萄酒不会在专业品酒会期间饮用，这不大可能是一个重大问题。

一种潜在的职业“危险”是观点的改变，在这种情况下，平淡无味、毫无特色的葡萄酒不再被接受，无论其价格和名声如何。至少，日常饮用的葡萄酒必须既有趣又可口。因此，绝大多数的红葡萄酒和许多白葡萄酒可能不再被接受，现在需要付出很大努力才能找到价格适中的优质葡萄酒。此外，除了因为你的葡萄酒购买量高于平均水平而在葡萄酒专卖店受到欢迎外，你还可能因为退回劣质葡萄酒而成为一名棘手的顾客。

补充说明
Postscript

本章的大部分讨论都在处理各种感官测试中选择、培训和使用评估人员小组所涉及的复杂问题。这不仅涉及与人类先天变异有关的问题，还涉及培训增强其对葡萄酒感知，从而与大多数消费者之间产生的差距的影响。在范围的一端是用作分析设备的品尝小组。他们研究区分特定类型葡萄酒的感官特性，那些可能吸引消费者的特征，葡萄种植和酿酒工艺的感官效果以及感官知觉的心理生理学的性质。在范围的中间是品尝小组（或个体），其功能是评估葡萄酒的主观质量及其来源。这些通常由葡萄酒“专家”组成，他们也可以提供购买指导。葡萄酒爱好者是他们的消费者等价物。在范围的另一端是消费者小组用来研究他们喜欢什么特征，评估购买意图，并调查那些涉及购买的内在和外在因素。更多面向商业或消费者的葡萄酒评估是第 6 章的主体。

在理想情况下，感官评价葡萄酒的主要功能是发现那些让人们喜欢葡萄酒的化学特性。最终这将引导葡萄种植者和酿酒师生产出更好的（或至少更被欣赏的）葡萄酒。然而，由于消费者很少对葡萄酒化学感兴趣（通常是负面的），他们所关心的是葡萄酒能给他们带来的心理愉悦。对大多数消费者来说，这只是感官上的愉悦。然而，对其他人来说，它充满了与文化、地位，还有繁复或精英主义相关的外界因素。后一种因素在很大程度上超出了酿酒师和葡萄种植者的控制范围。尽管如此，葡萄生产和酿酒方面的技术进步表明，为所有人提供优质、廉价的葡萄酒是一个光明的未来。

附录
Appendix

附录 5.1 香气和醇香样品

样品	含量 /300 mL 葡萄酒
温带树生水果	
苹果	15 mg 乙酸乙酯
樱桃	3 mL 樱桃白兰地香精（Noirot）
桃	从罐装桃中获得 100 mL 果汁
杏	2 滴十一烷酸内酯酸加上 100 mL 从罐装杏获得的果汁
热带树生水果	
荔枝	100 mL 荔枝水果饮料（Leo’s）
香蕉	10 mg 乙酸乙戊酯
番石榴	100 mL 番石榴果饮料（Leo’s）
柠檬	0.2 mL 柠檬提取汁（Empress）
藤蔓水果	
黑莓	5 mL 黑莓香精（Noirot）
树莓	60 mL 树莓利口酒
黑醋栗	80 mL 黑醋栗饮料（Ribena）
西番莲果	100 mL 西番莲果的乙醇提取物
甜瓜	0.2 mg 甜瓜利口酒
花朵	
玫瑰	6 mg 香茅醇
紫罗兰	1.5 mg β - 紫罗兰酮
橙花	20 mg 氨基苯甲酸酯
鸢尾	0.2 mg 鸢尾酮
百合	7 mg 羟基香茅醛
蔬菜	
甜菜	25 mg 罐装甜菜汁
柿子椒	5 mL 10% 干柿子椒的乙醇提取物
青豆	100 mL 罐装绿豆汁
草本	3 mg 1- 己烯 -3- 醇

续表 5.1

样品	含量 /300 mL 葡萄酒
香料	
茴芹	1.5 mg 茴芹油
薄荷油	1 mL 薄荷提取物（Empress）
黑胡椒	2 g 整黑胡椒
肉桂	15 mg 反式 - 肉桂酸
坚果	
杏仁	5 滴苦杏仁油
榛子	3 mL 榛子香精（Noirot）
椰子	1.0 mL 椰子香精（Club House）
树木	
橡木	3 g 橡木芯（至少 1 个月以上）
香草	24 mg 香草醛
松树	7.5 mg 松针油（1 滴）
桉树	9 mg 桉树油

注：1. 如果使用整个果实，将果实放在 95% 酒精的搅拌器打碎。在隔绝空气的情况下，溶液静止 1 d，然后通过多层棉布过滤，加入基础葡萄酒中。几天以后，样品需要滗酒，以除去过剩的沉淀物。

2. 重要说明：所有的参加者必须被告知样本的成分。例如，对坚果过敏的人即便闻到气味也会有不良反应。

以上配方仅作为参考指南，可以根据个人需要和获得材料做出调整。对于大部分的目标这是足够的。如果是用于研究，准备的纯度和一致性是非常重要的细节，Meilgaard 等（1982）给出了细节，是必读的。其他的配方可以参考网站 http://www.nysaes.cornell.edu/fst/faculty/acree/fs430/aromalist/sensorystd.html，或者参考 Lee 等（2001），Meilgaard（1988），Noble 等（1987）和 Williams（1975）的文章。纯的化学物质具有提供重复性好的样品的优势，而“天然”的样品很复杂，并很难加以标准化。读者如果需要样品准备的基本资料，可以参考 Stahl 和 Einstein（1973）、Furia 和 Bellanca（1975）、Heath（1981）等文章，这些都很有用。大部分特定的化学物质可以从主要的化学品供应商那里得到，水果、花香和其他的香精可以从葡萄酒供应商、香水和香精供应公司获得。

每次测试只需要 30 mL 的样品，因此，将样品原样分装到 30 mL 的螺旋帽试管中储存会比较方便。可以在试管口覆盖封口膜，以防止氧气渗透。将样品放在冰箱中可以保存达几个月之久。另外，样品也可以保存在密封的小瓶中，放在冰箱中，需要时再打开。

附录 5.2　基本的不良气味样品

样品	含量 /300 mL 中性基酒 [a,b,c,d]
木塞气味	
2，4，6-TCA	3 ug 2，4，6- 三甲基氯苯甲醚
愈创木酚	3 mg 愈创木酚
菌类	2 mg 土臭素（一种链霉菌培养的乙醇提取物 [e]）
青霉菌	2 mg 3- 辛醇（或青霉菌培养的乙醇提取物 [f]）
化学味	
杂醇	120 mg 异戊酯和 300 毫克异丁醇
天竺葵类似物	40 mg 2，4- 己二烯醇
黄油	12 mg 双乙酰
塑料味	1.5 mg 苯乙烯
硫黄味	
二氧化硫	200 mg 焦亚硫酸钾

续附录 5.2

样品	含量 /300 mL 中性基酒[a,b,c,d]
（光照味）	4 mg 二甲基硫化物和 0.4 mg 乙硫醇
硫醇	4 mg 乙硫醇
硫化氢	2 mL 溶质为 1.5 mg 的 $Na_2S \cdot 9H_2O$ 溶液
混杂	
氧化味	120 mg 乙醛
焙烤味	加 1.2 g 果糖，55℃焙烤 4 周
酸味	3.5 g 乙酸
乙酸乙酯	100 mg 乙酸乙酯
鼠臭	酒香酵母的酒精萃取物（或 2 mg 2- 乙酰基四氢吡啶）

注：[a] 为了防止氧化，每 300 mL 的基酒中要加入约 20 mg 的焦亚硫酸钾。

[b] 每次测试只需要 30 mL 样品，因此，将样品原样分装到 30 mL 的螺旋帽试管中储存会比较方便。可以在试管口覆盖封口膜，以防止氧气渗透。将样品放在冰箱中可以保质达几个月之久。

[c] 其他的不良气味样本的准备可以参考 Meilgaard 等（1982）的文章。

[d] 重要说明：参加者需要被告知测试中将要闻的化学物质。例如，一些哮喘病患者会对二氧化硫高度过敏。如果这样的话，这些人就不能参加品评。

[e] 菌类为灰色链霉菌在直径为 100 cm 的培养皿上，以营养琼脂为培养基，培养 1 周或以上。繁殖体被刮下来加到基础葡萄酒中。几天后进行过滤就得到一个清澈的样本。

[f] 青霉菌是从酒塞上挑取然后接种到浸泡在葡萄酒中的小块上（1～5 mm）。接种软木放在培养皿中，用封口膜密封以防软木干燥。1 个月后就会观察到真菌明显生长。大块的生长旺盛的软木加入基础葡萄酒中。几天后，样品就可以过滤除去软木塞。最后获得的样本应该是清澈的。

[g] 因为这些化学物受污染可能会对气味质量导致严重的影响，因此 Meilgaard 等（1982）建议在使用前对他们进行纯化：对于双乙酰，使用分馏和吸收柱（硅胶，氧化铝和活性炭）；对二甲基硫，使用吸收柱。

附录 5.3 品味 - 口感测试的回应表

名称：______________________　　阶段：　1 □　2 □　3 □

样品 #	感官强度		
	弱	中等	强

1 ______________________________

感觉：

场所：

2 ______________________________

感觉：

场所：

3 ______________________________

感觉：

场所：

4 ______________________________

感觉：

场所：

续附录 5.3

样品 #	感官强度		
	弱	中等	强

5 ______
感觉：
场所：

6 ______
感觉：
场所：

附录 5.4　2 种浓度下不良气味在 4 种类型的葡萄酒中的表现

葡萄酒	不良气味	添加的化合物	含量 /300 mL
琼瑶浆			
	氧化	乙醛	20 mg、60 mg
	二氧化硫	焦亚硫酸钾	67 mg、200 mg
	2，4，6-TCA	2，4，6- 三甲基氯苯甲醚	2 mg、10 ug
	塑料	苯乙烯	1.5 mg、4.5 mg
长相思			
	醋酸味	乙酸	0.5 g、2 g
	黄油	双乙酰	2 mg、6 mg
	乙酸乙酯	乙酸乙酯	40 mg、100 mg
	天竺葵类似物	2，4- 已二烯醇	10 mg、40 mg
博若莱			
	天竺葵类似物	2，4- 已二烯醇	10 mg、40 mg
	黄油	双乙酰	5 mg、24 mg
	乙酸乙酯	乙酸乙酯	40 mg、100 mg
	氧化	乙醛	20 mg、60 mg
黑比诺			
	愈创木酚	愈创木酚	0.2 mg、0.6 mg
	硫醇	乙硫醇	5 ug、24 ug
	2，4，6-TCA	2，4，6- 三甲基氯苯甲醚	2 ug、10 ug
	塑料	苯乙烯	1.5 mg、4.5 mg

附录 5.5　三角形检验的最小正确判断数，以确定不同概率水平的显著性（单尾，P=1/3）*

试验编码（n）	显著性水平						
	0.05	0.04	0.03	0.02	0.01	0.005	0.001
5	4	5	5	5	5	5	
6	5	5	5	5	6	6	
7	5	6	6	6	6	7	7

续附录 5.5

试验编码（*n*）	显著性水平						
	0.05	0.04	0.03	0.02	0.01	0.005	0.001
8	6	6	6	6	7	7	8
9	6	7	7	7	7	8	8
10	7	7	7	7	8	8	9
11	7	7	8	8	8	9	10
12	8	8	8	8	9	9	10
13	8	8	9	9	9	10	11
14	9	9	9	9	10	10	11
15	9	9	10	10	10	11	12
16	9	10	10	10	11	12	12
17	10	10	10	11	11	11	13
18	10	11	11	11	12	12	13
19	11	11	11	12	12	12	14
20	11	11	12	12	13	13	14
21	12	12	12	13	13	14	15
22	12	12	13	13	14	14	15
23	12	13	13	13	14	14	16
24	13	13	13	14	15	15	16
25	13	14	14	14	15	15	17
26	14	14	14	15	15	16	17
27	14	14	15	15	16	17	18
28	15	15	15	16	17	17	18
29	15	15	16	16	16	17	19
30	15	16	16	16	17	18	19
31	16	16	16	17	18	18	20
32	16	16	17	17	18	19	20
33	17	17	17	18	18	19	21
34	17	17	18	18	19	20	21
35	17	18	18	19	19	20	22
36	18	18	18	19	20	20	22
37	18	18	19	19	20	21	22
38	19	19	19	20	21	21	22
39	19	19	20	20	21	22	23
40	19	20	20	21	21	22	24
41	20	20	20	21	22	23	24
42	20	20	21	21	22	23	25

续附录 5.5

试验编码（n）	显著性水平						
	0.05	0.04	0.03	0.02	0.01	0.005	0.001
43	20	21	21	21	23	24	25
44	21	21	22	22	23	24	26
45	21	22	22	23	24	24	26
46	22	22	22	23	24	25	27
47	22	22	23	23	24	25	27
48	22	23	23	24	25	26	27
49	23	23	24	24	25	26	28
50	23	24	24	25	26	26	28
60	27	27	28	29	30	31	33
70	31	31	32	33	34	35	37
80	35	35	36	36	38	39	41
90	38	35	40	40	42	43	45
100	42	43	43	44	45	47	49

注：* 表中未出现的 X 值由 X=（2n+2.83 z $\sqrt{n}$ +3/6）获得。

资料来源：Roessler E.B., Pangborn R.M., Sidel J.L., et al, 1978. Expanded statistical tables for estimating significance in prepared-preference, paired-difference, duo-trio and triangle tests. J. Food Sci. 43, 940-943（Roessler et al., 1978）, from Amerine M.A., Roessler E.B., 1983. Wines, Their Sensory Evaluation. 2nd ed., Freeman, San Francisco, CA.

附录 5.6　5% 显著性差异水平等级总数的排除（任何超出给定范围的排名总数都是重要的）

评委数量	葡萄酒的数量										
	2	3	4	5	6	7	8	9	10	11	12
3				4～14	4～17	4～20	4～23	5～25	5～28	5～31	5～34
4		5～11	5～15	6～18	6～22	7～25	7～19	8～32	8～36	8～69	9～43
5		6～14	7～18	8～22	9～26	9～31	10～35	11～39	12～43	12～48	13～52
6	7～11	8～16	9～21	10～26	11～31	12～36	13～41	14～46	15～51	17～55	18～60
7	8～13	10～18	11～24	12～30	14～35	15～41	17～46	18～52	19～58	21～63	22～69
8	9～15	11～21	13～27	15～33	17～39	18～46	20～52	22～58	24～64	25～71	27～77
9	11～16	13～23	15～30	17～37	19～44	22～50	24～57	26～64	28～71	30～78	32～85
10	12～18	14～26	17～33	20～40	22～48	25～55	27～63	30～70	32～78	25～85	37～93
11	13～20	16～28	19～36	22～44	25～52	28～60	31～68	34～76	36～85	39～93	42～101
12	15～21	18～30	21～39	25～47	28～56	31～65	34～74	38～82	41～91	44～100	47～109
13	16～23	20～32	24～41	27～51	31～60	35～69	38～79	42～88	45～98	49～107	52～117
14	17～25	22～34	26～44	30～54	34～64	38～74	42～84	46～94	50～104	54～114	57～125
15	19～26	23～37	28～47	32～58	37～68	41～79	46～89	50～100	54～111	58～122	63～132
16	20～28	25～39	30～50	35～61	40～72	45～83	49～95	54～106	59～117	63～129	68～140
17	22～29	27～41	32～53	38～64	43～76	48～88	53～100	58～112	63～124	68～136	73～148

续附录 5.6

评委数量	葡萄酒的数量										
	2	3	4	5	6	7	8	9	10	11	12
18	23～31	29～43	34～56	40～68	46～80	52～92	57～105	61～118	68～130	73～143	79～155
19	24～33	30～46	37～58	43～71	49～84	55～97	61～110	67～123	73～136	78～150	84～163
20	26～34	32～48	39～61	45～75	52～88	58～102	65～115	71～129	77～143	83～157	90～170

资料来源：Amerine M.A. Roessler E.B., 1983. Wines, Their Sensory Evaluation. 2nd ed., Freeman, San Francisco, CA, from tables compiled by Kahan G., Cooper D., Papavasiliou A., Kramer A., 1973. Expanded tables for determining significance of differences for ranked data. Food Technol. 27, 64-69（Kahan et al., 1973）.

附录 5.7 1% 显著性差异水平等级总数的排除（任何超出给定范围的排名总数都是重要的）

评委数量	葡萄酒的数量										
	2	3	4	5	6	7	8	9	10	11	12
3									4～29	4～32	4～35
4				5～19	5～23	5～27	6～30	6～34	6～38	6～42	7～45
5			6～19	7～23	7～28	8～32	6～37	9～41	9～46	10～50	10～55
6		7～17	8～22	9～27	9～33	10～38	11～43	12～48	13～53	13～59	14～64
7		8～20	10～25	11～31	12～37	13～43	14～49	15～55	16～61	17～67	18～73
8	9～15	10～22	11～29	13～35	14～42	16～48	17～55	19～61	20～68	21～75	23～81
9	10～17	12～24	13～32	15～39	17～46	19～53	21～60	22～68	24～75	26～82	27～90
10	11～19	13～27	15～35	18～42	20～50	22～58	24～66	26～74	28～82	30～90	32～98
11	12～21	15～29	17～38	20～46	22～55	25～63	27～72	30～80	32～89	34～98	37～106
12	14～22	17～31	19～41	20～50	25～59	28～68	31～77	33～87	36～%	39～105	42～114
13	15～24	18～34	21～44	25～53	28～63	31～73	34～83	37～93	40～103	43～113	46～123
14	16～26	20～36	24～46	27～57	31～67	34～78	38～88	41～98	45～109	48～120	51～131
15	18～27	22～38	26～49	30～60	34～71	37～83	41～94	45～105	49～116	53～127	56～139
16	19～29	23～41	28～52	32～64	36～76	41～87	45～99	49～111	53～123	57～135	62～146
17	20～31	25～43	20～55	35～67	39～80	44～92	49～104	53～117	58～129	62～142	67～154
18	22～32	27～45	32～58	37～71	42～84	47～97	52～110	57～123	62～136	67～149	72～162
19	23～34	29～47	34～61	40～74	45～88	50～102	56～115	61～129	67～147	72～156	77～180
20	24～36	30～50	36～64	42～78	48～92	54～106	60～120	65～135	71～149	77～163	82～178

资料来源：Amerine M.A., Roessler E.B., 1983. Wines, Their Sensory Evaluation. 2nd ed., Freeman, San Francisco, CA, from tables compiled by Kahan G., Cooper D., Papavasiliou A., Kramer A., 1973. Expanded tables for determining significance of differences for ranked data. Food Technol. 27, 64-69（Kahan et al., 1973）.

附录 5.8 评估差异显著性的成绩列表（成绩列表：A 为 5% 水平；B 为 1% 水平）

评委数量	葡萄酒的数量										
	2	3	4	5	6	7	8	9	10	11	12
A											
2	6.35	2.19	1.52	1.16	0.94	0.79	0.69	0.60	0.54	0.49	0.45
	6.35	1.96	1.39	1.12	0.95	0.84	0.76	0.70	0.65	0.61	0.58
3	1.96	1.14	0.88	0.72	0.61	0.53	0.47	0.42	0.38	0.35	0.32
	2.91	1.14	0.90	0.76	0.67	0.61	0.56	0.52	0.49	0.46	0.44
4	1.43	0.96	0.76	0.63	0.54	0.47	0.42	0.38	0.34	0.31	0.29
	1.54	0.93	0.76	0.65	0.58	0.53	0.49	0.45	0.43	0.40	0.38
5	1.27	0.89	0.71	0.60	0.51	0.45	0.40	0.36	0.33	0.30	0.28
	1.28	0.84	0.69	0.60	0.53	0.49	0.45	0.42	0.40	0.38	0.36
6	1.19	0.87	0.70	0.58	0.50	0.44	0.39	0.36	0.33	0.30	0.28
	1.14	0.78	0.64	0.56	0.50	0.46	0.43	0.40	0.38	0.36	0.34
7	1.16	0.86	0.69	0.58	0.50	0.44	0.40	0.36	0.33	0.30	0.28
	1.06	0.74	0.62	0.54	0.48	0.44	0.41	0.38	0.36	0.34	0.33
8	1.15	0.86	0.69	0.58	0.50	0.44	0.40	0.36	0.33	0.30	0.28
	1.01	0.71	0.59	0.52	0.47	0.43	0.40	0.37	0.35	0.33	0.32
9	1.15	0.86	0.70	0.59	0.51	0.45	0.40	0.36	0.33	0.31	0.29
	0.97	0.69	0.58	0.51	0.46	0.42	0.39	0.36	0.34	0.33	0.31
10	1.15	0.87	0.71	0.60	0.51	0.45	0.41	0.37	0.34	0.31	0.29
	0.93	0.67	0.56	0.50	0.45	0.41	0.38	0.36	0.34	0.32	0.31
11	1.16	0.88	0.71	0.60	0.52	0.46	0.41	0.37	0.34	0.32	0.29
	0.91	0.66	0.55	0.49	0.44	0.40	0.38	0.35	0.33	0.32	0.30
12	1.16	0.89	0.72	0.61	0.53	0.47	0.42	0.38	0.35	0.32	0.30
	0.89	0.65	0.55	0.48	0.43	0.40	0.37	0.35	0.33	0.31	0.30
B											
2	31.83	5.00	2.91	2.00	1.51	1.20	1.00	0.86	0.75	0.66	0.60
	31.83	4.51	2.72	1.99	1.59	1.35	1.19	1.07	0.97	0.90	0.84
3	4.51	1.84	1.31	1.01	0.82	0.70	0.60	0.53	0.48	0.43	0.39
	5.00	1.84	1.35	1.10	0.94	0.83	0.76	0.69	0.65	0.61	0.57
4	2.63	1.40	1.04	0.83	0.69	0.59	0.52	0.46	0.42	0.38	0.35
	2.75	1.35	1.04	0.87	0.76	0.68	0.63	0.58	0.54	0.51	0.48
5	2.11	1.25	0.95	0.77	0.64	0.56	0.49	0.44	0.40	0.36	0.33
	2.05	1.14	0.90	0.77	0.68	0.61	0.56	0.52	0.49	0.46	0.44
6	1.88	1.18	0.91	0.74	0.63	0.54	0.48	0.43	0.39	0.36	0.33
	1.71	1.02	0.82	0.71	0.63	0.57	0.52	0.49	0.46	0.43	0.41

续附录 5.8

评委数量	葡萄酒的数量										
	2	3	4	5	6	7	8	9	10	11	12
7	1.78	1.15	0.89	0.73	0.62	0.54	0.48	0.43	0.39	0.36	0.33
	1.52	0.95	0.77	0.66	0.59	0.54	0.50	0.46	0.44	0.41	0.39
8	1.72	1.14	0.89	0.73	0.62	0.54	0.48	0.43	0.39	0.36	0.33
	1.40	0.90	0.73	0.63	0.57	0.52	0.48	0.45	0.42	0.40	0.38
9	1.69	1.14	0.89	0.73	0.62	0.54	0.48	0.43	0.39	0.36	0.33
	1.31	0.86	0.71	0.61	0.55	0.50	0.46	0.43	0.41	0.39	0.37
10	1.67	1.14	0.89	0.74	0.63	0.55	0.48	0.44	0.40	0.36	0.34
	1.24	0.83	0.68	0.56	0.53	0.49	0.45	0.42	0.40	0.38	0.36
11	1.67	1.15	0.90	0.74	0.63	0.55	0.49	0.44	0.40	0.37	0.34
	1.19	0.80	0.67	0.58	0.52	0.48	0.44	0.41	0.39	0.37	0.35
12	1.67	1.15	0.91	0.75	0.64	0.56	0.50	0.45	0.41	0.37	0.35
	1.15	0.78	0.65	0.57	0.51	0.47	0.43	0.41	0.38	0.36	0.35

注：此表中的输入数据要乘以邻近葡萄酒分数的差值，以获得葡萄酒总分显著性的差异（乘较大的值）和/或品评者总分显著性的差异（乘较小的值）。

资料来源：Kurtz T.E., Link T.E., Tukey R.F., et al., 1965. Short-cut multiple comparisons for balanced single and double classifications. Technometrics 7, 95–165（Kurtz et al., 1965）. Reproduced with permission of Technometrics through the courtesy of the American Statistical Association, modified in Amerine, M.A., Roessler, E.B., 1983. Wines, Their Sensory Evaluation. 2nd ed., Freeman, San Francisco, CA.

附录 5.9 配对差异检验和双三重奏检验（单尾检验，$p=1/2$）[a] 在不同概率水平上建立显著性的正确判断的最小数量

试验编码（n）	显著性水平						
	0.05	0.04	0.03	0.02	0.01	0.005	0.001
7	7	7	7	7	7		
8	7	7	8	8	8	8	
9	8	8	8	8	9	9	
10	9	9	9	9	10	10	10
11	9	9	10	10	10	11	11
12	10	10	10	10	11	11	12
13	10	11	11	11	12	12	13
14	11	11	11	12	12	13	13
15	12	12	12	12	13	13	14
16	12	12	13	13	14	14	15
17	13	13	13	14	14	15	16
18	13	14	14	14	15	15	16
19	14	14	15	15	15	16	17
20	15	15	15	16	16	17	18
21	15	15	16	16	17	17	18
22	16	16	16	17	17	18	19

续附录 5.9

试验编码（n）	显著性水平						
	0.05	0.04	0.03	0.02	0.01	0.005	0.001
23	16	17	17	17	18	19	20
24	17	17	18	18	19	19	20
25	18	18	18	19	19	20	21
26	18	18	19	19	20	20	22
27	19	19	19	20	20	21	22
28	19	20	20	20	21	22	23
29	20	20	21	21	22	22	24
30	20	21	21	22	22	23	24
31	21	21	22	22	23	24	25
32	22	22	22	23	24	24	26
33	22	23	23	23	24	25	26
34	23	23	23	24	25	25	27
35	23	24	24	25	25	26	27
36	24	24	25	25	26	27	28
37	24	25	25	26	26	27	29
38	25	25	26	26	27	28	29
39	26	26	26	27	28	28	30
40	26	27	27	27	28	29	30
41	27	27	27	28	29	30	31
42	27	28	28	29	29	30	32
43	28	28	29	29	30	31	32
44	28	29	29	30	31	31	33
45	29	29	30	30	31	32	34
46	30	30	30	31	32	33	34
47	30	30	31	31	32	33	35
48	31	31	31	32	33	34	36
49	31	32	32	33	34	34	36
50	32	32	33	33	34	35	37
60	37	38	38	39	40	41	43
70	43	43	44	45	46	47	49
80	48	49	49	50	51	52	55
90	54	54	55	56	57	58	61
100	59	60	60	61	63	64	66

资料来源：Roessler, E.B., Pangborn, R.M., Sidel, J.L., Stone, H., 1978. Expanded statistical tables for estimating significance in prepared-preference, paired-difference, duo-trio and triangle tests. J. Food Sci. 43, 940–943 (Roessler et al., 1978), from Amerine, M.A., Roessler, E.B., 1983. Wines, Their Sensory Evaluation. second ed., Freeman, San Francisco, CA.

注：表中未出现的 X 值由 $X=(z\sqrt{n}+n+1)/2$. 获得。

推荐阅读

Adams, W.L., 1995. Interactions between alcohol and other drugs. Int. J. Addict. 30, 1903-1923.

Bi, J., 2006. Sensory Discrimination Tests and Measurements: Statistical Principles, Procedures and Tables. Blackwell, Ames, IA.

Bower, J.A., 2013. Statistical Methods for Food Science: Introductory Procedures for the Food Practitioner. Wiley Blackwell, West Sussex, UK.

Buglass, A.J., Caven-Quantrill, D.J., 2013. Instrumental

assessment of the sensory quality of wine. In: Kilcast, D. (Ed.), Instrumental Assessment of the Food Sensory Quality. A Practical Guide, Woodhead Publ. Ltd., Cambridge, U.K, pp. 466-546.

De Vos, E., 2010. Selection and management of staff for sensory quality control. In: Kilcast, D. (Ed.), Sensory Analysis for Food and Beverage Quality Control. A Practical Guide, Woodhead Publ. Ltd., Cambridge, U.K, pp. 17-36.

Dijksterhuis, G., 1995. Multivariate data analysis in sensory and consumer science: An overview of developments. Trend Food Sci. Technol. 6, 206-211.

Dijksterhuis, G.B., Piggott, J.R., 2001. Dynamic methods of sensory analysis. Trends Food Sci. Technol. 11, 284-290.

Durier, C., Monod, H., Bruetschy, A., 1997. Design and analysis of factorial sensory experiments with carry-over effects. Food Qual. Pref. 8,141-149.

Earthy, P.J., MacFie, H.J.H., Hederley, D., 1997. Effect of question order on sensory perception and preference in central location trials. J. Sens.Stud. 12, 215-238.

Koter, E.P., 2003. The psychology of food choice: Some often encountered fallacies. Food Qual. Pref. 14, 359-373.

Koter, E.P., 2005. Does olfactory memory depend on remembering odors? Chem. Senses 30, i236-i237.

ISO, 2006. Sensory analysis—Methodology—Initiation and training of assessors in the detection and recognition of odours. #5496. International Standards Organization, Geneva, Switzerland.

ISO, 2007. Sensory analysis—General guidance for the design of test rooms. #8589. International Standards Organization, Geneva, Switzerland.

ISO, 2008a. Sensory analysis—General guidance for the selection, training and monitoring of assessors—Part 2: Expert sensory assessors. # 8586. International Standards Organization, Geneva, Switzerland.

ISO, 2008b. Sensory analysis—Vocabulary. #5492. International Standards Organization, Geneva, Switzerland.

Lawless, L.J.R., Civille, G.V., 2013. Developing lexicons: A review. J. Sens. Stud. 28, 270-281.

Lawless, H.T., Heymann, H., 2010. Sensory Evaluation of Food: Principles and Practices, 2e. Springer, New York.

Lehrer, A., 2009. *Wine and Conversation*, second ed. Oxford University Press, Oxford, UK.

Leland, J.V., Scheiberle, P., Buettner, A., Acree, T.E. (Eds.), 2001. *Gas Chromatography-Olfactometry. The State of the Art*. ACS Symposium Series, No. 782, Oxford University Press, Oxford, UK.

Meilgaard, M.C., Civille, G.V., Carr, T.C., 2006. Sensory Evaluation Techniques, 4th ed. CRC Press, Boca Raton, FL.

Meullenet, J.-F., Heymann, H., Xiong, R., et al., C., 2007. Multivariate and Probabilistic Analyses of Sensory Science Problems. IFT Press Blackwell Publishing, Ames, IA.

Oreskovich, D.C., Klein, B.P., Sutherland, J.W., 1991. Procrustes analysis and its applications to free-choice and other sensory profiling. In: Lawless, H.T., Klein, B.P. (Eds.) Sensory Science Theory and Application in Foods, Dekker, New York, pp. 353–393.

Pinheiro, C., Rodrigues, C.M., Schäfer, T., Crespo, J.G., 2002. Monitoring the aroma production during wine-must fermentation with an electronic nose. Biotechnol. Bioengin. 77, 632-640.

Rantz, J.M. (Ed.), (2000). Sensory Symposium. In Proc. ASEV 50th Anniv. Ann. Meeting, Seattle, WA., June 19-23, 2000. pp. 3-8. American Society for Enology and Viticulture, Davis, CA.

Stevenson, R.J., Boakes, R.A., 2008. A mnemonic theory of odor perception. Psychol. Rev. 110, 340-364.

Stone, H., Bleibaum, R., Thomas, H.A., 2012. Sensory Evaluation Practices, 4th ed. Academic Press, London, UK.

网站

Projective Mapping: http: //www.sensorysociety.org/knowledge/sspwiki/Pages/Projective Mapping.aspx

A Guide to Analyze Sensory Evaluation Test Data

Using Spss Software. https: //www.youtube.com/watch?v=Ka2TJKoXU_E

参考文献

Acree, T.E., 1997. GC/O Olfactometry. Anal. Chem. 69, 170A–175A.

Alam, Z., Coombes, N., Waring R. H., et al., 1997. Platelet sulphotransferase activity, plasma sulfate levels, and sulphation capacity in patients with migraine and tension headache. Cephalalgia 17, 761–764.

Allison, A.-M.A., Chambers, D.H., 2005. Effects of residual toothpaste flavor on flavor profiles of common foods and beverages. J. Sens. Stud 20, 167–186.

Alvelos, H., Cabral, J.A.S., 2007. Modelling and monitoring the decision process of wine tasting. Food Qual. Pref. 18, 51–57.

Amerine, M.A., Roessler, E.B., 1983. Wines, Their Sensory Evaluation, second ed Freeman, San Francisco, CA.

Amerine, M.A., Pangborn, R.M., Roessler, E.B., 1965. Principles of Sensory Evaluation of Foods. Academic Press, New York, NY.

André, P., Aubert, S., Pelisse, C., 1970. Contribution aux études sur les vins rosés meridionaux. I. La couleur. Influence sur la degustation. Ann.Technol. Agric. 19, 323–340.

Anonymous, 1994. OIV standard for international wine competitions. Bull. O.I.V. 67, 558–597.

Aqueveque, C., 2015. The influence of experts' positive word-of-mouth on a wine's perceived quality and value: The moderator role of consumers' expertise. J. Wine Res. 26, 181–191.

Areni, C.S., Kim, D., 1993. The influence of background music on shopping behavior. Classical versus top-forty music in a wine store. Adv.Consum. Res. 20, 336–340.

Ariely, D., 2010. Predictably Irrational: The Hidden Forces That Shape Our Decisions. Harper Collins, New York, NY.

Aubry, V., Sauvageot, F., Etiévant, P., et al., 1999. Sensory analysis of Burgundy Pinot noir wines. Comparison of orthonasal and retronasal profiling. J. Sensory Stud. 14, 97–117.

Ballester J., Patris, B., Symoneaux, R., et al., 2008. Conceptual vs. perceptual wine spaces: Does expertise matter? Food Qual. Pref. 19,267–276.

Bécue-Bertaut, M., álvarez-Esteban, R., Pagès, et al., 2008. Rating of products through scores and free-text assertions: Comparing and combining both. Food Qual. Pref. 19, 122–134.

Bende, M., Nordin, S., 1997. Perceptual learning in olfaction: Professional wine tasters versus controls. Physiol. Behav. 62, 1065–1070.

Bernet, C., Dirninger, N., Claudel, P., et al., 2002. Application of Finger Span Cross Modality Matching Method (FSCM) by naive accessors for olfactometric discrimination of Gewürztraminer wines. Lebensm.-Wiss. u -Technol. 35, 244–253.

Bi, J., 2003. Agreement and reliability assessments for performance of sensory descriptive panel. J. Sens. Stud. 18, 61–76.

Bi, J., Ennis, D.M., 1998. Sensory thresholds: Concepts and methods. J. Sens. Stud. 13, 133–148.

Borgognone, M.G., Bussi, J., Hough, G., 2001. Principal component analysis in sensory analysis: Covariance or correlation matrix? Food Qual. Pref. 12, 323–326.

Bower, J.A., 2013. Statistical Methods for Food Science: Introductory Procedures for the Food Practitioner. Wiley Blackwell, West Sussex, UK.

Brochet, F., Dubourdieu, D., 2001. Wine descriptive language supports cognitive specificity of chemical senses. Brain Lang. 77, 187–196.

Brochet, F., Morrot, G., 1999. Influence du contexte sur la perception du vin. Implications cognitives et méthodologiques. J. Int. Sci. Vigne Vin 33, 187–192.

Buratti, S., Benedetti, S., Scampicchio, M., et al., 2004. Characterization and classification of Italian Barbera wines by using an electronic nose and an amperometric electronic tongue. Anal. Chim. Acta 525, 133–139.

Cain, W.S., 1979. To know with the nose: Keys to odor identification. Science 203, 467–469.

Campo, E., Do, B.V., Ferreira, V., et al., 2008. Aroma properties of young Spanish monovarietal white wines: A study using sorting task list of terms and frequency of citation. Aust. J. Grape Wine Res. 14, 104–115.

Campo, E., Ballester, J., Langois, J., et al., 2010. Comparison of conventional descriptive analysis and a citation frequencybased descriptive method of odor profiling: An application to Burgundy Pinot noir wines. Food Qual. Pref. 21, 44–55.

Capone, S., Tufariello, M., Francioso, L., et al., 2013. Aroma analysis by GC/MS and electronic nose dedicated to Negroamaro and Primitivo typical Italian Apulian wines. Sens. Actuat. B 179, 259–269.

Carbonell, L., Carbonell, I., Izquierdo, L., 2007. Triangle tests. Number of discriminators estimated by Bayes' rule. Food Qual. Pref. 18, 117–120.

Case, T.I., Stevenson, R.J., Dempsey, R.A., 2004. Reduced discriminability following perceptual learning with odors. Perception 33, 113–119.

Castriota-Scanderbeg, A., Hagberg, G.E., Cerasa, A., et al., 2005. The appreciation of wine by sommeliers: A functional magnetic resonance study of sensory integration. Neuroimage 25, 570–578.

Cetó, X., Céspedes, F., del Valle, M., 2012. BioElectronic Tongue for the quantification of total polyphenol content in wine. Talanta 99, 544–551.

Cetó, X., González-Calabuig, A., Capdevila, J., et al., 2015. Instrumental measurement of wine sensory descriptors using a voltammetric electronic tongue. Sensor Actuator B 207, 1053–1059.

Chambers, D.H., Allison, A.-M., Chambers IV, E., 2004. Training effects on performance of descriptive panelists. J. Sens. Stud. 19, 486–499.

Chatonnet, P., Dubourdieu, D., 1999. Using electronic odor sensors to discriminate among oak barrel toasting levels. J. Agric. Food Chem. 47, 4319–4322.

Civille, G.V., Lawless, H.T., 1986. The importance of language in describing perceptions. J. Sensory Stud. 1, 203–215.

Clark, C.C., Lawless, H.T., 1994. Limiting response alternatives in time-intensity scaling. An examination of the halo-dumping effect. Chem. Senses 19, 583–594.

Cliff, M.A., 2001. Influence of wine glass shape on perceived aroma and colour intensity in wines. J. Wine Res. 12, 39–46.

Cozzolino, D., Cowey, G., Lattey, K.A., et al., 2008. Relationship between wine scores and visible–near-infrared spectra of Australian red wines. Anal. Bioanal. Chem. 391, 975–981.

Cozzolino, D., Cynkar, W.U., Shah, N., et al., 2010. A brief introduction to multivariate methods in grape and wine analysis. Int. J. Wine Res. 1, 123–130.

Cynkar, W., Cozzolino, D., Dambergs, B., et al., 2007. Feasibility study on the use of a head space mass spectrometry electronic nose (MS e-nose) to monitor red wine spoilage induced by *Brettanomyces yeast*. Sens. Actuat. B 124, 167–171.

d'Acampora Zellner, B. d'A., Dugo, P., et al., 2008. Gas-chromatography-olfactometry in food flavour analysis. J. Chromatograph. A 1186, 123–143.

da Costa, A.M.S., Delgadillo, I., Rudnitskaya, A., 2014. Detection of copper, lead, cadmium and iron in wine using electronic tongue sensory system. Talanta 129, 63–71.

Dade, L.A., Zatorre, R.J., Jones-Gotman, M., 2002. Olfactory learning: Convergent findings from lesion and brain imaging studies in humans. Brain 125, 86–101.

Daglia, M., Stauder, M., Papetti, A., et al., 2010. Isolation of red wine components with anti-adhesion and anti-biofilm activity against *Streptococcus mutans*. Food Chem. 119, 1182–1188.

Dalton, P., Doolittle, N., Breslin, P.A.S., 2002. Gender-specific induction of enhanced sensitivity to odors. Nature Neurosci. 5, 199–200.

Darlington, R.B., Weinberg, S.L., Walberg, H.J., 1973. Canonical variate analysis and related techniques. Rev. Educ. Res. 43, 433–454.

de Araujo, I.E., Rolls, E.T., Velazco, M.I., et al., 2005. Cognitive modulation of olfactory processing. Neuron 46, 671–679.

Debonneville, S., Orsier, B., Flament, I., et al., 2002. Improved hardware and software for quick gas chromatography-olfactometry using Charm and GC- "SNIF" analysis. Anal. Chem. 74, 2345–2351.

Delarue, J., Sieffermann, J.M., 2004. Sensory mapping using flash profile. Comparison with a conventional descriptive method for the evaluation of the flavour of fruit dairy products. Food Qual. Pref. 15, 383–392.

Déléris, I., Saint-Eve, A., Lieben, P., et al., 2014. Impact of swallowing on the dynamics of aroma release and perception during the consumption of alcoholic beverages. In: Ferreira, V., Lopez, R. (Eds.), *Flavour Science*. Proceedings from XIII Weurman Flavour Research Symposium. Academic Press, London, UK, pp. 533–537.

Deliza, R., MacFie, H.J.H., 1996. The generation of sensory expectation by external cues and its effect on sensory perception and hedonic ratings. A review. J. Sens. Stud. 11, 103–128.

Delon-Martin, C., Plailly, J., Fonlupt, P., et al., 2013. Perfumers' expertise induces structural reorganization in olfactory regions. NeuroImage 68, 55–62.

Delwiche, J.F., Pelchat, M.L., 2002. Influence of glass shape on wine aroma. J. Sens. Stud. 17, 19–28.

Deppe, M., Knecht, S., Lohmann, H., et al., 2000. Assessment of hemispheric language lateralization: A comparison between fMRI and fTCD. J. Cereb. Blood Flow Metab. 20, 263–268.

DeRovira, D., 1996. The dynamic flavour profile method. Food Technol 50, 55–60.

Desor, J.A., Beauchamp, G.K., 1974. The human capacity to transmit olfactory information. Percep. Psychophys. 16, 551–556.

Dijksterhuis, G., 1996. Procrustes analysis in sensory research In: Naes, T. Risvik, E. (Eds.), *Multivariate Analysis of Data in Sensory Science. Data Handling in Science and Technology*, Vol. 16. Elsevier Science, Amsterdam, pp. 185–220.

Do, J.Y., Salunkhe, D.K., Olson, L.E., 1969. Isolation, identification and comparison of the volatiles of peach fruit as related to harvest maturity and artificial ripening. J. Food Sci. 34, 618–621.

Doty, R.L., Bromley, S.M., 2004. Effects of drugs on olfaction and taste. Otolaryngol. Clin. N. Am. 37, 1229–1254.

Duerr, P., 1984 Sensory analysis as a research tool. In: Proc. Alko Symp. Flavour Res. Alcoholic Beverages. Helsinki 1984. Nykänen, L., and Lehtonen, P. Foundation Biotech. Indust. Ferm. 3, 313–322.

Duerr, P., 1988 Wine description by expert and consumers. pp. 342–343. In: Proceeding of the Second International Symposium for Cool Climate Viticulture and Oenology, Auckland, N.Z., Eds. Smart, R.E., Thornton, S.B., Rodriguez, S.B., and Young, J.E., N.Z. Soc. Vitic. Oenol.

Duizer, L.M., Bloom, K., Findlay, C.J., 1997. Dual-attribute time-intensity sensory evaluation: A new method from temporal measurement of sensory perceptions. Food Qual. Pref. 8, 261–269.

Duteurtre, B., 2010. *Le Champagne: de la tradition à l science*. Lavoisier Tec & Doc, Paris, France.

Engen, T., Pfaffmann, C., 1959. Absolute judgements of odor intensity. J. Expt. Psychol. 58, 23–26.

Engen, T., Pfaffmann, C., 1960. Absolute judgements of odor quality. J. Expt. Psychol. 58, 214–219.

Ennis, J.M., Rousseau, B., Ennis, D.M., 2014. Sensory difference tests as measurement instruments: A review of recent advances. J. Sens. Stud. 29, 89–102.

Etiévant, P.X., Callement, G., Langlois, D., et al., 1999. Odor intensity evaluation in gas chromatography-olfactometry by finger span method. J. Agric. Food Chem. 47, 1673–1680.

Falcetti, M., Scienza, A., 1992. Utilisation de l' analyse sensorielle comme instrument d' évaluation des choix viticoles. Application pour determine les sites aptes à la culture du cépage Chardonnay pour la production de vins mousseux en Trentin. J. Int. Sci. Vigne Vin 26 (13–24), 49–50.

Findlay, C., Hasted, A., 2010. Statistical approaches to sensory quality control. In: Kilcast, D. (Ed.), Sensory Analysis for Food and Beverage Quality Control. Woodhouse Publ, Oxford, UK, pp. 118–140.

Findlay, C.J., Castura, J.C., Lesschaeve, I., 2007. Feedback calibration: A training method for descriptive panels. Food Qual. Pref. 18, 321–328.

Fischer, U., (2000). Practical applications of sensory research: Effect of glass shape, yeast strain, and terroir on wine flavor. In Proc. ASEV 50th Anniv. Ann. Meeting, Seattle, WA., June 19–23, 2000. pp. 3–8. American Society for Enology and Viticulture, Davis, CA.

Frank, R.A., Rybalsky, K., Brearton, M., et al., 2011. Odor recognition memory as a function of odor-naming performance. Chem. Senses 36, 29–41.

Fraser, A.G., 1997. Pharmacokinetic interactions between alcohol and other drugs. Clin. Pharmacokinet. 33, 79–90.

Frijters, J.E.R., 1980. Three-stimulus procedures in olfactory psychophysics: An experimental comparison of Thurstone-Ura and three-alternative forced-choice models of signal detection theory. Percep. Psychophys. 28, 390–397.

Frøst, M.B., Noble, A.C., 2002. Preliminary study of the effect of knowledge and sensory expertise on liking for red wines. Am. J. Enol. Vitic. 53, 275–284.

Fu, J., Li, G., Qui, Y., et al., 2007. A pattern recognition method for electronic noses based on an olfactory neural network. Sensors Actuators B 125, 487–497.

Furia, T.E. Bellance, N. (Eds.), FENAROLI's Handbook of Flavor Ingredients, second ed In: Vols. 1 and 2. CRC Press, Cleveland, OH.

Furnham, A., Boo, H.C., 2011. A literature review of the anchoring effect. J. Socio-Econom. 40, 35–42.

Gane, S., Georganakis, D., Maniati, K., et al., 2013. Molecular vibration-sensing component in human olfaction. PLos One 8, e55780.

García, M., Aleixandre, M., Gutiérrez, J., et al., 2006. Electronic nose for wine discrimination. Sensors Actuators B 113, 911–916.

Gawel, R., 1997. The use of language by trained and untrained experienced wine tasters. J. Sens. Stud. 12, 267–284.

Gawel, R., Godden, P.W., 2008. Evaluation of the consistency of wine quality assessments from expert wine tasters. Aust. J. Grape Wine Res. 14, 1–8.

Gawel, R., Oberholster, A., Francis, I.L., 2000. A "Mouth-feel Wheel": Terminology for communicating the mouth-feel characteristics of red wine. Aust. J. Grape Wine Res. 6, 203–207.

Gawel, R., Iland, P.G., Francis, I.L., 2001. Characterizing the astringency of red wine: A case study. Food Qual. Pref. 12, 83–94.

Gibbons, A., 2013. How sweet it is: Genes show how bacteria colonized human teeth. Science 339, 896–897.

Giunchi, A., Versari, A., Parpinello, G.P., et al., 2008. Analysis of mechanical properties of cork stoppers and synthetic closures used in wine bottling. J. Food Engin. 88, 576–580.

González, J., Barros-Loscertales, A., Pulvermuller, F., et al., 2006. Reading cinnamon activates olfactory brain regions. NeuroImage 32, 906–912.

Goodman, S., Lockshin, L., Cohen, E., 2006. What influences consumer selection in the retail store? Aust. NZ Grapegrower Winemaker 515, 61–63.

Gottfried, J.A., Dolan, R.J., 2003. The nose smells what the eye sees: Crossmodal visual facilitation of human olfactory perception. Neuron 39, 375–386.

Green, B.G., 1992. The effects of temperature and concentration on the perceived intensity and quality of carbonation. Chem. Senses 17, 435–450.

Grosch, W., 2001. Evaluation of the key odorants of foods by dilution experiments, aroma models and omission. Chem. Senses 26, 533–545.

Guinard, J., Cliff, M., 1987. Descriptive analysis of Pinot noir wines from Carneros, Napa, and Sonoma. Am. J. Enol. Vitic. 38, 211–215.

Guinard, J.-X., Pangborn, R.M., Lewis, M.J., 1986. The time-course of astringency in wine upon repeated ingestion. Am. J. Enol. Vitic. 37, 184–189.

Gyllensköld, H., 1967. Att Temperera Vin. Wahlström and Widstrand, Stockholm.

Hahn, H., 1934. Die Adaptation des Geschmacksinnes. Z. Sinnesphysiol. 65, 105–145.

Heath, H.B., 1981. Source Book of Flavor. AVI, Westport, CT.

Helson, H.H., 1964. Adaptation-Level Theory. Harper & Row, New York, NY.

Henderson, S.T., 1977. Daylight and its Spectrum. Wiley, New York.

Herz, R.S., 2003. The effect of verbal context on olfactory

perception. J. Exp. Psychol. Gen. 132, 595–606.

Herz, R.S., von Clef, J., 2001. The influence of verbal labeling on the perception of odors: Evidence for olfactory illusions? Perception 30, 381–391.

Herz, R.S., McCall, C., Cahill, L., 1999. Hemispheric lateralization in the processing of odor pleasantness vs odor names. Chem. Senses 24, 691–695.

Heymann, H., Machado, B., Torri, L., et al., 2012. How many judges should one use for sensory descriptive analysis? J. Sens. Stud. 27, 111–122.

Hodgson, M.D., Langridge, J.P., Linforth, R.S.T., et al., 2005. Aroma release and delivery following the consumption of beverages. J. Agric. Food Chem. 53, 1700–1706.

Hodgson, R.T., 2009. How expert are "expert" wine judges? J Wine Econ. 4, 233–241.

Homa, A., Cultice, J., 1984. Role of feedback, category size, and stimulus distortion on the acquisition and utilization of ill-defined categories. J. Exp. Psychol.: Learning, Memory and Cognition 10, 83–93.

Hughson, A., Ashman, H., de la Huerga, V., et al., 2004. Mind-sets of the wine consumer. J. Sens. Stud. 19, 85–105.

Hughson, A.L., Boakes, R.A., 2002. The knowing nose: The role of knowledge in wine expertise. Food Qual. Pref. 13, 463–472.

Huitson, A., 1989. Problems with Procrustes analysis. J. Appl. Stat. 16, 39–45.

Hummel, T., Delwiche, J.F., Schmidt, C., et al., 2003. Effects of the form of glasses on the perception of wine flavors: A study in untrained subjects. Appetite 41, 197–202.

Hummel, T., Olgun, S., Gerber, J., et al., 2013. Brain responses to odor mixtures with sub-threshold components. Front. Psychol. 4 (786), 8. http://dx.doi.org/10.3389/fpsyg.2013.00786.

Hyldig, G., 2010. Proficiency testing of sensory panels. In: Kilcast, D. (Ed.), *Sensory Analysis for Food and Beverage Quality Control. A Practical Guide.* Woodhead Publ. Ltd, Cambridge, U.K, pp. 37–48.

Ijiri, T., Owada, S., Okabe, M., et al., 2005. Floral diagrams and inflorescences: Interactive flower modeling using botanical structural constraints. ACM Trans. Graph. 24, 720–726.

Ishii, R., Kemp, S.E., Gilbert, A.N., et al., 1997. Variation in sensory conceptual structure: An investigation involving the sorting of odor stimuli. J. Sensory Stud. 12, 195–214.

ISO, 1992. *Sensory Analysis, Vocabulary*, 1st ed International Standards Organization #5492, Geneva, Switzerland.

Jarisch, R., Wantke, F., 1996. Wine and headache. Intl. Arch. Allergy Immunol. 110, 7–12.

Jehl, C., Royet, J.-P., Holley, A., 1997. Role ov verbal encoding in short- and long-term odor recognition. Percept. Psychosphys. 59, 100–110.

Jolly, N.P., Hattingh, S., 2001. A brandy aroma wheel for South African brandy. S. A. J. Enol. Vitic. 22, 16–21.

Jones, A.L., Roberts, R.C., Colvin, D.W., et al., 1995. Reduced platelet phenolsulphotransferase activity towards dopamine and 5-hydroxytryptamine in migraine. Eur. J. Clin. Pharmacol. 49, 109–114.

Kahan, G., Cooper, D., Papavasiliou, A., et al., 1973. Expanded tables for determining significance of differences for ranked data. Food Technol. 27, 64–69.

Kärnekull, S.C., Jönsson, F.U., Willander, J., et al., 2015. Long-term memory for odors: Influences of familiarity and identification across 64 days. Chem. Senses 40, 259–267.

Kaufman, H.S., 1992. The red wine headache and prostaglandin synthetase inhibitors: A blind controlled study. J. Wine Res. 3, 43–46.

King, E.S., Dunn, R.L., Heymann, H., 2013. The influence of alcohol on the sensory perception of red wines. Food Qual. Pref. 28 235–143.

King, M.C., Hall, J., Cliff, M.A., 2001. A comparison of methods for evaluation the performance of a trained sensory panel. J. Sens. Stud. 16, 567–581.

King, M.C., Cliff, M.A., Hall, J., 2003. Effectiveness of the 'Mouth-feel Wheel' for the evaluating of astringent subqualities in British Columbia red wines. J. Wine Res. 14, 67–78.

Klecka, W.R., 1980. *Discriminant Analysis*. Sage

University Paper #19. Sage Publ, Newbury Park, CA.

Knecht, S., Drager, B., Deppe, M., et al., 2000. Handedness and hemispheric language dominance in healthy humans. Brain. 123, 2512–2518.

Komes, D., Ulrich, D., Lovric, T., 2006. Characterization of odor-active compounds in Croatian Rhine Riesling wine, subregion Zagorje. Eur. Food Res. Technol. 222, 1–7.

Korotcenkov, G. (Ed.), 2013. Handbook of Gas Sensor Materials: Properties, Advantages and Shortcomings, Vols. 1&II. Springer, New York, NY.

Köster, E.P., 2003. The psychology of food choice: Some often encountered fallacies. Food Qual. Pref. 14, 359–373.

Köster, E.P., 2005. Does Olfactory Memory Depend on Remembering Odors? Chem. Senses 30, i236–i237.

Kunert, J., Meyners, M., 1999. On the triangle test with replications. Food Qual. Pref. 10, 477–482.

Kurtz, T.E., Link, T.E., Tukey, R.F., et al., 1965. Short-cut multiple comparisons for balanced single and double classifications. Technometrics 7, 95–165.

Lamm, H., Myers, D.M., 1978. Group-induced polarization of attitudes and behavior. Adv. Exp. Soc. Psychol. 11, 145–195.

Landon, S., Smith, C.E., 1998. Quality expectations, reputation and price. South. Econom. J. 364, 628–647.

Lange, C., Martin, C., Chabanet, C., et al., 2002. Impact of the information provided to consumers on their willingness to pay for Champagne: Comparison with hedonic scores. Food Qual. Pref. 13, 597–608.

Laska, M., Hübener, F., 2001. Olfactory discrimination ability for homologous series of aliphatic ketones and acetic esters. Behav. Brain Res. 119, 193–201.

Lattey, K.A., Bramley, B.R., Francis, I.L., 2010. Consumer acceptability, sensory properties and expert quality judgements of Australian Cabernet Sauvignon and Shiraz wines. Aust. J. Grape Wine Res. 16, 189–202.

Lawless, H.T., 1984. Flavor description of white wine by "expert" and nonexpert wine consumers. J. Food Sci. 49, 120–123.

Lawless, H.T., 1985. Psychological perspectives on wine tasting and recognition of volatile flavours. In: Birch, G.G., Lindley, M.G. (Eds.), Alcoholic Beverages. Elsevier, London, pp. 97–113.

Lawless, H.T., 1999. Descriptive analysis of complex odors: Reality, model or illusion? Food Qual. Pref. 10, 325–332.

Lawless, H.T., 2010. A simple alternative analysis for threshold data determined by ascending forced-choice methods of limits. J. Sens. Stud. 25,332–346.

Lawless, H., Engen, T., 1977. Associations of odors: Interference, mnemonics and verbal labeling. J. Expt. Psycho. Hum. Learn. Mem. 3, 52–59.

Lawless, H.T., Clark, C.C., 1992. Physiological biases in time-intensity scaling. Food Technol. 46, 81–90.

Lawless, H.T., Heymann, H., 2010. Sensory Evaluation of Food: Principles and Practices, 2nd ed Springer, New York.

Lawless, H.T., Malone, J.G., 1986. The discriminative efficiency of common scaling methods. J. Sens. Stud. 1, 85–96.

Lawless, H.T., Schlegel, M.P., 1984. Direct and indirect scaling of taste-odor mixtures. J. Food Sci. 49, 44–46.

Lawless, H.T., Tuorila, H., Jouppila, K., et al., 1996. Effects of guar gum and microcrystalline cellulose on sensory and thermal properties of a high fat model food system. J. Texture Stud. 27, 493–516.

Lawless, H.T., Liu, Y.-F., Goldwyn, C., 1997. Evaluation of wine quality using a small-panel hedonic scaling method. J. Sens. Stud. 12, 317–332.

Lee, K.-Y.M., Paterson, A., Piggott, J.R., 2001. Origins of flavour in whiskies and a revised flavour wheel: A review. J. Inst. Brew. 107, 287–313.

Leek, J.T., Peng, R.D., 2015. What is the question? Science 347, 1314–1315.

Lehrer, A., 1975. Talking about wine. Language 51, 901–923.

Lehrer, A., 1983. *Wine and Conversation*. Indiana Univ. Press, Bloomington, ID.

Lehrer, A., 2009. *Wine and Conversation*, second ed Oxford University Press, Oxford, UK.

Lepage, M., Neville, T., Rytz, A., et al., 2014. Panel performance for Temporal Dominance of Sensations. Food Qual. Pref. 38, 24–29.

Le Révérend, F.M., Hidrio, C., Fernandes, A., et al., 2008. Comparison between temporal dominance of sensations and time intensity results. Food Qual. Pref. 19, 174–178.

Li, W., Luxenberg, E., Parrish, T., et al., 2006. Learning to smell the roses: Experience-dependent neural plasticity in human piriform and orbitofrontal cortices. Neuron 52, 1097–1108.

Li, W., Howard, J.D., Parrish, T.B., et al., 2008. Aversive learning enhances perceptual and cortical discrimination of indiscriminable odor cues. Science 319, 1842–1845.

Liger-Belair, G., Villaume, S., Cilindre, C., et al., 2009. Kinetics of CO_2 fluxes outgassing from champagne glasses in tasting conditions: The role of temperature. J. Agric. Food Chem. 57, 1997–2003.

Lim, J., Wood, A., Green, B.G., 2009. Derivation and evaluation of a labeled hedonic scale. Chem. Senses 34, 739–751.

Liu, J., Grønbeck, S., Di Monaco, R., et al., 2016. Performance of Flash Profile and Napping with and without training for describing small sensory differences in a model wine. Food Qual. Pref. 48, 41–49.

Livermore, A., Hummel, T., 2004. The influence of training on chemosensory event-related potentials and interactions between the olfactory and trigeminal systems. Chem. Senses 29, 41–51.

Loch, D., Breer, H., Strotmann, J., 2015. Endocrine modulation of olfactory responsiveness: Effects of the orexigenic hormone ghrelin. Chem. Senses 40, 469–479.

Louw, L., Oelosfe, S., Naes, T., et al., 2014. Trained sensory panellist's response to product alcohol content in the projective mapping task: Observation on alcohol content, product complexity and prior knowledge. Food Qual. Pref. 34, 37–44.

Louw, L., Oelosfe, S., Naes, T., et al., 2015. The effect of tasting sheet shape on product configurations and panellist's performance in sensory projective mapping of brandy products. Food Qual. Pref. 40, 132–136.

Lovell, D.P., 2013. Biological importance and statistical significance. J. Agric. Food Chem. 61, 8340–8348.

Lozano, J., Santos, J.P., Horrillo, M.C., 2005. Classification of white wine aromas with an electronic nose. Talanta 67, 610–616.

Lozano, J., Santos, J.P., Arroya, T., et al., 2007. Correlating e-nose responses to wine sensorial descriptors and gas chromatography-mass spectrometry profiles using partial least squares regression analysis. Sensors Actuators B 127, 267–276.

Luciano, G., Naes, T., 2009. Interpreting sensory data by combining principal component analysis and analysis of variance. Food Qual. Pref. 20, 167–175.

Lundström, J.N., Hummel, T., Olsson, M.J., 2003. Individual differences in sensitivity to the odor of 4,16-androstadien-3-one. Chem. Senses 28, 643–650.

Lupi-Pegurier, L., Muller, M., Leforestier, E., et al., 2003. In vitro action of Bordeaux red wine on the microhardness of human dental enamel. Arch. Oral Biol. 48, 141–145.

MacFie, H.J.H., Piggott, J.R., 2012. Preference mapping: Principles and potential applications to alcoholic beverages. In: Piggott, J. (Ed.), Alcoholic Beverages. Sensory Evaluation and Consumer Research. Woodhouse Publ. Ltd., Cambridge, UK, pp. 436–476.

Maitre, I., Symoneaux, R., Jourjon, F., et al., 2010. Sensory typicality of wines: How scientists have recently dealt with this subject. Food Qual. Pref. 21, 726–731.

Mandel, L., 2005. Dental erosion due to wine consumption. J. Am. Dent. Assoc. 136, 71–75.

Martí, M.P., Boqué, R., Busto, O., et al., 2005. Electronic noses in the quality control of alcoholic beverages. Trends Anal. Chem. 24, 57–66.

Martineau, B., Acree, T.E., Henick-Kling, T., 1995. Effect of wine type on the detection threshold of diacetyl. Food Res. Inst. 28, 139–144.

Masyczek, R., Ough, C.S., 1983. The "red wine reaction"

syndrome. Am. J. Enol. Vitic. 32, 260–264.

Mazzoleni, V., Maggi, L., 2007. Effect of wine style on the perception of 2,4,6-trichloroanisole, a compound related to cork taint in wine. Food Res. Int. 40, 694–699.

McBride, R.L., Finlay, D.C., 1990. Perceptual integration of tertiary taste mixtures. Percept. Psychophys. 48, 326–336.

McCloskey, L.P., Sylvan, M., Arrhenius, S.P., 1996. Descriptive analysis for wine quality experts determining appellations by Chardonnay wine aroma. J. Sensory Stud. 11, 49–67.

McClure, S.M., Li, J., Tomlin, D., et al., 2004. Neural correlates of behavioral preference for culturally familiar drinks. Neuron 44, 379–387.

McDonnell, E., Hulin-Bertaud, S., Sheehan, E.M., et al., 2001. Development and learning process of a sensory vocabulary for the odor evaluation of selected distilled beverages using descriptive analysis. J. Sens. Stud. 16, 425–445.

McGurk, H., MacDonald, J., 1976. Hearing lips and seeing speech. Nature 264, 746–748.

Meilgaard, M.C., 1988. Beer flavor terminology—A case study In: Moskowitz, H. (Ed.), Applied Sensory Analysis of Foods, Vol. 1. CRC Press, Boca Raton, Florida, pp. 73–87.

Meilgaard, M.C., Dalgliesh, C.E., Clapperton, J.F., 1979. Progress towards an international system for beer flavour terminology. Am. Soc. Brew. Chem. 37, 42–52.

Meilgaard, M.C., Reid, D.C., Wyborski, K.A., 1982. Reference standards for beer flavor terminology system. J. Am. Soc. Brew. Chem. 40, 119–128.

Meilgaard, M.C., Civille, G.V., Carr, T.C., 2006. Sensory Evaluation Techniques, fourth ed CRC Press, Boca Raton, FL.

Meillon, S., Viala, D., Medel, M., et al., 2010. Impact of partial alcohol reduction in Syrah wine on perceived complexity and temporality of sensations and link with preference. Food Qual. Pref. 21, 732–740.

Melcher, J.M., Schooler, J.W., 1996. The misremembrance of wines past: Verbal and perceptual expertise differentially mediate verbal overshadowing of taste memory. J. Memory Lang. 35, 231–245.

Meyners, M., 2011. Panel and panelist agreement for product comparisons in studies of Temporal Dominance of Sensations. Food Qual. Pref. 22, 365–370.

Meyners, M., Pineau, N., 2010. Statistical inference for temporal dominance of sensations data using randomization tests. Food Qual. Pref. 21, 805–814.

Monteleone, E., 2012. Sensory methods from product development and their application in the alcohol beverage industry. In: Piggott, J. (Ed.), *Alcoholic Beverages. Sensory Evaluation and Consumer Research*. Woodhouse Publ. Ltd., Cambridge, UK, pp. 66–100.

Morrot, G., 2004. Cognition et vin. Rev. Oenologues 111, 11–15.

Morrot, G., Brochet, F., Dubourdieu, D., 2001. The color of odors. Brain Lang. 79, 309–320.

Myers, D.G., Lamm, H., 1975. The polarizing effect of group discussion. Am. Sci. 63, 297–303.

Nakamura, Y., Sanematsu, K., Ohta, R., et al., 2008. Diurnal variation of human sweet taste recognition thresholds is correlated with plasma leptin levels. Diabeties 57, 2661–2665.

Nicolodi, M., Sicuteri, F., 1999. Wine and migraine: Compatibility or incompatibility? Drugs Exp. Clin. Res. 25, 147–153.

Noble, A.C., 1988. Analysis of wine sensory properties. In: Linskens, H.F., Jackson, J.F. (Eds.), Wine Analysis. Springer-Verlag, Berlin, pp. 9–28.

Noble, A.C., Howe, P., 1990. Sparkling Wine Aroma Wheel. The Wordmill, Healdsburg, CA.

Noble, A.C., Williams, A.A., Langron, S.P., 1984. Descriptive analysis and quality ratings of 1976 wines from four Bordeaux communes. J. Sci. Food Agric. 35, 88–98.

Noble, A.C., Arnold, R.A., Buechsenstein, J., et al., 1987. Modification of a standardized system of wine aroma terminology. Am. J. Enol. Vitic. 36, 143–146.

North, A., Hargreaves, D., McKendrick, J., 1999. The influence of in store music on wine selections. J. Appl. Psychol. 84, 271–276.

Nuzzo, R., 2014. Statistical errors. Nature 506, 150–152.

O' Mahony, M., Rousseau, B., 2002. Discrimination testing: A few ideas, old and new. Food Qual. Pref. 14, 157–164.

Obst, K., Paetz, S., Ley, J.P., et al., 2014. Multiple time-intensity profiling (mTIP) as an advanced evaluation tool for complex tastants. In: Ferreira, V., Lopez, R. (Eds.), Flavour Science. Proceedings from XIII Weurman Flavour Research Symposium. Academic Press, London, UK, pp. 45–49.

Oreskovich, D.C., Klein, B.P., Sutherland, J.W., 1991. Procrustes analysis and its applications to free-choice and other sensory profiling. In: Lawless, H.T., Klein, B.P. (Eds.), Sensory Science Theory and Application in Foods. Marcel Dekker, New York, pp. 353–393.

oterbauer, R.A., Matthews, P.M., Jenkinson, M., et al., 2005. Color of scents: Chromatic stimuli modulate odor responses in the human brain. J. Neurophysiol. 93, 3434–3441.

Ough, C.S., Baker, G.A., 1961. Small panel sensory evaluation of wines by scoring. Hilgardia 30, 587–619.

Ough, C.S., Winton, W.A., 1976. An evaluation of the Davis wine-score card and individual expert panel members. Am. J. Enol. Vitic. 27, 136–144.

Ough, C.S., Singleton, V.L., Amerine, M.A., et al., 1964. A comparison of normal and stressed-time conditions on scoring of quantity and quality attributes. J. Food Sci. 29, 506–519.

Overbosch, P., 1986. A theoretical model for perceived intensity in human taste and smell as a function of time. Chem. Senses 11, 315–329.

Owen, D.H., Machamer, P.K., 1979. Bias-free improvement in wine discrimination. Perception 8, 199–209. Pagès, J., 2005. Collection and analysis of perceived product inter-distances using multiple factor analysis: Application to the study of 10 white wines from the Loire Valley. Food Qual. Pref. 16, 642–649.

Pagès, J., Cadoret, M., Lê, S., 2010. The sorted napping: A new holistic approach in sensory evaluation. J. Sens. Stud. 25, 637–658.

Parker, M., Pollnitz, A.P., Cozzolino, D., et al., 2007. Identification and quantification of a marker compound for 'pepper' aroma and flavor in Shiraz grape berries by combination of chemometrics and gas chromatography mass spectrometry. J. Agric. Food Chem. 55, 5948–5955.

Parr, W.V., Heatherbell, D., White, K.G., 2002. Demystifying wine expertise: Olfactory threshold, perceptual skill, and semantic memory in expert and novice wine judges. Chem. Senses 27, 747–755.

Parr, W.V., White, K.G., Heatherbell, D., 2004. Exploring the nature of wine expertise: What underlies wine expert's olfactory recognition memory advantage? Food Qual. Pref. 15, 411–420.

Parr, W.V., Green, J.A., White, K.G., 2006. Wine judging, context and New Zealand Sauvignon blanc. Rev. Eur. Psychol. Appl. 56, 231–238.

Parr, W.V., Valentin, D., Green, J.A., et al., 2010. Evaluation of French and New Zealand Sauvignon wine by experienced French wine assessors. Food Qual. Pref. 21, 55–64.

Parra, V., Arrieta, A.A., Fernández-Escudero, J.A., et al., 2006. Monitoring of the ageing of red wines in oak barrels by means of a hybrid electronic tongue. Anal. Chim. Acta 563, 229–237.

Pattichis, K., Louca, L.L., Jarman, J., et al., 1995. 5-Hydroxytryptamine release from platelets by different red wines: Implications for migraine. Eur. J. Pharmacol. 292, 173–177.

Pazart, L., Comte, A., Magnin, E., et al., 2014. An fMRI study on the influence of sommeliers' expertise on the integration of flavor. Front. Behav. Neurosci. 8, 15. #385.

Peltier, C., Visalli, M., Schlich, P., 2015. Canonical variate analysis of sensory profiling data. J. Sens. Stud. 30, 316–328.

Peris, M., Escuder-Gilabert, L., 2009. A 21st centurey technique for food control: Electronic noses. Anal. Chim. Acta. 638, 1–15.

Perrin, L., Pagès, J., 2009. A methodology for the analysis of sensory typicality judgements. J. Sens. Stud .24, 749–773.

Perrin, L., Symoneaux, R., Maître, I., et al., 2008.

Comparison of three sensory methods for use with the Napping procedure: Case of ten wines from Loire valley. Food Qual. Pref. 19, 1–11.

Peyvieux, C., Dijksterhuis, G., 2001. Training a sensory panel for TI: A case study. Food Qual. Pref. 12, 19–28.

Pigani, L., Foca, G., Ionescu, K., et al., 2008. Amperometric sensors based on poly(3,4-ethylenedioxythiophene)- modified electrodes: Discrimination of white wines. Anal. Chim. Acta 614, 213–222.

Pineau, B., Barbe, J.-C., van Leeuwen, C., et al., 2007. Which impact for β-damascenone on red wines aroma? J. Agric. Food Chem. 55, 5214–5219.

Pineau, N., Schlich, P., Cordelle, S., et al., 2009. Temporal Dominance of Sensations: Construction of the TDS curves and comparison with time-intensity. Food Qual. Pref. 20, 450–455.

Pinheiro, C., Rodrigues, C.M., Schäfer, T. Crespo, J, G, 2002. Monitoring the aroma production during wine-must fermentation with an electronic nose. Biotechnol. Bioengin. 77, 632–640.

Plassmann, H., O'Doherty, J., Shiv, B., et al., 2008. Marketing actions can modulate neural representations of experienced pleasantness. PNAS 105, 1050–1054.

Plutowaska, B., Wardencki, W., 2008. Application of gas chromatography-olfactometry (GC–O) in analysis and quality assessment of alcoholi beverages–A review. Food Chem. 107, 449–463.

Pohl, R.F., Schwarz, S., Sczesny, S., et al., 2003. Hindsight bias in gustatory judgements. Expt. Psychol. 50, 107–115.

Pollien, P., Ott, A., Montigon, F., et al., 1997. Hyphenated headspace-gas chromatography-sniffing technique: Screening of impact ordoarants and quantitative aromagram comparisons. J. Agric. Food Chem. 45, 2630–2637.

Prescott, J., 2004. Psychological processes in flavour perception. In: Taylor, A.J., Roberts, D. (Eds.), Flavour Perception. Blackwell Publishing, London, pp. 256–278.

Prescott, J., 2009. Rating a new hedonic scale: A commentary on "Derivation and evaluation of a labeled hedonic scale" by Lim, Wood and Green. Chem. Senses 34, 735–737.

Prescott, J., Johnstone, V., Francis, J., 2004. Odor-taste interactions: Effects of attentional strategies during exposure. Chem. Senses 29, 331–340.

Qannari, E.M., Schlich, P., 2006. Matching sensory and instrumental data. In: Voilley, A., Etiévant, P. (Eds.), Flavour in Food. Woodhouse Publ. Inc., Cambridge, UK, pp. 98–116.

Quandt, R.E., 2006. Measurement and inference in wine tasting. J. Wine Econ. 1, 7–30.

Ranjitkar, S., Smales, R., Lekkas, D., 2012. Prevention of tooth erosion and sensitivity in wine tasters. Wine Vitic. J 27 (1), 34–37.

Reineccius, T.A., Reineccius, G.A., Peppard, T.L., 2003. Flavor release from cyclodextrin complexes: Comparison of alpha, beta, and gamma types. J. Food Sci. 68, 1–6.

Rok, F., Barsan, N., Weimar, U., 2008. Electronic nose: Current status and future trends. Chem. Rev. 108, 705–725.

Roessler, E.B., Pangborn, R.M., Sidel, J.L., et al., 1978. Expanded statistical tables for estimating significance in prepared-preference, paireddifference, duo-trio and triangle tests. J. Food Sci. 43, 940–943.

Rolls, E.T., 1995. Central taste anatomy and neurophysiology. In: Doty, R.L. (Ed.), Handbook of Olfaction and Gustation. Marcel Dekker, New York, pp. 549–573.

Ross, C.F., Weller, K.M., Alldredge, J.R., 2012. Impact of serving temperature on sensory properties of red wine as evaluated using projective mapping by a trained panel. J. Sens. Stud. 27, 463–470.

Rudnitskaya, A., Delgadillo, I., Legin, A., et al., 2007. Prediction of the Port wine age using an electronic tongue. Chemomet. Intelligent Lab. Syst. 88, 125–131.

Russell, K., Zivanovic, S., Morris, W.C., et al., 2005. The effect of glass shape on the concentration of polyphenolic compounds and perception of Merlot wine. J. Food Qual. 28, 377–385.

Sáenz-Navajas, M.-P., Tao, Y.-S., Dizy, M., et al., 2010.

Relationship between nonvolatile composition and sensory properties of premium Spanish red wines and their correlation to quality perception. J. Agric. Food Chem. 58, 12407–12416.

Savic, I., Gulyas, B., 2000. PET shows that odors are processed both ipsilaterally and contralaterally to the stimulated nostril. Brain Imaging 11, 2861–2866.

Schifferstein, H.J.N., 1996. Cognitive factors affecting taster intensity judgements. Food Qual. Pref. 7, 167–175.

Scholten, P., 1987. How much do judges absorb? Wines Vines 69 (3), 23–24.

Schindler, R.M., 1992. The real lesson of New Coke; the value of focus groups for predicting the effects of social influence. Market. Res. 4, 22–27.

Schutz, H.G., 1964. A matching-standards method for characterizing odor qualities. Ann. N.Y. Acad. Sci. 116, 517–526.

Silva, R.C.S.N., Minim, V.P.R., Silva, A.N., et al., 2014. Number of judges necessary for descriptive sensory texts. Food Qual. Pref. 31, 22–27.

Sokolowsky, M., Rosenberger, A., Fischer, U., 2015. Sensory impact of skin contact on white wines characterized by descriptive analysis, time– intensity analysis and temporal dominance of sensations analysis. Food Qual. Pref. 39, 285–297.

Solomon, G.E.A., 1990. Psychology of novice and expert wine talk. Am. J. Psychol. 103, 495–517.

Solomon, G.E.A., 1991. Language and categorization in wine expertise. In: Lawless, H.T., Klein, B.P. (Eds.), Sensory Science Theory and Applications in Foods. Marcel Dekker, New York, pp. 269–294.

Solomon, G.E.A., 1997. Conceptual change and wine expertise. J. Learn. Sci. 6, 41–60.

Somers, T.C., 1975. In search of quality for red wines. Food Technol. Australia 27, 49–56.

Spence, C., 2011. Wine and music. World Fine Wine 31, 96–104.

Spence, C., Wang, Q.J., 2015. Wine and music (I): On the crossmodal matching of wine and music. Flavour 4, 34. (14 pp).

Spence, C., Richards, L., Kjellin, E., et al., 2013. Looking for crossmodal correspondences between classical music and fine wine. Flavor 2, 29. (13 pp).

Spence, C., Velasco, C., Knoeferle, K., 2014. A large sample study on the influence of the multisensory environment on the wine drinking experience. Flavor 3, 8. (12 pp.).

Stahl, W.H., Einstein, M.A., 1973. Sensory testing methods In: Snell, F.D. Ettre, L.S. (Eds.), Encyclopedia of Industrial Chemical Analysis, Vol. 17. John Wiley, New York, pp. 608–644.

Staples, E.J. (2000). Detecting 2,4,6 TCA in corks and wine using the zNose™. http://www.estcal.com/tech_papers/papers/Wine/TCA_in_Wine_Body.pdf.

Stevens, D.A., 1996. Individual differences in taste perception. Food Chem. 56, 303–311.

Stevenson, R.J., 2001. Associative learning and odor quality perception: How sniffing an odor mixture can alter the smell of its parts. Learn Motiv. 32, 154–177.

Stevenson, R.J., Case, T.I., Boakes, R.A., 2003. Smelling what was there: Acquired olfactory percepts are resistant to further modification. Learn. Motivat. 34, 185–202.

Stone, H., Bleibaum, R., Thomas, H.A., 2012. Sensory Evaluation Practices, fourth ed Academic Press, Orlando, FL.

Stone, H., Sidel, J., Oliver, S., et al., 1974. Sensory evaluation by quantitative descriptive analysis. Food Technol., Nov. 24–34.

Symoneaux, R., Galmarini, M.C., Mehinagic, E., 2012. Comment analysis of consumer's likes and dislikes as an alternative tool to preference mapping. A case study on apples. Food Qual. Pref. 24, 59–66.

Takeuchi, H., Kato, H., Kurahashi, T., 2013. 2,4,6-Trichloroanisole is a potent suppressor of olfactory signal transduction. PNAS 110, 16235–16240.

Tempere, S., Cuzange, E., Malik, J., et al., 2011. The training level of experts influences their detection thresholds for key wine compounds. Chem. Percept. 4, 99–115.

Tempere, S., Cuzange, E., Bougeant, J.C., et al., 2012. Explicit sensory training improves the olfactory sensitivity of wine experts. Chem Percept. 5, 205–213.

Tempere, S., Hamtat, M.L., Bougeant, J.C., et al., 2014. Learning odors: The impact of visual and olfactory mental imagery training on odor perception. J. Sens. Stud. 29, 435–449.

Thompson, B., 1984. Canonical Correlation Analysis: Uses and Interpretation. Sage University Paper #47. Sage Publ, Newbury Park, CA.

Tomasino, E., Harrison, R., Sedcole, R., et al., 2013. Regional differentiation of New Zealand Pinot noir wine by wine professionals using Canonical Variate Analysis. Am. J. Enol. Vitic. 64, 357–363.

Tomic, O., Forde, C., Delahunty, C., et al., 2013. Performance indices in descriptive sensoyr analysis–A complementary screening tool for assessor and panel performance. Food Qual. Pref. 28, 122–133.

Torri, L., Dinnella, C., Recchia, A., et al., 2013. Projective mapping for interpreting wine aroma differences as perceived by naive and experienced assessors. Food Qual. Pref. 29, 6–15.

Umali, A.P., Ghanem, E., Hopfer, H., et al., 2015. Grape and wine sensory attributes correlate with patternbased discrimination of Cabernet Sauvignon wines by a peptidic sensor array. Tetrahedron 71, 3095–3099.

Vaamonde, A., Sánchez, P., Vilariño, F., 2000. Discrepancies and consistencies in the subjective ratings of wine-tasting committees. J. Food Qual.23, 363–372.

Vandyke Price, P.J., 1975. The Taste of Wine. Random House, New York, NY.

Vene, K., Seisonen, S., Koppel, K., et al., 2013. A method for GC-olfactometry panel training. Chem. Percept. 6, 179–189.

Vidal, L., Cadena, R.S., Antúnez, L., Giménez, A., Varela, P., Ares, G., 2014. Stability of sample configurations from projective mapping: How many consumers are necessary? Food Qual. Pref. 34, 79–87.

Vigen, T., 2015. Spurious Correlations. Hachette Books.

Walker, J.C., Hall, S.B., Walker, D.B., et al., 2003. Human odor detectability: New methodology used to determine threshold and variation. Chem. Senses 28, 817–826.

Wang, L., Chen, L., Jacob, T., 2004. Evidence for peripheral plasticity in human odour response. J. Physiol. 55, 236–244.

Wasserstein, R.L., Lazar, N.A., 2016. The ASA' statement on p-values: Context, process, and purpose. Am. Statistician 70, 129–133.

Weathermon, R., Crabb, D.W., 1999. Alcohol and medication interactions. Alcohol Res. Health 23, 40–54.

Willershausen, B., Callaway, A., Azrak, B., et al., 2009. Prolonged in vitro exposure to white wines enhances the erosive damage on human permanent teeth compared with red wines. Nutrit. Res. 29, 558–567.

Williams, A.A., 1975. The development of a vocabulary and profile assessment method for evaluating the flavour contribution of cider and perry aroma constituents. J. Sci. Food Agric. 26, 567–582.

Williams, A.A., 1978. The flavour profile assessment procedure. In: Beech, F.W. (Ed.), Sensory Evaluation—Proceeding of the Fourth Wine Subject Day. Long Ashton Research Station, University of Bristol, Long Ashton, UK, pp. 41–56.

Williams, A.A., 1984. Measuring the competitiveness of wines. In: Beech, F.W. (Ed.), Tartrates and Concentrates—Proceeding of the Eighth Wine Subject Day Symposium. Long Ashton Research Station, University of Bristol, Long Ashton, UK, pp. 3–12.

Williams, A.A., Bains, C.R., Arnold, G.M., 1982. Towards the objective assessment of sensory quality in less expensive red wines. In: Webb, A.D. (Ed.), Grape Wine Cent. Symp. Proc. University of California, Davis, pp. 322–329.

Wilson, D.A., 2003. Rapid, experience-induced enhancement in odorant discrimination by anterior piriform cortex neurons. J. Neurophysiol. 90, 65–72.

Winiarski, W., Winiarski, J., Silacci, M., et al., 1996. The Davis 20-point scale: How does it score today. Wines Vines 77, 50–53.

Winton, W., Ough, C.S., Singleton, V.L., 1975. Relative distinctiveness of varietal wines estimated by the ability of trained panelists to name the grape variety correctly. Am. J. Enol. Vitic .26, 5–11.

Wise, P.M., Olsson, M.J., Cain, W.S., 2000. Quantification of odor quality. *Chem*. Senses 25, 429–443.

Wollan, D., Pham, D.-T., Wilkinson, K.L., 2016. Changes in wine ethanol content due to evaporation from wine glasses and implications for sensory analysis. J. Agric. Food Chem. 64, 7569–7575.

Wu, T.Z., Lo, Y.R., 2000. Synthetic peptide mimicking of binding sites on olfactory receptor protein for use in 'electronic nose. J. Biotechnol. 80, 63–73.

Yenket, R., Chambers IV, E., Adhikari, K., 2011. A comparison of seven preference mapping techniques using four software programs. J. Sens. Stud. 26, 135–150.

Zarzo, M., 2008. Psychological dimensions in the perception of everyday odors: Pleasantness and edibility. J. 23, 354–376.

Zellner, D.A., Stewart, W.F., Rozin, P., et al., 1988. Effect of temperature and expectations on liking for beverages. Physiol. Behav. 44, 61–68.

6

葡萄酒的定性品评
Qualitative Wine Assessment

第 5 章在葡萄酒感官特性的评判性分析基础上，讨论了葡萄酒的鉴别和特征。本章关注的焦点则是葡萄酒的品种、风格、原产地和特色或者单纯的美学质量的表现，这些问题是葡萄酒爱好者所关注的。不管是刚入门的葡萄酒爱好者，还是资深的葡萄酒爱好者，通常这涉及不同形式的定性评分。尽管这些印象和特征通常都是葡萄酒评论家给予的，但是对上面提到的特征的检测往往很不容易，在某些方面比第 5 章中的感官小组所要求的任务更困难。大多数葡萄酒都没有表现出容易检测的品种属性和地区属性，因此，对这些属性的探索常常毫无结果。只有一些好的酒样会明显表现出品种或地区的原始属性。经验提供了分辨这些属性的知识基础，当出现时 / 如果这些属性被呈现，它们的表现方式如何被风格和陈年改变。相比较之下，葡萄酒的风格和特征更容易被识别。因为发酵的工艺和方式常常使葡萄酒产生一些独特的感官属性，在很多情况下，这些感官属性比品种属性和产区属性更明显。如果经验丰富，并且有足够的注意力，葡萄酒整体的美学特征也能很容易被识别。但难点在于如何使用有意义的词汇来描述这些特征，并且就对它们如何分级取得共识。由于葡萄酒的复杂性、发展趋势、平衡感、酒体和余味等特征的参考标准并不存在（或没有得到广泛的认可），清楚定义这些词汇是非常困难以至于不可能的。尽管存在这些困难，可能也正是因为这些困难，葡萄酒才给人类提供了如此多的快乐和趣味以及无尽的讨论（和争论）话题。

品尝室
Tasting Room

在可能的条件下，任何用于葡萄酒品尝的房间应该是明亮、颜色中性、安静和无异味的。葡萄酒窖或许是品尝葡萄酒的一个“浪漫”地点，但是酒窖中散发的葡萄酒香味和霉味使得葡萄酒的客观评价几乎不可能。水罐（清洗玻璃杯）和处理废弃样品的不透明塑料桶应该一直准备着。

葡萄酒的品尝要求品评者对葡萄酒做出一个客观的评价，而影响葡萄酒客观评价的生理和心理因素应该被除去或降到最低。例如，对在场的人来说，酿酒师和销售员的存在可能会很有趣而且会提供更多的信息，但是他们的存在毫无疑问会影响品尝者对葡萄酒真实的评价。“权威人物”可以主导葡萄酒品尝的意见（Aqueveque，2015），他们对追随者的影响是令人惊讶的（Milgram，1963；Caspar et al.，2016）。背景环境是另一个产生偏见的潜在因素，这在第 5 章中已经讨论过。如果是为了加强或者诱导鉴赏，讨论是值得提倡的。例如，葡萄酒社团的参与者常常希望得到建议和支持。如果品尝的是昂贵或者稀有的葡萄酒，安静地评判性分析可能会适得其反。

信息的提供
Information Provided

在品尝前或者品尝中，提供何种葡萄酒的信息取决于品尝目的。例如，如果品尝的目的是根据葡萄酒的品种和原产地特性进行排名，就需要

提前告知品尝者这一点。没有理由让品评者在品尝的同时，还要去猜测品尝的目的。需要承认的是，知道品尝目的可能会夸大某一种特性的存在。无论如何必要的信息有助于提醒人们关注期待的质量特性。然而，如果目的是在不考虑产区和价格的前提下对葡萄酒的内在（美学）质量进行排名，最好隐藏这些信息以避免外在因素过度影响评价。对于葡萄酒经验较少的人而言，这些外在信息的影响更小。正是过去有关葡萄酒产区和价格的经验会激活记忆从而影响判断。以丰富经验形成的葡萄酒特性模型会很明显地影响感知并可能产生不存在的属性，正如颜色会扭曲对增味溶液的鉴定。实验已经多次表明葡萄酒的感知会被假定的产区和价格影响（Brochet and Morrot，1999；Plassmann et al.，2008）。这个影响如此强大，以至于一些有缺陷的葡萄酒也会被赞扬。这是同僚的压力还是对明显的事实的压制，我们无从得知。如果推广是主要目的，尤其是专卖店或生产者举办的品鉴会，葡萄酒的特征、价格、声誉会特意地被提及以达到最大程度的心理提升。

如果品尝的主要目的是获得消费者意见，有引导性的问题应该避免，间接询问最好。例如，询问品尝者在商务场合或者和亲密朋友一起时更喜欢哪款葡萄酒会产生更少的偏见，也许更能说明问题。这种方式比直接询问哪款葡萄酒更好（事实上，哪个都不喜欢）。间接询问在检测啤酒（Mojet and Köster，1986）和牛奶（Wolf-Frandsen et al.，2003）细微差别中已经有成功的经验。

在非正式的品尝中，一个传统的方法是使用纸袋把葡萄酒瓶包住，来隐藏相关信息。一个恰好合适的弹性黑色袋子带着彩色的编码，会看起来非常专业。提前倒酒或者醒酒是不实际或者不必要的。虽然袋装不能隐藏瓶子的颜色、形状，或颈部的设计，但是很多人没有意识到这些特征都可能为葡萄酒的来源和酒龄提供线索。另一个方法就是去除酒标。在葡萄酒品评课上，这个方法的优点是可以把酒标复制放在品鉴纸上或供品鉴后查看。遗憾的是，随着热胶的使用，去除酒标不再像过去那么容易。如今，酒标的另一个来源是生产商的网站。

酒瓶通常在品尝环节中或者品尝前打开，因此，最好是由导师或者助理来开瓶，移除软木塞。如果这是在一个班级或者团队前进行的话，这不仅是一个很好展示不同开瓶器的使用方式的机会，还可以避免参与者从酒塞文字查看信息。只有在最初级的（或商业的）品酒活动中，才会预先查看葡萄酒的信息。

样品准备
Sample Preparation

醒酒（Decanting and Breathing）

最初，醒酒的第一个功能是将聚集在瓶底的沉淀与葡萄酒分开。倒酒过程中的酒液晃动会导致浑浊，使品尝产生沙砾感。这种情况尤其会出现在陈放多年的红葡萄酒中，但也可在一些酒龄较长的白葡萄酒中发现。随着现代过滤技术的应用，醒酒不再有必要（一个例外是年份波特，通常它们不用过滤且装瓶早）。如果醒酒是在陈酿葡萄酒取样之前进行的，那么应该在取样之前立即进行。陈年葡萄酒（大于 40 年）的香气在开瓶后会很快消失，这是由其芳香成分的萎缩所导致的。这些芳香物质要么以某种方式降解，要么通过软木塞逸出。

醒酒的第二个功能很少被记得，因此，我们对葡萄酒的醒酒有很多错误的认识。19 世纪，葡萄酒与空气接触有助于驱散或者除去还原硫的不良气味和出现晕瓶的葡萄酒（bottle stink，葡萄酒的晕瓶现象与软木塞质量、运输与储存的条件有关）。当时的葡萄酒经常受到其影响。醒酒产生的晃动可以促进硫化氢以及硫醇的逸出。值得庆幸的是，现代葡萄酒既没有这种困扰，也没有产生大量的沉淀物。因此，只有很少的葡萄酒需要进行或者受益于醒酒。尽管如此，在开瓶之后让葡萄酒“呼吸”一段时间的方式仍然经常被推荐，即使在倒杯前将开瓶后的葡萄酒放置几分钟。然而，750 mL 瓶装葡萄酒的瓶口表面积为 3.5 cm^2。如果瓶中上部空间被空气替代，则瓶的里面可以含有 5 mg 的氧气。氧气扩散很慢，在开瓶和倒酒之间不会观察到明显的氧化。即使样品被倒入酒杯。比如，一个郁金香形状的 ISO 酒杯，葡萄酒与空气接触的表面积也只增加到 28 cm^2，晃动酒杯才会使葡萄酒和空气的接触面积加倍，甚至更多。假设有 30 mL 的葡萄酒，其玻璃杯中产生与空气接触的速度会比在瓶中快几百倍（根据比表面积）。葡萄酒和空气增加接触有利于更多香气物质的释放而不是被氧化。这些变化通常被称为葡萄酒的打开（发展）。因此，在倒酒前仅仅拔出软木塞的好处是模糊的，任何可以感知的效果可能等同于医学上的安慰剂或者是相当于“我已经决定好了，别想用事实迷惑我”的处境。同样，现在流行的葡萄酒醒酒可能仅仅是一个花招。晃动酒杯中的葡萄酒使酒液与空气接触，让香气释放得到更好的效果，因此，葡萄酒在酒杯中的醒酒比在醒酒器中的醒酒更能站住脚。因为葡萄酒在酒杯中的变化可以检测到，而在醒酒器中则是白白被浪费。

遗憾的是，品尝过程中的感官变化的实验数据几乎没有。据研究显示，葡萄酒和空气接触只持续 30 min（Russell et al.，2005）。其间，一些多酚类物质被检测到发生了明显的化学变化，尤其是没食子酸，然而这还达不到感官能识别的浓度。只有在好葡萄酒和氧气的接触时间超过正常品鉴的时间很久之后，可鉴定的氧化才会被检查出来（Russell et al.，2005）。最终葡萄酒和氧气接触会造成质量下降，但是只有几小时之后才能观察到这种变化（Ribéreau-Gayon and Peynaud，1961）。我们寄希望于一些技术的应用能获得更多开瓶和倒酒后感官变化的数据，如感觉的时间优势评价（TDS）、气相色谱 - 嗅觉测定法（GC-O）或鼻后香气捕捉法（Muñoz-González，et al.，2014）。

虽然葡萄酒香气化合物发展的理化性质很大程度上还是推测，但它可能与葡萄酒顶部空间的芳香化合物与葡萄酒（基质）主体中的溶解和弱结合状态之间的平衡变化有关。甘露糖蛋白（Lubbers et al.，1994）、氨基酸（Maier and Hartmann，1977）、糖（Sorrentino et al.，1986）和还原酮（Guillou et al.，1997）是葡萄酒基质中一些微弱结合于香气化学物质的范例，它们使香气暂时不具有挥发性。一旦葡萄酒开启倒出后，葡萄酒上方的香气逸散到空气中，这就改变了葡萄酒芳香化合物的挥发、溶解和结合状态之间的平衡，使平衡转向额外的挥发。这个复杂动态的平衡常数随着化学物质改变而变化，葡萄酒上部的香气物质相对浓度也处于流动状态。在理想的情况下，这是一个动态的香气体现，这就像万花筒的变化一样。

如上所示，晃动酒杯加强了挥发这个过程。酒液表面乙醇的蒸发以及覆盖在酒杯表面的酒液薄膜改变了葡萄酒中香气物质的蒸汽压（Williams and Rosser，1981）和表面张力。因此，流行的葡萄酒术语：“呼吸”“打开”和“发展”是同一种现象的命名。这个变化是高质量葡萄酒的令人愉悦的特征之一，它不应该在酒瓶或醒酒器中发生而无人感知。

根据葡萄酒的不同，葡萄酒的典型香气会在数分钟至数小时内消失。除了雷司令和霞多丽等葡萄酒，其他白葡萄酒的香气在酒杯中很少有明显的变化。年份久的葡萄酒不论红葡萄酒，还是白葡萄酒，在开瓶后香气的变化都不明显。无论葡萄酒具有哪些香气，这些香气都会很快消失。相反，陈酿好的年轻葡萄酒会呈现出迷人的香气变化。

对于老龄葡萄酒而言，醒酒过程常常是一种固定的仪式，包括使用器具来减少醒酒过程中葡萄酒的晃动，这也为一个好的表演提高了周围目击者的期待值。醒酒必须缓慢而细致地进行，以尽量减少葡萄酒流出瓶子时对沉积物的扰乱。为了方便这一点，醒酒器的支点应靠近瓶颈。否则，在倾斜过程中，瓶口的角度可能会超过 60°。但这样做的缺点是需要不断地调整醒酒器，使之可以顺利地接收流出来的葡萄酒。当沉淀到达瓶口时，就要立即停止倒酒。由于醒酒器操作方便，如果允许缓慢和细致操作，任何一个人都可以进行醒酒。当葡萄酒倒出 80% 时，就应该检查沉淀的位置。蜡烛的存在目的是看到沉积物向颈部移动的过程，通常这是表演的一部分。只有醒酒在昏暗或光线不足的条件下进行，蜡烛才是必需的。

要进行醒酒的葡萄酒应该提前数个小时或数天被小心地移到品尝的地点，并直立放置，这可以使疏松的沉淀在醒酒前聚集于酒瓶的底部。

温度（Wine Temperature）

通常白葡萄酒在温度为 8～12 ℃时饮用，甜白葡萄酒的饮用温度在这个范围的低端，而干白葡萄酒的饮用温度接近这个范围的顶端。尽管如此，干白葡萄酒在温度为 20 ℃时也有很好的表现，红葡萄酒的品尝温度为 18～22 ℃。只有酒体轻盈，果香型的红葡萄酒在 15 ℃有很好的表现，如博若莱新酒。桃红葡萄酒在 15 ℃也会有很好的表现。

一般起泡酒在 4 ℃时饮用。这个温度可以使烘烤的香味更加明显，并且有利于气泡缓慢、温柔、稳定的释放。低温可以最大化增加二氧化碳的杀口感，并在口腔中产生清爽感。低温也有助于开瓶，CO_2 在低温下溶解更多，因此，在开瓶和倒酒的时候不容易喷出。低温的缺点是如果室内湿度太高，酒杯上会马上结雾。这就导致无法对这款酒进行评价。更重要的是，这样就无法欣赏气泡涌动到液面的过程。

通常雪利酒在温度为 6～8 ℃时饮用，这个温度范围使其酒香味更加浓郁，并且降低了一些雪利酒过度的甜腻感。相反，波特酒的饮用温度为 18 ℃。这个温度可以降低酒精的灼热感，并且有利于释放它们复杂的香气。

饮用温度的选择常常与传统和习惯有关，它主要是根据没有供暖系统的以前的欧洲室内温度来决定的。尽管如此，温度的偏好也反映了热量对挥发性和味觉敏感性的影响。随着温度升高而增加的挥发性会根据化合物组成有很大的不同。葡萄酒基质的掩蔽或协同作用可以降低或加强对某一种特殊化学物质的感知。这就是为什么白葡萄酒在低温下饮用比高温下更加令人愉悦的部分原因。

温度对味觉也有明显的作用。低温可以降低对糖的感知、增加对酸的感知。因此，甜酒在低温条件下口感更加平衡。在低温时饮用可以在口中产生令人愉悦的清爽感。相反，在较高的温度时饮用可以降低对苦味和收敛性的感知。这就有助于说明为什么红葡萄酒一般在温度为 18 ℃以上时饮用。

如果条件允许，葡萄酒在被品尝前应该达到适合的温度。如果需要的话，葡萄酒可以放置在凉水或热水中，以快速达到需要的温度（图 5.17B）。

葡萄酒被倒入杯中后温度开始回升，因此，在倒酒时葡萄酒的温度应该比理想的饮用温度略低是有道理的。这有利于葡萄酒在理想的饮用温度范围内保持较长的一段时间。

葡萄酒的温度很少进行直接测定。在正常情况下，大家认为把葡萄酒放置在需要的温度下数个小时是可以满足要求的，同时也可以通过一种设备记录酒瓶表面的温度来间接测定葡萄酒的温度。这种设备是一种可以根据不同温度而变化颜色的塑料带，类似于测量前额温度的液晶温度条。如果葡萄酒有足够的时间去平衡温度，这种塑料带就可以精确地测定葡萄酒的温度。

酒杯（Wine Glasses）

葡萄酒杯应该是洁净、无色的，并且有足够的体积和合适的形状允许其内的酒液剧烈晃动。国际标准化组织（ISO）规定的葡萄酒杯（图 1.2）可以完全满足这些条件。较窄的杯口可以汇集香气，宽阔的杯肚和斜面有利于葡萄酒剧烈转动。图 6.1 展示了酒杯不同部位的名字。

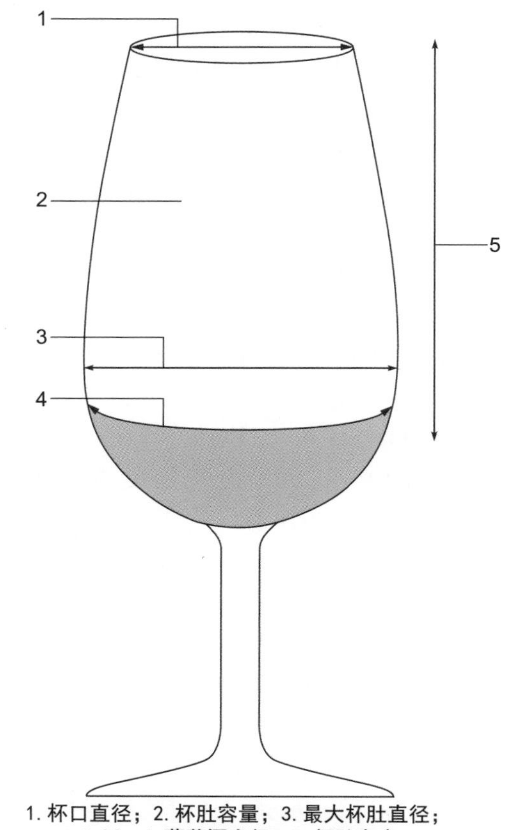

图 6.1　葡萄酒杯术语

ISO 酒杯存在的问题是杯身太脆弱了（薄水晶）。虽然它放在家里看起来非常优雅，而且和朋友或家人碰杯的声音令人愉悦，但是稍微厚一点的酒杯在葡萄酒课程上或者商业品尝中更好。例如，Libbey's Royal Leerdam #9309RL（插图5.13，左），the Durand Viticole Tasting Glass 和 Libbey Citation #8470（插图 5.13，右）。

对于起泡酒来说，高而苗条的笛形酒杯（插图 5.15）有助于进行最佳的气泡观察。其中包括是否可以清晰地观察到气泡串（大小、紧密度、数量和持续性）、气泡（mousse）在酒杯中央的积累以及气泡在杯子边缘的状态（cordon de mousse）。大而圆底的杯子曾经非常流行，但这可能是品尝香槟最差的杯子。这种杯形使得香气的评价非常复杂，完全不能积累香气，反而会加速 CO_2 的流失（Liger-Belair et al.，2009），也无法观察起泡。

除了笛形的酒杯外，只有郁金香形杯子可以用于分析品鉴。但这并不意味着其他的杯子在餐桌上没有价值，就像是在用餐时使用不同大小和形状的瓷器，饮用不同的葡萄酒使用不同的杯子也非常吸引人（Stewart and Goss，2013）。这些改变是否合适取决于个人喜好，而不是基于客观考虑。葡萄酒杯的形状会影响对葡萄酒质量的感知（Fischer，2000；Cliff，2001），因此，所有的品评者都需要使用同一种酒杯品尝同一款酒。

玻璃器具会从周围的环境中吸收异味，因此，玻璃器皿应该被充分地清洗、干燥和恰当保存。去污剂常常用来清除可能附着在玻璃杯上的油质、单宁和色素。因此，应该使用无味，可以软化硬水和抗静电的去污剂。值得注意的是，残留的去污剂必须要充分冲洗干净。在一般情况下，热水就可以足够满足这些条件。如果玻璃杯是手工干燥，就必须使用干净无味的擦布。

尽管看起来像是一种迷信，但是在倒酒前先闻一下酒杯有助于防止其他杂味破坏葡萄酒的香味。陈腐气味会严重混淆葡萄酒的香味。玻璃器皿气味对葡萄酒质量的感知的破坏很常见，这是非常令人遗憾的。

去污剂残留对起泡酒评价的影响尤其重要。起泡酒中连续气泡的形成很大程度上取决于葡萄酒杯底部和侧部成核中心的存在。这些成核中心主要由细小的尘埃颗粒、皮棉纤维、酒石酸盐微晶或玻璃上的微小粗糙边缘或划痕组成（Liger-Belair et al.，2002），它们的空隙能够在倒酒的过程中保留细微的空气。CO_2 扩散到这些成核中心的部位比重新形成初始气泡的所需的活化能少得多。洗涤剂残留物可以在这些位点上留下分子薄膜，严重限制或阻止 CO_2 扩散到成核位点，从而扩大和释放气泡。为了促进气泡的形成，甚至有的人在酒杯底部刻上一个五角星或者十字（Polidori et al.，2009），但是这不能增加葡萄酒的感知质量（White and Heymann，2015）。

一旦葡萄酒杯被洗净和干燥，它们就应当直立在无味无尘的环境中。酒杯直立可以防止杂味污染杯子内的空气。只有短期的储存才可以把杯子悬空倒置，如餐厅和酒吧。这种倒立似乎可以防止在杯身留下指印。

尽管对于品尝而言这不是必需的，带杯柱的杯子非常有利于品鉴，这种杯子可以避免在拿杯子的时候弄脏杯身，而且比无柱杯显得更加优雅。只有在一种情况下才能使用手来捂住杯身，那就是葡萄酒的温度太低（一般情况下不应该发生）。大部分带杯柱的薄玻璃杯可以使品尝体验看起来更加优雅。虽然可能有点小资，但这可以使普通的场合看起来更有特殊含义。生命太短，应该拥有更多带来享受愉悦的事情，而非减少它们。

特殊的葡萄酒杯形状是否可以加强特定的葡萄酒感知，还没有得到确定，这看起来是促进葡萄酒杯销售的理论。无论如何，如果消费者认为这样可以增加品尝体验，这种假想能有什么坏处？相反，虽然无杯柱的酒杯正被一些生产商推广，但是没有使用的理由，除非他们希望通过酒杯看到指纹。老式的百合形状的厚酒杯更适用于水而不是葡萄酒，最好不要在这样的杯子中品尝葡萄酒。

样品的数量和体积（Sample Number and Volume）

进行葡萄酒品尝的样品数量根据场合的不同而不同。在葡萄酒训练课程或者社交场合，6 款葡萄酒是标准的，这样不至于太少而受不到严肃对待，也不会太多以致于需要考虑消费成本和过度饮用。然而在品尝和记录时间都很短的情况下（大规模的商业品尝中），品尝 30 款以上的葡萄酒也是有可能的，此时进行的品尝将只能对葡萄酒最直接的感官特性进行评断。遗憾的是，在这种情况下，任何对葡萄酒的发展、持续时间和余味的潜在评估都是不可能的。

对于大多数坐式品尝而言，倒入 35～50 mL 的酒就足够品尝。如果只是一两口简单的品鉴，比如，行业品鉴，15～20 mL 的酒也足够。如果是全面和详细的鉴赏，50 mL 的酒是比较可取的。

在坐式的多重品鉴中，酒杯是重复使用的，在葡萄酒的杯身外蚀刻的线条有助于指示合适的倒酒量，这在葡萄酒的课程和社交品鉴中非常有用，可以降低成本，要求品评者不倒超过品鉴要求必需的最低容量。如果一杯酒的量大约是 35 mL，那么一瓶酒可以足够 20 个人饮用。限制倒入酒杯的酒量也向人们无言地暗示这是品尝，不是饮用。

开瓶（Cork Removal）

开瓶器的形状、大小和开瓶的方式多种多样。直立的螺旋式的是最简易、实用的，侍者之友开瓶器就是一个典型的例子。它的主要诟病是需要足够的力量才可以拔除橡木塞，缺乏优雅。通过改变设计样式，同一个动作可以使螺丝旋入橡木塞并且把它拔出瓶口。这种类型中最受欢迎的是 Screwpull 开瓶器（插图 5.9）。四氟乙烯螺旋可以很容易地把橡木塞拔出来。杠杆式开瓶器（插图 5.10）以及它的口袋版本也是适用的。

无论哪一种类型的开瓶器，拔除年代比较久的软木塞都是一个难题。随着时间的推移，软木塞的弹性消失，它在拔出的过程中很容易断裂和破碎。两片式 U 形的 Ah-so 开瓶器（图 6.2A）在这种情况下是非常有用的。如果软木塞和瓶颈之间十分紧密，轻柔地前后施加压力，把两个钢片插入像木塞和瓶的中间。结合旋转和拔出这两个动作可以轻易地拔出脆弱的橡木塞。另一个选择是使用气压式的开瓶器，由小泵和一只中空的尖针连接，这可以有效地移除软木塞。假设软木塞和瓶颈之间没有空隙或者注入的压力是足够的，把针慢慢插入橡木塞，然后向瓶中注入空气，增加的压力把橡木塞推出来。如果注入 5～10 次空气都不能推出橡木塞，就应该停止向瓶中注入空气，移出尖针，使用其他方法来拔出橡木塞。

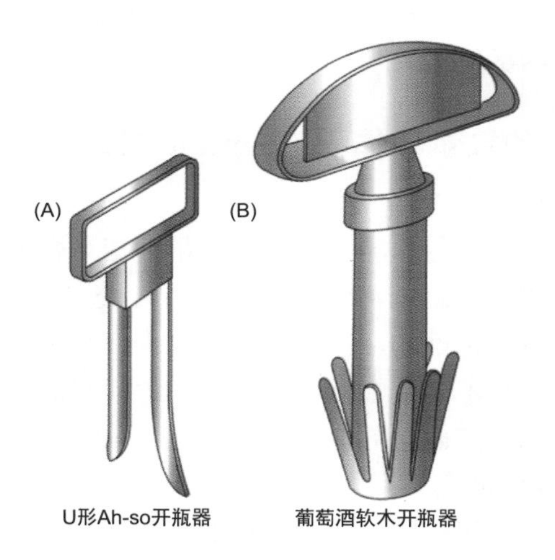

图 6.2　开瓶器（资料来源：H. Casteleyn）。

葡萄酒爱好者武器库中的最后一类是可以把不小心掉进葡萄酒的酒塞取出来的一些小酒件。在这种情况下，最好希望软木塞的不合适的移动不要太快，否则可能给你和你周围的人来一个葡萄酒浴。有一种特别有用的酒具可以用于去除无意中进入葡萄酒的软木塞。它具有几个柔性的、塑料的、附带式的凸缘，这些凸缘附在中空芯的周围（图 6.2B）。这些部分在通过酒颈时是聚合在一起的，一旦通过瓶颈，它们就会展开，然后抓住软木塞，并且把它包围住。当这个中柱拔出来时，下面的塑料片夹住软木塞，随后缓慢而稳定的拉力把掉下的软木塞取出来。

一个更令人难堪的情况是软木塞在拔出过程中被弄碎，碎渣掉入葡萄酒中。如果这种情况发生在客人视野之外，碎片可以通过过滤除掉。咖啡过滤勺很常见，也可以完成这项任务，然而不够优雅。冲洗酒瓶的接口可以过滤葡萄酒，然后用原装瓶倒酒，碎片这个事故也将不会有人看到或者你可以编造一个传说，告诉客户：葡萄酒上面的软木碎片意味着好运，至少这可以带来一点幽默。

起泡酒的开瓶可能需要一点技术，但这是一个给教授课程或者葡萄酒社团主办方展示专业开瓶技巧的绝佳机会。偶尔，人们会在移动软木塞之前完全除掉锡纸和钢圈。如果葡萄酒被很好地冰镇，这没有问题，但是这会比不完全除掉的风险更大。比较安全的方法是一只手握住松开的钢圈，另一只手紧紧地握住瓶底。转动瓶底的同时，紧紧握住软木塞，这比握住瓶底转动软木塞更加容易。一旦软木塞和瓶颈的密封被打开，就可以感受到软木塞慢慢地上升。持续缓慢的转动瓶子有利于控制软木塞，这样可以保证软木塞一直在你的掌控之下。当软木塞到达瓶口的时候，一个轻轻的“嘶”的声音证明了这是一个成功的开瓶，没有浪费葡萄酒或者弹出软木塞。

当葡萄酒储存在潮湿的酒窖中，过去使用的铅锡瓶帽会使灰尘在瓶口的周围堆集。在新装瓶和使用软木塞的酒瓶过早地水平放置的情况下（在顶部空间中的压力气体逸出或在葡萄酒中变得平衡之前），软木塞在插入过程中产生的折痕或内在的结构缺陷会导致葡萄酒在木塞周围发生泄漏。通常瓶颈产生的壳与葡萄酒残留物或软木渣上的真菌生长有关。它可以在瓶口周围和软木塞上产生黑色的沉积物，同时加速瓶帽的腐蚀和铅的溶解。如果出现在一瓶老的葡萄酒瓶口周围，用一块湿布可以将酒瓶口擦干净。现代的铝帽或者塑料帽更松或者具有透气孔，能降低霉菌的生长。如果用蜡塞代替酒冒，就更不可能允许真菌生长并产生黑色物质。

清洁味蕾（Palate Cleansing）

在商业品尝中，当葡萄酒被快速、连续地品尝时，通常要提供一些白面包、无盐白饼干和水作为味觉清洁剂。它们可以为下一次的品尝清洁口腔。如果奶酪、水果和冷盘给品尝赋予了社交的功能，就将葡萄酒品尝转化为对葡萄酒的消费。如果展示的主要目的（大多数的开放品鉴）是开拓市场和社交关系（在语言沟通并不顺畅时），那么食品的提供就有了一些调剂功能。虽然食物和大多数奶酪会影响对葡萄酒之间的细微差别的分辨，但是它们也可以掩盖红酒的苦涩感（见第 9 章）。

术语（Language）

第 5 章已经讨论了人类语言在描述感官体验时是多么的贫乏。气味记忆和识别是根据经验，而不是神经元的硬性联接。用于气味描述的词汇受到环境和文化编码影响。例如，英语被认为比拉丁语系语言更加主动（直接、及物），后者更间接（被动、不及物）（Saussure，2011）。在一个类似的实验中（Depierre，2009），英语的表达更具有归纳性（根据经验），而法语有更多的推理（来源于分析）。语言的结构对感知和认知能力的影响是现在研究的活跃领域（Boroditsky，2011），这也是产生味觉（Berglund et al.，1973）和口感（Bécue-Bertaut and Lê，2011）误差的另一个来源。

遗憾的是，对这些局限性认识的不足或者故意忽略为记忆错觉（Melcher and Schooler，1996），导致大部分的葡萄酒语言的复杂性就像孩童的画作，简单如火柴棍人和树干加上树荫的树木。虽然这个类比看起来比较过分，但是可以想象这是人类用了多少个世纪才感受到的需求，并发展出可以栩栩如生描述物理感知的图画。对于描述性感官分析而言，解决的方案是提出一套用于被研究葡萄酒的专用术语。尽管如此，即使有的话，技术性描述也很少可以代表葡萄酒爱好者的感官愉悦感知。

Lehrer（1983，2009）广泛地讨论了葡萄酒的语言，Amerine 和 Roessler（1983）和 Peynaud（1987）从另一个截然不同的角度也讨论过这个话题，。无论如何，语言的主要作用是精确的讨论时间、地点、外表、感情、性别、所有物、意见和感情。然而，在很多情况下，语言的第二个作用就是社交的润滑剂。在大部分的葡萄酒俱乐部，语言的作用是愉快的交流而不是有效地描述葡萄酒特性。在最差的情况下，葡萄酒语言可以掩盖顶级的感官能力或者知识。发布的葡萄酒著作（杂志、报纸和网站）常常将比喻、描述、类比与感情因素和年份、酿造条件、地理和陈酿潜力结合起来（Brochet and Dubourdieu，2001；Silverstein，2004；Suárez-Torte，2007）。这些大部分词汇都和从酒杯中感受到的没有关系，甚至是看起来精确的词汇（酸、苦）也都是描述修饰过的整体印象而不是口感感受。运动词汇也是主要使用，如爆炸、爆发、跳跃、展开和延伸（Caballero，2007）。气味记忆常常脱离语义基础（Parr et al.，2004）。此外，发表的语言更多是带来娱乐（避免读者感到无聊）而不是提供知识。Asher（1989）对读者的评价可能是正确的“他们需要的是作者对葡萄酒的反应，而不是分析”。如果酒标背后华丽的语言或者葡萄酒专栏的阐述，可以刺激消费者去购买和欣赏葡萄酒，那么这种诗意的想象也并不是不适宜（如果合理的话）。遗憾的是，对于一些消费者来说，无法检测如此炫耀的属性会让新手感到沮丧（Bastian et al.，2005），这也不利于扩大消费者的基数。尽管全球葡萄酒的消费量正在缓慢的增加，但是在很多国家，葡萄酒的人均消费是停滞或者下降的（OIV，2014）。后者并不是葡萄酒行业愿意看到的发展趋势。

相比之下，训练有素的小组被教导使用特定的、不重叠的术语（与物理化学标准相对应），并以通用和一致的方式使用整体术语来表达，如复杂度、平衡性、余味。强度和持续时间的属性倾向于简单地用定量形容词来表达，如轻度、中度、明显、短与长或者通过沿线性尺度从不可察觉的最强的刻画来进行更好的表达。令人遗憾的是，这种程度的培训和标准的存在，但是在实验室以外很少能被实现。图 1.3 和图 1.4 列出了用于芳香和不良气味术语的潜在标准参考样品。根据需要，品酒师还可以接受培训，以识别市场中葡萄酒的品种、地区或风格。

尽管要求精确，但是许多流行的酒类术语绝非如此，表面上的客观性被主观性遮蔽了。描述者都不能够根据他们自己的语言来识别品尝过的葡萄酒，更不用说其他人（Lawless，1984）。假设不同的品评者可以品尝类似的特征，但是他们并不一定使用相同的描述，如石灰、泥土和金属味道可以指相同或者不同的特性。文化背景（社会背景）、生长环境（香气体验）可能极大地影响着属性的认识范围（Chrea et al.，2004）或描述方式（Majid and Burenhult，2014）。因此，尽管葡萄酒作者可能相对一致地使用他们自己的语言，但是在描述葡萄酒时几乎没有一致的精确性，这并不奇怪。（Brochet and Dubourdieu，2001；Sauvageot et al.，2006）。葡萄酒作者的共同点是倾向于将描述与推测的类型（一个范例）联系起来，而不是将葡萄酒的实际感官特性表达出来（Brochet and Dubourdieu，2001）。Solomon（1997）和 Ballester 等（2005）的数据也支持了这一点。例如，当品尝者将灰比诺认为是霞多丽的时候，他们会采用适合霞多丽的描述术语。Sauvageot 等（2006）认为缺乏共同的词汇可能反映出葡萄酒评论家把自己看成独立的标准，不需要任何理由来引用外部来源。

术语的使用往往反映了用户的背景和兴趣。例如，葡萄酒评论家强调定性的术语，如伟大、享受、神奇；而酿酒师倾向于使用占优势的酿酒术语，如氧化、酵母、木质（Brochet and Dubourdieu，2001）。根据葡萄酒的属性是否被喜欢，批评家的用语也往往被分为两类。用是否愉快来分类气味是一种常见的人类特征（Zarzo，2008；Yeshurun and Sobel，2010）。几乎没有香气物质是天生的令人愉悦，更多的是天然的不愉悦。大多数消费者描述葡萄酒的复杂性是根据个人和主观的反应，而主观的反应与风味、享受和欣赏有关（Parr et al.，2011）。因此，愉悦程度的分类是应该能想到的。这里的培训、经验与描述的特性、气体、质量没有关系。葡萄酒作家可能比新手有更华丽的语言，但是两者在种类上是相似的，都是享乐和概念性的。气体的愉悦程度不仅在个体中差别很大，在不同的文化中也同样如此。它们常常取决于熟悉程度、强度、视觉和语言提示的感情共鸣。描述语言不仅仅暗示和一个物体或者经验的相似性，而且还充满了感情（尤其是在说出来的情况下）。因此，词语不仅表达了主要意思，而且还带有微妙的修饰。一个人如何描述一种葡萄酒，往往表达了与描述者同样多的关于描述者的信息。

英语几乎没有与气味相关的词汇，这可能反映了大多数欧洲语言的文化特点（Majid and Burenhult，2014）。那些英语抽象气味术语通常表达明显的情感内涵，例如，腐烂、刺激和辛辣。通常描述性术语可以根据香气物体分类，如花香、树脂、烧焦或辛辣。通过向特定对象（如虹膜状、甜菜状、桃色、蘑菇状）添加后缀可以产生精确度提高的错觉。如果品尝者同意并持续使用这些术语，那么气味交流就可以潜在有效。在通常情况下，这些都需要大量的培训和讨论来达成一致和共识。重复接触不熟悉的气味往往会减少定性术语的数量和范围，这些术语用来描述它们的定性特征（Mingo and Stevenson，2007）。

葡萄酒语言的一个令人遗憾的限制是很少清楚而精确地描述品尝者的感知。使用的词汇常常带有潜在的感情色彩（Lehrer，2009），如酸的、蔬菜味、皮革、橡木。这些词汇取决于使用者带有的正面或者负面的暗示。同样，tart（尖利）和 sharp（锋利）指的是相同的感觉可以选择性地用来表示品尝者对葡萄酒酸度和 pH 的情感反应。此外，虽然术语表面上是描述性的词汇，如弱与精细，强劲与强硬，但是可能意味着这是更多的品评者的享乐反应或者对某个特征的关注程度，而不是感官的强度。这就解释了为什么同样的气味会产生不同的愉悦度反应。这就取决于葡萄酒的身份是否被提前告知（Bensafi et al.，2007）或是否被识别（Degel et al.，2001）。这个结论在观察中得到了证实。如果品尝者喜欢一款葡萄酒，他们就会描述为果味，而不提到酸或者苦；那些不喜欢这款酒的品尝者会提及酸和苦，而不会对果味进行评论（Lehrer，1975）。Lesschaeve 和 Noble（2005）也有了同样的发现。

例如，一个缺乏清楚的定义，但是现在非常流行的词汇是"矿物味"。它显示没有提到葡萄酒矿物质的含量，矿物质是无味的（Maltman，2008，2012）。土壤的矿物含量不能够为"风土"贡献感官特征。除了涉及晶体的形成、沉淀的产生或者氧化反应的矿物质外，葡萄酒中的矿物含量的重要性仅限于潜在地提供葡萄酒原产地识别的指纹（Baxter et al.，1997；Serapinas et al.，2008；Zou et al.，2012）。

专业人士的几篇文献中也出现了矿物味这个词。这个词汇的使用范围相当广，品尝者可以划分为几类。这个词的一个常见特征是多模型特性，整合了口感和香气（Ballester et al.，2014；Heymann et al.，2014）。在口感与酸度相关的方面，偶尔也有苦味或者涩味被提及。在香气方面，这个词的意义范围更广，有的品尝者将它们与水果或花香联系，其他人则提到火药味、乳酸和碘，甚至还有其他人提到新橡木、烟熏和辛辣的味道（Ballester et al.，2014）。在实验中，已知的只有苄基硫醇（苯甲烷硫醇）与燧石 / 矿物 / 烟熏特质相关（Tominaga et al.，2003）。这种化合物与矿物味的关系是未知的。相比之下，葡萄酒中金属味道的检测似乎是一种后鼻窦气味，其被误解来自口腔。

奇怪的是，没有人研究为什么会使用矿物味（除了流行原因），或者什么体验让他们联想到矿物味是一个相关的词汇。除了食盐（矿物卤石的地面形式），只有地质学家可能经历过其他矿物的味道（特别是水溶性矿物，如硼砂、泻利盐、钙芒硝、黑云母和硫酸盐）。

研究词汇如何应用到感官特性就是询问这个问题就会影响它的感知。例如，询问品评者一种特定的缺陷可以扩大这种缺陷的感知。感知的存在部分取决于有一个特定特征的术语或被询问吗？因此，对于矿物味而言，要求品评者具体说明这个术语的含义是否增加了它的感知存在以及注意到它的频率？矿物味可能只是一种时髦的表达方式，用来掩盖不能被已知词汇（倾销）描述的感官或者仅仅是为了流行而流行。

葡萄酒作家愉悦性的表现是消费者所需要的，所以情绪化语言的主导地位是可以理解的。在到达最高级的大脑认知中枢前，嗅觉感官通过边缘系统和情绪反应起作用。因此，尽管存在先天的不精确，但这种隐喻性的、情绪化的、提供深刻幻觉的词汇还是有其合理的地位。Silverstein（2003）提出，品尝的仪式和语言的使用似乎是"习俗的仪式感"。在这个过程中，品尝者会将他们想象中的许多象征性特质放在酒中，哪怕只是间接地体现出来。

葡萄酒精确描述的部分相关问题在于缺乏足够具有代表性的术语。赤霞珠的青椒香味和琼瑶浆（Gewürztraminer）的荔枝香味是例外。更常见的是，描述词汇只能模糊地代表物体的气味或提到的经验。用于描述葡萄酒的某种特定的水果和花香很少只具有单一的质量性。例如，苹果和玫瑰除了它们之间的共同香味外，每个单独的品种也有独特的，可以分辨的香气。这种令人着迷的多样性给了葡萄酒一种最持久、最吸引人的特性。

对于一些广泛生长的葡萄品种而言，它们的描述已经变得比较标准化（表 7.2 和表 7.3）。对它们的使用经验也解释了品尝者对识别不同品种能力的提高（Hughson and Boakes，2002），但是这并不完全确定（Levine et al.，1996；Köster，2005；Dijksterhuis et al.，2006）。一些只在本土比较重要的，鲜为人知的品种很少与独特的香气联系起来（在英语中也没有合适的描述）。对特定葡萄酒品种的传统描述在不同语言中也是不同的。例如，英语中的黑醋栗和赤霞珠被联系在一

起，但是法语中紫罗兰更常见。一些词表现了地区/文化/农业的因素，比如，皮埃蒙特一些葡萄酒中描述了松露的味道。正如已经提及的，词汇的使用常常反映了个人/文化/地区的背景。

在香气图表（图 1.3）中提到的大多数描述性术语试图阐述香气的质量，通过一系列精确性的描述逐渐提高分类和亚类组别。遗憾的是，这些安排常常被视为葡萄酒口味的指南。很多葡萄酒爱好者相信他们的使用是达到专家鉴赏的一个途径，以至于发展出专门的书籍（Moisseeff，2006）。然而，这类列表最初开发出来的目的是作为感官分析的记忆提示器。在流行领域，滥用研究工具会转移人们对更具特征的活动所投放的注意力。例如，鼓励消费者为独特的葡萄品种、葡萄酒风格、陈年的效应或任何可能存在的地区差异的风味特征发展原型气味记忆，这是非常困难的，但是鼓励购买者去寻找不同类型的葡萄酒或其品质的特征。它们可以被用作其他同类葡萄酒质量评估的模型。

如果使用这样的描述来表示一个人欣赏葡萄酒，这也没有问题。对个人来说，就像通过鉴定食品的配方中的原料来欣赏食品，而不是食品本身。关注葡萄酒香味的最终价值在于它本身就是最复杂、信息丰富、最迷人的特征所在。

对于大部分葡萄酒消费者来说，至少在葡萄酒课程或品酒协会中，嗅觉描述符常常扮演着“试探性气味”的角色，发起者用它来寻找一致性。品尝者在得到认同时就可以产生自信，受到质疑就会沮丧。Wijk 等（1995）提到词汇似乎组织了香气感知。只要表达的是真实的感情，就满足了心理和交流的需要。然而，词汇也可以用来打动或摇摆感知，而不是给出信息。正如塞缪尔·强森所指出的：“葡萄酒的一个缺点是人们将文字误以为是想法。”

在描述葡萄酒时，要避免那些用于描述人的词汇，如女性化、肥硕或者有侵略性的等。这些词含有太多的感情因素，不够精确，因为它们的解释更多取决于使用者或读者而不是葡萄酒的特征。其他表达使用得如此频繁并已经成为固定用于葡萄酒表达的词汇，如酒体、酒腿、鼻子、陈酿，还有一个类似风土味道（goût de terroir，这个词用于描述来自某一产地葡萄酒的独特香气）是一个凭空臆造的词汇。幸运的是，任何一个人把鼻子靠近泥土都可以闻到（大多数土壤的独特气味来自倍半萜类化合物，其由土壤中的半知菌和放线菌产生）。

在通常情况下，感官描述应该是简洁的。描述那些显著的香气，如果时间允许，而且有足够的理由，也可记录下所有的感官特点。但一般情况下这是不必要的。使用众多评分表格之一（见下面部分）可以经济有效地利用词汇和时间。

葡萄酒评价表
Wine Score Sheets

如果感官评价是有目的，就需要详细的评价表格（图 5.28 至图 5.32）。然而在许多非正式的品尝中，数据的分析是不必要的或者不需要很严格的。在这种情况下，图 1.5 所示的表格已经足够了。图 6.3 是这个表格的一种变化形式，它可以用于葡萄酒品尝的课程。该表格被放大并且用 27.94 cm × 43.18 cm 的纸张打印。缩小酒标可以放入表格中帮助记忆品尝过的葡萄酒。这个表格是为初级课程设计的。列出的葡萄酒特点和品种起源的文字描述有助于学生辨别记忆；葡萄酒的顺序和描述是一致的。在后面的课程中，品鉴的顺序不再和描述一致，这就可以鼓励学生将葡萄酒和特征描述联系起来。在课程的早期，可以留一些空间给学生写评价，因为他们常常在用文字表达感受时还有困难，并且很少记录下来。在后面的学习中，葡萄酒的描述可以被取消，表格更多的空间将被用于评价（图 1.5）。根据指导者的目的，葡萄酒的描述可以在品尝前、品尝中或者品尝后展示在大屏幕上。为了鼓励将注意力集中在葡萄酒的特性，质量特点和香气的描述词汇被列在表格的左边。

尽管大部分的评价表格为评分提供了空间，但是应该避免过度看重分数的重要性。在大多数情况下，重复地提供样品会产生不同的评分。同样，100 分评分制会产生不合理的精确感。然而，这样评分制不仅有可能达到这样的精确度，而且经常报告的差异往往是最小的（5 个单位或更少），即相当于 5% 或更少的差异（通常被考虑为数据无显著差别）。此外，尤其是在评分的葡萄

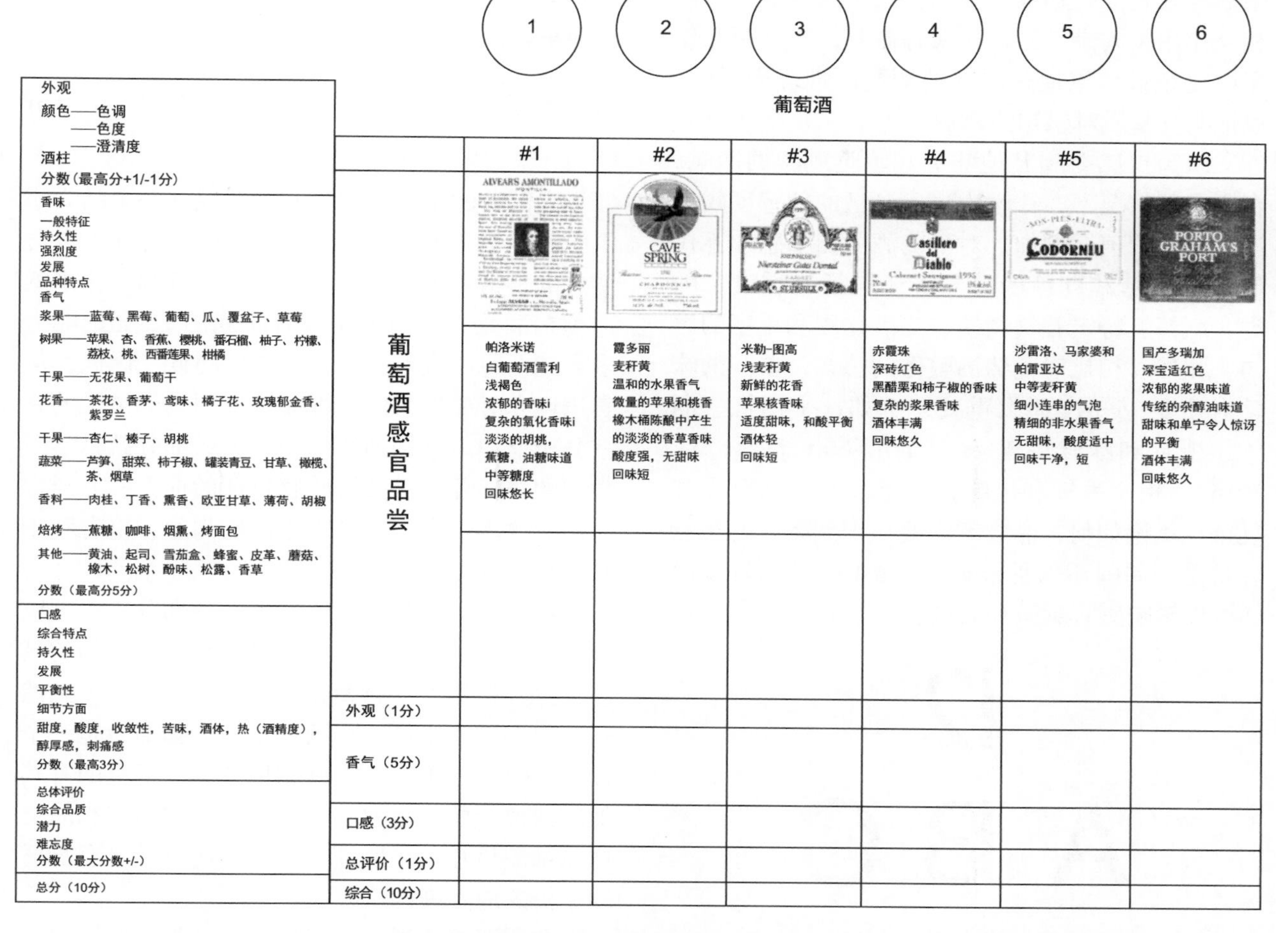
外观
颜色——色调
——色度
——澄清度
酒柱
分数（最高分+1/-1分）

香味
一般特征
持久性
强烈度
发展
品种特点
香气
浆果——蓝莓、黑莓、葡萄、瓜、覆盆子、草莓
树果——苹果、杏、香蕉、樱桃、番石榴、柚子、柠檬、荔枝、桃、西番莲果、柑橘
干果——无花果、葡萄干
花香——茶花、香茅、鸢味、橘子花、玫瑰郁金香、紫罗兰
干果——杏仁、榛子、胡桃
蔬菜——芦笋、甜菜、柿子椒、罐装青豆、甘草、橄榄、茶、烟草
香料——肉桂、丁香、熏香、欧亚甘草、薄荷、胡椒
焙烤——蕉糖、咖啡、烟熏、烤面包
其他——黄油、起司、雪茄盒、蜂蜜、皮革、蘑菇、橡木、松树、酚味、松露、香草
分数（最高分5分）

口感
综合特点
持久性
发展
平衡性
细节方面
甜度，酸度，收敛性，苦味，酒体，热（酒精度），醇厚感，刺痛感
分数（最高3分）

总体评价
综合品质
潜力
难忘度
分数（最大分数+/-）

总分（10分）

1 2 3 4 5 6

葡萄酒

	#1	#2	#3	#4	#5	#6
葡萄酒感官品尝	帕洛米诺 白葡萄酒雪利 浅褐色 浓郁的香味i 复杂的氧化香味i 淡淡的胡桃， 蕉糖，油糖味道 中等糖度 回味悠长	霞多丽 麦秆黄 温和的水果香气 微量的苹果和桃香 橡木桶陈酿中产生的淡淡的香草香味 酸度强，无甜味 回味短	米勒-图高 浅麦秆黄 新鲜的花香 苹果核香味 适度甜味，和酸平衡 酒体轻 回味短	赤霞珠 深砖红色 黑醋栗和柿子椒的香味 复杂的浆果香味 酒体丰满 回味悠久	沙雷洛、马家婆和帕雷亚达 中等麦秆黄 细小连串的气泡 精细的非水果香气 无甜味，酸度适中 回味干净，短	国产多瑞加 深宝适红色 浓郁的浆果味道 传统的杂醇油味道 甜味和单宁令人惊讶的平衡 酒体丰满 回味悠久
外观（1分）						
香气（5分）						
口感（3分）						
总评价（1分）						
综合（10分）						

图 6.3 用于葡萄酒入门品尝。这些表格可以提示如何进行葡萄酒品尝。作为指导，该表中描述了葡萄酒的基本特点。在接下来的品尝中，可以打乱这些顺序由学生来把这些描述和葡萄酒配对。图 1.5 是一个相关的表格，但是没有葡萄酒的描述，只有足够的空间给学生写下对葡萄酒的评论。

酒没有一起品尝的情况下，大多数人（不管是不是葡萄酒迷）都不太可能这样做。因此，这样的排名系统对消费者不公平，尽管他们对这种方法很着迷。它可能可以为忙碌的购买者提供种避免进行严酷选择的手段，如果所标示的分数是不合理的，这又有什么价值呢？诚然，进入一家酒品充足的葡萄酒店对新手来说是令人畏惧的，尤其是面对来自全世界上百种，甚至上千种葡萄酒。难怪简单的分数评价如此受欢迎。不管如何，它剥夺了消费者学习和了解自己偏好的机会（如果不是义务）。崇拜权威没有意义，尤其在没有必要，甚至可能没有根据的情况下。

字母的等级（图 5.32）可以更公正地判断葡萄酒的相对优点。这将意味着广泛的类别仅基于个人的细微差异将被消除。更详细的分级讨论可以见 Cicchetti 和 Cicchetti（2010） 和 Stone 等（2012）。

感官训练
Sensory Training Exercises

有关专业品尝小组的感官训练和评价在第 5 章中已经描述过了。在本章中，训练主要是帮助那些很少有专业经验的人们来分辨葡萄酒感官评价鉴别中的多样性和复杂性。有时这些训练也被用于葡萄酒评委的培训中。

Marcus（1974） 和 Baldy（1995） 提出了几种训练的方法。他们都无一例外地从基础的感官训练开始（表格 5.4），更详细的感官训练在附录 6.1 至附录 6.4 中进行了说明。在这些说明中通常附着一系列训练说明，关于这些成分如何相互作用（附录 6.5）。如果有需要，味觉相互作用的复杂性可以通过附加的葡萄酒训练来增强，以证明其基质对感知的影响。

因为口感受到其他味觉和嗅觉刺激的影响，在大多数情况下，让学生建立自己的敏感度阈值没有什么价值。例如，对葡萄酒的甜味感知不仅仅来自果糖和蔗糖的含量，还包括对酸度、酚类、酒精、特定香气物质、二氧化碳和温度的感知。此外，相比对葡萄酒整体的感知，单一的味觉对质量感知没那么重要，例如，平衡性、酒体、视觉和味觉的输入（Sáenz-Navajas et al., 2016）。相比香气和风味，口感没有那么有趣和复杂。无论如何，品尝者需要认识到感官的信息容易受到周围环境所影响（图 6.4）。背景环境同样可以影响感官刺激和质量感知。

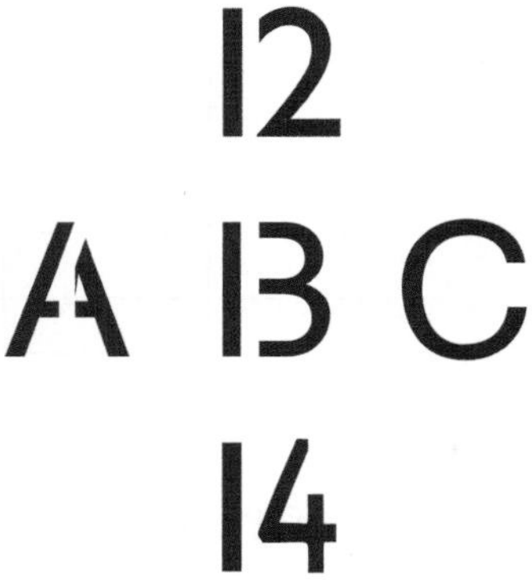

12

A B C

14

图 6.4　关于背景如何影响视觉感知的事例，如果竖着看，平面符号被认为是 13；如果横着看，中间的符号被认为是 B。

可以通过设计实验来证明主要风味物质在葡萄酒中的不同感受，如可以准备酯、内酯、吡嗪等。但是这类型的品尝对于学生来说并不具有指导性，也不受欢迎。然而对于将葡萄酒为职业的人来说，这些具有一定价值，这样的训练对于未来的职业非常重要。Aldrich Chemical Co. 开发了一种试剂盒，它包含了部分葡萄酒香气物质在内的品种小样品。该公司也提供一个专门的香气和风味目录，其中包括确定的化学物质。对于这些没有化学实验室的指导者来说，虽然差异大，而且使用时间短，但是商业的水果和花卉香精也可以用来做样品或使用具体的物品（蘑菇、青椒、甜菜、覆盆子、樱桃）。商业葡萄酒风味盒更简单，但是也受到更多的限制。

中小型酒庄的员工培训（Staff Training for Medium to Small Wineries）

大部分的小酒庄都没有资源成立一个品尝小组。由于员工的数量较少，只有酿酒师才可以对紧急的事情做出决定，然而根据酿酒师口味来酿造葡萄酒是有风险的（或者有利的）。无论能力多卓越，每个人都有不在状态的时候。因此，从实用性和必要性来说，都需要培训其他员工的感官分析能力。这种训练的一个组成部分就是学习常用的描述葡萄酒关键感官特征的词汇，并经常使用。这不仅有利于员工之间的沟通，也有利于和客户进行交流。

作为葡萄酒常用术语培训的一部分，培训应该包括第 5 章中提到的标准口感和气味样品的品尝，尤其是那些专属葡萄品种的词汇培训。虽然对于很多酒庄来说，在酒窖中品尝葡萄酒是一个传统，但是这不是一个好的地方。酒窖里的有其他的味道会妨碍有效的评价。所有的培训和品尝样品都应该在一个明亮、无味、适宜并且有舒适的座椅的地方进行。

在词汇的获得和学习培训中，员工应该使用黑色的杯子（插图 6.1）。这有利于他们在不受视觉和其他外在的影响下发展气味的记忆库，这也有助于接待处和销售处面对普通大众的员工立即通过气味来识别葡萄酒可以使他们可以更多关注在工作的社交方面。这不仅仅有利于回答问题，而且可以带给客户更好的印象，即他们面对的是专业人士。

员工培训另一个重要部分是为了识别缺陷。这对酿酒师和员工都非常重要。如果一个客户对缺陷的葡萄酒有质疑，员工应该有足够的知识去识别并且用一个健康的样品去替代。当然，每个人在识别缺陷的时候都有局限性，重要的是，员工需要知道自己的局限性，这样他们在面对不确定问题的时候才能够将问题转移到可以更好应对的员工。

员工培训比较困难的一方面是橡木桶样品特性如何混合的学习，这些样品可能是自流汁或者压榨汁，可能是不同或者相同葡萄园的不同地块

插图 6.1 黑色的 ISO 品尝杯（资料来源：Norrköping）。

以及相同或者不同的葡萄种植者。能够预测葡萄酒在装瓶后的表现也同样重要，除了知识渊博的酿酒师的经验外，目前还没有培训这种技能的练习。在这一点上，艺术似乎取代了科学。

作为培训的一部分，给员工品尝本地其他竞争酒庄的样品或者来自其他产区著名或者受欢迎的葡萄酒也是非常具有指导性的。员工的知识越丰富，他们就越可能表现出自己的竞争能力，在重复销售的时候就越自信。

培训的一个方面涉及不同温度对葡萄酒特性的影响，这一点非常重要。因为消费者常常咨询员工这类型的问题。如果时间允许，而且员工有足够意向，则应考虑环境影响的培训。例如，葡萄酒可以和不同的奶酪一起品尝以决定哪一种可以提高葡萄酒的体验；白葡萄酒可以悄悄地染成红葡萄酒（用无味的花色苷），这样员工可以体验颜色带来的误导或者葡萄酒可能被错误鉴定（便宜和贵的葡萄酒交换标签）和评分的比较。在后面两个例子中，重要的是，在事实之后解释培训的理由。这些品尝只是为了让员工认识到人们很容易受到外来因素的影响，这可以消除任何潜在的尴尬。俗话说："(根据经验）有备无患"。

培训的另一个方面餐酒搭配，这对直接与客户交流的员工更为重要。传统的红酒配红肉，白酒配白肉，这是根据相似的味道强度搭配，但是如此的笼统以至于不太实用。如果员工懂得餐酒搭配的原理（第 9 章），他们就可以调整他们对感知到的客户专业知识和偏好的反应，而不会显得打扰或傲慢。知识是一种极大的缓解剂，支持员工对他人的需求和感受保持敏感。

如果员工参与了评价酒庄较高级别葡萄酒的品尝小组，进行一些简单的数据分析是非常重要的。最好的葡萄酒（评分最高）在统计分析中可能与第二或第三的没有明显区别，尽管它们排名不同。一个人必须谨慎，但不要将评分结果看得过重。

员工也可以参与葡萄酒酿造的培训，比如，可以评价不同添加剂、酵母、乳酸菌、橡木桶影响程度、微氧化对感官质量、混酿配方或者基础的化学测试。员工可以参与的培训的项目是无限的。

除了品酒师的数量限制的问题外，工作人员往往表现出"父母"的自豪感，这可能会导致忽略根源来自习惯的问题。例如，经常接触低浓度的不良气味可以让他们对其视而不见。一个可以解决这种问题的方法是在培训中偶尔加入带缺陷的葡萄酒；另一个解决这种问题的有用的方法是在酒庄标准的产品培训中，悄悄地将其他酒庄的葡萄酒混在一起。重要的是，培训异常值需要进行变化，小组成员必须不能太习惯或者轻易地品尝出异常。虽然有时候将庄主（如果不是酿酒师）加入品尝中显得不太礼貌，但是这也许有助于抑制一些庄主经常表现出来的自我膨胀，并鼓励他们支持员工改进葡萄酒的努力。

关于酒庄中感官分析的另一种观点可以查看 Robichaud and de la Presa Owens（2002）。

品尝情况
(Tasting Situations)

葡萄酒品尝比赛（Wine Competitions）

合理组织的葡萄酒品尝大赛对消费者和生产者都是有用的。它们是评估新产品或改良产品的商业潜力的相对便宜的方式。但是对大部分葡萄酒竞赛来说，其主要的作用提高酒庄的市场曝光度，获得可以令酒庄参观者印象深刻的奖牌。成

功的话，增加销售和知名度是最主要的好处，如果 Lockshin 等（2006）是正确的，这只对不经常买酒的消费者和中低端价位的葡萄酒有作用。

政府主导的竞赛可能流程更加专业，评委和品尝的过程更加规范，但是没有公开的研究证明这一点。Langstaff（2010）认为美国有“没有普遍接受的‘测试’来确保一定程度的品酒专业知识。”无论如何美国加州葡萄酒展会品尝师大赛的评委资格测试流程被认为比大多数好。在澳大利亚的澳大利亚葡萄酒研究院（AWRI）每年提供一个 4 天的高级葡萄酒评价课程，其目的是为本地的葡萄酒产业提供有一批经验的葡萄酒专家。只要葡萄酒获得金牌的可能性“仅凭偶然性就能够进行解释”（Hodgson，2009），那么比赛的结果就不会在消费者知情之后还能得到信任。至少如果消费者知道以后他们不会。

缺少有资格的葡萄酒评委可以解释为什么大部分大赛会出现不令人满意的结果。在一个这样的研究中，只有 10% 的评委具有保持评分一致的能力（Hodgson，2008）。单个的评委年与年的评分差别很大（图 6.5）。同样令人沮丧的是，金奖数量太大（2440 款酒的 47%），还包括其他的多种奖项。令人惊奇的是，在一个竞赛中 84% 的获奖葡萄酒在另一个大赛中没有获得任何奖项（Hodgson，2009）。在这样的条件下，分析、证明结果差异是不显著的，而且也说明了评委不一致也就不足为奇了（Scaman et al.，2001；Cicchetti，2004）。

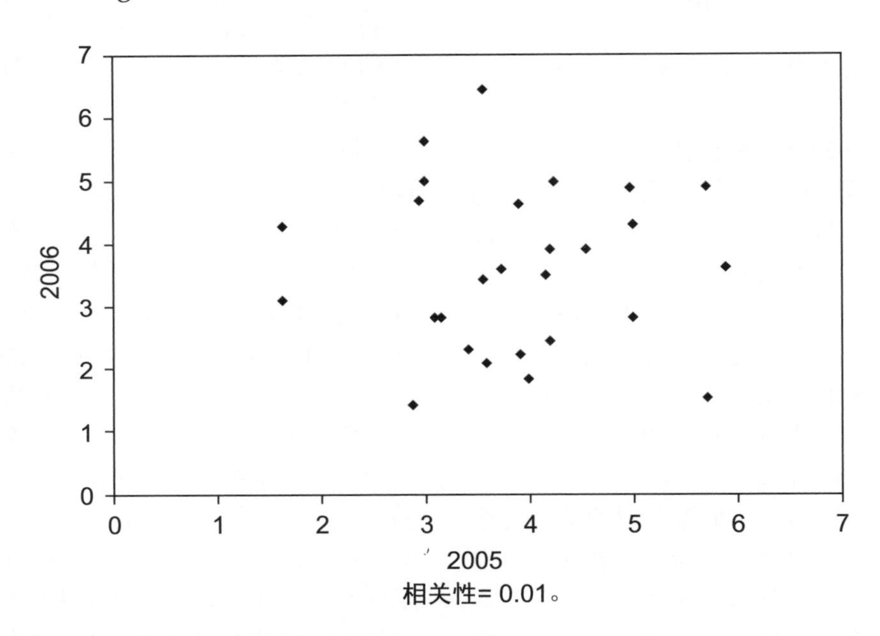

图 6.5　2005 年和 2006 年参加葡萄酒比赛的 26 名评委给出的混合标准差散点图（资料来源：Hodgson，R. T.，2008）。

为了纠正这样的情况，Cao 和 Stokes（2010）建议检测这个问题根源的 3 个根本指标：评委偏见、无分辨能力和差异。Hodgson 和 Cao（2014）讨论过可信的葡萄酒评委标准，评价评委一致性的例子在可以在 Olkin 等（2015）找到。总而言之，提高竞赛的可靠性选择包括以下方面。

- 通过他们识别标准葡萄酒的能力来评价评委的能力（葡萄酒排名的典型例子）。
- 在样品中插入重复样品来，看是否葡萄酒可以获得相似的分数。但要对结果有信心，得分的一致性是非常重要的。
- 指导选中的评委根据评分标准判断葡萄酒，并且给出不同质量类别标准的例子。
- 如果在品尝的时候，评委可以相互看见，那么样品需要随机放置，并且提前告知评委。
- 总的结果应进行简单的统计分析，确定排名的置信度值。如果评分差别太大，可以进行再次品尝或者要求评委给出评分的理由。如果理由不够充足，这个分数就需要去掉。

任何资格测试的问题之一就是取消资格。这可能会对葡萄酒作家或评论家的形象造成严重打击，尤其是一旦同行意识到原因。一种可能的解决方案是根据部分候选人提供的建议进行合格的感官测试，每个人提交一个或多个潜在的合格测试。这可能会减少一些对测试的忧虑，因为他们会觉得自己积极参与了选择过程。

资格测试的另一个问题是需要的评委人数是有要求的。在大赛要求的时间内，每个评委准确品尝葡萄酒的数量是有限的。这可能会导致每一个组评委的数量很少，以至于数据太少而不能进行有效的数据分析。在理想情况下，每组样品应该有 6～7 个评委（虽然在现实中很难达到）。如果评委只对其专业范围内的葡萄酒进行评估（这是一项合理要求），那么评委人数不足的问题就可能会进一步恶化。因此，评委的需求量非常大，以至于进行严肃的资格测试都是很困难的。

很多大赛根据现场达到预设的最低分数标准颁发奖项（Hodgson，2008）。一般来说，铜奖、银奖和金奖分数的差别很小。在 O.I.V. 大赛中，铜奖、银奖和金奖的分数分别是 80～81、82～82、85～89（Stevenson，2015）。很多人对奖项的认识和奥林匹克运动会一样，因此，最好将每个类别的奖项控制为最多 3 个。因为分数的评判常常不能够有显著的差异，备选方案是要求评委选出一个类别的前三名。被选中的葡萄酒会进行二次品尝，然后再进行第一、第二和第三的排名。如果不能够很快达成共识，则需要进行讨论，为什么评委会选择他们认定的前三名葡萄酒，然后再得出结论来安排这个类别的获奖酒。如果葡萄酒不够优秀到可以脱颖而出，那么就不用颁发奖项。此外，相关类型中的最佳评价的葡萄酒还需要进行最终的品尝（干红、干白、甜白），从这里面可以选出特殊奖项，比如，授予该类别的最佳葡萄酒。尽管这无异于将苹果和橘子一起比较，但是人们在选择葡萄酒的时候常常会跨类别。跨类别的评选是具有实际价值的，尤其考虑的是整体质量。如果媒体提到奖项根据，它们应该可以真实的代表被提及的葡萄酒的特性。任何类别颁发多种奖项使葡萄酒大赛看起来像猜字谜。

大赛评委给出的排名可能无法代表大部分的消费者偏好，这是一个合理的问题，但是可能不会被解决。葡萄酒评委具有评委资格的特性，就使其先天不能代表普通消费者（Schiefer and Fischer，2008）。然而，容易受到大赛结果影响的消费者就是那些寻找有着优秀质量的葡萄酒的人。即使报刊专栏仅根据作家的意见推荐葡萄酒，他们所推广葡萄酒的销售也会提高（Horverak，2009；Priilaid et al.，2009）。不过这仅适用于一小部分重要的，容易受到影响的消费者（Chaney，2000）。遗憾的是，对于大部分人群而言，质量的错误认知常常比事实的感官质量更重要（Gleb and Gelb，1986；Siegrist and Cousin，2009），不过，这一点可能会随着葡萄酒经验的增加而改变（Rahman and Reynolds，2015）。

尽管有着它们的缺点，葡萄酒大赛也有好处，比如，它们可以为新酒庄或知名度低的产区提供知名度。这种知名度可以很大程度上改善葡萄酒厂的声望和销售（Lima，2006），也可以突出葡萄酒的产出地。一个典型的例子是安大略湖，安大略湖的冰酒在国际比赛中的获奖使其知名度得到了很大的提升。此外，葡萄酒比赛也是少数几个可以使葡萄酒生产者获得认可度的方法之一。如果结果可以吸引媒体的报道，例如，1976 年的巴黎审判（加州和波尔多，勃艮第葡萄酒）或 1979 年的桃乐丝黑标比波尔多列级庄评分更高，这样的影响会远远超过获得的奖项。

除此之外，大赛中的葡萄酒通常都是分类品尝，这样可以降低光环效应。不同特色或者质量的葡萄酒在非常近的序列中，其品尝就会发生这种效应。同样，如果一个类型含有很多的样品，常常被分为不超过 10 款葡萄酒的亚组。另一种解决方案是快速品尝葡萄酒，除去所有高于平均水平的优质葡萄酒，然后可以对这些剩下的葡萄酒进行更详细、彻底的评估。

与已发布的关于比赛结果的研究相比，在葡萄酒杂志或者相关刊物上的评分的一致性很少被检测。这些消息源旨在就哪些葡萄酒最划算给出专业建议，而这正是许多消费者所面临的两难境地。Gokcekus 和 Nottebaum（2011）比较了 CellarTracker 上面几名知名葡萄酒专家对波尔多葡萄酒的评分和相应的消费者的网络评价。Ashton（2013）比较了几名来自法国、英国和美国著名酒评家对波尔多葡萄酒的评价。在后者的例子中发现，在某些年份评分差异很大，某些年份很小，一些评价有着明显的争议，但是在评价

中总体相对一致。Stuen 等（2015）研究了三个著名的美国葡萄酒杂志对来自华盛顿州、加州的美乐、赤霞珠和霞多丽的评价。他们也发现这些评价相当一致。这种不同来源评价的趋同性可以解释为什么消费者应该相信他们提供的排名。然而，这种一致性可归功于训练或经验产生共同的认知，还是同行压力诱导产生的相似模式或是真正独立的观点的巧合，这一点仍未可知。无论哪种情况，这种意见的一致和葡萄酒大赛上面提到的结果是互相矛盾的。后者出现的不同意见是由评委的能力不足、评分的不稳定，或者是某种特殊葡萄酒所导致的？只有更进一步的研究才能发现事实提供的可能的解释和真相。

消费者的偏好品鉴（Consumer Preference Tastings）

消费者品鉴在食品行业中比葡萄酒更为常见。尽管消费者的品鉴在世界范围的新产品推广起了重要的作用，他们的专利性质无疑不包括他们的出版，而且了解消费者偏好的不同来源还处于初始阶段。很多关于葡萄酒的文献都局限于外部而不是内部因素，如著名国家的产区、品牌名字、价格、年份、葡萄品种、评价、餐酒搭配和广告（Dodd et al.，2005；Hollebeek et al.，2007；de Magistris et al.，2011；Ginon et al.，2014；Thach and Olsen，2015），甚至还有关于酒封口种类（Marin and Durham，2007）、酒瓶重量的影响研究（Piqueras-Fiszman and Spence，2012）。外在因素对购买的相对重要性也常常受到个体的影响，如葡萄酒的熟悉程度、过去的购买体验、生活方式、性别、文化和教育背景（Goodman，2009；Bruwer et al.，2011；de Magistris et al.，2011）。外部因素的重要性在一项红葡萄酒研究中非常明显。一组是盲品，另一组提前告知了价格和产地（Priilaid，2006）。当葡萄酒的价格和产地已知，价格解释了大部分的感官体验。相应的，大多数营销都关注外在因素，葡萄酒可以为消费者提供自我形象（Schlinder，1999；Rushkoff，2000）。例如，在奔富的广告中，它们的葡萄酒酒瓶被堆放在明亮的金条之间，这种不言而喻的信息立刻清晰可见。在感官方面，如果有提及，也是降级到背标中。这种方式也许是因为生产者意识到背标没有什么消费意义（Mueller et al.，2010a）.

感官特性对重复销售方面的影响还几乎是空白（Parpinello et al.，2009；King et al.，2010；Bindon et al.，2014）。对葡萄酒偏好及选择的外在因素和感官的相互关系的研究就更少了（Lattey et al.，2010；Mueller et al.，2010b）。Bi 和 Chung（2011）提出概述识别消费者鉴赏主要动力的新方法。与所有的消费者研究一样，偏好测试非常复杂，很难设计完善，并且可能充满了许多谬误和隐藏的陷阱（see Köster，2003；Rousseau，2015）。Köster（2009）提出了几个研究者需要避免的缺陷。

同一性：人们的反应变化程度不同，但是类别相似

一致性：人类行为的一致性

意识选择：人们的选择受到理性和感性的驱动

感知：只有被感知的才能被记忆

情景：消费场景可以被很好和客观的设定

在所有的葡萄酒评价中，简单的偏好或者排名接受度可能最容易受到误解——大部分评价是在实验室进行，与实际生活的购买或消费场景不相关。在调查或测试情况下填写的报告可能与实际行为几乎没有什么相似之处。例如，大多数人知道健康生活方式的好处，但只有一小部分人以有意义的方式实现这一目标。尽管消费者对葡萄酒的偏好是整体的，但是购买葡萄酒的决定常常受到与过去感官经验无关的因素的影响（无法记住名字？），除非是有明显的正面或者负面经验。冲动购买是一个常见现象。其经常受到群体效应（其他人的看法和想法）、当下的心情、过多选择的混乱和锚定偏差（无意识地依赖提供或检测到的第一条信息）的影响。

因为把消费者测试和优化市场策略（调整酿造工艺）的设计部分整合在一起，场景研究的好处就应该被注意到（Köster，2003）。场景研究包括将品尝环境安排在可以唤起葡萄酒正常消费的场景下。其中包括使用视觉和听觉暗示。相比之下，大多数品尝是在葡萄酒酒窖、实验室或其他不具有通常消费葡萄酒氛围的条件下进行的。场景品尝的目的是让消费者把实际的情形和葡萄酒

消费联系起来。情景的重要性就像分别抚摸和被抚摸的差别或者类似于马克·吐温所说：

“用得正确的词语与差不多正确的词语之间的分别，等于是闪电与萤火虫之间的分别。”

实验可能要求消费者在特定环境下对一系列的葡萄酒进行偏好排名或者选择一个葡萄酒最适合的消费环境（如与客人、在餐厅、野炊或者单独饮用）。期待消费者把每款葡萄酒和多种场合联系起来是期望过高的。为了让这种过程具有最大的价值，应该精心选择葡萄酒样品，特别是需要选择包括被研究人群可能购买的葡萄酒。任何被使用的问卷调查都需要能够唤起适合葡萄酒消费的个人情景体验的回忆。

唤起适当的情境通常需要研究人员的深思熟虑，简单的建议是不够的。经验表明，想象合适的情境需要付出比大多数消费者愿意付出的更多的努力。因此，常常需要提供足够的环境刺激来创造虚拟现实。照片和视频的投影是有效的，但是仅对有的情景。比如，在家里的品鉴，照片可能提供过多的细节反而会起到反作用。在各种情况下，给消费者提供一个假设的故事可能更加有效。这样做可以刺激消费者的想象，产生和个人相关的情景细节。

情境品尝的主要优势在于它会引发与真实情境相关的反应。它还可以用来获取消费者购买类似葡萄酒频率的信息。所得数据可进一步对描述性分析以及化学分析提供建议，以发现对品尝参与者重要的那些特征。该技术避免了消费者研究的许多潜在缺陷——假设消费者是统一或一致性的。问题被间接提出与具体的现实设置以及与术语使用不精确的复杂性有关。

Meillon 等（2010b）提供了一个比较家庭和实验室品尝环境的例子，这个例子包括品尝一款白葡萄酒和红葡萄酒，酒精度没有经过调整（13.3% 和 13.2%）和降低（9.1% 和 9.2%），提前告知或者不告知酒精的度数。在这两种情况下，对葡萄酒的偏好是一致的，但是在家庭环境下的愉悦值明显更高（图 6.6）。然而，如果事先不知道酒精度，消费者基本上不会受到酒精度的影响（Meillon et al.，2010a）。更多的关于场景设定的重要性在偏好和接受性的研究可以参考 Stone 等（2012）。

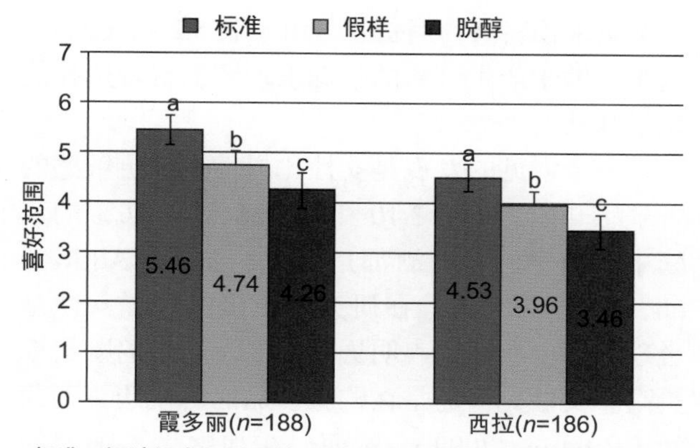

图 6.6　酒精减少对葡萄酒的喜好的影响（资料来源：Meillon，S. et al.，2010）。

预选候选测试通常是涉及获得关于影响购买决策的关键因素数据的重要步骤。文化背景往往是重要的，其次是教育水平、年收入和性别。大多数关于消费者偏好提到的概述是基于这些决定因素而提出的。葡萄酒恐新症指数的是筛选参试者的另一个方法（Ristic et al.，2016）。

消费者组群多样性的代表意味需要大量的个体（Hough et al.，2006）。同样重要的是，选择具有代表性的人群（McDermott，1990；Martínez et al.，2006；Bruwer et al.，2011）。例如，相对不够富裕的阶层和不常饮用葡萄酒的人倾向喜欢甜味，不喜欢苦味和涩味（Williams，1982）；在之后的研究中，消费者倾向不喜欢橡木桶味道和辛辣味；而大部分的葡萄酒专家非常欣赏这种味道。但是 Binders 等（2004）和 Hersleth 等（2003）也报道了有争议的数据。颜色和香气的重要性随着消费者年龄和消费体验的增加而增加。毫不意外的是，经验也会影响人们选择描述葡萄酒的词汇（Dürr，1984；Solomon，1990）。禁酒者也可以表达一种意见，但是他们的意见通常不重要。

参与消费者研究的个人也应该只参与一次，以避免夹带。除了诱使消费者品尝葡萄酒之外，消费者应该充分解释他们参与的价值，并应该得到一些小小的赞赏。这可能包括金钱的回馈或者如果可以的话，一瓶喜欢的葡萄酒样酒。这种行为可以有利于选择潜在葡萄酒消费者，而不仅仅是路人。对扩展和潜在数据聚集的仔细审查可能会突出未预料到的消费者分组（表 5.2 和表 5.3）。这将有助于产生可靠的数据来理解消费者选择的化学基础。

一个常见的发现是女性比男性拥有更敏感的香气感知能力（图 3.10 和图 3.26）。在 80% 的家庭中，消费的葡萄酒都是由女性购买（Atkin et al.，2007）。因此，在研究时更多的选择女性是合理的，也有证据表明男性在专卖店中的购买率更高。女性更多的是在购买食品的时候购买葡萄酒（Ritchie，2009）。然而，在加拿大等国家的大部分葡萄酒的销售由省级垄断企业控制，与杂货店隔绝。因此，葡萄酒的销售似乎与性别无关（Bruwer et al.，2012）。

当收集消费者的感官数据时候，常常使用 9 分偏好表（图 5.44）。这个表使用起来非常直观，可以在几乎不需要指导的情况下使用。另一个选择是简单的开放式问卷（图 6.7），参与者要求说出他们喜欢或者不喜欢的葡萄酒的几个方面。当表格上面要求的评论数量是有限的时（小于三个），消费者不会认为这是过多的要求。所得到的数据通常突出了参与者可以说出且可能找到令人愉快或不受欢迎的方面，这能够产生其他计分程序可能无法或者不容易提供的有效信息。在大多数问卷调查中，其主要的限制是不经常饮用葡萄酒的消费者无法用有意义的语言表达他们的观点。Lawless 和 Heymann（2010）的观点可能是正确的。大多数消费者对产品是整体的反应，更有知识的消费者的解释可能会合理，这种反应更少地体现整体偏好。在这些消费者和专家中，会发现好的相关性（Symoneaux et al.，2012），这些相关性使消费者偏好的研究更加简单和经济，但必须小心避免强迫的共识和数据聚集。

葡萄酒问卷调查

名字: ______________________ 日期: ______________________

样品 # ____________________

描述你喜欢的葡萄酒的3个方面:

1) ____

2) ____

3) ____

描述你不喜欢的葡萄酒的3个方面

1) ____

2) ____

3) ____

图 6.7 描述性葡萄酒问卷调查

在解释消费者的数据结果时，另一个需要关注的问题是要认识到消费者即使在指导下也可能不会以预期的方式使用或解释术语。因此，味觉感受在消费者研究中所起的重要作用可能只是表明消费者无法以任何其他方式表达他们的印象，这种现象被称为感官倾斜。词汇的指导本身也是一个问题，它会潜意识地扭曲或者改变训练结果的偏好。

偶尔的鉴别测试也会整合到偏好测试中。尽管在学术上有用，但是消费者区别不同的葡萄酒没有实际的价值。消费者在餐桌上比较葡萄酒并不常见。即使是经验丰富的品酒师也不太善于记住几天前比较过的几种葡萄酒的特征。

行业品尝（Trade Tastings）

组织行业品尝主要是为了葡萄酒行业（批发、零售、葡萄酒作家、葡萄酒生产者）推广特定的葡萄酒。这种品尝常常是国家或地区代表团主持（赞助）的。由于所耗物力、财力较大、这种商业性质的品尝一般在下午举行，将晚上预留给付费的公众。

由于有大量葡萄酒样品和众多的参与者，需要烦琐的组织工作。服务人员应该细心热诚地完全了解他们所代表的葡萄酒，对于问题的回答应该快速、准确。酒杯应该是专门为品酒而设计的。通常在进入品尝室时就应为每个参与者提供一个葡萄酒杯。在每一个桌子的尽头应该有水壶和垃圾桶。水需要随时补充，垃圾桶需要定时清空。

大多数商业品酒会都是站立的，参与者会在各个桌子间走动，来查看和品尝感兴趣的葡萄酒。为了帮助记录，应该提供一个完整而准确的葡萄酒信息清单，按照桌列表。表格要有空白处以记录品酒的感受。在理想情况下，这个表格可以小册子的形式，并有一个硬的封皮可以帮助参与者在站立的情况下书写。虽然葡萄酒应该按照品种和风格分类摆放会更好，但更常见的是按照提供葡萄酒的酒商/生产者/产区来分类。

有时商业品尝也提供座位。在这种情况下，葡萄酒以一种特定的顺序提供，并且每一种酒都有单独的酒杯，一个或多个主持人可以主持酒的品尝，参与者可以关注他们希望强调的葡萄酒特性。这种聚会一般只提供6～10款酒，葡萄酒一般是来自单一的生产商。

组织者对于影响葡萄酒购买的复杂因素必须十分清晰（Thach and Olsen，2015）。感官的微妙特性或许对严肃的葡萄酒爱好者很重要，但是对普通的消费者很少如此。这并不是说它们不重要，而是消费者没有足够的知识和经验来体验。对于大部分的消费者而言，便利性、熟悉度和价格是影响购买的主要因素。这些特性通常也涉及特定颜色的葡萄酒（Bruwer et al.，2011）、概念（如有机葡萄酒）、文化或者历史认同感。例如，Robert Drouin（勃艮第酒商）对这种情况进行说明，当一个人在品尝勃艮第的葡萄酒的时候，他不仅仅是在喝酒，而且在品尝历史和文化。额外的动力包括同行压力、广告、葡萄酒权威的意见。因此，为了获得最大的影响，行业品鉴的组织者需要清楚地了解谁来参加品鉴会和影响他们行为的主要因素。

另一种更独立的行业品尝也包括餐厅的员工培训。客户通常会从一个知识渊博的服务员（或更高档餐厅的侍酒师）那里得到建议。葡萄酒销售对餐厅盈利能力有显著影响（图 6.8）。

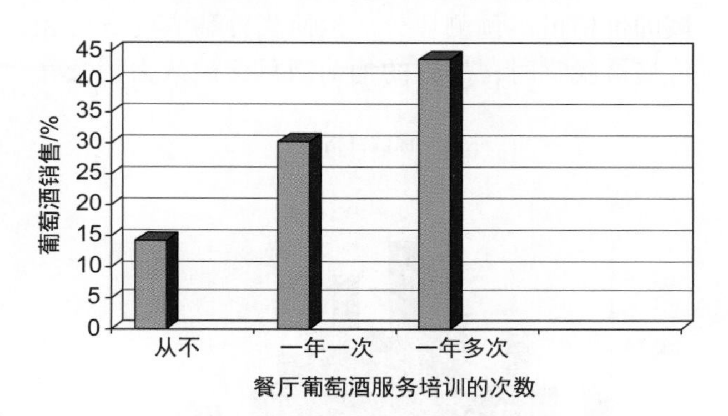

图 6.8 提供的葡萄酒服务培训量和葡萄酒销售占总酒精销售的百分比（资料来源：Gultek，M. M. et al.，2006）。

商店中的品尝（In-Store Tastings）

大多数商店内的品酒与杂货店提供的食物品尝是一样的。尽管葡萄酒提供的体积是正确的，但是使用的塑料杯更适合于果汁而不是葡萄酒。令人遗憾的是，通常主持的职员只是雇来倒酒的，而不是给你提供信息。这样的品尝是否有价值，还是一个争论点。

一个组织良好的商店品尝可以促进销售，同时为消费者提供有用的信息，还能加强对该商店是由专业人士经营的印象。因此，品尝应该由知识最渊博的职员进行，愿意并能够清晰地描述葡萄酒的特征，不武断，不做作。葡萄酒杯应该突出葡萄酒的特点，并且酒杯要清洗干净。品尝的时间和周期性应该与最认真或常来商店的客户的时间一致。在理想的情况下，葡萄酒的品尝应该在固定的时间举行。这样经常光顾的顾客就会知道什么时候可以品尝。由于这种品尝所存在的天然的私人性，因此，一次只能集中品尝1～2种酒，通常都是新到的酒。如果这种葡萄酒价格很高，收取一些象征性的费用是比较明智的举动，并在后面的葡萄酒任意购买中作为折扣抵消。葡萄酒推广和销售一样重要，因此，葡萄酒的信息应该被明确地显示出来。

了解一款葡萄酒的预知质量和价格会影响消费者将要提出的意见，也会加强欣赏、评价和质量相关的感官属性的价值。例如，Plassmann 等（2008）发现感知的愉悦和大脑负责愉悦的活动与对葡萄酒价格的了解有明确的关系（图 6.9）。在另一项研究中发现，如果价格提前被告知，香槟的价格可以预测评分。然而当葡萄酒的身份和价格被隐瞒时，昂贵的葡萄酒只会被认为稍微好一点，并且其主要是被那些有更多葡萄酒经验的人认为的（Goldstein et al.，2008）。此外，葡萄酒俱乐部对一款葡萄酒的欣赏常常是与价格无关或者呈负相关（Ashton，2014）。令人鼓舞的是，Almenberg 和 Dreber（2011）发现，事先知道品尝的葡萄酒不贵并不会自动降低它们的评级。

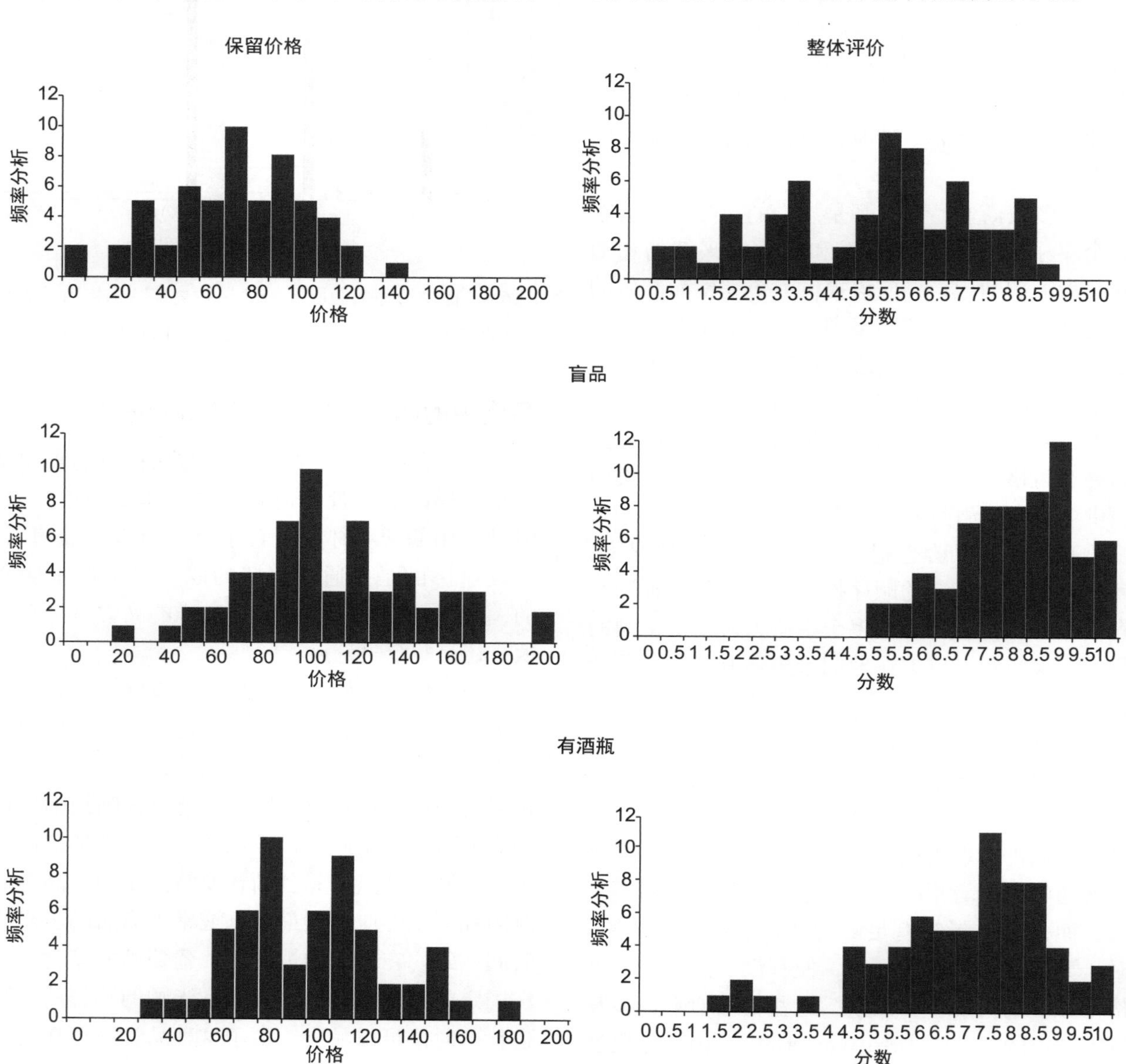

图 6.9　香槟地区的消费者对同一种葡萄酒的认知程度的比较。他们愿意为葡萄酒支付的价格（预订价格）和给予香槟的评分（享乐）受到对葡萄酒了解的影响。盲品——只知道它们是无年份的干型香槟；有酒瓶——仅仅通过观察每个酒瓶来评价，不品尝。全部信息——品尝并且可以看到酒瓶的所有信息（资料来源：Lange C et al.，2002）。

图 6.10 阐述了外在因素和质量感知之间复杂关系的更多证据。这里价格的影响取决于信息提供的时间和品评者的性别。外在信息的影响常常高度依赖葡萄酒的知识程度（Brochet and

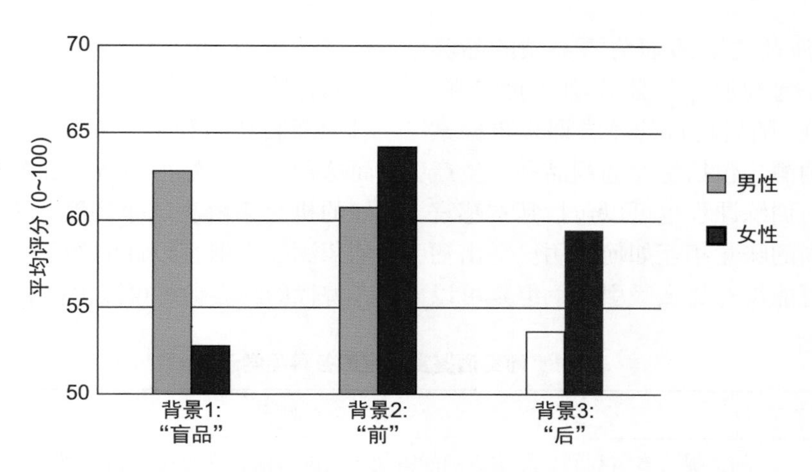

图 6.10 按性别和实验环境划分的 $ 40 葡萄酒的平均等级（资料来源：Almenberg and Dreber，2011）。

Morrot，1999）。例如，当葡萄酒酿造学专业的学生根据附近的空瓶怀疑葡萄酒的来源时，对葡萄酒的解读质量就明显受到影响。其直接反应就是样品会被认为是一款普通的波尔多混酿或者声誉很高的波尔多庄园。

认知质量也会受到来自公认权威的质量表达的影响，它们可能来自杂志、报纸或者其他地方。无论如何意见对感知影响的程度基本还不了解。一个最近的研究表明，专业的意见在便宜的葡萄酒上体现得更明显。不管对知识丰富，还是新的消费者，在涉及贵的葡萄酒时，只有新的消费者受到影响（Aqueveque，2015）。

葡萄酒高价格的光环效应已经被某些生产者特意用来暗示更高的质量。通过制定更高的价格，它们可以吸引那些想向朋友推广复杂葡萄酒的人，即使这款葡萄酒感官实际上并不非常优秀。例如，在不同的建议价格下品尝类似的葡萄酒，消费者表示他们愿意为高价格的样品支付更多，为便宜的葡萄酒支付更少（Lewis and Zalan，2014）。

葡萄酒鉴赏课程（Wine-Appreciation Courses）

培训和知识不是欣赏的前提条件，但它们可以提醒人们注意以前不知道的细节。认识葡萄酒的类型、品种起源、年份可以加强对葡萄酒的客观认识。无论如何这些特征只是感官享受的附属品，就像识别植物或鸟类是在森林中漫步行走的附带品一样。享受只需要基本的感官敏锐度。优秀的技能可以帮助分辨差异，它们是否可以增加愉悦感是一个有争议的话题。是否具有评判性的人更会欣赏葡萄酒？就像与绝对音感一样，敏锐的感官感知的作用也是双面的。它加强了对葡萄酒最好特点和细微缺点的感知，其结果是人们对一般的葡萄酒不再满意。因此，除了葡萄酒是赠送的或者在学生支付了较高的课程费用外，葡萄酒的选择必须具有最高的性价比，也必须能非常清楚地显示所需要的特性。对于讲师来说，在有限的经费内，重复在所有类别中寻找有代表性的葡萄酒，是必须完成的一项艰巨的任务。在选择葡萄酒样品时，讲师应当避免把自己的偏见带入课程。在原产地制度、葡萄酒年份表、地区的优越性和其他神圣的法则下，产生过度的信任或不信任是非常容易的。讲师应该正确地指导学生得出关于葡萄酒产地和质量的结论，并且发掘学生的个人喜好。

葡萄酒品尝课程的形式既包括一次品酒速成班又包括持续数周的大学课程。许多课程有6～10单元，相关话题包括感官感知、葡萄酒评价、葡萄酒的生产、主要的葡萄品种、葡萄酒的产地、葡萄酒标的认识、原产地命名制度、葡萄酒的陈酿、葡萄酒的储存、葡萄酒和健康、葡萄酒和食品的搭配。讲解和品尝的结合可以在不同程度上完善讲课的内容。很多人选择葡萄酒课程的目的是同时兼具享受和教育，因此，讲师应该避免过多和不必要的细节讲解。一般来说，第一次品尝课程通常涉及主要的葡萄酒类型的品尝（白葡萄酒、桃红葡萄酒、红葡萄酒、起泡酒、雪利酒和波特酒）。随后进行的品尝课程再探索每一种类型的葡萄酒，包括主要葡萄品种、生产地点和质量差异。训练课程也可以包括基本感官感知训练，即不同的味觉相互如何作用。举出葡萄酒瑕疵的例子可能没有那么吸引人，但是可以提供一个独特的机会来证明哪些是公认的缺陷，证明拒绝或退货的理由。在通常情况下，消费者对葡萄酒缺陷和个人喜好之间的差异知之甚少。而这种方法正好为消费者和葡萄酒行业提供了很好的机会来解决这个问题。表 6.1 列出了一些为葡萄酒品尝课程设计的例子。其他的品尝训练或者替代的品尝训练可以根据表 6.2 的建议。

表 6.1　葡萄酒鉴赏课程的各种品尝示例

品尝	例子
入门	阿蒙提位多雪利酒、珍藏级别的雷司令、霞多丽、赤霞珠、起泡酒、波特酒
感官训练	甜、酸、苦、涩、涩 - 苦味、灼热感、刺口感
气味训练	不良气味（如氧化、二氧化硫、挥发酸、杂醇油、焙烤、木塞、黄油）香气（水果、花香、植物、香料、烟熏、干果、木头）
质量感知	顶级质量的酒和质量一般的酒的对比，甜型（如雷司令）和干型（如霞多丽）白葡萄酒和红葡萄酒（如赤霞珠）
白葡萄品种	灰比诺、雷司令、长相思、霞多丽、琼瑶浆、维尤拉
红葡萄品种	增芳德、桑娇维塞、丹魄、黑比诺、美乐、西拉
品种变化 1	特点不同的 2 个白葡萄品种的 3 款酒
品种变化 2	特点不同的 2 个红葡萄品种的 3 款酒
起泡酒	不同地区酒的差异（香槟地区，卡瓦，塞克蒂酒，普罗塞克，加州，澳大利亚），生产技术（瓶内发酵，转移法，Charmat 法）
强化酒	淡色雪利酒、阿曼提兰朵雪利酒、奥罗索雪利酒，红宝石、茶色、年份波特酒
葡萄酒酿造技术 1	不同生产工艺的几款酒，如 CO_2 浸渍法（博若莱新酒），recioto 法（阿玛罗尼），governo 法（一些基安蒂）
葡萄酒酿造技术 2	不同生产流程的几款酒，如橡木陈酿，酒泥陈酿，长期瓶储

表 6.2　葡萄酒社团不同品尝的例子

类型	种类	例子
品种间比较	白色酿酒葡萄品种	6 款有独特代表性香气的葡萄品种酿制的酒（如霞多丽、雷司令、长相思、帕雷亚达、琼瑶浆、罗迪提斯）
	地理表现	德国雷司令、西万尼、米勒 - 图高、茵伦芬瑟、琼瑶浆、欧特佳
	红色酿酒葡萄品种	6 款有独特代表性香气的葡萄品种酿制的酒（如赤霞珠、丹魄、桑娇维塞、内比奥罗、黑比诺、黑玛尔维萨）
	红色非酿酒品种	詹伯岑、弗什、黑巴可、德索娜、康可、诺顿
品种内比较	国家间	6 款类似价位的代表性酒（如澳大利亚、加州、法国、意大利、加拿大、保加利亚）
	地区间	6 款类似价位的代表性酒（如纳帕、索诺玛、门多西诺、圣芭芭拉、圣克拉拉、中央山谷）
	葡萄园	同一个生产者 6 个不同葡萄园的葡萄酒（如 Don Miguel 的赤霞珠，Wolf Blass 的霞多丽）

续表 6.2

类型	种类	例子
品种内比较	质量	德国葡萄酒不同质量的代表性产品（如不同分级的葡萄酒：QbA 级优质葡萄酒、珍藏级、迟摘葡萄酒、精选葡萄酒、逐粒精选葡萄酒、逐粒枯葡精选葡萄酒）或者同一生产工艺下不同级别葡萄酒（Robert Mondavi 的赤霞珠红葡萄酒：Reserve，Oakville and Stages Leap District，Coastal，Woodbridge and Opus One）
葡萄酒酿造工艺	白葡萄酒	下面一个或几个类型不同风格的代表：橡木陈酿和非橡木陈酿的霞多丽；干型，半干型和传统的甜雷司令；现代和传统的里奥哈（Rioja）酒；使用不同酿酒酵母和乳酸菌株酿制的葡萄酒
	红葡萄酒	下面一个或几个类型不同风格的代表——晒干法（Recioto）（Amarone 与 Valpolicella），托斯卡制酒技术（Governo）（传统和现代的基安蒂酒）、二氧化碳浸渍法（薄若莱新酒和非薄若莱地区的佳美葡萄酒）、发酵罐（旋转和静止的发酵）

注：样品只能从研究相关内容的葡萄酒生产者或研究者那里获得。尽管大多数人无法获得。它们之间的差异只能花费力气去获得。这些样品是非常值得的。

表 7.2 和表 7.3 中的描述可以帮助学生开始认识不同品种的香气。表 6.3 也提供了同样的数据，但是根据描述特征联系葡萄酒，而非相反。正如前所述，学生不应该把这些建议认为是所提到品种事实香气的完全代表，任何人也不应该相信葡萄酒香气的描述就是其最终目的。这些术语只涉及香味的某些方面，这些方面可能会让人想起能够表达出的物体或场景的气味记忆。然而对于指导者来说，认识到描述培训的使用是重要的（或者学生期待的），香气样品可以使用附录 5.1 中的去准备。同时展示葡萄酒颜色、香气和葡萄酒品种的彩色的图可以在网站上找到：（http://www.bouchard-aine.fr/en/tours-and-tastings.r-16/the-wine-shop.r-106/our-wine-posters.r-109/?valid_legal=1）。

表 6.3 一些经常使用的描述性词汇和特定葡萄品种的香气

描述	白葡萄	描述	红葡萄
杏	霞多丽	杏仁	多姿桃 / 夏瓦
苹果	霞多丽、帕雷亚达、托巴多	甜菜	黑比诺
杏仁	阿瑞图、卡尔卡耐卡、格雷克	青椒	赤霞珠、品丽珠
香蕉	阿瑞图、维尤拉	浆果	巴贝拉、司棋亚娃、增芳德
奶油糖果	维尤拉	黑加仑	赤霞珠、美乐、千瑟乐
黄油	霞多丽	樱桃	艾格尼科、黑比诺、桑娇维塞
茶花	白诗南	雪茄盒	赤霞珠、德索娜
无花果	赛美容	柑橘	丹魄
番石榴	白诗南	丁香	格里格诺里诺
柠檬	帕雷亚达、维蒂奇诺	水仙	科维纳
肉桂	帕雷亚达	人参	内比奥罗
榛子	菲亚诺	绿色豆子	赤霞珠、品丽珠
草本	长相思	火腿	黑比诺
柠檬	阿瑞图	焚香	丹魄
甘草 / 八角茴香	帕雷亚达	皮革	赤霞珠（陈年）
甜瓜	霞多丽、赛美容	甘草	桑娇维塞
麝香	格里洛、维欧尼	薄荷	黑比诺、国家图丽嘉

续表 6.3

描述	白葡萄	描述	红葡萄
坚果	格里洛维欧尼	胡椒	西拉（设拉子）
橄榄	长相思	温桲	多姿桃
橙花	康可	树莓	佳美、西拉、增芳德
帕尔马干酪	尹卓莉亚	玫瑰	内比奥罗
桃	霞多丽、胡珊	香料	艾格尼科
甜椒	长相思	焦油	德索娜、内比奥罗
百香果	灰比诺、长相思	茶	黑巴科
Pomade	白谢瓦尔	烟草	黑巴科
松树	雷司令	郁金香	科维纳、露珍
罗马诺奶酪	白比诺	香草	司棋亚娃
玫瑰	雷司令、斯卡珀农	紫罗兰	赤霞珠、内比奥罗、司棋亚娃

鼓励学生专注于开发主要葡萄品种的气味记忆、葡萄酒风格以及区分优质葡萄酒的整体属性是非常有益的。过度沉迷寻找描述符号会分散人们对不同葡萄酒的特征化芳香蓝图的注意力。认识到这些丰富的核心特征可以使消费者不必盲目听从别人的意见。

值得注意的是，我们不需要用语言来描述就可以记住面孔或旋律。长期嗅觉记忆的发展似乎只需要经验就足够，而不是词汇使用（Engen Ross，1973）。避免文字的描述可能更有利于发展感官记忆（Olsson，1999；Degel et al.，2001），因此，至少有两种形式的气味记忆：一种涉及感官词汇的联想；而另一种涉及场景的联想（即使气味的联系不是有意识的）（Köster，2005；Lehrner et al.，1999）。场景的记忆联想显示了神经的弹性并且会随着新的经验相关改变而改变（Gottfried，2008）。因此，能够说出特性的描述词汇对识别葡萄酒的风格、品种或者品鉴葡萄酒并不是必需的，相反可能是有害的（Levine et al.，1996；Dijksterhuis et al.，2006）。此外，即使最老练的葡萄酒专家常常也比他们愿意承认的更难确定葡萄酒的品种或地区来源（Winton et al.，1975）。

如果一款葡萄酒和它的描述太过类似，那么这款葡萄酒是否缺乏细节和复杂性还是一个问题。例如，大部分的赤霞珠葡萄酒有青椒的味道。如果这个特征非常明显，则常常被认为是一种负面的特点。这可能意味着葡萄在采收的时候就不够成熟。这种由完全成熟的葡萄酿造的葡萄酒表现出丰富的黑醋栗香气和多种其他微妙的复杂味道，其中一点点甜椒的味道主要在回味中体现。

葡萄酒爱好者常常想知道专业人士如何分辨葡萄酒产区。大众媒体传播了一个神话，即专家可以分辨葡萄酒所在的葡萄酒产区，甚至是葡萄园位于南面的山坡或者北面的山坡。如果有丰富的葡萄酒经验、专注力、发育良好的感官记忆力，品尝者可以分辨出基本的风格和品种（其格式塔特征）。然而在分辨上是没有罗塞塔石碑的。因为环境、种植和酿造的条件可以极大地改变被用于分辨葡萄酒来源的感官特征。通过品尝，通常不可能（有把握地）确定大多数葡萄酒的品种、地区或风格来源。理想的原始案例需要学习，就像一个孩子在视觉模糊时永远不会准确地解释视觉输入一样。

识别技巧取决于气味记忆和它的演绎和归纳使用，也就是说搜索特定葡萄酒在理想情况下应该或者不应表现的特征。一个人通过经验可以认识到之前忽略的区别，而葡萄酒的产区通过排除和推导得出。值得庆幸的是，并不是每一个葡萄酒的所有独特之处都需要呈现出来，就像人类可以识别类似于图 3.13 中的斑点狗一样。如果一个人拿到一杯淡颜色的红葡萄酒拥有温和，但不明显的香气，品评者就会猜测这是一款黑比诺（对于黑比诺来说，这太普遍）。根据这种假设，品评者可以在他们的黑比诺记忆库中扫描，搜索其他的特征来证明或者拒绝这种推断。品评者的原始记忆库越大越有可能找到合理匹配的模式。无论如何这种演绎和归纳也有局限性。赤霞珠和美乐都有黑醋栗的味道，因此，区分这两种酒应该基于收敛性的程度和青椒味道，美乐在这两种特性上的显著性更低。另一品种品丽珠拥有更少的黑醋栗味道，但是涩味和青椒味道更明显。遗憾的是，趋势只是趋势，附带的信息可以帮助分别过程，比如，产区、年份、品种，但是并不能为品评者的猜测技巧带来荣誉。在产地方面，有的人认为可以通过桉树味道分辨澳大利亚葡萄酒。这种说法可能有些道理：1，4- 桉树油（桉树油的主要成分）是澳大利亚葡萄酒中的芳香标志物（图 6.11）。相比黑比诺或者赤霞珠，这种特性在西拉中表现得不太明显，此外，还存在地区差异。有趣的是，1，4- 桉树油也会带来干草，干香料和黑醋栗香气。

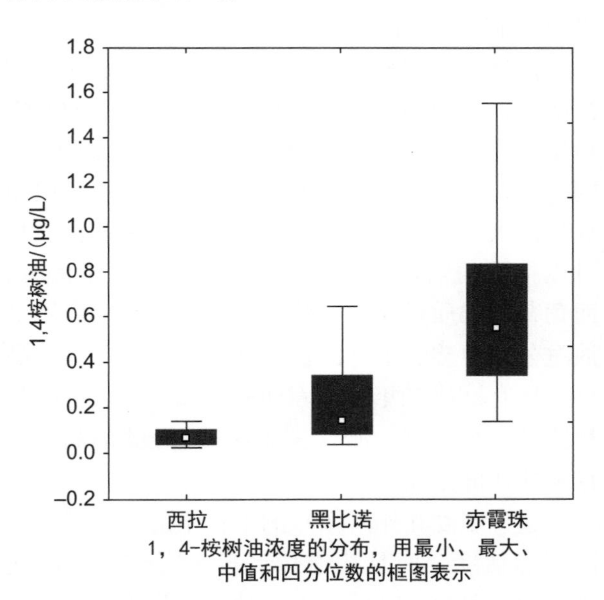

图 6.11 澳大利亚红葡萄酒（资料来源：Antalick G et al., 2015）。

根据特定品种、地区和风格建立气味模型还必须最终适应葡萄酒陈年和年份变化。显然需要出色的感官精度来识别这些特性并保持在记忆中，这没有捷径。虽然培训能够也确实提高了潜力，但是不能够替代先天的感官敏感性、推理能力和超级记忆能力。激情和培训有助于提高感官的敏感性，但是不能保证达到最终目的。虽然这是大多数鉴赏家的目标，但是鉴定只是一个游戏，当一个人成功的时候会很愉快，但与欣赏那些葡萄酒在餐桌上带来的乐趣无关。

对消费者来说，学习某种葡萄酒的特性最大的困难是缺少足够和定期地对原始样品的接触，因此，参加葡萄酒团体对学习葡萄酒特性可能有相当大的帮助。葡萄酒社交可能提供品尝众多葡萄酒的机会。在没有当地葡萄酒社团存在的情况下，组建一个志同道合的小团体是一种选择或者在一个分酒机里放置 16 款葡萄酒，允许所有者根据选择的时间表对一系列葡萄酒进行品尝。

令人惊讶的是，学习气味联系不需要特意努力。搜寻和学习记忆模型是我们大脑天生的能力，正如孩童学习语言一样。然而，经常和重复的体验显然具有明显的帮助，这可以固定记忆中气味的基本特征。对于葡萄酒来说，气味记忆结合多种感官元素，常常和相关的味道、触觉和视觉联系起来。因为这样的记忆痕迹是作为一个实体发展的，当所有的部件同时被激活时，识别是最佳的，去掉一个特征（如遮蔽颜色）会严重损害识别。在实验室条件下，用黑色酒杯品尝可能有助于感官分析，但不利于建立一系列葡萄酒的整体模型。

容易鉴定的品种例子包括赤霞珠、西拉、雷司令和琼瑶浆。其他品种也生产具有显著香气的葡萄酒，但是不容易分辨或者是葡萄园和酿酒环境可以很大地掩盖品种特色，增加的变化使学习葡萄酒的香气更加复杂。其中具有挑战性的葡萄品种包括（红葡萄酒）黑曼罗（Negro Amaro）、丹魄、黑比诺、桑娇维塞（白葡萄酒）、维尤拉（Viura）、赛美容、特雷比奥罗（Trebbiano）、白诗南、灰比诺。

风格的差异更容易证明和识别，例如，橡木桶陈和无橡木桶陈；是否经过苹果酸 - 乳酸发酵的葡萄酒；是使用标准流程生产的红葡萄酒和二氧化碳浸渍法（新酒），还是经过晒干法的生产的。一些地区风格，例如，雪利、波特或者马德拉的风格如此突出，任何人都可以很快地识别它们基本的感官特征。地理来源的差异更容易举例说明。例如，波尔多的赤霞珠倾向于且有更多的单宁、更少的果味（至少在成熟的前期）；加州的则是单宁类似，但是更早的展现出果味；南澳大利亚的拥有更少的单宁和类似于果味的风味。然而这些区别可能更多表现的是酿造偏好的差异而不是真正的产区差异。新西兰的长相思、美国的加利福尼亚加州的长相思和法国的长相思拥有明显而相对一致的感官差异。在实验室的环境下，详细的感官评价往往可以分辨同一个产区不同酒庄的细微差别（Schlosser et al., 2005；Jouanneau et al., 2012；Lawrence et al., 2013）。问题是单独的葡萄酒在不同的地点和不同的年份生产其差别很大，因此，持续识别原产地是不可能的。

因为葡萄酒具有典型性的市场推广的重要性，因此，这个研究领域十分活跃。具体可查看 Fischer 等（1999）、Pardo-Calle 等（2011）、Cadot 等（2012），Tomasino 等（2013）、Rutan 等（2014）对于对产区特性的研究；Jaffré 等（2011）和 Lawrence 等（2013）对于品种典型性的研究。遗憾的是，大部分的研究都没有深厚的化学基础。没有这一点，深入了解它们的心理和生化起源将无法实现。同样的，大气候和微气候的影响也是一个谜。如果我们想要更好地通过种植来控制葡萄酒的风格，以适应全球变暖，这个信息是非常必要的。

如果指导者能够收集同一款葡萄酒的不同年份，那么年份对颜色和风味的影响很容易被证明。为了使这一点更清楚，如果其他的变量不能一样，也至少要类似。比如，品种成分、地区和生产风格。

由于所有的注意力都集中在感官感知和气味记忆的发展上，学生们很容易忘记大多数葡萄酒都没有很好地表达出能够识别产地的关键属性，无论品种，还是产地。因此，值得注意的是，大多数葡萄酒不值得被细致地分析并去寻找识别课堂上强调的属性。这就有望减轻学员在达到他们想要或期望的能力水平上遇到困难时带来的挫败感。

品尝协会（Wine-Tasting Societies）

品尝协会有很多种体现形式。遗憾的是，一些协会对于社交或者美食的兴趣大于葡萄酒品鉴。毫无疑问的是，这样的协会有利于葡萄酒的销售，偶尔也以并不是合适的方式引起消费者对葡萄酒的兴趣。

从学习的角度来看，有组织的品尝协会是最好的。它们遵从一定的规则，效仿感官品鉴分析中所使用的（见第 5 章）；所有的葡萄酒都是盲品；在同一时间倒酒，使用相同的杯子，同样的量（大约 30 mL），样品在 20 min 后被重复品尝。在安静的环境下品尝，并记录笔记（一些人）。此外，食品通常限制为小的面包块（偶尔是片），其被用于味蕾清洁。如果有准备奶酪的话，一般在正式的品鉴环节完成之后品尝，来避免对葡萄酒感官评价的影响。

事先只提供葡萄酒的名字，但是不提供顺序。为了增加挑战性，参与者需要把样品的号码和葡萄酒对应起来。一旦每一个人有足够的时间（20～30 min）去品尝葡萄酒感官特性（包括发展和持续时间），葡萄酒就可以根据偏好或者其他的标准分级。参与者对他们的排名和组内其他人的排名十分感兴趣，这可以通过举手来展示他们最喜欢的第一款葡萄酒和第二款葡萄酒。这时再公布葡萄酒的信息和价格。

价格是人们最期待得到的信息。但是在通常情况下，人们的第一选择和第二选择的葡萄酒价格都不是最昂贵的，这就回答了品尝者的祈祷，“我可以更喜欢便宜的葡萄酒吗？”这种意识使成员扩大葡萄酒的购买范围，尤其是哪些价格是可以接受的葡萄酒。这也有助于传递一个信息，而葡萄酒的质量是在葡萄酒中表现出来，而不是通过公众声望、上升的价格和年份、原产地、品种、稀有性或者年龄来表现的。如果餐酒搭配是社团的一个内容，那么这就应该在正式的品尝和详细的评价完成后进行。

这种制度在作者多年的工作中运行良好，社团仍然活跃，而且比退休后投入写作的时间还多。为了避免在酒体积上变动（因为成员们自己倒酒），所有成员都必须购买 6 只酒杯，用环刻以表示 30 mL 的水平，与其他成员的水平相同。作为一种回报，社团的确允许一年品尝一顿饭，但酒的评价在餐前进行（插图 6.2），我们是一个品鉴协会！

为了增加每次葡萄酒品尝的教育价值，每一次品尝都要阐明一个特定的话题。与葡萄酒相关的话题是无限的，但是大部分话题都可以划分到某一种特有的类别。一个流行的主题是分辨葡

插图 6.2 布兰登葡萄酒协会在餐前品尝葡萄酒

萄酒品种的特点，这种品尝训练不仅对老的会员是一种复习，而且对初学者也有很大的作用。其他流行的话题包括比较某一个品种或类型葡萄酒的不同表现；探索质量的本质；研究单一葡萄酒生产商、产区、国家的表现。其他品尝话题也可以是分辨葡萄酒生产技术和年份的差异。具体的例子可以包括比较不同品种的冰酒、雪利的不同风格（Sanlúcar de Barrameda，Jerez de la Frontera and Montilla finos）；区别博若莱新酒、普通大区、村庄和特级博若莱（将博若莱新酒放在冰箱可以保存特性，这样可以和其他同年份的葡萄酒进行品鉴）。表格 6.2 列出了其他可能的例子。只有品尝者的想象力、可获得的葡萄酒和资金才可以限制可能性。可用性的变化使得在此提出的精确建议显得没有价值。偶尔葡萄酒商店也可以赞助品尝。然而，他们可能会对允许他们的葡萄酒被盲品感到不安。因为这种盲品缺乏信息，可能会把意见集中在店主更喜欢的方向。

对于组织者来说，葡萄酒协会提供了一个绝佳的机会，让会员们接触他们不太可能在别处获得的宝贵经验，这些经验大众媒体也很少提供。这种教育性质的一个完美例子是当样本展示了一种异味时。诚然，很难让大多数会员对葡萄酒的缺点产生共鸣。然而，当发现错误时，不快也会带来一线希望：启迪。比较无缺陷和缺陷的葡萄酒是成员从个人经验中学习的好机会。葡萄酒年龄对颜色和气味的影响是其他易于提供的例子，可以轻易地教授宝贵的经验。食品（如奶酪）如何影响葡萄酒的感知就是一个明显的例子，并且这个例子可以很容易地结合品尝。一个清晰的案例就是在品尝了咸奶酪（如 Parmigiano-Reggiano）之后，红葡萄酒的苦味就降低了。

根据葡萄酒专家的水平和会员们的实验意愿，可以用无味的花色苷染色的白葡萄酒来展示颜色对感知的影响。二甲花翠苷是最常见的葡萄酒色素，它可以从 Sigma-Aldrich Chemical 和其他公司购买。在药店和健康食品店也可以买到色素。另一个具有启发的例子是使用黑色和透明的酒杯来品尝几款葡萄酒，但是并不告诉他们的对应关系。这是另一种让成员体验颜色（存在和缺失）如何影响感知的方式。与透明酒杯一样的黑色酒杯不容易购买（可以在 Amazon.fr 或者 wineware.co.uk 网站找到），一个暂时的方法是将透明酒杯的外面涂黑。在涂黑的过程中保护杯内部，通常需要几天才可以让涂料的气味散掉。在品尝之后，涂料可以容易在热的肥皂水里面清除。虽然有点麻烦，但是这种方法的教育价值完全值得这么做。另一个独特的经验是组织者将天然的、轻度、中度和重度焙烤的橡木片放到天然的葡萄酒中，数周后，将木片浸入弱酒精溶液中几个小时，最后在加入葡萄酒前将橡木中的空气排出，以最大限度地减少葡萄酒的任何潜在氧化变化，5～10 g/750 mL 可以作为开始的量。使用白葡萄酒会使橡木味更加明显。最好在品尝前将橡木片

从葡萄酒中去除。这种类型的品鉴可以给社团成员获得一个在其他地方体验不到的复杂经验。

家庭品尝（Home Tastings）

在家里品尝葡萄酒一般都可以划分为 2 种：鉴别游戏以及在餐前 / 中比较葡萄酒。鉴别葡萄酒的游戏非常流行，但是它们更多的是猜测（除非差别特别明显），而不是评价葡萄酒。如果这是有效的组织，这个过程就可以提供其包含的教育意义。在理想情况下，葡萄酒应该盲品，以避免外在的信息影响观点。这就要求提前准备黑色的酒杯。

练习通常包括一系列的葡萄酒，由主人或者参与者共同提供。例如，如果使用黑色的酒杯，小的标签就可以贴在杯底来分别葡萄酒。酒瓶被移开，一个没有看见倒酒的人来重新安排酒杯，在杯底座底部贴上不同颜色（或数字）的贴纸。在参与者品尝葡萄酒，讨论他们的感受之后，葡萄酒的信息就会被揭露。为了增加趣味挑战，如果有 4 款葡萄酒，就可以提供 6 个样品，其中 2 个样品是重复的，或者 1 款葡萄酒品尝 3 次。如果没有人怀疑，1～2 款“神秘”酒款就可以包括在内。在这种情况下，参与者需要提前品尝这 4 款酒，但是不品尝神秘的酒款。这样他们不仅要猜测哪些是品尝过的酒，而且要猜测哪些是神秘的酒款。

另一个可以提供丰富信息的品鉴是提供一系列的葡萄酒，然后在重复品鉴中配上一片（或者几片）奶酪（咸的、软的、硬的）。这可以是个葡萄酒和奶酪派对，但是要有教育目的。如果这方式有吸引力，在品尝之后可以安排课程以评估特定成分对葡萄酒感知的重要性。例如，盐可以降低对单宁的感知。同样，盐可以增加食品的风味，但是很少人检测过它对葡萄酒的影响。因此，一个明显新颖的实验是将微量的盐加入一系列含有对照品的一个或多个葡萄酒的酒杯中。旋转（为了盐的溶解和分散）之后，由参与者确定是否可以检测到任何芳香差异。对于那些对葡萄酒真正感兴趣的人来说，教育乐趣是没有止境的。

相反，在进餐的时候搭配 2～3 款葡萄酒可以令人愉悦，但是有很多的因素会影响感知，从而限制教育目的。尽管食品的风味可以加强感知，但是主要影响还是掩盖了葡萄酒的特性，这种影响与评估葡萄酒的纯粹感官属性相冲突。社交活动和酒精过多的消费使客观进行葡萄酒评价变得复杂。因此，最好在用餐前品尝葡萄酒。严肃的品尝会转移聚餐的主要目的，即享乐和社交活动。

补充说明
Postscript

这一章谈及的是葡萄酒鉴赏而不是感官分析。因此，里面包括了多种形式，从正式的葡萄酒大赛到家庭品鉴。每一个类型在消费者主导的品鉴中都有存在的理由。尽管评判性的方法可以检测一款葡萄酒拥有的所有特性，但这是一个双面的过程，即可以暴露葡萄酒的缺点或者不足。还有证据表明，分析属性可能并非有利，甚至识别描述的特性也可能会破坏情景记忆，这对于学习如何识别葡萄酒类型很有价值。然而，了解这些可能性可能会让品酒师抵消一些影响，如他们可能通过选择性地忽略葡萄酒颜色的影响来抵消这些影响。

试图了解用语言描述一种葡萄酒的特性所带来的问题可以让消费者免于沮丧，让他们更专注发展品种、风格和整体质量特征相关的更有用的气味模型。因为人们用来描述葡萄酒的术语比葡萄酒更能说明品酒师和他们的生活经历，将重点放在区分他们最欣赏的质量属性的特征上，这可能对未来购买的指导更有用。关注葡萄酒的美学感官愉悦性可以增加一个人的生活质量，提倡他们把过度饮酒看成对葡萄酒和自己的侮辱。记住葡萄酒品鉴的场景对于葡萄酒的感知和欣赏也是非常有用的，尤其是在餐桌上，这样的环境就是欣赏葡萄酒。

很显然，我并不赞成关注消费者对描述语言的使用，但是对于某些人来说，这可能有一个好处。它可以虚假地提供鉴赏力，从而提高葡萄酒销售。这样的结果对葡萄种植者、酿酒商、葡萄酒商和葡萄酒行业的任何人都是好消息。这给“无酒不餐”这句话带来了新的变化。

消费者和葡萄酒爱好者即使只是出于经济原因，也会把普通的葡萄酒作为一顿晚餐的美味陪伴。在享受特别的葡萄酒中，那些神的礼物如同在一些著名的米其林餐厅吃大餐，不是每天都适合。如果特殊成为标准，那么杰出的葡萄酒就不会如此杰出了。Jeffrey Steingarten 说过：

“我们这些充满激情的品尝者，把这种想要喝酒的本能升华为一种崇高的活动，一种艺术，一种感官享受的艺术。”

附录
Appendix

附录 6.1 葡萄酒的甜味

所有的葡萄酒都含有糖分。在干型葡萄酒中，含有的糖分是在发酵过程中没有或者不能被酵母转化的葡萄糖。由于其存在浓度低于感官阈值，因此，这些糖不产生甜味。葡萄酒的酸味和苦味也抑制对甜味的感知。相反的，一些香味化合物可以产生甜味的感觉，即使是在甜味化合物的浓度低于检测值的时候。

在葡萄酒中，最常产生实际甜味化合物的物质是葡萄糖、果糖、酒精和甘油。葡萄糖和果糖来自葡萄，酒精是在发酵过程中产生的，甘油来自葡萄或在发酵过程中被合成。其他可能的甜味化合物是阿拉伯糖或者木糖，与发酵产生的副产物如丁二醇、环已六醇和山梨醇。甘露醇和甘露糖只有在葡萄酒被细菌感染时才能被检测到。表 6.4 说明了葡萄酒在正常情况下的主要的糖类化合物的正常浓度。

表 6.4 葡萄酒中常见的甜味化合物的浓度

类别	化合物	葡萄酒类型	浓度 /（g/L）
糖	葡萄糖	干	0～0.8
		甜	＞30
	果糖	干	0～1
		甜	＞ 60
	木糖		0～0.5
	阿拉伯糖		0.3～1
醇类	乙醇		70～150
	甘油		3～15[a]
	丁二醇		0～0.3
	肌醇		0.2～0.7
	山梨醇		0.1

注：[a] 在贵腐酒中。

为了说明葡萄酒中主要甜味物质的相关甜度，可以准备不同物质的水溶液，葡萄糖（20 g/L）、果糖（20 g/L）、酒精（32 g/L）、甘油（20 g/L）。参与者按照上升的甜度（编号是随机的）来安排样品。下面可以用表 6.5 来记录相关甜度（表 6.5）。

表 6.5 甜度评价

样品	（绝干）1	2	3	（最甜）4	其他口感或气味记录
A					
B					
C					
D					

附录 6.2 酸性

酸是所有葡萄酒的特性，酸对于葡萄酒的口感、稳定性和陈酿潜力都非常重要。酸味是酸。它的解离常数和葡萄酒的 pH 是一个复杂反应。盐形式的酸不影响酸度。

葡萄酒中含有许多酸，最重要的酸是有机酸。葡萄酒中含有的酸包括葡萄中天然存在的酸（酒石酸、苹果酸和柠檬酸），或者酵母和细菌的副产物（乙酸、乳酸和琥珀酸）。只有乙酸有足够的挥发性可以影响葡萄酒的香气，但这常常是负面的。葡萄果实中的酸感官品尝都是类似的，只有细微的差别——酒石酸比较粗糙，苹果酸生青味较重，柠檬酸能产生清新的口感。而微生物产生的酸口感则更加复杂。乳酸有一种淡淡的清爽的酸感；乙酸产生刺激的口感和独特的气味；琥珀酸（很少超过阈值范围）表现出盐味和稍苦的口感。葡萄糖酸只有在被霉菌感染的葡萄酒中存在，其本身不影响口感或气味。这些化合物在餐酒中的范围如表 6.6 所列。

为了区分不同酸之间的差别，准备如下的水溶液：酒石酸（1 g/L）、苹果酸（1 g/L）、柠檬酸（1 g/L）、乳酸（1 g/L）、醋酸（1 g/L）和琥珀酸（1 g/L）。把这些溶液按照酸度增加的顺序放置，编号是随机的。他们相关的酸度和其他明显的特征应该记录在类似表 6.7 中。

表 6.6　葡萄酒中存在的几种典型酸的含量范围

酸	浓度（g/L）
酒石酸	2～5
苹果酸	0～5
柠檬酸	0～0.5
葡萄糖酸	0～2
乙酸	0.5～1
乳酸	1～3
琥珀酸	0.5～1.5

表 6.7　葡萄酒酸度的评价

样品	酸度较小			酸度最大	其他口感或气味记录
	1	2	3	4	
A					
B					
C					
D					
E					
F					

为了粗略的检测分辨酸的能力，准备含有 0 g/L、0.5 g/L、1.0 g/L、2.0 g/L、4.0 g/L 的酒石酸水溶液。酸也可以溶解在 10% 的酒精，0.5% 的葡萄糖溶液中来模仿一个和葡萄酒类似的环境。参与者需要把这些溶液按照酸度降低的顺序放置。为了保证准确性，这个实验应该在不同场合下进行多次测试，并且对结果取平均值。

附录 6.3　多酚化合物

苦味和涩味

多酚类物质和它们的苯基衍生物是葡萄酒中苦味和涩味的主要来源。正如在第四章中讨论的，多酚类物质可以分为两大类：类黄酮和非类黄酮。这些化合物的多聚体产生了一类复杂的化合物，即单宁。类黄酮化合物产生的单宁更加稳定（不会在葡萄酒中降解为单体），并且随着陈酿时间的延长，它们的分子量也随之增加。如果含量够大，它们能够在红葡萄酒中产生沉淀。非类黄酮产生的单宁在葡萄酒中不是很稳定，它们会降解为单体形式。因此，它们是一些葡萄酒中苦味物质的主要来源。由类黄酮和非类黄酮共同结合的单宁一般比较稳定，不会断裂为单聚体形式。

由于单宁来源、组分的多样性及其浓度和化学结构的不断改变，所以单宁（和单宁的亚基）在感官品尝中不同是毫不奇怪的。然而也有一些一般适用的规则，如复杂的单宁涩味最强；单宁单聚体主要产生苦味，几乎没有收敛性；中等大小的多聚体既有苦味也有涩味。花色苷既没有苦味也没有涩味。

单宁的感知取决于它们的绝对浓度和相对浓度。例如，一些单宁在高浓度时表现的是较强的涩味，而其在低浓度时主要表现的是苦味。陈酿可以通过改变单宁的化学组成和浓度而影响葡萄酒的感官特点，小分子量的单体几乎不受陈酿的影响。

为了获得单宁感官品尝的实际经验，准备 0.01 g/L、0.1 g/L 和 0.5 g/L 浓度的葡萄单宁（一种类黄酮单宁的复合体）、鞣酸（一种二水合物的单宁复合物）的水溶液或 10% 的酒精溶液。这些样品不仅可以说明它们的口感和触感，而且可以说明它们的嗅觉特征。为了说明单体类黄酮和非类黄酮酚类物质的不同，可以分别准备 30 mg/L、100 mg/L 的槲皮素和 100 mg/L、500 mg/L 的没食子酸的水溶液或 10% 的酒精溶液进行比较。

橡木

另外一个具有知识性的培训涉及的是橡木桶陈酿的葡萄酒。加入 10 g/L 的橡木块（提前在 10% 乙醇中浸泡）在没有经过橡木桶里贮存（许多价格较低的葡萄酒都没有经过橡木陈酿）的白葡萄酒或红葡萄酒中。大约 1 周后，在过滤酒中加入 30 mg/L 的亚硫酸钾（作为抗氧化剂）并储存在密封的玻璃罐中至少 3 个月。在储存中，由葡萄酒不慎暴露在空气中生成的乙醛而产生的轻度氧化味道可以被其与二氧化硫反应或者葡萄酒中其他化合物反应适当地抑制。

这个实验可以扩大到包括观察不同的橡木品种（美国橡木，欧洲橡木）的影响或者焙烤程度（橡木桶制造的一个流程）对品尝的影响。一般来说，与欧洲的橡木相比，美国的橡木会产生更多的椰子味道。焙烤会降低橡木味，并且产生香草、烟熏和香料的香味，也可以在陈酿过程中降低葡萄酒对橡木单宁的萃取，并可以从商业的橡木供应商中获得少量的样品。

附录 6.4 葡萄酒的酒精组成

乙醇

葡萄酒中存在大量醇类，但是只有一些有足够含量的醇类可以影响葡萄酒的感官特征。杂醇油被认为是可以产生不良气味（附录 5.2），它们一般不影响感知。只有足够存在量的乙醇具有感官意义。正如上面提及，酒精能产生一种复杂的感官感受。酒精具有独特的味道，它可以增强对甜味的感知，刺激口腔产生热感和厚重感。酒精也可以掩盖或者改变对葡萄酒其他成分的感知。

为了说明这个复杂的效应以及酒精的浓度如何影响感官的感知，可以准备 4%、8%、10%、14% 和 18% 的酒精溶液来证明。这就要求参与者把这些样品按照浓度从低到高的顺序排列以检测参与者对酒精的敏感度（表 6.8）。

表 6.8 酒精品尝

样品	酒精度较低			酒精度最高			其他口感或气味记录
	1	2	3	4	5	6	
A							
B							
C							
D							
E							
F							

注：按照酒精度数从低到高的顺序排列。

甘油

甘油（含有 3 个羟基的多元醇的多羟基化合物）是葡萄酒中第二常见的醇类化合物。由于其具有低挥发性，甘油的气味几乎闻不到。甘油具有甜味，但是很弱，因此，只有在干型酒中，当甘油的浓度超过 5 g/L 时才可能影响甜感。甘油的黏度很大，所以一般认为甘油可以显著影响葡萄酒的黏度。但是甘油很少可以达到可以影响黏度的浓度（≥26 g/L）（Noble and Bursick，1984）。在低浓度下，甘油可以降低对收敛性的感知，影响葡萄酒的酒体（Smith et al.，1996）。

为了说明甘油对葡萄酒感官评价的影响，加入 0 g/L、2 g/L、4 g/L、8 g/L、12 g/L 和 24 g/L 的甘油在模拟的葡萄酒溶液中（3 g 葡萄糖、4 g 酒石酸、100 g 酒精）。参与者按照甘油含量由低到高的顺序排列样品，并且允许讨论那些让他们如此排列的特性（表 6.9）。

表 6.9 甘油的感官评价

样品	较低				最高	其他口感的影响
	1	2	3	4	5	
A						
B						
C						
D						
E						
F						

甘油曾经被认为参与了葡萄酒挂杯现象。在这个实验中，快速地旋转酒精和甘油可以很快地证明是由酒精而不是由甘油产生的挂杯现象。

附录 6.5　味觉相互作用

最常见的味觉相互作用是相互抑制。众所周知，糖的存在可以降低对苦味的感知，反之亦然。个体感官的敏锐度对某种特性在品尝时的客观评价（赞赏或者反对）会产生影响，但是对这种作用还知之甚少。这一点可以很明显地影响品尝者对葡萄酒的评价。

下面的测试可以让参与者认识他们对味觉相互作用的独特反应，而且这种反应也有助于品尝者了解他们的个人感官偏好。这种了解可以提倡参与者退出某种品尝。感官偏好使参赛者很难客观地评价某一种葡萄酒。

甜味 - 苦味相互作用

给参与者提供一系列的含有 1 g/L 葡萄单宁的苦味 / 涩味的水溶液。在这些样品中加入 0 g/L、20 g/L、40 g/L、80 g/L 的蔗糖。随机品尝这些样品——品尝者在每次品尝后至少有 2 min 降格以回到基本的敏感度，参与者按照表 6-10 排列苦味感觉的速度和最大感受浓度。这个表格可为每个品尝者准备一个原始的时间 - 浓度表，来更好展示糖对苦味感知的动力（图 4.14）。苦味感觉的时间响应曲线在每一次品尝完成后绘制。如果只需要苦味，奎宁（0.1 g/L）可以作为葡萄单宁的替代物（葡萄单宁可以同时产生苦味和涩味）。结合所有参与者的数据可以用来说明参赛者之间存在的差异。

这个测试也可以反过来观察单宁的苦味对甜味感觉的影响。这时糖的含量是固定的，变化的是单宁的含量。这样的实验可以使用 40 g 的蔗糖结合 0 g、0.5 g、1 g、2 g、4 g 的葡萄单宁。

酒精也可以产生甜味，所以可以使用酒精作为糖的替代物。例如，在含有 0%、4%、8%、10%、12% 的酒精溶液中分别溶解 4 g 葡萄单宁。这个实验可清楚地说明酒精含量对单宁的苦味和涩味的影响。

表 6.10　甜味 - 苦味相互作用的评价

样品	苦味[a]	从可以感觉到苦味第 2 个开始品尝									
		1	2	3	4	5	6	7	8	9	10
A											
B											
C											
D											

注：[a] 分数从 0～10。

糖 - 酸平衡

不同化合物之间的平衡是葡萄酒的一个重要特性。它们的相互作用可以通过甜味 - 苦味证明。然而，如果实验过程改变了它们的平衡作用，那一切将会变得更加有趣。

在这个训练中，它提供给参与者的至少有 6 种水溶液（表 6.11）。第 1 对含有 20 g/L 和 40 g/L 的糖；第 2 对含有 0.7 g/L 和 1.4 g/L 的酒石酸；第 3 对为糖和酸的混合物，但是比例相同（20 g/L 蔗糖 +0.7 g/L 酒石酸和 40 g/L 蔗糖 +1.4 g/L 酒石酸）

表 6.11　糖 - 酸平衡的评价

样品	糖浓度	糖感觉持续时间 /s					酸浓度[a]	酸感觉持续时间 /s				
		2	4	6	8	10		2	4	6	8	10
A												
B												

续表 6-11

样品	糖浓度	糖感觉持续时间 /s					酸浓度[a]	酸感觉持续时间 /s				
		2	4	6	8	10		2	4	6	8	10
C												
D												
E												
F												

注：[a] 分数从 0～10。

参与者随机品尝这些样品，在提供的表 6.11 中记录糖和 / 或酸度感觉的相对浓度。每一种感觉的持续时间也可以记录下来以便于比较。当这些训练被完成时，建议将更低的糖浓度和更高的酸浓度结合起来，也可以反过来，这会进一步证明糖 - 酸平衡的复杂关系。

推荐阅读

Amerine, M.A., 1980. The words used to describe abnormal appearance, odor, taste and tactile sensations of wines. In: Charalambous, G. (Ed.),

The Analysis and Control of Less Desirable Flavors in Foods and Beverages, Academic Press, New York, pp. 319–351.

Baldy, M.W., 1995. The University Wine Course. 2nd ed. Wine Appreciation Guild, San Francisco.

Broadbent, M., 1998. Winetasting: How to Approach and Appreciate Wine. Mitchell Beazley, London.

Brochet, F., Dubourdieu, D., 2001. Wine descriptive language supports cognitive specificity of chemical senses. Brain Lang. 77, 187–196.

Köster, E.P., 2005. Does Olfactory Memory Depend on Remembering Odors? Chem. Senses 30, i236–i237.

Lehrer, A., 2009. Wine and Conversation, 2nd ed. Oxford University Press, Oxford, UK.

Lesschaeve, I., 2007. Sensory evaluation of wine and commercial realities: Review of current practices and perspectives. Am. J. Enol. Vitic. 58, 252–258.

Peynaud, E., 1996. The Taste of Wine: The Art Science of Wine Appreciation (M. Schuster, Trans.), Second ed. Wiley, New York.

Teil, G., 2001. La production du jugement esthétique sur les vins par la critique vinicole. Sociol. Travail 43, 67–89.

参考文献

Almenberg, J., Dreber, A., 2011 When does the price affect the taste? Results from a wine experiment. J. Wine Econ. 6, 111–121.

Amerine, M.A., Roessler, E.B., 1983. Wines, Their Sensory Evaluation. 2nd ed. Freeman, San Francisco, CA.

Antalick, G., Tempère, S., Šuklie, K., et al., 2015. Investigation and sensory characterization of 1,4-cineole: A potential aromatic marker of Australian Cabernet Sauvignon wine. J. Agric. Food Chem. 63, 9103–9111.

Aqueveque, C., 2015. The influence of experts' positive word-of-mouth on a wine's perceived quality and value: the moderator role of consumers'expertise. J. Wine Res. 26, 181–191.

Asher, G., 1989. Words and wine. J. Sens. Stud. 3, 297–298.

Ashton, R.H., 2012. Reliability and consensus of experienced wine judges: Expertise within and between? J. Wine Econ. 7, 70–87.

Ashton, R.H., 2013. Is there consensus among wine quality ratings of prominent critics? An emperical analysis of red Bordeaux, 2004–2010.J. Wine Econ. 7, 225–234.

Ashton, R.H., 2014. Wine as an experience good: Price versus enjoyment in blind tastings of expensive and inexpensive wines. J. Wine Econ. 9,171–182.

Atkin, T., Nowak, L., Garcia, R., 2007. Women wine consumers: information search and retailing implications. Int. J. Wine Bus. Res. 19, 327–339.

Baldy, M.W., 1995. The University Wine Course. 2nd ed. Wine Appreciation Guild, San Francisco.

Ballester, J., Dacremont, C., Le Fur, Y., et al., 2005. The role of olfaction in the elaboration and use of the Chardonnay wine concept. Food Qual. Pref. 16, 351–359.

Ballester, J., Mihnea, M., Peyron, D., et al., 2014. Perceived minerality in wine: a sensory reality? Wine Vitic. J. 29 (4), 30–33.

Bastian, S., Bruwer, J., Alant, K., et al., 2005. Wine consumers and makers: are they speaking the same language? Aust. NZ Grapegrower Winemaker 496, 80–84.

Baxter, M.J., Crews, H.M., Dennis, M.J., et al., 1997. The determination of the authenticity of wine from its trace element composition. Food Chem. 60, 443–450.

Bécue-Bertaut, M., Lê, S., 2011. Analysis of multilingual labeled sorting tasks: application to a cross-cultural study in wine industry. J. Sens. Stud. 26, 299–310.

Bensafi, M., Rinck, F., Schaal, B., et al., 2007. Verbal cues modulate hedonic perception of odors in 5-year-old children as well as in adults.Chem. Senses 32, 855–862.

Berglund, B., Berglund, U., Engen, T., et al., 1973. Multidimensional analysis of twenty-one odors. Scand. J. Psychol. 14, 131–137.

Bi, J., Chung, J., 2011. Identification of drivers of overal liking – determination of relative importances of regressor variables. J. Sens. Stud. 26, 245–254.

Binders, G., Pintzler, S., Schröder, J., et al., 2004. Influence of German oak chips on red wine. Am. J. Enol. Vitic. 55, 323A.

Bindon, K., Holt, H., Williamson, P.O., et al., 2014. Relationships between harvest time and wine composition in *Vitis vinifera* L. cv. Cabernet Sauvignon 2. Wine sensory properties and consumer preference. Food Chem. 154, 90–101.

Boroditsky, L., 2011. How language shapes thought. Sci. Am. 304 (2), 63–65.

Brochet, F., Dubourdieu, D., 2001. Wine descriptive language supports cognitive specificity of chemical senses. Brain Lang. 77, 187–196.

Brochet, F., Morrot, G., 1999. Influence du contexte sure la perception du vin. Implications cognitives et méthodologiques. J. Int. Sci. Vigne Vin 33, 187–192.

Bruwer, J., Saliba, A., Miller, B., 2011. Consumer behaviour and sensory preference differences: Implications for wine product marketing.J. Consum. Market. 28, 5–18.

Bruwer, J., Lesschaeve, I., Campbell, B.J., 2012. Consumption dynamics and demographics of Canadian wine consumers: Retailing insights from the tasting room channel. J. Retail. Consum. Serv. 19, 45–58.

Caballero, R., 2007. Manner-of-motion verbs in wine description. J. Pragmatics 39, 2095–2114.

Cao, J., Stokes, L., 2010. Evaluation of wine judge performance through three characteristics: Bias, discrimination, and variation. J. Wine Econ. 5, 132–142.

Caspar, E.A., Christensen, J.F., Cleeremans, A., et al., 2016. Coercion changes the sense of agency in the human brain. Curr. Biol. 26, 585–592.

Chaney, I.M., 2000. A comparative analysis of wine reviews. Brit. Food J. 102, 470–480.

Chrea, C., Valentin, D., Sulmont-Rossé, C., et al., 2004. Culture and odor categorization: Agreement between cultures depends upon the odors. Food Qual. Pref. 15, 669–679.

Cicchetti, D., 2004. Who won the (1976) blind tasting of French Bordeaux and US Cabernets? Parametrics to the rescue. J. Wine Res. 15, 211–220.

Cicchetti, D.V., Cicchetti, A.F., 2010. Wine rating scales: Assessing their utility for producers, consumers, and oenologic researchers. Int. J. Wine Res. 1, 73–83.

Cliff, M.A., 2001. Impact of wine glass shape on intensity of perception of color and aroma in wines. J. Wine Res. 12, 39–46.

Degel, J., Piper, D., et al., 2001. Implicit learning and implicit memory for odors: The influence of odor identification and retention time. Chem. Senses 26, 267–280.

de Magistris, T., Groot, E., Gracia, A., et al., 2011. Do Millennial generation's wine preferences of the

"New World" differ from the "Old World"?: A pilot study. Int. J. Wine Bus. Res. 23, 145–160.

Depierre, A., 2009. English and French taste words used metaphorically. Chem. Percept. 2, 40–52. de Wijk, R.A., Schab, F.R., Cain, W.S., 1995. Odor identification. In: Schab, F.R., Crowder, R.G. (Eds.), Memory of Odors. Lawrence Erlbaum, Mahwah, New Jersey, pp. 21–37.

Dijksterhuis, A., Bos, M.W., Nordgren, L.F., et al., 2006. On making the right choice: The deliberation-without-attention effect. Science 311, 1005–1007.

Dodd, T.M., Laverie, D.A., Wilcox, J.F., et al., 2005. Differential effects of experience, subjective knowledge and objective knowledge on sources of information used in consumer wine purchasing. J. Hospit. Tour. Res. 29, 3–19.

Dürr, P., 1984. Sensory analysis as a research tool. In: Proc. Alko Symp. Flavour Res. Alcoholic Beverages, Helsinki 1984. (L. Nykänen, and P. Lehtonen, Eds.) Foundation Biotech. Indust. Ferm. 3, 313–322.

Engen, T., Ross, B.M., 1973. Long-term memory of odors with and without verbal descriptions. J. Exp. Psychol. 100, 221–227.

Fischer, U., 2000. Practical applications of sensory research: Effect of glass shape, yeast strain, and terroir on wine flavor. In: Proc. ASEV 50th Anniv. Ann. Meeting. Seattle, WA, June 19–23, 2000. (J. M. Rantz, Ed.), pp. 3–8.

Fischer, U., Roth, D., Christmann, M., 1999. The impact of geographic origin, vintage and wine estate on sensory properties of Vitis vinifera cv. Riesling wines. Food Qual. Pref. 10, 281–288.

Ginon, E., Ares, G., Issanchou, S., et al., 2014. Identifying motives underlying wine purchase decisions: Results from an exploratory free listing task with Burgundy wine consumers. Food Res. Int. 62, 860–867.

Gleb, B.D., Gelb, G.M., 1986. New Coke's Fizzle – Lesson for the rest of us. Sloan Manage. Rev. 28 (Fall), 71–76.

Gokcekus, O., and Nottebaum, D., 2011. The buyer's dilemma – Whose rating should a wine drinker pay attention to? AAWE Working Paper 91.

Goldstein, R., Almenberg, J., Dreber, A., et al., 2008. Do more expensive wines taste better? Evidence from a large sample of blind tastings. J. Wine Econ. 3, 1–9.

Goodman, S., 2009. An international comparison of retail consumer wine choice. Int. J. Wine Bus. Res. 21, 41–49.

Gottfried, J.A., 2008. Perceptual and neural plasticity of odor quality coding in the human brain. Chem. Percept. 1, 127–135.

Guillou, I., Bertrand, A., De Revel, G., et al., 1997. Occurrence of hydroxypropanedial in certain musts and wines. J. Agric. Food Chem. 45, 3382–3386.

Gultek, M.M., Dodd, T.H., Guydosh, R.M., 2006. Attitudes towards wine-service training and its influence on restaurant wine sales. Int. J. Hospitality Manage. 25, 432–446.

Hersleth, M., Mevik, B.-H., Naes, T., et al., 2003. Effect of contextual factors on liking for wine – use of robust design methodology.Food Qual. Pref. 14, 615–622.

Heymann, H., Hopfer, H., Bershaw, D., 2014. An exploration of the perception of minerality in white wines by projective mapping and descriptive analysis. J. Sens. Stud. 29, 1–13.

Hodgson, R.T., 2008. An examination of judge reliability at a major U.S. wine competition. J. Wine Econ. 3, 105–113.

Hodgson, R.T., 2009. An analysis of concordance among 13 U. S. wine competitions. J. Wine Econ. 4, 1–9.

Hodgson, R., Cao, J., 2014. Criteria for accrediting expert wine judges. J. Wine Econ. 9, 62–74.

Hollebeek, L.D., Jaeger, S.R., Brodie, R.J., et al., 2007. The influence of involvement on purchase intention for New World wine. Food Qual Pref. 18, 1033–1049.

Horverak, et al., 2009. Wine journalism–marketing or consumers' guide? Market. Sci. 28, 573–579.

Hough, G., Wakeling, I., Mucci, A., Changers IV, E., et al., 2006. Number of consumers necessary for sensory acceptability tests. Food Qual. Pref. 17, 522–526.

Hughson, A.L., Boakes, R.A., 2002. The knowing nose:

The role of knowledge in wine expertise. Food Qual. Pref. 13, 463–472.

Jackson, R.S., 2000. Wine Science: Principles, Practice, Perception, second ed. Academic Press, San Diego, CA.

Jaffré, J., Valentin, D., Meunier, J.-M., et al., 2011. The Chardonnay wine olfactory concept revisited: A stable core of volatile compounds, and fuzzy boundaries. Food Res. Int. 44, 456–464.

Jouanneau, S., Weaver, R.J., Nicolau, L., et al., 2012. Subregional survey of aroma compounds in Marlborough Sauvignon Blanc wines. Aust. J. Grape Wine Res. 18, 329–343.

King, E.S., Kievit, R.L., Curtin, C., et al., 2010. The effect of multiple yeasts co-inoculations on Sauvignon Blanc wine aroma composition, sensory properties and consumer preference. Food Chem. 122, 618–626.

Koter, E.P., 2003. The psychology of food choice: Some often encountered fallacies. Food Qual. Pref. 14, 359–373.

Koter, E.P., 2005. Does Olfactory Memory Depend on Remembering Odors? Chem. Senses 30, i236–i237.

Koter, E.P., 2009. Diversity in the determinants of food choice: A psychological perspective. Food Qual. Pref. 20, 70–82.

Lange, C., Martin, C., Chabanet, C., et al., 2002. Impact of the information provided to consumers on their willingness to pay for Champagne: Comparison with hedonic scores. Food Qual. Pref. 13, 597–608.

Langstaff, S.A., 2010. Sensory quality control in the wine industry. In: Kilcast, D. (Ed.), Sensory Analysis for Food and Beverage Quality Control. Woodhouse Publ., Oxford, UK, pp. 236–261.

Lattey, K.A., Bramley, B.R., Francis, I.L., 2010. Consumer acceptability, sensory properties and expert quality judgements of Australian Cabernet Sauvignon and Shiraz wines. Aust. J. Grape Wine Res. 16, 189–202.

Lawless, H.T., 1984. Flavor description of white wine by expert and nonexpert wine consumers. J. Food Sci. 49, 120–123.

Lawless, H.T., Heymann, H., 2010. Sensory Evaluation of Food: Principles and Practices, 2nd ed. Springer, New York.

Lawrence, G., Symoneaux, R., Maitre, I., et al., 2013. Using the free comments method fro sensory characterization of Cabernet Franc wines: Comparison with classical profiling in a professional context. Food Qual. Pref. 30, 145–155.

Lehrer, A., 1975. Talking about wine. Language 51, 901–923.

Lehrer, A., 1983. Wine and Conversation. Indiana University Press, Bloomington, IN.

Lehrer, A., 2009. Wine and Conversation, 2nd ed. Oxford University Press, Oxford, UK.

Lehrner, J.P., Glück, J., Laska, M., 1999. Odor identification, consistency of label use, olfactory threshold and their relationships to odor memory over the human lifespan. Chem. Senses 24, 337–346.

Lesschaeve, I., Noble, A.C., 2005. Polyphenols: Factors influencing their sensory properties and their effects on food and beverage preferences. Am. J. Clin. Nutr. 81, 330S–335S.

Levine, G.M., Halberstadt, J.B., Goldstone, R.L., 1996. Reasoning and the weighting of attributes in attitude judgements. J. Personal. Soc. Psychol.70, 230–240.

Lewis, G., Zalan, T., 2014. Strategic implications of the relationship between price and willingness to pay: Evidence from a wine-tasting experiment. J. Wine Econ. 9, 115–134.

Liger-Belair, G., Vignes-Adler, M., Voisin, C., et al., 2002. Kinetics of gas discharging in a glass of champagne: The role of nucleation sites. Langmuir 18, 1294–1301.

Liger-Belair, G., Villaume, S., Cilindre, C., et al., 2009. CO_2 volume fluxes outgassing from champagne glasses in tasting conditions: Flute versus coupe. J. Agric. Food Chem. 57, 4939–4947.

Lima, T., 2006. Price and quality in the California wine industry: An empirical investigation. J. Wine Econ. 1, 176–190.

Lockshin, L., Jarvis, W., d'Hauteville, F., et al., 2006.

Using simulations from discrete choice experiments to measure consumer sensitivity to brand, region, price, and awards in wine choice. Food Qual. Pref. 17, 166–178.

Lubbers, S., Voilley, A., Feuillat, M., et al., 1994. Influence of mannoproteins from yeast on the aroma intensity of a model wine. Lebensm.-Wiss. u. Technol. 27, 108–114.

Maier, H.G., Hartmann, R.U., 1977. The adsorption of volatile aroma constituents by foods. VIII. Adsorption of volatile carbonyl compounds by amino acids. Z. Lebensm. Unters. Forsch. 163, 251–254.

Majid, A., Burenhult, N., 2014. Odors are expressible in language, as long as you speak the right language. Cognition 130, 266–270.

Maltman, A., 2008. The role of vineyard geology in wine typicity. J. Wine Res. 19, 1–17.

Maltman, A., 2013. Minerality in wine: A geological perspective. J. Wine Res. 24, 169–181.

Marcus, I.H., 1974. How to Test and Improve your Wine Judging Ability. Wine Publications, Berkeley, CA.

Marin, A.B., Durham, C.A., 2007. Effects of wine bottle closure type on consumer purchase intent and price expectation. Am. J. Enol. Vitic. 58, 192–201.

McDermott, B.J., 1990. Identifying consumers and consumer test subjects. Food Technol. 44, 154–158.

Meillon, S., Dugas, V., Urbano, C., et al., 2010a. Preference and acceptability of partially dealcoholized white and red wines by consumers and professionals. Am. J. Enol. Vitic. 61, 42–52.

Meillon, S., Urbano, C., Guillot, G., et al., 2010b. Acceptability of partially dealcoholized wines – Measuring the impact of sensory and information cues on overall liking in real-life settings. Food Qual. Pref. 21, 763–773.

Melcher, J.M., Schooler, J.W., 1996. The misrembrance of wines past: Verbal and perceptual expertise differentially mediate verbal overshadowing of taste memory. J. Memory Lang. 35, 231–245.

Milgram, S., 1963. Behavioral study of obedience. J. Abn. Soc. Psychol. 67, 371–378.

Mingo, S.A., Stevenson, R.J., 2007. Phenomenological differences between familiar and unfamiliar odors. Perception 36, 931–947.

Moisseeff, M., 2006. Arômes du vin. Hachette Practique, Paris.

Mojet, J., Koter, E.P., 1986. Research on the appreciation of three low alcoholic beers. (Confidential resport). Psychological Laboratory, University of Utrecht, The Netherlands, (in Dutch). Reported in Koter (2003).

Mueller, S., Lockshin, L., Saltman, Y., et al., 2010a. Message on a bottle: The relative influence of wine back label information on wine choice. Food Qual. Pref. 21, 22–32.

Mueller, S., Osidacz, P., Francis, I.L., et al., 2010b. Combining discrete choice and informed sensory testing in a two-stage process: Can it predict wine market share? Food Qual. Pref. 21, 741–754.

Muñoz-González, C., Rodríguex-Bencomo, J.J., Moreno-Arribas, M.V., Pozo-Bayón, M.A., 2014. Feasibility and application of a retronasal aroma-trapping device to study in vivo aroma release during the consumption of model wine-derived beverages. Food Sci. Nutr. 2, 361–370.

Noble, A.C., Bursick, G.F., 1984. The contribution of glycerol to perceived viscosity and sweetness of white wine. Am. J. Enol. Vitic. 35,110–112.

OIV (2014). The wine market: Evolution and trends. www.oiv.int/oiv/info/en_press_conference_may_2014?lang=en.

Olkin, I., Lou, Y., Cao, J., 2015. Analyses of wine-tasting data: A tutorial. J. Wine Econ. 10, 4–30.

Olsson, M.J., 1999. Implicit testing of odor memory: Instances of positive and negative repetition priming. Chem. Senses 24, 347–350.

Pardo-Calle, C., Segovia-Gonzalez, M.M., Paneque-Macias, P., et al., 2011. An approach to zoning in the wine growing regions of "Jerez-Xérès-Sherry" and "Manzanilla-Sanlúcar de Barrameda" (Cádiz, Spain). Sp. J. Agric. Res. 9, 831–843.

Parpinello, G.P., Versari, A., Chinnici, F., et al., 2009. Relationship among sensory descriptors, consumer preference and color parameters of Italian Novello red wines. Food Res. Int. 42, 1389–1395.

Parr, W.V., White, K.G., Heatherbell, D., 2004. Exploring the nature of wine expertise: What underlies wine expert' s olfactory recognition memory advantage? Food Qual. Pref. 15, 411–420.

Parr, W.V., Mouret, M., Blackmore, S., et al., 2011. Representation of complexity in wine: Influence of expertise. Food Qual. Pref. 22, 647–660.

Peynaud, E., 1987. The Taste of Wine. The Art and Science of Wine Appreciation (M. Schuster, Trans.). Macdonald & Co., London.

Piqueras-Fiszman, B., Spence, C., 2012. The weight of the bottle as a possible extrinsic cue with which to estimate the price (and quality) of the wine? Observed correlations. Food Qual. Pref. 26, 41–45.

Plassmann, H., O'Doherty, J., Shiv, B., et al., 2008. Marketing actions can modulate neural representations of experienced pleasantness. PNAS 105, 1050–1054.

Polidori, G., Beaumont, F., Jeandet, P., et al., 2009. Ring vortex scenario in engraved champagne glasses. J. Visualiz. 12, 275–282.

Priilaid, D.A., 2006. Wine's placebo effect. How the extrinsic cues of visual assessments mask the intrinsic quality of South African red wine.Int. J. Wine Marketing 18, 17–32.

Priilaid, D., Feinberg, J., Carter, O., et al., 2009. Follow the leader: How expert ratings mediate consumer assessment of hedonic quality. S. Afr. J. Bus. Manage. 40, 15–22.

Rahman, I., Reynolds, D., 2015. Wine: Intrinsic attributes and consumer's drinking frequency, experience, and involvement. Int. J. Hospitality Manage. 44, 1–11.

Ribéreau-Gayon, J., Peynaud, E., 1961. Traité d'Oenologie. Tome 2. Berenger, Paris.

Ristic, R., Johnson, T.E., Meiselman, H.L., et al., 2016. Towards development of a Wine neophobia scale (WNS): Measuring consumer wine neophobia using an adaptation of The Food Neophobia Scale (FNS). Food Qual. Pref. 49, 161–167.

Ritchie, C., 2009. The culture of wine buying in the UK off-trade. Int. J. Wine Bus. Res. 21, 194–211.

Robichaud, J., de la Presa Owens, C., 2002. Application of formal sensory analysis in a commercial winery. In: Blair, R.J., Williams, P.J., H 夤, P.B. (Eds.), 11th Aust. Wine Ind. Tech. Conf. Oct. 7–11, 2001, Adelaide, South Australia. Winetitles, Adelaide, Australia, pp. 114–117.

Rousseau, B., 2015. Sensory discrimination testing and consumer relevance. Food Qual. Pref. 43, 122–125.

Roussis, I.G., Lambropoulos, I., Papadopoulou, D., 2005. Inhibition of the decline of volatile esters and terpenols during oxidative storage of Muscat-white and Xinomavro-red wine by caffeic acid and N-acetyl-cysteine. Food Chem. 93, 485–492.

Rushkoff, D., 2000. Advertising. In Coercion: Why We Listen to What "They Say." Riverhead Books, New York, NY pp. 162–192.

Russell, K., Zivanovic, S., Morris, W.C., et al., 2005. The effect of glass shape on the concentration of polyphenolic compounds and perception of Merlot wine. J. Food Qual. 28, 377–385.

Rutan, T., Herbst-Johnstone, M., Pineau, B., et al., 2014. Characterization of the aroma of Central Otago Pinot noir wines using sensory reconstitution studies. Am. J. Enol. Vitic. 65, 424–434.

Sáenz-Navajas, M.P., Avizcuri, J.M., Echávarri, J.F., et al., 2016. Understanding quality judgements of red wines by experts: Effect of evaluation condition. Food Qual. Pref. 49, 216–227.

Saussure, F., 2011. Course in General Linguistics (R. Harris, Trans.). Open Court, Chicago, IL.

Sauvageot, F., Urdapilleta, I., Peyron, D., 2006. Within and between variations of texts elicited from nine wine experts. Food Qual. Pref. 17, 429–444.

Scaman, H., Dou, J., Cliff, M.A., et al., 2001. Evaluation of wine competition judge performance using principal component similarity analysis. J. Sens. Stud. 16, 287–300.

Schiefer, J., Fischer, C., 2008. The gap between wine expert ratings and consumer preferences: Measures, determinants and marketing implications. Int. J. Wine Bus. Res. 20, 335–351.

Schlosser, J., Reynolds, A.G., King, M., et al., 2005. Canadian terroir: Sensory characterization of Chardonnay in the Niagara Peninsula. Food Res. Int. 38, 11–18.

Serapinas, P., Venskutonis, P.R., Aninkevičius, V., et al., 2008. Step by step approach to multi-element data analysis in testing the provenance of wines. Food Chem. 107, 1652–1660.

Siegrist, M., Cousin, M.-E., 2009. Expectations influence sensory experience in a wine tasting. Appetite 52, 762–765.

Silverstein, M., 2003. Indexical order and the dialectics of sociolinguistic life. Lang. Communic. 23, 193–229.

Silverstein, M., 2004. Cultural concepts and the language-culture nexus. Curr. Anthropol. 45, 621–652.4.

Smith, A.K., June, H., Noble, A.C., 1996. Effects of viscosity on the bitterness and astringency of grape seed tannin. Food Qual. Pref. 7, 161–166.

Solomon, G.E.A., 1990. Psychology of novice and expert wine talk. Am. J. Psychol. 103, 495–517.

Solomon, G.E.A., 1997. Conceptual change and wine expertise. J. Learn. Sci. 6, 41–60.

Sorrentino, F., Voilley, A., Richon, D., 1986. Activity coefficients of aroma compounds in model food systems. AIChE J. 32, 1988–1993.

Stewart, P.C., Goss, R., 2013. Plate shape and colour interact to influence taste and quality judgments. Flavour. J. 2, 27 (1–9).

Stone, H., Bleibaum, R., Thomas, H.A., 2012. Descriptive testing Sensory Evaluation Practices, 4th ed. Academic Press, London, UK pp. 233–289.

Suárez-Torte, E., 2007. Metaphor inside the wine cellar: On the ubiquity of personification schemas in winespeak. www.metaphorik.de 12, 53–63.

Symoneaux, R., Galmarini, M.C., Mehinagic, E., 2012. Comment analysis of consumer's likes and dislikes as an alternative tool to preference mapping. A case study on apples. Food Qual. Pref. 24, 59–66.

Thach, L., Olsen, J., 2015. Profiling the high frequency wine consumer by price segment in the US market. Wine Econ. Pol. 4, 53–59.

Tomasino, E., Harrison, R., Sedcole, R., et al., 2013. Regional differentiation of New Zealand Pinot noir wine by wine professionals using Canonical Variate Analysis. Am. J. Enol. Vitic. 64, 357–363.

Tominaga, T., Guimbertau, G., Dubourdieu, D., 2003. Contribution of benzenemethanethiol to smoky aroma of certain Vitis vinifera L. wines.J. Agric. Food Chem. 51, 1373–1376.

White, M.R.H., Heymann, H., 2015. Assessing the sensory profiles of sparkling wine over time. Am. J. Enol. Vitic. 66, 156–163.

Williams, A.A., 1982. Recent developments in the field of wine flavour research. J. Inst. Brew. 88, 43–53.

Williams, A.A., Rosser, P.R., 1981. Aroma enhancing effects of ethanol. Chem. Senses 6, 149–153.

Winton, W., Ough, C.S., Singleton, V.L., 1975. Relative distinctiveness of varietal wines estimated by the ability of trained panelists to name the grape variety correctly. Am. J. Enol. Vitic. 26, 5–11

Wolf-Frandsen, L., Dijksterhuis, G., Brockhoff, P., et al., (2003). Use of descriptive analysis and implicit identification test in investigating subtle differences in milk. Paper presented at the 10th Food Choice Conference, 30 June–3 July, 2002, Wageningen, The Netherlands,
http://dx.doi.org/10.1016/S0950-3293(03)00013-2.

Yeshurun, Y., Sobel, N., 2010. An odor is not worth a thousand words: Form multidimensional odors to unidimensional odor objects. Annu. Rev. Psychol. 61, 219–241.

Zarzo, M., 2008. Psychological dimensions in the perception of everyday odors: Pleasantness and edibility. J. Sens. Stud. 23, 354–376.

Zou, F.-F., Peng, Z.-X., Du, H.-J., et al., 2012. Elemental patterns of wines, grapes, and vineyard soils from Chinese wine-producing regions and their association. Am. J. Enol. Vitic. 63, 232–240.

7

葡萄酒的风格和类型
Styles and Types of Wine

能够对事物进行分类是人的一种特质。在语言方面，这一点尤其明显——客观物体和想法都能够被人们编纂成文字记录下来。然而，对以不断变化为基本原则的葡萄酒进行连续的、合乎逻辑的分类却很难。其原因有以下几点：首先，葡萄酒是一种综合性的饮品，在不同的地域、时间、环境、精神和文化条件下产生了多样的种类和风格，并且葡萄酒不同风格之间的共性很少，抑或风格相似但却又各自独立发展变化，此外，现代科学技术的应用和改进极大地提高了葡萄酒的质量。其次，对传统酿造技术的热衷也在一定程度上促成了葡萄酒风格的不断推陈出新，这些造就了各种来源不同、风格多样的葡萄酒的诞生。而基于这些葡萄酒中最显著的差异，如颜色，CO_2 含量，是否为强化酒等，人们对其进行了分类。这种分类方式纵然简单，但经过长期使用也让人们逐渐熟悉并认可这种分类方式，也在一定程度上为消费者建立了葡萄酒感官的初期基本概念。例如，白葡萄酒香气更为外放，酸度更高，并且常常表现出果香、花香的特征香气；而红葡萄酒则往往更具风味和收敛感，主要呈现果酱类的香气。在甜度方面，红葡萄酒很少是甜型或半甜型，而白葡萄酒则有不同的甜度。除此之外，人们也将起泡酒和节日庆祝等联系在一起，并逐渐形成了一些约定俗成的行为方式，这也是将起泡葡萄酒归为一类特殊葡萄酒的主要原因。同样，由于加强型葡萄酒往往在饭前或饭后小范围人群中饮用，所以也将加强型葡萄酒单独分为一类。也由于起泡酒和加强酒的税率往往比餐酒更高，中央政府加以利用这些特殊的葡萄酒分类方式以谋求更高的税收收入。

尽管人们对葡萄酒的历史演变仍存有许多疑惑，但是还是能大概推测出与葡萄酒有关的一些技术变革历程。与往常事物一样，随着时间的推移，有关情况也越来越无法确定，所以人们猜测：最早的葡萄酒很有可能是红酒；野生葡萄呈现深蓝紫色；一些野生葡萄因为基因突变失去功能性花色苷基因从而得到白葡萄和桃红葡萄品种；8000 年前所出现的第一批葡萄酒也很有可能是葡萄在容器中储藏几天至几周无人看管后的意外之喜……并且人们发现葡萄果实能够通过自主发酵（Auto-fermentation）会产生约 2% 的酒精，酒精的生成破坏了葡萄细胞壁结构，流出葡萄汁，随后附生在葡萄皮表面的野生酵母菌群利用流出的葡萄汁进行发酵，最终得到一种“货架期”短、泡沫丰富，酵母味和果香味浓郁的葡萄酒——这可能也是博若莱新酒的雏形。后来，人们为了使发酵能更早地开始，于是将葡萄先进行了破碎（也许是脚踩）。囿于没有去除葡萄皮和籽的设备、方法，当时的葡萄酒发酵都是在破碎后的发酵液混合物上进行，也正因为缺乏相关设备，那些没有被完全压碎的葡萄串还是会在发酵混合物中进行自我发酵，这也诞生了一种类似于半二氧化碳浸渍的葡萄酒。这种带有酵母自主发酵的发酵方式在不同程度上一直持续到 19 世纪后期，直至机械破碎机第一次投入酿造生产。

压榨后发酵是何时开始的仍然未知。尽管如此，如果古埃及墓室墙壁上的插图准确无误的话，这可能曾经是一种惩罚。发酵后的葡萄在细长的大袋子的两端用杆子或其他费力的方法旋转

（Darby et al.，1977）。其他陵墓壁画的内容——早期的葡萄酒是浑浊的，需要用管子从双耳瓶中吸出澄清的葡萄酒也进一步证明了这种压榨方式存在的可能性。此外，由于盛放葡萄酒的双耳瓶塞多为填充的稻草和黏土等多孔性原始材料，无法有效地隔绝氧气，所以当时的葡萄酒是不可能进行长时间储藏的。古人尝试在葡萄酒表面覆盖一层油来起到隔绝氧进来而达到长期储藏的目的，但相关的考古研究材料尚未证明这一点。需要说明的是，早期的双耳瓶需要在内壁喷涂沥青或蜡以阻止葡萄酒的渗出，并且当时的人们也用羊皮制成的容器袋储藏葡萄酒运送给田间劳作者饮用。

此后，在罗马时期出现了在双耳瓶嵌入玻璃质衬里的工艺，该工艺的使用极大地改善了葡萄酒的储藏条件。古希腊人和古罗马人也将软木切成 2.5 cm 的宽度来密封双耳瓶。正因为葡萄酒储藏设备和运输条件的改善，人们逐渐发现葡萄酒陈年后所带来的益处，初步形成了对葡萄酒好年份、好产区的了解。此后的近一个世纪，葡萄酒因其品质的极大提高而受到广泛赞誉。但是当时葡萄酒的高浓度仍使得人们在饮用前常常进行稀释，对葡萄酒进行稀释这一令现代人震惊的做法在罗马时期却是见怪不怪了，并且葡萄酒稀释直到现在仍在许多地方被使用。

就像与葡萄酒中的其他未知情况一样，白葡萄酒最早出现的时间仍是谜。不管怎样，白葡萄酒出现的首要条件就是选择性地分离并栽培白色突变葡萄品种。如此以往，白葡萄酒千百年来就这样不断重复地在不同的产区筛选、酿造。图坦卡蒙墓中的双耳瓶铭文也证明了在公元前 1325 年的图坦卡蒙时期，白葡萄酒就已经开始进行酿造和生产了（Guasch-Jané et al.，2006）。而使用红葡萄品种酿造白葡萄酒的酿酒工艺直到 18 世纪早期随着高效破碎压榨设备的成功研发才开始应用，并且在破碎压榨设备投入生产之前，大多数白葡萄酒的发酵方式也都与红葡萄酒相似，即与葡萄皮和葡萄籽一同发酵，这一酿造工艺在一些酿造产区持续应用至 20 世纪中叶。

早期酿造的葡萄酒是否为目前所流行的干型也是未知的。人们在发现酿酒酵母（*Saccharomyces cerevisiae*）对葡萄酒生产酿造的影响后，才意识到附着在葡萄皮上的野生酵母是不太可能将葡萄中的糖代谢完全，使之成为干型葡萄酒。这是由于发酵所积累的酒精对野生酵母的毒害作用使野生酵母会较早地停止生长和代谢，而酿酒酵母（及其祖先奇异酵母）对酒精不太敏感就能完全利用葡萄汁的糖分酿造干型葡萄酒，附在葡萄皮上的野生酵母和酿酒酵母都可以用于葡萄酒的酿造，但它们发酵后的葡萄酒感官品质与现代风味相比不够有吸引力（图 7.1）。

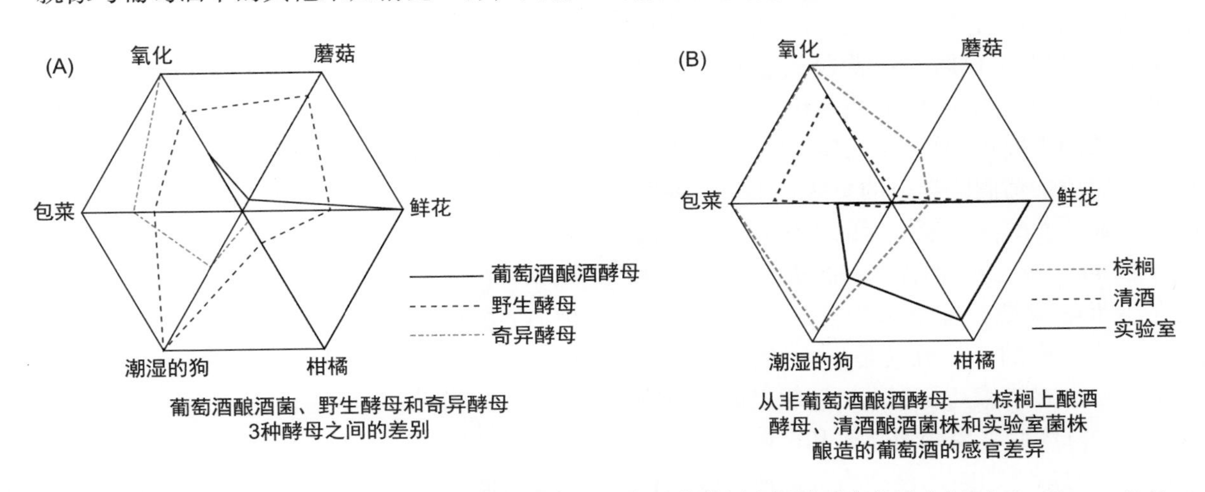

图 7.1　酿酒酵母（*Saccharomyces cerevisiae*）和非酿酒酵母酿制的葡萄酒之间的感官差异（资料来源：Hyma，K. E. et al，2011）。

由于一系列偶然的情况，奇异酵母（*S.paradoxus*，酿酒酵母的野生型）的自然栖息地是像树和相关属的树液（Fay，Benavides，2005；Naumov et al.，1998）。在疑似首先种植葡萄酒藤并生产第一批葡萄酒的地区像木与野生葡萄藤一同生长。因此，大概是橡树既支持了葡萄藤的

攀缘，又承载了各种酵母，可能允许了对葡萄和发酵醪的频繁“污染”，这些都不是葡萄的典型附生菌。早期的农民也收集橡子，不仅供人类食用，而且也用于饲养家畜。

尽管使用的是能够将糖分发酵完全的酿酒酵母，但葡萄酒生产地区炎热的气候条件也使得早期葡萄酒的发酵不可预测。从埃及葡萄酒双耳瓶（Lesko，1977）的铭文和古希腊文和罗马学者的手稿中可以清楚地知道，在那个时期，人们也会酿造和生产甜型葡萄酒。南方产区常常面临环境温度过高，酵母提前中止发酵的状况，从而使葡萄酒中留有残糖，这些残糖易受微生物腐败的影响。也正是迫于这些外界条件，早期大部分葡萄酒往往是货架期短的半甜型酒。随着时间的推移，人们开始热衷于干型葡萄酒，尤其是在中欧地区，那里葡萄收获时糖分含量较低，发酵过程较慢，在凉爽的秋季完成。

随着罗马帝国的衰落，双耳瓶的使用量开始下降。在阿尔卑斯山北部，橡木桶替代双耳瓶成为葡萄酒的储存容器。同样地，橡木罐也替代了大型球状无柄双耳黏土、陶土发酵罐成为发酵容器的首选。不过，陶土发酵罐直到现在仍在西班牙、爱琴海和格鲁吉亚的部分产区使用。

由于缺乏有效的政府运输体系，罗马时期的葡萄酒在很大程度上只能在葡萄酒生产地进行生产和销售。在自给自足的生产经营条件下，优质葡萄酒的需求也仅仅限于统治阶级和修道院僧侣。然而，这些优质的葡萄酒也因为没有容器隔氧和有效的手段控制微生物引起的腐败使人们难以享受优质葡萄酒陈年后的美味。不过，在罗马时期，葡萄发酵前或发酵后的压榨技术得以保留，并在其后得到持续的提高和改进。

在中世纪末期，炼金术士开始尝试并改进蒸馏工艺。其中的一个分支是生命之水（*eau de vie*）的生产。在机缘巧合下，口感粗糙的馏出物在橡木桶中陈酿后变得顺滑、柔和，白兰地酒也随之诞生。此后，白兰地逐渐为人们所喜爱，在欧洲北部地区尤盛。荷兰人为了降低航运成本首创了现场蒸馏工艺，即雅文邑（Armagnac）和干邑（Cognac）。

随着文艺复兴的兴起以及工业时代的缓慢推进，中产阶级有了更多的可支配收入。可支配收入的增加促进了包括葡萄酒在内的各种贸易的繁荣，葡萄种植者和酿酒师也因此大大获利。对南部地区所生产的大量葡萄酒而言，却常常面临快速腐败，特别是在葡萄酒运输过程中的快速腐败（桶的推挤无疑会导致溶氧增加）的难题。为了解决这一难题，酿酒师主要通过添加葡萄酒烈酒来抑制微生物繁殖，从而防止微生物引起的腐败。这也导致了西班牙南部红葡萄酒产量逐渐降低，白葡萄酒的生产逐渐转变为雪利酒（sherry）进行酿造。在西班牙的马拉加（Malaga）和意大利的马尔萨拉（Marsala）也出现了其他形式的强化型白葡萄酒。在葡萄牙的主要出口产区——杜罗河谷（Duoro），红葡萄酒的生产也逐渐转变为酿造波特酒（porto）；并且在马德拉岛开始酿造马德拉酒（madeira）。除去雪利酒，大多数的强化葡萄酒甜度都比较突出。在意大利内陆所出现的一种强化型药酒也似乎是现代味美思酒（vermouth）的原型。

16 世纪末至 17 世纪初，森林的大量砍伐对英国海军造船业形成了危机。于是，詹姆斯一世颁布法令限制与森林砍伐密切相关的木炭生产。这一度影响了玻璃瓶的产量，因为木炭在当时是融化玻璃的主要热源介质。幸运的是，英格兰人发现了煤并且发现煤与风箱的搭配使用可以为玻璃的生产制造提供了更为稳定、高效的热源。也正是在这些基础之上，人们获得了更厚的玻璃瓶，并且将这些玻璃瓶用于葡萄酒的运输和储存。玻璃瓶厚实的颈部使得软木塞可以再次高效和安全地作为密封材料，玻璃的不透气性结合软木塞的密封性最终构成了葡萄酒瓶储陈酿所需的基本条件，从而也使人们有机会重新发现葡萄酒陈酿的风味。在之后的一段时间中（约 1650—1850 年），玻璃瓶的形状也历经了多种变革：从原始的球形玻璃瓶逐渐过渡到大锤型瓶，最后变化为圆柱瓶，并形成了现代瓶形的前身（Dumbrell，1983）。圆柱玻璃瓶易倾斜和易侧放的优点使得软木塞可以长时间与葡萄酒保持接触，从而保证了木塞具有足够的水分含量、弹性和相对气密性。

此外，煤作为制作玻璃瓶的热源也提供了玻璃回火期间与氧化钠反应的二氧化硫，从而在瓶子内部形成一层硫酸钠薄层，进一步提高了玻璃的强度。较厚并且具有足够强度的玻璃瓶可以承受起泡葡萄酒的气体压力，它为起泡葡萄酒高效商业化奠定了重要基础。对葡萄酒化学变化的原理的掌握可以预测和调节 CO_2 的产量，了解糖在瓶内二次发酵中的作用也要精确计算达到所需 CO_2 含量所需的加糖量。人们对这些原理的灵活运用显著地降低了过去由于过量的 CO_2 生成造成的爆瓶损失。此外，人们也通过转瓶（riddling）和吐泥（disgorgement）来去除瓶内二次发酵过程中产生的酵母沉淀物。这些劳动密集型的过程最终在 20 世纪后半叶被机械化过程所取代。

如前文所叙述的那样，残留的未发酵糖会显著增加葡萄酒败坏的风险。然而，意外也促成了一类与之命运截然不同的甜型葡萄酒的诞生。凉爽的秋季，多雾的夜晚和随之而来的干燥、晴朗气候是灰霉菌（*Botrytis cinerea*）的生长的天堂，灰霉菌侵染诱导了酿酒葡萄的部分脱水和化学物质的变化。经过缓慢压榨后的浓缩葡萄汁最终会发酵成为令人愉悦的葡萄酒。关于这种甜型葡萄酒酿造的历史记录至少有 3 次以上：首先，在约 1560 年的匈牙利托卡伊地区（Tokaj）以及 1775 年的德国莱茵高（Rheingau）。其次，在法国苏玳产区（Sauternes）也有相关的酿造记录。最后，葡萄酒稳定性的进一步提升与入橡木桶前燃烧硫黄芯的保护作用是密不可分的。现有历史资料表明燃烧硫黄芯的工艺始于 16 世纪的德国（Anonymous，1986），而人们在这一工艺投入生产使用 350 年后才清楚地意识到微生物才是导致大多数葡萄酒败坏的原因。然而这一工艺的标准化推进却非常缓慢，直到 20 世纪才成为酿造工艺中的标准流程。

可以说，二氧化硫的使用和制冷技术的发展是保障葡萄酒中微生物稳定性的两项最重要的技术。二氧化硫不仅是已知的最安全、最有效的抗菌剂，也是一种高效的抗氧化剂，它能够抑制白葡萄酒过早地氧化褐变。制冷技术使得酿酒师能够主动控制发酵温度，从而影响果香味酯的生成和保留，并且制冷技术的应用也有效地解决了因发酵导致的温度过高、酵母失活等造成葡萄酒发酵提前中止发酵的一些常见问题，这对葡萄收获期的气候炎热有着实际的生产意义。此外，制冷技术不但能够调节发酵时的温度和速度，还可以使葡萄在运送到酒厂时温度就降到所需要的酿造条件。

现有的新型高效破碎机、压榨机和发酵罐技术的提高也催生了一些新类型葡萄酒的酿造生产。现代的破碎机效率很高，保证了每一粒葡萄在自动发酵前都被破碎。与除梗机搭配使用也不会有葡萄果梗残留于葡萄汁中，从而进一步避免了葡萄梗中粗糙单宁的浸提。此外，现在的压榨机也不再需要保留葡萄果梗来形成葡萄汁和葡萄酒流动的通路，加之压榨机对破碎后的葡萄和发酵液更轻柔的压榨力度和压榨方式也避免了不利于发酵和陈年的固形物浸出。与此同时，现在的发酵罐更容易清洗，能更有效地调节发酵温度，也可以由惰性材料制成（避免了发酵桶等的物质浸出），还能够起到储藏（成熟）葡萄酒的作用。

现有相关技术可以精准地调节和控制（博若莱风格）新酒在密闭发酵罐生产过程中的 CO_2 压力和发酵所需温度，所以（博若莱风格）新酒传统酿造工艺也在现有技术下焕发出新的风采。其他传统工艺，如带酒泥陈酿（*sur lies maturation*）（主要但不限于白葡萄酒）在发酵前需要冷浸渍处理（cold pre-fermentation maceration）（主要用于红葡萄酒）、共同发酵（co-fermentation）（多种葡萄品种）和枯藤法（*appassimento*）（类似于晚采，但在果实采收后控制储藏条件）也在不断地改进和提高。至少在意大利威尼托，枯藤法最原始的工艺往往与冷藏期间缓慢又非典型的灰霉菌侵染有关，也正是这种侵染赋予了阿玛罗尼（Amarone）葡萄酒与众不同的口感。

绝大多数葡萄酒最初都是以产区来命名的，这对于当时只在产区进行生产和销售的葡萄酒而言是完全没有问题的，所以是否标注所使用的葡萄品种也显得无足轻重。此外，这些产区通常仅栽培一种或几种葡萄品种，易于辨认，这也造成品种名称通常不被标注。但是在德国和其他一些德语产区则相反——栽培和酿造多种不同葡萄品种和葡萄酒，这也使得他们往往在酒标上标注品种名。新世界产区的葡萄园大多种植一系列的多品种酿酒葡萄并且同时生产多种单一和混合品种的葡萄酒，因此，在酒标上标注葡萄品种名称也成了一种趋势。虽然早期欧洲葡萄酒标注的品种名称往往没有标注产区名重要，但是消费者却误认为同一产区的葡萄酒具有相似的风格特性。与之相反的事实却是大部分欧洲产区的葡萄酒都可以根据产区和品种起源进行辨别，直到最近，欧洲葡萄酒为出口销售也开始在酒标上标注品种名称。

纵然按葡萄品种名称标注会带来很多益处，但一个容易混淆的点是受到了同一品种不同产区命名不同的限制。例如，法国的西拉（Syrah）在澳大利亚被命名为设拉子（Shiraz）；撒丁岛的卡诺娜（Cannonau）在西班牙被命名为加尔纳恰（Garnacha），在法国被命名为歌海娜（Grenache）、阿利坎特（Alicante）或佳利酿（Carignane）；法国的黑比诺（Pinot noir）在德国被称为布洛勃艮德（Blauer Burgunder），在意大利叫作黑品乐（Pinot nero）；加利福尼亚的增芳德（Zinfandel）在意大利南部被叫作普里米蒂沃（Primitivo），在克罗地亚被叫作卡斯特拉瑟丽（Crljenak kastelanski）。这种同一品种在不同地区命名不同的情况还有很多（Alleweldt，1989；Robinson et al.，2012）。另一个容易混淆的点是将同一名称的品种或其品系应用于遗传上毫无联系的栽培品种上，例如，雷司令已经附加到许多酿酒葡萄品种名称上了。

其实，无论按品种命名，还是按产区命名，这对不了解这些葡萄酒产区或栽培品种的特征风味等的消费者来说，都是没有参考价值的。也正因为买家往往缺乏这方面的知识，所以葡萄酒来源国或酒庄的声誉往往更具价值（即使这是不合理的）。葡萄酒的色泽则是消费者选择葡萄酒的另一个参考标准。然而，葡萄酒的颜色只能提供最为粗略的葡萄酒感受。尽管许多欧洲葡萄酒都有着非常成熟并为大众熟知的地理命名规则，葡萄酒风味的一致性反而变得抽象、不太真实。在许多产区，葡萄酒由多种不同的品种混酿而成，并且混合比例也因不同酒庄、不同年份的产量状况不同，不同酿酒师风格不一而不断改变。此外，随着全球酿造技术的传播和应用，葡萄酒产区的差异性也逐渐变得模糊。

地理产区（命名）在一定程度上与葡萄酒质量相匹配。事实上，产地命名仅仅保证了葡萄酒的来源地区，并且由该地区所使用的酿酒品种和酿造工艺所决定。然而作为地理标志，产区命名的识别对大多数消费者来说还存在障碍。通常，小产区彼此之间并没有逻辑关系。例如，*Pommard* 和 *Pauillac* 并不一定意味着 *Pommard* 来自勃艮第产区，*Pauillac* 来自波尔多。对葡萄酒命名制度的学习常常被认为是成为葡萄酒鉴赏家的第一步。葡萄酒商店也往往按照国家和产区来陈列葡萄酒，从而降低大多数消费者的购买难度。

在新世界葡萄酒产区，葡萄产区经常与一种容易区分的葡萄酒风格绑定在一起，例如，新西兰马尔堡的长相思、加拿大的冰酒。大多数新世界葡萄产区（甚至酿酒厂）也采用不同葡萄品种酿造不同类型风格多样的葡萄酒。基于此，品种来源往往比产区通常能更好地表明葡萄酒的风味特征。

现在基本上不再使用欧洲产区名称来命名新世界的葡萄酒。这一改变所带来的不仅是原产地葡萄酒生产者权益的保障，而且也消除了葡萄酒来源混乱这一现象。此外，它也不再承认欧洲产区之外其他国家的命名方式。例如，一直以来把起泡葡萄酒都称作香槟，这使得消费者把香槟产区的香槟作为购买和鉴赏的标准，也将其他起泡葡萄酒与之比较，这贬低了其他生产商，只对香槟生产商有利。

随着新世界产区葡萄酒重要性的日益凸显，以地理为葡萄酒分类方式正逐渐失去吸引力。遗憾的是，“风土”的理念已经传播到了世界各地的葡萄酒生产商。这也导致了试图建立不同产区葡萄酒之间是否存在感官差异的大量研究。理想的结果需要信仰的支撑，但是这种信仰在很大程度上是不合理的。纵使能持续检测不同产区之间的微小差异，但是又有什么实际意义呢（除了营销）？为什么消费者要一直被欺骗呢？

如果说“风土”的理念已经传播到世界各地的葡萄酒生产商的话，“地块（葡萄园）的独特性”则有过之而无不及。毫无疑问，它具有显著的市场推广价值，暗示了该地块有着其他地方不可复制的独特性，纵然葡萄品种已经种植国际化、全球化了（图 7.2）。对于消费者而言，需要经常思考这样一个问题——影响葡萄酒品质最重要的是品种、地区、年份、生产者，还是陈年时间？

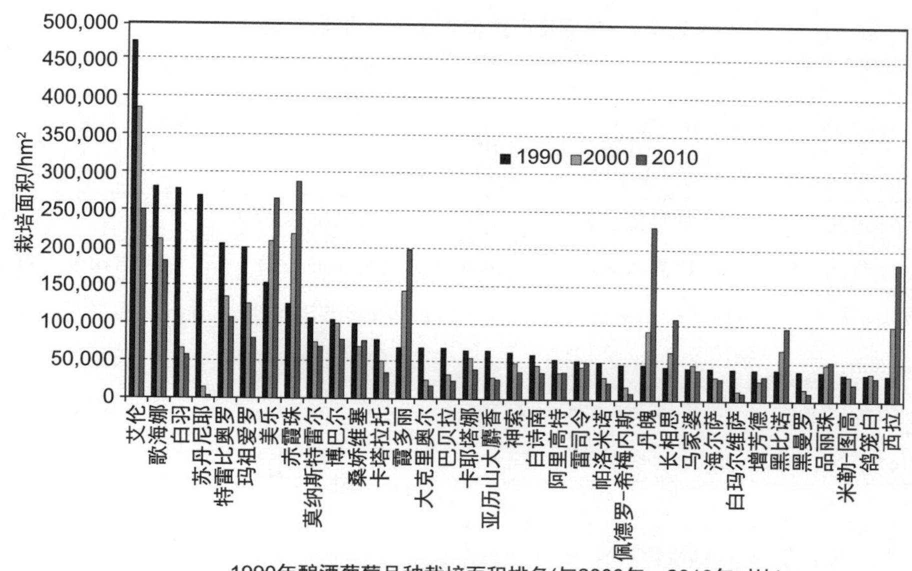

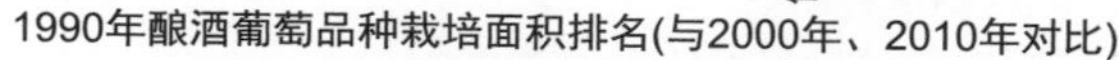

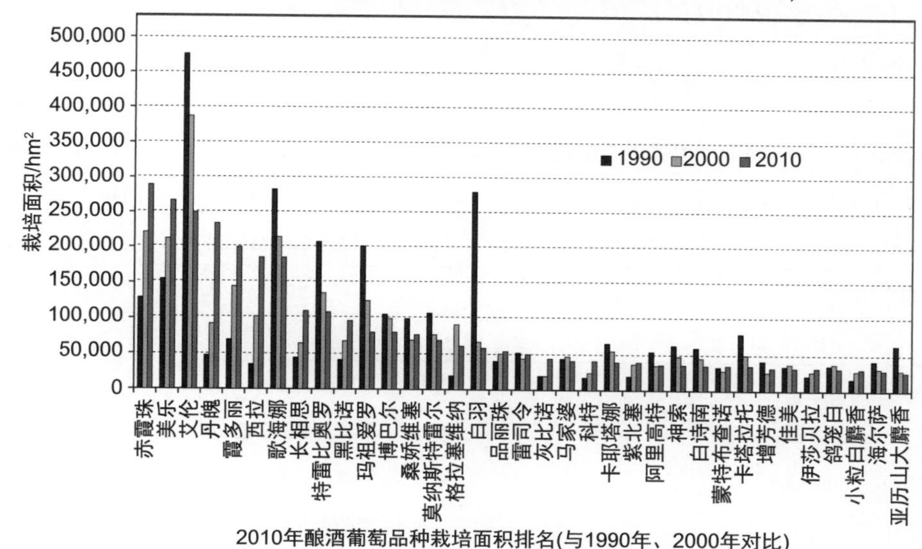

图 7.2　1990 年、2000 年、2010 年栽培面积在世界排名前 35 位的葡萄品种（资料来源：Anderson，K.，2014）。

一些知名葡萄品种的大力推广传播、种植和酿造对于那些渴望体验葡萄酒口感多样性的消费者而言是让人扼腕叹息的。如果葡萄酒评论家能够停止对这些葡萄品种和葡萄产区的持续推广，其他有价值的品种和产区也就有机会让消费者感受到另一番风味。就像只关注少数作曲家或艺术家的价值一样，也就无法欣赏其他同样有才能的人。如果消费者有所保留，只专注于少数几个葡萄品种，那么他们将无法品尝其他葡萄酒的丰富口感和风味。差别万岁！

不标注品种、产地的混酿葡萄酒的成功就是风格逐渐多样化的一个好信号。混酿型葡萄酒被酿造成水果味浓郁，收敛感和酸度都不具有侵略性，购买后就可随时带着愉悦饮用的类型。不过，一些葡萄酒狂热爱好者也愿意等待 10 年、20 年或更多时间来使葡萄酒陈年以达到其最优的口感和品质，尽管大多数消费者可能并不这样（包括我，在我这个年纪时）。

静止餐酒
Still Table Wine

静止餐酒构成了葡萄酒最大的一类有着最为复杂的次级分类（表 7.1）。最初基于葡萄酒

表 7.1　根据生产类型对静止葡萄酒进行分类

A. 白葡萄酒[a]			
比较适合年轻时消费的酒（很少在橡木桶中储存）		具有陈酿潜力的酒（常常在橡木桶中储存）	
非典型的品种香气	典型的品种香气	非典型的品种香气	典型的品种香气
特雷比奥罗（*Terbbiano*）	米勒-图高（*Müller-Thurgau*）	苏玳（Sauternes）	雷司令（*Riesling*）
密斯卡岱（*Muscdet*）	克内（*Kerner*）	*Veranccia* di San Gimignano	霞多丽（*Chardonnay*）
白福儿（*Folle blanche*）	灰比诺（*Pinot grigio*）	圣酒（Vin Santo）	长相思（*Sauvignon blanc*）
沙斯拉（*Chasselas*）	白诗南（*Chenin blanc*）		帕雷亚达（*Parellada*）
阿里高特（*Aligoté*）	塞伯拉（*Seyval blanc*）		赛美蓉（*Sémillon*）
B. 红葡萄酒[a]			
比较适合年轻时消费的酒（很少在橡木桶中储存）		具有陈酿潜力的酒（常常在橡木桶中储存）	
非典型的品种香气	典型的品种香气	非典型的品种香气	典型的品种香气
佳美（*Gamay*）	多姿桃（*Dolcetto*）	丹魄（*Tempranillo*）	赤霞珠（*Cabernet Sauvignon*）
歌海娜（*Grenache*）	格丽尼奥里诺（*Grignolino*）	桑娇维塞（*Sangiovses*）	黑比诺（*Pinot noir*）
佳丽酿（*Carignan*）	黑巴科（*Baco noir*）	内比奥罗（*Nebbiolo*）	西拉（*Syrah*）
巴贝拉（*Barbera*）	莱布鲁斯科（*Lambrusco*）	酒窖波特酒（Garrafeira）	增芳德（*Zinfandel*）
C. 桃红葡萄酒[a]			
干酒		甜酒	
塔维勒（Tavel）		蜜桃红（Mateus）	
桃红苏维翁（*Cabernet rosé*）		桃红夏布利（Pink Chablis）	
白增芳德（White *Zinfandel*）		桃红葡萄酒（Rosato）	
一些桃红葡萄酒		一些桃红葡萄酒	

注：[a] 为斜体表示生产中使用的葡萄品种名称。

颜色的分类方式反映了葡萄酒在风味、消费饮用方式和生产技术上具有最明显的区别。

具有品种特征香气的葡萄酒在瓶储后的前几年或者更长的时间内香气会变得更为复杂，因此，这些酒也往往享有更高的评价以及更昂贵的价格。根据葡萄酒产区的不同，酒标上可能标注或不标注所使用的葡萄品种。虽然大多数新世界产区的葡萄酒采用标注品种这种方式，但是不标注品种名称的传统也逐渐回归，并演变成新的流行趋势。这一趋势不仅在价格适中的葡萄酒上特别常见，也体现在顶级葡萄酒的酒标设计上（Opus One，Dominus，Conundrum，Grange Hermitage，Tignanello，San Giorgio，Marzieno 等）。不标注品种的设计可能反映了葡萄酒生产者意图展示其葡萄酒独特性的渴求，而不是仅仅局限在某个单一品种的葡萄酒上，并且这种方式也使葡萄酒生产商摆脱了与葡萄酒品种或命名相关的法律限制。

如第 8 章所描述的那样，酿酒师是葡萄酒酿造过程中最为重要的环节。葡萄酒后期的发展变化同样也取决于酿酒师。除非有人了解酿酒师及其酿造风格偏好，否则这些知识在选购葡萄酒中所提供的价值也有限。除了酿酒师之外，葡萄品种在一定程度上也限定了葡萄酒可能具有的感官特性。如果说葡萄品种是羊毛，那么酿酒师就是纺织工，发酵罐则是织机。相对应的，葡萄酒分类也理应基于所使用的葡萄品种。可惜的是，许多葡萄品种不具有易于区分的品种香气或香气不为人熟知。因为最初在新世界产区栽培酿造并随后形成一定规模的葡萄品种主要是那些原本种植于法国和德国，后由法、德移民以及对法、德葡萄酒爱好的英国人引进并且传播开来。

下文简要介绍了这些葡萄品种以及其他一些能丰富葡萄酒风味的酿酒品种的详细信息，以增进葡萄酒爱好者的乐趣。对熟知和不甚了解的葡萄品种的介绍属一家之言。一些源于葡萄牙和东欧的优质葡萄品种，由于笔者知之甚少，故着墨不多。纵然本文所描述的一些品种的香气特征已经非常出名，但仍希望读者能常怀谨慎和质疑之心去阅读。

白葡萄品种（White Cultivars）

艾伦（Airen）曾经是世界上种植最广的白葡萄品种，然而大多数葡萄酒行家对这个葡萄品种不甚了解，那就更别说普通消费者了。这种不熟悉与艾伦在西班牙的优势种植以及仅用于混酿和白兰地酿造有关。艾伦非常适合在炎热、干燥以及贫瘠的土壤条件下种植，然而相对中庸的品种特性也限制了它作为单品种葡萄酒的价值。

阿尔巴利诺（Alvarinho，Albariño）可能起源于葡萄牙东北部或毗邻西班牙加利西亚的葡萄产区，具有类似于椴木、橘木等树木花香以及柑橘等水果类香气。阿尔巴利诺主要种植于葡萄牙北部和西班牙，在美国西部和新西兰也有少量种植。澳大利亚的阿尔巴利诺（Albariño）则是塔明娜（Traminer）一个克隆品系的错误标注。

阿瑞图（Arinto）广泛种植于布塞拉斯（Bucelas）等葡萄牙产区，其典型香气是柠檬和杏仁味，并且经过橡木桶陈酿会发展出类似香蕉的风味。

晨光（Aurore）是西贝尔（Seibel）法国品系和美国品系的杂交后代，也是美国东北部风格独特的葡萄酒之一。晨光不仅是酿酒葡萄品种，也是鲜食品种。香气温和、宜人，类似柑橘的气味是它的特征，并且往往被酿造成干型或者微甜型，也用来酿造起泡酒。

卡尤加白（Cayuga White）是纽约州农业试验站杂交品种中比较成功的品种之一，主要种植于纽约州，其他相邻的州也有少量栽培种植。它能酿造出具有淡淡麝香味和类似雷司令口感的优质干型葡萄酒。此外，卡尤加白也被成功用于酿造起泡酒。

霞多丽（Chardonnay）大概是酿造了最多、最常见的白葡萄酒，也似乎注定要成为栽培量仅次于艾伦的白葡萄品种。霞多丽具有宜人的水果香，并且在不同气候条件下都表现良好。这两个特性极大地推动了霞多丽的全球化种植。除了酿造成精美的佐餐葡萄酒外，霞多丽还是知名起泡酒——香槟的重要葡萄原料。在最适宜的条件下，霞多丽会发展出各种水果（主要是苹果、桃子或甜瓜）香气。

菲亚诺（Fiano）是意大利南部较好的古老葡萄品种之一，不仅在意大利表现突出，而且在澳大利亚也有很好表现。能耐受炎热、干燥的气候条件也使得菲亚诺广受赞誉。尽管菲亚诺常常不具有典型的品种香气，但澳大利亚最新研究表明其具有柠檬和菠萝的典型香气。

富尔民特（Furmint）因其用于酿造生产了第一款贵腐酒而成为匈牙利最知名的葡萄品种。秋季凉爽潮湿的夜晚和随之而来的温暖、阳光充足晴天的托卡伊（Tokaj）的产区气候以及富尔民特对贵腐菌晚期侵染的敏感性、高酸、皮厚的品种特性都促进了贵腐菌的生长。由此产生的糖度与充足的酸度相平衡，从而诞生了美味的阿苏（aszú）甜酒。500 年辉煌的历史也诞生了阿苏至宝（eszencia）这样的传奇。在奥地利 Rust 地区和与斯洛伐克相毗邻的地区也生产类似的贵腐酒。在其他产区，富尔民特酿造的干型葡萄酒则具有酸橙、梨和烟熏的风味。

卡尔卡耐卡（Garganega）是意大利威尼托索芙产区（Soave）的主要栽培品种，有时也与特雷比奥罗（Trebbiano）和霞多丽（Chardonnay）混酿。卡尔卡耐卡能酿造出具有精细和风格、独特的杏仁和柑橘的风味芳香型葡萄酒。

尹卓莉亚（Inzolia）是意大利重要的本土品种，主要用于酿造如 Corvo 等新风格的西西里葡萄酒（Sicilian wines），也是酿造马沙拉白葡萄酒（Marsala）的重要品种。尹卓莉亚柔和的果

香并略带帕玛森芝士（Parmesan cheese）的香气是其典型香气。

米勒－图高（Müller-Thurgau）可能是目前种植最广的美洲葡萄 *V. vinifera* 品种，约占德国种植面积的 30%。作为雷司令（Riesling）和皇家玛德琳（Madeleine Royale）的后代，其柔和的酸度、微妙的花果香以及早熟的特性使得米勒－图高成为寒冷气候产区轻酒体葡萄酒的理想品种。除此之外，米勒－图高还在法国和意大利北部以及新西兰和日本的凉爽产区广泛种植。

小粒白麝香（Muscat blanc）是主要的麝香品种之一，也是一些麝香葡萄的亲本。鉴于独特的麝香味香气（muscaty），通常把具有这类香气的葡萄品种统称为麝香葡萄。但是其他葡萄品种，如麝香霞多丽（Chardonnay muscaté）和维欧尼（Viognier）也同样能产生具有麝香味的萜烯化合物。毫无疑问，萜烯作为主要的花香型芳香化合物使得麝香葡萄酿造的葡萄酒均具有突出的花香。但是浓郁的芳香、略苦以及易氧化的特点也导致大多数麝香葡萄通常用于酿造适合尽早饮用的甜、半甜型的葡萄酒。亚历山大麝香葡萄（Alexandria）是另一个主要的麝香品种。白莫斯卡托（Moscato bianco）则是意大利阿斯蒂产区周边的大量起泡酒酿造的主要品种。麝香葡萄品种的种植几乎覆盖了欧洲南部所有地区以及许多新世界国家。Symphony（加利福尼亚州戴维斯学校培育的新型麝香品种）更低的苦味以及减弱的氧敏感性使它可以酿造出更具陈年潜力的干型葡萄酒。

帕洛米诺（Palomino）是西班牙南部主要栽培品种，主要用于雪利酒的酿造。柔和的品种香气是帕洛米诺的优势，因为较强的品种香气会与雪利酒所需的陈年香气相悖。

帕雷亚达（Parellada）起源并广泛种植于西班牙加泰罗尼亚西部阿拉贡地区的葡萄品种。它是酿造卡瓦酒（cava）的 3 个品种之一，其所酿造的干型芳香葡萄酒具有类似苹果、柑橘香味，偶尔发展出甘草或肉桂的味道。

灰比诺（Pinot gris、grigio）和白比诺（Pinot blanc、bianco）是黑比诺（Pinot noir）的颜色突变体。两者种植于欧洲凉爽产区，主要用于生产干型、起泡和贵腐葡萄酒。在大部分新世界产区，这两个品种也同样深受消费者喜爱。然而作为黑比诺的突变体，这两个品种在香气方面与黑比诺几乎没有相似之处。这是因为为红色葡萄品种提供颜色花色苷不具有风味特性。此外，灰比诺酿造的葡萄酒具有更浓郁的百香果口感，而白比诺则果味柔和，具有硬奶酪（hard cheese）的风味。

荣迪思（Rhoditis，Roditis）是希腊特别受欢迎的桃红葡萄品种。虽荣迪思有颜色，但却经常被用来酿造白葡萄酒。荣迪思的多个克隆品系也往往同时出现在葡萄园中。荣迪思易受病毒侵染，病毒侵染不仅影响了葡萄的着色，也使葡萄的香气更为复杂。荣迪思酿造的葡萄酒具有丰富的苹果、甜瓜到柑橘果香。

雷司令（Riesling）毫无疑问是德国最受推崇的葡萄品种，其可能起源于德国莱茵高，亲本未知。雷司令能够酿造清爽、芳香、适合陈年等从干型到甜型（特别是贵腐）的葡萄酒。玫瑰和松花等复杂的花果香也让雷司令在整个中欧及世界大部分地区广受赞誉。年轻的雷司令非常有活力，随着瓶储时间延长，风味也在不断提升。用雷司令酿造的贵腐酒陈年能力强，但贵腐菌所带来的风味往往比雷司令品种本身的风味更为突出。在所有贵腐酒中，用雷司令酿造的酒精含量最低。此外，美国加利福尼亚州和澳大利亚是雷司令在德国区以外最大的种植地区。

长相思（Sauvignon blanc）是上卢瓦尔河谷的主栽品种，也和赛美蓉（Sémillon）构成波尔多最重要的白葡萄品种，在加利福尼亚和新西兰也备受喜爱。然而，长相思的生长易受环境影响，具有一定的区域独特性。所以马尔堡、新西兰、美国加利福尼亚州和卢瓦尔的长相思品质才得到了极大的认可。长相思的香气可以从复杂的花香到突出的草本植物、青椒的香气，在凉爽产区这类香气尤为明显。长相思中的硫醇贡献了其典型香气——通常被描述为西番莲味和猫尿味。长相思的其他典型香气则来自吡嗪类化合物，它赋予了葡萄酒草本植物、灯笼椒的风味。

赛美蓉（Sémillon）是苏玳产区（Sauternes）两个栽培品种之一，另一个则是长相思。这两个葡萄品种联系密切，然而赛美蓉却一直难以达到长相思的受欢迎程度。赛美蓉是酿造苏玳甜白葡萄酒这一著名贵腐酒的首要品种。在风味上，赛美蓉没有长相思的草本味，但却有更多的柠檬和羊毛脂香味。

特浓情（Torrontés），这个品种名已被滥用在多个没有亲本关系的葡萄品种上。尽管如此，Torrontés Riojano 仍是阿根廷著名的白葡萄品种之一，母本似乎是亚历山大麝香葡萄（Muscat of Alexandria）和 Listán Prieto，所以特浓情也具有麝香葡萄的风味特性。

塔明娜（Traminer、Savagnin blanc）是独特的芳香型葡萄品种，种植遍布欧洲和全球大部分的冷凉产区，但起源地不甚明确。塔明娜有白色克隆品系，但大部分的葡萄皮表面有桃色脉络。尽管如此，塔明娜在葡萄酒生产中仍被认为白色葡萄品种。根据产区的偏好不同，塔明娜往往被酿造成干型和甜型。浓郁的果香以及略带玫瑰色的克隆品系——琼瑶浆（Gewürztraminer）通常表现出荔枝的香气。尽管品种名称前缀 gewürz- 是表辛辣之意，但在这却只表明其品种香气和酸度的强度。琼瑶浆在欧洲以及新世界产区大量种植，可以说是塔明娜克隆葡萄品种中种植最广的了。琼瑶浆的受欢迎程度与大多数葡萄酒评论家认为该品种的特征香气是二级香密不可分。按照这种理解的话，那康可（Concord）为什么没有深受消费者及酒评家喜欢呢?

塔明内（Traminette）是一个复杂的美国杂交品种的后代，由琼瑶浆和一个 Joannes Seyve 杂交品种杂交而来。它诞生于伊利诺伊州，但在纽约被选育和繁殖。正如它的亲本所暗示的那样，它的香气传承自琼瑶浆，但却没有那么浓烈。它是美国现代最受欢迎的杂交品种之一，不仅生长在美国东海岸，也生长在美国中部和中西部各州。

特雷比奥罗（Trebbiano），这一品种名称也同时用于其他几个不相关的意大利品种中，但特雷比奥罗是种植最广的品种。特雷比奥罗可能是意大利传统品种卡尔卡耐卡（Garganega）的后代。就特雷比奥罗其品种本身而言，相对中性的香气和适中酸度能酿造出轻盈的适饮型白葡萄酒，并且偶尔令人惊喜。在干邑（Cognac）和雅文邑（Armagnac）产区，该品种广泛种植用于白兰地的酿造生产。但在意大利，特雷比奥罗被称为白玉霓（Ugni blanc）。另一个同名品种的葡萄酒也在圣埃美隆（St Emilion）生产和销售。

维欧尼（Viognier）是一个法国的小品种，自 19 世纪后期根瘤蚜流行以来，维欧尼在罗纳河谷逐渐绝迹，而现在在美国和澳大利亚逐渐流行起来。这个品种成熟迅速，具有芬芳的，类似于麝香葡萄的或桃子 / 杏的香气。

维尤拉（Viura）是里奥哈（Rioja）的主栽白葡萄品种。维尤拉在加泰罗尼亚（Catalonia）被称为马家婆（Macabeo），与用于生产卡瓦起泡酒的三个品种之一的 Xarel-lo 有关。在冷凉产区，维尤拉表现出精细的香橼花香，木桶陈酿后则发展为带有金黄色、浓郁奶油和香蕉的风味，是里奥哈传统白葡萄酒的缩影。这款葡萄酒在我心中占有特殊的位置，因为它是第一款让我“眼前一亮”的葡萄酒。[1973 年的姆利达侯爵酒庄（Marques de Murrieta Ygay blanc），于 1979 年 10 月 24 日星期三下午 6：32 在纽约伊萨卡的公寓中搭配鸡肉品尝，喝得一干二净。]

红葡萄品种（Red Cultivars）

艾格尼科（Aglianico）是意大利南部重要的栽培品种。由于与南部其他当地品种的相似，艾格尼科被认为可能同样起源于意大利南部。在适宜的栽培、酿造条件下，艾格尼科能酿造出深红色，带有李子和巧克力风味的，单宁厚重适合陈年的红葡萄酒。艾格尼科在炎热气候中的强适应性也使得它逐渐在澳大利亚和美国太平洋西部地区种植。

黑巴科（Baco noir）是最成功的美法葡萄杂交品种之一，在北美尤其是安大略省和纽约州广受欢迎。黑巴科葡萄酒也成为这些产区的代表酒，以浓郁的浆果特征闻名。

巴加（Baga）被认为是起源并种植于葡萄牙杜奥产区（Dão）的葡萄品种，现在也是百拉达（Bairrada）产区的主栽品种。巴加在精心栽培下可以酿造出葡萄牙最好的红葡萄酒，消费者也需要足够的耐心才能感受到其风格魅力。年轻的巴加葡萄酒往往比较“沉闷”，瓶陈数十年之后才逐渐展露实力。年轻时期往往具有李子类香气，随着瓶陈逐渐发展出烟草和皮革的风味。

巴贝拉（Barbera）是意大利品种，起源地未知，作为皮埃蒙特（Piedmont）产区葡萄品种之一而在当地家喻户晓，在意大利大部分地区也广泛种植。巴贝拉在意大利之外则主要种植于加州和阿根廷。巴贝拉的酸度有助于其在陈年后仍保持鲜红色。有些鉴赏家认为巴贝拉具有大多数干红葡萄酒的樱桃类香气。

赤霞珠（Cabernet Sauvignon）可以说是长门耐特（Caberbert）葡萄品种中最知名的品种了，参与了绝大多数波尔多（Bordeaux）葡萄酒以及其他地方葡萄酒的酿造生产。其他长门耐特家庭成员包括美乐（Merlot）和马尔贝克（Malbec）。它们在波尔多混酿（Bordeaux blends）葡萄酒中起到柔和赤霞珠强劲单宁口感的作用。在适宜的栽培酿造条件下，赤霞珠能表现出黑醋栗或紫罗兰的风味；在果实不成熟的条件下，则具有明显的青椒味。根据赤霞珠的风味特性，赤霞珠可能是品丽珠（Cabernet Franc）和长相思（Sauvignon blanc）偶然杂交的后代，但这个猜测未被相关研究证实。如图 7.2 所示，赤霞珠已成为种植最广的葡萄品种之一。相对容易栽培的特点使赤霞珠能够适应一系列的气候条件。足够的阳光和完全成熟的葡萄条件赋予了赤霞珠葡萄酒典型的品种特性，并且在经验丰富的酿酒师手中，赤霞珠是完全能够酿造出一款一流葡萄酒的。尽管如此，这些葡萄酒仍然需要几年至十几年的陈酿时间来展现其至臻品质。

香宝馨（Chambourcin）是最成功的美法杂交品种之一，颜色深红、风味甜美，与葡萄品种西拉类似。香宝馨甚至被允许在法国种植，尽管如此，香宝馨最受欢迎的地区却是澳大利亚，在美国东部和加拿大也有一定数量的该品种栽培。

科维纳（Corvina）是古老的维罗纳（Veronese）葡萄品种，是用于生产瓦坡里切拉（Valpolicella）葡萄酒的品种之一。科维纳也是用于生产瓦坡里切拉葡萄酒其他品种——罗蒂内拉（Rondinella）的亲本。此外，科维纳对于生产雷乔托之瓦尔波利切拉和阿玛罗尼也是至关重要的。因为科维纳葡萄在风干期间更容易受贵腐菌感染（Usseglio-Tomasset et al., 1980）。虽然这种感染可能会降低葡萄品种本身樱桃、杏仁的风味特性，但也会额外产生阿玛罗尼（Amarone）独特的酚类氧化的风味。

佳美（Gamay noir）是佳美品系中的白汁品种（其他克隆种是桃红葡萄汁），因博若莱葡萄酒，特别是博若莱新酒的突然流行而名声大噪。通过一般的酿造工艺对佳美进行压碎和发酵，酿造出的葡萄酒颜色较淡、几乎无陈年能力。然而，当通过二氧化碳浸渍法发酵时，则产生具有独特果香的葡萄酒。

格拉西亚诺（Graciano）是里奥哈（Rioja）以及邻近产区纳瓦拉（Navarra）葡萄酒的重要品种之一。它的主要优点是浓郁的香气和强抗旱能力。格拉西亚诺在撒丁岛（Sardinia）也备受欢迎，但被称为波瓦雷萨尔多和卡纽拉里。

格丽尼奥里诺（Grignolino）是一种较小众但香气宜人的葡萄品种，主要种植于意大利皮埃蒙特（Piedmont）部分地区。格丽尼奥里诺能酿造出颜色相对浅，略带丁香、药草和高山花卉的香气的葡萄酒。

蓝布鲁斯科（Lambrusco）指的是在意大利东北部选育的一系列不同的古老葡萄品种，现在主要种植区域位于艾米利亚 - 罗马涅（Emilia-Romagna）。蓝布鲁斯科经常被酒评家所忽视，因为该品种在多泡沫的果香型甜红葡萄酒中往往喧宾夺主。尽管如此，它的深色并且宜人的酒香是佐餐最好的搭配。

莱姆贝格（Lemberger、Blaufränkisch）是可能源于奥地利的古老葡萄栽培品种，目前在德国、匈牙利及其邻近地区大量种植；不列颠哥伦比亚省和邻近的华盛顿州也有少量种植。莱姆贝格能够酿造出深红色的、具有与二氧化碳浸渍发酵造的、葡萄酒相似果香的芳香型葡萄酒，但有时候这种香气过于浓郁而刺激。

内比奥罗（Nebbiolo、Spanna、Chiavennasca）被公认能够酿造出意大利西北部最受推崇的红葡萄酒。内比奥罗传统酿造方法下可以酿造出高酸、高单宁的葡萄酒，所以消费者也同样需要很大的耐心才能发现其葡萄酒的醇美。内比奥罗历史悠久，可能是皮埃蒙特和瓦尔泰利纳产区数个葡萄品种的亲本。与黑比诺一样，内比奥罗也是“娇贵”的葡萄品种，只有在适当的栽培酿造条件才能发挥其潜力，也可能是因为这个原因导致内比奥罗在意大利西北部以外几乎没有种植（同样的特征并没有限制黑比诺的种植），并且内比奥罗葡萄酒的颜色容易被氧化。常见描述内比奥罗葡萄酒的香气包括焦油味、紫罗兰味、褪色玫瑰和松露的香味。

黑曼罗（Negroamaro）是意大利南部最受欢迎的品种之一，能够酿造出极富风味、适合陈年、也能较早熟成的葡萄酒。它常与其子代之一的黑玛尔维萨（Malvasia Nera）一同混酿，并且近期才初步在澳大利亚进行试验性种植。

黑比诺（Pinot noir、Blauer Burgunder）是勃艮第著名的红葡萄品种。对环境特别敏感，仅在适宜条件下才能酿造出带有典型甜菜和樱桃风味的酒。由于没有酰化花色苷，黑比诺葡萄酒也是目前市场上所能看到的颜色最浅的红葡萄酒。如果不是当时令人疯狂的口感，黑比诺现在还可能不为人所知或不被广泛种植，更不太可能给予它独特的栽培酿造方式。即便如此，不考虑价格因素的条件下，黑比诺也难以达到其声望。追溯历史，黑比诺有多种外观形态和口感上存在明显差异的克隆种。倒伏的、产量较低的黑比诺克隆种往往产生更美味的葡萄酒；直立而高产的克隆种则更适合酿造桃红和起泡酒。南非葡萄品种皮诺塔吉（Pinotage）是黑比诺和神索（Cinsaut）的杂交品种。

桑娇维塞（Sangiovese）是另一古老的葡萄栽培品种，其低含量的酰化花色苷导致其酿造的单一品种葡萄酒颜色不深。桑娇维塞有众多独特的克隆种，并且大部分在意大利中部种植。桑娇维塞有可能是托斯卡纳葡萄品种绮丽叶骄罗（Ciliegiolo）和罕见的卡拉布里亚（Calabrese di Monenuovo）的杂交后代。基安蒂产区（Chianti）清淡至浓郁的桑娇维塞葡萄酒最为人熟知，意大利其他产区的桑娇维塞也酿造出精美的葡萄酒。在适宜的栽培条件下，桑娇维塞葡萄酒往往让人联想到樱桃、紫罗兰和甘草的香气。此外，桑娇维塞在当地名称也不尽相同，如布鲁奈罗（Brunello）和布鲁尼洛（Prugnolo），分别用于生产蒙达奇诺·布鲁奈罗（Brunello di Montalcino）和蒙特布查诺贵族（Vino Nobile di Montepulciano）葡萄酒。桑娇维塞主要种植于意大利，也在加利福尼亚和太平洋西部的其他地区种植。

庶子（Sousão、Vinhão）是葡萄牙重要的葡萄品种之一，广泛种植于杜若河谷（Duoro）和米尼奥地区（Minho），因为也被认为起源于这两产区。在米尼奥，庶子是红葡萄酒酿造的首要品种；在杜若河谷，其强着色和高酸度也广受酿酒师推崇。庶子在葡萄牙以外种植比较有限，仅在南非、澳大利亚和加利福尼亚州少量种植，在加利福尼亚州主要用来酿造波特酒。庶子葡萄具有野生樱桃的风味。

西拉（Syrah 澳洲称为 Shiraz）是北罗纳河谷经典的葡萄品种，也因其在澳大利亚酿造颜色深红、口感味美的葡萄酒而闻名遐迩。也鉴于此，西拉已经开始恢复它在法国曾经的突出地位。西拉可能是罗纳 - 阿尔卑斯山的两个小众品种白梦杜斯（Mondeuse blanche）和杜瑞莎（Dureza）的后代。典型的胡椒等香辛料风味和紫罗兰、覆盆子和葡萄干等风味是西拉的特征。

丹魄（Tempranillo）是西班牙种植最广泛的红葡萄品种，也可能是西班牙最好的葡萄品种。在适宜的栽培和酿造条件下，能够酿造出口感细腻、精致的陈年能力强的红葡萄酒。无论是单独还是与其他几种品种混酿，丹魄都是生产里奥哈红葡萄酒最重要的葡萄品种。丹魄可能起源于杜埃罗河岸（Ribera del Douro）邻近的地区，并且丹魄在不同地区也具有不同的“昵称”：在葡萄牙的杜罗（Douro）被称为 Tinta Roriz；在加利福尼亚则叫作 Valdepeñas。除了在西班牙作为主要栽培品种以外，丹魄在阿根廷也有大量种植。复杂的浆果香，并且略带柑橘香是该品种的特征。

国产多瑞和（Touriga National）被认为起源于葡萄牙杜奥（Dão）产区，是生产波特酒首选品种之一，但目前越来越多地被酿造成葡萄牙干红葡萄酒。国家杜丽佳酿造的葡萄酒酒体丰满、口感美味，有迷迭香、玫瑰和紫罗兰香气。但其高单宁含量也使得消费者需要耐心等待才能感受到该品种葡萄酒的全部潜力。

增芳德（Zinfandel）广泛种植于使其闻名的加利福尼亚，起源未知，由于作为克罗地亚（Croatia）几个葡萄品种的亲本而被认为可能源于克罗地亚。在意大利和克罗地亚，增芳德分别被称作普里米蒂沃（Primitivo）和卡斯特拉瑟丽

（Crljenak kastelanski），可以酿造从波特到清爽的干型葡萄酒等多种类型的葡萄酒。而增芳德酿造的桃红葡萄酒往往带有覆盆子香气，并且具有浓郁的浆果味和饱满的酒体。

酿造工艺流程（Production Procedures）

葡萄酒能展现的风味受其酿造所使用葡萄品种特性限制。然而，葡萄品种的特性也常受葡萄生长条件以及葡萄采摘时的健康度和成熟度的影响。此外，酿酒师在发酵和成熟过程中所采用的工艺也会对品种的风味特征造成极大的改变。

由于葡萄酒的酿造常常在不同的时间和地区各自独立进行，所以我们将更多地在酒精发酵前、中、后期进行讨论。众多的酿造工艺，如澄清、外源添加酶制剂、过氧化、调酸以及加糖（chaptalization）等的目的也都是弥补葡萄或葡萄酒的缺陷。鉴于这些工艺本身并不会导致葡萄酒风格变化，因此，在这里不再进行讨论。下文所描述的是那些会影响葡萄酒整体风格特征的一些工艺。

发酵前（Prior to Fermentation）

在19世纪后期高效除梗破碎机发明之前，一些葡萄在部分或整个发酵过程中仍然保持较好的完整度。这些完整的葡萄在破碎并流出葡萄汁之前会先进行葡萄胞内发酵，虽然这一过程使得酒精浓度仅上升2%左右，但却激活了葡萄中芳香化合物的合成。采收后堆积的葡萄串如果不进行破碎的话，其中绝大多数葡萄也都会经历上述这样一个发酵过程。向葡萄串中通入CO_2并加热至30℃或者更高的温度都有助于葡萄的胞内发酵，该工艺也被称为CO_2浸渍法（图7.3）。在博若莱（Beaujolais）大部分地区生产的博若莱新酒使用的则是更简单、更传统的CO_2浸渍法。无论采用何种方式，葡萄酒都能发展出独特的类似草莓、覆盆子甚至梨等的水果风味，并且这些独特的香气与酿造所使用的葡萄品种本身的香气并无联系。此外，博若莱新酒酒体最为轻盈，在酒精发酵和苹果酸-乳酸发酵结束后不久便能灌装成易于饮用的葡萄酒。然而，这种酿造工艺也存在明显的局限性，即所酿造的葡萄酒通常会在灌装后的6个月至1年内失去香气的愉悦感。尽管时不时地用于酿造白葡萄酒，但CO_2浸渍仍主要用于红葡萄酒的生产。

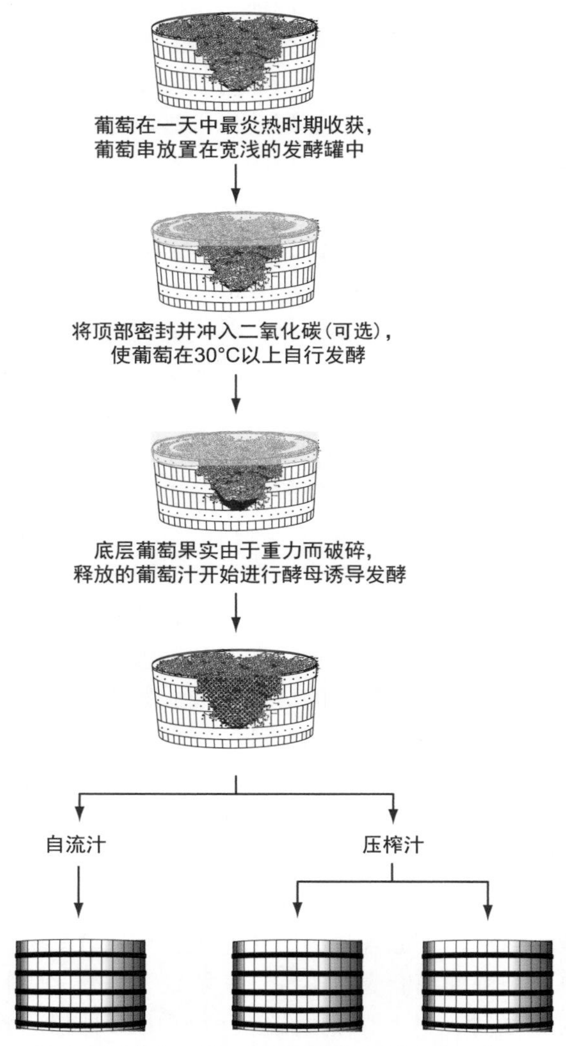

图7.3　CO_2浸渍法葡萄酒的生产流程

在某些产区，采收后的葡萄会储存一段时间后再来进行后成熟（post-maturation）和部分脱水（partial dehydration）。枯藤法（appassimento）也因此流行起来。除了更长时间、更凉爽、更稳定的储存温度以及能够避免葡萄园中恶劣天气风险之外，它与将葡萄放在葡萄藤上晚熟几周至几个月的差别非常小。在欧洲，这一工艺主要用于生产某些特定的白葡萄酒。在某些情况下，葡萄会在阳光下进行部分干燥以增加相对的含糖量，从而产生更高的酒精含量，这也促使某些产区天然加强型葡萄酒的酿造，如西班牙蒙蒂利亚（Montilla）的类似葡萄酒。其他白葡萄品种部分脱水酿制而成的经典葡萄酒还有意大利圣酒（vin santo）和法国的稻草酒（vin de paille）。脱水的方法也被用于酿造红葡萄酒，用于生产传统的基安蒂（Chianti）葡萄酒，即将此方法处理的部分葡萄破碎后加入同种葡萄酿制而成的葡萄酒中，诱发第二次酒精发酵，由此得到一种酒体轻，适合早期饮用的葡萄酒。这一工艺也被称作Governo，酿造了众多基安蒂红葡萄酒，几十年来，它一直是易饮葡萄酒的代名词。

基于葡萄部分干燥而衍生出的独特葡萄酒工艺也在威尼托（Veneto）和伦巴第（Lombardy）被广泛使用（图7.4、插图7.1）。这种葡萄部分干燥的处理方法可能激活了葡萄中与应激反应相关的基因表达（Zamboni et al.，2008）。此外，研究表明贵腐菌（*Botrytis cinerea*）感染也具有类似的刺激基因表达的作用（插图7.2，Usseglio-Tomasset et al.，1980）。所以这种部分干燥的酿造工艺引发了类似葡萄贵腐在侵染过程中所发生的一系列化学变化导致甘油、葡萄糖酸和糖含量的显著增加。但是花色苷含量却不像预期的那样会被氧化减少。并且对于相同年龄的红葡萄酒来说，部分干燥这种方法酿造的葡萄酒颜色可能更加偏于砖红色，而不是贵腐菌侵染后多酚氧化酶和漆酶作用而成的棕色。所以传统的雷乔托（recioto）葡萄酒［如阿玛罗尼（Amarone）］所具有的浓郁郁金香和水仙花气味可能来自被漆酶氧化的酚类。大多数枯藤法（appassimento），甚至许多现代阿玛罗尼（Amarone）葡萄酒都不会有如此浓郁并稍显刺激的香气。

当前，常见的酿造工艺是将采收好的葡萄立即除梗破碎。随着除梗破碎机器的现代化，这个工艺可以只将破碎后的葡萄汁运送到酿酒厂。在压榨和开始发酵之前，白葡萄汁液往往会在低温条件下与种子、果皮进行短暂接触，红葡萄果汁则根据酿酒师需求可以在与葡萄种子、果皮存在下发酵数天至数周。白葡萄特别是在生产起泡和贵腐葡萄酒过程中常常采用整串压榨（没有之前的去梗和压碎步骤）的方式进行酿造，这种方法也逐渐被葡萄酒生产者用来酿造干白葡萄酒，从而减少果皮中单宁或其他不需要成分的浸出，并且根据葡萄酒和栽培品种的特性，也可以限制一

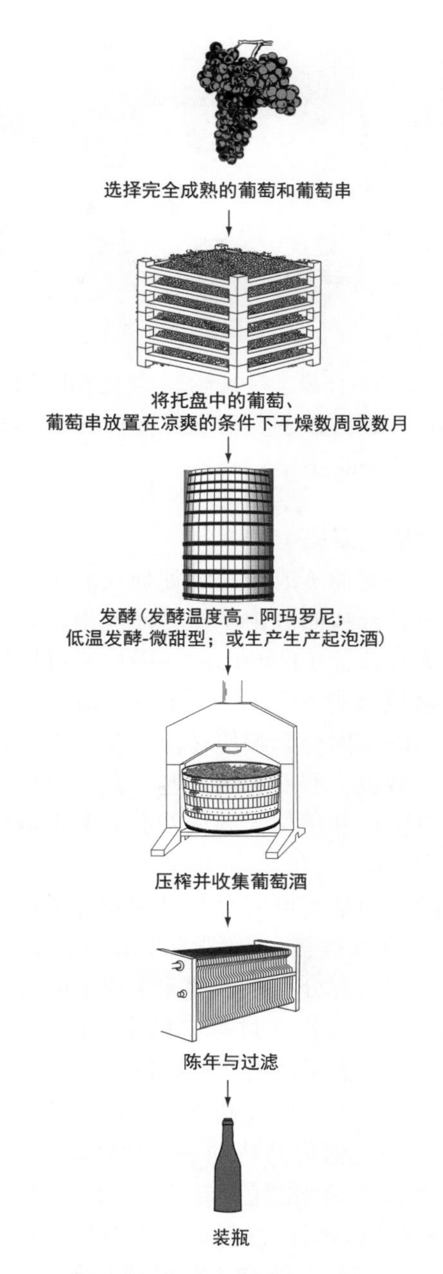

图7.4　雷乔托葡萄酒的生产流程

插图7.1　用于生产雷乔托葡萄酒的渐进式葡萄缓慢干燥的存放位置（资料来源：Masi Agricola S.p.a.）。

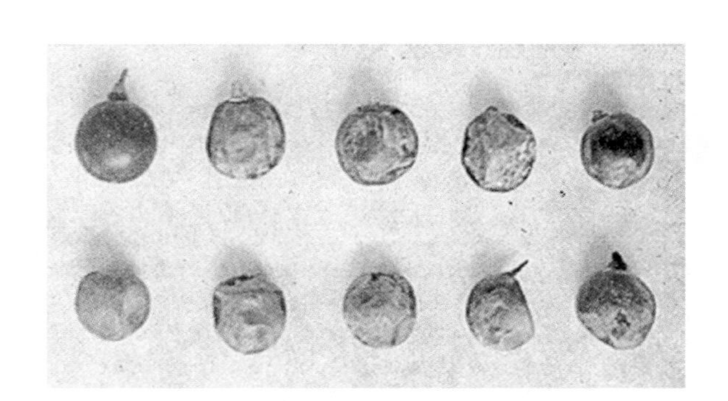

插图 7.2　雷乔托干燥过程中葡萄的变化情况：上排为健康的葡萄；下排为葡萄感染了灰霉病菌（*Botrytis cinerea*）（资料来源：Usseglio-Tomasset）。

些香气物质的浸提。

在压榨葡萄（或压榨红葡萄皮渣）之前，会有一部分汁液或酒液由于重力而流出，这部分液体被称为自流汁（free-run）。随后通过压榨而得到的汁液则被称为压榨汁（press-run）。所使用压榨设备的不同会影响压榨汁的化学组分，连续压榨的次数也会有所影响。鉴于此，压榨机的使用以及自由汁和压榨汁的比例会显著影响葡萄酒的风格和特征。

破碎的白葡萄可能会与果皮和种子接触数小时，这一过程也被称为浸渍（maceration）。它有助于浸提大部分存在于葡萄果皮中的芳香化合物。为了限制在这一过程中微生物的大量繁殖，浸渍通常在低温下进行。同样的方法也适用于桃红葡萄酒的生产，以控制葡萄酒的颜色。冷浸渍也用于一些红葡萄酒特别是黑比诺的酿造生产，有利于改善葡萄酒颜色和风味。在这种情况下，前浸渍可持续数天。冷浸渍提高颜色的原理目前尚不清楚，可能与葡萄中酚类物质的提取有关。由于黑比诺葡萄酒往往颜色相对较浅，所以冷浸渍提取的色素可以弥补那些氧化的色素损失。

发酵中（During fermentation）

发酵条件对红葡萄酒风格特征的影响往往比白葡萄酒更明显，这是因为在红葡萄酒发酵过程中种子和葡萄果皮（果渣）会与发酵液不断接触。对于一般红葡萄酒而言，这种接触的时间可能为 2～5 d，而这么短时间的皮渣接触也往往需要对发酵液和皮渣进行混合搅拌。如果没有定期搅拌，大部分皮渣就会浮到酒液上层形成酒帽，从而酒帽中的温度和酒精含量与发酵液中的含量差异较大。搅拌过程则阻止了酒帽的形成并有助于花色苷和香气物质的浸提。在过去，由于发酵液和皮渣周期性搅拌混合的效率较低，酒厂往往将皮渣与发酵液接触直至发酵完成。根据发酵罐的大小以及酿酒厂环境温度和入罐葡萄温度，发酵可能需要持续几天到几周。当发酵液与皮渣接触时间延长，单宁更多地被浸提使得葡萄酒需要更长时间的陈年才能变得柔和。目前，葡萄酒厂一般避免发酵液与皮渣的长时间接触，更倾向于短时、高效、柔和的方式，最大程度上浸提出皮的颜色和浓郁的风味物质并且避免过高的单宁。通过合理的皮渣浸渍时间以及调整自流汁和压榨汁混合的比例，酿酒师可以显著地改变葡萄酒风格。

自然发酵和接种发酵以及酵母菌株的选择也会影响葡萄酒的风格特性。这对于风味偏中性的葡萄来说尤其明显，因为这种葡萄酒的大部分芳香特征都会来自酵母及酵母副产物。因此，葡萄酒可以被赋予它们本来不具备的香气。接种特定酵母菌株进行发酵也可以避免本地酵母代谢产生过高的硫化氢或乙酸。然而，自然发酵在一定程度上也可以丰富葡萄酒的风味，这一冒险是否值得尝试则取决于酿酒师的想法和运气。

苹果酸-乳酸发酵工艺可以起到柔和地改变葡萄酒风格的作用。苹果酸-乳酸发酵最初是用于降低葡萄酒过高的酸度和涩感；之后演变成塑造葡萄酒感官特征的工艺工具，即众所周知的苹果酸-乳酸发酵会给葡萄酒带来的黄油味。尽管如此，主要诱导苹果酸-乳酸发酵的酒球菌（*Oenococcus oeni*）菌株对葡萄酒香气的贡献也有所不同。通过生成乙酸、琥珀酸、乙醛和乙酸乙酯以及各种高级醇等化合物来改善葡萄酒的涩感、果香和酒的质量。由于苹果酸-乳酸发酵的感官影响通常是不可预测，所以酿酒师通常选择已知风格特性的乳酸菌来得到所需要的风味。

发酵后（After fermentation）

适合尽早饮用的葡萄酒通常在不锈钢罐中陈年，特别是白葡萄酒和桃红葡萄酒会采用这种工艺，因为木桶陈酿所带来的香气往往对这类葡萄酒精美的果香有所掩盖，并且这种趋势很大程度上取决于酿造习惯和工艺传统。例如，雷司令和长相思很少在橡木桶中陈酿，而霞多丽和灰比诺却常使用木桶陈酿。橡木桶赋予葡萄酒的风味程度和种类则取决于木桶烘烤程度、尺寸大小、葡萄酒木桶陈年时间和木桶重复使用频率。制桶所用的橡木种类以及橡木的生长条件也会影响对酒的风味贡献，但是这一影响往往被来自数百个不同桶的葡萄酒混合调配而变得不那么明显。木桶的选择和使用可以给葡萄酒带来额外的风味，如椰子、香草、焦糖和烟熏等。值得说明的是，橡木风味在瓶内陈酿过程中的变化与橡木风味对葡萄酒本身的感官特性的影响一样，不分优劣，只是个人偏好差异不同而已。

白葡萄酒风格（White Wine Styles）

在某种程度上，白葡萄酒的种类和风格较红葡萄酒更为多样化。图 7.5 介绍了酿造这些风格类型白葡萄酒的主要工艺流程。

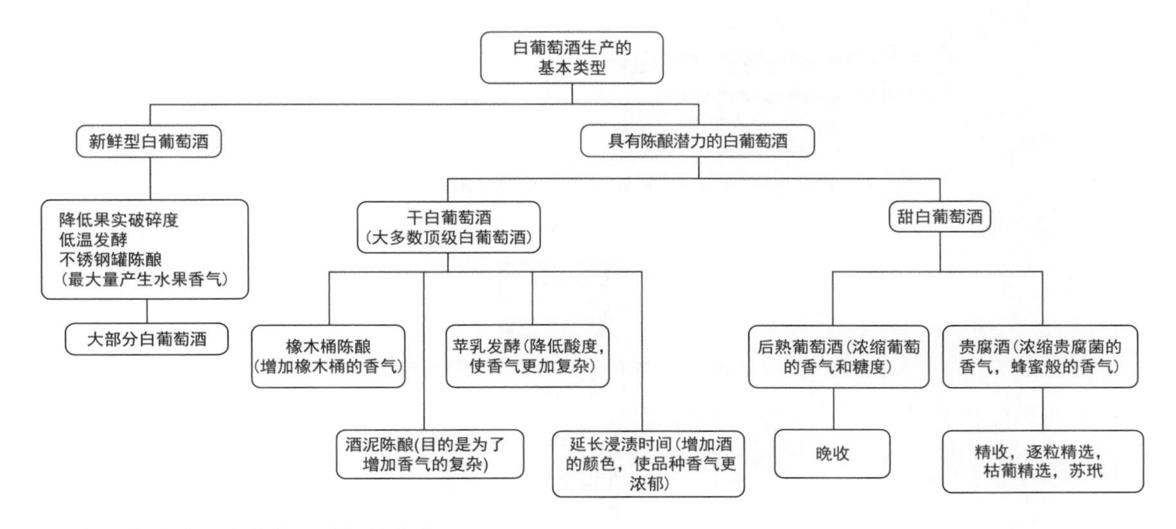

图 7.5 根据生产方式对白葡萄酒进行的分类

最常见的白葡萄酒类型就是干型葡萄酒。它带有清爽的口感和花果香气的这一特征被一些评论家戏称为干白葡萄酒“国际风格”。低温发酵有利于促进和保持“水果”酯（低分子量脂肪酸的乙醛酯）的形成，使这些有利的发酵副产物的合成大于它们的平衡常数所允许的含量。当这些化合物随着陈年慢慢水解为醇和酸时，这款果香型葡萄酒也就失去了其芳香特性。低温储藏可以显著地减缓这些酯类的水解，从而尽可能地保留香气。这些酯类物质主要是酵母代谢产物，受葡萄品种的影响不大，所以当酿造葡萄酒所使用的葡萄栽培品种缺乏典型的品种香时，外源酵母菌的选择就显得格外的重要。

只有相当少的白葡萄品种具有陈酿的潜力，主要是雷司令、霞多丽和长相思。在葡萄酒陈酿过程中，品种香气逐渐消失，随之而来的是另外一种令人愉悦的花香。这种转变的原理还不甚清晰。

大多数白葡萄酒都是干型酒，主要作为佐餐酒和食物搭配饮用。白葡萄酒中清爽的酸能很好地和食物相结合，从而增强食物的风味、降低一些海鲜的腥味。大多数白葡萄酒清新的风味往往适合搭配一些相对清淡的食物。并且顶级的甜白葡萄酒也有着其他甜白所缺乏的令人愉悦的酸度，它给予葡萄酒体非常好的平衡性。这些半甜葡萄酒中在慢慢品尝前要进行冷藏，而甜度更大的葡萄酒往往可以代替甜点。因此，“甜酒（dessert wine）”这种表达方式更多地是指甜型白葡萄酒，而并非指葡萄酒和甜点搭配在一起叫甜酒。

对于许多顶级白葡萄酒来说，尽管品种香是非常重要的鉴赏指标，但一些葡萄酒也因不具有品种香而名声大噪。一个典型的例子是贵腐菌感染的葡萄所酿制的贵腐酒（图 7.6、插图 7.3）。在秋天特定的气候条件下，灰霉菌（*Botrytis cinerea*）的侵染导致葡萄汁糖度浓缩和大部分品种香气化合物的降解，而这些品种香气的缺失被

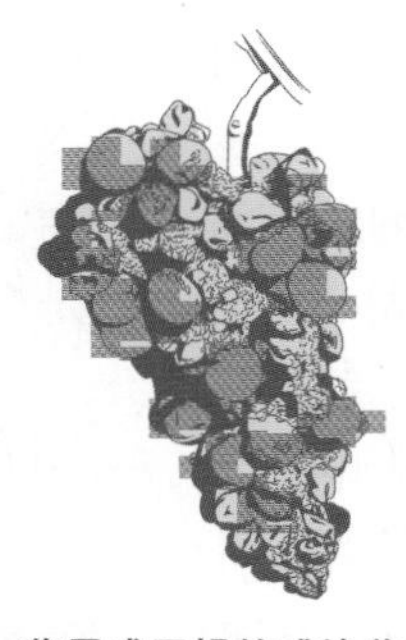

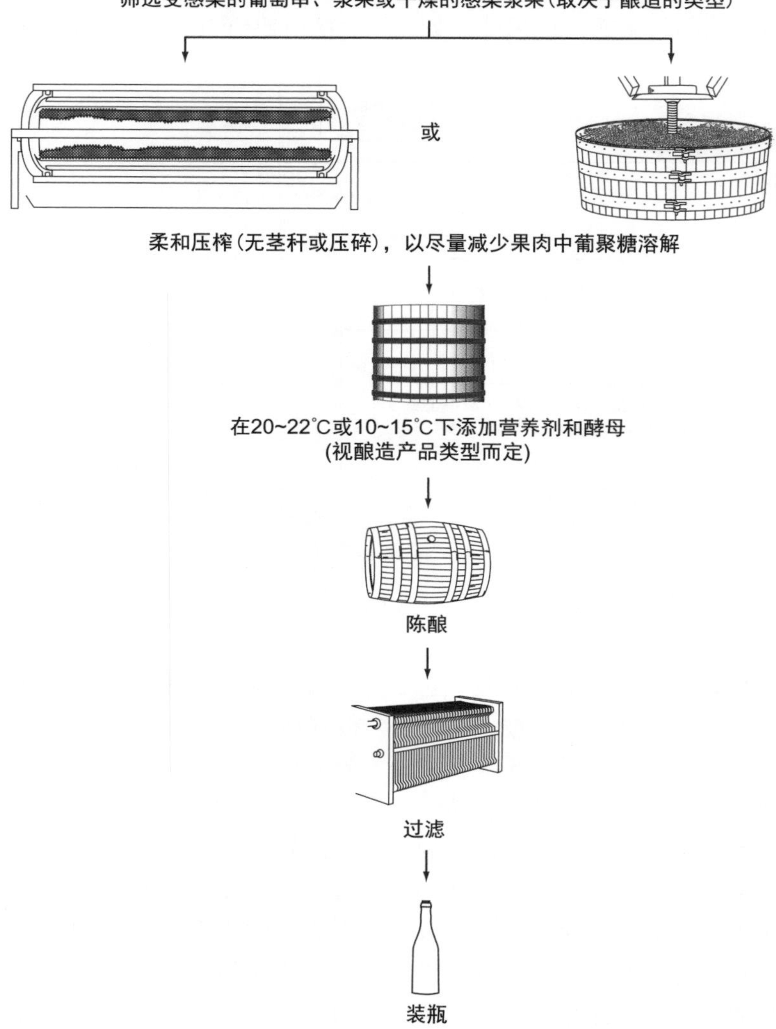

图 7.6　贵腐酒的生产流程

浓郁、甘美、杏和蜂蜜般的贵腐风味替代。贵腐酒主要有以下几种代表：德国和奥地利的精选（ausleses）、逐粒精选（beerenausleses）和枯葡逐粒精选（trochenbeerenausleses）级别葡萄酒、匈牙利的 Tokaji aszus、法国的苏玳（Sauternes）贵腐酒。在新世界，它们被称为贵腐酒或者精选晚采葡萄酒（selected-later-harvest wines）。其他一些有陈年潜力但没有显著品种香气的葡萄酒是冰酒（ice wine）和圣酒（vino santo）（一种部分氧化的甜白葡萄酒）。图 7.7 列出了一些区分不同冰酒的特征点，插图 7.4 至插图 7.6 介绍了与这些葡萄酒生产相关的一些要点。图 7.8 则概述了形成甜白葡萄酒不同风格的一些酿造工艺。

插图 7.3 不同程度的贵腐侵染葡萄串的浆果形态（资料来源：D. Lorenz）。

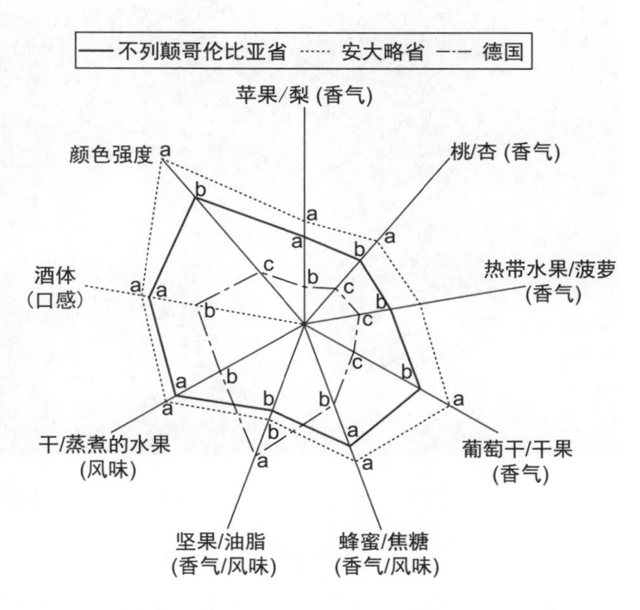

图 7.7 来自不列颠哥伦比亚省（B，n=13），安大略省（O，n=9）和德国（G，n=3）的冰酒的外观（颜色强度）、香气（A）、风味（F）和口感（M）的感官概况和属性（资料来源：Cliff et al.，2002）。

插图 7.4 酿造冰酒的葡萄在收获前用网进行保护（资料来源：CCOVI）。

插图 7.5　收获用于生产冰酒的葡萄（资料来源：E. Brian Grant，CCOVI）。

插图 7.6　将冻葡萄倒入板框压榨机中进行压榨（资料来源：E. Brian Grant，CCOVI）。

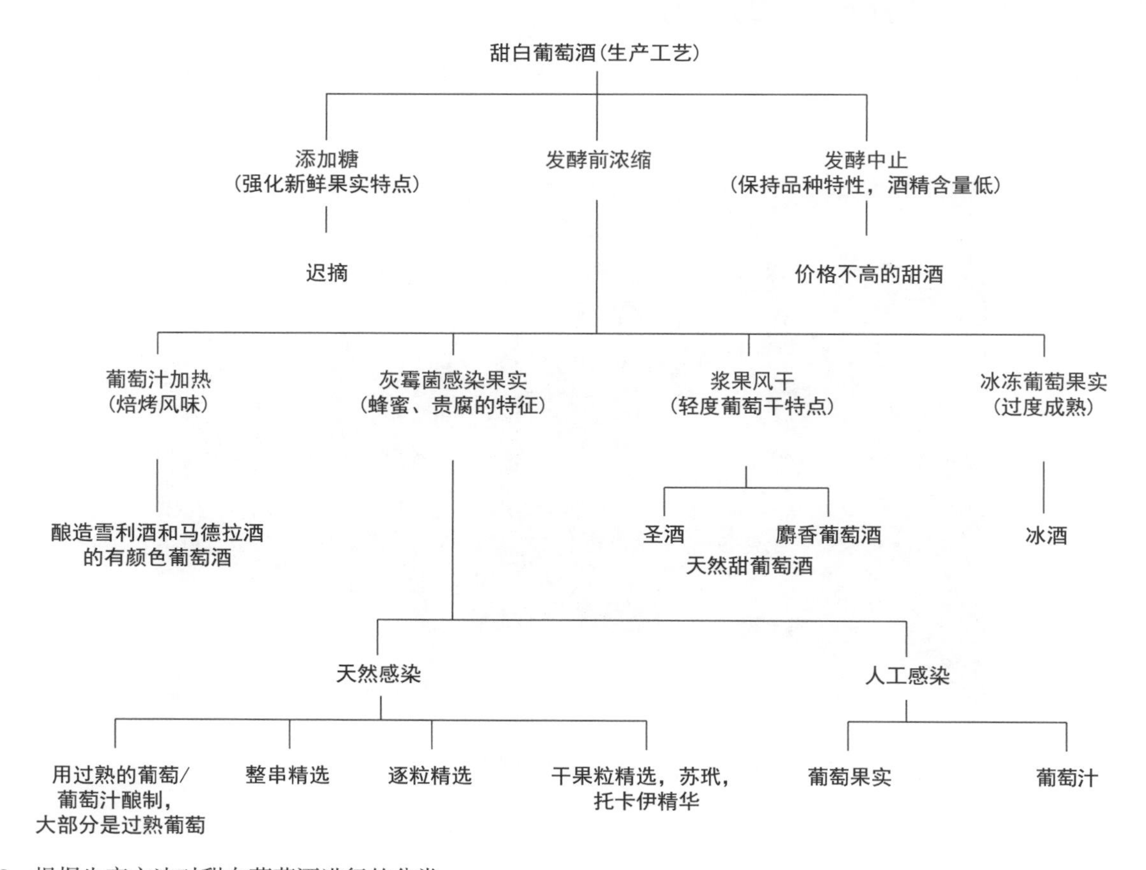

图 7.8　根据生产方法对甜白葡萄酒进行的分类

如前文所述，掌握一款葡萄酒的典型风格特性通常比较困难。年份、发酵环境和成熟条件等因素都会减弱或者改变葡萄的典型性。最容易识别的品种是那些以单萜醇为香气物质的品种，例如麝香葡萄、维欧尼、特浓情、琼瑶浆以及几种美洲葡萄种如，尼亚拉加（Niagara，Glenora），康可（Concord）。表 7.2 介绍了这些白葡萄品种典型香气的常见描述。

红葡萄酒风格（Red Wine Styles）

大多数红葡萄酒是干型酒，在欧洲人看来缺乏甜味与它作为佐餐酒的功能搭配得天衣无缝。红葡萄酒中的苦和涩味化合物与食物蛋白相结合从而使酒体达到平衡，避免了干红数年的陈酿时间。相比之下，陈酿好的葡萄酒则更适合独自品鉴以发现其醇美，它们的单宁含量较低，因此不需要食物来平衡口感，并且其恰到好处的醇香在没有食物的搭配下也会更加明显。

大部分适宜陈酿的红葡萄酒都会在橡木桶中熟成（图 7.9）。小橡木桶（～225 L）常常可以加速葡萄酒的成熟，为葡萄酒增加橡木、香草、香料和烟熏的风味。像木桶中成熟的葡萄酒在酒庄或被消费者购买后，都还要在瓶内进行成熟。如果葡萄酒需要较少的橡木味，常常使用木桶或者大的橡木罐（1000～10000 L）来陈酿。木桶陈酿能够凸显几种主要红色品种如赤霞珠的品种特征，并且大型木桶陈酿往往给予葡萄酒醇厚的口感。相对应的，红葡萄酒也可以放在密封的惰性罐中储藏以避免氧化或对不良气味的吸收。

红葡萄酒工艺的选择常常取决于消费者对酒品质和种类的需求。新鲜型，适合尽早饮用的葡萄酒通常具有果香，而陈酿型则趋向于更多的果酱风味，并且早期强劲的单宁味和苦味随着陈年时间的延长变得醇厚柔和。薄若莱新酒是一款适宜年轻时饮用的酒，通过 CO_2 浸渍法发酵，对葡萄汁柔和地挤压使其具有典型的新鲜水果味。正如前文形容的那样，新鲜型适合尽早饮用是以非常短的货架期为代价的；新酒很少

表 7.2 几种典型白葡萄酒的香气描述

葡萄品种	起源地	香气描述
霞多丽（Chardonnay）	法国	苹果、哈密瓜、桃、杏仁
白诗南（Chenin blanc）	法国	茶花、番石榴、蜡
卡尔卡耐卡（Garganega）	西班牙	水果、杏仁
琼瑶浆（Gewürztraminer）	意大利	荔枝、香茅、辛香料味
麝香（Muscat）	希腊	麝香味
帕雷亚达（Parellada）	西班牙	柠檬、青苹果、甘草
灰比诺（Pinot gris）	法国	水果、罗马干酪
雷司令（Riesling）	德国	玫瑰、松树、水果
胡珊（Rousanne）	法国	桃
长相思（Sauvignon blanc）	法国	柿子椒、花香、药草
赛美容（Sémillon）	法国	无花果、哈密瓜
桃巴托（Torbato）	意大利	青苹果
维欧尼（Viognier）	法国	桃、杏
维尤拉（Viura）	西班牙	香草、奶油糖、香蕉

注：品种香气往往只是与相似的香味描述符之间有微弱的联系。描述符通常充当锚定术语，代表对品种香气的记忆。此外，由于一系列的因素，品种属性可能得到表达或不被表达。这些描述反映的可能更多的是酒的制造者的文化和个人经历，而不是酒本身。

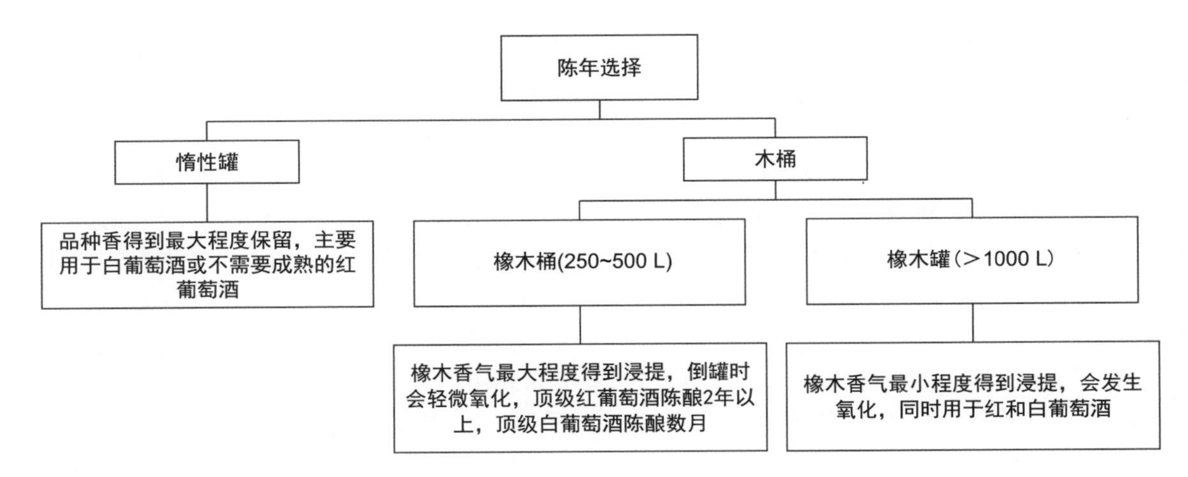

图 7.9　陈酿工艺的选择

可以在装瓶 12 个月以后还保持其典型风味，并且通常是在 6 个月后就开始失去它的吸引力。相反的是，顶级赤霞珠和内比奥罗则需要 10 年甚至更长的时间，口感才会趋于圆润、香气才会优雅。红葡萄酒酿造的基本方法如图 7.10 所示。

葡萄酒在陈酿潜能方面存在差异的原因，我们对比还知之甚少。有利于果实成熟的因素，例如，足够的温度和光照、湿度和营养条件、果实和叶片的比例等都十分重要。在用带葡萄皮和籽的葡萄酿造葡萄酒时，合适温度下的酿造工艺以及成熟条件都是十分重要的。然而这些因素并不能解释为什么尽管有着最优化的工艺和酿造条件，大多数葡萄品种却不能够生产适合陈酿的红葡萄酒。这其中的部分原因与葡萄中花色苷、单宁和辅色素的含量和比例有关。单宁和花色苷在红葡萄品种中的组成差异显著（Van Buren et al.，1970；Bourzeix et al.，1983）。在陈年过程中保留部分的酸以及微氧化有利于保持颜色和典型的香气成分。例如，甲氧基吡嗪在氧化、异构化、水解和聚合等化学反应后会变成香气较淡的新的化合物，也就是顶级干红葡萄酒的陈酿香气的典型特征——雪茄、皮革、蘑菇味道的来源。

虽然大多数红葡萄酒的特性归功于酿造所使用的葡萄品种，但是一些风味特征也来源于所用的生产技术。例如，CO_2 浸渍法。尽管这种方法

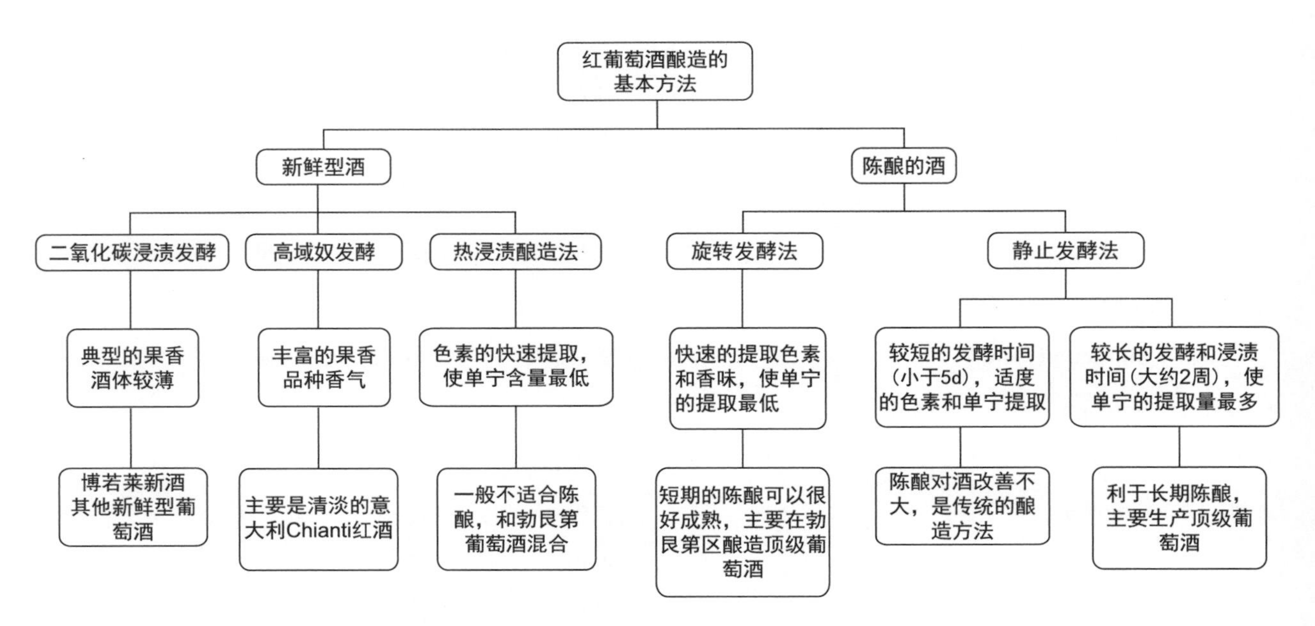

图 7.10　根据生产工艺对红葡萄酒进行的分类

具有较快的资本回报优势，但也有包括对发酵罐体积、特殊发酵条件、手工采摘葡萄以及葡萄酒价格相对较低的缺点。雷乔托葡萄酒是另一种风味主要来源于生产技术的葡萄酒（图 7.4），它通过浓缩并改变葡萄酒风味从而产生独特的氧化酚类香气。

对葡萄酒的陈年潜力的关注主要集中于对葡萄酒何时才可能达到其感官品质巅峰。然而，这也反映消费者通常所认为的葡萄酒会在成熟的某个特定阶段达到最好状态这样一个误解。实际上，葡萄酒的最佳状态更多的是与每个人的喜好有关，因为大多数葡萄酒都是在一系列芳香化合物变化中不断发展的，这种变化是类似的、令人愉悦的。关于葡萄酒陈年的问题还涉及葡萄酒的消费方式（佐餐或单独品鉴）以及消费者是否喜欢年轻葡萄酒新鲜的水果香气，抑或是陈年葡萄酒更丰富、微妙、复杂的风味特征。所以讨论葡萄酒品质处于高峰时期比纠结于品质巅峰期更为合适（图 7.11）。区分优质葡萄酒的主要特征之一是葡萄酒品质高峰期持续的时间。陈年潜力弱的葡萄酒具有相对较短的高峰期，而顶级的葡萄酒应该具有长达数十年的品质高峰时期。

大部分葡萄品种都只在当地栽培，和它们的起源地非常接近，因此，有关他们在其他地区栽培酿造的相关信息也是非常有限的。新世界葡萄产区的经验很大程度上受限于法国和德国的葡萄品种，在一定程度上首先反映了在殖民地区种葡萄的人的喜好。因此，其他许多国家代表性酿酒葡萄品种的潜力都未能开发出来，如意大利、西班牙、葡萄牙，更不用提那些来自东欧国家的没有为大多数人所了解的酿酒葡萄品种。也许只有通过时间才能证明那些还未探索出的、众多优质的酿酒葡萄品种。当然，这也并不是否定了那些酿制了世界上大部分葡萄酒

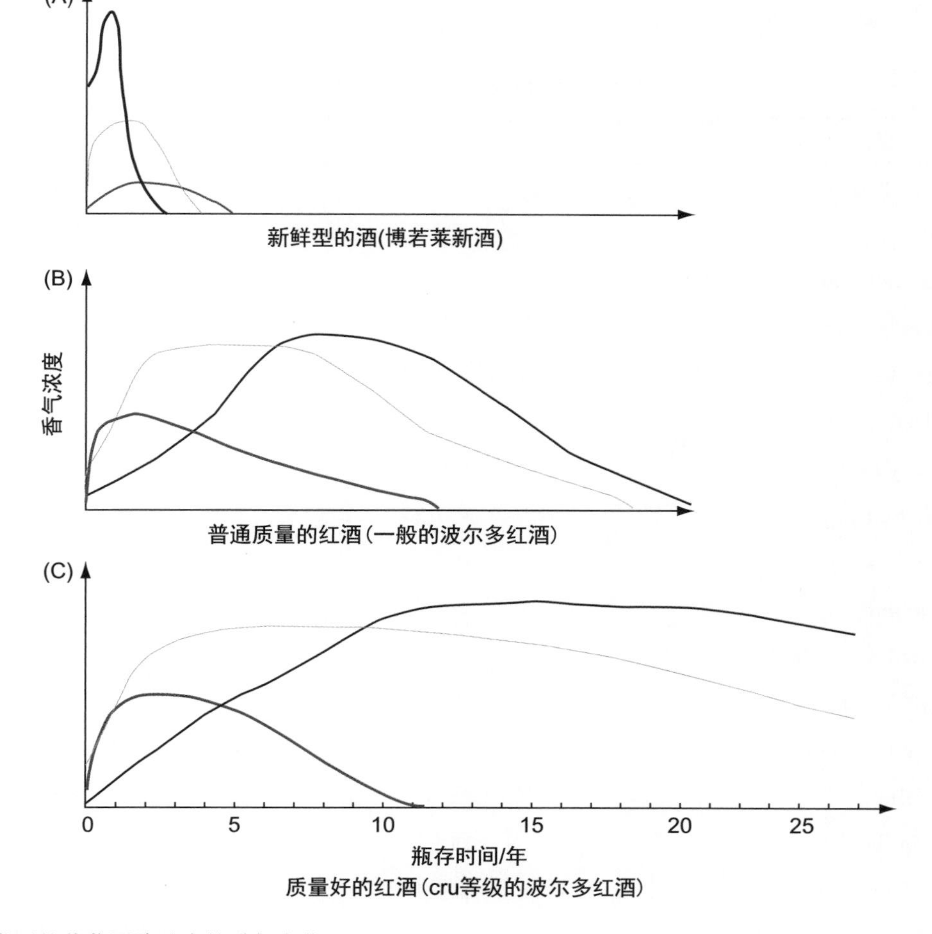

图 7.11　不同类型的葡萄酒陈酿中的香气变化

的酿酒葡萄品种。这只是表明了大部分葡萄酒香气是很有限的。不幸的是，消费者、评论家和生产者的保守导致的恶性循环限制了对其他葡萄品种的更多探索。尽管如此，仍有很多具有创新冒险精神的酿酒师在探索那些被遗忘的本土品种，同时也还在研发新的葡萄品种。所以消费者可能很快就不用局限于葡萄酒之间微妙的风格差异，而有更多的机会尝试更多新的和令人愉快的葡萄酒。

由于红葡萄酒的香气特征都比较类似和模糊，葡萄品种的典型香气依赖于良好的葡萄生长条件、最佳葡萄酒酿造工艺和理想储存条件。在此条件下，表 7.3 简要介绍了几种红葡萄品种的典型香气。

桃红葡萄酒风格（Rosé Wine Styles）

除了通过将少量红葡萄酒混合到白葡萄酒基酒中，酿造桃红起泡葡萄酒外，大多数桃红葡萄酒只经历过非常短的浸渍时间来限制红葡萄皮中花色苷的浸提，从而产生淡淡的粉红色。通常这一酿造工艺涉及比较柔和的压榨和低温（以延迟发酵的开始）下浸渍 12～24 h。在压榨结束后就按照白葡萄酒的发酵工艺进行发酵，通常低温发酵也可以通过直接压榨葡萄串来控制色素的提取。如果颜色过浅，则将葡萄压榨后带皮发酵直到浸提出所需要的颜色。此外，也可以在破碎过程中添加果胶酶以增强色素提取，而且可以促进风味物质从果皮中释放，随后进行不带皮发酵。有时桃红葡萄酒的酿造生产也可能是红葡萄酒生产的副产品。这通常发生在葡萄品质较差的年份，当红葡萄酒的颜色不足时，通过放血法（saignée）分离出一部分发酵汁用于生产桃红葡萄酒，剩下的果汁则继续用带皮发酵以达到所需要的颜色。

尽管短暂的浸渍时间限制了花色苷摄取，但更为显著的是也限制了皮中单宁的浸提。所以桃红葡萄酒往往颜色稳定性较差，其颜色大部分基于不稳定的游离花色苷，而不是典型的红葡萄酒

表 7.3　几种典型红葡萄的香气描述

葡萄品种	起源地	香气描述
埃丽提科（Aleatico）	意大利	樱桃、紫罗兰、香料
巴贝拉（Barbera）	意大利	樱桃酱
品丽珠（Cabernet Franc）	法国	甜椒
赤霞珠（Cabernet Sauvignon）	法国	黑醋栗、甜椒
科维纳（Corvina）	意大利	浆果
多姿桃（Dolcetto）	意大利	温柏、杏仁
黑佳美（Gamay noir）	法国	樱桃酒、悬钩子（CO_2 浸渍发酵以后）
格丽尼奥星诺（Grignoline）	意大利	丁香
美乐（Merlot）	法国	黑醋栗
内比奥罗（Nebbiolo）	意大利	紫罗兰、玫瑰、块菌、柏油
玛斯卡斯 奈莱洛（Nerello Mascalea）	意大利	紫罗兰
黑比诺（Pinot noir）	法国	樱桃、悬钩子、甜菜、薄荷
桑娇维塞（Sangiovese）	意大利	樱桃、紫罗兰、甘草
西拉（Syrah/Shiraz）	法国	葡萄干、樱桃、樱桃酱、胡椒
丹魄（Tempranillo）	西班牙	柑橘、熏烤、樱桃酱、松露
国产多瑞加（Touriga Nacional）	葡萄牙	樱桃、薄荷
增芳德（Zinfandol）	意大利	悬钩子、樱桃酱、胡椒

中那些更为稳定的单宁 - 花色苷聚合物。尽管多酚类物质在浸渍过程中提取量也相对较低，但它们仍然是桃红葡萄酒中重要的抗氧化剂（Murat et al.，2003）。例如，它们抑制了 3- 巯基己 -1- 醇的氧化（还有一种成分的迅速流失，这种成分对许多桃红葡萄酒的果味有重要贡献）。乙酸苯乙酯和乙酸异戊酯也对桃红葡萄酒风味有所贡献（Murat，2005）。其他与桃红葡萄酒香气有关的其他化合物包括 β - 大马酮，乙酸 3- 甲基丁酯和己酸乙酯（Wang et al.，2016）。这些芳香物质为桃红葡萄酒带来辛辣、咸味、青草、柑橘，热带水果和花卉的风味。

桃红酒由于不能陈酿而向来名声不佳，因此，桃红葡萄酒从来不在鉴赏家选择的范围内。当然部分原因在于它们有着红葡萄酒的苦味，却没有红葡萄酒的香气，同时也没有表现出白葡萄酒的清新和果香味。虽然的确如此，但桃红葡萄酒偶尔也规避了红葡萄酒的诸多限制和形式，并且比白葡萄酒更为有趣。在过去，为了掩盖葡萄酒淡淡的酚类苦味，许多桃红葡萄酒被酿造成半甜型，并且温和的碳酸化以增加作为清凉饮品的吸引力。然而这两个特点也都受到了批评者的诋毁。为了避免桃红这一名称对葡萄酒产生负面影响，一些表面上是桃红葡萄酒被重新命名为“玫瑰红”葡萄酒。尽管存在这些负面环境，干型桃红葡萄酒近些年的受欢迎程度也在显著提高。有时消费者会明智地忽视评论家的建议或者认为这种观点是片面的。

大多数的红葡萄可以用来酿制桃红葡萄酒。采用放血法而使用优质品种生产桃红葡萄酒在经济成本上来说是不恰当的。歌海娜（Grenache）是最常用的酿造桃红的葡萄品种。在美国加州，增芳德也常用来酿制桃红葡萄酒。一些颜色较浅的黑比诺实际上是桃红酒，比较著名的是德国的黑比诺（Blau burgunder）葡萄酒。

起泡葡萄酒
Sparkling Wines

起泡葡萄酒的独特在于高浓度的 CO_2（～600 kPa，或 6 倍大气压）在舌头上爆裂所形成的杀口感，低温饮用能更进一步强化这种感受，而寡淡的起泡酒就像脱气后的软饮料或脱气苏打水那样魅力顿失。所以对于大多数起泡葡萄酒而言，往往要求基酒无色，酒精含量相对较低（约 9%，以避免最终酒精含量超过 12%），品种香气极少（有利于表达酵母香和烘烤类香气），具有相对较高的酸度（以提高风味，就像鱼需要搭配柠檬汁一样）这些特点。

绝大多数的起泡酒是通过保留二次发酵过程中产生的 CO_2 来获得气泡和压力，并且按照酿造工艺（图 7.12）和风味特征进行分类（表 7.4）。这种分类虽然较为简明直接，但仍旧难以体现起泡酒之间的感官差异。例如，传统法［香槟法（champenoise）］和转移法（transfer methods）都可用于生产干型和半干型起泡酒，但两者的差异主要源于二次发酵后与酒泥接触的时间长短（转移方法的结束时间通常较短）。此外，酵母在二次发酵过程中通常代谢生成一些对起泡酒独特香味发展至关重要的化合物，这类化合物的香气也被描述为烤面包味（toast）。酒液长时间与酵母接触（通常 1 年，但偶尔 3 年或更长时间）也有利于酵母自溶物——甘露糖蛋白等的释放和溶解。这些酵母细胞壁降解产物不仅可以吸附和保留香气（当玻璃杯摇晃时，葡萄酒会释放它们），而且还有利于产生精细、丰富、持久的气泡。需要强调的是，起泡基酒制备中所使用的葡萄栽培品种和酿造条件也会对起泡酒产生影响，这对使用罐内二次发酵法（Charmat）酿造的起泡葡萄酒尤为重要。例如，阿斯蒂（Asti Spumante）、麝香葡萄品种（Muscato d’Asti）为阿斯蒂提供了特有的麝香葡萄味，提前终止发酵的工艺条件则为阿斯蒂提供了平衡酸度的残糖。罐内二次发酵法还广泛用于其他意大利干、甜（amabile）或起泡（frizzante）葡萄酒的生产。除阿斯蒂外，还包括最著名的意大利起泡酒普罗塞克白葡萄酒（Prosecco）和蓝布鲁斯科起泡红葡萄酒（Lambrusco）。另外，起泡葡萄酒也可以通过向基酒中加入葡萄汁（而不是像往常一样的糖溶液）来诱发生成 CO_2 的二次发酵。对于桃红起泡酒而言，二次发酵通常不会完全发干，以至于会产生具有温和甜味的（微起泡酒）葡萄酒。德国的许多起泡酒（Sekt）大多采用（或曾采用）罐内二次发酵法进行酿造生产。

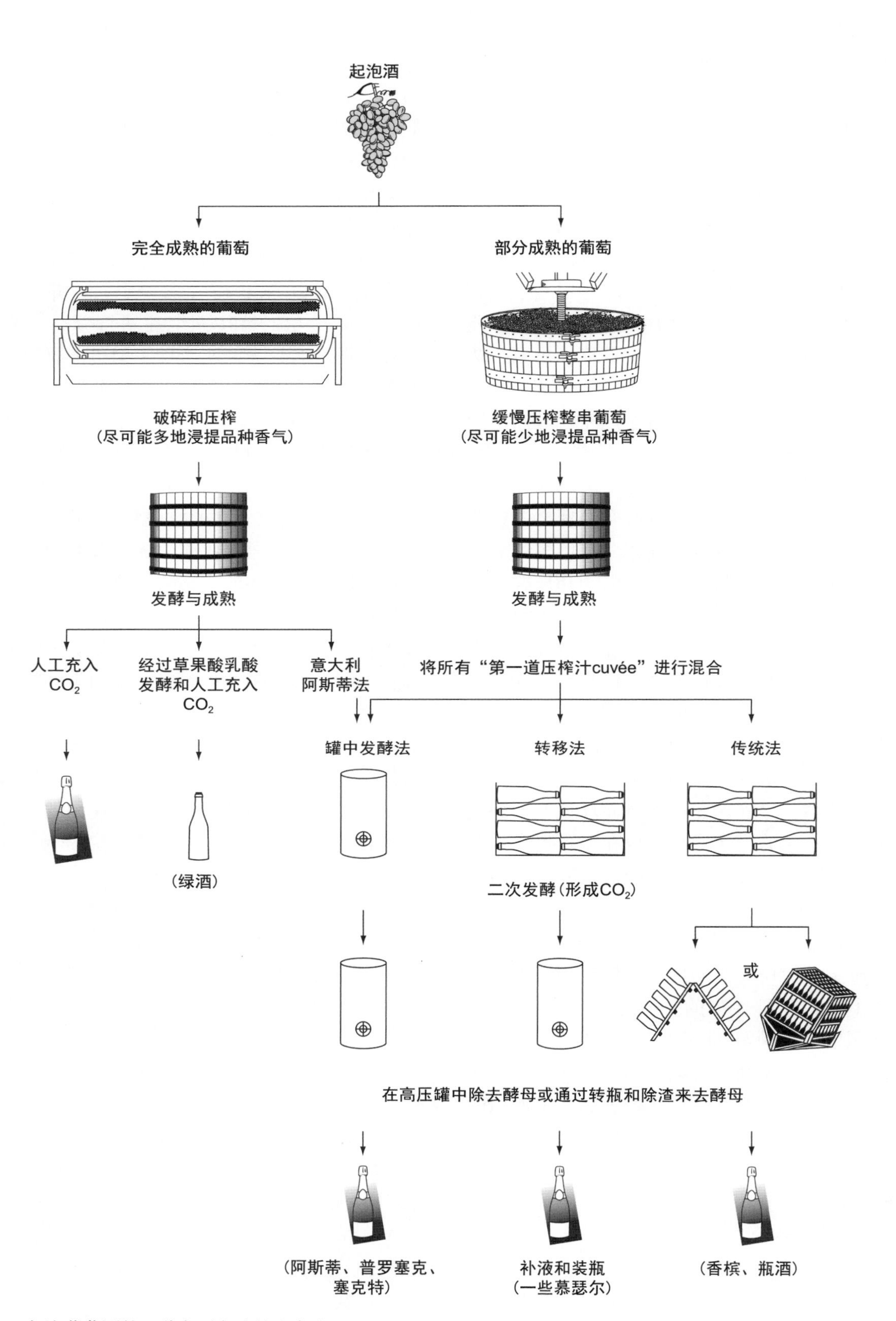

图 7.12　起泡葡萄酒的 3 种主要方法的生产流程

表 7.4 起泡葡萄酒的分类

加香葡萄酒	不加香葡萄酒		
果香	香味浓郁	香味细腻	
加入 CO_2	麝香葡萄，甜	CO_2 型	传统型：干酒或甜酒
Coolers	阿斯蒂（Asti）	德国珍珠起泡酒（Perlwein） 蓝布鲁斯科起泡酒（Lambrusco） 葡萄牙绿酒（Vinho Verde）	香槟（Champagne） 卡瓦酒（Cava） 意大利阿斯蒂起泡酒（Spumante） 德国塞克特起泡酒（Sekt）

传统法（champenoise）在很大程度上反映了消费者对起泡酒的固有印象。图 7.12 右侧所示的三个工艺都采用二次发酵的方式来产生 CO_2 压力。如果基酒的品质类似，那么这三种工艺所生产的葡萄酒的最终品质也应该是相似的。在吐酒（disgorging）操作之前，传统法和转移法的过程都是一致的（图 7.12）。传统法在瓶中进行二次发酵，转移法则是过滤（去除酒泥）到加压罐中进行二次发酵，然后再转移到新瓶中。除了能避免转瓶、最大限度地减少不同瓶之间的变化以及可能缩短与酒泥接触的时间外，没有相关的试验数据表明转移法会对最终的起泡酒品质产生任何感官差异。转移法的不足主要在于购买加压罐所涉及的成本，并且这一不足随着传统法手动转瓶的自动化、商业化而加剧。转瓶（riddling）是将酒泥转移到瓶颈，有利于吐酒（disgorging）。罐内二次发酵法则需要使用特殊发酵罐，一个用于二次发酵，另一个用于接收二次发酵过滤后的葡萄酒，然后再进行装瓶，这些费用涉及了加压罐的成本和所需的操作系统，以避免在发酵容器中积聚的酵母沉淀物中产生高度还原的环境（和异味产生）。表 7.5 列出了干型起泡葡萄酒的特性。

表 7.5 香槟起泡葡萄酒的所需特性

外观	香气	品尝
清澈透明	柔和的复杂的花香，略带烤面包味	气泡在口中爆炸，舌头上产生微麻的刺痛感
浅禾杆黄到金黄色	柔和的品种香气（避免遮盖微妙的醇香）	拥有柔和而不尖锐的酸度
可以产生大量、持久、连续的 CO_2 气泡	回味悠长	品尝后有清澈的余味
升到酒表面的气泡集中在杯子的中心和边缘	没有缺陷或与葡萄不相关的香气	平衡度好，察觉不到收敛感和苦味

加气法（carbonation，在一定压力下加入气态 CO_2）是生产起泡酒最经济的方法。最初的微起泡酒主要应用于饮料行业，随后用于生产微起泡酒葡萄酒。微起泡酒葡萄酒具有较低的 CO_2 含量，通常以较低的税率征税，因此，比起泡酒更具价格优势。尽管加气法不能发展出烤面包风味，但它可以强调起泡酒的品种香气。此外，酒液不与酵母接触也使甘露糖蛋白含量较低，在一定程度上不利于纤细、绵长气泡的产生，这一缺陷对于起泡酒爱好者来说是致命的，但是大多数消费者可能不会注意到这种差异。值得一提的是，相关研究已表明可以在酒液中添加甘露糖蛋白以形成更细的气泡（Pérez-Magariño et al., 2015）。

由于红葡萄酒中的酚类物质具有抑泡作用，起泡葡萄酒主要是白葡萄酒。特别是在低温和二次发酵过程中逐渐加压的条件下，酚类物质会抑制酵母的活性。此外，酚类物质还会减少 CO_2 的产生，从而易使酒液在打开塞子后喷出。所以为了规避这些情况的发生，大多数桃红葡萄酒是通过在二次发酵前混合少量红葡萄酒来进行生产的。并且，起泡红葡萄酒常通过加气法酿造使瓶中 CO_2 含量更低以减少喷出的可能性。

混酿也广泛用于起泡葡萄酒的生产。结合来自多个葡萄园、多个年份和品种的葡萄酒，可以减弱基酒的感官缺陷，并突出其独特的品质。只有在葡萄及其优越的年份，所有的基酒才会来自同一个年份。早在公元前 371—287 年，提奥夫拉斯图斯（Theophrastus）就意识到混酿的益处，Singleton 和 Ough（1962）进一步证实了这一点。倡导混酿对香槟生产酿造的唯一贡献则归功于唐培里侬（Dom Pérignon），就如帕雷亚达（Parellada）、沙雷洛（Xarel-lo）和马家婆（Macabeo）被用于生产卡瓦起泡酒（加泰罗尼亚）；霞多丽（Chardonnay）、黑比诺（Pinot noir）和莫尼耶皮诺（Pinot Meunier）被用于香槟酒的酿造。在其他产区也使用单一品种酿造起泡酒，例如，德国用雷司令（Riesling）、卢瓦尔用白诗南（Chenin blanc）；阿斯蒂用麝香葡萄（Muscat）以及普罗塞克用格雷拉（Glera）分别酿造单一品种的起泡酒。

加气葡萄酒也具有多种风格类型，包括干白葡萄酒，如绿酒（Vinho verde）、大部分起泡桃红（Crackling rosés）和带气水果酒（Fruit-flavored coolers）。以绿酒为例，在绿酒桶储的过程中，晚发性苹果酸 - 乳酸发酵产生轻微起泡，加之乳酸细菌在春季代谢产生的 CO_2 也会被保留在桶中，所以从桶中直接取出饮用的葡萄酒也保留了这些气泡（fizz）。然而当绿酒要装瓶出售时，过滤（生产清澈的葡萄酒）则去除了大部分 CO_2。为了重新让绿酒带有杀口感，人们往往在装瓶前会重新将葡萄酒加气，也由于 CO_2 添加的压力相对较低，所以绿酒也无须使用大多数起泡葡萄酒所需的强化瓶来储藏。

无论 CO_2 来源如何，甘露糖蛋白的性质和含量似乎都会对气泡特征产生很大的影响。当起泡酒开瓶后，瓶口压力的降低破坏了酒液中 CO_2 的稳定性。如果不对起泡酒进行搅动，酒液中的气泡也会因缺乏足够的自由能而不能快速逸出，只能通过数小时内气泡的缓慢扩散而逐渐消散。所以人们倾倒葡萄酒时给予了酒液中 CO_2 气泡一定的自由能，从而产生了我们在香槟杯中所常见的快速并且短暂的 CO_2 气泡和气泡链。CO_2 气泡长链的形成则取决于酒杯表面上的微小颗粒以及悬浮于葡萄酒中的微粒（称为漂浮物）。棉绒颗粒是这些成核位点中研究得最多的（Liger-Belair et al.，2002）。当倒酒时，微小的气泡被困在这些颗粒的裂缝内，CO_2 容易扩散（需要很少的能量）进入这些成核位置。随着气体量的增加，气泡萌芽并开始上升，产生典型的气泡酒的特征——气泡链。随着气泡的不断上升，CO_2 的持续扩散增大了气泡体积并拉长的气泡之间的距离。当气泡到达液面时，大多数破裂的 CO_2 气泡也将葡萄酒微滴喷射到空气中（插图 1.2），这有助于一些芳香化合物的释放（图 7.13），但也可以抑制其他芳香化合物的感知（可能是通过触发鼻中的三叉神经受体）（Kobal and Hummel，1988）。此外，一些保持完整的气泡也不断积聚（形成 mousse，插图 7.7）在酒杯中心形成气泡

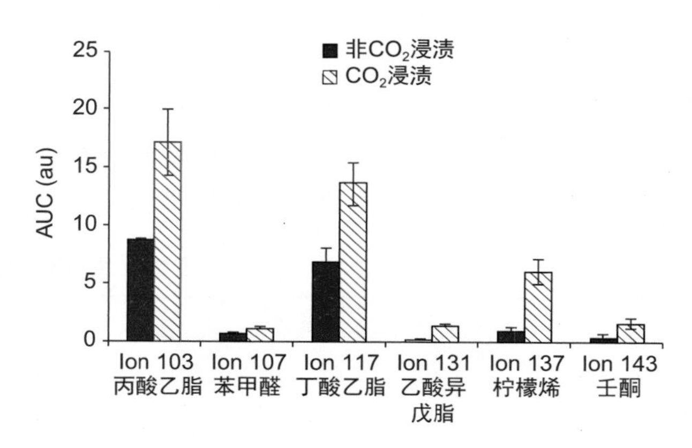

图 7.13 用挥发性混合物构建的非 CO_2 浸渍和 CO_2 浸渍模型下 AUC（曲线下面积）值的比较（资料来源：Pozo-Bayón，M.Á. et al.，2009）。

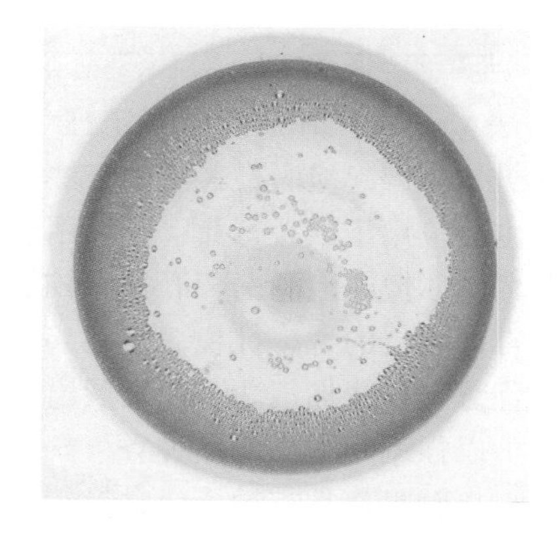

插图 7.7 中央有一堆泡沫（mousse），边缘有一层香槟气泡（资料来源：照片由 CIVC 1 Alain Cornu 提供）。

凸起，其他气泡也聚集在酒杯边缘（cordon de mousse）。由于葡萄酒中蛋白质含量有限，所以气泡会迅速聚结形成大的但不稳定的气泡，从而不会产生与高蛋白质含量的啤酒中那样的泡沫层。

类似倾倒啤酒一样地缓慢沿着酒杯倒入起泡酒的这种起泡酒推荐方法可以减少最初的起泡损失以及后续 CO_2 的浪费，从而延长了气泡的持续时间和活力（图 7.14）。将葡萄酒冷却至 4℃以下也能减缓 CO_2 释放的速度并防止大量气泡的喷涌。人们想方设法地尽可能地保留起泡酒的气泡也是为了尽可能多地感受到起泡酒的魅力。

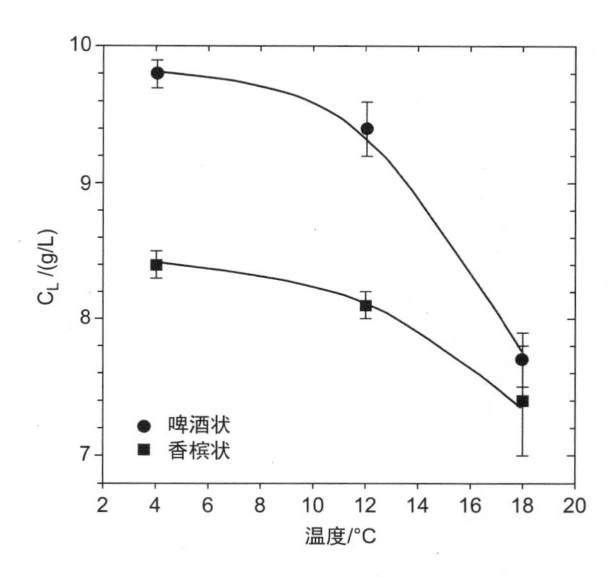

图 7.14　在 3 种不同温度下和用 2 种不同方法沿着玻璃倾倒（啤酒状）和从顶部垂直向下倾倒（香槟状）香槟的比较（资料来源：Liger-Belair，G.，2016）。

人们也可以通过手动 / 自动分配器（FIZZ-eye-Robot）对酒液进行每半秒的拍摄，通过分析图像来对起泡酒的气泡进行客观评估（Fuentes et al.，2014）。

我们一如既往地推荐使用细长笛形杯来感受起泡酒魅力，气泡的美丽和优雅。然而，当评估起泡酒葡萄酒香气更为至关重要时，标准的 ISO 葡萄酒品尝杯则是更好的选择。这是因为酒液在香槟杯中通常倒入至顶部附近（为了气泡最大的可视化），剧烈摇杯是很难进行的。与所有葡萄酒一样，在品尝前静置几分钟可以在葡萄酒杯的顶部空间积聚芳香物质（White and Heymann，2015）。

虽然有些葡萄酒鉴赏家在他们的香槟杯底部蚀刻以产生额外的气泡成核区位，这似乎是毫无必要的（White and Heymann，2015）。其实香槟杯内壁在干燥后是有足够多的棉绒颗粒以提供足够的成核位点用于起泡。

酒杯的洁净度对于香槟杯来说特别重要，即使是微量的洗涤剂也会阻碍气泡的产生。这是由于具有薄的疏水分子层的洗涤剂覆盖了成核位点，导致 CO_2 向成核位点的融合被延迟或被阻止，抑制了气泡链的形成。这可以通过不正确地冲洗或干燥过的酒杯来佐证。使用软饮料代替起泡酒也同样具有示范性并且可以避免好酒的浪费。

将部分饮用后的香槟瓶（适当密封和冷藏）放置一两天后会对葡萄酒的香味产生有益的影响（Pierre-Jules Peyrat，个人交流）。这可能涉及芳香化合物在酒液中的溶解和弱结合以及在液面顶空自由态之间的动态平衡。氧化对于香槟来说不是问题，因为在倾倒香槟酒过程中释放的 CO_2 会排出可能进入瓶子的任何空气。此外，由于瓶子中含有足够的 CO_2（在一个大气压下能够填充 6 个瓶子），所以残留的酒液倾倒时也能产生足够多的气泡。未饮用完的起泡酒封口有多种方式，但最简单的就是采用 ZORK 进行封口，它不仅能用于多个品牌的起泡酒，也能在不同起泡酒瓶型上进行重复使用。

香槟仍被认为是起泡酒本质的缩影，所以如果消费者可以清楚地描述香槟的感官特征性，那对于其他起泡酒来说可能都不成问题了。因为能够辨别出最不明显的品种特征香气和烤面包的味道是非常困难的。Vannier 等（1999）所提及的其他一些香气描述，如尘土味、橡胶味、苔藓、动物味、花香、苹果、黄油、焦糖、异国水果，水果和霉菌似乎描述的不是特别合适。Noble 和 Howe（1990，未发表）发明的起泡酒香气圆盘也不能较好解决消费者对于起泡酒香气的困惑。消费者可以在 Duteurtre（2010）的起泡酒香气描述中可以找到更好的描述，但这些描述仍旧是非常复杂的。

强化葡萄酒（甜酒和开胃葡萄酒）
Fortified wines (dessert and appetizer wines)

用来描述强化葡萄酒的词汇在某种程度上都存在一定的误解。例如，西班牙蒙蒂勒（Montilla）酿制的类似雪利酒的葡萄酒中高浓度酒精来自天然发酵（葡萄中糖分含量能够产生强化范围的酒精）而并非人工强化添加。其他诸如“开胃酒”和“甜点酒”也同样存在小错误，如起泡酒很长一段时期被认为是一种高端开胃酒，贵腐酒也被认为是品质卓越的甜酒，然而这两者都没有被强化。表 7.6 列出了一些常见的强化酒类型。

表 7.6 强化酒的分类

外加香料型强化酒	不外加香料型强化酒
味美思（Vermouth） 皮尔（Byrrh） 部分马萨拉（Marsala） 杜本内（Dubonnet）	雪利型（Sherry-like） 赫雷斯雪利（Jerez-Xerès-sherry） 马拉加（Malaga） 蒙蒂勒白葡萄酒（Montilla） 马萨拉（Marsala） 夏龙堡（Château-Chalon） 新世界雪利（New World solera & submerged sherries） 波特型（Port-like） 波尔图（Porto） 新世界产区波特（New World ports） 马德拉型（Madeira-like） 马德拉（Madeira） 烘烤过的新世界雪利酒和波特（Baked New World sherries & ports） 麝香（Muscatel） 麝香基酒型（Muscat-based wines） 塞图巴尔（Setúbal） 部分萨摩斯（Samos） 博姆 - 德沃尼斯（Muscat de Beaumes de Venise） 圣酒（Communion wine）

无论这些酒如何命名，强化酒的饮用都局限在特定的小范围人群中。强化酒在开瓶后很少能被饮用完。不过强化酒中高浓度的酒精抑制了微生物的滋生，独特的香气和抗氧化性使得它们能在开瓶后数周内依然保持酒品质的稳定。但是菲诺雪利酒和年份波特酒例外：菲诺在开瓶后几个月之内就会失去它们的典型性；年份波特酒如同其他红葡萄酒一样在开瓶后就很快会衰退，从而失去其典型性。

强化酒种类众多。一些干型和苦味型的酒可以作为餐前开胃酒，如味美思和菲诺。这些酒可以通过刺激胃酸分泌来提高消费者的食欲（Teyssen et al.，1999）。大体而言，强化葡萄酒主要是甜型的，代表酒主要有奥罗露索雪利酒、波特、马德拉和马萨拉葡萄酒。这些强化葡萄酒通常都是代替甜食在饭后饮用或在甜点之后饮用。

与历史悠久的餐酒不同，强化酒的起源相对较晚。最古老的可能是在罗马时期就开始制造的菲诺雪利酒。炎热干燥的气候条件下，不用再添加酒精就能酿造出酒精含量超过 15% 的葡萄酒。此外，酒窖中极低的湿度（地上的酒窖）也有利于酒桶表面水分的蒸发，在一定程度上促进了酒精度的提高。酒精的存在不仅抑制了细菌的生长，而且一定浓度的酒精浓度有利于葡萄酒酒花的生长。蒸馏酒精的加入也有同样的效果，并且作用更快、更持久。其他主要的强化酒，如波特酒、马德拉酒、马萨拉和味美思酒是通过酒精的蒸馏来提高酒精度。

蒸馏是一个古老的浓缩技术，2500 年前的古埃及人就已经开始使用这种技术。然而，使用蒸馏技术来浓缩酒精出现的时间则晚得多。大约在公元10世纪，阿拉伯研制了用于酒精纯化的高效蒸馏器。Léauté（1990）的研究表明，早在1100年前和1200年代中期，意大利达勒诺和西班牙就开始运用酒精蒸馏的工艺进行酒精蒸馏。尽管如此，葡萄酒蒸馏在1500年才真正开始。

用蒸馏酒进行强化首先用于制备糖蜜（treacle）——一种草药味药酒，这可能是现代味美思葡萄酒的起源。随后，人们将葡萄酒进行蒸馏后用作防腐剂添加到葡萄餐酒中由此衍生出大多数强化类型的葡萄酒。利口酒（Liqueurs）是从蒸馏酒中提取的，添加了各种花、草药、根和其他植物。随着时间发展，人们也逐渐意识到蒸馏酒在橡木桶中长期成熟的益处，开启了现代白兰地发展的序幕。

在17世纪中期，葡萄酒烈酒偶尔会在雪利酒生产中使用，用于波特酒则始于1720年。1750年，这一工艺从强化杜若河谷（Duoro）的成品葡萄酒到强化发酵葡萄汁，过早的终止发酵也由此保留了一般的原始糖度。尽管如此，整个短的发酵期间强力的踩踏（葡萄在浅石发酵罐中压碎和混合）提取了足够的色素以产生暗红色葡萄酒。葡萄酒中的单宁、糖和酒精含量为葡萄酒提供了长期陈年的潜力。结合软木塞以及由原始的洋葱形瓶子（图7.15）演变成现代的圆柱形状瓶子的技术进步，人们重新发现葡萄酒陈年的魅力。19世纪初期，葡萄酒陈年得到了明确的认可。

图7.15 洋葱形酒瓶

雪利酒（Sherry）

雪利酒有2种基本类型——菲诺雪利酒和奥罗露索雪利酒（图7.16），在这基础上还可以划分为好几个亚类。菲诺雪利在陈酿前就将基酒的酒精度提高到了15%～15.5%，而奥罗露索雪利酒增加至18%。而在酒精含量为15%时，酵母的细胞壁组成会发生改变，酵母浮力增加，在酒体的表面形成酒花（flor）。当酒精度为18%时，所有酵母代谢活性停止。

生产雪利酒的主要葡萄品种是帕洛米诺菲诺（Palomino fino）。佩德罗·希门尼斯（Pedro Ximénez）也用于生产雪利，但主要作为甜味补充剂用于大多数出口雪利酒。与之截然不同的是，西班牙大部分的雪利酒却都是干型的，当需要着色或者增甜时，往往通过加入浓缩葡萄汁（arrope）来实现。浓缩葡萄汁是将葡萄二次压榨的汁煮至原来体积的1/5而得到的浓缩葡萄汁。

菲诺雪利酒往往在桶（butt）中以部分填满的方式存放陈酿，浮在酒液表面的酒花可以起到保护葡萄酒免受过度氧化的作用。大量的醛类和缩醛类物质在这样缓慢的氧化作用不断发展形成，并且重要的香气化合物，如soloton（类似于咖喱和坚果的香味）也主要来源于氧化。

雪利酒的陈酿意味着不断的混合，将熟化年龄大培养层（criaderas）中的雪利酒取出，再补入熟化年龄小的培养层中的雪利酒。如此，大约5年以后培养层中雪利酒的平均酒精度就能达到16%～17%。与其他大多数种类的葡萄酒不同，菲诺雪利没有糖分，即便用于出口也是如此。干型菲诺呈现无色至浅金黄色，带有淡淡的胡桃香味。根据Zea等（2001）的研究，干型菲诺雪利酒还具有花果香，略带干酪和辛辣的风味。曼萨尼亚雪利酒是所有干型雪利中颜色最浅、香味最淡的，并且缺乏其他雪利酒所具有的典型醛香味。值得注意的是，菲诺雪利装瓶后酒不再进行熟成，所以要在购买后立即饮用完全。研究表明，采用螺旋盖可能会有效缓解这种变化，因为与传统的倒角T型软木塞相比，螺旋盖能够更高效地阻隔氧气。阿蒙提拉多雪利酒在发酵初期和菲诺雪利是相同的，但是它们的成熟却与奥罗露索雪利酒类似（图7.16），所以阿蒙提拉多颜色往往更深，酒精度比典型雪利酒高1%～3%。大部门用于出口的阿蒙提拉多也常常带有淡淡的甜感和干果风味。与菲诺相比，它的香味也更为浓郁。

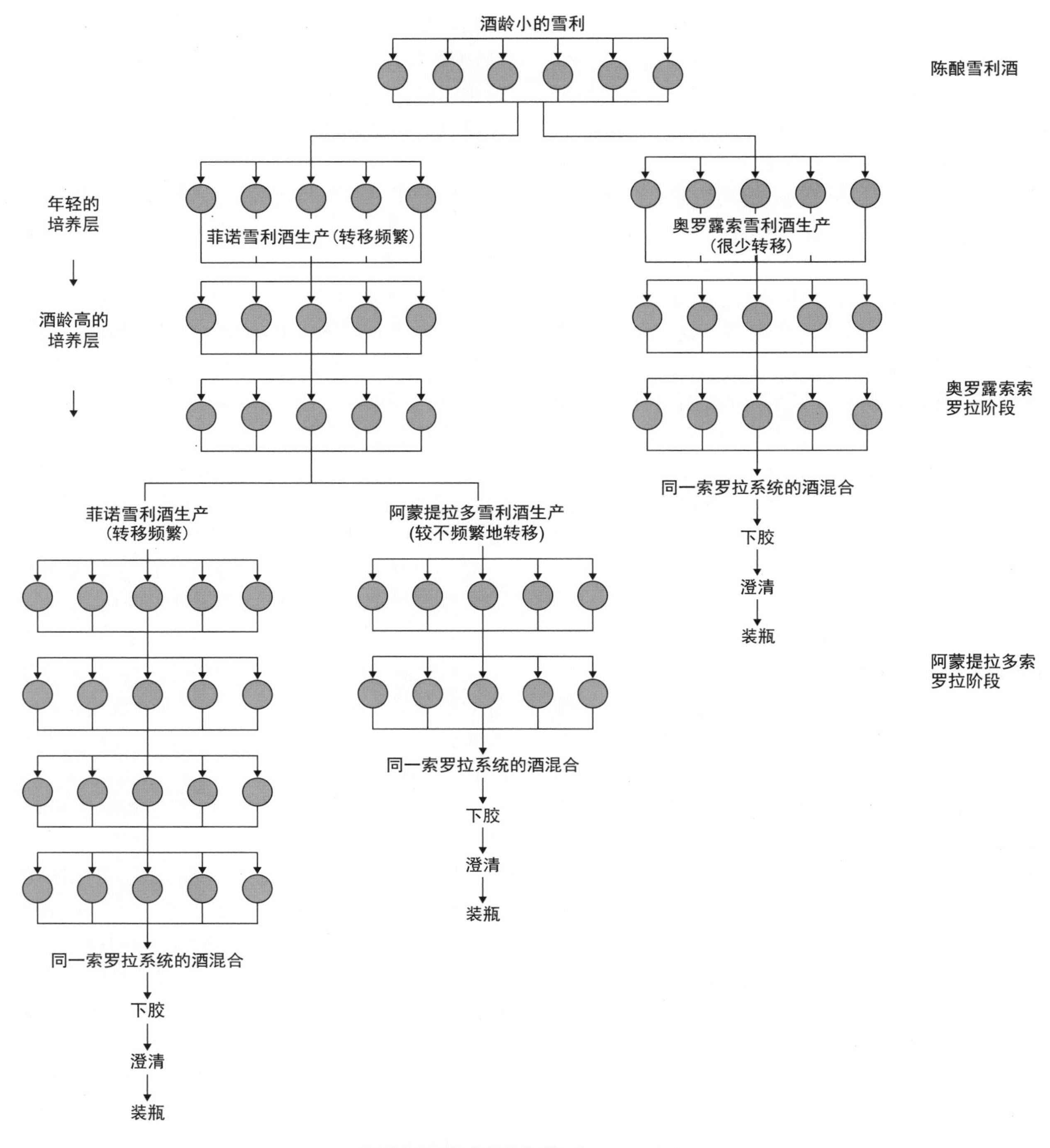

图 7.16　雪利酒的生产流程

由于没有酒花的保护以及轻微的搅动，奥罗露索雪利酒是最容易被氧化的雪利酒（图 7.16），所以奥罗露索有着更为浓郁的烟熏味、醛酸和坚果的香味，这些浓郁的风味掩盖了一定的甜感，也常常使人误以为它们糖度低。阿玛罗雪利就是其中糖度高的代表，颜色也呈现琥珀色至褐色色调，颜色的差异来源于甜化热浓缩过程中产生的类黑素色素作用。奶油雪利（Cream sherries）最初是为开拓英国市场的阿玛罗雪利的英国版。帕罗–科尔达多（Palo cortado）和瑞亚雪利（Raya sherries）是特殊类型的奥罗露索雪利酒，它们分别代表了更典雅和更粗犷的版本。

其他地方也产生和雪利酒类似的葡萄酒，但很少具备赫雷斯 - 德拉弗龙特拉（Jerez de la Frontera）及其周边地区 Jerez-Xérès-Sherries 雪利酒的多样和精致。在表 7.6 中列出了一些欧洲生产的和雪利类似的葡萄酒。大多数非欧洲的雪利酒都经过焙烤而变甜，产生的焦糖风味也更类似于廉价马德拉酒。

波特酒（Port）

葡萄牙杜若河谷（Duoro）的波特酒常用红葡萄酿造而成，偶尔也使用白葡萄品种。在未经精制的葡萄酒烈酒中，由于阿瓜丹特（aguardente）的添加，从而导致过早地终止了葡萄酒中的酵母发酵，使葡萄酒保留了一半的糖度。阿瓜丹特 的添加工艺造就了初始酒精含量约为 18% 的甜葡萄酒的诞生，并贡献了高级醇、酯、苯甲醛和一些萜烯等香味物质（Rogerson and de Freitas，2002），赋予了葡萄酒独特而复杂的香气，随后波特酒不同的成熟方式决定了最终波特酒的类型（图 7.17）。如同雪利酒和起泡酒一样，不同

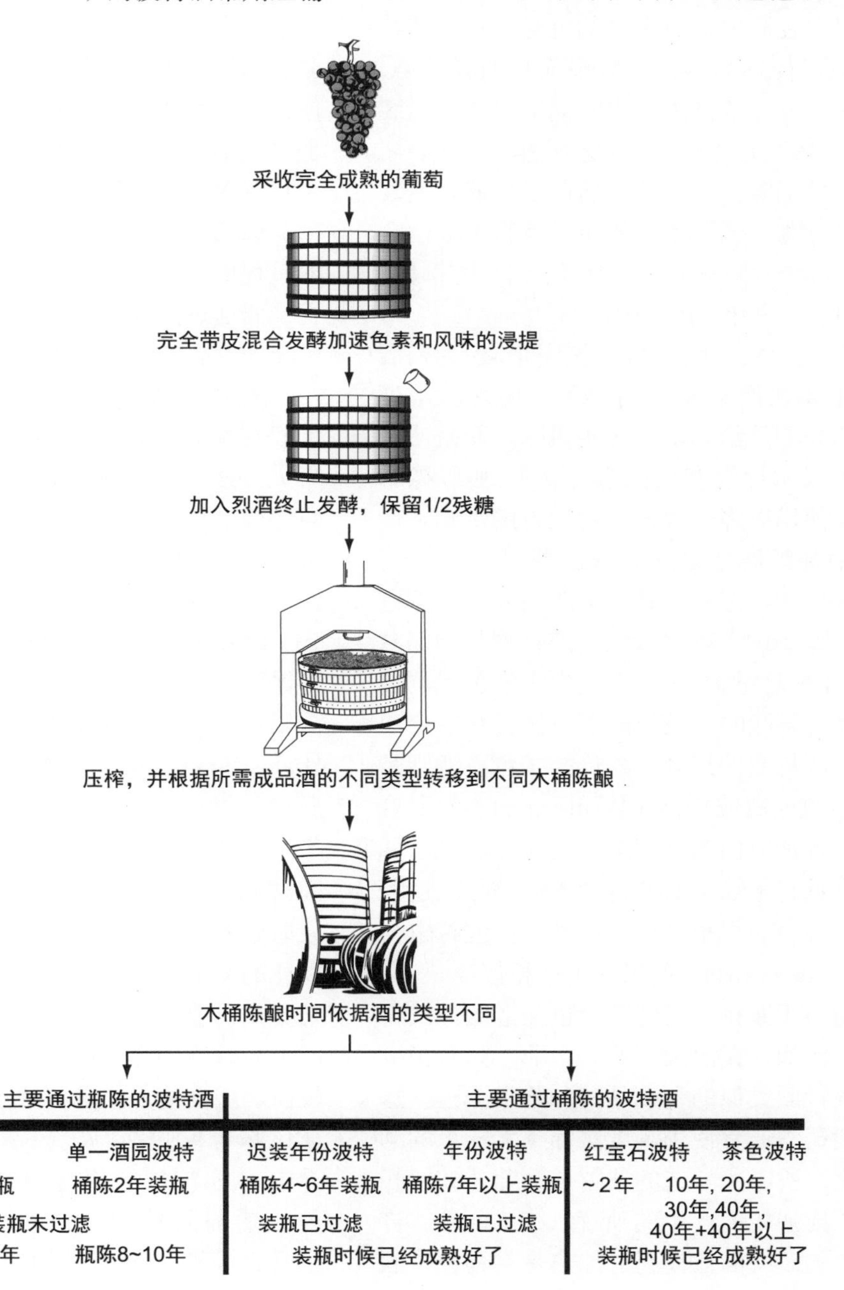

图 7.17　波特葡萄酒的生产流程

品种和地区的波特酒也往往进行混合调配以保持其风格的一致性，并都命名为波特。

年份波特酒（Vintage Port）是由单一年份的葡萄酿造，再在惰性罐或橡木桶中陈酿数年而成。年份波特通常享有很高的声望，至于其只在葡萄质量非常好的特殊年份才能生产，而且只有极其少数的葡萄是来自单一葡萄园（quinta）。年份波特至少经过 2 年的木桶陈酿后仍需经过 10～20 年的瓶陈来达到最佳饮用时期，复杂的花果香气才能完全地表现出来。由于装瓶后还需很长时间的存放，所以会在瓶内形成大量的沉淀。年份波特可能是最值得仔细品鉴的余味最绵长的葡萄酒，因为长时间的陈年逐渐展现出不同的风味。迟装波特（L.B.V.P.）也具有类似工艺流程，但在装瓶前需要 5 年的桶陈，并且装瓶前已经过滤。迟装波特通常被称为“低配版”的年份波特（或适合没有耐心等待长时间陈酿的消费者），因为其装瓶后陈酿时间短，风味发展有限。

木桶波特（Wood ports）是不同年份葡萄酒的混酿，主要在橡木桶（pipes）中陈酿。木桶陈酿的目的并不是给酒增加橡木风味，而是使酒缓慢氧化（橡木桶没有被完全装满），所以橡木桶也被重复使用以降低橡木味对波特的影响。最常见的木桶陈酿波特是在装瓶前需要经过 2～3 年的木桶陈酿的红宝石波特（Ruby port）。茶色波特（Tawny port）则是红宝石波特酒长期储藏（陈年时间往往超过 10 年）氧化失去红色色调混合而成，并且陈酿时间较长的茶色波特在一定程度上被视作波特酒的巅峰。廉价的茶色波特则是红宝石波特酒和白波特酒（White port）的混合产物。白波特是由白葡萄制造，有干型、半干和甜型等。它具有和红宝石波特酒类似的陈酿过程与阿莫瑞索雪利酒也很类似。此外，白波特也与桃红波特（Rosé ports）的酿造生产相似。

除去葡萄牙波特，其他国家也酿造类似波特的葡萄酒，比如，在澳大利亚和南非，只有极少数使用和波特酒类似的葡萄品种和陈酿工艺。这些国家的葡萄酒通常使用高度蒸馏（无味）的酒精进行强化，所以所酿造的波特与葡萄牙波特相比缺失白兰地强化而产生的独特风味。此外，许多南美产生的波特酒往往经过加热具有马德拉酒的香味（焦糖味）。

马德拉酒（Madeira）

强化酒工艺最初是为了保障船运葡萄酒的稳定而发明的——来自马德拉岛的葡萄酒在运往美洲殖民地时会多次历经温度高的赤道地区（导致葡萄酒长时间暴露在高温环境）。随后，生产商们意识到被殖民者更喜欢经过赤道“烘焙”的葡萄酒时，于是在装瓶和运输之前就对葡萄酒进行热处理（estufagem）（40℃以上，至多 3 个月），然后再将葡萄酒在旧木桶中陈酿数年以避免给予过重的橡木风味。

马德拉酒的类型横跨干型酒到甜酒。有的马德拉酒只使用同一个年份的同一种葡萄，有的则是多种葡萄品种的混酿。尽管存在这些差异，是否具有典型的烘烤（焦糖）风味仍是区分不同马德拉酒的首要标准。此外，马德拉酒在长期的陈酿过程中也会发展出许多酒评家所赞赏的复杂花香，而通过煮沸来获得烘烤风味的廉价马德拉酒风味的发展则截然不同。

大多数马德拉酒是由白葡萄酿造的，玛尔维萨（Malvasia）、舍西亚尔（Sercial）、华帝露（Verdelho）和布尔（Bual）是首选的一些白葡萄品种。酿酒师在酿造马德拉酒时也会优先考虑让野生酵母自然发酵，并且根据所需的马德拉酒类型来决定酵母自然发酵的时间。如马姆齐（Malmseys）在发酵开始不久就被强化，从而保留了其中高浓度的残糖（～120 g/L）并带有深褐色、浓郁的咖啡 / 焦糖等风味；半甜的布尔（balss/boals）则是在糖发酵一半时（约 95 g/L 残糖）被强化，颜色更深带有葡萄干的风味；华帝露则在残糖约 70 g/L 时的强化，所以具有高酸和烟熏风味；舍西亚尔往往在发酵接近结束时进行强化（保留 25～50 g/L 残余糖）。总结以往的酿造经验，凉爽产区酵母自然发酵至干型马德拉需要 4 周左右。马德拉酒的风味在一定程度上与基酒的品种密切相关，舍西亚尔葡萄颜色较浅、酸度清爽，具有浓郁的杏仁风味，这些特征风味也反映在马德拉酒芳香化合物的含量差异中（图 7.18）。值得指出的是，人们也会用几种红葡萄品种（Tinta Negra Mole 为主）来酿造马德拉酒，但通常用于生产较为廉价的马德拉酒。

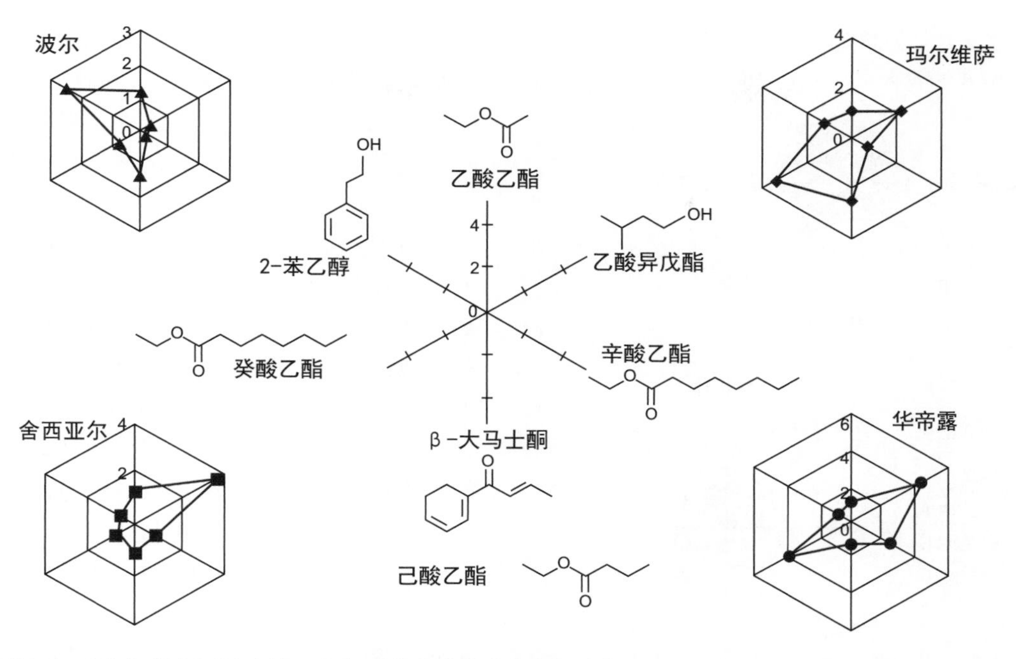

图 7.18　区分年轻马德拉葡萄酒风味的一些主要芳香族化合物的极坐标（资料来源：Perestrelo，R. et al.，2011）。

味美思（Vermouth）

葡萄酒自古以来就一直被用作药草和香料的载体（溶剂），这也最终促进了味美思酒的诞生。强化这一工艺不仅有利于葡萄酒的保存，也从酿造味美思酒所使用的许多植物中提取众多的香味物质。

当前味美思酒主要分为法国味美思和意大利味美思。意大利味美思强化至酒精度为 16%～18%，含糖量为 4%～16%；法国味美思则酒精度为 18%，糖度为 4%，残糖的保留是为了掩盖一些香料的苦味。

味美思基酒通常是中性风格的白葡萄酒，意大利最好的味美思也是由麝香葡萄（Muscato bianco）酿制，可以添加 50 种以上的草药和香料至味美思酒基酒中以萃取独特的风味，并且所使用的草药和香料的类型和数量是每个酿酒厂的特有配方。尽管如此，典型的香料通常包括五香粉、当归、茴香、苦杏仁、肉桂、金鸡纳、丁香、芫荽、杜松、马郁兰、肉豆蔻、橘皮、大黄、香薄荷和艾草。Tonutti 和 Liddle（2010）的相关研究讨论了芳香植物如何在酒精饮品种的使用。香料中的风味物质能在高度酒精强化后的基酒中浸提出来（与大多数意大利苦艾酒一样），也可以直接在基酒中进行浸提（典型的法国苦艾酒）。香料中风味物质在浸提之后还需 4～6 个月的陈酿期以达到品质完美，在此期间不同风味的香气物质会逐渐融合、平衡成一体。此外，味美思在装瓶之前还需要经过无菌过滤或巴氏杀菌。

白兰地（Brandy）

白兰地作为一类蒸馏型葡萄酒几乎存在于每个葡萄酒生产产区，但最为知名的产区则位于法国西南部的雅文邑（Armagnac）和干邑（Cognac）。人们也根据白兰地的起源、所用葡萄栽培品种和酿造工艺、蒸馏方式（Armagnac column and alembic）对其进行分类（Jackson，2014）。所有白兰地都会在橡木桶中进行陈酿，不同陈酿时间的白兰地会按照不同比例进行勾兑、调配以得到所需典型特征的白兰地。白兰地名称的命名方式也主要基于此，即陈酿时间最短的白兰地年限和调配后的白兰地最低酒龄，包括 Three Stars（2 年 /2 年）；VO、VSOP（4 年 / 5 年）；XO、Extra、Napoleon、Vieille Réserve、Hors d’Age（5 年 /6 年）。图 7.18 展示了白兰地颜色差异随着陈酿时间的变化；插图 7.19 展示了位于干邑产区的一个品酒室实例；图 7.19 表明了 3 种不同干邑白兰地的感官差异。

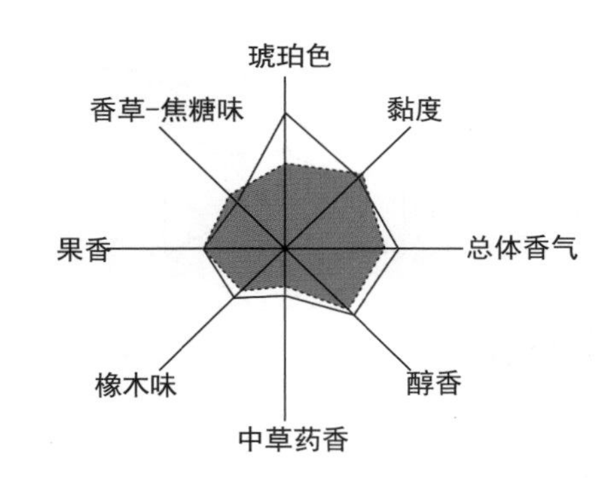

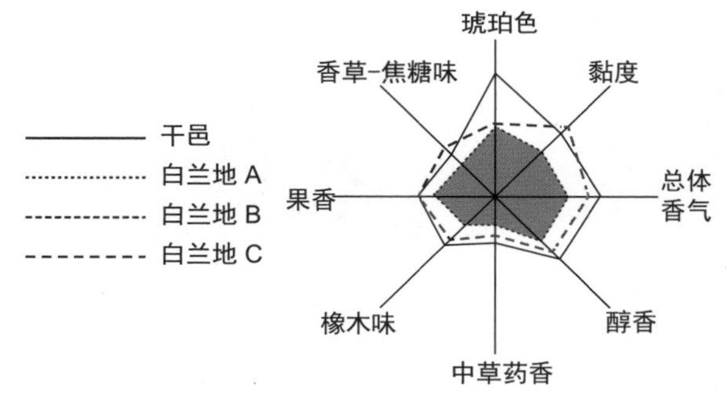

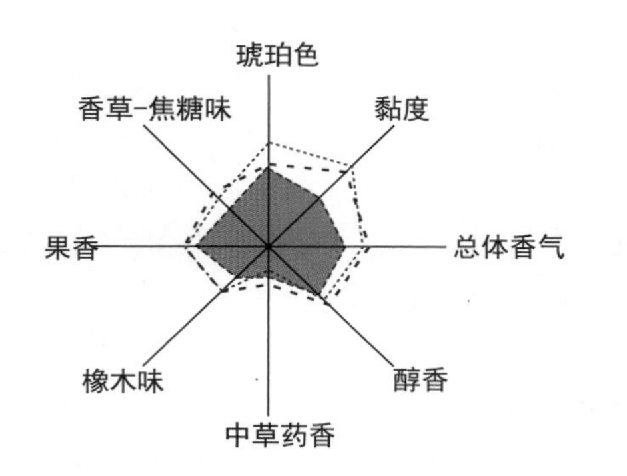

图 7.19　3 种不同干邑与 3 种不同白兰地的感官比较（资料来源：Stone，H. et al.，2012）

类似的主要以葡萄皮渣为蒸馏底物的蒸馏型葡萄酒还包括 marc（法国）、grappa（意大利）、aguardiente 或 orujo（西班牙）、bagaceira（葡萄牙）和 tsipouro（希腊）。与大部分白兰地相比，这些酒根据蒸馏过程中酒精精馏的程度的不同可能更中性，也可能更具葡萄风味，并且这些酒在木桶中成熟时间较短，口感往往略显粗糙。

白兰地通常具有 65～100 mg/L 的酒精浓度（贡献辛辣味），并且具有适中的醛和缩醛（提供爽口感）、橡木内酯（贡献椰香）、木质素降解后形成的酚醛衍生物（贡献香草和甜味）以及 C8 至 C12 脂肪酸乙酯（附带水果味和花香味）。在蒸馏过程中脂肪酸氧化和转化所形成的酮、呋喃以及吡嗪类化合物为白兰地贡献了焦糖和烘烤风味；过量的低挥发性成分如乳酸乙酯和 2- 苯基乙醇则贡献非典型的厚重口感；高挥发性成分则会产生尖锐、刺激的味道。此外，当麝香品种用作白兰地基酒时，葡萄中的萜烯类化合物会展现出其独特风味。

白兰地的挥发性香气组分中最重要的是 β- 大马式酮、甲基丙醛、三种酯（乙基（S）2- 甲基丁酸乙酯，乙基丙酸甲酯和 3- 甲基丁酸乙酯）和乙醇；其他气味活性化合物也丰富了白兰地的香气（Uselmann and Schieberle，2015）。

白兰地的感官评价与葡萄酒乃至其他强化型葡萄酒都有所差异，这与白兰地更倾向于通过长时间“嗅闻”来品鉴而并非“品尝”来评价密不可分。这种主要通过“嗅闻”的品鉴方式也避免了与“品尝”饮酒有关的一切困扰。此外，白兰地通常在室温下进行品鉴，也避免了将酒样保持在低于环境温度进行品鉴的麻烦。ISO 标准品酒杯可以用来品鉴白兰地，但更常使用的是较小的标准杯（150 mL）（插图 7.8）。而经常被消费者视为饮用白兰地的理想容器——白兰地杯（Balloon glasses）对于优质白兰地的品鉴则是不适合的。

正如上文所描述的那样，使用第 5 章中所描述的评价标准来品鉴白兰地是不适用的。白兰地的感官品尝有专门的感官品尝表（Bertrand，2003）和香气轮盘（图 7.20）。干邑和雅文邑生产监管组织法国干邑行业局（Bureau National Interprofessionel du Cognac）（插图 7.10）和法国雅文邑行业局（Bureau National Interprofessionel de l’Armagnac）（插图 7.11）分别为干邑的国际市场营销设计了调整版的香气轮盘，更多关于蒸馏酒、烈酒的品鉴、技术方法讨论可以参阅 Piggott 和 Macleod（2010 年）的相关书籍文献。

白兰地酒窖主人（maître de chai）的主要任务是监测白兰地酒精含量从 70%（成熟）到 40%（用于装瓶）的变化情况以及如何将不同酒龄的白兰地勾兑调配出所需的最终成品白兰地。为此，酒窖主人拥有一套不同品质、类型、酒龄和价格的白兰地标准样本以做比较，通过二点测试（duo-trio）和三角测试（triangle tests）来进行不同白兰地调配测试样和标准样的比较。

插图 7.8　不同干邑的白兰地年龄（2 年、12 年、22 年和 67 年）的比较（人头马，干邑产区，法国）。注意用于评价干邑所用的玻璃杯的优选尺寸和形状（资料来源：R. S. Jackson）。

插图 7.9　法国干邑人头马的品酒室（资料来源：R. S. Jackson）。

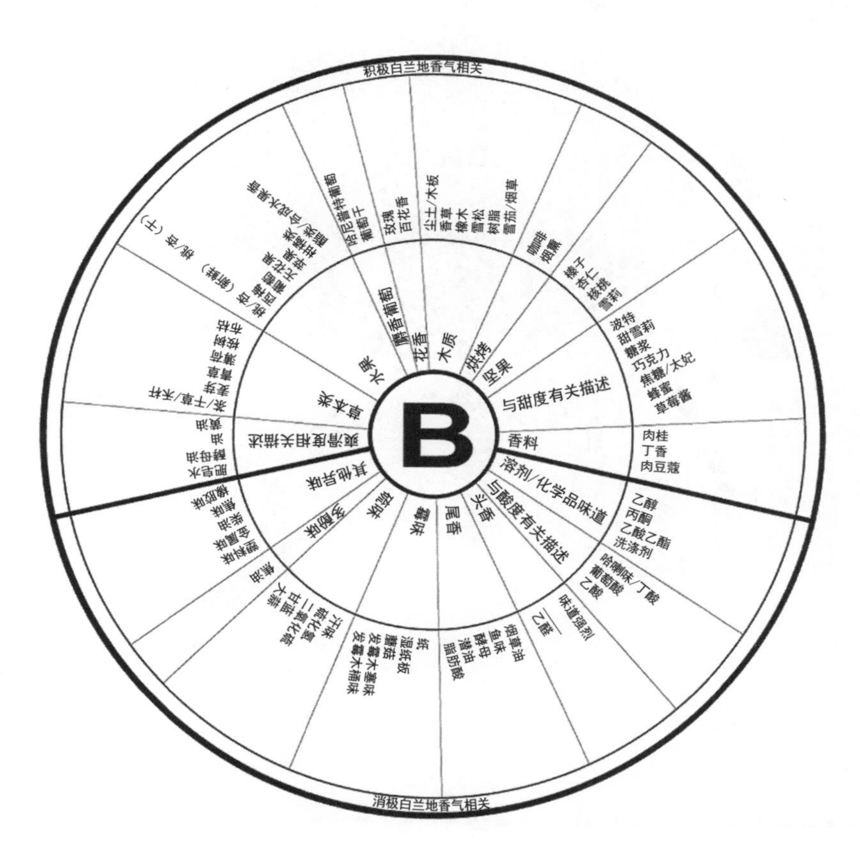

图 7.20　白兰地香气轮盘（资料来源：Jolly，N. P.，Hattingh，S.，2001）。

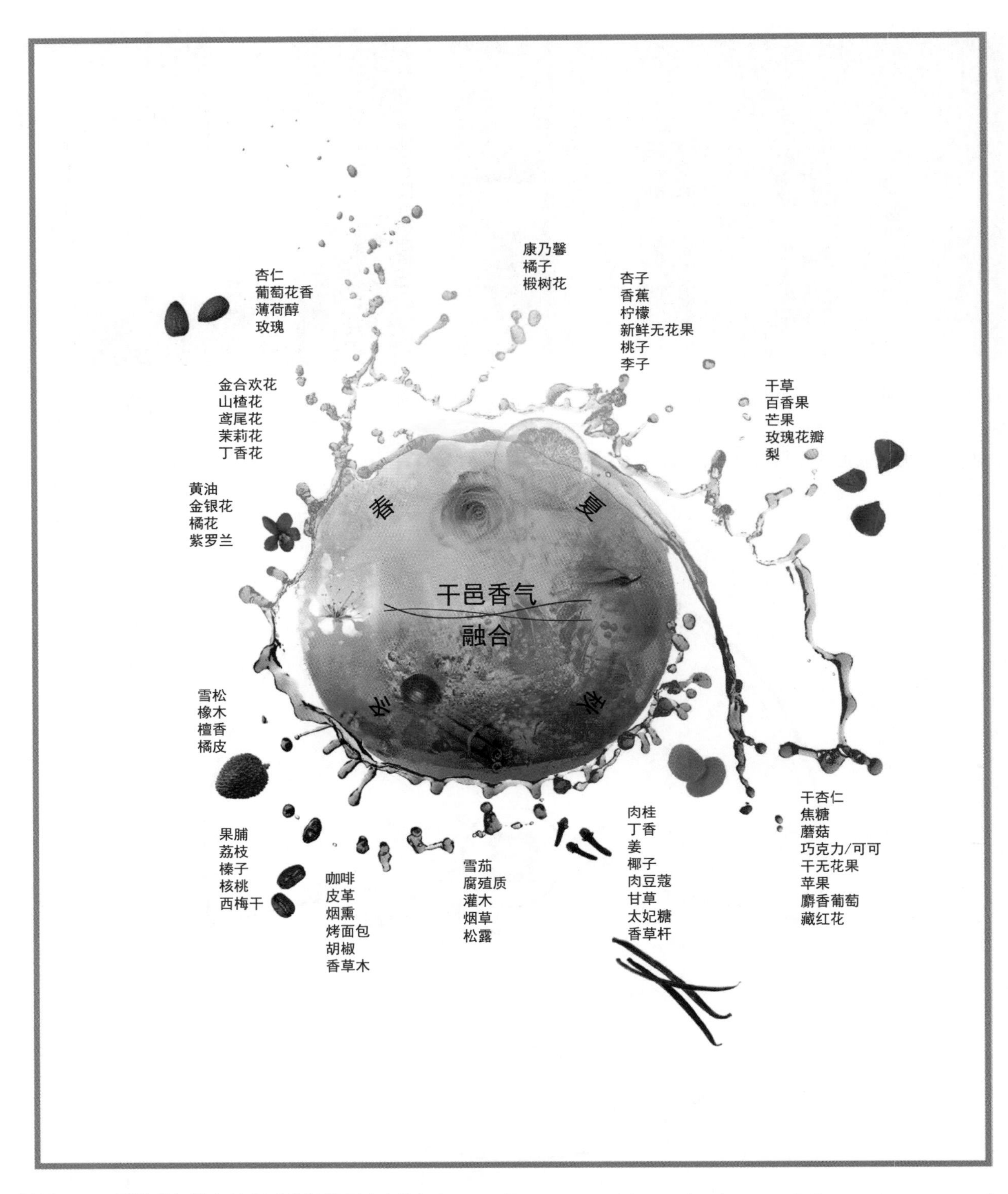

插图 7.10　干邑香气轮盘的主要香气特征（资料来源：http: //www.cognac.fr/cognac/_en/2_cognac/index.aspx?page=aromes）。

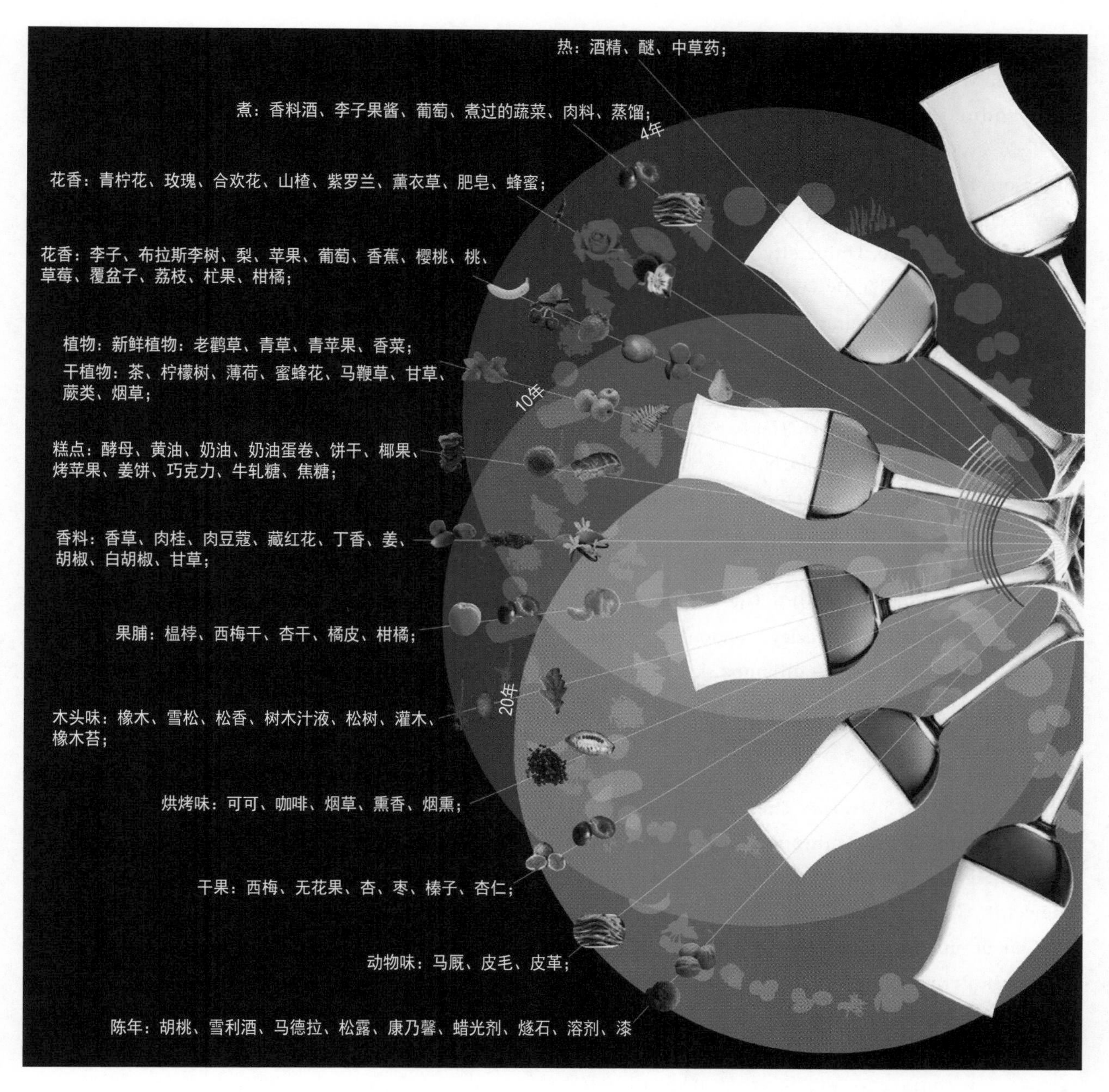

插图 7.11 法国雅文邑行业局香气轮盘

补充说明
Postscript

Linnaeus 选择了智人（Homo sapiens）作为人的拉丁文名称，意为思考人。在科学发展的最初期，解码生命规律以及探索未知是每天的轨迹。人类希望以有逻辑的方式处理客观事物和想法，这些想法和方式也逐渐应用于人类生活的基本法则或定律之中。在物理学中，这些基本原则或法律表现为数学定律；在化学中，则表现为轨道能量；在生物学是进化；在经济学中则是概念原则；在道德中，则是哲学与宗教。当我们尝试对葡萄酒也进行分类整理时，却发现似乎并不存在葡萄酒基本原则这一客观存在。于是人们只好单纯地依据葡萄酒的实用性来进行分类、归纳、总结：起初按照葡萄酒颜色、酒精和 CO_2 含量分类，随后又按品种和地理来源、生产者和年份来进行分类。这类看似简单的葡萄酒分类方式仿佛无法完美地体现人类卓越的智力水平，但是却极具功能性。

推荐阅读

Amerine, M.A., Singleton, V.L., 1977. Wine—An Introduction. University of California Press, Berkeley, CA.

Anderson, K. (assisted by N. R. Aayal), 2013 Which Winegrape Varieties are Grown Where? A Global empirical picture. University of Adelaide Press, Adelaide, Australia. (www.adelaide.edu.au/wine-econ/databases/winegrapes-front-1213.pdf)

Beckett, F., 2006. Wine by Style. Mitchell Beazley, London.

Halliday, J., Johnson, H., 2007. The Art and Science of Wine. Firefly Books, Buffalo, N.Y.

Jackson, R.S., 2014. Wine Science: Principles and Application, 4th ed. Academic Press, San Diego, CA.

Johnson, H., Robinson, J., 2013. The World Atlas of Wine, 7th ed. Mitchell Beazley, London.

Robinson, J., Harding, J., Vouillamoz, J., 2012. Wine Grapes. HarperCollins, New York, NY.

参考文献

Allchin, F.R., 1979. India: The ancient home of distillation? Royal Anthropol. Inst. Gr. Brit. Irel. New Series 14, 55–63.

Alleweldt, G., 1989. The Genetic Resources of Vitis: Genetic and Geographic Origin of Grape Cultivars, Their Prime Names and Synonyms Federal Research Centre for Grape Breeding. Geilweilerhof, Germany.

Anderson, K., 2014. Changing varietal distinctiveness of the world's wine regions: Evidence from a new global database. J. Wine Econom. 9，249–272.

Anonymous, 1986. The history of wine: Sulfurous acid–used in wineries for 500 years. German Wine Rev. 2, 16–18.

Bertrand, A., 2003. Armagnac and wine-spirits. In: Lea, A.G.H., Piggott, J.R. (Eds.), Fermented Beverage Production, 2nd ed. Kluwer Academic/Plenum Publishers, New York, NY, pp. 213–238.

Bourzeix, M., Heredia, N., Kovac, V., 1983. Richesse de différents cépages en composés phénoliques totaux et en anthocyanes. Prog. Agric. Vitic. 100, 421–428.

Darby, W.J., Ghalioungui, P., Grivetti, L., 1977. Food: The Gift of Osiris, Vol. 2 (Figs. 14.3 & 14.4). Academic Press, London.

Dumbrell, R., 1983. Understanding Antique Wine Bottles. Antique Collector's Club, Woodbridge, England, UK.

Duteurtre, B., 2010. Le Champagne: de la tradition à l science. Lavoisier Tec & Doc, Paris, France.

Fay, J.C., Benavides, J.A., 2005. Evidence for domesticated and wild populations of *Saccharomyces cerevisiae*. PLoS Genet. 1, 66–71.

Fuentes, S., Condé, B., Caron, M., et al., 2014. What a robot can tell you about the quality of your sparkling wine: Share a glass with FIZZeye-Robot. Wine Vitic. J. 29 (4), 25–29.

Guasch-Jané, M.R., Andrés-Lacueva, C., Jáuregui, O., et al., 2006. First evidence of white wine in ancient Egypt from Tutankhamun's tomb. J. Archaeol. Sci. 33, 1075–1080.

Hyma, K.E., Saerens, S.M., Verstrepen, K.J., et al., 2011. Divergence in wine characteristics produced by wild and domesticated strains of *Saccharomyces cerevisiae*. FEMS Yeast Res. 11, 540–551.

Jackson, R.S., 2014. Wine Science: Principles and Application, 4th ed. Academic Press, San Diego, CA.

Jolly, N.P., Hattingh, S., 2001. A Brandy aroma wheel of South African brandy. S. Afr. J. Enol. Vitic. 22, 16–21.

Kobal, G., Hummel, C., 1988. Cerebral chemosensory evoked potentials elicited by chemical stimulation of the human olfactory and respiratory nasal mucosa. Electroencephalo. Clin. Neurophysiol. 71, 241–250.

Léauté, R., 1990. Distillation in alambic. Am. J. Enol. Vitic. 41, 90–103.

Lesko, L.H., 1977. King Tut's Wine Cellar. Albany Press, Albany.

Liger-Belair, G., 2016. Champagne and sparkling wines: Production and effervescence. In: Cabellero, B., Finglas, P.M., Toldrá, F. (Eds.), Encyclopedia of

Food and Health. Elsevier Press, London, UK, pp. 526–533.

Liger-Belair, G., Marchal, R., Jeandet, P., 2002. Close-up on bubble nucleation in a glass of champagne. Am. J. Enol. Vitic. 53, 151–153.

Liu, X., 1988. Ancient India and Ancient China. Trade and Religious Exchanges. A.D. Oxford Univ. Press, Bombay, India.1–600

Murat, M.-L., 2005. Recent findings on rosé wine aromas. Part I: Identifying aromas studying the aromatic potential of grapes and juice. Aust. NZ Grapegrower Winemaker 497a, 64–65. 69, 71, 73–74, 76.

Murat, M.L., Tominaga, T., Saucier, C., et al., 2003. Effect of anthocyanins on stability of a key-odorous compound, 3-mercaptohexan-1-ol, in Bordeaux rosé wines. Am. J. Enol. Vitic. 54, 135–138.

Naumov, G.I., Naumova, E.S., Sniegowski, P.D., 1998. *Saccharomyces paradoxus* and *Saccharomyces cerevisiae* are associated with exudates of North American oaks. Can. J. Microbiol. 44, 1045–1050.

Perestrelo, R., Albuqerque, F., Rocha, S.M., et al., 2011. Distinctive characteristics of madeira wine regarding its traditional winemaking and modern analytical methodologies. Adv. Food Nutr. Res. 63, 207–250.

Pérez-Magariño, S., Martínez-Lapuente, L., Bueno-Herrera, M., et al., 2015. Use of commercial dry yeast products rich in mannoproteins for white and rosé sparkling wine elaboration. J. Agric. Food Chem. 63, 5670–5681.

Piggott, J.R., Macleod, S., 2010. Sensory quality control of distilled beverages. In: Kilcast, D. (Ed.), Sensory Analysis for Food and Beverage Quality Control. A Practical Guide. Woodhead Publ. Ltd, Cambridge, U.K, pp. 75–96, 262–275.

Pozo-Bayón, M.Á., Santos, M., Martín-Álvarez, P.J., et al., 2009. Influence of carbonation on aroma release from liquid systems using an artificial throat and a proton transfer reaction-mass spectrometric technique (PRTR-MS). Flav. Frag. J. 24, 226–233.

Rogerson, E.S.S., de Freitas, V.A.P., 2002. Fortification spirit, a contributor to the aroma complexity of port. J. Food Sci. 67, 1564–1569.

Singleton, V.L., Ough, C.S., 1962. Complexity of flavor and blending of wines. J. Food Sci. 12, 189–196.

Stone, H., Bleibaum, R., Thomas, H.A., 2012. Sensory Evaluation Practices, 4th ed. Academic Press, London, UK.

Teyssen, S., González-Calero, G., Schimiczek, M., et al., 1999. Maleic acid and succinic acid in fermented alcoholic beverages are the stimulants of gastric acid secretion. J. Clin. Invest. 103, 707–713.

Theophrastus (371–287 B.C.). Concerning Odours (*ΠEPI OΣMΩN 11.2*). In Enquiry into Plants. Vol II. Loeb Classical Library (Trans. Sir A. Hort, 1916). William Heinemann, London, UK, p. 373.

Tonutti, I., Liddle, P., 2010. Aromatic plants in alcoholic beverages. A review. Flavour Fragr. J. 25, 341–350.

Uselmann, V., Schieberle, P., 2015. Decoding the combinatorial aroma code of a commercial cognac by application of the sensomics concept and first insights into differences from a German brandy. J. Agric. Food Chem. 63, 1948–1956.

Usseglio-Tomasset, L., Bosia, P.D., Delfini, C., et al., 1980. I vini Recioto e Amarone della Valpolicella. Vini d' Ítalia 22, 85–97.

Van Buren, J.P., Bertino, J.J., Einset, J., et al., 1970. A Comparative study of the anthocyanin pigment composition in wines derived from hybrid grapes. Am. J. Enol. Vitic. 21, 117–130.

Vannier, A., Run, O., Feinberg, M.H., 1999. Application of sensory analysis to champagne wine characterisation and discrimination. Food Qual. Pref. 10, 101–107.

Wang, J., Capone, D., Wilkinson, K.L., et al., 2016. Chemical and sensory profiles of rosé wines from Australia. Food Chem. 196, 682–693.

White, M.R.H., Heymann, H., 2015. Assessing the sensory profiles of sparkling wine over time. Am. J. Enol. Vitic. 66, 156–163.

Zea, L., Moyano, L., Moreno, J., et al., 2001. Discrimination of the aroma fraction of Sherry wines obtained by oxidative and biological ageing. Food Chem. 75, 79–84.

8

葡萄酒品质的来源

Nature and Origins of Wine Quality

葡萄酒品尝的本质是对葡萄酒质量的探索。葡萄酒品质是一个人们已认同的概念，然而存在的主要问题是人们对葡萄酒品质的评估还没有达到共识。Reeves 和 Bednar（1994）认为品质需要由几个因素构成：优质、历史感、高性价比。这些属性是大多数专家认为的葡萄酒品质的基本组成部分。实际上，它们是一种模糊的感知。称谓和控制率用于记载传统观点下的区域品质，只是为偶然的品质特征提供信心。高价往往被视为葡萄酒品质的预估指标，并且保证了独特性。有证据表明，在不知道价格（或原产地）的情况下，通常高价葡萄酒与感官愉悦度的增强无关（Goldstein et al.，2008）。

葡萄酒品质通常用内在因素（理化指标、感官）和外在因素（价格、名望、背景）两方面来评价。在理想世界中，只有内在因素才具有合理性。尽管这样，外在因素往往对人们心中的葡萄酒品质概念（Hersleth et al.，2003；Verdú Jover et al.，2004；Priilaid，2006；Siegrist and Cousin，2009）和购买欲望（Jaeger，2006）起着重要的作用。即使是具有丰富葡萄酒品评经验的人也需要从感官品质角度来更加客观地欣赏葡萄酒。经常饮用葡萄酒的消费者也不一定是这种情况（Hopfer and Heymann，2014）。

尽管如此，葡萄酒品质可以用“好”与“坏”来表达，或者更加客观一些，用“理想的”与“不受欢迎的”来表达，再或者如 Prescott（2012）所指出的那样：“相对于食物而言，其价值取决于人，而不是食物本身。”

显然，当试图理解葡萄酒的基础品质时，尽管这并不是特别有用，但是对于包括葡萄酒品评家在内的大多数人来说，这就是现实。

尽管这个概念具有主观性，但是感官评价的主要目标之一是理解葡萄酒品质的生理、心理和化学基础。然而，如果没有明确定义葡萄酒品质，那么设计实验来研究这一概念就会遇到困难。当然，如果能成功是最好的。尝试可能不一定毫无结果。例如，研究人员甚至对面部美的概念也进行了充分分析，以开发出一种看似属性模糊的通用模型（Bronstad et al.，2008）。因此，美丽不仅仅“只是在旁观者的眼中”，一个物理美的概念模型似乎正在人脑中构成。当然，这可能不适用于葡萄酒。

除了一些天生的倾向，例如，不喜欢苦味和喜欢甜味，人类的感官反应似乎主要是基于经验，而不是反射。因此，风味偏好具有潜在的可塑性。它主要以文化为基础，与葡萄酒品质可能没有多少绝对关系。熟悉度和经验似乎是主要因素。例如，熟悉度会影响气味辨别，并且通常会增强感知强度和愉悦感（Distel and Hudson，2001；Mingo and Stevenson，2007）。此外，重复接触通常会改变偏好，促进接受（Köster et al.，2003）。因此，我们经常说这样一个观点，即经验能让人们欣赏更复杂（或品质更好）的葡萄酒。

葡萄酒品质的来源千变万化或者说其受欢迎的程度不一，但是从未导致葡萄酒品质难以定义。例如，人们通常会阅读到葡萄酒品评家对过度桶陈的霞多丽的抱怨。此外，Hersleth 等（2003）发现加利福尼亚州的消费者更喜欢未经桶陈的霞多丽，但是人们在调查问卷或在实验品尝条件下所表达的想法并不一定反映他们的实践。例如，美国和加拿大最受欢迎的两个霞多丽品牌（Lindeman's Bin 65 and Casella's Yellow Tail）都是桶陈的，人们关于其品质的评价可能都是一致的。稳定和一致的葡萄酒品评通常被认为是经过训练的人相对于消费者群体所具有的主要优势之一。尽管如此，一致并不代表有效，只不过相关性可以反映某些因果关系。

对于很多消费者来说，葡萄酒品评是满意度的反映。它可以通过葡萄酒的来源以及品质和价格比或其他属性来鉴别葡萄酒历史和文化。品质是源于脑结构，在神经元水平上检测到这种响应并不意外（Plassmann et al.，2008）。葡萄酒品质/价格差异越明显，人脑感知到的快感就越大（至少在测试条件下）。惊喜元素似乎也是愉悦感增强的主要因素（Berns et al.，2001），也可能会带来一流的体验。

有效的营销不仅会影响人们的购买行为。例如，购买习惯会影响大脑对刺激的反应，而不会感到可检测的明显的差异（McClure et al.，2004）。葡萄酒文化和其明显的复杂性可以超越固有的感官体验，也会影响一个人对品质和舒适度的判断。对于许多葡萄酒爱好者而言，品评似乎反映了他们的欲望。例如，对浪漫的葡萄酒文化遗产的虚拟体验（如地理区域）、复杂的生活方式（如精致的食物和葡萄酒）、文化认同感（如法语、意大利语）、个性和独特性（如风土、庄园装瓶）、身体和社交热度（如普罗旺斯、托斯卡纳）、轻松优雅感（如莱茵高），庆祝活动（如香槟）、社会性的证明（如葡萄酒爱好者的身份识别、财富，或一些庄严的年份）或愉悦感（如广泛的风味调色板）。对于具有很强排他性和自豪感的个人而言，葡萄酒可能不仅仅是一种饮料，而是一种满足心理需求的手段（Bhat and Reddy，1998）。通常葡萄酒在刚打开时可能达不到预期的程度，且不如购买期间和购买后产生的感觉，购买本身提供了想象空间和体验。这些无关紧要的联想赋予了葡萄酒起源区域感，并不一定是坏事。通常它们可以放大购买任何东西所产生的欣赏和喜悦。无论葡萄酒、服装、汽车，还是平板电脑（Atkin，2005），欣赏葡萄酒可以提供乐趣。幸运的是，大多数消费者可以更理性地看待葡萄酒，并把它作为一种美味而有益健康的饮料。

品酒环境经常能增强人们对葡萄酒欣赏的感知。例如，早上饮用葡萄酒似乎不太合适，可能除了香槟、橙汁以及考究的早餐。虽然很有吸引力，但是对于一款好的香槟来说，这并不重要（因为橙汁掩盖了香槟的精致风味）。期望也会显著影响人们对葡萄酒品质的感知以及对葡萄酒与食物结合的想法 (Wansink et al., 2007)。从最庄严的角度看，葡萄酒是一种审美体验（Charters and Pettigrew，2005）。事实上，它既感性，又高贵。

通常高品质物品被认为难以生产、获得或找到，这就意味着它们是稀有且昂贵的（具有独有性特征）。为了其稀有性可以令人垂涎不已，作为可被识别的象征或是原版的（如绘画），它必须赋予消费者自豪感。为什么来自知名庄园的葡萄酒价格经常与其感官品质不成比例？但愿对于那些能够买得起这种葡萄酒的人来说，如果实际感官品质不足，那么对价格的了解也足以激发他们追求精品。对所有权的渴望也可以发展成为一种强迫：对收集的热情或偶尔伪装成经济投资（Burton and Jacobsen，2001）。

任何高品质物品都被认为具有艺术属性。这些特点通常包括复杂性、和谐性、动态性、发展性、持续性、优雅性、独特性、可记忆性和愉悦性等。

关于享乐主义的表达可能有潜在的生理和心理学解释。复杂性几乎可以肯定与大脑中多种嗅觉模式的发展有关（气味和味道记忆）。这些可能或可能不足以联系触发与对象产生适当的或虚幻的感知。一个人为不同葡萄酒开发的嗅觉模型越多，感知复杂性的可能就越大。随着葡萄酒释放的芳香族物质浓度的波动，不同品质的产生或褪去相当于嗅觉万花筒。当这种动态复杂性在整个品尝过程中得以持续时，它就被称为持续性。持续时间用于表示可检测到的独特果香/酒香的时间。遗憾的是，大多数葡萄酒在显著的发展和持续时间方面都不能令人满意。葡萄酒的风味应当萦绕而不消散。和谐性更难被定义或解释，通常它涉及芳香、味觉和三叉神经感觉，如何整合到眶额皮层中，导致平衡的主观感知，从而没有一个属性占主导地位（过度）。优雅性是与和谐性相关的另一个主观术语，但被认为是更高层面的享乐感知，涉及激活杏仁核（情绪表达的主要中心）。独特性表明感官愉悦足够显著和独特，以使其清晰可见。可记忆性是指意料之外的感官品质，将品酒打造成令人难忘的体验——一种神化。

葡萄酒品质也与可能具有独特风格、品种和区域特征的风味密切相关。从大多数爱好者的角度来看，陈酿潜力是另一个突出的质量概念，但不能在年轻葡萄酒中准确地被预测。经验可能是一个指导，但也仅此而已。陈酿潜力仅在购买后很长时间才能显现出来，而且感官品质（理想情况下）应与品酒条件无关。当对葡萄酒一无所知时，其品质最具吸引力，即使在黑色酒杯中也同样有其魅力。它迫使品酒师完全信任酒本身所表达的感官品质，这是能被称为伟大的唯一合理的指标。

通常葡萄酒与人们的精神生活相关联（Lindman and Lang，1986；Klein and Pittman，1990），但可能会对某些人产生负面影响。葡萄酒与高级烹饪、音乐活动的交融受到许多葡萄酒厂的支持。但是对于“X”代的垃圾收集者来说，这是反时尚的；对于许多思想家来说，这反文化的。对他们来说，啤酒文化更符合他们的社会自我形象。

在大众媒体中，大多数葡萄酒评论家似乎都赞同葡萄酒的品质，这被解释为对其真实性的支持（Goldwyn and Lawless，1991）或者说共识的出现可能仅仅反映了对公认规范的培训、习惯和默许。相比之下，Brochet 和 Dubourdieu（2001）没有找到关于葡萄酒品质的一致观点的证据，但是描述了如何定性。在大多时候，人们对那些自诩为品味仲裁者的意见过于忠诚，而对个人感官感知的忠诚则远远不够。在其他领域，一个半世纪以前开发的产品排名（Grands Crus Classés de Bordeaux）与今天的产品是否具有任何相关性？盲从吹笛者的真正危害在于它阻碍了鲜为人知，但优质的葡萄酒、酿酒师和品种获得它们应得的尊重和回报，并剥夺了消费者对葡萄酒的全方位感官享受。

品质来源
Source of Quality

虽然很少被了解，但是影响葡萄酒质量最重要的因素其实是酿酒师（图 8.1）。没有酿酒师，就没有葡萄酒。他们的决定影响着葡萄酒的发展以及最终拥有的属性；雕塑家塑造石头，酿酒师酿制葡萄。对酿酒师信任的缺乏，说明我们感官感觉是多么的有限，而并不是人类的谦虚。人类的嗅觉技能很少能够识别个别酿酒师为葡萄酒带来的微妙特征。此外，酿酒师的身份还不是一种适销对路的商品，除非所有者 / 生产者名称足够熟知并且在标签上被突出显示。因此，酿酒师与米开朗琪罗、莫扎特一样，他们的伟大性鲜为人知。除了一些葡萄园所有者，他们认为经验丰富的酿酒师可以提升他们的葡萄酒品质，而且成熟和陈酿过程也可以改变并且最终掩盖酿酒师对葡萄酒的微妙影响。即使经过了大量的训练，也只有很少人可以识别品种间的差异，地区间的细微差异就更难被辨别了。

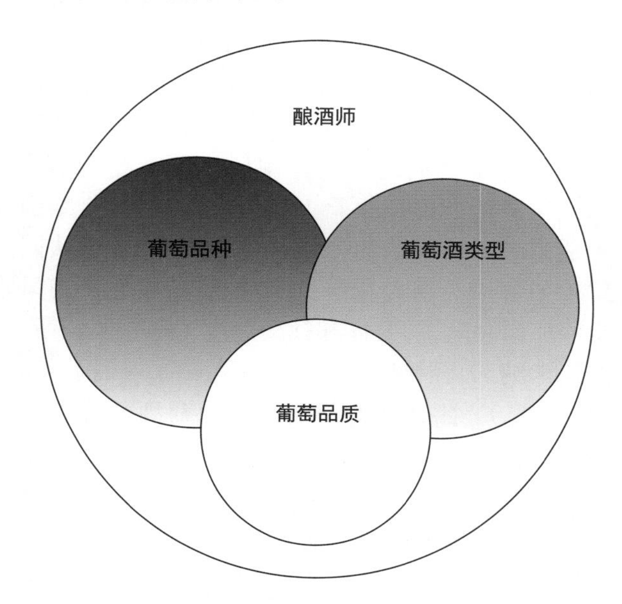

图 8.1　葡萄酒品质的影响因素

葡萄品种和生产方式比区域特征更容易被发现其差异。尽管如此，绝大多数葡萄品种都不能生产出具有独特香气的葡萄酒，至少不能一直如此。甚至一些著名品种也因其难以捉摸的品种香气而声名狼藉。黑比诺就是最著名的例子。黑比诺被称为“令人心碎的葡萄”并非没有理由。葡萄酒生产工艺可以更一致性地为葡萄酒打上独一无二的香气特征。例如，生产程序的使用可以将相同的红葡萄转化为红、桃红或白葡萄酒。这些葡萄酒可以是干的、甜的、起泡的或强化的，每一种都可能以令人难以置信的不同风格出现。

除了品种的特性，葡萄的品质（成熟度、健康状况、风味物质含量）也会限制葡萄酒的品质。从这个角度来说，宏观和微观的气候对葡萄酒的特点有显著影响。然而，陈酿最终会减少葡萄酒的大部分个性。对于优质葡萄酒来说，品质会有暂时的提升或者至少对于陈酿葡萄酒的鉴赏家来说，他们是这样解释的。

接下来是对影响葡萄酒品质的那些特点的讨论。虽然趋势是可以被注意到的，但葡萄酒的品质涉及多个因素复杂且相互作用，改变其中任何一个因素都可能影响到其他的因素。例如，老龄赤霞珠葡萄树上结的果实酿造的酒有着浓郁的浆果味道而青草味不明显（Heymann and Noble，1987）。然而这个特点也可能仅仅是葡萄藤活力较低，浆果体积较小，果实受光照较强，导致每个浆果产生了更多的风味。此外，由于其被预期了具有更高的质量，较老葡萄树上的果实可以在发酵和成熟期间给予优先处理。像往常一样，有关联性并不一定是因果关系。

此外，必须谨慎行事，不要过分夸大现有科学研究的相关性。大多数研究是在相对较小的样本量和少数品种上进行的，并且不能控制其他因素，而这些正是严格的实验必须考虑的因素之一。例如，Heymann 和 Noble（1987）提到的葡萄树的年龄对葡萄酒的影响是基于对 21 种葡萄酒进行分析的结果。不过，如果这有什么意义的话，那么这项研究结果就与葡萄酒界普遍持有的观点是一致的。

葡萄园影响 Vineyard Influences

在发现发酵的微生物特性之前，葡萄酒的品质首先取决于土壤和葡萄的生产过程。随后，葡萄酒厂的生产技术足以决定葡萄酒的质量，至少在新世界国家如此。最近酿酒师们又开始把葡萄酒的品质归功于葡萄园的活动，这可能是由消费者对酿酒技术越来越不信任产生的反应，也是他们希望将自己的葡萄酒与竞争对手区分开来的愿望。事实上，栽培技术和葡萄酒酿造工艺都很重要。在大多数情况下，人们很难说出哪一个更重要。有一句谚语“朽木不可雕也”也同样适用于葡萄酒，即质量差的葡萄不可能酿造出好质量的葡萄酒。然而，没有熟练的指导，最好的葡萄也酿不出好的葡萄酒。在最近对黑比诺葡萄酒进行的一项研究中发现，葡萄酒酿造工艺、橡木桶成熟和年份在影响葡萄酒特性方面比葡萄园或相同地块更具重要意义（Schueuermann et al.，2016）。

大气候（Macroclimate）

大气候是指大范围的地势因素影响下的气候改变，如纬度、邻近大片水域、洋流、山脉方向、陆地大小等。显然这些因素不仅显著影响着最容易酿造的葡萄酒的风格，还决定了葡萄栽培的可能性，就像早冬的低温天气是高效生产冰酒的必要条件，较炎热的气候有利于雪利酒的生产。同样的，秋季的凉爽天气有利于葡萄成熟和葡萄酒缓慢发酵中酸的保持——两者都有利于产生干型、质量稳定的餐酒。然而，即使不能抵消，现代的栽培技术和酿造工艺也可以降低以前气候因素对葡萄酒生产的限制作用。因此，没有一个国家或地区可以正大光明地宣布他们的优质葡萄酒生产是无可匹敌的。尽管有些葡萄园在生产某些风格或种植特定葡萄品种时，可能具有天生的优势。虽然消费者可能有最爱的葡萄酒品质，但葡萄酒的品质更多地依赖于适宜而娴熟的技术应用，而不是所谓的葡萄地理起源。

中气候和微气候（Mesoclimate and Microlimate）

这两个术语指的是或多或少潜在影响着栽培的特征。中气候（Mesoclimate）通常被定义为数百米范围内的气候条件。相反，微气候（Microclimate）是指能快速影响单个或小群葡萄藤的区域条件。这两个方面都涉及当地土壤条件和地形等特征以及葡萄藤培养和葡萄藤生长习性。在单个葡萄藤的尺度上，我们一般要面对其直接的土壤——大气微气候（soil—atmosphere microclimate，SAM）。在旧世界葡萄酒中，中气候通常被称为“terroir”（风土因素）。不幸的是，这个词同样被用于当地的葡萄种植和酿酒条件，偶尔还带有近乎神秘的精英主义意味，而SAM则更精确，没有任何潜在内涵。为了让人们了解风土，Hugh Johnson（1994）指出“一个人的前后院都有不同的风土。”

毋庸置疑，葡萄园的中气候和藤蔓的微气候影响着葡萄，进而影响着葡萄酒的化学反应。其问题在于葡萄化学中少数可检测到的微小变化是否会产生可检测到的人为差异，如微量元素（如钡、锂和锶）的浓度，或碳、氧和氢同位素的相对比例。答案很可能是否定的，即使这种化学差异是葡萄藤的中气候和微气候产生的影响中最容易被识别的。

土壤主要通过对热量的保持、持水力和营养条件来影响葡萄的生长。例如，土壤的颜色和质地组成会通过改变热吸收和再辐射而影响葡萄的成熟。黏土的表面积和体积比［(2～5）× 10^6 cm^2/cm^3］较大，具有令人难以置信的保水能力。这就意味着这种土壤在春天温度升高较慢（延迟了葡萄的发芽），但是在秋天可以给葡萄提供一个温暖的环境（降低早秋的霜害）。然而，黏土的小孔可导致排水能力下降，在雨季可以引起水涝，果实开裂或者腐烂。腐殖质的混合可以增加土壤的排水能力和通气能力，腐殖质也是矿物质营养的主要储备。这些被松散地保存在一种容易接近葡萄根的形式有助于葡萄树的最佳生长和果实的成熟。

在少数情况下，只有土壤的地质成因才具有重要意义。数百年以来，侵蚀风化已经在很大程度上改变了母岩的化学特点和结构特征。因此，著名的葡萄酒地区或位于地质均匀的土壤上［如香槟区、雪利酒产区（Jerez）、德国摩泽尔产区（Mosel）］或是混合型土质（如波尔多，莱茵地区）或位于各种火成岩、沉积岩或变质岩类型的土壤中。在同一个葡萄园中，同质性是非常重要的。土壤的不一致是果实成熟度不一致的主要原因，这通常被认为可能会降低葡萄酒的质量。

限制葡萄园变化以提高葡萄品质均一性是精准葡萄栽培（PV）的主要目标。为实现这一目标，应选择性地对葡萄园进行改造，例如，局部调整土壤保肥性和持水性条件。此外，选择性收获葡萄园特定地块可以进一步改善葡萄品质均一性。虽然PV可以获得品质更均一的葡萄原料，但是是否等同于提高葡萄酒品质呢？葡萄酒品质通常与香气复杂性有关，提高葡萄品质的均一性是否等同于增强葡萄酒香气的复杂性还不能确定。事实上，一些不均一的葡萄原料（芳香成分的变化）可以更好地实现香气复杂性。

在葡萄栽培实践中，比如，葡萄种植密度、修剪方式会影响葡萄树冠内和葡萄树之间光线的射入和空气的流动。这些因素可以显著影响果实成熟、疾病易感性和风味发展。所有实践都在提高水果的潜力，以生产出高品质的葡萄酒，从而影响葡萄的潜在质量。

地形因素会影响葡萄树的生长环境，进而影响葡萄的完全成熟，例如，葡萄园的坡度和光照方向。葡萄园纬度越高，坡度越明显（提供更强的阳光照射）。坡度的优点主要表现在秋天，因为此时需要足够的辐射（图8.2）。坡度也可以增加从水面反射过来的太阳光——这是在几个著名河谷中长期实现的优点。当太阳角度低于10°时，反射到平原上葡萄叶片上的辐射是山坡上葡萄树的1/2（Büttner and Sutter，1935）。坡度也有利于排水和引导冷空气（霜的产生）远离葡萄园。

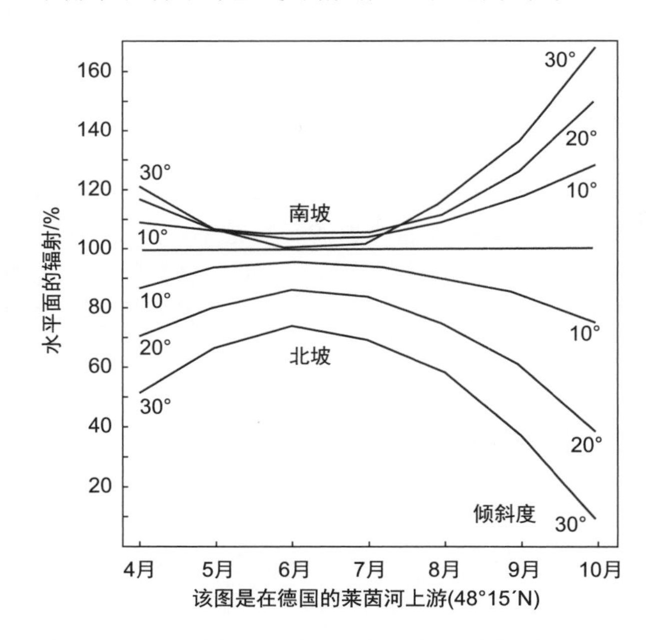

图8.2　北半球太阳光线被地面的接收率和坡地倾斜度之间的关系（资料来源：Becker，N.，1985）。

葡萄园附近的水域可以产生显著的微气候作用。这些作用在是有利的，其可以降低夏天和冬天的温度波动。但是在海洋性气候下这些作用是不利的，它会缩短葡萄的生长期。雾气的产生会抵消向阳坡增加的日照，进而增加病害的发生概率。

通过研究一些例子表明，在邻近产区生产的葡萄酒存在可检测的感官差异（Douglas et al.，2001；Kontkanen et al.，2005；Tomasino et al.，2013；图 8.3）。有趣的是，这些差异在不同年份之间是否有一致性还不清楚。陈酿条件、生产过程和葡萄树体年龄等都有可能掩盖区域的微妙特点（Ribéreau-Gayon，1978；Noble and Ohkubo，1989；Schueuermann et al.，2016）。此外，基于平均区域数据的感官差异仅仅是：平均，并不是一个地区的所有葡萄酒都具有相同的特点，也不能假设熟练的品尝者能够区分邻近地区的葡萄酒（Tomasino，2011）。此外，生产者可能不希望使用区域名称（由于其限制性），其更倾向于使用更通用的称谓来实现品牌一致性和声誉，这对于获得更多消费者尤为重要。与理解葡萄园或区域名称相关的更为抽象的感官差异相比，消费者更容易理解具体地理名称。尽管如此，无论独特性真实与否，这些都可以促进昂贵葡萄酒的销售，但会更加削弱鲜为人知的区域葡萄酒发展。当地生产是支持小生产者盈利和生存

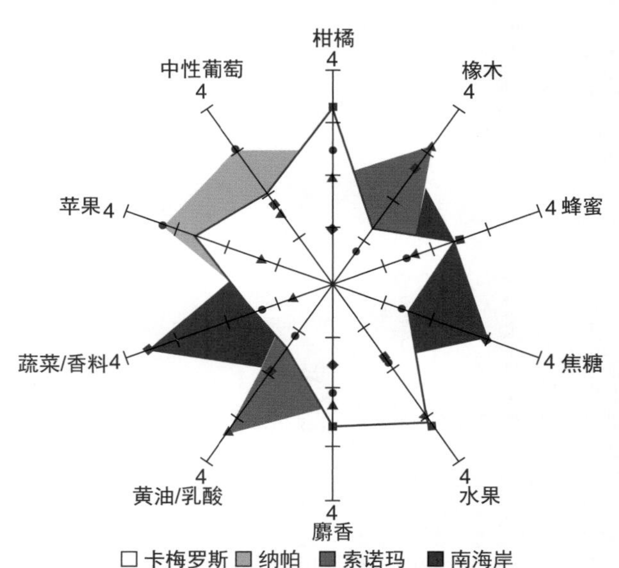

图 8.3 1991 年霞多丽酒的 10 种香气特征坐标（资料来源：Arrhenius，S. P. et al.，1996）。

的重要因素。酒庄直销店让消费者有一种了解生产者的感觉，并可以获得独特的葡萄酒，而且可以避免在葡萄酒店选择时所遇到的困难（Schwartz，2004）。酒庄销售也可以鼓励消费者品尝各种口味，这些可能是他们之前无法体验的。

葡萄种、品种和品系（Species, Variety, and Clone）

传统的观点认为只有欧洲葡萄品种（*Vitis vinifera*）才可以产生高质量的葡萄酒。其他品种或者杂交种即使有欧洲葡萄的基因，也不值得考虑。这种偏见使大部分西欧国家制定法规限制杂交品种的使用。这种规定制定的部分原因在于人们对杂交葡萄品种的浆果香味的不熟悉可能会威胁到现有名酒的声誉。额外担忧的是杂交品种的产量过高。欧洲葡萄产量过剩就成为一个问题。通过澳大利亚的 Chambourcin 葡萄酒可以证明他们传统思想的偏见。这只是其中的一个例子，但也说明了杂交的葡萄品种也可以酿造高质量的葡萄酒。北美生产的 Maréchal Foch，Vidal blanc，Cayuga White 和 Traminette 葡萄酒也使用杂交葡萄品种酿造质量较好的葡萄酒。

非酿酒葡萄酿制的葡萄酒评价就更低，对这些葡萄品种排斥的部分原因有历史因素，即在早期这些葡萄是用来酿制糖浆似的甜葡萄酒。许多人开始相信这些葡萄品种只能酿造甜葡萄酒。这些葡萄和酿酒葡萄截然不同的香味与公认的典型葡萄酒风味是相互冲突的。因此，习惯是非酿酒葡萄没有得到发展的主要障碍。康可（Concord）、卡托巴（Catawba）和尼亚加拉（Niagara）葡萄的香味被认为是一种不好的香味。如果按照这种标准，琼瑶浆和麝香等欧洲葡萄也应该被禁止。事实并非如此。在美国南部，人们对生产 *V. rotundifolia* 和 *V. aestivalis* 葡萄酒表现出极大的兴趣。只有通过有经验酿酒师的长期实验和工作，才可以完全开发出本地葡萄的潜力。

在世界葡萄栽培起源上，西欧葡萄品种的优势是适宜的气候和社会政治环境。西欧地区适宜的气候为生产陈酿型葡萄酒提供了很好的条件（Jackson，2016b），这些条件使优秀的葡萄品种脱颖而出。巧合的是，靠近这些葡萄酒产区工业

革命的发展催生了一个新兴的中产阶级，他们拥有自由资本来支持高质量的葡萄酒的生产。随着大英帝国的扩张，欧洲葡萄酒的消费意识传播到全世界。他们的爱好很明显影响了新世界国家葡萄园建立时对葡萄品种的选择。遗憾的是，无论自然环境，还是社会环境，南欧葡萄品种并没有得到同等的对待。其结果是南欧的优质品种除了当地人之外少有人知。此外，商业主导的少数所谓优质品种能产生多少变化？其他品种可能会重新引起人们的兴趣，并刺激全球葡萄酒销售出现相对停滞的局面。似乎大多数葡萄酒评论家不太赞同这些观点。然而，品种增加（如果命名）可能会在平民市场产生适得其反的效果，而让消费者更加混淆。目前令人眼花缭乱却本质基本相同的葡萄酒已经导致销售萧条（Drummond and Rule，2005）。格伦转移是以创建购物中心概念的建筑师维克多·格伦（Victor Gruen）命名的，许多消费者在葡萄酒商店中经历的精神瘫痪就是所谓的格伦转移效应的一个例子。对于普通消费者而言，没有品种名称和巧妙命名的混合葡萄酒可能是最佳的。消费者不会注意到“新”品种的使用（避免混淆）和在这样的葡萄酒中添加的新颖和清爽的口味。

大多数葡萄品种都是无性繁殖系的集合，除了少量的突变体外，它们的基因都是相同的。有时这些突变体能够直接或间接影响果香味，进而明显影响酿制的葡萄酒的潜力。例如，霞多丽的某些变异体有明显的麝香味道，而黑比诺的某种突变体更适于酿造香槟酒而不是红葡萄酒。变异体在产量方面变化也很大。截至目前，葡萄栽培者都是种植单一的品系。当酿酒师开始寻找新的方法增加葡萄酒的复杂性时，这一个趋势开始慢慢改变。这种特性可以使酿酒师生产的葡萄酒更加独特。

在葡萄抗病筛选过程中，人们也有目的地选择一些产量和葡萄质量较高的品种。图 8.4 显示，自从 20 世纪 20 年代中期以来，尽管产量几

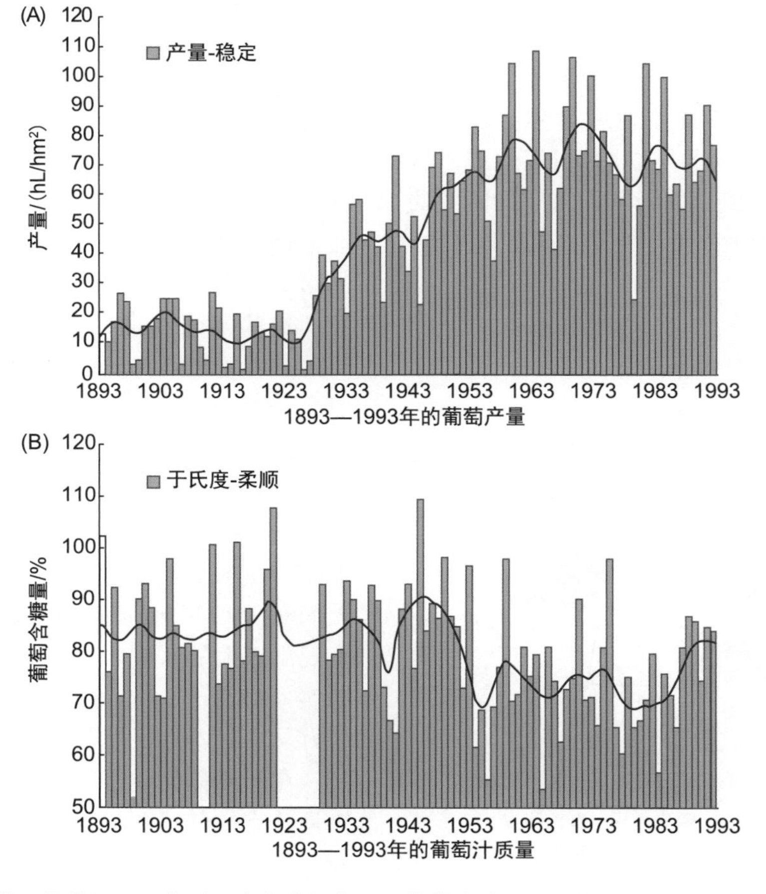

图 8.4 1893—1993 年德国莱茵河地区白雷司令葡萄的产量和葡萄汁质量的变化趋势（资料来源：Hoppmann and Hüster, 1993）。

乎增加了 4 倍，果实的平均质量（以果实中糖含量衡量）仍然是相对稳定的（除了 20 世纪 50 年代和 20 世纪 80 年代的轻微下降外）。葡萄藤抗病可能会减少香气的复杂性，但还未研究清楚。例如，香气馥郁的琼瑶浆克隆系来源于病毒感染（Bourke，2004），而且勃艮第的许多葡萄藤曾明显感染病毒。

砧木（Rootstock）

砧木为嫁接的葡萄树提供根系。尽管砧木为大多数产区的商业葡萄种植土壤提供抵抗力和耐受性，但是它们很少由于其对葡萄酒品质的重要性而得到人们的关注。总体来说，除了提供抗性以外，它们能影响葡萄树的生长活力（从而影响葡萄树上果实的成熟潜力），也影响葡萄树的营养吸收和激素平衡。通过选择提高葡萄树抗性（对不同害虫、细菌和不利环境的抗性和忍耐力）的砧木，葡萄酒的质量得到了提高。

在砧木上嫁接葡萄开始于 19 世纪晚期，这是当时唯一可以抵抗根瘤芽（*Daktulosphaira vitifoliae*）感染的方法。当时这种根部的寄生虫几乎毁灭了欧洲的葡萄园。然而早期的砧木选择并不十分适合欧洲葡萄园的碱性土壤。因此，砧木嫁接可能是导致葡萄酒品质下降的原因。葡萄自根苗的唯一优点（少数地方）是节省了嫁接所需的开支（假设没有其他的栽培限制）。

产量（Yield）

葡萄树的产量和葡萄（葡萄酒）之间的关系很复杂。增加的产量会延迟葡萄成熟过程中的糖分积累，而糖分的多少预示着果实风味的发展。但是图 8.4 和图 8.5 说明葡萄果实中的糖分积累或潜在酒精含量和产量之间的变化是不一致的。尽管风味的增加有利于葡萄酒质量的提高，但是降低葡萄产量而增加的风味可能最终会被过于刺激的口感所抵消（图 8.6）。

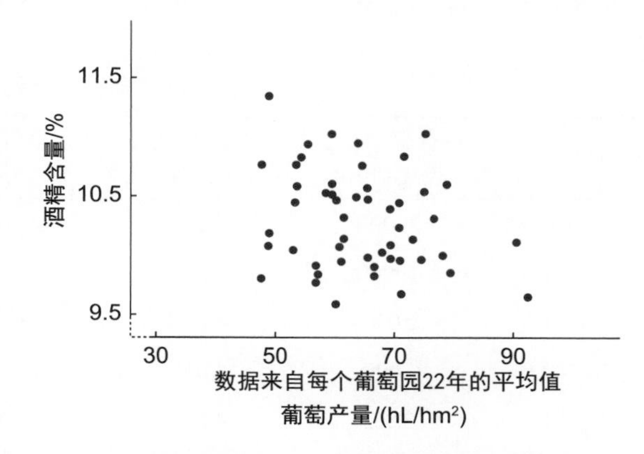

图 8.5　法国 51 个葡萄园中葡萄产量和酿制的葡萄酒酒精含量之间的关系（资料来源：Plan et al.，1976）。

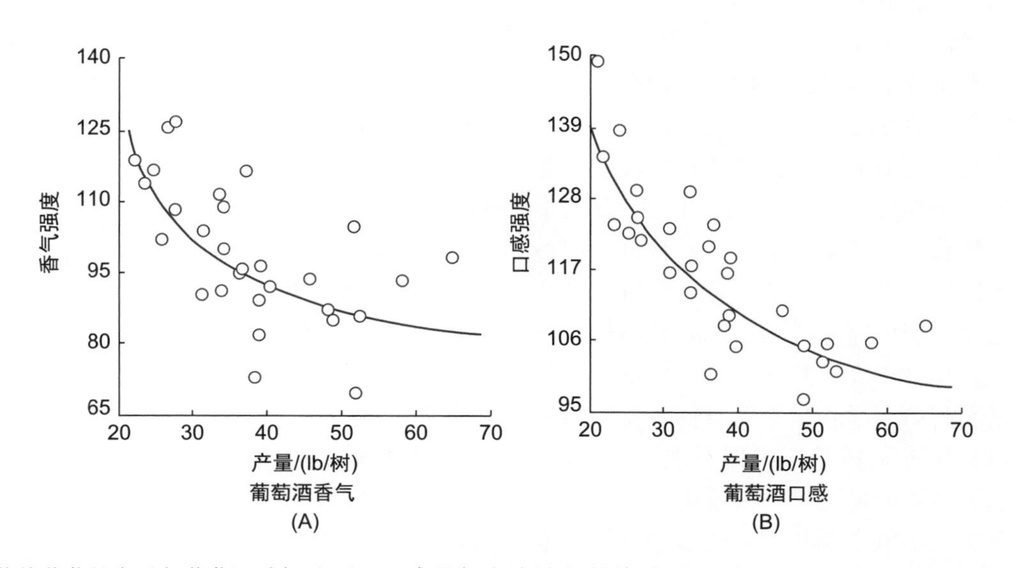

图 8.6　增芳德葡萄的产量与葡萄酒香气（A）、口感强度（B）之间的关系（资料来源：Sinton et al.，1978）。

许多新的修剪方式的本质是把较厚的叶幕分为几个单独的叶幕（叶幕管理）。这种改变增加了葡萄树对水分的需求，限制了生长季节中新梢的生长。使用砧木和有效的修剪方式有利于限制生长季中和生长季后期营养器官的生长。较小、较薄的叶幕可以增加光照和通风，光照和通风的增加都有利于果实风味物质的形成、完全成熟以及病害防治。图 8.7 说明增加光照可以降低果实滴定酸含量。叶幕管理的综合影响意味着果实产量的增加与果实品质的降低无关。虽然光照改善通常与果实着色的增强相关，但是这特点取决于品种，并且其不一定会反映在颜色更深的葡萄酒中。然而，果实阴影通常与风味物质含量的降低相关。

高密度的种植（通常在欧洲）也是一种传统的方法，可以达到同样的结果。表 8.1（Jackson，2000）说明了高密度种植对葡萄酒颜色的影响，然而要保持这些优点花费不菲（这也很清晰地反映到了酒的价格中）。相对而言，在肥沃的土壤和适当的供水条件下，叶幕管理是一种产生高质量葡萄酒较经济的方法。

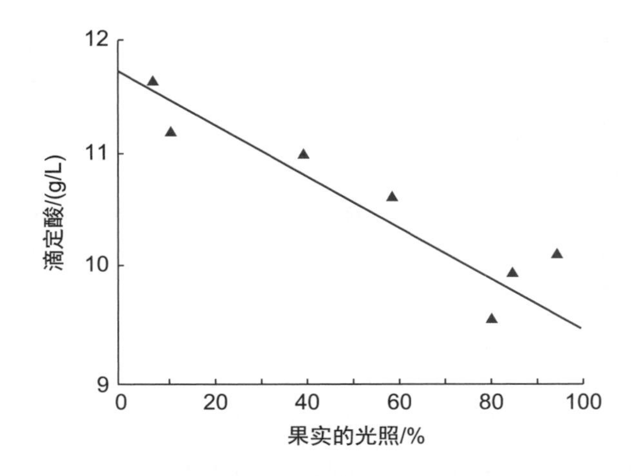

图 8.7　成熟的长相思葡萄果实的光照与滴定酸的关系（资料来源：Smith et al.，1988）。

表 8.1　3 年生黑比诺葡萄树间距对产量的影响

间距 /m	每棵葡萄树的密度 /hm²	每棵的叶片面积 /m²	每克葡萄的叶片面积 /cm²	每棵树的产量 / kg	产量 /（kg/hm²）	葡萄酒颜色 / 520 nm
1.0 × 0.5	20000	1.3	22.03	0.58	11.64	0.875
1.0 × 1.0	10000	2.7	26.27	1.03	10.33	0.677
2.0 × 1.0	5000	4.0	28.25	1.43	7.15	0.555
2.0 × 2.0	2000	4.0	15.41	2.60	6.54	0.472
3.0 × 1.5	2222	4.5	18.01	2.50	5.51	0.419
3.0 × 3.0	1111	6.3	15.36	4.12	4.57	0.438

资料来源：Archer，1987；Archer and Strauss，1985；Archer et al.，1988。

可以将葡萄树增加的生长势转移到其生产能力上的其他方法包括细微的修剪和局部根系干旱。细微的修剪允许葡萄树生长，并且自己调整树形。多年以后，大多数葡萄树可以形成一种允许果实有足够光照（完全成熟）的叶幕结构，产量较高，并且几乎不需要修剪。局部根系干旱是在必须使用灌溉的干旱和半干旱条件下使用的一种技术。当只给葡萄树某一半根系灌溉水分时，即使在灌水量足够的情况下，根系也会产生激素信号，抑制生长季节中期和后期的新梢生长。采用这种技术可以获得较高的产量并且葡萄果实可以完全成熟。

一种更新、更有效地表示果实产量和质量关系的方法是结合有效的叶片面积和果实的产量（叶面积 / 果实的比值，LA/F）。这个指标关注的焦点是能量供应（光合作用）和需求（果实成熟）之间的基本关系。许多葡萄品种的合适比值大约是每克果实 10 cm² 的有效叶面积。然而，这个比值受到几个因素的影响，例如，品种（图 8.8）、修剪方式、土壤肥力、水分供应和气候条件。建立这个指标的目的是通过优化叶幕面积和树体负载量，保证所有的果实成熟。

整形修剪（Training System）

修剪是一种使结果枝上的果实产量和质量最优化，同时葡萄树也能长期健康生长的技术。目前存在的修剪方式有几百种，但是经过充分研究的只有少数几种修剪方式。几种现代化的修剪方式，如Scott-Henry，Lyre，Smart-Dyson 和 Geneva Double Curtain（GDC）已经被证明具有明显的优势，可以同时提高葡萄的产量和质量

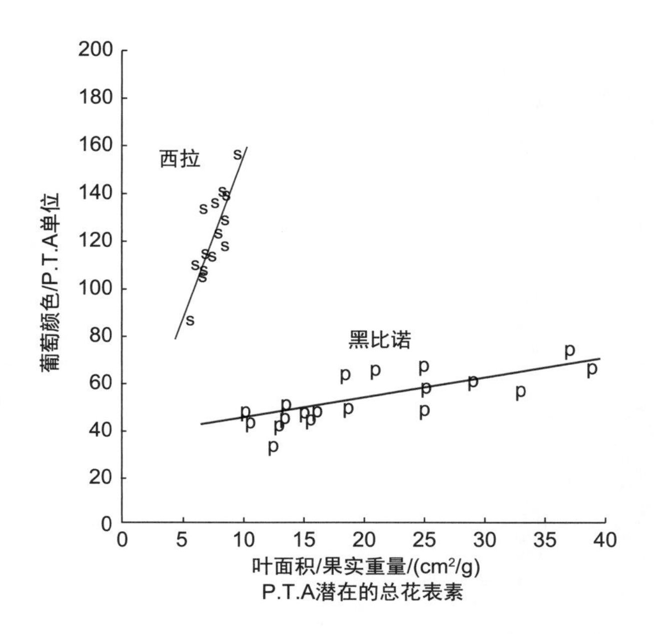

图 8.8 西拉（Shiraz）葡萄和黑比诺（Pinot noir）葡萄在着色和葡萄树体的叶面积 / 果实重量比之间的关系（资料来源：Iland et al., 1993）。

（Smart and Robinson，1991）。图 8.9 说明了把叶幕分开的新修剪方式（GDC）与旧修剪方式（Goblet and Hedgerow）相比，其具有的一个优点。新修剪方式不仅使葡萄树坐果能力增加，果实优质率上升（降低了病害的感染），而且果穗的位置也有利于机械化的采摘。这些特点都提高了葡萄质量，降低了生产成本。

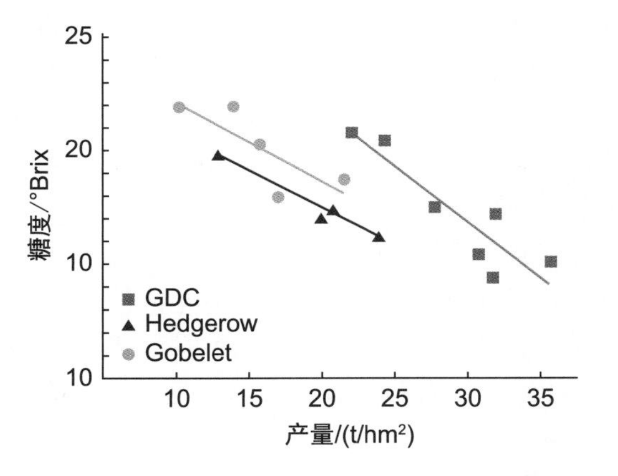

图 8.9 3 种修剪方式的产量和可溶性固形物（5 年平均值）的关系（资料来源：Intrieri and Poni，1995）。

正如上面所提到的，葡萄树的生长势在相对贫瘠和干旱的土壤中受到限制。传统的方法是通过密植（4000 株 /hm^2）和过度修剪（除掉90%～95% 早期生长的茎）来达到限制营养生长的目的。然而，在肥沃潮湿的黏土中，较宽的间距（1500 株 /hm^2）和有限的修剪有时也是可取的。在这种条件下，必须谨慎地把葡萄树增加的生长势转化为更高的果实产量，而不是把它们修剪掉。当合适的叶面积 / 果实比确定时，可以同时增加产量和提高质量。只有在肥沃的土壤上，新的修剪方式才能够被很好地操作。

肥水管理（Nutrition and Irrigation）

在大众出版物中，当处于逆境条件时，葡萄树被认为是产生好葡萄酒的基础。这个观点可能来自那些葡萄树生长势差，但是葡萄质量却很高的著名欧洲葡萄园。正如上面提到的，平衡生长势和坐果率是真正的目的。长期处于缺水和营养的逆境条件会对葡萄树产生危害。然而在生长季早期或晚期，有限的胁迫生长也可以增强葡萄酒的颜色（Matthews et al.，1990）。相反，过度浇水和施肥不仅不利于葡萄树生长，同时也是浪费资源。

事实上，通过调节营养的供给来提高葡萄的质量是很困难的。因为葡萄树的营养需求是相当少的（部分原因在于葡萄树的木质部分营养的积累），所以缺素症可能在很多年以后才会表现出来。有效元素测定（与测定土壤中存在的元素相比）仍是一个不精确的科学技术。

如前所述（部分根系干旱），灌溉可以用于调节葡萄树的生长和促进果实成熟。通过精确的灌溉量和时间可以在必要时把养分和防治病虫害的化学物质直接地带到根部。这些措施是最可能在干旱和半干旱地区实施的，因为这些地方主要的水源供应来自灌溉。因此，最初可能看起来不利的气候条件最后会变成利于生产最好葡萄酒的气候条件。

病害（Disease）

在葡萄酒质量控制中，减少疾病似乎不太可能，但疾病控制当然是必要的。然而，大多数葡萄病害究竟是如何降低果实品质的，我们仍然知之甚少，但是白粉病例外。当它感染葡萄时，真菌会引发苦味，同时影响其他风味的发展（图 8.10）。在发酵前以及发酵过程中，浸渍的增

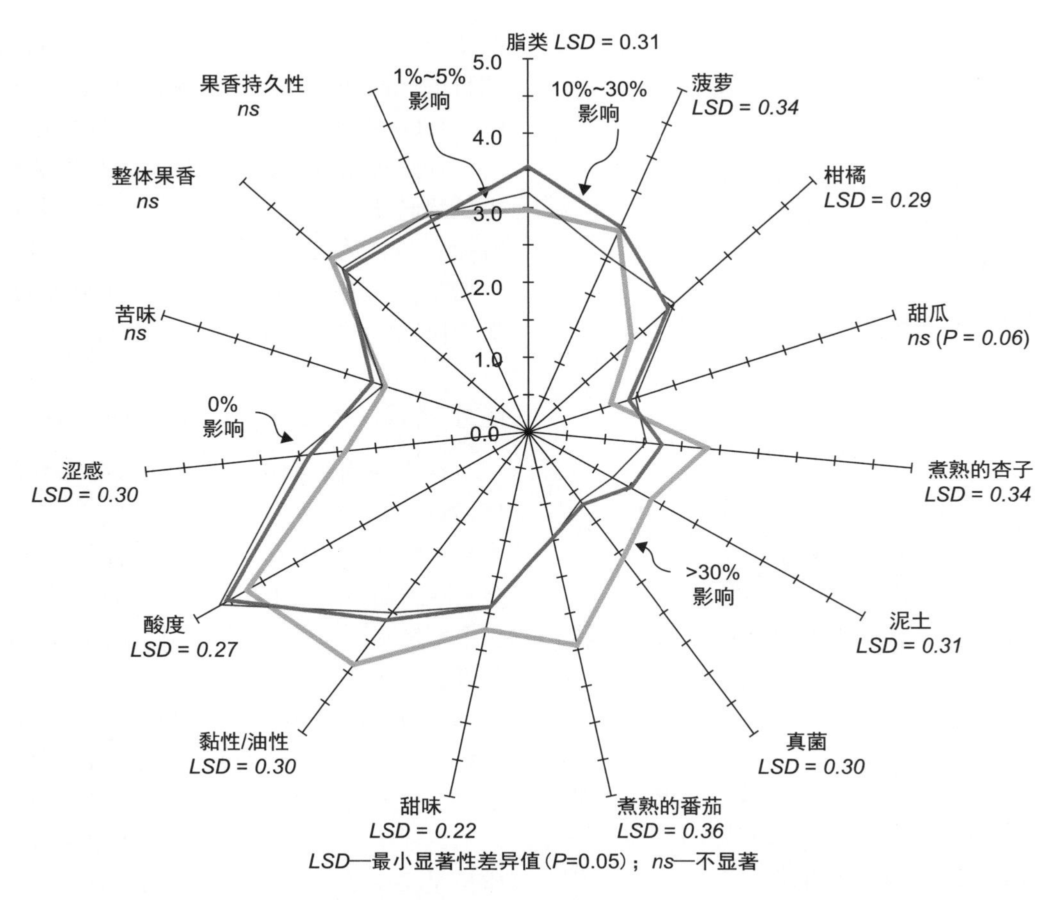

图 8.10 由患有不同严重程度的白粉病葡萄酿成的霞多丽葡萄酒的感官评级均为平均值，2 次重复品评，共 16 名品评者

加会增强这些影响。在这些变化中，一些可能是由几种酮转化为 3- 辛酮和（Z）-5- 辛烯 -3- 酮所导致的（Darriet et al.，2002）。出乎意料的是，患病葡萄产生的使葡萄酒发生黏稠 / 油性的物质竟与葡萄酒中酚类含量相关。

只有在一种情况下葡萄病害被认为是一种质量特征，这就是在秋季周期性交替的夜晚潮湿或多雾的晴天条件下被灰霉菌（*Botrytis cinerea*）产生的葡萄贵腐感染。通常灰霉菌是一种具有破坏性的病原体，正常生长的病菌浓缩葡萄的成分，同时合成它们特有的香气物质。这些葡萄能酿造出一些最昂贵、最甜美的白葡萄酒。例如，德国的迟摘葡萄酒（ausleses）、枯萄精选葡萄酒（Beeren ausleses）和枯萄逐粒精选葡萄酒（Trocken beeren ausleses）以及法国的苏玳（Sauternes）（图 7.6）。在采收健康葡萄并置于凉爽干燥的条件下，其被储存数周至数月后，灰霉菌开始侵染，但仅会改善红葡萄酒的风味（图 7.4，插图 7.2）。

虽然不是由病害直接引起的，但抗病虫害药剂的使用可能会间接影响葡萄酒品质。例如，波尔多液中的铜可以通过降低硫醇芳香化合物，尤其是 4- 巯基 -4- 甲基 - 戊 -2- 酮的浓度来影响长相思葡萄酒的品质。这种影响随着接触时间的延长而降低（Hatzidimitriou et al.，1996）或者直接地限制波尔多液的使用（Darriet et al.，2001）。即使是在有机葡萄园中允许使用的化学药剂也无法避免它们对葡萄和葡萄酒的负面作用。各种有机农药的异味会污染葡萄酒。硫会严重破坏叶子，增加虫害。无论是否有机，如果仅在需要时适量施用，就可以最小化甚至避免这些害处。

成熟度（Maturity）

大多数葡萄园生产的目的是获得最佳的葡萄成熟度。一旦葡萄达到某种成熟度，就可以采摘酿酒。衡量葡萄的最佳成熟度远不是一件简单的事。

葡萄的成熟度可以通过它们的糖度、酸度、糖酸比、颜色或者风味来衡量。根据法规，可以轻微地调整葡萄汁的糖度和酸度来弥补这些物质的不足或不平衡。颜色和风味物质的强度是不可以直接添加的。加强颜色和风味的唯一能接受的方法是调整工艺流程和与工艺相关的酶技术来加强色素的提取和已有香味物质的释放。因此，如果可以利用色素和风味物质来衡量葡萄的成熟度，将是十分有意义的。

对于红葡萄酒而言，近红外光谱（NIRS）测量的数据与葡萄花色苷含量相关（Kennedy，2002），同时它还能检测霞多丽葡萄中的糖基结合态风味物质。发酵和成熟条件也会影响颜色的发展和稳定性，因此，果实的颜色并不代表最终酒的颜色。对于麝香及其相关的葡萄品种而言，葡萄汁的单萜类物质的存在可以表示该品种葡萄的风味。不依靠萜类为风味物质的其他品种还需要其他的技术来检测。截至目前，最常见的葡萄中潜在的风味物质指示剂是对葡萄汁的葡萄糖苷配基的测量。大部分葡萄风味物质都和葡萄糖以松散的形式结合，因此，有研究表明，可以用葡萄糖苷配基（G-G）含量来衡量葡萄酒的风味物质（Gishen et al.，2002）。在一些环境条件下，糖苷配基的积累与成熟糖分的积累有很好的关系。因此，糖的含量是风味物质含量的一个间接指标。在冷凉的气候条件下，葡萄中糖的含量与风味物质的关联性不佳。如果把风味物质作为衡量葡萄成熟的重要指标，还需要更多的实验条件来测定游离萜烯和糖苷配基的含量。

葡萄成熟度和采摘日期被确定以后，下一步就是采摘方式的选择。在过去，手工采摘是唯一的方式。即使是今天，对一些葡萄酒类型和葡萄品种，手工采摘仍然是唯一的选择。例如，在 CO_2 浸渍发酵中（博若莱新酒），在压榨以前进行的是完整果实的发酵，这就要求整串的葡萄，而不是一部分被破碎的果粒。用于香槟生产的葡萄同样使用人工采摘，这样可以进行整串葡萄压榨（最小化酚类和颜色提取）。如果很大一部分果实患病，手工采摘可以确保最大限度地清除受感染的葡萄。在大多数情况下，决定采用手工采摘或机械采摘的原因是酿造成本而不是葡萄质量。对于顶级的葡萄酒而言，手工采摘的花费是值得的，但是现在机械采摘越来越多地被用于所有类型的葡萄采摘。在大多数情况下，手工采摘和机械采摘的感官差异是不可识别的或者是可以被忽略的（Clary et al.，1990）。

葡萄酒的酿造
Winery

酿酒师（Winemaker）

葡萄酒是酿酒师技术和艺术的表现。因此，每一个酿酒师酿制的葡萄酒都是不同的。每一个酿酒师都把他们积累的经验和对质量的理解赋予在葡萄酒的酿造过程中。酿酒师对技术和创造性之间的差异的理解和认知决定了他们酿造的葡萄酒的差异。

越来越多的酿酒师开始接触葡萄栽培。这种行为的结果可以为酿酒师提供他们需要的葡萄原料。根据运输到酿酒厂的葡萄特点，酿酒师需要决定如何把葡萄汁变为葡萄酒。图 8.11 说明了葡萄变为葡萄酒的基本过程。每一个过程都可选择，且都能影响葡萄酒的感官特点。这个流

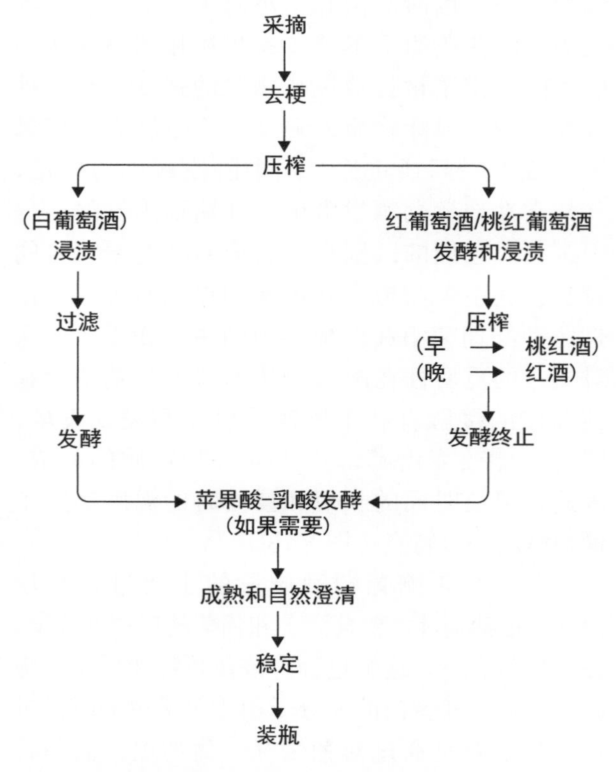

图 8.11 葡萄酒的酿造流程（资料来源：Jackson，2000）。

程中的大部分工艺决定了葡萄酒的类型，其他工艺则影响着葡萄酒的质量。这个流程中的工艺使用及其对葡萄酒质量的影响在下面讨论。

发酵前处理（Prefermentation Processes）

通常葡萄在被压榨后马上放入发酵罐中，压榨过程使葡萄破碎并且破坏葡萄果粒的完整性，这一步对香味物质释放到葡萄汁中是十分重要的。被释放出来的氧化酶和葡萄的成分发生反应。直到现在，葡萄汁在压榨中或压榨后接触空气都被认为是有害的，一般认为葡萄酒会更容易氧化。事实上，在早期对葡萄汁通气可以快速激活容易氧化的物质和沉淀，稳定的氧化化合物有利于防止葡萄酒的氧化。因此，大部分酿酒师都允许在压榨过程中葡萄汁和空气的接触或者在压榨后对葡萄汁通气。这不仅可以延长白葡萄酒的货架期，也可以促进发酵的完成（可发酵糖代谢为酒精），但是甜葡萄酒是例外。例如，在酿制贵腐酒、冰葡萄酒和微甜的葡萄酒时，最好使用灭过菌的葡萄汁。干型葡萄酒的灭菌是在装瓶前进行的。

根据酿酒师的不同目的，葡萄汁和葡萄皮、葡萄籽接触的时间由几个小时（白葡萄酒）到几周（红葡萄酒）不等。葡萄汁和葡萄皮接触的时间决定了被提取风味物质的强度。在某种程度上说，风味物质的强度、陈酿潜力与接触葡萄皮的时间成正比。这个阶段被称为浸渍，其常常在白葡萄酒发酵前，红葡萄酒发酵过程中进行。它们的区别在于红葡萄酒的浸渍时间较长，其主要与单宁和色素的提取有关，这也是区别红葡萄酒和白葡萄酒的主要物质。色素对质量的重要性在图 8.12 中有说明。葡萄汁和葡萄皮的接触有利于快速的启动和完成发酵，同时也能改变由酵母产生的香味物质的组成。因此，浸渍时间的长短和浸渍时的温度决定了葡萄酒的部分特点（图 8.13）。

下一个影响葡萄酒质量的主要过程是压榨——把葡萄汁（葡萄酒）和葡萄的皮和籽分离。在理想状态下，这个过程应该在颗粒物质（细胞碎片、单宁和蛋白的大分子物质）最少的时候进行，其主要是通过对葡萄汁、葡萄皮、葡萄籽施加压力来进行的，因此，它们的表面积越大

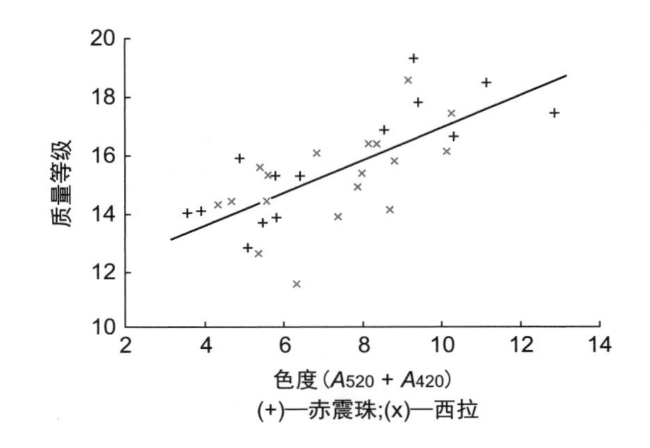

图 8.12　1972 年颂威葡萄酒色度和质量等级的关系（资料来源：Somers, T. C; Evans, M. E., 1974）。

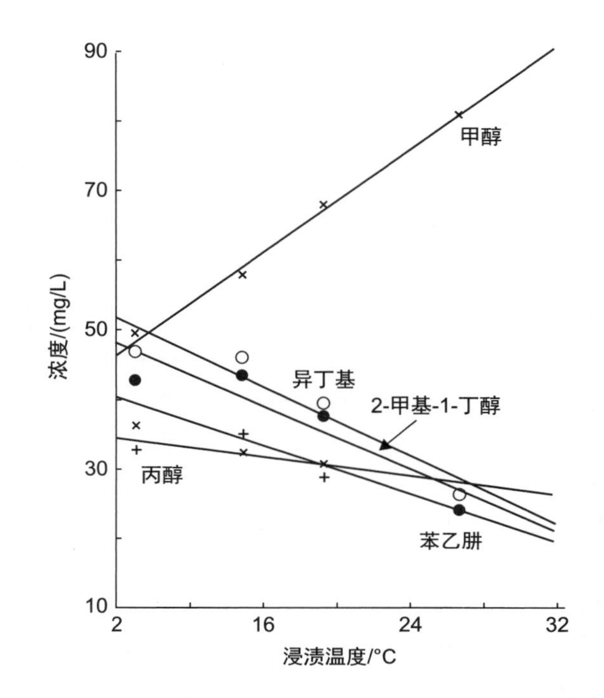

图 8.13　霞多丽葡萄酒的不同醇类浓度和浸渍温度的关系（资料来源：Ramey et al.，1986）。

越好。许多这种压榨都是在水平放置的圆柱体中进行的。压榨可以使用空气泵给气囊加压使葡萄汁流出，也可以使用圆片向两端挤压。老式的圆片压榨是垂直放置的，压力从最顶端的圆片施加。新式压榨机施加的压力小，压出的自流汁苦涩味较低，富含品种香气。相反，老式压榨机榨出的汁口感粗糙而且果香味低。其原因是经常使用葡萄穗制作排水渠，降低了出汁率。

无论压榨的过程如何，白葡萄酒在发酵前常常需要澄清。对于这一步，酿酒师有很多处理方

法。选择的主要考虑因素往往是成本和速度，而不是质量。在不过分考虑的情况下，大部分澄清物质对葡萄酒质量几乎没有影响。红葡萄酒的压榨是在接近发酵结束或者发酵结束后进行的，快速的澄清几乎不是一个问题。红葡萄酒的澄清主要是重力作用下产生的沉淀。

如果葡萄汁中的糖酸含量的比例不合适，酿酒师通常要做一些调整。糖或者酸（中和）的加入可以改善葡萄酒的基本特点，然而它不能弥补颜色和风味的缺失。理想风味物质的积累常常和葡萄中糖酸水平的增加保持一致。

发酵（Fermentation）

发酵罐（Fermentor）

酿酒师面临的第一个有关发酵的问题是发酵罐类型的选择。典型的发酵罐是密闭罐，并且大小要方便使用（经济的角度）。小生产者也可以选择在小的橡木桶中（250 L）发酵，尤其是那些质量较高的葡萄汁。那些偏好这一选择的人认为葡萄酒的品种香气表现得"更干净"（水果味更少），是值得这样的花费，而且在橡木桶中发酵可以改变酿酒酵母发酵产生的香气，同时也可以从橡木中提取香气。这些特点可以区别橡木桶发酵的葡萄酒和其他设备中生产的葡萄酒。

大部分白葡萄酒发酵使用的发酵罐比较简单。它们是由惰性材料制造的，这就保证了葡萄汁在转化为葡萄酒的过程中不会损失葡萄的天然风味。红葡萄酒也常常在惰性罐中发酵。在设计上，与白葡萄酒的发酵罐相比，它们的变化很大。这种差别的存在主要是满足红葡萄酒从葡萄皮中提取颜色和风味的需求。当发酵开始，产生的 CO_2 把葡萄皮和葡萄籽带到酒液的上部，形成酒帽时，就可以采用不同的方法不定期或者持续地把浮在上面的皮和籽压到发酵的葡萄汁中。最常见和有效的发酵罐设计是旋转发酵罐。这种发酵罐的中柱上连有能转动的轮片可以用来混合葡萄皮、葡萄籽和葡萄汁。这就促进了葡萄皮中色素、香气和柔和的单宁的快速提取，而降低了种子中比较苦涩单宁的提取。在这种条件下，生产的葡萄酒风味十足，颜色厚重，而且不需要长期陈酿就具有柔和的口感。其他发酵罐生产的大部分葡萄酒颜色风味厚重，需要数年时间的陈酿才能使其口感柔和。

酵母（Yeasts）

酿酒师面临的下一个问题是允许自然发酵（葡萄皮和酿酒设备上的酵母）或者加入一种或者几种酵母（来启动发酵）。这两种方法都可能产生顶级的酒。自然发酵可以产生更复杂的酒，但是也有可能破坏葡萄酒。葡萄酒增加的复杂性可能来自乙酸和双乙酰，但是这可能仅仅是我们知识的缺失。在阈值范围内，这些气味可以增加葡萄酒的复杂性，更高的含量则会产生不好的气味。即使是人工诱导发酵葡萄酒或选择诱导发酵，酿酒师也要选择使用的酵母菌株以及必须决定使用哪种品种、菌株或它们的组合。截至目前，除了经验和酿酒师的偏好外，还没有明确的指导方针。这些影响可能不仅仅是微妙的（图 8.14、图 8.15）。

仅仅决定使用某种菌株是远远不够的，酵母的特性会随着发酵条件的改变而改变。葡萄的化学成分（年份之间和不同品种之间都存在不同）、发酵的物理条件（温度和 pH）都可以改变酵母的发酵活动。

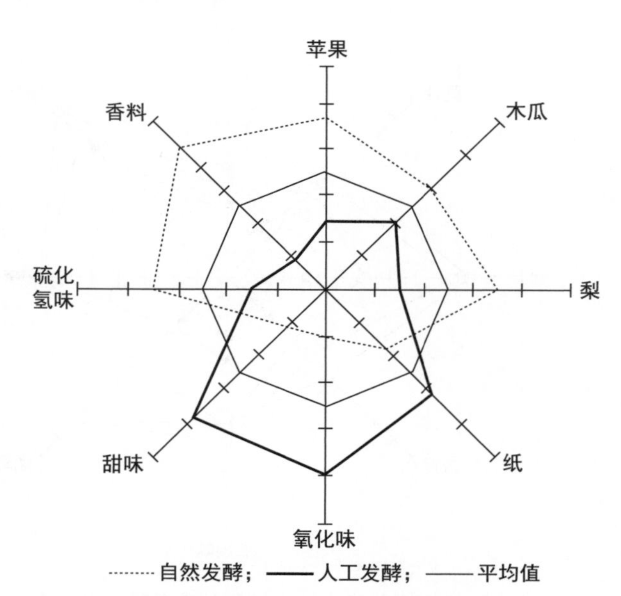

图 8.14　雷司令葡萄通过自然发酵和人工发酵在感官上的差异（资料来源：Henick-Kling，T. et al.，1998）。

乳酸菌（Lactic Acid Bacteria）

许多葡萄酒都要经历 2 次发酵：第 1 次发酵

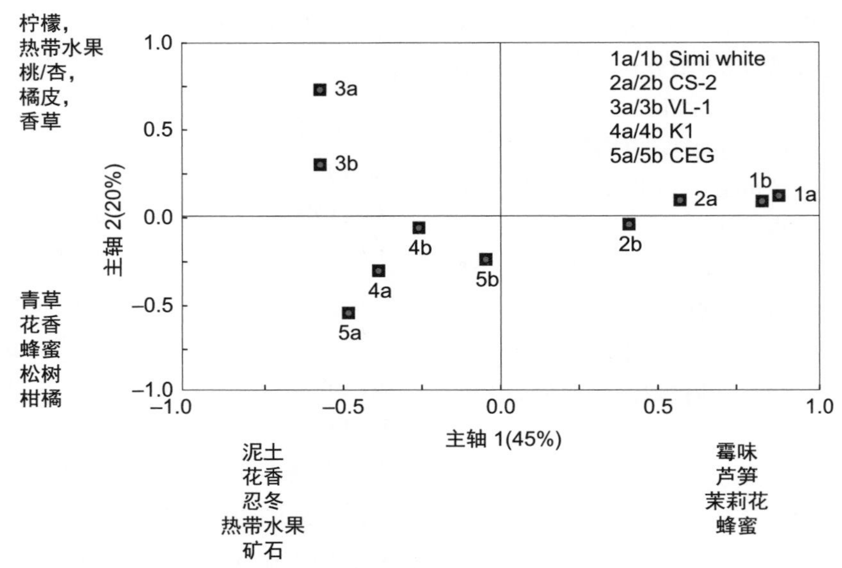

图 8.15 不同酵母菌株发酵后的雷司令葡萄酒（20 个月后）的香气差异（资料来源：Dumont and Dulau，1996）。

产生作为葡萄酒的酒精和香气；第 2 次发酵，即细菌诱导的苹果酸转化为乳酸，以降低酒的酸度，仅这一点就可以改进葡萄酒风味。然而，细菌代谢释放的副产物进一步改变了葡萄酒的风味（图 8.16）。在很多情况下，相对于酸度降低来说，酿酒师更青睐苹果酸-乳酸发酵的这种感官贡献。

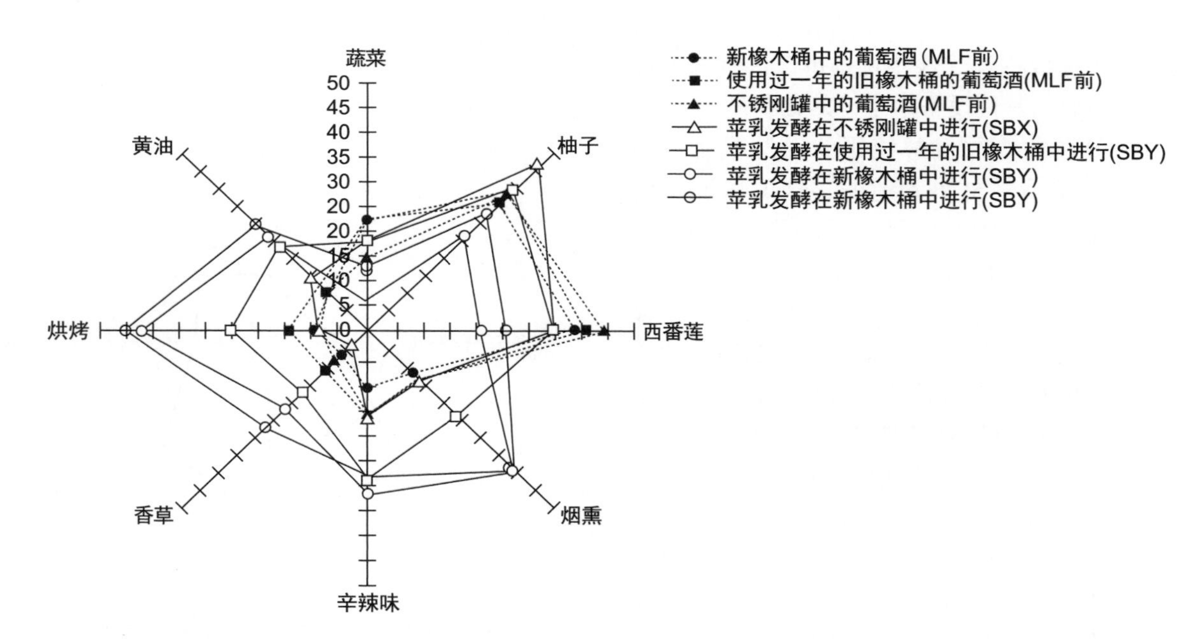

图 8.16 在不锈钢罐和橡木桶中进行的 2 种乳酸菌（SBX 和 SBY）发酵后葡萄酒的感官差异（资料来源：de Revel，G et al.，1999）。

大部分红葡萄酒使用苹果酸-乳酸发酵是被支持的，尤其在一些较温暖和寒冷的地区。通过改变红葡萄酒潜在的过高酸度和粗涩感，红葡萄酒才更容易入口。相反的，酿酒师需要限制温暖地区乳酸菌的活动。这些地区葡萄或者葡萄汁中的酸度原本就较低，苹果酸 - 乳酸发酵可以使葡萄酒口感更加平淡。这种发酵会使低酸度的葡萄酒产生不好的气味。

不是所有的葡萄酒都能自发地进行苹果酸-乳酸发酵，尤其是在一些高酸度的葡萄酒中，因此，酿酒师常常需要加入一种或多种符合要求的菌株［通常是酒类酒球菌（*Oenococcus oeni*）］。与酵母的酒精发酵一样，不同的细菌菌株产生的香气物质变化也很大。图 8.17 说明了不同酒酒球菌菌株对感官的潜在影响。从图 8.17 中的分歧中可以看出，有关苹果酸-乳酸发酵的优缺点还是存在很大的争议。

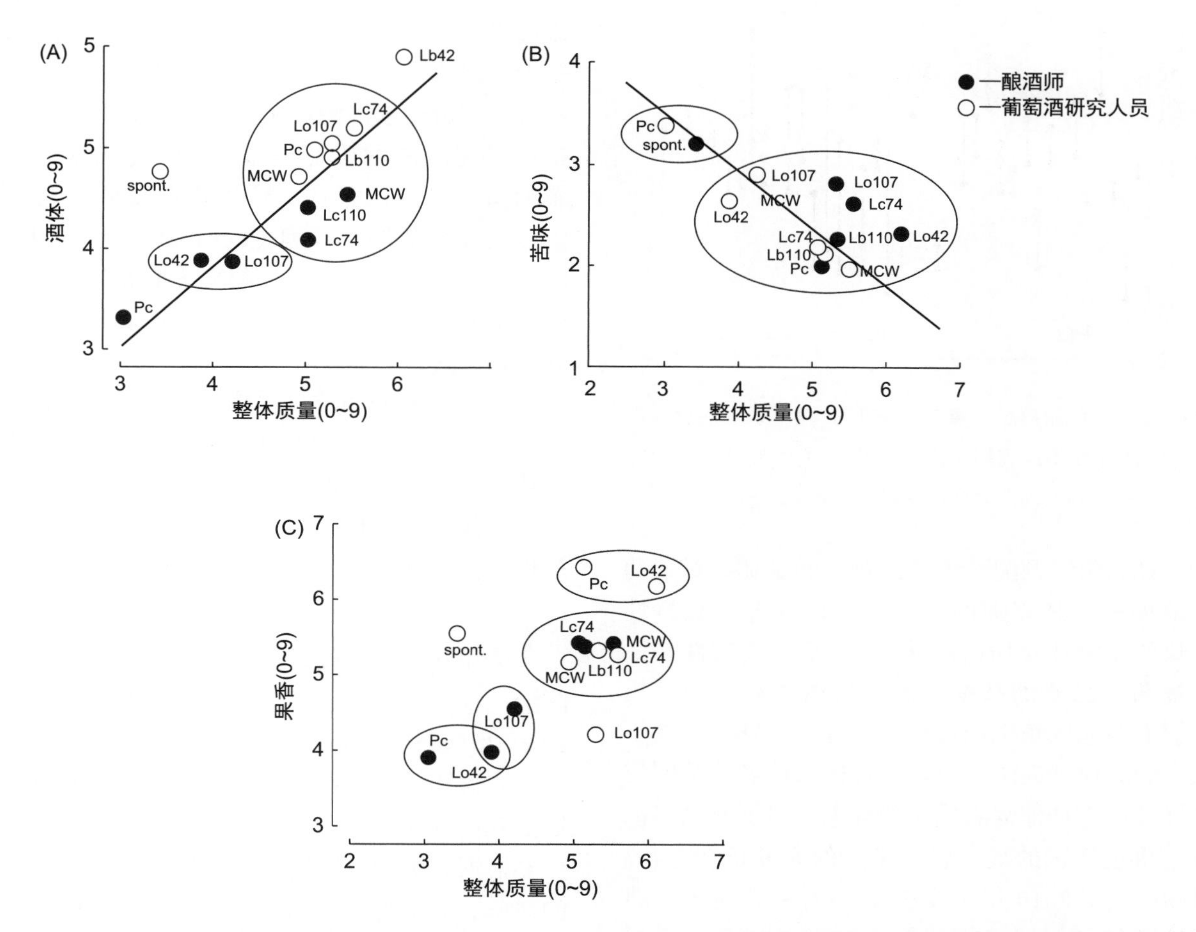

图 8.17　不同乳酸菌发酵的赤霞珠葡萄的酒体（A）、苦味（B）、果香（C）和整体质量之间的关系（资料来源：Henick-Kling et al.，1993）。

发酵后的影响因素（Postfermentation Influences）

调整（Adjustments）

在理想状态下，葡萄酒仅需要少量的澄清，比如，自然澄清和装瓶前轻微的澄清。如果葡萄酒因装瓶过早出现不稳定的状况或者存在某种缺陷，就有必要对其进行额外的处理。无论如何，处理都应该控制在最小范围内。许多调整的方法可以除掉或者中和葡萄酒中内在的微弱差异。

调配（Blending）

调配是葡萄酒酿造中最容易被人误解的概念之一，尤其对于一些所谓的葡萄酒鉴赏家而言。在某种程度上，所有葡萄酒在生产中都进行了调配，从简单的不同发酵罐之间的混合到不同品种、地区和葡萄园之间的复杂混合。对一些葡萄酒进行复杂的混合则是由它们的品牌所致，如起泡酒和独特质量的核心的雪利酒和波特酒。在其他地区，几个品种混合的葡萄酒可以表现它们的传统特色（如意大利基安蒂红酒和法国波尔多的酒）。调配可以强调每一种酒的优点，掩盖它们的缺陷。图 8.18 说明了混合的主要优点。它表明特点和质量相似的葡萄酒在调配后与没有调配的葡萄酒质量一样或者比没有调配的葡萄酒更好。

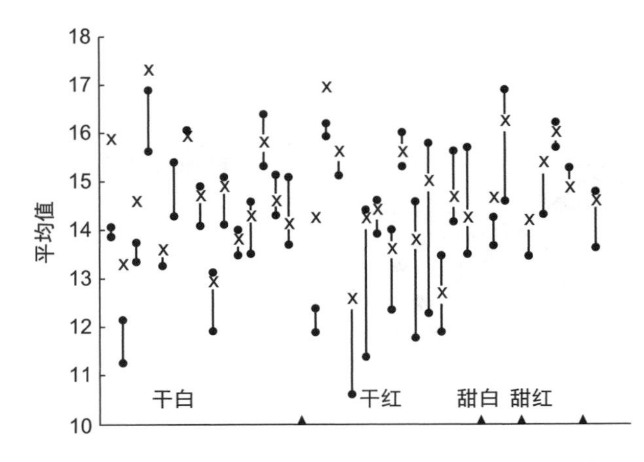

图 8.18　34 对葡萄酒（●）和它们 1∶1（×）混合后的平均质量分数比；表明了混合可以产生更加复杂的风味（资料来源：Singleton，1990；Singleton and Ough，1962）。

对葡萄酒调配赋予负面意义的是那些对葡萄酒地理标志感兴趣的人，还有以葡萄酒独特性见长的小酒庄（庄园瓶装）。产地的真实性是保证葡萄酒品质的基本要素。虽然葡萄酒的品质可能更多地依赖生产工艺和葡萄的成熟度，而不是它们的地理起源，但是地理标志或者葡萄园位置仍被认为是葡萄酒质量的标志。目前有很多以确定特定产区的统一感官特点的研究正在进行。Maitre 等（2010 年）发表了一篇关于葡萄酒典型性的综述，结果如图 5.46 和图 5.47 所示。虽然值得称赞，但人们不禁要问，这些研究背后的推动力是否存在潜在的营销价值，而这种价值可能与所涉及的产区相关，而与深奥的学术界无关。

处理（Processing）

一个重新得到关注的古老技术是带酒泥陈酿。这个过程是把白葡萄酒和酒泥一起（死亡或者将死的酵母细胞）放置更长的时间。在一般情况下，葡萄酒和酒泥的接触和发酵都是在同一个发酵罐（常常是橡木桶）中进行。酒泥陈酿可以增强葡萄酒的稳定性和增加香味的浓度。然而这个过程容易受到硫化氢（酒泥所释放）的污染。为了避免这种可能性，葡萄酒要定期搅拌混合少量的氧气。不幸的是，这个过程可以激活休眠的乳酸菌产生乙酸和乙酸乙酯等不好气味。因此，每个桶中的葡萄酒必须定期采样，以评估葡萄酒的发展。

起泡酒的生产也涉及与酒泥的长时间混合，该过程发生在二次发酵的瓶中。由于反应的酒泥较少，因此，比较容易控制硫黄味的产生。酵母的自我降解给起泡酒产生了一种焙烤的味道，这是许多起泡酒的典型香味。酒泥的陈酿也是甘露糖蛋白胶体的来源。这种蛋白胶体有利于产生持久连续的细小气泡（Feuillat et al.，1988；Maujean et al.，1990），类似与香味物质的结合所产生的物质，这些多聚体的螺旋结构也可以结合二氧化碳。

这个过程对许多加烈酒风味的产生是非常重要的。例如，部分的酒泥混合了雪利酒稳定的特点。这种特点也可以促进干雪利生产中酒花（flor）酵母的生长。同样地，马德拉酒中的焙烤过程对于其典型香气的产生是必需的。

橡木桶（Oak）

风味和独特性较好的葡萄酒可以在橡木桶中陈酿。这个过程可以增加酒的复杂性和品种香气的表达（Sefton et al.，1993；图 8.19）。图 8.20 进一步说明了一种组分（橡木内酯）如何与葡萄酒的其他特性相联系。

根据其类型的不同，橡木桶可以产生一系列的风味，包括橡木使用的种类（图 8.21）、橡木

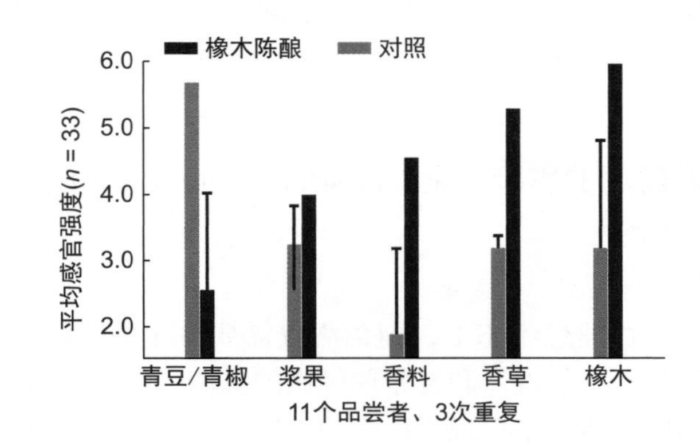

图 8.19　在玻璃瓶中（对照）和法国橡木桶中陈酿 338 d 的赤霞珠葡萄酒香味评价的平均感官强度（资料来源：Aiken and Noble，1984）。

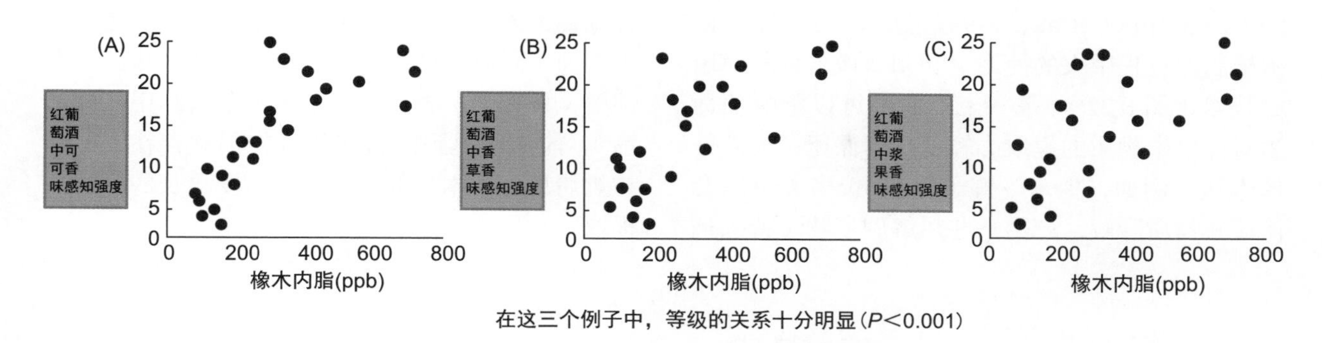

图 8.20　在橡木桶陈酿红葡萄酒中，顺式橡木内酯的含量对几种风味物质的感知：可可（A）、香草（B）、浆果（C）（资料来源：Spillman et al.，1996）。

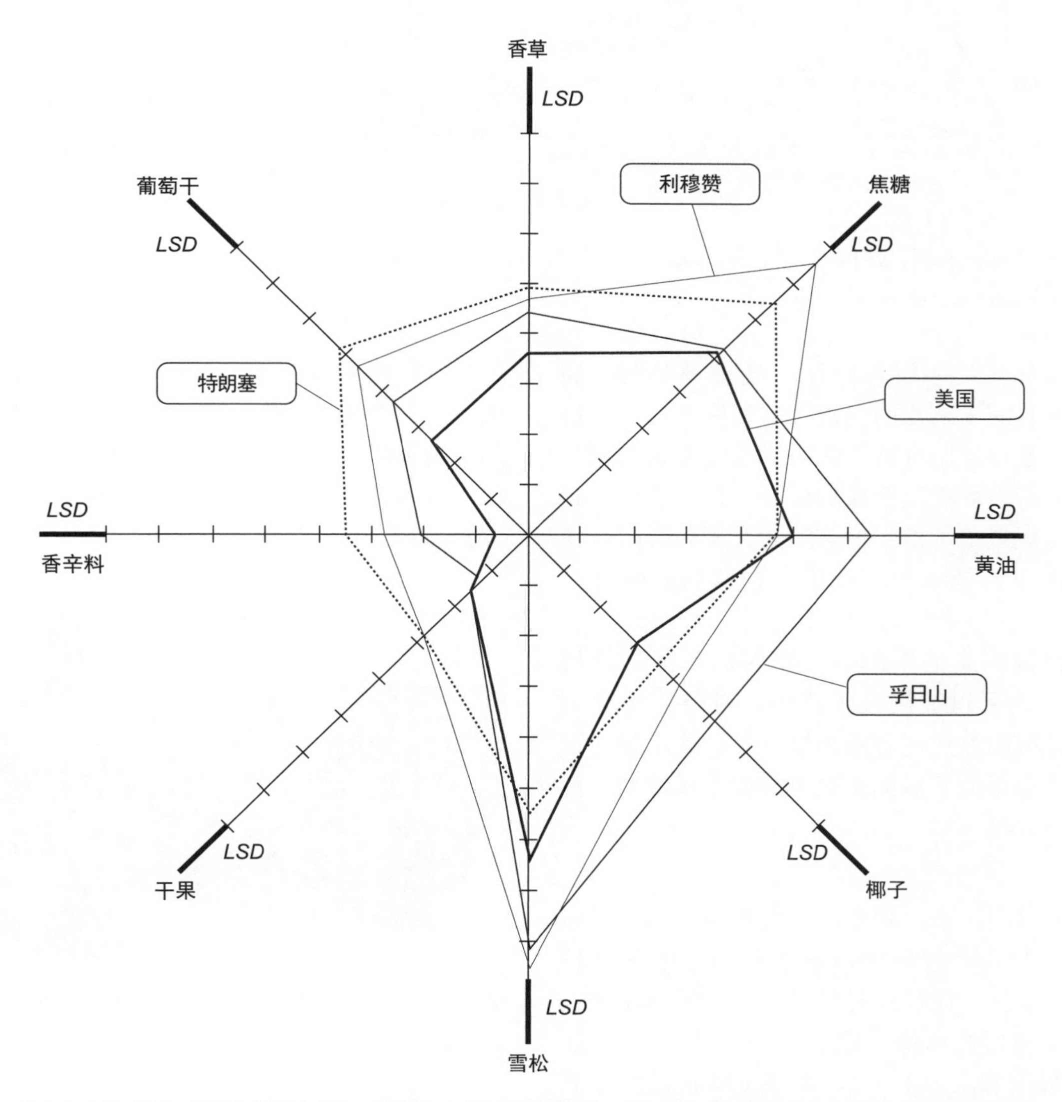

图 8.21　不同地区橡木的不同风味强度等级和最小显著差的坐标（n=14 品尝者 ×3 重复 ×6 样品）（资料来源：Francis et al.，1992）。

的生长条件（Chatonnet，1991）、橡木处理的方法（Chatonnet et al.，1994）、焙烤的程度（橡木桶制作过程中火的使用）和制造橡木桶所使用的技术（图 8.22）。每一个方面都可以影响葡萄酒对橡木中物质的提取。轻度烘烤保留了大部分橡木味（例如，橡木、椰子风味）；中等烘烤会使这些物质降解，产生一些热解副产物（特别是香草、焦糖、食用香料等风味）；重度烘烤 / 炭化则使大多数酚醛和呋喃醛（最初产生于橡木桶内表面）降解，产生具有烟熏、辛辣气味的挥发性酚（例如，丁香酚对羟基苯甲酸、2- 甲氧基苯酚）。前面所提到的这些化合物仍然存在，但是在烘烤后位于木材的更深处，需要更长的时间来提取。

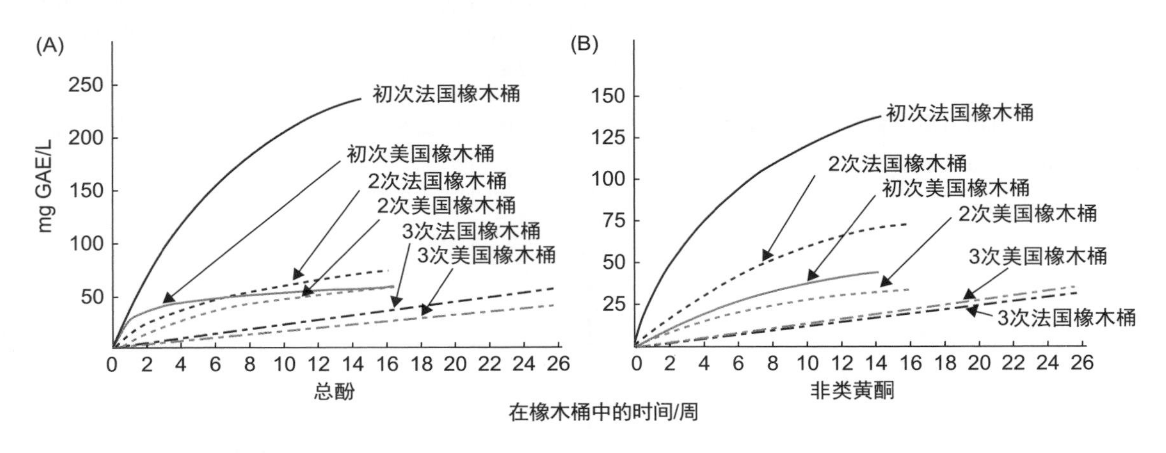

图 8.22　在不同的时间，法国橡木桶（French）和美国橡木桶（American）中的总酚（A）和非类黄酮（B）的变化（资料来源：Rous and Alderson，1983）。

这几个方面的因素都可以通过橡木桶与葡萄酒接触的时间（从几周到数年）和橡木桶的容量来调整。是否采用这种方法来增强或者减弱葡萄酒的主要特点取决于个人的偏好。在一些命名制度中，法规规定了橡木桶陈酿的类型和时间。在这种情况下，橡木桶的味道是葡萄酒必须存在的特点。

在经济因素的制约下，作为橡木桶的替代品，橡木条可以被浸没于罐中，直至葡萄酒成熟。更经济的方法还有添加橡木片、橡木粉（置于透气袋中以便于后期去除）或橡木提取物，直至葡萄酒成熟。

瓶塞（Bottle Closure）

几个世纪以来，软木塞一直被用于桶装或瓶装葡萄酒封口。选取的软木需要有以下几个特性：可压缩性（使插入时具有很小的横向膨胀）、弹性（压缩后快速恢复原状）、回弹性（增加插入后对瓶颈的压力）、化学惰性（特别是对于酸和酒精）、对大多数液体和气体的相对不渗透性以及高摩擦系数（与接触面黏合良好）。因此，它通常能够提供持久而紧固的密封效果，控制污染和香气物质损失，阻止气体进入和逸出。一般来说，软木塞的棱边具有 300～500 个细胞 /cm^2 的渗透屏障。由软木塞从栓皮中取出的方向，软木塞的多孔区域（皮孔和裂缝）与其棱边成直角（图 8.23）。

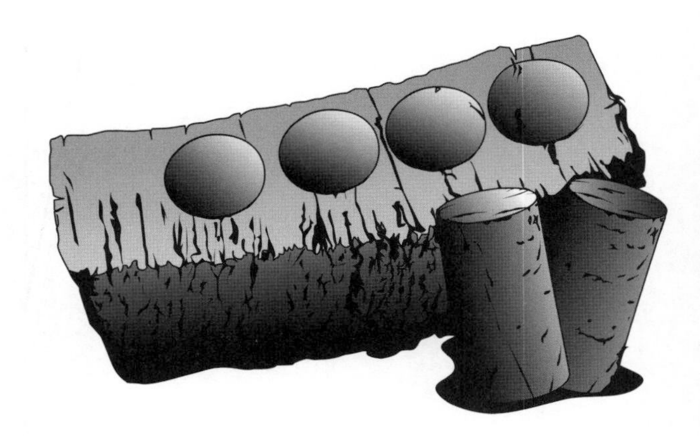

图 8.23　栓皮（栎树皮）中软木塞的提取方向（资料来源：H. Casteleyn）。

然而，天然软木塞的主导地位受到其替代品的挑战。其原因主要是软木塞易在森林中或储存（调味）、制塞、运输过程中被污染。其中，最常见的就是2，4，6-三氯苯甲醚（TCA）。除了可能产生的异味以外，软木还会吸收葡萄酒中的香气物质。软木塞的内部结构和形态变化（肉眼难以观察）会影响其屏障功能。葡萄酒过早氧化通常归咎于软木塞的缺陷。这个缺陷会导致过量氧气的进入，但也可能不是主要原因（Lagorce-Tachon et al.，2016）。天然软木塞的常见替代品包括凝聚软木塞、合成软木塞和螺旋盖。

优质软木塞具有相当于螺旋盖的密封质量，随着时间推移会逐渐失去弹性（约20年）。软木塞的弹性逐渐失去，并且从外到内腐败，直到和葡萄酒接触。因此，软木塞的长度表明了它可以有多久的有效密封期。这种关系被一些生产者重视，希望能提高其葡萄酒品质（或陈酿潜力）。

软木组织生长速度对密封质量重要，但很少受到重视。它取自缓慢生长的栓皮栎（*Quercus suber*）中的橡木塞含有较高比例的弹性软木细胞（即年轮，图8.24）。因此，在干燥山区收获的橡木比在潮湿地区收获的橡木的密封性更好。

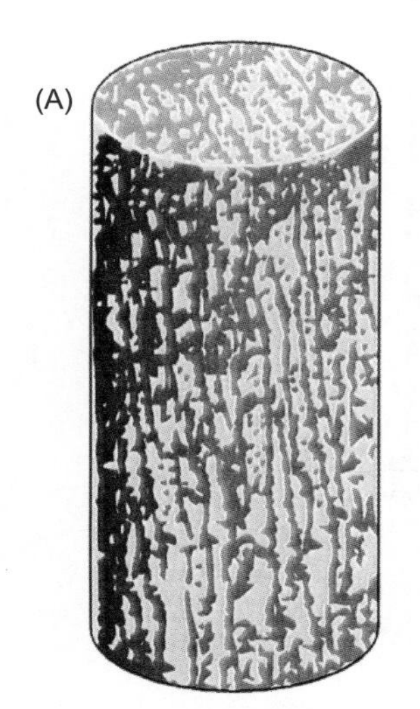

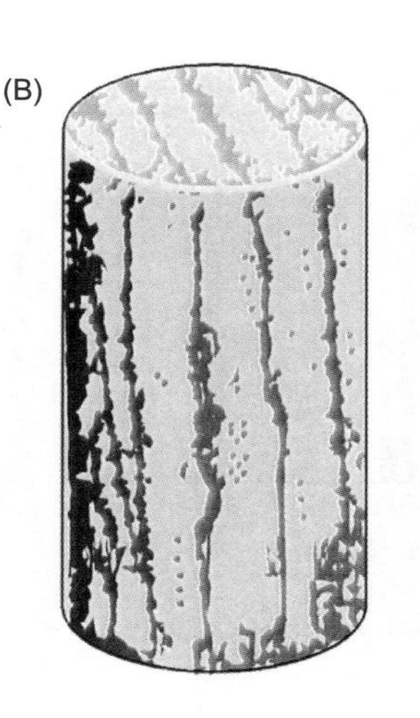

图8.24 橡木塞

陈酿（Aging）

葡萄酒陈酿发展趋势的变化是其最吸引人的特点之一。与大多数具有“最佳食用期”的商业食品和饮料不同，没有这样的精确期限可以适用于葡萄酒（新鲜葡萄酒除外）（Jackson，2016a）。但不幸的是，大多数葡萄酒仅仅表现了数年的发展，然后便是不可逆转的衰败（图8.25）。不过这几乎不涉及微生物腐败而导致的异味或醋味。

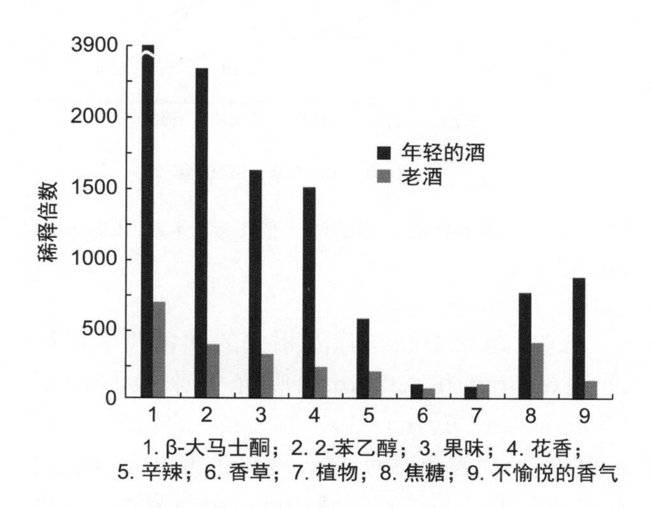

图8.25 威代尔葡萄酒在陈酿过程中香味物质的变化（资料来源：Chisholm et al.，1995）。

在最初的阶段，酵母味道的丧失、二氧化碳的过度溶解和大分子物质的增加使葡萄酒感官品质得到明显改善。之后在后熟、陈酿过程中进一步加强。这种加强作用也可以由在浸渍过程中提取的糖苷键结合的非挥发性萜烯和香气物质在酸作用下释放而产生。在霞多丽、雷司令和西拉中已经分离出数百种糖苷。

在陈酿过程中，最明显的变化是葡萄酒的颜色向褐色转变。红葡萄酒在发酵后颜色加深，但是随后变浅，呈现宝石红，然后是砖红色。花色苷复合物的分解和花色苷单宁聚合物的形成导致了色度的降低和褐色的产生。花色苷和单宁聚合可以稳定颜色，但会引起色度缓慢下降，从紫红色转变为砖红色，最终呈现出红棕色。用分光光度计可以检测这些变化，其表现为吸光值的降低和波长的偏移（图8.26）。如果没有聚合体，花色苷就会很快被氧化，然后葡萄酒就永远的失去颜色。不同品种在陈酿过程中的颜色变化速度可能与花色苷的种类和数量有关。此外，微量通气（与挤压和其他成熟过程相关的巧合结果）后产生的少量乙醛可增强花色苷和单宁聚合。葡萄酒的储存温度和pH也是影响颜色变化的重要因素。

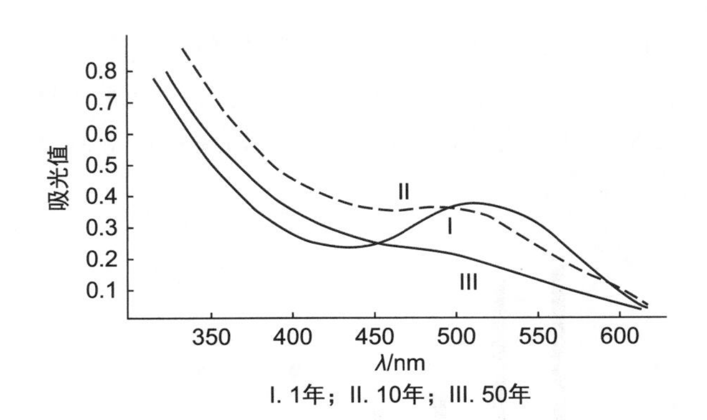

图 8.26　不同年分葡萄酒的吸光值（资料来源：Ribéreau-Gayon，1986）。

红葡萄酒中的与陈酿相关的颜色改变可以通过 520 nm 和 420 nm 的吸光值来检测说明（Somers and Evans，1977）。较高的 520 nm 和 420 nm 值代表明亮的红色，较低的值说明颜色向砖红色转变。与红葡萄酒相反，白葡萄酒的颜色随着陈酿的时间变化而变深，最初是黄色，然后变为金黄色，最后变为褐色。对产生这种颜色变化的原因，我们了解得还不多，其中可能涉及多酚的氧化、金属离子诱导的半乳糖醛酸的结构变化、糖酸之间的美拉德反应或者焦糖化反应等。

陈酿过程中的糖苷键水解不仅能释放芳香族化合物，还可以释放酚类物质，如槲皮素和白藜芦醇。这些改变产生的感官影响还不清楚，但是溶解度的降低可以加速结晶和雾状体的形成。

在陈酿过程中，葡萄酒最早失去的是新鲜水果的香气。如果葡萄酒的香气以果香为主，尤其是这种香味由某些内酯构成时，这一点变化尤其明显，即酯浓度逐渐下降（图 8.27 和图 8.28）。尽管挥发性羧酸酯（例如，琥珀酸二乙酯）的浓度增加，但它们的挥发性很差。此外，具有果香 / 花香的萜烯缓慢降解或氧化成芳香的效果不明显，甚至会变成无味的化合物。3- 巯基己醇氧化是大多数桃红葡萄酒保质期相对较短（以及果香丧失）的主要原因之一（Murat，2005）。

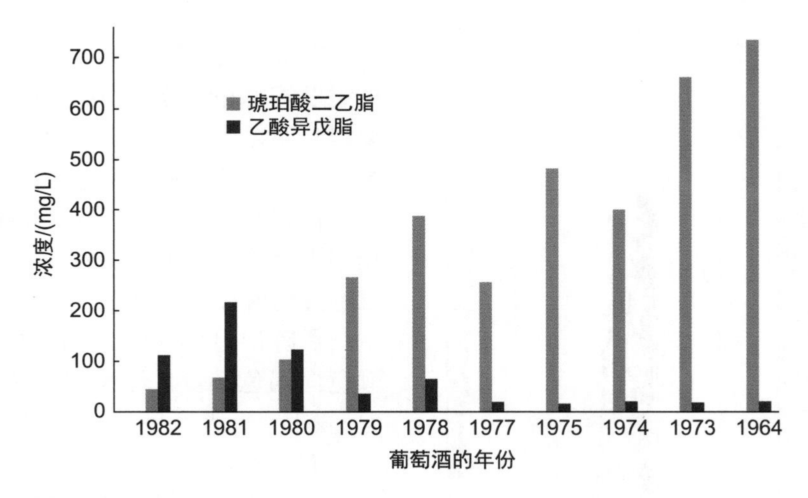

图 8.27　葡萄酒的年份对酯类的影响（资料来源：Jackson，2000；Rapp and Güntert，1986）。

陈酿完全的葡萄酒的品种特征最终会被一种微妙、复杂、陈年的酒香所取代（如雷司令）。在白葡萄酒中，它们的感官风味通常会用干草或蜂蜜来描述。对于红葡萄酒而言，成熟的果酱风味开始衰退，然后会被皮革、雪茄、烟熏或松露风味所取代。除了颜色外，大多数陈酿葡萄酒看起来相似，且与品种无关（参见 1980 年，Broadbent 对陈年葡萄酒的描述）。

陈酿香气的精确来源还是未知的。但是它可能涉及了内酯和醛类及相关的萜烯、碳水化合物衍生物的降解和硫化物的减少、酚类物质的氧化。

在类异戊二烯降解产物中，1，1，6-trimethyl-1，2-dihydronaphthalene（TDN）对雷司令葡萄酒特别重要。表 8.2 中是一些在雷司令葡萄酒中与陈酿相关的化学物质变化。表 8.2 和图 8.28 共同说明了温度对陈酿过程的重要性。另一种类异戊二烯降解产物（E）-1-（2，3，6- 三

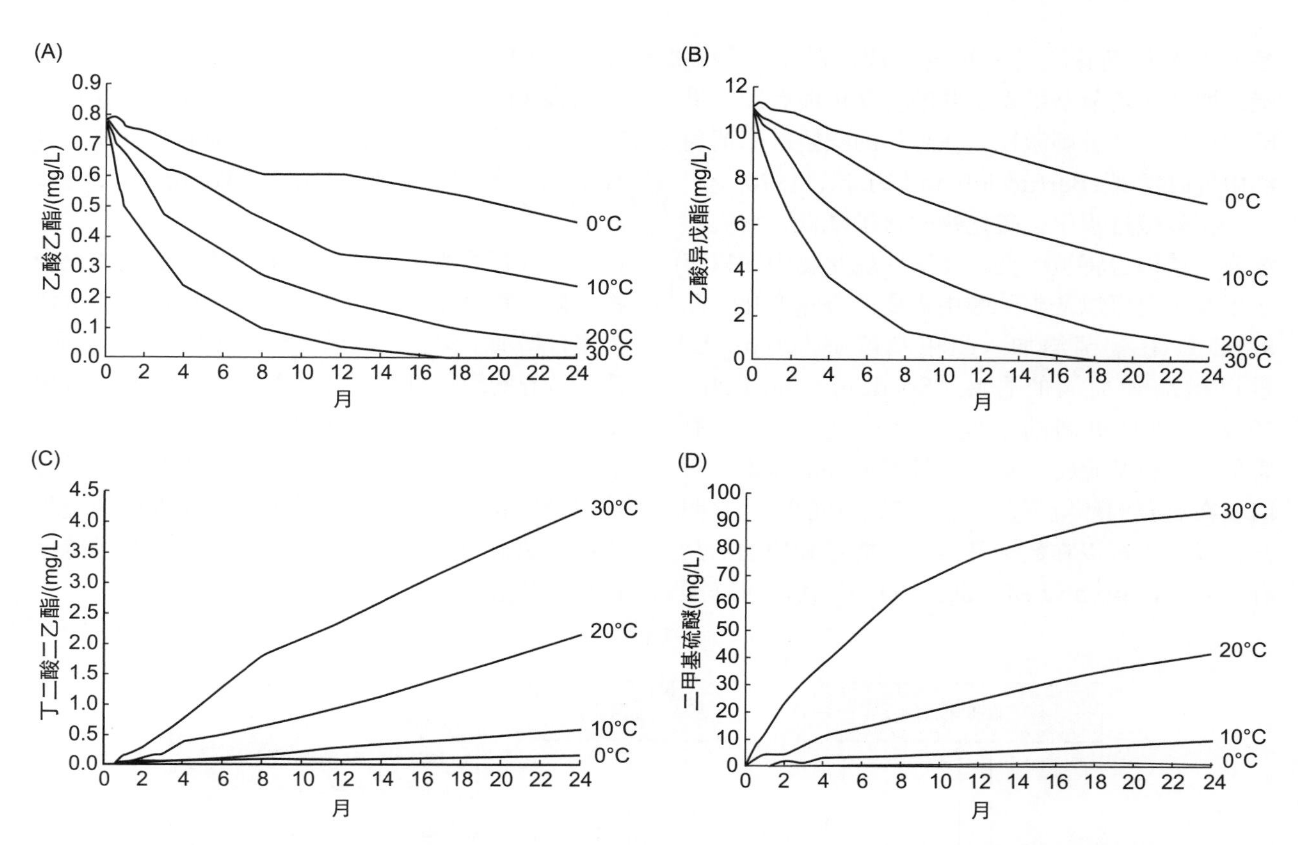

图 8.28 鸽笼白葡萄酒陈酿温度和时间对乙酸乙酯、乙酸异戊酯、丁二酸二乙酯、二甲基硫醚的影响（资料来源：Marais，1986）。

表 8.2 雷司令葡萄酒中碳水化合物分解产生的香气变化 [a,b]

碳水化合物降解后产生的物质	年份					
	1982	1978	1973	1964	1976（冰酒）	1976（地窖储藏）
2- 糠醛	4.1	13.9	39.1	44.6	2.2	27.1
2- 乙酰基呋喃	—	—	0.5	0.6	0.1	0.5
呋喃 -2- 碳酸乙酯	0.4	0.6	2.4	2.8	0.7	2.0
2- 吡咯甲醛	—	2.4	7.5	5.2	0.4	1.9
5- 羟甲基糠醛（HMF）	—	—	1.0	2.2	—	0.5

注：[a] 数据来自 Rapp and Güntert，1986。[b] 相对浓度由气相测定。

资料来源：Jackson，2000。

甲基苯基）丁 -1，3- 二烯通常在陈酿过程中积累，可以为白葡萄酒提供青草香气。虽然这种化合物是从红葡萄中分离出来的，但是在红葡萄酒中却没有发现，其原因是它与单宁的反应（Cox et al.，2005）。其他的类异戊二烯降解产物几乎和瓶储产生的香味无关，例如，枫香脂（vitispirane）、茶螺烷（theaspirane）、紫罗烯（ionene）和大马士酮（damascenone）等。

大多数萜烯含量变化都不利于葡萄酒。萜烯类物质的氧化不仅影响了感官品质，还增加了它们本身的阈值（Rapp and Mandery，1986）。但是单萜酮和胡椒酮的积累有助于波尔多陈酿红葡萄酒的薄荷风味产生（Picard et al.，2016）。

碳水化合物的降解产物主要是褐变的美拉德产物。它在环境温度下的缓慢变化有利于白葡萄酒向金黄色转变，同时产生各种风味物质，最熟悉的就是焦糖味。另一种美拉德产品是一种乙酯，即2-（乙氧基甲基）呋喃。其可能有助于果味的产生，略带刺激性，在陈年的桑娇维塞葡萄酒中可以发现（Bertuccioli and Viani，1976）。

在陈酿过程中，硫化物的含量降低，它们的浓度、结构也将被改变。在这些硫化物中，只有二甲基硫醚可以产生陈酿中需要的香味变化（图8.28D）。在葡萄酒加入二甲基硫醚（20 mg/L）可以增加葡萄酒的香味（Spedding and Raut，1982），但是更高的浓度（≥40 mg/L）将是有害的。二甲基硫醚本身有一种类似虾的味道。有时，在温暖的环境下，产生的二甲基硫醚非常明显，以至于可以在数个月后可以掩盖葡萄酒的品种特点（Rapp and Marais，1993）。其他对陈酿香有贡献的硫醇（如，波尔多红酒）包括3-硫烷基己醇和2-呋喃甲硫醇（Picard et al.，2015）。2-呋喃甲硫醇在橡木桶陈酿的葡萄酒中形成，具有烘烤、熟肉和咖啡的风味（Tominaga et al.，2000）。

在红葡萄酒中，苦味单宁转变为更大的聚合物。聚合物大小与涩味增强相关，因此，通常认为聚合增加了涩感，甚至会导致沉淀发生。然而，乙醛诱导的聚合可能会降低溶解度（Matsuo and Itoo，1982）。因此，在桶成熟和陈酿期间，微量溶氧可以使葡萄酒涩感逐渐软化。聚合的可逆转性以及原花色苷分解也可能使葡萄酒在陈酿过程中的涩感减弱（Vidal et al.，2002）。葡萄酒陈酿过程中的潜在化学变化如图8.29所示。

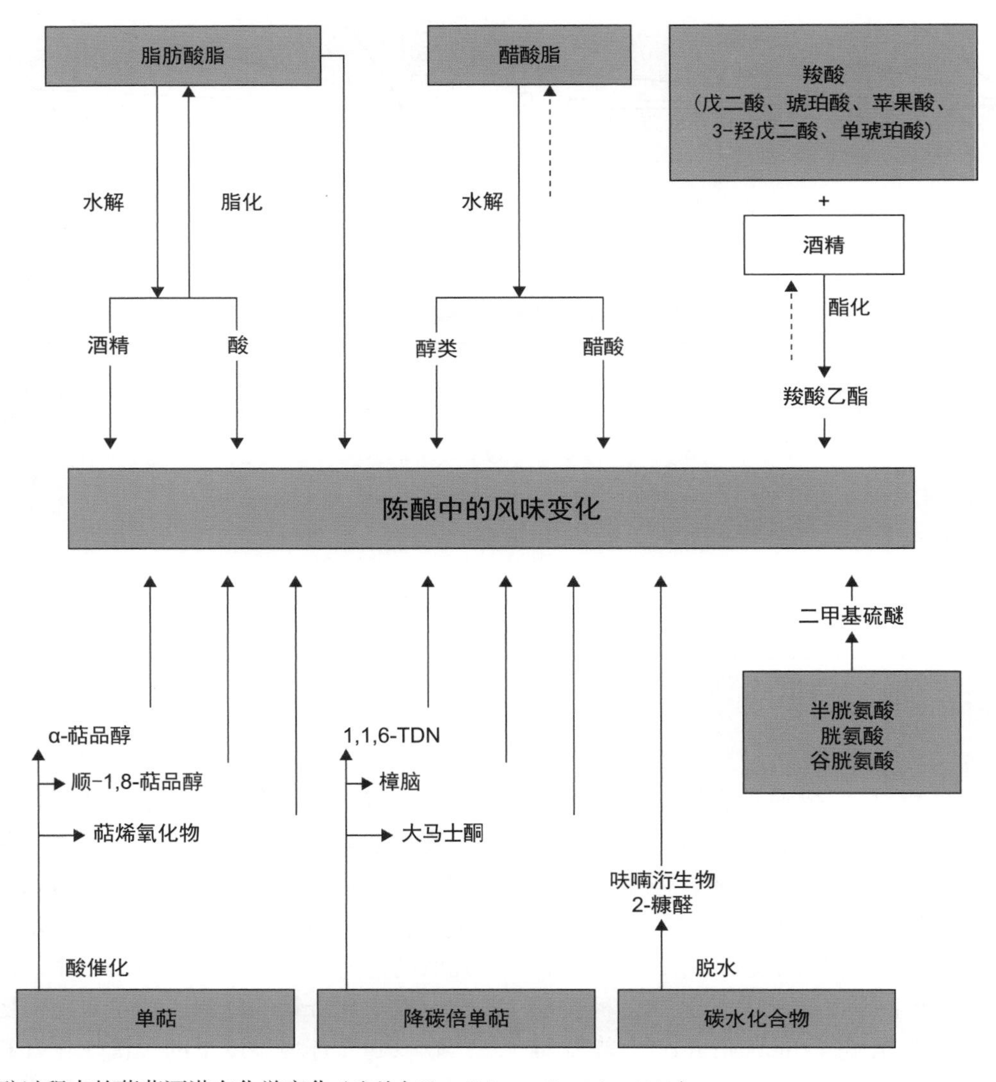

图8.29 陈酿过程中的葡萄酒潜在化学变化（资料来源：Aldave，L et al.，1993）。

除了上面提到的优点，陈年的葡萄酒并不比年轻的葡萄酒具有更多的优点。年轻葡萄酒的果香更浓郁，并且品种香气更加明显。在葡萄酒陈酿时，其香气变得更加微弱，但是更精致。红葡萄酒逐渐具有更多的果酱香气，品种香气逐渐失去，香气变得更加精细，并可能会产生陈酿的香气。此外，陈年好的葡萄酒往往具有发展风味和精致的余味。这取决于个人的喜好，即是年轻清新的香气，成熟葡萄酒中更饱满、更复杂的酒香，还是充分成熟的酒香更受尊重。虽然风味不同，但是都可以给人愉悦的感受。如果有选择，作者会始终追求一款精致优雅的陈年佳酿（同样不乏优秀的年轻葡萄酒）。品尝任何陈酿型葡萄酒都必须小心谨慎，保留的香气和风味可能会在开启之后迅速消散。陈年葡萄酒可能很稀有，品尝非常罕见的陈酿的葡萄酒更多的是一种历史体验而不是口感享受。遗憾的是，很少有消费者能有机会品尝这些，除非他们自己的陈酿葡萄酒。如今10～15年陈酿型葡萄酒在商店里非常少见，而且如果不知道这些葡萄酒的来源和储藏条件，可能就不去购买。

通常陈酿被认为包括化学平衡变化（如酯与其醇和酸成分）、芳香糖苷（如萜烯、硫醇和类异戊二烯）的水解、氧化反应（如萜烯氧化物的形成）、还原反应（如硫醇的形成）和分解产物（如烃类的形成）。然而芳香族化合物的吸收损失和扩散损失也需要考虑。任何化合物的损失速率取决于它如何被封闭物吸收或通过封闭物扩散。而它们受封闭物吸收和扩散性质、环境温度、芳烃的溶解度和挥发性（疏水/亲水性质、水合度、乙醇胶束缔合程度以及与其他基质的键合程度）以及化合物分子量的影响。化合物分子量表明葡萄酒可能会更快地失去轻质芳烃。因此，随着陈酿过程的进行，在理论上葡萄酒应逐渐变得偏向于较重的芳香化合物的特征，即具有多种基团的易被嗅觉感知的化合物。陈酿使葡萄酒风味物质数量变得更简单（化学变化较小且在低浓度下存在），但是在感官上更复杂（激活更多嗅觉受体）。目前，顶空进样技术的进展可用于支持以上观点（Bicchi et al.，2012；Stashenko and Martínez，2012）。

陈酿潜力（Aging Potential）

在许多情况下，根据经验可以知道葡萄酒的陈酿潜力。许多消费者没有机会去获得这种经验，所以他们必须依赖建议。建议通常带有明显的地区偏见。就拿波尔多葡萄酒来说，法国专家倾向于早期消费，而英国的权威鼓励更久的陈酿，美国专家则介于两者之间。这种观点只有通过实验才能证明。对于著名葡萄酒而言，这将需要很长的时间。

由于缺乏葡萄酒陈酿潜力的来源信息，所以很难进行判定。通常认为它主要取决于葡萄酒的酒精度、酚类含量以及甜酒的含糖量。这些成分的增加都被认为在某种程度上能提高陈酿潜力。品种来源也很重要。例如，主要依赖于酵母产生乙基和乙酸酯或大多数萜烯的品种，其陈酿潜力较短，但雷司令例外。相比之下，大多数红葡萄酒的陈酿潜力更长（酚类物质的抗氧化作用）。

品种和化学成分对陈酿潜力的影响固然重要，但酿造和储存葡萄酒的方式同样重要。冷藏能大大减缓陈酿速率（图8.28），显著提高陈酿潜力。大多数人认为陈酿温度通常在10℃时最佳，但这可能只是反映了习惯，许多地下酒窖的温度就在这个范围。因为温度很重要，人们经常会问他们应该在什么温度下陈酿葡萄酒，我就会带着开玩笑地反问这取决于他们想要活多久。如果回答是时间很长，那么在低温下缓慢陈酿葡萄酒就是安全的。否则，在接近室温下存放即可。就这点来说，其是否可以有效加速陈酿是个有争议的问题。加热会促进一些陈酿反应，但同时也会激活其他的有害反应（Singleton，1962）。据推测，几种商业葡萄酒会在几分钟内产生陈酿效应。除了博人眼球外，这些似乎都未经过科学审查，在吸引消费者的同时，并没有达到生产标准（Rubin et al.，2005）。耐心和时间是已知的唯一有效方法。

据报道，振动有时会对葡萄酒陈酿不利。长时间振动会造成轻微物理化学变化（Chung et al.，2008），但似乎没有感官影响。还有一种观点认为，无论从商店买回家，还是经过海外运输，运动对葡萄酒都是有害的。这些观点的证据都涉及运输过程中的潜在极端温度的暴露，而不是运动。温度的波动可能是“振动有害”观点的起源。

然而，消费者很难亲自探究这些因素。他们只能依靠外在因素来估计葡萄酒陈酿潜力。这些通常涉及葡萄酒的价格以及葡萄酒、酒厂、地区和生产商的声誉，还有大量赞美葡萄酒的品质和陈酿潜力的书籍和刊物。另外，还有一个因素就是软木塞的长度和质量。

化学本质 Chemistry

虽然葡萄酒品质通常以年龄、年份、风格、出处、品种起源、声望或其他属性为框架，但是最终归功于它的化学本质。葡萄酒中含有超过800种的化学物质，因此，葡萄酒的化学性质是很复杂的。随着时间的推移，它也会由于化合物挥发、降解、氧化、还原、聚合、解聚或其他转化而发生变化。然而这些化合物中的大部分物质的浓度都低于检测限。即使相互促进可以加强它们的检测。在任何一种葡萄酒中对感官有重要作用的化合物不能多于50种。在这50种中，一些类别比较明显的化合物，即糖、酒精、碳酸和酚类可以影响葡萄酒的基本感官特点。它们共同组成了葡萄酒的基本特征。

葡萄酒中可能存在的一些非主要成分被用于区分普通葡萄酒和优质葡萄酒。Ritchey 和 Waterhouse（1999）对普通和优质加州赤霞珠葡萄酒之间的化学差异进行了分析。优质葡萄酒的黄酮醇浓度约为普通葡萄酒的3倍，肉桂酸酯和镓酸盐的含量约为60%～70%。同时优质葡萄酒也具有更高的酒精度（14.1%，普通为12.3%），但残糖和苹果酸含量相对较低。另一种区分方式是按价格（低标准、高标准和优质）来分类。有研究考察了评估术语的使用频率（Sáenz-Navajas et al.，2012）。有些术语比较复杂，如干果风味在优质葡萄酒中被认为是积极的，但在其他葡萄酒中则是消极的。木头/动物风味则会大大降低葡萄酒的品质。表8.3显示了如何用术语表达高品质/低品质的里奥哈红葡萄酒。评估葡萄酒的方式（通过视觉、嗅觉、味觉、口感）显著影响了对葡萄酒品质的感知。

表 8.3　高品质和低品质感知相关视觉、香气、味觉和口感术语

术语	高品质	低品质
视觉术语	透明/清晰（81）、厚重（71）、紫红色（43）	氧化棕色（81）、浑浊（67）、颜色浅（57）
香气术语	果香（71）、橡木香（71）、香气浓郁（43）、香气复杂（29）、品种香（24）	氧化味（57）、还原味（52）、泥土味（48）、单薄（48）、酒香酵母（43）、旧木头味过强（33）、缺陷（33）、生青/植物味（24）、霉味（19）
味觉和口感术语	口感平衡（67）、酒体丰满（48）、单宁圆滑（43）、持久性（24）、脂肪口感（19）	涩感过强（67）、酸度过强（52）、口感不平衡（48）、轻和余味短（33）、生青味（29）、苦味（29）、单宁粗糙（19）

注：该表省略了不到15%的专家术语，括号中的数字为引用频率，以%表示。

资料来源：Sáenz-Navajas et al.，2015。

芳香族化合物的分子大小（Zarzo，2011）和复杂性（Kermen et al.，2011）对葡萄酒品质的影响也很有趣。化合物的分子大小与其感官之间似乎有关联。氧原子会提高感官愉悦性，而羧基和含硫基团则会产生感官不愉悦性。化合物结构简单就与令人不愉快的气味相关，而结构复杂则与更多的嗅觉愉悦感相关（可能激活更多的嗅觉受体）。在功能性磁共振成像（fMRI）中已经有一些类似的发现（Sezille et al.，2015），那这是否表明分子的复杂性不仅仅可以使芳香成分多样化，还可能是影响葡萄酒品质的核心因素？

糖、酸、酒精和酚类物质的相互作用被称为平衡。平衡作用在干型酒、甜酒、白葡萄酒、红葡萄酒、起泡酒和加烈酒中都存在，因此，平衡作用在化学上是非常复杂的。例如，贵腐酒中的高糖浓度可以被酸、酒精或者这两者同时平衡。香气也可以影响葡萄酒的平衡。在干型酒中，平衡可能来自陈酿中单宁的聚合，并且失去聚合前的苦味和涩味。红葡萄酒中的酒精浓度和适度的酸对平衡也有贡献。与陈酿的浓郁红葡萄酒丰满酒体构成不同，在年轻的红葡萄酒中，平衡是由低酒精浓度和高酸度构成的。在一些现象中，如回味和发展可能来自多糖、蛋白或酚类物质释放了它们结合的香气，它们释放到空气中

（Lubbers et al.，1994）。

不断提高的感官感知也可能在微量的香气成分表达中起了重要的作用。无论如何，化学这个词本身就意味着复杂和精细，它的本质和作用是未知的。毫无疑问，多种香味物质的相互作用有着一定的功能，但是在目前这只是一个推测，要完全揭示葡萄酒质量的化学本质还需要数年时间。

补充说明
Postscript

葡萄酒的品质可以从多个角度来看，但从根本上说，品质取决于葡萄酒的物理、化学性质以及如何感官品评葡萄酒。葡萄酒的化学成分最初是基于葡萄的生化和生理学，部分化学成分由酵母和细菌代谢转化。在成熟、陈酿和斟酒后，风味物质被释放，通过物理化学变化而被改变。这些都表明葡萄酒具有相对的化学和微生物稳定性以及营养和质量安全性。然而站在人类的角度，葡萄酒品质是通过感官和愉悦度来感知的。虽然我们的感官会对葡萄酒所表现出的视觉、味觉、嗅觉和口感做出反应，但有意识的感知是基于他们的冲动如何在大脑各个部分被整合的，这与经验有关，包括相关的社会压力和情感欲望。此外，对于许多消费者而言，外在因素（独特性、来源、价格、名望、年龄和稀有度）可能比葡萄酒的内在（感官）品质更重要。除此之外，葡萄酒品质还受葡萄酒品尝环境、品评者相对饥饿或饱腹感的状态的影响。

在分析葡萄酒内在品质时，应将心理因素的影响降至最低。尽管如此，尤其对于高端葡萄酒而言，心理因素仍然是销售的主要推动力。人们觉得葡萄酒会随着年份的增长而获得更多的优质品质。这可能就解释了为什么一些昂贵的葡萄酒会被委婉地说成表现出“微妙之处”。葡萄酒的品质就如同美丽一样是幻梦的，只在玻璃杯中存在很短的时间，而且必须在品评者的眼中存在。需要明白的是，葡萄酒品质并不一定与消费者的青睐相关（Hopfer and Heymann，2014）。

推荐阅读

Ashton, R.H., 2013. Is there consensus among wine quality ratings of prominent critics? An empirical analysis of red Bordeaux, 2004–2010. J. Wine Econ. 7, 225–234.

Cardello, A.V., 1995. Food quality: Relativity, context and consumer expectations. Food Qual. Pref. 6, 163–1680.

Charters, S., Pettigrew, S., 2007. The dimensions of wine quality. Food Qual. Pref. 18, 997–1007.

Geiger, R., Aron, R.H., Todhunter, P., 2003. The Climate Near the Ground, sixth ed. Rowman & Littlefield, Lanham, MD.

Jackson, R.S., 2014. Wine Science: Principles and Applications, fourth ed. Academic Press, San Diego, CA.

Jaeger, S.R., 2006. Non-sensory factors in sensory science research. Food Qual. Pref. 17, 132–144.

Lattey, K.A., Bramley, B.R., Francis, I.L., Herderich, M.J., Pretorium, S., 2007. Wine quality and consumer preferences: Understanding consumer needs. Wine Indust. J. 22, 31–39.

Matthews, M.A., 2015. Terroir and Other Myths of Winegrowing. University of California Press, Oakland, CA.

Skeenkamp, J.-B.E.M., 1990. Conceptual model of the quality perception process. J. Busin. Res. 21, 309–333.

参考文献

Aiken, J.W., Noble, A.C., 1984. Comparison of the aromas of oak- and glass-aged wines. Am. J. Enol. Vitic. 35, 196–199.

Aldave, L., Almy, J., Cabezudo, M.D., Cáceres, I., González-Raurich, M., Salvador, M.D., 1993. The shelf-life of young white wine. In: Charakanbous, G. (Ed.), Shelf Life Studies of Food and Beverages. Chemical, Biological, Physical and Nutritional Aspects. Elsevier, Amsterdam, pp. 923–943.

Archer, E., 1987. Effect of plant spacing on root distribution and some qualitative parameters of vines. In: Lee, T. (Ed.), Proc. 6th Aust. Wine Ind. Conf. Australian Industrial Publishers, Adelaide, pp. 55–58.

Archer, E., Strauss, H.C., 1985. Effect of plant density on root distribution of three-year-old grafted 99 Richter grapevines. S. Afr. J. Enol. Vitic.6, 25–30.

Archer, E., Swanepoel, J.J., Strauss, H.C., 1988. Effect of plant spacing and trellising systems on grapevine root distribution, In: The Grapevine Root and its Environment (J. L. van Zyl, comp.), Technical Communication No. 215. Department of Agricultural Water Supply, Pretoria, South Africa. pp. 74–87.

Arrhenius, S.P., McCloskey, L.P., Sylvan, M., 1996. Chemical markers for aroma of *Vitis vinifera* var. Chardonnay regional wines. J. Agric. Food. Chem. 44, 1085–1090.

Atkin, D., 2005. The Culting of Brands: Turn Your Customers into True Believers. Penguin Books Ltd, London, UK.

Becker, N., 1985. Site selection for viticulture in cooler climates using local climatic information. In: Heatherbell, D.A. (Ed.), Proc. Int. Symp. Cool Climate Vitic. Enol. Agriculture Experimental Station Technical Publication No. 7628, Oregon State University, Corvallis, pp. 20–34.

Berns, G.S., McClure, S.M., Pagnoni, G., et al., 2001. Predictability modulates human brain response to reward. J. Neurosci. 21, 2793–2798.

Bertuccioli, M., Viani, R., 1976. Red wine aroma: Identification of headspace constituents. J. Sci. Food. Agric. 27, 1035–1038.

Bhat, S., Reddy, S.K., 1998. Symbolic and functional positioning of brands. J. Consumer Market. 66 (July), 1–17.

Bicchi, C., Cordero, C., Liberto, E., et al., 2012. Headspace sampling in flavor and fragrance field, In: Comprehensive Sampling and Sample Preparation, Vol. 4. Extraction Techniques and Applications: Food and Beverage. Academic Press, New York, NY. pp. 1–25.

Bourke, C., 2004. Is Traminer Gewurz, or is it Roter or Rose, and if Bianco, what about Albarino? Goodness only knows! Aust. N. Z. Grapegrower Winemaker 488, 19–22, 24.

Broadbent, M., 1980. The Great Vintage Wine Book. Alfred Knopf, New York, NY.

Brochet, F., Dubourdieu, D., 2001. Wine descriptive language supports cognitive specificity of chemical senses. Brain Lang. 77, 187–196.

Bronstad, P.M., Langlois, J.H., Russell, R., 2008. Computational models of facial attractiveness judgments. Perception 37, 126–142.

Burton, B.J., Jacobsen, J.P., 2001. The rate of return on investment in wine. Econ. Inquiry 39, 337–350.

Büttner, K., Sutter, E., 1935. Die Abkühlungsgröße in den Dünen etc. Strahlentherapie 54, 156–173.

Charters, S., Pettigrew, S., 2005. Is wine consumption an aesthetic experience? J. Wine Res. 16, 121–136.

Chatonnet, P. (1991). *Incidences de bois de chêne sur la composition chimique et les qualités organoleptiques des vins*. Applications technologiques. Thesis. Univ. Bordeaux II, Talence, France.

Chatonnet, P., Boidron, J.-N., Dubourdieu, D., et al., 1994. Évolution des composés polyphénoliques de bois de chêne au cours de son séchage. Premieres résultats. J. Int. Sci. Vigne Vin. 28, 337–357.

Chisholm, M.G., Guiher, L.A., Zaczkiewicz, S.M., 1995. Aroma characteristics of aged Vidal blanc wine. Am. J. Enol. Vitic. 46, 56–62.

Chung, H.-J., Son, J.-H., Park, E.-Y., et al., 2008. Effect of vibration and storage on some physico-chemical properties of commercial red wine. J. Food Comp. Anal. 21, 655–659.

Clary, C.D., Steinhauer, R.E., Frisinger, J.E., et al.,1990. Evaluation of machine-*vs*. hand-harvested Chardonnay. Am. J. Enol. Vitic. 41, 176–181.

Cox, A., Skouroumounis, G.K., Elsey, G.M., et al., 2005. Generation of (E)-1-(2,3,6-trimethylphenyl)buta-1,3-diene from C13-norisoprenoid precursors. J. Agric. Food Chem. 53, 3584–3591.

Darriet, P., Bouchilloux, P., Poupot, C., et al., 2001. Effects of copper fungicide spraying on volatile thiols of the varietal aroma of Sauvignon blanc, Cabernet Sauvignon and Merlot wines. Vitis. 40, 93–99.

Darriet, P., Pons, M., Henry, R., et al., 2002. Impact odorants contributing to the fungus type aroma from grape berries contaminated by powdery mildew (*Uncinula necator*); incidence of enzymatic activities of the yeast *Saccharomyces cerevisiae*. J. Agric. Food Chem. 50, 3277–3282.

de Revel, G., Martin, N., Pripis-Nicolau, L., et al., 1999. Contribution to the knowledge of malolactic fermentation influence on wine aroma. J. Agric. Food Chem. 47, 4003–4008.

Distel, H., Hudson, R., 2001. Judgement of odor intensity is influenced by subjects' knowledge of the odor source. Chem. Senses 26, 247–251.

Douglas, D., Cliff, M.A., Reynolds, A.G., 2001. Canadian: Sensory characterization of Riesling in the Niagara Peninsula. Food Res. Int. 34, 559–563.

Drummond, G., Rule, G., 2005. Consumer confusion in the UK wine industry. J. Wine Res. 16, 55–64.

Dumont, A., Dulau, L., 1996. The role of yeasts in the formation of wine flavors. In: Henick-Kling, T. (Ed.), Proc. 4th Int. Symp. Cool Climate Vitic. Enol. New York State Agricultural Experimental Station, Geneva, NY. pp. VI–24–28.

Feuillat, M., Charpentier, C., Picca, G., et al., 1988. Production de colloïdes par les levures dans les vins mousseux élaborés selon la method champenoise. Revue Franç. Oenol. 111, 36–45.

Francis, I.L., Sefton, M.A., Williams, J., 1992. A study by sensory descriptive analysis of the effects of oak origin, seasoning, and heating on the aromas of oak model wine extracts. Am. J. Enol. Vitic. 43, 23–30.

Gishen, M., Iland, P.G., Dambergs, R.G., et al., 2002. Objective measures of grape and wine quality. In: Blair, R.J., Williams, P.J., Høj, P.B. (Eds.), 11th Aust. Wine Ind. Tech. Conf. Oct. 7–11, 2001, Adelaide, South Australia. Winetitles, Adelaide, Australia, pp. 188–194.

Goldstein, R., Almenberg, J., Dreber, A., et al., 2008. Do more expensive wines taste better? Evidence from a large sample of blind tastings. J. Wine Econ. 3, 1–9.

Goldwyn, C., Lawless, H.T., 1991. How to taste wine. ASTM Standardization News 19, 32–37.

Henick-Kling, T., Acree, T., Gavitt, B.K., Kreiger, S.A., Laurent, M.H., 1993. Sensory aspects of malolactic fermentation. In: Stockley, C.S. (Ed.), Proc. 8th Aust. Wine Ind. Tech. Conf. Winetitles, Adelaide, Australia, pp. 148–152.

Henick-Kling, T., Edinger, W., Daniel, P., et al., 1998. Selective effects of sulfur dioxide and yeast starter culture addition on indigenous yeast populations and sensory characteristics of wine. J. Appl. Microbiol. 84, 865–876.

Hersleth, M., Mevik, B.-H., Naes, T., et al., 2003. Effect of contextual factors on liking for wine – use of robust design methodology. Food Qual. Pref. 14, 615–622.

Heymann, H., Noble, A.C., 1987. Descriptive analysis of Pinot noir wines from Carneros, Napa and Sonoma. Am. J. Enol. Vitic. 38, 41–44.

Hopfer, H., Heymann, H., 2014. Judging wine quality: Do we need experts, consumers or trained panelists? Food Qual. Pref. 32, 221–233.

Hoppmann, D., Hüster, H., 1993. Trends in the development in must quality of 'White Riesling' as dependent on climatic conditions. Wein Wiss. 48, 76–80.

Iland, P.G., Marquis, N., 1993. Pinot noir – Viticultural directions for improving fruit quality. In: Williams, P.J., Davidson, D.M., Lee, T.H. (Eds.), Proc. 8th Aust. Wine Ind. Tech. Conf. Winetitles, Adelaide, Australia, pp. 98–100. Adelaide, 13–17 August, 1992.

Intrieri, C., Poni, S., 1995. Integrated evolution of trellis training systems and machines to improve grape quality and vintage quality of mechanized Italian vineyards. Am. J. Enol. Vitic. 46, 116–127.

Jackson, R.S., 2014. Wine Science: Principles and Applications, 4th ed. Academic Press, San Diego, CA.

Jackson, R.S., 2016a. Shelf life of wine. In: Subramaniam, P., Wareing, P. (Eds.), The Stability and Shelf Life of Food, 2nd ed. Woodhead Publishing, Cambridge, UK. pp. 311–346.

Jackson, R.S., 2016b. Innovations in Winemaking. In: Kosseva, M.R., Joshi, V.K., Panesar, P.S. (Eds.), Science and Technology of Fruit Wine Production. Academic Press, San Diego, CA. pp. xx–xx.

Jaeger, S.R., 2006. Non-sensory factors in sensory

science research. Food Qual. Pref. 17, 132–144.

Kennedy, A.M., 2002. An Australian case study: Introduction of new quality measures and technologies in the viticultural industry. In: Blair, R.J., Williams, P.J., Høj, P.B. (Eds.), 11th Aust. Wine Ind. Tech. Conf. Oct. 7–11, 2001, Adelaide, South Australia. Winetitles, Adelaide, Australia, pp. 199–205.

Kermen, F., Chakirian, A., Sezille, C., et al., 2011. Molecular complexity determines the number of olfactory notes and the pleasantness of smells. Sci. Reports 1, 206 (1–5).

Klein, H., Pittman, D., 1990. Drinker prototypes in American society. J. Substance Abuse 2, 299–316.

Kontkanen, D., Reynolds, A.G., Cliff, M.A., et al., 2005. Canadian terroir: Sensory characterization of Bordeaux-style red wine varieties in the Niagara Peninsula. Food Res. Int. 38, 417–425.

Köster, E.P., Couronne, T., Léon, F., et al., 2003. Repeatability in hedonic sensory measurement: A conceptual exploration. Food Qual. Pref. 14, 165–176.

Lagorce-Tachon, A., Karbowiak, T., Paulin, C., et al., 2016. About the role of the bottleneck/cork interface on oxygen transfer. J. Agric. Food Chem. 64, 6672–6675.

Lindman, R., Lang, A.R., 1986. Anticipated effects of alcohol consumption as a function of beverage type: A cross-cultural replication. Int. J. Psychol. 21, 671–678.

Lubbers, S., Voilley, A., Feuillat, M., et al., 1994. Influence of mannoproteins from yeast on the aroma intensity of a model wine. Lebensm.–Wiss. u. Technol. 27, 108–114.

Marais, J., 1986. Effect of storage time and temperature of the volatile composition and quality of South African *Vitis vinifera* L. cv. Colombar wines. In: Charalambous, G. (Ed.), Shelf Life of Foods and Beverages. Elsevier, Amsterdam, pp. 169–185.

Matsuo, T., Itoo, S., 1982. A model experiment for de-astringency of persimmon fruit with high carbon dioxide treatment: *In vitro* gelatin of kaki-tannin by reacting with acetaldehyde. Agric. Biol. Chem. 46, 683–689.

Matthews, M.A., Ishii, R., Anderson, M.M., et al., 1990. Dependence of wine sensory attributes on vine water status. J. Sci. Food Agric. 51, 321–335.

Maujean, A., Poinsaut, P., Dantan, H., et al., 1990. Étude de la tenue et de la qualité de mousse des vins effervescents. II. Mise au point d'une technique de mesure de la moussabilité, de la tenue et de la stabilité de la mousse des vins effervescents. Bull. O.I.V. 63, 405–427.

McClure, S.M., Li, J., Tomlin, D., et al., 2004. Neural correlates of behavioral preference for culturally familiar drinks. Neuron. 44, 379–387.

Mingo, S.A., Stevenson, R.J., 2007. Phenomenological differences between familiar and unfamiliar odors. Perception 36, 931–947.

Murat, M.-L., 2005. Recent findings on rosé wine aromas. Part I: Identifying aromas studying the aromatic potential of grapes and juice. Aust. NZ Grapegrower Winemaker 497a, 64–65, 69, 71, 73–74, 76.

Noble, A.C., Ohkubo, T, 1989. Evaluation of flavor of California Chardonnay wines. In: First International Symposium: Le Sostanze Aromatiche dell' Uva e del Vino, S. Michele all' Adige, 25–27 July, 1989. pp. 361–370.

Picard, M., Thibon, C., Redon, P., et al., 2015. Involvement of dimethyl sulfide and several polyfunctional thiols in the aromatic expression of the aging bouquet of red Bordeaux wines. J. Agric. Food Chem. 63, 8879–8889.

Picard, M., Lytra, G., Tempere, S., et al., 2016. Identification of piperitone as an aroma compound contributing to the positive mint nuances perceived in aged red bordeaux wines. J. Agric. Food Chem. 64, 451–460.

Plan, C., Anizan, C., Galzy, P., et al., 1976. Observations on the relation between alcoholic degree and yield of grapevines. Vitis. 15, 236–242.

Plassmann, H., O' Doherty, J., Shiv, B., et al., 2008. Marketing actions can modulate neural representations of experienced pleasantness. PNAS 105, 1050–1054.

Prescott, J., 2012. Taste Matters: Why We Like the Food We Do. Reaktion Books, London, UK.

Priilaid, D.A., 2006. Wine's placebo effect. How the extrinsic cues of visual assessments mask the intrinsic quality of South African red wine. Int. J. Wine Marketing 18, 17–32.

Ramey, D., Bertrand, A., Ough, C.S., et al., 1986. Effects of skin contact temperature on Chardonnay must and wine composition. Am. J. Enol. Vitic. 37, 99–106.

Rapp, A., Güntert, M., 1986. Changes in aroma substances during the storage of white wines in bottles. In: Charalambous, G. (Ed.), The Shelf Life of Foods and Beverages. Elsevier, Amsterdam, pp. 141–167.

Rapp, A., Mandery, H., 1986. Wine aroma. Experientia 42, 873–880.

Rapp, A., Marais, J., 1993. The shelf life of wine: Changes in aroma substances during storage and ageing of white wines. In: Charalambous, G. (Ed.), Shelf Life Studies of Foods and Beverages. Chemical, Biological, Physical and Nutritional Aspects. Elsevier, Amsterdam, pp. 891–921.

Reeves, C.A., Bednar, D.A., 1994. Defining quality: Alternatives and implications. Acad. Manage. Rev. 19, 419–445.

Ribéreau-Gayon, P., 1986. Shelf-life of wine. In: Charalambous, G. (Ed.), Handbook of Food and Beverage Stability: Chemical, Biochemical, Microbiological and Nutritional Aspects. Academic Press, Orlando, FL, pp. 745–772.

Ritchey, J.G., Waterhouse, A.L., 1999. A standard red wine: Monomeric phenolic analysis of commercial Cabernet Sauvignon wines. Am. J. Enol. Vitic. 50, 91–100.

Rous, C., Alderson, B., 1983. Phenolic extraction curves for white wine aged in French and American oak barrels. Am. J. Enol. Vitic. 34, 211–215.

Rubin, G.J., Hahn, G., Allberry, E., et al., 2005. Drawn to Drink: A double-blind randomised cross-over trial of the effects of magnets on the taste of cheap red wine. J. Wine Res. 16, 65–69.

Sáenz-Navajas, M.-P., González-Hernández, M., Campo, E., et al., 2012. Orthonasal aroma characteristics of Spanish red wines from different price categories and their relationship to expert quality judgements. Aust. J. Grape Wine Res. 18, 268–279.

Sáenz-Navajas, M.-P., Avizcuri, J.M., Echávarri, J.F., et al., 2015. Understanding quality judgements of red wine by experts: Effect of evaluation condition. Food Qual. Pref. 48, 216–227.

Schueuermann, C., Khakimov, B., Engelsen, S.B., et al., 2016. GC-MS metabolite profiling of extreme southern Pinot noir wines: Effects of vintage, barrel maturation, and fermentation dominate over vineyard site and clone selection. J. Agric. Food Chem. 64, 2342–2351.

Schwartz, B., 2004. The tyranny of choice. Sci. Amer. 290 (4), 71–75.

Sefton, M.A., Francis, I.L., Williams, P.J., 1993. The volatile composition of Chardonnay juices: A study by flavor precursor analysis. Am. J. Enol. Vitic. 44, 359–370.

Sezille, C., Ferdenzi, C., Chakirian, A., et al., 2015. Dissociated neural representations induced by complex and simple odorant molecules, Neuroscience 287, 23–31.

Siegrist, M., Cousin, M.-E., 2009. Expectations influence sensory experience in a wine tasting. Appetite 52, 762–765.

Singleton, V.L., 1962. Aging of wines and other spirituous products, acceleration by physical treatments. Hilgardia 32, 319–373.

Singleton, V.L., 1990. An overview of the integration of grape, fermentation, and aging flavours in wines. In: Williams, P.J. (Ed.), Proc. 7th Aust. Wine Ind. Tech. Conf. Winetitles, Adelaide, Australia, pp. 96–106.

Sinton, T.H., Ough, C.S., Kissler, J.J., et al., 1978. Grape juice indicators for prediction of potential wine quality, I. Relationship between crop level, juice and wine composition, and wine sensory ratings and scores. Am. J. Enol. Vitic. 29, 267–271.

Smart, R.E., Robinson, M., 1991. Sunlight into Wine. A Handbook for Winegrape Canopy Management.

Winetitles, Adelaide, Australia.

Smith, S., Codrington, I.C., Robertson, M., et al., 1988. Viticultural and oenological implications of leaf removal for New Zealand vineyards. In: Smart, R.E. (Ed.), Proc. 2nd Int. Symp. Cool Climate Vitic. Oenol. New Zealand Society of Viticulture and Oenology, Auckland, New Zealand, pp. 127–133.

Somers, T.C., Evans, M.E., 1974. Wine quality: Correlations with colour density and anthocyanin equilibria in a group of young red wine. J. Sci. Food. Agric. 25, 1369–1379.

Somers, T.C., Evans, M.E., 1977. Spectral evaluation of young red wines: Anthocyanin equilibria, total phenolics, free and molecular SO_2 "chemical age" J. Sci. Food. Agric. 28, 279–287.

Spedding, D.J., Raut, P., 1982. The influence of dimethyl sulphide and carbon disulphide in the bouquet of wines. Vitis. 21, 240–246.

Spillman, P.J., Pocock, K.F., Gawel, R., et al., 1996. The influences of oak, coopering heat and microbial activity on oak-derived wine aroma. In: Stockley, C.S. (Ed.), Proc. 9th Aust. Wine *Ind. Tech.* Conf. Winetitles, Adelaide, Australia, pp. 66–71.

Stashenko, E.E., Martínez, J.R., 2012. *In vivo* Sampling of flavor, In: Comprehensive Sampling and Sample Preparation, Vol. 4. *Extraction Techniques and Applications: Food and Beverage*. Academic Press, New York, NY. pp. 1–25.

Stummer, B.E., Francis, I.L., Zanker, T., et al., 2005. Effects of powdery mildew on the sensory properties and composition of Chardonnay juice and wine when grape sugar ripeness is standardised. Aust. J. Grape Wine Res. 11, 66–76.

Tomasino, E., 2011. Characterization of regional examples of New Zealand Pinot Noir by means of sensory and chemical analysis. PhD Thesis. Lincoln University, New Zealand.

Tomasino, E., Harrison, R., Sedcole, R., et al., 2013. Regional differentiation of New Zealand Pinot noir wine by wine professionals using Canonical Variate Analysis. Am. J. Enol. Vitic. 64, 357–363.

Tominaga, T., Blanchard, L., Darriet, Ph, et al., 2000. A powerful aromatic volatile thiol, 2-furanmethanethiol, exhibiting roast coffee aroma in wines made from several *Vitis vinifera* grape varieties. J. Agric. Food Chem. 48, 1799–1802.

Verdú Jover, A.J., Montes, F.J.L., Fuentes, M.M.F., 2004. Measuring perceptions of quality in food products: The case of red wine. Food Qual. Pref. 15, 453–469.

Vidal, S., Cartalade, D., Souquet, J.M., et al., 2002. Changes in proanthocyanidin chain length in wine-like model solutions. J. Agric Food Chem. 50, 2261–2266.

Wansink, B., Payne, C.R., North, J., 2007. Fine as North Dakota wine: Sensory expectations and the intake of companion foods. Psychol. Behav. 90, 712–716.

Zarzo, M., 2011. Hedonic judgements of chemical compounds are correlated with molecular size. Sensors 11, 3667–3686.

9

葡萄酒与食物的搭配
Wine and Food Combination

引言
Introduction

虽然餐酒搭配的科学原因尚缺乏有力的科学研究，但品酒师和葡萄酒爱好者总是掌握着将葡萄酒与食物完美融合的秘诀。当然，酿酒师也非常了解自己酿造的葡萄酒应该如何进行配餐，他们对餐酒搭配具有绝对话语权。随着欧洲传统文化的发展，葡萄酒作为一种食物饮料的认知在全球广泛传（Unwin，1992；Pettigrew and Charters，2006），成为众多酒精饮料中唯一象征社会正面形象的饮品（Lindeman and Lang，1986；Unwin，1992）。然而，葡萄酒品种五花八门，即使大致相似的葡萄酒因年份不同也存在较大差异，因此消费者在购买和挑选葡萄酒时总会寻求相关的指南。在面对琳琅满目的商品时人们总会不知所措（Schwartz，2004），消费者在餐厅和酒馆中选酒时也面临着相同的问题（Roets et al.，2012），这种恐慌和风险规避的心理极大阻碍了餐厅中葡萄酒的销售。

食物和葡萄酒之间的相互作用以及感官的复杂性都使食物与葡萄酒搭配的研究困难重重（Ahn et al.，2011；Vilgis，2013）。较少食品科学家涉及相关研究，尽管是目前已知的少量数据，也有待考证。分子美食（This，2013）和美食物理学（Vilgis，2013）的发展是否有助于餐酒搭配的研究还是一个未知数。

大量的关于饮食和葡萄酒搭配的书籍和文章表明，消费者对饮食和葡萄酒搭配的兴趣正在上升。这可能与年轻专业人士对社会正确性的关注增加，而葡萄酒恰恰可以为他们的生活提供优雅和精致的元素。尽管如此，许多消费者似乎都没有意识到大多数的葡萄酒可以与大部分食物很好地搭配。如果人们喜欢某种葡萄酒或某种食物，那么它们进行任何餐酒搭配的结果都不会太差。因为人们已经做好享受美食和美酒的准备了。食物和葡萄酒之间的关系似乎相当于：“得不到我爱的人，我不一定会再等”。

大多数人会毫不犹豫地根据一些个人的标准做出配餐或者配酒的决定（Scheibehenne et al.，2007）。

在考虑当时的场合和心情的前提下，最简单的搭配指南是选择一款风味强度与正餐相当的葡萄酒，这通常等同于在重要的庆祝场合，供应的葡萄酒价格更高。然而，虽然价格较好的葡萄酒具有更显著和独特的风味，但未必是上乘的。选酒是否合适，取决于用餐客人的偏好和期望。不幸的是，葡萄酒价格与其质量之间不存在线性关系，即使存在，葡萄酒的性价比可能是对数递减的，即价格越高，性价比越低。

但对于葡萄酒的嗜好者来说，葡萄酒与食物搭配的目标不仅仅是适合，而是实现一个幸福的二重唱，达到一加一大于二的效果。美食和美酒的完美结合常常被视为典型的葡萄酒体验，这种结合需要通过最好的葡萄酒，也是最古老的葡萄酒来实现，然而古老的葡萄酒在单独品鉴时虽表现出最好的品质，但其精致的风味以及飘缈的香气极易被食物掩盖。

科学尽管不能帮助我们根据场合选择葡萄酒，但可以解释食物和葡萄酒的相互作用。我们

在搜集葡萄酒与食物协同作用的范例时，发现人们常常忽视葡萄酒与食物一起食用时可以减弱酒精作用的现象，这是由于食物会延迟酒精由胃部进入小肠的运动（Franke et al.，2004），从而推迟小肠中大部分酒精通过吸收进入血液循环系统的过程。通过减慢和延长酒精吸收的时间，肝脏能够更好地限制血液中酒精含量（blood alcohol content，BAC）的飙升。虽然饮酒时搭配食物只会略微影响血液中酒精含量峰值出现的时间（由 30 min 变为 45 min），但饮酒时搭配食物血液中酒精含量峰值的时间只是空腹服用葡萄酒的 40% 左右（图 9.1）。此外，与食物一起饮用葡萄酒，特别是在用餐过程中饮酒也会将血液中的累积酒精含量限制在 1/3 左右（Serianni et al.，1953）。

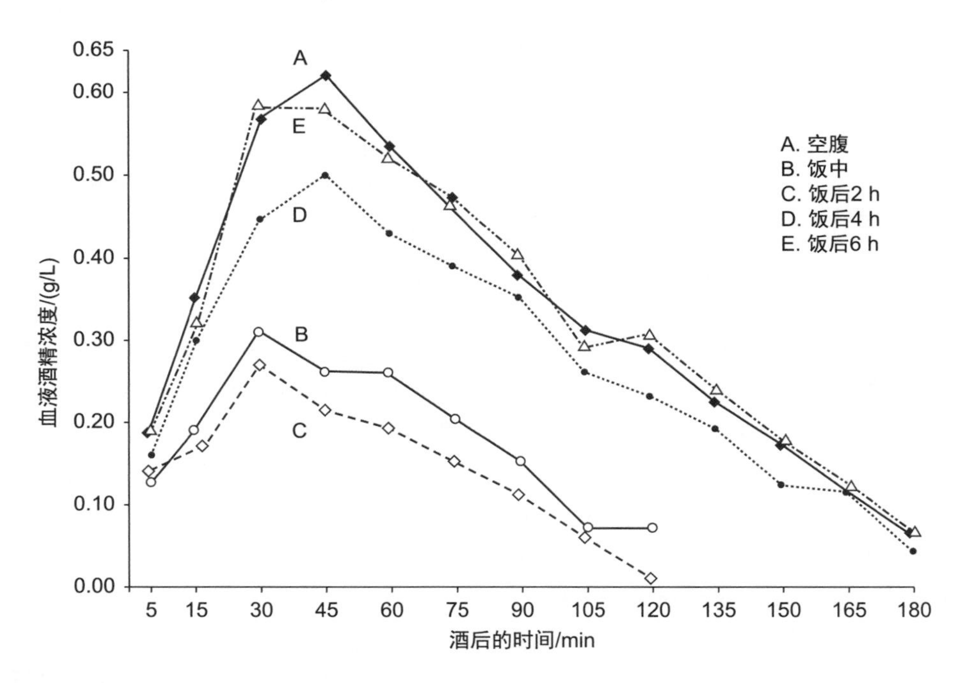

图 9.1　单次饮酒后的血液酒精含量（资料来源：Serianni E. et al，1953）。

葡萄酒饮用量和正常驾驶行为之间可能存在负相关的关系（图 9.2），并且驾车时法律允许的血液酒精含量在逐渐降低，因此，在这个问题上其他的一些观点似乎是必要的。既然用餐期间的葡萄酒消耗量限制不超过 250 mL（标准 750 mL 瓶的 1/3），血液中酒精含量仍不满足大多数司法管辖区中对 BAC 的要求。尽管如此，血液中酒精含量还取决于一系列因素，包括体重、性别、食用的食物量、葡萄酒的酒精含量和饮酒类型（如起泡酒）（图 9.3）、葡萄酒饮用的时间、饮用葡萄酒和驾驶之间的间隔以及遗传因素。然而，葡萄酒品尝者应更加注重葡萄酒的感官体验，而不是葡萄酒的饮用量，这可能是一种既能令人愉悦的，又能确保清醒的方法，毕竟葡萄酒是一种用来鉴赏的饮品，而不是像汽水或软饮料那样用来狂饮的饮料。如果有兴趣进一步研究 BAC 与清醒之间关系，可以搜索维基百科（http://en.wikipedia..org/wiki/Blood_alcohol_content）检索有关该问题的一系列有吸引力的数据和参考资料。

搭配（Compatibility）

关于食物和葡萄酒的搭配，建议大致可以归结为一句俗语：白酒配白肉，红酒配红肉。白葡萄酒通常具有清淡、果香、花香和酸性更强等属性，似乎与鱼和家禽的温和风味更加匹配。相比之下，大多数红葡萄酒的口感和单宁属性更强烈，更适合强劲的肉类风味。然而，在实际中选择搭配葡萄酒时，往往是食物制作和调味方法更

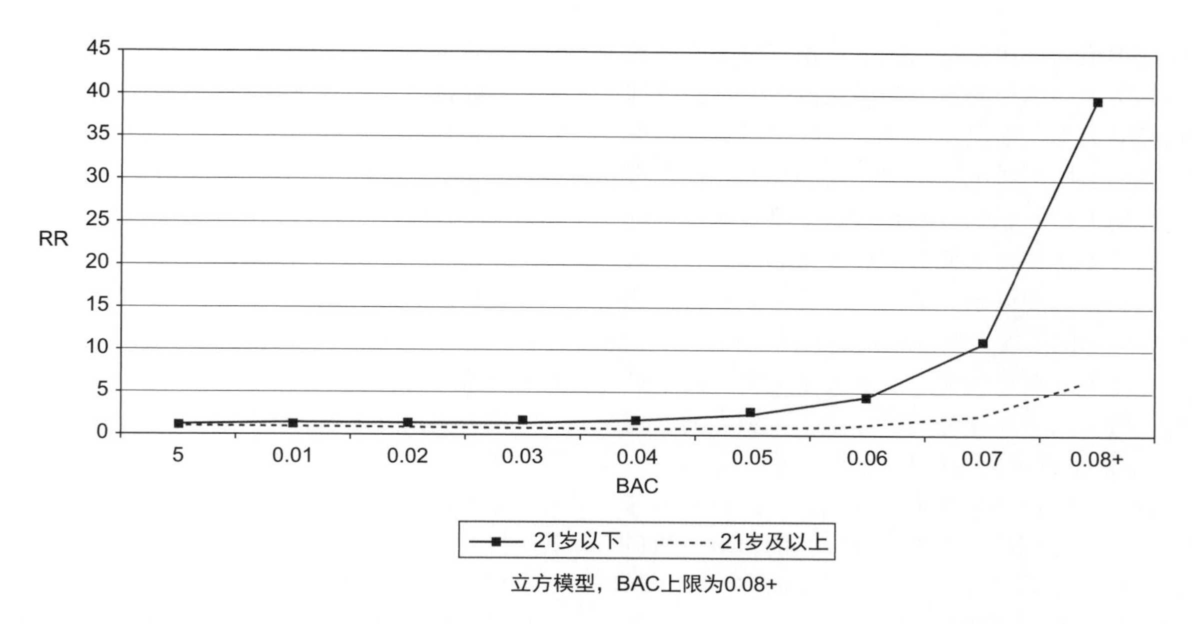

图 9.2 不同年龄的相对撞车风险与血液酒精含量（BAC）的变化（资料来源：Peck RC et al.，Cebers，2008）。

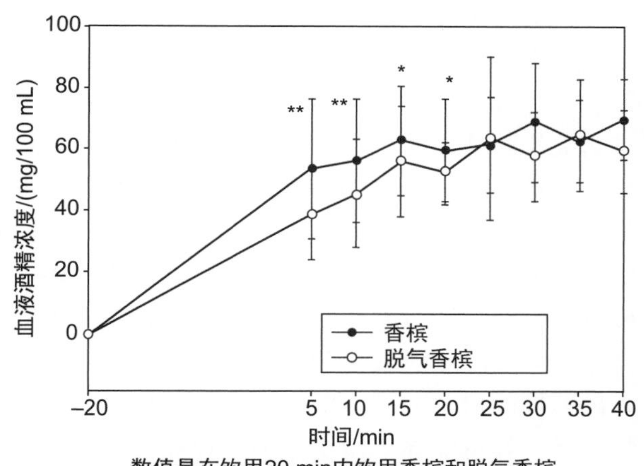

图 9.3 平均血液酒精含量（BAC）的时间曲线。

为关键，比如鱼汤与烤鱼的风味特征和强度明显不同。此外，香料和调味品也会对食物的味道产生显著影响。

葡萄酒与食物的具体搭配建议只反映葡萄酒评论员的个人喜好，通常无法与读者相匹配。也许由于这个原因，即使评论员提供建议，建议的理由也会很少，读者采用这种按部就班的餐酒搭配理论在缺乏创造性的选择中可能有用，但无法为今后的餐酒搭配提供基础。Harrington（2007）初次提出关于餐酒搭配的建议，但由于葡萄酒的感官特征通常因生产商、年份、陈酿的不同而不同，并且人们对食物和葡萄酒风味特征了解的详细程度很难如他所期待的那样，在不了解葡萄酒和食谱的情况下，并不能确定葡萄酒与食物的融合是否会和谐。此外，食物和葡萄酒的感官特征不仅在整个用餐过程中会发生变化，餐酒入口后在口腔中的演替也是无法预知的，因此 Harrington 的搭配建议使这项活动更为复杂。如果读者对品尝过程中风味的释放过程感兴趣，请参阅 Cook 等（2004），Linforth 和 Taylor（2006）和 Muñoz-González 等（2015）。

消费者可能不了解感官术语，美食美酒作者可以贴心地采用精确、可定义的语言来帮助他们的读者，比如，避免诸如酸“溶解”脂肪感或奶酪的咸感与甜酒的甜味形成“对比”等隐晦的说法（Harrington，2007），而是讨论有试验支撑的结论，例如，单宁和脂肪可以相互减少彼此带来的感觉（Peyrot des Gachons et al.，2012）。薄薄的脂肪酸可能会限制单宁与三叉神经受体的接触（降低涩味的感觉），然而油似乎没有这种效果，至少在舌头上涂一层油不会影响蔗糖溶液带来的甜度（Camacho et al.，2015b）。任何味觉效果都取决于油悬浮液以及蛋白质和增稠剂的共同作用（Camacho et al.，2015a）。

精英主义的建议比流行文学中经常出现的简

单评论更糟糕，比如暗示简单食物与单薄的博若莱酒有着内在的相容性。如果流行的、果味浓郁的葡萄酒天生是平民，那是否意味着昂贵的葡萄酒必然是酒中贵族呢？虽然葡萄酒的外在信息常常会影响人们的感知，但是盲品结果表明昂贵的葡萄酒并不比便宜的葡萄酒更能得到品尝者的认可。此外，长期以来，葡萄酒鉴赏家对廉价葡萄酒持有轻蔑的态度，这种葡萄酒氛围是可悲的。

许多关于配餐的观点反映的是习惯，而不是感官逻辑。人类对味觉的感知是与生俱来的，人类生而偏好甜味、香味、咸味，而相比之下酸性、苦味、灼热感和涩味不易接受。人类对风味的感知与味觉相反，其大多受经验的影响。适口性偏好始于子宫（主要基于母亲吃的东西）；随后，婴儿就像真正的科学家一样，品尝几乎一切触手可及的东西。然而，他们的喜恶很快就变得固定，接下来的实验会受到恐新症的限制。由于同伴影响、创新意识和探险精神，偏好倾向于青少年时期和成年期会进一步扩大。

由于我们的祖先是杂食动物，能够以几乎任何有营养和无毒的东西为生，因此人们的饮食偏好具有一定的灵活性。主导区域性饮食偏好的首要因素是文化（Chrea et al.，2004）。虽然未经证实，但该理论可能同样适用于葡萄酒。在味觉方面，人类对食物的喜恶主要与口腔的感觉有关（Rozin and Vollmecke，1986；Prescott，2012）；在嗅觉方面，人类似乎只对恶臭味存在天生的反感，而对一些芳香族化合物的负面印象似乎与第一次（即使被遗忘）气味体验的负面联系有关。

味觉的反射反应是不断发展和进化的，例如，人们糖、奶油和脂肪的喜好可能与它们的热值有关。相反，厌恶苦味和刺激性化合物涉及保护性适应。许多野生植物含有生物碱皂苷和其他苦味的有毒物质，因此烹饪和作物驯化的首要好处是抑制或减少植物毒素的产生。此外，与烹饪相关的加热促进了蛋白质和淀粉的水解，水解的蛋白质与淀粉可以使肉类和硬质谷物更加美味。此外，加热还可以通过释放淀粉分子中的糖，来增强食物的风味（甜度）。对酸味的厌恶反应通常与变质的食物有关，它可能是一种古老的、进化的、保护性的反射。

尽管如此，一般情况下人类也是高度适应的，能够接受最初不喜欢的、不愉快的感觉，甚至对其产生热情（Moskowitz et al.，1975；Rozin and Schiller，1999），例如，尽管辣椒带来的是一种痛觉，但人们似乎开始喜欢辣椒和辣根，而这种喜欢恰恰就是由疼痛引起的。因此，一个人可能喜欢在茶里放牛奶，或者在咖啡里放糖，但并不一定就能断定这个人没有对红葡萄酒中苦涩特质的欣赏或鉴别能力。

从历史角度来看，不同的社会、气候和地理条件造成了广泛的食物喜恶性。然而，这些规范会以惊人的速度发生变化。例如，最近西方文化迅速接受了辣味的香料，世界大部分地区也接受了现代的“垃圾食品”。当谈到食物和葡萄酒的联系时，尽管是否符合社会期望是影响食物和葡萄酒搭配的重要条件，但餐酒的可获得性和品尝者的成长经历才是主要的决定因素。

品尝者对搭配的喜好度受外部因素的影响较大，但遗传倾向也会显著影响个体的偏好（图 3.6）。品尝苦味剂苯硫脲（PTC）和 6- 丙硫氧嘧啶（丙基）的人更容易拒绝辣椒素等苦味食品和饮料（Drewnowski et al.，2001）给口腔带来的灼伤感（Karrer and Bartoshuk，1995），他们对高浓度乙醇的刺激感受比未经过灼烧的人更敏感。影响口味敏感性的其他遗传因素包括舌上真菌状触头的相对数量和特异性嗅觉的缺失。味觉敏感性的遗传变异无疑会影响个人的饮料和食物选择，并可能在不同文化中、食物偏好的变化中发挥作用（Tempere et al.，2011；McRae et al.，2013）。在西拉葡萄酒中测定了莎草奥酮的临界值，图 9.4 说明了个体对这种强烈的胡椒味芳香族化合物敏感性的差异。莎草奥酮也存在于黑胡椒。其浓度比在葡萄酒中的浓度要高得多（在 1200 ng/L 范围内），并与生物碱、胡椒碱一起存在。

习惯化不仅包括心理上的接受，也包括生理上的调整。例如，唾液的盐度会根据盐的摄入量调整（Christensen et al.，1986；Bertino et al.，1986），在短期内，增加盐含量会增强食物的风味，相反，降低盐的含量会使食物淡而无味。此外，反复食用辣椒素可以增加机体对辣椒素的适应能力，从而使过敏个体达到脱敏的效果。

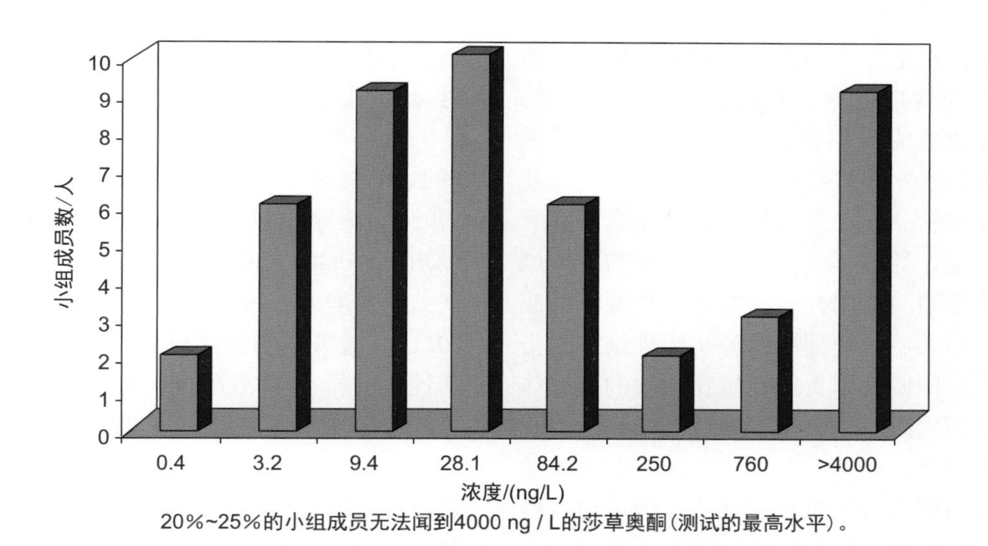

图 9.4 莎草奥酮在红葡萄酒中的最佳估计阈值浓度的分布

尽管葡萄酒与食物有着数百年的联系，但这种联系似乎不存在内在逻辑。食物与葡萄酒之间的搭配是人们在生活得到基本保障后，随文化规范的建立而产生的。类似的现象可以解释印度卡纳塔克邦地区的居民特别偏好酸味和苦味（Moskowitz et al.，1975），墨西哥、韩国和其他一些东亚地区对辣椒的喜爱以及一些中国地方菜系中酸甜结合的流行。偏好辣椒、辣根、芥末、苦味巧克力、黑咖啡、烧焦味和酸性食物等天生令人不快的味道是一种后天习得的味觉。固有的愉悦食物感觉通常刺激内侧眶额皮质和杏仁核，而刺激性食物则激活外侧眶额皮质（Pelchat et al.，2004）。人们对食物的欣赏和厌恶也可能是前后相关的（Hersleth et al.，2003），例如，一餐中可以品尝餐酒和甜点酒，但二者不能搭配同一种食物或在同一时间品尝。

食物和葡萄酒搭配的相关研究大多集中在味道的协同作用上，然而，协调作用只是餐酒搭配的一个部分，从另一方面来说，食物和葡萄酒的结合也会进一步衬托出彼此的不良风味。例如，高酒精度的葡萄酒往往不合时宜地增强菜肴的辛辣感，甜点的甜味明显增强了干型葡萄酒的酸味，而贵腐甜酒则会使法式海鲜汤令人厌恶。有时葡萄酒的铁成分可以催化脂质氧化，而产生金属的感觉（Lawless et al.，2004）。食物与葡萄酒的结合效果包括中立、清新、和谐以及完美等。然而，大多数糟糕的餐酒搭配几乎是不言而喻的，因此很容易避免。

食物和葡萄酒的组合通常是相对中性的。这可能是因为人们没有用心去发觉其中的奥秘，而不是它们真的没有任何可取之处。在许多文化葡萄酒中，葡萄酒单单是一种佐餐饮料。在摇曳的高脚杯中，葡萄酒经常没有经过仔细端详和思考就被一饮而下，仅仅达到了口腔清新剂的效果。除非在特殊场合，才会提供更好的葡萄酒给大家品尝。

如果同时提供各种各样的食物，例如，自助餐或家常便饭，最好选择一款酒体适中、风味柔和的葡萄酒来与之搭配。杂乱的食物会影响优质葡萄酒在口腔中的表达，因此，大多数餐馆里的酒都是中性的。中性的葡萄酒价格相对便宜，购买途径广泛，更符合普通消费者的需求。此外，还有关于本土葡萄酒与当地菜肴之间是天然伙伴的观点，但这大多建立在推广本地产品以及提高经济价值的思想基础上的。虽然看起来成功的厨师或酿酒师都能将他们各自的食物和葡萄酒结合在一起，但这只是幻想而非现实，即使对于葡萄酒鉴赏家来说，大多数葡萄酒的饮用都或多或少是无意识的。在我们匆忙的生活中，我们很少有时间和心情尽情地享用美食和美酒，即使是在餐馆里，大多数人更在意彼此间的交流，而非享用葡萄酒，这难道不是现代生活的悲哀之处吗?

当食物和葡萄酒简单地搭配在一起时，彼此的风味不会被遮盖，食物和葡萄酒形成了完美的双螺旋，这往往是令人愉快和着迷的。此时，葡萄酒可以缓和食物中令人不愉快的风味，反之，食物也会冲淡葡萄酒的不良风味。葡萄酒通过清洁口腔，重新建立起口腔对食物的敏感性，以便下一口可以重新品尝。杰出的葡萄酒在搭配适宜时可以提供额外的感官元素，增强膳食的整体风味，此时葡萄酒的作用几乎就像是一种调味品或装饰品，因而人们对葡萄酒的最初印象是其为搭配食物而生。即使为了更好地烘托用餐的整体体验，在享用葡萄酒时也必须积极地集中注意力于当下的切实体会。此外，正确的餐酒搭配可以使不均衡的葡萄酒看起来更加和谐。一般来说，白葡萄酒的酸度较高，而红葡萄酒则带有明显的单宁感。当白葡萄酒与食物搭配饮用时，葡萄酒中的酒石酸和食物蛋白质之间发生反应，葡萄酒的味道更加醇厚。而清凉的白葡萄酒也可以相应减弱辛辣食物的“灼烧感”。在红葡萄酒中，单宁可以与食物蛋白质发生反应，减弱其激活苦味受体或破坏上皮细胞膜的能力，降低涩感，实现口感的相对平衡。

葡萄酒与属性相似的食物之间能产生良好的共鸣。例如，霞多丽的黄油特征与蟹黄相匹配，西拉的胡椒香气与胡椒牛排的香气相融合，雷司令香料的果香味与甜味的水果酱可以和谐共存，而雪利酒的坚果风味与榛子奶油汤相辅相成。但是相似的化学反应有时可能不利于增强它们的感知强度，例如，大多数长相思葡萄酒和较差的赤霞珠葡萄酒中的草本植物香气与青椒或青豆味的植物性风味特征。然而酸度、苦味、涩味、果味和花香等佐餐葡萄酒的基本特征在大多数食物中不存在，而在葡萄酒中也找不到与食物中脂肪、肉味、植物、香料和调味品的香气相适应的风味。琼瑶浆和西拉等葡萄酒具有强烈的辛辣的特性。与食谱中的某些菜品相比，这些显得更温和。葡萄酒和食物感官特征的显著差异，大多是严重破坏食物和餐酒搭配和谐性的罪魁祸首。

在现实中，餐酒搭配似乎更多地源于食物与葡萄酒之间的互补性质而非相似之处。如上所述，食物蛋白质与葡萄酒的酸性和酚类成分之间的相互作用会降低对它们的感知，从而产生一种葡萄酒不具备的醇厚感。食品脂蛋白（Katsuragi et al.，1995）、长链脂肪酸（Homma et al.，2012；Ogi et al.，2015）和蔗糖（Mennella et al.，2015）也会抑制苦味的感知。盐中的活性离子（Na^+）是一种有效抑制苦涩感觉的抑制剂，存在于大多数食物和奶酪中（Breslin and Beauchamp，1995）。诱导抑制苦味的反应可以增强人对糖的感知（Breslin and Beauchamp，1995）。盐作为食品添加剂（Rabe et al.，2003；Mitchell et al.，2011），盐可以明显地破坏芳香成分之间的弱关联性，并降低其溶解度，促进了芳香成分的释放，进而加速食品风味的表达。另外，钠离子的水合作用可能会降低“游离水”的含量，并改变溶液的极性。虽然芳香族化合物的释放是盐的部分功能，但感知增强也能反映盐带来的愉悦感（Bolhuis et al.，2016）。除咸味以外，甜味（Hansson et al.，2001）、脂肪感（Arancibia et al.，2011）、鲜味（Linscott and Lim，2016）和厚味增味剂（Kuroda and Miyamura，2015）也可以增强风味强度。

与大多数食物相反，奶酪对白葡萄酒（Nygren et al.，2003a）和红葡萄酒（Madrigal-Galan and Heymann，2006）风味的作用是消极的，反之亦然。在对西拉和切达奶酪（Shiraz-cheddar）搭配的一项研究中发现奶酪使葡萄酒的香气和涩味都有所降低，并使单宁变得更加柔滑（Bastian et al.，2010），这可能与奶酪中的盐使儿茶素沉淀有关。而在另一项涉及多种奶酪和葡萄酒的研究中，研究者探究了不同奶酪和葡萄酒的最佳搭配（Bastian et al.，2009）。结果（King and Cliff，2005；Harrington and Hammond，2005）并不符合Immer（2002年）提出的理论，即浓郁的奶酪搭配浓郁的红酒；清淡的奶酪搭配白葡萄酒。因此，食物或奶酪与葡萄酒搭配所带来的愉悦感可能是来自心理作用。不可否认，大多数人宁愿以积极的方式看待葡萄酒与食物之间的关系是相辅相成且互相促进的，而不是消极的抑制作用。这种解释与大众的认知相悖，也不利于促进餐厅中葡萄酒的销售以及相关书籍的推广。

尽管目前的数据表明，人们认为理想的搭配是彼此中和了不良风味，但在理论上，餐酒搭配的协调作用似乎也是存在的。例如，两种相同的或在化学上有关联的气味可以互相促进或协同结合，从而更加宜人。这就是分子美食指导思想的重要部分（This，2005，2013；Ahn et al.，2011）。

在通常情况下，错误的搭配通常引起口味的碰撞，例如，佐餐葡萄酒的酸度与甜点的甜味相冲突。然而，当搭配不当时，一些鲜为人知的后果也会发生，例如，同时食用贝壳类和白葡萄酒会带来鱼腥味（Tamura et al.，2009）。另一个鲜为人知的例子是当TCA的浓度低于最低阈值浓度时会抑制嗅觉的作用，这样不仅影响葡萄酒的香味，还会影响总体风味（Takeuchi et al.，2013）。

由于配餐葡萄酒是用来衬托食物的，因此，葡萄酒的感官强度通常不像食物那样明显。然而对于上等的葡萄酒而言，为了避免食物与葡萄酒的味道相冲突或抵消，与其搭配的大多是口味温和的食物，例如，简单的鸡加工肉经常被视为精致葡萄酒的默契配角，以使葡萄酒带来的迷人体验可以发挥得淋漓尽致（插图9.1）。而普通的葡萄酒可能更适合搭配具有特色风味的食物。著名的搭配可能基于食物或葡萄酒具有缓和属性的感官价值，例如，低酒精度的德国雷司令在搭配辛辣食物的时候，葡萄酒的凉爽及其低酒精含量和酚类物质可以减轻由香料引起的口腔灼伤感。此外，葡萄酒还可以用作饮料调味剂，其中的酸度可以增加饮料中柠檬类风味，酚类成分可以补充苦味，因此，葡萄酒可以作为商业调味料的替代品。

插图9.1　品尝一系列红葡萄酒和其他葡萄酒所搭配的菜品（鸡肉），以免与葡萄酒的味道发生冲突（资料来源：R. Jackson 提供）。

当葡萄酒成为焦点时，它会受到相当大的关注，事实上，这还需要谨慎。尤其是当一款陈年葡萄酒被端上餐桌时，更是如此。而当选择一款口味浓烈的优质葡萄酒时，一桌美味饭菜的搭配应更有利于彼此烘托。餐和酒最完美的搭配还取决于侍奉客人的个人喜好。他是追求特立独行的口味，偏重口味还是喜好平衡口感的人呢？

在设计特定的食物和葡萄酒配对时，大部分乐趣往往来自计划和预期。然而，现实往往很难与预期相符。真正令人难忘的搭配通常是不可预见的，这就是它们的魅力所在。特定环境的餐酒搭配是一场意想不到而又十分出色的超然经验，但一旦时机一过，即使是相同的葡萄酒、餐点和周围环境也很难重现绝伦的表演。就我个人而言，这些意想不到的爆炸式味觉和嗅觉的美好体验是葡萄酒鉴赏“圣杯”的核心，永远挥之不去，但不可复制。

酒的选择
Wine Selection

从第7章和第8章可以明显看出，多种因素影响着葡萄酒的质量和风格。尽管如此，在选择配菜的葡萄酒时，需要考虑的一个重要因素应该是葡萄酒的风格、品种和地域特征、与食物的匹配程度以及品尝者的喜好。有人认为，欧洲葡萄酒更优雅，更适合与食物搭配，并能突出食物的特色，而新世界葡萄酒则过于注重水果香气，不适合搭配食物。从另一个角度讲，感觉上的细微差别是否更有可能让你的味蕾焕然一新，引起大脑产生进行探索的兴趣呢？酒龄也是进行餐酒搭配使需要考虑的重要因素。年轻的葡萄酒通常风味更加突出，红葡萄酒在年轻时往往带有明显的苦味和涩味。随着葡萄酒的成熟，这些特性会变得更加柔和和微妙，葡萄品种的特征也开始消褪，逐渐被一种更普通、更成熟的酒香所取代。鉴于此，陈酿的好酒通常适合单独品尝或饭后享用，那时人们可以更充分地欣赏它们的独到之处。

橡木风味的存在也会显著影响配餐选择，消费者对橡木风味的接受程度也因人而异。通常来说，优雅的葡萄酒品种风味微弱，因此，橡木的

特征风味极易掩盖葡萄酒的香味，而浓厚的葡萄酒在橡木作用下往往会变得更加复杂。

同一品种在不同产区的差异往往是微妙且朦胧的。在气候多变的地区，不同年份的差异比产地差异更加突出，通常需要依靠品鉴者丰富的经验才能准确地发掘。因此，如果没有对某个国家或地区存在特殊的文化偏好，那么葡萄酒的产地并不是消费者选择酒款的关键因素。

对大多数人来说，价格是选择葡萄酒的决定性因素。但与大多数产品不同，葡萄酒的价格并不能很好地反映萄酒的质量或风味。在一个国家或地区内，价格往往可以预测某种价值，但在不同的地区和国家之间，葡萄酒的价值与价格并不成正比。盲品是评估葡萄酒特性和价值的有效方式，而葡萄酒的价格主要受品牌的历史声誉和全球需求驱动的影响，然而无论价格，还是价值，其实并不重要，个人的喜好才是购买葡萄酒时应该考虑的首要因素，毕竟任何“权威”的意见在饮酒体验中都无关紧要，实现个人的味蕾和精神的享受才是我们饮酒的终极目标。

食物与葡萄酒搭配的历史起源

Historical Origins of Food and Wine Association

从历史的角度来看，仅在几百年前才提出固定的餐酒搭配法则。即使搭配食物来饮用葡萄酒也仅在 3000 多年前古希腊和古罗马时期才出现。在更早的时期，葡萄酒只在宗教祭祀场合有限的供应给祭司和统治阶级的精英。啤酒由于制作工艺简单快捷，成为大众普遍消费的酒精饮料（Hornsey，2016）。啤酒的原料是大麦和谷物，相比之下，粮食作物可以在任何干燥的空间内储存，周年都可以用来制作新鲜的啤酒。而葡萄酒仅在南欧、欧亚大陆西南部以及沿河谷的中欧等可以种植葡萄的地区成为主要的饮品。葡萄酒的原料——葡萄是一种周期性作物，非常容易腐烂，但葡萄酒的酒精度较高、pH 较低和酚类物质含量丰富，具有较高的储存潜力，在全年都有供应。由于葡萄酒中的酒精、酸性和酚类物质的存在，葡萄酒具有一定的抗菌效果。在水资源匮乏以污染严重的地区，葡萄酒还发挥着生命之源的重要作用。

葡萄酒放置在双耳瓶和橡木制桶，并用软木塞密封时，存放一年也不会腐坏，如果使用玻璃内衬双耳瓶保存葡萄酒时，则可以存放更长时间（Vandiver and Koehler，1986），葡萄酒的耐储性为葡萄酒成为古希腊和古罗马时期的标准饮品奠定了基础。此外，葡萄藤具有顽强的生命力以及较高的风土适应性，这也推动了葡萄酒的发展。葡萄藤不仅适应农作物生长的耕地环境，在贫瘠干燥的土壤，水土流失的斜坡等不适合粮食作物生长的土地上，也可以培育出优良的葡萄。由此看来，葡萄种植并不影响粮食生产。目前尚不清楚的是，葡萄酒在南欧的流行到底是因为当地菜系与高酸高单宁的葡萄酒相匹配，还是由于民众对葡萄酒单纯的热爱。答案可能是两者兼而有之，但我更倾向后者。

酒与食物的关系在古希腊和古罗马时期就已经确立。即便在当时，它也在富人中呈现出不同的偏好，人们更喜欢来自特定地区和年份的葡萄酒，作者偶尔也会在书中称赞某款葡萄酒。然而，在富人的宴会上所有的食物都同时供应，通常是食物的大杂烩，不适合将特定的葡萄酒与特定的食物搭配，人们因而也没有找到葡萄酒和食物之间的完美融合。人们也很少将优质葡萄酒与特定的食物搭配在一起。无论如何，古代的大多数名酒似乎都是甜的、浓缩的葡萄酒，对现代人进行餐酒搭配没有指导价值。

将特定的葡萄酒与特定的食物搭配起来的想法可能始于文艺复兴时期的意大利人。当时的餐食演变成一系列单独的菜式（Tan-nahill，1973；Flandrin and Montanari，1999），其饮食文化也与品酒（剖析性的）密切关联（Eiximenis，1384；Johnson，1989）。随后，工业革命促进了中产阶级的崛起，为消费者提供了更多享受美酒的休闲时间和充足金钱（Unwin，1991）。此外，交通状况的改善为葡萄酒在欧洲各地区的流通提高了保障。

中世纪时期，酿酒技术相对粗糙，自 15 世纪晚期开始，酿酒师才开始使用二氧化硫，在 1487 年德国罗腾堡发表的一份报告中首次记录了酿酒过程中二氧化硫的使用情况（转载于 1986 年《匿名者》）。直到 19 世纪后半叶，二氧化硫才得到广泛使用。葡萄酒的储藏在中世纪时期也很原始，主要被储藏在酒桶里，这样往往会在第二年夏天才开始变质。为了填补从夏天到秋天葡萄收获之间的空缺，我们的祖先会用未成熟的葡萄酿酒（verjus）。运输体系在当时非常简陋，葡萄酒无法在各地之间顺利流转。即使是贵族也无法随时品尝到搭配美食的绝佳葡萄酒。

随着经济的改善和技术的成熟，西欧的烹饪逐渐走出了中世纪的困境。当时的盛宴通常是包括混合汤、肉、鱼、家禽和甜食（Tannahill，1973）的一顿原始自助餐，一餐中食物没有特定的供应顺序，那么特定的餐酒搭配就仿佛天方夜谭。而农民们，更是没有时间和金钱挑选一款特别的酒来配他们的稀粥。

然而，16 世纪早期的瑞士医生帕拉塞尔苏斯等思想家的烹饪理念逐渐替代了希波克拉底和亚里士多德理论（Laudan，2000）。在旧的营养观念中，饮食可以通过平衡生命中“热、冷、湿、干”这 4 个基本要素来影响健康；这一理论被一种包含 3 个基本要素的营养观点所取代。在新的营养观念中“咸味”元素使食物有了味道（如盐和面粉）；“汞”赋予食物气味（如酒和肉酱）；“硫”元素（如油和黄油）可以把前两种元素结合在一起。在过去的几百年中，这种烹饪理论的转变表明人们对食物风味的认知逐渐从哲学向科学转变。

饮食也是古代医生开设的快乐疗法之一。富人经常聘请医生为他们的身体健康提供饮食建议。随着营养理论的改变，菜肴中的香料添加量逐渐降低，甜味也渐渐退出正餐餐盘，而几乎只出现在餐后甜点中，天然的葡萄酒几乎取代了过去流行的加热、加香料的热红酒。一顿美餐可能是因为大脑信号接收到了美妙的气味因子，因此人们最初选择在餐前品尝起泡葡萄酒。直到 17 世纪晚期才有了关于气泡酒的相关记载，当时人们对起泡酒的看法也发生了变化。同样，蒸馏酒也被称为“生命之水”。它的健康功效早已为大众所接受，因此，人们也会在葡萄酒中加入白兰地。在一些南欧地区，在低酸葡萄酒中加入蒸馏酒的做法还有一个额外的好处，那就是可以防止葡萄酒在运输到北方商业中心的途中变质。在北方没有集中供暖的地区，饮用酒精度较高的酒也是驱散寒冷的不错选择。此后，随着科学技术的发展，葡萄酒的稳定性和总体质量逐渐提高，同时随着人们烹饪技术的重大进步，越来越多的人开始培养起对葡萄酒的兴趣。

在距今三个世纪左右，黎凡特的威尼斯人首次提出了食物和葡萄酒的合理搭配理念，这种理念随着法式改良托斯卡纳菜肴的传播而迅速发展起来（Tannahill，1973）。

风味原理的概念
Concept of Flavor Principles

在对世界美食的研究中，Rozin（1982a）根据食物主要成分、烹饪技术和独特的食用香料（即其风味特定）对烹饪风格进行了分类。其中，最有特色的是调味料的使用。例如，特殊菜肴通常通过使用一种或多种特定的调味品或调味剂来区分。例如，酱油、马拉盏酱、泰国调味汁、朝鲜泡菜、米醋、椰子、生姜、大蒜、草药混合物、特殊香料或咖喱混合物、豆豉、番茄酱、辣椒或通常带有橄榄油、黄油、奶油基或酸甜调味料的酱油。Rozin（1982b）、Harrington（2005b）和 Ahn 等（2011）都曾详细地阐述了这些调味品对特定菜肴的重要性。

一些具有地方特色的调味料风味似乎只能给菜肴增添一些单一的特征。然而，辣椒、咖喱、酱油等调味料可以为习惯于其基本属性的人提供丰富多样的难以置信的感官差异。与葡萄酒相似，这种体验让一些人疯狂热爱，而其他人坚决厌恶。

有趣的是，人们对辣椒、辣根等食物带来的烧灼感以及咖啡、开胃水、腌制食物带来的酸味表现出极大的兴趣，这些味道刺激的食物在全球迅速传播。而易接受的中性味食物（如玉米、马铃薯、西葫芦、木薯和面包）的传播反而相对缓慢。有趣的是，直到现在，北欧等北方地区的居民在很大程度上也无法接受烹饪中辣椒的使用（Andrews，1985）。

辣椒中的活性成分——辣椒素对三叉神经受体有麻木、脱敏的作用。食用辣椒素后感受器的恢复速率似乎与接触辣椒素的浓度和时间有关，经常食用也可能导致口腔和喉咙中 TRPV1 感受器退化（Nolano et al.，1999），（Karrer and Bartoshuk，1991)。目前还没有研究报道辣椒素及其他刺激性的香料（黑胡椒中的胡椒碱、丁香中的丁香酚、芥末和辣根中的异硫氰酸酯，薄荷中的薄荷醇）是如何影响葡萄酒感官体验的。实验室的研究表明，辣椒素的直接影响是适度降低对甜味、苦味和鲜味等（Simons et al.，2002；Green and Hayes，2003），还包括咸味和酸味（Gilmore and Green，1993）促味剂的敏感性，该效应在那些不适应辣椒素的人身上表现得更为明显（Lawless et al.，1985）。然而，这方面的观点并不一致。辣椒素可以抑制品尝者对风味的感知，这种抑制并不是品尝者感受到的风味物质减少，而是灼烧感引起了感官系统的紊乱。因此，只有那些不习惯每天食用辛辣食物的人，才会遇到如何搭配辛辣食物的问题。对于他们来说，选择白葡萄酒是一种明智之举，白葡萄酒作为口腔清洁剂，可以通过低温减少酒精带来的烧灼感（Babes et al.，2002），然而，低温会增加气泡给舌头带来 CO_2 的感受。

有时，一些口味更浓郁的葡萄酒也可以与辛辣的食物搭配，例如，用琼瑶浆或麝香葡萄酿制的葡萄酒可以通过突出的香味缓和辛香料造成的感官紊乱。

食物偏好常常与文化联系在一起，因此，个人准则极大地影响着价值判断。例如，糖和醋的组合在一些中国菜和德国菜中很常见。然而，如何在鱼上浇淋柠檬糖浆而非柠檬汁，会使正道菜变得奇怪；同样，高酸的葡萄酒配上甜点，也不太美妙。

食物与葡萄酒的搭配
Food and Wine Pairing

在进行餐酒搭配时，不同的品种，甚至仅仅是生产商和年份的差异，都会有相应不同的搭配建议，这两种极端情况虽不常见，但有时确实会发生。成长环境和个人经验显著影响着文化和社会的普适性，造成人们多种多样的选择偏好。如果用一句话来总结餐酒搭配的标准，那就是因人而异，毕竟从根本上说，任何约定俗成的事物都可能产生新的问题。此外，除了专业厨师、侍酒师和食品 / 葡萄酒评论家外，很少有人认真考虑食物和葡萄酒搭配的问题，但该问题可能最能引起消费者的激烈讨论，并刺激葡萄酒的销量，提高葡萄酒的群众基础。

尽管媒体发布了铺天盖地的广告，但大多数消费者还是会选择在餐馆里购买他们熟悉的葡萄酒。媒体的数据表明，消费者仍对葡萄酒和食品信息有相当大的需求，不然我们怎么解释书籍、杂志和报纸文章以及现代博客源源不断地报道餐酒搭配建议的文章呢？如果假设该现象确实反映了大众的需求，那么说明大多数消费者更想获取的是直接的搭配建议，因为在这些文章中很少涉及这些餐酒搭配建议。当然，与媒体提供的傻瓜式方法相比，分析已有的搭配往往需要花费更多的精力。我感觉读者阅读这些文章，就像翻看旅游画册一样，只是为了消遣娱乐，根本不会留意其中的细节。

然而，在特殊情况下，比如，为爱人准备一份礼物、参加一场重要的宴会，或者跟客户或老板去一家高级餐厅用餐时，消费者确实需要一些更好的建议。如果餐桌上有一个或多个葡萄酒爱好者，那么主人可能会迫不及待地用一款优质的葡萄酒来欢迎他们的到来。然而，遗憾的是，通过葡萄酒的选择也可以来证明主人购买一款昂贵葡萄酒的能力，但是在重要的人对葡萄酒知识知之甚少的情况下，选择昂贵的葡萄酒可能会适得其反。因为没有意识到标签的价格，葡萄酒可能无法满足他们的口味，而那些重要的人可能只会好奇为什么主人没有提供他们心目中“好”的葡萄酒。尝试灌输葡萄酒知识是个难题，一次，我和我的妻子在一个高档餐厅庆祝我们购买了新公寓，侍酒师意识到我对葡萄酒有一定了解，问我是否愿意尝试巴罗洛和阿玛罗尼，它们是年轻纨绔子弟取悦他们的女伴时被退掉的两款昂贵葡萄酒。我们当然欣然接受了它们。因此，当你了解葡萄酒知识时，你就有可能从年轻人的失败中获益。

虽然详细的建议是有一席之地的，但在大多数情况下，葡萄酒应该被简单地视为一种搭配食物的一种饮品，因此，人们在选酒时往往比选择菜品考虑得更少。虽然这不是传统葡萄酒生产商想要看到的，但这可能是大多数葡萄酒购买者的态度。尽管它在文献中有突出地位，但有名的葡萄酒超出了大多数人的购买力。大多数消费者似乎只关注味道属性，而在很大程度上忽略了香味（Bastian et al.，2005），这可能是因为餐厅里的客人只顾着匆忙进食；不会细细地品味葡萄酒，而只是停留在表面感受，错过了绝佳的感官体验。

而对于葡萄酒爱好者来说：食物和葡萄酒的搭配不仅很重要，还是一顿饭必不可少的一部分。正如俗话所说，“一顿没有酒的饭叫早餐。”然而带香槟的早餐确实会把早餐变得很不习惯。

虽然研究昂贵的葡萄酒和食物搭配调查超出了我们大多数人的经济或时间限制，但是至少了解食物和葡萄酒搭配的基本原则是具有实际价值的。侍酒师不仅需要满足客人的需求，也承担着适当给出搭配建议，升华客人体验的责任。

食物与葡萄酒搭配的核心原因是实现了和谐的口感和香气，至少这是烹饪中常见的解释（Paulsen et al.，2015）。然而，这也可能是另一个自以为是的例子，一味地认为自己的文化感知就是正确的。由于习惯在指导食物偏好方面的作用已经得到了反复证实，因此，和食物一起饮用这种干型、含有酒精、酸和单宁的饮料可能只是一种偶然，葡萄酒恰好出现且满足了营养和安全的标准。（Rozin，1977；Blake，2004）。

从传统的观点来看，和谐的概念在那句格言中得到了具体化：“红酒配红肉，白酒配白肉。”“与白葡萄酒相比，红葡萄酒中可能缺少酸性的物质，但丰富的酚类物质含量足以弥补其不足。”食物和酒的另一个和谐元素与颜色有关，虽然这看起来仅仅为了满足仪式感，但白葡萄酒与淡色食物和酱汁搭配在一起看起来确实更好看，就像红葡萄酒与深色肉类和酱汁搭配在一起在视觉上更有吸引力一样。

Ronca 等（2003）提出了对“红酒配红肉”概念的另一种解释，他认为红葡萄酒与红肉一起饮用，更有益于健康。由于红肉中的金属离子浓度较高，酚含量较高的红葡萄酒更容易与金属离子结合（Brune et al.，1989），从而降低这些离子在胃中的游离浓度，并在消化过程中催化有毒的游离氧自由基反应。此外，红酒酚类物质可以抑制有毒脂质氧化产物的产生（Gorelik et al.，2008；图 9.5），从而减少这些脂质副产物改变低密度脂蛋白（LDL），防止动脉斑块的形成。虽然单宁会降低部分消化酶的活性，但这种效应可能会因红酒单宁在与食物蛋白结合的过程中被减弱。然而，肠道菌群可以缓慢地将单宁代谢成一些单体酚类物质，单体酚可以增强胃蛋白酶在模拟胃消化中的作用（Tagliazucchiet al.，2005），但这些变化的相对健康意义仍处于推测阶段（Forester and Waterhouse，2008；Nardini et al.，2009；Gross et al.，2010）。

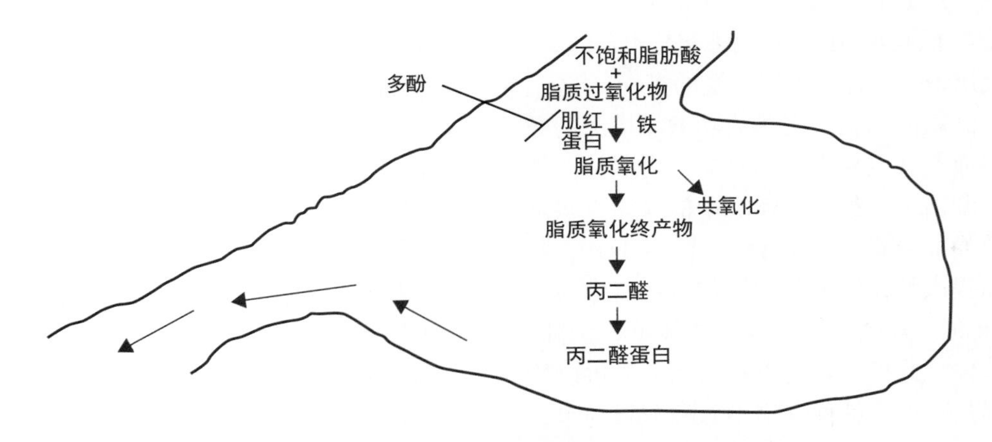

图 9.5 多酚类物质的抗氧化作用对胃内食物物质过氧化（和细胞毒素产生）的限制

在口腔中，酚类物质具有增强食物中芳香物质释放的作用（Genovese et al.，2015）。用红葡萄酒腌制红肉可以减少煎肉过程中产生的有毒杂环胺（Viegas et al.，2012）。令人遗憾的是，腌制还会降低维生素 A、维生素 C、维生素 E、类胡萝卜素和胆固醇的含量（German，1999）。此外，葡萄酒中基本不含有二氧化硫，因此，可以避免任何亚硫酸盐对维生素 B_1 的破（Skurray et

al.，1986）。

从本质上讲，搭配的概念似乎很容易理解，然而，没有一种简单的方法可以精确地测定食物或葡萄酒的相对风味强度，餐酒搭配的实际应用因此一点也不简单。Rietz（1961）试图以图形的方式量化不同食物、酱料、调味品等的相对风味强度。当选择不同种类的食物时，人们认为菜单可以构建具有相同风味强度的食物组合，或者在整个用餐过程中预先设计了味道浓度的过渡。虽然很有趣，但诸如制作工艺（漂洗、烘焙、烘烤、烧烤）等因素不仅能改变食物的基本风味，还能产生新的风味，因此，食物的味道、复杂程度和质地会有明显的差异。此外，食用温度也会显著影响风味强度和特性。这些因素都可以独立地影响搭配最佳葡萄酒的选择。尽管存在着众多阻碍，现代设计膳食的基本原则仍是围绕食物新配方的开发以及葡萄酒和食物的搭配。

葡萄酒味道强度的评估和对食物的评估一样复杂。从图 9.6 可以看出，风味强度存在较大差异。例如，琼瑶浆可以有微微的甜味伴随着淡淡的香气，也可以是干型的口感伴随着浓郁的香气，前者更适合搭配焖鸡，而后者更适合搭配烤火鸡和美味的馅料。实践是评估实际味道强度的唯一方法，但在大多数情况下，提前品尝几种潜在的葡萄酒需要花费大量的金钱，因此，这是不切实际的。经验和个人喜好再次成为唯一的指导。尽管完美的搭配很罕见，但令人欣慰的是，通常也不会出现完全让人难以接受的搭配。

食物与酒款的和谐一般是成功餐酒搭配的必要因素，然而二者差异带来的碰撞也可以给一顿饭带来多样和活力。虽然一顿饭中的风味大多是由香料、香草、洋葱做的辣调味汁（salsa）、酱料等调味品提供的，但葡萄酒偶尔也可以作为一种食品调味剂，为食物提供理想的风味，例如，在酒闷仔鸡中。此外，有时温和的葡萄酒可以软化菜肴的强烈味道。就像食谱中各种配料的组合一样，食物和葡萄酒的搭配和排列几乎是无穷无尽的，唯一真正的限制是创造者的想象力、偏好和欲望。

最初，一些著名的搭配似乎是将葡萄酒与一些特性相反的食物搭配在一起，例如，带有甜味的浓郁葡萄酒（如波特酒和苏玳白葡萄酒）搭配咸的蓝纹奶酪（如斯蒂尔顿和罗克弗特），这种成功的搭配可能与它们相似的丰富度以及咸味和甜味的混合有关。不同味道也可以融合在一起增进享受，浓郁的德国精选雷司令（Riesling auslese）带有甜味，可能与成熟鹿肉那种较强的野味相抵；卢瓦尔河的桑塞尔白葡萄酒干涩的酸度可以与爽口的山羊奶酪相平衡；夏布利的酸味被蟹的甜味所抵消。最后，还有香槟和鱼子酱的经典搭配，对此有 3 种解释说法：第一，香槟中的二氧化碳激活口腔中的三叉神经（疼痛）受体（Simons et al.，1999）；第二，气泡驱散了盐离子，从而对鱼子酱的咸味起到抑制作用；第三是前两者的解释均不存在，只是为香槟与鱼子酱的完美搭配提供依据。创造性的搭配本身就足以让人产生一种全新的、意想不到的美食乐趣，敲打着敢于冒险人的神经。

酒中包含 5 种主要的味觉，而葡萄酒只有甜味、酸味和苦味这三种。如前所述，大多数肉制品的食材很少有酸味和苦味，也很少有明显的甜味，因此，葡萄酒与食物之间并没有逻辑性的联系。然而，正如前面提到的，食物可以抑制许多佐餐葡萄酒中含有的酸、苦和涩的成分，同时，葡萄酒中的酸可以在用餐时保持口腔的清新，苦味可以为平庸的食物增加生机，因此，食物与葡萄酒的搭配食用往往会增强彼此的感官享受，而不是减弱这种感觉。餐酒搭配中只有较少相似相融的例子，比如，核桃搭配奶油雪利酒，橡木特征的葡萄酒与带有烟熏味的炭火烤肉、卡门培尔奶酪和门斯特干酪中的 3- 巯基丙酸乙酯（Sourabié et al.，2008）不仅有助于烘托康可葡萄的品种香气（Kolor，1983），还与香槟的烘烤风味和谐共处（Tominaga et al.，2003）。由此看来，化学上的相似性或许有助于解释某些葡萄酒与特定的奶酪的和谐搭配？

尽管大多数食物对葡萄酒没有不良影响，但对西方人来说，有些食物是不能搭配在一起的。例如，高酸的葡萄酒搭配以调味品醋为基调的食物会产生一种令人不快的苦味，其可能会掩盖葡萄酒的香味，也就是说，葡萄酒不能和沙拉一起食用的。辣椒和大多数咖喱（至少对那些不习惯它们存在的人来说）烧灼和麻痹味蕾，也不适于饮酒时食用。高盐食物和鸡蛋也被认为是葡萄酒

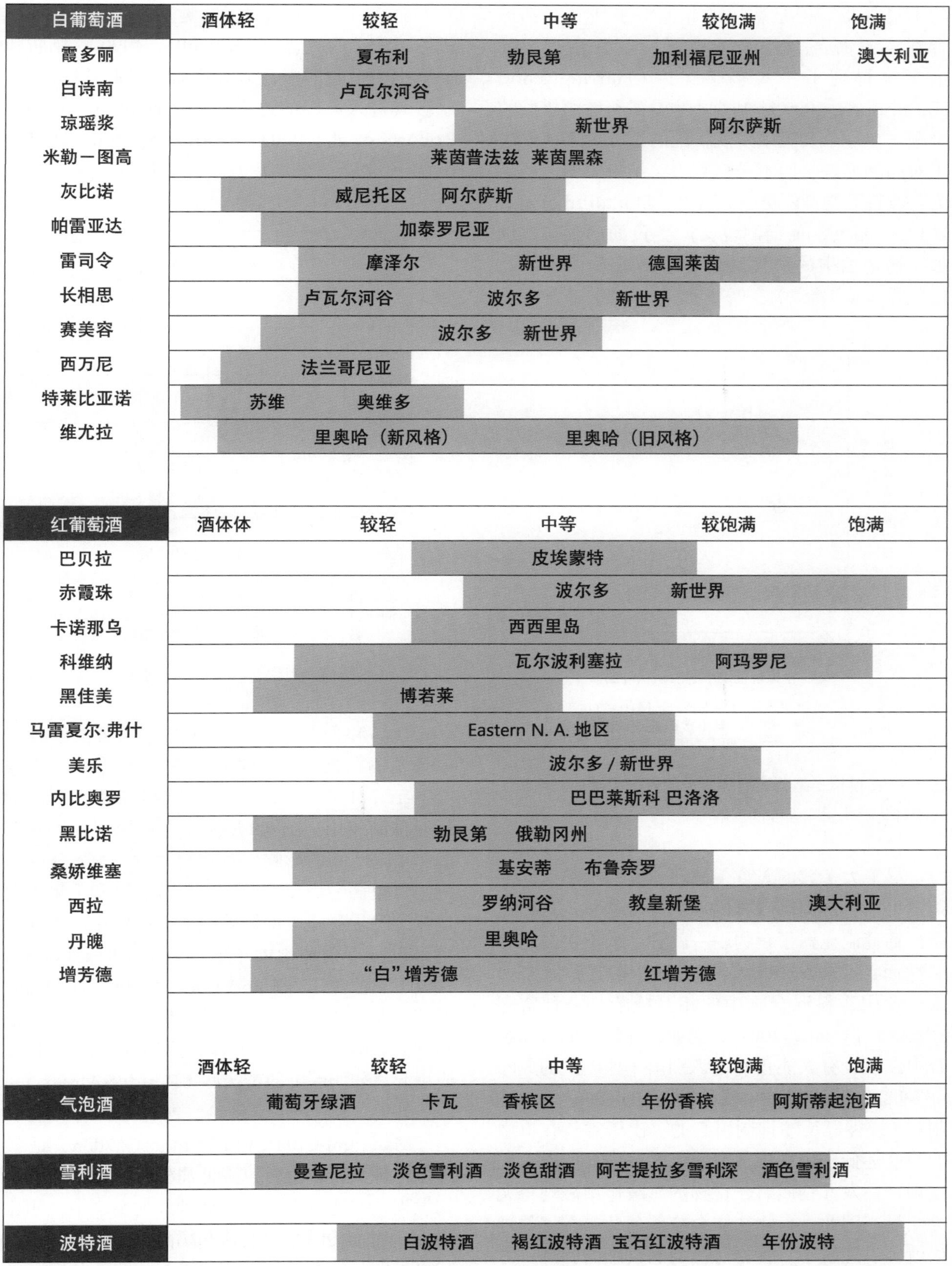

白葡萄酒	酒体轻	较轻	中等	较饱满	饱满
霞多丽		夏布利	勃艮第	加利福尼亚州	澳大利亚
白诗南		卢瓦尔河谷			
琼瑶浆			新世界	阿尔萨斯	
米勒一图高			莱茵普法兹 莱茵黑森		
灰比诺		威尼托区	阿尔萨斯		
帕雷亚达		加泰罗尼亚			
雷司令		摩泽尔	新世界	德国莱茵	
长相思		卢瓦尔河谷	波尔多 新世界		
赛美容		波尔多	新世界		
西万尼		法兰哥尼亚			
特莱比亚诺	苏维	奥维多			
维尤拉		里奥哈（新风格）	里奥哈（旧风格）		

红葡萄酒	酒体体	较轻	中等	较饱满	饱满
巴贝拉			皮埃蒙特		
赤霞珠			波尔多	新世界	
卡诺那乌			西西里岛		
科维纳			瓦尔波利塞拉	阿玛罗尼	
黑佳美		博若莱			
马雷夏尔·弗什			Eastern N. A. 地区		
美乐			波尔多 / 新世界		
内比奥罗			巴巴莱斯科	巴洛洛	
黑比诺		勃艮第	俄勒冈州		
桑娇维塞			基安蒂 布鲁奈罗		
西拉			罗纳河谷	教皇新堡	澳大利亚
丹魄			里奥哈		
增芳德		“白”增芳德		红增芳德	

	酒体轻	较轻	中等	较饱满	饱满
气泡酒		葡萄牙绿酒 卡瓦	香槟区	年份香槟	阿斯蒂起泡酒
雪利酒		曼查尼拉 淡色雪利酒	淡色甜酒	阿芒提拉多雪利深	酒色雪利酒
波特酒		白波特酒	褐红波特酒	宝石红波特酒	年份波特

图 9.6 不同品种、地域和风格的葡萄酒的相对风味强度

的不良伴侣。但是香槟的起泡似乎使其特别适合在早餐时与鱼子酱或鸡蛋一起食用，这种搭配也得到了一些实验支持（Harringto and Hammond，2009）。巧克力也是进行餐酒搭配的难题。在一个实验中发现搭配的评分更多地取决于对酒的喜好，而不是巧克力。结果表明，巧克力与波特酒的搭配更令人喜好（Donadini et al .，2012）。相反，葡萄酒也会产生负面的影响，例如，葡萄酒中的铁含量会加重金属感（图 4.22）或鱼腥味（图 9.7）。

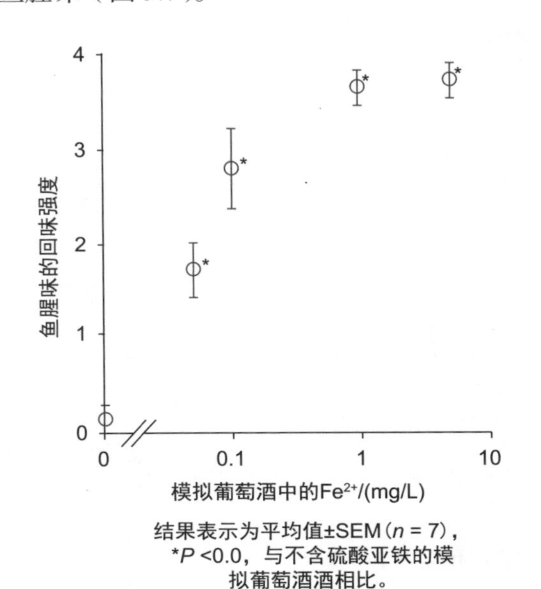

图 9.7　在模拟干型葡萄酒和扇贝的搭配中增加亚铁离子浓度对鱼腥味回味强度的影响

尽管大多数的美食美酒评论家似乎都认同葡萄酒可以直接提高食物的美味程度这一观点，这是由葡萄酒掩盖了食物中一两种令人不快的感官属性而产生的一种错误的认识。在实验室条件下，食用香料混合物中的相互掩蔽是一种常态（Brossard et al.，2007），例如，在复杂的气味组合中，很少有人能正确地识别出 3 种以上的风味（图 9.8），这可能是由受体附着位点的竞争性抑制和 / 或神经反馈抑制引起的。由于香气在口中的浓度远低于酒杯顶部空间中的浓度，所以人们在识别挥发性物质时，食物的遮蔽作用表现得尤为明显，因此，食物往往会掩盖葡萄酒香气的理论就容易理解了。食物对葡萄酒口感的影响一方面是因为食物蛋白对葡萄酒起到了稀释作用；另一方面是因为脂质包裹了味觉受体，从而降低了机体对味觉的敏感性（Kinsella，1990）。脂肪和油脂也能吸收非极性芳香物质，降低其挥发性，减缓其进入鼻腔的过程（Buttery et al.，1973；Roberts et al.，2003；Hodgson et al.，2005；Bayarri et al.，2007）。

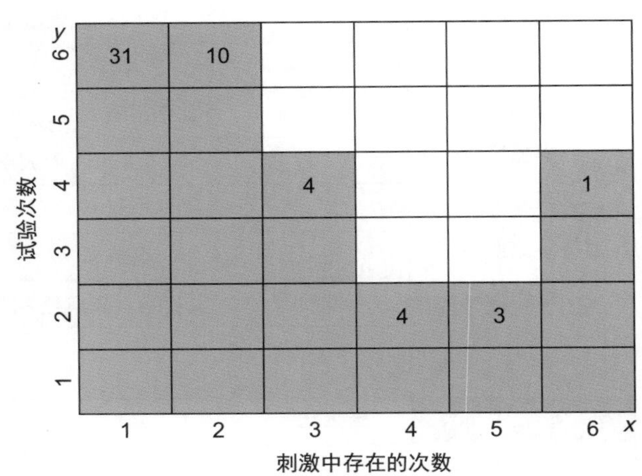

图 9.8　个别受试者对混合物成分的识别

食品和葡萄酒成分的相互作用可能解释了白葡萄酒搭配荷兰酱时酸度和苦味降低的现象（Nygren et al.，2001）以及奶酪对葡萄酒风味的普遍抑制作用。图 9.9 展示了蓝奶酪对几种葡萄酒“苹果”味的影响以及葡萄酒对奶酪咸味的影响。对柑橘、黑莓、橡木、热带水果和干果以及口味（除了甜味）的影响相似。奶酪中的钠含量也可以减少葡萄酒中单宁的苦味（Keast et al.，2001）和涩味（Yan and Luo，1999）。而葡萄酒对荷兰酱和奶酪等食物风味的影响不如食物对葡萄酒的影响明显。这些有限的影响可能由稀释效应引起，如奶酪中的苦味肽（Roudot-Algaron et al.，1993；Karametsi et al.，2014）。

Madrigal-Galan 和 Heymann（2006）证实了尼格伦关于奶酪可以降低甜椒和橡木味道的感知发现，并将其进一步扩展到红葡萄酒中。相比之下，当葡萄酒与荷兰酱和奶酪相结合时，黄油味更加明显，并且该效应似乎与奶酪的类型基本无关，这些发现印证了一句古老的格言：“卖葡萄

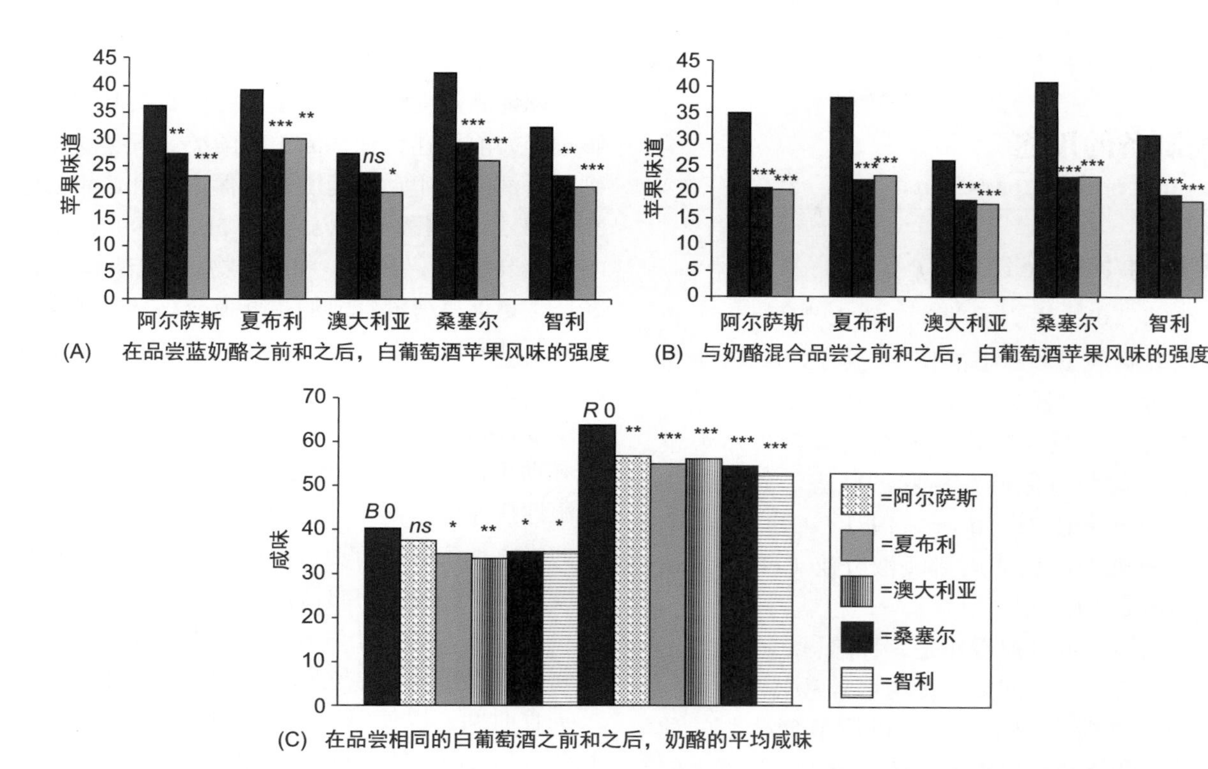

(A) 在品尝蓝奶酪之前和之后，白葡萄酒苹果风味的强度

(B) 与奶酪混合品尝之前和之后，白葡萄酒苹果风味的强度

(C) 在品尝相同的白葡萄酒之前和之后，奶酪的平均咸味

图 9.9 葡萄酒和奶酪对风味的影响。深色条代表品尝奶酪之前的葡萄酒；黑色和浅色条表示有 Bredsjo Bla 和 Roquefort 奶酪。这些葡萄酒所使用的品种有雷司令（阿尔萨斯）、霞多丽（夏布利和澳大利亚）和长相思（桑塞尔和智利）。

酒要配上奶酪，但买葡萄酒要配上水。”在另一项研究中指出，白葡萄酒比红葡萄酒或特种葡萄酒更能有效地平衡奶酪风味（King and Cli ff，2005）。虽然这些说法比较含糊，但观察到的现象却是有明显差异的。

这些研究虽然趣味性强，但是否可以代表真实生活（非实验室）环境下的品尝，还没有得到证实。此外，品尝环境和知识储备也是影响葡萄酒鉴赏能力的主要因素。

食物质地在某些方面也会影响味道的感知。例如，当芳香族化合物存在时，葡萄酒的结构感会增强（Bult et al.，2007）。相反，对芳香族化合物的风味感知常常被淀粉等增稠剂所抑制（Hollowood et al.，2002；Ferry et al.，2006），这可能与直链淀粉中的羟基和极性芳香族化合物相互作用有关（Arvisenet et al.，2002），类似的现象可能也适用于其他增稠剂。酱油调味品需要强烈的浓缩调味香气可能是由于增稠剂对香气的抑制作用。

感官反映了大脑复杂结构的功能，它不仅受外界刺激的影响，而且还受接收信号的受体的影响（前鼻和后鼻）的影响，比如，林伯奶酪和榴梿，闻起来的气味和入口后的风味存在明显差异。同样的，玻璃杯中品鉴的葡萄酒和入口后与食物一起享用的葡萄酒往往会出现相当大的不同，这通常是因为香气到达鼻腔时浓度降低或被食物调味剂所掩盖。然而，这种香气与前鼻香气有关，而与鼻腔香气与回味的关系更密切（Negoias et al.，2008）。每条通路都涉及不同的神经通路和不同的神经传递素：例如，阿片类和 GABA/ 苯二氮卓类反映喜欢的感觉，多巴胺反映奖励的感觉（Berridge，1996）。复杂的大脑交互作用涉及大脑的认知和情感记忆（Small et al.，2005，Fig. 3.10）。综上所述，葡萄酒与食物搭配的壁垒主要是感官感知之间的相互联系性。

无论如何，令人难忘的食物和葡萄酒组合是一场美学的盛宴。虽然科学正逐渐解开二者之间复杂的相互作用，但消费者仍要依赖于自己的感官技能和品酒体验，而不是盲目地听信一些品尝大师的建议。每一种文化都有其好的鉴定人。如果消费者发现他们自己的感官偏好与某些“权威人士”相符，那么他们的建议可能对你进行餐酒

搭配具有指导意义。

食物制备的用途
Uses in Food Preparation

主要作用（Basic Roles）

葡萄酒可以作为一种美味的味蕾清洁剂，起到清洗食物残量和味道的作用，从而可以减少感官的疲劳，食物风味的吸引力和新鲜感贯穿整个用餐过程。相反，食物也能帮助味蕾重新焕发活力，让葡萄酒保持在精彩的状态。与酒精相似（Martin and Pangborn，1971），葡萄酒中的酸和酚类物质也能刺激唾液分泌（Hyde and Pangborn，1978）。

葡萄酒也可以被看作是一种陪衬，用于突出食物的核心风味。同样，食物也常常被视为提高葡萄酒鉴赏能力的手段，可以调节葡萄酒的酸味、苦味和涩味在口中的平衡。最近，随着人们越来越多地将佐餐葡萄酒作为开胃酒，葡萄酒的生产理念发生了调整，酿酒师致力于打造口感更平衡的葡萄酒（更少的酸、苦和涩味）。

然而，葡萄酒作为一种食品饮料，保持适当的酸度不仅可以清新口腔，而且可以减少食物的油腻和脂肪感。然而，没有内在的物理化学原因可以解释为什么酸性会降低人们对脂肪的感知——酸是极性的，脂肪是非极性的，相应地，酸性不会产生乳化作用。然而，酸诱导的三叉神经受体激活可能能够间接降低脂肪的感知（Liu and Simon，2000）。另一个没有得到支持的猜想是，红酒的苦味和涩味增强了肉的味道，那么白葡萄酒在橡木桶中陈酿后会表现出充足的香气和苦味，这时白葡萄酒是否与刺激性食物更相匹配呢？和往常一样，问题总比答案多。

葡萄酒具有显著的增溶作用，酒中的酸和酒精含量可能有助于溶解和释放食物的香味。这样一来，葡萄酒就更能突出食物的价值，诚然，假设真的有显著影响的话，这种影响必须迅速采取行动。食物在嘴里停留的时间很少超过从咀嚼食物到吞咽的时间。反之，食物成分对酒精的稀释可以促进葡萄酒芳香化合物的释放（Fischer et al.，1996；图 3.16）。由于进食的时间限制，如果葡萄酒对食物风味表达很重要的话，食物的稀释更有可能影响葡萄酒的口感。

葡萄酒对食物的消化也有一些直接和间接的影响。如前所述，葡萄酒中的酚类和醇类含量可刺激唾液的产生。葡萄酒还能促进胃释放胃泌素和胃液、琥珀酸（Teyssen et al.，1999）、苹果酸（Liszt et al.，2012）和酚类物质（Liszt et al.，2015）是促进胃液释放的主要成分。葡萄酒也可以显著延迟胃排空（Franke et al.，2004；Benini et al.，2003），可能是通过刺激胃中的苦味感受器（Janssen et al.，2011）来实现的。这些影响既有助于消化（通过延长酸水解），又可以灭活食源性病原体。此外，延迟气体排空也会延缓酒精的吸收，使肝脏有更多的时间代谢乙醇，最大限度地减少血液中的酒精积聚。

尽管有这些好处，但大多数人在吃饭时喝酒的原因仅仅是他们喜欢喝酒，他们倾向于喝酒延长进食时间，以使每一口食物都能被仔细品尝。此外，葡萄酒还能促进交谈和用餐时的社交活动，因此，葡萄酒提高了人们对文明生活的生物需求。

参与食物制备（Involvement in Food Preparation）

葡萄酒在食品加工中有着悠久的传统，最古老的例子可能是葡萄酒作为一种腌料的出现。首先，葡萄酒中的酒石酸可以水解蛋白质，肉变得更嫩，酸性物质也可以延长肉的保鲜期。其次，葡萄酒也可以作为酸洗物品，葡萄酒被用来提取或掩盖野肉的野味。由于腌泡汁通常在使用后被丢弃，所以采用这种方式，葡萄酒虽然很难明显增加食物的风味，但可以减少食物在煎炸过程中有毒杂环胺的产生（Viegas et al.，2012）。葡萄酒在制备甜点时也被用来腌制水果，这款酒此时既可以作为腌料，也可以作为菜谱的中心调味品。

葡萄酒的另一种烹饪方法是煮、蒸或炖。优质葡萄酒很少被使用这种加工方式，因为烹饪会极大地改变了葡萄酒的风味。然而，蒸煮所用葡萄酒的质量也不能太差，至少要保证不对食物的味道产生不利影响。短时、低温蒸煮会使葡萄酒的原始风味得以保留，葡萄酒颜色的变化也主要与烹饪的时间和温度有关。一般来说，长时间的烹饪会产生美拉德和 Strecker 反应的降解产物，使葡萄酒变成棕色。

葡萄酒经过烹饪容易被还原成酱汁。在煎炸后，人们会在锅里倒入葡萄酒，以溶解喜爱的食物，为制作酱汁做准备。因为突然加热使葡萄酒的受热程度降低，所以酱汁会更具有葡萄酒的自然风味和色泽。在烹饪过程中，越晚添加葡萄酒就越好地保留葡萄酒的风味，这也需要更加谨慎地选择葡萄酒。有时干型葡萄酒也可以用于制作甜点，例如，将葡萄酒浸泡煮熟水果，然后加入果子露中，或者将葡萄酒与奶油蛋黄酱混合调配。此外，像甜樱桃、油桃、李子和新鲜的杏等成熟完全且酸度较低的水果，与甜型葡萄酒搭配更加符合人们的饮食习惯。

在烹饪过程中，CO_2 比酒精更快地从葡萄酒中释放出来，所以用起泡酒来代替静止酒几乎是没有道理的，香槟尤其如此，这样的做法简直是浪费。

虽然烹饪过程加速了葡萄酒中酒精的流失，但其流失速度比想象中要慢（表 9.1）。因此，如果一个人在吃饭的时候既直接饮用了葡萄酒，又吃了含酒精的食物，那么在评估这个人血液中酒精水平和驾驶能力时，就应该考虑两种来源的酒精残量。

表 9.1　关于对采用不同的食物准备方法时葡萄酒中的酒精损失[a]的比较

准备方法	酒精剩余量 /%
在火上烧	75
腌泡（一整夜）	70
慢炖（15 min）	45
慢炖（30 min）	35
慢炖（1 h）	25
慢炖（2 h）	10

注：a 数据来自 Augustin et al.，1992。

资料来源：Jackson，2000，reproduced by permission。

饮酒场合
Types of Occasions

葡萄酒随着晚宴环境的变化，也会发生相应的变化。所选葡萄酒的质量或风格应适合当下的社交环境。在通常情况下，我们将选择一款优质（成熟）葡萄酒来烘托特殊的社交场合。因此，尊贵的客人应该得到最好的葡萄酒（假设他们会感谢你的慷慨）。如上所述，陈年的优质葡萄酒最好留在餐后，以便最大限度地发挥它们的优良特性，也就是说它们不适合夏季在泳池边放松心情时狂饮。

遗憾的是，人们做出的选择往往取决于习惯而不是合理性。例如，干型佐餐酒更适合与食物搭配饮用而不是单独饮用，干红葡萄酒更是如此。但是佐餐葡萄酒正在逐渐地代替传统的雪利酒或波特酒成为开胃酒，消费者消费趋势的变化似乎与计算机技术的发展一样迅猛。

葡萄酒的准备
Wine Presentation

侍酒顺序（Presentation Sequence）

如今，大量的美食配大量的葡萄酒被认为是过时的。有很多人认为暴饮暴食不仅损害人体的健康，也会影响饮酒后的驾驶能力，为交通事故的发生埋下导火索。此外，大量饮用葡萄酒会导致酒精的积累，引起感官迟钝。如果一个人不能清楚地记得前一天晚上的搭配，那么饮食饮酒的意义何在？因此，下面将简要介绍传统的观点。

因为感官敏锐性在吃饭时下降，因此，在逻辑上用餐过程中应该选择风味较强的酒，而选择干雪利酒作为开胃酒是一个例外，它们强烈的味道激发着人们的食欲并促进消化液的分泌。在晚餐前选择淡干白或起泡葡萄酒与用餐期间风味逐渐增强的理念一致，这类葡萄酒同样激活消化液的释放，并与餐前点心可以很好地结合，但是它们微妙的味道不会影响食欲，因此更适合用餐前饮用。味道浓烈的白葡萄酒或红葡萄酒通常与主菜搭配，这也取决于主菜的主要成分。一桌丰盛的饭菜，通常需要连续搭配好几款葡萄酒。在这种情况下，如果葡萄酒的性质相似，首先应供应最年轻的葡萄酒，稍后供给更优质、更成熟的年份。在餐后，可以在甜点前后供应口味浓郁的加强型葡萄酒，如波特、帕洛可拉多或沙土巴酒，或者可以选择一种葡萄酒来代替甜点，例如，奥沙莱或沙司。

经过多年发展，一些服务习惯已经形成。有

人建议最好的葡萄酒应该放在最后，因为通过比较它们会显得更好。然而，这存在一定的风险，那就是饱腹感可能使感官麻木、降低鉴赏能力（全面评估葡萄酒品质的能力）。另一个常见的建议就是葡萄酒越好，搭配的食物就应该越简单，从而避免与强烈的食物风味撞车，这样可以让葡萄酒的细微感觉更清晰。此外，优秀的侍酒师还应告知客人接下来的酒的品质，这不仅可以增强心理预期，而且增加了更多的期望。如果葡萄酒真如预期那么好喝，那就很好了，他们可能会表达赞扬，但失望常常不会说出口，期望越大，失望可能就越强。这种失望可以通过不确认原产地和价格的酒款展示来避免。如果客人在不考虑外在因素的情况下意识到了葡萄酒的价值，不仅客人的鉴赏能力得到肯定，你自身也会感受到喜悦。如果不是这样，你就必须面对把精力浪费在感官傻瓜身上的懊恼，然而有时最难忘的酒恰恰是从天而降的意外之喜，不是吗？

我自己喜好为爱人、挚友和自己保留最好的酒。如果昂贵的葡萄酒未能达到预期时，情况会变得很尴尬。相反，如果你对它的质量有了了解，你就会有更多的机会慢慢享用葡萄酒，用欣赏的态度品味每一个细微之处。这可能会让你被朋友或女伴铭记在心，不为别的，只是因为你慷慨地赠送了一款绝妙的美酒。

窖藏（Cellaring）

对于大多数消费者来说，传统意义上的窖藏是无法实现的。公寓里的酒柜不能算是真正意义的窖藏。此外，对于许多葡萄酒来说，几乎没有进行窖藏，它们在购买的数小时或几天内就被消耗掉。有时这种说法是有道理的。因为没有精心防范，大多数葡萄酒在现代室内温度下会迅速变质；如果在20年或更长的时间内发生了老化，那是正常的。然而，除非在最佳的低温条件，只有少数红葡萄酒和非常甜的白葡萄酒在半个世纪后仍能保持很好的感官吸引力。购买者选购的是新鲜、果味、香味充足的年轻葡萄酒，还是更加微妙、细腻、陈年的陈酿型葡萄酒完全影响最佳的储存条件。大多数现代葡萄酒都是在购买后的几年内快速消费掉，而优质红葡萄酒在几年后仍然具有很高的抗氧化单宁含量，所以保持着较高的抗老化潜力。相应地，优质葡萄酒需要陈酿后才能发挥其潜力，在陈年过程中单宁逐渐“柔和”，果香和葡萄品种的味道逐渐消失，取而代之的是美妙的、明显不同的、微妙的陈年芳香。

新酒绝对不宜长期储藏，这类酒经常在装瓶几个月内表现出明显的老化。袋装酒也不耐储存，从长期来看，它们在袋中不会理想化地老化。大多数用合成软木密封的葡萄酒也应该尽快在一年或者最多在几年内喝完，但这种情况可能随着合成软木塞氧气渗透性问题的解决而被改变。相比之下，现代的螺旋帽在陈酿高级葡萄酒时似乎与用优质软木塞制成的瓶盖一样有效（Hart and Kleinig，2005），铝制瓶盖还有一个优点就是它们不会像软木塞那样在存放多年后在开瓶时破碎或裂开，避免造成餐桌上的尴尬和烦恼。一旦出现了这种情况，最好的化解方法是离开餐桌再打开葡萄酒。

在没有地下酒窖或冷藏酒柜的情况下，一个黑暗、凉爽的位置是最理想的储酒场所。温度最好低于20℃，10℃被认为是理想的延迟老化的温度。然而，由于凉爽的温度会显著延缓衰老，优质葡萄酒可能需要几十年才能成熟。15～20℃在使其老化和可以饮用之间是一种理想的折中温度。另一种解决方案是购买几瓶葡萄酒，并在较长时间内定期取样，品尝葡萄酒是否达到最佳饮用期。然而，除非记录者做了出色记录，或者有惊人的记忆力，不然这样的方法是徒劳的。虽然适度的温度可以加速老化，但是高于25℃的温度不适合长期保存葡萄酒，在这种温度下，带来水果味的酯会迅速分解（味道较淡），并且诸如二甲基硫化物的化合物的积累容易超标。

葡萄酒达到最佳质量所需的老化时间是一个有争议的问题。任何一个指标都可能关系着葡萄酒的价格或威望，相对便宜的来自知名地区葡萄酒可能需要较短时间的老化，但这并不一定意味着进一步的老化对葡萄酒无用或有害。当然，“壶”葡萄酒不太可能因老龄化而受益。它们是具有温和口味的（避免有悖于喜欢这种口味的顾客）而这种口味不太可能适合被密封，从而可以避免长期的密封带来的氧化。对于许多葡萄酒来说，控制老化的关键是瓶子的密封性以及葡萄酒中的抗氧化剂的含量（主要是单宁和二氧化硫）。

如果一般葡萄酒得到合理的保护，并且在相对凉爽的环境（15～20℃），那么它在2-3年内可以保持理想状态。

倾斜放置窖藏瓶更有利于保护软木塞，避免湿气从塞子口流出，以保持橡木塞与瓶颈紧密地贴附。尽管如此，一些研究表明，窖藏瓶直立储存并不一定会在2年（Lopes et al.，2006）或更多年（Skourou-mounis et al.，2005）内导致葡萄酒发生显著的氧化。除了考虑方便之外，用螺旋帽封着的瓶子的存放位置并不那么重要。

除了湿度很高的土窖，大多数储藏区域都面临着湿度较低的问题。在这种情况下，霉菌生长会损害标签的外观并最终使其难以辨认。因此，在黑暗的地窖里，旧瓶子被蜘蛛网装饰着而看不见标签，这些都是有原因的。

人们已经使用多种意想不到的支架材料来存储葡萄酒，如黏土砖、砖、石头、金属、塑料和木材。每一种都有其优点和缺点。木材可能是最常见的建筑材料。它具有高强度和重量，易于加工、连接和修复，并可以营造美观温暖的氛围，通过定期施用蜂蜡可以进一步增强木架的稳定性和美观性。插图9.2中所示是为了减小放置架的外观并突出瓶子视觉冲击力的一种做法，这种开放性也有助于储存更多的葡萄酒。酒架一般设计为每个部分包含12瓶，每个槽8 cm×8 cm，这可容纳大多数750 mL的瓶子。

插图9.2　这是一个酒窖设计的例子，每个部分包含12个瓶子（资料来源：R. Jackson）。

玻璃酒杯（Glasses）

虽然我们在第5章和第6章中已经讨论过感官实验和品尝培训室中的玻璃酒杯，但在家庭和餐馆中人们对杯子的需求通常不尽相同。尽管如此，标准ISO杯在家庭和餐馆环境中也非常适用，它的一个主要缺点是玻璃比较脆弱，而更厚实、更坚固的普通玻璃杯更适合日常使用（图5.13，右图）。虽然这种杯子很适合餐桌使用，也并不难买到，但在零售商店中却较难看到它们的身影，想要购买这种杯子，最好去饭店用品专卖的商店，也可以通过互联网网站购买这种加厚的ISO玻璃杯。当然，市面上也出现了许多球形玻璃杯，它们的外观经常做得令人印象深刻，但这种往往是精制物品，通常需要花费比ISO玻璃杯更高的价格才可以买到。

市场上各种各样的高端水晶玻璃杯大多是由Reidel，Water-ford，Bohemia，Luigi Bormioli和Ravenscroft等公司生产的。玻璃杯的不同杯

型、尺寸可以改变芳香物质在杯子中的流失和聚集方式，从而影响葡萄酒的香气，然而，目前还没有公开的证据表明特定的杯型可以增强特定葡萄酒的鉴赏力。尽管如此，这并不能说明在高端的晚宴中使用不同的杯子盛放相同的葡萄酒不会对品尝者的心理产生截然不同的影响。

饮用温度（Serving Temperature）

第 5 章和第 6 章中我们提到了不同葡萄酒的适饮温度范围，适宜的温度控制可能反映了温度对口腔味觉和葡萄酒香气挥发的影响，然而，习惯也是影响葡萄酒饮用温度的重要因素（Zellner et al.，1988）。葡萄酒的温度与传统的食物搭配也有直接的影响。凉爽的饮用温度增加了白葡萄酒在口中的清新感和纯净感，更适合与辛辣的食物搭配饮用；而即使是在室温下，红葡萄酒也会经常与食物的温度形成鲜明的对比。

醒酒（Breathing and Aeration）

我们在第 6 章也讨论了醒酒，在这里也无须再赘述。当前的醒酒器既愚蠢又不必要。当葡萄酒在玻璃杯中旋转时，自然会加速葡萄酒中的芳香物质的释放速度，这种杯中醒酒的方式既可以使品尝者享用葡萄酒的发展过程，也在感官上没有任何已知的、迅速发生的不良反应。有实验表明，将 20 mL 的葡萄酒样品装在容量为 60 mL 的敞开酒瓶里，需要花几天时间才能显示出芳香化合物浓度的显著降低（Roussis et al.，2009）。而新开瓶的 750 mL 葡萄酒的表面积和体积比大约是实验中的 50 倍，而且实验中的香气变化是在几天而不是几分钟内发生的。由此看来，当葡萄酒在杯中时，关注葡萄酒香味的改变才是更有必要的。尤其是对于质量好的葡萄酒来说，香气表现出逐渐的递增和转化，这就是所谓的发展。如果试图直接迎接葡萄酒的光辉时刻，而错过葡萄酒的发展过程，将无法感受到葡萄酒的最佳魅力。

开瓶后保鲜（Wine Preservation After Opening）

大多数葡萄酒在用餐结束时就被清空，因此无须考虑如何保存的问题。如果瓶中还有剩酒时，就不得不考虑葡萄酒开瓶后的保存问题。将酒瓶重新密封并存放在冰箱中，是一种常见的做法，但这并不是明智之举。低温虽然确实延迟了变质，但也增加了葡萄酒对氧气的吸收（氧气溶解度随着温度的降低而增加），因此通常在一天内酒有明显的品质损失，几天之内酒的风格完全丧失（但仍可饮用）。

使用市售的真空泵是降低氧化程度最经济的方法之一。在打开和重新密封的间隔，葡萄酒可以吸收氧气，引发芳烃的氧化，因此这种方法虽然有一定的效果，但不足以保存葡萄酒的香味。此外，手动泵不能完全排出空气，还是会保留部分空气，氧化葡萄酒。部分抽真空促使芳香族化合物逃逸到瓶子的顶部（通常在瓶子体积的 1/2 以上），在随后倒出葡萄酒时，这些顶部的芳香物质逃逸到空气中，由于部分的氧化和芳香物质的散失最终仍会导致葡萄酒特性的丧失。通过比较玻璃杯中葡萄酒的香气与空瓶中的香味（闻到瓶子的气味）可以检测到瓶子顶部空间中挥发物的损失。

另一种解决方法是在打开时葡萄酒时立即将瓶子中的一部分酒倒入一个或多个带有螺旋盖的小型瓶中，这种方式虽然不雅，但确实更有效，总比什么都不做的强。带螺旋盖的小瓶最好等需要饮用时再打开，当然如果瓶子可以再经过镶边，那基本上可以防止任何氧化变质了。采用这种方法顶空基本上没有空间，所以不会有不可逆转的芳烃损失，当然充入 CO_2、氮气或氩气冲洗空瓶可以为葡萄酒提供更多的保护，但大多时候并不需要花费时间和精力去做这件事。

当只需要对葡萄酒保存一两天时，前一种方法就显得过于烦琐。商业解决方案可以是使用诸如 Pek 系统的产品（插图 9.3），它一方面通过阻碍空气进入瓶中来保护葡萄酒，另一方面从装置顶部的气缸中注入氩气。由于氩气比空气重，所以可以有效地排出空气（及其相关的氧气）。此外，该装置内部设有灯，前面设有透明板，因此，使用者可以随时看到酒瓶的标签。装置中的冷藏装备还可以将葡萄酒保持在适当的保存温度中，这种产品适合家庭使用，但它们不适合餐厅应用。

葡萄酒的爱好者或商业机构希望同时供应一系列不同的葡萄酒，为满足此需求一些生产商

插图 9.3　Pek 高级葡萄酒保藏系统（资料来源：Pek Preservation system，Windsor）。

（如 Cruvinet、Eurocave、WineKeeper）生产了各种各样的冷冻装置（插图 5.11），配有 4 个取样口（2 个白葡萄酒、2 个红葡萄酒）的产品适合家庭使用。餐馆一般使用更大的产品，它可以提供长生式系统，客户可以选择自己想要的酒款，如 Enomatic。在冷藏装置中样品（插图 5.12）连接在单个插口上，或者可以连接到外观不显眼的单瓶上（插图 9.4）。葡萄酒排出后，压缩的氮气或氩气可以填充酒瓶中剩余的空间。

插图 9.4　葡萄酒保存器的部分组成（资料来源：Winekeeper，Santa Barbara）。

我们必须对设备进行定期清洁和消毒。在插入替换塞子后，顶部空间中的少量氧气也会助长醋酸菌等腐败细菌的滋生。套管中的细菌繁殖也是一个严重的问题。任何残留在套管中的葡萄酒都会吸收氧气，促进细菌生长，从而将乙醇转化为乙酸。如果没有每天频繁的取酒，套管中残留的葡萄酒会醋化，污染下一批倒入的样品。FreshTech Inc. 生产的取酒器避免了这种问题的出现（插图 9.5 和插图 9.6），这种取酒器可以在软木塞被移除后，将葡萄酒保存在充氮的环境中，并盖上装置中的塞子，在取酒葡萄酒后，重力感应会引起氮气冲洗管道，随后氮气也会（由其自己的发电机产生）代替流出的葡萄酒，维持大气压的稳定。Vino-Barista 品牌的小型装置也配有氮气或氩气瓶。这些葡萄酒供应装置不仅有各种各样的尺寸，也可以根据客户的需求进行设计。然而像葡萄酒销量较大的酒吧等场所，则根本不需要这种气体保护装置（插图 9.7）。

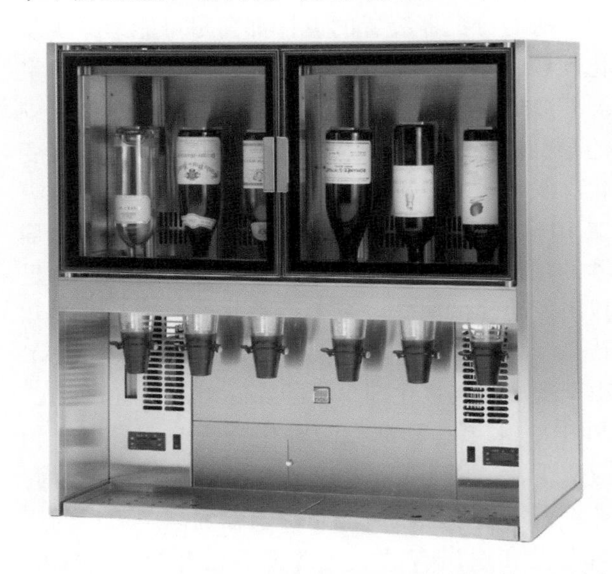

插图 9.5　基本的 WHYNOT 葡萄酒保鲜系统（资料来源：Fresh Tech Inc.）。

插图 9.6　在设计上安装了 WHYNOT 单元（资料来源：Fresh Tech Inc.）。

插图 9.7　葡萄酒吧。当充分受欢迎时，不需要气体保护装置的葡萄酒分配器系统（资料来源：Simon Burgess）。

所有分配器装置的设计都会尽可能地减少氧化问题。然而，鲜有人探究葡萄酒在开瓶后，室温正常放置的葡萄酒会发生怎样的演变。瓶中的葡萄酒在 8～12 h 内开始表现出明显的感官变化。长期来看，Poulton（1970）发现白葡萄酒在 10～12 d 内呈现迅速的氧化反应，半瓶葡萄酒的顶部空间将包含大约 120 mg 的氧气，这足以引发明显的氧化。葡萄酒香气的衰退与酯类和萜烯类物质的变化有关（Roussisetal.，2005）。由于酚类和抗氧化剂含量的降低（Roussis et al.，2007），水果酯和萜类芳香化合物的含量也会相应减少，从而引起部分芳香族化合物的变质。此外，香气的散失也可能是由于葡萄酒中芳烃的逐渐挥发和逸出有关。与普遍看法相反，葡萄酒的短期恶化与乙醛的积累无关（Escudero et al.，2002；Silva Ferreira et al.，2003），这是苯酚氧化的间接结果，由于乙醛与各种葡萄酒成分之间迅速形成非挥发性复合物，从而可以有效地防止葡萄酒中氧化（醛）气味的产生。想要达到雪莉酒那样的氧化风味，需要葡萄酒与氧气进行充分接触，发生严重的乙醛污染。

上述结果都表明，葡萄酒在保存时暴露于空气中的时间比品尝过程暴露的时间要长得多。但是 Russell 等（2005）确实调查了在连续 0 min、5 min、15 min 和 30 min 期间酚类物质浓度的变化规律，但品尝者在测试期间没有发现美乐有明显的感官差异。目前，唯一一种在空气中迅速降解的芳香族化合物是硫化氢，它是腐烂鸡蛋气味的来源。尽管如此，有充分的证据表明葡萄酒香味在倾倒后会发生质的变化。在玻璃杯中，优雅的葡萄酒经常发生演替。在葡萄酒品尝时，发生的有趣的香气变化就像逐渐绽放的花朵，受到品尝者的高度喜爱，葡萄酒醒酒过程中的变化也是衡量葡萄酒质量的重要标准。醒酒过程中葡萄酒的风味变化变化涉及葡萄酒中溶解的和弱结合的芳香族化合物之间的动态平衡以及芳香族化合物在葡萄酒上方的顶空气体中的存在形式，这一过程极大地促进了气体的交换，进而也增加了氧气在葡萄酒中溶解的速率。然而，在品尝的时间内，这样对葡萄酒的香气产生什么影响，仍然是未知的。

保存酒标（Label Removal）

人类的大脑有娴熟的记忆力，但我们几乎不可能记住一生中我们尝到的成千上万种的葡萄酒，哪怕只是记住这些酒的一小部分也非常困难。解决这种困境的方法一是在专用的本子上记录我们对葡萄酒的印象，例如，葡萄酒日志。虽然记录葡萄酒名称、产商和年份足以代表这款酒，但大多数人更喜欢收集标签。

我们可以将贴有旧标签的瓶子在温水中浸泡一小时，然后轻轻地将其取下。但当标签上有蜡质，塑料或铝箔涂层时，需要浸泡几天的时间才能让水边缘渗入，标签浮起，某些胶水需要 在热水，强力清洁剂或氨的作用下才能去除，有时擦酒精也不失为一种良策。一旦标签松动，擦拭标签背面就可以去掉多余的胶水，这个时候就准备撕下标签了。然而，随着越来越多的标签使用热活化或其他非水溶性胶，这些处理变得效果不明显。将标签浸泡在热水中，然后使用单面剃刀刀片刮开（如 GEM 或 PAL 刀片），这种通过缓慢、细致刮标签的方式，可能最终可以取下标签。然而，从生产者的网站直接打印葡萄酒标签是一种更简单的做法，或者使用智能手机或照相机拍摄标签的图片。此外，可以不用打印直接在电脑中保存葡萄酒日志。

对于纸质的标签来说，在取下标签后将放在两张厚毡纸或几张新闻纸之间。在晾干后，将标签放在干燥的毛毡纸或新闻纸之间，（典型的尺寸是 20.32 cm × 27.94 cm），并施加重物覆盖（或者将整个装置 用带子紧紧系在一起），就像植物分类学课中制作植物标本那样，采用这种方式，只需要几个小时，标签将重新变得平整、干燥。如果标签上有褶皱或折痕，通常可以采用冷铁施加压力就可以轻松去除。对于通过小刀刮下的标签，首先，要将标签放在等尺寸的保鲜膜或蜡纸上，这样可以防止标签在压榨和干燥过程中粘在报纸或毡纸上；其他干燥和压制的过程与上述标签相同。经过这样的保存整理工作，记录葡萄酒的来源的标签就被成功的保存下来了。

结语
Postscript

餐酒搭配主要需要考虑以下几个方面：个人偏好，食物的风味的掩盖或突出，清口或调味，用作烹饪、前菜或餐后甜点。总之，正如Prescott（2015）所说“葡萄酒是刺激我们饮食的快乐源泉”。最后还有一个问题就是我们能否选择“正确”的葡萄酒呢？正如An drea Immer（2002）指出的那样，正确的葡萄酒选择往往是一个“随机”的问题，取决于你当时的心情，换句话说，萝卜青菜，各有所爱。对于主人来说，准备食物的乐趣可能有一半来自选择应景的葡萄酒；而对于客人来说，葡萄酒也会给他们的用餐体验带来更多的乐趣。人们在现实生活中品评葡萄酒时，心理因素因素可能会影响葡萄酒的体验。舒适的葡萄酒吧（插图9.8）、充斥着烛光和音乐的餐厅都能让人处在身心愉悦的氛围，并得到心灵的慰藉，这种环境更有利于激发人们对美好事物的感知能力，即使品尝同一款葡萄酒达到的感观效果也完全不同于在家中匆忙的喝酒。绝妙的葡萄酒有时也可以给商业伙伴留下深刻的印象，但这种印象理应是葡萄酒的独特品种带来的，而不受它的品牌价值所影响。

插图9.8 在酒吧等放松的氛围中品尝葡萄酒（资料来源：Simon Burgess）。

此时此刻，本书的正文部分就基本完成了，让我们以古老的西班牙谚语来结束它吧：“要想了解什么是葡萄酒，那就跟朋友一起品尝它吧”

推荐阅读

Berridge, K.C., 1996. Food reward: Brain substrates of wanting and liking. Neurosci. Biobehav. Rev. 20, 1–25.

Blake, A.A., 2004. Flavor perception and the learning of food preferences. In: Taylor, A.J., Roberts, D.D. (Eds.), Flavour Perception, Blackwell Publ. Ltd, Oxford, UK, pp. 172–202.

Charters, S., 2006. Wine and Society: The Cultural and Social context of a Drink. Elsevier Butterworth-Heinemann, Burlington, MA.

Freedman, P. (Ed.), 2006. Food: The History of Taste, Universities of California Press, Berkeley, CA.

Kiple, K.F., Ornelas, K.C., 2000. The Cambridge World History of Food. Cambridge University Press, Cambridge.

Laudan, R., 2000. Birth of the modern diet. Sci. Am. 283 (2), 76–81.

McGee, H., 2004. On Food and Cooking—The Science and Lore of the Kitchen, 2nd ed. Scribners, New York.

Prescott, J., 2012. Taste Matters: Why We Like the Food We Do. Reaktion Books, London, UK.

Rietz, C.A., 1961. A Guide to the Selection, Combination and Cooking of Food, Vol. 1 and 2. AVI, Westport, CT.

Risbo, J., Mouritsen, O. (2013). The emerging science of gastrophysics. Special January issue of *Flavour*.

Rozin, E., 1983. Ethnic Cuisine: The Flavor-Principle Cookbook. Stephen Green, Brattleboro, VI.

Salles, C., 2006. Odour-taste interactions in flavour perception. In: Voilley, A., Etiévant P. (Eds.), Flavour in Food, Woodhouse Publ. Inc, Cambridge, UK, pp. 345–368.

Shepherd, G.M., 2013. Neurogastronomy: How the Brain Creates Flavor and Why it Matters. Columbia University Press, New York, NY.

Spence, C., Wang, Q.J., 2015. Wine and music (III): So what if music influences the taste of the wine. Flavour 4, 36 (15 pp).

Tannahill, R., 1973. Food in History. Stein & Day, New York.

网站

The science of taste. KQED Quest. https://www.youtube.com/watch?v=0HxAB54wlig

Food, the Brain and Us: Exploring our historical, cultural and sensory perceptions of food https://www.youtube.com/watch?v=ygdbRCdsM6g

参考文献

Ahn, Y.-Y., Ahnert, S.E., Bagrow, J.P., et al., 2011. Flavor network and the principles of food pairing. Sci. Reports 1 (196), 1–7. http://dx.doi.org/10.1038/srep00196.

Amoore, J.E., 1977. Specific anosmia and the concept of primary odors. Chem. Senses Flavor. 2, 267–281.

Andrews, J., 1985. *Peppers*. University of Texas Press, Austin.

Anonymous, 1986. The history of wine: sulfurous acid–used in wineries for 500 years. German Wine Rev. 2, 16–18.

Arancibia, C., Jublot, L., Costell, E., et al., 2011. Flavor release and sensory characteristics of o/w emulsions. Influence of composition, microstructure and rheological behavior. Food Res. Int. 44, 1623–1641.

Arvisenet, G., Voilley, A., Cayot, N., 2002. Retention of aroma compounds in starch matrices: Competitions between aroma compounds toward amylose and amylopectin. J. Agric. Food Chem. 50, 7345–7349.

Augustin, J., Augustin, E., Cutrufelli, R.L., et al., 1992. Alcohol retention in food preparation. J. Am. Diet. Assoc. 92, 486–488.

Babes, A., Amuzescu, B., Krause, U., et al., 2002. Cooling inhibits capsaicin-induced currents in cultured rat dorsal root ganglion neurones. Neurosci. Lett 317, 131–134.

Bastian, S., Bruwer, J., Alant, K., et al., 2005. Wine consumers and makers: Are they speaking the same language? Aust. NZ Grapegrower Winemaker 496, 80–84.

Bastian, S.E.P., Payne, C.M., Perrenoud, B., et al., 2009. Comparisons between Australian consumers' and industry experts' perceptions of ideal wine and cheese combinations. Aust. J. Grape Wine Res. 15, 175–184.

Bastian, S.E.P., Collins, C., Johnson, T.E., 2010. Understanding consumer preferences for Shiraz wine and Cheddar cheese pairings. Food Qual. Pref. 21, 668–678.

Bayarri, S., Taylor, A., Hort, J., 2007. The role of fat in flavor perception: Effect of partition and viscosity in model emulsions. J. Agric. Food Chem. 54, 8862–8868.

Benini, L., Salandini, L., Rigon, G., et al., 2003. Effect of red wine, minor constituents, and alcohol on the gastric emptying and the metabolic effects of a solid digestible meal. Gut 52 (Suppl. 1), pA79–pA80.

Berridge, K.C., 1996. Food reward: *Brain substrates of wanting and liking*. Neurosci. Biobehav. Rev. 20, 1–25.

Bertino, M., Beauchamp, G.K., Engelman, K., 1986. Increasing dietary salt alters salt taste preference. Physiol. Behav. 38, 203–213.

Blake, A.A., 2004. Flavor perception and the learning of food preferences. In: Taylor, A.J., Roberts, D.D. (Eds.), Flavour Perception. Blackwell Publ. Ltd, Oxford, UK, pp. 172–202.

Bolhuis, D.P., Newman, L.P., Keast, R.S.J., 2016. Effects of salt and fat combinations on taste preference and perception. Chem. Senses 41, 189–195.

Breslin, P.A.S., Beauchamp, G.K., 1995. Suppression of bitterness by sodium: Variation among bitter taste stimuli. Chem. Senses 20, 609–623.

Breslin, P.A.S., Beauchamp, G.K., 1997. Salt enhances flavour by suppressing bitterness. Nature 387, 563.

Brossard, C., Rousseau, F., Dumont, J.-P., 2007. Perceptual interactions between characteristic notes smelled above aqueous solutions of odorant mixtures. Chem. Senses 32, 319–327.

Brune, M., Rossander, L., Hallberg, L., 1989. Iron absorption and phenolic compounds: Importance of different phenolic structures. Eur. J. Clin. Nutr. 43, 547–558.

Bult, J.H.F., de Wijk, R.A., Hummel, T., 2007. Investigations on multimodal sensory integration: Texture, taste, and ortho- and retronasal olfactory stimuli in concert. Neurosci. Lett. 411, 6–10.

Buttery, R.G., Guadagni, D.G., Ling, L.C., 1973. Flavor compounds: Volatilities in vegetable oil and oil-water mixtures. Estimation of odor thresholds. J. Agric. Food Chem. 21, 198–201.

Camacho, S., den Hollander, E., ven de Velde, F., et al., 2015a. Properties of oil/water emulsions affecting the deposition, clearance and after-feel sensory perception of oral coatings. J. Agric. Food Chem. 63, 2145–2153.

Camacho, S., van Eck, A., van de Velde, F., et al., 2015b. Formation dynamics of oral oil coatings and their effect on subsequent sweetness perception of liquid stimuli. J. Agric. Food Chem. 63, 8025–8030.

Christensen, C.M., Bertino, M., Beauchamp, G.K., et al., 1986. The influence of moderate reduction in dietary sodium on human salivary sodium concentration. Archs. Oral Biol. 31, 825–828.

Chrea, C., Valentin, D., Sulmont-Rossé, C., et al., 2004. Culture and odor categorization: Agreement between cultures depends upon the odors. Food Qual. Pref. 15, 669–679.

Cook, D.J., Davidson, J.M., Linforth, R.S.T., et al., 2004. Measuring the sensory impact of flavor mixtures using controlled delivery. In: Deibler, K.D., Delwiche, J. (Eds.), Handbook of Flavor Characterization. Marcel Dekker, Inc, New York, NY, pp. 135–149.

Donadini, G., Fumi, M.D., Lambi, M., 2012. The hedonic response to chocolate and beverage pairing: A preliminary study. Food Res. Int. 48, 703–711.

Drewnowski, A., Henderson, S.A., Barratt-Fornell, A., 2001. Genetic taste markers and food preferences. Drug Metab. Disposit. 29, 535–538.

Eiximenis, F, 1384. Terc del Crestis (Tome 3, Rules and Regulation for Drinking Wine). [cited in Johnson (1989) p. 127.]

Escudero, A., Asensio, E., Cacho, J., et al., 2002. Sensory and chemical changes of young white wines stored under oxygen. An assessment of the role played by aldehydes and some other important odorants. Food Chem. 77, 325–331.

Ferry, A.-L., Hort, J., Mitchell, J.R., et al., 2006. Viscosity and flavor perception: Why is starch different from hydrocolloids? Food Hydrocolloids 20, 855–862.

Fischer, C., Fischer, U., Jakob, L., 1996. Impact of matrix variables, ethanol, sugar, glycerol, pH and temperature on the partition coefficients of aroma compounds in wine and their kinetics of volatization. In: Henick-Kling, T., Wolf, T.E., Harkness, E.M. (Eds.), Proc. 4th Int. Symp. Cool Climate Vitic. Enol., Rochester, NY, July 16–20, 1996. NY State Agricultural Experimental Station, Geneva, New York. pp. VII 42–46. 397

Flandrin, J.-L., Montanari, M. (Eds.), (*Sonnefeld, A., English edition*) 1999. Food. A Culinary History. Penguin, Harmondsworth, England.

Forester, S.C., Waterhouse, A.L., 2008. Identification of Cabernet Sauvignon anthocyanin gut microflora metabolites. J. Agric. Food Chem. 56, 9299–9304.

Franke, A., Teyssen, S., Harder, H., et al., 2004. Effects of ethanol and some alcoholic beverages on gastric emptying in humans. Scand. J. Gastroenterol. 39, 638–645.

Garcia-Bailo, B., Toguri, C., Eny, K.M., et al., 2009. Genetic variation in taste and its influence on food selection. OMICS 13, 69–80.

Genovese, A., Caporaso, N., De Luca, L., et al., 2015. Influence of olive oil phenolic compounds on headspace aroma release by interaction with whey proteins. J. Agric. Food Chem. 63, 3838–3850.

German, J.B., 1999. Food processing and lipid oxidation. Adv. Exp. Med. Biol. 459, 23–50.

Gilmore, M.M., Green, B.G., 1993. Sensory irritation and taste produced by NaCl and citric acid: Effects of capsaicin desensitization. Chem. Senses 18, 257–272.

Gorelik, S., Ligumsky, M., Kohen, R., et al., 2008. The stomach as a "bioreactor": When red meat meets red wine. J. Agric. Food Chem. 56, 5002–5007.

Green, B.G., Hayes, J.E., 2003. Capsaicin as a probe for the relationship between bitter taste and chemesthesis. Physiol. Behav 79, 811–821.

Gross, G., Jacobs, D.,M., Peters, S., et al., 2010. In vitro bioconversion of polyphenols from black tea and red wine/grape juice by human intestinal microbiota displays strong interindividual variability. J. Agric. Food Chem. 58, 10236–10246.

Hansson, A., Andersson, J., Leufvén, A., 2001. The effect of sugars and pectin on flavour release from a soft drink-related model system. Food Chem. 71, 363–368.

Harrington, R.J., 2005. The wine and food pairing process: Using culinary and sensory perspectives. J. Culin. Sci. Technol. 4, 101–112.

Harrington, R.J., 2005b. Defining gastronomic identity: The impact of environment and culture on prevailing components, texture and flavors in wine and food. J. Culin. Sci. Technol. 4, 129–152.

Harrington, R.J., 2007. Food and Wine Pairing: A Sensory Experience. John Wiley & Sons, Inc, Hoboken, NJ.

Harrington, R.J., Hammond, R., 2005. The direct effects of wine and cheese characteristics on perceived match. J. Foodser. Bus. Res. 8, 37–54.

Harrington, R.J., Hammond, R., 2009. The impact of wine effervescence levels on perceived palatability with salty and bitter foods. J. Foodser. Bus. Res. 12, 234–246.

Hart, A., Kleinig, A., 2005. The role of oxygen in the aging of bottled wine. Wine Press Club of New South Wales, Rozelle, Australia, pp. 1–14.

Hersleth, M., Mevik, B.-H., Naes, T., et al., 2003. Effect of contextual factors on liking for wine – use of robust design methodology. Food Qual. Pref. 14, 615–622.

Hodgson, M.D., Langridge, J.P., Linforth, R.S.T., et al., 2005. Aroma release and delivery following the consumption of beverages. J. Agric. Food Chem. 53, 1700–1706.

Hollowood, T.A., Linforth, R.S.T., Taylor, A.J., 2002. The effect of viscosity on the perception of flavour. Chem. Senses 27, 583–591.

Homma, R., Yamashita, H., Funaki, J., et al., 2012. Identification of bitterness-masking compounds from cheese. J. Agric. Food Chem. 60, 4492–4499.

Hornsey, I.S., 2016. Beer: History and types. In: Caballero, B., Finglas, P., Toldrá, F. (Eds.), The Encyclopedia of Food and Health. Academic Press, London, UK, pp. 345–354.

Hyde, R.J., Pangborn, R.M., 1978. Parotid salivation in response to tasting wine. Am. J. Enol. Vitic. 29, 87–91.

Immer, A., 2002. Great Tastes Made Simple: Extraordinary Food and Wine Pairing for Every Palate. Broadway Books, New York, NY.

Jackson, R.S., 2014. Wine Science: Principles, Practice, Perception, 4th ed. Elsevier Press, San Diego, CA.

Janssen, S., Laermans, J., Verhulst, P.-J., et al., 2011. Bitter taste receeptors and α-gustducin regulate the secretion of ghrelin with functional effects on food intake and gastric emptying. PNAS 108, 2094–2099.

Johnson, H., 1989. Vintage: The Story of Wine. Simon & Schuster, New York, NY.

Kanner, J., Gorelik, S., Roman, S., et al., 2012. Protection by polyphenols of postprandial human plasma and low-density lipoprotein modification: The stomach as a bioreactor. J. Agric Food Chem. 60, 8790–8796.

Karametsi, K., Kokkinidou, S., Ronningen, I., et al., 2014. Identification of bitter peptides in aged cheddar cheese. J. Agric. Food Chem. 62, 8034–8341.

Karrer, T., Bartoshuk, L., 1991. Capsaicin desensitization and recovery on the human tongue. Physiol. Behav. 49, 757–764.

Karrer, T., Bartoshuk, L., 1995. Effects of capsaicin desensitization on taste in humans. Physiol. Behav. 57, 421–429.

Katsuragi, Y., Sugiura, Y., Lee, C., et al., 1995. Selective inhibition of bitter taste of various drugs by lipoprotein. Pharm. Res. 12, 658–662.

Keast, R.S.J., Breslin, P.A.S., Beauchamp, G.K., 2001. Suppression of bitterness using sodium salts. CHIMIA Int. J. Chem. 55, 441–447.

King, M., Cliff, M., 2005. Evaluation of ideal wine and cheese pairs using a deviation-from-ideal scale with food and wine experts. J. Food Qual. 28, 245–256.

Kinsella, J.E., 1990. Flavour perception and binding. Intern. News Fats Oils Related Materials: Inform. 1, 215–226.

Kolor, M.K., 1983. Identification of an important new flavor compound in Concord grape, ethyl 3–mercaptopropionate. J. Agric. Food Chem. 31, 1125–1127.

Kuroda, M., Miyamura, N., 2015. Mechanism of the perception of "*kokumi*" substances and the sensory characteristics of the "*kokumi*" peptide, γ-Glu-Val-Gly. Flavour 4, 11 (3 pp).

Laudan, R., 2000. Birth of the modern diet. Sci. Am. 283 (2), 76–81.

Lawless, H., Rozin, P., Shenker, J., 1985. Effects of oral capsaicin on gustatory, olfactory and irritant sensations and flavor identification in humans who regularly or rarely consume chili pepper. Chem. Senses 10, 579–589.

Lawless, H.T., Schlake, S., Smythe, J., et al., 2004. Metallic taste and retronasal smell. Chem. Senses 29, 25–33.

Lindeman, R., Lang, A.R., 1986. Anticipated effects of alcohol consumption as a function of beverage type: A cross-cultural replication. Intl. J. Psychol. 21, 671–678.

Linforth, R., Taylor, A., 2006. The process of flavour release. In: Voilley, A., Etiévant, P. (Eds.), Flavour in Food. Woodhouse Publ. Inc, Cambridge, UK, pp. 287–307.

Linscott, T.D., Lim, J., 2016. Retronasal odor enhancement by salty and umami tastes. Food Qual. Pref. 48, 1–10.

Liszt, K.I., Walker, J., Somoza, V., 2012. Identification of organic acids in wine that stimulate mechanisms of gastric acid secretion. J. Agric. Food Chem. 60, 7022–7030.

Liszt, K.I., Eder, R., Wendelin, S., et al., 2015. Identification of catechin, syringic acid, and procyanidin B2 in wine as stimulants of gastric acid secretion. J. Agric. Food Chem. 63, 7775–7783.

Liu, L., Simon, S.A., 2000. Capsaicin, acid and heat-evoked currents in rat trigeminal ganglion neurons: Relationship to functional VR1 receptors. Physiol. Behav. 69, 363–378.

Lopes, P., Saucier, C., Teissedre, P.L., et al., 2006. Impact of storage position on oxygen ingress through different closures into wine bottles. J. Agric. Food Chem. 54, 6741–6746.

Madrigal-Galan, B., Heymann, H., 2006. Sensory effects of consuming cheese prior to evaluating red wine flavor. Am. J. Enol. Vitic. 57, 12–22.2.

Marais, J., 1986. Effect of storage time and temperature of the volatile composition and quality of South African *Vitis vinifera* L. cv. Colombar wines. In: Charalambous, G. (Ed.), The shelf life of foods and beverages. Elsevier, Amsterdam, pp. 169–185.

Martin, S., Pangborn, R.M., 1971. Human parotid secretion in response to ethyl alcohol. J. Dental Res. 50, 485–490.

McRae, J.F., Jaeger, S.R., Bava, C.M., et al., 2013. Identification of regions associated with variation in sensitivity to food-related odors in the human genome. Curr. Biol. 26, 1596–1600.

Mennella, J.A., Reed, D.R., Mathew, P.S., et al., 2015. "A spoonful of sugar helps the medicine go down": Bitter masking by sucrose among children and adults. Chem. Senses 40, 17–25.

Mitchell, M., Brunton, N.P., Wilkenson, M.C., 2011. Impact of salt reduction on the instrumental and sensory flavor profile of vegetable soup. Food Res. Int. 44, 1036–1043.

Moskowitz, H.W., Kumaraiah, V., Sharma, K.N., et al., 1975. Cross-cultural differences in simple taste preferences. Science 190, 1217–1218.

Muñoz-González, C., Sémon, E., Martín-Álvarez, P.J., et al., 2015. Wine matrix composition affects temporal aroma release as measured by proton transfer reaction – time-of-flight – mass spectrometry. Aust. J. Grape Wine Res. 21, 367–375.

Nardini, M., Forte, M., Vrouvsek, U., et al., 2009. White wine phenolics are absorbed and extensively metabolized in humans. J. Agric. Food Chem. 57, 2711–2718.

Negoias, S., Visschers, R., Boelrijk, A., et al., 2008. New ways to understand aroma perception. Food Chem. 108, 1247–1254.

Newcomb, R.D., Xia, M.B., Reed, D.R., 2012. Heritable differences in chemosensory ability among humans. Flavor 1, 9 (9 pp).

Nolano, M., Simone, D.A., Wendelschafer-Crabb, G., et al., 1999. Topical capsaicin in humans: Parallel loss of epidermal nerve fibers and pain sensation. Pain 81, 135–145.

Nygren, I.T., Gustafsson, I.B., Haglund, A., et al., 2001. Flavor changes produced by wine and food interactions: Chardonnay wine and Hollandaise sauce. J. Sens. Stud. 16, 461–470.

Nygren, I.T., Gustafsson, I.-B., Johansson, L., 2002. Perceived flavour changes in white wine after tasting blue mould cheese. Food Service Technol. 2, 163–171.

Nygren, I.T., Gustafsson, I.-B., Johansson, L., 2003a. Effects of tasting technique – sequential tasting vs. mixed tasting – on perception of dry white wine and blue mould cheese. Food Service Technol. 3, 61–69.

Nygren, I.T., Gustafsson, I.-B., Johansson, L., 2003b. Perceived flavour changes in blue mould cheese after tasting white wine. Food Service Technol. 3, 143–150.

Ogi, K., Yamashita, H., Terada, T., et al., 2015. Long-chain fatty acids elicit a bitterness-masking effect on quinine and other nitrogenous bitter substances by formation of insoluble binary complexes. J. Agric. Food Chem. 63, 8493–8500.

Paulsen, M.T., Rognsa, G.H., Hersleth, M., 2015. Consumer perception of food–beverage pairings: The influence of unity in variety and balance. Int. J. Gastron. Food Sci. 2, 83–92.

Peck, R.C., Gebers, M., Voas, R.B., et al., 2008. The relationship between blood alcohol concentration (BAC), age, and crash risk. J. Safe. Res. 39, 311–319.

Pelchat, M.L., Johnson, A., Chan, R., et al., 2004. Images of desire: Food-craving activation during fMRI. Neuroimage 23, 1486–1493.

Pettigrew, S., Charters, S., 2006. Consumers' expectations of food and alcohol pairing. Br. Food J. 108, 169–180.

Peyrot des Gachons, C., Mura, E., Speziale, C., et al., 2012. Opponency of astringent and fat sensations. Curr. Biol. 22, R829–R830.

Poulton, J.R.S., 1970. Chemical protection wine against oxidation. Die Wynboer 466, 22–23.

Prescott, J., 2012. Taste Matters: Why We Like the Food We Do. Reaktion Books, London, UK.

Prescott, J., 2015. Flavours: The pleasure principle. Flavor 4, 15. (3 pp).

Rabe, S., Kring, U., Berger, R.G., 2003. Initial dynamic flavour release from sodium chloride solutions.

Eur. Food Res. Technol. 218, 32–39.

Ridout, F., Gould, S., Nunes, C., et al., 2003. The effects of carbon dioxide in Champagne on psychometric performance and blood- alcohol concentration. Alcohol Alcoholism 38, 381–385.

Rietz, C.A., 1961. A Guide to the Selection, Combination and Cooking of Food, Vols. 1 and 2. AVI, Westport, CT.

Roberts, D.D., Pollien, P., Antille, N., et al., 2003. Comparison of nosespace, headspace, and sensory intensity ratings for the evaluation of flavor absorption by fat. J. Agric. Food Chem. 51, 3636–3642.

Roets, A., Schwartz, B., Guan, Y., 2012. The tyrany of choice: A cross-cultural investigation of mazimizing-satisficing effects on well-being. Judgem. Decis. Making 7, 689–704.

Ronca, G., Palmieri, L., Maltinti, S., et al., 2003. Relationship between iron and protein content of dishes and polyphenol content in accompanying wines. Drugs Exp. Clin. Res. 29, 271–286.

Roudot-Algaron, F., Le Bars, D., Einhorn, J., et al., 1993. Flavour constituents of aqueous fraction extracted from Comte cheese by liquid carbon dioxide. J. Food Sci. 58, 1005–1009.

Roussis, I.G., Lambropoulos, I., Papadopoulou, D., 2005. Inhibition of the decline of volatile esters and terpenols during oxidative storage of Muscat-white and Xinomavro-red wine by caffeic acid and N-acetyl-cysteine. Food Chem. 93, 485–492.

Roussis, I.G., Lambropoulos, I., Tzimas, P., 2007. Protection of volatiles in a wine with low sulfur dioxide by caffeic acid or glutathione. Am. J.Enol. Vitic. 58, 274–278.

Roussis, I.G., Papadopoulou, D., Sakarellos-Daitsiotis, M., 2009. Protective effect of thiols on wine aroma volatiles. Open Food Sci. J. 3, 98–102.

Rozin, E. (1982a). The structure of cuisine. In: The Psychobiology of Human Food Selection, (L.M. Barker, Ed.), pp. 189–203. (L.M. Barker, Ed). AVI Publ. Co., AVI, Westport, CT.

Rozin, P., 1977. The use of characteristic flavourings in human culinary practice. In: Apt, C.M. (Ed.), Flavor: Its Chemical Behavioural and Commercial Aspects. Westview Press, Boulder, CO, pp. 101–127.

Rozin, P., 1982b. Human food selection: The interaction of biology, culture and individual experience. In: Barker, L.M. (Ed.), The Psychophysiology of Human Food Selection. AVI Publ. Co, Westport, CT, pp. 225–254.

Rozin, P., Schiller, C., 1999. The nature and acquisition of a preference for chili pepper by humans. Motiv. Emotion 4, 77–101.

Rozin, P., Vollmecke, T.A., 1986. Food likes and dislikes. Annu. Rev. Nutr. 6, 433–456.

Russell, K., Zivanovic, S., Morris, W.C., et al., 2005. The effect of glass shape on the concentration of polyphenolic compounds and perception of Merlot wine. J. Food Qual. 28, 377–385.

Scheibehenne, B., Miesler, L., Todd, P.M., 2007. Fast and frugal food choices: Uncovering individual decision heuristics. Appetite 49, 578–589.

Schwartz, B., 2004. The tyranny of choice. Sci. Am. 290 (4), 71–75.

Serianni, E., Cannizzaro, M., Mariani, A., 1953. Blood alcohol concentrations resulting from wine drinking timed according to the dietary habits of Italians. Quart. J. Stud. Alcohol 14, 165–173.

Silva Ferreira, A.C., Hogg, T., Guedes de Pinho, P., 2003. Identification of key odorants related to the typical aroma of oxidation-spoiled white wines. J. Agric. Food Chem. 51, 1377–1381.

Simons, C.T., Dessirier, J.-M., Carstens, M.I., et al., 1999. Neurobiological and psychophysical mechanisms underlying the oral sensation produced by carbonated water. J. Neurosci. 19, 8134–8144.

Simons, C.T., O'Mahony, M., Carstens, E., 2002. Taste suppression following lingual capsaicin pre-treatment in humans. Chem. Senses 27, 353–365.

Skouroumounis, G.K., Kwiatkowski, M.J., Francis, I.L., et al., 2005. The impact of closure type and storage conditions on the composition, colour and flavour properties of a Riesling and a wooded Chardonnay wine during five years' storage. Aust. J. Grape Wine Res. 11, 369–384.

Skurray, G.R., Perkes, J.M., Duff, J., 1986. Effect of marinading with wine, sodium bicarbonate or soy sauce on the thiamin content of beef. J. Food Sci. 51, 1059–1060.

Small, D.M., Gerber, J.C., Mak, Y.E., et al., 2005. Differential neural responses evoked by orthonasal versus retronasal odorant perception in humans. Neuron 47, 593–605.

Sourabié, A.M., Spinnler, H.-R., Bonnarme, P., et al., 2008. Identification of a powerful aroma compound in Munster and Camembert cheeses: Ethyl 31mercaptopropionate. J. Agric. Food Chem. 56, 4674–4680.

Tagliazucchi, D., Verzelloni, E., Conte, A., 2005. Effect of some phenolic compounds and beverages on pepsin activity during simulated gastric digestion. J. Agric. Food Chem. 53, 8706–8713.

Takeuchi, H., Kato, H., Kurahashi, T., 2013. 2,4,6-Trichloroanisole is a potent suppressor of olfactory signal transduction. PNAS 110, 16235–16240.

Tamura, T., Taniguchi, K., Suzuki, Y., et al., 2009. Iron is an essential cause of fishy aftertaste formation in wine and seafood pairing. J. Agric. Food Chem. 57, 8550–8556.

Tannahill, R., 1973. *Food in History*. Stein & Day, New York.

Tempere, S., Cuzange, E., Malik, J., et al., 2011. The training level of experts influences their detection thresholds for key wine compounds. Chem. Percept. 4, 99–115.

Teyssen, S., González-Calero, G., Schimiczek, M., et al., 1999. Maleic acid and succinic acid in fermented alcoholic beverages are the stimulants of gastric acid secretion. J. Clin. Invest. 103, 707–713.

This, H., 2005. Molecular gastronomy. Nature Materials 4 (1), 5–7.

This, H., 2013. Molecular gastronomy is a scientific discipline, and note by note cuisine is the next culinary trend. Flavour J. 2 (1), 1–8.

Tominaga, T., Guimbertau, G., Dubourdieu, D., 2003. Role of certain volatile thiols in the bouquet of aged champagne wines. J. Agric. Food Chem. 51, 1016–1020.

Unwin, T., 1991. Wine and the Vine, An Historical Geography of Viticulture and the Wine Trade. Routledge, London.

Unwin, T., 1992. Images of alcohol: Perceptions and the influence of advertising. J. Wine Res. 3, 205–233.

Vandiver, P., Koehler, C.G., 1986. Structure, processing, properties, and style of Corinthian amphoras In: Kingery, W.D. (Ed.), Ceramics and Civilization, Vol. 2. Technology and Style American Ceramics Society, Columbus, OH, pp. 173–215.

Viegas, O., Amaro, L.F., Ferreira, I.M., et al., 2012. Inhibitory effect of antioxidant-rich marinades on the formation of heterocyclic aromatic amines in pan-fried beef. J. Agric. Food Chem. 60, 6235–6240.

Vilgis, T.A., 2013. Texture, taste and aroma: Multi-scale materials and the gastrophysics of food. Flavour J. 2 (17), 1–5.

Wansink, B., Cordua, G., Blair, E., et al., 2006. Wine promotions in restaurants. Cornell Hotel Restaurant Admin. Quart. 47, 327–336.

Wood, C., Siebert, T.E., Parker, M., et al., 2008. From wine to pepper: Rotundone, an obscure sesquiterpene, is a potent spicy aroma compound. J. Agric. Food Chem. 56, 3738–3744.

Yan, M., Luo, M.Z., 1999. Influences of salt-out on extraction of catechin. China Tea 21, 29.

Zellner, D.A., Stewart, W.F., Rozin, P., et al., 1988. Effect of temperature and expectations on liking for beverages. Physiol. Behav. 44, 61–68.

术 语
Glossary

Acidity 酸度——葡萄汁或葡萄酒中非挥发性有机酸的浓度；口腔对酸的感知程度

After-taste 余味——葡萄酒被咽下后口腔中残留的味道

After-smell 余香——葡萄酒被咽下后口腔中残留的香气

Aging 陈年——葡萄酒装瓶后发生的系列化学变化；有时包括熟成（maturation）

Amygdala 杏仁核——大脑中感知强烈情绪的功能部分，也能参与到大脑决策和记忆的调节

Anthocyanin 花色苷——类黄酮类色素，红葡萄品种和红葡萄酒红色至紫色的来源

Aroma 果香——来源于芳香葡萄的香气感受，通常是令人愉悦的香气；但在某些情况下和一些葡萄品种，也可能是一种不愉悦的香气，如美洲种（*V.labrusca*）葡萄品种所带来的狐臭味（Foxy）

Aromatic 芳香化合物——脂溶性的并且能够挥发刺激鼻腔中嗅觉受体的化合物

Baking 烘烤——葡萄酒如马德拉（Madeira）的一种加热处理方法，以获得独特醇香（Bouquet）

Bouquet 醇香（酒香）——葡萄酒发酵、熟成、陈年产生的芳香物质所形成的葡萄酒香气感受

Breathing 呼吸——术语，指葡萄酒开瓶或者醒酒过程中与空气的短暂接触

Browning 褐变——葡萄酒中黄棕色色调的增加，一般是不被期待的过程；主要原因是葡萄酒中多酚类化合物的氧化

Carbonic Maceration 二氧化碳浸渍——酵母酒精发酵之前的葡萄胞内发酵；主要用于酿造博若莱（Beaujolais）类型的葡萄酒

Caudalie 留香指数——在咽下或者吐出葡萄酒后，香气在口腔中存在的时间长度（单位：秒）

Chemesthesis 化学感受——由三叉神经感受器引发的感受，如收敛感、触感、痛感、热感、冷感、杀口感（prickling）

Color Density 色度——葡萄酒的吸光总值，红葡萄酒的色度通常在 420 nm 和 520 nm（E420+E520）测量。

Color Stability 颜色稳定性——葡萄酒中红色色调的持久性；低 pH、无氧、花色苷与单宁聚合等均能促进颜色的稳定

Congener 同源物——影响葡萄酒中某种物质的类似化学物，通常指除了乙醇之外的其他杂醇物质

Dry 干型——甜度不能被感受到

Dumping 类比——品尝者将他们所察觉到的一个无法用术语描述的重要感受用其他相近术语替代的趋向程度

Fatty Acid 脂肪酸——一端为羰基的长、直链碳氢化合物

Flavor 风味——食物、饮料的滋味、触感和气味所形成的综合感受；通常受颜色和声音的影响

Fortification 强化 / 加强——添加葡萄蒸馏烈酒 (Wine-spirit)，目的是抑制发酵，增加酒精含量或影响葡萄酒发展进程

Fragrance 芳香——葡萄酒的综合香气

Fusel Oil 杂醇——含有两个以上碳原子和一个醇基的有机化合物；挥发性杂醇通常具有显著的杂醇或石油气味（参见高级醇）

Halo Effect 光环效应——上一次的品尝对下一次品尝的影响效应

Headspace 顶部空间——装填或者封口之后容器内残余的气体量

Herbaceous 草本植物味——己烷醇、己醛或某些吡嗪类化合物浓度高于阈值水平所感受到的一种香气

Higher Alcohol 高级醇——具有两个以上碳原子的醇类化合物，高级醇随着碳原子增多也具有更高的分子量和沸点（也称为杂醇）；葡萄酒中酵母代谢能产生的少量高级醇，但通常出现在蒸馏酒中，如葡萄烈酒和白兰地

Hippocampus 海马体——大脑保持短期记忆和形成长期记忆的最核心的部分

Lees 酒泥——发酵中以及发酵后所形成的沉淀物；包括

已死亡和正在死亡的酵母和细菌、葡萄细胞残留物、葡萄种子、酒石酸盐和已经沉降的单宁

Maillard Product 美拉德产物——还原糖与胺化合物（如氨基酸和蛋白质）的非酶反应产物，通常生产棕色聚合色素和类似焦糖味的芳香化合物

Malolactic Fermentation 苹果酸乳酸发酵——乳酸菌和一些酵母菌将苹果酸脱羧形成乳酸的过程；葡萄酒的一种生物降酸方式

Micelle 胶束，胶球——溶液（通常是水）中分子的聚集物，通常形成微球状；水溶性弱的部分被水溶性强的部分包裹在内部；较悬浮溶液中的化合物相比，胶束可能含有更高浓度的化合物（胶束能够吸附化合物）

Mineral Taste 矿石口感——一种后鼻腔气味，通常认为是某些脂肪酸在口腔中氧化所形成的一种风味

Minerality 矿物味——酒评家常用术语，大致描述口感和风味混合在一起的一种模糊的味道

Mouth-feel 口感——溶解或悬浮于唾液中的化合物刺激口腔中三叉神经受体所产生的综合感受，诸如涩味、灼烧感、痛感、杀口感、温感、触感、黏度等

Mouthspace——口腔中进食食物和饮用液体后存在的气体空间（无水至顶空）

Oak Lactones 橡木内酯——橡木中的一对光学异构体，橡木桶陈酿葡萄酒的特征风味来源

Off-odor 不良气味——通常是令人不愉悦的芳香或刺激性的气味

Off-taste 不良味道——不典型或不平衡、不愉悦的滋味

Olfaction 嗅觉——由吸气或呼气所携带的挥发性化合物附着在鼻子嗅斑上并能刺激嗅觉上皮中的感受神经元所产生的感受

Olfactory Bulb 嗅球——位于嗅觉受体区域上方的大脑区域；感受被传送到大脑梨状皮质之前的汇集部位

Oribitofrontal Complex 眶额复合体——大脑中处理各种感觉（嗅觉、味觉、口感、视觉、声音）并形成综合感受（风味）的区域

Oxidation 氧化——化合物失去电子（或氢原子）并被氧化的反应；尽管分子氧是葡萄酒中大多数氧化还原反应的主要诱发剂，但是直接氧化葡萄酒中绝大部分的物质的却是氧化能力更强的氧活性基团，如过氧化物；在特定的情况下，氧化可以用来指白葡萄酒和红葡萄酒的褐变过程，瓶装酒中辛辣、煮熟的蔬菜味等不良气味的产生，雪利酒中的典型醛味，“瓶装葡萄酒病害（bottledsickness）”的发展或开瓶后的香气损失

Partition Coefficient 分配系数——化合物在不混溶溶剂（如油和水）或在液相和它上面气相之间的相对溶解系数

Petillance 杀口感——口腔中轻微的二氧化碳（200～202.65 kpa）所产生的感受

Phenolic Compound 酚类化合物——含有一个或多个苯环结构的羟基（OH^-）化合物。

Piriform Cortex 梨形皮质——嗅球感受刺激传导到的大脑区域，是嗅觉感受和气味记忆储存的但区域

Quality 葡萄酒品质——葡萄酒中表现出明显的芳香和风味复杂多样性，微妙程度、协调和发展的特性，通常与典型的果香和陈年的酒香联系在一起；在芳香化合物中，品质意味着与已知风味或果香的主观相似程度

Residual Sugar 残糖——完全发酵后的葡萄酒中所剩余的糖含量；在干型葡萄酒中主要包括不可发酵的阿拉伯糖和鼠李糖

Sequence Error 序列误差——酒样的顺序会可以影响评价，例如强收敛性的酒样可以显著增强下一个品尝样品的涩感

Taste 味道——溶解或混合在唾液中的物质刺激口腔（主要是舌头）的受体产生的感觉；包括苦、咸、酸、甜、鲜

Tannins 单宁——能鞣（沉淀蛋白质）的聚合酚类化合物；在葡萄酒中，呈现苦涩和收敛的感觉；能促进颜色稳定性，也是葡萄酒中的抗氧化剂

Tears 酒泪——旋转的酒杯边滑落的液珠；酒精蒸发导致在杯壁上的液体表面张力的增加所形成的

Terroir 风土——葡萄园中气候、土壤和栽培条件对葡萄生长和果实成熟的综合影响；经常误用于形容来自特定葡萄园中葡萄酒的独特品质

Trigeminal Nerve 三叉神经——第五颅神经，传导来自鼻子和嘴巴信号的三个分支神经，形成对葡萄酒中的收敛感，热感，酒体，杀口感和痛感的感知

Typicity 典型性——用于描述特定地区葡萄酒独特特征的术语

Viscosity 黏度——口腔中葡萄酒的流动程度的感受； 光滑，天鹅绒般的口感

Volatile 挥发性——葡萄酒的挥发性是指芳香化合物从

葡萄酒中扩散到空气中；它受到化合物分配系数（Partitioncoefficient）的影响，并且受其他葡萄酒成分，葡萄酒接触空气的表面积 / 体积比值，胶束形成和与其他葡萄酒成分形成可逆复合物等综合影响

Volatile Acid 挥发酸——能够很容易通过蒸馏去除的有机酸，葡萄酒中的挥发酸几乎都是醋酸

Wine Spirit 葡萄蒸馏酒——用于强化酒如雪利酒和波特等的葡萄蒸馏酒；通常被调整为中性香气，含有高浓度酒精的烈酒

品尝术语
Tasting Term Glossary

Appearance 外观——任何视觉上的葡萄酒外观感知

Clarity 澄清度——葡萄酒的光泽程度（不存在胶体或者微粒导致的浑浊）；可以从澄清、暗淡到浑浊加以区别

Color 颜色——从溶液中可以感受到的黄色，红色或者棕色等

Sparkle 起泡性——葡萄酒中的二氧化碳气泡串；静止（still）的葡萄酒是无气泡；pearl 是指有轻微的气泡；起泡酒（sparkling）是具有很明显的，持续时间很长的气泡

Tears 酒泪——晃杯后杯壁上所形成的成串液滴；arches 指的是酒泪形成和消失的整体现象

Balance 平衡性——是指在口中对甜味、酸味、苦味和收敛性感觉很明显，并且协调一致，但是同时也明显地受到葡萄酒香气强度的影响，这是对葡萄酒最好的评价之一

Fragrance 香气——嗅闻葡萄酒或者葡萄酒相关挥发物通过口腔到达鼻腔后侧（鼻后的）的所形成的嗅觉感受

Aroma 果香——来源于葡萄的香气；通常类似于水果香（fruity）、花香（floral）、香料味（spicy）、草木味 (herbaceous) 和其他香味（见表格 1.3 专业描述）

Bouquet 醇香 / 酒香——来源于酒精在发酵（如水果香 fruity、酵母香气 yeasty）、酿造过程中产生（如黄油味 buttery、坚果味 nutty、橡木味 oaky、马德拉味 madeirized），或者陈酿产生的香味（如氧化味 oxidized、皮革味 leathery、雪茄味 cigar-box）

Complexity 复杂性——对葡萄酒香气在质量或数量上的描述，具体指葡萄酒中存在多种香气化合物并且这些香气能够结合在一起产生愉悦感，是对葡萄酒的高度评价。

Development 发展性——葡萄酒在整个品鉴中香气的变化，它是对葡萄酒的较高的评价

Duration 持久性——在变为一般葡萄酒的感觉之前，葡萄酒保持其独特性的时间长短；较长的持续性是较高的评价

Expression 表现性——香气的表现和进化；Closeding 封闭（指香气在新酒中不明显）；opening 开放的（香气浓郁度递增）；fade 衰退的（指老酒中香气不存在）；welldeveloped 充分的（详尽展示其气味）

Offodors 不良气味——可以感受到的一些不受欢迎的或者是非典型气味（表 1.4 专业例子）

Quality 葡萄酒品质——对于香气而言，葡萄酒的品质是指适用于气味的描述性术语；对于葡萄酒而言，葡萄酒的品质是指的是相对于某个标准体现的等级（个性 personal、品种 varietal、区域 regional、风格 stylistic 等）

Artistic 艺术性——诸如复杂性、微妙、活力、发展、持续时间、和谐（平衡）独特性等能够显著区分葡萄酒的风味

Regional 地区性——被认为是特定区域的葡萄酒所具备的特征的风味属性

Stylistic 典型性——特殊葡萄酒制作（如 CO_2 浸渍 carbonicmaceration、风干 recioto、贵腐 botrytized、带酒花 flor、烘烤 baked）所带来的香气典型性

Vatietal 品种——存在于单个或一组相关的葡萄品种不同的香气（表 7.2 和表 7.3）。

Taste 味道——来自味蕾的口腔感觉

Sweet 甜——甜的感觉；它是对葡萄酒中的糖、甘油和乙醇等化合物的复合反应，也受到葡萄酒中的酸和酚类化合物的影响。Cloying 甜腻，它是一种强烈的不舒服的甜味，其相反的甜度就是干 dry。

Acidity 酸——一种源自对有机酸、葡萄酒 pH 综合反应的感受。酸味也受其他物质的影响，比较明显的是糖、乙醇和酚类化合物；flat 寡淡是指葡萄酒缺少足够的酸，相反酸度高了就是高酸 acidic。tart 微酸通常是指一种愉快的、适当的酸度感受

Bitter 苦——主要由小分子酚类化合物引起的感觉，并受葡萄酒中糖、乙醇和酸的影响

Mouthfeel 口感——源于口腔中三叉神经感受器的感觉

Alcoholic 酒精感——一种负面感觉。它指的是和其他感

官特性相比，酒精的感觉过于强烈所带来的感受

Astringency 收敛性——一种触感。包括干的、口腔起褶皱和有粉尘的感觉；主要是由于葡萄酒中多酚引起的，同时也可能由酸引起；smooth 顺滑表明对收敛性好，rough 粗糙则是指收敛性过度。

Body 酒体——对口腔中酒“重量 weight”或“丰富度 richness”的总体感受。它主要由酒精引起，同时也受到糖、甘油（高浓度）和酚类存在的影响；饱满的酒体 fullbody 是一种好的评价；似水感 watery 是指酒体不足的一种负面感受

Burning 灼热感——酒精含量或者糖的含量太高的原因引起的一种强烈的热的感觉

Heat 热感——葡萄酒中乙醇带来的一种温暖的感觉

Pain 痛感——过量单宁或者低温条件下高浓度二氧化碳引起感受

Prickling 杀口感——CO_2 的气泡爆破而引起的对舌头愉快的痛感

Finish 后味——在咽下或者吐出葡萄酒后，仍然在口腔中残留的感觉；当以秒计算余味长短，用 Caudalie 表示

Aftersmell 余香——指后味中的香气在口腔鼻腔中所残留的感受，它是对葡萄酒的一种较高的评价

Aftertaste 余味——指后味中的口感滋味在口腔中残留的感受

索 引

Index